# BIG BOOK OF SUDOKU

## 1200 PUZZLES

## 4 LEVELS

Easy-Medium-Hard-Extreme

# How to Play

Sudoku is a logic-based number puzzle. The most typical Sudoku is based on a 9x9 grid with given numbers, and the object is to place the numbers 1 to 9 in the empty squares so that each row, each column and each 3x3 box contains the same number only once.

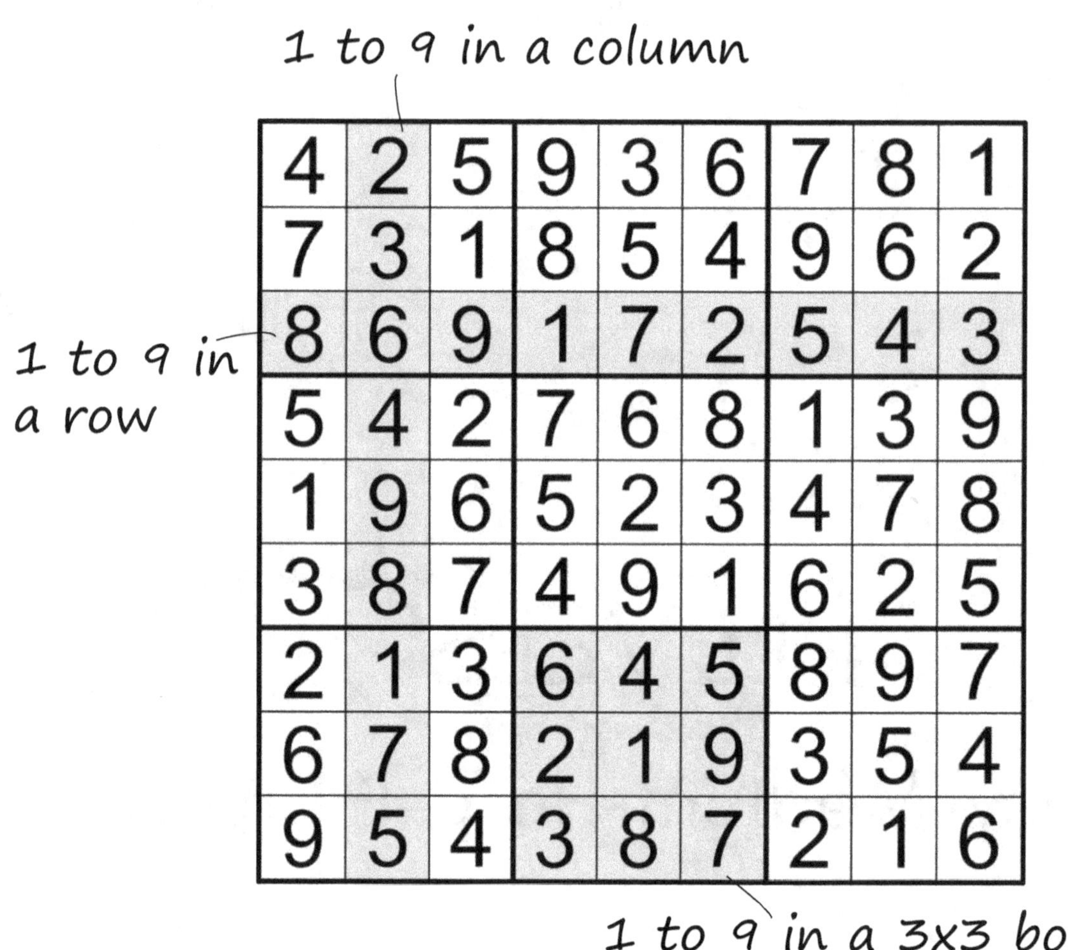


| | | | | | | | | |
|---|---|---|---|---|---|---|---|---|
| 4 | 2 | 5 | 9 | 3 | 6 | 7 | 8 | 1 |
| 7 | 3 | 1 | 8 | 5 | 4 | 9 | 6 | 2 |
| 8 | 6 | 9 | 1 | 7 | 2 | 5 | 4 | 3 |
| 5 | 4 | 2 | 7 | 6 | 8 | 1 | 3 | 9 |
| 1 | 9 | 6 | 5 | 2 | 3 | 4 | 7 | 8 |
| 3 | 8 | 7 | 4 | 9 | 1 | 6 | 2 | 5 |
| 2 | 1 | 3 | 6 | 4 | 5 | 8 | 9 | 7 |
| 6 | 7 | 8 | 2 | 1 | 9 | 3 | 5 | 4 |
| 9 | 5 | 4 | 3 | 8 | 7 | 2 | 1 | 6 |

P.S. If you have a moment, your review on Amazon would be appreciated.

# Contents

## EASY - 1

| 5 | 3 | 8 | 2 |  |  | 6 |  |  |
|---|---|---|---|---|---|---|---|---|
|  |  |  |  |  |  |  |  | 8 |
| 9 | 2 | 4 |  | 6 |  | 1 | 5 | 3 |
| 8 | 5 |  | 9 |  | 6 | 4 |  | 1 |
|  | 7 |  |  | 5 |  | 3 | 9 |  |
| 6 | 9 |  |  |  | 2 |  | 8 |  |
| 1 | 6 |  | 4 |  |  | 8 | 3 | 7 |
|  | 8 | 7 |  |  | 3 |  | 1 |  |
|  | 4 |  |  |  | 7 |  | 6 |  |

## EASY - 2

|  |  | 3 | 9 | 5 |  | 6 |  |  |
|---|---|---|---|---|---|---|---|---|
|  |  | 9 | 1 |  | 4 | 8 |  |  |
|  | 4 |  | 3 | 6 |  |  |  | 7 |
| 8 | 7 | 2 | 4 |  |  |  |  | 6 |
| 3 | 9 | 6 | 8 | 1 | 7 | 4 | 2 |  |
|  |  | 4 | 6 |  |  |  |  |  |
| 4 |  | 1 |  | 8 | 6 |  | 7 | 9 |
| 9 |  | 5 |  |  |  |  |  | 8 |
|  | 8 |  | 5 |  |  |  | 6 |  |

## EASY - 3

|  |  | 2 | 6 |  |  |  |  | 4 |
|---|---|---|---|---|---|---|---|---|
| 6 |  |  | 7 | 4 |  | 2 | 9 | 5 |
|  | 4 | 9 | 5 |  | 2 | 6 |  |  |
|  |  | 7 |  | 6 | 5 | 8 |  |  |
|  | 8 |  |  | 2 |  | 4 |  | 1 |
| 2 |  | 4 |  |  | 1 |  |  |  |
|  | 6 |  | 3 | 5 |  |  | 4 |  |
| 4 |  | 5 |  | 9 | 6 |  | 3 |  |
|  |  |  | 1 | 8 | 4 |  | 6 |  |

## EASY - 4

|  | 2 |  | 8 |  |  | 7 | 9 |  |
|---|---|---|---|---|---|---|---|---|
|  |  |  | 5 |  |  |  | 4 | 2 |
| 9 | 7 | 4 |  | 3 | 6 |  | 5 |  |
| 4 | 5 |  | 3 |  | 1 | 2 |  | 8 |
|  |  |  | 7 | 9 |  | 4 |  | 5 |
|  | 3 |  | 4 |  |  | 1 | 6 | 9 |
| 2 |  | 7 |  |  |  | 9 | 8 |  |
|  |  | 5 |  |  | 7 | 3 |  |  |
| 3 |  |  | 9 |  | 8 |  | 2 | 7 |

## EASY - 5

| 5 |  |  |  | 1 | 8 |  | 3 |  |
|---|---|---|---|---|---|---|---|---|
| 9 | 8 |  |  | 7 | 3 |  |  | 1 |
|  |  |  |  | 5 | 6 | 8 |  | 9 |
|  |  |  |  |  | 9 |  |  |  |
| 2 | 9 |  | 6 | 8 |  |  | 4 | 3 |
| 3 | 6 | 4 |  |  | 1 | 9 |  |  |
| 6 | 4 |  |  |  |  |  | 2 | 8 |
| 7 |  |  |  | 3 |  | 1 |  | 6 |
|  | 3 | 9 |  |  |  | 4 | 5 | 7 |

## EASY - 6

|  | 8 |  | 4 | 5 |  |  | 6 | 1 |
|---|---|---|---|---|---|---|---|---|
|  | 9 | 1 |  | 2 |  | 8 |  |  |
|  | 6 |  |  | 1 | 9 | 3 | 4 | 2 |
|  | 4 |  |  |  | 8 |  |  |  |
|  |  |  | 2 | 9 |  |  | 8 |  |
| 1 | 2 | 8 |  |  |  |  |  | 9 |
| 8 | 5 | 2 | 3 | 7 |  |  | 9 | 6 |
|  | 3 | 7 | 5 | 4 |  |  |  |  |
| 6 |  |  |  | 8 | 2 |  |  | 3 |

## EASY - 7

| | | | | | | | | |
|---|---|---|---|---|---|---|---|---|
| | | | | | 4 | 8 | 5 | |
| 4 | | | 9 | | | 3 | 7 | 2 |
| | | 3 | 2 | 5 | 7 | | | 9 |
| 7 | 9 | 8 | 1 | | 3 | | 6 | 5 |
| 3 | | 5 | 4 | 8 | | 7 | 9 | 1 |
| 1 | | | | | 9 | 2 | | |
| 5 | | 4 | 8 | 9 | | | 1 | 7 |
| 8 | | | | | | | | |
| | 1 | 7 | | | | | | 3 |

## EASY - 8

| | | | | | | | | |
|---|---|---|---|---|---|---|---|---|
| 4 | | | | | | | 1 | |
| | | 6 | | | 4 | | 5 | |
| | 5 | 3 | | 1 | | | 6 | 4 |
| 5 | 6 | 4 | | | 9 | 3 | 2 | |
| | 7 | 8 | 2 | 6 | 1 | | 4 | 5 |
| | | 2 | 5 | | | 6 | 7 | 8 |
| | | 9 | 7 | | | | | 2 |
| 7 | 3 | | 4 | | | | | 6 |
| | | | | 3 | 8 | 4 | 9 | |

## EASY - 9

| | | | | | | | | |
|---|---|---|---|---|---|---|---|---|
| 6 | 8 | 9 | 7 | 4 | | 3 | 1 | 5 |
| 4 | 5 | | 3 | | | | | |
| 3 | | 7 | | | 1 | | 4 | |
| 8 | | | | 3 | 4 | | 9 | |
| 1 | 6 | 4 | | | | | | 2 |
| | | 5 | | 1 | 7 | 6 | 8 | 4 |
| | | 6 | | | 8 | | | |
| 5 | 4 | 3 | | | 9 | | 2 | |
| 7 | 1 | | | 2 | | | | 9 |

## EASY - 10

| | | | | | | | | |
|---|---|---|---|---|---|---|---|---|
| 1 | | 4 | 7 | 6 | 2 | 9 | | |
| 6 | 9 | 3 | 5 | 8 | | | | |
| | | 7 | 4 | 3 | 9 | 6 | 8 | 1 |
| 7 | | | | | 3 | 1 | | 8 |
| | 1 | 5 | | | | | | |
| | | 6 | 1 | 9 | 7 | | | 4 |
| | 6 | | 9 | | 5 | 8 | 3 | |
| 3 | | 8 | | | | 7 | | 9 |
| | 7 | | | | 8 | 4 | | |

## EASY - 11

| | | | | | | | | |
|---|---|---|---|---|---|---|---|---|
| | 7 | 2 | 6 | 9 | | 4 | 1 | 3 |
| 5 | 6 | 4 | 8 | 1 | | | | |
| | 1 | | | | | | | |
| 9 | | | 1 | | 6 | 5 | | 4 |
| 4 | | | | | 9 | | | 1 |
| 7 | | | | 4 | 2 | | | |
| 6 | 8 | | 2 | | 1 | 9 | | |
| 2 | 4 | | | | | 1 | 3 | |
| | 9 | | | 6 | 4 | 2 | 8 | 7 |

## EASY - 12

| | | | | | | | | |
|---|---|---|---|---|---|---|---|---|
| | | | | 5 | | | 6 | |
| 2 | | 6 | | | 3 | | | |
| | 9 | | 6 | 2 | 8 | 4 | 7 | |
| 1 | 3 | 9 | | | | 5 | | |
| 6 | | | 3 | | | | | 4 |
| 7 | 4 | 5 | | 8 | 9 | | | 6 |
| 9 | | | 7 | | | 2 | 8 | 3 |
| 3 | | 8 | 5 | | | 6 | | 7 |
| 4 | 6 | 7 | | 3 | | 9 | | |

## EASY - 13

| 1 | 7 | 8 | 2 |  | 6 | 9 | 5 | 4 |
|---|---|---|---|---|---|---|---|---|
|  | 9 |  |  |  | 1 | 3 |  | 8 |
| 3 | 6 |  | 9 | 8 |  | 7 | 2 | 1 |
|  | 8 |  |  |  |  |  | 7 |  |
|  |  |  |  | 6 |  |  | 1 | 9 |
| 6 | 1 |  |  | 5 | 9 | 2 | 8 |  |
|  |  |  | 7 |  |  | 1 | 9 | 2 |
| 5 |  |  |  | 9 |  |  | 3 |  |
|  |  |  |  |  | 8 | 6 | 4 |  |

## EASY - 14

| 4 |  | 9 | 8 |  |  | 6 | 3 |  |
|---|---|---|---|---|---|---|---|---|
|  |  | 7 | 6 |  | 4 | 5 |  | 1 |
| 6 |  |  |  |  | 2 | 9 |  | 4 |
|  | 2 |  | 3 |  | 5 |  |  | 8 |
| 1 |  |  | 2 | 8 | 9 | 3 |  | 6 |
|  | 8 | 4 |  |  | 6 | 2 | 9 | 5 |
|  |  | 3 | 1 | 5 | 8 |  |  |  |
|  | 9 |  | 4 |  | 7 |  |  |  |
|  |  |  | 9 |  |  | 8 |  | 7 |

## EASY - 15

|  | 8 | 2 | 1 |  | 4 | 7 | 9 | 6 |
|---|---|---|---|---|---|---|---|---|
|  |  |  |  |  |  | 3 |  | 2 |
| 7 |  | 6 | 2 | 3 | 8 |  |  | 4 |
|  |  | 3 | 4 | 8 | 2 |  | 5 |  |
| 8 |  |  |  |  |  |  | 6 |  |
| 5 |  |  |  |  | 6 | 4 |  | 8 |
|  | 4 |  |  | 2 |  | 9 | 7 | 5 |
| 6 | 3 |  |  |  |  | 8 | 2 | 1 |
|  |  |  | 8 | 7 |  |  | 4 |  |

## EASY - 16

|  | 6 | 7 | 4 |  |  |  |  |  |
|---|---|---|---|---|---|---|---|---|
| 9 |  |  |  | 5 |  |  |  | 4 |
|  | 5 |  |  |  |  | 2 |  |  |
| 8 |  | 6 |  |  |  | 5 | 9 | 2 |
|  |  | 3 | 5 | 8 | 9 | 1 |  |  |
| 5 |  |  | 2 | 1 |  | 8 | 4 | 3 |
| 7 | 9 |  | 3 | 4 | 5 |  |  | 1 |
| 6 | 3 |  | 8 | 9 |  |  | 2 | 7 |
| 4 | 8 |  |  | 7 |  | 9 | 3 |  |

## EASY - 17

| 3 | 7 |  |  |  | 6 |  |  | 4 |
|---|---|---|---|---|---|---|---|---|
| 5 | 8 | 6 |  | 1 | 4 | 7 | 9 |  |
|  | 9 | 1 | 8 |  | 2 | 6 | 3 |  |
|  |  |  |  |  |  | 9 | 4 | 7 |
| 6 | 5 |  | 7 | 4 |  |  | 8 |  |
|  | 4 | 3 |  |  |  | 5 |  |  |
|  | 1 |  |  |  |  |  | 5 |  |
| 9 | 3 |  |  |  | 5 | 4 | 2 |  |
| 2 |  | 5 |  |  | 8 |  | 7 | 9 |

## EASY - 18

|  |  |  |  | 2 | 7 | 4 |  | 8 |
|---|---|---|---|---|---|---|---|---|
| 6 |  | 8 | 3 | 5 |  | 2 | 7 | 9 |
| 2 | 7 |  |  |  |  | 5 | 3 | 6 |
|  | 5 |  |  |  | 2 | 3 | 6 | 7 |
| 8 |  |  |  |  | 6 | 9 |  |  |
| 1 |  | 7 | 5 |  | 9 |  | 4 | 2 |
|  |  | 6 | 4 |  | 3 | 1 |  |  |
| 9 | 2 |  |  | 7 |  |  | 8 |  |
|  |  | 1 |  |  |  | 7 |  |  |

## EASY - 19

| | | | | | | | | |
|---|---|---|---|---|---|---|---|---|
| 4 | 3 | | | | 6 | | 9 | 7 |
| | 5 | | | | | 2 | 1 | 3 |
| | | 9 | 7 | 5 | 3 | 6 | | 8 |
| | 9 | | 5 | | 2 | | | 1 |
| 6 | | | 8 | 7 | | | | |
| | 7 | 5 | 3 | 9 | 1 | | | |
| | | 7 | | 4 | 8 | | | |
| | 4 | | 1 | 2 | | 8 | 7 | 6 |
| 5 | | 1 | | 3 | 7 | | | |

## EASY - 20

| | | | | | | | | |
|---|---|---|---|---|---|---|---|---|
| | 3 | 2 | 6 | 1 | 5 | 9 | | 4 |
| | | | | | | | | 2 |
| 6 | 4 | | 2 | 3 | | | | |
| 5 | 2 | 6 | 9 | 7 | 8 | | | |
| | | | | 4 | | 2 | | 7 |
| 4 | 8 | | | 2 | | | 6 | |
| 9 | 5 | 4 | | | | 3 | | 8 |
| | | 8 | 3 | | 4 | 7 | | |
| 1 | | | | 9 | 2 | | | 6 |

## EASY - 21

| | | | | | | | | |
|---|---|---|---|---|---|---|---|---|
| 4 | | 5 | | | | 7 | 6 | |
| 9 | | 7 | 6 | | 5 | | 2 | 1 |
| | 2 | 8 | | 1 | | | 4 | |
| 8 | 5 | 3 | | 6 | 9 | 2 | | |
| 2 | | 4 | | | | 6 | | |
| | | | 4 | 7 | | 5 | | 8 |
| | | | 5 | | | 1 | | 7 |
| 5 | 9 | | | 2 | | | | |
| 7 | 8 | 6 | | 3 | 1 | | | |

## EASY - 22

| | | | | | | | | |
|---|---|---|---|---|---|---|---|---|
| | | 4 | 9 | | 7 | 8 | | |
| | 9 | 2 | 5 | | | | | |
| 7 | 5 | 6 | | 1 | 8 | 3 | 4 | 9 |
| 3 | | | | | | | | |
| | 7 | 8 | 1 | 4 | | | 2 | 6 |
| 4 | | 1 | 8 | | 2 | 7 | | 5 |
| | | 7 | | 5 | | | 9 | 8 |
| 2 | | | | 8 | 9 | | | 3 |
| | 8 | | 7 | 2 | | 5 | | 4 |

## EASY - 23

| | | | | | | | | |
|---|---|---|---|---|---|---|---|---|
| 9 | 3 | 6 | 1 | 8 | | | | |
| 1 | 4 | 8 | | 5 | 2 | | 6 | 7 |
| | 2 | 7 | | | | | | |
| 6 | | 2 | 5 | 4 | | 8 | 7 | 1 |
| 7 | | | 6 | | | | 9 | |
| | 5 | | | 7 | | | | |
| 3 | | 4 | 2 | | | 7 | 5 | |
| | 7 | 9 | | 3 | 5 | | | 8 |
| | | | | 9 | 6 | 4 | | |

## EASY - 24

| | | | | | | | | |
|---|---|---|---|---|---|---|---|---|
| 8 | 9 | 5 | 6 | 3 | | 7 | | |
| 1 | | | | 4 | | | 6 | |
| | 4 | | | | | | | 1 |
| 7 | 6 | | 5 | | | | | |
| | | 4 | | 6 | 3 | | | |
| 5 | 1 | 9 | | 8 | | 4 | 3 | |
| 4 | | 1 | 3 | 9 | | | 5 | |
| | 5 | | | 2 | | 6 | 1 | 3 |
| 6 | 3 | 7 | 1 | 5 | | 2 | | |

## EASY - 25

| | 4 | 6 | | 1 | | | | |
|---|---|---|---|---|---|---|---|---|
| | 5 | 9 | | 8 | | | 7 | 3 |
| | | | 7 | | | | 5 | 4 |
| | | 7 | | | | 5 | 4 | 9 |
| | 1 | 2 | 9 | 3 | | 8 | | |
| | 9 | | 8 | | | | | |
| 9 | | 3 | 2 | 4 | | 7 | 1 | |
| | | | | | 5 | 3 | | 8 |
| 2 | 8 | 5 | 3 | 7 | | 4 | 9 | |

## EASY - 26

| | | 9 | | 3 | 6 | | | 5 |
|---|---|---|---|---|---|---|---|---|
| 3 | | 6 | 1 | 5 | | 7 | | 2 |
| 1 | | | 4 | 8 | | | 6 | 3 |
| | | | | | 5 | | | |
| | 6 | 8 | 3 | | | 5 | | 9 |
| 2 | | | | 4 | 1 | 8 | | |
| | | 2 | 6 | 1 | | 4 | 9 | |
| 9 | | | 2 | 7 | 3 | | 5 | 8 |
| 6 | 8 | | | | | 2 | 3 | |

## EASY - 27

| | | 3 | 9 | 7 | | 6 | 5 | |
|---|---|---|---|---|---|---|---|---|
| 4 | | 7 | 5 | 1 | 6 | | | |
| | | 5 | | 8 | | | | 1 |
| 5 | | | | 2 | 9 | | | |
| | | | 7 | 6 | | 3 | 8 | |
| | 7 | | 8 | | | 1 | | 5 |
| 9 | | | | | 7 | | | |
| 7 | | | 3 | 5 | 1 | 8 | 9 | |
| | 5 | 1 | 2 | | 8 | 4 | 6 | 7 |

## EASY - 28

| 6 | 7 | | | 1 | 3 | 5 | | |
|---|---|---|---|---|---|---|---|---|
| | | | 4 | 9 | | | | |
| 4 | 3 | 8 | 2 | | 5 | 9 | | 1 |
| 3 | 8 | | 7 | 4 | 9 | | 6 | |
| | 6 | 5 | 3 | 2 | | | 9 | |
| | | | | 5 | | | 8 | |
| | 9 | 7 | 6 | | 2 | 4 | | 8 |
| | | | | | | 6 | 5 | |
| | 4 | | 5 | | 1 | | | 9 |

## EASY - 29

| 6 | 3 | 2 | | | | | 8 | |
|---|---|---|---|---|---|---|---|---|
| 9 | 4 | | | | | | | 5 |
| | | 5 | | 2 | 4 | 9 | | |
| | 9 | 3 | 4 | | 2 | | | |
| | 8 | | | 3 | | | 1 | 2 |
| 7 | 2 | | 6 | | | 5 | 9 | |
| | | 9 | | 6 | 5 | | 4 | |
| 2 | | | 9 | 4 | | 8 | 6 | |
| 4 | 6 | 8 | 2 | | | 3 | | |

## EASY - 30

| 2 | | 9 | 8 | 7 | 5 | 6 | 1 | |
|---|---|---|---|---|---|---|---|---|
| | 8 | | | | 9 | | | |
| 7 | 3 | 5 | | | | 8 | | |
| | | 3 | 2 | | 4 | 5 | | 6 |
| 5 | 6 | | 7 | 9 | | | | 4 |
| 8 | 7 | | 6 | 5 | 1 | | | 2 |
| | 2 | 1 | | | 8 | | | 7 |
| | | | | | | | 6 | 1 |
| | | 7 | 3 | | | 4 | 9 | |

## EASY - 31

| | | | | | | | | |
|---|---|---|---|---|---|---|---|---|
| 7 | | | | | | | 2 | 9 |
| | 9 | | | 8 | | | | |
| 4 | 8 | | 9 | 7 | | | 6 | |
| | | 5 | 8 | 2 | 4 | 7 | 3 | |
| | | | | 6 | | 9 | | |
| 6 | | | | | 3 | | 1 | 8 |
| | 5 | | 3 | 1 | 7 | 2 | 9 | 4 |
| 1 | 7 | 4 | 2 | 5 | | | | |
| | 3 | | 6 | 4 | 8 | 5 | | |

## EASY - 32

| | | | | | | | | |
|---|---|---|---|---|---|---|---|---|
| | | | | | 9 | | 3 | |
| 4 | | 3 | | 5 | 1 | | | |
| | | | | 7 | 3 | 9 | | |
| 9 | 4 | 8 | | 6 | | | | 3 |
| | 3 | 2 | 7 | 9 | 5 | | | |
| | 7 | | 3 | 4 | | 2 | 6 | 9 |
| 1 | | 9 | | | | | | 5 |
| 7 | 2 | | | 1 | 6 | | | |
| 3 | 6 | 5 | 9 | | 7 | | 4 | 2 |

## EASY - 33

| | | | | | | | | |
|---|---|---|---|---|---|---|---|---|
| 9 | 2 | | 8 | | | 1 | | |
| | 3 | 5 | | | | | | 4 |
| 4 | | | | 3 | 6 | | | 5 |
| | 9 | | | 4 | 3 | 6 | | 7 |
| | | 3 | 7 | 6 | 9 | 5 | 8 | |
| 7 | | | 2 | | | | 3 | |
| 5 | | 1 | 4 | 9 | 7 | 3 | 2 | |
| | 7 | 4 | | | 8 | | 5 | |
| 2 | | | | 1 | | 7 | | 8 |

## EASY - 34

| | | | | | | | | |
|---|---|---|---|---|---|---|---|---|
| 8 | | 6 | 1 | 3 | | | | 5 |
| 5 | | | 6 | | | 9 | 8 | |
| 9 | 1 | | 5 | | 7 | | | |
| 6 | 8 | | | 2 | | 5 | | |
| 4 | | | | 1 | 5 | | | |
| 3 | 2 | | 8 | 7 | 6 | 1 | | |
| 2 | 9 | 4 | 7 | 6 | 1 | | 5 | 3 |
| | | 3 | 4 | | | | | |
| 1 | 6 | | 2 | | 3 | | | 9 |

## EASY - 35

| | | | | | | | | |
|---|---|---|---|---|---|---|---|---|
| | | | 1 | | 6 | | 9 | 7 |
| | | | 2 | 7 | | 4 | | |
| | | | 4 | 8 | | 6 | 5 | |
| | | 7 | | | 8 | | 1 | |
| 4 | | | | 1 | | | | 9 |
| | | 5 | 9 | | | | 7 | 2 |
| 8 | 3 | 2 | 6 | | 7 | 1 | 4 | |
| 7 | | | 3 | | 1 | | 2 | |
| 1 | 5 | 9 | | 2 | 4 | 7 | | |

## EASY - 36

| | | | | | | | | |
|---|---|---|---|---|---|---|---|---|
| 7 | 9 | | 3 | | 6 | | | |
| | | 1 | | | 5 | | | 9 |
| | 2 | | | | | | 8 | 5 |
| 5 | 8 | 4 | | 6 | | | 2 | 1 |
| 6 | | 9 | | 2 | | 8 | 5 | 3 |
| | | | | | | | 6 | 4 |
| | | 7 | 6 | | 2 | 4 | | |
| | 6 | 3 | | | 4 | | 1 | |
| 2 | 4 | | 9 | 1 | 7 | 5 | 3 | |

## EASY - 37

| 3 |   | 4 | 9 | 2 | 7 | 6 |   | 1 |
|---|---|---|---|---|---|---|---|---|
| 2 |   |   |   |   |   |   |   |   |
| 8 |   |   | 4 | 1 | 3 |   |   |   |
| 7 | 4 | 2 |   | 9 |   | 1 | 6 | 8 |
| 1 |   |   | 2 |   | 6 | 9 |   | 3 |
| 6 |   |   | 1 |   |   |   | 5 |   |
|   |   | 1 | 8 |   | 9 | 5 | 2 |   |
| 5 |   | 3 |   |   | 1 |   |   |   |
| 9 | 7 |   |   | 6 |   | 3 | 1 |   |

## EASY - 38

| 8 | 3 | 9 | 1 |   | 6 | 4 |   | 7 |
|---|---|---|---|---|---|---|---|---|
|   |   | 2 |   | 7 |   |   | 6 | 9 |
| 6 |   |   |   | 8 | 5 |   | 3 | 2 |
|   |   | 5 |   |   | 9 | 7 |   |   |
|   | 6 | 8 |   | 3 |   | 2 | 9 | 5 |
| 7 |   | 1 |   |   |   |   | 8 | 4 |
| 1 | 7 |   |   | 9 | 8 |   |   | 3 |
|   | 8 | 3 | 6 | 5 |   |   |   | 1 |
| 9 |   |   |   | 1 |   |   | 2 |   |

## EASY - 39

| 1 |   | 3 |   | 2 | 9 |   | 6 | 4 |
|---|---|---|---|---|---|---|---|---|
|   |   | 9 | 5 |   |   | 2 |   |   |
| 8 | 4 | 2 |   | 6 |   |   |   |   |
|   |   |   |   |   |   | 4 |   |   |
|   | 1 |   | 6 | 7 | 4 | 8 |   | 9 |
|   | 3 | 8 | 2 |   | 5 |   |   | 1 |
|   | 9 | 7 | 4 |   | 2 | 1 |   | 6 |
|   |   |   |   | 5 |   | 3 |   | 2 |
| 3 |   | 4 |   |   |   |   | 9 | 7 |

## EASY - 40

|   |   |   | 4 | 7 | 8 |   |   | 3 |
|---|---|---|---|---|---|---|---|---|
|   |   | 3 |   | 1 | 6 | 9 | 8 |   |
| 8 |   | 1 | 3 |   | 9 | 2 |   |   |
| 7 |   |   | 9 |   |   | 5 | 6 | 8 |
| 6 | 9 | 8 | 5 |   | 2 | 1 |   | 4 |
|   | 1 | 4 |   | 8 |   | 3 | 2 |   |
| 3 | 2 | 7 |   |   |   |   | 9 |   |
| 9 |   | 5 |   |   |   | 7 |   |   |
|   |   |   | 7 |   | 3 |   |   |   |

## EASY - 41

|   | 4 |   | 9 | 3 |   |   | 5 |   |
|---|---|---|---|---|---|---|---|---|
| 5 |   |   |   | 8 | 1 | 4 |   |   |
|   |   |   | 5 | 4 | 2 |   | 3 | 7 |
| 1 | 9 | 4 |   | 5 |   |   | 8 |   |
| 6 |   |   | 8 | 1 | 9 |   |   |   |
|   | 8 |   | 4 | 6 |   |   | 1 | 9 |
| 9 |   |   |   | 2 | 4 |   |   |   |
|   |   | 8 | 3 | 9 |   |   |   | 1 |
| 2 | 1 | 3 |   |   |   | 5 | 9 |   |

## EASY - 42

| 1 | 9 |   | 6 |   | 4 | 3 |   |   |
|---|---|---|---|---|---|---|---|---|
| 6 | 5 | 7 |   |   |   | 1 | 9 |   |
|   |   | 2 | 1 | 5 |   | 7 |   | 6 |
|   |   |   |   | 9 | 3 | 5 |   |   |
| 9 |   |   | 5 |   |   |   | 3 |   |
| 5 |   |   | 4 | 8 | 7 |   | 6 | 1 |
|   |   |   | 3 | 1 | 5 |   | 7 | 8 |
| 3 | 6 |   |   |   | 8 |   |   |   |
| 7 |   | 1 |   |   | 6 | 2 |   |   |

## EASY - 43

| 8 | 9 | 1 | 5 |  |  | 4 | 6 | 2 |
|---|---|---|---|---|---|---|---|---|
| 6 |  | 4 |  |  |  | 3 |  |  |
| 5 | 7 | 3 |  |  | 2 |  | 8 | 1 |
| 1 | 6 |  |  |  | 9 |  |  |  |
|  |  | 7 |  |  |  |  | 1 |  |
| 4 | 5 | 9 |  | 1 | 3 | 7 |  |  |
|  | 8 | 5 | 1 |  |  | 2 |  | 4 |
|  |  | 2 |  |  |  | 1 |  |  |
| 9 |  |  | 7 |  |  | 8 | 3 |  |

## EASY - 44

|  |  |  |  |  | 1 | 8 | 4 |  |
|---|---|---|---|---|---|---|---|---|
| 7 |  |  | 8 | 4 |  | 3 |  |  |
| 6 | 4 |  |  | 9 | 5 |  | 7 |  |
| 4 | 2 | 5 | 9 |  |  |  | 3 |  |
| 8 |  | 1 |  | 6 | 3 |  |  |  |
| 3 |  | 6 | 7 |  |  |  | 1 | 8 |
|  |  |  |  | 8 |  |  |  | 4 |
| 2 | 8 |  |  | 3 | 4 | 9 | 6 | 5 |
| 1 | 5 | 4 |  | 2 |  |  |  | 3 |

## EASY - 45

|  |  | 7 | 2 | 1 | 5 | 4 |  | 3 |
|---|---|---|---|---|---|---|---|---|
|  | 6 | 5 |  | 9 |  | 2 |  | 8 |
|  | 4 |  | 6 |  | 8 |  | 1 |  |
|  |  | 9 | 3 |  | 1 | 7 | 5 |  |
|  |  |  |  | 4 |  | 3 | 9 |  |
| 4 | 7 |  |  |  |  |  |  |  |
| 7 | 1 |  |  | 3 | 2 | 6 | 4 |  |
|  | 3 |  | 1 | 8 | 4 |  |  |  |
| 2 |  | 4 |  | 5 |  | 8 |  | 1 |

## EASY - 46

| 3 | 6 |  |  |  |  | 5 | 8 | 2 |
|---|---|---|---|---|---|---|---|---|
|  |  | 2 |  |  |  |  | 9 |  |
| 5 | 8 |  | 4 |  |  |  | 1 | 3 |
| 4 |  |  |  | 8 | 9 |  | 2 |  |
|  | 5 | 1 | 3 | 7 |  | 9 |  | 6 |
|  |  |  | 1 | 6 | 4 |  |  | 8 |
|  | 7 |  |  |  |  | 2 |  | 1 |
|  | 4 |  | 2 |  |  |  | 6 | 5 |
| 1 |  |  | 6 |  | 8 | 4 |  | 9 |

## EASY - 47

|  |  | 3 |  | 4 | 8 | 5 |  |  |
|---|---|---|---|---|---|---|---|---|
| 8 |  | 2 |  | 9 | 3 |  |  | 7 |
|  |  | 4 | 6 | 7 | 1 |  | 3 | 8 |
|  |  |  | 9 |  |  |  |  |  |
|  |  | 5 |  | 8 |  | 3 |  | 1 |
| 9 |  |  |  |  | 2 |  | 4 | 5 |
| 2 | 6 |  | 1 |  |  | 9 |  | 3 |
| 1 |  | 9 |  | 2 | 7 | 8 |  | 6 |
| 3 |  | 7 | 8 |  |  |  |  |  |

## EASY - 48

|  | 6 |  | 4 |  |  |  |  |  |
|---|---|---|---|---|---|---|---|---|
|  | 2 |  |  |  |  |  | 3 |  |
| 7 | 4 | 5 |  | 9 | 1 | 2 | 6 |  |
| 5 |  | 4 |  | 2 |  | 6 | 8 |  |
|  |  |  |  |  |  |  | 7 |  |
| 3 | 8 | 6 |  |  | 7 | 9 | 2 |  |
|  | 5 |  | 2 | 7 |  | 1 | 4 |  |
| 8 |  | 2 | 1 |  | 9 | 7 | 5 |  |
|  |  | 7 | 6 |  |  |  | 9 | 2 |

## EASY - 49

| | | | | | | | | |
|---|---|---|---|---|---|---|---|---|
| 5 | 8 | 2 | 6 | 9 | 3 | 7 | 4 | 1 |
|  | 7 | 4 |  |  |  | 5 | 3 |  |
| 3 |  |  | 5 |  |  |  | 6 |  |
| 2 |  | 1 |  |  | 7 | 6 |  |  |
|  |  |  | 1 |  |  |  | 2 |  |
|  |  |  | 4 | 2 |  |  |  | 7 |
| 9 | 2 | 5 |  |  | 1 | 8 |  |  |
| 4 |  | 7 |  | 5 | 2 | 1 |  | 6 |
|  |  |  |  | 4 | 9 | 3 | 5 |  |

## EASY - 50

| | | | | | | | | |
|---|---|---|---|---|---|---|---|---|
|  | 8 |  |  | 7 | 4 | 2 |  | 3 |
| 6 |  |  |  | 3 | 8 |  | 1 |  |
| 4 | 3 | 9 | 2 |  | 1 |  |  | 8 |
|  |  |  | 3 |  |  | 4 |  |  |
|  | 2 |  | 5 |  |  |  |  |  |
| 7 | 1 |  | 4 | 6 | 2 | 3 | 5 |  |
| 2 | 4 | 7 |  | 9 |  | 1 |  |  |
|  | 6 | 3 | 1 |  |  | 8 | 4 |  |
|  |  | 1 | 7 |  | 3 |  |  | 2 |

## EASY - 51

| | | | | | | | | |
|---|---|---|---|---|---|---|---|---|
| 5 |  | 8 | 4 | 3 |  |  |  |  |
| 1 |  | 2 |  | 7 |  |  |  |  |
|  |  |  |  |  | 5 | 7 | 4 | 8 |
| 3 | 2 |  |  | 5 |  |  | 7 |  |
| 8 |  | 4 |  |  | 3 |  | 5 |  |
| 7 |  | 1 | 6 | 9 | 4 |  | 2 | 3 |
| 2 |  | 3 | 9 |  |  | 5 |  | 4 |
|  | 1 | 5 |  | 4 |  | 9 |  | 7 |
| 4 | 9 | 7 |  |  |  |  | 6 | 2 |

## EASY - 52

| | | | | | | | | |
|---|---|---|---|---|---|---|---|---|
|  |  |  | 6 | 1 |  | 9 |  |  |
|  | 1 | 9 | 8 |  | 3 |  |  |  |
|  | 3 |  |  |  | 2 | 5 | 1 |  |
|  |  |  |  |  | 5 | 4 | 9 |  |
| 5 | 9 |  |  | 3 | 4 |  | 6 | 7 |
| 7 | 4 | 6 |  | 8 |  |  |  | 3 |
|  | 5 | 4 |  |  |  | 3 |  | 9 |
| 1 |  | 8 |  | 4 | 9 |  |  |  |
|  |  | 3 | 5 |  | 8 | 1 |  | 4 |

## EASY - 53

| | | | | | | | | |
|---|---|---|---|---|---|---|---|---|
|  | 4 |  | 2 | 7 |  | 8 |  |  |
| 3 | 2 | 9 |  | 1 |  |  |  |  |
|  |  |  | 5 |  |  |  | 1 |  |
| 4 | 1 | 7 |  | 2 | 5 |  | 8 | 3 |
|  |  |  |  | 8 | 1 |  | 2 | 7 |
|  | 3 |  | 7 |  |  | 1 | 5 | 9 |
|  |  |  |  |  | 7 |  |  | 8 |
| 2 |  | 1 |  | 6 |  | 7 |  |  |
| 5 | 7 |  | 8 | 3 | 2 | 9 |  | 1 |

## EASY - 54

| | | | | | | | | |
|---|---|---|---|---|---|---|---|---|
| 2 |  | 4 |  |  |  |  | 6 |  |
| 3 | 9 |  |  |  |  | 7 | 1 | 8 |
| 7 |  |  |  | 8 |  | 4 | 9 |  |
|  | 7 | 9 |  |  | 6 |  |  |  |
|  | 6 | 3 |  | 2 |  | 9 | 7 | 5 |
| 8 |  | 2 |  |  |  |  | 3 | 1 |
| 9 |  |  | 2 |  | 7 |  | 5 |  |
|  |  | 7 | 1 | 5 | 3 | 2 |  |  |
| 5 | 2 |  |  | 9 | 8 | 3 | 4 |  |

## EASY - 55

| 8 | 2 | 1 |  | 3 |  |  | 6 |  |
|---|---|---|---|---|---|---|---|---|
| 4 |  | 3 |  |  | 6 | 1 | 5 | 2 |
|  | 5 | 6 |  | 1 |  | 8 | 3 | 7 |
| 6 |  |  |  | 9 |  | 2 | 7 | 8 |
| 7 | 9 |  | 2 | 6 |  |  |  | 1 |
| 1 | 4 |  |  | 7 |  |  |  |  |
| 3 | 1 | 9 |  |  | 7 |  |  |  |
| 5 |  | 4 |  |  |  |  |  |  |
| 2 |  |  |  |  |  | 3 | 1 |  |

## EASY - 56

|  |  |  |  |  | 2 |  |  |  |
|---|---|---|---|---|---|---|---|---|
| 1 |  |  | 4 |  | 9 |  |  | 2 |
|  |  |  |  |  |  | 5 | 8 |  |
| 6 | 1 |  | 2 |  | 7 | 8 | 4 |  |
|  |  | 4 |  |  |  | 2 | 9 |  |
| 8 | 2 |  |  | 5 | 4 |  | 3 | 7 |
| 3 |  |  | 9 | 2 | 1 |  | 7 |  |
| 2 |  | 1 | 7 | 6 | 8 |  | 5 | 9 |
| 9 |  |  | 3 | 4 | 5 |  |  | 6 |

## EASY - 57

|  | 7 |  |  |  | 9 |  |  |  |
|---|---|---|---|---|---|---|---|---|
|  | 9 | 6 | 4 |  | 5 |  |  |  |
|  | 2 | 5 |  | 6 |  | 8 | 9 | 1 |
|  |  | 3 |  |  |  | 7 |  |  |
|  | 8 | 9 |  |  |  | 5 |  |  |
|  | 1 | 4 | 5 |  |  |  |  | 8 |
| 9 | 5 | 8 | 1 | 4 | 3 |  | 7 | 2 |
|  | 3 | 2 |  |  | 8 |  | 4 |  |
| 1 |  |  |  | 5 | 6 |  | 8 | 9 |

## EASY - 58

| 4 |  |  | 9 |  |  | 2 |  | 6 |
|---|---|---|---|---|---|---|---|---|
| 7 |  |  | 8 |  |  | 4 | 5 | 1 |
|  | 6 |  | 4 | 2 |  |  | 7 | 9 |
|  | 3 |  | 7 | 1 | 4 | 8 | 2 | 5 |
| 2 |  |  | 6 |  |  | 9 | 1 | 7 |
|  |  |  | 5 |  | 2 |  | 4 |  |
| 3 | 2 |  | 1 |  |  |  |  |  |
|  |  |  |  | 4 |  | 5 |  |  |
| 8 | 5 |  | 3 | 7 |  |  | 6 | 2 |

## EASY - 59

| 5 | 7 |  | 1 | 2 |  | 9 | 4 |  |
|---|---|---|---|---|---|---|---|---|
|  |  | 9 | 7 | 6 | 3 |  | 1 |  |
|  | 8 |  |  |  | 4 |  |  |  |
|  | 9 | 7 | 8 |  | 5 | 1 | 6 |  |
|  |  |  | 6 | 7 | 9 |  |  | 4 |
|  |  | 3 |  |  | 1 | 7 | 5 | 9 |
|  |  |  |  |  |  |  | 3 | 6 |
| 6 |  | 4 |  |  | 2 | 5 |  |  |
|  | 5 | 2 |  | 1 | 6 |  |  |  |

## EASY - 60

| 6 | 5 |  |  |  | 4 |  | 2 |  |
|---|---|---|---|---|---|---|---|---|
|  | 2 |  | 3 |  | 8 |  | 6 | 4 |
| 7 | 8 |  | 1 |  |  |  |  |  |
| 5 |  | 2 |  | 7 |  | 1 | 4 |  |
|  | 1 | 6 |  |  | 3 |  | 7 |  |
|  | 7 | 9 |  |  |  |  |  |  |
| 1 | 9 | 8 | 4 |  | 7 | 6 |  |  |
|  | 4 | 7 | 6 | 8 |  | 3 |  |  |
| 3 |  |  | 2 | 1 | 9 |  | 8 |  |

## EASY - 61

|   | 9 |   | 3 | 8 | 5 | 6 |   |   |
|---|---|---|---|---|---|---|---|---|
|   |   | 1 |   | 7 |   | 9 |   |   |
|   |   | 8 |   | 9 | 4 |   |   | 2 |
|   |   | 3 | 5 | 2 |   |   |   | 7 |
| 7 |   |   |   |   |   |   | 5 | 6 |
|   | 8 |   | 4 | 1 | 7 |   |   |   |
| 5 |   |   | 9 |   | 8 |   | 2 |   |
| 8 | 3 |   | 2 |   |   |   | 4 | 5 |
|   | 4 | 2 | 7 |   |   | 8 | 6 | 9 |

## EASY - 62

|   |   | 2 | 4 | 8 | 5 |   |   |   |
|---|---|---|---|---|---|---|---|---|
|   | 8 |   |   | 1 |   |   | 4 | 2 |
| 4 | 9 | 6 | 7 |   | 3 |   |   |   |
| 9 |   |   | 1 | 6 |   | 5 |   |   |
| 1 | 6 | 3 | 2 | 5 |   | 4 |   | 8 |
|   |   | 4 |   | 9 |   |   | 6 |   |
|   | 5 |   |   |   | 2 | 9 | 3 |   |
|   |   | 7 | 5 | 3 | 9 |   | 1 |   |
|   |   | 9 | 6 |   | 1 |   | 8 |   |

## EASY - 63

|   | 5 | 8 |   |   | 6 | 2 | 4 |   |
|---|---|---|---|---|---|---|---|---|
|   | 4 |   | 5 |   |   | 7 | 3 | 8 |
| 1 |   |   |   | 4 | 8 |   | 6 |   |
|   | 9 |   |   |   |   |   | 8 | 4 |
|   | 7 |   |   | 5 |   |   |   | 3 |
| 4 |   | 2 |   |   |   |   | 7 | 9 |
| 2 |   | 6 | 9 | 8 | 5 | 4 |   | 7 |
|   |   |   |   |   | 4 |   |   | 2 |
|   | 8 |   | 1 | 7 | 2 |   | 9 |   |

## EASY - 64

|   | 2 | 7 |   | 1 | 4 |   |   | 5 |
|---|---|---|---|---|---|---|---|---|
| 8 | 5 |   | 6 |   |   | 4 |   |   |
| 4 |   |   | 8 | 5 | 9 |   | 1 |   |
| 6 | 8 |   | 4 |   |   |   |   |   |
|   |   |   | 5 |   | 1 |   | 9 |   |
|   | 9 |   |   | 6 | 8 | 3 |   | 4 |
| 2 |   | 6 | 9 |   | 7 | 5 |   | 1 |
| 5 |   |   |   | 8 | 6 |   |   | 3 |
|   | 3 |   | 1 |   | 5 | 9 |   |   |

## EASY - 65

|   |   |   | 5 | 9 |   |   |   | 8 |
|---|---|---|---|---|---|---|---|---|
|   | 5 |   |   |   | 6 |   | 3 |   |
| 3 | 2 | 9 |   | 4 | 1 |   | 5 |   |
| 9 | 4 |   |   | 2 | 5 |   |   |   |
| 7 |   |   | 3 | 8 | 9 |   | 1 | 4 |
|   | 3 |   |   | 6 |   | 5 | 7 |   |
| 4 | 8 |   | 9 |   |   | 1 |   |   |
|   |   | 7 |   |   | 2 |   |   |   |
|   | 1 | 2 |   | 3 | 8 | 7 |   | 5 |

## EASY - 66

|   |   | 8 |   | 1 |   |   | 7 | 4 |
|---|---|---|---|---|---|---|---|---|
|   |   |   | 4 | 3 | 8 | 9 |   | 5 |
|   | 1 |   |   | 6 | 9 |   | 3 | 2 |
|   |   |   |   |   |   | 5 |   |   |
| 7 |   | 3 |   | 5 | 6 | 4 |   |   |
|   | 5 | 6 | 8 |   | 1 |   |   |   |
| 5 |   |   |   | 7 | 3 | 1 | 8 |   |
| 1 |   | 9 | 5 |   |   | 7 |   | 6 |
| 8 |   |   |   |   | 4 | 2 | 5 | 3 |

## EASY - 67

| | | | | | | | | |
|---|---|---|---|---|---|---|---|---|
| | 6 | 1 | 5 | 4 | | | | |
| | 3 | | 9 | | 1 | 4 | 2 | 6 |
| 2 | | 4 | 6 | 7 | | | | |
| | | | | 6 | | 1 | | |
| 7 | 1 | 5 | 2 | 9 | | 8 | 6 | 3 |
| 6 | | | 3 | | 7 | 5 | | 2 |
| 8 | | | | 5 | | | | 9 |
| 1 | | 6 | | | | | 3 | |
| | | 2 | | 3 | 9 | 6 | | |

## EASY - 68

| | | | | | | | | |
|---|---|---|---|---|---|---|---|---|
| | | | | 9 | | | | 3 |
| 7 | | 3 | 5 | 2 | 6 | 1 | | 8 |
| | 6 | | 4 | 3 | | | | 2 |
| 6 | 9 | 7 | 2 | | | | | 4 |
| | 8 | 1 | 7 | | | 2 | | |
| | 3 | 2 | | 8 | | | | 7 |
| | 7 | | 1 | | 8 | 3 | | |
| 3 | 5 | | | | 2 | 8 | | 1 |
| 2 | | 8 | 3 | 4 | | 6 | | |

## EASY - 69

| | | | | | | | | |
|---|---|---|---|---|---|---|---|---|
| 3 | | 5 | | 7 | 9 | 1 | 2 | |
| | | | | | | 6 | 3 | |
| | 8 | 4 | 3 | | | | | |
| | | 7 | 2 | | | 9 | 6 | 1 |
| | 2 | | | 5 | | | 4 | 7 |
| 4 | 3 | 9 | 7 | 1 | | | | 2 |
| 5 | 4 | 8 | | | | | | |
| 7 | | | | 8 | 3 | 2 | 1 | 5 |
| 2 | 1 | | 5 | | 7 | | | |

## EASY - 70

| | | | | | | | | |
|---|---|---|---|---|---|---|---|---|
| 3 | | 9 | 8 | | | | 2 | |
| 2 | | | | | 5 | 3 | | |
| | 1 | | 9 | 3 | | 5 | | 4 |
| | | 1 | 6 | 8 | 7 | | | |
| 9 | 2 | | | | 3 | | 7 | 8 |
| 8 | 7 | | | | 9 | 1 | | 3 |
| | 9 | 3 | 2 | 1 | | 7 | | 6 |
| 7 | | 4 | 5 | 9 | | | | |
| | | 2 | | 7 | | | | 5 |

## EASY - 71

| | | | | | | | | |
|---|---|---|---|---|---|---|---|---|
| 3 | | | | 4 | 7 | 6 | 8 | 1 |
| 5 | | | 9 | | | | 2 | |
| | | | 2 | 1 | | | 5 | |
| 9 | | | 4 | 7 | 5 | 8 | | |
| | | | 6 | | | 9 | | 2 |
| 8 | | 7 | | 2 | | | 4 | |
| | | | | | 3 | 1 | | 5 |
| 6 | 8 | | 1 | 9 | | | 3 | 7 |
| 1 | 3 | | 7 | 5 | | 4 | 6 | |

## EASY - 72

| | | | | | | | | |
|---|---|---|---|---|---|---|---|---|
| | | 5 | 6 | | 1 | 8 | | |
| | 9 | | | 5 | 7 | | 1 | 3 |
| 3 | | 2 | 9 | | | | 5 | |
| 4 | | | | | | 7 | 6 | 1 |
| 2 | 8 | 9 | | | | 3 | 4 | 5 |
| | | 1 | | | | | | 2 |
| 9 | 2 | | | | | 1 | 3 | |
| | 3 | | 4 | | 8 | | 9 | |
| | | 4 | 3 | 1 | | 2 | | 8 |

## EASY - 73

| | | | | | | | | |
|---|---|---|---|---|---|---|---|---|
| | 7 | | 8 | | 4 | | | |
| | | | | | | | | |
| 2 | 5 | 6 | | 1 | | | 8 | |
| 8 | 1 | 4 | | | 2 | | 6 | |
| | 6 | 2 | | 4 | 9 | | | |
| 7 | | 9 | 6 | | 5 | | 4 | 2 |
| 9 | | 7 | | 6 | 1 | 5 | 3 | |
| 1 | | 5 | 3 | 2 | 7 | | | 6 |
| | | 3 | | 9 | 8 | | | 7 |

## EASY - 74

| | | | | | | | | |
|---|---|---|---|---|---|---|---|---|
| | 8 | 9 | | 1 | | 7 | | |
| 5 | | | | 3 | | 8 | | 9 |
| | | 4 | 9 | | | 3 | | 6 |
| | | 8 | 4 | 2 | | | 7 | 3 |
| 9 | 2 | | | 7 | | 4 | | |
| | 4 | | 1 | 9 | 3 | 2 | 5 | |
| | | 6 | | 8 | | 5 | 9 | |
| | 7 | | | | 9 | | | |
| 8 | | 1 | 5 | 4 | 7 | | 3 | 2 |

## EASY - 75

| | | | | | | | | |
|---|---|---|---|---|---|---|---|---|
| | | 1 | 4 | | 6 | | | |
| | | 8 | | | | 4 | 2 | 6 |
| 2 | 4 | | 8 | 7 | | 1 | | |
| | 5 | 9 | 2 | 8 | 4 | | 6 | 1 |
| 1 | | | | | | | | 2 |
| | 2 | | | 3 | | 8 | | 5 |
| 4 | 1 | | 3 | 5 | | | | |
| 8 | | 5 | | | 7 | | 1 | 3 |
| | | 3 | | 1 | | 5 | 8 | 4 |

## EASY - 76

| | | | | | | | | |
|---|---|---|---|---|---|---|---|---|
| | | | 5 | 4 | 8 | 9 | | |
| | | | | | 1 | | | |
| | | | | 6 | | 1 | 5 | 3 |
| 1 | 9 | | 6 | | 3 | 8 | 2 | |
| 3 | | 6 | 2 | 8 | | 5 | 4 | 1 |
| 5 | | 8 | | 7 | 4 | | 9 | 6 |
| | 8 | 9 | 7 | | | | | |
| 6 | | 7 | | | 5 | | 8 | |
| | 5 | | 8 | | | | 3 | 4 |

## EASY - 77

| | | | | | | | | |
|---|---|---|---|---|---|---|---|---|
| 9 | | | 4 | | | | | |
| 5 | | 6 | 2 | | | | 4 | 7 |
| | | | | | | | 6 | 5 |
| 2 | | 5 | 8 | 6 | 9 | 1 | | 3 |
| 7 | | | | | 4 | 5 | | |
| 3 | | 9 | | | | 4 | 8 | 2 |
| | 2 | | 9 | 8 | 5 | | 1 | |
| | 9 | | 1 | 7 | | 6 | | 8 |
| 1 | 5 | | | 4 | 3 | 7 | | |

## EASY - 78

| | | | | | | | | |
|---|---|---|---|---|---|---|---|---|
| | | 8 | | | | 3 | 9 | 4 |
| 4 | | 3 | 8 | 5 | | | 2 | 6 |
| | 6 | | | | | | | 7 |
| | | | | | | 6 | 5 | |
| 9 | | | 5 | 7 | 8 | | | |
| 2 | 4 | | 6 | | 3 | 7 | 1 | |
| 6 | 8 | | 4 | | | 9 | 7 | 2 |
| | | 4 | 9 | 2 | 1 | 8 | 6 | 5 |
| | | | 7 | 8 | | | 3 | |

## EASY - 79

| 4 | | | | | 7 | 1 | | |
|---|---|---|---|---|---|---|---|---|
| | 1 | 2 | 5 | | | | 3 | 9 |
| | 6 | | | 8 | 1 | | 5 | 4 |
| | | | 7 | 1 | 9 | | | 8 |
| | | 1 | | | 5 | | 9 | 2 |
| | | | | 2 | 4 | | | 7 |
| 5 | | | 9 | 7 | 8 | | 2 | |
| 1 | | | 4 | 5 | 2 | | | |
| | 9 | 4 | | 6 | | 8 | 7 | 5 |

## EASY - 80

| 4 | | 7 | | 5 | | | | 8 |
|---|---|---|---|---|---|---|---|---|
| 6 | 8 | | 2 | | 4 | | 7 | 5 |
| 5 | 2 | | 8 | 1 | 7 | | | 6 |
| 9 | | | | | | | 2 | 4 |
| | 4 | 8 | 1 | 3 | | 9 | | |
| 7 | | | 9 | 4 | 2 | 5 | | 1 |
| | | | | 7 | | 6 | 1 | 2 |
| 1 | | | | | 9 | | 5 | |
| 3 | 6 | | 5 | | | 7 | | |

## EASY - 81

| | 8 | | 5 | 4 | | | 7 | 1 |
|---|---|---|---|---|---|---|---|---|
| | | | | | 7 | | | 5 |
| | 5 | 7 | | 1 | | 3 | | |
| | | | | 5 | 1 | 6 | 4 | 3 |
| 1 | 3 | | | | | 8 | | 7 |
| 5 | | 4 | 8 | 6 | | 1 | | |
| | 6 | 1 | | | 4 | 5 | 2 | |
| | 2 | | 6 | 7 | 5 | | | 4 |
| | | | 1 | | 8 | 7 | | 6 |

## EASY - 82

| 7 | 1 | 2 | 6 | | | 8 | | 4 |
|---|---|---|---|---|---|---|---|---|
| 8 | 9 | 3 | | 1 | 2 | | 7 | |
| 5 | 4 | 6 | | 3 | | | | |
| | | | | | 1 | 9 | | |
| 3 | | 5 | | 6 | 4 | | 8 | 1 |
| | 8 | | 3 | | | 4 | | |
| 2 | | | | | | | | 7 |
| | 3 | | 1 | 2 | 6 | 5 | | |
| 4 | | 8 | | 7 | | | 1 | 9 |

## EASY - 83

| 6 | | 9 | | 2 | 4 | 3 | | |
|---|---|---|---|---|---|---|---|---|
| | | | 7 | 8 | | 5 | 9 | 4 |
| | | 4 | 5 | 9 | 3 | | | |
| | | 8 | 2 | | | | | 6 |
| 5 | | 2 | 4 | | 9 | 1 | 3 | |
| 9 | | 1 | | 5 | 8 | | | 2 |
| 8 | | | | 1 | 5 | | 4 | 9 |
| | 1 | | | | | | 6 | |
| 4 | 9 | 6 | | | | 7 | 1 | 5 |

## EASY - 84

| | | 2 | | 6 | | | | |
|---|---|---|---|---|---|---|---|---|
| | | | | 8 | | | 4 | 3 |
| 4 | | | 3 | | 9 | 6 | | |
| 7 | 3 | | 6 | | 8 | 9 | | 5 |
| 9 | | 8 | | | | | | |
| 2 | 5 | 6 | 9 | 3 | | 1 | | |
| | 7 | | 4 | | | 2 | | 1 |
| 1 | 6 | | 7 | 5 | | | 3 | |
| | 2 | 9 | 8 | 1 | 3 | | | 7 |

## EASY - 85

| | | | | | | | | |
|---|---|---|---|---|---|---|---|---|
| | | | | 3 | 9 | 5 | | 6 |
| 4 | | | | 5 | | 2 | 8 | |
| | | 2 | 4 | 8 | | 9 | 3 | 7 |
| | | 5 | 8 | | 7 | | | |
| | | | | 9 | | 3 | | |
| 2 | | 1 | | | 5 | | | 8 |
| 9 | 2 | 3 | 5 | 7 | | 6 | 1 | |
| | 5 | | | | 2 | | 9 | 3 |
| 6 | | 8 | | 4 | 3 | | 5 | |

## EASY - 86

| | | | | | | | | |
|---|---|---|---|---|---|---|---|---|
| 9 | 1 | 6 | 3 | | 8 | | 5 | |
| 8 | | 7 | 9 | | | 4 | | |
| 2 | | | | 7 | | 8 | 6 | 9 |
| | 3 | 5 | | 9 | | | | |
| 1 | | 4 | | 6 | 3 | | | |
| | | | 1 | 5 | 7 | | 8 | |
| | | | | | 9 | | 7 | |
| 3 | | 1 | | 8 | 5 | | 4 | 6 |
| | 7 | 8 | 6 | | 2 | | | 5 |

## EASY - 87

| | | | | | | | | |
|---|---|---|---|---|---|---|---|---|
| 3 | | 2 | 8 | 6 | | 5 | 9 | |
| | | 5 | 3 | | | | 8 | |
| 4 | | | | 1 | 9 | 6 | | |
| 6 | | | 1 | 3 | | | 7 | 4 |
| | | | 9 | 7 | | 8 | | |
| | 9 | 3 | 4 | | 5 | 2 | | |
| | 3 | | | | | 7 | 4 | |
| 5 | 2 | 9 | | | 1 | | 6 | |
| | 7 | | 6 | | 3 | 1 | | 2 |

## EASY - 88

| | | | | | | | | |
|---|---|---|---|---|---|---|---|---|
| | | | 4 | | | | | |
| 9 | | | | | 3 | 8 | | |
| | 2 | 3 | | | 1 | 9 | 4 | 5 |
| | 1 | 6 | | | 8 | 3 | 5 | |
| 3 | | | 5 | 2 | | | 7 | 8 |
| | | 8 | 1 | | 4 | 6 | | 2 |
| 4 | 3 | | | | 7 | | | |
| 6 | 5 | 1 | 9 | | | 7 | | 3 |
| 8 | | | 3 | 6 | | 4 | | 1 |

## EASY - 89

| | | | | | | | | |
|---|---|---|---|---|---|---|---|---|
| 4 | 1 | 5 | 9 | | | | | |
| | 7 | 8 | | | | | 9 | |
| | | | 4 | 7 | 5 | 8 | 1 | |
| 8 | | 9 | 5 | 3 | 1 | 7 | 2 | |
| | | | 6 | | 7 | 1 | 8 | |
| | 4 | 7 | | | | | | |
| | | | | 9 | 6 | 2 | | |
| 9 | 8 | 4 | | | | 6 | | 3 |
| 6 | 2 | 1 | 3 | | 4 | 9 | | |

## EASY - 90

| | | | | | | | | |
|---|---|---|---|---|---|---|---|---|
| 2 | 6 | 4 | | 7 | | | 9 | |
| 3 | 8 | | | 6 | | | 5 | |
| 5 | | 1 | | 4 | 2 | 7 | 3 | |
| 7 | | | | | 4 | | 6 | |
| | 5 | | | 2 | | 3 | | |
| | 3 | 8 | | | | | 7 | 2 |
| 1 | 2 | 5 | | | | 9 | 8 | |
| 6 | | 3 | | 1 | 8 | 4 | 2 | |
| 8 | | | | 5 | | 6 | 1 | |

## EASY - 91

| | | | | | | | | |
|---|---|---|---|---|---|---|---|---|
| | 6 | 7 | | | 2 | | | |
| | | | | 8 | | | 2 | 9 |
| 3 | 9 | | 1 | 7 | 4 | | | |
| 7 | | | 8 | | | | 4 | 2 |
| 2 | | 9 | | | 7 | | 1 | 6 |
| | 5 | 8 | | | 6 | 3 | 9 | |
| | 2 | 1 | | | 5 | | | |
| | 8 | 3 | 7 | 9 | | 2 | | |
| 9 | 7 | 5 | 2 | 4 | 8 | | | 3 |

## EASY - 92

| | | | | | | | | |
|---|---|---|---|---|---|---|---|---|
| | 7 | | 3 | 1 | | 6 | 9 | |
| 9 | | 3 | 7 | | 8 | | | 4 |
| 8 | | | 5 | | 6 | 7 | | 3 |
| | | 6 | 9 | 8 | | 4 | 5 | |
| 4 | | 8 | 6 | 3 | | | | 2 |
| | 1 | 9 | | 4 | | | | |
| 1 | 3 | | 4 | | 9 | 8 | | |
| | 8 | 7 | | | | | 4 | |
| | | | | 7 | 2 | | 3 | 5 |

## EASY - 93

| | | | | | | | | |
|---|---|---|---|---|---|---|---|---|
| | | 4 | 5 | | 8 | | 7 | 1 |
| 3 | | | | 6 | | | | 4 |
| | | 1 | 7 | 4 | | 5 | 3 | |
| | 1 | 6 | | 5 | | 4 | 9 | 8 |
| | 9 | | | | | | 5 | 2 |
| | | 3 | 4 | 9 | | 1 | | |
| 7 | 3 | 2 | | 1 | 5 | 6 | | |
| | 5 | | 9 | 2 | 4 | | | |
| | | | | 7 | 3 | | | 5 |

## EASY - 94

| | | | | | | | | |
|---|---|---|---|---|---|---|---|---|
| 2 | 7 | 1 | 4 | | | | 6 | |
| | 3 | | | | 6 | | 9 | |
| 5 | | 6 | 7 | 3 | | | | 4 |
| | 8 | | | | 2 | 3 | 4 | 9 |
| 9 | 4 | | 3 | 5 | | 6 | 8 | |
| | | 2 | | 8 | | | 7 | 5 |
| | | | 5 | | | 9 | 2 | 6 |
| | | 9 | | | 3 | | | |
| | 5 | 4 | | | | 7 | | 1 |

## EASY - 95

| | | | | | | | | |
|---|---|---|---|---|---|---|---|---|
| 8 | | 5 | 7 | 4 | | | | |
| | | 7 | | 2 | | 4 | 6 | 8 |
| 6 | 4 | 2 | | | | 9 | | |
| 4 | | | 8 | | 1 | 2 | | 9 |
| 2 | | 9 | 6 | | | | 8 | 7 |
| 5 | | 8 | | | | 6 | | 1 |
| | 5 | 6 | | 9 | 7 | | | |
| | 8 | | 4 | 6 | | 7 | | 3 |
| 7 | | 4 | | 8 | 3 | | | |

## EASY - 96

| | | | | | | | | |
|---|---|---|---|---|---|---|---|---|
| | 7 | | 9 | 2 | | | | |
| 9 | 8 | 5 | 1 | | 7 | | | |
| | 2 | 6 | | 8 | 5 | | | 1 |
| | 3 | | | 1 | 6 | 7 | | |
| 7 | 6 | 9 | 8 | | 2 | | | 3 |
| | | 4 | 7 | | | 6 | | 5 |
| | | | | | | 8 | | 7 |
| 8 | | 2 | | 7 | 1 | | | 6 |
| 3 | 5 | | | 9 | | | 1 | 4 |

## EASY - 97

| | | | | | | | | |
|---|---|---|---|---|---|---|---|---|
| | 8 | 3 | 6 | | | | 7 | |
| | | | 4 | | 2 | 8 | | 6 |
| | | | | | | 4 | | 1 |
| 3 | | 5 | 8 | 6 | 9 | 1 | 4 | 2 |
| 8 | | | 3 | | 5 | | 6 | |
| | | 6 | 1 | 4 | | 5 | 8 | 3 |
| | | | | | | | 2 | |
| 5 | | 1 | | 7 | 6 | 3 | | |
| 2 | | 9 | 5 | | 8 | 7 | | 4 |

## EASY - 98

| | | | | | | | | |
|---|---|---|---|---|---|---|---|---|
| | | | 9 | | | | | 7 |
| 9 | | | | 7 | 8 | 2 | | 4 |
| | | 2 | 3 | 5 | | 6 | | 9 |
| | | | 7 | 8 | | 1 | | |
| 6 | 5 | | | 2 | | 8 | 7 | 3 |
| 1 | 8 | 7 | | 3 | 5 | 9 | | 6 |
| 2 | 7 | | 8 | | 3 | | 6 | |
| | | 3 | 5 | 6 | | | 9 | 2 |
| | | | | | 7 | 5 | | |

## EASY - 99

| | | | | | | | | |
|---|---|---|---|---|---|---|---|---|
| | | 4 | 5 | | | 3 | 9 | |
| 3 | | | 6 | | | 7 | | 5 |
| | | 9 | 3 | 1 | | | | 8 |
| | | | | | | 6 | 7 | 3 |
| 7 | 9 | | 8 | 3 | 1 | | | 4 |
| 2 | | | 4 | | 6 | 9 | 8 | 1 |
| | | 2 | | 5 | | 8 | | |
| 6 | | 7 | 9 | 8 | 4 | 1 | | |
| 8 | | | 7 | | 2 | 5 | | |

## EASY - 100

| | | | | | | | | |
|---|---|---|---|---|---|---|---|---|
| 1 | 3 | 4 | 2 | 7 | 6 | | | |
| 2 | 5 | | | | 3 | | | |
| 9 | | | 8 | | | 2 | | 1 |
| 8 | | 2 | | 1 | | 3 | | 5 |
| | 1 | 7 | 5 | 3 | | 9 | | 2 |
| 5 | | 3 | 4 | 2 | 7 | 1 | | |
| 7 | | 1 | | 5 | 4 | 6 | | 8 |
| | 8 | | | | 2 | 5 | | |
| | | | 9 | | | | | 3 |

## EASY - 101

| | | | | | | | | |
|---|---|---|---|---|---|---|---|---|
| 9 | | | | | 1 | 5 | 8 | 3 |
| 5 | | 1 | 6 | | | 9 | | |
| 3 | 4 | | 5 | | 8 | | | |
| 4 | 1 | | | | 6 | | 5 | 7 |
| 7 | | | 1 | | 9 | | | 4 |
| | 2 | 3 | 7 | | 4 | 1 | 9 | |
| | | | 9 | | | | 7 | 5 |
| 2 | | 4 | 8 | | 5 | | 1 | 6 |
| | | 5 | | | | 8 | | 9 |

## EASY - 102

| | | | | | | | | |
|---|---|---|---|---|---|---|---|---|
| 8 | 6 | 5 | | | 2 | 4 | | |
| 1 | | | | 4 | | | 8 | 9 |
| 4 | 7 | 9 | | 8 | | | | 6 |
| | 2 | 8 | | 5 | | 1 | 3 | |
| | | | 7 | 9 | | 2 | | 8 |
| 7 | 5 | | | | 1 | 6 | | 4 |
| | 8 | | | 7 | 4 | 9 | | |
| | | 6 | 5 | | 8 | 7 | | |
| 2 | | | | 6 | | | | 5 |

## EASY - 103

| 2 |  | 5 | 9 | 1 | 4 |  | 7 |  |
|---|---|---|---|---|---|---|---|---|
| 4 |  |  |  |  |  |  | 5 |  |
| 6 |  |  | 5 | 7 |  |  |  |  |
|  | 6 | 9 |  | 8 |  |  |  |  |
| 1 | 3 | 8 | 7 |  |  | 9 | 6 |  |
| 5 | 2 |  | 3 |  | 6 | 1 |  | 7 |
| 9 | 4 |  |  |  |  |  |  | 5 |
| 3 | 5 |  | 1 |  |  | 7 |  |  |
| 8 | 7 |  |  |  | 9 | 3 | 4 | 1 |

## EASY - 104

| 3 |  |  |  |  |  |  | 5 | 8 |
|---|---|---|---|---|---|---|---|---|
|  | 4 | 5 | 9 |  | 6 | 3 |  |  |
| 1 | 7 |  |  |  | 5 | 2 | 9 |  |
| 7 |  |  | 2 | 9 |  |  |  |  |
|  | 3 | 4 |  | 6 | 7 | 1 |  | 9 |
|  |  |  | 5 | 1 | 4 |  | 6 |  |
| 6 |  |  |  | 5 | 8 |  |  | 2 |
| 9 | 5 | 8 | 1 | 3 | 2 | 4 | 7 |  |
| 4 |  |  |  |  |  |  |  | 1 |

## EASY - 105

|  |  |  | 2 |  |  |  |  | 9 |
|---|---|---|---|---|---|---|---|---|
| 2 | 5 |  |  |  | 7 |  |  | 6 |
|  |  |  |  | 5 |  | 2 | 3 | 8 |
|  | 1 | 9 |  | 4 |  | 3 | 6 | 2 |
| 8 |  | 3 |  | 9 | 5 | 7 | 1 | 4 |
| 7 |  |  | 3 |  | 1 |  | 8 |  |
| 6 |  |  | 5 | 1 |  | 4 |  | 7 |
| 3 | 4 | 5 |  |  |  |  |  |  |
| 9 | 7 | 1 |  |  |  |  | 5 |  |

## EASY - 106

|  | 3 | 7 |  |  | 9 |  | 8 |  |
|---|---|---|---|---|---|---|---|---|
| 5 | 8 | 2 |  |  |  |  | 4 |  |
|  | 6 | 4 | 2 |  | 3 | 7 | 5 | 1 |
|  | 4 | 9 | 7 | 5 |  |  |  |  |
| 7 |  | 3 |  |  | 1 |  | 2 |  |
| 2 |  |  |  |  |  |  |  | 7 |
| 4 |  |  | 8 | 2 |  | 3 |  |  |
|  |  | 5 | 3 | 1 |  | 8 | 7 | 9 |
| 3 |  | 8 | 6 | 9 | 5 |  |  |  |

## EASY - 107

| 6 | 4 | 9 | 3 |  | 8 |  | 1 | 7 |
|---|---|---|---|---|---|---|---|---|
|  | 1 |  |  | 6 | 2 |  | 5 | 4 |
| 5 | 2 | 3 | 4 | 7 |  |  | 6 | 9 |
| 9 |  |  | 6 |  |  | 5 |  |  |
| 2 |  | 6 |  |  | 7 |  |  |  |
|  |  | 8 |  |  | 9 | 7 |  |  |
|  |  |  |  |  |  |  | 4 |  |
| 1 |  | 2 | 8 | 3 |  |  | 7 |  |
|  | 6 |  | 7 | 1 |  |  | 8 |  |

## EASY - 108

|  | 8 |  |  | 7 | 4 | 5 | 1 |  |
|---|---|---|---|---|---|---|---|---|
| 7 |  | 2 | 1 |  |  |  |  | 3 |
|  | 1 | 5 | 2 | 9 |  |  |  | 7 |
| 8 |  |  |  |  |  |  |  | 4 |
| 5 | 6 |  | 7 | 1 | 3 |  | 2 |  |
|  | 3 | 7 |  |  |  |  | 6 | 5 |
|  |  |  |  | 2 | 1 |  | 3 | 6 |
|  |  | 6 |  | 3 |  | 4 | 9 | 1 |
|  | 7 |  | 9 | 4 |  |  |  | 8 |

## EASY - 109

| 2 |  |  | 9 | 1 | 8 | 5 | 6 | 7 |
|---|---|---|---|---|---|---|---|---|
| 5 | 1 |  |  | 7 |  | 8 |  |  |
|  |  | 6 | 4 |  | 5 | 9 |  | 3 |
|  |  |  |  |  | 2 |  | 8 |  |
|  | 8 |  |  |  | 4 | 7 |  | 2 |
|  |  |  |  | 5 |  |  | 4 |  |
|  | 2 |  |  | 8 | 3 |  |  | 9 |
| 7 |  | 3 |  | 6 | 9 |  |  | 8 |
| 9 |  | 8 | 7 | 4 | 1 | 2 | 3 |  |

## EASY - 110

| 4 | 3 | 2 | 8 |  | 1 |  |  | 5 |
|---|---|---|---|---|---|---|---|---|
| 8 |  | 9 |  |  |  | 1 |  | 3 |
|  | 1 |  | 9 | 2 | 3 | 4 |  | 8 |
|  |  |  | 4 | 5 |  |  |  | 7 |
|  |  |  | 7 |  | 8 |  | 6 |  |
|  |  | 8 |  |  |  |  |  |  |
|  | 9 | 4 | 3 |  | 2 | 7 |  |  |
|  | 6 | 5 | 1 | 9 | 7 | 8 | 4 |  |
|  |  | 7 | 5 |  |  | 9 | 3 | 1 |

## EASY - 111

| 8 | 6 | 5 | 1 | 2 | 9 | 4 |  |  |
|---|---|---|---|---|---|---|---|---|
| 2 |  |  |  |  |  | 5 |  | 1 |
|  |  | 4 | 6 | 7 |  | 2 |  |  |
| 3 |  |  |  |  | 2 |  | 4 |  |
|  |  | 2 |  | 3 | 6 |  |  | 8 |
|  | 8 | 1 |  |  | 7 | 6 |  |  |
| 4 |  |  |  | 9 |  | 1 | 7 | 6 |
| 9 | 1 |  | 4 |  | 3 | 8 |  | 2 |
| 6 | 2 |  |  |  |  |  |  | 4 |

## EASY - 112

| 4 |  | 8 |  |  |  |  | 9 | 1 |
|---|---|---|---|---|---|---|---|---|
|  |  | 1 |  | 3 | 8 | 6 |  |  |
|  | 6 | 5 |  |  |  | 8 |  | 2 |
| 2 | 1 |  | 3 |  | 9 |  |  |  |
| 5 | 8 |  |  |  |  |  | 6 | 9 |
|  |  |  | 6 | 8 | 1 |  |  | 5 |
| 1 |  |  |  | 2 | 4 | 9 |  |  |
| 6 |  |  | 8 | 1 |  |  |  | 4 |
| 8 | 4 |  |  | 7 | 6 | 5 |  | 3 |

## EASY - 113

|  |  |  |  | 9 |  | 2 | 7 | 6 |
|---|---|---|---|---|---|---|---|---|
| 2 |  | 1 |  |  |  | 3 | 4 | 9 |
|  | 3 | 7 | 2 | 6 |  | 5 | 1 | 8 |
|  |  | 6 |  | 3 |  | 7 |  | 1 |
|  | 2 | 4 |  | 7 | 8 |  | 6 |  |
|  |  |  | 6 |  |  |  |  | 4 |
| 6 |  | 5 |  |  | 3 | 4 |  |  |
|  |  |  | 9 |  | 6 |  | 3 |  |
| 4 | 9 |  |  |  | 5 |  | 8 | 7 |

## EASY - 114

|  | 4 | 9 | 5 |  |  |  | 6 | 8 |
|---|---|---|---|---|---|---|---|---|
| 8 |  |  |  |  | 2 | 4 |  | 7 |
| 7 | 6 | 2 |  | 3 | 8 | 5 |  | 9 |
|  | 5 |  | 8 | 9 | 1 | 3 |  |  |
|  | 3 | 8 |  |  | 5 | 7 |  | 1 |
|  |  |  |  | 2 |  |  | 4 | 5 |
|  |  |  |  |  | 9 |  |  |  |
| 9 | 8 |  | 3 |  | 4 | 1 |  | 2 |
|  | 2 | 4 |  | 8 |  |  |  |  |

## EASY - 115

| | | | | | | | | |
|---|---|---|---|---|---|---|---|---|
| | | 1 | | 8 | | 9 | 6 | |
| | 8 | | | | | 1 | | 2 |
| 6 | 4 | 2 | 3 | | | 7 | 5 | 8 |
| 1 | | | | 2 | 5 | 3 | 8 | |
| 3 | | | | | | 5 | | |
| 7 | 5 | 4 | | | | 6 | | |
| 2 | 1 | 6 | 9 | | 4 | | 7 | |
| | 9 | | 2 | | 6 | | | 1 |
| 4 | 3 | 7 | | | | 2 | 9 | 6 |

## EASY - 116

| | | | | | | | | |
|---|---|---|---|---|---|---|---|---|
| 8 | | | | | 3 | 6 | 4 | |
| 7 | | | | 4 | | 2 | | 8 |
| | 4 | 9 | | 1 | | 5 | | |
| 1 | 9 | 4 | | 6 | | | 5 | 2 |
| | | | | 3 | 1 | | 6 | |
| 2 | | 3 | 4 | 9 | 5 | | | |
| 4 | 5 | | 9 | | | | | 1 |
| | | 7 | 3 | | | 4 | 2 | 5 |
| | | | 1 | | 4 | | 9 | |

## EASY - 117

| | | | | | | | | |
|---|---|---|---|---|---|---|---|---|
| | 9 | | 6 | | 4 | | | |
| 3 | 4 | | 1 | | 2 | | 9 | |
| 2 | | 7 | 5 | | 9 | 6 | | 4 |
| | 1 | 2 | | | | 3 | 8 | 5 |
| | 5 | 3 | | 2 | 8 | | 7 | |
| | | 8 | 3 | 1 | | 4 | | 9 |
| | | 9 | | | | 7 | 5 | |
| 1 | | 5 | 8 | | 7 | | | |
| 7 | | | 9 | | | 2 | | 8 |

## EASY - 118

| | | | | | | | | |
|---|---|---|---|---|---|---|---|---|
| 2 | | 1 | | 9 | 7 | | 4 | |
| 3 | 7 | | | | 5 | | 2 | |
| | 6 | | 8 | 2 | | | 5 | |
| | 9 | | 4 | 7 | | | | 3 |
| 8 | 1 | | 5 | 6 | 3 | 7 | | 2 |
| 7 | | | | | | | 8 | 6 |
| 1 | 4 | | 7 | | | 2 | 6 | 5 |
| 5 | | 6 | | | | 8 | | |
| | 8 | | | 5 | 6 | 1 | | |

## EASY - 119

| | | | | | | | | |
|---|---|---|---|---|---|---|---|---|
| | | 3 | | | | 1 | 2 | 4 |
| 5 | | 2 | 8 | 1 | | | | |
| | 1 | 6 | | 2 | | 8 | | 5 |
| 3 | 6 | | 7 | | 2 | | 1 | |
| | 5 | | | | | 3 | | |
| | 8 | | | 3 | 1 | | 6 | |
| 7 | 3 | | 1 | 6 | 5 | | 4 | |
| 1 | 4 | 5 | | 7 | 8 | | 3 | 6 |
| 6 | 2 | | | | 9 | | | |

## EASY - 120

| | | | | | | | | |
|---|---|---|---|---|---|---|---|---|
| | | 6 | 2 | 9 | 5 | 3 | 4 | |
| | | 1 | | | 7 | 9 | | |
| | | 9 | | 8 | 1 | 5 | 6 | 7 |
| 6 | | 2 | 5 | | | | 1 | 3 |
| | | 7 | | | | | | 2 |
| 3 | 1 | 4 | | 2 | 6 | | | 5 |
| 1 | | | 8 | | | | | |
| | 2 | | | | 9 | 1 | 3 | 6 |
| | | | 1 | 3 | | 7 | 8 | 4 |

**EASY - 121**

| | | 6 | | | 5 | | | |
|---|---|---|---|---|---|---|---|---|
| 2 | | 7 | | 3 | | 4 | 1 | |
| | 9 | 3 | 4 | 2 | 1 | 6 | | |
| | | | 9 | 6 | | 8 | | 7 |
| | 2 | | 5 | | 7 | 3 | | 4 |
| 7 | | 5 | | 4 | 8 | | 9 | 2 |
| | | | | | | | 8 | 1 |
| | | | | 5 | 6 | 9 | | |
| 8 | 5 | | | 9 | 3 | | 2 | 6 |

**EASY - 122**

| 9 | 6 | 7 | | | 3 | 8 | 1 | 4 |
|---|---|---|---|---|---|---|---|---|
| 4 | | | 6 | 7 | | | | |
| | | | 4 | | | | 6 | |
| 3 | | | 7 | 4 | 5 | | | 8 |
| | | | 8 | | 2 | 7 | | 1 |
| 2 | | | | 3 | | | | |
| 7 | | 4 | 2 | 5 | 1 | | 8 | 6 |
| 1 | 8 | | | | 7 | 3 | 4 | |
| 6 | 5 | | 3 | 8 | | 1 | | 2 |

**EASY - 123**

| 3 | 7 | 4 | 9 | | | | | |
|---|---|---|---|---|---|---|---|---|
| 8 | 5 | 1 | | 7 | 6 | 9 | | 4 |
| 6 | | 2 | 3 | | 4 | | 8 | |
| 4 | | | 1 | | | 3 | | |
| | | 5 | | | 3 | 2 | | 8 |
| 2 | 3 | | | 4 | | 6 | 1 | 5 |
| | 4 | | 5 | | 2 | | 9 | |
| | 6 | | 4 | | | 1 | 5 | |
| | | 8 | | | | | | 3 |

**EASY - 124**

| | 1 | | 4 | 3 | 8 | | | |
|---|---|---|---|---|---|---|---|---|
| | | | 6 | | | 2 | | |
| 6 | 4 | 3 | | | | 5 | 1 | |
| | 2 | | | 6 | 3 | | | |
| 3 | 9 | 5 | 8 | 7 | | | | 6 |
| | 8 | 6 | 1 | 9 | | 4 | | |
| 2 | | 1 | 9 | | 7 | | 6 | |
| | | | | 4 | 6 | 3 | 9 | |
| 4 | | | 3 | 8 | 1 | 7 | | |

**EASY - 125**

| 4 | 9 | 5 | | | | 7 | 8 | 2 |
|---|---|---|---|---|---|---|---|---|
| | | | 2 | 8 | 9 | | 3 | 5 |
| 3 | 2 | 8 | | 7 | 5 | 6 | | |
| 2 | | | | | | | 7 | 8 |
| 5 | 7 | | | 2 | | | 4 | 1 |
| | | | 5 | 1 | | | 2 | 6 |
| 8 | | | 6 | | 2 | | 5 | 7 |
| 7 | | | | 5 | 1 | | | |
| | 5 | | | | 4 | | 6 | 3 |

**EASY - 126**

| 9 | | | 8 | 2 | 7 | 5 | | 3 |
|---|---|---|---|---|---|---|---|---|
| | | | | 6 | 3 | | | |
| 4 | | | | | | 2 | | |
| | 3 | 4 | 2 | | 5 | 1 | | |
| 8 | 1 | 5 | | 4 | | 3 | 7 | |
| | | | | | 8 | 4 | | |
| 1 | 4 | 6 | 3 | 8 | 2 | | 5 | 7 |
| 3 | 5 | 8 | | | | | | 1 |
| 2 | | | | 5 | | 8 | 3 | 4 |

## EASY - 127

|  |  |  |  | 2 | 1 | 7 |  |  |
|---|---|---|---|---|---|---|---|---|
|  | 2 |  | 8 |  | 6 |  | 5 | 1 |
|  |  |  |  |  | 4 |  | 2 | 8 |
|  |  | 3 | 2 | 4 | 9 |  |  | 7 |
| 2 |  | 4 |  |  | 8 | 5 | 3 |  |
| 6 |  | 9 | 3 | 5 |  | 2 |  | 4 |
| 1 | 4 | 2 | 9 |  |  |  |  |  |
| 8 | 3 | 6 |  |  |  |  | 9 |  |
|  |  |  | 4 | 8 | 2 |  | 1 | 6 |

## EASY - 128

|  | 8 |  |  | 2 | 7 |  | 3 | 1 |
|---|---|---|---|---|---|---|---|---|
|  | 6 |  |  | 1 | 9 |  |  | 4 |
|  | 3 |  | 6 | 8 |  | 2 | 9 |  |
|  |  | 5 |  |  |  | 9 |  | 8 |
|  | 2 |  |  |  | 8 |  |  |  |
|  |  |  | 4 |  | 6 |  | 2 |  |
|  |  | 8 |  |  |  |  | 5 | 2 |
|  | 5 | 9 | 1 | 7 |  | 8 | 4 | 6 |
| 2 | 7 |  | 8 | 4 | 5 | 3 |  |  |

## EASY - 129

|  |  |  |  | 1 | 2 | 6 |  | 8 |
|---|---|---|---|---|---|---|---|---|
| 8 | 9 | 2 | 6 |  | 4 | 1 |  | 3 |
|  | 3 | 1 |  | 8 |  |  | 2 | 4 |
| 7 |  |  |  |  |  | 3 |  |  |
| 2 | 8 |  |  |  | 3 |  |  |  |
|  | 5 |  | 8 | 9 |  | 4 |  |  |
|  |  | 8 |  |  | 6 | 2 | 3 |  |
| 4 | 1 |  |  | 3 | 8 |  |  | 7 |
|  | 2 | 5 |  | 7 |  |  | 4 | 6 |

## EASY - 130

| 4 |  | 9 |  |  |  |  |  |  |
|---|---|---|---|---|---|---|---|---|
|  |  |  |  | 8 | 9 | 2 | 5 | 4 |
| 8 |  |  | 6 | 1 |  | 9 | 3 | 7 |
| 2 |  |  |  | 6 |  | 3 | 4 | 5 |
|  |  | 6 | 3 |  |  |  |  |  |
| 1 |  | 3 | 5 |  |  | 7 | 6 | 8 |
|  | 5 | 4 | 8 |  |  |  |  | 2 |
| 9 |  | 2 |  |  |  | 5 | 8 | 3 |
|  | 3 | 8 | 9 |  | 5 | 4 |  |  |

## EASY - 131

|  |  | 8 | 1 |  |  |  | 9 |  |
|---|---|---|---|---|---|---|---|---|
|  |  | 1 |  | 7 |  |  | 2 |  |
| 3 |  | 4 |  | 5 |  |  | 1 |  |
|  | 8 | 5 |  | 3 |  |  | 7 |  |
| 6 |  | 3 | 2 | 9 |  | 4 |  | 1 |
|  | 1 |  |  |  |  | 6 | 3 | 8 |
|  | 3 | 2 |  | 1 |  | 9 |  | 5 |
| 9 | 4 |  |  | 6 | 5 | 1 | 8 | 2 |
|  |  |  | 9 |  | 2 |  |  |  |

## EASY - 132

| 8 | 5 | 3 | 4 |  | 6 |  | 9 | 7 |
|---|---|---|---|---|---|---|---|---|
| 2 |  | 1 | 9 | 3 | 5 |  |  | 6 |
| 6 |  |  | 2 | 7 |  |  |  | 3 |
| 3 | 9 |  | 6 |  | 4 |  | 1 | 2 |
|  |  |  |  | 9 |  |  |  |  |
|  | 8 |  | 1 |  | 3 |  | 6 | 9 |
| 4 |  | 6 | 7 |  |  |  | 2 |  |
|  |  |  |  |  | 2 | 6 | 7 |  |
| 7 | 2 |  |  |  | 1 |  |  | 5 |

## EASY - 133

| | | | | | | | | |
|---|---|---|---|---|---|---|---|---|
| 6 | 8 | | 1 | 7 | 9 | | | |
| 2 | | | | | | | | 1 |
| | | 1 | | 2 | 3 | | 5 | |
| 4 | 6 | | 8 | 3 | 7 | 5 | | 9 |
| | 1 | 7 | | 6 | 4 | | | 3 |
| | 3 | | 2 | 5 | | | 6 | |
| | 5 | | 7 | | 2 | 6 | | |
| 1 | 7 | 6 | | | | | | |
| 3 | 2 | | | | 5 | 1 | 9 | |

## EASY - 134

| | | | | | | | | |
|---|---|---|---|---|---|---|---|---|
| 9 | | | 5 | 4 | 6 | | | |
| 3 | | 7 | 8 | | 1 | | | 5 |
| 5 | 1 | 6 | 2 | | 3 | | | 4 |
| | | 4 | | 5 | 2 | 3 | | |
| 8 | 9 | | | | 7 | | 4 | |
| | 3 | | | 8 | 9 | 6 | 5 | |
| 1 | 7 | 3 | | 6 | | | | 8 |
| | | | | | | | 3 | 1 |
| | | 9 | | | 8 | 5 | | 6 |

## EASY - 135

| | | | | | | | | |
|---|---|---|---|---|---|---|---|---|
| | 6 | | | | 5 | 3 | | |
| 5 | | | 6 | | 7 | 4 | | |
| 2 | 8 | 1 | | 9 | 3 | | 5 | 7 |
| 8 | 1 | 5 | | | | 9 | 4 | |
| 7 | 3 | 6 | | | | 2 | | 5 |
| 9 | | | | 6 | | | | |
| 1 | 7 | | 8 | | | | 3 | 4 |
| | 5 | 8 | | 7 | | 1 | | 2 |
| 3 | | 2 | 1 | | | | 6 | 8 |

## EASY - 136

| | | | | | | | | |
|---|---|---|---|---|---|---|---|---|
| 8 | 5 | 6 | 2 | 7 | 3 | 1 | | 9 |
| | 7 | | | 1 | | | 8 | 6 |
| 4 | | | | | | 2 | 3 | 7 |
| | | 2 | | 3 | | 9 | 1 | 8 |
| 9 | | | | | | | | |
| | 8 | | 6 | | | | 2 | |
| 7 | 9 | | | 8 | | | | 2 |
| 3 | 2 | 5 | | 6 | | 8 | 9 | |
| 1 | | | 3 | 9 | | 4 | 7 | |

## EASY - 137

| | | | | | | | | |
|---|---|---|---|---|---|---|---|---|
| | 2 | 8 | 7 | | | 4 | 6 | 5 |
| | | 3 | | 9 | | | 2 | |
| 1 | | 6 | 4 | | | | 8 | |
| | | | | 8 | | | | 4 |
| | 3 | | | | | 7 | | |
| | | 4 | 2 | 7 | 3 | | | 6 |
| 4 | | 1 | 3 | 2 | | 6 | 5 | |
| 7 | | 9 | 1 | | | 3 | | 2 |
| | | 2 | 5 | 4 | | | 7 | 1 |

## EASY - 138

| | | | | | | | | |
|---|---|---|---|---|---|---|---|---|
| | | | | | | 2 | 3 | |
| 7 | 3 | 2 | 6 | | | 9 | | 1 |
| 1 | | | | | | | | |
| 9 | | | 5 | 8 | 1 | 3 | 4 | 2 |
| 8 | 1 | | 2 | | 6 | | | 5 |
| 2 | | 3 | 9 | | 4 | 6 | 1 | 8 |
| | 9 | 8 | 4 | 6 | 7 | 1 | | |
| | | | | | 3 | 5 | 7 | |
| | 4 | | | 2 | | | | |

## EASY - 139

| | | | | | | | | |
|---|---|---|---|---|---|---|---|---|
| | | 3 | | | 8 | | 1 | 6 |
| 8 | | 2 | | | 7 | | | |
| | 9 | | 4 | 1 | | | | |
| 9 | | 5 | | 8 | 6 | | 3 | 7 |
| | 7 | | 9 | | 3 | 1 | 5 | |
| | | | 7 | | | 9 | 6 | |
| | 6 | 1 | 8 | | 9 | 3 | 4 | |
| 4 | | 7 | | | 1 | 6 | 2 | |
| | 5 | | 6 | | 2 | | 7 | |

## EASY - 140

| | | | | | | | | |
|---|---|---|---|---|---|---|---|---|
| 9 | | 6 | | | | | | 8 |
| | | | | | 9 | 1 | 4 | |
| 5 | | 1 | | | 8 | | 6 | 2 |
| | | 8 | 2 | 6 | | | 5 | 9 |
| 6 | 5 | | 7 | | | 2 | | |
| 2 | | | 8 | 9 | | | 1 | |
| | 8 | 7 | | 3 | 2 | 6 | | |
| 1 | 6 | 5 | | 4 | 7 | | | 3 |
| 3 | | 2 | 5 | | 6 | | 7 | 1 |

## EASY - 141

| | | | | | | | | |
|---|---|---|---|---|---|---|---|---|
| | 2 | 5 | | 1 | 8 | 4 | | 7 |
| 8 | 4 | 3 | 7 | 9 | | | 5 | |
| 6 | | | 2 | 5 | | | 9 | 8 |
| | | | 4 | 8 | 7 | 5 | 1 | 3 |
| 1 | | | 9 | | | | | |
| | | | | 6 | 1 | | | 4 |
| 7 | | | 1 | 4 | 5 | 6 | 8 | |
| | | | 6 | 3 | | | | 1 |
| | | 1 | | 7 | 9 | | | 5 |

## EASY - 142

| | | | | | | | | |
|---|---|---|---|---|---|---|---|---|
| 3 | | | | 9 | | | 7 | 4 |
| 8 | | 1 | 6 | | 7 | | 3 | 2 |
| 7 | | 9 | 4 | | 3 | 8 | | 6 |
| | | | | 6 | 1 | 3 | | 8 |
| 9 | 8 | 5 | 2 | | | | | 1 |
| 1 | 6 | | | | | 4 | | |
| 6 | | 4 | 9 | | | | | 3 |
| | 3 | | 1 | 2 | | | 4 | |
| | | | | | 6 | 5 | 1 | |

## EASY - 143

| | | | | | | | | |
|---|---|---|---|---|---|---|---|---|
| | | 7 | | 4 | 1 | 5 | | 9 |
| 6 | 3 | | 5 | 8 | 2 | 1 | 7 | 4 |
| 5 | | 1 | | 7 | 3 | 8 | 2 | |
| | | | 2 | | | | | |
| | 6 | | 4 | 1 | 5 | | 9 | 8 |
| | | | | | | | 4 | 2 |
| | 1 | | 8 | 2 | | 4 | 5 | |
| | 9 | 5 | | 3 | | | | 1 |
| | 2 | 3 | | | 6 | | | |

## EASY - 144

| | | | | | | | | |
|---|---|---|---|---|---|---|---|---|
| 9 | 7 | | | 3 | | | 6 | |
| | | | 9 | | | | | |
| 3 | 1 | 2 | 5 | | 6 | 9 | 7 | 4 |
| 2 | 4 | | | | 8 | 7 | | 9 |
| | | | | 2 | 5 | | | |
| 1 | | 8 | | 9 | 4 | | 2 | 6 |
| 5 | 2 | 7 | | | 3 | 1 | | 8 |
| 4 | | 1 | | 5 | | | | |
| 8 | | | 2 | 1 | 7 | 6 | | |

## EASY - 145

| | | | | | | | | |
|---|---|---|---|---|---|---|---|---|
| 4 | | 9 | | 6 | 1 | 3 | 8 | 2 |
| 3 | 5 | | | 8 | 4 | | | |
| 6 | 8 | | 3 | 2 | | 4 | | 5 |
| 7 | | 8 | | | | 9 | 1 | 6 |
| | | 6 | | | | 2 | | |
| 2 | 9 | | 6 | | 7 | 8 | 5 | |
| | 6 | | | | | | 2 | |
| | 2 | 5 | | | | | | 8 |
| | | 3 | 2 | | 8 | 5 | | |

## EASY - 146

| | | | | | | | | |
|---|---|---|---|---|---|---|---|---|
| | | 1 | 7 | 8 | | | | 9 |
| | 8 | 4 | 9 | 2 | 3 | 5 | | 1 |
| 9 | | | 6 | | 5 | 4 | | |
| | 5 | | | 9 | 6 | 7 | | |
| 4 | 1 | | 8 | | 2 | | 9 | 6 |
| | 6 | 9 | | | | | | |
| 8 | 4 | | | 7 | | | 6 | 5 |
| 1 | | | 5 | 4 | | | | |
| | 9 | 5 | | | | 2 | 1 | |

## EASY - 147

| | | | | | | | | |
|---|---|---|---|---|---|---|---|---|
| 4 | 8 | | 2 | | 6 | 3 | 7 | 1 |
| 3 | | 9 | | 8 | | | | |
| 2 | 1 | | 7 | | | | 8 | |
| 6 | | 7 | 9 | | | | | |
| | 9 | | | | | | 5 | 6 |
| | 2 | 1 | 3 | | | 9 | 4 | |
| | 6 | 8 | | | 9 | 1 | 3 | 5 |
| | 3 | | | | 5 | | 2 | 7 |
| 1 | 5 | | 6 | 7 | | | | |

## EASY - 148

| | | | | | | | | |
|---|---|---|---|---|---|---|---|---|
| 1 | 7 | | 8 | | | 9 | | |
| 6 | | | 7 | 4 | 3 | 1 | | 2 |
| | | | | 1 | 9 | 7 | | |
| 8 | | | 2 | | | | 3 | |
| | | | 4 | | 1 | | | |
| | 3 | 6 | | | | 5 | 2 | 1 |
| 9 | | 8 | | 7 | 2 | 3 | 1 | |
| | 2 | | | | 4 | 6 | | |
| 3 | 4 | 7 | 1 | 6 | | | | 9 |

## EASY - 149

| | | | | | | | | |
|---|---|---|---|---|---|---|---|---|
| | | 3 | 5 | 6 | 7 | 2 | 9 | |
| | 7 | 6 | | | | | | |
| 5 | | 2 | | | | 6 | | |
| 9 | | 1 | 7 | 8 | | | 5 | |
| 8 | | 4 | 2 | | 3 | | 1 | |
| 7 | | 5 | 1 | | | 3 | 6 | 8 |
| 6 | | | 4 | 2 | | | | |
| | 4 | 9 | | 1 | | 8 | | |
| | 5 | 8 | 6 | 7 | 9 | | | |

## EASY - 150

| | | | | | | | | |
|---|---|---|---|---|---|---|---|---|
| 9 | 7 | | 1 | 3 | 8 | | | |
| | | | | | 9 | 7 | 8 | 6 |
| 8 | 5 | | | | 2 | 1 | | |
| 7 | | | 3 | | | 6 | 2 | |
| | 8 | 5 | 9 | 2 | | | | 3 |
| 1 | 3 | | 7 | | | | 9 | |
| 4 | | 3 | 8 | 9 | | 5 | 6 | |
| | | | 5 | | 6 | | | |
| 5 | | 8 | | 4 | 3 | | | |

## EASY - 151

|   | 1 | 6 | 3 |   | 9 | 4 |   | 7 |
|---|---|---|---|---|---|---|---|---|
| 8 |   | 3 |   |   | 7 | 5 | 9 |   |
| 4 |   | 7 |   | 1 |   | 6 |   |   |
|   | 5 | 9 |   |   |   | 2 |   | 3 |
| 2 |   |   | 9 | 3 | 1 |   |   | 4 |
|   | 3 |   | 7 |   |   |   |   | 8 |
|   |   | 5 |   |   | 3 |   | 2 |   |
|   |   | 1 |   | 9 |   |   | 7 |   |
|   | 8 | 2 | 5 | 7 |   | 1 | 4 |   |

## EASY - 152

|   | 7 |   | 3 | 8 |   |   | 2 |   |
|---|---|---|---|---|---|---|---|---|
| 8 |   |   | 2 | 1 |   | 9 |   | 6 |
| 4 |   |   | 9 |   |   | 8 |   | 3 |
|   |   |   |   |   |   | 7 | 4 | 9 |
| 7 |   | 5 | 4 | 3 | 6 | 2 | 1 |   |
|   |   | 8 |   | 9 | 2 | 3 | 6 | 5 |
|   |   |   | 5 |   | 3 |   |   | 4 |
|   |   |   | 6 | 4 | 9 |   | 3 | 7 |
|   |   | 4 |   |   | 1 | 6 |   | 2 |

## EASY - 153

| 4 |   |   | 8 |   | 3 | 2 | 5 | 7 |
|---|---|---|---|---|---|---|---|---|
| 6 | 5 |   | 7 |   | 4 |   | 3 |   |
| 8 |   | 7 |   |   |   |   |   |   |
|   | 1 | 9 |   | 7 |   |   |   | 8 |
|   | 4 | 8 | 5 |   |   | 6 |   |   |
| 7 | 6 | 5 | 2 | 3 | 8 | 4 |   | 1 |
|   |   |   | 1 | 5 |   |   |   | 4 |
| 1 | 7 |   | 3 |   |   |   | 6 | 5 |
|   | 8 |   |   |   |   |   |   | 2 |

## EASY - 154

|   |   | 4 | 3 |   | 8 | 7 | 6 |   |
|---|---|---|---|---|---|---|---|---|
|   |   | 5 | 1 | 6 | 2 | 9 |   |   |
| 6 |   |   |   | 9 | 4 |   |   |   |
|   |   |   | 9 | 1 |   |   |   | 6 |
|   |   |   |   |   | 7 | 1 |   |   |
|   | 9 |   | 8 |   |   | 4 |   |   |
|   | 8 |   | 6 | 7 |   | 5 | 3 | 2 |
| 2 |   |   |   | 4 | 3 |   | 1 |   |
| 3 |   | 9 | 2 | 8 | 1 |   | 7 | 4 |

## EASY - 155

| 2 |   |   |   |   | 8 |   | 4 |   |
|---|---|---|---|---|---|---|---|---|
| 4 | 5 | 9 | 1 | 3 |   |   |   |   |
|   | 8 |   | 2 |   | 9 | 1 |   | 6 |
|   | 9 | 7 |   | 1 | 2 |   | 6 | 4 |
|   |   |   |   |   | 7 | 8 | 1 |   |
|   |   |   |   | 8 |   | 5 | 7 | 2 |
|   | 4 |   | 8 |   |   | 6 |   | 5 |
| 9 | 7 | 5 | 6 |   |   |   | 8 | 1 |
|   | 1 | 8 |   | 9 |   |   | 3 |   |

## EASY - 156

|   | 1 | 3 | 4 | 9 | 8 |   |   | 7 |
|---|---|---|---|---|---|---|---|---|
|   | 2 | 4 |   |   |   |   |   |   |
|   |   | 8 |   |   | 3 | 5 | 4 | 1 |
| 2 |   |   | 1 | 5 |   | 4 |   |   |
| 4 |   |   | 8 |   |   | 1 |   | 6 |
| 1 | 8 | 9 |   | 6 | 4 |   | 2 | 5 |
| 3 | 5 | 7 |   |   |   | 8 |   | 4 |
|   |   |   | 3 |   | 7 |   |   | 2 |
|   | 6 |   |   |   | 1 |   |   | 9 |

## EASY - 157

| | | 3 | 1 | | | 5 | | |
|---|---|---|---|---|---|---|---|---|
| 5 | 1 | 9 | 6 | | 2 | | 3 | |
| | | | 4 | | 3 | 9 | 1 | 8 |
| 3 | | | 7 | | | | 4 | |
| 8 | | | | | 1 | 2 | | |
| | 5 | | | | 6 | 7 | | 1 |
| 1 | 4 | 2 | | 9 | 7 | | | 5 |
| 7 | | 8 | 5 | | | 3 | 2 | 9 |
| 9 | | | 2 | | | 1 | 7 | |

## EASY - 158

| 9 | 3 | | 2 | | | 4 | | |
|---|---|---|---|---|---|---|---|---|
| | | | | 1 | 6 | 2 | | 5 |
| | | 2 | | | | 6 | 3 | |
| | | 8 | | | | 5 | 1 | |
| | 2 | | 7 | 3 | | | | 8 |
| | | | | | 8 | 3 | 7 | |
| | 5 | 4 | 8 | | 3 | 1 | | 9 |
| | 8 | | | 2 | 4 | 7 | | 3 |
| 2 | 9 | | 1 | 5 | | 8 | | 6 |

## EASY - 159

| | | | 4 | | | | | 1 |
|---|---|---|---|---|---|---|---|---|
| 2 | 4 | | | | | 9 | | |
| | 1 | 6 | | 2 | | | 7 | |
| | | | | 3 | | | 4 | |
| | 7 | 3 | | | | | 6 | |
| 6 | 5 | 1 | | 4 | | 2 | 3 | 7 |
| 1 | | 8 | 6 | 7 | | | 9 | 4 |
| 5 | 6 | | 9 | | 3 | 7 | | 2 |
| | 2 | 9 | 5 | 8 | | 3 | | 6 |

## EASY - 160

| 8 | | 1 | 6 | 4 | | | | |
|---|---|---|---|---|---|---|---|---|
| | | | | | 3 | | 8 | 4 |
| | | 3 | 2 | | | | 9 | 1 |
| 6 | | | 7 | 3 | | 1 | 4 | 5 |
| | | | 4 | 5 | | 3 | 2 | 8 |
| | | | 8 | | | 9 | | |
| | 8 | 6 | 1 | 9 | 7 | | 5 | 3 |
| | | 4 | 3 | | | | 1 | |
| 3 | 1 | | | 8 | 4 | 2 | | |

## EASY - 161

| | 4 | 6 | 8 | | | | | 5 |
|---|---|---|---|---|---|---|---|---|
| 9 | 5 | | | 4 | 2 | 3 | | 6 |
| | | 1 | 6 | | 3 | 8 | | |
| 6 | | | 3 | | | 5 | | 2 |
| 8 | 9 | | 5 | | 7 | | 6 | |
| | 3 | 5 | | | 6 | 7 | 8 | |
| 5 | 6 | | | 3 | | | | |
| | | | 7 | 6 | | | 3 | |
| 2 | | 3 | 9 | | | 6 | | 7 |

## EASY - 162

| | 3 | | 1 | | 7 | 6 | | |
|---|---|---|---|---|---|---|---|---|
| 7 | 5 | 6 | | 9 | | 2 | | |
| 1 | | | 3 | | 5 | | | 8 |
| 6 | 2 | 9 | 7 | | | 5 | | |
| | | 8 | 9 | | | | | 2 |
| | 7 | 1 | | | 2 | | 6 | 3 |
| 4 | | 5 | 2 | 3 | | | 1 | 7 |
| 9 | 1 | | 5 | | | | | 6 |
| | 8 | | 6 | 4 | 1 | 3 | 5 | |

## EASY - 163

| | | | | | | | | |
|---|---|---|---|---|---|---|---|---|
| | | 8 | | 7 | | 5 | 2 | |
| 9 | | 6 | 4 | 2 | | | 8 | |
| | 7 | 5 | 1 | | 8 | 3 | | |
| | | 4 | 8 | | | 9 | | |
| 3 | 9 | 7 | | 4 | | 8 | | |
| 8 | | 1 | | 3 | 9 | | | |
| | | 2 | | | 4 | | | |
| 6 | 4 | | 7 | 9 | | | 5 | 8 |
| 7 | 8 | | | 5 | 6 | | | 1 |

## EASY - 164

| | | | | | | | | |
|---|---|---|---|---|---|---|---|---|
| 2 | 7 | | 5 | | 9 | | | |
| 4 | 8 | | 2 | | | 9 | 3 | |
| 1 | | 5 | | | | | | 2 |
| 7 | 4 | 8 | | 2 | | | | |
| 5 | 2 | 9 | 1 | | | | | 3 |
| 6 | 3 | | | | 5 | 7 | | 8 |
| 9 | 5 | | | 8 | | | | 4 |
| 3 | 6 | 4 | | | | | | |
| 8 | 1 | | | 4 | 3 | 5 | | 6 |

## EASY - 165

| | | | | | | | | |
|---|---|---|---|---|---|---|---|---|
| | | | 6 | | | | | 5 |
| 6 | | | 1 | 8 | 4 | 3 | 2 | 7 |
| 8 | 2 | | | | | 1 | 6 | |
| 9 | 7 | | | | 8 | 5 | | |
| 1 | 3 | | | | 2 | 9 | | |
| 5 | 4 | 6 | | 7 | 1 | | 3 | |
| | | | 5 | 9 | 6 | | 4 | 2 |
| 4 | 6 | | 2 | | | | 5 | |
| | 5 | | | 4 | | 6 | 9 | |

## EASY - 166

| | | | | | | | | |
|---|---|---|---|---|---|---|---|---|
| | | 7 | 4 | | | | 5 | |
| | | | 7 | 5 | | 2 | 3 | |
| | | | | 6 | 3 | 7 | | |
| | 7 | 3 | | 8 | | 6 | | 9 |
| 9 | | | 3 | 4 | | 1 | | 5 |
| 1 | 4 | 6 | | | 7 | | | 2 |
| 4 | 3 | 5 | | 1 | 8 | 9 | | |
| 6 | 8 | | | 7 | 4 | | | |
| 7 | | 1 | | 3 | 5 | | 6 | 8 |

## EASY - 167

| | | | | | | | | |
|---|---|---|---|---|---|---|---|---|
| 6 | | 7 | | | 2 | | 9 | |
| 1 | | 3 | | | 4 | 5 | | 7 |
| 5 | | 8 | 9 | 7 | | | | 4 |
| 8 | | 5 | | 9 | | | 3 | 1 |
| | 7 | | 1 | 3 | 5 | 9 | | |
| | | | | | 6 | 7 | 5 | |
| | 3 | 1 | | 6 | | 2 | | |
| 9 | | 2 | 7 | | | | 4 | |
| 7 | | | | 2 | 9 | | | |

## EASY - 168

| | | | | | | | | |
|---|---|---|---|---|---|---|---|---|
| | | 7 | | 4 | | 6 | 1 | 5 |
| 4 | 6 | | 8 | | | | | |
| | 2 | | 7 | 5 | 6 | 4 | 9 | |
| 8 | | | | 3 | 7 | | 6 | |
| 6 | | | 5 | | | 2 | | 3 |
| 5 | | | 4 | 6 | 1 | | | 9 |
| 7 | 5 | | | 8 | 4 | | | 2 |
| | 4 | | | | 5 | | 7 | |
| | 1 | 8 | | | | | 5 | 4 |

## EASY - 169

|   | 3 |   | 2 | 4 | 6 | 7 |   |   |
|---|---|---|---|---|---|---|---|---|
| 1 |   | 5 |   |   | 9 | 3 | 4 | 6 |
|   | 6 | 7 |   |   |   |   | 2 |   |
|   |   |   |   | 5 |   | 6 | 7 | 2 |
|   |   | 6 | 3 |   | 7 |   |   | 1 |
|   | 5 | 8 | 6 | 2 | 1 |   |   |   |
| 6 | 9 |   |   | 7 |   |   |   | 4 |
| 3 |   | 2 | 4 | 1 | 8 |   |   |   |
| 5 | 8 |   |   |   |   |   |   | 7 |

## EASY - 170

| 5 | 8 |   |   | 9 | 6 | 7 |   |   |
|---|---|---|---|---|---|---|---|---|
| 4 |   |   | 1 | 7 | 8 | 6 |   | 9 |
|   |   | 6 | 2 |   |   |   |   |   |
| 7 | 1 |   |   |   | 2 | 8 | 6 | 5 |
|   | 9 |   |   | 5 | 7 |   |   |   |
|   | 3 |   | 6 | 8 | 1 | 9 | 4 | 7 |
|   | 6 | 9 |   |   | 4 |   |   | 3 |
| 1 |   | 7 |   |   | 3 |   | 9 |   |
|   | 4 | 2 | 7 |   |   |   |   | 8 |

## EASY - 171

|   |   | 5 | 4 |   |   |   | 2 |   |
|---|---|---|---|---|---|---|---|---|
| 4 |   |   | 5 | 3 |   |   | 6 |   |
|   | 3 | 2 | 1 | 7 |   |   |   | 5 |
|   |   | 1 | 7 |   | 8 | 5 |   | 6 |
|   |   |   |   | 6 | 3 |   |   |   |
|   | 6 | 4 |   | 1 |   |   | 9 |   |
|   | 8 | 6 | 3 | 9 | 1 |   | 5 |   |
| 2 |   | 9 |   |   | 7 | 6 | 1 | 3 |
|   |   |   | 6 | 2 | 4 | 8 |   | 9 |

## EASY - 172

| 1 | 7 | 6 | 5 |   | 3 | 8 |   | 9 |
|---|---|---|---|---|---|---|---|---|
| 3 |   | 2 | 9 |   | 7 |   | 5 |   |
| 5 |   | 9 | 2 | 6 | 1 | 4 | 7 |   |
| 4 | 1 |   |   |   |   | 7 | 6 | 2 |
| 2 |   |   |   |   | 6 |   |   |   |
|   | 9 |   |   |   |   |   | 1 | 8 |
|   | 3 | 1 |   |   | 4 |   |   |   |
|   |   |   |   |   | 9 | 2 |   | 7 |
|   |   |   |   |   | 8 | 9 | 4 |   |

## EASY - 173

| 1 | 8 | 7 |   |   |   |   | 9 | 3 |
|---|---|---|---|---|---|---|---|---|
| 3 |   | 6 |   | 9 |   |   | 1 |   |
|   |   |   | 1 |   |   |   | 4 |   |
| 6 |   |   | 5 | 2 | 4 |   |   |   |
|   |   |   |   | 7 | 6 | 2 | 8 |   |
|   | 2 |   | 9 |   |   |   |   | 4 |
| 8 | 6 |   |   | 1 | 3 | 4 |   | 7 |
| 4 |   |   |   | 5 | 8 | 1 |   |   |
|   | 5 | 1 | 4 | 6 | 9 |   |   | 8 |

## EASY - 174

| 8 | 1 | 7 | 3 | 6 |   |   |   |   |
|---|---|---|---|---|---|---|---|---|
| 2 | 9 |   |   | 5 | 4 | 6 |   |   |
|   |   | 5 |   |   | 1 |   |   |   |
| 7 | 4 | 9 | 5 |   | 6 |   |   | 3 |
| 6 | 3 |   |   |   |   |   |   |   |
| 5 |   |   |   | 7 |   | 9 | 2 | 6 |
|   | 2 |   |   | 3 |   | 1 | 7 |   |
|   |   | 8 | 2 |   |   | 3 | 6 |   |
| 3 | 7 |   | 1 | 9 | 8 |   | 4 | 2 |

## EASY - 175

| | | | | | | | | |
|---|---|---|---|---|---|---|---|---|
| 9 | | 7 | | | | | 2 | 1 |
| 1 | 2 | 6 | 8 | 5 | | 3 | 4 | |
| 5 | | | | | | 8 | 7 | |
| 8 | 6 | | | 4 | | | | |
| 4 | 7 | | | | 8 | | 5 | |
| | | 9 | | | 1 | | 6 | |
| 7 | | 4 | | 8 | 2 | 1 | | |
| | | | | | 4 | 6 | 8 | 7 |
| 6 | | 8 | 5 | 7 | | | | 4 |

## EASY - 176

| | | | | | | | | |
|---|---|---|---|---|---|---|---|---|
| | | | | 5 | | 3 | 9 | |
| | | | | | 1 | 4 | 6 | |
| 3 | | | 2 | | 4 | 7 | | |
| | 7 | | 9 | | | | 5 | 4 |
| 4 | | 8 | 3 | 6 | | 9 | | |
| 6 | 1 | 9 | 4 | 7 | | 8 | | 3 |
| | | 2 | | | | | 8 | 6 |
| 1 | | 6 | 7 | | | | | 9 |
| | | 4 | 1 | | 6 | | 3 | 7 |

## EASY - 177

| | | | | | | | | |
|---|---|---|---|---|---|---|---|---|
| 2 | | | | 1 | | | | 3 |
| 1 | 9 | | | | | | 6 | 7 |
| | | | | 5 | | 1 | 2 | |
| | | 9 | 3 | | 5 | 7 | 4 | |
| 5 | | 3 | 8 | | 7 | 9 | | |
| | 8 | | | | 9 | | | |
| 8 | 6 | | 4 | 7 | 1 | 3 | 5 | |
| | | | | | 8 | 6 | | 2 |
| | 3 | 5 | 6 | 9 | | 4 | 8 | |

## EASY - 178

| | | | | | | | | |
|---|---|---|---|---|---|---|---|---|
| 8 | 5 | | 2 | 7 | 6 | | | |
| 1 | | 7 | 5 | 4 | 9 | 8 | 2 | |
| | 2 | | | | 3 | 6 | | 7 |
| | 8 | 2 | | 9 | | | | 1 |
| 4 | | | 7 | | | | 6 | |
| | 7 | 6 | 8 | | | 4 | | |
| 2 | | | | 5 | | | | |
| 6 | | | 9 | 2 | 8 | 3 | | 4 |
| 7 | | | 3 | | | 5 | 8 | |

## EASY - 179

| | | | | | | | | |
|---|---|---|---|---|---|---|---|---|
| 9 | 3 | 2 | 5 | 7 | 6 | 4 | | 1 |
| 6 | 5 | 7 | | 1 | | | | 9 |
| 4 | | 1 | | 2 | | | 5 | 7 |
| 8 | 2 | | | | | 9 | 4 | |
| | 9 | | | | | 7 | | 5 |
| 1 | | | 4 | 9 | 5 | 8 | | |
| | | | | | | | | 4 |
| | | | 9 | 4 | 3 | 1 | | |
| | 4 | | | 6 | 7 | 5 | 9 | |

## EASY - 180

| | | | | | | | | |
|---|---|---|---|---|---|---|---|---|
| 2 | | 7 | 4 | 3 | | | | |
| 5 | | 3 | | | 9 | | 4 | 1 |
| 9 | | | 1 | | 5 | 2 | 3 | 7 |
| 6 | 7 | 8 | | 4 | | 5 | | 2 |
| 3 | 4 | 5 | | 9 | | | | |
| | | 2 | | | 8 | | | |
| 7 | | | 9 | 1 | | | 8 | |
| 4 | 3 | 1 | 8 | | | 7 | | 9 |
| | | | 6 | 7 | 4 | | | |

## EASY - 181

| | | | | | | | | |
|---|---|---|---|---|---|---|---|---|
| 4 | | 6 | 8 | | | 5 | 3 | |
| | | 1 | | 2 | | 9 | | |
| 2 | 9 | | 3 | 4 | 7 | | | |
| | | | 9 | 6 | 4 | | 7 | 3 |
| | | | | 1 | | | 9 | 5 |
| 9 | 2 | | 5 | 7 | | 1 | | |
| 7 | 6 | 2 | | | 9 | | | |
| 5 | | | | 8 | 2 | 7 | | |
| | | | 7 | 5 | | | 2 | 9 |

## EASY - 182

| | | | | | | | | |
|---|---|---|---|---|---|---|---|---|
| 1 | 2 | | 9 | 7 | 5 | | | 3 |
| 7 | 9 | | 8 | 2 | 6 | 4 | 5 | |
| 5 | 8 | 6 | | 4 | | | 7 | 9 |
| | | | | 1 | | | 3 | |
| 3 | | | | | 7 | 5 | | |
| | | | | | | 1 | 9 | 4 |
| | 3 | 2 | | | | 9 | | 5 |
| | 7 | 1 | | 8 | | | 4 | 2 |
| 9 | | | | 3 | 1 | | 8 | |

## EASY - 183

| | | | | | | | | |
|---|---|---|---|---|---|---|---|---|
| 1 | 8 | 4 | | 3 | 6 | | | |
| | 5 | 7 | | 9 | | 1 | 3 | |
| 2 | 3 | 9 | | | 1 | 5 | | |
| | | | | 6 | | 9 | 2 | |
| | | 2 | | 1 | | | | 3 |
| 3 | 7 | | 9 | 2 | | | | 4 |
| 7 | 9 | 3 | | 8 | 2 | 4 | | 5 |
| | | | | | 9 | | | 7 |
| | 1 | 5 | | 4 | 3 | | 9 | 2 |

## EASY - 184

| | | | | | | | | |
|---|---|---|---|---|---|---|---|---|
| | | 7 | | | 3 | 9 | 4 | 2 |
| | | 4 | | 2 | | | 6 | 8 |
| | | 3 | 8 | | | | 5 | 7 |
| | | | 6 | 3 | 4 | | 2 | |
| | | | 9 | 5 | | | 8 | |
| 6 | 4 | 5 | | | | | | 9 |
| | 3 | 2 | | | | | 7 | |
| 7 | 1 | 6 | | 8 | | | | 3 |
| | 5 | 9 | 3 | 7 | | 8 | 1 | |

## EASY - 185

| | | | | | | | | |
|---|---|---|---|---|---|---|---|---|
| | 9 | 2 | 5 | | 4 | | | |
| | 7 | | 9 | 1 | 2 | | 4 | 6 |
| 4 | | | | 7 | 6 | 9 | | 2 |
| | | 8 | 6 | 4 | | | 9 | |
| 3 | 6 | | | | | | | 4 |
| | 4 | 9 | 2 | | 3 | | | |
| 9 | | 6 | 4 | 2 | 7 | | | 3 |
| | | 7 | | 5 | | | | |
| 5 | | 4 | 3 | | 9 | 2 | 7 | |

## EASY - 186

| | | | | | | | | |
|---|---|---|---|---|---|---|---|---|
| | 2 | | | 1 | | 8 | | |
| | | | 5 | | | 3 | | 1 |
| | | 7 | 2 | 8 | | | | |
| 4 | 1 | 6 | | 3 | | 7 | 5 | |
| 2 | 9 | 3 | | 5 | | | 6 | |
| | | 5 | | 2 | 1 | | | |
| | 4 | 1 | 8 | 6 | 2 | | | |
| 3 | 8 | | 4 | 7 | | 2 | | 6 |
| 6 | | 2 | | | | 4 | 8 | 7 |

## EASY - 187

|   |   |   |   |   |   |   |   |   |
|---|---|---|---|---|---|---|---|---|
|   | 2 |   |   | 9 | 1 | 5 |   |   |
|   | 9 | 1 | 5 |   |   | 4 | 7 |   |
|   | 4 |   |   | 7 |   | 1 |   |   |
| 6 |   |   |   | 5 | 4 | 9 |   | 1 |
|   |   |   | 1 |   | 9 | 7 |   |   |
| 1 | 5 |   | 7 | 2 | 6 | 8 | 3 |   |
|   | 1 | 2 | 6 |   |   |   | 4 | 9 |
| 9 |   | 5 |   |   |   |   | 1 |   |
| 4 | 3 | 8 |   |   | 2 |   |   |   |

## EASY - 188

|   |   |   |   |   |   |   |   |   |
|---|---|---|---|---|---|---|---|---|
| 9 |   |   | 3 | 1 | 6 | 5 |   | 2 |
|   |   |   | 2 |   | 9 | 4 |   | 3 |
| 2 |   |   |   |   | 4 |   |   | 9 |
| 5 | 9 |   |   |   | 7 | 3 |   |   |
|   |   | 6 |   |   | 1 | 8 |   | 4 |
| 3 | 8 |   | 6 | 2 |   | 7 |   |   |
|   | 3 | 9 | 7 |   | 2 | 1 |   |   |
|   |   | 7 | 1 | 9 | 3 |   |   |   |
|   | 6 | 2 | 5 | 4 |   | 9 |   |   |

## EASY - 189

|   |   |   |   |   |   |   |   |   |
|---|---|---|---|---|---|---|---|---|
| 6 | 7 |   | 4 | 1 |   |   | 9 |   |
|   | 2 |   |   | 9 |   |   | 4 |   |
| 9 |   | 3 | 6 | 5 | 7 | 8 |   | 1 |
| 3 |   |   | 7 |   |   |   | 8 |   |
|   | 5 |   |   | 8 | 1 | 4 | 6 | 7 |
| 7 |   |   |   |   | 6 |   |   | 3 |
|   |   | 7 | 1 |   |   |   |   |   |
|   | 3 | 1 |   |   | 4 |   |   |   |
|   | 6 | 2 | 5 | 7 | 9 |   |   | 4 |

## EASY - 190

|   |   |   |   |   |   |   |   |   |
|---|---|---|---|---|---|---|---|---|
| 5 |   |   | 8 | 7 | 4 | 1 | 3 | 6 |
| 8 |   |   | 3 |   |   | 5 |   | 2 |
|   |   |   | 5 | 1 |   |   |   | 7 |
|   | 5 |   |   | 2 | 9 |   |   |   |
|   | 9 | 8 |   | 3 |   | 2 | 5 |   |
|   |   |   | 7 |   |   | 6 |   |   |
| 1 |   |   |   | 4 | 5 | 3 |   | 8 |
|   | 4 | 2 |   |   |   |   |   |   |
| 9 | 8 | 5 | 2 | 6 | 3 |   | 7 |   |

## EASY - 191

|   |   |   |   |   |   |   |   |   |
|---|---|---|---|---|---|---|---|---|
|   |   | 4 |   |   |   | 2 |   | 7 |
|   | 7 | 6 |   |   | 2 | 1 | 9 |   |
|   | 8 |   |   | 9 | 4 |   |   |   |
|   |   |   |   |   | 3 | 8 | 7 | 2 |
| 6 |   |   |   | 7 | 1 |   |   | 9 |
|   |   |   | 5 | 8 | 9 |   | 1 | 3 |
| 1 |   | 5 | 3 | 6 |   |   | 2 | 8 |
|   |   | 3 | 9 | 2 |   | 7 | 4 |   |
|   |   | 2 | 4 |   |   | 3 |   | 5 |

## EASY - 192

|   |   |   |   |   |   |   |   |   |
|---|---|---|---|---|---|---|---|---|
| 6 |   |   |   |   |   | 8 |   |   |
|   | 2 |   |   | 6 |   |   | 7 | 4 |
| 4 |   | 7 |   |   |   |   | 5 | 6 |
|   |   | 2 |   | 7 | 8 | 3 | 4 |   |
| 5 | 3 |   |   | 4 | 6 | 7 | 8 |   |
|   | 8 |   | 5 |   | 3 |   |   | 2 |
|   | 7 | 1 |   | 5 | 4 | 2 |   |   |
| 8 |   |   | 7 | 2 |   | 4 |   |   |
| 2 | 4 |   | 8 |   | 9 | 5 |   | 7 |

## EASY - 193

| | | | | | | | | |
|---|---|---|---|---|---|---|---|---|
| | 6 | 5 | | 7 | | 9 | | |
| | 2 | 4 | 9 | 5 | | 8 | 3 | |
| 7 | | 9 | 1 | 3 | | 6 | | |
| | 7 | | | | 5 | 2 | 9 | 6 |
| 9 | 5 | 8 | 6 | | | | | 1 |
| 6 | | | | | 1 | 5 | 4 | 8 |
| 8 | | 7 | | 1 | | | 6 | |
| | 1 | | | 2 | | 7 | 8 | |
| | | | 8 | | | | 5 | |

## EASY - 194

| | | | | | | | | |
|---|---|---|---|---|---|---|---|---|
| | | | | 9 | | 1 | | |
| | | | | | | | | 5 |
| 6 | 5 | 3 | | | 2 | | | 8 |
| 1 | | | 2 | | 4 | | | 3 |
| 9 | | 5 | 6 | 7 | 3 | | 1 | 4 |
| 2 | 3 | | | 5 | 9 | 8 | 6 | |
| | 9 | | | | 7 | 3 | 8 | |
| | 2 | 6 | | | 8 | 5 | | |
| | 4 | 8 | | | | 6 | 7 | 9 |

## EASY - 195

| | | | | | | | | |
|---|---|---|---|---|---|---|---|---|
| | 9 | | 7 | 2 | 5 | 3 | 6 | |
| | | 5 | | | | 7 | 4 | 2 |
| 7 | 3 | | | | 4 | 8 | | |
| | 5 | 1 | | 3 | | | | 8 |
| | | | 2 | 5 | | | | |
| 2 | 7 | | | 4 | 9 | | 1 | |
| 5 | 2 | 6 | | | | | 7 | 9 |
| | 1 | 9 | | 7 | 2 | | 8 | |
| 4 | | 7 | 9 | | 6 | | 5 | |

## EASY - 196

| | | | | | | | | |
|---|---|---|---|---|---|---|---|---|
| | 6 | | | 7 | | | | 8 |
| | 1 | | 8 | 5 | 9 | 7 | | 3 |
| | | 5 | 3 | 4 | | | | |
| 4 | 5 | 9 | 2 | | 8 | 3 | 7 | 6 |
| 6 | 7 | 1 | 5 | | | 8 | 2 | 4 |
| 3 | | | 4 | | 7 | | | 9 |
| | | | | | | | 3 | |
| 8 | 3 | | | | 1 | | 9 | |
| | | | | 3 | | 2 | | 7 |

## EASY - 197

| | | | | | | | | |
|---|---|---|---|---|---|---|---|---|
| | | 4 | | | 9 | 3 | 6 | |
| 7 | | | 8 | | 1 | 4 | 2 | |
| 1 | | 6 | 5 | 3 | 4 | | | |
| | 1 | 8 | | 7 | | | | |
| | | | 4 | | | | 9 | |
| 9 | | | | | 6 | | | 3 |
| 2 | | 9 | | | | 7 | | 8 |
| 6 | 7 | 5 | 3 | 4 | 8 | 2 | 1 | 9 |
| 4 | | 1 | 2 | 9 | | | 3 | |

## EASY - 198

| | | | | | | | | |
|---|---|---|---|---|---|---|---|---|
| | | | | | 3 | | | 2 |
| | | 8 | | | 6 | 3 | 4 | |
| | 9 | | | 2 | | 7 | 5 | |
| 7 | | | 3 | 1 | 9 | | 2 | |
| 5 | 1 | 2 | | 6 | | 9 | | |
| | 3 | | | 5 | | 6 | 1 | |
| | | | | 9 | | | 3 | |
| | 7 | | 1 | | 2 | | 9 | |
| 2 | 6 | 9 | | 3 | 5 | 4 | 7 | 1 |

## EASY - 199

|   |   |   | 7 |   | 6 |   | 4 | 9 |
|---|---|---|---|---|---|---|---|---|
| 1 |   |   |   |   |   |   |   |   |
| 9 | 7 |   | 8 |   | 5 | 3 |   | 6 |
| 7 | 4 | 8 |   | 9 |   |   | 5 |   |
|   | 3 |   | 4 |   |   |   | 8 | 2 |
|   | 9 |   | 5 | 8 | 1 | 4 |   | 7 |
|   |   | 5 |   | 2 | 8 | 7 |   |   |
| 3 |   |   | 1 | 5 |   | 2 | 6 | 4 |
|   | 2 |   |   | 7 |   | 8 | 1 |   |

## EASY - 200

|   | 9 |   | 8 |   |   | 6 |   |   |
|---|---|---|---|---|---|---|---|---|
|   | 6 |   | 4 | 9 |   | 3 |   | 7 |
| 7 |   |   | 1 | 6 | 5 | 8 | 2 | 9 |
| 5 |   |   |   |   | 4 | 9 | 3 | 2 |
| 4 | 1 | 2 |   |   | 6 |   |   |   |
| 9 | 3 | 7 |   |   |   |   |   | 6 |
| 3 |   |   | 6 | 5 | 1 |   | 9 |   |
|   |   |   |   |   | 7 |   |   |   |
| 6 |   | 1 |   | 8 |   |   |   | 3 |

## EASY - 201

|   |   |   |   | 2 | 9 | 3 |   |   |
|---|---|---|---|---|---|---|---|---|
|   | 4 |   |   |   |   |   | 9 |   |
|   | 7 | 8 |   | 5 | 6 | 1 | 4 | 2 |
| 7 | 8 |   |   | 3 |   |   |   | 4 |
| 6 |   |   |   |   | 4 |   |   | 8 |
| 2 | 5 |   | 1 | 9 | 8 |   |   | 6 |
|   | 9 |   | 2 |   | 7 |   |   |   |
| 4 | 6 | 3 |   |   |   |   | 7 | 9 |
| 8 | 2 | 7 | 9 |   |   | 4 | 5 | 1 |

## EASY - 202

|   |   | 9 |   |   |   | 6 |   | 4 |
|---|---|---|---|---|---|---|---|---|
| 2 | 6 |   |   |   | 9 | 1 | 3 |   |
|   | 8 | 4 |   |   | 1 | 7 | 9 | 2 |
| 7 |   | 1 | 9 | 5 | 4 | 8 | 2 |   |
| 9 | 4 |   |   |   | 8 | 5 |   |   |
| 6 |   | 8 | 1 |   |   |   | 4 |   |
|   | 9 |   |   |   |   | 2 | 1 | 5 |
| 5 |   |   | 3 |   |   |   |   |   |
| 8 |   |   |   | 1 | 5 |   |   | 9 |

## EASY - 203

| 9 | 8 | 7 |   |   |   | 6 |   |   |
|---|---|---|---|---|---|---|---|---|
|   | 3 |   | 5 |   | 8 | 7 | 2 | 9 |
| 5 | 2 | 6 |   | 1 | 7 |   | 8 | 3 |
| 3 | 6 | 2 |   |   | 4 |   | 9 |   |
|   | 5 | 1 |   | 2 |   |   |   | 7 |
|   | 4 |   |   | 8 |   |   | 6 | 2 |
|   |   |   |   |   |   |   | 5 | 6 |
|   |   |   |   |   |   |   |   | 4 |
|   |   | 3 | 2 | 5 | 6 | 8 |   |   |

## EASY - 204

|   | 4 |   |   | 3 | 5 | 8 | 9 |   |
|---|---|---|---|---|---|---|---|---|
|   |   | 2 | 1 | 4 |   | 5 |   |   |
| 5 | 1 |   | 9 |   |   | 7 |   | 4 |
| 7 | 6 |   | 4 |   | 3 |   | 5 |   |
| 2 | 9 | 5 |   | 7 | 8 |   | 1 | 3 |
|   | 3 |   |   | 9 |   | 6 | 8 | 7 |
|   |   | 4 |   |   |   |   | 6 | 8 |
|   |   |   | 3 |   |   | 2 |   |   |
|   |   | 9 | 8 |   |   | 1 | 7 | 5 |

## EASY - 205

| 5 |  | 8 |  | 4 | 7 | 1 | 9 |  |
|---|---|---|---|---|---|---|---|---|
| 7 |  |  | 2 | 6 | 1 |  |  | 4 |
|  |  |  |  |  |  |  | 2 | 7 |
|  | 6 |  |  | 2 | 3 | 4 | 5 |  |
|  |  |  |  | 1 |  |  |  |  |
| 3 | 8 | 1 |  | 5 | 4 | 7 | 6 |  |
| 6 |  |  |  |  | 9 |  |  | 5 |
|  |  |  | 1 |  | 5 |  | 4 |  |
| 1 |  | 4 | 6 | 3 | 2 | 8 | 7 | 9 |

## EASY - 206

|  | 8 |  | 2 | 1 |  | 5 |  | 7 |
|---|---|---|---|---|---|---|---|---|
| 7 | 2 |  |  | 4 |  | 6 | 1 | 9 |
| 3 |  |  | 7 |  |  |  | 2 |  |
| 2 | 3 |  | 8 |  | 4 | 1 | 5 |  |
| 6 | 4 | 1 | 5 |  |  |  |  |  |
| 8 | 5 | 7 |  |  | 1 |  |  | 4 |
|  |  |  |  |  |  |  |  | 3 |
| 4 |  | 2 |  |  | 3 | 9 |  |  |
|  |  | 3 | 4 |  | 7 |  | 6 | 1 |

## EASY - 207

| 2 |  | 4 |  | 9 |  |  |  | 3 |
|---|---|---|---|---|---|---|---|---|
| 6 | 1 | 7 |  |  |  | 4 |  |  |
|  |  |  |  |  |  | 7 |  |  |
| 4 | 5 |  | 2 | 3 | 8 | 1 | 7 |  |
| 8 | 6 | 1 |  |  | 9 |  | 4 |  |
| 7 | 2 |  | 6 |  |  |  | 5 |  |
|  | 3 |  |  |  | 7 |  | 8 |  |
|  | 7 |  | 9 | 6 |  |  | 3 | 4 |
| 1 |  | 2 | 8 |  | 3 |  | 6 |  |

## EASY - 208

|  |  | 9 | 6 | 2 |  | 7 |  | 5 |
|---|---|---|---|---|---|---|---|---|
| 2 | 4 | 6 |  |  |  |  |  | 1 |
| 7 |  | 5 |  | 1 | 3 | 2 | 6 |  |
|  |  |  |  |  |  | 6 | 7 | 3 |
| 9 |  | 2 | 8 | 3 |  | 5 | 1 | 4 |
|  | 7 |  | 5 |  |  |  | 2 |  |
|  |  |  | 9 |  | 4 |  | 5 |  |
|  | 9 |  |  |  | 2 | 4 |  | 6 |
|  |  | 7 |  | 6 | 5 | 8 | 9 |  |

## EASY - 209

| 3 | 8 | 4 | 6 |  |  | 1 | 2 | 7 |
|---|---|---|---|---|---|---|---|---|
|  |  | 6 |  |  |  | 5 | 3 |  |
|  | 5 |  |  |  | 7 | 6 | 9 | 4 |
| 1 |  |  |  | 4 | 8 |  | 7 |  |
| 4 | 3 |  |  |  |  | 9 | 1 |  |
| 9 | 2 | 7 | 1 |  | 3 | 8 | 4 | 5 |
|  | 4 |  | 3 |  |  | 7 | 8 | 1 |
|  | 1 | 9 |  | 7 |  |  |  | 3 |
|  | 7 |  |  |  |  | 4 |  | 9 |

## EASY - 210

|  |  |  | 6 | 9 |  | 3 | 5 |  |
|---|---|---|---|---|---|---|---|---|
|  | 6 | 2 | 7 | 4 |  | 8 | 1 |  |
| 4 |  |  | 5 | 1 |  |  | 7 |  |
| 1 |  |  |  | 8 |  |  |  | 3 |
| 3 |  |  | 4 |  | 5 | 9 | 6 |  |
| 6 | 9 | 4 | 3 |  | 1 | 7 | 8 | 5 |
|  | 4 |  | 2 | 5 |  | 1 |  |  |
| 7 |  |  | 1 |  |  | 2 |  | 6 |
| 2 |  |  |  |  | 4 |  |  |  |

## EASY - 211

| 8 | 5 |  | 6 | 2 | 4 | 3 |  | 9 |
|---|---|---|---|---|---|---|---|---|
|  |  |  |  |  |  | 5 | 6 |  |
| 6 |  |  |  | 1 | 5 | 7 | 4 |  |
|  | 8 |  | 2 | 7 |  | 4 | 5 | 1 |
| 5 |  |  |  | 8 |  | 2 | 7 |  |
|  |  |  | 4 |  | 1 | 8 |  |  |
| 2 |  | 5 |  |  |  | 6 | 8 | 7 |
|  | 9 |  | 5 | 6 |  |  | 2 | 4 |
|  | 7 |  | 8 |  |  |  | 3 | 5 |

## EASY - 212

|  |  |  |  | 4 | 5 | 2 | 1 |  |
|---|---|---|---|---|---|---|---|---|
|  | 5 |  |  | 1 |  |  | 8 | 3 |
|  | 1 |  | 9 | 8 | 3 | 4 | 6 |  |
|  | 3 |  |  |  | 6 |  |  |  |
| 8 |  | 6 | 7 |  | 9 | 5 |  | 1 |
|  |  |  | 4 | 3 |  |  |  |  |
|  |  | 1 | 3 |  | 2 | 8 |  | 4 |
|  |  | 9 | 1 |  |  | 3 | 5 | 2 |
|  |  | 8 | 5 | 7 | 4 |  |  | 6 |

## EASY - 213

|  |  | 8 | 2 | 5 |  | 3 | 4 | 1 |
|---|---|---|---|---|---|---|---|---|
| 3 |  | 1 | 4 |  | 9 | 7 | 6 |  |
|  | 4 | 6 |  |  |  | 8 | 2 | 9 |
|  |  |  | 8 | 6 | 5 |  | 3 |  |
|  |  |  |  |  | 4 |  |  | 8 |
|  |  | 3 | 1 |  | 7 |  | 5 | 4 |
|  | 8 |  | 9 |  |  | 5 | 7 |  |
| 6 | 3 |  |  |  |  |  | 9 | 2 |
| 7 |  |  | 6 |  |  |  |  |  |

## EASY - 214

|  |  |  |  | 7 |  |  |  | 5 |
|---|---|---|---|---|---|---|---|---|
| 5 |  | 1 |  | 4 |  |  | 2 |  |
| 3 | 9 |  |  |  | 5 |  |  |  |
| 1 | 8 |  |  |  | 6 | 7 | 9 | 2 |
| 9 | 6 | 7 | 1 |  |  |  |  |  |
|  | 4 | 3 | 9 | 5 |  | 1 |  | 6 |
| 7 | 3 | 8 | 5 | 6 | 4 |  |  |  |
| 4 |  |  | 7 |  |  |  | 5 | 3 |
|  |  |  | 2 | 1 |  | 8 |  |  |

## EASY - 215

|  |  | 4 | 3 |  | 2 | 6 | 8 |  |
|---|---|---|---|---|---|---|---|---|
| 1 | 8 |  |  |  |  | 7 | 3 | 2 |
| 3 |  | 7 |  |  | 1 |  |  | 9 |
| 2 |  | 3 |  |  | 9 |  |  |  |
|  |  |  |  |  |  | 3 | 1 | 5 |
| 4 | 5 |  |  |  | 7 |  | 2 | 6 |
|  | 6 | 2 |  | 9 | 3 | 1 | 5 |  |
|  |  |  | 2 | 1 |  |  | 6 | 7 |
| 7 |  |  | 8 |  | 6 |  | 9 | 3 |

## EASY - 216

|  |  | 2 |  | 7 |  | 4 |  |  |
|---|---|---|---|---|---|---|---|---|
|  |  |  | 5 | 3 | 2 |  |  |  |
| 7 | 1 |  | 6 |  | 4 |  | 3 |  |
| 8 |  |  | 2 | 6 |  |  | 1 | 9 |
|  | 5 |  |  |  | 9 | 2 | 8 |  |
|  |  | 3 |  |  | 8 |  |  |  |
| 5 | 6 |  | 4 | 9 | 3 | 7 |  |  |
| 2 |  | 9 | 8 |  | 7 | 1 | 4 |  |
|  | 7 | 8 |  | 2 |  |  | 9 | 3 |

## EASY - 217

| | | | | | | | | |
|---|---|---|---|---|---|---|---|---|
| | | 8 | | | | | | 3 |
| 9 | | 3 | | 4 | | | 5 | |
| | | 4 | | | 1 | | 6 | 9 |
| | 5 | 6 | | 7 | | 3 | 4 | 8 |
| | | 9 | | 3 | 5 | 2 | | |
| | 3 | 7 | 4 | | 8 | 5 | 9 | |
| 4 | 8 | | | | 2 | 1 | | |
| 3 | | 2 | 7 | | 4 | | | |
| | 9 | 1 | | | | 6 | 2 | |

## EASY - 218

| | | | | | | | | |
|---|---|---|---|---|---|---|---|---|
| 1 | | | 7 | | 2 | | 4 | |
| 7 | 5 | | | | | | 2 | 3 |
| | | | | 3 | | 7 | | 5 |
| | 3 | 4 | | | 7 | | 5 | 2 |
| | 7 | 1 | 3 | | | 4 | 8 | 6 |
| | | | 8 | 1 | | 3 | | |
| | 6 | 7 | | | | 5 | 9 | |
| | 1 | | | 7 | | 8 | 3 | |
| | | 8 | 5 | | 1 | 2 | 6 | |

## EASY - 219

| | | | | | | | | |
|---|---|---|---|---|---|---|---|---|
| | 6 | | | | 9 | 4 | 1 | 7 |
| 4 | 7 | | 6 | | | 8 | | |
| 1 | 2 | 3 | | | 7 | 6 | 9 | 5 |
| | | 6 | 3 | 9 | 4 | | 5 | |
| | | 4 | 1 | 5 | | | | 6 |
| | | | | | | 3 | 2 | |
| 5 | 4 | | | | 3 | | 6 | 8 |
| 3 | 1 | | | | | 2 | | |
| | | | 8 | | 2 | 5 | | |

## EASY - 220

| | | | | | | | | |
|---|---|---|---|---|---|---|---|---|
| | 8 | | | | 1 | | 6 | |
| | 3 | 1 | 4 | | 8 | 9 | 5 | 2 |
| | 2 | 5 | | | | 8 | 4 | |
| 4 | 9 | | | 8 | | 5 | 1 | |
| 1 | 6 | | | | | 2 | | |
| 2 | | 7 | | | | 4 | | 6 |
| 3 | | | 8 | | | | 2 | 5 |
| 8 | | 2 | | 6 | 7 | | | |
| 5 | | 6 | 9 | 2 | 3 | | 7 | |

## EASY - 221

| | | | | | | | | |
|---|---|---|---|---|---|---|---|---|
| | 7 | 1 | | 6 | | | | 9 |
| 3 | 2 | | | 8 | 9 | 5 | | 1 |
| 4 | | 9 | 5 | 1 | | | 2 | |
| 8 | | | | 5 | 4 | 1 | | |
| 1 | 3 | 2 | 6 | | | | 5 | 4 |
| 9 | 4 | | 1 | | 2 | | 6 | 7 |
| 6 | 9 | | 7 | | | | | |
| 2 | | | | | | | 1 | |
| | | | 8 | | 5 | 2 | | 6 |

## EASY - 222

| | | | | | | | | |
|---|---|---|---|---|---|---|---|---|
| 9 | 8 | 4 | | 5 | | 6 | | |
| 1 | 3 | | | | 6 | 2 | | |
| 2 | | | | | | | 8 | 4 |
| | 7 | | | | | | | |
| | | | 7 | 1 | 8 | | 4 | 6 |
| 4 | 1 | 8 | 9 | 6 | | | | 7 |
| | | 3 | | | 9 | 8 | 6 | |
| 8 | | 6 | | 3 | 5 | 1 | | |
| 7 | | 1 | 6 | 8 | 2 | | 5 | |

## EASY - 223

| | | | | | | | | |
|---|---|---|---|---|---|---|---|---|
| 4 | 7 | | 5 | 8 | | | 3 | |
| | | 1 | 4 | 6 | 7 | 8 | 9 | 5 |
| 9 | | | | | | | | |
| | 1 | | | | 4 | 3 | 6 | 8 |
| | | | | 7 | | 2 | 1 | 4 |
| 6 | 4 | | 1 | | | | | 9 |
| | | 4 | 8 | 5 | 3 | | 2 | 7 |
| | 3 | | 2 | | | | | |
| 2 | 5 | | 7 | 9 | 1 | | | 3 |

## EASY - 224

| | | | | | | | | |
|---|---|---|---|---|---|---|---|---|
| | | 6 | | | | 9 | | |
| | | 9 | 6 | 7 | 1 | 2 | 8 | 5 |
| | 1 | | | 8 | | | 4 | 3 |
| 3 | | 4 | | 2 | | | | 1 |
| | 7 | | 1 | 9 | | 4 | 5 | |
| 5 | | | | 4 | 8 | | | 9 |
| | | | 8 | 5 | 7 | | 3 | |
| | 6 | | | 1 | | 5 | 2 | 8 |
| | 8 | | | 6 | 2 | | 9 | |

## EASY - 225

| | | | | | | | | |
|---|---|---|---|---|---|---|---|---|
| 9 | | 8 | 5 | | 4 | 6 | | |
| 5 | | 3 | | | 7 | 1 | | 4 |
| | | 7 | | | | | 3 | |
| | 6 | 9 | | 4 | | 5 | | 3 |
| 1 | 8 | | | 7 | | 4 | | |
| | | 2 | | 5 | 6 | | 1 | |
| 2 | 7 | | | 6 | 3 | | | |
| 8 | 9 | 6 | 1 | | 5 | | | |
| | | | 7 | 9 | 8 | | | 1 |

## EASY - 226

| | | | | | | | | |
|---|---|---|---|---|---|---|---|---|
| 9 | 5 | | | | 2 | 7 | 6 | |
| | 2 | | | 8 | 7 | 5 | 3 | |
| 7 | 6 | 3 | 5 | | | | | |
| | 9 | 1 | 3 | | | 6 | | 7 |
| 6 | | | | | 1 | | | |
| | | | 9 | | | 4 | | 5 |
| | 4 | | | 7 | 6 | | | |
| | 7 | | 8 | 5 | | | 2 | 6 |
| 5 | 1 | 6 | | 9 | 3 | 8 | | 4 |

## EASY - 227

| | | | | | | | | |
|---|---|---|---|---|---|---|---|---|
| | 8 | | | 5 | | 7 | | |
| 7 | | | | 8 | 1 | | | 5 |
| | 2 | 4 | | | 3 | 1 | | 8 |
| 1 | | 5 | 9 | 4 | 8 | 2 | 3 | 7 |
| | | 9 | | | 6 | 5 | | |
| | | | | 3 | | | 1 | 9 |
| | | 6 | | | 4 | 3 | 5 | |
| | 5 | 2 | 3 | | | | 7 | 1 |
| 3 | | 8 | 5 | 2 | | | | |

## EASY - 228

| | | | | | | | | |
|---|---|---|---|---|---|---|---|---|
| | | | | | 4 | 2 | | 7 |
| 3 | | 7 | 8 | | 6 | | 9 | |
| 6 | 4 | 5 | | | 2 | 3 | | |
| | 1 | | | | 5 | | 2 | |
| 2 | | | 6 | 9 | | 7 | 4 | |
| | 3 | 6 | 4 | | 8 | | 5 | 9 |
| | | 3 | 2 | | | | 7 | |
| | | 2 | | 8 | 7 | 9 | 3 | |
| 9 | 7 | 4 | | | 3 | | 1 | 2 |

## EASY - 229

| | | | | | | | | |
|---|---|---|---|---|---|---|---|---|
| 5 | | 7 | | | | | | 4 |
| 2 | 9 | | | | | 7 | 3 | |
| | | 4 | | | 3 | 5 | 8 | |
| 3 | 8 | 6 | 4 | | | 1 | 2 | |
| 1 | | | 3 | 2 | | 6 | 4 | 8 |
| | 4 | | 6 | 1 | 8 | | 5 | 3 |
| | | | 9 | | | 4 | 1 | 6 |
| | 6 | 1 | | | | | | 2 |
| | | | 1 | | 4 | 8 | 7 | |

## EASY - 230

| | | | | | | | | |
|---|---|---|---|---|---|---|---|---|
| | | 9 | | | 1 | | 2 | 6 |
| 2 | 3 | 8 | | | | 1 | | |
| 6 | 1 | 4 | | | | | | 5 |
| 3 | 8 | 2 | | 1 | | 4 | | |
| | | | | | | | 3 | 9 |
| | 4 | 7 | 8 | 6 | 3 | 2 | 5 | |
| 8 | 6 | | 1 | 9 | 5 | 7 | | |
| 4 | | | 2 | 3 | | 6 | | 8 |
| | 2 | 1 | | | | | | 3 |

## EASY - 231

| | | | | | | | | |
|---|---|---|---|---|---|---|---|---|
| | 7 | | | 6 | 2 | | 5 | 9 |
| 4 | 8 | 5 | 9 | | | | 2 | |
| | | | 5 | 4 | | 1 | 3 | 8 |
| 6 | 5 | 9 | 4 | | | 7 | | |
| 2 | | | | | 9 | | 8 | 5 |
| | | 8 | | 5 | 1 | | 4 | 6 |
| | | | | | | 5 | | 3 |
| | | 3 | 7 | 8 | 5 | | 9 | |
| 5 | 9 | | | | | | 6 | |

## EASY - 232

| | | | | | | | | |
|---|---|---|---|---|---|---|---|---|
| 9 | 1 | 3 | 2 | | 5 | 6 | | 4 |
| 7 | | | 4 | 6 | 1 | 3 | | |
| 5 | | 4 | | 9 | | 1 | 2 | 7 |
| 4 | | 5 | 6 | 1 | | | 9 | 8 |
| | | | | 4 | 2 | | | |
| 2 | 7 | | 3 | 5 | | 4 | | 1 |
| 3 | | | | | | | | 6 |
| | 4 | | | | | | | |
| 6 | 9 | | | 3 | | | 1 | 2 |

## EASY - 233

| | | | | | | | | |
|---|---|---|---|---|---|---|---|---|
| | | 2 | 9 | | | 7 | | 8 |
| 8 | | | 7 | | | | 5 | |
| | | | | 8 | 2 | | 1 | 6 |
| 4 | 8 | | 2 | | 9 | 1 | 6 | |
| 5 | 3 | | 1 | 7 | | 8 | | 2 |
| 1 | 2 | | | | | | 7 | |
| 9 | | | | | | 6 | 2 | 7 |
| 2 | 6 | | 8 | | | | | 5 |
| | 7 | 5 | 4 | 2 | 6 | | | |

## EASY - 234

| | | | | | | | | |
|---|---|---|---|---|---|---|---|---|
| | 2 | 1 | 5 | 7 | | | | |
| | 7 | 4 | 3 | 6 | | 5 | 1 | |
| | 6 | 5 | | | 8 | 2 | | 4 |
| 7 | | | 9 | 2 | | 4 | 6 | |
| | 5 | 6 | | | 7 | 8 | 9 | 1 |
| | 3 | | | 1 | 6 | 7 | | |
| | | 3 | | 5 | | | | |
| 1 | | | | 4 | | | 5 | |
| 5 | | 7 | | 8 | 1 | 9 | | |

## EASY - 235

| | | | | | | | | |
|---|---|---|---|---|---|---|---|---|
| | 9 | 2 | 6 | | 1 | 7 | | |
| | | 6 | | 2 | 3 | 1 | 8 | |
| | 3 | 7 | 9 | 8 | 4 | 2 | | |
| | | | | | | 8 | | 1 |
| | | | | | | | 4 | |
| 6 | | 3 | | | 8 | 9 | | 2 |
| 2 | | | 4 | 3 | | | | |
| 5 | | 8 | 2 | | 7 | 4 | | 3 |
| | 6 | | 8 | 1 | 9 | 5 | | 7 |

## EASY - 236

| | | | | | | | | |
|---|---|---|---|---|---|---|---|---|
| | | | 2 | | | 4 | 7 | |
| 4 | | 9 | 7 | 5 | | 1 | 8 | |
| | 5 | | | 8 | 4 | 9 | 6 | |
| | | 6 | 5 | 7 | | | | 4 |
| | | 4 | 3 | 6 | | | 9 | |
| 2 | 8 | 5 | | 1 | | | | 6 |
| | | | | 2 | 1 | 3 | 5 | |
| | 2 | 8 | 9 | | 7 | | | |
| | 3 | 1 | 6 | | 5 | | | |

## EASY - 237

| | | | | | | | | |
|---|---|---|---|---|---|---|---|---|
| | 2 | | 3 | 6 | | | | |
| 6 | 4 | | 1 | 5 | | 2 | | 3 |
| | | 7 | | 8 | 2 | 6 | | 5 |
| | 5 | | | | 4 | 7 | | |
| 8 | 1 | 4 | | | | | | 2 |
| | | 6 | 8 | 2 | 5 | 4 | 3 | |
| | | 2 | | 4 | | | 5 | |
| | 8 | 5 | 2 | 3 | | 9 | | |
| 4 | 9 | | | 7 | | | | 6 |

## EASY - 238

| | | | | | | | | |
|---|---|---|---|---|---|---|---|---|
| 6 | 7 | | | | | 4 | | |
| 5 | 8 | 3 | 9 | | 1 | | | 6 |
| 1 | 4 | 9 | | | | 3 | | |
| | | | 3 | | 6 | | | |
| 9 | | | | | 4 | 2 | 8 | 3 |
| 3 | | | 2 | | 9 | 5 | 6 | 7 |
| 4 | | | 7 | | 3 | 8 | | |
| | 3 | 6 | 5 | | | 9 | | 4 |
| | | | | 9 | 8 | 6 | | |

## EASY - 239

| | | | | | | | | |
|---|---|---|---|---|---|---|---|---|
| 3 | 2 | 9 | 1 | 5 | | | 8 | 7 |
| | | 5 | | | | | 4 | 9 |
| | 6 | | | | | 2 | | |
| | 8 | 4 | | 3 | | 5 | | 6 |
| 2 | | 3 | 6 | 8 | | 9 | 7 | 4 |
| 9 | 5 | | | | 1 | 8 | | 3 |
| | 3 | 8 | | | 2 | | 5 | 1 |
| | 4 | 7 | 5 | | | | | |
| | 9 | 2 | 7 | | | | | |

## EASY - 240

| | | | | | | | | |
|---|---|---|---|---|---|---|---|---|
| | 5 | | 9 | | | | | 2 |
| 3 | 9 | | | | 5 | 1 | 8 | |
| | | 7 | | | 3 | | | |
| 4 | 2 | | 6 | | | | | 5 |
| 7 | | | 3 | | | 9 | 1 | |
| 9 | | | 8 | 5 | 7 | | 2 | |
| 1 | 7 | | | | | | | 3 |
| | | | 5 | 9 | | 8 | 7 | 6 |
| 5 | 8 | | 7 | | 4 | 2 | 9 | 1 |

## EASY - 241

|   | 6 |   | 3 |   |   | 5 |   |   |
|---|---|---|---|---|---|---|---|---|
|   | 4 | 5 | 8 |   |   |   |   | 9 |
|   | 3 |   |   | 7 |   |   |   |   |
| 6 | 9 |   | 2 |   | 4 |   |   | 3 |
|   |   |   |   | 8 |   |   | 6 | 5 |
| 3 | 5 |   | 7 | 6 | 1 | 9 |   | 2 |
|   |   | 3 |   | 2 | 8 |   |   | 1 |
|   |   | 6 | 1 |   |   | 7 | 5 |   |
| 5 | 1 | 9 | 6 |   |   | 2 |   | 8 |

## EASY - 242

| 4 |   |   | 1 | 6 |   | 5 |   | 7 |
|---|---|---|---|---|---|---|---|---|
| 3 | 7 |   | 4 | 2 |   |   | 9 |   |
|   | 1 |   | 7 |   | 3 |   | 4 | 6 |
|   | 9 |   |   |   | 4 |   |   | 2 |
| 1 |   |   | 5 | 3 | 9 | 7 | 6 |   |
|   | 3 | 4 | 2 | 8 | 7 | 9 | 1 |   |
|   |   | 3 |   |   |   | 6 | 7 | 8 |
| 8 |   |   |   |   |   |   |   | 9 |
| 9 |   |   |   | 7 |   |   | 2 |   |

## EASY - 243

| 8 |   |   |   | 5 |   |   | 4 |   |
|---|---|---|---|---|---|---|---|---|
| 6 | 3 | 2 |   |   | 9 | 7 | 1 | 5 |
| 5 |   |   | 6 |   | 2 |   |   |   |
|   | 9 |   |   |   |   | 3 | 2 | 8 |
|   | 6 | 5 | 9 | 2 |   | 4 | 7 |   |
|   |   | 8 |   | 7 | 4 |   |   |   |
|   | 4 | 6 | 2 | 3 |   |   | 8 |   |
|   |   |   | 4 |   |   | 5 |   |   |
| 7 | 5 | 3 | 1 | 8 |   | 2 |   |   |

## EASY - 244

|   | 4 | 5 |   |   | 9 | 8 |   |   |
|---|---|---|---|---|---|---|---|---|
| 9 | 3 |   |   | 8 | 1 | 4 |   |   |
| 2 |   | 7 |   |   | 4 |   |   | 6 |
| 8 |   |   |   | 3 |   | 1 | 7 |   |
| 6 | 7 | 3 | 9 | 1 | 8 |   |   |   |
| 5 |   | 1 | 7 |   |   | 3 |   | 8 |
|   | 1 |   |   |   |   | 7 | 9 |   |
| 7 | 6 | 8 |   |   | 5 |   | 3 | 1 |
| 3 |   |   |   |   | 7 | 6 |   |   |

## EASY - 245

|   |   |   | 4 |   | 7 |   |   |   |
|---|---|---|---|---|---|---|---|---|
|   | 6 | 4 | 9 |   |   |   |   |   |
|   |   | 1 |   | 3 | 5 | 8 | 4 |   |
| 2 | 7 |   | 5 | 6 | 9 | 4 |   | 3 |
| 9 |   | 5 | 1 | 8 |   | 6 | 7 | 2 |
| 1 | 3 |   | 2 | 7 |   |   | 5 |   |
|   |   | 2 |   | 5 |   |   |   | 4 |
| 8 | 5 |   | 7 |   |   |   | 9 |   |
| 4 |   | 7 |   |   | 6 |   | 2 |   |

## EASY - 246

| 6 | 3 | 9 |   | 7 |   |   |   |   |
|---|---|---|---|---|---|---|---|---|
|   |   | 1 |   | 4 | 9 |   |   |   |
|   | 4 | 7 | 1 | 2 | 6 | 3 |   | 9 |
|   | 1 |   | 9 | 6 | 4 |   |   | 8 |
| 9 | 8 |   | 2 | 1 | 3 | 4 | 7 |   |
| 4 | 6 |   | 7 |   |   |   |   | 3 |
|   |   |   |   | 3 |   |   | 8 |   |
| 5 |   |   | 8 | 9 | 1 |   |   | 2 |
| 3 | 9 |   |   |   |   | 7 | 1 |   |

## EASY - 247

| | | | | | | | | |
|---|---|---|---|---|---|---|---|---|
| | | | 6 | 7 | 8 | | | |
| 1 | 7 | | | 4 | 3 | | | |
| 8 | | 2 | 9 | 1 | | | | |
| 9 | 5 | 4 | | 3 | | | 2 | 6 |
| 6 | | | 4 | 2 | | | 9 | |
| 3 | | | 5 | | | 7 | 8 | 4 |
| | | 8 | | 9 | 2 | 6 | 1 | 5 |
| | | | | 5 | 4 | | 3 | |
| 2 | | | 3 | | | | | 9 |

## EASY - 248

| | | | | | | | | |
|---|---|---|---|---|---|---|---|---|
| 1 | 3 | | | | | 4 | 6 | 8 |
| | 9 | | | 8 | | | | |
| | 5 | 2 | | 7 | 6 | 9 | 1 | |
| | | 6 | | | 8 | 2 | 9 | 1 |
| 9 | 2 | 1 | 7 | | 4 | | 8 | 5 |
| | | | 2 | | | 6 | | 4 |
| 5 | | | | | | | | |
| | 1 | | | 3 | | | 2 | |
| 2 | 6 | 3 | | | 7 | 8 | | 9 |

## EASY - 249

| | | | | | | | | |
|---|---|---|---|---|---|---|---|---|
| 3 | 8 | | 4 | | | 5 | 2 | 6 |
| 4 | 6 | 9 | 5 | | 2 | 1 | | |
| | 2 | | | | 3 | 4 | 9 | |
| 1 | 7 | 4 | | 2 | | | 5 | 9 |
| | | | | | | | | 1 |
| | 9 | 6 | 1 | | 5 | | 4 | |
| 6 | 1 | 2 | | | | | | |
| | 5 | | | 3 | 7 | | | |
| 7 | 4 | | 2 | | | 9 | 6 | 5 |

## EASY - 250

| | | | | | | | | |
|---|---|---|---|---|---|---|---|---|
| 6 | | | | | 2 | 5 | 8 | 4 |
| | | | 5 | | | | | |
| | 9 | | 8 | 4 | 7 | 2 | | |
| 8 | 6 | | | 5 | | | 7 | 3 |
| 9 | 1 | | 3 | 2 | | 6 | | |
| | | 4 | | | 1 | 9 | | |
| | 4 | | 7 | | 9 | 3 | 5 | |
| 3 | | 9 | | 1 | 5 | 4 | | 7 |
| | | | | | 3 | | 9 | 2 |

## EASY - 251

| | | | | | | | | |
|---|---|---|---|---|---|---|---|---|
| | 3 | | | | 5 | | 8 | |
| | 7 | | 4 | | | 6 | 5 | 9 |
| 5 | 6 | | 8 | | 9 | | | 7 |
| 1 | | | | | 6 | | | |
| 7 | | 6 | | 9 | 8 | 5 | 1 | 3 |
| 8 | | | 1 | | 3 | 7 | | 6 |
| 3 | 2 | | | 8 | | | 6 | 4 |
| | 1 | 9 | | | 4 | 8 | | |
| | 8 | | | | | 9 | 3 | |

## EASY - 252

| | | | | | | | | |
|---|---|---|---|---|---|---|---|---|
| | 4 | 7 | | | 9 | 8 | | 2 |
| | 3 | | 4 | 7 | 5 | | | 1 |
| | | | | | | | | 4 |
| | 1 | | | | 7 | 2 | | |
| 6 | 5 | 3 | | | 1 | 7 | 8 | 9 |
| | | 8 | 5 | 9 | 6 | | | 3 |
| | | | 9 | | | 6 | 4 | 7 |
| 9 | 7 | 4 | | | 3 | 1 | | 8 |
| 2 | 6 | | | 8 | | | | |

## EASY - 253

| | | | | | | | | |
|---|---|---|---|---|---|---|---|---|
| 2 | | | | 5 | 6 | | 4 | 9 |
| 5 | | | 4 | 1 | | 3 | | |
| | | | | 2 | 9 | | 5 | |
| 9 | | | | 7 | 1 | | | 2 |
| 3 | 4 | | | 8 | 2 | 1 | 6 | |
| 1 | | 6 | 5 | | 3 | | 8 | |
| | 5 | | 7 | | | 6 | | 3 |
| 4 | 7 | 3 | 1 | 6 | 5 | 2 | 9 | |
| | | | | | | | 7 | |

## EASY - 254

| | | | | | | | | |
|---|---|---|---|---|---|---|---|---|
| | 8 | | | | | | 7 | 5 |
| | 1 | | | | 6 | | 9 | 2 |
| | 7 | | 5 | 2 | | | | |
| | 6 | | | 5 | 3 | | 2 | 8 |
| 2 | 4 | | 6 | | 9 | | 5 | 1 |
| | 5 | 9 | | 7 | | 3 | | 6 |
| 1 | | 8 | | 9 | 7 | 5 | | |
| | 2 | 7 | | 6 | 4 | | | |
| 4 | | 6 | 8 | | | 2 | | 7 |

## EASY - 255

| | | | | | | | | |
|---|---|---|---|---|---|---|---|---|
| | | 4 | | 6 | | 5 | 9 | |
| 8 | 5 | | 2 | 7 | 9 | | | 4 |
| | | | | | 4 | | | 7 |
| | | 2 | 6 | 1 | | | | |
| 1 | 4 | 3 | | | 2 | | 5 | |
| 5 | 6 | | 3 | | 7 | | 1 | 2 |
| | 8 | 6 | | | 1 | | | 5 |
| | | 5 | | 2 | 6 | 8 | 4 | 1 |
| 2 | | | | | | 6 | | |

## EASY - 256

| | | | | | | | | |
|---|---|---|---|---|---|---|---|---|
| 5 | | | 9 | 4 | | | 3 | |
| | | 6 | 5 | | | 4 | 1 | 9 |
| 9 | | | 6 | 2 | | | 5 | |
| 2 | 7 | | | | | | | |
| 4 | 1 | | | | 7 | | 8 | 2 |
| | | | 8 | 1 | | 7 | 4 | 5 |
| 7 | 5 | | | 8 | 6 | | | |
| 8 | 6 | | | 9 | | | | 3 |
| | 9 | 4 | 7 | 3 | | | 2 | |

## EASY - 257

| | | | | | | | | |
|---|---|---|---|---|---|---|---|---|
| 1 | | | | | | 2 | 5 | 9 |
| 5 | | | | 2 | | | 3 | |
| 6 | 8 | | | 3 | 5 | | | 1 |
| 2 | 9 | 4 | | | | | | |
| 8 | 1 | | 2 | | 6 | 3 | | 4 |
| | 5 | | | | 9 | 7 | | 2 |
| | | | 4 | | | | | 8 |
| 4 | 3 | | | | | 9 | 2 | |
| 7 | | 8 | 1 | 9 | 2 | | 4 | 3 |

## EASY - 258

| | | | | | | | | |
|---|---|---|---|---|---|---|---|---|
| 8 | | 9 | | | | | | |
| 4 | 2 | | 8 | | | 9 | 1 | |
| 1 | | 5 | 2 | 3 | 9 | | | |
| | 9 | 6 | 4 | | | 3 | 2 | 1 |
| 5 | | | | 9 | 2 | 6 | | 8 |
| | 8 | | | 1 | | | 5 | |
| | | | | | | 8 | 4 | 6 |
| | | 3 | 1 | 6 | 8 | | 9 | 7 |
| 6 | | 8 | | 7 | 4 | | 3 | |

## EASY - 259

| 7 | 4 | 5 | 3 | 6 |  |  |  | 2 |
|---|---|---|---|---|---|---|---|---|
| 2 | 6 |  |  | 4 | 1 | 8 | 3 |  |
|  | 1 |  |  | 7 |  | 6 |  | 4 |
|  | 7 | 4 |  |  |  | 2 | 9 |  |
|  |  |  |  | 2 |  |  |  |  |
| 1 | 2 | 6 |  |  |  | 4 | 8 |  |
| 6 |  |  |  |  |  |  |  | 8 |
|  | 5 |  | 6 |  | 7 | 3 | 2 | 9 |
| 3 |  | 7 | 2 |  | 5 |  |  |  |

## EASY - 260

| 8 | 7 |  |  |  |  | 5 | 6 |  |
|---|---|---|---|---|---|---|---|---|
|  | 2 | 4 |  | 8 | 6 | 7 | 9 | 3 |
|  | 5 | 6 |  |  | 9 |  |  |  |
| 6 |  |  |  | 5 | 3 | 9 | 1 |  |
| 7 | 8 |  | 4 | 9 | 1 |  |  |  |
|  | 1 | 5 |  | 7 | 2 |  |  | 8 |
|  |  | 7 | 9 |  |  |  | 4 | 1 |
|  |  |  | 3 |  | 7 |  | 5 |  |
| 4 |  |  |  |  |  |  |  | 6 |

## EASY - 261

| 2 | 6 | 3 |  | 4 | 9 |  | 1 | 5 |
|---|---|---|---|---|---|---|---|---|
| 8 |  | 4 | 1 |  | 6 |  | 7 | 2 |
|  | 9 |  |  | 8 | 2 | 3 |  |  |
| 1 |  |  | 4 |  |  |  | 2 |  |
|  | 3 |  |  |  | 1 | 7 |  |  |
| 4 | 8 | 2 |  |  |  | 1 |  |  |
|  |  |  |  |  | 8 |  | 5 | 1 |
| 9 |  | 8 |  | 1 | 5 |  |  |  |
| 3 | 1 | 5 | 6 | 7 |  | 2 |  |  |

## EASY - 262

| 8 | 9 | 4 |  |  |  |  |  |  |
|---|---|---|---|---|---|---|---|---|
| 2 | 6 |  |  | 8 | 9 |  | 3 |  |
| 3 | 7 |  | 2 |  |  | 9 |  | 8 |
|  | 5 | 6 |  |  | 3 | 4 | 8 |  |
| 4 |  |  | 6 |  | 1 | 2 |  |  |
|  | 2 | 7 | 5 | 4 |  |  |  |  |
| 7 |  | 9 |  | 1 | 2 | 8 |  |  |
|  |  |  | 8 |  | 5 |  |  |  |
|  |  | 8 | 9 | 6 |  | 1 | 2 |  |

## EASY - 263

|  |  | 2 |  | 4 | 6 |  | 3 | 7 |
|---|---|---|---|---|---|---|---|---|
| 9 |  | 6 |  | 2 | 3 | 8 |  |  |
|  | 7 |  |  |  |  | 6 |  |  |
| 1 |  |  |  | 8 |  | 7 |  |  |
|  | 2 | 9 | 6 |  | 1 |  |  | 8 |
|  |  | 8 |  |  | 4 |  | 9 |  |
| 2 |  | 7 |  |  | 8 |  | 6 |  |
|  | 9 | 5 |  |  | 2 | 1 | 7 | 4 |
|  |  | 1 | 4 | 5 | 7 | 2 | 8 |  |

## EASY - 264

|  | 1 |  | 6 | 4 |  |  |  | 8 |
|---|---|---|---|---|---|---|---|---|
| 4 |  | 5 | 7 | 2 | 1 |  | 3 | 9 |
| 6 | 7 |  | 5 |  | 9 |  |  |  |
|  | 5 | 2 | 8 | 6 |  | 9 |  |  |
|  | 4 | 8 |  |  |  | 5 |  | 7 |
|  | 9 |  |  | 5 | 4 |  |  | 2 |
| 5 |  |  |  | 9 | 6 | 8 |  |  |
|  |  | 1 | 4 | 3 |  |  |  |  |
| 8 | 2 | 4 |  |  |  | 3 |  |  |

## EASY - 265

| 6 |  | 5 |  | 2 |  |  | 1 | 9 |
|---|---|---|---|---|---|---|---|---|
| 8 |  |  |  | 1 | 9 | 5 | 6 | 3 |
| 1 | 3 | 9 |  |  |  |  | 2 |  |
|  | 5 | 6 |  | 9 | 1 |  | 7 | 8 |
| 7 |  | 4 | 2 | 6 | 8 |  |  |  |
|  | 8 | 1 | 5 |  | 7 | 6 |  |  |
| 5 |  |  |  |  |  |  | 4 | 7 |
|  |  | 2 |  |  |  | 3 |  |  |
| 4 | 7 |  |  | 8 |  | 2 |  |  |

## EASY - 266

|  |  | 9 | 1 | 5 |  | 4 |  |  |
|---|---|---|---|---|---|---|---|---|
|  |  |  |  | 8 |  |  | 6 |  |
| 6 | 1 | 3 |  |  | 2 |  | 8 |  |
|  | 6 | 8 |  |  |  | 1 | 7 | 4 |
|  |  |  | 4 |  | 8 |  | 2 |  |
|  | 4 |  | 3 | 7 | 1 | 6 | 9 | 8 |
|  |  | 4 |  | 9 |  |  | 1 | 2 |
|  | 3 |  |  | 1 |  | 8 |  |  |
|  |  | 2 |  | 3 | 5 | 7 |  | 6 |

## EASY - 267

| 7 |  |  |  |  |  | 1 | 3 | 9 |
|---|---|---|---|---|---|---|---|---|
|  | 5 | 3 | 4 |  | 9 |  |  | 8 |
|  |  |  | 3 |  |  | 4 |  |  |
| 4 | 1 | 7 |  | 9 |  | 3 |  |  |
|  | 9 |  | 1 | 5 |  | 2 |  |  |
|  |  |  |  | 3 | 4 | 9 |  | 1 |
|  | 7 |  | 5 |  | 2 | 6 | 9 |  |
|  |  |  | 6 | 8 | 7 |  |  | 2 |
| 2 |  | 5 |  | 1 | 3 | 8 |  | 4 |

## EASY - 268

| 2 |  | 6 | 1 | 8 | 9 | 5 |  |  |
|---|---|---|---|---|---|---|---|---|
| 1 | 5 | 7 | 3 | 6 | 4 |  | 2 | 8 |
|  | 8 |  |  |  | 2 |  | 3 |  |
|  | 6 |  |  |  |  |  | 9 | 3 |
|  | 7 | 3 |  | 4 |  | 1 |  | 6 |
| 8 |  | 1 |  |  |  | 4 |  |  |
|  |  |  | 4 | 5 |  | 8 | 6 |  |
| 6 |  |  | 8 |  | 3 | 7 |  | 4 |
|  |  |  |  | 9 |  |  |  | 2 |

## EASY - 269

|  |  |  |  |  |  |  |  |  |
|---|---|---|---|---|---|---|---|---|
|  | 6 |  | 3 |  |  | 1 |  | 9 |
|  | 7 |  |  |  |  |  | 5 |  |
| 6 | 3 |  | 9 |  | 2 | 5 | 8 | 1 |
| 4 | 8 |  |  | 5 | 6 | 7 | 9 | 3 |
|  |  | 1 | 7 | 8 |  | 2 | 6 | 4 |
| 8 |  | 5 | 2 | 3 | 4 |  |  |  |
| 9 |  | 6 |  |  | 7 |  |  | 5 |
|  |  | 3 |  | 6 | 9 | 8 |  | 2 |

## EASY - 270

| 1 | 8 |  |  | 3 |  | 9 | 6 |  |
|---|---|---|---|---|---|---|---|---|
|  |  | 7 | 8 |  |  | 1 |  | 2 |
|  | 3 |  |  | 1 | 6 |  | 5 | 7 |
| 2 | 1 | 3 | 9 |  | 7 |  | 4 | 8 |
|  |  | 5 |  |  |  | 2 |  | 1 |
|  |  |  | 5 | 2 |  | 3 | 9 |  |
| 3 |  |  |  | 5 |  | 6 | 8 |  |
|  |  | 6 |  | 7 | 9 |  |  |  |
|  | 5 |  |  | 4 |  |  |  | 3 |

## EASY - 271

| | | | | | | | | |
|---|---|---|---|---|---|---|---|---|
| 9 | 6 | | | 3 | | 2 | 1 | 8 |
| | | | 1 | 4 | 9 | 5 | 3 | |
| | | 3 | 6 | | | | | 4 |
| 2 | 9 | | 3 | 7 | 1 | | 8 | |
| | | 1 | | | 5 | | 2 | |
| | | 5 | 8 | | | | | |
| 6 | | 2 | 9 | 5 | 3 | | 4 | 1 |
| 5 | | | 7 | | | 9 | | |
| | | | 2 | 8 | | | 5 | 7 |

## EASY - 272

| | | | | | | | | |
|---|---|---|---|---|---|---|---|---|
| | | | 9 | | | 6 | | |
| | 5 | | | 3 | 6 | | | 7 |
| | | 6 | | | | | 8 | 3 |
| 4 | 7 | 2 | 3 | 6 | | 8 | 1 | |
| | | 3 | 4 | | 1 | | 9 | 6 |
| | | 1 | 8 | | | | 3 | 2 |
| | | 9 | | 7 | 8 | 5 | | 1 |
| | 1 | 5 | 6 | 9 | | 3 | | 8 |
| 7 | 4 | | | | | 2 | 6 | |

## EASY - 273

| | | | | | | | | |
|---|---|---|---|---|---|---|---|---|
| 1 | | 5 | 6 | | 2 | | | 8 |
| 8 | 7 | | 4 | | | | | |
| | | 2 | 8 | 1 | 7 | | | |
| 7 | | 6 | 9 | 3 | 4 | 5 | | 1 |
| | | | | | | 4 | 2 | 9 |
| | | | 1 | | | | 7 | 6 |
| | 1 | | 3 | | | 2 | 6 | |
| 9 | 6 | | 2 | 4 | | | | |
| 2 | | 3 | | | 1 | | 9 | 4 |

## EASY - 274

| | | | | | | | | |
|---|---|---|---|---|---|---|---|---|
| | | 4 | | 8 | 2 | 5 | | 7 |
| | 5 | 6 | | 3 | 7 | 9 | 2 | 1 |
| | | | 5 | | | | 6 | |
| 9 | | | | 4 | 8 | 2 | | |
| | | 5 | | | 6 | | 4 | |
| | | 3 | 1 | 2 | | 7 | | |
| 5 | | | 7 | 6 | 3 | | 9 | 2 |
| | 3 | 8 | 2 | | 9 | | 1 | |
| 6 | | | | | 4 | 3 | 7 | |

## EASY - 275

| | | | | | | | | |
|---|---|---|---|---|---|---|---|---|
| 8 | 2 | | 4 | 5 | 9 | | 3 | 6 |
| | | 5 | | 2 | | | | 9 |
| 3 | 7 | 9 | | 8 | | 4 | | 5 |
| 5 | | 3 | | 1 | | | | |
| | | 7 | 2 | | 6 | | 4 | 3 |
| | | | | 3 | 7 | | | 1 |
| | | | 1 | 6 | | 9 | 5 | |
| | 1 | | | 4 | | | | 2 |
| | | 4 | 3 | | | 6 | 1 | 8 |

## EASY - 276

| | | | | | | | | |
|---|---|---|---|---|---|---|---|---|
| | | 3 | 9 | 6 | 4 | 8 | | |
| | | | | | | 3 | 6 | 9 |
| 6 | 9 | 5 | 2 | | | 7 | | |
| | | 8 | | 9 | | 1 | | |
| | 6 | 9 | 5 | 2 | | | 8 | 7 |
| 2 | | | | | | 5 | | 3 |
| 9 | 3 | 1 | | 5 | | 2 | | |
| 7 | | 6 | | 8 | | 9 | | 1 |
| | 2 | | | 1 | | 6 | | 5 |

## EASY - 277

| | | | | | | | | |
|---|---|---|---|---|---|---|---|---|
| | | 7 | | 8 | 5 | 2 | 1 | |
| 9 | 3 | 2 | | 7 | 6 | 8 | | |
| | 5 | | 2 | | | | | |
| 3 | 8 | 4 | 5 | 2 | | 7 | 6 | |
| | 2 | 9 | | | | | | 8 |
| | | | | | 8 | 5 | 4 | |
| | 9 | | 8 | 5 | 2 | | | 6 |
| 2 | 4 | | | | 7 | | | 1 |
| 6 | 7 | | | | | | 2 | |

## EASY - 278

| | | | | | | | | |
|---|---|---|---|---|---|---|---|---|
| | 5 | 4 | 9 | | | | 8 | 3 |
| | | 8 | 7 | | | | 4 | |
| 7 | | | 8 | 3 | | | | 1 |
| 8 | | | 5 | | | | 9 | |
| 9 | 1 | 3 | | | 8 | | 7 | 5 |
| 4 | 7 | | 3 | 2 | 9 | 1 | | |
| 3 | 6 | | 1 | | | 4 | 2 | |
| 5 | | 1 | | 6 | | | | 9 |
| 2 | | 7 | | | | | 1 | 6 |

## EASY - 279

| | | | | | | | | |
|---|---|---|---|---|---|---|---|---|
| 2 | 5 | 8 | | | 1 | | | 6 |
| 3 | | 6 | 9 | | 5 | | | |
| 7 | 4 | | | 6 | | | 1 | 8 |
| 9 | | | 5 | 3 | | | | |
| 6 | 8 | 4 | | | | | | 2 |
| 5 | | | 6 | 4 | | | 7 | 9 |
| | 9 | | 8 | | 4 | 7 | | |
| | | | | 5 | | 8 | 9 | |
| 8 | 6 | | 1 | 9 | | 2 | | 5 |

## EASY - 280

| | | | | | | | | |
|---|---|---|---|---|---|---|---|---|
| | 6 | 8 | | 1 | | 3 | | 4 |
| 1 | | 3 | | | 7 | | | 5 |
| | 9 | | 3 | 4 | | | 6 | 2 |
| 6 | | | | | | | | 3 |
| 7 | 1 | | | 3 | 4 | | 5 | |
| | 3 | | | | | 2 | 8 | |
| | 7 | | 2 | 6 | | | 3 | |
| 8 | | | 5 | 7 | | 6 | 4 | 1 |
| 3 | 5 | | | | | 7 | | 9 |

## EASY - 281

| | | | | | | | | |
|---|---|---|---|---|---|---|---|---|
| 2 | 1 | 8 | 5 | 9 | | 6 | | |
| | | | 6 | 8 | 1 | 2 | | |
| 4 | 9 | | 3 | | 7 | | | |
| 7 | 4 | 5 | 9 | | 2 | | 6 | |
| | 3 | | | | 6 | 7 | | |
| | | 9 | 1 | | | 4 | | 2 |
| | 6 | 1 | | | | 3 | | |
| 9 | | 7 | 2 | | 3 | | 8 | |
| | | | 7 | 1 | 8 | 9 | | |

## EASY - 282

| | | | | | | | | |
|---|---|---|---|---|---|---|---|---|
| | 4 | | 9 | | | 1 | | 2 |
| | | | | 3 | | | | |
| 9 | 2 | 8 | | | | 3 | 5 | 7 |
| | | 5 | 1 | 7 | | 9 | 3 | |
| | | 9 | 5 | 6 | 3 | | 2 | |
| 1 | | 4 | 8 | | | | | 5 |
| 4 | 9 | 2 | 7 | 1 | | | | 3 |
| 8 | | | | 9 | 5 | | 1 | 6 |
| 5 | 1 | 6 | | 8 | 2 | | 4 | |

## EASY - 283

| | | | | | | | | |
|---|---|---|---|---|---|---|---|---|
| | | | | | | 6 | | |
| 4 | | | 1 | 3 | | 7 | | |
| 8 | | 7 | | 6 | 2 | | | 9 |
| | 3 | 6 | 8 | | | | 7 | |
| 5 | | 9 | 2 | 1 | 7 | 4 | 3 | 6 |
| | | 4 | | 5 | 6 | 1 | 9 | |
| 9 | 5 | | 6 | | | 8 | | |
| 3 | 7 | 8 | | | | | | 4 |
| | | | 9 | 7 | | 5 | 2 | |

## EASY - 284

| | | | | | | | | |
|---|---|---|---|---|---|---|---|---|
| | | 1 | 2 | 7 | 4 | 8 | | |
| | | | 8 | | 5 | 7 | | |
| | | | 6 | 3 | | | | 5 |
| | | 9 | 4 | | | | | 2 |
| | 8 | | 9 | 5 | 6 | | | 4 |
| | 1 | | | | 3 | 6 | | 8 |
| 8 | 5 | 7 | | 6 | | 2 | 4 | 1 |
| 6 | 9 | | | | | | 8 | 7 |
| | 2 | 4 | | 8 | 7 | 9 | 3 | 6 |

## EASY - 285

| | | | | | | | | |
|---|---|---|---|---|---|---|---|---|
| 9 | | 5 | | 8 | | | 4 | |
| | | 4 | | 7 | | | | 3 |
| | | 7 | 1 | 4 | | | 9 | 2 |
| | 7 | 2 | | 6 | | 3 | | 5 |
| | 9 | 3 | | 5 | 8 | | 1 | 4 |
| 4 | 5 | | 7 | 3 | | 6 | | 9 |
| | | | 3 | | 6 | 4 | 7 | |
| | | 6 | 8 | 9 | 7 | | | |
| | 8 | | | | 5 | | | |

## EASY - 286

| | | | | | | | | |
|---|---|---|---|---|---|---|---|---|
| 6 | | | | | | | 4 | 9 |
| | 2 | | | 9 | | | 3 | |
| | 5 | | 4 | 3 | | 8 | 7 | 6 |
| 2 | | 9 | | | | 5 | | |
| | 8 | | | 6 | | | | 4 |
| 4 | | 6 | | 2 | | | 1 | 3 |
| | 4 | | 2 | 8 | 5 | 6 | 9 | |
| | 9 | | | 1 | 4 | | 8 | 2 |
| 8 | | 2 | | | 9 | 4 | 5 | |

## EASY - 287

| | | | | | | | | |
|---|---|---|---|---|---|---|---|---|
| | 7 | 8 | 5 | 4 | 9 | | | 6 |
| 6 | | | 1 | 7 | | | | 5 |
| | | 3 | | 2 | | | | 1 |
| 9 | | 2 | 8 | 6 | | 5 | | |
| 8 | 3 | | | | | 6 | 4 | 9 |
| 5 | 6 | 7 | | 3 | | 1 | | |
| | 9 | | 4 | | 5 | 3 | 1 | |
| | 1 | 4 | 3 | | | 8 | | 7 |
| | | | 2 | 1 | | | | |

## EASY - 288

| | | | | | | | | |
|---|---|---|---|---|---|---|---|---|
| | | | 5 | 3 | 8 | | 1 | |
| 3 | 5 | 7 | | 1 | 2 | | | |
| 1 | 8 | 4 | 6 | | | | 5 | |
| 2 | 1 | 9 | | 8 | 6 | 5 | | |
| 5 | | | | | 1 | | 9 | |
| | | 8 | | | | | 3 | |
| | 9 | 5 | | 7 | | | 2 | 3 |
| 4 | | 3 | 8 | | 5 | 9 | 7 | |
| 6 | 7 | 1 | | | | | | |

## EASY - 289

|  |  | 9 | 1 |  |  |  | 7 | 6 |
|---|---|---|---|---|---|---|---|---|
| 4 | 1 |  | 2 |  | 9 | 3 |  |  |
|  | 2 |  | 3 | 5 | 7 |  |  | 4 |
|  |  |  |  |  |  | 8 | 9 |  |
| 7 |  | 5 |  |  |  | 6 |  | 2 |
| 2 | 9 |  |  | 3 |  |  |  |  |
|  |  | 6 | 9 |  | 3 | 1 |  | 7 |
| 9 | 4 | 2 |  | 1 |  |  |  |  |
| 1 |  | 3 | 8 | 2 | 5 | 4 | 6 |  |

## EASY - 290

|  |  | 2 |  |  |  |  | 4 |  |
|---|---|---|---|---|---|---|---|---|
| 7 | 9 | 6 |  | 5 |  | 2 |  |  |
|  | 1 |  |  |  | 2 | 6 |  |  |
|  | 7 | 1 | 9 | 8 | 4 |  |  |  |
| 6 | 8 |  |  | 2 |  | 1 | 9 | 3 |
|  |  |  | 6 | 1 | 3 | 8 | 7 |  |
|  |  | 8 |  | 3 |  |  |  | 5 |
| 5 | 3 |  |  |  | 8 | 7 |  | 6 |
| 2 | 4 |  | 1 | 6 |  | 3 |  |  |

## EASY - 291

| 2 |  |  | 4 |  | 1 |  | 6 |  |
|---|---|---|---|---|---|---|---|---|
| 6 | 9 | 8 | 7 |  |  | 4 | 1 |  |
|  | 4 |  | 6 | 9 | 8 |  |  | 3 |
| 7 | 6 |  |  |  |  | 3 |  | 4 |
| 9 |  |  | 3 |  |  |  |  |  |
|  |  | 1 | 2 |  | 5 | 9 | 7 |  |
|  |  | 7 |  | 6 | 4 |  | 9 | 8 |
|  | 1 | 6 | 9 |  | 2 |  | 3 |  |
|  | 8 |  |  | 3 |  |  |  |  |

## EASY - 292

| 2 |  |  | 1 | 4 |  |  | 5 | 8 |
|---|---|---|---|---|---|---|---|---|
| 5 | 7 |  | 8 |  | 3 | 4 |  | 2 |
|  |  |  |  |  |  | 9 |  |  |
| 7 |  |  |  | 1 |  |  | 9 | 5 |
|  | 8 | 4 | 2 |  |  |  | 1 | 3 |
|  |  |  |  |  |  | 8 | 2 | 4 |
| 4 |  | 5 | 9 | 8 | 1 | 2 |  | 7 |
|  |  | 7 | 3 |  |  |  |  | 6 |
|  | 3 |  |  | 7 | 5 | 1 |  | 9 |

## EASY - 293

|  | 3 | 6 | 1 | 9 |  |  |  |  |
|---|---|---|---|---|---|---|---|---|
|  |  |  |  | 4 | 3 |  |  | 9 |
|  | 1 | 4 |  | 5 | 2 |  | 6 |  |
| 4 |  | 2 |  |  |  |  |  | 1 |
|  |  |  |  | 1 |  | 8 |  | 6 |
| 1 | 6 |  |  |  | 8 | 3 | 4 |  |
|  | 7 | 1 | 4 |  |  |  | 3 |  |
| 3 |  | 9 | 7 | 6 |  | 2 | 8 |  |
|  | 4 |  | 3 | 2 | 5 | 1 |  | 7 |

## EASY - 294

| 7 |  | 6 |  |  | 2 | 3 | 4 | 5 |
|---|---|---|---|---|---|---|---|---|
| 2 |  | 4 |  | 5 | 7 |  | 8 |  |
| 9 | 8 |  |  | 4 |  | 6 |  |  |
|  |  | 8 |  |  | 9 | 5 |  |  |
| 4 |  | 2 |  |  | 6 | 7 | 1 |  |
|  | 7 | 3 |  | 1 | 8 | 9 | 6 | 4 |
| 3 |  |  | 9 | 8 |  |  |  |  |
|  |  |  | 3 |  |  | 4 | 9 | 7 |
|  | 5 | 9 | 7 |  |  |  |  |  |

## EASY - 295

| | | | | | | | | |
|---|---|---|---|---|---|---|---|---|
| | 7 | 5 | 2 | | 3 | 8 | 6 | |
| 6 | | | | | | 1 | 3 | |
| | | | | | 5 | 7 | | |
| 1 | | | 4 | 2 | 8 | | 9 | |
| 2 | 4 | 9 | 3 | | 7 | | 1 | |
| | 5 | 3 | | | 9 | | 4 | |
| 9 | | | | 7 | | 3 | | |
| | | 6 | 9 | | 1 | 4 | | |
| 7 | | 1 | 5 | 4 | | 9 | | 6 |

## EASY - 296

| | | | | | | | | |
|---|---|---|---|---|---|---|---|---|
| | 8 | | | 2 | 5 | 1 | | 9 |
| | 3 | | 6 | | | | 5 | 4 |
| | 1 | | 8 | | 4 | | 7 | |
| | | | | | | 5 | 4 | |
| 7 | | 9 | | 3 | 1 | | 2 | |
| | 5 | | 4 | | 2 | 9 | 3 | 7 |
| | 7 | | | | 8 | 2 | 1 | |
| 1 | | | 2 | 7 | | | | 6 |
| | 2 | 8 | | | 6 | | 9 | |

## EASY - 297

| | | | | | | | | |
|---|---|---|---|---|---|---|---|---|
| 7 | | 6 | 8 | | | | 5 | |
| | 5 | 8 | | | 1 | 7 | 2 | 6 |
| 2 | 9 | | 5 | 7 | | 3 | 8 | 4 |
| 6 | | 3 | 2 | | 9 | | 1 | 7 |
| | | 5 | 7 | | | 6 | | |
| 1 | | 7 | | 4 | | 5 | 9 | 2 |
| | | | 4 | 6 | | | | |
| | | 4 | | | | | | 1 |
| | 6 | | | 3 | | | 7 | 5 |

## EASY - 298

| | | | | | | | | |
|---|---|---|---|---|---|---|---|---|
| | | 8 | 5 | 6 | 1 | | | |
| 2 | 9 | 6 | | | 3 | | | |
| 1 | 5 | 3 | | | | 6 | 8 | |
| 9 | | 5 | | 8 | | | | |
| 8 | | 7 | | 5 | | 9 | 2 | |
| | 6 | 1 | | | 7 | 8 | | |
| 5 | | 4 | | 9 | 2 | 3 | | 6 |
| 3 | 7 | | 6 | | | 4 | | |
| | 1 | | | | | | 7 | 2 |

## EASY - 299

| | | | | | | | | |
|---|---|---|---|---|---|---|---|---|
| 9 | 4 | 3 | 5 | | | | | 1 |
| 1 | | 7 | | 3 | | 9 | | |
| 8 | 2 | | 4 | | 1 | | 7 | |
| 6 | 5 | 9 | 3 | 4 | 8 | 7 | | 2 |
| | | 1 | 7 | | | | 4 | |
| | 7 | 2 | 1 | | 9 | | | 3 |
| 7 | | | 9 | | 3 | | | 5 |
| 5 | 3 | 8 | | 1 | | | | |
| | | 4 | | | | | | 8 |

## EASY - 300

| | | | | | | | | |
|---|---|---|---|---|---|---|---|---|
| | 1 | 5 | 6 | | | | | |
| 8 | 7 | 6 | | | | 3 | | 1 |
| 9 | | 2 | | | 8 | 5 | 6 | 7 |
| | | 1 | | | 4 | 7 | | 3 |
| 4 | 3 | 8 | | | 1 | | 5 | |
| | 5 | | | 6 | 3 | | | 4 |
| 5 | | | | 1 | 7 | | 8 | 9 |
| | | 9 | 3 | 8 | | | | 5 |
| | 8 | 4 | 5 | | 6 | | | 2 |

## MEDIUM - 1

| 4 | | | | | 1 | | 5 | |
|---|---|---|---|---|---|---|---|---|
| | 3 | | | 8 | | | | |
| | | | 5 | 7 | 9 | | | 3 |
| 5 | | | 2 | | | | 3 | 8 |
| | 6 | | 7 | | 5 | 2 | | |
| 2 | 9 | | | | 8 | | | |
| | 5 | | | | | | 9 | 6 |
| | | | 6 | | | | | 2 |
| 7 | | 6 | | 2 | 3 | | 4 | 5 |

## MEDIUM - 2

| 2 | 5 | 1 | 9 | | | 7 | | 3 |
|---|---|---|---|---|---|---|---|---|
| | 6 | | | | | | | |
| | 8 | | | | | | | |
| | 4 | | 5 | 8 | 7 | 2 | 3 | |
| | | | | | 4 | | | 8 |
| | | 8 | | 9 | 2 | 6 | 5 | |
| | | 6 | 1 | | | 3 | 4 | |
| | | | 8 | 3 | | 1 | | |
| | | 3 | 4 | 7 | | | | 5 |

## MEDIUM - 3

| | 6 | 3 | 8 | | | 9 | | 7 |
|---|---|---|---|---|---|---|---|---|
| | | 1 | | 7 | | | | |
| 7 | | | | 3 | | | 2 | 1 |
| | 8 | | | | 7 | 6 | 9 | |
| | | | 9 | | | | 5 | |
| 4 | | 2 | | | 6 | 1 | | |
| | | 9 | | | | 4 | 3 | 2 |
| | | 4 | | 2 | 5 | | | |
| | | 7 | | | 4 | | | 5 |

## MEDIUM - 4

| 2 | 9 | | | | 7 | | | 8 |
|---|---|---|---|---|---|---|---|---|
| | | | | | 5 | 9 | 1 | 4 |
| | | | 9 | 6 | | | | |
| 5 | | | | 9 | | | | |
| | 1 | | | 5 | | | 2 | |
| 7 | | | 1 | | 3 | | 5 | |
| | | 3 | | | | | 7 | 2 |
| 9 | | | | 1 | 8 | 6 | | |
| 4 | | | 2 | | | | 9 | 3 |

## MEDIUM - 5

| 2 | | | 4 | | | | | 3 |
|---|---|---|---|---|---|---|---|---|
| | | | 6 | | | 8 | | |
| | | | 9 | 3 | 5 | 4 | | |
| | | 5 | | | | 3 | | |
| | 4 | 3 | | | | | 1 | |
| 8 | | | | 4 | 7 | | 5 | |
| | 7 | | | | | | 4 | 8 |
| 9 | 2 | 8 | 7 | | | 1 | | |
| | 3 | 6 | | 8 | | | | |

## MEDIUM - 6

| 3 | | 5 | 1 | 9 | | | 7 | |
|---|---|---|---|---|---|---|---|---|
| | 4 | | | | 2 | | | 8 |
| | | 9 | | 6 | | | 3 | |
| 4 | | 1 | | | | | | |
| | 6 | | 2 | 4 | 7 | 5 | 1 | |
| | 9 | | | | | | | |
| 2 | | | 6 | | 1 | | | 5 |
| | | 4 | | | 9 | 3 | 8 | |
| | | | 4 | | 3 | | 2 | |

## MEDIUM - 7

| | | | | | | | | |
|---|---|---|---|---|---|---|---|---|
| | | | | 4 | 6 | | | |
| 6 | 2 | | | | | | 8 | |
| | | 4 | | 5 | 3 | 2 | 6 | 9 |
| | 5 | | | | | 3 | 9 | |
| | 9 | | 7 | | | | | 1 |
| | | | | | 2 | 7 | | |
| | | | | 8 | 9 | 5 | 1 | 4 |
| 9 | 4 | 1 | | 7 | | | | |
| | | 6 | 4 | | | | | 7 |

## MEDIUM - 8

| | | | | | | | | |
|---|---|---|---|---|---|---|---|---|
| 3 | | 5 | | 4 | | | | |
| | | | 6 | | | | | 9 |
| | | | 1 | 5 | | | | 2 |
| | 6 | 3 | | 1 | | 2 | | |
| 4 | | | | | | | | |
| 5 | 1 | | | | | 8 | 4 | 3 |
| 7 | 4 | 1 | | 9 | 6 | 3 | 2 | |
| 8 | | | | | | | 7 | |
| | 5 | | 3 | | 8 | 1 | 6 | |

## MEDIUM - 9

| | | | | | | | | |
|---|---|---|---|---|---|---|---|---|
| | 9 | 8 | | | | | | 5 |
| 3 | | | | | | | | 7 |
| | 6 | 1 | | 5 | 4 | | | 8 |
| | | | 1 | | | | 2 | |
| | 8 | 6 | 5 | 4 | 3 | | 1 | 9 |
| 1 | 7 | | 8 | | 2 | | | |
| | | | | | | 5 | 3 | |
| | | 9 | | 3 | | | | 6 |
| 5 | 4 | | | | | | | |

## MEDIUM - 10

| | | | | | | | | |
|---|---|---|---|---|---|---|---|---|
| 1 | | 6 | 4 | | | 8 | 3 | |
| | | | 3 | | 6 | | 4 | |
| | | | 5 | 8 | | | | |
| | | | | | | | | |
| | | 2 | | | 8 | 4 | | 3 |
| | 4 | | | | 5 | 7 | 2 | |
| 6 | 5 | | 8 | 7 | | | | 4 |
| | | 1 | | 6 | | | | 7 |
| 7 | | 4 | | | 3 | 2 | | 9 |

## MEDIUM - 11

| | | | | | | | | |
|---|---|---|---|---|---|---|---|---|
| 6 | 5 | | 7 | 2 | 4 | | | |
| | 8 | | | 6 | | 2 | | |
| 4 | | | 1 | | | 3 | | 5 |
| 2 | 9 | | | | | | | |
| | | 1 | | | | | | 3 |
| | | 7 | 9 | | 2 | | | 4 |
| 7 | | | 6 | | 9 | | | |
| 5 | 2 | | | | | 7 | | 1 |
| | 3 | 8 | 2 | | | | | |

## MEDIUM - 12

| | | | | | | | | |
|---|---|---|---|---|---|---|---|---|
| | | 5 | | | 1 | | 6 | |
| 2 | | | | | | | 3 | 1 |
| 1 | 9 | | | | 6 | 8 | 2 | |
| | | | | 7 | | 5 | 1 | 2 |
| | 6 | | | | | | | 9 |
| | | 2 | | | 8 | | 4 | |
| | 2 | | 3 | | | | | |
| | | | | 8 | 7 | | 9 | 4 |
| 9 | 4 | 8 | 5 | | 2 | | | |

## MEDIUM - 13

|   | 6 |   |   |   | 5 |   | 4 | 3 |
|---|---|---|---|---|---|---|---|---|
|   | 2 | 1 | 4 |   |   |   |   | 5 |
|   | 3 | 4 | 2 |   | 6 |   |   |   |
|   |   | 6 | 7 |   | 1 |   |   |   |
|   |   |   |   |   |   | 4 | 6 | 2 |
|   | 5 | 2 |   | 4 |   | 9 | 1 |   |
|   | 1 |   | 8 |   | 4 | 5 | 9 |   |
|   |   |   | 5 |   |   | 7 |   |   |
|   |   |   | 9 | 1 | 2 |   |   |   |

## MEDIUM - 14

|   |   |   |   | 8 | 9 |   |   |   |
|---|---|---|---|---|---|---|---|---|
| 4 |   |   |   | 7 | 3 |   | 2 | 5 |
| 5 |   |   |   | 6 |   |   |   | 3 |
|   | 6 |   |   |   |   |   |   | 1 |
|   |   | 4 | 6 | 2 | 1 | 7 |   | 8 |
|   |   | 1 |   |   | 5 | 2 |   |   |
| 1 |   |   |   |   | 8 | 4 |   | 2 |
|   |   |   |   |   | 2 |   | 9 |   |
| 8 | 2 | 9 | 4 |   |   |   |   |   |

## MEDIUM - 15

|   |   | 4 |   |   | 8 | 9 |   |   |
|---|---|---|---|---|---|---|---|---|
| 6 |   | 2 | 3 |   |   | 8 | 4 |   |
| 5 |   | 9 | 4 |   |   |   |   | 6 |
| 2 |   | 7 |   |   |   | 4 |   | 9 |
|   |   | 6 |   | 4 | 3 | 2 |   |   |
| 1 |   |   | 9 |   | 2 | 7 |   |   |
|   |   |   |   | 8 |   |   |   |   |
| 4 |   | 1 | 5 |   |   |   | 9 | 8 |
|   | 9 |   |   |   |   |   | 1 |   |

## MEDIUM - 16

|   |   | 5 |   | 3 | 6 |   | 7 | 1 |
|---|---|---|---|---|---|---|---|---|
| 4 |   |   | 8 | 9 |   |   |   |   |
|   | 9 | 3 | 1 |   |   |   |   |   |
| 3 |   | 1 |   |   |   |   | 9 |   |
|   | 5 | 9 | 2 |   |   |   | 4 | 6 |
|   | 7 |   |   | 8 |   |   | 3 | 5 |
| 5 |   | 2 |   |   | 8 |   |   |   |
|   |   |   | 5 |   |   |   |   | 3 |
| 9 | 6 |   |   | 1 |   |   |   | 8 |

## MEDIUM - 17

| 4 |   | 2 |   | 5 | 6 | 9 | 7 |   |
|---|---|---|---|---|---|---|---|---|
| 9 |   | 8 |   |   | 3 |   |   | 5 |
| 5 | 6 |   |   |   |   | 4 |   |   |
|   |   |   |   |   |   |   |   |   |
|   |   |   |   | 1 |   |   | 6 | 7 |
|   | 4 |   |   | 8 |   |   | 3 | 9 |
|   | 9 |   | 2 | 6 |   | 3 | 1 |   |
|   |   |   | 1 |   |   |   | 9 |   |
| 8 | 2 |   |   | 3 |   |   |   |   |

## MEDIUM - 18

|   |   | 1 | 7 | 4 |   | 8 |   | 6 |
|---|---|---|---|---|---|---|---|---|
| 2 |   |   |   | 9 | 6 |   |   |   |
| 4 |   |   |   |   |   | 7 | 5 |   |
|   | 1 | 4 |   |   |   | 9 | 3 |   |
| 5 |   |   | 3 |   | 4 |   |   |   |
|   |   |   | 9 |   |   |   |   |   |
| 1 |   |   |   |   | 9 | 2 | 7 |   |
|   |   | 7 |   | 1 | 5 | 6 | 9 | 8 |
|   | 9 |   | 4 | 8 | 7 |   |   |   |

## MEDIUM - 19

| | | | | | | | | |
|---|---|---|---|---|---|---|---|---|
| 9 | 4 | 7 | | 8 | 5 | 3 | | |
| | | | 6 | | | | | 7 |
| 6 | 5 | 2 | | | | | | 9 |
| | 2 | | | 3 | 8 | | 5 | |
| | | | | | 2 | | | 6 |
| | | 5 | 9 | 6 | | | 3 | |
| | | 9 | | | | | 7 | |
| 8 | | 4 | | 9 | | | | |
| | | 1 | 4 | 5 | 3 | 6 | | |

## MEDIUM - 20

| | | | | | | | | |
|---|---|---|---|---|---|---|---|---|
| 1 | | | | 2 | | 8 | 3 | |
| 5 | | | | 7 | 1 | | 4 | |
| | | 2 | 9 | | 8 | | | 6 |
| | 9 | | 2 | | | | | 4 |
| 6 | 5 | 1 | | | | 2 | | |
| 8 | | | | | | | | |
| | | 5 | | 4 | 9 | | | |
| 7 | 1 | | | | | | | 9 |
| | | 6 | 8 | | 7 | 5 | | 1 |

## MEDIUM - 21

| | | | | | | | | |
|---|---|---|---|---|---|---|---|---|
| 7 | | 5 | | | | 3 | | |
| 3 | 9 | 1 | | 7 | 4 | | | |
| 8 | | | | | | | | |
| | | 6 | 9 | | | | 7 | 8 |
| | | | 4 | 6 | 1 | | 9 | |
| 9 | 1 | | 7 | | 8 | | | |
| 2 | | 7 | | | | | | 1 |
| | | 3 | | | | 9 | 4 | 2 |
| 6 | | | 1 | | | | 5 | |

## MEDIUM - 22

| | | | | | | | | |
|---|---|---|---|---|---|---|---|---|
| | 8 | 1 | 2 | 4 | | 5 | | 9 |
| | 5 | | 6 | | | 3 | 1 | |
| | | 4 | | 9 | | | 7 | |
| 9 | 6 | 7 | | | | | | |
| | | | | | | | | |
| 4 | 2 | | 7 | | | 9 | | |
| | | | | 3 | | 2 | 5 | |
| 8 | | | | | 4 | | 3 | 7 |
| 5 | | | | 2 | | | | 1 |

## MEDIUM - 23

| | | | | | | | | |
|---|---|---|---|---|---|---|---|---|
| 9 | | | | | | 2 | 3 | |
| 3 | | 2 | 5 | 4 | 6 | 1 | 9 | |
| | | | | 2 | | | 6 | 5 |
| | | | 2 | 9 | | | | |
| | | | | 1 | | 4 | | |
| | | | | | | 7 | 2 | |
| 2 | 9 | | | 3 | 7 | | 5 | 1 |
| | 4 | | 6 | | | | | 2 |
| 7 | 3 | | 1 | | | | 4 | |

## MEDIUM - 24

| | | | | | | | | |
|---|---|---|---|---|---|---|---|---|
| 8 | 4 | 9 | 6 | | 1 | | 2 | 3 |
| | | | | 3 | | 4 | 8 | |
| | | | 2 | | | | | 6 |
| | | 1 | | | | | | |
| 7 | | | 3 | | | 2 | | 4 |
| 9 | | | 7 | 1 | | 8 | | |
| 6 | | | | 4 | 7 | 3 | | 2 |
| | 7 | | | 2 | | | | |
| | | 2 | | | | 1 | | 9 |

## MEDIUM - 25

|   | 7 |   |   | 8 |   | 9 | 1 |   |
|---|---|---|---|---|---|---|---|---|
|   |   |   |   | 7 |   | 5 | 8 |   |
|   |   | 4 | 5 |   | 9 |   |   |   |
|   | 5 | 1 |   |   | 8 |   |   |   |
|   |   |   |   |   |   |   | 2 |   |
| 8 |   | 3 | 7 |   |   | 1 |   | 9 |
| 7 |   | 6 | 2 |   |   |   |   | 5 |
| 2 |   | 8 |   |   |   | 4 |   |   |
|   | 1 | 5 |   |   |   | 7 | 3 | 2 |

## MEDIUM - 26

|   |   |   |   | 1 |   |   | 6 |   |
|---|---|---|---|---|---|---|---|---|
|   |   |   | 3 | 5 |   |   |   | 9 |
|   |   | 8 |   | 9 |   | 2 | 4 | 3 |
| 7 |   |   |   |   | 6 | 9 | 2 | 8 |
| 8 |   |   |   |   | 5 |   | 7 |   |
|   |   | 4 |   | 8 |   |   | 3 | 5 |
| 9 |   |   | 8 | 6 | 4 |   |   | 2 |
|   |   | 5 |   |   | 3 |   |   |   |
| 3 |   | 2 |   |   |   |   | 9 | 4 |

## MEDIUM - 27

| 3 |   | 9 |   |   |   |   |   |   |
|---|---|---|---|---|---|---|---|---|
| 4 | 2 | 6 |   |   |   |   |   |   |
|   |   |   |   |   | 6 |   |   |   |
|   | 4 | 1 | 7 |   | 3 | 6 | 5 |   |
| 9 |   |   |   |   |   |   |   | 2 |
| 5 |   |   | 6 |   |   | 4 | 7 |   |
| 6 | 5 |   | 2 | 3 | 9 |   | 1 |   |
|   | 9 | 3 |   | 5 | 7 |   |   | 4 |
| 2 |   |   | 1 |   |   |   | 9 |   |

## MEDIUM - 28

|   | 9 | 3 |   | 8 |   | 1 |   |   |
|---|---|---|---|---|---|---|---|---|
| 6 |   |   |   |   |   | 2 |   |   |
| 5 | 1 | 7 | 3 |   |   |   |   | 6 |
| 8 |   |   | 7 |   |   |   |   | 1 |
| 1 | 3 |   |   |   | 4 |   |   | 7 |
|   | 2 | 6 |   |   | 1 | 4 |   | 9 |
|   | 5 |   | 1 |   |   | 6 | 9 | 2 |
|   |   |   |   |   | 8 |   |   | 5 |
|   |   | 1 | 9 |   |   |   |   |   |

## MEDIUM - 29

|   |   | 2 |   | 3 |   |   |   |   |
|---|---|---|---|---|---|---|---|---|
| 6 |   |   |   |   |   |   |   |   |
|   |   |   |   | 1 | 4 |   |   | 9 |
|   | 8 |   | 5 |   | 6 |   | 2 |   |
| 4 |   |   | 7 |   |   | 5 | 3 |   |
|   |   | 7 |   | 4 | 1 | 9 |   |   |
| 9 |   | 6 | 4 |   | 8 |   | 5 |   |
|   |   |   |   |   | 7 |   |   |   |
| 7 | 1 |   | 9 | 5 |   |   | 4 | 6 |

## MEDIUM - 30

|   |   |   |   | 2 | 9 |   |   |   |
|---|---|---|---|---|---|---|---|---|
|   |   | 3 | 8 | 5 |   |   |   | 6 |
| 9 |   | 6 | 7 |   |   |   | 5 | 2 |
|   |   | 1 |   |   |   | 8 | 9 |   |
|   |   |   |   |   |   |   |   | 3 |
| 6 | 3 | 2 | 9 |   |   |   |   |   |
| 7 |   |   | 5 |   |   | 3 |   |   |
| 1 | 9 | 5 |   |   |   | 2 | 8 | 7 |
| 3 |   |   |   | 7 | 1 | 5 |   |   |

## MEDIUM - 31

|  |  | 3 | 2 |  |  |  |  |  |
|---|---|---|---|---|---|---|---|---|
|  | 7 | 6 | 8 |  | 3 |  |  |  |
|  |  |  |  |  |  |  | 3 | 5 |
|  | 4 |  | 5 |  |  | 1 |  | 2 |
| 2 |  | 5 |  |  |  | 7 |  | 3 |
| 8 |  |  |  | 2 |  | 9 |  |  |
|  |  |  | 3 |  | 7 | 2 | 9 |  |
|  |  |  | 4 |  |  | 5 |  | 8 |
| 4 |  |  |  | 6 |  | 3 |  |  |

## MEDIUM - 32

| 9 | 1 | 4 |  |  |  |  |  |  |
|---|---|---|---|---|---|---|---|---|
| 2 |  |  | 9 |  | 3 |  | 7 | 1 |
|  |  |  |  |  |  |  |  | 9 |
|  | 9 |  | 3 |  |  |  |  | 5 |
| 3 |  | 8 | 1 |  | 7 | 4 | 9 |  |
|  | 2 |  |  |  | 5 | 1 |  |  |
| 1 |  |  | 2 | 5 |  |  | 6 | 7 |
|  | 4 |  |  |  |  |  | 1 | 2 |
|  |  |  |  |  | 6 |  |  |  |

## MEDIUM - 33

|  |  |  | 5 |  |  |  |  |  |
|---|---|---|---|---|---|---|---|---|
| 1 | 5 | 3 |  | 7 |  |  | 9 |  |
|  |  |  | 9 | 8 | 1 |  |  | 4 |
|  |  |  |  |  | 8 |  |  |  |
|  | 4 | 8 |  |  | 3 | 6 | 1 |  |
| 5 |  | 2 |  | 1 |  |  |  |  |
|  | 8 | 5 |  |  |  |  |  | 1 |
|  | 7 | 9 |  |  | 5 | 2 |  | 8 |
|  | 1 |  |  | 4 | 7 | 9 | 3 |  |

## MEDIUM - 34

|  | 4 |  |  | 5 | 1 | 7 |  |  |
|---|---|---|---|---|---|---|---|---|
| 5 |  | 2 |  |  |  |  |  | 1 |
|  |  |  |  |  |  | 8 |  | 3 |
|  |  |  |  | 7 | 8 | 4 | 9 |  |
|  | 2 |  | 1 |  |  | 5 |  |  |
|  |  | 9 |  |  | 4 |  | 6 | 7 |
|  | 3 |  |  |  | 9 | 2 |  |  |
|  |  |  | 8 | 3 | 5 |  |  | 4 |
|  | 5 |  | 2 | 6 |  |  | 8 |  |

## MEDIUM - 35

|  | 1 | 6 |  | 9 | 7 |  | 4 | 3 |
|---|---|---|---|---|---|---|---|---|
| 8 | 5 |  |  | 4 | 6 |  | 9 | 2 |
| 3 | 4 |  |  |  |  |  |  |  |
| 9 | 2 |  |  | 3 | 1 |  | 5 | 4 |
|  |  |  |  | 8 |  |  | 1 |  |
|  | 6 | 1 |  | 5 | 9 |  |  |  |
|  |  |  |  |  | 2 |  |  |  |
|  | 9 |  |  | 1 |  |  | 6 |  |
|  |  |  |  |  | 8 |  | 7 | 9 |

## MEDIUM - 36

|  | 3 |  |  | 2 |  | 1 |  |  |
|---|---|---|---|---|---|---|---|---|
| 6 | 2 |  |  | 5 |  |  | 7 |  |
| 8 |  | 1 | 7 | 6 |  |  |  | 5 |
|  | 7 |  |  |  |  |  | 3 | 8 |
|  | 1 |  |  |  | 7 |  | 5 | 4 |
|  |  | 3 |  |  | 6 |  | 1 | 2 |
|  |  |  |  |  | 8 |  |  |  |
|  | 8 |  |  |  |  | 5 |  |  |
|  |  | 4 | 3 |  |  |  | 6 | 1 |

## MEDIUM - 37

| | | | | | | | | |
|---|---|---|---|---|---|---|---|---|
| | | 3 | 6 | 4 | | | 9 | 8 |
| | 6 | 5 | | 1 | | 2 | | 4 |
| 2 | | 4 | | | | | 7 | 1 |
| 8 | | 7 | | | | | | 5 |
| | 2 | 9 | | 3 | 6 | | 8 | |
| | | 6 | | 7 | 5 | 4 | | |
| | 7 | | | 6 | | | 5 | |
| | | 2 | | | | | | |
| 4 | | | | | | | | |

## MEDIUM - 38

| | | | | | | | | |
|---|---|---|---|---|---|---|---|---|
| | 5 | 9 | 4 | 3 | | | | |
| 8 | | 3 | 6 | 1 | | 2 | | |
| | | | 2 | | | 3 | | 5 |
| 4 | | 8 | | | | 6 | 1 | |
| 1 | | 2 | 9 | | | 4 | | |
| | 7 | 6 | 3 | | | | 2 | |
| | 8 | | 7 | | | | | |
| | | 7 | | 6 | | 5 | | |
| | 2 | 4 | | | 3 | 7 | | |

## MEDIUM - 39

| | | | | | | | | |
|---|---|---|---|---|---|---|---|---|
| | 1 | | 2 | | | 9 | 4 | |
| | 4 | | | | 9 | 8 | | 6 |
| | | 9 | | 8 | | | 7 | 5 |
| | | 8 | | | 6 | | | |
| | | | | 9 | 3 | | | 7 |
| 3 | | | 5 | | | | 9 | 8 |
| | | | | 3 | 1 | | | |
| 9 | | | | | 2 | | | |
| 2 | 5 | 1 | 7 | | | | | 9 |

## MEDIUM - 40

| | | | | | | | | |
|---|---|---|---|---|---|---|---|---|
| | 8 | | 9 | 6 | 5 | 2 | 1 | 4 |
| | | | | 1 | | 5 | 8 | |
| | | 5 | | | 3 | 6 | | |
| | | | | | 2 | 7 | | |
| | | | 1 | 8 | | | 4 | |
| | 2 | | 5 | | | | 6 | |
| | | | | | | 4 | | 7 |
| 8 | 7 | | 6 | 4 | | | 5 | |
| 9 | | | | | 1 | | | |

## MEDIUM - 41

| | | | | | | | | |
|---|---|---|---|---|---|---|---|---|
| | 1 | | 3 | | | | | |
| | | | 4 | 1 | 8 | | | |
| 7 | | 8 | 2 | | | | 4 | 1 |
| | | | 6 | 4 | | | | 3 |
| | | 1 | | 8 | | | 5 | 2 |
| 9 | 5 | | | 3 | | 6 | 7 | |
| | | 6 | | | 4 | 1 | | |
| | | | 7 | | | 8 | | |
| 8 | | | | 2 | | | | |

## MEDIUM - 42

| | | | | | | | | |
|---|---|---|---|---|---|---|---|---|
| | | 3 | 4 | | | 9 | 1 | |
| 8 | | | 6 | 5 | | | 2 | 3 |
| 2 | | 5 | | | 3 | | | |
| | | 9 | | | | 8 | | |
| 7 | | | 5 | 8 | | 3 | 9 | |
| | 5 | | 3 | 9 | 7 | 2 | | |
| | 8 | | | | 4 | | | |
| | | | | | | | 3 | |
| 5 | | 6 | | | | 1 | 8 | |

## MEDIUM - 43

| | | | | | | | | |
|---|---|---|---|---|---|---|---|---|
| | 9 | 8 | | | | 6 | 3 | |
| | | | 8 | 3 | 7 | | | |
| 1 | | | | 9 | | | 4 | 5 |
| | 1 | | 6 | | | 4 | 8 | |
| | | 9 | | | 8 | | | |
| | | | | 2 | | | 7 | |
| | | | | 4 | | | | |
| 9 | 7 | | | 8 | 3 | 5 | 6 | 4 |
| 4 | | | | | 2 | | | 8 |

## MEDIUM - 44

| | | | | | | | | |
|---|---|---|---|---|---|---|---|---|
| 8 | | | | | | 2 | 7 | |
| | 5 | | | 4 | | | | |
| | | | | | 2 | 9 | | |
| 4 | | | | 7 | | 1 | 3 | |
| | 7 | | | 8 | | | | 9 |
| | 1 | 9 | 3 | | 6 | | | 7 |
| | | 6 | 2 | | 8 | | 9 | |
| | | | 4 | | | | 2 | 1 |
| 3 | | 1 | 7 | | | 4 | | 8 |

## MEDIUM - 45

| | | | | | | | | |
|---|---|---|---|---|---|---|---|---|
| 5 | | 3 | 7 | 2 | 4 | 9 | | 6 |
| 6 | 4 | | | | | | | |
| | | | 3 | | 5 | | | |
| 2 | 6 | | | 7 | 1 | | | 3 |
| | 9 | | 4 | 8 | | | 7 | |
| 7 | 8 | | 2 | | | | | 5 |
| 8 | | | | | | | 3 | 1 |
| 1 | | | 9 | | | 5 | 6 | |
| | | 6 | 1 | | | | | |

## MEDIUM - 46

| | | | | | | | | |
|---|---|---|---|---|---|---|---|---|
| 8 | | | 2 | | 7 | | 1 | |
| | | | | | | 7 | 2 | 4 |
| | | | 5 | | 1 | | | |
| | | | | | | | 7 | |
| | 1 | 9 | | | 4 | 3 | | 5 |
| | | 7 | 9 | | 8 | | | 1 |
| | 3 | 6 | | | 9 | | | |
| | 4 | | | 8 | 5 | | | 6 |
| 5 | | | 6 | | | | 4 | 7 |

## MEDIUM - 47

| | | | | | | | | |
|---|---|---|---|---|---|---|---|---|
| 1 | | | | 2 | | 8 | | |
| | | 5 | | | 1 | 2 | | |
| | 2 | | 5 | | 3 | | | 9 |
| | | 1 | | | | | 2 | |
| | 5 | | | | | 4 | | 7 |
| 8 | | 4 | 2 | | | | 6 | |
| 4 | | | 9 | | | 3 | 7 | |
| | | 6 | | | 4 | | | |
| | | 9 | | 8 | 2 | 6 | | 4 |

## MEDIUM - 48

| | | | | | | | | |
|---|---|---|---|---|---|---|---|---|
| | | 8 | | | | 7 | | |
| | 1 | | | | 4 | | | |
| | | | 9 | 8 | | | 5 | 1 |
| 5 | | 9 | 7 | | 3 | 8 | | |
| | 3 | | | | | | | |
| | 6 | | | 4 | 2 | | | 9 |
| 4 | 7 | 1 | 3 | | 6 | 5 | 9 | |
| | | | | 5 | | 1 | | |
| 9 | | | | | | 4 | 6 | |

## MEDIUM - 49

| | | | | | | | | |
|---|---|---|---|---|---|---|---|---|
| | | 3 | 6 | | | 9 | 5 | |
| | 6 | | | | | 4 | | 1 |
| 2 | 5 | 1 | 9 | | | 3 | | |
| 7 | | | | | | | | 9 |
| | | 2 | | | | 5 | 8 | |
| 8 | 1 | | | | | | 2 | |
| | 3 | | | | 8 | | 9 | 7 |
| | 2 | | | | 9 | | 4 | |
| | | | 5 | 7 | | | 1 | |

## MEDIUM - 50

| | | | | | | | | |
|---|---|---|---|---|---|---|---|---|
| | 8 | | 2 | 4 | | | | |
| | 2 | 3 | | 9 | 7 | | | 8 |
| | 4 | | | | 1 | | | |
| | | | | 8 | | 9 | | 1 |
| | | | 6 | | 2 | | | |
| | | 6 | 7 | | 9 | 8 | | |
| 3 | 7 | | 1 | | 5 | 4 | 8 | |
| | 6 | | 4 | | | | 5 | 7 |
| | | | | | 8 | 2 | | |

## MEDIUM - 51

| | | | | | | | | |
|---|---|---|---|---|---|---|---|---|
| | 6 | 3 | | | | 1 | 9 | |
| 8 | 2 | 9 | | | 5 | 4 | 7 | 3 |
| | 4 | | | | | 5 | 8 | 6 |
| | | | | | 8 | | | 9 |
| | | 8 | 2 | 9 | | | | |
| | | | | | 3 | | | 8 |
| | | 2 | 7 | | | | | |
| | | | 8 | 5 | 1 | 3 | | |
| | | 7 | | 6 | 2 | 8 | | |

## MEDIUM - 52

| | | | | | | | | |
|---|---|---|---|---|---|---|---|---|
| 2 | 9 | | 4 | | | 6 | | |
| 4 | | 5 | 6 | 2 | 3 | 9 | | 1 |
| | | | | | | | | 2 |
| | | 7 | | | | | | 4 |
| | 4 | | 3 | | 2 | | | 8 |
| 5 | | | | 8 | | | | |
| | | | | | | 2 | | 9 |
| 9 | 1 | 6 | | | | | | 7 |
| | | | 7 | | 1 | 3 | | 6 |

## MEDIUM - 53

| | | | | | | | | |
|---|---|---|---|---|---|---|---|---|
| | 7 | | 8 | | | | | |
| 3 | 6 | | | | | | 4 | 8 |
| 8 | 2 | | 5 | | 7 | | 9 | 1 |
| 7 | | | | 2 | 1 | 3 | | 4 |
| | | 3 | | | | 1 | | |
| | | | | 9 | | | | |
| 2 | | 1 | | | | 5 | | |
| 9 | 5 | | | | 2 | | | 7 |
| 4 | 3 | | | | | | | 2 |

## MEDIUM - 54

| | | | | | | | | |
|---|---|---|---|---|---|---|---|---|
| 5 | | | | | 6 | | | 3 |
| 9 | | | 3 | | | | 7 | |
| | 3 | | 7 | | | 5 | 9 | |
| | | 9 | 8 | 2 | | 3 | | |
| | 8 | | | 3 | 1 | 7 | | |
| | | | | | 5 | 1 | | 2 |
| | | | 2 | 6 | | | 3 | |
| | | 4 | | 8 | | 6 | | |
| | 2 | 7 | | | 3 | 9 | | |

## MEDIUM - 55

| 2 |  |  |  |  |  |  | 9 | 7 |
|---|---|---|---|---|---|---|---|---|
|  |  | 8 |  |  |  |  | 5 |  |
| 7 |  |  |  | 5 |  | 6 |  | 4 |
| 8 |  | 1 |  |  |  |  | 7 |  |
|  | 9 |  | 7 |  |  | 2 |  | 6 |
|  | 7 |  | 4 |  |  | 3 |  |  |
| 4 |  | 3 | 9 | 1 |  |  |  |  |
|  | 2 |  | 3 | 4 | 8 | 5 | 6 |  |
| 1 |  |  | 2 |  |  |  |  |  |

## MEDIUM - 56

|  |  | 2 |  | 4 |  | 1 |  | 6 |
|---|---|---|---|---|---|---|---|---|
|  |  | 7 |  | 9 | 5 |  |  | 4 |
| 3 | 4 |  |  | 7 |  |  |  |  |
| 1 |  |  | 3 |  |  | 6 | 4 |  |
|  | 8 |  |  |  |  |  | 1 | 2 |
| 4 |  |  |  |  |  |  |  | 8 |
| 2 |  |  | 7 | 1 |  | 4 |  | 3 |
|  | 7 |  |  | 3 |  |  | 8 |  |
| 6 |  |  | 5 |  | 2 |  |  |  |

## MEDIUM - 57

| 8 |  | 3 |  |  |  |  | 6 | 9 |
|---|---|---|---|---|---|---|---|---|
|  |  | 2 | 6 |  | 3 |  |  | 8 |
|  |  |  |  |  |  |  |  | 5 |
|  |  | 7 |  | 6 | 1 |  |  |  |
| 1 |  |  | 4 |  | 7 | 5 |  | 6 |
|  | 6 |  |  | 2 | 9 |  | 3 |  |
|  |  |  |  | 1 | 2 |  |  |  |
| 7 |  |  | 9 | 4 |  | 1 |  | 2 |
|  |  |  |  |  |  |  | 8 | 7 |

## MEDIUM - 58

|  |  |  |  |  |  |  | 2 |  |
|---|---|---|---|---|---|---|---|---|
|  | 1 |  | 6 | 8 | 3 |  | 7 | 5 |
|  | 6 |  |  |  | 5 | 3 |  | 8 |
|  | 8 | 1 |  |  |  |  | 3 |  |
| 3 |  |  | 1 | 6 | 8 |  |  | 4 |
|  |  | 9 | 2 |  |  | 1 |  |  |
|  |  |  |  | 1 |  | 7 | 9 | 3 |
|  |  |  |  |  |  |  | 4 |  |
| 4 | 9 | 3 |  |  | 2 | 5 |  |  |

## MEDIUM - 59

| 3 |  |  |  | 2 | 1 | 5 | 8 | 4 |
|---|---|---|---|---|---|---|---|---|
| 1 |  |  |  |  | 6 |  | 2 |  |
|  | 8 |  | 5 |  | 9 |  |  |  |
| 5 | 9 | 3 | 2 |  |  | 4 |  |  |
|  | 2 |  |  | 1 |  | 7 |  |  |
|  |  | 8 | 3 |  | 4 | 6 |  |  |
|  | 4 |  | 6 | 9 | 3 | 8 |  | 7 |
|  |  |  |  | 4 | 5 |  |  | 9 |
|  |  |  |  |  |  |  |  |  |

## MEDIUM - 60

| 3 | 7 |  |  | 5 | 9 |  |  |  |
|---|---|---|---|---|---|---|---|---|
|  |  | 5 |  | 4 | 6 |  | 3 |  |
| 2 | 4 |  |  | 7 |  | 9 |  | 6 |
| 8 | 3 |  |  | 2 |  |  |  | 1 |
|  |  |  |  |  | 4 |  |  |  |
| 9 | 6 |  |  | 1 | 8 |  |  |  |
|  |  |  |  |  |  | 4 |  | 5 |
|  | 8 |  |  |  | 1 |  |  |  |
|  | 2 |  | 4 |  |  | 1 | 6 | 3 |

## MEDIUM - 61

|  | 2 |  | 3 | 6 | 4 | 5 | 9 |  |
|---|---|---|---|---|---|---|---|---|
|  | 9 |  |  |  |  |  | 4 |  |
|  |  | 6 |  |  | 5 | 8 |  | 2 |
|  |  |  |  | 5 | 3 |  |  | 4 |
|  |  | 8 |  |  | 7 | 6 | 5 | 3 |
| 5 | 3 | 4 |  | 8 |  | 1 |  |  |
|  |  |  | 5 |  |  |  |  |  |
|  |  |  |  | 2 | 6 |  | 1 | 5 |
|  |  |  |  | 9 | 1 | 4 |  |  |

## MEDIUM - 62

|  |  |  |  |  |  | 1 |  | 5 |
|---|---|---|---|---|---|---|---|---|
|  |  | 9 | 8 |  | 2 | 6 |  |  |
|  | 6 | 5 | 3 |  | 1 |  |  |  |
|  | 5 | 6 |  | 2 |  |  | 1 |  |
| 7 | 1 | 8 | 6 |  |  | 9 |  |  |
|  |  |  | 7 | 1 | 4 |  | 6 |  |
|  |  |  |  |  |  |  |  |  |
| 5 | 8 | 2 |  |  | 3 | 7 |  | 9 |
| 3 |  | 1 |  |  | 7 |  | 5 |  |

## MEDIUM - 63

|  | 8 |  | 2 |  | 9 | 5 |  |  |
|---|---|---|---|---|---|---|---|---|
|  |  | 4 |  | 1 | 3 |  |  | 9 |
| 3 | 9 |  | 6 |  |  |  | 2 |  |
|  | 5 |  |  | 2 |  | 1 | 6 |  |
| 2 | 1 | 6 |  |  |  | 9 |  |  |
| 9 |  |  | 3 |  | 1 | 2 |  |  |
|  |  |  |  | 9 |  |  |  |  |
| 4 |  |  |  |  |  | 7 |  | 1 |
|  | 3 | 9 |  |  |  |  | 4 |  |

## MEDIUM - 64

|  | 4 |  |  | 1 | 8 | 9 |  |  |
|---|---|---|---|---|---|---|---|---|
| 8 | 7 |  |  |  |  |  | 1 |  |
| 9 |  | 2 |  | 5 |  |  | 4 | 6 |
| 4 | 8 |  |  |  |  |  | 9 |  |
|  |  |  | 8 |  | 4 |  | 5 | 1 |
|  |  |  | 6 |  |  | 4 |  |  |
|  |  |  |  |  | 2 |  |  | 5 |
|  |  | 4 |  | 8 | 7 |  | 6 |  |
| 2 | 6 |  | 3 | 9 |  | 7 |  |  |

## MEDIUM - 65

|  | 1 |  |  |  |  |  |  |  |
|---|---|---|---|---|---|---|---|---|
| 9 |  |  | 8 |  |  | 4 | 3 | 6 |
|  | 4 | 6 | 7 | 9 |  |  |  |  |
|  |  |  |  | 3 |  | 9 |  | 4 |
|  | 9 |  |  |  | 5 | 3 |  |  |
|  |  | 7 |  | 4 | 9 |  |  |  |
|  |  | 4 | 9 | 8 |  | 5 | 2 |  |
|  |  |  |  |  | 1 | 8 | 9 |  |
|  |  | 9 |  | 2 |  | 6 |  |  |

## MEDIUM - 66

|  |  |  |  |  |  |  |  | 2 |
|---|---|---|---|---|---|---|---|---|
| 5 |  |  |  |  |  | 8 |  | 4 |
|  |  |  | 1 | 2 | 5 | 3 | 9 |  |
| 7 |  |  |  |  | 3 |  | 2 | 9 |
| 6 |  |  |  |  | 2 |  | 7 | 8 |
|  |  |  |  | 4 |  |  | 3 |  |
|  |  |  | 8 |  | 1 | 9 | 6 |  |
| 3 | 7 |  |  |  |  |  | 8 |  |
| 1 |  | 6 | 5 |  | 7 |  |  | 3 |

## MEDIUM - 67

| | | | | | | | | |
|---|---|---|---|---|---|---|---|---|
| | | | | | 8 | 2 | | |
| 9 | | | | 5 | 1 | | 3 | |
| | | 7 | | 6 | | | 4 | |
| 2 | 9 | | | | | | | 5 |
| | | 1 | | | | 6 | | |
| | | | 9 | | 5 | | | |
| | 4 | 8 | | | | | | 2 |
| 5 | | 9 | | | 2 | 3 | | 6 |
| 7 | 2 | | | 3 | | | 5 | 8 |

## MEDIUM - 68

| | | | | | | | | |
|---|---|---|---|---|---|---|---|---|
| | 1 | 4 | | 2 | | | 5 | 8 |
| | | | 4 | | | | | 9 |
| 5 | | | | | | 4 | 3 | |
| | 8 | | | | | | | 5 |
| | | | 9 | | | 3 | | 4 |
| 1 | 3 | | 5 | | | 8 | 9 | |
| | | | 2 | | 7 | 5 | | |
| | 2 | 1 | | | 5 | 6 | | |
| 8 | | 5 | 6 | 1 | | | | |

## MEDIUM - 69

| | | | | | | | | |
|---|---|---|---|---|---|---|---|---|
| 2 | | 3 | | 6 | 8 | | | 9 |
| | | 6 | | | | 4 | 3 | |
| | | 8 | 3 | 9 | | | | |
| | | | | | 7 | 3 | 8 | |
| | | | | 5 | 3 | 7 | | |
| 7 | 3 | | 1 | | | 9 | 5 | 6 |
| | 8 | | | | | | 4 | |
| 3 | | 7 | | | | | 9 | |
| | 9 | | | | 1 | 6 | | |

## MEDIUM - 70

| | | | | | | | | |
|---|---|---|---|---|---|---|---|---|
| | | | | | | 7 | 1 | |
| | | 6 | | 4 | 8 | 5 | 9 | |
| | | | 7 | | 9 | 2 | 6 | |
| | | 8 | 3 | | 1 | | 4 | |
| 7 | | | 8 | 9 | | | | |
| | | 9 | | | | | 8 | 5 |
| 4 | 3 | | 9 | | | | 5 | |
| | 2 | | 1 | | 4 | | 3 | |
| | 9 | | | | 2 | | | 1 |

## MEDIUM - 71

| | | | | | | | | |
|---|---|---|---|---|---|---|---|---|
| | | 5 | 9 | | | | | 3 |
| | | | | 1 | | 4 | 5 | |
| 7 | | 1 | | | | | | |
| | 1 | | 7 | | | 9 | | |
| | 3 | | | 5 | 1 | | 6 | 8 |
| | | 4 | 3 | | | | | |
| | | 6 | 2 | | | | | 9 |
| | 2 | | | | | 1 | 7 | |
| 9 | | | 1 | | 6 | 2 | | |

## MEDIUM - 72

| | | | | | | | | |
|---|---|---|---|---|---|---|---|---|
| | | 6 | 7 | | | | | 8 |
| | 4 | 5 | | 8 | | 6 | | |
| | 7 | | 4 | | | | 3 | |
| | | | 2 | 1 | 8 | | 9 | |
| | 2 | 1 | | | 7 | | 8 | 5 |
| | | | | 5 | | | 2 | |
| 1 | | | | 7 | | | | 3 |
| 5 | | | | | | 9 | | |
| | 8 | 9 | | | | 4 | 6 | |

## MEDIUM - 73

| | | | | | | | | |
|---|---|---|---|---|---|---|---|---|
| | 9 | 2 | | 8 | | 1 | | |
| 4 | 6 | 7 | | | 9 | | 8 | |
| | | | | | 3 | 9 | 7 | 6 |
| | | 9 | 6 | | 4 | 5 | | 1 |
| | | | | 7 | | 6 | 4 | 2 |
| | 2 | | | | | | | |
| | | 5 | | | | | | 8 |
| | 4 | 8 | | | | | 6 | |
| 7 | 1 | 6 | | 3 | | | | |

## MEDIUM - 74

| | | | | | | | | |
|---|---|---|---|---|---|---|---|---|
| 7 | 2 | | | 1 | 6 | | 9 | |
| | 9 | | | | 4 | 2 | | |
| 5 | | | | 7 | | | | 6 |
| | 7 | 2 | | | | | 3 | |
| | | 9 | | | 1 | | | 2 |
| | | | 2 | | | 7 | 1 | |
| | 5 | | | | 3 | 9 | | |
| | 3 | | | 5 | | | | |
| 2 | | 8 | 6 | 9 | | | | 3 |

## MEDIUM - 75

| | | | | | | | | |
|---|---|---|---|---|---|---|---|---|
| | | | 4 | | 9 | 7 | | 5 |
| 8 | 7 | | | | | 3 | | |
| | | | 3 | 5 | | | 8 | 2 |
| | 5 | | | | 6 | 4 | 9 | 3 |
| | | 9 | | | | | | 1 |
| 1 | 4 | 7 | 9 | | 2 | | | 8 |
| | 8 | | 6 | | | | | |
| 7 | | 1 | 8 | | | | | |
| 9 | | | 7 | | | | 3 | |

## MEDIUM - 76

| | | | | | | | | |
|---|---|---|---|---|---|---|---|---|
| | 3 | | | 5 | | | | 8 |
| 9 | 8 | | | | | | 3 | 1 |
| 7 | 1 | 5 | 8 | 3 | 4 | | 9 | |
| | | | | 1 | 3 | | 5 | |
| | | 3 | 5 | | | | | |
| 1 | | | 4 | | 6 | | | |
| 3 | | | 6 | | | 4 | | 5 |
| | | | 3 | | 8 | 9 | | |
| | 7 | | 2 | | | 8 | 1 | 3 |

## MEDIUM - 77

| | | | | | | | | |
|---|---|---|---|---|---|---|---|---|
| 2 | | | 4 | | 9 | | | 8 |
| | 3 | | | 1 | | | | 2 |
| 9 | | | 7 | | | 6 | 3 | 4 |
| | | 1 | | | 3 | 8 | 4 | |
| | | | 2 | | | | | 7 |
| | | | 5 | | | | 1 | |
| 3 | | | 6 | 4 | | | | |
| 1 | | | 3 | | | 4 | | |
| | 5 | 7 | | 9 | | | 2 | |

## MEDIUM - 78

| | | | | | | | | |
|---|---|---|---|---|---|---|---|---|
| | | | 7 | 3 | 8 | | | 4 |
| | | 7 | | 4 | | | | |
| 4 | | | | 9 | | | 6 | |
| 3 | | | | 5 | 7 | | 4 | |
| | | | 4 | | | 1 | | 2 |
| | | | 2 | | 1 | | 9 | 7 |
| | 5 | | | 2 | | | 3 | |
| | | 1 | | | | 6 | | |
| 9 | 2 | 4 | | | 6 | 5 | 7 | |

## MEDIUM - 79

|   | 4 | 8 |   |   |   | 9 |   | 7 |
|---|---|---|---|---|---|---|---|---|
| 1 |   |   |   |   |   |   | 3 | 4 |
| 9 | 5 | 3 | 6 | 7 |   |   |   |   |
|   | 2 | 7 | 4 | 6 |   |   | 1 |   |
|   |   |   | 7 |   |   |   |   | 6 |
|   |   |   | 9 |   |   | 5 |   | 2 |
| 4 |   |   |   | 2 |   |   |   | 5 |
| 7 | 9 |   | 1 | 4 |   |   |   |   |
|   |   |   |   |   |   | 7 |   |   |

## MEDIUM - 80

|   | 1 |   | 2 |   | 9 |   | 6 |   |
|---|---|---|---|---|---|---|---|---|
| 9 |   |   |   |   |   |   |   |   |
|   | 5 | 2 | 7 | 4 | 8 |   |   |   |
| 3 |   |   |   |   |   |   |   | 9 |
| 5 |   |   |   |   | 1 | 7 | 2 |   |
|   |   |   |   | 6 |   | 1 |   | 4 |
| 4 |   |   |   |   | 7 | 8 |   | 6 |
|   |   | 6 |   | 8 |   |   | 4 |   |
| 2 |   |   |   |   | 6 |   |   | 5 |

## MEDIUM - 81

| 9 |   |   |   | 3 |   |   |   | 8 |
|---|---|---|---|---|---|---|---|---|
|   | 5 | 7 |   |   |   |   |   |   |
|   | 4 |   | 5 |   | 7 |   |   |   |
|   |   |   |   |   |   | 7 | 4 |   |
|   |   |   |   |   | 8 | 1 | 3 |   |
| 4 | 7 | 1 | 3 | 9 |   |   | 8 |   |
| 5 |   |   |   | 6 |   | 4 |   | 7 |
| 7 | 1 |   | 4 |   |   |   | 9 | 6 |
|   | 6 | 4 |   |   |   |   |   | 1 |

## MEDIUM - 82

|   |   |   | 9 | 2 |   | 7 |   |   |
|---|---|---|---|---|---|---|---|---|
| 9 |   | 1 | 5 |   |   |   | 2 |   |
|   | 4 | 7 |   |   |   |   | 3 |   |
|   | 3 | 2 |   | 4 | 5 |   |   | 6 |
| 4 |   | 9 |   |   | 3 |   | 5 |   |
|   |   |   |   |   |   |   | 4 | 1 |
| 1 | 2 |   |   |   |   | 8 | 7 | 5 |
|   |   | 3 |   | 7 |   | 1 |   |   |
|   |   | 6 |   |   |   |   |   |   |

## MEDIUM - 83

|   |   |   |   | 6 | 7 | 9 |   |   |
|---|---|---|---|---|---|---|---|---|
| 1 | 7 |   | 9 |   |   | 5 | 3 |   |
|   |   | 6 | 3 | 8 | 5 |   | 7 | 4 |
|   |   | 7 |   |   | 6 |   |   |   |
|   |   | 4 |   | 3 |   |   |   | 1 |
| 8 |   | 9 |   | 2 | 1 |   |   |   |
|   | 6 |   |   |   |   | 4 | 2 |   |
|   |   |   |   | 1 |   |   |   | 7 |
| 4 | 3 |   |   | 7 |   |   |   |   |

## MEDIUM - 84

| 6 |   |   |   | 1 |   | 8 |   |   |
|---|---|---|---|---|---|---|---|---|
| 2 | 9 |   |   | 3 |   |   |   |   |
|   | 1 |   |   | 7 | 4 |   | 3 |   |
| 4 |   | 2 |   |   | 7 |   |   |   |
| 7 |   |   | 6 | 9 |   |   |   | 4 |
|   | 5 |   | 2 |   |   |   |   | 7 |
| 9 |   |   | 7 | 8 |   |   |   | 1 |
|   |   |   |   |   | 9 | 6 | 5 |   |
| 5 | 4 |   |   |   |   |   |   |   |

## MEDIUM - 85

| | | | | | | | | |
|---|---|---|---|---|---|---|---|---|
| | | 1 | | 7 | | | 2 | |
| | 8 | 4 | 3 | 1 | | | | 9 |
| | 2 | 6 | | | | | 1 | |
| | 6 | | | | | 1 | 8 | |
| | 1 | | 2 | | 6 | | | 3 |
| | 3 | 5 | | | 1 | | | |
| | | | | | | 8 | 9 | |
| 6 | | | | 9 | | | 5 | 1 |
| | 9 | | | 2 | | 4 | | |

## MEDIUM - 86

| | | | | | | | | |
|---|---|---|---|---|---|---|---|---|
| | 5 | 7 | 6 | | | 2 | 9 | 4 |
| 2 | | 6 | 3 | 4 | 9 | 1 | | |
| | | | | | | | | 8 |
| 6 | | 2 | 4 | 1 | | | 7 | 5 |
| | | 8 | | | | | 2 | |
| | | 4 | | 7 | | | | |
| | | | 1 | | 3 | | | |
| 7 | | | | | 2 | | 1 | |
| | 6 | 5 | | | 4 | 3 | | |

## MEDIUM - 87

| | | | | | | | | |
|---|---|---|---|---|---|---|---|---|
| 3 | 1 | 6 | | | | | 7 | 9 |
| | 5 | 7 | 3 | 2 | | | | |
| | | 8 | 1 | 6 | | | | |
| | 2 | | | 7 | 6 | 3 | 5 | 8 |
| 8 | | | | | | | 9 | 4 |
| | 6 | 5 | | | | | | 7 |
| | 8 | | | 3 | 2 | 9 | | |
| 5 | | | | | | | | |
| 6 | | | | 5 | | | | |

## MEDIUM - 88

| | | | | | | | | |
|---|---|---|---|---|---|---|---|---|
| 7 | 2 | | 6 | 8 | 4 | | | |
| | | | | 3 | | | | |
| | 3 | 4 | | | 5 | | 2 | |
| 6 | 1 | 9 | | | | | | 7 |
| | | | 4 | 1 | | | 3 | |
| 3 | 4 | | 9 | | | 1 | 8 | |
| | 5 | | | | | 7 | | 2 |
| 1 | | | | | 3 | | 4 | |
| | 7 | | 5 | | | | 6 | |

## MEDIUM - 89

| | | | | | | | | |
|---|---|---|---|---|---|---|---|---|
| 9 | | 6 | 3 | | 2 | | | |
| | | | | 6 | | | 1 | 2 |
| | | 1 | | 8 | | | 4 | |
| | | | | | 6 | | | 7 |
| 7 | | | 8 | 9 | | 5 | 6 | |
| 6 | | | | | | 2 | 9 | |
| 3 | | | 7 | 2 | | | | |
| | 8 | | 5 | | | 1 | 3 | |
| | | | | | 8 | 7 | 2 | |

## MEDIUM - 90

| | | | | | | | | |
|---|---|---|---|---|---|---|---|---|
| 9 | | | | 4 | | | | 7 |
| 1 | | | | | | | 6 | 9 |
| | | 3 | 9 | | 2 | | 1 | |
| 8 | 3 | | 2 | | 4 | 5 | | |
| | | | | | | 8 | | 2 |
| 7 | | | | 1 | 8 | | | 4 |
| | 6 | 9 | | | | | 8 | |
| 5 | 7 | | 3 | 8 | | | | |
| 2 | 8 | | | | 7 | | | |

## MEDIUM - 91

| | | | | | | | | |
|---|---|---|---|---|---|---|---|---|
| | 4 | | | | 8 | | 6 | |
| | 7 | 9 | 3 | 6 | | 4 | 5 | |
| | | | 4 | | 5 | | | |
| | 3 | 1 | 6 | | | 5 | 8 | |
| 7 | | | 5 | | | | 9 | |
| | 5 | | | 8 | | 3 | | 4 |
| 5 | | | 8 | | 6 | | | |
| 8 | 1 | | | 4 | | 9 | | 5 |
| | 9 | 3 | 1 | | | | | |

## MEDIUM - 92

| | | | | | | | | |
|---|---|---|---|---|---|---|---|---|
| | | | | | 6 | | | 3 |
| | | 4 | | | | | 7 | 8 |
| 1 | 9 | | | 3 | 8 | 6 | | |
| 4 | | 8 | | 2 | | | | 6 |
| | | | 6 | | | | | |
| 9 | | | | 8 | | 1 | 2 | |
| 5 | | | 2 | | | | 6 | |
| 2 | | | | 6 | | 4 | | |
| | | | 9 | | 4 | 7 | 5 | |

## MEDIUM - 93

| | | | | | | | | |
|---|---|---|---|---|---|---|---|---|
| | | 6 | | 8 | 3 | | 2 | |
| | | | 2 | | | | 9 | |
| 2 | | | 7 | | 1 | | | |
| | | 1 | 9 | | | 3 | 4 | |
| | 4 | 9 | | 3 | | | 1 | |
| | 7 | | | | 8 | | 6 | |
| 1 | 9 | | | | | | 8 | 6 |
| | | 8 | | 1 | 4 | 2 | | 9 |
| | | 2 | 8 | 7 | | 1 | | |

## MEDIUM - 94

| | | | | | | | | |
|---|---|---|---|---|---|---|---|---|
| | 3 | | | | | 6 | | |
| | | | 1 | | 3 | 4 | | |
| | 7 | | 4 | 6 | | 3 | 9 | |
| | | | | | | 9 | 7 | |
| 7 | 2 | | | 1 | | | | 4 |
| 8 | 4 | | 7 | 9 | | 5 | | 2 |
| | 9 | 3 | 5 | | | | | |
| | | 5 | 6 | | | 2 | | |
| 6 | | | | 2 | | | | 3 |

## MEDIUM - 95

| | | | | | | | | |
|---|---|---|---|---|---|---|---|---|
| | | | | | | 6 | | 5 |
| | 7 | 5 | | | | 2 | 8 | |
| | | | 9 | 5 | 8 | 1 | | 7 |
| | 6 | | 3 | | 1 | 5 | 7 | |
| | | 1 | | 4 | 7 | | | |
| | 5 | | 6 | | 9 | | | |
| 6 | | | 4 | | | | | |
| 2 | | | | | | 3 | 5 | 4 |
| 5 | 9 | | | | 2 | | | |

## MEDIUM - 96

| | | | | | | | | |
|---|---|---|---|---|---|---|---|---|
| | | | 3 | 8 | | 2 | | 5 |
| 9 | | 3 | 4 | | 2 | | | 7 |
| 5 | 2 | | 9 | | 1 | | | |
| 7 | | 2 | | 4 | | | 6 | |
| | 8 | | | | 9 | | | 4 |
| | 9 | | | 2 | | 3 | | 1 |
| | | 5 | | | | | | |
| 2 | | | | 9 | | | | |
| | | | 8 | | | 1 | 7 | |

## MEDIUM - 97

| | | | | | | | | |
|---|---|---|---|---|---|---|---|---|
| 8 | 4 | | | | | 9 | 2 | 7 |
| 7 | 3 | 5 | | | | 8 | | |
| | | 6 | | | | | | 3 |
| | | | | | 4 | | | |
| | | | 9 | 3 | 6 | | | |
| | | 8 | 1 | | 2 | | | 6 |
| | | 9 | | | 5 | | | 2 |
| | 6 | 3 | 8 | | | | 4 | |
| | | 2 | | 6 | 9 | | 1 | |

## MEDIUM - 98

| | | | | | | | | |
|---|---|---|---|---|---|---|---|---|
| | | | | 8 | | | 3 | 2 |
| | | | | 4 | 6 | | | 9 |
| | 1 | 3 | | 2 | | | | 7 |
| 4 | | | | | 9 | 7 | | |
| 2 | 9 | 6 | 4 | | | | | 8 |
| | 3 | 7 | 1 | | | 9 | | |
| | | | 2 | | 8 | | | 3 |
| | | | | | | | 9 | |
| 9 | | | | 1 | | 8 | 6 | |

## MEDIUM - 99

| | | | | | | | | |
|---|---|---|---|---|---|---|---|---|
| | 1 | | 9 | 2 | | 3 | | |
| | | | 4 | | 3 | | 7 | |
| 5 | 7 | | 1 | 6 | | 9 | | |
| | | | 7 | | 6 | 8 | | |
| | 4 | 6 | | | | 1 | | 3 |
| | 8 | 2 | | | | | | |
| | 3 | 9 | | 7 | | | | |
| 1 | 6 | | | 8 | | | 3 | 7 |
| 4 | | | | | | | | 8 |

## MEDIUM - 100

| | | | | | | | | |
|---|---|---|---|---|---|---|---|---|
| 4 | 5 | | | | 6 | 8 | 1 | |
| 8 | | 7 | | | | | 9 | 3 |
| 3 | | | 1 | 9 | | | | |
| | | 5 | | 3 | 7 | 1 | | 4 |
| | | | 8 | | 1 | 5 | | |
| | | | 4 | | | | | 8 |
| 5 | | | | 1 | | | | |
| | | 4 | | 8 | | | 2 | |
| | 7 | 8 | 9 | | | | 4 | 1 |

## MEDIUM - 101

| | | | | | | | | |
|---|---|---|---|---|---|---|---|---|
| 4 | | | | | | | 6 | |
| 7 | | 8 | | 9 | | | | 4 |
| | | | | | | 9 | | 7 |
| | | 1 | 5 | 2 | | | | |
| | 6 | | 8 | | 3 | | | |
| 8 | 5 | 3 | | | | | | |
| 1 | | | 2 | | 5 | | 3 | 6 |
| 3 | | | | 6 | 8 | 7 | | 1 |
| 6 | 8 | | 1 | | | 4 | | |

## MEDIUM - 102

| | | | | | | | | |
|---|---|---|---|---|---|---|---|---|
| | 7 | 5 | | 8 | 3 | | | |
| | | | | | | | | |
| 3 | 9 | 6 | 4 | | | 8 | | |
| | 1 | | | 9 | | 6 | | 5 |
| | 4 | | | | 6 | | | 2 |
| 7 | 6 | 8 | | | | | 9 | |
| 9 | 8 | | | | | 3 | | 7 |
| | | 7 | 3 | 2 | | | 1 | 8 |
| 1 | 3 | | | | | | 6 | |

## MEDIUM - 103

| | | | | | | | | |
|---|---|---|---|---|---|---|---|---|
| 2 | | 6 | | 3 | 8 | | | |
| | | | | | | | | 4 |
| | 7 | 5 | | | | | 8 | |
| | | | 9 | | | | | |
| | | | | 1 | | 4 | | |
| | 8 | | 4 | | 7 | 6 | 3 | 9 |
| 8 | | 4 | 2 | | 6 | | 7 | |
| | 5 | 3 | 7 | | 1 | | 9 | |
| | | | | 8 | 9 | 5 | | 6 |

## MEDIUM - 104

| | | | | | | | | |
|---|---|---|---|---|---|---|---|---|
| | | | | 9 | | | 4 | 5 |
| 3 | | | | | 4 | 9 | | 1 |
| | | | | 1 | | | 8 | |
| | 7 | 2 | | 3 | 9 | | | |
| 6 | 9 | | | | 1 | | | 3 |
| 8 | | 3 | | 2 | | | | 9 |
| 5 | | 8 | 6 | 4 | | | 9 | |
| | 2 | | | | | | 5 | |
| | 4 | | | | 5 | 2 | | 8 |

## MEDIUM - 105

| | | | | | | | | |
|---|---|---|---|---|---|---|---|---|
| 6 | | | | | | 2 | | 3 |
| | | 2 | 1 | | | | 8 | |
| | 9 | | | 2 | 7 | 6 | 5 | |
| 3 | | | 2 | | | 8 | 6 | 7 |
| | | 6 | 3 | | 4 | | | 1 |
| | | 9 | 6 | 8 | | 4 | | |
| | 3 | 8 | 4 | | | 5 | | |
| 4 | | | | | | | | |
| 2 | | | 9 | 5 | | | | 6 |

## MEDIUM - 106

| | | | | | | | | |
|---|---|---|---|---|---|---|---|---|
| 5 | | 6 | | 3 | | | | |
| 1 | 7 | | 9 | 5 | | | 2 | 6 |
| | | | | 6 | 4 | 5 | 7 | |
| 3 | 6 | | | 9 | | 8 | | |
| | | 5 | 3 | | | | | |
| | 8 | | 2 | | 5 | 6 | | |
| | | | | | | 2 | | |
| | | | 5 | 2 | 9 | | | |
| 6 | | 3 | | | | | | 4 |

## MEDIUM - 107

| | | | | | | | | |
|---|---|---|---|---|---|---|---|---|
| | | | | | | 6 | | 5 |
| | | | | 9 | 6 | 4 | | |
| | 6 | 7 | | 1 | 4 | | 8 | 3 |
| | 2 | | 7 | | | 1 | | |
| 5 | | | | | 9 | | 6 | 2 |
| 8 | 1 | 6 | | | 2 | 7 | | 9 |
| | | | | | | | | |
| | | 2 | 6 | | 1 | | | |
| 1 | 9 | | | 2 | 7 | | | |

## MEDIUM - 108

| | | | | | | | | |
|---|---|---|---|---|---|---|---|---|
| | | 6 | | | | | | |
| | 7 | | | | 4 | 3 | | |
| 1 | 5 | 3 | 7 | | | | | 8 |
| | | | | | | | | 5 |
| 8 | | | 2 | 4 | | | | 6 |
| | 6 | | 9 | 7 | 3 | 4 | | 1 |
| 6 | | | | | | | | |
| | | 1 | 3 | | | 2 | | |
| 3 | 8 | 2 | | | | | 1 | |

## MEDIUM - 109

| | | | 5 | | | | 7 | |
|---|---|---|---|---|---|---|---|---|
| | 4 | | | 6 | | | 3 | 9 |
| | 3 | 6 | 1 | | 9 | 4 | | 2 |
| 8 | | | | | 3 | | 6 | |
| | | | 4 | 8 | | | | |
| 4 | | 9 | 7 | | 5 | 8 | | |
| | | 3 | 2 | | | | 9 | |
| | 5 | | 3 | 9 | | 6 | 4 | |
| 9 | 1 | | | | | | | |

## MEDIUM - 110

| 8 | 3 | | 1 | | | 5 | | |
|---|---|---|---|---|---|---|---|---|
| | | 6 | 9 | | | | 3 | 1 |
| | 4 | | | | | | | |
| 5 | | | | | 9 | 6 | | 3 |
| | | 3 | | 5 | | | | 7 |
| | | | 4 | | | 8 | | 5 |
| 7 | | | | | | 3 | | 4 |
| | 1 | | 8 | 4 | | 7 | | |
| 3 | 6 | | | 9 | | | | |

## MEDIUM - 111

| | 1 | 2 | | | | | 7 | 8 |
|---|---|---|---|---|---|---|---|---|
| | 3 | | | | | 5 | | |
| 5 | | 8 | 7 | | 2 | 9 | | |
| | | | | | 9 | 8 | | |
| | 2 | 3 | | | | | 9 | 5 |
| 9 | | 7 | | 6 | | | | 1 |
| | | | 4 | | | | | |
| 8 | | | 2 | 3 | 7 | | 5 | |
| | 9 | | | | 8 | | 2 | |

## MEDIUM - 112

| 7 | 2 | | | 9 | 6 | | | |
|---|---|---|---|---|---|---|---|---|
| | | 3 | | | 5 | 9 | | |
| | | 6 | | | 1 | 2 | 3 | |
| | 5 | | 8 | 4 | | | 7 | |
| | 7 | 8 | 1 | | | 3 | | 4 |
| | | 1 | | | | 8 | | 2 |
| | 3 | | | 1 | 8 | | 6 | 5 |
| | 8 | | | 6 | | | | |
| | | 9 | | | | | | |

## MEDIUM - 113

| | | | | | | | | |
|---|---|---|---|---|---|---|---|---|
| 3 | | 4 | | | 6 | | 9 | 8 |
| 8 | 9 | | 7 | | 3 | | | 5 |
| | | | | | | | | |
| | | | | | 2 | | 6 | 9 |
| | 8 | 9 | 3 | | 7 | | | 2 |
| | | | 6 | 9 | | | | 4 |
| | | | | | 9 | 5 | | |
| | 3 | | 2 | | | 4 | | |
| | 6 | 7 | | | 8 | 9 | | |

## MEDIUM - 114

| | 9 | | 7 | | | | 1 | |
|---|---|---|---|---|---|---|---|---|
| | 1 | | | 3 | | 6 | | 8 |
| 6 | 4 | | 1 | | | | 7 | 3 |
| | 3 | | | | | | | |
| | | 5 | | | 6 | | | 7 |
| | | | | | 3 | | 8 | |
| 4 | | | | 5 | | 7 | | 9 |
| 9 | | | | 8 | | 5 | 6 | |
| | | 2 | 6 | | | 8 | | |

## MEDIUM - 115

| | | | | | | | | |
|---|---|---|---|---|---|---|---|---|
| 3 | | | | | 6 | 8 | 1 | 9 |
| | 6 | | 9 | | 1 | | | |
| | | 1 | | 2 | 4 | | 6 | |
| | 8 | | | | | | 3 | |
| | 5 | | | 1 | 8 | | | 6 |
| | | | 4 | | | | | |
| | | | | 4 | | 6 | 8 | |
| 5 | 4 | | | | 2 | 3 | | |
| 7 | 3 | | 1 | 8 | | | 2 | 4 |

## MEDIUM - 116

| | | | | | | | | |
|---|---|---|---|---|---|---|---|---|
| | | | 7 | 6 | | 4 | 5 | |
| 8 | | | 3 | | | | | 6 |
| 5 | | 4 | 1 | | 9 | | | |
| 4 | 9 | | | | | | | |
| | | 5 | | | 4 | | | |
| | 8 | 6 | 5 | 9 | 7 | | | |
| 1 | | | | | | | | 7 |
| 6 | 5 | 9 | | | 1 | | 2 | |
| | | | 4 | | 2 | | 6 | |

## MEDIUM - 117

| | | | | | | | | |
|---|---|---|---|---|---|---|---|---|
| 5 | | 6 | | | 9 | | 2 | |
| | | | | 8 | 1 | | | |
| | | | | | 6 | | 3 | 1 |
| | | 1 | | 5 | | | 4 | |
| | | | | 7 | 4 | | 5 | 2 |
| 6 | 5 | 4 | | | 2 | | | |
| 9 | | 8 | 1 | | | | | |
| | | | 2 | | 8 | 4 | | 5 |
| | 2 | | 4 | | | 8 | | 9 |

## MEDIUM - 118

| | | | | | | | | |
|---|---|---|---|---|---|---|---|---|
| 9 | 5 | | | 3 | | 1 | | 4 |
| | | 3 | 6 | | 5 | | 9 | |
| | 8 | 1 | 7 | 9 | | | | |
| 3 | 7 | | 2 | | | | | 6 |
| | | | | | | | | |
| | 4 | 9 | | 6 | 1 | | 7 | 5 |
| 5 | | | | 7 | | | 4 | |
| | 3 | | 9 | | 6 | | | 1 |
| | | | | | | 7 | 3 | |

## MEDIUM - 119

| | | | | | | | | |
|---|---|---|---|---|---|---|---|---|
| 7 | | 9 | | | 6 | | 4 | |
| 4 | 8 | | 3 | | | | | |
| | 2 | 3 | 7 | 5 | | 6 | | |
| | | 5 | | | 7 | | 2 | |
| | | | | 1 | 8 | 7 | 5 | 6 |
| 8 | 6 | 7 | | 4 | | | 1 | |
| | | | 4 | | | 2 | 8 | |
| 3 | | | | | | | | 7 |
| | | | | | 2 | | | 1 |

## MEDIUM - 120

| | | | | | | | | |
|---|---|---|---|---|---|---|---|---|
| | 8 | | | | 5 | | 9 | |
| | 5 | 1 | | | | 3 | | |
| | | | | 9 | 3 | | | 1 |
| | 1 | 5 | | | 7 | | | |
| 7 | | 9 | 8 | 4 | 2 | | | |
| | 6 | | | 1 | 9 | | | |
| 1 | | | | | | 6 | | |
| | 9 | 2 | 7 | | 1 | | | |
| 5 | | | | 8 | 6 | | 2 | |

## MEDIUM - 121

|  |  | 4 | 3 |  |  | 8 | 1 |  |
|---|---|---|---|---|---|---|---|---|
| 7 |  | 1 |  | 8 |  | 3 | 9 | 2 |
|  |  |  |  | 7 | 2 | 6 | 4 |  |
|  |  |  | 2 | 9 |  |  |  |  |
|  |  |  | 8 |  | 7 |  |  |  |
| 2 | 7 |  |  |  |  | 1 |  | 3 |
| 4 |  | 8 | 7 |  |  | 2 |  |  |
|  | 9 |  |  |  | 8 |  |  |  |
| 1 | 6 | 7 |  |  | 5 |  |  |  |

## MEDIUM - 122

|  |  | 3 | 2 |  | 8 |  |  |  |
|---|---|---|---|---|---|---|---|---|
| 8 |  | 2 |  | 4 |  |  | 3 |  |
|  |  | 6 | 3 |  |  | 8 | 4 |  |
| 2 |  | 4 |  |  | 6 | 7 | 9 |  |
| 6 |  |  |  | 7 |  |  |  |  |
|  |  | 5 | 4 |  |  |  | 8 |  |
| 5 | 3 | 8 | 1 |  |  |  |  | 7 |
|  | 2 | 7 |  |  | 3 |  |  |  |
|  |  | 1 |  | 9 |  |  |  |  |

## MEDIUM - 123

|  |  | 3 |  | 6 |  |  |  |  |
|---|---|---|---|---|---|---|---|---|
|  |  |  | 3 | 9 | 7 | 4 |  | 6 |
|  | 4 | 6 | 2 |  |  | 7 | 5 | 3 |
| 4 |  | 1 |  | 3 |  |  |  | 7 |
|  |  |  | 1 |  |  |  |  |  |
|  | 5 |  |  | 7 |  | 6 |  |  |
|  | 6 | 5 |  |  | 9 | 1 |  |  |
|  |  | 9 |  |  |  |  | 8 |  |
| 7 | 8 |  |  |  |  | 2 | 6 |  |

## MEDIUM - 124

|  |  |  |  | 3 | 2 |  |  | 9 |
|---|---|---|---|---|---|---|---|---|
| 7 |  |  |  |  | 4 | 3 | 2 |  |
|  | 5 |  |  |  |  |  | 4 |  |
| 9 |  | 2 |  |  | 6 |  |  | 8 |
|  | 4 |  |  | 2 | 5 | 9 |  |  |
|  |  |  | 4 |  |  |  |  | 1 |
| 4 | 9 | 7 |  | 6 |  | 8 | 1 |  |
|  |  | 1 |  |  |  |  |  |  |
| 3 |  |  |  |  |  | 6 | 9 |  |

## MEDIUM - 125

|  |  |  | 2 |  |  |  |  |  |
|---|---|---|---|---|---|---|---|---|
|  |  | 1 |  |  | 8 |  |  | 7 |
|  |  | 8 | 7 |  |  | 2 | 9 |  |
|  |  |  |  | 8 | 7 | 3 |  | 5 |
| 6 |  | 5 | 3 | 9 |  | 8 | 7 | 2 |
|  |  |  |  |  |  |  |  |  |
| 2 |  | 4 |  |  | 5 | 7 |  | 9 |
|  | 8 | 3 |  | 2 |  | 5 | 1 |  |
| 1 |  |  |  | 7 | 3 |  |  | 8 |

## MEDIUM - 126

|  |  | 1 |  | 9 | 8 |  | 6 | 5 |
|---|---|---|---|---|---|---|---|---|
|  |  |  | 5 |  |  |  |  |  |
|  |  | 8 |  |  |  |  |  | 3 |
|  | 3 |  | 2 |  |  |  |  | 6 |
| 4 |  |  |  | 6 |  |  |  |  |
| 1 |  |  | 4 |  | 9 | 8 | 2 |  |
|  | 5 |  |  | 1 | 3 | 2 |  |  |
|  |  |  |  | 7 |  |  |  | 8 |
| 8 |  | 9 |  | 5 |  |  | 3 |  |

## MEDIUM - 127

| | | | | | | | | |
|---|---|---|---|---|---|---|---|---|
| 3 | | | | | 6 | | | |
| | | | | | 3 | 6 | | 4 |
| 1 | | 4 | 8 | 2 | 9 | | 7 | |
| | | | | | 2 | 7 | 4 | 9 |
| 7 | 4 | | 1 | | | | | 3 |
| | 9 | | | | 7 | 1 | | |
| | | | 9 | | | | 6 | 1 |
| | | 5 | 2 | | | 4 | | |
| | | | | 5 | 1 | | | 2 |

## MEDIUM - 128

| | | | | | | | | |
|---|---|---|---|---|---|---|---|---|
| | 5 | 7 | 4 | | | | | 1 |
| | | 2 | 9 | | 5 | 3 | 7 | 4 |
| | | | 2 | | | 9 | 5 | |
| | 8 | | | 3 | | 5 | 2 | 7 |
| | | | 6 | | | | 1 | |
| | 7 | | | | | 6 | 8 | |
| | | | | 4 | | | | |
| 3 | | 5 | | | | | | |
| 7 | 4 | 1 | | | 6 | | 9 | |

## MEDIUM - 129

| | | | | | | | | |
|---|---|---|---|---|---|---|---|---|
| 6 | | | 7 | 4 | 8 | 9 | | 3 |
| | 8 | | | | | | | 7 |
| 3 | | 4 | 9 | 5 | 1 | | | |
| | | | | 7 | | | | |
| | | 5 | | 2 | 6 | 1 | | |
| 7 | 1 | | | | | 2 | 6 | 4 |
| | | | 8 | 3 | 7 | 4 | | |
| | 3 | | | | 2 | | | 6 |
| | 9 | 8 | | | | | | |

## MEDIUM - 130

| | | | | | | | | |
|---|---|---|---|---|---|---|---|---|
| 7 | 3 | | 2 | | | 5 | | 4 |
| | | | | | 7 | | | |
| 8 | 4 | | 5 | 1 | | | 2 | |
| 3 | | 7 | | 6 | | | | 2 |
| 6 | 2 | | | 7 | 1 | | | 8 |
| 1 | | | 8 | | 2 | | | |
| 9 | | | | 4 | 3 | | | |
| | | | 7 | | | | 9 | |
| | 5 | | | 2 | 9 | 7 | | 1 |

## MEDIUM - 131

| | | | | | | | | |
|---|---|---|---|---|---|---|---|---|
| 4 | 1 | 3 | | | 5 | | 6 | |
| | | 5 | 4 | 1 | | | 7 | 9 |
| | 2 | 7 | 8 | | | | | |
| 8 | | | | 4 | | | 5 | 1 |
| | | | | | | | 4 | 8 |
| | | | | 8 | | 6 | 3 | |
| 5 | | | | | 8 | | | |
| | 9 | 2 | | 7 | | | | 6 |
| 1 | | | | 3 | | 5 | | |

## MEDIUM - 132

| | | | | | | | | |
|---|---|---|---|---|---|---|---|---|
| | | 4 | | 3 | 6 | 5 | | |
| | | | | 4 | | 7 | | 3 |
| | | 3 | | 2 | | 6 | 8 | 4 |
| 7 | | 9 | | | 5 | 2 | 4 | |
| | | | 9 | 8 | 2 | | | |
| | | | 7 | 1 | | | 9 | 5 |
| 9 | | | 2 | | | | 6 | |
| | 6 | 8 | | | 3 | | 5 | |
| | | 1 | | | | | 3 | |

## MEDIUM - 133

| | | | | | | | | |
|---|---|---|---|---|---|---|---|---|
| 2 | 5 | | | 7 | | | | |
| | | 6 | | 8 | | | | 3 |
| | | | | | | | | |
| 6 | | 3 | 4 | 2 | | | | |
| | | 5 | | 6 | | 9 | 2 | 1 |
| 7 | | | | | 5 | | 6 | |
| | | | 9 | 5 | | 8 | 1 | |
| | | | | | | 2 | | 7 |
| 8 | 1 | 7 | | 4 | | 5 | | |

## MEDIUM - 134

| | | | | | | | | |
|---|---|---|---|---|---|---|---|---|
| | 7 | 8 | 9 | | | | | 2 |
| | | 5 | | 7 | | | 9 | 4 |
| 6 | | | | | | | | |
| 7 | 3 | | | | 4 | | 5 | |
| 9 | 4 | | | 5 | | 3 | | |
| | 5 | 6 | | 2 | | | | |
| 2 | 8 | | | | 6 | 1 | | 7 |
| | 1 | | | | | | | |
| | 6 | | 2 | 3 | | | 8 | |

## MEDIUM - 135

| | | | | | | | | |
|---|---|---|---|---|---|---|---|---|
| 7 | 4 | 9 | | 2 | 6 | | | |
| | | | | | | | | |
| | | | | 8 | | 4 | | 7 |
| | 5 | | | | | | | 3 |
| 9 | | 6 | | 7 | 1 | 2 | | |
| | | | | 5 | 9 | | | 1 |
| | | | | | | | | |
| 3 | 8 | 4 | 2 | | | | 5 | 6 |
| 1 | 6 | | 4 | 9 | 3 | | | 2 |

## MEDIUM - 136

| | | | | | | | | |
|---|---|---|---|---|---|---|---|---|
| | | | 9 | | | | 2 | 3 |
| | | 3 | 8 | | 4 | 7 | | |
| | | | | | | | | 5 |
| 2 | | | 1 | 7 | 9 | | | |
| 3 | | | | | 6 | 2 | | 7 |
| | | | | | | 9 | 5 | |
| | | 9 | | 2 | | 3 | | |
| 7 | 6 | | 3 | | | 5 | | |
| 5 | 3 | 2 | 6 | 9 | 7 | 1 | 4 | |

## MEDIUM - 137

| | | | | | | | | |
|---|---|---|---|---|---|---|---|---|
| | | | 3 | | 2 | | 9 | 1 |
| | 9 | | | | 4 | 5 | | |
| | 2 | | | | 1 | 8 | 4 | 3 |
| | 8 | 1 | | | | | 5 | 2 |
| 5 | | 9 | 2 | | 7 | 1 | | 8 |
| | 3 | 6 | | 1 | | | | 9 |
| 3 | | 8 | | 7 | | | 1 | |
| | | | | | | | 3 | 4 |
| | | | | 5 | | | | |

## MEDIUM - 138

| | | | | | | | | |
|---|---|---|---|---|---|---|---|---|
| 5 | | | | 1 | | | 9 | 2 |
| 8 | | 7 | | | 6 | | 5 | |
| | | 2 | 5 | | 4 | | 8 | |
| | | | | | 3 | 5 | | |
| | | | 9 | | | | 2 | 1 |
| | | | | 6 | | | 3 | 7 |
| 1 | 3 | | | | 2 | 8 | 7 | |
| | | 8 | | | 7 | | | 9 |
| 6 | | | 8 | | 9 | | 1 | |

## MEDIUM - 139

| 9 |  |  | 6 |  |  | 2 |  | 4 |
|---|---|---|---|---|---|---|---|---|
|  |  |  | 1 |  |  | 3 |  |  |
|  | 5 | 7 | 4 |  |  |  | 9 |  |
| 8 |  |  |  |  | 5 |  | 4 | 1 |
| 4 |  |  | 9 | 6 |  |  |  | 5 |
|  |  |  |  | 4 | 8 | 9 | 3 |  |
| 1 | 8 | 3 |  |  | 6 |  |  | 9 |
| 7 |  |  |  |  |  |  |  | 3 |
|  | 9 |  |  | 1 |  | 8 |  |  |

## MEDIUM - 140

|  |  |  |  |  |  |  |  |  |
|---|---|---|---|---|---|---|---|---|
| 4 |  | 6 | 3 | 9 | 8 |  |  | 2 |
|  |  |  | 4 |  | 1 | 6 |  |  |
| 1 |  | 5 |  |  | 6 |  |  |  |
| 6 | 9 | 3 |  |  |  | 7 |  |  |
| 2 |  |  | 1 | 3 |  |  |  |  |
|  |  | 4 |  | 6 |  | 2 | 5 |  |
| 5 | 3 | 7 |  |  |  |  | 6 | 9 |
|  | 6 |  |  | 4 | 9 |  |  |  |

## MEDIUM - 141

| 7 |  |  |  | 5 |  | 2 |  | 1 |
|---|---|---|---|---|---|---|---|---|
|  | 4 |  |  | 2 |  |  |  |  |
|  | 8 |  |  |  |  | 9 | 6 |  |
| 3 |  |  |  |  |  | 8 |  | 5 |
|  | 7 |  |  | 9 | 3 |  |  |  |
| 6 |  |  | 5 |  | 7 |  |  |  |
|  |  | 6 |  |  | 9 |  | 2 | 3 |
|  | 1 |  | 8 |  |  |  | 4 |  |
|  |  |  | 1 |  | 5 | 7 |  |  |

## MEDIUM - 142

| 4 | 9 |  |  |  |  |  |  | 8 |
|---|---|---|---|---|---|---|---|---|
|  |  |  | 8 | 4 |  | 1 | 3 |  |
| 6 |  |  | 3 | 9 |  |  |  | 5 |
|  |  | 5 |  |  | 9 |  |  |  |
| 7 |  | 4 |  |  | 8 |  | 1 |  |
| 9 |  | 6 |  |  |  |  |  |  |
|  |  | 1 |  | 7 |  | 8 | 9 |  |
|  |  | 7 |  | 8 | 4 | 2 |  |  |
|  | 4 |  |  |  | 1 | 5 |  |  |

## MEDIUM - 143

|  |  |  | 3 |  |  |  | 7 | 9 |
|---|---|---|---|---|---|---|---|---|
|  | 3 |  |  | 5 |  |  | 8 |  |
|  | 8 |  | 7 | 4 | 6 |  | 5 |  |
|  |  | 3 | 1 | 8 |  |  |  | 2 |
| 2 |  |  |  |  |  | 7 |  | 8 |
|  | 9 | 8 |  |  | 4 |  | 1 |  |
| 8 |  |  |  |  |  |  | 3 | 6 |
| 7 | 2 | 4 |  |  |  | 1 |  |  |
|  |  | 5 |  |  | 1 |  |  |  |

## MEDIUM - 144

|  | 5 |  | 6 |  |  |  | 8 |  |
|---|---|---|---|---|---|---|---|---|
| 8 |  | 4 |  | 3 |  |  |  | 2 |
| 3 |  | 2 |  |  | 8 |  |  | 1 |
|  |  |  | 1 |  | 2 | 5 |  |  |
| 2 |  | 6 | 5 |  |  |  | 4 |  |
|  |  | 5 |  | 8 |  | 2 | 6 | 9 |
|  | 7 | 3 |  |  |  |  |  |  |
| 5 | 2 |  |  |  |  |  |  | 4 |
|  |  | 1 | 2 |  |  | 9 |  |  |

## MEDIUM - 145

|   | 3 | 5 |   |   | 2 |   |   |   |
|---|---|---|---|---|---|---|---|---|
| 2 |   | 7 | 4 |   |   |   | 1 | 9 |
| 9 |   |   |   | 7 | 1 | 5 | 3 | 2 |
|   |   |   |   |   | 9 |   | 7 |   |
| 8 |   | 9 |   | 4 |   |   | 5 | 3 |
| 7 |   |   | 2 |   |   |   | 6 |   |
|   | 8 | 6 | 3 | 9 |   |   |   | 7 |
| 4 |   |   |   |   |   |   |   |   |
|   |   |   | 8 |   |   |   |   |   |

## MEDIUM - 146

|   | 1 |   |   | 4 |   |   | 6 | 3 |
|---|---|---|---|---|---|---|---|---|
|   | 6 |   | 8 | 3 |   | 7 |   | 2 |
| 7 |   | 8 |   |   |   |   | 9 | 1 |
|   | 5 |   | 3 | 8 |   |   | 7 |   |
| 8 |   |   | 6 |   |   |   |   | 4 |
|   |   |   |   | 1 |   |   |   |   |
| 2 |   | 5 | 9 | 7 |   |   | 1 |   |
|   |   | 3 |   | 5 | 4 | 9 |   |   |
|   |   | 9 |   |   |   |   | 4 | 7 |

## MEDIUM - 147

|   |   |   |   | 3 |   |   |   |   |
|---|---|---|---|---|---|---|---|---|
| 7 |   | 2 | 1 |   | 5 | 9 | 3 |   |
|   |   |   |   |   | 9 | 6 |   |   |
| 3 | 7 |   | 9 |   |   |   | 1 | 2 |
|   |   |   |   |   |   | 5 | 9 | 8 |
|   |   | 4 | 8 |   | 1 |   | 6 | 3 |
|   |   |   | 5 | 6 | 8 | 3 | 4 | 9 |
|   |   | 5 | 2 | 1 | 4 |   |   |   |
|   |   |   | 7 |   |   |   |   |   |

## MEDIUM - 148

|   | 8 |   |   |   |   |   | 2 |   |
|---|---|---|---|---|---|---|---|---|
|   |   |   | 1 |   |   |   | 5 | 7 |
| 7 | 5 | 1 |   | 6 | 8 | 4 |   | 9 |
| 1 |   | 6 | 5 | 4 | 9 |   |   | 3 |
| 9 | 4 |   |   | 2 | 7 |   |   |   |
|   |   |   |   |   | 6 |   |   |   |
| 6 | 7 | 2 |   |   |   |   |   |   |
|   | 9 |   |   | 3 |   | 2 |   |   |
|   |   |   |   |   | 2 |   | 9 | 4 |

## MEDIUM - 149

|   |   |   | 2 |   |   |   | 3 |   |
|---|---|---|---|---|---|---|---|---|
| 9 | 7 |   | 5 |   | 4 |   | 1 | 2 |
|   | 1 | 2 |   | 7 | 6 |   |   |   |
|   | 6 |   |   |   |   |   | 8 | 9 |
|   | 4 |   | 1 |   |   |   | 7 | 5 |
|   | 5 |   |   |   |   |   | 6 |   |
|   |   | 5 | 6 | 2 |   | 1 |   |   |
|   |   |   |   | 5 |   | 6 |   | 7 |
|   |   |   |   | 9 |   |   | 2 | 8 |

## MEDIUM - 150

| 2 | 8 |   |   |   | 7 | 9 | 5 |   |
|---|---|---|---|---|---|---|---|---|
| 7 | 1 |   | 4 |   |   |   |   |   |
| 3 |   |   |   | 6 |   | 8 |   |   |
|   |   |   | 8 |   |   |   |   | 5 |
|   |   | 2 |   | 7 | 4 |   |   |   |
| 6 |   | 8 |   |   |   |   | 2 |   |
|   | 5 | 7 |   |   |   |   | 3 | 8 |
| 8 | 6 |   |   |   | 5 |   | 9 |   |
| 4 | 2 | 9 |   | 8 |   | 5 | 1 |   |

## MEDIUM - 151

| 5 |  |  | 8 | 7 |  |  | 9 |  |
|---|---|---|---|---|---|---|---|---|
| 1 | 8 |  |  |  |  | 3 | 6 |  |
|  | 9 |  |  | 2 |  |  |  | 7 |
|  |  |  |  |  |  |  |  | 1 |
|  | 1 |  | 4 | 5 | 8 |  | 2 | 3 |
|  |  |  |  |  |  | 4 |  | 8 |
| 8 | 7 | 1 | 6 |  | 9 |  |  |  |
|  | 5 |  |  |  | 1 | 8 | 3 | 6 |
|  |  | 6 |  |  |  |  |  |  |

## MEDIUM - 152

| 5 |  |  |  |  |  |  | 8 | 2 |
|---|---|---|---|---|---|---|---|---|
|  |  | 1 | 4 | 2 | 5 |  |  |  |
|  |  |  |  |  |  | 6 | 4 |  |
|  |  |  |  | 9 | 1 |  | 6 |  |
| 1 | 6 |  |  |  | 4 | 2 | 9 |  |
|  |  | 2 |  |  | 8 |  |  | 1 |
|  |  | 3 | 8 |  |  |  | 2 | 4 |
| 2 | 4 |  |  |  |  | 9 | 5 |  |
|  |  |  | 9 |  |  | 8 |  |  |

## MEDIUM - 153

| 8 |  |  |  |  |  | 9 |  |  |
|---|---|---|---|---|---|---|---|---|
|  |  | 5 |  |  | 1 |  |  |  |
|  |  |  |  |  |  |  | 6 |  |
| 9 | 8 |  | 1 |  |  | 7 |  |  |
| 4 |  |  | 8 |  |  |  | 9 |  |
|  |  |  | 4 | 7 |  |  |  | 8 |
| 3 | 4 |  |  |  | 8 | 5 |  | 1 |
| 1 |  |  | 5 | 2 | 4 |  |  | 3 |
| 5 |  | 2 | 7 | 1 | 3 |  |  |  |

## MEDIUM - 154

|  |  |  | 1 |  |  |  |  |  |
|---|---|---|---|---|---|---|---|---|
| 5 |  | 3 |  |  | 4 | 8 |  | 9 |
| 9 | 2 | 6 |  | 7 | 3 | 1 |  | 5 |
| 2 |  |  |  | 8 | 1 |  |  | 4 |
|  | 5 |  | 4 |  |  |  | 1 |  |
|  |  |  | 7 |  |  | 9 |  | 6 |
|  | 8 |  |  |  |  |  |  |  |
| 7 |  | 2 |  | 5 | 8 |  | 6 |  |
|  |  |  |  | 1 | 6 |  |  |  |

## MEDIUM - 155

| 1 | 8 |  | 5 | 2 |  | 4 |  | 7 |
|---|---|---|---|---|---|---|---|---|
|  |  |  |  |  |  |  | 5 |  |
|  | 5 | 9 | 4 |  |  |  |  |  |
| 2 |  | 5 |  |  |  | 9 | 4 |  |
| 6 |  |  |  |  |  | 8 |  |  |
|  |  |  |  | 3 | 2 |  |  |  |
| 5 | 4 |  |  | 1 |  | 3 | 6 |  |
|  |  |  | 2 | 5 | 7 | 1 |  | 4 |
|  |  |  |  | 6 |  |  | 7 | 9 |

## MEDIUM - 156

|  |  |  |  |  |  | 2 |  | 5 |
|---|---|---|---|---|---|---|---|---|
| 2 | 3 | 9 |  | 4 |  |  | 7 | 8 |
|  | 1 |  |  |  | 8 |  | 9 |  |
| 8 | 2 |  | 9 | 7 |  |  |  | 6 |
|  |  | 1 |  |  |  |  | 3 |  |
| 9 | 4 |  | 3 |  |  | 5 |  |  |
|  | 9 | 8 |  |  | 7 |  |  |  |
| 1 |  | 2 |  |  |  |  |  | 9 |
|  |  | 6 |  |  | 4 |  |  | 1 |

## MEDIUM - 157

|  |  | 1 |  |  |  | 7 | 9 |  |
|---|---|---|---|---|---|---|---|---|
| 3 |  |  | 6 |  |  |  |  |  |
|  |  |  |  | 8 |  |  |  |  |
| 9 | 6 | 3 |  |  |  |  |  | 1 |
|  |  | 4 |  |  |  |  |  | 2 |
|  |  | 2 |  | 7 |  | 3 |  |  |
| 2 |  | 8 |  | 1 | 6 | 5 |  |  |
|  | 3 | 9 | 4 | 2 |  |  | 1 |  |
| 1 |  |  | 7 |  | 5 | 9 |  |  |

## MEDIUM - 158

|  | 8 |  |  |  |  |  |  | 9 |
|---|---|---|---|---|---|---|---|---|
|  |  |  |  | 2 |  |  |  | 3 |
|  |  | 2 |  |  | 1 | 4 | 8 | 6 |
| 8 | 3 |  | 6 |  |  |  |  |  |
|  |  |  | 8 |  | 3 |  | 4 | 2 |
|  |  |  |  | 9 |  |  | 7 |  |
| 4 |  |  |  | 8 | 7 |  |  |  |
|  | 2 |  | 1 | 3 |  | 5 |  | 4 |
| 5 | 6 |  | 2 |  |  |  | 3 |  |

## MEDIUM - 159

|  | 1 | 5 | 3 |  |  |  |  |  |
|---|---|---|---|---|---|---|---|---|
|  | 7 | 8 |  |  | 2 | 4 |  |  |
|  |  |  | 1 |  | 9 |  |  | 7 |
| 1 | 2 | 7 | 9 | 8 |  |  |  |  |
|  | 8 |  |  |  | 3 |  |  | 6 |
| 6 | 4 | 3 | 7 |  |  |  | 9 |  |
|  |  | 6 |  | 1 | 4 |  | 3 |  |
| 2 |  |  |  |  |  |  | 4 | 8 |
|  |  |  |  | 9 |  |  | 2 |  |

## MEDIUM - 160

|  | 2 |  |  |  | 8 |  |  | 4 |
|---|---|---|---|---|---|---|---|---|
| 3 | 4 | 5 |  | 6 |  | 9 | 1 |  |
|  |  | 6 | 4 | 1 |  |  |  | 7 |
|  |  |  |  | 4 |  |  |  | 6 |
|  |  |  |  | 8 | 7 | 5 |  |  |
|  |  |  | 1 |  | 9 | 7 |  |  |
|  | 8 | 9 |  |  |  | 1 | 6 |  |
|  |  | 4 | 9 |  | 6 |  |  |  |
|  | 5 |  |  | 7 |  |  |  |  |

## MEDIUM - 161

|  |  |  |  | 1 |  |  | 7 |  |
|---|---|---|---|---|---|---|---|---|
|  |  |  |  |  | 2 |  | 6 |  |
| 4 |  | 3 |  |  | 8 |  |  |  |
| 1 |  | 8 |  |  |  | 5 |  |  |
|  | 2 | 5 |  | 3 |  |  |  | 4 |
| 3 |  |  |  |  | 1 |  |  | 8 |
| 2 |  | 7 | 3 |  | 4 |  | 8 |  |
| 6 | 3 |  | 2 |  |  | 1 | 4 |  |
| 5 |  |  |  |  | 9 | 3 | 2 |  |

## MEDIUM - 162

| 5 |  | 2 |  | 1 |  |  | 9 | 3 |
|---|---|---|---|---|---|---|---|---|
|  |  | 9 | 5 |  |  |  |  |  |
|  |  |  | 3 |  |  | 5 | 8 |  |
| 2 |  | 5 | 6 | 3 | 9 | 7 |  |  |
|  | 9 |  |  | 4 |  |  |  | 6 |
|  | 3 |  | 2 |  |  |  |  |  |
|  |  |  | 4 |  |  |  | 6 |  |
| 6 | 2 |  |  |  |  | 4 |  |  |
|  | 7 | 8 |  |  |  |  | 5 | 2 |

## MEDIUM - 163

| | | | | | | | | |
|---|---|---|---|---|---|---|---|---|
| | 1 | 9 | | 7 | | 2 | | 6 |
| | 7 | 3 | | | | 1 | | |
| | | 4 | 3 | 2 | | | 7 | |
| | | | 2 | | 8 | 3 | | |
| | | | | | 7 | 6 | | |
| 5 | 8 | | | | | 4 | 9 | |
| 1 | 2 | | | 3 | | | | |
| 4 | | | | 5 | | 7 | | |
| | | 7 | 8 | | | | | 9 |

## MEDIUM - 164

| | | | | | | | | |
|---|---|---|---|---|---|---|---|---|
| | | 2 | 4 | | | 9 | | 7 |
| | | | 8 | | | 6 | | 2 |
| 8 | 4 | 6 | | | 9 | | | |
| | | | 9 | 8 | | | 7 | 4 |
| | | | 7 | | | | | 5 |
| 1 | | | 6 | 4 | 5 | | 3 | 9 |
| | | | | 6 | | 4 | | 3 |
| | | 3 | 1 | | | | 2 | |
| | | 7 | | | 4 | | 9 | |

## MEDIUM - 165

| | | | | | | | | |
|---|---|---|---|---|---|---|---|---|
| 5 | 8 | 1 | | | | | | |
| | 6 | | | 1 | 3 | 8 | | |
| 3 | | 9 | | 5 | 8 | 1 | | |
| | | 6 | | | | 4 | | 8 |
| 9 | | | 5 | | | | 1 | |
| | 2 | | 9 | 4 | 1 | | | |
| | 7 | 3 | | 9 | | | 8 | |
| 2 | | | | | | | | |
| | | | 7 | 3 | | 9 | | 2 |

## MEDIUM - 166

| | | | | | | | | |
|---|---|---|---|---|---|---|---|---|
| 6 | 3 | | | 1 | | | | |
| | 5 | 8 | | | | 2 | 3 | |
| | | 1 | | 2 | | 8 | | |
| 4 | 1 | | | 8 | | 6 | | 7 |
| | | 6 | | | 1 | | | |
| | | 7 | 5 | 6 | | | 1 | |
| | | | | 9 | | 1 | 6 | |
| | | | | 3 | 7 | 4 | 9 | 2 |
| | 6 | | | | | | | |

## MEDIUM - 167

| | | | | | | | | |
|---|---|---|---|---|---|---|---|---|
| | | | 6 | | 8 | | | 5 |
| 9 | | | 7 | 2 | | | 3 | |
| 8 | | 4 | | | | 6 | | |
| 6 | | | 8 | | 1 | 2 | | |
| | | | | 3 | 6 | | | 4 |
| | 4 | | | 7 | | 1 | 5 | 6 |
| 1 | 7 | 3 | | | 2 | 5 | | |
| | | | | | | 7 | | 9 |
| | 8 | | 1 | | | | 4 | |

## MEDIUM - 168

| | | | | | | | | |
|---|---|---|---|---|---|---|---|---|
| | | 4 | | 2 | | | 9 | |
| 6 | | | 3 | 9 | | 7 | 5 | |
| 7 | 3 | 9 | | 8 | | 1 | 2 | |
| | | | | 5 | 3 | 6 | | |
| | | | 4 | | 1 | | | |
| | | | | | 8 | | | 5 |
| | 4 | 5 | | 3 | | 8 | 1 | 7 |
| 3 | 2 | | 8 | | 5 | 4 | | |
| | | 1 | | | | | 3 | |

## MEDIUM - 169

| | | | | 2 | 6 | 1 | 7 | |
|---|---|---|---|---|---|---|---|---|
| | 6 | | | | 3 | 8 | | |
| | 7 | 9 | | | | | 6 | 4 |
| 9 | | | | | 4 | | | |
| | | 2 | 6 | 9 | 7 | | | |
| | 8 | 7 | 1 | 3 | | 9 | 5 | |
| | 1 | | | 5 | | | 2 | |
| | 2 | | | | | | | |
| 7 | | | 2 | | | 5 | 8 | |

## MEDIUM - 170

| | 8 | | | 3 | | | | 4 |
|---|---|---|---|---|---|---|---|---|
| 4 | | | | 6 | | 2 | | |
| 9 | | | | 4 | | 6 | 5 | 1 |
| | 1 | 2 | 4 | | 3 | | | 8 |
| | | | | | | | 4 | |
| | | | 5 | | 9 | | 6 | 7 |
| 3 | | | | | | | 1 | |
| | | | 3 | | 4 | 7 | | |
| 2 | | 7 | | 1 | 6 | | | 9 |

## MEDIUM - 171

| | | 5 | | | 6 | | | 9 |
|---|---|---|---|---|---|---|---|---|
| 8 | 3 | | 5 | | | | | 6 |
| | 4 | | | | | 8 | 5 | |
| | | | | | | | 2 | 3 |
| 5 | | | 3 | 2 | 4 | 1 | | 7 |
| | | | 1 | | | | | |
| | | 4 | | 9 | | | 1 | |
| 9 | 5 | | | 6 | | | | 4 |
| 6 | 8 | | | 1 | | 9 | | |

## MEDIUM - 172

| 6 | | | 8 | | 5 | | | 2 |
|---|---|---|---|---|---|---|---|---|
| | | | | 4 | 9 | | | 1 |
| | 2 | 4 | | | 1 | | 9 | |
| | | | | 1 | | | 6 | |
| | 3 | | | | 6 | 2 | 1 | |
| 1 | | | 4 | 7 | | | | |
| 4 | 9 | 6 | | 2 | | 1 | 8 | |
| 3 | | | | | | | | 6 |
| | 7 | | | | 8 | | | 3 |

## MEDIUM - 173

| 4 | | | 9 | | | | 3 | 6 |
|---|---|---|---|---|---|---|---|---|
| 7 | | | 3 | 1 | 8 | 9 | 2 | 4 |
| | | | 6 | | | | 7 | |
| | | | 1 | | | 5 | 4 | 8 |
| | 5 | | | | | | 1 | 2 |
| 8 | 1 | | | | | | | |
| 5 | | | 4 | | | | | |
| | | | | | 2 | | 6 | 3 |
| | | | 8 | 6 | | 2 | 5 | 9 |

## MEDIUM - 174

| 7 | | 6 | | 4 | 3 | | 9 | |
|---|---|---|---|---|---|---|---|---|
| 4 | | 3 | | | 5 | 8 | | 7 |
| 2 | | | | 1 | | | 3 | |
| | | | | | 6 | 9 | 8 | |
| 9 | | | | | 4 | | 2 | |
| | | 2 | | | 7 | 5 | | 6 |
| | | | | | | | 5 | 9 |
| 6 | 4 | | | | | 1 | | |
| 5 | | 7 | | | | | | 8 |

## MEDIUM - 175

|   | 5 |   | 1 |   |   | 6 |   |   |
|---|---|---|---|---|---|---|---|---|
|   |   |   | 5 |   |   | 7 | 4 | 3 |
| 7 |   |   |   | 9 |   | 2 |   |   |
|   | 4 |   |   |   |   | 3 | 7 |   |
|   |   | 7 |   | 1 |   |   | 6 | 4 |
| 9 | 1 |   | 6 |   |   | 5 | 2 | 8 |
|   |   | 1 |   | 5 |   |   |   |   |
|   |   |   |   | 2 |   | 4 | 5 | 6 |
|   |   |   | 7 |   | 9 |   |   |   |

## MEDIUM - 176

|   | 1 |   |   | 6 |   | 8 | 4 |   |
|---|---|---|---|---|---|---|---|---|
| 8 |   | 7 | 3 | 2 |   | 5 |   |   |
|   |   |   |   |   | 7 |   |   |   |
| 5 |   | 6 |   |   |   | 7 |   |   |
|   | 7 |   | 6 |   | 2 | 9 |   | 5 |
|   |   | 2 |   | 5 | 4 | 6 |   |   |
|   | 2 |   |   | 3 |   |   | 9 |   |
|   | 5 | 8 | 4 |   |   | 2 |   |   |
|   | 3 |   |   |   | 6 | 1 | 5 |   |

## MEDIUM - 177

|   |   |   | 6 |   | 9 |   |   | 3 |
|---|---|---|---|---|---|---|---|---|
| 5 |   | 8 |   |   | 7 |   |   |   |
|   |   |   |   |   | 8 |   | 2 |   |
|   | 8 |   | 7 | 3 |   | 6 |   | 5 |
|   |   | 5 |   |   |   |   |   |   |
| 7 | 9 |   |   |   | 5 |   | 3 |   |
|   |   | 7 |   | 4 |   |   |   |   |
| 4 | 5 |   | 2 | 7 | 3 | 9 |   |   |
|   | 6 | 3 |   |   |   | 2 |   |   |

## MEDIUM - 178

| 5 |   |   | 3 | 8 | 7 |   |   |   |
|---|---|---|---|---|---|---|---|---|
|   | 9 |   | 4 | 2 |   |   | 3 |   |
| 4 |   | 3 | 9 |   |   |   | 5 | 2 |
|   |   |   |   | 1 |   | 5 |   |   |
|   |   |   |   |   |   |   | 7 |   |
| 1 |   | 8 |   |   |   | 6 | 4 | 9 |
| 3 |   |   |   |   |   |   | 2 | 4 |
|   |   |   |   |   | 2 | 9 |   | 5 |
|   | 5 | 1 |   |   | 9 |   |   | 8 |

## MEDIUM - 179

| 2 |   |   | 9 | 7 |   | 8 | 3 |   |
|---|---|---|---|---|---|---|---|---|
| 8 | 3 |   | 4 |   |   |   |   |   |
|   |   |   |   |   |   | 1 | 2 |   |
|   |   | 2 |   |   |   |   | 8 |   |
| 4 |   | 3 | 2 |   |   |   | 1 | 7 |
| 7 |   |   | 8 |   |   | 9 |   | 2 |
| 9 |   | 1 |   |   |   | 3 | 6 |   |
|   | 5 |   | 1 | 6 |   |   |   |   |
| 6 |   | 8 |   |   |   |   | 9 |   |

## MEDIUM - 180

| 4 |   |   | 2 |   |   | 8 |   |   |
|---|---|---|---|---|---|---|---|---|
| 8 |   |   |   |   | 6 | 7 |   |   |
|   |   |   | 8 |   | 7 |   |   | 9 |
|   |   | 6 |   |   | 1 | 5 |   | 7 |
|   |   | 2 |   |   |   | 1 |   |   |
|   |   | 4 |   |   | 5 |   | 6 |   |
|   | 3 |   | 1 | 9 |   |   | 7 | 2 |
|   |   |   | 3 | 6 | 4 |   | 1 |   |
| 9 |   |   |   |   |   | 3 |   |   |

## MEDIUM - 181

| 1 | 6 |  | 8 |  | 7 | 9 |  |  |
|---|---|---|---|---|---|---|---|---|
| 8 |  |  | 6 | 9 | 1 |  |  |  |
|  | 9 | 7 | 3 | 5 |  |  |  |  |
| 6 | 1 |  | 7 |  |  | 8 | 4 | 5 |
|  |  | 3 |  | 8 |  |  | 7 | 1 |
|  |  |  | 1 |  |  |  | 9 |  |
|  | 2 |  |  |  | 6 | 5 |  |  |
|  |  |  | 2 |  |  |  |  |  |
| 3 | 8 | 6 |  |  | 5 |  |  | 7 |

## MEDIUM - 182

|  |  | 1 |  |  |  | 9 | 3 |  |
|---|---|---|---|---|---|---|---|---|
| 5 |  |  |  |  | 9 |  | 7 |  |
| 3 |  |  | 8 |  |  |  |  | 2 |
| 4 |  | 3 | 6 |  | 8 | 7 | 2 |  |
| 8 |  |  | 2 |  |  | 5 |  |  |
|  | 1 |  |  | 9 |  | 4 | 8 |  |
|  |  |  | 1 | 6 | 2 | 3 |  |  |
|  | 3 |  |  |  |  | 6 |  |  |
|  |  |  |  |  |  | 2 |  |  |

## MEDIUM - 183

|  | 5 | 1 |  |  |  | 2 | 7 |  |
|---|---|---|---|---|---|---|---|---|
| 7 |  |  | 9 |  | 2 | 5 |  |  |
|  |  |  | 1 |  | 5 | 4 |  |  |
|  | 9 |  |  | 3 |  | 6 |  | 2 |
|  | 4 | 5 |  |  | 6 | 8 |  |  |
|  |  |  |  |  |  |  |  | 3 |
| 9 |  |  | 8 |  |  | 3 |  |  |
| 2 |  | 4 | 6 |  |  |  | 9 |  |
| 5 |  | 7 |  |  |  |  |  |  |

## MEDIUM - 184

| 6 | 8 |  | 7 |  | 3 | 1 | 2 | 5 |
|---|---|---|---|---|---|---|---|---|
|  | 3 | 5 |  | 6 |  |  |  |  |
| 9 |  |  |  | 8 | 5 |  |  |  |
|  | 7 |  |  |  |  |  | 5 | 6 |
|  |  |  |  | 4 | 7 | 2 |  | 8 |
|  |  |  | 8 |  |  | 4 |  |  |
| 7 | 9 |  | 5 |  |  |  | 1 |  |
|  |  | 3 |  |  |  | 9 | 4 |  |
|  |  | 2 |  |  | 8 |  |  |  |

## MEDIUM - 185

|  | 4 | 8 | 5 | 2 |  | 6 |  | 1 |
|---|---|---|---|---|---|---|---|---|
|  | 5 |  |  |  |  | 2 |  |  |
| 6 | 2 |  |  |  |  |  |  | 4 |
| 7 | 3 |  | 1 |  | 8 |  |  |  |
|  |  | 4 |  |  |  |  |  | 8 |
|  |  |  |  |  |  | 3 | 9 | 5 |
| 1 | 7 |  |  | 3 | 4 |  |  | 2 |
|  |  | 3 | 2 |  | 1 | 9 | 5 |  |
|  | 9 | 6 |  | 7 |  |  |  |  |

## MEDIUM - 186

| 7 | 4 |  | 3 |  | 8 |  | 1 | 9 |
|---|---|---|---|---|---|---|---|---|
|  |  |  |  |  |  |  |  | 3 |
|  |  | 1 | 9 |  | 5 |  |  |  |
|  | 8 | 4 |  |  |  |  |  |  |
|  | 5 | 6 | 1 | 8 |  |  | 4 | 7 |
|  |  |  | 4 |  | 6 | 9 |  |  |
| 4 |  |  | 8 |  | 7 | 2 |  |  |
| 5 |  |  |  |  | 4 | 1 |  |  |
|  | 3 | 8 | 2 | 9 |  | 7 |  |  |

## MEDIUM - 187

| | | | | | | | | |
|---|---|---|---|---|---|---|---|---|
| | 9 | | 6 | | | 5 | | |
| | | | 9 | | | 1 | 4 | |
| | 7 | | | | 5 | | 8 | 9 |
| 8 | | | 1 | 5 | 4 | | | |
| | | | | | | | | |
| | | 5 | | | | 4 | 6 | |
| | | 1 | 5 | 7 | | 6 | 3 | 4 |
| 4 | | | | 6 | 1 | | | 5 |
| | 5 | | | 9 | 2 | | | 7 |

## MEDIUM - 188

| | | | | | | | | |
|---|---|---|---|---|---|---|---|---|
| | 9 | | | | 7 | | 5 | |
| | | | 8 | 1 | 3 | 6 | | |
| | 4 | 3 | | 6 | | | | |
| | | | | | | | | 7 |
| | 3 | | | 7 | 1 | 4 | | |
| 7 | 1 | 2 | 6 | 4 | | | | |
| 1 | | | 2 | | 4 | | | 5 |
| | | 7 | 1 | 9 | | | 4 | 2 |
| | | 4 | | | 8 | | | |

## MEDIUM - 189

| | | | | | | | | |
|---|---|---|---|---|---|---|---|---|
| | | 6 | | | | 2 | | 4 |
| 9 | 5 | | | | | 1 | | |
| 2 | 8 | | | | 9 | | 7 | |
| | | | | 1 | | | | |
| 8 | | | | | 3 | 9 | 6 | |
| 1 | 6 | | 4 | 8 | | 7 | | |
| | | | 5 | 9 | | | | |
| | 7 | | | 2 | | 5 | | |
| 5 | 9 | 1 | | 6 | | 8 | | |

## MEDIUM - 190

| | | | | | | | | |
|---|---|---|---|---|---|---|---|---|
| | | | 8 | | | 7 | | 2 |
| 9 | | | 7 | 2 | 5 | | 8 | 4 |
| 7 | 2 | 8 | | | | | 3 | |
| | | | 5 | | 4 | | | |
| 1 | | | | 7 | | | | 3 |
| 3 | 7 | 5 | | | | | 9 | |
| 5 | | | 9 | 6 | | 1 | | |
| | | 7 | 1 | | | | 2 | |
| | 1 | | | | | 5 | | |

## MEDIUM - 191

| | | | | | | | | |
|---|---|---|---|---|---|---|---|---|
| | | 6 | 8 | 5 | 4 | | | 3 |
| 8 | | | | | | 9 | 4 | |
| | | | 6 | 3 | 9 | 5 | | |
| | | | 1 | | | | 5 | |
| 9 | | 5 | 2 | | | 4 | 1 | |
| | | | | | | 8 | | |
| | | | 5 | 9 | 8 | 7 | | |
| 7 | | | | | 2 | 6 | 3 | |
| | | 4 | 3 | 7 | | | | |

## MEDIUM - 192

| | | | | | | | | |
|---|---|---|---|---|---|---|---|---|
| 3 | 6 | | | | | | | |
| | | | | | 7 | | 5 | |
| 1 | 2 | | | | | | | 6 |
| | 1 | 8 | 9 | | | | | |
| | 3 | | 6 | 4 | 2 | | | 8 |
| 4 | | | | | | 3 | 2 | |
| | | 1 | | | 6 | | 4 | |
| | | 2 | | | | | 8 | 5 |
| | 4 | | 5 | 2 | | 7 | 9 | 1 |

## MEDIUM - 193

| | | | | | | | | |
|---|---|---|---|---|---|---|---|---|
| | | 7 | | 6 | 8 | | 1 | |
| 6 | 1 | 4 | | 9 | 7 | | | |
| 5 | | | 4 | | | 6 | | |
| 2 | | | | | | 8 | 5 | |
| | 9 | | | | | | | 6 |
| | 8 | | 6 | 5 | 1 | 4 | | 9 |
| 1 | | | | | 9 | | | 8 |
| | | 6 | 1 | | | | | |
| | 4 | | 7 | | 6 | | | |

## MEDIUM - 194

| | | | | | | | | |
|---|---|---|---|---|---|---|---|---|
| 7 | | 5 | | | 1 | 4 | | |
| 1 | | 6 | | | | | | 3 |
| 9 | | 3 | 2 | | 7 | | | 1 |
| 8 | 6 | | | | | 1 | 2 | |
| 5 | | 4 | | | | 9 | | |
| | | | 8 | | 5 | 6 | | |
| | | | | | | 2 | | 8 |
| 3 | | | 4 | 9 | 8 | 5 | | |
| 4 | | | 7 | | 2 | 3 | | 9 |

## MEDIUM - 195

| | | | | | | | | |
|---|---|---|---|---|---|---|---|---|
| | 2 | | 1 | | 7 | | | |
| 9 | 4 | 3 | | 6 | | | | 7 |
| | | | 4 | 9 | 5 | 8 | | |
| 8 | 5 | | 6 | 4 | | | 3 | |
| | 1 | | | | | | 8 | 2 |
| 4 | | | | | | | | 9 |
| | 7 | 5 | | | 8 | | | 4 |
| | | | | 2 | 4 | | | 5 |
| | | | 5 | | | | | 8 |

## MEDIUM - 196

| | | | | | | | | |
|---|---|---|---|---|---|---|---|---|
| | | 8 | 1 | 3 | | | | |
| | | 4 | | 2 | | | | |
| | | 9 | 4 | 7 | | | | 6 |
| | 4 | | 7 | 1 | | 9 | | |
| | | | 8 | 6 | | 3 | | |
| 3 | 6 | 1 | | | | 4 | | |
| 9 | 8 | | | | | 2 | 5 | |
| | | 6 | | | | | | 4 |
| | | 5 | | 8 | 1 | | 3 | |

## MEDIUM - 197

| | | | | | | | | |
|---|---|---|---|---|---|---|---|---|
| 7 | | | | | | 4 | | |
| | 1 | | | | | | 6 | |
| | 4 | | 3 | | | 1 | | |
| 6 | 9 | | | | | | 2 | |
| | | 7 | | | | 6 | 3 | 9 |
| | | 4 | | | 5 | | 7 | |
| | 7 | 9 | 1 | | 3 | | | 5 |
| 8 | | | 5 | | 2 | | | 6 |
| 5 | | 2 | 9 | 4 | | | 1 | |

## MEDIUM - 198

| | | | | | | | | |
|---|---|---|---|---|---|---|---|---|
| | | | | | 8 | | | |
| 8 | | | 9 | | | 4 | | 6 |
| | 4 | | | 3 | 1 | | 8 | |
| 1 | | | | | | 6 | | |
| 6 | | | | | | 5 | 3 | 8 |
| 5 | 3 | 2 | | 9 | | | | |
| 4 | | | | 2 | | | | 5 |
| | | | 1 | 4 | 9 | 8 | 6 | |
| | 6 | 9 | | 8 | | 7 | | |

## MEDIUM - 199

|   |   |   |   |   |   |   |   |   |
|---|---|---|---|---|---|---|---|---|
|   |   | 2 | 3 | 9 |   | 1 |   |   |
|   |   | 1 | 5 | 8 |   |   | 9 |   |
|   | 3 |   |   |   |   |   |   |   |
| 1 |   |   | 8 |   | 9 |   | 4 | 3 |
|   | 7 | 8 | 4 |   |   |   |   |   |
|   |   |   |   | 5 |   |   | 1 | 8 |
|   |   |   | 2 | 4 |   | 9 | 6 |   |
|   |   | 7 | 9 | 3 |   | 8 | 5 |   |
|   | 2 |   |   |   | 5 |   | 3 | 1 |

## MEDIUM - 200

|   |   |   |   |   |   |   |   |   |
|---|---|---|---|---|---|---|---|---|
|   | 5 |   | 2 |   | 4 |   |   |   |
|   | 2 | 1 | 7 |   |   |   |   |   |
|   |   |   |   |   | 8 |   |   | 2 |
| 9 |   |   | 8 | 5 | 2 | 7 |   |   |
|   |   | 6 |   |   |   | 8 |   |   |
| 8 | 7 |   |   |   |   |   | 2 |   |
| 5 |   | 9 |   | 2 |   |   | 3 | 7 |
|   |   |   |   |   | 7 | 4 |   | 9 |
| 3 |   | 7 | 6 |   |   | 2 |   |   |

## MEDIUM - 201

|   |   |   |   |   |   |   |   |   |
|---|---|---|---|---|---|---|---|---|
|   |   |   |   |   | 6 | 9 |   |   |
|   |   | 9 |   |   | 4 | 5 |   |   |
| 1 | 5 |   |   | 2 |   | 4 |   | 7 |
|   |   | 6 |   |   |   |   | 2 |   |
| 5 | 7 |   |   |   | 1 |   |   |   |
|   |   | 8 |   | 7 |   |   | 3 | 4 |
| 6 |   |   | 1 |   |   |   |   | 9 |
|   |   |   | 9 | 4 | 7 | 2 |   |   |
| 7 | 9 |   |   |   | 3 |   | 4 |   |

## MEDIUM - 202

|   |   |   |   |   |   |   |   |   |
|---|---|---|---|---|---|---|---|---|
|   | 2 |   |   | 4 |   |   |   | 8 |
| 7 |   | 4 | 8 |   | 6 |   |   |   |
|   | 8 |   |   |   |   | 7 |   | 5 |
|   | 7 |   | 4 |   |   |   |   |   |
|   |   | 2 |   | 3 |   | 8 | 7 |   |
|   | 3 |   |   |   | 2 |   | 9 |   |
| 2 | 4 | 6 |   |   |   |   |   |   |
|   |   |   | 6 | 2 |   | 3 |   |   |
|   | 9 | 8 | 5 |   | 4 | 1 | 6 |   |

## MEDIUM - 203

|   |   |   |   |   |   |   |   |   |
|---|---|---|---|---|---|---|---|---|
| 9 | 6 |   |   |   |   | 8 |   |   |
| 8 |   | 3 | 9 | 2 | 1 |   |   | 6 |
| 2 |   |   | 8 |   |   |   |   |   |
| 3 |   | 2 | 6 | 8 | 9 | 1 |   |   |
| 4 |   |   |   |   |   |   | 3 |   |
| 7 | 9 |   |   |   |   | 6 |   |   |
| 6 |   | 9 | 2 |   |   |   | 5 | 1 |
|   |   |   |   | 9 | 3 |   |   |   |
|   | 4 |   | 1 | 6 |   |   |   |   |

## MEDIUM - 204

|   |   |   |   |   |   |   |   |   |
|---|---|---|---|---|---|---|---|---|
|   |   | 7 | 1 |   | 6 |   |   | 2 |
|   |   |   | 5 |   | 9 | 1 | 4 |   |
| 4 |   |   |   | 3 |   |   | 8 |   |
|   |   | 8 | 4 |   |   |   |   |   |
| 6 |   |   | 3 | 1 | 8 |   |   | 4 |
|   | 4 | 5 |   |   |   | 2 |   |   |
|   | 9 |   | 8 |   |   |   | 2 |   |
|   |   |   |   |   |   | 8 |   | 9 |
|   | 5 |   | 2 |   |   |   | 6 |   |

## MEDIUM - 205

| | | | | | | | | |
|---|---|---|---|---|---|---|---|---|
| 9 | 8 | | | | 3 | | 6 | |
| 7 | | 5 | 1 | | | | | |
| | | | | 9 | 8 | 1 | | |
| | | | | | | | 8 | |
| 5 | 1 | | 3 | | | | | |
| 2 | | 3 | 8 | | | 5 | 7 | 6 |
| | | 4 | | | | 9 | 2 | |
| | | 2 | | | 7 | | | 8 |
| 6 | 3 | | | | | 4 | | |

## MEDIUM - 206

| | | | | | | | | |
|---|---|---|---|---|---|---|---|---|
| | 7 | 9 | | 1 | | 8 | 2 | 3 |
| | | | 2 | 8 | | | | 9 |
| | | 6 | | | 3 | | | |
| 6 | | 5 | | | 1 | | | |
| | | | 8 | | 7 | | 5 | 1 |
| | 3 | | 4 | | | 6 | | |
| | 1 | | | 3 | | | | |
| | | 2 | | | | | 9 | |
| | | | 1 | | 5 | | 3 | |

## MEDIUM - 207

| | | | | | | | | |
|---|---|---|---|---|---|---|---|---|
| 7 | | | 2 | | | | | |
| | | | | | | 7 | 4 | 1 |
| | | | 6 | 4 | | | 3 | |
| | 2 | | | 7 | | 3 | | |
| | | 6 | 8 | | 4 | | 7 | 9 |
| 9 | 5 | | | 2 | 1 | | 8 | |
| | 8 | | | | | | 2 | |
| | 7 | 1 | 4 | 9 | | | | |
| | 6 | 4 | | | | 1 | | 8 |

## MEDIUM - 208

| | | | | | | | | |
|---|---|---|---|---|---|---|---|---|
| | | | | | | | | 5 |
| 8 | | | 9 | | 7 | | 4 | |
| 2 | | | 8 | 4 | | 6 | | |
| | 7 | 8 | | | | | | 2 |
| | | 2 | | | | 5 | 1 | |
| | 1 | | | | 2 | 4 | | 7 |
| 9 | | | 6 | | 4 | | 5 | |
| | | 5 | | | | 1 | | 4 |
| | | 4 | | 5 | 3 | | | 8 |

## MEDIUM - 209

| | | | | | | | | |
|---|---|---|---|---|---|---|---|---|
| | 9 | 5 | 6 | | | | | 2 |
| 4 | | | | | | | | |
| | | 7 | | | | | 9 | 6 |
| 3 | | 1 | 9 | 7 | 4 | | | |
| | | | | | 2 | 9 | | |
| | 8 | | | | | | | 4 |
| | | 3 | | | 6 | 2 | | 9 |
| | 1 | 9 | 2 | 4 | 3 | 8 | 5 | 7 |
| | | 4 | | 9 | | 1 | | 3 |

## MEDIUM - 210

| | | | | | | | | |
|---|---|---|---|---|---|---|---|---|
| | | 4 | 1 | 8 | 7 | 6 | 3 | |
| | | | | 2 | | | | 5 |
| | 6 | | | | | | 7 | 1 |
| 5 | | | | 4 | 6 | | | |
| | | 9 | | | 1 | | 6 | |
| 6 | | | 8 | 3 | 5 | | 4 | 7 |
| | | | 7 | | | | 1 | |
| | 8 | | | | | | 9 | 6 |
| | | 3 | | | | | 5 | |

## MEDIUM - 211

| 6 | 4 |  | 5 |  |  |  |  |  |
|---|---|---|---|---|---|---|---|---|
|  |  |  |  | 8 | 1 | 7 |  |  |
| 8 |  | 7 | 9 |  |  | 1 |  | 4 |
|  | 2 |  |  | 1 |  |  | 8 |  |
| 7 | 1 | 3 |  |  |  |  | 4 |  |
|  |  |  |  |  |  |  |  | 7 |
| 5 |  |  | 1 |  |  | 8 | 6 |  |
|  |  | 9 |  | 3 |  | 4 |  |  |
|  |  |  | 7 |  | 5 | 9 | 2 |  |

## MEDIUM - 212

|  |  |  | 6 |  | 9 |  |  | 8 |
|---|---|---|---|---|---|---|---|---|
|  |  | 7 |  |  |  | 2 | 3 |  |
|  | 1 | 4 |  | 2 | 3 | 6 |  |  |
|  | 9 |  |  |  |  |  |  |  |
| 3 |  | 5 |  | 9 | 7 |  | 4 |  |
|  |  |  |  | 4 |  | 5 |  | 3 |
|  |  |  | 9 |  |  |  |  | 5 |
| 7 |  |  | 3 |  |  |  | 2 |  |
|  | 4 | 9 | 1 | 8 |  |  |  |  |

## MEDIUM - 213

|  |  | 7 | 4 |  | 9 | 8 |  |  |
|---|---|---|---|---|---|---|---|---|
|  |  | 5 |  |  | 3 | 4 | 7 |  |
| 1 |  | 4 |  |  | 5 |  | 9 |  |
|  | 4 |  |  |  | 6 | 5 |  |  |
|  |  | 6 | 2 |  | 1 |  | 8 |  |
| 9 | 8 |  |  | 5 |  |  | 1 |  |
| 6 |  | 3 |  |  |  | 9 |  | 2 |
|  |  |  |  | 6 |  | 1 |  |  |
|  | 1 | 9 |  |  |  | 6 |  |  |

## MEDIUM - 214

| 3 | 9 |  |  |  |  |  | 2 | 8 |
|---|---|---|---|---|---|---|---|---|
|  |  |  |  |  | 6 |  | 7 |  |
|  |  |  | 7 | 2 |  | 4 | 3 |  |
|  | 4 |  |  |  |  |  | 9 |  |
| 9 | 8 |  |  |  |  | 5 |  |  |
| 6 | 7 |  |  | 3 | 1 |  |  |  |
|  | 3 | 1 |  |  | 8 |  | 5 | 6 |
| 5 |  | 8 |  |  | 3 |  | 1 |  |
|  | 6 |  |  | 5 |  | 3 |  | 7 |

## MEDIUM - 215

|  |  | 6 |  | 8 |  | 9 |  |  |
|---|---|---|---|---|---|---|---|---|
|  | 4 |  |  | 7 |  | 5 |  |  |
|  | 5 |  |  |  | 4 | 3 | 1 |  |
| 2 |  | 9 |  |  |  | 4 |  | 6 |
|  |  |  |  |  |  |  |  |  |
| 4 |  |  | 7 |  |  | 2 |  |  |
|  |  | 4 |  | 3 | 1 |  |  | 5 |
| 7 |  |  | 5 |  | 9 |  | 3 | 1 |
| 1 |  |  |  | 6 | 7 |  |  | 4 |

## MEDIUM - 216

|  |  | 9 |  |  | 7 | 1 |  |  |
|---|---|---|---|---|---|---|---|---|
|  | 5 |  | 4 | 8 |  | 2 |  | 7 |
|  |  | 4 |  | 2 |  |  | 6 | 8 |
|  |  | 2 |  |  |  |  |  | 6 |
|  |  |  |  |  | 2 | 9 | 1 |  |
| 9 |  | 1 |  |  |  | 3 | 2 |  |
| 6 | 7 |  |  |  |  |  | 5 |  |
|  |  |  | 9 |  | 3 |  | 7 |  |
|  |  |  |  |  | 4 | 6 | 3 | 2 |

## MEDIUM - 217

| 3 | 2 |  | 1 |  |  | 9 | 6 | 7 |
|---|---|---|---|---|---|---|---|---|
|  |  | 9 |  |  | 7 |  | 5 |  |
| 8 |  | 7 |  |  |  | 4 | 3 |  |
| 5 | 3 | 8 |  |  | 4 |  |  |  |
|  | 7 |  | 8 |  | 5 |  |  |  |
|  |  |  |  |  | 3 |  |  |  |
| 4 |  | 3 |  |  |  |  |  |  |
| 9 | 8 | 1 |  | 3 |  |  |  | 4 |
| 7 | 5 |  |  | 8 |  |  |  | 1 |

## MEDIUM - 218

|  |  |  | 8 |  | 4 | 1 | 3 |  |
|---|---|---|---|---|---|---|---|---|
| 6 | 8 | 9 |  | 2 |  |  | 4 |  |
|  |  |  |  | 6 | 7 |  |  |  |
| 8 | 2 |  |  |  | 9 |  |  |  |
| 9 |  | 1 |  |  |  |  | 2 | 7 |
|  | 5 |  |  |  | 2 |  |  | 9 |
| 3 | 1 |  |  | 4 |  | 5 | 8 |  |
|  |  |  |  |  | 8 |  | 7 |  |
|  | 6 |  |  |  | 5 |  |  |  |

## MEDIUM - 219

| 3 |  | 6 |  |  |  |  | 8 |  |
|---|---|---|---|---|---|---|---|---|
|  | 9 |  |  |  | 1 |  | 5 |  |
| 2 |  | 1 |  |  | 5 | 9 |  |  |
| 4 |  |  |  |  | 8 | 6 | 3 |  |
|  | 2 |  |  |  | 9 |  | 1 |  |
|  |  |  | 4 |  |  |  | 9 |  |
| 7 |  | 4 |  | 8 |  |  |  |  |
|  |  | 3 | 9 | 4 |  |  | 2 |  |
|  | 6 |  |  | 5 |  |  |  | 8 |

## MEDIUM - 220

|  | 9 | 3 | 6 | 2 | 7 | 5 |  |  |
|---|---|---|---|---|---|---|---|---|
| 8 |  | 7 | 1 |  |  |  |  |  |
|  |  |  |  | 8 |  |  |  |  |
|  |  |  | 3 | 7 | 5 |  | 8 |  |
| 2 |  |  |  |  |  |  | 1 |  |
|  |  |  |  |  | 1 | 3 | 9 |  |
| 6 |  | 1 |  | 9 |  |  |  | 4 |
|  |  |  |  | 5 | 2 | 8 |  |  |
|  |  | 4 |  |  |  |  | 7 |  |

## MEDIUM - 221

|  | 5 |  |  |  |  |  | 2 |  |
|---|---|---|---|---|---|---|---|---|
|  |  |  |  | 5 | 9 | 7 |  |  |
|  |  |  |  | 2 | 1 | 6 | 4 |  |
|  |  | 3 |  |  | 7 | 2 |  |  |
| 5 |  |  | 8 | 9 | 2 |  |  |  |
|  | 1 |  |  |  | 5 | 8 |  | 7 |
|  | 6 | 5 | 9 |  |  |  | 8 |  |
|  | 3 |  |  |  |  | 9 | 7 | 6 |
|  | 9 | 4 | 2 |  |  | 5 |  |  |

## MEDIUM - 222

| 2 |  | 3 | 7 |  |  |  | 8 | 1 |
|---|---|---|---|---|---|---|---|---|
|  |  |  |  | 2 | 9 |  |  |  |
|  |  |  |  |  | 3 |  |  |  |
| 8 |  |  |  |  |  |  | 9 |  |
|  | 5 |  | 1 | 3 | 7 | 8 | 2 |  |
|  |  |  |  |  |  | 7 | 4 |  |
| 4 |  |  |  |  |  |  |  |  |
|  | 8 | 1 |  | 4 | 2 |  |  | 9 |
| 5 | 2 |  | 3 | 9 |  |  | 6 |  |

## MEDIUM - 223

| | | | | | | | | |
|---|---|---|---|---|---|---|---|---|
| 3 | | | 2 | | 6 | | | |
| 6 | 1 | | 9 | | | 2 | 5 | |
| | 2 | | 1 | 4 | 5 | | | |
| | | 6 | 4 | 7 | | 5 | | |
| | | | | 5 | 9 | | 3 | 7 |
| | 5 | 3 | | 2 | | | | |
| 8 | | | | 1 | | | | |
| 4 | | | 7 | | | 3 | | |
| | | 1 | | 6 | | | 8 | 9 |

## MEDIUM - 224

| | | | | | | | | |
|---|---|---|---|---|---|---|---|---|
| 9 | | | | | | 1 | | |
| | | 1 | | | | 4 | | 8 |
| 2 | 4 | | | 1 | | 7 | 3 | |
| 1 | | | | | 8 | 3 | 5 | |
| | 7 | | 3 | | | 2 | | 9 |
| 5 | 9 | | | | | | | |
| | | | 8 | 2 | 6 | | | |
| | 6 | | 1 | | 4 | 9 | | |
| 3 | | | 7 | | | 6 | 4 | |

## MEDIUM - 225

| | | | | | | | | |
|---|---|---|---|---|---|---|---|---|
| | | | 8 | 7 | 2 | | | 5 |
| | | | 4 | | | 8 | | |
| | 9 | | 6 | 3 | | | 4 | |
| | 8 | 5 | 7 | 6 | 4 | | 1 | |
| | 2 | | 5 | 1 | | | | |
| | 1 | | | 2 | | | | 4 |
| | 6 | | 3 | | 7 | | 5 | |
| | | | | | | 7 | | 2 |
| 3 | | | | 5 | 9 | | 8 | |

## MEDIUM - 226

| | | | | | | | | |
|---|---|---|---|---|---|---|---|---|
| | | 8 | | 2 | 4 | 3 | | 9 |
| 4 | 6 | | | | 1 | | | |
| | | 3 | | | | | | |
| | 9 | 4 | 1 | 3 | 6 | 8 | | |
| 5 | 8 | | | | | | 2 | |
| | 3 | | 8 | 5 | | | | |
| | | | | | | 2 | | |
| 3 | 4 | | 6 | | 9 | 5 | 1 | |
| 9 | | | | | | | | |

## MEDIUM - 227

| | | | | | | | | |
|---|---|---|---|---|---|---|---|---|
| | | 5 | 3 | | | | 4 | 7 |
| | 9 | | 4 | 1 | | 2 | | |
| 4 | | | | 5 | | | 6 | |
| 9 | | | | | 5 | 8 | 2 | 4 |
| | | 4 | | | 7 | | 1 | |
| | | | 1 | | 4 | 7 | 9 | |
| 8 | | | 2 | | | | 7 | |
| | 1 | 9 | | 6 | | | | |
| | | | | | 8 | | | 6 |

## MEDIUM - 228

| | | | | | | | | |
|---|---|---|---|---|---|---|---|---|
| | | | | 8 | 9 | | | |
| | | | 1 | | | 7 | | |
| 8 | | | | | | 5 | | 6 |
| 5 | 9 | | | | | 6 | 2 | |
| 7 | 2 | 8 | | | 4 | 3 | 5 | |
| | 6 | | 2 | 3 | | | 8 | 7 |
| | | | | | 6 | | | |
| | | 5 | | | 1 | 4 | | |
| 9 | 8 | | 3 | | | 1 | 7 | |

## MEDIUM - 229

|   | 1 |   |   |   | 4 |   |   | 5 |
|---|---|---|---|---|---|---|---|---|
|   |   |   |   |   | 5 | 8 | 4 |   |
|   | 5 |   | 2 | 9 |   |   | 6 | 7 |
| 1 | 4 |   |   | 6 | 2 |   |   |   |
|   |   | 9 | 4 |   | 3 |   |   | 1 |
|   | 3 |   | 7 |   | 9 |   | 5 |   |
| 5 | 9 | 6 | 3 | 2 |   |   |   |   |
|   |   |   |   | 8 |   |   |   |   |
|   | 8 |   | 5 |   |   |   | 1 | 2 |

## MEDIUM - 230

|   |   |   | 1 |   |   |   |   |   |
|---|---|---|---|---|---|---|---|---|
|   | 1 |   | 2 | 7 | 6 | 5 |   |   |
| 3 |   | 6 |   |   | 8 | 2 | 9 |   |
|   |   | 1 |   |   | 5 |   |   |   |
|   |   | 8 |   | 1 | 7 |   |   |   |
| 7 |   |   | 9 | 2 | 3 |   | 8 |   |
| 1 |   |   |   |   |   | 8 | 6 |   |
| 5 |   |   |   | 9 | 2 | 3 |   |   |
|   | 9 |   |   |   |   | 7 | 2 | 5 |

## MEDIUM - 231

|   |   |   | 8 |   |   | 2 | 5 |   |
|---|---|---|---|---|---|---|---|---|
|   |   |   |   | 7 |   |   | 3 | 1 |
| 3 |   |   |   |   |   | 4 |   |   |
| 5 | 8 |   |   |   | 2 |   |   |   |
|   |   |   | 7 |   |   | 5 | 8 | 6 |
| 4 |   |   | 3 |   | 8 |   |   | 2 |
|   | 5 |   |   | 1 |   | 6 |   |   |
|   | 9 | 3 | 4 | 8 |   |   | 1 | 5 |
|   |   | 4 | 5 |   |   |   | 9 |   |

## MEDIUM - 232

|   |   |   | 8 | 1 |   |   |   |   |
|---|---|---|---|---|---|---|---|---|
|   | 4 | 1 | 7 |   |   | 9 |   |   |
| 9 |   | 8 | 4 |   | 3 |   |   | 1 |
|   | 3 |   |   | 4 | 7 |   |   |   |
|   |   |   |   |   | 6 |   | 2 |   |
|   | 8 |   | 3 |   | 2 | 7 |   |   |
|   | 2 | 4 |   |   | 1 |   |   | 9 |
|   |   | 3 |   |   | 8 | 5 |   |   |
| 8 |   | 6 | 5 |   |   |   | 7 |   |

## MEDIUM - 233

|   |   |   | 3 |   |   |   |   |   |
|---|---|---|---|---|---|---|---|---|
| 4 |   |   |   |   | 6 | 1 |   | 9 |
|   |   |   | 1 |   |   |   |   |   |
|   | 5 |   | 4 |   | 2 |   | 1 | 7 |
|   |   | 3 |   | 7 |   | 6 | 5 | 4 |
|   | 7 |   |   | 8 | 5 |   |   | 3 |
| 3 |   |   |   | 1 | 8 |   | 2 | 6 |
|   | 2 | 5 |   | 6 |   |   | 3 |   |
|   |   | 7 |   | 4 |   |   | 8 |   |

## MEDIUM - 234

| 9 | 6 | 7 |   |   |   |   |   | 4 |
|---|---|---|---|---|---|---|---|---|
|   |   | 4 | 3 | 9 | 1 |   |   | 8 |
| 8 |   |   | 4 |   |   |   |   |   |
| 1 |   | 6 | 8 |   | 2 |   | 4 |   |
| 3 | 4 |   |   |   |   |   | 8 |   |
|   | 7 | 8 |   |   |   | 6 |   | 5 |
|   |   |   | 7 |   |   |   |   | 1 |
|   | 3 |   | 5 | 2 |   | 8 |   |   |
|   |   | 2 | 1 |   | 3 |   |   |   |

## MEDIUM - 235

| | | | | | | | | |
|---|---|---|---|---|---|---|---|---|
| | | 1 | | | | | 4 | |
| 4 | | 8 | 9 | | | 1 | | 2 |
| | | | 2 | | 4 | 8 | 7 | |
| | | 9 | 7 | | 1 | | | |
| | 2 | | | | 3 | 7 | | |
| | | 7 | 6 | | | 3 | 1 | |
| | 6 | 4 | 1 | | 8 | 2 | 5 | 7 |
| 7 | 8 | | | 5 | | | | |
| | 1 | | | 7 | | 6 | | |

## MEDIUM - 236

| | | | | | | | | |
|---|---|---|---|---|---|---|---|---|
| 5 | 9 | | 3 | | | 6 | 8 | 1 |
| | 3 | | | | | | 9 | |
| 8 | 4 | | | | | | | 7 |
| | 8 | | | 2 | | 7 | | |
| | 2 | | | | | | 3 | 5 |
| 1 | 6 | 3 | | 5 | | | 4 | |
| 3 | 1 | | | 7 | 4 | 8 | | |
| | | | 6 | 3 | 9 | | 7 | |
| | | | 1 | | | | 6 | |

## MEDIUM - 237

| | | | | | | | | |
|---|---|---|---|---|---|---|---|---|
| 9 | 7 | | | 4 | | 5 | | |
| 3 | | | | 6 | | | | |
| | | 4 | | | 8 | | 1 | |
| | | | | 3 | 2 | | 5 | |
| | | | 5 | 1 | | | | |
| | 6 | | 8 | 7 | | 4 | | 3 |
| 6 | 4 | | 1 | 2 | | | | |
| | | 1 | | | | 6 | 7 | |
| 8 | | | | | | 3 | | |

## MEDIUM - 238

| | | | | | | | | |
|---|---|---|---|---|---|---|---|---|
| | 4 | | 2 | | | | 8 | |
| | | | | | | | 4 | 9 |
| 9 | | 8 | | 5 | 4 | | 3 | |
| 7 | | | | 3 | | | 5 | |
| | | | | 4 | | 9 | 2 | 7 |
| | | | | | 8 | | 1 | |
| | 1 | | | | | 2 | | 5 |
| | 2 | 5 | 4 | 8 | | 3 | 9 | |
| | | | 5 | | | 8 | | |

## MEDIUM - 239

| | | | | | | | | |
|---|---|---|---|---|---|---|---|---|
| | 3 | 4 | | | | 6 | 1 | |
| | | | | 9 | | | 2 | 4 |
| | | | 4 | | | | | |
| | | 8 | 1 | 6 | | 3 | 7 | 9 |
| | | | 2 | 4 | | | 6 | |
| 1 | | | | 7 | | 2 | | |
| | 6 | 3 | 5 | | | | | 8 |
| | 1 | | | 3 | | 4 | 5 | 2 |
| 4 | | 5 | | | 1 | | | |

## MEDIUM - 240

| | | | | | | | | |
|---|---|---|---|---|---|---|---|---|
| 6 | 9 | | | | | 1 | 8 | 4 |
| 5 | 3 | | 2 | 8 | 1 | | | |
| | 8 | | 6 | | | | | |
| | | 8 | | | | | | |
| | | 6 | 9 | | 8 | | 3 | |
| | 7 | 9 | 3 | | | | 2 | |
| | 4 | | | | 2 | | | |
| | | 5 | | 3 | | 8 | 6 | 2 |
| | | | | 1 | | 5 | 4 | |

## MEDIUM - 241

| | | | | | | | | |
|---|---|---|---|---|---|---|---|---|
| | | | | 8 | | | | 9 |
| 2 | | | | 5 | 3 | | | |
| | | 8 | | 9 | | 6 | 2 | |
| | 7 | 5 | 8 | | | 4 | | |
| 8 | | | 1 | | | | 5 | |
| 9 | 3 | | | | 5 | 8 | 7 | |
| | | | | 1 | | 3 | | |
| 4 | | | 3 | 2 | | 1 | 9 | |
| | | | | 6 | | 2 | | 8 |

## MEDIUM - 242

| | | | | | | | | |
|---|---|---|---|---|---|---|---|---|
| | 6 | | 4 | | 8 | 1 | | 2 |
| 9 | | | | | | | | |
| 4 | | | | 5 | 9 | 3 | | |
| | | 2 | 3 | 7 | 1 | | 5 | |
| | | | | | | | 1 | 6 |
| 8 | 1 | | | 9 | | | | 3 |
| 1 | | 5 | | 4 | | 8 | | 9 |
| 2 | | 6 | | | | 7 | | |
| | | | 1 | | | | | |

## MEDIUM - 243

| | | | | | | | | |
|---|---|---|---|---|---|---|---|---|
| 9 | | | | | | | 8 | |
| 1 | | 3 | | 6 | | 5 | | |
| 5 | | 2 | | | | | 9 | |
| | 3 | 8 | 9 | | | | | |
| 6 | | | | 8 | 3 | | 7 | |
| | | | 5 | 4 | | 8 | 3 | 9 |
| | | 5 | | | | 3 | | |
| | | | | 9 | | | 6 | |
| 8 | | 6 | | 7 | 4 | 9 | 2 | 5 |

## MEDIUM - 244

| | | | | | | | | |
|---|---|---|---|---|---|---|---|---|
| 6 | | 8 | 7 | | | | | 5 |
| | 7 | 2 | 1 | | | | | |
| | 5 | | | 2 | 6 | | | |
| | 6 | 1 | 3 | 9 | 2 | 5 | 8 | |
| | | 5 | | | 1 | 3 | | |
| 3 | | | | 6 | 5 | 7 | | 2 |
| 1 | | | | | 4 | 2 | | 7 |
| | 2 | 7 | | | | | | 6 |
| | | | | | | | | 1 |

## MEDIUM - 245

| | | | | | | | | |
|---|---|---|---|---|---|---|---|---|
| 5 | 9 | | | 1 | | | | |
| | | | 6 | | | | | 2 |
| 4 | | 2 | 3 | 7 | | 8 | 9 | |
| | | | | | | | 7 | |
| 6 | | 5 | | | | | | 4 |
| | | | 4 | | | 2 | | |
| | 2 | | 9 | 6 | 3 | 1 | | 7 |
| | | 3 | | | 4 | | | |
| 1 | | | | 5 | | | | 8 |

## MEDIUM - 246

| | | | | | | | | |
|---|---|---|---|---|---|---|---|---|
| 4 | | | | | 9 | 1 | | |
| | 3 | | | | 8 | 6 | 2 | 7 |
| 8 | 7 | | | | 6 | 9 | | |
| | | | | 6 | | | 4 | 8 |
| 3 | | 8 | | | | | 6 | |
| | | | | 3 | 5 | | | 2 |
| | | | | | | | 5 | |
| | 9 | 3 | 6 | | | | 7 | |
| 1 | | | 4 | | 7 | 2 | 9 | |

## MEDIUM - 247

|   |   | 9 | 1 | 2 |   |   |   | 4 |
|---|---|---|---|---|---|---|---|---|
| 6 | 4 |   |   | 5 |   | 3 |   |   |
|   |   |   |   | 9 | 6 |   | 1 |   |
|   | 6 |   |   |   |   |   | 3 |   |
| 5 | 3 | 2 |   | 1 | 4 |   |   | 6 |
|   |   | 7 |   |   |   |   |   |   |
|   | 2 | 5 | 3 |   | 9 |   |   |   |
|   | 9 | 6 | 8 | 4 |   | 7 |   |   |
|   |   |   |   |   | 5 | 4 |   |   |

## MEDIUM - 248

| 1 |   |   | 9 |   | 6 |   |   | 8 |
|---|---|---|---|---|---|---|---|---|
|   | 6 | 3 |   |   |   | 9 |   |   |
|   | 9 | 8 | 5 |   |   | 6 | 4 |   |
|   |   | 2 |   | 8 | 5 | 1 |   |   |
| 6 |   |   | 1 |   | 4 |   |   |   |
|   | 4 | 1 |   |   |   | 5 | 6 |   |
| 9 |   |   |   |   |   | 4 |   |   |
|   |   | 6 | 2 | 4 |   |   |   |   |
|   |   |   |   |   | 3 |   | 1 | 9 |

## MEDIUM - 249

|   | 2 | 9 |   | 5 |   | 3 |   |   |
|---|---|---|---|---|---|---|---|---|
| 3 | 5 |   |   |   |   | 7 | 2 |   |
|   |   |   |   |   |   |   | 9 | 1 |
| 6 | 7 |   | 8 |   |   |   |   | 9 |
| 5 | 3 | 8 |   |   | 2 |   |   | 7 |
|   | 9 |   |   |   |   |   |   |   |
|   |   |   |   | 2 |   | 4 | 7 |   |
|   |   |   |   |   |   | 6 | 1 |   |
| 7 | 1 |   | 5 | 6 | 8 |   |   |   |

## MEDIUM - 250

|   | 9 | 8 |   | 5 | 4 |   | 3 |   |
|---|---|---|---|---|---|---|---|---|
|   |   |   |   |   |   | 2 |   | 8 |
|   |   |   |   |   |   |   |   |   |
| 7 | 2 |   |   |   | 8 |   | 6 | 4 |
| 1 | 8 |   | 6 |   |   | 5 |   | 3 |
|   |   | 9 |   | 7 | 3 | 1 |   |   |
|   |   |   | 8 |   |   | 4 | 2 | 5 |
|   | 4 |   |   | 6 | 2 |   |   |   |
|   | 1 | 2 |   |   | 5 | 8 |   |   |

## MEDIUM - 251

|   |   | 2 |   | 6 |   |   |   | 9 |
|---|---|---|---|---|---|---|---|---|
| 7 |   |   |   | 2 |   | 8 | 5 |   |
| 1 |   | 4 |   | 3 |   |   |   |   |
|   | 4 | 7 |   |   | 2 |   | 9 |   |
| 5 | 2 |   |   |   | 6 |   |   |   |
| 9 |   | 6 | 5 | 8 |   |   |   |   |
| 6 |   |   |   | 5 |   |   | 7 | 4 |
| 4 | 1 |   |   |   |   |   |   |   |
|   |   |   | 9 |   | 1 | 3 |   |   |

## MEDIUM - 252

| 5 | 2 |   | 3 |   |   | 6 |   |   |
|---|---|---|---|---|---|---|---|---|
|   |   | 1 |   |   |   | 9 |   | 3 |
|   |   |   |   |   | 1 |   |   |   |
| 3 |   |   |   | 5 |   |   | 9 | 1 |
| 4 |   |   |   |   | 8 |   | 2 | 6 |
| 9 | 5 | 2 |   |   |   | 3 |   | 7 |
|   | 3 |   |   |   |   |   |   | 2 |
| 1 |   |   | 6 |   | 2 | 8 |   | 5 |
|   | 4 |   |   | 1 |   |   |   |   |

## MEDIUM - 253

| 8 |  |  |  | 9 | 5 |  |  | 2 |
|---|---|---|---|---|---|---|---|---|
|  | 9 |  |  | 4 | 6 | 5 |  | 7 |
|  | 7 |  |  |  |  |  | 6 | 4 |
|  |  |  |  |  |  |  |  | 9 |
|  |  | 3 |  |  |  |  | 2 |  |
| 6 | 2 | 9 | 5 |  |  |  |  |  |
|  | 5 | 2 |  |  |  |  |  | 3 |
|  |  | 7 | 6 |  | 4 |  |  |  |
| 4 | 6 |  | 1 | 2 | 3 |  | 9 |  |

## MEDIUM - 254

|  |  | 9 | 5 |  |  | 7 |  |  |
|---|---|---|---|---|---|---|---|---|
|  |  | 2 |  | 3 | 8 | 9 | 4 | 6 |
| 6 |  | 3 |  |  |  |  |  |  |
|  | 1 |  |  |  | 7 | 6 | 9 |  |
| 2 |  |  | 9 |  |  |  |  |  |
|  |  | 7 |  | 1 |  |  |  | 3 |
|  | 6 | 5 |  |  | 4 |  |  |  |
|  |  |  |  | 5 | 3 | 4 |  |  |
|  |  | 8 | 6 |  | 2 |  |  | 7 |

## MEDIUM - 255

|  |  | 6 |  | 5 |  |  |  |  |
|---|---|---|---|---|---|---|---|---|
|  | 5 |  |  |  | 4 | 8 |  | 9 |
| 3 | 7 | 9 |  |  | 1 | 5 |  |  |
|  | 3 |  | 8 |  |  |  | 5 | 2 |
| 7 |  | 4 |  |  | 5 |  |  |  |
| 9 |  |  |  |  | 6 |  |  |  |
| 5 | 9 | 7 |  |  | 8 |  | 4 |  |
|  | 1 |  |  |  | 9 |  |  | 3 |
| 4 |  |  |  |  |  |  |  |  |

## MEDIUM - 256

| 3 | 1 |  | 6 | 2 | 5 | 9 |  | 7 |
|---|---|---|---|---|---|---|---|---|
| 8 |  |  |  |  |  |  |  |  |
|  |  | 5 |  | 8 |  |  |  | 4 |
|  | 2 |  |  | 9 | 8 | 4 | 7 |  |
|  |  |  |  |  |  |  | 5 | 8 |
|  |  |  | 7 |  |  | 6 |  |  |
|  |  | 9 |  | 1 |  | 2 | 4 |  |
|  |  |  |  |  | 4 |  |  | 5 |
| 4 | 8 |  |  | 5 | 9 |  | 1 |  |

## MEDIUM - 257

| 8 |  |  |  | 6 |  | 5 | 9 |  |
|---|---|---|---|---|---|---|---|---|
|  |  |  |  |  |  | 7 | 4 | 8 |
| 4 |  |  |  | 9 | 3 |  | 2 | 1 |
| 7 | 9 | 3 | 2 |  |  |  |  | 5 |
|  |  |  |  |  | 5 |  |  |  |
| 5 | 2 |  |  | 8 |  |  |  | 4 |
|  | 7 |  |  |  | 8 |  | 5 |  |
| 3 |  |  | 6 |  |  |  |  |  |
|  | 6 |  |  |  | 9 | 4 | 1 | 7 |

## MEDIUM - 258

| 3 | 5 |  |  | 4 | 9 | 2 |  |  |
|---|---|---|---|---|---|---|---|---|
|  |  | 1 |  | 6 |  |  |  | 5 |
|  | 4 |  | 5 |  | 1 | 9 | 7 |  |
| 1 |  | 3 | 8 | 7 |  |  | 2 |  |
|  | 6 | 2 | 9 |  |  |  |  | 1 |
|  |  | 4 |  | 3 |  | 6 |  |  |
|  |  | 5 |  |  |  | 1 | 6 |  |
| 6 |  |  |  |  | 5 |  |  |  |
|  |  |  |  |  |  |  |  | 2 |

## MEDIUM - 259

| 7 |  | 3 |  | 5 |  |  | 1 |  |
|---|---|---|---|---|---|---|---|---|
|  | 8 | 6 | 1 |  |  | 2 | 7 |  |
|  | 2 | 9 | 6 | 4 |  |  |  |  |
|  | 7 |  | 8 | 6 |  |  |  | 5 |
| 6 |  | 5 |  |  |  |  |  |  |
|  |  | 4 |  |  | 5 |  |  | 6 |
|  |  |  |  |  | 1 |  |  |  |
|  |  |  |  |  |  | 9 |  |  |
| 4 | 9 |  | 5 | 3 |  |  | 6 | 1 |

## MEDIUM - 260

|  | 3 |  | 7 |  |  |  |  | 2 |
|---|---|---|---|---|---|---|---|---|
|  |  |  | 1 | 4 |  |  | 7 |  |
|  |  |  |  |  | 2 |  |  |  |
|  |  |  | 9 |  |  |  | 1 |  |
| 1 | 7 |  | 4 | 2 | 8 |  |  |  |
|  |  | 9 |  | 7 |  | 4 |  |  |
|  | 1 |  | 6 |  | 7 | 3 | 2 |  |
|  | 5 | 6 | 8 |  | 9 | 7 |  |  |
| 7 | 9 |  | 2 | 1 |  | 8 |  | 5 |

## MEDIUM - 261

|  |  |  | 2 |  |  |  |  |  |
|---|---|---|---|---|---|---|---|---|
|  |  | 4 |  |  | 9 |  | 6 | 1 |
|  | 1 |  | 4 | 5 |  | 2 |  | 7 |
| 5 |  |  |  |  | 6 |  |  |  |
|  |  |  |  |  |  |  | 7 |  |
|  | 4 |  |  |  |  | 3 | 8 | 5 |
| 2 |  | 9 | 6 |  |  | 7 | 1 |  |
|  | 8 | 7 | 1 |  | 3 | 9 | 5 |  |
| 1 |  |  | 5 |  |  | 4 |  |  |

## MEDIUM - 262

|  | 4 | 5 |  |  |  | 9 |  |  |
|---|---|---|---|---|---|---|---|---|
| 3 |  |  |  | 9 |  |  | 1 |  |
| 9 | 6 |  |  | 3 | 8 | 7 |  | 2 |
| 5 |  | 8 |  | 4 |  |  | 9 | 7 |
|  |  | 6 | 7 | 2 |  |  |  |  |
|  |  |  |  |  | 9 |  | 6 |  |
|  | 7 |  |  | 8 |  |  | 5 |  |
|  |  |  |  | 6 | 3 |  | 7 | 9 |
| 6 |  |  |  | 7 |  | 4 |  |  |

## MEDIUM - 263

| 7 | 9 |  |  | 6 | 8 |  |  |  |
|---|---|---|---|---|---|---|---|---|
|  |  |  | 9 | 4 |  |  |  |  |
| 5 |  |  |  |  |  | 1 |  |  |
|  | 8 |  | 2 |  |  | 4 | 1 |  |
|  | 3 | 7 |  | 1 |  |  | 9 |  |
|  | 5 |  |  | 9 | 6 |  |  |  |
|  | 1 |  | 3 |  |  |  | 6 |  |
|  |  | 8 |  |  | 7 | 9 | 4 |  |
| 2 | 7 |  | 6 |  |  |  |  | 1 |

## MEDIUM - 264

|  | 4 | 9 | 3 |  |  |  |  |  |
|---|---|---|---|---|---|---|---|---|
|  |  | 5 | 4 |  |  | 9 |  |  |
| 3 |  |  | 5 | 1 |  |  |  | 7 |
|  |  | 2 | 7 |  |  |  |  |  |
|  |  |  | 2 | 9 | 8 |  | 4 |  |
|  |  | 4 |  |  | 1 |  | 8 |  |
| 2 | 5 | 8 |  |  |  |  | 7 | 1 |
|  |  |  | 1 |  | 5 |  |  |  |
|  |  |  |  |  | 3 |  | 6 | 2 |

## MEDIUM - 265

| | | | 4 | 7 | 6 | | | |
|---|---|---|---|---|---|---|---|---|
| | 3 | 6 | | | 1 | 9 | | 7 |
| 1 | 7 | | | 9 | 8 | | 6 | |
| | | | 6 | | 5 | 2 | | |
| | | 7 | | 4 | 9 | | | |
| | | | | | 7 | | | 9 |
| 7 | | | | | | | 2 | |
| | | 8 | | 1 | | | 9 | |
| 4 | 1 | 9 | | | | 6 | | |

## MEDIUM - 266

| 2 | 1 | 4 | 6 | | | | | |
|---|---|---|---|---|---|---|---|---|
| 6 | | | 5 | | | 8 | 1 | |
| 5 | | 8 | 4 | 9 | | 6 | 2 | 7 |
| | | | | | | | 4 | 2 |
| 9 | | 2 | 7 | | | | 5 | |
| 3 | | | | 4 | | | 7 | |
| 4 | | | 3 | | 2 | 7 | | |
| 8 | | | | 5 | 7 | | 6 | 1 |
| 7 | 9 | | | | | | | |

## MEDIUM - 267

| | 2 | | 3 | | 8 | | | |
|---|---|---|---|---|---|---|---|---|
| 8 | | | 7 | | 1 | | 6 | |
| 4 | 7 | | 6 | | | 5 | | 3 |
| 9 | | 4 | | | | 1 | | 5 |
| 5 | | | | | | 6 | 7 | |
| | | | 5 | | 6 | 8 | | |
| | 1 | 5 | | | | | | |
| | | | 8 | | | | | 1 |
| 2 | 9 | | 4 | | | | | |

## MEDIUM - 268

| | | | 1 | | 5 | | | |
|---|---|---|---|---|---|---|---|---|
| 5 | | 9 | | 8 | | | | |
| | | 1 | | 4 | | 9 | | 5 |
| 3 | | | 4 | | 1 | | | |
| 9 | | 2 | | 3 | | 7 | 4 | |
| | | | | | | | 8 | |
| | | 4 | | | | | | |
| 7 | 1 | | 3 | | | 6 | 9 | 8 |
| | | 6 | 7 | 5 | | | | 4 |

## MEDIUM - 269

| | | | | 6 | | | 1 | 2 |
|---|---|---|---|---|---|---|---|---|
| | 4 | | 1 | 2 | | | 6 | 3 |
| | | | 7 | | | | | |
| | | | 2 | | 8 | 3 | | 1 |
| | | 2 | | 9 | | 6 | | 5 |
| 7 | | | | 4 | | | | |
| 2 | | | | 7 | 6 | | | 4 |
| | 3 | | 8 | | | 5 | 2 | 7 |
| | 7 | 4 | | | | 1 | | |

## MEDIUM - 270

| | | | | 5 | 1 | | | 8 |
|---|---|---|---|---|---|---|---|---|
| | | | | | 2 | 7 | | |
| | 4 | 5 | 3 | | 6 | 9 | | |
| | | | | 1 | | 8 | 3 | |
| 3 | | 9 | | | | 1 | | |
| | | | 4 | | | | 7 | 9 |
| | | 8 | 1 | | 5 | 6 | | |
| | | | | 9 | | | | 7 |
| 5 | | | | 2 | 4 | | 9 | |

## MEDIUM - 271

| 6 |  |  | 4 |  |  |  |  |  |
|---|---|---|---|---|---|---|---|---|
|  | 9 | 7 |  | 6 |  |  |  |  |
|  |  | 3 | 1 | 5 | 9 |  |  |  |
|  |  |  |  | 4 |  | 1 | 2 |  |
| 2 | 6 | 4 |  | 9 |  | 5 | 7 |  |
|  | 3 | 1 |  | 8 |  |  |  | 9 |
| 4 |  |  |  |  |  | 9 |  |  |
|  |  | 2 |  | 3 |  |  | 5 |  |
|  |  | 9 | 8 |  | 4 |  | 1 |  |

## MEDIUM - 272

|  | 7 | 3 |  |  |  |  |  |  |
|---|---|---|---|---|---|---|---|---|
|  | 4 | 9 | 6 |  | 2 |  | 7 | 3 |
| 6 |  |  | 7 | 1 | 3 |  |  |  |
|  |  | 6 |  |  |  | 1 | 2 |  |
|  |  | 8 | 2 |  | 1 | 4 | 6 |  |
|  |  |  |  |  | 4 | 5 |  | 8 |
|  |  |  | 5 |  |  | 6 |  |  |
|  |  |  | 8 |  |  | 7 | 4 |  |
|  |  |  |  | 2 |  |  | 8 |  |

## MEDIUM - 273

| 4 |  | 1 | 3 |  | 9 | 6 |  |  |
|---|---|---|---|---|---|---|---|---|
| 7 |  | 3 |  |  |  |  | 4 | 9 |
| 8 |  |  | 6 |  |  |  | 3 |  |
|  | 3 | 4 | 8 |  | 7 |  | 1 |  |
| 2 |  |  |  | 4 | 5 |  | 6 | 8 |
|  |  |  | 1 |  |  |  |  | 5 |
|  |  | 5 | 2 |  | 1 |  |  |  |
| 9 |  |  |  | 5 |  | 1 |  |  |
|  | 7 |  |  |  |  |  |  |  |

## MEDIUM - 274

|  | 5 |  | 7 |  | 9 |  |  |  |
|---|---|---|---|---|---|---|---|---|
| 9 | 4 | 7 |  |  |  | 1 |  | 5 |
|  |  |  |  |  |  |  |  | 9 |
| 4 |  |  | 2 |  |  | 8 | 9 |  |
| 1 | 9 |  | 4 | 8 |  |  |  | 6 |
| 5 | 2 | 8 | 9 |  |  |  | 3 |  |
| 2 |  |  |  |  |  | 9 |  |  |
|  |  |  |  |  | 3 | 6 | 1 | 2 |
|  |  |  |  | 2 |  |  |  |  |

## MEDIUM - 275

|  | 4 | 3 |  | 7 | 8 |  |  |  |
|---|---|---|---|---|---|---|---|---|
|  |  | 2 |  |  | 6 |  |  |  |
|  |  |  |  |  | 2 |  |  | 8 |
| 6 |  |  |  |  |  | 8 |  |  |
|  | 2 |  | 7 | 1 |  |  |  |  |
| 3 | 9 |  |  |  |  |  | 1 |  |
|  |  |  |  | 4 | 1 | 6 |  | 5 |
| 1 | 8 |  |  | 6 | 7 |  | 3 |  |
|  |  | 9 |  |  | 3 | 7 | 4 | 1 |

## MEDIUM - 276

|  | 4 |  |  | 7 |  |  |  |  |
|---|---|---|---|---|---|---|---|---|
|  |  |  |  | 3 | 6 |  |  | 2 |
| 8 |  | 1 |  |  | 4 |  |  | 6 |
| 3 | 7 |  | 5 | 8 |  |  | 4 |  |
| 2 |  |  |  | 1 |  | 8 | 5 |  |
| 1 |  | 8 |  | 4 | 7 |  |  | 3 |
| 4 |  |  | 7 |  |  |  |  |  |
| 9 | 8 |  |  |  |  | 1 |  |  |
| 5 |  |  |  |  |  | 3 |  | 9 |

## MEDIUM - 277

| | | | | | | | | |
|---|---|---|---|---|---|---|---|---|
| | | 6 | | | | | 1 | 4 |
| 4 | | 3 | 6 | | | 7 | | 2 |
| 7 | | | 2 | 4 | | 9 | | |
| 3 | | | 8 | | | 2 | | 1 |
| | | | | | | 3 | 4 | 9 |
| | | | | 1 | 3 | | | |
| | | | | 6 | | | 8 | |
| 6 | | 2 | 3 | | | | 9 | 5 |
| | 7 | 4 | | 9 | | | | |

## MEDIUM - 278

| | | | | | | | | |
|---|---|---|---|---|---|---|---|---|
| | 3 | | 9 | 2 | | 8 | | |
| | 1 | 8 | 7 | | | 2 | | |
| 6 | 2 | | | | 3 | | | |
| | | 4 | | | 5 | | | 7 |
| 3 | | | | | 9 | 4 | 1 | |
| 9 | 7 | 1 | | | | | 8 | |
| | | | 1 | | | 7 | | |
| | | | | 9 | | | 2 | 1 |
| | | | | | 2 | 9 | | |

## MEDIUM - 279

| | | | | | | | | |
|---|---|---|---|---|---|---|---|---|
| 3 | | 2 | | | 7 | | 1 | |
| | | | | 3 | 5 | | | 9 |
| | | 8 | 4 | | | | 6 | |
| | | | 5 | | | | 4 | |
| | | | | | | 2 | | 7 |
| | 1 | 7 | 3 | 2 | | | | 6 |
| | | 6 | | | | | 3 | 8 |
| 5 | | 3 | | 4 | | 9 | | |
| 7 | | 1 | | | | 6 | | 4 |

## MEDIUM - 280

| | | | | | | | | |
|---|---|---|---|---|---|---|---|---|
| | | 4 | | | 3 | | | 5 |
| 3 | | | 6 | 8 | | 2 | | 7 |
| | | | 7 | | 4 | 3 | 9 | |
| 8 | | 5 | 3 | | | | | |
| | | | 8 | | 1 | 6 | | |
| 9 | | | | 5 | 7 | | | 1 |
| 7 | | 9 | | | | 4 | | |
| | | | | 7 | | | | |
| | | 2 | | 3 | 9 | | 1 | |

## MEDIUM - 281

| | | | | | | | | |
|---|---|---|---|---|---|---|---|---|
| | 3 | | 2 | | | 1 | 8 | |
| | | 9 | | | | | | 5 |
| | 2 | | 4 | 5 | 8 | | | 6 |
| | 7 | | 9 | | 2 | 5 | | 8 |
| | | 2 | | | 5 | | 6 | |
| | 8 | | | | 7 | | 4 | |
| 3 | | | 8 | 9 | | | | |
| | | | | | 6 | 8 | | |
| 6 | 5 | 8 | | | | | | |

## MEDIUM - 282

| | | | | | | | | |
|---|---|---|---|---|---|---|---|---|
| | | 1 | 4 | | 7 | | | |
| | 3 | | | | | | 9 | 4 |
| 2 | | | | | | | | |
| 8 | 4 | | 2 | 3 | | 1 | 7 | 6 |
| | | | | | 1 | | 8 | 2 |
| | | | | | | 3 | 4 | |
| | | | | | 2 | | 1 | |
| | 7 | | 3 | | 4 | 8 | | 9 |
| 5 | | | | 6 | 8 | | | 7 |

## MEDIUM – 283

| 6 |  |  |  | 9 | 7 |  | 4 | 1 |
|---|---|---|---|---|---|---|---|---|
|  |  |  |  |  |  |  |  | 3 |
| 1 |  |  | 3 |  | 4 | 7 | 8 |  |
|  |  |  | 7 |  | 9 |  | 6 |  |
|  |  |  | 4 |  |  |  |  | 7 |
| 5 | 3 |  |  |  |  |  | 1 |  |
| 7 |  |  |  |  | 5 |  |  |  |
|  |  |  | 2 |  | 6 | 1 |  | 8 |
|  | 5 | 2 |  | 1 |  |  |  |  |

## MEDIUM – 284

|  |  | 6 |  | 8 |  | 2 |  |  |
|---|---|---|---|---|---|---|---|---|
| 1 |  |  |  | 6 |  | 4 | 3 |  |
| 2 |  | 7 | 3 | 5 |  | 8 |  |  |
|  | 6 |  | 4 |  |  | 7 | 2 | 5 |
|  | 7 |  | 1 |  |  |  |  | 4 |
|  |  |  |  |  | 5 |  |  | 3 |
|  |  | 4 |  |  | 7 |  |  |  |
|  |  |  | 6 | 9 | 3 |  | 4 |  |
|  | 9 | 5 |  |  |  |  |  |  |

## MEDIUM – 285

|  | 6 |  |  |  |  | 1 |  |  |
|---|---|---|---|---|---|---|---|---|
|  |  |  |  |  |  | 7 | 6 | 5 |
|  |  |  | 5 |  | 2 |  |  |  |
| 7 |  |  |  |  |  |  | 8 |  |
| 6 |  | 5 | 8 | 2 | 7 |  | 9 |  |
| 2 |  | 9 | 6 | 1 |  |  |  |  |
|  |  | 2 | 7 |  |  |  |  | 4 |
|  |  | 7 | 1 |  | 5 |  | 2 |  |
| 1 |  |  |  |  |  | 8 | 5 | 7 |

## MEDIUM – 286

|  | 4 | 2 |  |  | 8 | 9 |  |  |
|---|---|---|---|---|---|---|---|---|
|  |  |  | 7 |  |  |  |  |  |
|  |  | 1 |  | 2 |  | 6 |  | 4 |
| 9 |  |  | 3 |  | 7 | 4 | 5 |  |
|  |  |  | 2 | 4 |  |  |  |  |
|  |  | 4 | 9 |  |  | 7 |  | 1 |
|  | 8 |  |  |  |  | 1 |  | 7 |
|  | 1 | 7 |  |  | 3 |  | 4 |  |
|  |  |  | 8 |  | 1 | 5 |  | 6 |

## MEDIUM – 287

|  |  |  | 4 |  |  |  | 3 | 8 |
|---|---|---|---|---|---|---|---|---|
| 3 |  |  |  |  |  |  |  |  |
|  |  | 9 |  | 1 | 3 |  | 2 | 5 |
|  |  |  | 5 |  |  |  | 7 | 3 |
|  |  | 1 |  |  | 9 | 6 | 4 |  |
|  | 7 |  | 6 | 4 |  | 5 | 9 |  |
|  |  |  |  |  |  |  |  |  |
|  |  | 5 | 9 |  | 2 |  | 1 | 7 |
|  |  | 6 |  | 5 |  | 4 |  |  |

## MEDIUM – 288

| 3 | 1 |  |  | 7 | 4 |  |  |  |
|---|---|---|---|---|---|---|---|---|
| 5 |  |  |  |  |  | 4 |  |  |
|  |  |  | 2 |  |  | 1 | 7 |  |
| 8 |  | 5 |  |  | 7 | 3 |  | 4 |
| 2 |  | 1 |  |  | 3 | 9 |  |  |
|  | 3 | 7 |  | 1 |  |  |  |  |
|  | 9 |  | 1 | 6 | 5 |  |  | 3 |
|  |  |  |  |  |  | 7 |  | 8 |
|  |  | 3 |  |  |  |  |  |  |

## MEDIUM - 289

| | | | | | | | | |
|---|---|---|---|---|---|---|---|---|
| | | 8 | | | 2 | | 1 | |
| 1 | | | | 3 | 7 | | 5 | |
| 2 | | | 1 | | | | 9 | 3 |
| 3 | | 5 | 8 | | | 9 | | 4 |
| 4 | | 9 | | | | | 7 | |
| | | | | 2 | | | 6 | |
| 6 | | | | | | | | 9 |
| | | 7 | 4 | | | 2 | | 1 |
| 9 | | 3 | | | | 6 | 8 | |

## MEDIUM - 290

| | | | | | | | | |
|---|---|---|---|---|---|---|---|---|
| | | | 7 | | | | | |
| | 2 | | | | | 8 | 7 | |
| 6 | | 7 | 1 | | | 5 | 2 | |
| | 4 | | | 9 | 3 | 7 | | |
| | 5 | | | | | 4 | 6 | |
| | | | | 6 | 4 | | 9 | 8 |
| 4 | 9 | | | 7 | | | | |
| | | 8 | | 5 | 1 | | 3 | |
| 3 | | | | | | 2 | 1 | 7 |

## MEDIUM - 291

| | | | | | | | | |
|---|---|---|---|---|---|---|---|---|
| 7 | | | 6 | 2 | | 3 | | 4 |
| 1 | | 4 | | | | 7 | | |
| | | | 3 | | | | 5 | 8 |
| | 9 | | | | 6 | | 4 | 5 |
| | | 3 | | | 8 | | | 9 |
| 5 | 7 | 6 | | | | | 3 | |
| | 1 | | | 6 | | | | |
| | 4 | 2 | 5 | | | | | |
| | 8 | 5 | 2 | | 3 | | | |

## MEDIUM - 292

| | | | | | | | | |
|---|---|---|---|---|---|---|---|---|
| | | 7 | 1 | | 2 | 4 | 3 | |
| | 4 | | | | | 1 | | |
| | 3 | 1 | 5 | | | | | |
| | 9 | 6 | | 2 | | | | |
| | | | | 4 | 3 | | | 2 |
| | 2 | 5 | | 1 | | | | 4 |
| | | 3 | | | 1 | 7 | 4 | 8 |
| 7 | | 4 | | 8 | | | 2 | |
| | | 2 | | | 9 | | 5 | |

## MEDIUM - 293

| | | | | | | | | |
|---|---|---|---|---|---|---|---|---|
| 6 | 9 | | 4 | | | 5 | 1 | 7 |
| | 4 | | | 7 | | | 2 | |
| | | 8 | 6 | | | | | |
| 3 | 5 | | 7 | 6 | | 9 | | |
| | | | 9 | | 8 | 4 | 7 | 5 |
| | | 9 | 5 | 2 | | | | |
| | 6 | | 8 | 4 | | | | |
| 2 | 8 | | | | | | | 9 |
| | | | | | | | | 6 |

## MEDIUM - 294

| | | | | | | | | |
|---|---|---|---|---|---|---|---|---|
| | | | | | | | | |
| | | 6 | | | | 2 | 5 | |
| 4 | 9 | 7 | 2 | 5 | 8 | | | |
| 5 | | | 4 | | 6 | 7 | | 8 |
| | 6 | | 8 | | 7 | 3 | | |
| | | | | 3 | 1 | | 9 | |
| 8 | 4 | | | | 9 | | | |
| | | 1 | | | | | | 9 |
| 2 | 7 | 9 | | 4 | | | 3 | |

## MEDIUM - 295

| | | | | | | | | |
|---|---|---|---|---|---|---|---|---|
| | | | 9 | | | | | 8 |
| | | 8 | | | | | 7 | |
| 9 | | 5 | 2 | 7 | 8 | 1 | | |
| | | 4 | 6 | | | | | |
| 5 | 9 | | | | 7 | | 8 | |
| 7 | | | 3 | 9 | | | 1 | |
| | 6 | | 5 | | | | 3 | 7 |
| | | | | 6 | | 5 | 9 | 4 |
| 3 | 5 | 7 | | | | | | |

## MEDIUM - 296

| | | | | | | | | |
|---|---|---|---|---|---|---|---|---|
| | | 7 | | | | 5 | 9 | |
| | | 3 | 6 | | | | 4 | |
| | | | | | | | | 6 |
| 1 | | 4 | | | | | | 9 |
| | | | | 7 | | 8 | | 4 |
| 3 | | | 9 | 2 | | 6 | | |
| | | | | 9 | 2 | | | 5 |
| | 4 | 9 | | | 6 | 2 | | 1 |
| 6 | 1 | | | 5 | 8 | | | 3 |

## MEDIUM - 297

| | | | | | | | | |
|---|---|---|---|---|---|---|---|---|
| 2 | 7 | | | | | | | |
| | | 5 | 1 | | | | 3 | |
| 3 | | 6 | | 8 | 5 | | | 4 |
| | | | | | 4 | | | 9 |
| 7 | | 2 | | | 9 | 4 | | 6 |
| | 4 | | | 3 | | | | 2 |
| | | | | 7 | | | 4 | 5 |
| | | 4 | 5 | | | 2 | | |
| 1 | 5 | | 4 | | | | | 3 |

## MEDIUM - 298

| | | | | | | | | |
|---|---|---|---|---|---|---|---|---|
| 2 | | | 4 | 8 | | | 6 | |
| | 4 | | 1 | | 5 | 7 | 8 | |
| | | | | 7 | 2 | 4 | | |
| 4 | | | | | | 5 | | 6 |
| | 3 | | | | | | 7 | 8 |
| | | 7 | 6 | 2 | 8 | | | 4 |
| | | | | 9 | 3 | | | 7 |
| | 9 | | 2 | | | 8 | | |
| | | | 8 | | 6 | | 2 | 5 |

## MEDIUM - 299

| | | | | | | | | |
|---|---|---|---|---|---|---|---|---|
| 1 | | 8 | 4 | 9 | | | 5 | |
| | 4 | | | | 1 | 6 | | |
| 5 | | 7 | | | 6 | | | 4 |
| | | | 2 | | 7 | | | |
| | | | | | 9 | 8 | | |
| 8 | | 3 | 1 | | | | | |
| 3 | | | | | 2 | | 9 | 7 |
| | 7 | | 9 | 5 | | | | 3 |
| | | 1 | | | 4 | | | 6 |

## MEDIUM - 300

| | | | | | | | | |
|---|---|---|---|---|---|---|---|---|
| | | | 6 | | | 2 | 1 | |
| | 7 | 9 | | | 5 | | | |
| | 1 | 4 | | | 3 | | | |
| | | | | 3 | 1 | 5 | 9 | 4 |
| | | | 7 | | | 3 | | |
| 3 | | | 4 | 6 | | | 8 | |
| | | 5 | | | 2 | 4 | | 1 |
| | | | | 8 | | 7 | | |
| | 2 | 3 | | 7 | 6 | | | |

## HARD - 1

| | | | | | | | | |
|---|---|---|---|---|---|---|---|---|
| 5 | | | | 2 | | 9 | 3 | |
| | 8 | | | | 9 | | | 4 |
| | | | 5 | | | | | 8 |
| | 6 | | | 9 | | 2 | | |
| | | | | | | | | 6 |
| 7 | 5 | | | 1 | | | 4 | |
| | | | | | 2 | | | |
| 8 | | 6 | | 3 | | | 5 | |
| 4 | | 5 | 7 | | | | | 9 |

## HARD - 2

| | | | | | | | | |
|---|---|---|---|---|---|---|---|---|
| | 7 | | | | | | | |
| 6 | 9 | | | | 5 | | | |
| 5 | | 4 | 6 | | | | | |
| | | 6 | 4 | | | | | 7 |
| | 2 | 3 | 9 | 5 | | | 6 | |
| | | | | | | | 1 | 2 |
| 9 | | 5 | | | 1 | | 7 | |
| | 6 | | | | 9 | | | |
| | | | | 8 | | | 5 | 4 |

## HARD - 3

| | | | | | | | | |
|---|---|---|---|---|---|---|---|---|
| | 6 | | | | | 9 | | |
| 8 | | | | 3 | | | | 4 |
| | | | | 7 | | 8 | 1 | |
| 7 | 4 | | 5 | 9 | 3 | | | |
| | | 3 | | | 2 | | | |
| | | 9 | 1 | | | 7 | | 3 |
| | | 1 | 3 | | 9 | 6 | | |
| | 2 | | | | | | 9 | 8 |
| | | | | | | | 2 | |

## HARD - 4

| | | | | | | | | |
|---|---|---|---|---|---|---|---|---|
| | | | 9 | 1 | | 4 | | |
| | 1 | | | 8 | | | | 3 |
| 7 | | | 4 | | | | | |
| | | | | | | 5 | | 6 |
| | 3 | 4 | 6 | | 8 | | | |
| | 6 | | | | | | | 9 |
| | 8 | | | 5 | | | | 4 |
| 6 | | 1 | | 7 | | | 2 | |
| | | | 1 | | 3 | | 8 | |

## HARD - 5

| | | | | | | | | |
|---|---|---|---|---|---|---|---|---|
| | | | | 6 | 3 | 9 | 7 | |
| | | 5 | | | | 2 | | 8 |
| | | | | | 5 | 6 | 1 | |
| | 9 | | | | 6 | | | |
| 2 | | | | | | | | 1 |
| | | 1 | | | 7 | 5 | | 2 |
| | | | | 9 | | | | |
| 1 | | 3 | | | 8 | | | |
| 7 | 8 | | 6 | 4 | 2 | | | |

## HARD - 6

| | | | | | | | | |
|---|---|---|---|---|---|---|---|---|
| | | | | | | 5 | | |
| | 8 | | | | 6 | 4 | 1 | |
| | | | | 9 | | | 2 | |
| | | 5 | | | 8 | | | |
| 7 | 6 | | | | 4 | 2 | | 1 |
| | 2 | 8 | | | 7 | | | |
| | | | 7 | 3 | | | | 2 |
| 1 | | | | 4 | | 6 | 3 | |
| | 5 | | | 6 | 2 | | | 4 |

## HARD - 7

| | | | | | | | | |
|---|---|---|---|---|---|---|---|---|
| | | | 6 | 4 | | | | |
| 2 | | | | | | | 8 | |
| | 9 | | 5 | | 8 | | 2 | |
| 9 | 5 | | 3 | | | | | |
| | 8 | | | | 6 | | | |
| 4 | | 3 | | | 5 | 9 | | 7 |
| | | | | 5 | | 7 | | |
| | | | | | 4 | | 9 | |
| | | 5 | 9 | | 3 | 6 | | 4 |

## HARD - 8

| | | | | | | | | |
|---|---|---|---|---|---|---|---|---|
| | | | | | 3 | 8 | | 4 |
| | | | | | | 1 | 7 | 2 |
| 5 | | | | | 7 | | 3 | |
| | | | 7 | | | | | |
| | 6 | | | 1 | | | | |
| 7 | | | | | | | 2 | 8 |
| 6 | | | | 8 | | | | |
| 3 | 1 | | | 7 | | 4 | | |
| | | 7 | 6 | 4 | 9 | | 1 | |

## HARD - 9

| | | | | | | | | |
|---|---|---|---|---|---|---|---|---|
| | | | | | 6 | | | 2 |
| 9 | | 2 | | 4 | 3 | | | |
| 5 | 3 | | | 8 | | | | |
| | | 8 | | | | 9 | | |
| | | | | 1 | | | 6 | 3 |
| 4 | | | | | | | | |
| | 9 | | 8 | | | 2 | | 1 |
| | | 1 | | 3 | | 8 | | |
| 8 | 6 | | | | 9 | | 3 | 5 |

## HARD - 10

| | | | | | | | | |
|---|---|---|---|---|---|---|---|---|
| | 6 | | | 8 | | 1 | 9 | |
| | 3 | | | | | 8 | | |
| 7 | 8 | | 3 | 1 | 4 | | | |
| 8 | | | 7 | 3 | | | 4 | |
| | 2 | | | | 1 | | 3 | |
| | 4 | 1 | 8 | | | | | |
| | 1 | | | 7 | 8 | 9 | | |
| 5 | | | | | | 3 | | |
| | | | 5 | 2 | | | | |

## HARD - 11

| | | | | | | | | |
|---|---|---|---|---|---|---|---|---|
| | | | 7 | | | | 8 | |
| | 6 | 8 | | | | | | 7 |
| | | | | 2 | | | 4 | |
| | | 6 | 1 | | | 3 | 9 | |
| 9 | | | | 3 | 6 | | | 4 |
| | 3 | | | 7 | | 2 | | |
| | 9 | | | | | | | |
| 5 | | | | 9 | | | | |
| | 7 | 2 | 6 | 8 | | | | 1 |

## HARD - 12

| | | | | | | | | |
|---|---|---|---|---|---|---|---|---|
| 7 | 5 | | 8 | | | | | |
| | | 9 | 4 | | | 5 | | |
| 1 | 8 | | 2 | | | | 4 | |
| 9 | | | | | 1 | 3 | 5 | 7 |
| | | | 3 | | | 4 | | 2 |
| | 3 | | 7 | | | 1 | | |
| 6 | 2 | | | | 4 | | | |
| | | | | 2 | | 9 | | |
| | | | | | 6 | | | 4 |

## HARD - 13

| | | | | | | | | |
|---|---|---|---|---|---|---|---|---|
| | | | 9 | | 7 | 5 | | |
| | | 8 | | 6 | 4 | 1 | | |
| | | | | | | | 4 | |
| | | 5 | | 9 | | 6 | | |
| | 3 | | | | | | | 5 |
| | 8 | | 2 | 4 | | | | |
| | | | 7 | 1 | | 3 | | 2 |
| | | | | | | | | 6 |
| | | 9 | 5 | 3 | | | | 8 |

## HARD - 14

| | | | | | | | | |
|---|---|---|---|---|---|---|---|---|
| 7 | | | 3 | | | | | |
| | | 3 | 2 | | | 4 | | 6 |
| | 6 | 4 | | | | 1 | 9 | |
| | | | 4 | | | 2 | 1 | |
| | | | 7 | | | 6 | | |
| | | | | 9 | | | | 4 |
| | | | | 5 | | 8 | 6 | |
| | 2 | 5 | 8 | 3 | | | | 1 |
| | 1 | | | | | | | 5 |

## HARD - 15

| | | | | | | | | |
|---|---|---|---|---|---|---|---|---|
| | 8 | 9 | | | 2 | | | 4 |
| | | | 6 | | | | | |
| 2 | 1 | 4 | | | | | 9 | |
| | | | | 9 | 6 | | 3 | 5 |
| | 4 | 8 | | 5 | | | 7 | |
| | | 5 | | | 3 | | 2 | |
| | | 1 | | | | | | |
| | | | | 2 | | 3 | | |
| | 2 | | | | 7 | 8 | | |

## HARD - 16

| | | | | | | | | |
|---|---|---|---|---|---|---|---|---|
| | 8 | | | | | | | |
| | | | | 7 | 1 | 8 | | |
| | 1 | 6 | 4 | | | | 3 | 5 |
| | 9 | 3 | | | | | 6 | |
| | | | | | | 1 | | |
| | 4 | | | | 6 | | 7 | 8 |
| 9 | 6 | | | | | | 8 | |
| | | | | | | | | 6 |
| 1 | 3 | 7 | 2 | | | 4 | | |

## HARD - 17

| | | | | | | | | |
|---|---|---|---|---|---|---|---|---|
| | | | 8 | | | | 6 | |
| 7 | 6 | 3 | | | | | | |
| | 1 | | | | | | | 7 |
| | | | 5 | | 8 | | | |
| | | | 7 | | | 1 | 5 | 9 |
| | | 4 | | 1 | 3 | | | 8 |
| | | | | | 4 | 9 | | 5 |
| | | | | 9 | 1 | | | |
| 8 | | 2 | 6 | | 5 | | | |

## HARD - 18

| | | | | | | | | |
|---|---|---|---|---|---|---|---|---|
| 3 | | 8 | 5 | 9 | | | | |
| | | 2 | | | | 1 | | |
| | | | | | | | | |
| 5 | | | | | 7 | 8 | 3 | |
| | 2 | | 9 | | | | | |
| | | | 4 | | | 9 | 5 | 6 |
| | | 3 | | 1 | 4 | | | |
| | | | 3 | | 9 | | | 7 |
| 4 | | 9 | 8 | 5 | | | | |

## HARD - 19

| | | | | | | | | |
|---|---|---|---|---|---|---|---|---|
| | | | | | | 3 | 7 | |
| | | 6 | | 1 | 3 | 2 | | |
| 3 | | | 8 | | | 9 | 4 | |
| | | | 5 | | | | | 8 |
| 6 | 3 | | | | | | 9 | |
| | 9 | 7 | | | | | | |
| | 6 | | 2 | | 1 | | | 3 |
| | | | | 5 | 7 | | | |
| 1 | | | | 8 | 4 | | | 9 |

## HARD - 20

| | | | | | | | | |
|---|---|---|---|---|---|---|---|---|
| 4 | 6 | 2 | | | 7 | | 9 | |
| | 5 | | | | | 3 | | 6 |
| 9 | | | | 4 | | 2 | | |
| 3 | 1 | | | | | 9 | | |
| | | | | 3 | 8 | 4 | | |
| 5 | 9 | | | | 2 | | | |
| | 4 | | | | | 8 | | |
| 8 | | | | | | | 1 | 4 |
| 7 | | | | | | | | 2 |

## HARD - 21

| | | | | | | | | |
|---|---|---|---|---|---|---|---|---|
| | 7 | | | 9 | 2 | | | |
| | | 8 | 1 | | 3 | | 5 | |
| | | 6 | | | 7 | | | |
| | 9 | | | 1 | | | | |
| | | 2 | | | | | 7 | |
| | | 5 | | | | | | 4 |
| | | | | | 1 | 6 | | |
| | 8 | 7 | | | 4 | 5 | | 9 |
| | 6 | 4 | | 5 | | 1 | 2 | |

## HARD - 22

| | | | | | | | | |
|---|---|---|---|---|---|---|---|---|
| | | | 1 | 4 | | | 5 | |
| | | 9 | 3 | | | | 8 | |
| 3 | | | | 8 | | 9 | | |
| | 3 | | | | 8 | | | |
| | | 8 | 5 | | 6 | | | |
| | | 5 | 2 | | 3 | | | |
| 7 | | | | 6 | | | | 9 |
| 8 | | | | | | | 4 | |
| 9 | 6 | 4 | | | | 1 | | |

## HARD - 23

| | | | | | | | | |
|---|---|---|---|---|---|---|---|---|
| | | | 9 | | | | 3 | 2 |
| | | 6 | | | | | 4 | |
| | 7 | | 1 | | 8 | | | |
| | | 3 | | 7 | | 9 | | |
| | | | | 1 | 4 | 3 | | |
| | | | 8 | | | 4 | | 1 |
| | | | | 9 | | | | 4 |
| 6 | 4 | | | | | 2 | 1 | |
| 5 | 9 | 8 | | | | | | |

## HARD - 24

| | | | | | | | | |
|---|---|---|---|---|---|---|---|---|
| | | | | | | 2 | 6 | 4 |
| | | 6 | | 5 | | | | 7 |
| 2 | | | 7 | | 6 | | | 1 |
| | | 2 | | 1 | 5 | | 8 | |
| | | | | | | | 5 | 6 |
| | 8 | | | | 9 | | | |
| 9 | 6 | 5 | 2 | 8 | | | 7 | |
| | 3 | 1 | | 9 | | | | 8 |
| | | | | | | | | |

**HARD - 25**

| | | | | | | | | |
|---|---|---|---|---|---|---|---|---|
| | 6 | 1 | 2 | | | | | 3 |
| 8 | | | | 4 | | | 9 | |
| | | | | 6 | | 5 | | |
| | | | | 3 | | 2 | | |
| | | 3 | | | 5 | | 6 | |
| | | 8 | | 2 | 1 | | 3 | 9 |
| 9 | | | | | | | | |
| | | 4 | | 9 | 7 | | 1 | |
| | 1 | 6 | | | | 9 | | 5 |

**HARD - 26**

| | | | | | | | | |
|---|---|---|---|---|---|---|---|---|
| | | 7 | 8 | 4 | | | | 6 |
| 8 | | 3 | 2 | | | 7 | | |
| | 4 | | 1 | 7 | | 2 | | |
| | 5 | | | | | 9 | 1 | |
| 7 | | | | 1 | | | | |
| | | | | | | 5 | 7 | 3 |
| 4 | | | | 2 | | | | |
| | 6 | | | | 5 | | | 9 |
| | | | | | | | 6 | |

**HARD - 27**

| | | | | | | | | |
|---|---|---|---|---|---|---|---|---|
| | | 3 | | | | | 5 | |
| | | 6 | 9 | | 1 | | | |
| | | | 7 | | | | 2 | |
| 9 | | | | | 7 | 8 | | |
| | | 8 | | 9 | 3 | | | |
| 1 | | 7 | 4 | | | 2 | | |
| 4 | | | 6 | | 8 | 9 | | |
| | | | | 2 | | 4 | | |
| | 7 | 1 | 3 | | 9 | | | |

**HARD - 28**

| | | | | | | | | |
|---|---|---|---|---|---|---|---|---|
| 6 | | | 5 | | 1 | 7 | 3 | |
| 5 | | | | 8 | 7 | | | |
| | | | | | | | | 6 |
| | 6 | | | 3 | | 2 | | |
| 1 | | 2 | | | | | | 4 |
| | 9 | | | | | | | |
| | | | 3 | | 2 | | 7 | |
| 2 | 5 | | | 7 | 9 | | | |
| | | | | | | 4 | 8 | |

**HARD - 29**

| | | | | | | | | |
|---|---|---|---|---|---|---|---|---|
| | | | | 2 | | | | 8 |
| 4 | | 2 | | 6 | | | | 1 |
| | 9 | | 4 | | | | | |
| 3 | | | | | | | | 6 |
| | | | 3 | 5 | | | | 4 |
| | 7 | 4 | | 9 | 2 | 3 | | |
| | | | | | | 8 | 6 | |
| 6 | 8 | | | | | | 5 | |
| | | 5 | 9 | | | | 1 | |

**HARD - 30**

| | | | | | | | | |
|---|---|---|---|---|---|---|---|---|
| | 2 | 1 | | | | | | |
| | | 3 | | | | | 7 | |
| | 8 | | | | | | | |
| 4 | | | | 6 | | | 5 | 3 |
| | | | | | 1 | 7 | | 6 |
| 9 | 6 | | 2 | | | | | 4 |
| | | | | 4 | | 3 | | |
| | 4 | | 6 | | 7 | | | 8 |
| | | | 3 | 1 | 9 | 6 | | 5 |

## HARD - 31

| | | | | | | | | |
|---|---|---|---|---|---|---|---|---|
| 4 | | | 7 | 6 | | | | 1 |
| 1 | 7 | | | | 3 | 6 | | |
| | | | 1 | | | | | 8 |
| 8 | | 1 | 4 | | | | | |
| | | | 8 | | | | 9 | 3 |
| | | | | | 2 | 8 | | |
| | 9 | | | | 8 | | | |
| | | | | 3 | | 5 | | |
| | | | | | | 4 | 8 | 7 |

## HARD - 32

| | | | | | | | | |
|---|---|---|---|---|---|---|---|---|
| | | | 9 | | 5 | | 6 | 2 |
| 6 | | 4 | | 7 | | | | |
| | 1 | | 4 | 8 | | 3 | | |
| 5 | | 3 | | | 8 | | | |
| | | | | 4 | | | | |
| | | | 7 | | | | | 3 |
| | 7 | | | | | | 2 | 9 |
| 4 | 3 | | 8 | 6 | | | 5 | |
| | | | 2 | | | | | |

## HARD - 33

| | | | | | | | | |
|---|---|---|---|---|---|---|---|---|
| | 2 | | 7 | | 6 | 3 | | |
| | | | 8 | | 1 | | | 6 |
| | | | 3 | | | 2 | 8 | |
| | | 2 | | | | | | 4 |
| | | | | 7 | 5 | 8 | | |
| 5 | | | | | | 1 | 2 | |
| 2 | | 8 | 9 | | | | 1 | |
| 9 | 4 | 7 | 1 | | | | | 8 |
| | | 6 | | | | | | |

## HARD - 34

| | | | | | | | | |
|---|---|---|---|---|---|---|---|---|
| | | | 9 | | | | | |
| | 1 | | 8 | | | | 5 | |
| | | 3 | | 6 | | 9 | | |
| | 7 | | 4 | 1 | 9 | | | |
| | | | | | | | | |
| | | | 2 | | | 8 | | 4 |
| | | 7 | | | | 6 | | |
| | 2 | 1 | | | 8 | | 9 | 3 |
| 8 | 6 | | 1 | | 7 | | 2 | |

## HARD - 35

| | | | | | | | | |
|---|---|---|---|---|---|---|---|---|
| | | | 2 | | | 3 | | 9 |
| | | 2 | 4 | | 9 | 1 | | |
| | 8 | | | | | | | |
| 1 | | 7 | | | | | | 6 |
| 2 | | 6 | 9 | 5 | | | | |
| | | 3 | | | | 2 | | |
| | | | | | 2 | | 4 | |
| | 3 | | 8 | | 4 | | | |
| | | 4 | | 9 | 6 | | | 1 |

## HARD - 36

| | | | | | | | | |
|---|---|---|---|---|---|---|---|---|
| | | | | | 8 | | | |
| | | 6 | 1 | | 3 | | | 4 |
| | | 3 | | | | 9 | 7 | |
| 5 | | | | 8 | 9 | | 6 | |
| | | | | | | | 9 | 5 |
| 2 | 8 | | | | | | | |
| | 2 | 7 | | | 6 | | | |
| 4 | | | | 2 | | | 3 | |
| | 3 | | 9 | | 1 | | 5 | |

## HARD - 37

| | | | | | | | | |
|---|---|---|---|---|---|---|---|---|
| | | | | 4 | | | 3 | |
| 1 | | | 2 | | 7 | | 6 | |
| | 5 | 4 | 1 | | | | | |
| 6 | | | 4 | | 5 | | | |
| | 4 | | | | | 5 | 1 | |
| 5 | | 8 | | 9 | | 7 | | 4 |
| 7 | 9 | | | 8 | | | | |
| | 8 | | | | | | 5 | 3 |
| | | | | | | | | |

## HARD - 38

| | | | | | | | | |
|---|---|---|---|---|---|---|---|---|
| 2 | | | 4 | | 3 | 5 | 7 | |
| | 8 | 4 | | | | | | |
| 3 | | | 6 | | 2 | | | |
| 6 | | 9 | | 4 | | | | |
| 7 | | | 9 | 6 | | | | |
| | 2 | | | | | | | 6 |
| | | | | | | | 2 | 5 |
| 8 | 4 | 7 | | | 9 | | | |
| | | | 3 | | | | 9 | 4 |

## HARD - 39

| | | | | | | | | |
|---|---|---|---|---|---|---|---|---|
| | | 4 | 5 | 7 | 1 | | | 9 |
| | | 9 | | | | | | |
| | | | | | | 5 | | |
| 4 | | | 8 | | | | 6 | |
| 8 | | 1 | | 9 | 6 | | | 2 |
| | | 6 | | 4 | | 3 | 1 | |
| | 9 | | | 3 | | | | |
| | | 7 | | | 8 | | | 4 |
| | | | | | 2 | 1 | | 5 |

## HARD - 40

| | | | | | | | | |
|---|---|---|---|---|---|---|---|---|
| | | | | 9 | | | | |
| | 2 | 7 | | 6 | | | | |
| | 6 | | | | 3 | | | 1 |
| | 9 | 2 | | 7 | 4 | | 3 | |
| | | 1 | 3 | | | | 7 | |
| | | 3 | | | | | | 8 |
| | 7 | 9 | | 1 | | 2 | 8 | |
| | 4 | 8 | 2 | | | 6 | 1 | |
| | | | | 4 | | | | |

## HARD - 41

| | | | | | | | | |
|---|---|---|---|---|---|---|---|---|
| 5 | 9 | | | | 6 | | | |
| | | 3 | 7 | | | | | |
| | 7 | | | | | | 6 | 9 |
| 2 | | | | | | | 9 | |
| | | | 6 | 3 | | 2 | | 5 |
| 3 | 6 | 5 | 2 | | 9 | | 4 | 1 |
| | | 2 | | | | 9 | 1 | |
| | 4 | | | 2 | | | | 3 |
| 1 | | | | | | 5 | | |

## HARD - 42

| | | | | | | | | |
|---|---|---|---|---|---|---|---|---|
| | | 4 | 9 | | | 2 | | |
| 8 | | 1 | | | | | 4 | |
| | 7 | | 6 | | | | | 3 |
| 1 | | | | | 6 | 5 | | 4 |
| | | 8 | | 4 | | | | 7 |
| | | | 1 | | | | | |
| 6 | | 2 | | | 5 | | | |
| | | | | | | 4 | | |
| 5 | 8 | | | | 2 | | | 6 |

## HARD - 43

| | | | | | | | | |
|---|---|---|---|---|---|---|---|---|
| | | | | 7 | | | | |
| 9 | | 3 | | | | 8 | | 6 |
| | | | | | 6 | | | |
| | 1 | | 6 | | 2 | | | 7 |
| | | | | 5 | | | | |
| 8 | 7 | 5 | | | | | | |
| | | | | | 8 | 2 | | 4 |
| 3 | | | 2 | | 7 | | 5 | |
| | 4 | | 5 | 1 | | 7 | | 3 |

## HARD - 44

| | | | | | | | | |
|---|---|---|---|---|---|---|---|---|
| | | 9 | 7 | | | 1 | | |
| 6 | | | 1 | | | 2 | | |
| 7 | | 2 | | 6 | | 8 | | |
| 8 | 3 | | | 4 | | | 5 | 1 |
| | | | | | 3 | | | |
| 2 | | 4 | | | | | | 8 |
| | | | | | | 5 | | 6 |
| | | | | 7 | | | 2 | 4 |
| 4 | | 8 | 5 | | 6 | | 1 | |

## HARD - 45

| | | | | | | | | |
|---|---|---|---|---|---|---|---|---|
| 3 | | 4 | | | | | 8 | 9 |
| | | 1 | 8 | 7 | | | | |
| | 8 | | 9 | | | 4 | | 6 |
| | | 2 | 5 | | | 8 | 6 | 7 |
| | 3 | | | | | | | |
| | | | | | 1 | | 4 | |
| | 1 | | | 6 | | 9 | 7 | 4 |
| | | | | | | | | |
| | 4 | 8 | | | | | | 2 |

## HARD - 46

| | | | | | | | | |
|---|---|---|---|---|---|---|---|---|
| | 1 | | | | | | | 9 |
| | 2 | | 9 | | | | | 1 |
| 7 | | 9 | 1 | | 2 | 5 | | |
| | 3 | | | | | | | 4 |
| | | | 7 | | 4 | | | 3 |
| 6 | | | | | | 7 | | |
| | | | | 4 | 8 | | | 5 |
| | | 8 | | 9 | 5 | 4 | | |
| | | 2 | | | 1 | 8 | | |

## HARD - 47

| | | | | | | | | |
|---|---|---|---|---|---|---|---|---|
| | 8 | | 9 | | 1 | | | |
| | | 5 | | | | 1 | 3 | |
| 4 | | 1 | 3 | | 8 | | | 6 |
| 9 | | | 7 | 6 | | 4 | | |
| 6 | | | | 2 | 3 | | 7 | |
| | | 3 | | | | | | |
| | | | | | | | | 2 |
| 8 | | | 2 | | | 7 | | |
| | | | | | 9 | | 6 | 4 |

## HARD - 48

| | | | | | | | | |
|---|---|---|---|---|---|---|---|---|
| | | | | | | | 9 | |
| 7 | | 3 | | | 9 | 5 | | |
| | 9 | 4 | | | 8 | | | 6 |
| 2 | | | 5 | | | | 3 | |
| | | | | 6 | | 1 | | |
| | | 6 | | 2 | | | | |
| 6 | 1 | 7 | | 8 | 3 | | 5 | |
| | | | | 7 | | 9 | | |
| 4 | | | | | 6 | 7 | | |

## HARD - 49

| | | | | | | | | |
|---|---|---|---|---|---|---|---|---|
| 1 | 9 | | | | | | 7 | |
| | 7 | | | | | 3 | 9 | 2 |
| 5 | | | | 2 | | | | |
| | 8 | | 9 | | | | | 1 |
| | | | 2 | | 3 | | | |
| | | 7 | 6 | | | | 8 | 9 |
| | | | | 9 | 4 | 1 | 5 | |
| | | | | | 2 | | | 4 |
| 4 | | | | 5 | | | | |

## HARD - 50

| | | | | | | | | |
|---|---|---|---|---|---|---|---|---|
| 4 | 3 | 1 | | | | | 8 | |
| | | | | | 4 | | | 5 |
| | 5 | | 2 | | 9 | 3 | | |
| | | | 9 | | 8 | | 3 | |
| | 7 | | | | | | | |
| 6 | | | | | | | | 8 |
| | 2 | | | | | 7 | | |
| | 4 | 3 | | | 2 | | | 1 |
| | | | 3 | 4 | 1 | 8 | | |

## HARD - 51

| | | | | | | | | |
|---|---|---|---|---|---|---|---|---|
| 2 | | | | | 7 | | 9 | 4 |
| | | | | | | | | |
| | 7 | | 4 | | 6 | | | |
| 8 | | | | | | | 2 | |
| | | 5 | | | | 4 | 8 | 9 |
| 7 | | | 1 | | 4 | | | 6 |
| | 1 | | | 7 | | 3 | | 2 |
| | 3 | 8 | | | | | | |
| | | | 9 | | 3 | | 4 | 1 |

## HARD - 52

| | | | | | | | | |
|---|---|---|---|---|---|---|---|---|
| | | 3 | | | 9 | | | |
| 6 | | | | | 1 | | | |
| 2 | 9 | 5 | | | | | | 4 |
| 1 | | 4 | | | 5 | | | |
| | 7 | 2 | 6 | | | 8 | | |
| | | | 9 | | | | | 1 |
| 3 | | | | 7 | 8 | | | 6 |
| 4 | | | 5 | | | | 3 | 8 |
| | 8 | | | | 3 | 5 | 1 | |

## HARD - 53

| | | | | | | | | |
|---|---|---|---|---|---|---|---|---|
| 8 | | | | 9 | | 7 | 1 | 5 |
| 3 | | | | 1 | | | | |
| 4 | | 1 | | 7 | | 2 | 8 | 3 |
| | | | | | | 4 | | |
| | | | 1 | 4 | | | | 2 |
| | 8 | | | 2 | | | | 7 |
| | | | | | 1 | 9 | 7 | 6 |
| | 4 | 6 | | | | 5 | 2 | |
| | | | | 5 | | | | |

## HARD - 54

| | | | | | | | | |
|---|---|---|---|---|---|---|---|---|
| | 9 | 7 | | | | 2 | | |
| | | | | 6 | | | | 8 |
| | | 8 | | 7 | 3 | 5 | 9 | 4 |
| | | 5 | | | | | 6 | |
| | | | | | | | | |
| 8 | | | | 4 | | | 2 | 1 |
| | | | 4 | | | 7 | | |
| 9 | 6 | | 7 | 1 | | | | |
| 7 | | 1 | 8 | | 2 | | | |

## HARD - 55

| | | | | | | | | |
|---|---|---|---|---|---|---|---|---|
| 4 | | 3 | 1 | | 5 | 7 | 8 | |
| | | | | 7 | | | | |
| | | | 8 | | 3 | | 4 | |
| | | | | | 4 | | 5 | |
| | 3 | 7 | | | | 4 | 2 | |
| 1 | | | 7 | | | | | |
| 6 | | 1 | | 3 | | | | |
| 8 | 2 | | 6 | | | 5 | 1 | |
| | | | | | | | 9 | 2 |

## HARD - 56

| | | | | | | | | |
|---|---|---|---|---|---|---|---|---|
| | | | | | 5 | | 9 | |
| 5 | | 3 | 4 | | 9 | 2 | | |
| | | 7 | | | | | 4 | 1 |
| 1 | | | | | | | | 3 |
| 6 | | | | | | | | |
| | 7 | 9 | 3 | | | | 2 | 4 |
| 7 | | 2 | | | | | | 8 |
| | | | 6 | | | | | |
| | | | | | 4 | 7 | 5 | |

## HARD - 57

| | | | | | | | | |
|---|---|---|---|---|---|---|---|---|
| | | | 2 | | | 6 | | |
| 9 | | | | 4 | | | 8 | |
| | 4 | | 8 | | 1 | | 3 | 5 |
| 4 | 5 | | | | | | | |
| | | | | | | | | |
| 7 | | 8 | 9 | | 6 | 5 | | 4 |
| | 9 | | 1 | 2 | | | 6 | |
| 3 | | | | | 7 | 4 | | 8 |
| | | 4 | | | 5 | 2 | | |

## HARD - 58

| | | | | | | | | |
|---|---|---|---|---|---|---|---|---|
| | | | | 2 | | | | |
| 3 | 5 | 6 | | 4 | | | | |
| 2 | | | 7 | | | 3 | 5 | |
| | | 5 | | 7 | | | | |
| 6 | | 4 | | | | 5 | | 9 |
| | 3 | | | | | 7 | | |
| | | 8 | 4 | | | | 9 | |
| | | 9 | 8 | | | 1 | 6 | 3 |
| 7 | 6 | | | | 9 | | | |

## HARD - 59

| | | | | | | | | |
|---|---|---|---|---|---|---|---|---|
| | 7 | | | | | | 6 | 8 |
| 9 | | | | | 6 | | 1 | |
| 5 | | | 4 | | | | | 2 |
| 8 | 4 | 7 | | | | | | 6 |
| 6 | | 5 | 8 | | | 2 | | |
| | 1 | | | | | | | 9 |
| | 3 | | | | | 8 | | |
| | 6 | | | 5 | | | | 3 |
| | | | 1 | | 3 | | 4 | |

## HARD - 60

| | | | | | | | | |
|---|---|---|---|---|---|---|---|---|
| | 7 | | | | 1 | 8 | | 5 |
| | 2 | | 9 | | 4 | 6 | | |
| | | | 5 | | | | | 4 |
| 6 | | 7 | 4 | 9 | | | 2 | |
| | | | 7 | | | | | |
| | | 1 | | | 2 | | | |
| | 8 | | 1 | | | | | 6 |
| | | 3 | | | 8 | 7 | | |
| | | 5 | 6 | | | | | |

## HARD - 61

| | | | | | | | | |
|---|---|---|---|---|---|---|---|---|
| 7 | 2 | | | 3 | 9 | | 6 | |
| | 3 | | | 6 | | 4 | | 7 |
| | | | | 2 | 8 | | | 9 |
| | 6 | | 3 | 1 | | | | |
| | | 3 | 9 | | | | | |
| | | 4 | | | | 6 | | |
| | 7 | | | | 5 | | 8 | |
| | | | 2 | | | 9 | | 1 |
| | | 2 | | | 4 | | | |

## HARD - 62

| | | | | | | | | |
|---|---|---|---|---|---|---|---|---|
| 9 | 3 | | | | 7 | | | |
| | | | 9 | | | 3 | 8 | 4 |
| | 4 | 1 | 3 | | | | | 7 |
| | | | 7 | 1 | | | | |
| 7 | | 6 | | | | 4 | | 1 |
| | | | | 9 | | | | 3 |
| | 9 | | | 3 | | | | |
| 8 | 2 | 4 | | 6 | | | | |
| | | 3 | | | | 8 | 4 | |

## HARD - 63

| | | | | | | | | |
|---|---|---|---|---|---|---|---|---|
| | 2 | 8 | 1 | | | | | |
| | | | 3 | | | | | |
| 4 | | | | | | | 8 | |
| | | | 5 | | 2 | | 7 | |
| | | 1 | 8 | | 3 | 2 | | 6 |
| | 4 | | 9 | | 1 | | | |
| | | 7 | | | | | 9 | 5 |
| 3 | | | | | 9 | | | |
| | 9 | 5 | 2 | | | 8 | | |

## HARD - 64

| | | | | | | | | |
|---|---|---|---|---|---|---|---|---|
| 1 | 7 | | 5 | 6 | | 9 | | |
| | | | | | | | 8 | |
| | | | | | 9 | 7 | | |
| | | 6 | | 2 | | | | 1 |
| 2 | | 7 | | | 3 | | | 9 |
| | 4 | | | | | | 6 | |
| 4 | | 1 | | 3 | | | | 7 |
| | | | 1 | | 7 | 6 | | |
| | | | | 9 | 8 | 2 | | |

## HARD - 65

| | | | | | | | | |
|---|---|---|---|---|---|---|---|---|
| | | 2 | | 7 | | 3 | | |
| | | | | | 9 | | | |
| | 5 | 7 | | | | 1 | | |
| | 6 | | 1 | | | | | 9 |
| | | 9 | | 8 | 3 | | | |
| 8 | | | 6 | | | | 3 | 4 |
| | 2 | | | | | | 1 | |
| | | | 2 | 3 | | 6 | | 5 |
| | | | 7 | | 6 | 9 | 8 | |

## HARD - 66

| | | | | | | | | |
|---|---|---|---|---|---|---|---|---|
| 9 | | | 7 | 3 | | | 4 | |
| | 5 | | 1 | 9 | | 6 | | |
| | 1 | | | | | 5 | | 3 |
| | | 9 | 4 | | 1 | | 8 | |
| | | | 6 | 7 | 9 | | | |
| | | | | | | | | |
| | 6 | 2 | | | 4 | | | |
| | | 4 | | | | | | |
| 8 | | | 3 | 2 | | | | 4 |

## HARD - 67

| | | | | | | | | |
|---|---|---|---|---|---|---|---|---|
| | 4 | | | 2 | | 8 | 7 | 5 |
| 2 | | | | | 7 | 3 | | |
| | 9 | | | | | | | |
| 1 | | | | | 2 | | 4 | |
| 8 | 7 | | 3 | | | | | 1 |
| | | 4 | | | 9 | 6 | | |
| | 1 | | | | | 9 | | |
| 9 | 3 | 2 | | | 5 | | | |
| | | | | | 3 | 2 | 5 | |

## HARD - 68

| | | | | | | | | |
|---|---|---|---|---|---|---|---|---|
| | | | 5 | | | 4 | | 7 |
| 5 | | | 7 | 3 | | | 9 | |
| 4 | | | 8 | | 1 | | | |
| | 7 | | | | | | | 2 |
| | 2 | | | | | 5 | 8 | |
| | | 8 | 3 | | | 9 | | |
| | 9 | 4 | | | | | | |
| | | 1 | 2 | 7 | 3 | | | |
| | | | | | 9 | 6 | | |

## HARD - 69

| | | | | | | | | |
|---|---|---|---|---|---|---|---|---|
| | | 8 | | | | | | |
| 6 | 2 | | | | 5 | | | |
| | | | | | | 2 | 6 | 9 |
| 8 | 7 | | 3 | | | | | 6 |
| | | | | | 7 | 5 | | |
| | | 3 | 4 | | 6 | 9 | | 2 |
| 5 | | 2 | | | | | | |
| 9 | 4 | | 1 | | | 7 | | |
| 3 | | | | | | | 9 | 8 |

## HARD - 70

| | | | | | | | | |
|---|---|---|---|---|---|---|---|---|
| | | 8 | 7 | | | 1 | | |
| | | | | | 1 | | | 4 |
| 1 | | | | | | 5 | | |
| | 1 | | | | 7 | | | 8 |
| 2 | | | | | 6 | | 1 | |
| | | 6 | | 3 | 8 | | 7 | |
| | 7 | 1 | 5 | | 2 | 3 | | |
| 5 | 6 | 3 | | | 4 | | | |
| 4 | | 2 | 8 | | | | | |

## HARD - 71

| | | | | | | | | |
|---|---|---|---|---|---|---|---|---|
| 3 | | 9 | 7 | | | | 8 | |
| | | | | | | | | |
| 8 | | | | 4 | 9 | | | |
| | 9 | | 1 | 8 | | 7 | | |
| | | | 4 | | | 5 | | |
| 4 | 8 | | | | 6 | | | |
| 7 | | 2 | | 5 | | 9 | | 3 |
| | | 3 | | | | | | 1 |
| | | | 9 | | 1 | 2 | | |

## HARD - 72

| | | | | | | | | |
|---|---|---|---|---|---|---|---|---|
| 5 | 4 | | | | 2 | | | |
| 3 | | | | | | | | |
| | 8 | 9 | | | 4 | | | 7 |
| | | | | | 7 | | 9 | |
| | 3 | | | | 9 | 5 | | |
| | | 1 | | 4 | | 7 | | 6 |
| | | 5 | | 6 | 3 | | | 2 |
| 4 | | | 5 | | 8 | 9 | | |
| | | | 2 | | | | 4 | |

## HARD - 73

| | | | | | | | | |
|---|---|---|---|---|---|---|---|---|
| | | | | 2 | 6 | 8 | | |
| | 2 | | 1 | 7 | 9 | 4 | | |
| 3 | 1 | | | | 5 | | | |
| 9 | | | | | | | | |
| | | 6 | 4 | 8 | 1 | 7 | | |
| 7 | | | | | | | | 3 |
| | | | | | 8 | 2 | 4 | |
| | | | | | | 9 | | 6 |
| | 9 | | 6 | | 4 | | | |

## HARD - 74

| | | | | | | | | |
|---|---|---|---|---|---|---|---|---|
| | 2 | | 3 | | 7 | 5 | | |
| 9 | | | | | | | | 3 |
| | | 1 | | | | | 4 | |
| | 1 | | | | | | | 2 |
| | | | 9 | 3 | 5 | 7 | | |
| | 9 | | | | 1 | 8 | | |
| | | | 5 | | 8 | | | 6 |
| 1 | 6 | | | 2 | | | | 8 |
| | 7 | 5 | | | 6 | | | |

## HARD - 75

| | | | | | | | | |
|---|---|---|---|---|---|---|---|---|
| | | | 8 | | | 2 | 6 | |
| 4 | 5 | | | 1 | | | 8 | 3 |
| | | | | | 6 | 5 | | |
| 9 | 3 | | | | | | | |
| 6 | | 2 | 7 | 3 | | | 1 | |
| | | | | | | | | 9 |
| 3 | | | 1 | | | | | |
| | | 9 | 5 | 6 | | | | 8 |
| | | | | | 2 | 6 | | |

## HARD - 76

| | | | | | | | | |
|---|---|---|---|---|---|---|---|---|
| 4 | | | | | | | 1 | |
| 3 | | | 4 | | | | 7 | 5 |
| 2 | | 1 | | | 7 | | | 4 |
| | 4 | | 5 | | | | 8 | |
| | 8 | | 6 | | 4 | 5 | | |
| | | | | 9 | | | | |
| | | | | 3 | | 9 | | |
| | 6 | | 8 | | | | 2 | |
| | 3 | 5 | 2 | 4 | | | | 8 |

## HARD - 77

| | | | | | | | | |
|---|---|---|---|---|---|---|---|---|
| | | | 9 | | | 7 | | |
| 3 | | | | | 6 | | 4 | 8 |
| | | | | 2 | | | 1 | |
| 6 | | 8 | | 3 | | | 5 | |
| 5 | 4 | 7 | | | | | 2 | 1 |
| | 1 | | | | | | | |
| 2 | | | | | | | | |
| | 8 | | | 1 | | | 7 | 2 |
| | | | | | 5 | | 8 | 4 |

## HARD - 78

| | | | | | | | | |
|---|---|---|---|---|---|---|---|---|
| | 5 | | | | 4 | | 8 | |
| 8 | 2 | | | 3 | | 7 | 4 | |
| | | | | | | | 1 | |
| 2 | | | 9 | | 5 | | 3 | |
| 3 | 7 | | | | | | | |
| | | | 2 | 8 | | 4 | 9 | |
| | | | | | 9 | | | 4 |
| 5 | 8 | | 3 | | 7 | | | |
| | | | 8 | 6 | | | | 5 |

## HARD - 79

| | | | | | | | | |
|---|---|---|---|---|---|---|---|---|
| | 5 | 2 | | | 9 | | 3 | |
| | | | | | | 5 | 7 | |
| | | | | | | | | 6 |
| | | | | | | 9 | 2 | |
| 2 | | | 3 | | 7 | | 1 | |
| | 1 | | | 5 | | | 6 | |
| | | 5 | | | 3 | | 9 | |
| 9 | 3 | 1 | | | 6 | | | |
| | 6 | | | 8 | | 1 | | |

## HARD - 80

| | | | | | | | | |
|---|---|---|---|---|---|---|---|---|
| 6 | | 4 | | 3 | | | | |
| | 8 | | | | 1 | | | |
| | | 9 | | | 7 | | | |
| | 4 | | | 2 | 6 | | | 3 |
| 8 | 2 | | | | | 7 | | 1 |
| 3 | | | | | | 2 | | |
| | 1 | | 3 | 9 | | | | 8 |
| | | | | 4 | 2 | | 1 | 7 |
| | | | | | | 9 | | |

## HARD - 81

| | | | | | | | | |
|---|---|---|---|---|---|---|---|---|
| 5 | | | | | | 7 | 6 | |
| | 7 | | 8 | | | | 3 | |
| | 1 | 6 | 3 | | 4 | | 8 | |
| | | | | 8 | 6 | | 5 | |
| | 8 | | | | 3 | | | |
| | | | | | | 9 | 1 | |
| | | | | | | 5 | | 1 |
| | | | 2 | 4 | | 8 | | |
| | | 1 | 5 | | | 6 | 9 | |

## HARD - 82

| | | | | | | | | |
|---|---|---|---|---|---|---|---|---|
| | 9 | | | | | 5 | | 8 |
| | | | | | | | 4 | 9 |
| 8 | | | | | 4 | | | 2 |
| 3 | | 7 | | | | | 2 | 4 |
| | 6 | | 7 | | | 9 | | |
| | | 5 | | 1 | | | 6 | |
| 1 | | | | 6 | 7 | | | |
| 4 | | | 1 | 3 | | | 8 | |
| | | | | | 8 | 2 | | |

## HARD - 83

| | | | | | | | | |
|---|---|---|---|---|---|---|---|---|
| | 9 | 7 | | | | | | 5 |
| | | | | | | 8 | | |
| 6 | | 5 | | | | | | 3 |
| | | 8 | | | 4 | | | |
| | | | | 1 | | | | 8 |
| | 5 | 3 | 2 | | | | 9 | 4 |
| | | 2 | | 5 | | | | |
| | | | | 9 | 2 | 4 | 8 | 6 |
| | | | 7 | 8 | | 1 | | 2 |

## HARD - 84

| | | | | | | | | |
|---|---|---|---|---|---|---|---|---|
| | | 2 | 9 | | | | | |
| 5 | | | 2 | | 3 | 7 | | |
| | | | 7 | | | | 6 | |
| | | | | | | 3 | | |
| 3 | | | | | 5 | | | 9 |
| | 9 | | | | | 8 | 5 | 6 |
| | 1 | | 5 | | 6 | | | 8 |
| 8 | | | | 2 | | 6 | | 1 |
| 4 | | | 8 | | 1 | | 2 | 7 |

## HARD - 85

| | | | | | | | | |
|---|---|---|---|---|---|---|---|---|
| | 7 | | 1 | 3 | | 5 | | |
| | | 9 | 7 | | | | 8 | |
| 3 | | | | | 9 | | | |
| | | | | | 1 | 9 | | 4 |
| | 4 | | | | 2 | 8 | | |
| 5 | 3 | | | | | | | |
| | 9 | | 2 | | | 1 | 5 | 8 |
| | | 2 | 8 | | | 6 | | |
| | | 7 | | | | | | 9 |

## HARD - 86

| | | | | | | | | |
|---|---|---|---|---|---|---|---|---|
| 8 | | 3 | 4 | | | | | |
| | 9 | | 7 | 5 | | | 4 | |
| | | | | 6 | | 9 | 3 | |
| | | 5 | | | | | 9 | |
| 9 | | | | 2 | | 7 | | |
| | 8 | | 3 | | | 1 | | 2 |
| | | | | 8 | | | | 5 |
| | 5 | | | | | 8 | 2 | 3 |
| | 2 | | 5 | | | | | |

## HARD - 87

| | | | | | | | | |
|---|---|---|---|---|---|---|---|---|
| | | | 4 | | | 6 | | |
| | 2 | | | | 7 | | 5 | |
| 8 | | | 6 | | | | 2 | |
| | 3 | | | 1 | | | 9 | 2 |
| 7 | | 8 | | | 3 | | | |
| | 1 | 5 | 7 | | 9 | | 4 | |
| | | 7 | | | | | | 1 |
| 4 | | 9 | | | | 2 | | |
| | 5 | | | | | | | 4 |

## HARD - 88

| | | | | | | | | |
|---|---|---|---|---|---|---|---|---|
| 5 | | | | | | 9 | | |
| | | | | | | | 2 | 1 |
| | 1 | | | | 4 | 7 | | |
| 6 | | | | | 3 | | | |
| | | 5 | | 1 | 7 | | | |
| 4 | | | | 5 | | 3 | | 2 |
| 1 | 8 | | | | 5 | | 6 | |
| | | | | 4 | 2 | | 9 | |
| 3 | | | 8 | | 1 | 2 | 5 | |

## HARD - 89

| | | | | | | | | |
|---|---|---|---|---|---|---|---|---|
| | | 2 | | | | 8 | | |
| | | 9 | 5 | | | | | 1 |
| | | | | | 3 | | 2 | |
| 8 | | | | | 1 | | | |
| 7 | | 3 | | 9 | | | 1 | |
| | 2 | | 3 | 8 | 6 | | | 7 |
| | | 6 | | | | | | 9 |
| 1 | | 7 | | | | 5 | 6 | |
| | 9 | 8 | | | 2 | | 7 | 4 |

## HARD - 90

| | | | | | | | | |
|---|---|---|---|---|---|---|---|---|
| | 6 | 2 | | 5 | | 9 | | |
| | | | | | 8 | | | 5 |
| 5 | | 7 | | | | 2 | | |
| | | 6 | | | 2 | | | |
| | | 5 | | | | 4 | | |
| 4 | | | | | 3 | | 1 | |
| 3 | | | | 6 | 1 | | 7 | |
| | | | | 9 | 7 | 3 | 5 | 1 |
| | | | | | | | | 9 |

## HARD - 91

|   | 6 | 7 | 2 | 3 |   |   |   |   |
|---|---|---|---|---|---|---|---|---|
|   |   |   | 9 | 5 |   | 7 |   |   |
| 1 | 5 |   |   |   | 8 |   | 3 |   |
|   | 8 |   |   | 4 | 2 |   |   |   |
|   |   |   | 6 | 1 |   |   |   | 4 |
|   |   |   | 8 |   |   | 1 |   | 2 |
| 9 | 7 |   |   |   |   | 5 | 6 |   |
|   | 3 |   | 1 | 8 |   |   | 4 |   |
|   |   |   |   |   |   |   |   |   |

## HARD - 92

|   |   | 8 | 6 | 4 |   |   |   |   |
|---|---|---|---|---|---|---|---|---|
|   |   | 1 | 5 |   | 9 |   | 4 | 6 |
|   |   | 7 |   |   |   |   |   |   |
| 1 |   |   | 7 | 2 |   | 5 |   |   |
|   |   |   | 4 |   |   |   | 6 |   |
| 8 | 9 |   |   |   |   |   |   |   |
| 6 |   |   | 1 |   | 2 | 9 | 5 |   |
|   |   |   |   |   |   |   |   |   |
|   |   |   |   | 7 | 6 | 3 | 1 |   |

## HARD - 93

|   | 5 | 7 |   | 9 |   |   |   |   |
|---|---|---|---|---|---|---|---|---|
| 6 |   |   |   |   |   |   | 4 | 3 |
| 1 |   |   |   | 6 |   | 5 |   |   |
|   |   |   | 7 |   |   |   |   | 5 |
|   |   | 5 | 9 |   |   | 7 | 8 |   |
| 7 |   |   |   | 1 |   |   |   |   |
|   | 9 |   |   | 7 |   | 2 |   |   |
| 4 |   | 3 |   |   |   |   | 7 |   |
|   |   |   |   | 4 | 1 | 9 |   |   |

## HARD - 94

|   |   |   |   |   | 4 | 8 | 5 |   |
|---|---|---|---|---|---|---|---|---|
|   |   |   | 7 |   |   |   |   |   |
| 6 |   |   | 3 |   | 1 |   |   | 4 |
| 3 |   | 7 |   | 2 |   |   |   | 8 |
|   | 2 |   | 4 |   |   |   |   |   |
|   | 5 |   |   | 7 |   |   | 3 |   |
|   | 4 |   | 8 |   |   | 9 | 1 | 7 |
| 2 | 1 |   |   |   |   |   |   |   |
|   |   |   |   |   |   |   |   | 6 |

## HARD - 95

| 4 |   | 6 |   |   | 2 |   | 8 |   |
|---|---|---|---|---|---|---|---|---|
|   |   |   |   |   | 1 | 9 |   | 5 |
|   |   | 9 |   |   |   |   |   |   |
| 7 |   |   |   | 4 |   | 8 | 3 |   |
|   | 2 |   | 5 | 6 | 8 |   |   |   |
|   |   | 1 |   |   |   | 5 |   |   |
| 5 |   |   |   | 3 |   | 1 |   |   |
|   |   |   | 8 |   | 5 | 2 | 6 |   |
|   |   |   |   | 1 |   |   |   |   |

## HARD - 96

| 6 |   |   | 3 | 2 |   |   |   |   |
|---|---|---|---|---|---|---|---|---|
|   |   |   | 8 | 9 | 4 |   |   | 5 |
|   | 1 |   |   |   |   |   | 8 |   |
|   | 6 | 2 | 9 | 8 |   |   |   |   |
|   |   |   | 4 | 1 | 2 |   |   | 7 |
|   |   |   | 5 |   |   |   |   | 8 |
| 7 |   |   | 1 | 5 | 8 |   |   |   |
|   |   |   |   |   |   |   |   |   |
| 3 |   |   |   |   | 6 | 2 |   | 9 |

## HARD - 97

| | | | | | | | | |
|---|---|---|---|---|---|---|---|---|
| | | 4 | | | 8 | | | 6 |
| | | | 1 | | 7 | 2 | | |
| | 3 | 6 | | | | | | 7 |
| 9 | | 3 | | | 2 | 8 | | |
| | 5 | | | | | 7 | 6 | |
| | | | | 9 | | | 1 | |
| 3 | 9 | | | 8 | | | | 1 |
| | 6 | | 7 | | | | | 3 |
| | | | | 3 | 6 | | | |

## HARD - 98

| | | | | | | | | |
|---|---|---|---|---|---|---|---|---|
| | 3 | | | | 8 | | 2 | |
| | 2 | | 6 | | | 9 | 3 | |
| | 5 | | | 9 | | 8 | | 6 |
| | 1 | 7 | | | | 2 | | |
| | | 2 | 4 | | 3 | | | |
| 9 | | | | | | | | |
| | 8 | | | 7 | | | | |
| | | | | | | 4 | 5 | 9 |
| | | | 5 | 2 | | 7 | | |

## HARD - 99

| | | | | | | | | |
|---|---|---|---|---|---|---|---|---|
| | | | 9 | 3 | 7 | | | |
| 5 | 6 | | | | | 7 | 1 | |
| | 3 | | | | | | | 4 |
| 3 | | | | 5 | | | 7 | |
| 4 | 9 | | | | 1 | 2 | | |
| | | | 6 | 7 | | | | |
| | | 4 | | | 3 | 9 | | |
| 9 | | | 7 | | | | | |
| | 2 | 5 | | | | 4 | | |

## HARD - 100

| | | | | | | | | |
|---|---|---|---|---|---|---|---|---|
| 2 | 4 | | | | 3 | | 1 | |
| | 1 | | 8 | | | 2 | 5 | |
| | 9 | 8 | 1 | | 6 | | | 7 |
| 6 | | 9 | | 4 | 5 | | | |
| | | 4 | | | | | | 3 |
| | | | | | | | 9 | |
| | | | 7 | | 2 | | | |
| 4 | | | 5 | | | 9 | | 1 |
| | | | | | | 7 | 8 | 5 |

## HARD - 101

| | | | | | | | | |
|---|---|---|---|---|---|---|---|---|
| | 3 | | | | | 5 | | |
| 8 | | | 7 | | | | | |
| | 6 | 1 | | 8 | | | | 7 |
| | | 8 | | 3 | | | | |
| | | | 8 | 5 | | 4 | | 6 |
| 7 | | 9 | 6 | | | | 3 | 2 |
| | | | | 1 | | | | |
| 4 | 8 | | 3 | | | 1 | | |
| | | | 2 | | 8 | | | 9 |

## HARD - 102

| | | | | | | | | |
|---|---|---|---|---|---|---|---|---|
| | 2 | 9 | | | | | 5 | 1 |
| | 4 | | 1 | | | 2 | 8 | |
| | | | 2 | 3 | 7 | | 9 | |
| 6 | | 5 | 3 | | 1 | 7 | | |
| | | | 4 | | | 8 | 1 | |
| | | | | | | | | |
| | | 7 | 6 | | 2 | | | |
| 1 | 5 | | 7 | | | | | |
| 8 | 6 | | | | | | | |

## HARD - 103

| | | | | | | | | |
|---|---|---|---|---|---|---|---|---|
| | | | | | | | | 9 |
| | | 1 | | | | 4 | 2 | |
| | 3 | | | | 9 | 1 | 7 | |
| | | | 3 | | 5 | 8 | 6 | 4 |
| 6 | | | | | | 2 | | |
| | | | | 6 | 4 | | 5 | |
| | | 5 | | | | 3 | 1 | 8 |
| | 8 | | | | 2 | | | 5 |
| | | | 5 | | 6 | 7 | 4 | |

## HARD - 104

| | | | | | | | | |
|---|---|---|---|---|---|---|---|---|
| | | 7 | | | | 2 | 1 | 4 |
| | | 1 | | | | | | |
| 2 | | | 4 | | | 7 | 3 | |
| | | 8 | | | | | | |
| 4 | | | 9 | 3 | | 5 | | |
| | | | | 5 | | | | 2 |
| 6 | 1 | | 7 | | 3 | 4 | | 9 |
| | 9 | | | 1 | | | 7 | |
| 7 | 3 | | | 2 | | | | |

## HARD - 105

| | | | | | | | | |
|---|---|---|---|---|---|---|---|---|
| 5 | | | | | 4 | 9 | | |
| | 6 | 4 | 9 | | | | | 2 |
| | | | 5 | 7 | 2 | | | |
| 4 | 9 | 1 | | 5 | | | 3 | 7 |
| | | | | 1 | | | | |
| | 3 | 7 | | | 9 | | | |
| 2 | 7 | | 3 | | | | | |
| | | | | | 1 | | 5 | |
| 3 | | | | | | 2 | | 4 |

## HARD - 106

| | | | | | | | | |
|---|---|---|---|---|---|---|---|---|
| | 1 | | | | | | | 9 |
| | 6 | 8 | 3 | 7 | 2 | | | |
| 7 | | | | | | 6 | | |
| | | | 4 | | 8 | | | 7 |
| | 4 | 5 | | | | | 8 | |
| 8 | | | | | 1 | | | |
| | 2 | | 8 | 3 | | 4 | 6 | |
| | | 6 | | | | | 7 | 2 |
| 3 | 7 | | 6 | | | | | |

## HARD - 107

| | | | | | | | | |
|---|---|---|---|---|---|---|---|---|
| | | 5 | | 9 | | | | |
| | 3 | 8 | 1 | 5 | | | | 9 |
| | 9 | | 2 | 3 | 6 | | | |
| | | | | | 2 | | 4 | 3 |
| 4 | | | | | 3 | | | 8 |
| 9 | | | | | | | 5 | 1 |
| 8 | | 1 | | 6 | | | | |
| | | | | | 1 | 5 | | |
| | | | | 2 | | | 9 | |

## HARD - 108

| | | | | | | | | |
|---|---|---|---|---|---|---|---|---|
| | | 5 | | | | | 4 | |
| 3 | | | 6 | | | | 2 | |
| | 6 | | | 3 | 5 | | | 8 |
| | | 8 | | | 6 | | | 2 |
| 2 | 3 | | | | 7 | | | |
| | 7 | 1 | 8 | | | 5 | 9 | |
| | | | | | | | 8 | 7 |
| 8 | | 9 | | | | 4 | | |
| 7 | | 3 | | | 1 | | | 9 |

## HARD - 109

| | | 3 | 8 | | | 5 | 4 | 6 |
|---|---|---|---|---|---|---|---|---|
| | | 8 | 1 | | | | | 7 |
| | 4 | 2 | 7 | | 5 | | | 8 |
| | | | | 3 | 4 | 1 | | 9 |
| 4 | | | 2 | | 9 | | | |
| | | | 5 | | | 6 | | |
| | 2 | | | | 6 | 9 | | |
| | | | | 5 | 8 | | | |
| 5 | 8 | | | | | | | |

## HARD - 110

| | | 6 | 1 | | 8 | 3 | | |
|---|---|---|---|---|---|---|---|---|
| | | | 4 | 3 | | | | |
| 3 | | 7 | | 9 | | | | |
| | | | | | | 4 | | |
| | | | | | | 5 | 3 | |
| | | 4 | 5 | 8 | | | 2 | |
| 7 | | | 8 | | | | 9 | |
| 6 | | | | 1 | 5 | 7 | | |
| 9 | | 1 | | | | 8 | | 2 |

## HARD - 111

| 7 | | | | 2 | | | | |
|---|---|---|---|---|---|---|---|---|
| | | 6 | | | | | | |
| | | 1 | 9 | 4 | | | 5 | 3 |
| | | 4 | | | 8 | | 3 | 6 |
| | 9 | | | | | | | 8 |
| 8 | | | 5 | 6 | | | | |
| | | | 7 | | | | 1 | |
| | 4 | | | 9 | 5 | | 6 | |
| | | | | | 6 | | | 7 |

## HARD - 112

| 4 | 5 | | | | 9 | | | 2 |
|---|---|---|---|---|---|---|---|---|
| 1 | | | 3 | | | | 7 | |
| 2 | | 9 | | | | | | |
| 8 | 2 | 4 | 9 | 7 | | | | |
| | | | | | | | | |
| | 6 | 7 | 2 | | 1 | | 3 | 8 |
| 7 | | | 8 | 9 | | 6 | | |
| | | | | 1 | | | 9 | 3 |
| | | | | | | | 2 | |

## HARD - 113

| 1 | 6 | | | | | | | |
|---|---|---|---|---|---|---|---|---|
| | | 7 | | | | | | |
| 9 | 2 | | 1 | | | | | |
| | | 8 | 4 | | | 9 | 6 | 1 |
| | | | | | | 8 | | |
| | 1 | | | | | 2 | 5 | 4 |
| | 7 | 9 | | 8 | | 3 | 4 | |
| 2 | | 4 | | | 6 | | 8 | |
| | | | 2 | 7 | | 6 | | |

## HARD - 114

| | | | | | | 1 | | 8 |
|---|---|---|---|---|---|---|---|---|
| 7 | | 1 | 9 | | 3 | | 2 | |
| | | | | | 6 | | | |
| 3 | | | 7 | 9 | 4 | | | 2 |
| | | 7 | | | | 6 | 4 | |
| | | 2 | 3 | | | | 9 | |
| | | | 4 | 5 | 1 | | | |
| | | | | | 7 | 8 | 3 | |
| | | | | 3 | | | | |

## HARD - 115

| | | | | | | | | |
|---|---|---|---|---|---|---|---|---|
| 2 | | | 9 | 1 | 7 | | | 5 |
| | 5 | 1 | | | 8 | 6 | | |
| 9 | | 8 | 6 | | | | | |
| | | | | 4 | | 8 | | 2 |
| 8 | | | | | | | | |
| | 2 | | | 8 | 9 | 3 | 6 | |
| | 9 | 2 | | | | | | |
| | | | 7 | 9 | | | 2 | |
| 4 | | | 1 | | | | | |

## HARD - 116

| | | | | | | | | |
|---|---|---|---|---|---|---|---|---|
| | 9 | | | | 2 | 5 | 3 | |
| | | 6 | | | 5 | 4 | | |
| | | 1 | 9 | 7 | | | | 6 |
| 8 | 7 | | 5 | 6 | | 3 | | |
| 1 | | 5 | | 9 | | | 2 | |
| 3 | | | | | 7 | | | |
| 6 | | | 2 | 3 | | 8 | | |
| | | | | | | | | |
| 2 | | | | | | | 1 | |

## HARD - 117

| | | | | | | | | |
|---|---|---|---|---|---|---|---|---|
| 5 | 4 | 2 | | | 7 | | | |
| | 6 | | | | 2 | | | |
| | | | | 8 | | | 9 | |
| | | | | 5 | 1 | 7 | 2 | |
| | | | | | 8 | 9 | | |
| | 8 | | | 2 | 3 | | 6 | |
| | 2 | 3 | | | | 4 | | |
| 6 | 7 | | | | | | | 1 |
| | | | | | | 2 | 5 | |

## HARD - 118

| | | | | | | | | |
|---|---|---|---|---|---|---|---|---|
| | | | | | 4 | | 6 | |
| 9 | | 8 | 5 | | | | 3 | |
| | 5 | 3 | | | 1 | | | 9 |
| | | | | | | | | |
| | | | | 7 | | | 1 | 8 |
| 7 | 2 | 9 | | 4 | 8 | | | |
| 5 | | | | | | | 4 | |
| 1 | 7 | | | | 6 | 3 | | 2 |
| | 3 | | | | | | | |

## HARD - 119

| | | | | | | | | |
|---|---|---|---|---|---|---|---|---|
| | | | | | 4 | | | |
| | | 8 | | | | | 1 | |
| 7 | 2 | 4 | | | | | | |
| | | | | | | | | 1 |
| 9 | | | 4 | | | 2 | | 6 |
| | 3 | | 1 | 9 | 7 | | | |
| | | 9 | | 5 | | | | |
| | 1 | | 6 | | | 8 | | 5 |
| | 8 | | 3 | 7 | | | | |

## HARD - 120

| | | | | | | | | |
|---|---|---|---|---|---|---|---|---|
| 2 | | | | | | | | |
| | 4 | 7 | | 9 | | 1 | | |
| | | 9 | 1 | 3 | 7 | | | |
| | | | | | 2 | 9 | | |
| | | 8 | | | 1 | | 2 | |
| | | | | 7 | | 8 | 3 | |
| | 6 | 4 | 8 | | | | | 9 |
| 8 | 3 | | | | 9 | | | |
| | | | | 2 | | 6 | | |

## HARD - 121

| | | | | | | | | |
|---|---|---|---|---|---|---|---|---|
| | | | | | | | | 8 |
| | 2 | 9 | | 5 | 7 | 6 | | |
| | 6 | 8 | | | | 7 | 4 | |
| 2 | 4 | | | | 9 | | 3 | |
| | 9 | | 5 | | | | | 4 |
| | 7 | | 2 | | | 9 | | |
| | | | | | | 1 | | |
| | | | 3 | | 1 | | | 5 |
| 6 | | | 7 | | 8 | | | 9 |

## HARD - 122

| | | | | | | | | |
|---|---|---|---|---|---|---|---|---|
| | | | 8 | | 5 | 6 | | 2 |
| | 4 | | 7 | 1 | | | 9 | |
| | 2 | 9 | | | | | | |
| 2 | | 4 | | | | | 6 | |
| | | 8 | | | | | | 7 |
| | | 3 | | | | | | |
| | 1 | | 6 | | 4 | 8 | 5 | 3 |
| | | | | | 7 | | 1 | |
| | | | | 3 | | 4 | | |

## HARD - 123

| | | | | | | | | |
|---|---|---|---|---|---|---|---|---|
| | 7 | | | | | 9 | 4 | 3 |
| | | | | | | | | |
| | 3 | 5 | | | | | | 8 |
| | | 6 | 3 | 7 | 1 | | | |
| 4 | | 3 | | 5 | 6 | 1 | | 9 |
| | | | | 9 | | 3 | | |
| | 5 | 8 | 7 | 6 | | | | |
| 1 | | | | | | | | 5 |
| | 9 | | | 8 | | | | |

## HARD - 124

| | | | | | | | | |
|---|---|---|---|---|---|---|---|---|
| | 1 | | 3 | 5 | | | 9 | |
| 5 | | 8 | | | | | 2 | |
| | 2 | | 7 | | 6 | 1 | | |
| 1 | | | | | | 3 | | |
| | 9 | 6 | | | | | | |
| | | | | 2 | | | 5 | |
| 9 | | | 6 | | 4 | | | |
| | 6 | | 2 | 3 | | 5 | | 9 |
| | | | | 1 | | | | |

## HARD - 125

| | | | | | | | | |
|---|---|---|---|---|---|---|---|---|
| | | | 5 | | | | 8 | |
| | 3 | | | | | | | 9 |
| | | 5 | 4 | | | 6 | 2 | |
| | 5 | | | 7 | 4 | | | |
| 7 | | 9 | 2 | 1 | | | | |
| | | | | 5 | | | 7 | |
| | 9 | | 8 | 6 | 7 | 4 | | |
| | 7 | 4 | 1 | | | 8 | | 2 |
| | | 6 | | | | | | |

## HARD - 126

| | | | | | | | | |
|---|---|---|---|---|---|---|---|---|
| | | | | 1 | | | 8 | 9 |
| | | | 9 | | | | | |
| | | | | | | | 2 | |
| 4 | 1 | | 8 | 5 | 3 | | | |
| | | | | | | 2 | | 8 |
| | 3 | 8 | 6 | | 2 | | 4 | |
| 2 | | | 4 | | | 6 | | 5 |
| | | 6 | | | | | | |
| 7 | 8 | 3 | | 6 | 1 | | | |

## HARD - 127

| | | | | | | | | |
|---|---|---|---|---|---|---|---|---|
| | 1 | 2 | 6 | | 5 | 4 | | |
| | | | | | | | 2 | |
| | 6 | | | 1 | | | 7 | |
| | | | 9 | | | 5 | | 1 |
| 4 | | | | 8 | | | | |
| | 9 | 1 | | | | | | |
| 2 | | | 5 | | | | 3 | 7 |
| | | 5 | | | | 8 | 1 | |
| | | | | 9 | 3 | | | |

## HARD - 128

| | | | | | | | | |
|---|---|---|---|---|---|---|---|---|
| | | 5 | | | | | 6 | 8 |
| | 4 | | | | | | | |
| 8 | | 1 | 3 | 7 | | | 2 | |
| | | | 9 | 4 | | | | |
| | | | | | 3 | | 9 | 7 |
| | | 9 | | | 1 | 3 | | |
| | | 3 | | | | | 1 | |
| | 1 | | | | 2 | | | |
| 2 | | | 8 | | 6 | 9 | 7 | |

## HARD - 129

| | | | | | | | | |
|---|---|---|---|---|---|---|---|---|
| | | | 8 | | | 7 | 5 | |
| | 1 | | | | | | | |
| 7 | 5 | 2 | | 1 | | | 8 | 9 |
| | | 7 | 1 | | | 6 | | |
| | 4 | 6 | | | | | | |
| | | | 7 | 9 | | 2 | | |
| 8 | 7 | | | | | 5 | 2 | |
| | 6 | | 2 | 5 | | | | 7 |
| 9 | | | | | | | | |

## HARD - 130

| | | | | | | | | |
|---|---|---|---|---|---|---|---|---|
| 5 | | | | | | | | |
| | 9 | | | 7 | 8 | 4 | | |
| | | 8 | 9 | | | 2 | | 6 |
| | | 3 | | 4 | | 8 | | |
| | | | 5 | | | | | |
| 1 | | 5 | | 6 | 9 | | | |
| | | | | 5 | 6 | | | 4 |
| | | | | | | | | 3 |
| | 4 | 7 | 2 | 9 | | | 1 | |

## HARD - 131

| | | | | | | | | |
|---|---|---|---|---|---|---|---|---|
| | | | 4 | | | 7 | | |
| | | 6 | | | | 9 | | 4 |
| | 4 | | | 3 | 9 | | | |
| | 3 | 7 | | | | | | |
| 6 | | 9 | 8 | | 4 | | | |
| 2 | | | 3 | | | 6 | 9 | |
| | | | | | 8 | | 4 | 2 |
| | | 1 | | | | 3 | 8 | |
| | | | | 2 | | 1 | 6 | 9 |

## HARD - 132

| | | | | | | | | |
|---|---|---|---|---|---|---|---|---|
| 5 | | | | | | | | |
| | | | | 9 | | 3 | | |
| | | 2 | | 7 | 3 | 8 | | |
| | | 8 | | 3 | | 9 | | 5 |
| 3 | | | 1 | 8 | | | | |
| 1 | | | | | | 2 | | |
| | 2 | | | | 4 | | | 7 |
| | 1 | | | | | | 8 | 2 |
| 7 | | | | 2 | | 4 | 9 | |

## HARD - 133

| | | | | | | | | |
|---|---|---|---|---|---|---|---|---|
| | | | 6 | 9 | | 4 | | |
| | 9 | | | | | | 8 | |
| 4 | 7 | | | 2 | 1 | | | |
| | | | 9 | 3 | | | 4 | |
| | 1 | 7 | | | | 8 | 3 | |
| 8 | 4 | | | | | 5 | | |
| | | 1 | | 4 | | | | |
| | 8 | | 7 | 6 | 9 | | | 3 |
| 2 | | | | | | | | |

## HARD - 134

| | | | | | | | | |
|---|---|---|---|---|---|---|---|---|
| 6 | | 2 | | | | | 8 | 7 |
| | 4 | 3 | 5 | 8 | | | 9 | |
| | | | 9 | | | | 4 | 2 |
| | | | | | | 4 | 2 | |
| | | 7 | | | | | | |
| 5 | 2 | 4 | 8 | 3 | | | | 9 |
| | | | | 4 | | | | |
| | | 5 | 2 | | | | 6 | 3 |
| | 3 | | | | 7 | 9 | | |

## HARD - 135

| | | | | | | | | |
|---|---|---|---|---|---|---|---|---|
| | 3 | | | | | | | 5 |
| | | 8 | | | | 7 | | |
| | | 6 | | | | | 2 | |
| 8 | | | | 2 | | 9 | | |
| | | | 5 | | | 1 | 8 | |
| | | 3 | 7 | 9 | | | | |
| | 7 | 4 | | | | 2 | 6 | |
| 2 | | | | | 6 | | 9 | 7 |
| 5 | | | 2 | | | 4 | | |

## HARD - 136

| | | | | | | | | |
|---|---|---|---|---|---|---|---|---|
| | 2 | | | | 8 | | 1 | 6 |
| | 4 | | | | | | 9 | 5 |
| | | | | | 9 | | | |
| 5 | 1 | | | | | | 6 | 9 |
| | | | | | | 5 | | |
| 9 | | | 7 | 2 | | | | |
| 6 | | | 3 | 4 | 7 | | | 8 |
| | 9 | | | | 2 | 3 | | |
| | | | 5 | | | | 4 | |

## HARD - 137

| | | | | | | | | |
|---|---|---|---|---|---|---|---|---|
| | | | 8 | | | 6 | 2 | |
| | | | | 3 | | 9 | | |
| | | 4 | | | 5 | | | |
| | | | | 8 | 3 | | | |
| 1 | 3 | | | 4 | | | 9 | 8 |
| | 4 | 8 | 7 | 5 | | 3 | | 2 |
| | | | | | | | 1 | 6 |
| | 2 | | 3 | | 6 | | | |
| | | 9 | | | 4 | | | 3 |

## HARD - 138

| | | | | | | | | |
|---|---|---|---|---|---|---|---|---|
| 2 | | | | 6 | | | | |
| 4 | | | 9 | 5 | | 6 | | |
| | 5 | | | | | 9 | 8 | 3 |
| 1 | | | 2 | 3 | | | | |
| | | | | 7 | | 5 | | |
| | | | 6 | | 9 | | | 8 |
| 8 | | | 4 | | | | 5 | |
| 5 | | | | | 3 | | 2 | |
| | | 7 | 5 | 9 | | 8 | | |

## HARD - 139

| 8 | | | | 4 | 5 | 2 | | |
|---|---|---|---|---|---|---|---|---|
| | 2 | 1 | | | | | | 7 |
| 4 | | 9 | 3 | | | 5 | | |
| | 5 | | | | | 3 | 2 | |
| | 9 | | | | 8 | | | |
| | | | | | | 6 | 5 | |
| 2 | | | | | 9 | | | |
| | 3 | 7 | 6 | | | 1 | | |
| | | 4 | | 5 | | | | |

## HARD - 140

| | 1 | | | | | | | |
|---|---|---|---|---|---|---|---|---|
| | 4 | 7 | 2 | | | | 1 | 6 |
| 6 | | | | | 4 | | | 5 |
| | | 4 | 5 | 6 | | | 2 | |
| 1 | | | | | | | | |
| | | | 7 | | | | 5 | 4 |
| | 3 | 6 | | | 7 | | 9 | 8 |
| | 8 | | | | | | 7 | |
| | | | 3 | 9 | | 5 | | |

## HARD - 141

| 1 | | | 7 | | | 4 | 2 | |
|---|---|---|---|---|---|---|---|---|
| | 7 | | | 3 | 8 | 1 | | |
| 5 | 6 | 3 | | | 4 | | 8 | |
| | | 6 | | | | | | |
| 4 | | 5 | | | 7 | 3 | | 1 |
| | | | | 4 | 5 | | | |
| | 5 | 2 | | 9 | | | 1 | |
| 9 | | | | | | | | |
| | | | | | 1 | 8 | | |

## HARD - 142

| | 4 | | | 8 | 3 | 5 | 1 | |
|---|---|---|---|---|---|---|---|---|
| | | | | | 6 | 8 | | |
| | | 1 | | | | | | 7 |
| | | | 2 | 9 | 5 | 1 | | |
| | 1 | | | | | | | |
| | 8 | | | | 7 | | 2 | 5 |
| | 6 | | | 3 | | | | |
| | | 4 | | | | 9 | | 3 |
| 1 | | 5 | | | 4 | | | |

## HARD - 143

| 6 | | | | | | 5 | 4 | |
|---|---|---|---|---|---|---|---|---|
| | | | | | 3 | | | 7 |
| | 4 | 2 | | | 1 | | | |
| | 7 | | 2 | | | | | |
| | | | 4 | 1 | | 3 | 2 | 8 |
| | 2 | | | 5 | | | | 1 |
| 9 | | 6 | | | 2 | | | |
| | | | | 7 | | 6 | 3 | |
| | | | | | | 1 | | |

## HARD - 144

| 3 | 4 | | | 6 | 8 | | | |
|---|---|---|---|---|---|---|---|---|
| | | 6 | | 4 | | | 1 | |
| | | | | | | | 7 | |
| | | 4 | | 5 | | | | |
| | 1 | | 7 | | | 4 | | |
| 6 | | | | | | 8 | 9 | |
| | 3 | | | | | 5 | | 6 |
| | | | | | 2 | 9 | | 7 |
| | 2 | 9 | 8 | | | | 4 | |

## HARD - 145

| 7 |  |  |  | 8 |  |  |  |  |
|---|---|---|---|---|---|---|---|---|
|  |  |  |  |  | 4 |  |  |  |
| 2 |  |  | 6 |  |  |  | 7 | 3 |
| 6 |  | 1 |  | 4 |  |  |  |  |
| 9 | 7 | 2 | 3 |  |  |  | 8 |  |
|  |  |  |  |  | 1 | 7 |  |  |
|  |  |  |  |  | 3 | 8 |  |  |
|  | 9 |  |  |  | 6 | 1 | 3 | 5 |
| 1 |  |  |  |  | 8 |  | 2 |  |

## HARD - 146

|  | 8 |  |  | 3 | 2 |  | 4 |  |
|---|---|---|---|---|---|---|---|---|
| 4 |  | 7 |  |  |  | 8 |  |  |
|  |  | 5 |  |  | 4 |  | 3 | 6 |
| 8 |  |  |  | 5 | 7 | 6 | 1 |  |
| 5 |  | 4 |  |  | 3 |  |  |  |
|  | 1 |  |  | 6 |  |  |  | 5 |
|  | 5 |  | 2 |  | 1 |  |  |  |
|  |  |  | 3 | 9 |  |  |  | 8 |
|  |  | 1 |  |  |  |  |  |  |

## HARD - 147

| 8 | 1 |  |  | 5 |  | 9 |  | 7 |
|---|---|---|---|---|---|---|---|---|
|  |  |  |  | 1 | 8 |  |  | 2 |
|  |  |  | 6 |  |  | 4 |  |  |
| 1 | 6 |  |  | 4 |  |  |  | 3 |
|  |  |  |  | 2 |  |  |  | 9 |
|  | 8 | 3 |  |  | 7 |  |  |  |
|  | 4 |  |  | 7 |  |  |  | 6 |
|  |  |  | 3 |  |  | 2 |  |  |
|  | 5 |  |  |  |  | 7 |  |  |

## HARD - 148

|  | 1 | 3 |  |  |  | 2 | 9 |  |
|---|---|---|---|---|---|---|---|---|
|  | 6 |  |  | 2 |  |  | 4 |  |
|  | 2 |  |  |  | 3 |  |  |  |
| 4 |  |  | 7 |  |  |  | 1 |  |
| 1 |  | 9 |  |  |  | 8 |  |  |
|  |  | 6 | 9 |  |  |  |  | 2 |
| 7 |  |  |  |  | 9 |  | 2 | 4 |
|  |  |  |  |  |  |  | 5 | 6 |
|  |  |  |  | 7 |  |  | 8 |  |

## HARD - 149

| 9 | 7 |  |  |  |  | 2 |  | 3 |
|---|---|---|---|---|---|---|---|---|
|  |  |  |  |  |  | 8 |  |  |
|  | 2 | 1 |  |  | 3 |  | 4 | 5 |
|  |  |  |  | 4 |  | 3 | 1 |  |
|  |  | 8 |  |  |  |  |  |  |
| 7 |  | 3 |  |  | 5 | 4 |  | 8 |
|  |  |  |  |  |  |  |  |  |
| 1 | 9 |  | 2 | 8 |  |  |  | 4 |
| 6 |  | 2 | 4 |  |  |  |  | 7 |

## HARD - 150

|  | 1 | 2 | 5 |  |  | 7 | 6 |  |
|---|---|---|---|---|---|---|---|---|
| 6 | 7 |  |  | 4 | 2 |  |  |  |
|  | 9 |  |  |  |  |  |  | 4 |
|  |  |  |  |  |  |  |  | 5 |
|  | 2 |  | 6 |  | 4 |  |  |  |
|  | 4 |  | 9 |  |  | 2 |  | 7 |
|  | 6 |  |  | 9 |  |  |  |  |
|  |  |  |  | 2 |  | 3 | 7 |  |
| 1 |  |  |  |  | 3 | 8 | 9 |  |

## HARD - 151

| 9 |  | 3 |  |  |  | 4 |  |  |
|---|---|---|---|---|---|---|---|---|
|  |  |  | 3 |  | 8 |  |  |  |
| 2 |  |  |  |  | 4 | 3 |  |  |
|  | 9 |  |  |  |  |  | 5 |  |
| 4 |  |  |  |  |  | 6 |  |  |
|  |  | 1 |  | 8 | 9 | 7 |  | 4 |
|  |  | 9 | 7 | 3 | 6 |  |  |  |
|  |  |  |  |  |  |  |  | 1 |
| 6 | 8 |  | 1 | 9 | 5 |  |  |  |

## HARD - 152

|  | 1 | 3 |  | 8 |  |  | 9 |  |
|---|---|---|---|---|---|---|---|---|
|  |  |  |  |  |  |  |  |  |
| 2 |  | 4 |  |  |  |  |  | 8 |
| 9 |  | 5 | 3 |  |  | 1 |  | 7 |
| 1 |  |  |  | 4 |  |  |  |  |
|  |  | 7 |  |  | 1 | 8 | 3 | 6 |
|  | 5 |  |  |  | 2 | 7 | 8 |  |
| 3 |  |  |  |  |  |  |  |  |
| 7 |  |  |  |  |  |  | 1 | 2 |

## HARD - 153

|  |  |  | 8 | 6 | 2 | 9 | 5 |  |
|---|---|---|---|---|---|---|---|---|
| 8 | 3 |  |  | 4 |  | 7 |  | 6 |
|  |  |  |  |  | 3 |  | 8 | 2 |
|  |  |  |  |  |  |  |  |  |
| 6 | 1 |  |  |  |  |  |  |  |
|  |  |  |  |  | 7 |  |  | 8 |
| 4 | 7 | 6 |  | 2 |  |  |  |  |
|  | 9 |  | 1 |  |  | 2 |  |  |
| 2 |  | 1 |  | 9 |  | 5 |  |  |

## HARD - 154

|  |  |  | 1 |  | 8 |  |  |  |
|---|---|---|---|---|---|---|---|---|
|  |  |  | 3 |  |  |  | 9 |  |
| 6 | 8 | 9 | 2 |  |  |  |  |  |
|  | 7 |  | 6 |  |  | 8 |  | 2 |
|  |  | 4 |  | 2 |  |  |  | 6 |
|  |  |  |  |  |  |  |  | 3 |
|  | 3 |  |  |  |  | 5 |  |  |
| 4 |  |  |  |  |  |  | 7 |  |
|  |  | 2 | 8 |  | 7 |  |  | 9 |

## HARD - 155

| 5 | 1 |  |  |  |  | 3 |  |  |
|---|---|---|---|---|---|---|---|---|
|  |  |  |  |  | 7 |  |  |  |
|  |  |  |  |  |  | 9 |  |  |
|  |  | 5 |  | 9 |  |  | 4 |  |
|  | 8 |  |  | 2 |  |  | 3 |  |
|  |  | 4 | 5 |  | 3 | 6 |  |  |
|  | 4 | 3 |  |  |  |  |  | 2 |
| 1 | 9 | 6 |  | 3 |  |  | 7 |  |
|  |  |  |  | 1 | 4 |  | 9 |  |

## HARD - 156

|  | 4 | 7 | 9 |  |  | 3 |  |  |
|---|---|---|---|---|---|---|---|---|
| 3 |  |  |  |  |  |  |  | 9 |
|  | 5 | 9 |  |  | 8 |  |  | 4 |
|  |  | 3 |  |  |  |  | 6 |  |
| 8 | 1 |  |  | 5 |  | 7 | 9 |  |
|  |  |  | 1 | 2 |  |  | 4 |  |
|  |  |  |  |  | 2 |  |  |  |
|  | 3 | 4 |  |  |  |  |  |  |
| 6 |  |  |  |  | 9 | 1 |  | 5 |

## HARD - 157

| | | | | | | | | |
|---|---|---|---|---|---|---|---|---|
| | | | | 6 | | | 1 | 5 |
| | | | | | | | | |
| 3 | | | 7 | 1 | | 9 | 6 | 4 |
| | 4 | | | | 6 | | | |
| 7 | 1 | | 3 | 5 | | | 2 | |
| | | 9 | 2 | | | | 8 | 3 |
| | | | 1 | | | | | |
| 1 | | | | | 5 | 6 | | 2 |
| | | | | | 4 | | | 8 |

## HARD - 158

| | | | | | | | | |
|---|---|---|---|---|---|---|---|---|
| | | | | 2 | | | 1 | 6 |
| | | | 4 | | | 3 | | |
| | 5 | 3 | 9 | 1 | | 8 | 4 | |
| 2 | | | 6 | | | | | |
| 7 | | | | | | 9 | 3 | |
| | | | | 3 | | | 2 | 8 |
| | | 8 | | | | | | |
| | 7 | | 1 | | | 4 | | |
| | 4 | | | 9 | | 2 | 8 | |

## HARD - 159

| | | | | | | | | |
|---|---|---|---|---|---|---|---|---|
| | | | | 4 | | | | |
| | | | | | | | | 2 |
| 2 | 4 | 1 | | | | 3 | | 5 |
| | 1 | 8 | | | | | | |
| | 3 | | | 6 | 7 | | | |
| 7 | | 6 | 5 | | 8 | | 4 | 1 |
| 3 | | 7 | | | | 1 | 5 | |
| | | | 9 | | | 8 | | 6 |
| | 5 | | 6 | | | | | |

## HARD - 160

| | | | | | | | | |
|---|---|---|---|---|---|---|---|---|
| | | | 4 | | | 2 | 1 | 6 |
| | | | | 7 | | | | |
| 4 | | 2 | 1 | 8 | | | | 9 |
| | | | | | | 9 | 8 | |
| 6 | | | | | | | | |
| | | 9 | | 4 | 5 | | 7 | |
| | 7 | 3 | | | | 8 | 6 | |
| 5 | | | | | | | 9 | 2 |
| 8 | | | | | 1 | 5 | 3 | |

## HARD - 161

| | | | | | | | | |
|---|---|---|---|---|---|---|---|---|
| | 3 | | 7 | | | | 2 | |
| 1 | | | | | | 4 | | |
| | | 6 | | 8 | | 3 | | |
| | | | 3 | | 2 | | 8 | 9 |
| 9 | | | 6 | | | | | 2 |
| | | | | 1 | | | 4 | |
| | | | | 3 | | | | 8 |
| 3 | | 1 | | | | 9 | 5 | |
| | | 7 | 8 | | 4 | 2 | | |

## HARD - 162

| | | | | | | | | |
|---|---|---|---|---|---|---|---|---|
| 5 | | 6 | 1 | | 2 | | 7 | |
| | 3 | | | | 6 | | 5 | |
| | | | | 3 | | 1 | 4 | |
| | | 4 | | 6 | | 5 | | |
| 8 | | | 7 | | | 4 | | 3 |
| | | | 8 | | | | | |
| | 1 | | | | 8 | | | |
| | | | 5 | | | 7 | | 8 |
| 3 | | | | | | 9 | | 5 |

## HARD - 163

| 5 | 3 |  |  |  | 4 |  |  |  |
|---|---|---|---|---|---|---|---|---|
|  |  | 7 |  | 2 | 8 | 5 |  | 6 |
|  |  |  |  |  | 3 |  | 9 |  |
|  | 9 |  |  | 6 |  |  |  |  |
| 2 | 5 |  |  |  |  |  | 1 | 4 |
| 8 | 6 |  |  |  |  | 3 |  |  |
|  |  |  |  | 3 |  |  |  | 5 |
|  | 1 | 8 | 4 |  | 5 |  |  | 7 |
|  |  |  |  |  | 6 |  |  |  |

## HARD - 164

|  |  |  |  |  |  |  |  | 4 |
|---|---|---|---|---|---|---|---|---|
|  | 5 |  | 3 | 6 |  |  |  |  |
|  | 7 |  |  |  |  | 9 |  | 8 |
|  |  | 5 | 8 |  | 2 | 1 | 3 |  |
|  |  |  |  | 3 |  |  | 2 |  |
|  |  | 3 | 6 |  | 4 | 8 |  |  |
|  | 6 | 9 | 1 |  |  | 5 |  |  |
|  |  | 1 |  |  |  |  |  |  |
| 4 |  |  |  | 2 | 9 |  | 8 |  |

## HARD - 165

| 6 |  |  | 2 |  |  |  |  |  |
|---|---|---|---|---|---|---|---|---|
| 4 | 1 |  | 3 |  | 7 |  |  |  |
|  |  |  |  |  |  |  | 5 | 3 |
|  | 8 |  |  |  |  |  | 1 | 5 |
|  | 6 |  | 7 | 4 |  |  |  | 9 |
|  |  |  |  | 9 |  |  |  |  |
|  |  |  | 9 |  |  |  | 7 |  |
|  |  |  |  | 5 | 4 |  | 2 |  |
| 9 |  | 1 |  |  |  |  | 3 | 6 |

## HARD - 166

| 8 |  | 1 |  |  |  |  | 9 |  |
|---|---|---|---|---|---|---|---|---|
| 9 |  | 4 |  |  | 5 | 8 |  |  |
|  |  |  |  | 4 |  |  |  |  |
|  |  |  | 3 |  |  | 7 |  |  |
| 7 |  | 9 |  |  |  |  |  |  |
|  | 5 |  |  |  | 7 |  |  | 2 |
|  | 9 |  |  | 5 | 1 | 3 |  | 8 |
|  |  | 7 |  |  |  | 9 |  | 4 |
| 1 |  |  | 8 | 7 |  |  |  |  |

## HARD - 167

| 4 | 7 | 9 |  |  |  |  | 8 |  |
|---|---|---|---|---|---|---|---|---|
|  |  |  |  |  |  |  | 6 |  |
|  |  |  | 1 | 4 |  |  |  |  |
|  |  | 3 |  | 2 |  | 1 |  | 9 |
|  |  | 7 |  | 5 | 1 | 6 |  | 2 |
|  |  |  |  | 7 |  |  |  |  |
| 5 |  | 6 |  |  |  |  |  | 4 |
|  |  | 2 |  |  | 5 |  | 9 |  |
|  | 9 |  | 8 |  | 4 |  |  |  |

## HARD - 168

|  |  | 5 | 9 | 8 |  |  | 7 |  |
|---|---|---|---|---|---|---|---|---|
| 2 |  |  |  |  |  |  |  | 3 |
|  | 6 |  |  | 5 |  |  | 8 |  |
|  | 3 |  |  |  | 5 | 4 | 2 | 1 |
|  |  |  | 7 |  | 1 | 3 |  |  |
|  |  | 6 |  | 9 |  |  | 5 | 7 |
| 7 |  |  |  |  | 9 |  | 4 |  |
| 6 | 4 | 3 | 5 |  |  |  |  |  |
| 8 |  |  |  |  |  |  |  |  |

## HARD - 169

| | | | | | | | | |
|---|---|---|---|---|---|---|---|---|
| | | | | | | | 5 | |
| | | | 7 | | | | | |
| | 2 | 7 | | | | 8 | | 6 |
| | | | | 4 | | | | |
| | 6 | | | | 2 | 7 | | |
| | | 4 | | 7 | 1 | | | 3 |
| | | 1 | 4 | 5 | | | 2 | |
| | 4 | 2 | | 3 | | 1 | 8 | |
| | 3 | 8 | 2 | | | | 7 | 4 |

## HARD - 170

| | | | | | | | | |
|---|---|---|---|---|---|---|---|---|
| 3 | 9 | | 8 | | 7 | | 5 | |
| | | | | | | | 3 | |
| 7 | | 5 | | | | 6 | | |
| | | 8 | 5 | | | 3 | 9 | |
| | 3 | | 9 | | | | | |
| | | 2 | | | 3 | 8 | 1 | |
| 6 | | 3 | | | | | 7 | |
| | | 9 | 3 | 7 | | | 6 | |
| | | | 4 | | 9 | 2 | | |

## HARD - 171

| | | | | | | | | |
|---|---|---|---|---|---|---|---|---|
| | | 9 | | | 6 | | 8 | |
| 4 | 7 | | | | 2 | | | |
| 8 | | | | | 3 | 9 | 2 | |
| | | 8 | 3 | | 5 | | | 4 |
| 1 | | 6 | | 8 | 9 | 7 | | |
| | | | | | | | | |
| | 1 | | | | | 2 | | |
| | 8 | | | | | | 9 | |
| 7 | 3 | | | | | | | 1 |

## HARD - 172

| | | | | | | | | |
|---|---|---|---|---|---|---|---|---|
| 8 | | | | 6 | | | 5 | 9 |
| | 1 | | | | | | | |
| 9 | | | | | | | | |
| | | | 5 | | 9 | 6 | | |
| 3 | | | | | | | | |
| 6 | | 9 | 7 | 4 | 3 | | 8 | 5 |
| | | 4 | | | 8 | | 1 | 2 |
| | | | 3 | | | | 9 | |
| | 9 | | | 7 | 1 | 8 | 4 | |

## HARD - 173

| | | | | | | | | |
|---|---|---|---|---|---|---|---|---|
| | | 1 | | 8 | 2 | | | |
| | | 8 | | | | | 9 | |
| | 4 | | 9 | | 3 | | | |
| 4 | 7 | | | 5 | 6 | | | |
| 8 | | | | | 9 | | 2 | |
| | 3 | | 1 | | | | | 5 |
| | | | | | | | 5 | 4 |
| 5 | | | 6 | | | | | |
| | | 2 | | | | | 1 | 3 |

## HARD - 174

| | | | | | | | | |
|---|---|---|---|---|---|---|---|---|
| | 6 | | 7 | 8 | | | 2 | 1 |
| | | 1 | | | 3 | 6 | 8 | |
| | | | | 6 | | 3 | | |
| 2 | 5 | 6 | | | | 7 | | |
| | | | 6 | | | 2 | | 5 |
| 7 | | | | | | | | 3 |
| | | 9 | 2 | | | | | |
| | 1 | | | | | | | 9 |
| | | | | 3 | 1 | | | |

## HARD - 175

| | | | | | | | | |
|---|---|---|---|---|---|---|---|---|
| | | | 1 | 5 | | | | 9 |
| 7 | | | 6 | | | | | |
| | | | | 2 | | 1 | 3 | |
| 1 | | | 9 | | | 8 | | |
| | | 3 | | | 2 | | | |
| | 9 | | | | | | | 6 |
| | 1 | | | | 7 | 9 | 5 | |
| 9 | | 7 | | | | 3 | | |
| 5 | | 6 | 8 | 9 | | 2 | | |

## HARD - 176

| | | | | | | | | |
|---|---|---|---|---|---|---|---|---|
| | | | | 8 | | | | 2 |
| | | | 3 | | | 4 | 9 | 7 |
| | 7 | | | | | | | |
| | | 5 | | 2 | | | 3 | 1 |
| | 8 | | | | 3 | | 7 | |
| 1 | | | | | 6 | | | |
| | 3 | 6 | | 7 | 9 | | 1 | |
| | | | | | | | | 8 |
| | | | 5 | | 1 | | 6 | |

## HARD - 177

| | | | | | | | | |
|---|---|---|---|---|---|---|---|---|
| 3 | | | | | 1 | | | |
| | | | 7 | | 4 | 8 | | |
| | | | | 9 | | 3 | 2 | |
| | 4 | 3 | | 6 | 7 | | | 1 |
| | | | | | | | | 9 |
| | 7 | 9 | | | | | 6 | 8 |
| | | | 3 | 1 | | 5 | 7 | |
| 5 | 8 | | | | | | | |
| | | 7 | | 4 | | | | |

## HARD - 178

| | | | | | | | | |
|---|---|---|---|---|---|---|---|---|
| 3 | | 7 | | | | | | 1 |
| | 6 | | 4 | | 7 | | | |
| 9 | | | 6 | | | | 8 | |
| | 5 | | 2 | | | 9 | | |
| | | | | | | 5 | | 2 |
| | | | 5 | 6 | | | 4 | |
| | | 4 | 1 | 3 | | | | 8 |
| 8 | 9 | | | | | | | |
| | | | | | 6 | 2 | 9 | 4 |

## HARD - 179

| | | | | | | | | |
|---|---|---|---|---|---|---|---|---|
| | 1 | | | | | 3 | | |
| 4 | | | 6 | | | | 1 | |
| | | | | 8 | | 4 | | 7 |
| | | | 2 | | 7 | 5 | | |
| | | | | | 4 | | 9 | 1 |
| | 8 | | | 1 | | | 3 | |
| 5 | | | | | | | | |
| 8 | | 1 | | 2 | 5 | | | |
| | | 9 | 1 | 6 | | | | 4 |

## HARD - 180

| | | | | | | | | |
|---|---|---|---|---|---|---|---|---|
| | | | 6 | | 1 | | 4 | |
| 7 | 1 | 8 | 5 | | | 2 | 6 | |
| | 6 | 9 | | 2 | | 5 | | |
| 5 | | | | 8 | | | | 1 |
| | | 3 | | 5 | | 6 | | 8 |
| | | 1 | | | | 4 | | |
| | | | | | | | 8 | |
| | | | | 4 | 9 | 1 | 7 | |
| | 3 | | | 6 | | | | |

## HARD - 181

|   | 2 |   |   |   |   |   | 1 | 4 |
|---|---|---|---|---|---|---|---|---|
|   |   |   | 9 |   | 2 |   |   |   |
|   |   |   |   |   |   |   | 9 | 7 |
|   |   |   |   | 4 | 8 | 9 | 3 |   |
| 3 | 4 |   |   |   |   |   |   |   |
|   |   | 1 |   |   |   |   |   |   |
| 6 | 7 |   | 3 |   |   |   |   | 5 |
|   |   | 8 | 4 | 2 |   |   |   |   |
|   | 3 |   | 1 | 7 |   | 8 |   | 2 |

## HARD - 182

|   |   |   |   | 6 | 7 | 4 |   |   |
|---|---|---|---|---|---|---|---|---|
| 4 |   |   |   |   |   | 8 |   |   |
|   |   |   | 8 |   |   |   |   | 1 |
|   | 6 |   |   |   | 4 | 7 | 9 | 2 |
| 7 | 1 |   |   | 8 | 6 |   | 3 |   |
|   |   | 3 | 5 |   |   |   |   |   |
| 1 |   |   |   |   |   | 6 |   | 5 |
| 8 |   |   | 4 | 3 | 5 |   |   |   |
|   |   |   |   |   |   |   |   |   |

## HARD - 183

|   |   |   |   |   |   |   |   | 3 |
|---|---|---|---|---|---|---|---|---|
| 8 | 4 | 6 | 3 | 2 |   |   |   |   |
|   | 9 | 1 |   | 8 |   |   | 6 |   |
|   | 6 |   | 8 |   |   |   |   | 2 |
| 9 |   | 3 |   | 7 | 1 |   |   | 8 |
|   |   | 4 |   | 9 | 3 |   |   |   |
| 4 | 1 | 8 | 9 |   |   |   |   |   |
|   |   |   |   |   | 2 |   |   |   |
|   |   | 9 | 1 |   | 8 | 6 |   |   |

## HARD - 184

|   |   | 3 | 7 | 2 |   |   | 5 | 8 |
|---|---|---|---|---|---|---|---|---|
| 5 |   | 6 | 1 |   |   |   | 3 |   |
| 8 |   |   | 9 |   | 3 |   |   |   |
|   | 7 |   | 2 | 8 | 4 |   | 1 |   |
|   | 1 |   |   |   |   |   |   | 4 |
|   |   |   | 6 |   |   | 7 |   |   |
|   |   |   |   |   |   |   | 7 |   |
| 7 |   | 5 |   |   |   | 8 |   | 1 |
|   | 3 |   |   |   |   | 4 |   |   |

## HARD - 185

|   | 5 |   |   | 8 |   |   |   | 3 |
|---|---|---|---|---|---|---|---|---|
| 4 |   |   |   |   |   | 9 |   |   |
|   |   |   |   |   |   |   | 4 | 2 |
|   |   |   | 4 |   |   |   | 2 |   |
|   |   | 2 | 3 |   |   | 6 |   |   |
|   | 9 | 1 | 7 |   | 5 |   |   |   |
| 9 |   |   | 2 | 1 |   | 8 |   |   |
| 7 | 8 | 5 |   | 4 | 3 |   |   |   |
|   |   |   |   |   |   |   | 3 |   |

## HARD - 186

|   |   |   | 8 | 2 |   |   | 7 |   |
|---|---|---|---|---|---|---|---|---|
|   |   |   |   | 4 | 1 |   | 5 |   |
|   | 1 | 7 |   |   | 6 |   | 2 |   |
| 4 | 8 |   |   |   |   |   |   |   |
|   |   | 1 |   | 6 |   | 9 |   |   |
| 6 | 7 |   | 4 | 5 |   | 1 |   |   |
| 1 |   | 5 |   |   |   |   |   |   |
| 9 | 6 |   |   |   |   | 5 |   |   |
|   |   |   | 9 |   |   | 6 |   | 4 |

## HARD - 187

| | | | | | | | | |
|---|---|---|---|---|---|---|---|---|
| | | 8 | | 6 | 4 | | | 5 |
| | | 2 | 3 | | | | | |
| 5 | 9 | | | 8 | | | | 6 |
| | | | | | | | | 7 |
| 6 | | 7 | 5 | | | | | |
| | 3 | 5 | | | | 8 | | 1 |
| | | 6 | | | 2 | | 5 | |
| | | | | | 9 | 1 | | |
| | | | 8 | 5 | | | 2 | 9 |

## HARD - 188

| | | | | | | | | |
|---|---|---|---|---|---|---|---|---|
| 4 | | | | | | 6 | | 1 |
| | | | | | | | | |
| | | 3 | 5 | 9 | | 7 | | |
| | 4 | | | 2 | 7 | | | 6 |
| | | | | | | | 5 | |
| | | | | | 8 | 2 | | 9 |
| | | | 3 | 7 | 6 | | | |
| 7 | | | 1 | | | | | |
| 5 | | 6 | 2 | 8 | | | 3 | |

## HARD - 189

| | | | | | | | | |
|---|---|---|---|---|---|---|---|---|
| 4 | | | | 6 | | 7 | | |
| | | | | | | | 3 | |
| 7 | | | | | | | | 2 |
| 5 | 3 | | | 2 | | | | |
| | 9 | | | | 7 | | | |
| 2 | | | | | 8 | | 7 | |
| 3 | 5 | | 9 | | 1 | 6 | | |
| | 7 | 9 | 4 | | | | | 5 |
| 8 | 4 | | 6 | 3 | | | | |

## HARD - 190

| | | | | | | | | |
|---|---|---|---|---|---|---|---|---|
| | 9 | | | | 4 | 6 | 5 | |
| 1 | | 7 | | | 3 | | | 9 |
| | | | | | 6 | 1 | | |
| | 1 | | | | | 3 | 6 | 2 |
| | | | | | | | | |
| 2 | 7 | 4 | | | | | 9 | |
| 5 | | | 4 | 2 | 7 | | | |
| | | 2 | | 6 | 1 | | | 4 |
| 7 | | | | | | | | |

## HARD - 191

| | | | | | | | | |
|---|---|---|---|---|---|---|---|---|
| | 4 | | 6 | | | 5 | | 8 |
| | 7 | | | | 4 | | | |
| | | | | | 2 | | 3 | 9 |
| | | 3 | | 1 | 7 | | | |
| | | 6 | 2 | | | | 1 | 7 |
| | | 8 | 5 | | | | 4 | |
| | 3 | | | | | | 6 | |
| 5 | | 7 | | 2 | | | | |
| | | | | 7 | | 3 | 5 | |

## HARD - 192

| | | | | | | | | |
|---|---|---|---|---|---|---|---|---|
| 3 | 8 | 4 | | | | | 5 | 2 |
| | 7 | | | 5 | | | | |
| | | | | | | 4 | | |
| | | 7 | 5 | | | 9 | | |
| 6 | | | 7 | 9 | 8 | | | |
| | | 5 | 4 | 6 | | | | |
| 7 | 4 | | | | | | | |
| | | | | | | | 1 | 5 |
| 2 | | 1 | | | | 6 | | 8 |

## HARD - 193

| | | | | | | | | |
|---|---|---|---|---|---|---|---|---|
| 7 | | | | | | 2 | 6 | |
| | | | 6 | 3 | | | | 7 |
| | | | 2 | 1 | | | 5 | |
| 5 | | | | 8 | 4 | | | |
| | 6 | | 1 | | | | | 3 |
| | | 8 | | | | 5 | | |
| | | 4 | 7 | | | 9 | 3 | |
| 2 | | 5 | | | 1 | | 4 | |
| | | | | | | | 1 | 5 |

## HARD - 194

| | | | | | | | | |
|---|---|---|---|---|---|---|---|---|
| | | 9 | | | | | 2 | 1 |
| | 8 | 4 | | | 5 | | 9 | |
| | | | 9 | | | | | 4 |
| | | | | | 9 | 2 | | |
| | 3 | | | | 1 | 7 | | 9 |
| | 7 | | | 2 | | 4 | | |
| | 2 | 3 | | | | | | |
| 4 | 5 | | 2 | | 7 | 9 | | 8 |
| | | | | | | 3 | 7 | |

## HARD - 195

| | | | | | | | | |
|---|---|---|---|---|---|---|---|---|
| 2 | 1 | 7 | 5 | 3 | | | 8 | |
| | | | | | | | | 7 |
| 9 | | | 2 | 4 | 7 | | | 6 |
| | | 6 | | | 1 | | | 9 |
| | | 1 | | 2 | 4 | | | |
| 4 | | | | 7 | | | | 8 |
| | | 3 | | | | 7 | | |
| 8 | | | | | | | 9 | 1 |
| | 6 | 9 | | 5 | | | | |

## HARD - 196

| | | | | | | | | |
|---|---|---|---|---|---|---|---|---|
| | | 4 | | | | | | |
| | 9 | | | | | 8 | | |
| 3 | | 6 | | | | 5 | 2 | 7 |
| | | | 1 | 6 | | | | |
| | 4 | | 7 | | | | | |
| | 2 | | | 4 | | 7 | 5 | |
| | 1 | | 8 | | | 2 | | |
| | | | | 7 | | | 8 | 4 |
| 4 | | | 6 | 2 | | 1 | | 9 |

## HARD - 197

| | | | | | | | | |
|---|---|---|---|---|---|---|---|---|
| | 9 | | | | | 7 | | |
| | | 8 | | | 6 | | 4 | |
| 2 | | 4 | | | | 8 | 6 | |
| | | | 3 | 6 | 5 | | | |
| | | | 4 | | | 2 | | |
| 6 | | 7 | | 1 | | 4 | | |
| | | | 7 | | 2 | | | |
| | | 3 | | 5 | | | | 2 |
| | 5 | | | | | 9 | 7 | |

## HARD - 198

| | | | | | | | | |
|---|---|---|---|---|---|---|---|---|
| | 6 | 4 | | | | | | |
| 9 | | 7 | | | 8 | | 2 | |
| 3 | | | | | 4 | 5 | | |
| | | | | | 7 | 1 | 5 | 2 |
| | | | | | | | | |
| | | | 2 | 5 | | | 9 | 7 |
| 6 | | 1 | | | | | 3 | |
| 5 | | | | 1 | | | | 4 |
| | 3 | 2 | 8 | | 5 | | 6 | |

## HARD - 199

| | | | | | | | | |
|---|---|---|---|---|---|---|---|---|
| | 6 | 8 | 4 | | 2 | | | |
| | | | | | | | | |
| 1 | | | | 5 | 8 | 6 | | |
| | | 2 | | | | | 9 | 8 |
| | | 6 | | 8 | | | 5 | 3 |
| | | | | | | 4 | 6 | 7 |
| 8 | 2 | 4 | | | 3 | | | |
| | 7 | | 9 | | 6 | | | |
| | 9 | | | 7 | | | | |

## HARD - 200

| | | | | | | | | |
|---|---|---|---|---|---|---|---|---|
| 4 | | | | | | | 3 | |
| 3 | 1 | 6 | 5 | 7 | | | | |
| | | | 1 | 4 | 3 | | | |
| 5 | | | | | | | | 1 |
| | | | | 8 | | | | 4 |
| | 6 | | | | | 5 | | 9 |
| 2 | 5 | | 3 | | 4 | | | 6 |
| | 9 | 8 | 7 | | | | | |
| | | 3 | 6 | | | | 5 | |

## HARD - 201

| | | | | | | | | |
|---|---|---|---|---|---|---|---|---|
| | | | | | | 3 | | 4 |
| 6 | | | | 5 | 4 | | | |
| 8 | 3 | | | | | | | |
| 5 | 9 | | | 1 | 6 | | | |
| | | | | 2 | 3 | 7 | 1 | |
| | | 2 | | | | | | 9 |
| | | 3 | | | | 8 | | |
| | 2 | 8 | | 3 | 9 | | 4 | 7 |
| | 6 | | | | 2 | | 9 | |

## HARD - 202

| | | | | | | | | |
|---|---|---|---|---|---|---|---|---|
| | | | | | | 3 | | 6 |
| 2 | 9 | | 1 | | | | 7 | 5 |
| | 3 | 6 | | | 5 | | | |
| | | | | | 9 | | | 1 |
| 3 | | 2 | | | | | 6 | |
| | | | 5 | | 3 | | | |
| 7 | 4 | | 2 | | | 6 | 9 | |
| | | | 9 | | | | 1 | |
| 9 | | | | | 8 | | | |

## HARD - 203

| | | | | | | | | |
|---|---|---|---|---|---|---|---|---|
| 8 | | | 7 | | | | | |
| 2 | | 1 | | | | 3 | | 7 |
| | | 3 | 6 | | | 8 | | 2 |
| | | 8 | | | 5 | | 6 | |
| | 1 | | | 4 | | | | |
| 6 | 4 | | | 9 | | | 3 | 5 |
| | | | 5 | | | | 2 | |
| | | | | | 3 | 4 | | 9 |
| | 8 | 7 | | | 9 | | | |

## HARD - 204

| | | | | | | | | |
|---|---|---|---|---|---|---|---|---|
| | | 8 | | | | | | |
| 5 | 3 | 2 | | | 9 | 6 | | 1 |
| 7 | | 9 | | | | 5 | | |
| | | 3 | | | | 4 | 1 | |
| 4 | | | 8 | | | | | 9 |
| | | 5 | | 4 | | | 6 | |
| | 2 | | | 6 | | | 5 | 4 |
| 8 | | | | | 1 | | | |
| 3 | | 7 | 2 | | | | 9 | |

## HARD - 205

| | | | | | | | | |
|---|---|---|---|---|---|---|---|---|
| | | | | | | | 5 | |
| 2 | | | | 4 | 5 | 8 | | |
| | | 5 | | | 9 | | | 6 |
| | | | | 7 | | 9 | | |
| 6 | 4 | | | | 3 | | | |
| | | 2 | 6 | | | | | 4 |
| 9 | 6 | | 7 | | 1 | 3 | | 2 |
| | | | | | | | | 8 |
| | | | | | | | | 1 |

## HARD - 206

| | | | | | | | | |
|---|---|---|---|---|---|---|---|---|
| 9 | | 1 | | | | 2 | | 6 |
| | 3 | | | | 6 | 4 | 5 | |
| | | | 5 | 9 | | | | 8 |
| 3 | | 2 | | 5 | | 6 | | 4 |
| 4 | | | 6 | | 7 | | 3 | |
| | | 6 | | 4 | 8 | | | |
| | | 3 | | 7 | | | | |
| | 2 | 4 | 1 | | 9 | | | |
| 1 | | | 2 | | | | | |

## HARD - 207

| | | | | | | | | |
|---|---|---|---|---|---|---|---|---|
| 2 | | | | | 8 | | 1 | 6 |
| | | | | | | 2 | | |
| 7 | | 4 | 9 | 2 | | | 3 | |
| | | | 1 | | | 7 | | |
| 1 | | | | | 7 | | | |
| 9 | | 7 | | 6 | | | 8 | 3 |
| | | | | | | | | 7 |
| | 7 | 9 | | 8 | | | 2 | |
| 5 | 4 | 3 | | | | | | 1 |

## HARD - 208

| | | | | | | | | |
|---|---|---|---|---|---|---|---|---|
| 6 | | | | | 9 | | 1 | |
| 2 | 4 | | | | | | 3 | 7 |
| | | | | | 6 | | | 9 |
| | 6 | | | | | | | |
| | | 4 | | | 5 | 8 | | |
| | | | 9 | 3 | 4 | | | 6 |
| | | | 4 | | 8 | | | |
| 5 | | 3 | | 9 | 7 | | | 8 |
| | | | 1 | | 3 | | 2 | |

## HARD - 209

| | | | | | | | | |
|---|---|---|---|---|---|---|---|---|
| | | | 8 | | | | | |
| | | | | 9 | 3 | | 7 | 6 |
| | | | | | | 4 | 5 | |
| 1 | | | | 2 | | | | 4 |
| 2 | | | 4 | 8 | 5 | 1 | | |
| 9 | 7 | | | | | | | 2 |
| 4 | | | 3 | | | | | |
| | | 7 | | | | | | |
| 3 | 8 | 5 | 1 | | | | 6 | 9 |

## HARD - 210

| | | | | | | | | |
|---|---|---|---|---|---|---|---|---|
| | | | 1 | | | | | |
| 4 | | 1 | | 9 | | | | |
| | 2 | | | 7 | | 8 | | |
| | | | | 8 | | 7 | | 9 |
| | | | 5 | | | | | |
| | 5 | | 7 | 4 | | | 3 | |
| 6 | | | | 5 | | 1 | | 4 |
| | 4 | 5 | 2 | | 1 | 9 | | 3 |
| 9 | | | | | | | 8 | |

## HARD - 211

| 5 |   |   |   |   |   |   | 3 |   |
|---|---|---|---|---|---|---|---|---|
|   |   |   |   |   |   | 8 |   | 4 |
|   |   |   |   |   | 8 | 1 | 6 |   |
| 2 | 5 |   | 4 |   |   |   |   |   |
|   |   | 9 | 2 |   | 6 |   | 5 | 3 |
| 7 |   |   | 3 |   |   |   |   |   |
|   |   |   |   | 3 |   |   | 4 |   |
|   |   |   | 7 |   |   | 5 | 9 | 6 |
|   | 4 |   |   | 1 |   |   | 8 |   |

## HARD - 212

| 5 |   |   |   | 2 |   |   |   |   |
|---|---|---|---|---|---|---|---|---|
|   | 4 |   |   |   | 7 | 9 |   | 6 |
| 9 |   |   |   | 8 | 5 |   |   |   |
|   | 2 |   |   |   |   | 6 |   | 5 |
|   | 8 |   | 7 |   |   |   |   |   |
| 6 |   |   |   |   | 8 |   |   |   |
| 8 |   |   | 6 |   | 4 |   | 9 |   |
| 7 | 6 |   |   | 5 |   |   | 2 |   |
|   |   |   |   |   |   |   |   | 3 |

## HARD - 213

| 8 |   | 4 | 1 |   | 7 |   |   |   |
|---|---|---|---|---|---|---|---|---|
|   | 3 |   |   |   |   |   |   |   |
| 1 |   |   |   |   |   |   | 3 | 8 |
|   |   |   |   | 8 | 3 | 4 |   |   |
|   | 6 |   |   |   |   | 7 |   |   |
| 5 |   | 9 |   |   |   |   |   | 2 |
|   |   |   |   | 6 |   |   |   | 4 |
|   | 8 |   |   |   | 1 | 2 |   |   |
|   | 7 | 5 |   |   | 2 | 9 |   | 3 |

## HARD - 214

| 7 |   |   |   | 2 |   | 3 |   |   |
|---|---|---|---|---|---|---|---|---|
| 1 |   | 6 | 3 |   |   | 7 |   | 9 |
|   |   |   |   | 5 |   | 8 | 6 |   |
|   |   | 5 |   |   | 2 |   | 7 |   |
|   |   | 4 | 6 |   |   |   |   | 5 |
| 6 | 7 |   |   |   | 3 |   |   |   |
|   |   |   |   | 9 |   |   |   | 7 |
|   |   |   |   |   |   | 4 |   |   |
|   | 8 | 3 |   |   | 4 |   |   |   |

## HARD - 215

|   |   | 6 |   |   |   |   | 4 | 2 |
|---|---|---|---|---|---|---|---|---|
|   | 9 |   |   |   | 7 |   |   | 3 |
| 4 | 5 |   |   | 8 |   | 6 |   |   |
| 2 | 8 | 4 |   |   |   | 3 |   | 9 |
|   | 7 | 5 |   | 3 |   |   |   |   |
|   |   |   |   |   |   | 5 |   |   |
| 5 |   |   |   | 2 |   | 7 |   |   |
|   | 2 | 9 | 3 |   |   |   |   | 6 |
|   |   |   | 4 |   |   |   |   |   |

## HARD - 216

|   |   |   |   | 4 |   |   | 3 | 1 |
|---|---|---|---|---|---|---|---|---|
|   |   |   |   | 9 |   |   |   |   |
| 2 | 5 |   |   | 3 | 1 | 9 | 7 |   |
| 5 | 9 |   |   |   |   |   | 1 | 7 |
|   |   | 8 |   | 5 |   |   |   | 6 |
| 1 |   |   |   |   | 7 |   |   | 8 |
|   |   |   |   |   | 9 |   |   |   |
| 8 |   |   |   | 1 |   |   | 5 |   |
| 6 | 1 |   | 2 |   |   |   |   |   |

## HARD - 217

| 8 | 1 |  |  |  |  | 4 |  | 6 |
|---|---|---|---|---|---|---|---|---|
|  |  | 6 | 4 |  |  |  |  | 5 |
| 4 | 5 | 2 |  | 7 |  | 1 |  |  |
| 2 |  |  |  |  | 4 |  |  |  |
| 1 |  |  | 3 | 5 |  |  |  | 4 |
|  | 3 |  | 2 |  |  |  | 1 | 7 |
|  | 4 |  |  |  |  |  |  | 3 |
|  | 7 |  |  | 3 | 5 |  |  |  |
| 3 |  |  |  |  |  | 5 |  |  |

## HARD - 218

|  | 5 |  |  |  |  |  | 6 |  |
|---|---|---|---|---|---|---|---|---|
|  | 2 |  | 5 |  | 4 |  |  |  |
|  |  | 7 |  | 8 |  |  | 3 |  |
|  |  | 4 |  | 5 |  |  |  | 6 |
| 8 |  |  |  |  |  | 5 |  | 7 |
| 7 |  | 5 | 6 |  |  | 4 | 8 |  |
|  |  |  | 1 |  |  | 6 |  |  |
|  |  | 1 | 3 |  | 9 |  |  |  |
|  |  | 9 | 8 |  |  |  | 4 | 2 |

## HARD - 219

|  |  |  |  | 3 |  |  |  | 2 |
|---|---|---|---|---|---|---|---|---|
|  |  |  | 9 | 2 | 4 | 3 |  |  |
|  |  | 7 | 8 |  |  | 9 |  | 1 |
| 8 |  |  |  |  |  | 5 |  | 9 |
|  | 9 |  |  | 8 |  |  |  | 6 |
|  |  |  |  |  | 9 | 7 |  |  |
| 4 | 6 |  | 5 |  |  |  |  |  |
| 7 |  | 3 |  |  |  |  | 5 |  |
| 1 |  | 8 |  |  |  | 2 |  |  |

## HARD - 220

|  |  |  |  |  |  |  |  |  |
|---|---|---|---|---|---|---|---|---|
|  | 9 |  | 6 | 1 |  | 2 | 5 |  |
|  | 1 | 4 | 3 |  | 5 |  |  |  |
|  | 4 |  |  |  |  | 1 | 9 |  |
|  |  |  | 5 | 6 |  | 4 |  |  |
|  |  | 3 |  |  |  |  |  |  |
|  |  | 6 |  |  | 1 |  | 8 | 5 |
|  | 7 |  | 8 |  |  |  |  | 1 |
| 8 |  |  | 7 |  |  |  | 6 |  |

## HARD - 221

| 3 | 4 |  |  |  |  |  |  | 7 |
|---|---|---|---|---|---|---|---|---|
|  | 8 |  | 3 |  |  |  | 6 | 2 |
|  | 1 | 9 |  | 5 |  |  |  |  |
|  |  |  |  |  | 2 |  |  |  |
|  |  | 4 |  |  |  | 7 |  |  |
| 9 | 7 |  |  |  | 6 |  | 4 | 1 |
|  |  |  | 6 |  |  | 3 | 2 |  |
|  | 2 | 5 |  |  |  | 1 |  |  |
|  |  |  | 9 |  | 4 |  |  |  |

## HARD - 222

| 4 |  |  |  |  |  | 9 |  |  |
|---|---|---|---|---|---|---|---|---|
| 2 |  |  |  | 6 |  |  |  |  |
| 6 | 3 | 8 |  |  |  |  | 4 |  |
|  |  |  |  |  | 3 |  |  |  |
|  |  | 3 |  |  | 9 | 2 |  |  |
| 5 | 9 | 6 |  | 7 |  |  |  |  |
|  |  |  | 8 |  |  |  |  | 2 |
|  | 4 |  | 2 | 3 |  |  |  | 1 |
| 7 |  |  | 4 |  |  |  | 6 |  |

## HARD - 223

|   |   | 3 |   |   |   | 8 |   |   |
|---|---|---|---|---|---|---|---|---|
|   |   |   | 5 |   |   | 6 | 2 |   |
| 9 |   |   | 4 | 1 |   |   |   |   |
|   | 4 |   |   |   |   | 9 |   |   |
|   |   |   |   | 9 |   | 1 | 6 |   |
|   |   | 8 |   |   |   | 3 |   | 2 |
| 2 | 7 | 5 |   |   |   |   |   |   |
|   |   | 6 |   |   | 9 |   | 7 | 8 |
|   |   |   |   | 2 |   |   |   | 6 |

## HARD - 224

| 2 |   |   |   | 9 |   |   |   | 7 |
|---|---|---|---|---|---|---|---|---|
|   |   |   |   |   |   |   | 3 |   |
|   | 9 | 6 |   |   |   | 4 | 8 |   |
|   | 5 |   | 2 |   |   | 3 |   |   |
| 1 | 6 |   |   |   |   | 7 |   |   |
|   | 3 | 2 | 6 |   | 1 |   |   |   |
|   |   |   | 5 |   | 6 |   |   | 8 |
|   | 7 |   | 9 | 8 |   |   | 1 |   |
| 8 |   |   |   | 1 |   |   |   |   |

## HARD - 225

| 3 |   |   | 2 | 1 |   |   |   |   |
|---|---|---|---|---|---|---|---|---|
|   | 8 |   |   |   | 7 | 1 |   | 5 |
|   |   | 1 |   |   |   |   | 4 |   |
| 7 |   |   | 3 |   |   | 5 |   | 1 |
| 9 |   | 5 | 7 |   |   |   |   |   |
|   |   | 2 |   |   | 5 | 9 |   | 6 |
| 1 |   |   |   | 6 |   |   |   | 2 |
| 4 |   |   |   |   |   |   | 6 |   |
|   |   |   |   |   | 9 |   |   | 3 |

## HARD - 226

|   |   |   |   |   | 2 |   | 5 | 9 |
|---|---|---|---|---|---|---|---|---|
| 2 | 4 |   | 7 | 1 |   |   |   |   |
|   |   |   | 6 | 3 |   | 2 | 7 |   |
| 8 |   | 6 |   |   |   |   | 2 |   |
|   |   | 9 |   |   |   |   |   |   |
|   | 7 |   |   | 6 |   |   | 4 |   |
| 1 |   |   |   |   |   |   |   | 8 |
|   |   |   | 9 |   | 6 |   | 3 |   |
|   |   | 8 |   |   |   |   | 6 |   |

## HARD - 227

| 3 |   |   | 6 |   |   |   | 8 | 2 |
|---|---|---|---|---|---|---|---|---|
| 8 |   | 5 | 3 |   | 2 |   | 6 |   |
| 6 | 4 |   |   |   | 7 |   |   |   |
|   |   | 3 |   |   |   |   |   |   |
|   |   |   | 5 |   | 4 |   |   |   |
|   | 8 |   |   | 3 |   | 6 |   | 4 |
|   |   | 9 |   | 7 |   |   |   |   |
|   |   |   | 1 |   |   |   |   | 9 |
| 5 | 3 |   | 8 |   |   | 1 |   |   |

## HARD - 228

|   |   | 3 |   |   | 1 |   | 8 | 6 |
|---|---|---|---|---|---|---|---|---|
|   | 2 | 8 |   |   |   |   | 3 |   |
| 1 |   |   |   |   |   |   |   | 4 |
|   |   |   |   | 2 |   | 3 |   | 9 |
|   |   |   |   |   | 9 | 5 |   |   |
| 2 |   | 5 | 1 |   |   |   |   |   |
| 5 |   |   | 4 | 7 |   |   |   | 1 |
|   | 3 | 4 | 8 |   |   |   |   | 2 |
|   |   |   |   | 9 |   |   |   |   |

## HARD - 229

| 2 |  |  |  | 4 |  | 1 |  |  |
|---|---|---|---|---|---|---|---|---|
|  | 9 |  | 2 |  |  |  | 5 |  |
| 1 | 7 | 3 | 6 |  |  |  |  |  |
|  |  |  | 3 |  |  |  |  |  |
|  |  | 8 |  |  | 6 |  | 1 | 5 |
| 9 |  | 7 |  |  |  | 3 |  |  |
| 8 |  |  | 4 |  |  |  | 6 |  |
| 5 |  |  |  | 2 |  |  | 3 |  |
|  | 3 |  | 5 |  |  |  |  | 1 |

## HARD - 230

|  | 7 | 3 |  |  |  | 5 |  |  |
|---|---|---|---|---|---|---|---|---|
| 8 | 5 |  |  | 9 |  |  | 3 |  |
|  |  |  |  |  |  | 2 |  | 8 |
|  |  |  |  |  |  |  |  | 3 |
|  | 2 | 4 |  | 6 |  | 9 |  |  |
|  |  | 1 |  |  | 5 |  |  |  |
|  |  | 5 | 7 |  | 4 | 3 |  | 1 |
|  | 8 |  | 2 |  |  |  |  | 6 |
|  |  |  |  | 5 |  |  |  | 7 |

## HARD - 231

|  |  | 9 |  | 6 |  |  |  | 4 |
|---|---|---|---|---|---|---|---|---|
|  | 8 | 5 |  |  | 4 |  |  |  |
| 2 |  |  |  |  |  | 9 |  | 7 |
| 8 |  |  |  |  |  |  |  |  |
| 9 |  |  | 5 |  |  | 7 | 8 |  |
|  | 5 | 7 | 8 |  | 9 |  |  | 1 |
|  |  |  |  |  | 2 | 4 | 7 |  |
| 5 |  |  | 4 |  |  |  |  | 2 |
| 6 |  |  |  | 9 |  |  | 1 |  |

## HARD - 232

|  |  | 9 | 2 |  |  | 7 |  | 3 |
|---|---|---|---|---|---|---|---|---|
|  |  |  | 8 |  |  | 5 |  |  |
|  |  | 2 | 5 |  |  |  |  | 8 |
| 2 |  | 4 | 3 |  |  |  |  |  |
|  | 6 |  |  |  | 2 |  | 7 |  |
|  | 9 | 8 |  |  | 6 |  |  | 5 |
|  |  |  |  | 3 |  |  | 6 |  |
| 9 | 5 |  | 6 |  |  | 3 | 8 |  |
|  |  | 6 |  |  |  | 9 | 5 |  |

## HARD - 233

| 1 | 3 |  | 5 |  | 9 |  | 6 |  |
|---|---|---|---|---|---|---|---|---|
| 5 |  |  |  | 1 |  |  |  |  |
|  | 8 |  |  |  |  | 4 |  |  |
| 3 |  | 6 |  |  |  |  | 9 |  |
| 7 |  |  | 9 |  |  | 8 | 3 |  |
|  |  |  |  | 3 |  |  | 1 |  |
|  |  |  | 1 |  |  |  |  |  |
| 8 | 9 | 5 |  |  | 3 |  | 4 |  |
|  | 2 |  |  |  |  | 7 |  |  |

## HARD - 234

| 5 |  |  |  |  | 7 |  | 1 | 6 |
|---|---|---|---|---|---|---|---|---|
| 3 |  |  |  | 4 |  |  |  |  |
|  |  | 9 |  | 6 | 1 |  | 4 |  |
|  |  | 6 |  |  | 2 | 4 |  |  |
|  |  |  |  |  |  | 6 | 2 | 8 |
| 2 | 3 |  |  |  |  |  |  |  |
|  |  | 5 |  | 9 | 8 |  |  |  |
|  |  |  |  | 2 |  |  | 8 |  |
| 9 |  |  |  |  |  | 1 | 6 | 3 |

## HARD - 235

| | | | | | | | | |
|---|---|---|---|---|---|---|---|---|
| 4 | | | | | | | 7 | |
| | | | 4 | | 2 | | | |
| | 1 | | | | | | 5 | 6 |
| | | | | 5 | | 3 | | |
| | 3 | 6 | | 2 | 7 | | | |
| 2 | | 1 | | 9 | | 5 | | |
| | | 8 | 5 | | | | | |
| | | 5 | | | 1 | | | |
| | 7 | 3 | | | | | 2 | |

## HARD - 236

| | | | | | | | | |
|---|---|---|---|---|---|---|---|---|
| | | 4 | 1 | | | | 6 | |
| | 8 | 6 | | 9 | | | | |
| 2 | | | | 5 | 6 | | | |
| | | 7 | | | | | | |
| | 2 | | 8 | 1 | 3 | | 5 | |
| | | | | | | 9 | | 4 |
| | | | | | | 2 | | |
| 8 | | | 9 | | | 1 | 3 | |
| 9 | | 3 | | | 4 | | | 7 |

## HARD - 237

| | | | | | | | | |
|---|---|---|---|---|---|---|---|---|
| | 9 | | 4 | | 6 | | | 8 |
| | | | 8 | | | 2 | | |
| 7 | | | 5 | 2 | 1 | | | 4 |
| 9 | 6 | | | | 7 | | | 5 |
| 4 | | | | 9 | | 6 | 2 | |
| | 7 | | | | 5 | | 8 | |
| | | | | | 2 | | 3 | |
| | | | | | | 5 | | 6 |
| 5 | | 6 | | | | | | |

## HARD - 238

| | | | | | | | | |
|---|---|---|---|---|---|---|---|---|
| | | | | | 8 | | 4 | |
| 5 | | 2 | | 6 | 3 | | | |
| | | 8 | 1 | | | | 7 | |
| 7 | 1 | | | | 9 | 8 | | |
| | | | 8 | | | | | 4 |
| 8 | | 4 | | | | | 5 | |
| | 9 | | 5 | | | | 1 | 6 |
| | 2 | 1 | | | | | | 7 |
| 6 | | 5 | | | | | 2 | |

## HARD - 239

| | | | | | | | | |
|---|---|---|---|---|---|---|---|---|
| | | 7 | 8 | 3 | 4 | | | |
| 9 | | 2 | | | | | 7 | |
| | | | | | | | 8 | |
| | 7 | | | | 3 | | | |
| | | | | 7 | 8 | 9 | | |
| 6 | 3 | | | | 1 | 5 | | |
| 7 | 5 | 3 | | | | | | 2 |
| | | 4 | | 2 | | | 6 | |
| | | 1 | 4 | | | | | |

## HARD - 240

| | | | | | | | | |
|---|---|---|---|---|---|---|---|---|
| | 2 | | | | | | 6 | |
| | | | | | | | | 3 |
| 1 | | | | 8 | | | 9 | |
| 2 | 7 | | 3 | | | | | |
| | | | | | | 6 | 5 | |
| | 4 | 6 | | | 5 | | | 2 |
| 7 | | | | 6 | 1 | | 3 | |
| | | | | 7 | 8 | | 2 | 5 |
| 9 | | | 5 | | | | 4 | |

## HARD - 241

| | | | | | | | | |
|---|---|---|---|---|---|---|---|---|
| | | | | | | | 8 | 3 |
| | 6 | 7 | | | 8 | 5 | | 4 |
| 3 | | | 5 | | | | | |
| | | | | 6 | 3 | | | |
| 9 | | | | | | | 5 | 2 |
| | 8 | | | 7 | | 9 | | |
| 8 | 1 | 6 | | | | 4 | | 7 |
| | | | 6 | | | | | |
| | | 2 | | | | 8 | | |

## HARD - 242

| | | | | | | | | |
|---|---|---|---|---|---|---|---|---|
| | | 5 | | | | | 9 | |
| | 9 | | | 1 | | | | |
| 1 | 2 | | 5 | | | | | |
| | 8 | | | | 2 | | | 4 |
| | 4 | | | | | 2 | 3 | 7 |
| | | 3 | | | 7 | 5 | | |
| 3 | | | | 7 | | | | |
| 4 | | | 2 | | | | | |
| | 7 | | | 9 | 3 | 6 | | 1 |

## HARD - 243

| | | | | | | | | |
|---|---|---|---|---|---|---|---|---|
| 3 | 7 | 1 | 8 | | | | | |
| | | 6 | | | 3 | 8 | | |
| | | | | 9 | | | | |
| | | | 9 | | | 2 | | 7 |
| | 5 | | 3 | | | 9 | | 8 |
| | 1 | | | 2 | 8 | 6 | 5 | |
| | | | 6 | 3 | 1 | | | 9 |
| | | 3 | | | | | 6 | |
| | | | | | 4 | 5 | | |

## HARD - 244

| | | | | | | | | |
|---|---|---|---|---|---|---|---|---|
| 2 | | | | | | 7 | | |
| | | | | 6 | 4 | | | |
| | | | 2 | | 8 | | | 5 |
| | 8 | | | | | 2 | | |
| | | 6 | 1 | | | 9 | | |
| 4 | | | | 5 | | | | 3 |
| | | 3 | 6 | 1 | | 8 | | |
| 1 | | | 4 | | 5 | | 3 | |
| | | | | 8 | 3 | 5 | 1 | |

## HARD - 245

| | | | | | | | | |
|---|---|---|---|---|---|---|---|---|
| | 8 | | | | 9 | | | |
| 5 | 1 | | | | | 2 | | |
| | | | | 5 | | 6 | 1 | |
| | | 6 | | | | | | 3 |
| 2 | | | | 6 | | | 9 | |
| 3 | | | | | 8 | | | |
| | | 1 | | 3 | 2 | | 8 | |
| | | | | 8 | 6 | 4 | | 1 |
| 8 | 2 | | 9 | | 1 | 3 | 5 | |

## HARD - 246

| | | | | | | | | |
|---|---|---|---|---|---|---|---|---|
| 8 | 2 | | | | | | | 4 |
| | | | | 4 | 1 | 9 | | |
| | | 1 | | 6 | | | | |
| 2 | | | | | 9 | | 3 | |
| | | 8 | | 7 | | | | |
| | 5 | | | | | | | 8 |
| 3 | 4 | | 5 | 9 | | | | 2 |
| | 6 | | | | | | | 3 |
| 5 | 8 | | | | | | 6 | |

## HARD - 247

|  | 3 |  |  | 4 |  | 7 | 1 | 6 |
|---|---|---|---|---|---|---|---|---|
|  |  |  |  |  |  |  | 4 |  |
|  |  |  | 7 |  | 8 |  |  |  |
| 9 | 5 |  |  | 1 |  | 8 |  |  |
| 6 |  | 3 |  |  | 5 | 1 |  |  |
|  |  | 7 | 8 |  |  | 5 |  |  |
| 3 | 2 |  | 4 | 7 |  |  |  | 5 |
|  |  | 1 |  |  |  |  | 2 | 7 |
|  |  | 9 |  |  |  | 4 |  |  |

## HARD - 248

|  | 5 | 7 | 1 | 6 |  | 3 |  | 8 |
|---|---|---|---|---|---|---|---|---|
|  | 1 |  | 5 |  |  |  |  |  |
|  |  | 3 |  |  |  |  |  |  |
|  |  | 2 |  |  | 6 |  |  |  |
|  |  | 5 |  |  | 7 |  |  | 9 |
| 3 |  | 4 | 8 | 1 |  |  |  | 7 |
|  |  |  |  | 8 |  | 2 |  | 3 |
|  |  | 8 | 6 |  | 3 |  |  |  |
|  |  |  |  |  | 5 | 6 |  | 4 |

## HARD - 249

| 5 |  |  |  |  | 9 | 7 | 3 |  |
|---|---|---|---|---|---|---|---|---|
|  |  | 9 |  |  |  |  | 6 |  |
|  | 4 | 1 |  |  |  |  |  | 5 |
| 4 |  | 3 |  |  |  | 9 |  |  |
|  | 9 |  | 6 | 1 |  |  |  |  |
|  | 1 | 5 | 7 |  |  |  | 4 |  |
|  | 2 |  | 3 | 7 | 1 | 6 |  | 4 |
|  |  |  | 5 |  |  |  |  |  |
|  |  | 6 |  |  |  | 1 |  | 8 |

## HARD - 250

| 1 | 4 |  | 7 |  | 6 |  |  |  |
|---|---|---|---|---|---|---|---|---|
|  |  | 3 |  | 5 |  |  |  |  |
| 9 |  |  |  |  |  |  | 6 |  |
| 3 | 1 | 9 |  |  | 2 |  |  |  |
|  |  |  | 9 | 1 |  | 3 |  | 8 |
| 4 |  |  |  |  | 7 |  | 9 | 5 |
|  |  | 4 | 2 |  |  |  |  |  |
| 5 | 9 |  |  |  |  |  |  |  |
|  |  | 8 |  |  |  | 9 |  |  |

## HARD - 251

| 7 |  | 8 |  | 1 |  |  | 9 | 4 |
|---|---|---|---|---|---|---|---|---|
|  | 5 |  |  | 3 | 6 |  | 1 |  |
|  |  | 4 |  |  |  | 3 |  |  |
|  |  |  |  |  |  |  |  |  |
|  |  | 3 |  | 6 |  |  |  |  |
|  | 4 | 6 | 8 |  |  | 2 |  | 3 |
| 8 | 2 | 7 |  |  |  | 9 |  |  |
| 4 |  |  |  |  | 2 | 1 | 3 |  |
|  | 6 |  |  |  |  | 7 |  |  |

## HARD - 252

|  | 8 |  | 1 |  |  |  |  | 4 |
|---|---|---|---|---|---|---|---|---|
| 7 |  |  |  |  | 4 |  | 1 |  |
|  | 5 | 4 | 8 |  | 9 | 7 |  |  |
|  |  |  |  | 4 | 6 |  |  |  |
|  | 2 |  |  |  |  |  |  |  |
|  |  |  |  |  |  | 5 | 6 | 9 |
| 8 | 4 |  | 3 |  | 7 |  |  | 2 |
|  |  |  |  |  |  |  | 5 |  |
| 9 | 3 |  |  |  |  |  |  | 1 |

## HARD - 253

|   | 5 |   |   |   |   |   |   | 8 |
|---|---|---|---|---|---|---|---|---|
| 1 |   |   | 8 |   | 9 |   | 4 |   |
|   | 6 | 2 |   | 7 |   |   |   |   |
|   |   | 3 |   |   | 5 |   |   |   |
|   |   |   |   | 6 | 8 |   |   | 3 |
| 9 | 8 |   |   |   | 3 |   |   |   |
|   | 7 |   |   | 2 |   |   |   | 4 |
|   |   | 1 |   |   |   |   |   | 6 |
|   | 4 | 8 |   |   | 7 |   |   |   |

## HARD - 254

|   |   | 8 | 3 |   | 9 |   |   |   |
|---|---|---|---|---|---|---|---|---|
|   | 4 |   |   | 7 |   |   |   |   |
|   |   |   |   |   | 4 | 6 |   | 8 |
|   | 9 |   | 5 |   |   |   | 2 |   |
| 7 |   | 1 |   | 3 | 2 | 5 |   | 6 |
|   |   |   |   | 6 |   |   | 3 |   |
|   |   |   |   |   |   |   |   |   |
| 3 |   |   |   | 1 |   | 4 |   |   |
|   |   |   |   |   | 6 | 3 |   | 9 |

## HARD - 255

| 6 |   |   |   |   |   |   |   |   |
|---|---|---|---|---|---|---|---|---|
| 4 |   |   | 9 |   |   | 1 |   |   |
|   |   | 1 |   | 5 |   | 7 |   |   |
| 1 |   |   | 6 |   |   | 3 | 9 | 5 |
|   | 2 |   |   |   | 9 |   |   | 6 |
| 3 |   |   | 1 |   |   |   |   |   |
|   | 1 |   | 3 | 8 |   |   | 4 |   |
| 5 |   |   |   |   | 4 |   |   |   |
|   | 8 |   |   |   | 7 |   |   | 9 |

## HARD - 256

|   | 8 | 2 |   | 7 | 4 | 5 |   |   |
|---|---|---|---|---|---|---|---|---|
|   |   |   |   |   | 3 | 2 | 7 |   |
|   |   | 1 |   | 8 |   | 6 | 4 |   |
| 3 |   |   | 9 |   |   | 4 |   | 7 |
| 8 |   | 9 |   | 3 | 2 |   |   |   |
| 5 |   |   |   |   |   |   |   |   |
|   |   |   |   |   |   | 8 |   |   |
| 1 |   |   |   |   |   |   |   |   |
| 4 |   | 3 | 7 |   |   |   | 5 |   |

## HARD - 257

|   | 6 |   |   | 1 | 5 |   |   |   |
|---|---|---|---|---|---|---|---|---|
|   | 3 |   |   | 9 | 8 | 6 |   |   |
|   | 1 | 2 |   |   | 4 |   | 8 |   |
|   |   |   |   | 3 |   |   |   | 7 |
| 9 | 4 |   |   |   | 7 |   | 6 | 3 |
|   | 2 |   | 9 | 8 | 6 |   |   |   |
|   |   |   | 6 |   |   | 5 | 7 |   |
|   |   |   |   | 2 | 1 |   |   |   |
|   |   |   |   |   |   | 3 |   |   |

## HARD - 258

|   |   | 4 |   | 9 | 1 |   | 8 |   |
|---|---|---|---|---|---|---|---|---|
|   |   | 8 |   | 2 |   | 6 | 9 |   |
|   | 5 |   | 4 |   |   | 2 |   | 1 |
| 4 |   | 1 | 6 |   |   |   |   | 7 |
|   |   |   |   |   |   |   |   | 3 |
| 7 | 6 |   | 8 |   |   |   |   |   |
|   |   | 7 |   |   |   |   |   | 8 |
|   |   |   | 1 |   | 5 |   |   |   |
|   |   |   |   | 7 | 2 |   | 3 |   |

## HARD - 259

| | | | | | | | | |
|---|---|---|---|---|---|---|---|---|
| | | | | 3 | | | 2 | 1 |
| | | | | | 5 | 6 | 8 | |
| | 2 | | | 8 | | | | |
| 9 | 7 | | | | 1 | 8 | | |
| | | | 2 | | 6 | | | |
| | | 3 | | 9 | 8 | 7 | | |
| 4 | | | | 6 | 7 | | | |
| 7 | 5 | | | | | | 3 | 6 |
| | 1 | | | | | | | 5 |

## HARD - 260

| | | | | | | | | |
|---|---|---|---|---|---|---|---|---|
| | | | | 9 | 4 | | | 1 |
| | | 9 | 6 | | 1 | 2 | | |
| | | 5 | 8 | | | | | |
| | | | | | 3 | | 6 | |
| | 5 | | | | | | | |
| | 2 | | 9 | 4 | | 8 | 1 | |
| | | | 7 | | 2 | | 8 | 9 |
| | 8 | | 4 | 1 | | 6 | 5 | |
| | | | | | | | | 3 |

## HARD - 261

| | | | | | | | | |
|---|---|---|---|---|---|---|---|---|
| | | 7 | 3 | 6 | | | | |
| | 8 | | | | | 9 | | |
| | | | 2 | | | | | |
| | 5 | 8 | | 7 | 6 | | | |
| | 4 | | | | 5 | | 7 | 3 |
| | | | | 4 | | | | 8 |
| 2 | | 6 | | | | | 4 | |
| 7 | | | | | | 6 | | |
| | 9 | | | | 4 | | | |

## HARD - 262

| | | | | | | | | |
|---|---|---|---|---|---|---|---|---|
| | 4 | | | | | | | 7 |
| | | 8 | 4 | 2 | | | | 6 |
| | 6 | | | | | 3 | | |
| | | 3 | 6 | | | | | 9 |
| 1 | | | 7 | | | | | 2 |
| 7 | | | | | 3 | 5 | | |
| | | | | | | | | 5 |
| 8 | 3 | | | | 2 | 6 | 1 | |
| 9 | | | 5 | | 8 | 2 | | |

## HARD - 263

| | | | | | | | | |
|---|---|---|---|---|---|---|---|---|
| | | 7 | | 9 | 6 | | | |
| | | 6 | 7 | 8 | | | | 1 |
| 3 | 2 | 9 | 1 | 4 | | | | 7 |
| | 3 | 5 | | | | 9 | 1 | |
| 6 | | | | | 1 | | 3 | 4 |
| | 4 | | | | | | 2 | |
| | | | | 3 | | 5 | | |
| | | | 4 | | | | | 2 |
| 2 | | 3 | | | | | | |

## HARD - 264

| | | | | | | | | |
|---|---|---|---|---|---|---|---|---|
| | | | | | 9 | | 7 | |
| | | 6 | 3 | 8 | 5 | | | |
| | | | | 6 | | 3 | | |
| | 9 | | | 4 | 8 | 6 | | |
| 1 | | | | 9 | 7 | | | 3 |
| | 6 | 7 | | 3 | | | 5 | 8 |
| 3 | | 5 | | 7 | | | | |
| | | | | | 4 | 2 | | |
| 9 | | | | | | 7 | | |

## HARD - 265

| | | | | | | | | |
|---|---|---|---|---|---|---|---|---|
| | | 3 | | 5 | 6 | | | 7 |
| | 2 | | | 8 | 9 | | | |
| | 8 | | 4 | 3 | | 9 | 6 | |
| 5 | | | | | 7 | 2 | | |
| 2 | | | 6 | | | 1 | | 5 |
| | 6 | | | | | 7 | | |
| 1 | | | | 4 | 5 | | 2 | |
| | | | | | 3 | | | |
| | 5 | 6 | | | | | | |

## HARD - 266

| | | | | | | | | |
|---|---|---|---|---|---|---|---|---|
| 4 | | 7 | 6 | 5 | | | | 9 |
| | | | | | 7 | | | |
| | | 1 | | | 2 | 8 | 6 | |
| | | 6 | | | | 7 | | 1 |
| 2 | | | | | 5 | | | 6 |
| | | 8 | | | | | | |
| 3 | | | | 2 | | | | |
| 6 | | 2 | 3 | | 1 | | | |
| 7 | | | | | 6 | | 4 | |

## HARD - 267

| | | | | | | | | |
|---|---|---|---|---|---|---|---|---|
| 4 | | | 1 | | | | | |
| | | | 2 | 7 | 3 | | | 6 |
| 6 | 5 | | | 4 | | | | |
| 2 | | | 6 | | 1 | | | |
| 9 | | | | | | | | |
| 7 | | | | | | 8 | | 1 |
| 1 | 2 | | 8 | | | 3 | | 9 |
| | | 4 | 3 | 2 | | | 1 | |
| | | | | | 9 | | 2 | 4 |

## HARD - 268

| | | | | | | | | |
|---|---|---|---|---|---|---|---|---|
| | 1 | 7 | | | | 9 | 6 | |
| 5 | | | | | 1 | 8 | | 3 |
| 3 | 8 | | 9 | | | | | |
| 1 | | | | 2 | | | | |
| 7 | 9 | 3 | 5 | | 8 | | | |
| 8 | | | | | | | | 4 |
| | 3 | | | | 7 | 4 | | |
| | | | | | | 7 | 9 | 8 |
| | | | | | 2 | 6 | | 5 |

## HARD - 269

| | | | | | | | | |
|---|---|---|---|---|---|---|---|---|
| | | | | | | | | |
| 1 | 5 | 9 | | | | 3 | | |
| | | | 1 | | 6 | | | 7 |
| | | 5 | | 1 | | 4 | | |
| | | | | | | | 3 | |
| 2 | | | 7 | | 4 | | | 9 |
| 8 | | | 2 | | 1 | | | |
| | | 6 | 3 | | 7 | | 9 | 4 |
| | | | 4 | | | 6 | 2 | |

## HARD - 270

| | | | | | | | | |
|---|---|---|---|---|---|---|---|---|
| 8 | 3 | | | | | | | 1 |
| 5 | | | 4 | 2 | | | | 7 |
| | | 9 | 3 | | | 5 | | |
| 7 | 2 | 3 | | 6 | 1 | | | |
| | 6 | | 7 | | | | | |
| | | | 9 | 5 | | | | |
| | | | | | | | | 8 |
| | | | 6 | | 4 | | | 3 |
| | | 2 | | | | | 7 | |

## HARD - 271

|   | 8 |   | 3 | 7 |   |   | 1 | 9 |
|---|---|---|---|---|---|---|---|---|
|   |   | 4 | 8 | 5 |   |   | 2 | 7 |
|   |   |   |   | 9 | 2 |   |   | 5 |
| 9 |   | 2 |   |   | 7 |   |   | 3 |
| 3 |   |   | 5 |   |   |   |   |   |
|   | 7 |   |   |   |   |   |   |   |
|   |   |   |   |   | 8 |   |   |   |
|   | 4 | 3 | 7 |   |   |   |   | 2 |
| 8 | 2 |   |   |   |   | 1 |   |   |

## HARD - 272

| 5 | 6 |   | 4 | 9 |   | 8 |   |   |
|---|---|---|---|---|---|---|---|---|
|   | 4 |   |   |   |   |   | 9 |   |
|   |   | 2 |   |   | 8 |   |   | 7 |
| 8 |   |   |   |   |   |   |   | 5 |
|   | 1 |   | 6 |   | 5 |   | 7 |   |
| 7 |   | 4 |   |   | 3 | 9 |   |   |
|   |   | 9 |   | 7 |   | 6 |   |   |
|   | 3 |   |   |   |   |   | 8 |   |
| 4 |   |   |   |   |   | 5 |   |   |

## HARD - 273

|   |   |   |   |   | 8 |   | 1 | 5 |
|---|---|---|---|---|---|---|---|---|
|   |   |   | 5 |   |   | 9 |   |   |
|   |   | 6 |   |   | 9 |   | 7 |   |
|   |   | 8 |   |   |   |   |   |   |
|   |   | 9 | 6 | 4 |   |   |   | 8 |
|   |   |   | 8 | 9 |   | 4 | 5 | 3 |
|   |   |   | 2 |   | 5 |   |   |   |
| 2 | 8 |   |   | 7 |   |   |   | 9 |
|   |   |   |   |   |   | 7 | 3 | 2 |

## HARD - 274

|   | 2 |   | 9 |   | 7 |   |   |   |
|---|---|---|---|---|---|---|---|---|
| 1 |   |   |   |   |   | 6 |   | 2 |
| 4 | 3 |   | 2 | 6 |   |   | 7 |   |
|   |   |   | 7 |   |   | 2 |   |   |
|   |   | 2 | 5 |   |   | 1 |   |   |
| 5 |   |   |   |   |   |   |   | 8 |
|   | 4 |   |   |   |   |   | 6 |   |
| 2 | 1 |   |   | 5 | 6 |   |   |   |
| 6 |   | 8 | 4 |   |   |   |   |   |

## HARD - 275

| 8 |   |   | 4 | 1 |   | 7 |   |   |
|---|---|---|---|---|---|---|---|---|
|   |   |   |   |   | 7 |   |   | 3 |
|   |   | 3 |   |   |   |   | 8 | 1 |
|   |   |   | 8 | 4 |   |   |   |   |
| 4 |   |   | 3 |   | 6 |   |   |   |
|   | 1 | 7 |   |   | 2 |   |   | 4 |
|   |   | 9 |   | 5 |   |   | 1 |   |
|   |   |   |   |   | 8 | 9 | 2 |   |
|   |   | 5 |   | 2 |   | 3 |   |   |

## HARD - 276

|   | 5 |   | 2 |   |   | 8 | 9 | 7 |
|---|---|---|---|---|---|---|---|---|
| 3 | 7 |   |   | 5 |   |   |   |   |
|   |   |   |   |   |   |   | 4 |   |
|   |   |   |   | 7 |   |   |   | 4 |
| 8 |   | 1 |   |   |   |   |   |   |
| 7 | 4 | 3 |   | 9 |   |   | 2 |   |
| 2 | 1 |   |   |   |   |   |   | 6 |
|   |   |   | 9 |   |   |   | 8 | 2 |
|   | 8 |   | 6 |   | 2 | 5 |   | 9 |

## HARD - 277

| | | | | | | 6 | | |
|---|---|---|---|---|---|---|---|---|
| | 1 | | | | 9 | | 5 | |
| | 4 | | | 2 | | 9 | 7 | |
| 1 | | | | 4 | 5 | | | 2 |
| | | | | | | 4 | 3 | |
| | | | 2 | | | | 6 | 9 |
| 9 | | 2 | | | | | | |
| | | 8 | 1 | | 2 | | | 5 |
| | 3 | | | 7 | | | | |

## HARD - 278

| | | | | | 4 | 1 | 6 | 2 |
|---|---|---|---|---|---|---|---|---|
| | 1 | 6 | | | | | | 5 |
| 7 | | 8 | | | | | | |
| | 6 | 2 | | 5 | | | | |
| | | | 8 | | | 2 | | |
| 3 | | | 1 | 2 | | 5 | | 6 |
| | 4 | 5 | | | | 9 | | |
| | | | | 1 | 5 | | | |
| | 9 | 7 | 4 | | | | | |

## HARD - 279

| | 4 | 1 | | | 3 | 7 | | |
|---|---|---|---|---|---|---|---|---|
| 6 | 8 | | | | | | | |
| | | 5 | | | 2 | | 3 | |
| | | | | | 1 | | | 2 |
| 9 | | | | | | | 1 | |
| | | | 7 | 5 | | 6 | | 8 |
| | | | 6 | | 8 | | 5 | |
| 3 | | | 2 | 7 | | | | 4 |
| | | | | | 5 | | | |

## HARD - 280

| 6 | | | | 7 | | | | 4 |
|---|---|---|---|---|---|---|---|---|
| | | | 1 | | | | | |
| 5 | | 9 | | | | 1 | 3 | |
| | | | | | | | 7 | |
| | 9 | | 4 | | | | 2 | |
| 3 | | | 8 | | 7 | 9 | | |
| 1 | | 3 | | | 9 | 6 | | |
| | 6 | | | 4 | | 8 | | |
| 8 | 5 | | | | 6 | | | |

## HARD - 281

| | | | | | | | 1 | 7 |
|---|---|---|---|---|---|---|---|---|
| 4 | | | | 9 | | | | 5 |
| | 6 | | 7 | | | | 8 | |
| | | 8 | 4 | 1 | | 2 | 6 | |
| | | | | 7 | | | | |
| 2 | 5 | | | | | | | 4 |
| | | | | | 1 | | 4 | |
| 6 | 9 | 2 | | 5 | | | | 1 |
| 3 | | | | 8 | | | | |

## HARD - 282

| | | | 6 | | 5 | | | |
|---|---|---|---|---|---|---|---|---|
| | | | 8 | 3 | | | | 4 |
| | | 4 | | | | 6 | 3 | |
| | | | | 7 | | | 9 | 8 |
| | | 6 | | | 4 | | | |
| | 9 | | | | | 1 | 4 | |
| | | 9 | | | 8 | 2 | | 1 |
| | | | 3 | | | | 7 | 9 |
| | 8 | 5 | | | | 4 | | |

## HARD - 283

| 6 | 9 |  |  | 2 |  |  | 3 |  |
|---|---|---|---|---|---|---|---|---|
| 8 |  |  |  |  |  | 1 |  |  |
|  |  |  |  | 9 | 7 |  |  |  |
|  | 8 |  |  |  |  | 4 |  |  |
|  |  |  | 4 |  |  |  | 9 | 6 |
|  |  |  |  | 8 | 9 |  |  | 7 |
|  | 4 |  |  | 3 |  |  |  |  |
|  |  | 6 |  |  | 4 |  |  |  |
| 3 |  |  |  | 6 | 1 | 9 | 2 |  |

## HARD - 284

|  |  | 7 | 8 | 1 |  |  |  |  |
|---|---|---|---|---|---|---|---|---|
| 2 |  |  |  |  |  | 3 |  |  |
|  |  |  |  | 9 | 5 |  |  | 6 |
|  |  | 6 | 5 | 3 |  |  |  | 2 |
|  | 3 |  |  |  | 9 | 5 |  |  |
| 1 |  |  |  | 2 |  | 7 | 3 | 8 |
|  |  |  |  |  |  |  |  |  |
|  | 8 | 4 |  |  |  | 6 |  | 3 |
|  |  |  | 4 | 8 |  | 1 |  | 5 |

## HARD - 285

|  |  | 3 |  | 5 |  |  |  | 9 |
|---|---|---|---|---|---|---|---|---|
|  |  | 1 | 4 |  | 8 | 2 | 5 |  |
| 5 | 2 |  |  |  | 1 |  |  | 6 |
|  |  |  |  |  | 2 | 5 | 9 |  |
|  |  |  | 8 |  |  | 1 |  |  |
|  | 3 |  |  |  |  |  |  |  |
|  |  |  | 7 |  |  | 8 |  |  |
| 3 | 4 | 8 | 5 |  |  |  |  |  |
| 7 |  |  | 1 |  |  |  |  | 5 |

## HARD - 286

| 7 |  | 1 |  |  | 4 |  |  |  |
|---|---|---|---|---|---|---|---|---|
|  | 6 |  |  |  |  | 2 |  |  |
| 4 |  |  |  | 3 |  | 5 |  |  |
|  | 4 | 8 |  |  |  | 6 |  | 9 |
| 6 |  |  |  |  |  |  |  | 2 |
|  | 2 |  | 9 |  |  |  |  |  |
|  |  |  | 5 |  | 2 |  |  | 1 |
| 2 |  |  | 6 | 8 |  |  | 3 |  |
|  | 8 |  |  | 9 |  |  |  |  |

## HARD - 287

|  |  | 2 | 4 |  | 8 | 6 | 7 |  |
|---|---|---|---|---|---|---|---|---|
|  | 4 |  | 6 | 2 |  |  |  |  |
|  |  | 3 |  | 5 | 9 |  |  |  |
|  |  |  |  | 6 |  |  | 5 |  |
|  |  | 5 |  |  |  |  | 3 |  |
|  | 2 |  | 1 |  |  |  | 4 |  |
|  |  | 6 | 5 |  |  | 7 |  | 2 |
|  | 3 |  |  |  |  |  | 6 | 9 |
|  | 7 |  |  | 8 |  |  |  |  |

## HARD - 288

| 7 | 6 |  | 4 |  |  |  |  |  |
|---|---|---|---|---|---|---|---|---|
| 4 |  | 5 |  | 3 | 7 |  |  |  |
| 1 |  | 8 |  |  |  |  |  | 2 |
|  |  | 3 |  |  | 1 |  |  |  |
|  | 9 |  |  | 7 |  |  |  |  |
|  |  |  | 9 |  | 4 |  | 8 |  |
|  |  |  |  |  |  | 6 |  | 5 |
|  |  | 6 |  | 5 | 9 | 1 |  |  |
|  | 8 |  |  |  | 2 |  |  | 7 |

## HARD - 289

| 1 |  |  | 9 | 5 |  | 6 | 3 |  |
|---|---|---|---|---|---|---|---|---|
|  |  |  |  |  |  |  | 5 | 4 |
| 9 |  |  |  | 3 |  |  |  |  |
| 4 |  |  |  |  | 3 |  |  |  |
|  |  | 1 |  |  |  | 4 |  |  |
|  | 3 | 5 | 1 | 9 |  |  |  | 7 |
|  |  |  | 8 |  | 1 |  | 4 |  |
| 2 |  | 7 |  |  |  |  |  |  |
|  | 6 |  | 7 |  |  |  |  |  |

## HARD - 290

|  |  |  |  |  |  |  |  |  |
|---|---|---|---|---|---|---|---|---|
| 8 |  |  |  |  | 1 |  |  | 2 |
| 2 | 1 | 4 |  | 7 | 5 |  |  | 8 |
| 1 | 2 |  | 7 |  |  |  |  |  |
|  | 4 | 3 |  |  | 9 | 5 |  |  |
|  |  |  | 1 |  | 6 |  |  | 7 |
|  | 8 |  | 9 |  | 7 |  |  | 1 |
| 9 |  |  | 3 |  |  |  | 7 | 5 |
|  |  |  |  |  | 2 |  |  |  |

## HARD - 291

|  | 9 |  | 5 |  |  |  | 1 |  |
|---|---|---|---|---|---|---|---|---|
|  |  |  | 1 |  | 6 |  |  | 7 |
|  | 6 |  |  |  | 7 | 3 |  | 5 |
| 3 |  |  | 7 |  |  |  | 9 |  |
| 6 | 5 |  |  | 8 |  |  | 7 | 2 |
| 7 |  | 8 |  |  |  |  |  |  |
|  |  |  |  | 6 |  |  | 5 | 4 |
| 2 |  | 1 |  |  |  |  |  | 3 |
|  |  |  |  |  |  |  |  |  |

## HARD - 292

| 8 |  | 5 | 7 |  |  |  |  |  |
|---|---|---|---|---|---|---|---|---|
|  |  |  |  | 2 | 3 |  |  |  |
| 2 |  | 7 |  |  | 9 | 8 |  |  |
|  |  |  |  | 5 |  |  |  | 1 |
|  | 1 |  | 9 |  |  | 4 | 7 |  |
| 6 | 8 |  |  |  |  |  | 9 |  |
| 7 |  |  |  | 6 |  |  | 4 |  |
|  |  |  | 4 |  |  |  |  |  |
|  |  |  |  | 9 | 8 | 7 | 2 |  |

## HARD - 293

| 5 |  |  |  |  | 6 | 3 |  |  |
|---|---|---|---|---|---|---|---|---|
|  |  |  |  |  |  |  |  |  |
|  | 6 | 1 |  |  | 4 |  |  |  |
|  |  | 9 | 4 |  |  |  | 1 | 3 |
|  | 2 | 6 | 8 |  |  | 9 |  |  |
| 8 |  |  |  |  |  |  | 2 |  |
|  |  | 2 | 6 |  | 5 |  |  |  |
|  |  | 5 | 7 | 3 |  |  | 9 | 2 |
|  |  | 4 | 2 |  |  | 5 |  | 7 |

## HARD - 294

|  |  |  |  |  |  |  | 5 |  |
|---|---|---|---|---|---|---|---|---|
| 9 | 1 |  |  | 3 |  |  |  | 8 |
|  |  |  | 5 | 7 |  | 4 | 6 |  |
|  |  | 8 |  | 5 |  |  | 1 |  |
|  | 7 |  |  |  |  |  |  |  |
|  |  |  |  |  | 8 | 6 |  | 2 |
|  |  | 4 |  |  |  |  |  |  |
| 8 |  |  |  |  |  | 3 |  |  |
|  | 2 |  | 9 | 4 | 6 | 7 |  |  |

## HARD - 295

| | | | | | | | | |
|---|---|---|---|---|---|---|---|---|
| 5 | | 4 | | | | | | 3 |
| | | 1 | | | | 8 | 5 | |
| | | | 3 | | 1 | | 4 | |
| | | | | | 4 | | 3 | |
| | | | 1 | 9 | 5 | | | |
| | | | 6 | 8 | | 5 | 7 | |
| 6 | | 5 | | | 7 | 2 | | |
| 1 | | | | | | 7 | | |
| 7 | | | 4 | | | | 8 | |

## HARD - 296

| | | | | | | | | |
|---|---|---|---|---|---|---|---|---|
| 5 | | | 9 | | | | | 4 |
| 3 | | 6 | | | 8 | | 2 | 7 |
| | | | | | | | | |
| | | | | 6 | | 4 | 8 | 5 |
| | | | 3 | 7 | | | | |
| | | | | | | | 3 | |
| 2 | | 8 | 7 | | 9 | | 5 | |
| | 4 | 5 | | | 2 | | | 9 |
| | | 3 | | | | | | 2 |

## HARD - 297

| | | | | | | | | |
|---|---|---|---|---|---|---|---|---|
| | | 3 | 1 | | 4 | 6 | | 8 |
| 2 | 4 | | | | 5 | | | |
| | 6 | 8 | | | | | | |
| | 7 | 1 | | | | | | |
| 5 | | | | | | | 3 | 6 |
| | 2 | | | 9 | | | 1 | |
| 6 | | | | | 3 | | | |
| | | 2 | | | 1 | | 6 | 9 |
| | 8 | 7 | 4 | | | | | 3 |

## HARD - 298

| | | | | | | | | |
|---|---|---|---|---|---|---|---|---|
| 9 | | 6 | | | 5 | | | 8 |
| | | 8 | 6 | | | | 3 | 2 |
| | | | | 7 | | | | 6 |
| | 8 | 2 | 1 | 3 | 6 | 5 | | |
| | | | | | | 2 | 8 | |
| | | 9 | | | | | | 3 |
| | | | | | | | | |
| | | | | 2 | 7 | 1 | | |
| 4 | | | 8 | | | | 9 | |

## HARD - 299

| | | | | | | | | |
|---|---|---|---|---|---|---|---|---|
| | 8 | 3 | | | | | | |
| 5 | | | | | 2 | | | |
| 7 | | 4 | | 6 | | 3 | | |
| 4 | | | | | | | 9 | |
| 2 | | | 4 | | | | | 8 |
| | | 9 | | | 3 | 7 | | 4 |
| | | 5 | 8 | 7 | | | | |
| | 7 | 1 | | | | | | 9 |
| | | | 3 | 5 | | 8 | | |

## HARD - 300

| | | | | | | | | |
|---|---|---|---|---|---|---|---|---|
| 3 | | | 7 | | | | 2 | |
| 8 | | | | | | 7 | | 6 |
| | | | 1 | | | 4 | | |
| | | 7 | 8 | 5 | 6 | | | |
| | 4 | | | 2 | | | | |
| | 5 | | | 1 | | 9 | | |
| | | 5 | 6 | | | | 4 | |
| | | | | | 2 | 6 | | 1 |
| 7 | | 1 | | 9 | 4 | | | |

## EXTREME - 1

| | | | | | | | | |
|---|---|---|---|---|---|---|---|---|
| | | | | 9 | | | | |
| 2 | | 5 | 7 | | | | | |
| | 7 | | | 1 | | | | 4 |
| 8 | | | | | | | 2 | |
| | 5 | | 9 | 4 | | | 6 | |
| | | | | | 7 | | | |
| | | 7 | 1 | 8 | | | | 3 |
| | 1 | | 4 | | 6 | 9 | | |
| | 6 | | | | | 5 | | 2 |

## EXTREME - 2

| | | | | | | | | |
|---|---|---|---|---|---|---|---|---|
| | | | 1 | | | 8 | | 4 |
| 4 | 9 | | | | | | 6 | |
| | | | | | | 1 | 2 | |
| | | | 5 | | | | | |
| 3 | 8 | | | | | | | |
| 9 | | 5 | 2 | | | 4 | 8 | |
| | | | | 5 | 8 | 7 | | |
| 5 | | | | 6 | | | | |
| | | 6 | | | 3 | 9 | | |

## EXTREME - 3

| | | | | | | | | |
|---|---|---|---|---|---|---|---|---|
| | | | | | | 4 | | |
| | 7 | | | | 8 | | | |
| | | 8 | | | | 3 | | |
| 1 | | | | 9 | | 5 | | |
| | 3 | | | 7 | | | 6 | |
| 7 | 6 | 5 | | | 3 | | 1 | |
| | | | | 1 | 5 | | | |
| | | 4 | 2 | | | 1 | 3 | |
| | 2 | | | 4 | | | | 6 |

## EXTREME - 4

| | | | | | | | | |
|---|---|---|---|---|---|---|---|---|
| | | | | | | | | 1 |
| | 4 | 1 | | | | 5 | 6 | |
| 2 | | | | | | 8 | 7 | |
| | 2 | | 6 | | 9 | 4 | | |
| | | | | | 2 | 6 | | |
| | | 4 | | | 8 | 2 | | |
| | | | | | 5 | | 8 | |
| | 9 | 7 | 4 | | | | | |
| | | | | 3 | | 1 | 5 | 4 |

## EXTREME - 5

| | | | | | | | | |
|---|---|---|---|---|---|---|---|---|
| 9 | | | | | | | | 8 |
| | 1 | | | | 8 | | | |
| | | | 6 | 3 | | | 7 | 5 |
| 2 | | 1 | 9 | | 3 | 8 | | |
| 8 | | | | 4 | | | 3 | |
| | | 9 | | 6 | | | | |
| 5 | | 2 | | | | | | |
| | 9 | | 7 | | | 4 | | |
| 3 | | | | | | | | |

## EXTREME - 6

| | | | | | | | | |
|---|---|---|---|---|---|---|---|---|
| 7 | 4 | | 5 | | | | | |
| | | | | | 9 | 7 | 1 | |
| | | | | 2 | 6 | | | 4 |
| 5 | | | | | | 6 | | 9 |
| | | 2 | | | | | | |
| | 7 | | | | 5 | | | |
| | 6 | 1 | 4 | | | 8 | 3 | |
| | | 9 | | 5 | 3 | | | 6 |
| | | | | | | | | |

## EXTREME - 7

| 7 | 8 | | | | | | | |
|---|---|---|---|---|---|---|---|---|
| | 6 | | | 1 | | | | |
| | 3 | | | | 8 | | 9 | 2 |
| | | | 4 | 9 | | | 8 | |
| 6 | | | | | | | | 9 |
| | | 7 | | | | | 5 | 6 |
| | 2 | 8 | 1 | | | | | |
| | | 3 | | 6 | | 2 | | |
| | | | 8 | | 5 | | | 7 |

## EXTREME - 8

| | 6 | 7 | | 4 | | | | 2 |
|---|---|---|---|---|---|---|---|---|
| | | | | | | | | |
| | | 8 | | | | | 1 | |
| | | 9 | 3 | 7 | | 1 | 8 | |
| 6 | 1 | | | | 8 | | | |
| | | | | 1 | 5 | | | |
| 3 | | | 6 | | | | | |
| | | | 9 | | | 4 | | 5 |
| 4 | | | | 3 | | | 2 | 9 |

## EXTREME - 9

| | 9 | | | | 8 | | 2 | |
|---|---|---|---|---|---|---|---|---|
| | 3 | 2 | | | | | | |
| | | | | | 1 | | | |
| 7 | | | | | | | | 4 |
| 1 | 6 | | | | 5 | 3 | | |
| 4 | | 5 | | | 9 | 1 | | |
| | | | 7 | | | 5 | 3 | |
| | | 7 | 8 | | | 4 | | |
| | | | 1 | | | | 8 | |

## EXTREME - 10

| | | 3 | | | 4 | 8 | | |
|---|---|---|---|---|---|---|---|---|
| | 1 | | | | 6 | | 3 | 9 |
| 8 | | 6 | | | | | 7 | |
| | | | | 6 | 1 | 2 | | |
| | | | | | | | | |
| 1 | | 4 | | | 7 | | | 6 |
| 3 | | | | | | 4 | | |
| 7 | 2 | | 3 | | 8 | | | |
| | | | | | 9 | | 8 | |

## EXTREME - 11

| | | | | | | 6 | 5 | |
|---|---|---|---|---|---|---|---|---|
| 9 | 4 | | 2 | | | 3 | | |
| | 7 | 3 | | | | | 2 | |
| 8 | 1 | | | 5 | | | 9 | 4 |
| | | 9 | | | | | | |
| 5 | 3 | 7 | | 8 | | | | |
| | | | | | 4 | | | 7 |
| 3 | | | | 2 | | | | |
| | | | 8 | | | 1 | 4 | |

## EXTREME - 12

| | 9 | | | 4 | | 3 | | 6 |
|---|---|---|---|---|---|---|---|---|
| | | | 7 | 6 | | | 1 | 5 |
| | | | | | | | | 2 |
| 6 | 3 | | | 2 | | | | |
| | | 4 | 6 | | | | | |
| | | 5 | | 9 | | | | 8 |
| | 1 | | 3 | 8 | | | | |
| 3 | | | | | | | 7 | |
| | | 9 | | 7 | | 8 | 5 | |

## EXTREME - 13

| | | | | 2 | | | | |
|---|---|---|---|---|---|---|---|---|
| | | | 6 | | | | | 1 |
| 3 | | 2 | | 7 | | | 8 | |
| 8 | 1 | | | | | 9 | | |
| | | 5 | 2 | 1 | | 8 | | |
| 7 | | | 3 | | | 5 | | |
| | 8 | | | | 2 | | | |
| 9 | | | | 6 | | | | |
| | | | 4 | | 9 | | | 3 |

## EXTREME - 14

| | | | 8 | 1 | | | 4 | |
|---|---|---|---|---|---|---|---|---|
| 3 | 2 | | 9 | | | | 6 | |
| 8 | | | | | 7 | 5 | | 1 |
| | | | | | 1 | | 3 | |
| | 5 | | | | 9 | 1 | | |
| 6 | | 7 | | 5 | | | | |
| | | 6 | | 7 | | | | |
| | | 8 | 1 | | | 9 | | |
| 5 | | | | | | | | |

## EXTREME - 15

| | | 6 | | | | | | |
|---|---|---|---|---|---|---|---|---|
| | | 4 | | 5 | | 9 | | |
| 7 | | 3 | | | | | | |
| | | | | 1 | 7 | | 3 | |
| | 6 | 1 | | 2 | 5 | 7 | | |
| | 2 | | 3 | | 6 | | | 8 |
| | | | | | 1 | | | |
| 4 | | | | | 3 | 6 | 5 | |
| | | 9 | | | | 4 | | |

## EXTREME - 16

| | 4 | | | | 3 | | 8 | |
|---|---|---|---|---|---|---|---|---|
| | | | | | 8 | | | 7 |
| | | 2 | 1 | 6 | | | 5 | |
| | | | 4 | | | 1 | | |
| 3 | | | | | | | | |
| | 1 | 9 | 7 | 3 | | | | |
| 6 | | | | | | | 1 | 9 |
| | | | 2 | | | 6 | 7 | |
| | 3 | | 6 | 9 | | | | |

## EXTREME - 17

| 2 | | 4 | 6 | | | | | 9 |
|---|---|---|---|---|---|---|---|---|
| 9 | 7 | | | 8 | | | 3 | |
| | 1 | 3 | 9 | | | 2 | | |
| 4 | | | | | | 9 | | |
| | | 2 | | 5 | | 3 | 4 | |
| | | 6 | | 4 | | | | |
| | | | | | | | | |
| | | 7 | 4 | 3 | | | | |
| | | | 8 | 9 | | 7 | | |

## EXTREME - 18

| | | | | | | | | |
|---|---|---|---|---|---|---|---|---|
| | | | 5 | 1 | 4 | 9 | | |
| 4 | | | 8 | 9 | | | 5 | |
| | 4 | | | | | | 3 | |
| | | 7 | | 2 | 8 | | | 5 |
| 3 | 6 | | 7 | | | | | 1 |
| | 8 | | | | | | 7 | |
| 9 | | 6 | | 3 | | 1 | | |
| | | | | | | | | 6 |

## EXTREME - 19

| | | | | | | | | |
|---|---|---|---|---|---|---|---|---|
| | | | 5 | | | 8 | 4 | |
| | 5 | 8 | | | 7 | | | 2 |
| | 2 | | | | | | | 1 |
| | | 9 | 2 | | | | 8 | |
| | | 2 | 9 | | 4 | | | 6 |
| | | | | | | 4 | | |
| 9 | | 7 | | 6 | | | | 4 |
| | 1 | | | | | | 3 | |
| | | 4 | 7 | | 2 | | | |

## EXTREME - 20

| | | | | | | | | |
|---|---|---|---|---|---|---|---|---|
| | 9 | | | | 8 | | | |
| 8 | 4 | 7 | | 5 | 3 | | | 1 |
| 5 | 3 | | | | | | | |
| | | | | | | 4 | | |
| | | | | | 6 | | 1 | 9 |
| | 1 | 6 | 7 | 4 | | 5 | | |
| 2 | | | | | | | | |
| | | | | 3 | | 7 | | 5 |
| | | | | 9 | | | 4 | 8 |

## EXTREME - 21

| | | | | | | | | |
|---|---|---|---|---|---|---|---|---|
| | | | | | 9 | | 8 | 3 |
| | | | | | 2 | 4 | | |
| 4 | | | | 8 | | | | |
| | 1 | | 5 | 2 | | | | |
| 6 | 2 | 7 | | 1 | 3 | | | |
| | | 5 | | | | | 1 | |
| | | 9 | | | 7 | 6 | | |
| | | 6 | | | | | 5 | 2 |
| | | 2 | 9 | | | | | |

## EXTREME - 22

| | | | | | | | | |
|---|---|---|---|---|---|---|---|---|
| | | 6 | 2 | | 3 | 9 | | |
| | | | | 5 | | | | |
| 2 | 9 | | 8 | | | | | 1 |
| | | | | 3 | 9 | 1 | 4 | |
| | | | | | | 6 | 3 | 9 |
| 4 | | | | | 8 | | | |
| 5 | | 3 | | | | 7 | | |
| | | 4 | | | | | | |
| | 1 | | 5 | | | | 9 | |

## EXTREME - 23

| | | | | | | | | |
|---|---|---|---|---|---|---|---|---|
| | 3 | | | 5 | | | 6 | |
| | | 1 | | | | | | |
| | 9 | | | | | 2 | | 4 |
| | | | 5 | 3 | | | | |
| | | 3 | | 8 | | | 9 | 1 |
| | 8 | | 7 | | 4 | | | |
| | | 9 | | | | | | 2 |
| | | 4 | | | 2 | | | |
| 5 | | 2 | | 9 | | 8 | | |

## EXTREME - 24

| | | | | | | | | |
|---|---|---|---|---|---|---|---|---|
| | | | 8 | 3 | | | | |
| 5 | | 6 | | | | | | 4 |
| | | | | | | | 2 | 7 |
| 9 | 1 | | 2 | | | 6 | | |
| | | | | | 1 | | 7 | |
| | | | | 8 | 6 | 9 | | |
| | 3 | | 4 | | | | | 6 |
| 1 | 8 | 5 | | | | | | |
| 2 | | | | | | | 3 | |

## EXTREME - 25

| | | 8 | | | 7 | | | |
|---|---|---|---|---|---|---|---|---|
| | 1 | 7 | | | | | | |
| 2 | 5 | | 4 | | | 8 | | |
| 8 | | | | | 3 | | | 5 |
| | | | | | | | 3 | 7 |
| | | 4 | 5 | | | | | 1 |
| | | | | | 2 | | 4 | |
| | 7 | 6 | | 1 | | | | |
| | | | 3 | | | 9 | | |

## EXTREME - 26

| | | 4 | 1 | | | | | |
|---|---|---|---|---|---|---|---|---|
| 9 | | 1 | | | | 6 | 7 | |
| | | | | | 3 | | | |
| | | | 9 | | 8 | 7 | | |
| | | 7 | | | | 4 | | 3 |
| 2 | 9 | | | | | | | |
| 8 | | | | | | | 3 | |
| 1 | | | 7 | | 2 | | | |
| | | | | 6 | | 9 | 4 | |

## EXTREME - 27

| 5 | | | | | 8 | 1 | | |
|---|---|---|---|---|---|---|---|---|
| | 2 | 7 | | | | | | |
| 8 | | | | | | | | |
| | | | 2 | | | 3 | 4 | 6 |
| 2 | | 5 | | 6 | | | 7 | |
| | 1 | | | | | | 2 | |
| | | 6 | | | 4 | | | |
| | 7 | | 6 | 9 | 5 | | | |
| | 4 | | | | | 7 | | |

## EXTREME - 28

| | | 4 | | 9 | | | | |
|---|---|---|---|---|---|---|---|---|
| 1 | | 2 | | 6 | | | | |
| | | | | 4 | | 7 | | 3 |
| 7 | | | 6 | | | 1 | | |
| | | | | | | 2 | | 8 |
| 4 | | | | | 5 | | | |
| 8 | | 6 | 3 | | 7 | | | 1 |
| | | | | | | | 3 | 9 |
| | | | | 5 | 9 | | | |

## EXTREME - 29

| | | | | | 4 | 1 | | |
|---|---|---|---|---|---|---|---|---|
| 7 | | 9 | | 3 | | | | |
| 1 | | | 7 | | 8 | | 2 | |
| | 9 | | 3 | | | | | |
| | 7 | 1 | | | | | | 6 |
| | | 6 | | | 9 | | | |
| 9 | | | | 5 | | | | 4 |
| | | | 2 | | | | 3 | |
| | 6 | 5 | | | | | 7 | |

## EXTREME - 30

| | | | 5 | | 4 | | 7 | |
|---|---|---|---|---|---|---|---|---|
| 2 | | 6 | | 7 | | 9 | | |
| | | | 1 | | | | | 5 |
| | 1 | | | | | | | |
| 7 | 9 | | | | 2 | | | |
| | | | | | 7 | 3 | 2 | |
| | 4 | 7 | | | 1 | | | |
| | 3 | | | | | | | 4 |
| 8 | | | 4 | | | | | 9 |

## EXTREME - 31

| | | | | | | | | |
|---|---|---|---|---|---|---|---|---|
| | 8 | 3 | | | 5 | | | |
| | 5 | | | | 2 | | | |
| 7 | 6 | | | | | | | |
| | | 6 | | | | 3 | 8 | |
| | | | 6 | | | | 9 | |
| | | | 7 | 3 | | | 1 | 5 |
| | 9 | 4 | | 8 | | | 7 | |
| | | 7 | 2 | | | 1 | | |
| | | | 5 | | | | | |

## EXTREME - 32

| | | | | | | | | |
|---|---|---|---|---|---|---|---|---|
| | | | | 1 | 3 | | 8 | 5 |
| | | | 5 | | | | 3 | |
| | | | | 6 | | | | |
| 7 | 4 | | | | 6 | | | |
| 1 | | | 7 | | | | | |
| 5 | 8 | | | | | | | 3 |
| | | | 3 | 4 | 9 | 5 | 6 | |
| | 9 | | | | 7 | | | 8 |
| | | 1 | | 5 | | | | |

## EXTREME - 33

| | | | | | | | | |
|---|---|---|---|---|---|---|---|---|
| | 7 | | | | | 1 | 8 | |
| 1 | | | | | | 6 | | |
| | 6 | | 5 | | | | | |
| | | | 9 | | | | | 1 |
| | 8 | 5 | | 3 | | | | 7 |
| | | 3 | 4 | | | 9 | | |
| | | | | 9 | | | 6 | |
| 7 | | | | 1 | | | 9 | 8 |
| | | | | 4 | | 2 | | |

## EXTREME - 34

| | | | | | | | | |
|---|---|---|---|---|---|---|---|---|
| | 9 | | | | | 7 | | |
| 3 | | | | 1 | | | | 4 |
| | 8 | | 6 | 3 | | | | |
| | 5 | 7 | | | | | | |
| 1 | 4 | | 2 | | | | | |
| | | | 3 | 6 | | | 5 | |
| | | | | | 3 | | | |
| | | 8 | 5 | | 4 | | | 7 |
| | | | | 7 | | 9 | | 5 |

## EXTREME - 35

| | | | | | | | | |
|---|---|---|---|---|---|---|---|---|
| 5 | | | | | | | | 4 |
| 1 | | | 2 | | | 3 | | |
| | 9 | | | 8 | | 1 | | |
| 7 | | | | 9 | | | | 6 |
| | 6 | | | | 5 | 8 | | 7 |
| | | | 7 | | | | | |
| 8 | | | | 3 | | 2 | | |
| | | | | 6 | 9 | | | 8 |
| | | | 1 | | | 7 | | |

## EXTREME - 36

| | | | | | | | | |
|---|---|---|---|---|---|---|---|---|
| | 6 | | | 4 | | | | |
| | | 9 | 5 | | 8 | | | |
| 7 | | | | 9 | | 2 | | |
| | | | | | | 5 | | |
| | 7 | | | | 5 | | 4 | 2 |
| | 2 | 8 | 6 | | | | 1 | 7 |
| | 5 | | | | 6 | 8 | | |
| | | 3 | | 5 | 2 | | | |
| | | | 4 | | | | | |

## EXTREME - 37

| | | | | | | | | |
|---|---|---|---|---|---|---|---|---|
| | 2 | | | | | 6 | 5 | |
| | | 3 | 4 | | 5 | 9 | | |
| 4 | | | | 1 | | | | 2 |
| | | | | | 1 | | | 7 |
| | 7 | | | | | 2 | | 6 |
| | | | 3 | | | | 8 | |
| | | | 5 | | | | | |
| | | | | | 4 | | | |
| | 5 | 2 | 9 | | | | 6 | |

## EXTREME - 38

| | | | | | | | | |
|---|---|---|---|---|---|---|---|---|
| | | | | | 1 | | 8 | 4 |
| | | | | | 4 | | | 7 |
| | 5 | 2 | | | | | 3 | |
| | | | 3 | | | | 5 | 2 |
| | | 5 | | | | 3 | | |
| | 1 | 3 | | | | | | |
| 8 | 2 | | | 7 | | 4 | | |
| 6 | | 7 | 5 | | | | | |
| | | | | | 2 | 9 | | |

## EXTREME - 39

| | | | | | | | | |
|---|---|---|---|---|---|---|---|---|
| | 4 | | | 9 | | | | |
| | | | 1 | | | 2 | | |
| | 1 | | 2 | | | | 8 | 7 |
| | | | | | | 1 | 9 | 3 |
| 5 | | | 7 | 4 | | | | |
| | | 1 | | | | | | 4 |
| | 5 | | 9 | | | | | |
| 3 | | 2 | | 6 | | | 5 | |
| | | | 8 | | | 7 | 3 | |

## EXTREME - 40

| | | | | | | | | |
|---|---|---|---|---|---|---|---|---|
| | | 5 | | | | 7 | | |
| | 8 | | | | 7 | | | |
| 7 | | | | | 9 | | | 5 |
| | | | | 9 | | | 2 | |
| 6 | | | | | 1 | 4 | 5 | |
| | | | 7 | | 5 | 3 | | 6 |
| | 1 | | 3 | 8 | | | | |
| 9 | 3 | | | | | | | 1 |
| 4 | | 6 | | | | | | |

## EXTREME - 41

| | | | | | | | | |
|---|---|---|---|---|---|---|---|---|
| | | 8 | | 1 | 7 | 3 | | |
| 5 | | | | | | | | |
| | 9 | | | 6 | | 8 | | 7 |
| | 8 | | 6 | | 4 | | | |
| | 6 | 7 | 1 | 9 | | | | 8 |
| | | | 3 | | | | | 1 |
| | 2 | | | 5 | | | | 9 |
| | | 9 | | | | | | |
| 7 | | | | | 9 | | | 2 |

## EXTREME - 42

| | | | | | | | | |
|---|---|---|---|---|---|---|---|---|
| | 3 | | | | 1 | | 4 | 5 |
| | | | | | | 7 | | |
| 5 | 8 | 4 | | | 7 | | | 6 |
| | | | | | 8 | 5 | 7 | |
| | | | | 3 | 4 | 6 | | |
| | | | | 2 | | | 3 | |
| 7 | | | | | 3 | | 8 | |
| | 5 | | | 4 | | | | |
| 8 | | | | | | 1 | | |

## EXTREME - 43

| 1 | 5 | 6 |  |  | 7 | 9 |  | 4 |
|---|---|---|---|---|---|---|---|---|
|  |  |  | 5 |  |  |  |  | 8 |
|  |  |  |  |  |  | 7 |  |  |
| 2 |  | 1 |  |  |  |  |  |  |
| 9 |  |  |  | 7 |  |  |  |  |
|  | 3 | 7 |  | 9 |  |  |  | 1 |
| 3 |  | 2 |  |  | 5 |  |  |  |
|  |  | 5 |  | 8 |  | 2 |  | 7 |
| 4 |  |  |  |  | 3 |  | 1 |  |

## EXTREME - 44

|  | 1 |  |  |  | 5 |  |  | 9 |
|---|---|---|---|---|---|---|---|---|
|  |  |  |  |  |  |  | 3 | 2 |
|  | 2 |  | 7 |  | 9 | 4 | 8 |  |
|  | 7 |  |  |  | 2 |  |  |  |
| 4 |  |  |  | 5 | 1 |  |  |  |
|  | 3 |  |  |  |  | 9 | 4 |  |
|  |  |  | 9 |  | 7 | 5 |  | 3 |
| 7 |  |  |  |  | 6 |  |  |  |
|  |  |  |  | 8 |  |  | 2 |  |

## EXTREME - 45

|  | 4 |  |  |  |  | 1 |  |  |
|---|---|---|---|---|---|---|---|---|
|  |  | 7 |  |  |  |  | 6 |  |
|  |  |  |  | 4 | 9 |  |  |  |
|  | 6 |  |  |  | 3 |  |  | 8 |
|  |  |  |  | 7 | 2 |  | 9 |  |
| 5 |  |  | 9 |  |  |  |  | 1 |
|  | 7 | 8 |  |  | 4 | 2 |  |  |
| 6 |  | 3 |  |  | 1 | 9 |  |  |
|  |  |  | 6 | 2 |  |  |  |  |

## EXTREME - 46

|  |  | 2 |  | 6 | 9 |  | 4 |  |
|---|---|---|---|---|---|---|---|---|
|  |  |  | 4 | 1 |  | 5 | 7 |  |
|  |  | 9 |  |  |  |  | 6 |  |
|  |  | 3 |  |  |  |  |  | 6 |
| 7 |  |  | 1 |  |  |  |  |  |
|  | 9 |  |  |  | 8 |  |  |  |
|  |  | 5 |  |  | 7 | 8 |  |  |
| 8 |  |  |  |  | 1 |  | 5 |  |
| 2 |  | 6 | 5 |  |  | 7 |  |  |

## EXTREME - 47

|  |  |  |  | 3 |  |  | 4 |  |
|---|---|---|---|---|---|---|---|---|
|  |  |  | 7 |  |  | 2 |  |  |
|  | 9 |  |  | 4 |  | 6 | 8 |  |
| 9 |  | 1 |  |  | 7 |  |  | 4 |
| 3 |  | 4 |  |  | 5 |  |  | 1 |
|  | 8 |  |  |  |  |  | 7 |  |
|  |  |  | 6 | 1 | 4 |  |  |  |
| 5 |  |  |  | 9 |  |  |  |  |
| 8 |  |  |  |  |  | 4 |  |  |

## EXTREME - 48

| 4 |  | 5 |  |  |  |  | 1 |  |
|---|---|---|---|---|---|---|---|---|
|  |  | 3 |  |  |  |  | 9 | 7 |
| 1 | 9 |  |  |  |  | 6 | 5 |  |
|  |  |  | 8 | 2 |  |  |  |  |
|  |  |  |  | 3 |  | 7 |  | 8 |
| 5 |  |  |  |  |  | 2 |  |  |
|  |  |  |  | 4 |  |  |  | 9 |
|  |  | 6 |  |  | 1 |  | 2 |  |
| 3 |  | 1 |  |  |  |  |  |  |

## EXTREME - 49

|   |   |   | 1 | 2 |   | 6 |   |   |
|---|---|---|---|---|---|---|---|---|
|   |   |   |   |   |   | 3 |   | 5 |
|   |   | 6 |   |   | 4 |   |   | 9 |
| 8 | 1 |   | 4 |   | 9 |   |   |   |
| 3 |   | 2 |   |   |   |   |   |   |
|   |   |   |   | 7 |   | 4 |   |   |
| 6 |   |   |   | 3 |   |   |   | 8 |
|   | 8 |   | 6 | 4 |   | 9 |   |   |
| 1 |   |   | 9 |   |   |   |   |   |

## EXTREME - 50

| 5 |   | 3 |   |   | 6 | 4 |   |   |
|---|---|---|---|---|---|---|---|---|
|   |   |   |   |   |   | 7 |   |   |
|   |   |   | 8 |   |   |   |   | 9 |
|   |   |   | 2 | 8 |   | 1 |   |   |
|   | 8 |   |   |   | 1 |   |   |   |
|   | 4 |   |   |   |   |   | 5 |   |
|   |   |   |   |   | 3 |   |   |   |
|   | 9 | 4 |   |   |   | 2 | 8 |   |
| 2 | 6 |   | 7 |   |   |   | 3 | 5 |

## EXTREME - 51

|   | 7 | 4 |   |   | 2 | 1 |   |   |
|---|---|---|---|---|---|---|---|---|
|   |   | 5 |   |   |   |   |   |   |
| 3 |   |   | 6 |   |   | 2 | 5 |   |
|   | 4 |   | 1 |   |   |   |   |   |
|   |   |   |   |   |   | 9 | 4 | 6 |
|   |   | 9 |   |   |   |   | 2 |   |
| 7 | 1 |   | 5 |   |   |   |   | 8 |
|   |   |   |   | 2 |   |   | 9 |   |
| 9 |   |   |   | 8 |   | 6 |   |   |

## EXTREME - 52

| 6 |   |   |   |   |   |   |   | 1 |
|---|---|---|---|---|---|---|---|---|
|   | 1 |   |   | 8 |   |   |   |   |
|   |   | 3 |   |   |   | 8 | 5 |   |
|   | 4 | 2 |   | 7 |   |   |   |   |
| 9 |   |   |   |   |   | 4 |   |   |
|   |   | 7 | 4 | 3 |   | 2 | 6 | 9 |
|   |   |   |   |   |   |   |   |   |
| 2 |   |   |   |   | 6 | 3 |   |   |
| 7 |   |   |   | 2 |   | 6 | 1 |   |

## EXTREME - 53

| 4 | 1 |   |   |   |   |   |   |   |
|---|---|---|---|---|---|---|---|---|
|   |   | 7 | 5 |   | 1 | 9 |   | 3 |
| 9 |   |   |   |   | 4 | 1 |   | 7 |
| 2 |   | 4 | 8 | 5 |   |   |   |   |
|   | 6 | 8 | 3 |   |   |   |   |   |
|   | 9 |   | 4 |   |   |   | 2 |   |
|   |   |   |   |   | 2 | 3 |   | 5 |
| 5 | 3 |   |   |   |   |   |   |   |
|   |   |   |   |   |   |   | 7 |   |

## EXTREME - 54

|   | 1 | 7 | 4 |   |   |   |   |   |
|---|---|---|---|---|---|---|---|---|
|   |   |   |   |   | 6 |   |   |   |
| 6 |   | 8 |   |   | 2 |   |   | 9 |
| 4 |   |   | 7 |   |   |   | 5 |   |
|   |   |   |   |   |   | 4 | 1 |   |
|   |   | 5 |   | 9 |   |   |   | 6 |
|   | 4 |   |   | 5 | 9 | 1 |   |   |
|   | 9 |   | 2 |   |   |   |   |   |
| 7 | 2 |   |   |   |   |   |   | 5 |

## EXTREME - 55

| | | | | | | | | |
|---|---|---|---|---|---|---|---|---|
| | | | | | 1 | | 8 | 4 |
| | | 5 | | | 8 | 9 | | |
| 9 | 8 | | | | | 1 | | |
| | | | | 4 | | 5 | 1 | |
| 8 | | | | | | | | |
| | | 3 | | | | | 4 | 7 |
| | | | 6 | 5 | 4 | | | |
| | | 7 | 2 | | | | | |
| | 3 | | | | | | 2 | 9 |

## EXTREME - 56

| | | | | | | | | |
|---|---|---|---|---|---|---|---|---|
| | 8 | | | 7 | | | 9 | 2 |
| 7 | 6 | | | 1 | | | 5 | |
| | | 3 | | | | | | |
| | 7 | | 8 | | | | | 5 |
| 6 | | | | | 4 | | | |
| | | | 2 | | 9 | | | 6 |
| | 2 | 7 | | | 3 | | | |
| 1 | 3 | 6 | | | | 2 | | 4 |
| | | | | 4 | | | | |

## EXTREME - 57

| | | | | | | | | |
|---|---|---|---|---|---|---|---|---|
| | 8 | | 1 | | 6 | 3 | | |
| | | | | | | 9 | | |
| | 5 | | | | 4 | 7 | | 8 |
| 7 | | | | | | | | |
| 8 | | | 3 | 2 | | | | |
| 4 | 9 | | | 8 | | | | |
| | 2 | | | | 8 | | 4 | |
| | | | | | 3 | 2 | | |
| | | 1 | | 7 | | | 6 | |

## EXTREME - 58

| | | | | | | | | |
|---|---|---|---|---|---|---|---|---|
| | | 6 | 9 | 1 | | | | |
| | | | | | | 3 | 2 | |
| 1 | 3 | | | | | | | |
| | | 5 | | | 4 | | 7 | |
| | 6 | | | | | | 5 | 8 |
| | | 9 | | | | 6 | | |
| 3 | | | | | 6 | | 8 | |
| 9 | | | 5 | | | 7 | | |
| | | | 1 | | 8 | | | |

## EXTREME - 59

| | | | | | | | | |
|---|---|---|---|---|---|---|---|---|
| 5 | | | 8 | | | | 3 | |
| | 2 | 4 | | | | | | 8 |
| | 8 | | | 3 | | | | |
| | | | 4 | | 8 | 1 | | |
| | | | | | | 4 | 9 | 7 |
| | | | | | | | | |
| | | 3 | 2 | | 9 | | | |
| 9 | | | | | 7 | 5 | | |
| | | 7 | | 5 | | | | 2 |

## EXTREME - 60

| | | | | | | | | |
|---|---|---|---|---|---|---|---|---|
| 5 | 2 | | | 7 | 9 | 4 | | 1 |
| | | | | | | 6 | 9 | |
| | | | | | 8 | | | |
| 7 | | | | 8 | | 2 | | 9 |
| | | | | 4 | 7 | | 1 | |
| | | | | | | | 4 | |
| 8 | | 6 | 1 | | | | | |
| 4 | | | | 5 | 6 | 9 | | |
| | | 3 | | | | | 7 | |

## EXTREME - 61

| 6 | | | | | | | | |
|---|---|---|---|---|---|---|---|---|
| 3 | 1 | | | | | 8 | 7 | |
| | 5 | | | | 1 | | | |
| | | | 8 | | | 4 | 9 | |
| | 9 | | | | 5 | | 8 | |
| 2 | 4 | | 7 | | | | | |
| | | | 9 | | | | 5 | |
| | | | | | | 3 | 1 | 7 |
| | 8 | | | 7 | | | | |

## EXTREME - 62

| 8 | | | 7 | | 6 | | 2 | 9 |
|---|---|---|---|---|---|---|---|---|
| | | 4 | | | | | | |
| 9 | | | 3 | | | | | |
| | | | | 7 | | | 1 | |
| | 5 | | 9 | 2 | | | | 3 |
| | 1 | | | | | | 5 | |
| | 4 | | 1 | | | 5 | | |
| | | | | | | | | 6 |
| | 7 | | | 5 | 4 | 1 | | |

## EXTREME - 63

| | 8 | | | | | 1 | | |
|---|---|---|---|---|---|---|---|---|
| | 3 | | | | | | 8 | 2 |
| 4 | | | 5 | | | | | |
| | 1 | 4 | | | | | | 8 |
| 8 | | 2 | 4 | | | | | 7 |
| 9 | 6 | | | 7 | | | | |
| 1 | | | | | 8 | 2 | | |
| | 2 | | | | 7 | | | |
| | 7 | | 3 | | 6 | 9 | | |

## EXTREME - 64

| 5 | | 4 | | 1 | | | | 9 |
|---|---|---|---|---|---|---|---|---|
| 9 | 2 | | | | | | 6 | 4 |
| | | 6 | | | | | | |
| | | | | | | | | |
| | | | | | 8 | 5 | 7 | |
| | | | 9 | 3 | | 6 | | 2 |
| | | | 6 | 7 | | | | |
| 7 | 8 | | | 2 | | 3 | | |
| 2 | | | 1 | | | | | 5 |

## EXTREME - 65

| | 2 | | | | 7 | 1 | | |
|---|---|---|---|---|---|---|---|---|
| 8 | | | 2 | 1 | | 7 | | 3 |
| | | | | | 4 | | | |
| | | 1 | | 7 | | 2 | | |
| | 7 | | | 8 | 1 | | 5 | |
| | 5 | | | | | | | |
| 6 | | | | | 5 | | 3 | 8 |
| | | | 4 | | | | | |
| | | | | | | | 1 | 4 |

## EXTREME - 66

| 5 | | | | 7 | | 4 | | 9 |
|---|---|---|---|---|---|---|---|---|
| | 4 | | 1 | | | 6 | | |
| 8 | | | | | 2 | | | |
| | | | | | | | | |
| | 5 | | 9 | 4 | | | | |
| | | | | 3 | | 8 | 4 | |
| | 2 | 5 | | | 6 | 9 | | |
| | 3 | | | 9 | | 5 | | 1 |
| 1 | | | | | | | | 8 |

## EXTREME - 67

| | | | | | | 2 | 4 | |
|---|---|---|---|---|---|---|---|---|
| | | | | | | 8 | | |
| 8 | | 7 | | 3 | | | 5 | |
| | 9 | 8 | | | | 6 | | |
| 6 | | | 7 | 2 | | | | |
| | 5 | 4 | | 9 | | | 7 | |
| | 6 | | | 4 | | | | 9 |
| | | | | | 2 | | | |
| 9 | 7 | | | 5 | | | | 4 |

## EXTREME - 68

| | | 7 | | | | | 1 | |
|---|---|---|---|---|---|---|---|---|
| | | | 5 | 9 | 6 | | | |
| | | 6 | | | 1 | | 2 | 8 |
| | 3 | | | 6 | | | | |
| | 9 | 1 | | | | 4 | | 3 |
| 8 | | | | | | | | 1 |
| | | 5 | 4 | | | | 6 | 2 |
| | 2 | | | 1 | | | 4 | 5 |
| | | | | | 2 | | | |

## EXTREME - 69

| | | 6 | 2 | | | 7 | | |
|---|---|---|---|---|---|---|---|---|
| | | | | | | | | |
| 8 | | | 6 | 5 | | | | 4 |
| | | | | | | 4 | | |
| 5 | 7 | 9 | | | | | | 8 |
| | 2 | | 1 | 8 | | | | |
| | 5 | | | | | 6 | 7 | |
| 7 | | 2 | | | 5 | | 1 | 9 |
| | 8 | | | 6 | | | | 2 |

## EXTREME - 70

| 8 | | | | | 9 | | | |
|---|---|---|---|---|---|---|---|---|
| | 4 | | | | | | | |
| | | | | 1 | 3 | 2 | | |
| 1 | | | | 7 | 8 | | | 5 |
| | | | | | | | 1 | |
| 5 | 8 | | | 4 | 2 | | | 6 |
| | | 3 | 6 | | 4 | 9 | 8 | |
| | 9 | 8 | | | | | | 2 |
| 6 | | | | | | | 5 | |

## EXTREME - 71

| | | | 8 | | | 2 | | |
|---|---|---|---|---|---|---|---|---|
| | | | | | | 7 | | |
| | 3 | | | | 2 | | 6 | |
| 4 | 1 | | | 7 | | | | |
| | | | 3 | 6 | | 1 | | |
| | 8 | | | | | 4 | | |
| 1 | 9 | | | 2 | | | 7 | 4 |
| 2 | | 5 | | | 1 | | | 9 |
| | | | | | 5 | 6 | | 1 |

## EXTREME - 72

| 4 | | | | 1 | | | | |
|---|---|---|---|---|---|---|---|---|
| 6 | | 2 | | | | | | 1 |
| | | 9 | 5 | | | | | 6 |
| | | | | | | 7 | 4 | |
| | | | 2 | | | | | |
| | | 5 | | 6 | | | 3 | |
| 8 | | | 6 | | | | 2 | |
| | | | 7 | 8 | 2 | | 6 | 9 |
| | | | 9 | | 4 | | | |

## EXTREME - 73

| | | | | | | | | |
|---|---|---|---|---|---|---|---|---|
| | | | | 5 | | 7 | | 9 |
| | | 5 | | 7 | 2 | | | |
| | | | | | | | | 1 |
| 1 | | | 2 | | | 3 | | 6 |
| | 3 | | | 9 | | | 2 | |
| | 7 | 9 | | | 5 | | | |
| | | 7 | | | 9 | | | 4 |
| 5 | | | | 8 | | | 6 | |
| | | | | 1 | | 9 | | |

## EXTREME - 74

| | | | | | | | | |
|---|---|---|---|---|---|---|---|---|
| 5 | | | 2 | | | | 6 | 4 |
| | | | | | 8 | 5 | | |
| | | | | 3 | 4 | | | |
| 4 | | | | | 3 | | 2 | 7 |
| | 9 | | | | | | 5 | |
| | | 5 | | | | | 8 | 3 |
| 6 | | | | 4 | | | | 9 |
| | | | 9 | | | 2 | | |
| | 7 | | 8 | 6 | | | 4 | |

## EXTREME - 75

| | | | | | | | | |
|---|---|---|---|---|---|---|---|---|
| | 6 | | 1 | | | | 9 | |
| | | 1 | | | 7 | 6 | | |
| 9 | | | | | | 3 | | |
| 7 | | | | 4 | | | | |
| | | 2 | | | | | | |
| | 5 | | 6 | | | | | 4 |
| 2 | | 4 | 5 | | | | 7 | |
| | | | | | | 5 | | 3 |
| | 7 | 9 | | | 6 | | 2 | 8 |

## EXTREME - 76

| | | | | | | | | |
|---|---|---|---|---|---|---|---|---|
| | | | | | | 7 | | |
| 4 | | | | 5 | | | | 1 |
| | 9 | | | | 3 | | | |
| | | | | | | 5 | 7 | 3 |
| | | 6 | | | | | 8 | |
| 5 | | | | 7 | | | 6 | 2 |
| | 1 | 4 | | 3 | 6 | | | |
| 6 | | 2 | | 1 | | 3 | | |
| | | 5 | | 2 | 4 | 8 | | |

## EXTREME - 77

| | | | | | | | | |
|---|---|---|---|---|---|---|---|---|
| | | 7 | 9 | | | | | |
| 1 | | | | | | 6 | 9 | |
| | 8 | | | 4 | | 7 | | |
| 9 | | 5 | 2 | | | | | |
| | 2 | | 5 | | | | | 3 |
| | | | 7 | 1 | | | 6 | |
| | 4 | | | | | | | |
| | | 2 | 4 | | 1 | | | |
| 5 | | | | | | | 2 | 9 |

## EXTREME - 78

| | | | | | | | | |
|---|---|---|---|---|---|---|---|---|
| | | 8 | | | 7 | | | 1 |
| 6 | 1 | | 2 | | | 4 | | |
| | 3 | | | 4 | | | | 6 |
| 5 | | 1 | 8 | 6 | | | | |
| | 6 | | 7 | | 4 | | | |
| | | 4 | | | 1 | | 9 | |
| | | | | | | 8 | | |
| 7 | 8 | 3 | 5 | | | | | |
| 9 | | | | | | 7 | | |

## EXTREME - 79

| | | | | | | | | |
|---|---|---|---|---|---|---|---|---|
| | 4 | 3 | | | 1 | 6 | | |
| 1 | | 6 | | 2 | 5 | | | |
| | | 2 | | | | | | |
| | | 5 | 7 | 9 | | | | |
| | | | | | | 2 | | 4 |
| | | | | | 6 | | 8 | 9 |
| 9 | | 4 | | | | 1 | | 3 |
| | | | 2 | | | 9 | | |
| 2 | | | 1 | | | | | 8 |

## EXTREME - 80

| | | | | | | | | |
|---|---|---|---|---|---|---|---|---|
| | 8 | 5 | 3 | | | 1 | | |
| | | | | | | | 4 | |
| 1 | | 3 | 2 | | | | | |
| 6 | 5 | | 7 | | | 8 | 1 | 4 |
| | | | | 4 | | | | 2 |
| | | 8 | | | | | 7 | |
| 9 | | 7 | | 8 | | | | 5 |
| | | 6 | | | | | | |
| | | | | 5 | 1 | 6 | | |

## EXTREME - 81

| | | | | | | | | |
|---|---|---|---|---|---|---|---|---|
| | 4 | | | | 9 | | | |
| 3 | | 8 | | | 6 | | 9 | |
| 9 | | 5 | | | 3 | 7 | | |
| | | 6 | 4 | 5 | | | | 8 |
| 7 | | | | | | 4 | | |
| | | | | | | | | |
| 5 | 3 | | | | | | 2 | |
| | | | 1 | 3 | | | | |
| 1 | | 7 | 9 | | | 6 | | 5 |

## EXTREME - 82

| | | | | | | | | |
|---|---|---|---|---|---|---|---|---|
| | | | 4 | | | | | |
| 3 | | | 7 | | 5 | 9 | | |
| 1 | | | | | | 8 | | |
| | | 6 | | | 3 | | 5 | |
| | | 3 | | | 7 | 4 | | 8 |
| | | | 6 | 8 | | | 1 | |
| 7 | 9 | | | 6 | | | | 4 |
| 6 | 2 | | | | | | | 3 |
| | | 1 | 8 | | | | | |

## EXTREME - 83

| | | | | | | | | |
|---|---|---|---|---|---|---|---|---|
| 8 | | | | | | | 3 | |
| | | 6 | 9 | 3 | | | 1 | |
| | | | 7 | | | | | 4 |
| | | 1 | | | | 7 | | |
| 7 | 9 | | 4 | | 6 | | | |
| | | 2 | | | 5 | | | 8 |
| 3 | | | | 2 | | | 4 | |
| | 7 | | 6 | | 9 | | | |
| | 6 | 4 | | 1 | | | | |

## EXTREME - 84

| | | | | | | | | |
|---|---|---|---|---|---|---|---|---|
| | 9 | | 1 | | | | | 2 |
| | | | | 4 | 5 | | 3 | |
| 5 | | | 2 | | | 7 | 6 | |
| | | | | 1 | | | | |
| 2 | 7 | | 3 | 9 | 4 | | 5 | |
| | | 5 | | | | 3 | | |
| | 6 | 1 | | | 2 | | | |
| 3 | | | | | | | 4 | |
| | | | 9 | | 3 | | | 6 |

## EXTREME - 85

| | | | | | | | | |
|---|---|---|---|---|---|---|---|---|
| | 1 | | | | 3 | | | |
| | | | | 8 | | 5 | | |
| 3 | 9 | | 7 | 1 | | | | |
| | 7 | | | | | 1 | 9 | |
| | | | | 7 | | | | |
| | | 6 | | | | | | 5 |
| | | 9 | | 6 | | | 7 | |
| | | 1 | 2 | 9 | | 6 | | |
| 2 | | | 4 | | | | 5 | |

## EXTREME - 86

| | | | | | | | | |
|---|---|---|---|---|---|---|---|---|
| 4 | | | | | 7 | 6 | | |
| | | | 9 | 1 | | | | 5 |
| 2 | | | | | 3 | 9 | 7 | 4 |
| | 9 | 1 | 2 | | | | | |
| | | | | 4 | | | | |
| | | | | 7 | 1 | | 6 | |
| 7 | | | 4 | 6 | | 3 | | |
| | 2 | | | | | | | |
| | | | | | | | 5 | 7 |

## EXTREME - 87

| | | | | | | | | |
|---|---|---|---|---|---|---|---|---|
| 6 | 2 | 9 | | 3 | | | | |
| | 4 | | | | | 7 | | 5 |
| | | | | | 9 | | | |
| 1 | | 6 | | | | | | 9 |
| | | | | | | | | |
| | | 2 | 6 | 7 | 1 | 8 | | |
| | 5 | | | | 7 | 1 | | |
| | | 7 | | | | | 2 | 4 |
| | | | 8 | 4 | | 5 | | |

## EXTREME - 88

| | | | | | | | | |
|---|---|---|---|---|---|---|---|---|
| | | | 3 | | 1 | 6 | | 8 |
| | 3 | | | 9 | 8 | | | |
| 1 | | | | | 7 | 2 | | |
| 9 | | | | 1 | | | | |
| | | | | | | 5 | 9 | 1 |
| | | 4 | | | 6 | | | |
| | | | | | 5 | 1 | | |
| | 6 | 3 | | | | | | |
| | 5 | | | | | 8 | 7 | 6 |

## EXTREME - 89

| | | | | | | | | |
|---|---|---|---|---|---|---|---|---|
| | 6 | 8 | | | | | | |
| 3 | | 5 | | | | 6 | | |
| | 1 | | | | | 2 | | |
| 2 | | 1 | 6 | | 3 | 9 | 8 | |
| 4 | | | | 7 | 8 | 5 | | |
| | | | | 5 | | | | 6 |
| 5 | | | | | 6 | 3 | 9 | |
| | | 7 | 2 | | | | | |
| | | | | | | 8 | | |

## EXTREME - 90

| | | | | | | | | |
|---|---|---|---|---|---|---|---|---|
| | | | | | | 9 | | |
| | | 6 | | 9 | 1 | | 4 | 8 |
| | | | 7 | 5 | | | | |
| | 3 | | 5 | 2 | | | 8 | |
| 1 | 2 | | | | | 4 | | |
| 4 | | | | 8 | | | 7 | |
| 5 | | | | | | | 6 | |
| 8 | | 2 | 6 | | 5 | | | |
| | | 4 | 2 | 3 | | | | |

## EXTREME - 91

| 9 | 5 |   |   |   |   | 2 |   |   |
|---|---|---|---|---|---|---|---|---|
|   | 3 |   |   |   |   | 5 |   |   |
|   | 8 |   |   |   |   |   | 3 | 9 |
|   |   |   |   | 4 |   | 7 |   |   |
|   | 1 |   | 9 |   |   |   |   |   |
|   |   | 4 | 2 |   |   | 6 |   | 8 |
|   |   |   | 5 | 9 | 1 |   |   | 2 |
|   |   |   |   |   | 8 | 1 |   |   |
|   | 7 |   | 3 |   |   |   |   | 6 |

## EXTREME - 92

|   |   |   | 8 |   |   |   | 2 |   |
|---|---|---|---|---|---|---|---|---|
|   |   |   | 2 | 7 | 4 |   |   |   |
|   | 1 |   |   |   | 5 |   |   |   |
|   |   |   | 1 |   | 7 |   |   | 2 |
|   | 3 |   |   | 2 |   |   | 4 | 6 |
| 7 |   |   |   |   |   |   |   | 3 |
| 4 |   |   |   | 6 |   |   | 9 |   |
|   |   | 9 |   | 5 |   | 6 |   |   |
|   | 7 | 8 | 9 |   |   |   |   |   |

## EXTREME - 93

|   | 1 | 9 |   |   |   | 3 |   |   |
|---|---|---|---|---|---|---|---|---|
| 4 |   | 8 |   | 6 |   |   | 9 | 1 |
| 6 |   |   | 5 |   |   |   |   |   |
|   | 3 |   |   |   |   |   | 6 |   |
|   |   |   | 2 |   |   |   | 1 |   |
|   |   | 4 |   |   |   |   | 8 |   |
| 8 |   | 7 |   |   | 5 |   |   |   |
|   |   | 1 |   |   | 8 |   |   |   |
|   |   |   |   | 9 | 3 |   |   | 2 |

## EXTREME - 94

|   |   |   |   |   | 8 | 5 |   |   |
|---|---|---|---|---|---|---|---|---|
| 6 |   |   |   |   |   |   | 3 | 8 |
|   |   |   |   | 7 |   |   |   |   |
| 5 |   |   |   | 1 |   |   | 9 | 4 |
| 8 |   |   |   | 2 | 5 |   | 1 |   |
| 4 |   |   |   |   | 7 |   | 8 |   |
| 3 | 9 |   |   |   | 6 |   |   | 2 |
|   |   |   |   |   | 2 | 4 |   |   |
|   |   | 8 |   |   |   |   | 5 |   |

## EXTREME - 95

|   |   |   | 4 | 5 | 2 |   |   |   |
|---|---|---|---|---|---|---|---|---|
| 7 |   |   |   |   | 1 |   |   |   |
| 6 |   |   |   | 7 |   |   | 9 |   |
|   |   |   |   |   | 7 |   | 8 |   |
|   |   | 9 |   |   |   |   |   |   |
|   |   | 5 |   | 1 | 4 |   |   | 2 |
|   |   |   |   | 2 |   |   |   | 5 |
| 8 |   |   | 1 |   |   |   | 2 |   |
|   | 1 |   | 3 |   |   | 4 |   |   |

## EXTREME - 96

| 4 |   | 2 |   |   | 6 |   |   |   |
|---|---|---|---|---|---|---|---|---|
| 5 |   | 8 |   |   |   |   |   |   |
|   |   |   |   | 3 |   | 1 |   |   |
|   |   | 1 |   |   |   |   | 4 |   |
| 6 |   |   | 2 | 5 |   |   |   |   |
|   |   |   |   |   |   |   |   |   |
|   | 2 |   | 5 | 4 |   |   | 3 |   |
| 7 |   |   |   | 6 |   | 4 | 1 |   |
| 1 | 5 |   |   |   | 7 |   |   |   |

## EXTREME - 97

| | | | | | | | | |
|---|---|---|---|---|---|---|---|---|
| 8 | | 2 | | 3 | | | | |
| | | | 9 | | | 7 | | 8 |
| 7 | | | | | | 1 | 5 | |
| 1 | | | 8 | | | | | |
| | 5 | | | | | 9 | | |
| | 3 | | | | 1 | 4 | | |
| | | 7 | 5 | | | | 9 | |
| | 4 | 9 | | | | | | |
| 3 | 2 | | | | 9 | | | |

## EXTREME - 98

| | | | | | | | | |
|---|---|---|---|---|---|---|---|---|
| 4 | | | | 5 | 8 | 6 | 7 | |
| | | | | 6 | | | | |
| | | 6 | 9 | | 1 | | 2 | |
| | 7 | | | 8 | | | | |
| 9 | | | 3 | | | | | |
| | | | | 2 | | | | 8 |
| | 1 | 2 | | 3 | | | | |
| | | | | | | 4 | | |
| 6 | | 4 | | | | 1 | 8 | 3 |

## EXTREME - 99

| | | | | | | | | |
|---|---|---|---|---|---|---|---|---|
| | | 9 | | | | | | 1 |
| | | 3 | | | | | | |
| | | | | 3 | | | 9 | 2 |
| | 2 | | 7 | | | | | |
| 9 | | | | | 2 | 3 | 6 | |
| | 6 | | | | 5 | | | |
| | | | | | | | 8 | |
| | 7 | | | 6 | 8 | 1 | | |
| | | 8 | | 1 | 7 | 6 | 5 | |

## EXTREME - 100

| | | | | | | | | |
|---|---|---|---|---|---|---|---|---|
| 1 | 9 | | | | | | 6 | 7 |
| | | | | | | 5 | | |
| | | 3 | | | 9 | | | |
| 7 | 3 | | | 8 | | | | |
| | | 4 | | | | 2 | | |
| | 8 | | | 4 | 2 | 1 | 5 | |
| | | | | 2 | 5 | | | 1 |
| | | 6 | 8 | | 3 | | | |
| | | | | | | | | |

## EXTREME - 101

| | | | | | | | | |
|---|---|---|---|---|---|---|---|---|
| | | | | | | | 6 | 3 |
| | | | | 6 | | 1 | 9 | |
| | 9 | 6 | | | | | | |
| | | | 4 | | | | | 8 |
| 3 | 7 | | 8 | 9 | | | | |
| | 8 | | | 3 | | | 2 | |
| | 4 | 8 | 1 | | | | 7 | |
| | | 7 | 3 | | 4 | 2 | | |
| | | 2 | | | 6 | | 5 | |

## EXTREME - 102

| | | | | | | | | |
|---|---|---|---|---|---|---|---|---|
| | | 9 | | 5 | | | | 1 |
| | | | | | | 3 | | 2 |
| | 3 | 7 | | | 1 | | | |
| | | | | | | 4 | | |
| 1 | 8 | | | | | | | |
| | | 2 | | 7 | | | 8 | |
| | | | | | 3 | | 4 | |
| 2 | 6 | | | | 7 | | | |
| 8 | 9 | | | | | 2 | 5 | |

## EXTREME - 103

|   | 6 | 4 |   | 5 |   |   |   |   |
|---|---|---|---|---|---|---|---|---|
|   |   | 9 |   | 3 | 7 |   |   |   |
| 2 | 1 |   | 4 |   |   |   |   |   |
| 8 |   |   |   | 7 |   | 9 | 1 |   |
|   |   |   |   |   | 3 | 5 |   |   |
| 7 | 2 |   |   | 8 |   |   |   |   |
|   |   |   |   |   | 5 |   | 6 | 3 |
|   |   | 8 | 7 | 9 |   |   |   |   |
|   |   |   |   |   |   | 7 |   | 9 |

## EXTREME - 104

| 3 |   |   | 1 |   |   |   | 4 |   |
|---|---|---|---|---|---|---|---|---|
|   |   |   |   | 4 |   |   |   | 8 |
|   | 1 | 6 |   |   | 2 |   | 9 |   |
| 8 |   |   |   |   |   |   | 6 | 1 |
|   |   | 5 |   |   |   |   |   |   |
| 6 | 3 |   |   | 8 |   |   |   | 7 |
| 9 |   |   | 4 |   |   |   |   |   |
|   |   |   |   | 3 |   | 2 | 8 |   |
| 1 | 5 |   |   | 9 |   |   |   |   |

## EXTREME - 105

| 7 |   |   |   |   | 6 |   |   | 4 |
|---|---|---|---|---|---|---|---|---|
|   |   | 4 | 2 |   |   |   |   |   |
|   | 9 |   |   | 4 | 7 | 8 |   |   |
| 6 | 4 |   |   |   | 5 |   | 2 |   |
|   |   | 5 |   |   |   |   |   |   |
|   |   | 1 |   | 7 |   | 5 |   |   |
|   |   |   |   |   |   |   | 3 | 6 |
|   | 8 |   | 9 |   |   |   | 4 | 5 |
|   |   |   | 1 |   |   |   |   |   |

## EXTREME - 106

|   |   | 9 |   | 3 |   |   |   |   |
|---|---|---|---|---|---|---|---|---|
|   |   |   | 2 |   |   |   |   | 1 |
|   | 5 | 7 |   | 1 |   |   | 4 |   |
| 8 |   | 4 | 7 | 9 |   |   |   |   |
| 1 |   |   | 8 |   | 6 |   |   |   |
|   | 7 |   |   |   | 5 |   |   |   |
|   | 3 | 8 |   |   |   | 6 |   | 4 |
|   |   |   |   |   |   |   |   |   |
|   | 4 |   |   |   |   | 3 | 2 |   |

## EXTREME - 107

|   |   |   |   | 3 |   |   |   | 4 |
|---|---|---|---|---|---|---|---|---|
| 8 |   |   | 7 |   |   |   |   |   |
|   |   | 2 |   | 5 |   |   |   | 3 |
| 1 | 4 |   |   |   |   |   |   | 9 |
|   |   |   | 3 |   | 5 |   |   |   |
|   |   |   | 1 | 4 |   |   | 7 |   |
| 7 | 8 |   |   | 1 | 9 |   |   |   |
|   |   | 1 |   |   |   |   |   |   |
|   |   | 9 |   |   |   | 2 |   | 5 |

## EXTREME - 108

|   |   |   |   |   |   |   | 5 | 7 |
|---|---|---|---|---|---|---|---|---|
|   | 3 |   | 6 | 9 | 1 |   | 8 |   |
|   |   |   |   |   |   |   |   |   |
| 2 |   |   |   | 1 |   |   |   |   |
|   |   | 5 |   | 8 |   |   | 2 |   |
|   | 7 | 1 |   | 3 |   |   |   | 4 |
| 4 |   |   |   |   |   |   |   | 8 |
|   | 9 |   |   |   | 4 | 5 | 6 |   |
|   |   |   |   |   | 2 |   |   |   |

## EXTREME - 109

|  |  | 2 |  |  |  |  | 9 |  |
|---|---|---|---|---|---|---|---|---|
|  | 9 |  |  |  | 4 | 6 | 8 |  |
| 8 |  | 3 |  |  |  |  |  | 2 |
|  | 8 |  |  |  |  | 9 |  |  |
|  |  |  |  |  | 6 |  |  | 5 |
|  |  |  |  |  | 1 |  | 6 |  |
| 4 | 1 |  |  |  |  | 8 |  |  |
|  | 6 | 8 | 2 |  |  | 4 |  |  |
| 7 |  |  | 5 |  |  |  |  |  |

## EXTREME - 110

| 7 |  |  |  | 4 |  | 3 |  | 5 |
|---|---|---|---|---|---|---|---|---|
|  |  | 1 |  | 8 |  |  |  |  |
| 4 |  | 3 |  |  | 1 | 9 | 8 |  |
|  | 3 | 4 |  |  |  |  |  |  |
|  |  |  |  |  |  |  |  |  |
| 5 | 8 |  | 7 |  |  |  |  |  |
|  |  |  |  |  |  | 6 |  |  |
|  |  |  | 5 |  |  | 4 |  | 2 |
|  |  | 5 |  | 6 | 8 |  | 7 |  |

## EXTREME - 111

|  |  |  |  |  |  |  |  |  |
|---|---|---|---|---|---|---|---|---|
| 2 | 9 | 7 |  |  | 4 |  |  |  |
| 5 |  |  | 3 | 6 |  |  |  |  |
|  |  | 6 |  |  |  |  | 4 | 8 |
| 3 | 1 |  |  |  |  |  |  |  |
|  |  | 4 |  |  | 1 | 6 |  | 7 |
|  | 3 |  |  | 8 |  |  |  | 4 |
|  |  |  | 4 | 1 |  |  |  | 2 |
|  |  |  | 5 |  |  |  | 9 |  |

## EXTREME - 112

|  |  |  |  |  |  |  |  | 2 |
|---|---|---|---|---|---|---|---|---|
|  |  | 4 |  | 7 |  | 1 | 5 |  |
| 6 |  |  |  |  | 5 | 9 |  |  |
|  |  |  |  |  | 9 |  |  |  |
| 2 |  |  |  |  |  |  | 8 | 1 |
| 5 |  |  | 7 |  |  | 6 | 2 |  |
|  | 4 | 7 | 9 |  | 2 |  |  |  |
| 1 |  | 6 |  | 5 | 3 |  |  |  |
| 3 |  |  |  |  |  |  |  |  |

## EXTREME - 113

|  | 3 |  | 4 |  |  |  |  | 8 |
|---|---|---|---|---|---|---|---|---|
| 1 |  | 5 |  | 9 |  |  |  | 2 |
| 2 | 7 |  |  |  |  |  |  | 1 |
|  |  | 2 |  |  | 1 |  |  | 5 |
|  |  | 6 |  |  |  |  |  |  |
| 5 |  |  |  |  | 4 | 6 |  |  |
|  |  |  |  | 8 |  |  | 2 |  |
|  | 5 | 1 |  | 2 |  |  |  | 4 |
|  |  |  | 7 | 4 | 3 |  |  |  |

## EXTREME - 114

| 1 | 5 |  |  |  |  | 3 |  |  |
|---|---|---|---|---|---|---|---|---|
| 9 |  |  |  |  | 1 |  | 8 |  |
|  | 4 |  | 2 | 3 |  |  |  |  |
|  | 9 | 1 |  |  |  |  |  |  |
|  |  |  |  | 6 | 7 |  |  |  |
|  |  |  |  | 4 |  | 8 |  |  |
| 7 | 8 |  |  |  |  | 1 |  | 5 |
|  |  | 2 |  |  | 8 | 7 | 6 |  |
|  |  |  |  |  |  | 4 |  |  |

## EXTREME - 115

| 1 | 4 |   |   |   |   |   |   |   |
|---|---|---|---|---|---|---|---|---|
| 8 |   |   |   |   |   | 9 |   | 3 |
|   |   | 3 |   |   |   |   | 7 | 4 |
|   |   | 6 |   | 2 |   |   | 3 |   |
|   |   |   |   |   | 8 |   |   |   |
|   | 7 |   | 9 |   |   |   | 1 |   |
| 9 |   |   |   |   |   |   | 4 |   |
| 2 | 8 |   |   |   | 7 | 3 | 9 |   |
|   |   | 1 |   |   | 4 | 8 |   | 2 |

## EXTREME - 116

|   |   |   |   |   | 5 | 1 |   | 6 |
|---|---|---|---|---|---|---|---|---|
|   | 1 |   | 3 | 4 |   |   |   |   |
|   |   |   |   |   |   |   | 4 | 8 |
|   |   | 8 |   |   |   | 6 | 9 |   |
|   | 3 |   | 4 |   |   |   | 2 |   |
| 4 |   | 5 |   |   | 7 |   |   |   |
|   |   |   |   |   | 3 |   |   | 5 |
|   | 5 |   |   | 2 | 6 |   |   |   |
| 2 |   |   |   |   |   |   | 1 |   |

## EXTREME - 117

|   | 9 |   |   |   |   |   |   |   |
|---|---|---|---|---|---|---|---|---|
|   |   |   |   |   |   | 1 |   | 2 |
|   | 7 | 2 |   | 3 |   |   |   |   |
|   | 4 |   | 9 |   |   |   |   |   |
| 1 |   | 9 |   |   | 4 |   |   |   |
|   |   |   | 5 |   |   | 8 |   |   |
|   |   |   |   | 6 |   |   | 8 |   |
|   |   | 6 | 3 |   |   | 5 |   |   |
| 5 |   |   | 4 |   |   |   | 3 | 9 |

## EXTREME - 118

|   |   |   |   | 3 | 8 | 1 |   |   |
|---|---|---|---|---|---|---|---|---|
|   | 4 |   |   | 1 | 5 |   |   |   |
| 3 |   | 6 |   | 2 |   |   |   |   |
|   | 2 |   | 5 |   |   |   | 1 |   |
| 9 | 6 | 3 |   |   | 2 |   |   |   |
| 4 |   |   |   | 9 |   | 2 |   |   |
|   |   |   |   |   | 3 | 9 | 5 |   |
|   |   |   |   |   | 4 |   |   | 2 |
|   |   | 5 |   |   |   |   |   | 8 |

## EXTREME - 119

| 6 |   |   | 7 |   |   | 1 | 9 |   |
|---|---|---|---|---|---|---|---|---|
|   | 5 |   |   |   | 1 |   |   | 2 |
| 7 | 1 |   | 9 |   |   |   |   |   |
|   |   |   |   | 9 | 7 |   |   | 5 |
|   |   |   |   |   |   | 2 |   | 4 |
|   |   |   | 4 | 6 |   | 9 | 8 |   |
|   | 8 |   | 3 |   |   |   | 6 |   |
|   |   |   |   |   |   | 5 |   |   |
| 9 |   |   |   | 1 |   |   | 3 |   |

## EXTREME - 120

|   |   |   |   | 4 |   |   |   | 8 |
|---|---|---|---|---|---|---|---|---|
|   | 2 | 9 |   | 7 |   |   |   | 5 |
| 8 | 3 |   | 5 |   | 1 |   |   |   |
|   |   | 2 |   | 6 |   |   |   |   |
| 9 |   |   |   |   | 5 |   | 8 |   |
|   |   |   | 7 | 3 |   |   |   |   |
|   |   |   |   | 2 |   |   | 7 |   |
|   | 5 | 1 |   |   | 4 | 9 |   | 6 |
|   |   |   | 9 |   |   |   |   | 3 |

## EXTREME - 121

| | | | | | | | | |
|---|---|---|---|---|---|---|---|---|
| | | | | | | | | |
| | | | | 1 | | | 5 | |
| 2 | | 3 | | 7 | 8 | 1 | | 4 |
| | 1 | 8 | | | | | | |
| | | 5 | | 8 | | 3 | 7 | |
| 6 | | 7 | | | 2 | 5 | | |
| | 7 | | | 5 | 3 | 6 | | |
| | | | | 2 | | | | |
| 3 | | | 4 | | | | 2 | |

## EXTREME - 122

| | | | | | | | | |
|---|---|---|---|---|---|---|---|---|
| | 2 | | 3 | 4 | | 1 | | |
| | | | | | | 3 | | 6 |
| | | | | 2 | | | | |
| 5 | | | | 8 | | | | |
| 7 | | | | | | 9 | 4 | 3 |
| | | 9 | | | | 6 | | |
| | | | 8 | | | | | 2 |
| 9 | | 5 | | 7 | 3 | | | 8 |
| | | | | 5 | 1 | | | |

## EXTREME - 123

| | | | | | | | | |
|---|---|---|---|---|---|---|---|---|
| 4 | | 6 | 2 | | | | | |
| 5 | | 7 | | | | | 2 | |
| | | | | 3 | | 9 | 4 | 7 |
| | | | | 7 | | | | |
| | | | | | | | | 8 |
| | | 5 | | | 1 | 4 | 7 | 3 |
| 7 | | | | 4 | | 5 | | |
| | 2 | | | | | 7 | 8 | |
| | | 1 | | | 6 | | | |

## EXTREME - 124

| | | | | | | | | |
|---|---|---|---|---|---|---|---|---|
| 2 | | 3 | | 6 | 5 | | | |
| 5 | 8 | | | 7 | | 3 | 2 | |
| 4 | 7 | | 2 | | | | | |
| | | | | | 6 | 5 | | |
| | | 7 | | | | | | |
| 8 | 9 | | | | | 4 | | 1 |
| | | 2 | | | | 9 | | |
| | | | | | | | 5 | |
| 6 | | 8 | | 3 | | | | 4 |

## EXTREME - 125

| | | | | | | | | |
|---|---|---|---|---|---|---|---|---|
| | | 9 | | | | 2 | 1 | 6 |
| 7 | 6 | | 2 | 8 | | 9 | | |
| | 4 | | | | 9 | 7 | | |
| | | | 8 | | 5 | | | |
| | 1 | | | | | | | 9 |
| | | 6 | | | | | 4 | |
| | 9 | | 3 | | | | | |
| | 8 | | | 2 | | 1 | | |
| 5 | | | 7 | | | | | 3 |

## EXTREME - 126

| | | | | | | | | |
|---|---|---|---|---|---|---|---|---|
| 7 | | | | 5 | | 8 | | |
| | | 9 | | | | | 1 | 2 |
| | | 3 | | | 8 | | | |
| | | | | 4 | | | 6 | |
| | | | | | 9 | | 2 | 5 |
| 5 | 9 | | | 7 | | | | |
| | 8 | | | 3 | | 4 | 9 | |
| 6 | | 4 | 1 | | | | | |
| | | | 7 | | | | | |

## EXTREME - 127

| | | | | | | | | |
|---|---|---|---|---|---|---|---|---|
| | | | | 1 | | | 4 | |
| | 2 | 1 | | | 8 | 9 | | |
| | | | | 3 | | 7 | | 2 |
| | | | | | | | | |
| | 3 | | 1 | | | | | |
| 1 | | | | 7 | 4 | 3 | 6 | |
| | | 3 | | 5 | | 2 | | |
| 2 | | | 8 | | | | | 6 |
| | 4 | | | | 6 | | 3 | |

## EXTREME - 128

| | | | | | | | | |
|---|---|---|---|---|---|---|---|---|
| | | | 1 | | 6 | | | 5 |
| | | | | 2 | | | 4 | |
| 8 | | 2 | | | | | | 6 |
| 9 | | | 8 | | | | | 7 |
| 5 | | | | 9 | | | | |
| 1 | | | | 5 | 7 | | | |
| | | | | | 4 | 6 | | 9 |
| 3 | | 7 | | 8 | | 2 | | |
| | | 9 | | | | 1 | | |

## EXTREME - 129

| | | | | | | | | |
|---|---|---|---|---|---|---|---|---|
| | | 3 | | 9 | | 5 | | |
| 9 | | | | 5 | 8 | | | |
| | 7 | | 2 | | | 6 | | |
| | | | | 8 | 1 | | | |
| | | | 6 | | | 8 | 3 | 9 |
| | | | | | 5 | | | 4 |
| 8 | 1 | 9 | 3 | | | | | |
| 5 | 2 | | | | | | | |
| | | | | | 7 | | | |

## EXTREME - 130

| | | | | | | | | |
|---|---|---|---|---|---|---|---|---|
| | 4 | 2 | 3 | | | 6 | | |
| 6 | | | | | | 8 | 3 | |
| | 1 | 7 | | | | | | |
| | | 6 | | 7 | 5 | 3 | | |
| 2 | | | | 3 | 1 | | | 6 |
| | | | | | | | | 2 |
| | 7 | | | | 6 | 5 | | |
| | | | 1 | | | | | |
| | | 8 | | 5 | | 2 | | |

## EXTREME - 131

| | | | | | | | | |
|---|---|---|---|---|---|---|---|---|
| | | 7 | | | 3 | | | 2 |
| | | 5 | 1 | | | | 8 | |
| | 6 | | | 2 | | | | |
| | 4 | | 3 | | | | 7 | |
| 3 | | | | | 9 | | 1 | |
| | | | | 6 | 1 | | | |
| 5 | 9 | | 7 | 1 | 6 | | | 8 |
| | 2 | 6 | | | | | | |
| 1 | | | 5 | 3 | | | | |

## EXTREME - 132

| | | | | | | | | |
|---|---|---|---|---|---|---|---|---|
| | | | | | 5 | | | 8 |
| | | 1 | 2 | | | | 7 | |
| | 5 | 7 | 1 | 9 | | | | 6 |
| | | | 5 | | | | | |
| 3 | | | | | | 7 | 1 | |
| 1 | | | 6 | | | | 3 | |
| | 3 | 4 | | 5 | | | | |
| | | | | | 2 | | 6 | |
| 7 | 6 | | | | | | | |

## EXTREME - 133

| | | | | | | | | |
|---|---|---|---|---|---|---|---|---|
| 6 | | | 5 | | | 7 | | |
| | | 5 | | 2 | | 4 | | 1 |
| | 8 | 1 | | | | | | |
| | 3 | | | 9 | | | | |
| 2 | | 4 | | | | | | |
| | | 7 | 1 | | | | 9 | |
| | | | 7 | | | 5 | | |
| | | | | | 2 | | | |
| | | 6 | 8 | | 4 | 3 | | |

## EXTREME - 134

| | | | | | | | | |
|---|---|---|---|---|---|---|---|---|
| | | 1 | 7 | 6 | | | | 9 |
| 8 | | 7 | | | 5 | | | |
| 6 | | | | | | | | |
| | | | | 2 | | | | 7 |
| 5 | | 4 | | | 8 | | | |
| | | | 5 | | 1 | 2 | 4 | |
| 2 | | | | | | 5 | 8 | |
| | | 5 | | | 9 | 4 | | |
| 1 | | | | | | 9 | | 2 |

## EXTREME - 135

| | | | | | | | | |
|---|---|---|---|---|---|---|---|---|
| | | 9 | 3 | | | 7 | | 5 |
| 7 | | 6 | 9 | | | 3 | | |
| | | | | | | | 2 | |
| 2 | 3 | | | | 5 | | | |
| | | | 4 | | 1 | 6 | | |
| | | | | | 3 | 8 | | |
| | | | | | | | | |
| 9 | | | | | 2 | | | 1 |
| | 5 | 3 | | 7 | 9 | | | |

## EXTREME - 136

| | | | | | | | | |
|---|---|---|---|---|---|---|---|---|
| 4 | 7 | | | | | | | 1 |
| 8 | | | | | 2 | | | 6 |
| | | 9 | | | | | | |
| | | | 5 | 8 | | 6 | | |
| | | 1 | 7 | | | 9 | | |
| 5 | | | | 9 | 6 | | | |
| 9 | 8 | | | | 1 | | 2 | |
| | 2 | | 8 | 4 | | | | |
| 6 | 5 | | | | | | | |

## EXTREME - 137

| | | | | | | | | |
|---|---|---|---|---|---|---|---|---|
| | | | | | 7 | | 3 | |
| 8 | | 7 | | | | 4 | | |
| 9 | 6 | | 1 | 3 | | | | |
| | | 1 | 8 | | 5 | | 4 | 3 |
| | | | | | | | 2 | 9 |
| | | | | | 6 | | 1 | |
| | 8 | | | | | | 6 | |
| 5 | 9 | | | 2 | | 7 | | |
| | | 2 | | | | | | |

## EXTREME - 138

| | | | | | | | | |
|---|---|---|---|---|---|---|---|---|
| | 2 | 3 | | 7 | | | 4 | |
| 8 | 4 | | | | 6 | | | |
| | | | | 2 | | | 8 | |
| | | 6 | 2 | | 3 | | | |
| | 9 | 5 | | | | | | |
| 1 | | | | | | 5 | | |
| | | | | | | | 9 | 2 |
| 5 | | | 4 | | | 1 | | |
| | 3 | | | 8 | | | | 4 |

## EXTREME - 139

| 3 |  | 5 |  |  |  |  | 9 |  |
|---|---|---|---|---|---|---|---|---|
|  |  |  |  |  |  |  |  | 6 |
|  |  |  |  | 7 | 2 |  |  | 1 |
|  |  |  |  | 5 | 7 | 6 |  |  |
| 8 |  |  | 4 | 6 | 3 | 5 |  |  |
|  |  |  |  |  |  |  |  |  |
|  |  |  |  |  |  | 8 | 6 |  |
| 2 |  | 4 |  | 8 |  |  |  | 9 |
|  |  | 7 |  | 9 |  | 4 | 3 |  |

## EXTREME - 140

|  |  |  | 9 |  |  | 8 |  |  |
|---|---|---|---|---|---|---|---|---|
|  |  |  | 3 | 1 |  | 4 |  |  |
| 9 | 7 |  |  |  | 8 |  |  |  |
|  | 9 |  |  | 7 |  |  |  | 3 |
| 8 | 3 |  |  | 9 |  | 5 |  |  |
|  |  | 6 | 2 |  | 4 |  |  |  |
|  |  | 4 | 7 |  |  | 9 |  |  |
|  |  | 5 |  | 8 |  |  | 3 |  |
| 2 |  |  |  |  |  |  |  | 5 |

## EXTREME - 141

| 7 |  | 8 | 2 |  |  |  |  |  |
|---|---|---|---|---|---|---|---|---|
|  |  | 1 |  |  | 6 |  |  |  |
|  | 2 |  |  | 8 | 9 |  |  |  |
|  |  |  |  |  |  |  |  |  |
|  | 7 |  |  |  | 4 | 1 |  |  |
|  |  | 9 | 5 | 2 |  |  |  | 3 |
|  |  |  |  |  |  |  | 7 |  |
|  | 3 |  | 1 | 6 |  | 8 |  |  |
|  | 8 |  | 3 | 5 | 7 |  |  | 4 |

## EXTREME - 142

|  |  |  | 9 |  | 8 |  | 4 | 2 |
|---|---|---|---|---|---|---|---|---|
|  |  |  |  |  |  |  |  |  |
| 1 |  |  |  | 4 |  | 9 |  |  |
|  | 7 | 2 |  | 9 |  |  | 6 | 5 |
|  |  | 9 |  |  | 4 |  |  |  |
|  |  | 4 |  | 3 |  |  |  |  |
|  |  | 7 |  |  | 6 |  | 8 |  |
|  |  |  |  |  |  |  | 5 |  |
|  | 3 |  |  | 1 | 5 |  |  |  |

## EXTREME - 143

|  |  | 1 |  |  |  |  | 4 | 8 |
|---|---|---|---|---|---|---|---|---|
|  | 4 |  |  |  | 6 | 7 |  |  |
|  |  |  |  |  |  |  |  |  |
|  |  |  |  | 1 | 7 | 8 |  |  |
|  |  | 7 | 8 |  |  | 6 | 9 | 3 |
| 3 |  |  |  |  |  |  |  | 7 |
| 1 |  |  |  | 6 |  | 9 | 5 |  |
|  |  | 6 | 9 |  | 5 | 2 |  |  |
| 9 |  |  |  |  |  |  | 8 |  |

## EXTREME - 144

| 3 |  |  | 6 | 7 |  |  |  |  |
|---|---|---|---|---|---|---|---|---|
|  |  | 5 |  |  | 2 |  |  |  |
|  | 6 |  |  |  |  | 2 |  | 9 |
| 4 |  |  |  |  |  | 5 |  |  |
|  |  |  |  |  | 5 |  | 7 |  |
|  |  |  |  |  |  | 8 | 4 | 1 |
|  |  |  | 2 |  |  |  |  | 3 |
| 1 |  | 7 |  | 3 |  | 9 |  |  |
|  |  | 3 |  |  |  | 4 | 8 |  |

## EXTREME - 145

|   | 2 | 8 |   |   |   | 4 |   |   |
|---|---|---|---|---|---|---|---|---|
|   |   |   |   |   |   | 6 |   |   |
| 4 |   |   | 9 |   | 7 |   |   | 8 |
|   | 1 |   |   |   |   | 3 |   |   |
| 9 |   |   |   | 3 | 8 |   |   |   |
|   | 8 |   | 6 |   |   |   |   | 4 |
|   | 5 |   | 2 | 6 |   |   |   |   |
|   |   |   | 5 | 7 |   | 1 |   | 6 |
|   |   |   | 3 |   |   |   |   | 2 |

## EXTREME - 146

| 1 |   | 8 | 2 |   |   |   | 6 |   |
|---|---|---|---|---|---|---|---|---|
|   |   | 7 | 3 |   |   |   |   |   |
|   |   | 2 |   |   | 7 |   |   |   |
|   |   |   |   |   |   |   |   |   |
|   |   |   |   | 9 | 4 |   |   |   |
|   | 3 |   |   | 7 | 6 | 4 |   | 5 |
| 8 | 5 |   |   | 2 |   |   | 3 |   |
|   |   |   |   |   |   |   | 9 | 1 |
|   |   |   | 9 |   | 5 | 6 |   |   |

## EXTREME - 147

|   | 3 | 2 |   |   |   |   | 7 |   |
|---|---|---|---|---|---|---|---|---|
| 4 |   |   |   |   | 6 | 1 |   |   |
|   |   | 9 |   | 5 |   | 6 |   |   |
|   |   |   |   |   |   |   | 9 |   |
|   |   |   |   |   | 1 |   |   | 4 |
| 3 |   |   |   |   | 8 |   |   |   |
|   | 6 |   |   |   | 9 | 7 |   |   |
|   |   | 1 | 7 |   |   | 2 |   | 8 |
| 7 |   | 5 | 2 |   |   |   |   |   |

## EXTREME - 148

|   |   |   | 1 |   | 3 | 4 |   |   |
|---|---|---|---|---|---|---|---|---|
|   | 8 | 4 |   |   | 9 |   |   |   |
|   | 6 |   |   | 8 |   | 2 |   |   |
| 4 |   |   |   |   |   | 6 |   |   |
|   |   | 6 |   |   |   | 9 |   | 2 |
|   | 1 |   |   |   |   |   | 5 | 7 |
| 5 |   |   | 8 | 3 |   |   |   |   |
| 2 | 7 |   | 5 |   |   |   | 8 |   |
|   |   |   |   | 1 |   |   |   |   |

## EXTREME - 149

|   | 5 |   |   |   |   | 2 |   |   |
|---|---|---|---|---|---|---|---|---|
| 8 |   | 9 | 7 |   |   |   | 5 |   |
| 6 |   |   |   | 9 |   |   |   |   |
|   |   | 1 |   |   |   |   |   | 5 |
|   |   | 6 | 1 |   | 9 |   | 4 | 3 |
|   | 3 | 8 |   |   | 5 |   |   | 6 |
|   |   |   | 8 | 4 | 3 |   |   |   |
|   | 4 |   |   |   |   | 3 |   |   |
|   |   |   |   |   |   |   | 1 |   |

## EXTREME - 150

|   | 2 |   |   | 4 | 7 | 9 |   |   |
|---|---|---|---|---|---|---|---|---|
|   |   | 9 | 3 |   |   |   |   | 2 |
|   | 8 |   |   |   |   |   | 1 |   |
|   |   |   |   |   |   | 5 |   | 3 |
| 7 |   |   |   |   | 4 | 1 |   |   |
|   |   | 4 |   | 5 |   |   |   |   |
|   |   | 2 |   |   |   |   | 9 |   |
| 5 |   |   | 2 | 7 |   |   |   |   |
|   |   |   |   |   |   |   | 3 | 6 |

## EXTREME - 151

| | | | | | | | | |
|---|---|---|---|---|---|---|---|---|
| | | 6 | | 7 | | 4 | | 1 |
| | 4 | | 9 | | 5 | | | |
| 8 | | | | 3 | | | | 9 |
| 1 | | | | | | | | |
| | 2 | 9 | | 5 | | | | |
| | | 8 | 2 | | 6 | | | |
| | 3 | 4 | | | | 2 | 8 | |
| | | | | | 4 | 3 | | |
| 7 | | | | | | 9 | | |

## EXTREME - 152

| | | | | | | | | |
|---|---|---|---|---|---|---|---|---|
| | 4 | 6 | | | 3 | | 7 | 1 |
| | | 1 | 2 | | | | | 3 |
| | 9 | | | | | | | |
| | 7 | | | | 2 | | | |
| | | | 4 | | 1 | 5 | | |
| | | | | | 9 | | 8 | 4 |
| | | | | 1 | 4 | | 2 | 7 |
| | | 4 | | | | | | 5 |
| 7 | | 3 | | | | | 1 | |

## EXTREME - 153

| | | | | | | | | |
|---|---|---|---|---|---|---|---|---|
| | | | 3 | | 8 | | | |
| | | 8 | | | | | 1 | |
| 5 | | | 1 | 7 | | 6 | | |
| 3 | | | 6 | | | 2 | | |
| | | 7 | 8 | | | | | |
| | 6 | | | 1 | | | | 9 |
| | 9 | | | | | | | |
| | | | | 5 | | | 6 | 7 |
| 6 | 4 | | | | | 1 | 9 | |

## EXTREME - 154

| | | | | | | | | |
|---|---|---|---|---|---|---|---|---|
| | 5 | | | 9 | | | 3 | |
| | 4 | | 6 | | | | | |
| | 1 | 7 | | | | | 8 | |
| | | | | | 6 | 5 | | 9 |
| 9 | 6 | | | | 4 | | | |
| | | | | 5 | | | | |
| 2 | | | | | 3 | | 1 | |
| | | 1 | 8 | | | | | 4 |
| 5 | | | | 4 | 1 | 2 | | |

## EXTREME - 155

| | | | | | | | | |
|---|---|---|---|---|---|---|---|---|
| | | 3 | | 5 | | 6 | 1 | 8 |
| | 6 | | | | | | 9 | 3 |
| 2 | | | | | | 7 | | |
| | 5 | | | | 8 | | | |
| 1 | | 7 | 3 | 6 | 9 | | | |
| 6 | | | 7 | | | | | |
| 8 | | | 5 | 2 | | 4 | | 6 |
| | | | 9 | 8 | | | | |
| | 2 | | | | | | | |

## EXTREME - 156

| | | | | | | | | |
|---|---|---|---|---|---|---|---|---|
| 9 | | | 7 | | | | 3 | |
| | | | 2 | | 8 | | | |
| | | | 9 | 1 | | | | 8 |
| | | | 4 | | | | 6 | 1 |
| 5 | 7 | | | 9 | | | | |
| 3 | | | | | | | | 7 |
| | | 3 | | | 1 | | | |
| 4 | | | | | | | 2 | |
| | 2 | | | 6 | | 3 | 7 | |

## EXTREME - 157

| | | | | | | | | |
|---|---|---|---|---|---|---|---|---|
| 5 | 2 | | | 3 | | 7 | | |
| | | | 6 | 4 | | | 5 | |
| | | 3 | | | | | | 2 |
| 9 | | 1 | | | | | | |
| | 8 | 2 | | | | | | |
| | 5 | 7 | 8 | 9 | | 6 | | |
| 6 | | | 3 | | 7 | | | |
| | | | | | | 3 | | |
| | | | | 5 | 6 | 2 | 7 | |

## EXTREME - 158

| | | | | | | | | |
|---|---|---|---|---|---|---|---|---|
| 7 | 2 | 9 | 3 | | | 8 | | |
| | | | | | | | | 4 |
| 5 | | 6 | 7 | | | | | |
| | 6 | | 9 | 4 | | | 1 | 5 |
| 8 | 9 | 5 | | | 1 | | | |
| | | | | | | | | |
| | | | | | 7 | | 8 | |
| | | | | | 3 | 2 | | |
| | | | | | | 9 | | |

## EXTREME - 159

| | | | | | | | | |
|---|---|---|---|---|---|---|---|---|
| | | | 8 | 7 | | | 1 | |
| | | | | | 2 | 8 | | |
| 4 | | 5 | 1 | | | | | |
| | | | 7 | 5 | 6 | | | |
| 1 | | | | 3 | | 2 | | |
| | | | 9 | | | | 7 | |
| | 6 | | | | | 1 | | |
| | | 4 | | | | | 2 | 6 |
| 7 | 1 | | | | | | | |

## EXTREME - 160

| | | | | | | | | |
|---|---|---|---|---|---|---|---|---|
| | | | | | 8 | | | |
| 7 | | | | 4 | | | | 5 |
| 4 | 1 | | | | | | 6 | |
| | | | | | | | 1 | |
| | 9 | 1 | 3 | 2 | | | | |
| 2 | 5 | | 7 | 6 | | | | |
| | 6 | | 4 | 1 | | 7 | | |
| 9 | 7 | | | | 5 | | | |
| | | | | 8 | | 6 | 2 | |

## EXTREME - 161

| | | | | | | | | |
|---|---|---|---|---|---|---|---|---|
| | | | 2 | | | | | |
| | | 2 | | | | 4 | | 7 |
| | | | | 4 | 7 | | | |
| | | | | | 1 | | | 5 |
| | 5 | | 4 | 3 | | 8 | | |
| | | | 5 | | | | 6 | |
| 5 | | 1 | | | 6 | | 2 | |
| | 7 | | | | | 3 | 1 | |
| 9 | 4 | | | | | | | 6 |

## EXTREME - 162

| | | | | | | | | |
|---|---|---|---|---|---|---|---|---|
| | | 5 | | | 4 | 8 | | 7 |
| 6 | | | 9 | 7 | | | | |
| 3 | | | 1 | | | | 2 | |
| | 5 | | | | | | | |
| 1 | | | 6 | | | | | 3 |
| 7 | | | | | | | | 2 |
| | 4 | | | 5 | 3 | | 7 | 6 |
| | | | | | | | | 9 |
| | | | | 1 | | | 5 | |

## EXTREME - 163

| | | | | | | | | |
|---|---|---|---|---|---|---|---|---|
| | 2 | | | | | 8 | 4 | |
| 1 | | 4 | | 2 | | | 7 | |
| | 9 | 5 | | | 1 | | | |
| | 5 | | 1 | 9 | 7 | 2 | | |
| | | | 4 | 5 | | 3 | | |
| 7 | | | 6 | | | | 1 | |
| | | | | | | 9 | | |
| 2 | | | | 1 | | | | 4 |
| | | | | | | | 2 | |

## EXTREME - 164

| | | | | | | | | |
|---|---|---|---|---|---|---|---|---|
| | 8 | | | | 4 | | | |
| | | | 9 | 2 | | | | |
| | 7 | 5 | | | | | | 4 |
| | | | | | | 3 | | |
| | | | | | | | 5 | 7 |
| | | | 7 | 5 | 3 | 9 | 8 | 1 |
| | | | | | | 7 | | 9 |
| | | | 8 | 6 | | | | |
| | 1 | 6 | | 7 | | | 3 | 2 |

## EXTREME - 165

| | | | | | | | | |
|---|---|---|---|---|---|---|---|---|
| 9 | | | | 4 | | | 7 | |
| 2 | | | 7 | | 3 | 1 | | |
| | | | 6 | | | 5 | | |
| 5 | | 4 | | 6 | 8 | | | 3 |
| | 8 | | | | | 7 | | |
| | 1 | | 5 | | | 4 | | |
| | | 5 | | | | | 2 | |
| | | | | | 6 | | | 9 |
| | | | 3 | | | 6 | | |

## EXTREME - 166

| | | | | | | | | |
|---|---|---|---|---|---|---|---|---|
| | | | | | 9 | | | |
| | 5 | 3 | | | | 6 | 2 | |
| | | 4 | 2 | | | | | 8 |
| 8 | | 6 | 1 | | | 9 | | |
| | 9 | | | 6 | | | 8 | |
| | | | | | | 5 | | |
| 1 | | | | | | | 6 | |
| | | | | | | 7 | 9 | |
| | 3 | 8 | | 7 | | | | 5 |

## EXTREME - 167

| | | | | | | | | |
|---|---|---|---|---|---|---|---|---|
| | | 3 | | 7 | | 2 | 1 | |
| | | 8 | | 9 | 5 | | 7 | 4 |
| | 9 | | | | | | | |
| 3 | 4 | | | | 7 | | | 2 |
| 5 | | | | | 2 | | 6 | 7 |
| | | | | 4 | | | | |
| | | | | | | | 5 | |
| | 8 | | | | 4 | 7 | | |
| | 6 | | | | 8 | | | |

## EXTREME - 168

| | | | | | | | | |
|---|---|---|---|---|---|---|---|---|
| | | | 5 | | 1 | | 6 | |
| | | | | | | | 7 | 3 |
| | 6 | | | 4 | | | | 5 |
| | | 8 | | | | | 3 | |
| | 7 | | 8 | | | | | |
| 9 | | 2 | | | 4 | | | |
| 6 | | | | | | 9 | | |
| | 8 | | 7 | | | | | |
| 1 | | | | | 9 | 2 | | |

## EXTREME - 169

|  |  | 5 | 9 |  | 4 |  |  |  |
|---|---|---|---|---|---|---|---|---|
|  |  |  |  | 5 |  |  |  |  |
| 3 | 2 |  |  |  | 8 | 6 |  |  |
|  | 4 |  |  |  |  | 1 |  |  |
| 1 |  |  |  |  | 6 |  |  |  |
| 8 | 3 |  |  |  |  | 7 | 4 |  |
|  |  |  | 5 |  | 2 | 3 |  | 6 |
|  |  |  |  |  |  |  |  | 2 |
| 7 |  |  | 8 |  |  |  |  |  |

## EXTREME - 170

|  | 2 | 3 | 5 |  | 6 |  |  |  |
|---|---|---|---|---|---|---|---|---|
|  | 8 |  |  |  | 2 | 5 |  |  |
|  | 5 |  |  | 8 |  | 9 | 4 |  |
|  |  | 8 |  | 3 | 7 |  |  |  |
|  |  | 7 | 2 |  |  |  |  |  |
|  | 6 |  |  | 5 |  |  |  | 4 |
|  |  |  |  | 2 |  | 1 | 7 |  |
|  |  |  |  |  | 4 |  | 9 |  |
|  |  |  | 1 |  |  |  |  | 5 |

## EXTREME - 171

|  | 6 | 9 |  | 5 |  |  |  | 1 |
|---|---|---|---|---|---|---|---|---|
|  |  |  |  |  | 2 |  | 7 | 9 |
|  |  |  |  | 1 | 8 |  |  | 5 |
|  | 4 | 6 |  |  | 3 |  |  |  |
| 5 |  |  |  |  |  |  |  | 2 |
| 9 |  | 3 | 4 |  |  |  | 6 |  |
|  | 8 |  |  |  | 1 |  |  | 6 |
|  |  |  | 2 |  | 9 |  |  |  |
|  |  |  |  | 7 |  |  | 2 |  |

## EXTREME - 172

|  |  |  |  |  | 3 |  |  |  |
|---|---|---|---|---|---|---|---|---|
|  | 7 | 5 | 9 |  |  |  | 1 |  |
|  |  |  |  |  | 6 |  |  | 9 |
|  |  | 2 |  |  | 5 | 7 | 4 |  |
|  |  |  |  | 6 |  | 1 | 5 |  |
| 4 |  |  |  |  |  |  |  | 2 |
| 3 | 9 | 4 |  |  |  | 2 |  |  |
|  |  |  |  |  |  |  | 6 | 3 |
|  |  | 8 |  |  | 7 |  |  |  |

## EXTREME - 173

|  |  |  | 3 |  | 7 |  |  |  |
|---|---|---|---|---|---|---|---|---|
|  | 6 |  |  |  |  |  |  |  |
|  |  | 7 |  | 9 |  | 8 |  | 2 |
|  |  |  |  | 5 | 6 | 4 |  |  |
|  | 4 |  |  | 7 | 9 |  |  | 1 |
|  |  |  | 1 |  |  |  | 5 |  |
| 3 | 2 |  | 9 |  |  |  | 1 |  |
| 8 |  | 9 |  |  |  |  |  | 6 |
|  |  | 6 |  |  |  |  | 3 |  |

## EXTREME - 174

| 1 |  | 8 | 5 | 9 |  |  |  | 7 |
|---|---|---|---|---|---|---|---|---|
|  |  |  |  | 4 | 8 |  |  |  |
|  |  | 2 |  |  | 3 | 8 |  | 6 |
| 2 | 1 |  |  | 7 |  |  |  |  |
|  |  | 3 |  |  |  |  |  | 9 |
| 6 |  |  |  |  |  |  |  |  |
| 5 |  | 9 | 3 |  | 7 |  | 2 | 8 |
|  |  |  |  |  |  |  |  |  |
|  |  |  | 2 |  |  |  | 5 |  |

## EXTREME - 175

| 5 | 3 |  |  |  | 8 | 4 |  |  |
|---|---|---|---|---|---|---|---|---|
|  |  |  | 3 |  |  |  |  |  |
|  | 6 |  |  |  |  | 7 |  |  |
|  |  |  | 9 |  | 1 |  | 4 |  |
| 1 |  |  | 4 | 2 |  | 6 | 7 |  |
| 3 |  |  |  | 7 |  |  |  | 9 |
|  |  | 9 |  |  | 5 |  |  | 8 |
|  |  |  |  | 1 |  |  |  |  |
|  |  | 2 |  |  |  |  |  |  |

## EXTREME - 176

| 7 |  |  |  |  |  |  |  | 5 |
|---|---|---|---|---|---|---|---|---|
|  | 4 |  | 9 | 5 |  |  |  |  |
|  |  |  |  |  | 7 | 1 |  |  |
|  |  |  | 8 |  |  | 6 | 3 |  |
| 4 |  | 6 |  |  |  |  |  |  |
|  |  |  |  |  |  | 9 |  | 7 |
| 1 |  |  | 7 |  | 5 |  |  | 4 |
| 6 |  |  | 2 | 9 |  |  |  | 3 |
| 3 |  |  | 1 | 4 |  | 8 |  |  |

## EXTREME - 177

| 2 | 1 |  |  | 6 |  | 9 |  |  |
|---|---|---|---|---|---|---|---|---|
|  |  |  |  |  |  | 6 | 4 | 5 |
|  |  |  | 5 |  | 9 |  |  | 1 |
|  |  | 6 |  |  | 7 |  | 8 |  |
| 7 | 4 |  |  | 5 |  |  | 1 |  |
|  |  |  |  |  |  | 3 |  |  |
| 8 |  |  |  |  | 6 |  |  |  |
|  |  | 4 | 9 | 3 |  |  |  |  |
| 3 |  | 7 |  |  |  |  |  |  |

## EXTREME - 178

|  |  | 1 | 3 | 7 |  |  |  | 2 |
|---|---|---|---|---|---|---|---|---|
|  | 4 |  |  |  |  |  | 7 | 5 |
|  |  |  | 4 |  |  |  |  |  |
| 7 |  | 8 |  |  | 2 |  |  |  |
|  |  |  |  |  | 1 | 9 | 8 |  |
| 9 | 3 |  |  |  | 4 | 1 |  |  |
|  |  |  |  |  |  | 8 |  | 1 |
| 5 |  |  |  |  |  |  |  |  |
|  |  |  |  | 6 | 9 |  | 4 |  |

## EXTREME - 179

|  |  |  |  |  | 7 |  | 3 |  |
|---|---|---|---|---|---|---|---|---|
|  |  | 2 |  | 5 | 6 |  | 8 |  |
|  | 3 | 8 | 4 |  |  |  | 5 |  |
| 9 |  |  |  | 7 |  | 8 |  |  |
|  | 2 | 4 |  |  |  |  |  |  |
|  |  |  |  | 3 |  |  |  |  |
| 7 | 9 |  | 5 |  |  | 6 |  |  |
| 4 |  |  |  |  |  |  |  |  |
|  |  |  |  | 4 |  | 9 |  | 7 |

## EXTREME - 180

|  |  |  |  | 3 | 7 | 6 |  | 2 |
|---|---|---|---|---|---|---|---|---|
|  |  |  |  |  | 4 | 8 |  |  |
| 4 |  | 1 |  |  |  |  |  | 5 |
| 1 |  |  |  |  | 6 |  | 2 |  |
|  |  | 8 |  | 2 |  |  |  |  |
|  |  |  |  | 9 | 3 | 5 |  |  |
|  |  |  |  | 6 |  |  | 8 | 3 |
|  | 9 | 3 |  | 7 |  |  |  |  |
|  |  |  |  |  |  | 7 |  | 4 |

## EXTREME - 181

| 4 | 5 |   | 8 |   | 3 |   |   |   |
|---|---|---|---|---|---|---|---|---|
|   |   |   |   | 4 |   |   |   |   |
| 6 | 9 |   |   |   |   | 8 |   |   |
|   | 2 |   |   |   |   |   |   | 3 |
|   |   |   | 6 | 5 | 7 |   |   |   |
|   |   | 1 |   | 2 |   |   |   |   |
| 7 |   | 2 |   | 6 |   |   |   |   |
|   |   |   |   |   | 5 |   | 2 |   |
| 8 | 3 |   |   |   |   | 6 |   | 7 |

## EXTREME - 182

| 1 |   |   |   |   |   |   |   | 4 |
|---|---|---|---|---|---|---|---|---|
| 9 | 5 |   |   |   |   |   |   |   |
|   |   |   |   | 8 |   | 1 |   | 2 |
| 3 |   |   |   |   | 5 |   |   | 7 |
|   |   |   | 4 |   |   |   |   |   |
|   |   | 7 |   |   |   | 9 |   | 3 |
|   | 6 |   |   | 7 |   |   |   |   |
|   | 1 |   |   |   |   | 7 | 2 |   |
|   | 4 | 3 |   | 1 | 9 |   |   |   |

## EXTREME - 183

|   | 5 | 3 |   |   |   |   |   |   |
|---|---|---|---|---|---|---|---|---|
|   |   |   |   |   | 4 |   |   |   |
| 6 |   |   |   |   |   |   | 7 |   |
| 9 |   |   |   |   | 5 |   | 6 |   |
|   | 2 |   | 8 |   |   |   | 3 | 7 |
|   |   |   | 1 | 9 |   | 4 |   | 8 |
| 1 | 9 | 2 | 6 |   |   |   |   |   |
|   |   |   |   |   | 3 |   |   | 2 |
| 7 |   |   |   |   | 8 |   |   |   |

## EXTREME - 184

|   |   |   |   | 2 |   |   |   | 7 |
|---|---|---|---|---|---|---|---|---|
|   |   |   |   | 5 |   |   | 8 |   |
|   |   |   | 9 |   |   |   | 4 | 6 |
| 8 | 5 | 1 |   |   | 3 |   |   | 9 |
| 6 |   |   | 2 |   | 5 | 3 |   |   |
|   | 9 |   |   |   |   |   |   | 4 |
|   | 1 |   | 4 |   |   | 8 |   |   |
|   | 3 |   |   |   | 6 |   | 2 |   |
| 2 |   |   | 1 |   |   |   |   |   |

## EXTREME - 185

|   | 4 |   |   | 5 |   |   | 9 |   |
|---|---|---|---|---|---|---|---|---|
|   |   | 2 |   |   |   |   |   |   |
|   | 1 |   |   |   | 8 | 5 |   | 2 |
|   |   |   |   |   |   | 8 |   |   |
|   |   |   |   |   | 2 |   | 7 |   |
| 5 |   | 9 | 3 |   |   |   |   |   |
|   |   |   | 9 | 7 |   |   |   |   |
|   | 2 |   |   |   |   | 1 | 5 |   |
|   |   |   | 5 |   | 6 |   |   | 4 |

## EXTREME - 186

| 6 |   |   | 7 |   |   |   |   | 1 |
|---|---|---|---|---|---|---|---|---|
|   | 8 |   |   |   | 5 |   |   |   |
| 2 |   |   |   |   |   | 9 |   | 6 |
|   |   |   |   |   | 2 | 5 |   |   |
| 9 |   |   | 4 |   |   |   | 8 |   |
|   |   |   | 5 |   |   | 3 | 1 | 7 |
|   |   |   |   | 7 |   |   |   |   |
|   | 4 | 7 | 9 |   |   |   |   |   |
| 3 | 2 |   |   |   | 8 |   | 6 |   |

## EXTREME - 187

| | | | | | | | | |
|---|---|---|---|---|---|---|---|---|
| | | | | 4 | 9 | | 7 | 5 |
| 1 | 2 | | | 6 | | | | 4 |
| | | | 3 | | | | | |
| | | | 4 | | | 8 | | 3 |
| | 8 | | | | 6 | | 1 | |
| 6 | | 7 | | 1 | | | | |
| | | 1 | | | | | | |
| | 7 | | 2 | | | | 4 | |
| 3 | | 2 | | 8 | | | | |

## EXTREME - 188

| | | | | | | | | |
|---|---|---|---|---|---|---|---|---|
| | | | 4 | 2 | | | | 3 |
| | | | | | | | | 7 |
| 2 | | | 6 | 1 | 3 | | 5 | 9 |
| | | | | | | | | 1 |
| | | | | | | 5 | 2 | |
| 4 | | 8 | 2 | | | | | |
| 1 | 3 | | 7 | | 8 | 6 | | |
| 7 | | 4 | | | | | | |
| | | 2 | 3 | | | | 8 | |

## EXTREME - 189

| | | | | | | | | |
|---|---|---|---|---|---|---|---|---|
| | 5 | | | 4 | | | | 7 |
| | | 6 | 7 | | 1 | | 2 | |
| | | | 6 | | | 5 | | |
| 3 | 4 | 7 | | | | 9 | | |
| | | | | | | | 8 | 4 |
| | | 1 | 9 | | | | | |
| | | | | | | | 4 | 1 |
| 5 | | | | 6 | | | | |
| | | | | 2 | | | | 6 |

## EXTREME - 190

| | | | | | | | | |
|---|---|---|---|---|---|---|---|---|
| | 8 | | | | 9 | | | |
| | | | | | 3 | | | |
| 7 | | | | 2 | 1 | 9 | | 3 |
| 3 | | | | | | | 5 | |
| | 6 | | | | | | 8 | |
| 1 | | | | 8 | 7 | | | |
| | 9 | 6 | | 7 | | | | 4 |
| 5 | | | | | | | | 9 |
| | 4 | 7 | | | | 8 | | |

## EXTREME - 191

| | | | | | | | | |
|---|---|---|---|---|---|---|---|---|
| | 7 | | 4 | | | | 1 | |
| | | 8 | 6 | | | 5 | | |
| | | | | 9 | | | | 3 |
| | | 5 | | | | 2 | 3 | |
| 3 | | | 1 | | | 7 | | 6 |
| | | 7 | | | | | | |
| 1 | | | | | 7 | | | |
| | | | 5 | 6 | 2 | | | |
| | | | | | | | 8 | 4 |

## EXTREME - 192

| | | | | | | | | |
|---|---|---|---|---|---|---|---|---|
| | | 6 | | | | 9 | | 3 |
| 9 | 5 | | 8 | 4 | | 7 | | |
| 7 | | 8 | | | | 4 | | |
| | | 4 | | | | | 3 | |
| 5 | | | 4 | | 2 | | | |
| | 6 | 9 | | | 8 | | 2 | |
| | | 2 | 7 | | | | | |
| | | | 9 | 1 | 6 | | | |
| | 8 | | | | | | | |

## EXTREME - 193

| | | 6 | | 4 | | 3 | | 8 |
|---|---|---|---|---|---|---|---|---|
| | | 8 | | | | 9 | 7 | 6 |
| | | 1 | | | | | | |
| | 2 | | | | | | | |
| | | | 9 | | | | | 4 |
| | | | | 3 | 7 | 6 | 9 | |
| | | 2 | 8 | | 5 | | | |
| | | | | | 9 | 4 | | |
| | 1 | | | 7 | | | | 2 |

## EXTREME - 194

| 3 | | | 6 | | | 8 | | |
|---|---|---|---|---|---|---|---|---|
| | 2 | | | | | 5 | 4 | |
| | | | | | | | | |
| 4 | | 8 | | | 2 | | | |
| | 6 | | 5 | | | 4 | | |
| | | | | | | | | 9 |
| 5 | | 2 | | 3 | | | 7 | |
| | 7 | | 4 | | | | 9 | |
| | | 9 | 1 | | | 3 | 2 | |

## EXTREME - 195

| 4 | | | | | | | | 1 |
|---|---|---|---|---|---|---|---|---|
| 6 | | | | 8 | 9 | | | 5 |
| | | 7 | | | 4 | | | |
| 7 | | | | 5 | 1 | 6 | | 9 |
| | 2 | | | | 7 | | 5 | |
| | 8 | | | | | | | |
| | | | 1 | | | | 2 | |
| | | | | | | 9 | 6 | 7 |
| | | | 5 | | 2 | | | |

## EXTREME - 196

| 5 | 8 | | 4 | | | | | |
|---|---|---|---|---|---|---|---|---|
| 2 | | | 8 | 7 | | 9 | | |
| | 9 | | 1 | | 6 | | 5 | |
| | | | | | | 1 | | |
| 7 | 1 | | | | 3 | | | |
| | 2 | | | | | | 3 | |
| | 5 | | 2 | 8 | | | | |
| 8 | | | | | | 4 | 7 | |
| | | | 9 | | | | | 1 |

## EXTREME - 197

| 4 | | | 1 | | | | | |
|---|---|---|---|---|---|---|---|---|
| | | | | | | | | |
| | | | | | 6 | | 1 | |
| 8 | 9 | | | | 3 | 1 | | |
| | 2 | 1 | | | | | 6 | 8 |
| 7 | | | | | 2 | 3 | | |
| | | 7 | 2 | | | | | |
| | | 8 | | 3 | | 9 | 5 | |
| | | | 7 | | | 6 | 8 | |

## EXTREME - 198

| 1 | 3 | | | 8 | | | | 4 |
|---|---|---|---|---|---|---|---|---|
| 4 | 2 | | 1 | 6 | | | | |
| | | 6 | 7 | | | | | |
| | | | | 7 | | | 8 | |
| 2 | 9 | | 8 | | | 7 | | |
| | | | 4 | | | 2 | | |
| | | | 9 | | | | 6 | |
| | | 3 | | | | | 9 | 5 |
| | | | | | 4 | | | 1 |

## EXTREME - 199

| | | | | | | | | |
|---|---|---|---|---|---|---|---|---|
| | | | | | 5 | | | 2 |
| 1 | | | | | | | 7 | |
| | | 2 | | 9 | 1 | | | 3 |
| 3 | | | 8 | | | | 4 | |
| 9 | | | | 3 | | | 8 | |
| | | 4 | | | | 9 | | |
| 7 | | 3 | | | | | | 6 |
| | 2 | | 5 | | | | | |
| | 6 | 9 | 7 | | | | | |

## EXTREME - 200

| | | | | | | | | |
|---|---|---|---|---|---|---|---|---|
| | | | 4 | 2 | 7 | 8 | | |
| | | | 3 | | | | 9 | 4 |
| | | | | | | | | 5 |
| | 5 | | | | | 2 | | 1 |
| | 4 | 7 | 1 | | | | | |
| | | 8 | | 9 | 3 | | | |
| 1 | | | | | | | 6 | |
| | | | | | | 4 | | 8 |
| | | | 7 | | | 1 | | 3 |

## EXTREME - 201

| | | | | | | | | |
|---|---|---|---|---|---|---|---|---|
| 7 | 9 | 2 | | | | | | |
| 1 | | | | | | | | 5 |
| 3 | | | 9 | 8 | 7 | | | |
| | | 8 | | | | | | 7 |
| | | | | 1 | 3 | | 8 | |
| | 2 | | | | | 3 | | |
| | 7 | | | | | | 4 | 6 |
| 8 | 5 | | 6 | | | | | |
| | | | | 7 | 5 | | 3 | |

## EXTREME - 202

| | | | | | | | | |
|---|---|---|---|---|---|---|---|---|
| 1 | | | | | | | | 4 |
| | | | | 5 | | 8 | 1 | |
| | 7 | | 2 | 1 | | 6 | | |
| | | 7 | 9 | | 5 | 1 | | |
| | | 1 | | | | | 6 | |
| | 6 | | | | 3 | 2 | | |
| | 4 | 8 | | | | 7 | | |
| | | 9 | 7 | | | | | |
| | | | | | | | 9 | 3 |

## EXTREME - 203

| | | | | | | | | |
|---|---|---|---|---|---|---|---|---|
| | 5 | 6 | | | | | | |
| | | 7 | | | | 8 | 6 | |
| | | | | 3 | 2 | | | |
| | 7 | 5 | | 6 | | | | |
| 6 | | | | 9 | | | 7 | |
| 4 | | | | | 1 | 3 | | |
| | | | | | 3 | | 2 | 4 |
| | 1 | | 5 | 7 | | | | |
| | 3 | | | | | | | 5 |

## EXTREME - 204

| | | | | | | | | |
|---|---|---|---|---|---|---|---|---|
| 9 | | | | 5 | | 4 | | 1 |
| 4 | | 8 | | | | | | 9 |
| 2 | | | 9 | | | 6 | | |
| | 9 | | 6 | | | | | |
| | 3 | | 5 | | | 1 | | |
| 7 | | | | 9 | | | | |
| | 7 | | 8 | | | | | 5 |
| | | | | 3 | 4 | | 8 | |
| | | | | | | | | |

## EXTREME - 205

| | | | | | | | | |
|---|---|---|---|---|---|---|---|---|
| | 1 | | | | 4 | 3 | | 7 |
| | | | | 3 | | 9 | | 2 |
| | 9 | | 5 | | | | | |
| 3 | | | | | | | | |
| | | | | 4 | | 1 | | 3 |
| | | 6 | 8 | | | | | |
| | | | 9 | | | 8 | | |
| 9 | | 4 | 3 | | | | 6 | |
| | 7 | | | | 2 | | | |

## EXTREME - 206

| | | | | | | | | |
|---|---|---|---|---|---|---|---|---|
| | | 4 | | | | 8 | | |
| | | | 7 | 8 | 6 | | 5 | |
| | | | 5 | | | | 9 | |
| 8 | 2 | | 4 | 6 | 7 | | | |
| | | 1 | | 2 | | | | |
| | 5 | | | | | | 6 | |
| | | | | 5 | | | | |
| 3 | | | | | 9 | 5 | 1 | |
| 7 | | | 3 | | | | | 2 |

## EXTREME - 207

| | | | | | | | | |
|---|---|---|---|---|---|---|---|---|
| 3 | 6 | | | 1 | | | 7 | 2 |
| 1 | | | | | | 8 | 9 | |
| | | | | | 2 | | | |
| | | 9 | | 8 | | | | 6 |
| | | | | | 9 | | | |
| | 2 | 7 | 5 | 4 | 3 | | | |
| | | | | 5 | 8 | | | |
| | | 5 | 7 | | | 6 | | |
| | 9 | 1 | | | 4 | | 8 | |

## EXTREME - 208

| | | | | | | | | |
|---|---|---|---|---|---|---|---|---|
| | | | 4 | | | | 8 | |
| | | | 9 | | 5 | | | 3 |
| 6 | | 1 | | 3 | | | 9 | |
| 9 | | | | 7 | | | 5 | |
| | 2 | 5 | | | 6 | | 7 | 4 |
| | | | | | 4 | | | |
| | | | | 2 | | 7 | | |
| 2 | | | | | | | | |
| 8 | | 7 | 3 | | | | 1 | 6 |

## EXTREME - 209

| | | | | | | | | |
|---|---|---|---|---|---|---|---|---|
| 5 | | | | 7 | | | | |
| | | | 2 | | | 6 | 1 | |
| | | | | 6 | | | 3 | 2 |
| | | | | 4 | | 1 | | |
| | | 7 | 1 | 2 | | | | 8 |
| | | 3 | | | | | 5 | |
| | 8 | | | | 9 | | | |
| | | | | | 4 | 3 | | |
| | 9 | 4 | 7 | | | | | |

## EXTREME - 210

| | | | | | | | | |
|---|---|---|---|---|---|---|---|---|
| | 2 | | 1 | | 7 | | 3 | |
| | | | | 8 | | | 1 | |
| 5 | | | | | 6 | | | |
| | 4 | | | | | 7 | 9 | |
| 8 | | | | 6 | | | 5 | 3 |
| 1 | | 6 | | | | | | |
| | 7 | | | 9 | 5 | | | |
| | | 5 | | | 8 | | | |
| | | | | | 3 | 8 | 7 | |

## EXTREME - 211

|  |  | 9 | 4 |  |  |  |  | 3 |
|---|---|---|---|---|---|---|---|---|
|  |  |  |  | 3 |  |  | 7 |  |
|  |  | 4 | 5 |  |  | 6 |  |  |
|  | 3 |  |  | 8 | 2 |  |  |  |
| 6 |  |  |  |  |  |  | 9 |  |
|  | 5 |  | 7 |  |  |  |  |  |
| 2 | 7 |  |  |  |  |  |  | 6 |
|  |  |  |  |  |  | 1 | 8 |  |
|  | 4 | 3 |  |  | 5 |  |  | 7 |

## EXTREME - 212

|  |  |  | 4 |  |  |  | 3 | 7 |
|---|---|---|---|---|---|---|---|---|
| 8 |  |  | 2 |  |  |  |  |  |
| 9 |  | 1 |  |  |  |  |  |  |
| 6 | 4 |  |  |  |  |  | 7 |  |
| 2 |  |  | 5 |  |  |  |  |  |
| 7 |  |  |  |  |  |  | 1 | 4 |
|  |  |  | 1 | 5 |  | 7 | 6 |  |
|  |  |  |  | 3 |  |  | 2 | 5 |
|  |  |  |  | 8 |  |  | 4 | 1 |

## EXTREME - 213

| 7 |  | 1 |  |  | 8 |  |  | 6 |
|---|---|---|---|---|---|---|---|---|
| 6 | 3 |  |  |  |  |  |  |  |
| 8 |  |  |  |  | 1 | 9 | 7 |  |
|  |  |  | 8 | 2 |  |  |  | 5 |
|  |  |  |  |  |  |  |  |  |
|  |  |  | 9 | 4 |  |  | 2 |  |
|  |  | 3 |  |  |  |  |  |  |
|  | 8 |  | 7 | 9 |  | 4 |  |  |
|  | 5 |  |  |  | 6 | 1 |  |  |

## EXTREME - 214

| 6 |  | 5 |  |  |  | 4 | 3 |  |
|---|---|---|---|---|---|---|---|---|
|  | 3 |  |  |  | 7 |  |  |  |
| 8 |  |  |  | 1 |  | 7 |  |  |
|  |  |  |  |  | 2 | 8 |  | 7 |
|  |  |  |  |  |  | 2 | 6 |  |
|  |  |  |  | 7 | 3 |  | 9 | 5 |
|  | 4 | 7 |  | 5 | 8 |  |  |  |
| 1 |  |  |  |  |  |  |  |  |
|  |  | 6 |  | 3 | 4 |  |  |  |

## EXTREME - 215

|  |  |  | 6 |  |  | 9 |  | 1 |
|---|---|---|---|---|---|---|---|---|
|  | 6 |  |  | 4 | 1 |  |  | 5 |
| 3 |  | 2 |  |  |  |  | 4 |  |
|  | 4 |  |  | 3 |  |  |  |  |
| 2 | 9 |  |  |  | 5 |  |  |  |
|  |  |  | 7 |  |  |  |  |  |
|  |  | 7 |  |  | 3 |  |  |  |
| 1 |  |  | 4 |  |  | 3 | 6 | 9 |
| 4 |  |  |  | 6 |  |  |  |  |

## EXTREME - 216

|  | 4 |  |  | 3 | 2 |  | 1 | 5 |
|---|---|---|---|---|---|---|---|---|
| 9 |  |  |  |  |  |  |  |  |
|  |  |  |  |  |  | 9 |  | 3 |
|  |  |  |  | 9 |  |  |  | 1 |
|  | 1 | 3 | 5 |  |  | 8 |  | 7 |
|  |  |  |  |  |  | 5 |  |  |
| 8 |  | 6 | 3 |  |  |  | 5 |  |
| 4 |  |  |  |  |  |  |  |  |
|  |  | 2 |  | 5 | 6 |  | 8 | 4 |

## EXTREME - 217

| | | | | | | | | |
|---|---|---|---|---|---|---|---|---|
| | | 3 | | | 4 | 5 | 2 | |
| | | | | 1 | | | | 4 |
| | 1 | 9 | 5 | 8 | | | | |
| | | | | | | | 5 | 6 |
| | | 2 | 6 | | | 1 | 7 | |
| | | 1 | | | | | | 3 |
| | | | | | | 4 | | |
| 7 | | | 1 | | | | | 9 |
| | 6 | | | 5 | | | | |

## EXTREME - 218

| | | | | | | | | |
|---|---|---|---|---|---|---|---|---|
| | 3 | 7 | 2 | | 4 | | | 1 |
| | | | | | 8 | 2 | | |
| 1 | | | | | | | | |
| | | 2 | | | 5 | 9 | | |
| 6 | | | | | | | 4 | |
| | | 9 | | | | | | 5 |
| | | | | | 9 | | 6 | 4 |
| | 6 | | 4 | | | 3 | | |
| | | 3 | 6 | 2 | | | | 7 |

## EXTREME - 219

| | | | | | | | | |
|---|---|---|---|---|---|---|---|---|
| | 4 | 3 | | | 1 | | | 8 |
| | | 5 | | | | | | |
| | 8 | | | | 5 | | 6 | 1 |
| | 7 | | | 6 | | | 3 | 9 |
| | | 9 | | 1 | 8 | | | 4 |
| | | | | 3 | | | 8 | |
| | 3 | 7 | | | | | | |
| 5 | | | 9 | | | | | |
| 9 | | | | | 7 | 4 | | |

## EXTREME - 220

| | | | | | | | | |
|---|---|---|---|---|---|---|---|---|
| | | | 2 | | | | | 4 |
| | 9 | | 8 | | | 6 | | 5 |
| | 1 | | | | | | | |
| | | 7 | | | | | | |
| 6 | | | | | 5 | | | 3 |
| | 2 | 5 | | 3 | 9 | | | |
| | | | | | 2 | 3 | | 1 |
| | | 3 | | | | | 4 | |
| 1 | | | 7 | 4 | 3 | | | 8 |

## EXTREME - 221

| | | | | | | | | |
|---|---|---|---|---|---|---|---|---|
| | | | | | | | | |
| 5 | | 3 | | | | | 9 | 7 |
| | | | | 5 | | 6 | 3 | 2 |
| 2 | 7 | | | | 6 | 5 | | |
| | | 4 | | | | | | 3 |
| | | 1 | | | 2 | | 4 | |
| | | 6 | | | 4 | | 5 | |
| | | | 7 | | | 9 | | |
| | | | 3 | 1 | | | | |

## EXTREME - 222

| | | | | | | | | |
|---|---|---|---|---|---|---|---|---|
| | | | 8 | 1 | | | | |
| | | | | | 9 | | 4 | |
| | | 8 | | | | | 2 | |
| 2 | 9 | | 1 | | | 7 | | |
| 1 | | | | 8 | 2 | | 9 | 5 |
| | | 7 | | 9 | 5 | | | |
| | | 2 | | 3 | | 6 | | |
| | 6 | | | | | | | |
| 7 | | 4 | | 5 | 8 | | 1 | |

## EXTREME - 223

| | | | | | | | | |
|---|---|---|---|---|---|---|---|---|
| | | | 8 | | 2 | | | 4 |
| | | | 5 | 3 | | | | |
| | | 1 | 7 | | | 2 | | 8 |
| | | 7 | | | | | | |
| 1 | | | | | | | | 6 |
| 6 | 4 | 9 | | | | 7 | | |
| | | | 9 | | | | | |
| 2 | | | | | 1 | 5 | 8 | |
| | 8 | | 2 | 7 | 6 | | 1 | |

## EXTREME - 224

| | | | | | | | | |
|---|---|---|---|---|---|---|---|---|
| 7 | | | | 6 | | | | |
| | | | 9 | | | 3 | | |
| 2 | | 9 | | | | | | |
| | | | 2 | | | | 8 | 1 |
| | | | | | 7 | | | 5 |
| | | 1 | | | 3 | 2 | | 6 |
| 4 | | | 7 | | | | 6 | |
| | | 6 | 1 | 8 | | | | |
| 8 | | | | 4 | 6 | | 2 | |

## EXTREME - 225

| | | | | | | | | |
|---|---|---|---|---|---|---|---|---|
| 6 | 3 | | | | | | 9 | |
| | | 1 | | | | | 5 | |
| | 2 | | | 3 | | 8 | | |
| | | | 2 | | 7 | 1 | | |
| | | 8 | | | | | | 7 |
| 2 | | 9 | | | 3 | | | |
| | | | 7 | 1 | | 2 | | 5 |
| | | | | 6 | | | | 4 |
| 8 | | | | 5 | | | | 3 |

## EXTREME - 226

| | | | | | | | | |
|---|---|---|---|---|---|---|---|---|
| 7 | | | 1 | | 8 | | | |
| | | | | 7 | | 3 | | 9 |
| | | | 5 | 6 | | | | 1 |
| 2 | 7 | | | 4 | | 1 | | 6 |
| | 8 | | | | | | | |
| | 4 | | 3 | | 1 | | | |
| | | | | 3 | | | 2 | |
| | 6 | | | | 7 | | | |
| | | 5 | | | 9 | | | |

## EXTREME - 227

| | | | | | | | | |
|---|---|---|---|---|---|---|---|---|
| | | | | | | | | |
| | | 3 | 7 | | | 2 | | 1 |
| | | 8 | 3 | 4 | | | | |
| 5 | | | | | | | 6 | |
| 2 | | | | 1 | | 5 | | 8 |
| 7 | 6 | | 4 | | | 1 | | |
| | | | 6 | | | | 9 | 2 |
| | | | | | 2 | | | |
| | 7 | | 1 | | | | | 6 |

## EXTREME - 228

| | | | | | | | | |
|---|---|---|---|---|---|---|---|---|
| | 7 | | | | | | 3 | |
| 6 | | | | | 8 | | | 4 |
| 3 | | 1 | | | 5 | 7 | | |
| | 4 | | 1 | | | 2 | | |
| | | 7 | | 8 | 4 | | | |
| | | | | | | | | 7 |
| | 8 | | | 6 | | | | 2 |
| | | | | | 1 | 6 | | |
| 1 | 6 | | | | 3 | 4 | 8 | |

## EXTREME - 229

|  |  |  |  |  |  |  |  |  |
|---|---|---|---|---|---|---|---|---|
| 1 | 8 | 4 | 9 |  | 5 |  |  |  |
| 7 |  | 2 |  | 8 |  |  |  |  |
|  | 4 |  |  | 3 |  |  | 6 |  |
|  |  |  |  |  |  |  |  |  |
|  | 2 | 9 |  | 7 |  | 3 |  | 1 |
|  |  | 7 | 1 |  |  |  | 5 | 9 |
|  | 9 |  |  |  |  |  |  |  |
|  |  | 3 |  |  | 2 | 7 |  |  |

## EXTREME - 230

|  |  |  |  | 8 | 3 |  |  |  |
|---|---|---|---|---|---|---|---|---|
| 5 |  | 1 |  |  | 7 |  |  | 3 |
|  |  |  | 9 |  |  | 4 |  |  |
|  | 7 |  |  |  |  |  |  |  |
|  |  |  | 2 |  |  |  | 8 | 1 |
|  |  |  | 4 | 7 |  | 9 |  |  |
|  | 5 |  |  | 9 |  |  |  | 8 |
|  | 4 |  |  |  | 5 |  |  |  |
| 8 |  | 9 |  |  |  | 1 |  | 6 |

## EXTREME - 231

|  |  |  | 4 |  |  |  |  |  |
|---|---|---|---|---|---|---|---|---|
|  |  |  |  | 5 |  |  |  | 9 |
| 3 |  | 5 | 8 |  | 1 |  | 7 |  |
|  |  |  |  |  | 2 | 7 |  |  |
| 5 |  | 4 |  | 3 |  |  |  | 2 |
|  |  |  |  | 4 |  |  |  |  |
|  |  |  | 1 | 8 |  | 4 |  |  |
|  | 5 | 6 |  | 2 |  |  |  |  |
| 9 |  |  |  |  |  |  | 6 |  |

## EXTREME - 232

|  | 1 | 6 |  | 9 |  |  |  | 2 |
|---|---|---|---|---|---|---|---|---|
|  |  | 2 | 4 | 6 |  | 7 |  |  |
|  | 9 |  |  |  |  |  |  |  |
| 9 |  | 4 |  |  |  | 2 |  |  |
|  | 8 |  | 7 |  |  |  |  |  |
| 3 |  |  |  |  | 5 |  |  |  |
| 2 |  |  |  |  |  | 8 | 6 |  |
|  |  |  |  | 8 | 2 |  | 5 |  |
|  |  | 7 |  | 3 | 4 |  |  |  |

## EXTREME - 233

|  | 9 |  |  | 3 | 7 |  |  |  |
|---|---|---|---|---|---|---|---|---|
|  |  |  | 2 |  | 4 | 8 | 3 |  |
|  | 8 |  |  |  |  | 1 |  | 7 |
|  | 3 |  | 9 |  |  |  |  |  |
| 8 |  |  |  |  |  |  |  | 6 |
|  |  | 2 | 7 |  | 8 |  |  |  |
|  |  | 9 | 1 | 5 |  |  |  | 3 |
|  |  |  |  |  |  |  |  | 5 |
|  |  | 6 |  |  |  |  | 4 |  |

## EXTREME - 234

|  | 9 |  |  |  |  |  |  |  |
|---|---|---|---|---|---|---|---|---|
| 7 |  |  |  |  |  | 4 | 5 |  |
|  | 3 | 5 | 4 |  |  |  |  |  |
| 8 | 1 |  |  | 2 |  |  | 4 |  |
|  |  |  |  |  | 7 |  |  | 2 |
|  |  |  | 9 |  |  | 1 | 8 |  |
|  | 7 | 1 |  | 5 |  |  |  |  |
| 2 |  |  |  |  |  |  | 7 | 9 |
|  | 4 |  | 2 |  | 3 |  |  |  |

## EXTREME - 235

| | | | | | | | | |
|---|---|---|---|---|---|---|---|---|
| | 9 | | | | 6 | | | |
| 4 | | 6 | 5 | 7 | | | | 1 |
| | | 8 | 3 | | | 2 | | |
| | 1 | | | 6 | 5 | | | 9 |
| 8 | | | | | | | | 6 |
| | 3 | | 1 | | | | | |
| 5 | | | | 2 | | | | |
| | | | 4 | | | | 8 | 7 |
| | 4 | | | | | 1 | | |

## EXTREME - 236

| | | | | | | | | |
|---|---|---|---|---|---|---|---|---|
| | | | 9 | | | 8 | 4 | |
| | | | | | 4 | 7 | | |
| | 1 | | | 6 | | | | |
| | | 2 | | | 8 | | 6 | 7 |
| | | | | 7 | | 3 | | |
| | | 6 | | | | 2 | 1 | 5 |
| | 6 | | | | | | | |
| | | 3 | 7 | 5 | | | | 4 |
| 8 | | | | | 9 | 5 | | |

## EXTREME - 237

| | | | | | | | | |
|---|---|---|---|---|---|---|---|---|
| 4 | | | | 3 | 2 | 7 | 1 | |
| | 1 | | | | 7 | | | 8 |
| 9 | | 2 | | | 1 | | | |
| | 4 | 8 | 3 | 2 | | | | |
| 7 | | | | 5 | 9 | | | 3 |
| | 9 | | | | | | | |
| | | | | | | 8 | | 4 |
| | | | 7 | 4 | | | 6 | |
| | 5 | | | | | 2 | | |

## EXTREME - 238

| | | | | | | | | |
|---|---|---|---|---|---|---|---|---|
| | 6 | | 2 | | | | | 5 |
| 9 | | | | | | | 2 | 3 |
| | | 5 | 8 | | | 6 | 9 | |
| 8 | | 4 | 1 | | | | | |
| | 1 | | | 4 | 5 | | | 7 |
| | | | | | | | | |
| 7 | | | | 3 | | | | |
| | | 8 | | | | | 1 | |
| 2 | | | 6 | | | | | 8 |

## EXTREME - 239

| | | | | | | | | |
|---|---|---|---|---|---|---|---|---|
| | | 9 | 4 | | 1 | | | |
| | | | | | 9 | | 6 | |
| | | 7 | | | | | | 5 |
| 2 | | 4 | 9 | | | | | 1 |
| 3 | | | | | | | | |
| | 6 | | 5 | 8 | | | | |
| | | | | | 4 | 2 | | |
| | 3 | | 8 | | | 1 | | 4 |
| | | | | 1 | | 6 | | |

## EXTREME - 240

| | | | | | | | | |
|---|---|---|---|---|---|---|---|---|
| 9 | | 3 | | 7 | | 4 | | |
| | 8 | | 5 | | | 6 | | 1 |
| | | | | | 6 | | 7 | |
| | | | | | | 3 | 8 | |
| 5 | | | 9 | | 7 | | | 6 |
| | | | | | | | | |
| | 2 | 5 | 6 | | | | | |
| | | | | | | 5 | 9 | |
| | | 1 | | 2 | | | | 8 |

## EXTREME - 241

| | | 7 | | | 6 | | 8 | 4 |
|---|---|---|---|---|---|---|---|---|
| | 6 | | | | | | | 2 |
| | | 9 | | 2 | 1 | | | |
| | 9 | 5 | | 8 | | 4 | | |
| | | | | | | | | |
| 4 | | | 9 | 3 | | | | |
| | | | 6 | | 2 | | | |
| 7 | | | | | 8 | 3 | | |
| 8 | | 6 | | | | | 2 | 1 |

## EXTREME - 242

| | | | 9 | | | | 7 | 1 |
|---|---|---|---|---|---|---|---|---|
| | | | 4 | | | 2 | | |
| | | 2 | 7 | | | | | |
| | | | 6 | | | 4 | | |
| | 6 | 1 | | | 4 | | 9 | |
| | | | | | 2 | 8 | 3 | |
| | 7 | | | 5 | | | 6 | |
| | 1 | | | 7 | 8 | | 2 | |
| | 3 | | | | | 5 | | |

## EXTREME - 243

| 3 | | 8 | | | 7 | 5 | | |
|---|---|---|---|---|---|---|---|---|
| | | 5 | | | | 8 | 9 | 3 |
| | | | 5 | | | 1 | 7 | |
| | | | 7 | 1 | | | | |
| | 4 | 1 | | | | 3 | | |
| 9 | | | | | 2 | | | |
| | 3 | | | 4 | | | 1 | 9 |
| 4 | | | | | | | | |
| | | 9 | 8 | | | | | 6 |

## EXTREME - 244

| | | | | | | 6 | | |
|---|---|---|---|---|---|---|---|---|
| 5 | | | 9 | | 8 | 2 | | 4 |
| 3 | | | | | | 7 | | |
| | | | | 9 | | | | |
| 1 | 6 | 9 | | 5 | | | 4 | 8 |
| | | | | | | | | 7 |
| | | 3 | | | | 5 | | |
| | 9 | 4 | | | 3 | | | |
| | | 8 | 7 | | | 4 | 6 | |

## EXTREME - 245

| | 9 | 2 | | | | | | |
|---|---|---|---|---|---|---|---|---|
| | | | 8 | 9 | | | 4 | |
| 8 | 4 | | | | | | | |
| | | | 3 | | | 7 | | 9 |
| 3 | | | | | | | | 2 |
| | 1 | | | 6 | | | | |
| 1 | | | | | 2 | | 6 | |
| | 3 | 5 | | | | | | 4 |
| | | | | 4 | 1 | 5 | | 7 |

## EXTREME - 246

| | | | | 9 | | | 8 | |
|---|---|---|---|---|---|---|---|---|
| 4 | | | 1 | | 8 | | | 5 |
| | | 1 | | | | | | 7 |
| | 2 | | | 8 | | | 9 | 6 |
| | | | | | 4 | | | |
| 8 | | | | 7 | | | | |
| 3 | 7 | | | | | 6 | | 9 |
| | 9 | 5 | | | | | | |
| | | | 3 | | | 1 | | |

## EXTREME - 247

| | | | | | | | | |
|---|---|---|---|---|---|---|---|---|
| 7 | | | 3 | | | | 9 | 5 |
| 1 | | | 4 | | | | 6 | |
| | 8 | | | | 2 | | | |
| 2 | | 3 | | | | | | |
| | 1 | | | | | | | 4 |
| | | 4 | | 1 | | | 5 | 6 |
| | | 9 | | | | | | |
| | | | | 2 | 6 | 3 | | |
| 6 | | 1 | | | | | | |

## EXTREME - 248

| | | | | | | | | |
|---|---|---|---|---|---|---|---|---|
| | 4 | | | | | | 7 | 2 |
| | | 5 | | | 4 | 8 | | |
| | | | | 1 | 9 | | | |
| | | | | | | 3 | | |
| | 5 | | | | 6 | 4 | 8 | |
| | 2 | | | 5 | | | | 6 |
| | | | | 9 | | | | 4 |
| 2 | 3 | 7 | | | | | 9 | |
| | 6 | | 3 | | | 1 | | |

## EXTREME - 249

| | | | | | | | | |
|---|---|---|---|---|---|---|---|---|
| 5 | | | | | | | | |
| 4 | | | 7 | 1 | | | | |
| | 1 | 7 | | | | 3 | 9 | 8 |
| | | | | 4 | | | | 1 |
| | 8 | 1 | 3 | | | | | |
| | | | | | 5 | 6 | 7 | |
| | | | | | | | | |
| 8 | | | | 6 | | | | 9 |
| | | 4 | | 5 | | | 1 | 2 |

## EXTREME - 250

| | | | | | | | | |
|---|---|---|---|---|---|---|---|---|
| | | | | | 2 | | 4 | |
| | | 4 | 1 | | | | 5 | |
| 2 | | 3 | | | 8 | | | |
| | | | | | 9 | | | |
| | | 7 | 4 | | 3 | 6 | 9 | |
| | | 6 | | | | 7 | | |
| | | | | | | | | |
| | 7 | | | 9 | | | 6 | |
| 9 | 1 | 2 | | | 7 | 5 | | |

## EXTREME - 251

| | | | | | | | | |
|---|---|---|---|---|---|---|---|---|
| | | 2 | 1 | | 3 | | | 5 |
| 5 | | | | | | | 8 | 2 |
| 4 | | | | | | | | 7 |
| | | | | | | | | |
| | | | | 4 | | | 3 | 6 |
| | 8 | | | 7 | 1 | | 4 | |
| | | 7 | | | 8 | | | |
| | | | 2 | | | | 9 | 3 |
| 2 | | 4 | | 1 | | | | |

## EXTREME - 252

| | | | | | | | | |
|---|---|---|---|---|---|---|---|---|
| | | | 4 | | | 9 | | |
| | | 2 | | | | | 3 | |
| | | | | 6 | | 1 | 8 | |
| 3 | | | 1 | | 8 | 2 | | |
| | 7 | | | 9 | 3 | | | |
| | | 8 | | | | | 9 | |
| | 6 | | | | | | | |
| | | 7 | | 8 | | | | |
| 1 | | 9 | 2 | | | 8 | 4 | 6 |

## EXTREME - 253

| | | | | | | | | |
|---|---|---|---|---|---|---|---|---|
| | | | 2 | 8 | | | | |
| | 1 | | | | 6 | 2 | | 4 |
| 8 | | | | | | | 1 | |
| | | 7 | | 6 | | | | |
| 6 | | 5 | 8 | | 3 | | | |
| 1 | | | 9 | | | | 2 | |
| | | | 6 | 4 | | 9 | | |
| | | 9 | | | | | | 1 |
| 7 | 4 | | | | | | 5 | |

## EXTREME - 254

| | | | | | | | | |
|---|---|---|---|---|---|---|---|---|
| 3 | | | 1 | | | | | |
| 2 | | | | 7 | 3 | 9 | | |
| | 1 | 9 | 2 | 8 | | | | |
| | | | | 5 | 1 | 7 | | |
| | 8 | | 7 | | | | | |
| | | | | | | 5 | 4 | 2 |
| | 7 | | | 3 | | | | 6 |
| | | | | | | | 8 | 5 |
| | | 4 | | | 6 | | | 1 |

## EXTREME - 255

| | | | | | | | | |
|---|---|---|---|---|---|---|---|---|
| 8 | | 7 | | | 5 | 9 | | |
| | | | | | | | | 3 |
| | | | | 9 | 4 | | 8 | |
| 7 | | | | | | 6 | | |
| | | | 9 | 2 | | | | 4 |
| 4 | | | | 3 | | 7 | | 1 |
| | 5 | 6 | | | | | 3 | 2 |
| | | | | 5 | | | | |
| | | | 8 | | | | | |

## EXTREME - 256

| | | | | | | | | |
|---|---|---|---|---|---|---|---|---|
| | 9 | 2 | | 7 | | | | 3 |
| 8 | | | | | | | | 9 |
| | | | 5 | | 8 | | 6 | |
| 9 | | | | | | | | 2 |
| | | | | 3 | | | | |
| | | 7 | | 5 | | | | |
| | 6 | | 4 | | 1 | | 7 | |
| | 2 | | 3 | | | 9 | | 4 |
| 7 | 4 | | | | | | | |

## EXTREME - 257

| | | | | | | | | |
|---|---|---|---|---|---|---|---|---|
| 1 | | | | | | 8 | | 2 |
| | | | 4 | | | | 3 | |
| | | | | | | 4 | | 7 |
| | | 3 | | | 2 | | | 9 |
| | 6 | | | | 5 | | 1 | |
| | 4 | | | | | 7 | 2 | |
| | 3 | 2 | 1 | 7 | | 9 | | |
| 9 | | 6 | 5 | | 4 | | | |
| | | | | 6 | 9 | | | |

## EXTREME - 258

| | | | | | | | | |
|---|---|---|---|---|---|---|---|---|
| | | | | | | 2 | | |
| 9 | 1 | | | | 5 | | | |
| | | | 1 | 2 | | | 7 | 4 |
| 7 | | 9 | | | 8 | 5 | 2 | |
| 6 | 3 | | 7 | | | | | |
| | | | | | | 7 | | |
| | | | | 5 | | | 8 | 1 |
| | | 4 | 6 | | | | | |
| | 2 | | | 3 | | | | |

## EXTREME - 259

| | | | | | | | | |
|---|---|---|---|---|---|---|---|---|
| | | | 7 | | | | 5 | 6 |
| | 7 | | | 6 | 3 | | | |
| | 1 | | | | | | 4 | |
| | | | | 5 | | | 3 | 7 |
| | | | | | 8 | 5 | | |
| | | 9 | | | | | 2 | |
| | | | | | | | | 9 |
| 7 | 5 | 8 | | 1 | | | | |
| | 3 | 2 | | | 7 | | | |

## EXTREME - 260

| | | | | | | | | |
|---|---|---|---|---|---|---|---|---|
| 9 | 5 | | 8 | | | | | 1 |
| | | | 7 | | | | | |
| 1 | | | 5 | | | | | |
| | | 4 | | | | 2 | 7 | |
| | | | | | 7 | | | |
| 3 | 2 | | | 6 | | 4 | | |
| | | 9 | | 2 | | 3 | | 6 |
| | | | | | | | | |
| 6 | | | | | 8 | 1 | | |

## EXTREME - 261

| | | | | | | | | |
|---|---|---|---|---|---|---|---|---|
| | 6 | 5 | 2 | | | | | |
| | 8 | 7 | | | | | | |
| 1 | 2 | | | | | | | 9 |
| | | | | | | | 4 | |
| | | | | 2 | 9 | 5 | | |
| | 1 | | | | 8 | 2 | | |
| | 7 | 4 | 8 | | | 9 | | |
| | | | | | | 8 | | 3 |
| | 9 | | | 1 | 7 | | | 6 |

## EXTREME - 262

| | | | | | | | | |
|---|---|---|---|---|---|---|---|---|
| | | 5 | 3 | | | | 1 | |
| | | | | | 4 | | 7 | |
| | | | | 8 | | | 5 | 4 |
| | 8 | | 4 | | | | | |
| 2 | 5 | | | 1 | | | 4 | |
| | | | | | 6 | | 3 | |
| | 9 | | 6 | 4 | 1 | | 2 | |
| | 4 | | | 9 | 5 | 7 | 6 | |
| | 1 | | | | | | | |

## EXTREME - 263

| | | | | | | | | |
|---|---|---|---|---|---|---|---|---|
| | | | 2 | | 6 | | 5 | |
| | 7 | | | | | 6 | 1 | |
| | | 4 | 7 | | | | 3 | |
| | | 6 | | 5 | | | | |
| 9 | | | | | | 7 | | |
| 3 | 1 | | 8 | 2 | 9 | | | |
| | | | | | | | 6 | |
| 5 | 3 | | | 6 | | 8 | | |
| | | | | | 3 | 4 | | |

## EXTREME - 264

| | | | | | | | | |
|---|---|---|---|---|---|---|---|---|
| | 5 | 3 | | | 9 | | | |
| 2 | | | | | | | | |
| 4 | 9 | | | | 3 | | 1 | |
| 7 | 6 | | 2 | | | 8 | | |
| | 4 | 9 | 5 | | | 7 | | 3 |
| | 2 | | | | | | 4 | |
| | | | | 8 | | | | |
| 8 | | | 4 | | | 9 | | 2 |
| | | | | | | | 3 | |

## EXTREME - 265

| 8 | | | | | | 4 | 9 | 7 |
|---|---|---|---|---|---|---|---|---|
| | | | 8 | 4 | | 5 | | 1 |
| | | | | | 9 | | 2 | |
| | 7 | | | | 8 | | | 9 |
| | | | | | | | 4 | |
| | | | | 1 | | 8 | | 2 |
| | | 8 | 3 | | | 9 | | |
| 1 | 6 | | | 5 | 4 | | | |
| | | 4 | 1 | | | | | |

## EXTREME - 266

| | | | | | | | 4 | |
|---|---|---|---|---|---|---|---|---|
| | | | | | 8 | | 6 | 7 |
| | 8 | | 3 | | | | | 5 |
| | | 9 | | | | 5 | | |
| | 1 | 7 | | | | | | 9 |
| | | | | | | 6 | 1 | |
| | | 1 | | 6 | 9 | 7 | | 8 |
| 8 | | 3 | 7 | | 1 | 2 | | |
| | | | | | 4 | | | |

## EXTREME - 267

| | 6 | | | | | | | |
|---|---|---|---|---|---|---|---|---|
| | 9 | 5 | | | 2 | | | 1 |
| 7 | | | | 5 | 4 | 3 | | 8 |
| | | | 5 | | | | | |
| | | | | | 6 | | 7 | |
| | 3 | | | 9 | | | | |
| | 1 | 3 | | | | 7 | | 6 |
| | | | | | 3 | 8 | | |
| 5 | | | 9 | 6 | | | | |

## EXTREME - 268

| | | 3 | | 8 | 7 | | 5 | |
|---|---|---|---|---|---|---|---|---|
| | 9 | 4 | | 6 | | | | |
| 8 | | | | 1 | | | | 4 |
| 4 | | | | | | | 6 | 3 |
| 2 | | | 5 | | | 7 | | |
| | 7 | | 8 | | | | 2 | |
| | | 2 | | | | | | 9 |
| | 8 | | | | 9 | | | |
| 7 | | | | | | 1 | | |

## EXTREME - 269

| | 7 | | | 6 | 8 | | | |
|---|---|---|---|---|---|---|---|---|
| 3 | | 5 | | | 4 | | | 2 |
| | 8 | | 2 | | | | | |
| | | | | 8 | | 1 | | |
| 2 | | 3 | | | | 4 | | 7 |
| | 9 | | | | | | 2 | |
| 4 | | | | 1 | | | | 9 |
| | | 7 | | | | | 1 | |
| | | | | | | 6 | | 4 |

## EXTREME - 270

| 3 | | | | | | | | 9 |
|---|---|---|---|---|---|---|---|---|
| 1 | | | | | 7 | 4 | 8 | |
| | 9 | | 6 | 4 | 1 | | | |
| | | 9 | 2 | | | | | |
| | | | | | 6 | | | |
| | 6 | | 1 | 3 | | | | |
| | | 3 | | | | | | 1 |
| | 2 | 8 | 7 | | | 6 | | |
| | | | | | 9 | | 4 | |

## EXTREME - 271

|  |  |  | 3 | 8 |  | 5 |  |  |
|---|---|---|---|---|---|---|---|---|
|  |  | 9 |  |  |  | 2 |  |  |
| 6 |  |  |  |  |  |  | 8 |  |
|  | 3 |  | 7 |  |  |  |  | 5 |
|  |  |  |  |  |  |  | 1 | 3 |
| 7 |  |  | 9 |  | 1 |  | 6 | 8 |
| 1 |  | 7 |  |  | 6 |  |  |  |
| 4 |  |  |  | 1 |  |  |  |  |
|  |  |  |  |  | 8 |  |  |  |

## EXTREME - 272

|  | 6 | 3 | 9 |  |  |  |  |  |
|---|---|---|---|---|---|---|---|---|
|  |  | 4 |  | 3 |  | 1 | 9 |  |
| 7 |  |  |  | 2 |  |  |  |  |
|  |  |  |  |  | 3 |  |  |  |
|  | 9 |  |  |  | 2 | 5 | 1 |  |
|  |  |  | 5 | 1 |  |  |  |  |
|  |  | 6 |  | 4 | 5 |  |  |  |
|  | 1 |  |  |  |  | 2 |  |  |
|  | 8 |  |  |  |  |  | 7 | 3 |

## EXTREME - 273

| 1 |  |  | 4 |  | 3 | 7 |  |  |
|---|---|---|---|---|---|---|---|---|
|  | 7 |  |  | 9 | 5 | 2 |  |  |
| 4 |  |  |  |  | 7 |  |  |  |
|  |  | 8 |  |  |  | 1 |  |  |
| 6 |  | 1 |  |  |  | 3 | 7 | 5 |
|  |  |  |  |  |  |  |  | 9 |
|  | 5 |  |  |  | 9 |  |  | 8 |
|  | 1 | 4 |  |  |  |  |  | 3 |
|  |  |  |  | 8 |  |  |  |  |

## EXTREME - 274

|  | 2 | 8 | 1 |  | 7 |  | 3 |  |
|---|---|---|---|---|---|---|---|---|
|  |  |  | 2 |  |  |  |  | 8 |
|  |  |  | 8 |  | 6 |  | 1 | 5 |
|  | 8 |  |  |  |  |  |  |  |
|  | 1 |  | 7 |  |  |  |  |  |
| 5 |  | 4 |  |  |  |  |  | 9 |
|  |  |  |  | 9 |  |  | 7 |  |
|  |  | 3 |  |  |  |  |  |  |
|  |  | 9 |  |  | 8 | 6 | 5 |  |

## EXTREME - 275

|  |  |  |  | 5 | 9 |  | 2 |  |
|---|---|---|---|---|---|---|---|---|
| 7 |  |  | 3 | 6 | 1 | 8 |  |  |
|  | 3 |  |  |  | 2 |  |  | 4 |
|  |  |  | 2 |  |  |  |  |  |
|  |  |  | 1 | 8 | 3 | 9 |  |  |
|  |  | 8 |  |  | 7 |  | 5 |  |
| 1 | 7 | 9 |  |  |  |  | 6 |  |
|  |  |  |  |  |  |  |  |  |
| 4 |  |  |  |  |  | 2 |  |  |

## EXTREME - 276

| 2 |  |  |  |  |  |  |  | 3 |
|---|---|---|---|---|---|---|---|---|
| 5 |  |  |  |  |  |  |  | 1 |
| 1 |  | 9 |  |  |  | 2 | 5 |  |
|  |  |  | 8 |  |  |  |  |  |
|  | 6 |  |  | 5 | 9 | 8 |  |  |
|  | 9 |  | 1 |  |  |  | 2 | 6 |
|  | 5 |  |  | 6 |  |  | 1 |  |
|  | 2 |  | 3 |  | 1 |  |  |  |
|  |  |  |  | 7 |  |  |  | 2 |

## EXTREME - 277

| | | | | | | | | |
|---|---|---|---|---|---|---|---|---|
| | 1 | | 3 | 9 | 6 | | 2 | |
| 3 | 5 | | | | | | 9 | |
| 2 | | | | | 5 | | | |
| | | | 4 | | 8 | | | |
| | | 7 | 1 | | | 4 | | |
| | | | 9 | 7 | | 6 | | 3 |
| 7 | | | | | | | 8 | 4 |
| | | | | 3 | | | | |
| 5 | | | | | | 9 | | |

## EXTREME - 278

| | | | | | | | | |
|---|---|---|---|---|---|---|---|---|
| | | 8 | 6 | 4 | | 5 | | |
| | | | 7 | | | | | |
| | | 1 | | 5 | 8 | | 6 | |
| | 8 | | | | 4 | | 1 | |
| 9 | | 5 | | 1 | | | | 8 |
| | 1 | 6 | 5 | | | 2 | | 9 |
| | | 3 | | | | 8 | | |
| | 5 | | 8 | 6 | | | 3 | 2 |
| | | | | | | | | |

## EXTREME - 279

| | | | | | | | | |
|---|---|---|---|---|---|---|---|---|
| 5 | | | | | | 6 | | 1 |
| 1 | 9 | | 5 | | | | | 2 |
| | | 6 | | 7 | 8 | | 5 | |
| | | | | | 7 | | 2 | |
| | | | | 9 | | 4 | | |
| | | 4 | | | 5 | | | |
| | 3 | | | | | | 8 | |
| 4 | 6 | | | 2 | | 3 | | |
| | 1 | 8 | | | | | | |

## EXTREME - 280

| | | | | | | | | |
|---|---|---|---|---|---|---|---|---|
| 9 | 2 | 8 | | 5 | | | 7 | |
| | | 5 | | | | 8 | | 4 |
| | 7 | | | | | | | |
| | | | | 2 | 3 | | | 5 |
| | 5 | | | | 6 | | | 3 |
| | | | | | | 1 | 6 | 2 |
| | | | | | | | | |
| 4 | 9 | 2 | | | | 5 | | |
| | 8 | | | 7 | 5 | | | 1 |

## EXTREME - 281

| | | | | | | | | |
|---|---|---|---|---|---|---|---|---|
| 3 | | | | | | | | 8 |
| | | | | 4 | | 7 | | |
| | 5 | 8 | 2 | | 6 | 3 | 1 | |
| | 3 | 5 | | 7 | 8 | | | |
| 4 | | 7 | | | | 8 | | |
| | | 2 | 6 | | | | | 5 |
| 2 | 8 | | 4 | | | | | 6 |
| | | 3 | | | | | | |
| | | | | | | 2 | | |

## EXTREME - 282

| | | | | | | | | |
|---|---|---|---|---|---|---|---|---|
| | 3 | | | | | | 8 | |
| | | 5 | | | | 4 | 7 | 6 |
| 1 | | | 9 | | | | | 2 |
| | | | | | 7 | 3 | | |
| | | 3 | 6 | | 5 | | 1 | |
| 9 | | | 1 | | | | 6 | |
| 6 | | 1 | | 4 | | | 2 | |
| | 8 | | | | | | | |
| | | | | | | 6 | 4 | 8 |

## EXTREME - 283

|   |   |   |   |   |   |   |   |   |
|---|---|---|---|---|---|---|---|---|
|   |   |   | 5 |   |   |   |   |   |
| 7 |   |   |   |   | 9 |   | 6 |   |
| 1 |   |   | 4 |   | 7 |   |   | 3 |
|   | 7 |   |   |   |   |   |   |   |
| 3 |   |   |   |   | 2 |   | 1 |   |
|   |   | 6 |   |   |   |   | 5 |   |
|   | 4 | 9 | 3 | 1 |   | 8 |   |   |
|   | 5 |   |   |   | 8 | 3 |   | 9 |
|   |   |   |   |   |   | 6 |   |   |

## EXTREME - 284

|   |   |   |   |   |   |   |   |   |
|---|---|---|---|---|---|---|---|---|
|   |   |   |   | 4 | 2 | 1 |   |   |
|   |   | 1 | 8 |   |   |   | 3 |   |
|   | 2 | 7 |   |   |   | 8 |   |   |
| 1 | 5 |   |   | 9 |   |   | 8 |   |
| 7 |   | 3 |   |   |   |   | 5 |   |
|   |   |   |   |   |   |   |   | 7 |
| 6 |   | 8 |   |   |   | 7 |   | 9 |
|   |   |   | 9 |   | 3 |   |   |   |
|   |   |   | 1 | 8 |   | 5 |   |   |

## EXTREME - 285

|   |   |   |   |   |   |   |   |   |
|---|---|---|---|---|---|---|---|---|
|   |   |   |   | 5 |   |   | 4 | 3 |
|   |   |   |   | 7 | 2 |   |   | 9 |
| 7 |   |   |   |   |   |   |   |   |
|   |   |   |   |   |   | 3 |   | 2 |
|   |   |   |   | 2 |   |   |   | 5 |
|   | 2 | 3 |   |   |   |   | 9 |   |
|   | 6 |   |   |   |   |   | 8 |   |
|   | 7 | 4 | 1 |   |   |   |   |   |
|   | 1 |   | 8 |   | 3 |   | 7 |   |

## EXTREME - 286

|   |   |   |   |   |   |   |   |   |
|---|---|---|---|---|---|---|---|---|
|   | 1 |   |   |   | 4 | 5 |   |   |
|   | 2 |   |   |   | 1 |   |   |   |
|   | 3 |   |   |   |   |   |   | 2 |
|   | 6 | 1 |   |   |   | 7 | 3 |   |
|   |   | 8 | 9 |   |   | 1 |   |   |
| 7 |   |   |   |   | 2 |   |   |   |
|   |   |   |   | 7 |   | 4 |   |   |
| 5 |   | 9 |   |   |   |   | 8 |   |
|   |   | 6 | 5 |   | 9 |   |   |   |

## EXTREME - 287

|   |   |   |   |   |   |   |   |   |
|---|---|---|---|---|---|---|---|---|
| 8 |   |   |   |   |   |   |   | 4 |
| 2 | 7 | 3 | 1 |   |   | 9 |   |   |
|   | 1 |   |   |   | 9 |   |   | 7 |
|   | 9 |   |   | 8 |   |   | 4 |   |
| 7 |   | 1 | 6 | 4 |   |   | 3 |   |
|   |   |   | 7 |   | 1 |   |   |   |
|   |   |   |   |   |   |   | 5 |   |
|   |   | 4 |   | 6 |   |   | 9 | 2 |
|   |   |   |   |   |   |   |   |   |

## EXTREME - 288

|   |   |   |   |   |   |   |   |   |
|---|---|---|---|---|---|---|---|---|
|   |   |   | 9 | 5 |   |   |   |   |
| 7 |   | 5 |   |   | 6 |   |   |   |
|   | 2 | 6 | 3 |   |   |   | 5 |   |
|   | 4 |   |   |   |   |   |   |   |
|   | 8 |   |   |   |   | 7 | 9 |   |
| 9 |   |   |   |   |   | 1 | 2 |   |
|   |   |   |   |   | 7 |   |   | 1 |
| 6 |   |   |   |   | 9 |   | 7 |   |
| 1 |   |   |   | 6 |   | 4 |   | 9 |

## EXTREME - 289

| | | | 2 | 8 | | | | |
|---|---|---|---|---|---|---|---|---|
| | 3 | 9 | 5 | | | 1 | | |
| | | | | | | | | |
| | | 3 | | 9 | 6 | 5 | | |
| | | | 3 | | 1 | 6 | 7 | |
| 4 | | | | | | | | 2 |
| | | | | | | | | 1 |
| 2 | 7 | | 1 | | | | 5 | 9 |
| 3 | | | | | | 7 | 4 | |

## EXTREME - 290

| | | | | | 6 | | 5 | |
|---|---|---|---|---|---|---|---|---|
| 7 | | 1 | 4 | | | 3 | | 2 |
| 6 | | | 5 | | | | | 9 |
| 5 | 1 | | | 2 | | | | 3 |
| | | 9 | | | | 4 | | |
| | | | | | 5 | | 8 | |
| | | | | 3 | 7 | | | 1 |
| | | 2 | | | | 6 | | |
| | 7 | | | | | | | |

## EXTREME - 291

| | 8 | | | 1 | | | | 6 |
|---|---|---|---|---|---|---|---|---|
| | | | 5 | 8 | 6 | | 4 | |
| | | | | | | 7 | | 1 |
| | | 8 | 4 | | | | 9 | |
| | | | | | | 1 | 3 | |
| 3 | | | | 9 | 5 | | | |
| | 9 | 1 | 3 | | | | | |
| 7 | | 6 | | | | | | |
| 8 | 3 | 2 | 1 | 4 | | 9 | | |

## EXTREME - 292

| 7 | | | | | | | | |
|---|---|---|---|---|---|---|---|---|
| | | 5 | | 2 | 1 | 4 | | |
| | 9 | | | 3 | | 8 | | |
| | 3 | | | 4 | 6 | | | |
| | 4 | 1 | | | 7 | | | |
| | | | | | | | | 9 |
| | | | | | | | | 3 |
| | 7 | 4 | | 8 | | 5 | | |
| | 8 | | 1 | | 3 | 6 | | |

## EXTREME - 293

| 6 | | | | 7 | | | 4 | |
|---|---|---|---|---|---|---|---|---|
| 8 | | | 9 | | | 5 | | |
| 4 | | | | 6 | | | | 2 |
| 1 | 9 | | | | | | | |
| | | | 7 | 2 | | | 8 | |
| | | | | | | 4 | 5 | 6 |
| 3 | | | | 5 | | | | |
| | 2 | | 1 | | 3 | | | |
| | 8 | 5 | | | | | | |

## EXTREME - 294

| | 4 | 6 | | | 7 | | | |
|---|---|---|---|---|---|---|---|---|
| | 3 | | | | | 7 | | |
| | | 5 | | 4 | | | | |
| | | | | | 2 | 8 | | |
| 9 | | | | 7 | | | 5 | |
| | 2 | 1 | 4 | | | | | |
| | | 7 | | 1 | | 4 | | |
| | 8 | | 5 | | | 2 | 1 | |
| | | | | | 8 | | 6 | |

## EXTREME - 295

| | | | | | | | | |
|---|---|---|---|---|---|---|---|---|
| | | 1 | | | | | | |
| 7 | 5 | | | | | 4 | 9 | 1 |
| 9 | | | | | 6 | | 8 | |
| 5 | | | | 4 | | | | |
| | 1 | | | 7 | 5 | 6 | | |
| | 9 | | 2 | | 1 | | | 4 |
| | | | | | 8 | 5 | | |
| | | 5 | | | | | 6 | |
| 8 | | | | | 4 | 2 | | |

## EXTREME - 296

| | | | | | | | | |
|---|---|---|---|---|---|---|---|---|
| | | | | | | | | 8 |
| | 4 | | | 2 | | | 3 | |
| 3 | | 9 | 6 | 4 | | | | |
| | 3 | | | | | 5 | | |
| 4 | | 2 | | 1 | | | | 6 |
| | 8 | | 7 | 3 | | 4 | | 1 |
| | | | | | | | | |
| 5 | 9 | | 3 | | | | 6 | |
| 6 | | | 4 | 8 | | | | |

## EXTREME - 297

| | | | | | | | | |
|---|---|---|---|---|---|---|---|---|
| | | | 1 | | 6 | | | |
| | | 8 | | 7 | | 1 | | |
| 7 | 3 | | | | 2 | 6 | | |
| | 9 | | | | 7 | | | |
| 6 | | 5 | | | | | | |
| | | | | | 9 | 8 | | |
| 9 | 8 | | 6 | | | | 4 | 3 |
| 3 | 7 | | | | 4 | 2 | 1 | |
| | 1 | | | | | | | |

## EXTREME - 298

| | | | | | | | | |
|---|---|---|---|---|---|---|---|---|
| 2 | | | | 3 | | 4 | | |
| | 9 | | | | 8 | 6 | | 7 |
| | | | 7 | 1 | | | | |
| | 4 | | | | | | 7 | |
| 9 | | | | | 3 | | | |
| | 5 | 8 | 4 | | | | | |
| | | 1 | | 9 | | | 3 | 8 |
| 6 | | | | | 5 | 9 | | 2 |
| 4 | | | | | | | | |

## EXTREME - 299

| | | | | | | | | |
|---|---|---|---|---|---|---|---|---|
| 3 | | | | | | | | 5 |
| | 5 | | 8 | 6 | | 1 | | |
| | | 4 | | | 1 | | 7 | |
| | 9 | | 7 | | 2 | 5 | 3 | |
| | | | | | | | | |
| 1 | 2 | | 4 | | | | | 6 |
| | | 7 | 2 | | | | 6 | |
| | | 9 | 6 | | | 3 | | 2 |
| | 6 | | | | 8 | | | |

## EXTREME - 300

| | | | | | | | | |
|---|---|---|---|---|---|---|---|---|
| | | | | | | | 7 | 4 |
| | 3 | | | | 6 | | 9 | |
| 4 | | 6 | | | | | | 2 |
| | 8 | | | | 2 | | | 3 |
| 7 | | | 4 | | | 9 | | 1 |
| 2 | | | | | | 7 | | |
| | | | | | 3 | | 8 | |
| | | | | 6 | | 1 | | |
| | | 7 | | 2 | | | | |

## EASY - 1

| 5 | 3 | 8 | 2 | 1 | 4 | 6 | 7 | 9 |
|---|---|---|---|---|---|---|---|---|
| 7 | 1 | 6 | 5 | 3 | 9 | 2 | 4 | 8 |
| 9 | 2 | 4 | 7 | 6 | 8 | 1 | 5 | 3 |
| 8 | 5 | 3 | 9 | 7 | 6 | 4 | 2 | 1 |
| 4 | 7 | 2 | 8 | 5 | 1 | 3 | 9 | 6 |
| 6 | 9 | 1 | 3 | 4 | 2 | 7 | 8 | 5 |
| 1 | 6 | 9 | 4 | 2 | 5 | 8 | 3 | 7 |
| 2 | 8 | 7 | 6 | 9 | 3 | 5 | 1 | 4 |
| 3 | 4 | 5 | 1 | 8 | 7 | 9 | 6 | 2 |

## EASY - 2

| 7 | 2 | 3 | 9 | 5 | 8 | 6 | 4 | 1 |
|---|---|---|---|---|---|---|---|---|
| 6 | 5 | 9 | 1 | 7 | 4 | 8 | 3 | 2 |
| 1 | 4 | 8 | 3 | 6 | 2 | 9 | 5 | 7 |
| 8 | 7 | 2 | 4 | 3 | 5 | 1 | 9 | 6 |
| 3 | 9 | 6 | 8 | 1 | 7 | 4 | 2 | 5 |
| 5 | 1 | 4 | 6 | 2 | 9 | 7 | 8 | 3 |
| 4 | 3 | 1 | 2 | 8 | 6 | 5 | 7 | 9 |
| 9 | 6 | 5 | 7 | 4 | 3 | 2 | 1 | 8 |
| 2 | 8 | 7 | 5 | 9 | 1 | 3 | 6 | 4 |

## EASY - 3

| 8 | 5 | 2 | 6 | 3 | 9 | 7 | 1 | 4 |
|---|---|---|---|---|---|---|---|---|
| 6 | 3 | 1 | 7 | 4 | 8 | 2 | 9 | 5 |
| 7 | 4 | 9 | 5 | 1 | 2 | 6 | 8 | 3 |
| 3 | 1 | 7 | 4 | 6 | 5 | 8 | 2 | 9 |
| 5 | 8 | 6 | 9 | 2 | 3 | 4 | 7 | 1 |
| 2 | 9 | 4 | 8 | 7 | 1 | 3 | 5 | 6 |
| 1 | 6 | 8 | 3 | 5 | 7 | 9 | 4 | 2 |
| 4 | 7 | 5 | 2 | 9 | 6 | 1 | 3 | 8 |
| 9 | 2 | 3 | 1 | 8 | 4 | 5 | 6 | 7 |

## EASY - 4

| 5 | 2 | 6 | 8 | 1 | 4 | 7 | 9 | 3 |
|---|---|---|---|---|---|---|---|---|
| 1 | 8 | 3 | 5 | 7 | 9 | 6 | 4 | 2 |
| 9 | 7 | 4 | 2 | 3 | 6 | 8 | 5 | 1 |
| 4 | 5 | 9 | 3 | 6 | 1 | 2 | 7 | 8 |
| 6 | 1 | 8 | 7 | 9 | 2 | 4 | 3 | 5 |
| 7 | 3 | 2 | 4 | 8 | 5 | 1 | 6 | 9 |
| 2 | 4 | 7 | 1 | 5 | 3 | 9 | 8 | 6 |
| 8 | 9 | 5 | 6 | 2 | 7 | 3 | 1 | 4 |
| 3 | 6 | 1 | 9 | 4 | 8 | 5 | 2 | 7 |

## EASY - 5

| 5 | 7 | 6 | 9 | 1 | 8 | 2 | 3 | 4 |
|---|---|---|---|---|---|---|---|---|
| 9 | 8 | 2 | 4 | 7 | 3 | 5 | 6 | 1 |
| 4 | 1 | 3 | 2 | 5 | 6 | 8 | 7 | 9 |
| 8 | 5 | 7 | 3 | 4 | 9 | 6 | 1 | 2 |
| 2 | 9 | 1 | 6 | 8 | 5 | 7 | 4 | 3 |
| 3 | 6 | 4 | 7 | 2 | 1 | 9 | 8 | 5 |
| 6 | 4 | 5 | 1 | 9 | 7 | 3 | 2 | 8 |
| 7 | 2 | 8 | 5 | 3 | 4 | 1 | 9 | 6 |
| 1 | 3 | 9 | 8 | 6 | 2 | 4 | 5 | 7 |

## EASY - 6

| 2 | 8 | 3 | 4 | 5 | 7 | 9 | 6 | 1 |
|---|---|---|---|---|---|---|---|---|
| 4 | 9 | 1 | 6 | 2 | 3 | 8 | 7 | 5 |
| 7 | 6 | 5 | 8 | 1 | 9 | 3 | 4 | 2 |
| 5 | 4 | 9 | 1 | 3 | 8 | 6 | 2 | 7 |
| 3 | 7 | 6 | 2 | 9 | 5 | 1 | 8 | 4 |
| 1 | 2 | 8 | 7 | 6 | 4 | 5 | 3 | 9 |
| 8 | 5 | 2 | 3 | 7 | 1 | 4 | 9 | 6 |
| 9 | 3 | 7 | 5 | 4 | 6 | 2 | 1 | 8 |
| 6 | 1 | 4 | 9 | 8 | 2 | 7 | 5 | 3 |

## EASY - 7

| 9 | 7 | 2 | 3 | 1 | 4 | 8 | 5 | 6 |
|---|---|---|---|---|---|---|---|---|
| 4 | 5 | 1 | 9 | 6 | 8 | 3 | 7 | 2 |
| 6 | 8 | 3 | 2 | 5 | 7 | 1 | 4 | 9 |
| 7 | 9 | 8 | 1 | 2 | 3 | 4 | 6 | 5 |
| 3 | 2 | 5 | 4 | 8 | 6 | 7 | 9 | 1 |
| 1 | 4 | 6 | 5 | 7 | 9 | 2 | 3 | 8 |
| 5 | 3 | 4 | 8 | 9 | 2 | 6 | 1 | 7 |
| 8 | 6 | 9 | 7 | 3 | 1 | 5 | 2 | 4 |
| 2 | 1 | 7 | 6 | 4 | 5 | 9 | 8 | 3 |

## EASY - 8

| 4 | 9 | 7 | 6 | 8 | 5 | 2 | 1 | 3 |
|---|---|---|---|---|---|---|---|---|
| 1 | 8 | 6 | 3 | 2 | 4 | 7 | 5 | 9 |
| 2 | 5 | 3 | 9 | 1 | 7 | 8 | 6 | 4 |
| 5 | 6 | 4 | 8 | 7 | 9 | 3 | 2 | 1 |
| 3 | 7 | 8 | 2 | 6 | 1 | 9 | 4 | 5 |
| 9 | 1 | 2 | 5 | 4 | 3 | 6 | 7 | 8 |
| 8 | 4 | 9 | 7 | 5 | 6 | 1 | 3 | 2 |
| 7 | 3 | 1 | 4 | 9 | 2 | 5 | 8 | 6 |
| 6 | 2 | 5 | 1 | 3 | 8 | 4 | 9 | 7 |

## EASY - 9

| 6 | 8 | 9 | 7 | 4 | 2 | 3 | 1 | 5 |
|---|---|---|---|---|---|---|---|---|
| 4 | 5 | 1 | 3 | 9 | 6 | 2 | 7 | 8 |
| 3 | 2 | 7 | 8 | 5 | 1 | 9 | 4 | 6 |
| 8 | 7 | 2 | 6 | 3 | 4 | 5 | 9 | 1 |
| 1 | 6 | 4 | 9 | 8 | 5 | 7 | 3 | 2 |
| 9 | 3 | 5 | 2 | 1 | 7 | 6 | 8 | 4 |
| 2 | 9 | 6 | 4 | 7 | 8 | 1 | 5 | 3 |
| 5 | 4 | 3 | 1 | 6 | 9 | 8 | 2 | 7 |
| 7 | 1 | 8 | 5 | 2 | 3 | 4 | 6 | 9 |

## EASY - 10

| 1 | 8 | 4 | 7 | 6 | 2 | 9 | 5 | 3 |
|---|---|---|---|---|---|---|---|---|
| 6 | 9 | 3 | 5 | 8 | 1 | 2 | 4 | 7 |
| 5 | 2 | 7 | 4 | 3 | 9 | 6 | 8 | 1 |
| 7 | 4 | 2 | 6 | 5 | 3 | 1 | 9 | 8 |
| 9 | 1 | 5 | 8 | 2 | 4 | 3 | 7 | 6 |
| 8 | 3 | 6 | 1 | 9 | 7 | 5 | 2 | 4 |
| 4 | 6 | 1 | 9 | 7 | 5 | 8 | 3 | 2 |
| 3 | 5 | 8 | 2 | 4 | 6 | 7 | 1 | 9 |
| 2 | 7 | 9 | 3 | 1 | 8 | 4 | 6 | 5 |

## EASY - 11

| 8 | 7 | 2 | 6 | 9 | 5 | 4 | 1 | 3 |
|---|---|---|---|---|---|---|---|---|
| 5 | 6 | 4 | 8 | 1 | 3 | 7 | 9 | 2 |
| 3 | 1 | 9 | 4 | 2 | 7 | 6 | 5 | 8 |
| 9 | 2 | 8 | 1 | 3 | 6 | 5 | 7 | 4 |
| 4 | 5 | 6 | 7 | 8 | 9 | 3 | 2 | 1 |
| 7 | 3 | 1 | 5 | 4 | 2 | 8 | 6 | 9 |
| 6 | 8 | 3 | 2 | 7 | 1 | 9 | 4 | 5 |
| 2 | 4 | 7 | 9 | 5 | 8 | 1 | 3 | 6 |
| 1 | 9 | 5 | 3 | 6 | 4 | 2 | 8 | 7 |

## EASY - 12

| 8 | 1 | 4 | 9 | 5 | 7 | 3 | 6 | 2 |
|---|---|---|---|---|---|---|---|---|
| 2 | 7 | 6 | 1 | 4 | 3 | 8 | 5 | 9 |
| 5 | 9 | 3 | 6 | 2 | 8 | 4 | 7 | 1 |
| 1 | 3 | 9 | 4 | 7 | 6 | 5 | 2 | 8 |
| 6 | 8 | 2 | 3 | 1 | 5 | 7 | 9 | 4 |
| 7 | 4 | 5 | 2 | 8 | 9 | 1 | 3 | 6 |
| 9 | 5 | 1 | 7 | 6 | 4 | 2 | 8 | 3 |
| 3 | 2 | 8 | 5 | 9 | 1 | 6 | 4 | 7 |
| 4 | 6 | 7 | 8 | 3 | 2 | 9 | 1 | 5 |

## EASY - 13

| 1 | 7 | 8 | 2 | 3 | 6 | 9 | 5 | 4 |
|---|---|---|---|---|---|---|---|---|
| 4 | 9 | 2 | 5 | 7 | 1 | 3 | 6 | 8 |
| 3 | 6 | 5 | 9 | 8 | 4 | 7 | 2 | 1 |
| 9 | 8 | 4 | 1 | 2 | 3 | 5 | 7 | 6 |
| 2 | 5 | 3 | 8 | 6 | 7 | 4 | 1 | 9 |
| 6 | 1 | 7 | 4 | 5 | 9 | 2 | 8 | 3 |
| 8 | 3 | 6 | 7 | 4 | 5 | 1 | 9 | 2 |
| 5 | 4 | 1 | 6 | 9 | 2 | 8 | 3 | 7 |
| 7 | 2 | 9 | 3 | 1 | 8 | 6 | 4 | 5 |

## EASY - 14

| 4 | 5 | 9 | 8 | 7 | 1 | 6 | 3 | 2 |
|---|---|---|---|---|---|---|---|---|
| 2 | 3 | 7 | 6 | 9 | 4 | 5 | 8 | 1 |
| 6 | 1 | 8 | 5 | 3 | 2 | 9 | 7 | 4 |
| 9 | 2 | 6 | 3 | 4 | 5 | 7 | 1 | 8 |
| 1 | 7 | 5 | 2 | 8 | 9 | 3 | 4 | 6 |
| 3 | 8 | 4 | 7 | 1 | 6 | 2 | 9 | 5 |
| 7 | 6 | 3 | 1 | 5 | 8 | 4 | 2 | 9 |
| 8 | 9 | 2 | 4 | 6 | 7 | 1 | 5 | 3 |
| 5 | 4 | 1 | 9 | 2 | 3 | 8 | 6 | 7 |

## EASY - 15

| 3 | 8 | 2 | 1 | 5 | 4 | 7 | 9 | 6 |
|---|---|---|---|---|---|---|---|---|
| 4 | 1 | 5 | 9 | 6 | 7 | 3 | 8 | 2 |
| 7 | 9 | 6 | 2 | 3 | 8 | 5 | 1 | 4 |
| 9 | 6 | 3 | 4 | 8 | 2 | 1 | 5 | 7 |
| 8 | 7 | 4 | 3 | 1 | 5 | 2 | 6 | 9 |
| 5 | 2 | 1 | 7 | 9 | 6 | 4 | 3 | 8 |
| 1 | 4 | 8 | 6 | 2 | 3 | 9 | 7 | 5 |
| 6 | 3 | 7 | 5 | 4 | 9 | 8 | 2 | 1 |
| 2 | 5 | 9 | 8 | 7 | 1 | 6 | 4 | 3 |

## EASY - 16

| 1 | 6 | 7 | 4 | 2 | 8 | 3 | 5 | 9 |
|---|---|---|---|---|---|---|---|---|
| 9 | 2 | 8 | 1 | 5 | 3 | 7 | 6 | 4 |
| 3 | 5 | 4 | 9 | 6 | 7 | 2 | 1 | 8 |
| 8 | 1 | 6 | 7 | 3 | 4 | 5 | 9 | 2 |
| 2 | 4 | 3 | 5 | 8 | 9 | 1 | 7 | 6 |
| 5 | 7 | 9 | 2 | 1 | 6 | 8 | 4 | 3 |
| 7 | 9 | 2 | 3 | 4 | 5 | 6 | 8 | 1 |
| 6 | 3 | 5 | 8 | 9 | 1 | 4 | 2 | 7 |
| 4 | 8 | 1 | 6 | 7 | 2 | 9 | 3 | 5 |

## EASY - 17

| 3 | 7 | 2 | 5 | 9 | 6 | 8 | 1 | 4 |
|---|---|---|---|---|---|---|---|---|
| 5 | 8 | 6 | 3 | 1 | 4 | 7 | 9 | 2 |
| 4 | 9 | 1 | 8 | 7 | 2 | 6 | 3 | 5 |
| 1 | 2 | 8 | 6 | 5 | 3 | 9 | 4 | 7 |
| 6 | 5 | 9 | 7 | 4 | 1 | 2 | 8 | 3 |
| 7 | 4 | 3 | 2 | 8 | 9 | 5 | 6 | 1 |
| 8 | 1 | 4 | 9 | 2 | 7 | 3 | 5 | 6 |
| 9 | 3 | 7 | 1 | 6 | 5 | 4 | 2 | 8 |
| 2 | 6 | 5 | 4 | 3 | 8 | 1 | 7 | 9 |

## EASY - 18

| 3 | 9 | 5 | 6 | 2 | 7 | 4 | 1 | 8 |
|---|---|---|---|---|---|---|---|---|
| 6 | 1 | 8 | 3 | 5 | 4 | 2 | 7 | 9 |
| 2 | 7 | 4 | 9 | 8 | 1 | 5 | 3 | 6 |
| 4 | 5 | 9 | 8 | 1 | 2 | 3 | 6 | 7 |
| 8 | 3 | 2 | 7 | 4 | 6 | 9 | 5 | 1 |
| 1 | 6 | 7 | 5 | 3 | 9 | 8 | 4 | 2 |
| 7 | 8 | 6 | 4 | 9 | 3 | 1 | 2 | 5 |
| 9 | 2 | 3 | 1 | 7 | 5 | 6 | 8 | 4 |
| 5 | 4 | 1 | 2 | 6 | 8 | 7 | 9 | 3 |

## EASY - 19

| 4 | 3 | 8 | 2 | 1 | 6 | 5 | 9 | 7 |
|---|---|---|---|---|---|---|---|---|
| 7 | 5 | 6 | 4 | 8 | 9 | 2 | 1 | 3 |
| 1 | 2 | 9 | 7 | 5 | 3 | 6 | 4 | 8 |
| 3 | 9 | 4 | 5 | 6 | 2 | 7 | 8 | 1 |
| 6 | 1 | 2 | 8 | 7 | 4 | 3 | 5 | 9 |
| 8 | 7 | 5 | 3 | 9 | 1 | 4 | 6 | 2 |
| 2 | 6 | 7 | 9 | 4 | 8 | 1 | 3 | 5 |
| 9 | 4 | 3 | 1 | 2 | 5 | 8 | 7 | 6 |
| 5 | 8 | 1 | 6 | 3 | 7 | 9 | 2 | 4 |

## EASY - 20

| 8 | 3 | 2 | 6 | 1 | 5 | 9 | 7 | 4 |
|---|---|---|---|---|---|---|---|---|
| 7 | 1 | 5 | 4 | 8 | 9 | 6 | 3 | 2 |
| 6 | 4 | 9 | 2 | 3 | 7 | 8 | 1 | 5 |
| 5 | 2 | 6 | 9 | 7 | 8 | 1 | 4 | 3 |
| 3 | 9 | 1 | 5 | 4 | 6 | 2 | 8 | 7 |
| 4 | 8 | 7 | 1 | 2 | 3 | 5 | 6 | 9 |
| 9 | 5 | 4 | 7 | 6 | 1 | 3 | 2 | 8 |
| 2 | 6 | 8 | 3 | 5 | 4 | 7 | 9 | 1 |
| 1 | 7 | 3 | 8 | 9 | 2 | 4 | 5 | 6 |

**EASY - 21**

| 4 | 1 | 5 | 2 | 9 | 8 | 7 | 6 | 3 |
|---|---|---|---|---|---|---|---|---|
| 9 | 3 | 7 | 6 | 4 | 5 | 8 | 2 | 1 |
| 6 | 2 | 8 | 3 | 1 | 7 | 9 | 4 | 5 |
| 8 | 5 | 3 | 1 | 6 | 9 | 2 | 7 | 4 |
| 2 | 7 | 4 | 8 | 5 | 3 | 6 | 1 | 9 |
| 1 | 6 | 9 | 4 | 7 | 2 | 5 | 3 | 8 |
| 3 | 4 | 2 | 5 | 8 | 6 | 1 | 9 | 7 |
| 5 | 9 | 1 | 7 | 2 | 4 | 3 | 8 | 6 |
| 7 | 8 | 6 | 9 | 3 | 1 | 4 | 5 | 2 |

**EASY - 22**

| 1 | 3 | 4 | 9 | 6 | 7 | 8 | 5 | 2 |
|---|---|---|---|---|---|---|---|---|
| 8 | 9 | 2 | 5 | 3 | 4 | 1 | 6 | 7 |
| 7 | 5 | 6 | 2 | 1 | 8 | 3 | 4 | 9 |
| 3 | 2 | 9 | 6 | 7 | 5 | 4 | 8 | 1 |
| 5 | 7 | 8 | 1 | 4 | 3 | 9 | 2 | 6 |
| 4 | 6 | 1 | 8 | 9 | 2 | 7 | 3 | 5 |
| 6 | 4 | 7 | 3 | 5 | 1 | 2 | 9 | 8 |
| 2 | 1 | 5 | 4 | 8 | 9 | 6 | 7 | 3 |
| 9 | 8 | 3 | 7 | 2 | 6 | 5 | 1 | 4 |

**EASY - 23**

| 9 | 3 | 6 | 1 | 8 | 7 | 2 | 4 | 5 |
|---|---|---|---|---|---|---|---|---|
| 1 | 4 | 8 | 3 | 5 | 2 | 9 | 6 | 7 |
| 5 | 2 | 7 | 9 | 6 | 4 | 1 | 8 | 3 |
| 6 | 9 | 2 | 5 | 4 | 3 | 8 | 7 | 1 |
| 7 | 8 | 3 | 6 | 2 | 1 | 5 | 9 | 4 |
| 4 | 5 | 1 | 8 | 7 | 9 | 3 | 2 | 6 |
| 3 | 6 | 4 | 2 | 1 | 8 | 7 | 5 | 9 |
| 2 | 7 | 9 | 4 | 3 | 5 | 6 | 1 | 8 |
| 8 | 1 | 5 | 7 | 9 | 6 | 4 | 3 | 2 |

**EASY - 24**

| 8 | 9 | 5 | 6 | 3 | 1 | 7 | 4 | 2 |
|---|---|---|---|---|---|---|---|---|
| 1 | 7 | 2 | 8 | 4 | 5 | 3 | 6 | 9 |
| 3 | 4 | 6 | 2 | 7 | 9 | 5 | 8 | 1 |
| 7 | 6 | 3 | 5 | 1 | 4 | 9 | 2 | 8 |
| 2 | 8 | 4 | 9 | 6 | 3 | 1 | 7 | 5 |
| 5 | 1 | 9 | 7 | 8 | 2 | 4 | 3 | 6 |
| 4 | 2 | 1 | 3 | 9 | 6 | 8 | 5 | 7 |
| 9 | 5 | 8 | 4 | 2 | 7 | 6 | 1 | 3 |
| 6 | 3 | 7 | 1 | 5 | 8 | 2 | 9 | 4 |

**EASY - 25**

| 7 | 4 | 6 | 5 | 1 | 3 | 9 | 8 | 2 |
|---|---|---|---|---|---|---|---|---|
| 1 | 5 | 9 | 4 | 8 | 2 | 6 | 7 | 3 |
| 3 | 2 | 8 | 7 | 6 | 9 | 1 | 5 | 4 |
| 8 | 3 | 7 | 1 | 2 | 6 | 5 | 4 | 9 |
| 5 | 1 | 2 | 9 | 3 | 4 | 8 | 6 | 7 |
| 6 | 9 | 4 | 8 | 5 | 7 | 2 | 3 | 1 |
| 9 | 6 | 3 | 2 | 4 | 8 | 7 | 1 | 5 |
| 4 | 7 | 1 | 6 | 9 | 5 | 3 | 2 | 8 |
| 2 | 8 | 5 | 3 | 7 | 1 | 4 | 9 | 6 |

**EASY - 26**

| 8 | 2 | 9 | 7 | 3 | 6 | 1 | 4 | 5 |
|---|---|---|---|---|---|---|---|---|
| 3 | 4 | 6 | 1 | 5 | 9 | 7 | 8 | 2 |
| 1 | 7 | 5 | 4 | 8 | 2 | 9 | 6 | 3 |
| 7 | 9 | 1 | 8 | 6 | 5 | 3 | 2 | 4 |
| 4 | 6 | 8 | 3 | 2 | 7 | 5 | 1 | 9 |
| 2 | 5 | 3 | 9 | 4 | 1 | 8 | 7 | 6 |
| 5 | 3 | 2 | 6 | 1 | 8 | 4 | 9 | 7 |
| 9 | 1 | 4 | 2 | 7 | 3 | 6 | 5 | 8 |
| 6 | 8 | 7 | 5 | 9 | 4 | 2 | 3 | 1 |

**EASY - 27**

| 8 | 1 | 3 | 9 | 7 | 2 | 6 | 5 | 4 |
|---|---|---|---|---|---|---|---|---|
| 4 | 9 | 7 | 5 | 1 | 6 | 2 | 3 | 8 |
| 2 | 6 | 5 | 4 | 8 | 3 | 9 | 7 | 1 |
| 5 | 3 | 8 | 1 | 2 | 9 | 7 | 4 | 6 |
| 1 | 2 | 4 | 7 | 6 | 5 | 3 | 8 | 9 |
| 6 | 7 | 9 | 8 | 3 | 4 | 1 | 2 | 5 |
| 9 | 8 | 2 | 6 | 4 | 7 | 5 | 1 | 3 |
| 7 | 4 | 6 | 3 | 5 | 1 | 8 | 9 | 2 |
| 3 | 5 | 1 | 2 | 9 | 8 | 4 | 6 | 7 |

**EASY - 28**

| 6 | 7 | 9 | 8 | 1 | 3 | 5 | 4 | 2 |
|---|---|---|---|---|---|---|---|---|
| 1 | 5 | 2 | 4 | 9 | 7 | 8 | 3 | 6 |
| 4 | 3 | 8 | 2 | 6 | 5 | 9 | 7 | 1 |
| 3 | 8 | 1 | 7 | 4 | 9 | 2 | 6 | 5 |
| 7 | 6 | 5 | 3 | 2 | 8 | 1 | 9 | 4 |
| 9 | 2 | 4 | 1 | 5 | 6 | 7 | 8 | 3 |
| 5 | 9 | 7 | 6 | 3 | 2 | 4 | 1 | 8 |
| 2 | 1 | 3 | 9 | 8 | 4 | 6 | 5 | 7 |
| 8 | 4 | 6 | 5 | 7 | 1 | 3 | 2 | 9 |

**EASY - 29**

| 6 | 3 | 2 | 5 | 9 | 7 | 1 | 8 | 4 |
|---|---|---|---|---|---|---|---|---|
| 9 | 4 | 1 | 3 | 8 | 6 | 7 | 2 | 5 |
| 8 | 7 | 5 | 1 | 2 | 4 | 9 | 3 | 6 |
| 1 | 9 | 3 | 4 | 5 | 2 | 6 | 7 | 8 |
| 5 | 8 | 6 | 7 | 3 | 9 | 4 | 1 | 2 |
| 7 | 2 | 4 | 6 | 1 | 8 | 5 | 9 | 3 |
| 3 | 1 | 9 | 8 | 6 | 5 | 2 | 4 | 7 |
| 2 | 5 | 7 | 9 | 4 | 3 | 8 | 6 | 1 |
| 4 | 6 | 8 | 2 | 7 | 1 | 3 | 5 | 9 |

**EASY - 30**

| 2 | 4 | 9 | 8 | 7 | 5 | 6 | 1 | 3 |
|---|---|---|---|---|---|---|---|---|
| 1 | 8 | 6 | 4 | 3 | 9 | 7 | 2 | 5 |
| 7 | 3 | 5 | 1 | 2 | 6 | 8 | 4 | 9 |
| 9 | 1 | 3 | 2 | 8 | 4 | 5 | 7 | 6 |
| 5 | 6 | 2 | 7 | 9 | 3 | 1 | 8 | 4 |
| 8 | 7 | 4 | 6 | 5 | 1 | 9 | 3 | 2 |
| 4 | 2 | 1 | 9 | 6 | 8 | 3 | 5 | 7 |
| 3 | 9 | 8 | 5 | 4 | 7 | 2 | 6 | 1 |
| 6 | 5 | 7 | 3 | 1 | 2 | 4 | 9 | 8 |

**EASY - 31**

| 7 | 6 | 1 | 4 | 3 | 5 | 8 | 2 | 9 |
|---|---|---|---|---|---|---|---|---|
| 5 | 9 | 2 | 1 | 8 | 6 | 3 | 4 | 7 |
| 4 | 8 | 3 | 9 | 7 | 2 | 1 | 6 | 5 |
| 9 | 1 | 5 | 8 | 2 | 4 | 7 | 3 | 6 |
| 3 | 4 | 8 | 7 | 6 | 1 | 9 | 5 | 2 |
| 6 | 2 | 7 | 5 | 9 | 3 | 4 | 1 | 8 |
| 8 | 5 | 6 | 3 | 1 | 7 | 2 | 9 | 4 |
| 1 | 7 | 4 | 2 | 5 | 9 | 6 | 8 | 3 |
| 2 | 3 | 9 | 6 | 4 | 8 | 5 | 7 | 1 |

**EASY - 32**

| 8 | 1 | 7 | 4 | 2 | 9 | 5 | 3 | 6 |
|---|---|---|---|---|---|---|---|---|
| 4 | 9 | 3 | 6 | 5 | 1 | 8 | 2 | 7 |
| 2 | 5 | 6 | 8 | 7 | 3 | 9 | 1 | 4 |
| 9 | 4 | 8 | 1 | 6 | 2 | 7 | 5 | 3 |
| 6 | 3 | 2 | 7 | 9 | 5 | 4 | 8 | 1 |
| 5 | 7 | 1 | 3 | 4 | 8 | 2 | 6 | 9 |
| 1 | 8 | 9 | 2 | 3 | 4 | 6 | 7 | 5 |
| 7 | 2 | 4 | 5 | 1 | 6 | 3 | 9 | 8 |
| 3 | 6 | 5 | 9 | 8 | 7 | 1 | 4 | 2 |

**EASY - 33**

| 9 | 2 | 7 | 8 | 5 | 4 | 1 | 6 | 3 |
|---|---|---|---|---|---|---|---|---|
| 6 | 3 | 5 | 1 | 7 | 2 | 8 | 9 | 4 |
| 4 | 1 | 8 | 9 | 3 | 6 | 2 | 7 | 5 |
| 8 | 9 | 2 | 5 | 4 | 3 | 6 | 1 | 7 |
| 1 | 4 | 3 | 7 | 6 | 9 | 5 | 8 | 2 |
| 7 | 5 | 6 | 2 | 8 | 1 | 4 | 3 | 9 |
| 5 | 8 | 1 | 4 | 9 | 7 | 3 | 2 | 6 |
| 3 | 7 | 4 | 6 | 2 | 8 | 9 | 5 | 1 |
| 2 | 6 | 9 | 3 | 1 | 5 | 7 | 4 | 8 |

**EASY - 34**

| 8 | 4 | 6 | 1 | 3 | 9 | 7 | 2 | 5 |
|---|---|---|---|---|---|---|---|---|
| 5 | 3 | 7 | 6 | 4 | 2 | 9 | 8 | 1 |
| 9 | 1 | 2 | 5 | 8 | 7 | 3 | 4 | 6 |
| 6 | 8 | 1 | 9 | 2 | 4 | 5 | 3 | 7 |
| 4 | 7 | 9 | 3 | 1 | 5 | 2 | 6 | 8 |
| 3 | 2 | 5 | 8 | 7 | 6 | 1 | 9 | 4 |
| 2 | 9 | 4 | 7 | 6 | 1 | 8 | 5 | 3 |
| 7 | 5 | 3 | 4 | 9 | 8 | 6 | 1 | 2 |
| 1 | 6 | 8 | 2 | 5 | 3 | 4 | 7 | 9 |

**EASY - 35**

| 5 | 4 | 8 | 1 | 3 | 6 | 2 | 9 | 7 |
|---|---|---|---|---|---|---|---|---|
| 3 | 9 | 6 | 2 | 7 | 5 | 4 | 8 | 1 |
| 2 | 7 | 1 | 4 | 8 | 9 | 6 | 5 | 3 |
| 9 | 2 | 7 | 5 | 6 | 8 | 3 | 1 | 4 |
| 4 | 8 | 3 | 7 | 1 | 2 | 5 | 6 | 9 |
| 6 | 1 | 5 | 9 | 4 | 3 | 8 | 7 | 2 |
| 8 | 3 | 2 | 6 | 9 | 7 | 1 | 4 | 5 |
| 7 | 6 | 4 | 3 | 5 | 1 | 9 | 2 | 8 |
| 1 | 5 | 9 | 8 | 2 | 4 | 7 | 3 | 6 |

**EASY - 36**

| 7 | 9 | 5 | 3 | 8 | 6 | 1 | 4 | 2 |
|---|---|---|---|---|---|---|---|---|
| 8 | 3 | 1 | 2 | 4 | 5 | 6 | 7 | 9 |
| 4 | 2 | 6 | 1 | 7 | 9 | 3 | 8 | 5 |
| 5 | 8 | 4 | 7 | 6 | 3 | 9 | 2 | 1 |
| 6 | 7 | 9 | 4 | 2 | 1 | 8 | 5 | 3 |
| 3 | 1 | 2 | 5 | 9 | 8 | 7 | 6 | 4 |
| 1 | 5 | 7 | 6 | 3 | 2 | 4 | 9 | 8 |
| 9 | 6 | 3 | 8 | 5 | 4 | 2 | 1 | 7 |
| 2 | 4 | 8 | 9 | 1 | 7 | 5 | 3 | 6 |

**EASY - 37**

| 3 | 5 | 4 | 9 | 2 | 7 | 6 | 8 | 1 |
|---|---|---|---|---|---|---|---|---|
| 2 | 1 | 7 | 6 | 5 | 8 | 4 | 3 | 9 |
| 8 | 9 | 6 | 4 | 1 | 3 | 2 | 7 | 5 |
| 7 | 4 | 2 | 3 | 9 | 5 | 1 | 6 | 8 |
| 1 | 8 | 5 | 2 | 7 | 6 | 9 | 4 | 3 |
| 6 | 3 | 9 | 1 | 8 | 4 | 7 | 5 | 2 |
| 4 | 6 | 1 | 8 | 3 | 9 | 5 | 2 | 7 |
| 5 | 2 | 3 | 7 | 4 | 1 | 8 | 9 | 6 |
| 9 | 7 | 8 | 5 | 6 | 2 | 3 | 1 | 4 |

**EASY - 38**

| 8 | 3 | 9 | 1 | 2 | 6 | 4 | 5 | 7 |
|---|---|---|---|---|---|---|---|---|
| 5 | 1 | 2 | 4 | 7 | 3 | 8 | 6 | 9 |
| 6 | 4 | 7 | 9 | 8 | 5 | 1 | 3 | 2 |
| 3 | 2 | 5 | 8 | 4 | 9 | 7 | 1 | 6 |
| 4 | 6 | 8 | 7 | 3 | 1 | 2 | 9 | 5 |
| 7 | 9 | 1 | 5 | 6 | 2 | 3 | 8 | 4 |
| 1 | 7 | 6 | 2 | 9 | 8 | 5 | 4 | 3 |
| 2 | 8 | 3 | 6 | 5 | 4 | 9 | 7 | 1 |
| 9 | 5 | 4 | 3 | 1 | 7 | 6 | 2 | 8 |

**EASY - 39**

| 1 | 5 | 3 | 8 | 2 | 9 | 7 | 6 | 4 |
|---|---|---|---|---|---|---|---|---|
| 7 | 6 | 9 | 5 | 4 | 3 | 2 | 1 | 8 |
| 8 | 4 | 2 | 7 | 6 | 1 | 9 | 5 | 3 |
| 9 | 7 | 6 | 3 | 1 | 8 | 4 | 2 | 5 |
| 2 | 1 | 5 | 6 | 7 | 4 | 8 | 3 | 9 |
| 4 | 3 | 8 | 2 | 9 | 5 | 6 | 7 | 1 |
| 5 | 9 | 7 | 4 | 3 | 2 | 1 | 8 | 6 |
| 6 | 8 | 1 | 9 | 5 | 7 | 3 | 4 | 2 |
| 3 | 2 | 4 | 1 | 8 | 6 | 5 | 9 | 7 |

**EASY - 40**

| 2 | 5 | 9 | 4 | 7 | 8 | 6 | 1 | 3 |
|---|---|---|---|---|---|---|---|---|
| 4 | 7 | 3 | 2 | 1 | 6 | 9 | 8 | 5 |
| 8 | 6 | 1 | 3 | 5 | 9 | 2 | 4 | 7 |
| 7 | 3 | 2 | 9 | 4 | 1 | 5 | 6 | 8 |
| 6 | 9 | 8 | 5 | 3 | 2 | 1 | 7 | 4 |
| 5 | 1 | 4 | 6 | 8 | 7 | 3 | 2 | 9 |
| 3 | 2 | 7 | 8 | 6 | 5 | 4 | 9 | 1 |
| 9 | 8 | 5 | 1 | 2 | 4 | 7 | 3 | 6 |
| 1 | 4 | 6 | 7 | 9 | 3 | 8 | 5 | 2 |

## EASY - 41

| 7 | 4 | 2 | 9 | 3 | 6 | 1 | 5 | 8 |
|---|---|---|---|---|---|---|---|---|
| 5 | 3 | 9 | 7 | 8 | 1 | 4 | 6 | 2 |
| 8 | 6 | 1 | 5 | 4 | 2 | 9 | 3 | 7 |
| 1 | 9 | 4 | 2 | 5 | 3 | 7 | 8 | 6 |
| 6 | 2 | 7 | 8 | 1 | 9 | 3 | 4 | 5 |
| 3 | 8 | 5 | 4 | 6 | 7 | 2 | 1 | 9 |
| 9 | 5 | 6 | 1 | 2 | 4 | 8 | 7 | 3 |
| 4 | 7 | 8 | 3 | 9 | 5 | 6 | 2 | 1 |
| 2 | 1 | 3 | 6 | 7 | 8 | 5 | 9 | 4 |

## EASY - 42

| 1 | 9 | 8 | 6 | 7 | 4 | 3 | 2 | 5 |
|---|---|---|---|---|---|---|---|---|
| 6 | 5 | 7 | 8 | 3 | 2 | 1 | 9 | 4 |
| 4 | 3 | 2 | 1 | 5 | 9 | 7 | 8 | 6 |
| 8 | 1 | 6 | 2 | 9 | 3 | 5 | 4 | 7 |
| 9 | 7 | 4 | 5 | 6 | 1 | 8 | 3 | 2 |
| 5 | 2 | 3 | 4 | 8 | 7 | 9 | 6 | 1 |
| 2 | 4 | 9 | 3 | 1 | 5 | 6 | 7 | 8 |
| 3 | 6 | 5 | 7 | 2 | 8 | 4 | 1 | 9 |
| 7 | 8 | 1 | 9 | 4 | 6 | 2 | 5 | 3 |

## EASY - 43

| 8 | 9 | 1 | 5 | 3 | 7 | 4 | 6 | 2 |
|---|---|---|---|---|---|---|---|---|
| 6 | 2 | 4 | 9 | 8 | 1 | 3 | 5 | 7 |
| 5 | 7 | 3 | 4 | 6 | 2 | 9 | 8 | 1 |
| 1 | 6 | 8 | 2 | 7 | 9 | 5 | 4 | 3 |
| 2 | 3 | 7 | 8 | 4 | 5 | 6 | 1 | 9 |
| 4 | 5 | 9 | 6 | 1 | 3 | 7 | 2 | 8 |
| 3 | 8 | 5 | 1 | 9 | 6 | 2 | 7 | 4 |
| 7 | 4 | 2 | 3 | 5 | 8 | 1 | 9 | 6 |
| 9 | 1 | 6 | 7 | 2 | 4 | 8 | 3 | 5 |

## EASY - 44

| 5 | 3 | 9 | 2 | 7 | 1 | 8 | 4 | 6 |
|---|---|---|---|---|---|---|---|---|
| 7 | 1 | 2 | 8 | 4 | 6 | 3 | 5 | 9 |
| 6 | 4 | 8 | 3 | 9 | 5 | 2 | 7 | 1 |
| 4 | 2 | 5 | 9 | 1 | 8 | 6 | 3 | 7 |
| 8 | 7 | 1 | 4 | 6 | 3 | 5 | 9 | 2 |
| 3 | 9 | 6 | 7 | 5 | 2 | 4 | 1 | 8 |
| 9 | 6 | 3 | 5 | 8 | 7 | 1 | 2 | 4 |
| 2 | 8 | 7 | 1 | 3 | 4 | 9 | 6 | 5 |
| 1 | 5 | 4 | 6 | 2 | 9 | 7 | 8 | 3 |

## EASY - 45

| 9 | 8 | 7 | 2 | 1 | 5 | 4 | 6 | 3 |
|---|---|---|---|---|---|---|---|---|
| 1 | 6 | 5 | 4 | 9 | 3 | 2 | 7 | 8 |
| 3 | 4 | 2 | 6 | 7 | 8 | 5 | 1 | 9 |
| 8 | 2 | 9 | 3 | 6 | 1 | 7 | 5 | 4 |
| 6 | 5 | 1 | 8 | 4 | 7 | 3 | 9 | 2 |
| 4 | 7 | 3 | 5 | 2 | 9 | 1 | 8 | 6 |
| 7 | 1 | 8 | 9 | 3 | 2 | 6 | 4 | 5 |
| 5 | 3 | 6 | 1 | 8 | 4 | 9 | 2 | 7 |
| 2 | 9 | 4 | 7 | 5 | 6 | 8 | 3 | 1 |

## EASY - 46

| 3 | 6 | 4 | 7 | 9 | 1 | 5 | 8 | 2 |
|---|---|---|---|---|---|---|---|---|
| 7 | 1 | 2 | 8 | 5 | 3 | 6 | 9 | 4 |
| 5 | 8 | 9 | 4 | 2 | 6 | 7 | 1 | 3 |
| 4 | 3 | 6 | 5 | 8 | 9 | 1 | 2 | 7 |
| 8 | 5 | 1 | 3 | 7 | 2 | 9 | 4 | 6 |
| 2 | 9 | 7 | 1 | 6 | 4 | 3 | 5 | 8 |
| 6 | 7 | 8 | 9 | 4 | 5 | 2 | 3 | 1 |
| 9 | 4 | 3 | 2 | 1 | 7 | 8 | 6 | 5 |
| 1 | 2 | 5 | 6 | 3 | 8 | 4 | 7 | 9 |

## EASY - 47

| 6 | 7 | 3 | 2 | 4 | 8 | 5 | 1 | 9 |
|---|---|---|---|---|---|---|---|---|
| 8 | 1 | 2 | 5 | 9 | 3 | 4 | 6 | 7 |
| 5 | 9 | 4 | 6 | 7 | 1 | 2 | 3 | 8 |
| 4 | 3 | 6 | 9 | 1 | 5 | 7 | 8 | 2 |
| 7 | 2 | 5 | 4 | 8 | 6 | 3 | 9 | 1 |
| 9 | 8 | 1 | 7 | 3 | 2 | 6 | 4 | 5 |
| 2 | 6 | 8 | 1 | 5 | 4 | 9 | 7 | 3 |
| 1 | 4 | 9 | 3 | 2 | 7 | 8 | 5 | 6 |
| 3 | 5 | 7 | 8 | 6 | 9 | 1 | 2 | 4 |

## EASY - 48

| 9 | 6 | 3 | 4 | 8 | 2 | 5 | 1 | 7 |
|---|---|---|---|---|---|---|---|---|
| 1 | 2 | 8 | 7 | 5 | 6 | 4 | 3 | 9 |
| 7 | 4 | 5 | 3 | 9 | 1 | 2 | 6 | 8 |
| 5 | 7 | 4 | 9 | 2 | 3 | 6 | 8 | 1 |
| 2 | 9 | 1 | 8 | 6 | 4 | 3 | 7 | 5 |
| 3 | 8 | 6 | 5 | 1 | 7 | 9 | 2 | 4 |
| 6 | 5 | 9 | 2 | 7 | 8 | 1 | 4 | 3 |
| 8 | 3 | 2 | 1 | 4 | 9 | 7 | 5 | 6 |
| 4 | 1 | 7 | 6 | 3 | 5 | 8 | 9 | 2 |

## EASY - 49

| 5 | 8 | 2 | 6 | 9 | 3 | 7 | 4 | 1 |
|---|---|---|---|---|---|---|---|---|
| 6 | 7 | 4 | 2 | 1 | 8 | 5 | 3 | 9 |
| 3 | 1 | 9 | 5 | 7 | 4 | 2 | 6 | 8 |
| 2 | 4 | 1 | 9 | 3 | 7 | 6 | 8 | 5 |
| 7 | 9 | 6 | 1 | 8 | 5 | 4 | 2 | 3 |
| 8 | 5 | 3 | 4 | 2 | 6 | 9 | 1 | 7 |
| 9 | 2 | 5 | 3 | 6 | 1 | 8 | 7 | 4 |
| 4 | 3 | 7 | 8 | 5 | 2 | 1 | 9 | 6 |
| 1 | 6 | 8 | 7 | 4 | 9 | 3 | 5 | 2 |

## EASY - 50

| 1 | 8 | 5 | 6 | 7 | 4 | 2 | 9 | 3 |
|---|---|---|---|---|---|---|---|---|
| 6 | 7 | 2 | 9 | 3 | 8 | 5 | 1 | 4 |
| 4 | 3 | 9 | 2 | 5 | 1 | 6 | 7 | 8 |
| 5 | 9 | 6 | 3 | 8 | 7 | 4 | 2 | 1 |
| 3 | 2 | 4 | 5 | 1 | 9 | 7 | 8 | 6 |
| 7 | 1 | 8 | 4 | 6 | 2 | 3 | 5 | 9 |
| 2 | 4 | 7 | 8 | 9 | 6 | 1 | 3 | 5 |
| 9 | 6 | 3 | 1 | 2 | 5 | 8 | 4 | 7 |
| 8 | 5 | 1 | 7 | 4 | 3 | 9 | 6 | 2 |

## EASY - 51

| 5 | 7 | 8 | 4 | 3 | 6 | 2 | 9 | 1 |
|---|---|---|---|---|---|---|---|---|
| 1 | 4 | 2 | 8 | 7 | 9 | 6 | 3 | 5 |
| 9 | 3 | 6 | 2 | 1 | 5 | 7 | 4 | 8 |
| 3 | 2 | 9 | 1 | 5 | 8 | 4 | 7 | 6 |
| 8 | 6 | 4 | 7 | 2 | 3 | 1 | 5 | 9 |
| 7 | 5 | 1 | 6 | 9 | 4 | 8 | 2 | 3 |
| 2 | 8 | 3 | 9 | 6 | 7 | 5 | 1 | 4 |
| 6 | 1 | 5 | 3 | 4 | 2 | 9 | 8 | 7 |
| 4 | 9 | 7 | 5 | 8 | 1 | 3 | 6 | 2 |

## EASY - 52

| 4 | 2 | 5 | 6 | 1 | 7 | 9 | 3 | 8 |
|---|---|---|---|---|---|---|---|---|
| 6 | 1 | 9 | 8 | 5 | 3 | 7 | 4 | 2 |
| 8 | 3 | 7 | 4 | 9 | 2 | 5 | 1 | 6 |
| 3 | 8 | 2 | 7 | 6 | 5 | 4 | 9 | 1 |
| 5 | 9 | 1 | 2 | 3 | 4 | 8 | 6 | 7 |
| 7 | 4 | 6 | 9 | 8 | 1 | 2 | 5 | 3 |
| 2 | 5 | 4 | 1 | 7 | 6 | 3 | 8 | 9 |
| 1 | 7 | 8 | 3 | 4 | 9 | 6 | 2 | 5 |
| 9 | 6 | 3 | 5 | 2 | 8 | 1 | 7 | 4 |

## EASY - 53

| 1 | 4 | 5 | 2 | 7 | 3 | 8 | 9 | 6 |
|---|---|---|---|---|---|---|---|---|
| 3 | 2 | 9 | 6 | 1 | 8 | 5 | 7 | 4 |
| 7 | 6 | 8 | 5 | 9 | 4 | 3 | 1 | 2 |
| 4 | 1 | 7 | 9 | 2 | 5 | 6 | 8 | 3 |
| 9 | 5 | 6 | 3 | 8 | 1 | 4 | 2 | 7 |
| 8 | 3 | 2 | 7 | 4 | 6 | 1 | 5 | 9 |
| 6 | 9 | 3 | 1 | 5 | 7 | 2 | 4 | 8 |
| 2 | 8 | 1 | 4 | 6 | 9 | 7 | 3 | 5 |
| 5 | 7 | 4 | 8 | 3 | 2 | 9 | 6 | 1 |

## EASY - 54

| 2 | 8 | 4 | 7 | 1 | 9 | 5 | 6 | 3 |
|---|---|---|---|---|---|---|---|---|
| 3 | 9 | 5 | 4 | 6 | 2 | 7 | 1 | 8 |
| 7 | 1 | 6 | 3 | 8 | 5 | 4 | 9 | 2 |
| 1 | 7 | 9 | 5 | 3 | 6 | 8 | 2 | 4 |
| 4 | 6 | 3 | 8 | 2 | 1 | 9 | 7 | 5 |
| 8 | 5 | 2 | 9 | 7 | 4 | 6 | 3 | 1 |
| 9 | 3 | 8 | 2 | 4 | 7 | 1 | 5 | 6 |
| 6 | 4 | 7 | 1 | 5 | 3 | 2 | 8 | 9 |
| 5 | 2 | 1 | 6 | 9 | 8 | 3 | 4 | 7 |

## EASY - 55

| 8 | 2 | 1 | 7 | 3 | 5 | 9 | 6 | 4 |
|---|---|---|---|---|---|---|---|---|
| 4 | 7 | 3 | 9 | 8 | 6 | 1 | 5 | 2 |
| 9 | 5 | 6 | 4 | 1 | 2 | 8 | 3 | 7 |
| 6 | 3 | 5 | 1 | 9 | 4 | 2 | 7 | 8 |
| 7 | 9 | 8 | 2 | 6 | 3 | 5 | 4 | 1 |
| 1 | 4 | 2 | 5 | 7 | 8 | 6 | 9 | 3 |
| 3 | 1 | 9 | 8 | 5 | 7 | 4 | 2 | 6 |
| 5 | 6 | 4 | 3 | 2 | 1 | 7 | 8 | 9 |
| 2 | 8 | 7 | 6 | 4 | 9 | 3 | 1 | 5 |

## EASY - 56

| 4 | 6 | 8 | 5 | 7 | 2 | 9 | 1 | 3 |
|---|---|---|---|---|---|---|---|---|
| 1 | 3 | 5 | 4 | 8 | 9 | 7 | 6 | 2 |
| 7 | 9 | 2 | 6 | 1 | 3 | 5 | 8 | 4 |
| 6 | 1 | 3 | 2 | 9 | 7 | 8 | 4 | 5 |
| 5 | 7 | 4 | 8 | 3 | 6 | 2 | 9 | 1 |
| 8 | 2 | 9 | 1 | 5 | 4 | 6 | 3 | 7 |
| 3 | 5 | 6 | 9 | 2 | 1 | 4 | 7 | 8 |
| 2 | 4 | 1 | 7 | 6 | 8 | 3 | 5 | 9 |
| 9 | 8 | 7 | 3 | 4 | 5 | 1 | 2 | 6 |

## EASY - 57

| 3 | 7 | 1 | 8 | 2 | 9 | 4 | 5 | 6 |
|---|---|---|---|---|---|---|---|---|
| 8 | 9 | 6 | 4 | 1 | 5 | 2 | 3 | 7 |
| 4 | 2 | 5 | 3 | 6 | 7 | 8 | 9 | 1 |
| 5 | 6 | 3 | 9 | 8 | 1 | 7 | 2 | 4 |
| 2 | 8 | 9 | 6 | 7 | 4 | 5 | 1 | 3 |
| 7 | 1 | 4 | 5 | 3 | 2 | 9 | 6 | 8 |
| 9 | 5 | 8 | 1 | 4 | 3 | 6 | 7 | 2 |
| 6 | 3 | 2 | 7 | 9 | 8 | 1 | 4 | 5 |
| 1 | 4 | 7 | 2 | 5 | 6 | 3 | 8 | 9 |

## EASY - 58

| 4 | 1 | 3 | 9 | 5 | 7 | 2 | 8 | 6 |
|---|---|---|---|---|---|---|---|---|
| 7 | 9 | 2 | 8 | 6 | 3 | 4 | 5 | 1 |
| 5 | 6 | 8 | 4 | 2 | 1 | 3 | 7 | 9 |
| 6 | 3 | 9 | 7 | 1 | 4 | 8 | 2 | 5 |
| 2 | 4 | 5 | 6 | 3 | 8 | 9 | 1 | 7 |
| 1 | 8 | 7 | 5 | 9 | 2 | 6 | 4 | 3 |
| 3 | 2 | 6 | 1 | 8 | 5 | 7 | 9 | 4 |
| 9 | 7 | 1 | 2 | 4 | 6 | 5 | 3 | 8 |
| 8 | 5 | 4 | 3 | 7 | 9 | 1 | 6 | 2 |

## EASY - 59

| 5 | 7 | 6 | 1 | 2 | 8 | 9 | 4 | 3 |
|---|---|---|---|---|---|---|---|---|
| 2 | 4 | 9 | 7 | 6 | 3 | 8 | 1 | 5 |
| 3 | 8 | 1 | 5 | 9 | 4 | 6 | 2 | 7 |
| 4 | 9 | 7 | 8 | 3 | 5 | 1 | 6 | 2 |
| 1 | 2 | 5 | 6 | 7 | 9 | 3 | 8 | 4 |
| 8 | 6 | 3 | 2 | 4 | 1 | 7 | 5 | 9 |
| 9 | 1 | 8 | 4 | 5 | 7 | 2 | 3 | 6 |
| 6 | 3 | 4 | 9 | 8 | 2 | 5 | 7 | 1 |
| 7 | 5 | 2 | 3 | 1 | 6 | 4 | 9 | 8 |

## EASY - 60

| 6 | 5 | 3 | 7 | 9 | 4 | 8 | 2 | 1 |
|---|---|---|---|---|---|---|---|---|
| 9 | 2 | 1 | 3 | 5 | 8 | 7 | 6 | 4 |
| 7 | 8 | 4 | 1 | 6 | 2 | 5 | 9 | 3 |
| 5 | 3 | 2 | 9 | 7 | 6 | 1 | 4 | 8 |
| 4 | 1 | 6 | 8 | 2 | 3 | 9 | 7 | 5 |
| 8 | 7 | 9 | 5 | 4 | 1 | 2 | 3 | 6 |
| 1 | 9 | 8 | 4 | 3 | 7 | 6 | 5 | 2 |
| 2 | 4 | 7 | 6 | 8 | 5 | 3 | 1 | 9 |
| 3 | 6 | 5 | 2 | 1 | 9 | 4 | 8 | 7 |

## EASY - 61

| 2 | 9 | 7 | 3 | 8 | 5 | 6 | 1 | 4 |
|---|---|---|---|---|---|---|---|---|
| 4 | 5 | 1 | 6 | 7 | 2 | 9 | 3 | 8 |
| 3 | 6 | 8 | 1 | 9 | 4 | 5 | 7 | 2 |
| 9 | 1 | 3 | 5 | 2 | 6 | 4 | 8 | 7 |
| 7 | 2 | 4 | 8 | 3 | 9 | 1 | 5 | 6 |
| 6 | 8 | 5 | 4 | 1 | 7 | 2 | 9 | 3 |
| 5 | 7 | 6 | 9 | 4 | 8 | 3 | 2 | 1 |
| 8 | 3 | 9 | 2 | 6 | 1 | 7 | 4 | 5 |
| 1 | 4 | 2 | 7 | 5 | 3 | 8 | 6 | 9 |

## EASY - 62

| 3 | 1 | 2 | 4 | 8 | 5 | 6 | 7 | 9 |
|---|---|---|---|---|---|---|---|---|
| 7 | 8 | 5 | 9 | 1 | 6 | 3 | 4 | 2 |
| 4 | 9 | 6 | 7 | 2 | 3 | 8 | 5 | 1 |
| 9 | 7 | 8 | 1 | 6 | 4 | 5 | 2 | 3 |
| 1 | 6 | 3 | 2 | 5 | 7 | 4 | 9 | 8 |
| 5 | 2 | 4 | 3 | 9 | 8 | 1 | 6 | 7 |
| 6 | 5 | 1 | 8 | 7 | 2 | 9 | 3 | 4 |
| 8 | 4 | 7 | 5 | 3 | 9 | 2 | 1 | 6 |
| 2 | 3 | 9 | 6 | 4 | 1 | 7 | 8 | 5 |

## EASY - 63

| 7 | 5 | 8 | 3 | 9 | 6 | 2 | 4 | 1 |
|---|---|---|---|---|---|---|---|---|
| 6 | 4 | 9 | 5 | 2 | 1 | 7 | 3 | 8 |
| 1 | 2 | 3 | 7 | 4 | 8 | 9 | 6 | 5 |
| 3 | 9 | 5 | 2 | 6 | 7 | 1 | 8 | 4 |
| 8 | 7 | 1 | 4 | 5 | 9 | 6 | 2 | 3 |
| 4 | 6 | 2 | 8 | 1 | 3 | 5 | 7 | 9 |
| 2 | 3 | 6 | 9 | 8 | 5 | 4 | 1 | 7 |
| 9 | 1 | 7 | 6 | 3 | 4 | 8 | 5 | 2 |
| 5 | 8 | 4 | 1 | 7 | 2 | 3 | 9 | 6 |

## EASY - 64

| 9 | 2 | 7 | 3 | 1 | 4 | 8 | 6 | 5 |
|---|---|---|---|---|---|---|---|---|
| 8 | 5 | 1 | 6 | 7 | 2 | 4 | 3 | 9 |
| 4 | 6 | 3 | 8 | 5 | 9 | 2 | 1 | 7 |
| 6 | 8 | 5 | 4 | 9 | 3 | 1 | 7 | 2 |
| 3 | 7 | 4 | 5 | 2 | 1 | 6 | 9 | 8 |
| 1 | 9 | 2 | 7 | 6 | 8 | 3 | 5 | 4 |
| 2 | 4 | 6 | 9 | 3 | 7 | 5 | 8 | 1 |
| 5 | 1 | 9 | 2 | 8 | 6 | 7 | 4 | 3 |
| 7 | 3 | 8 | 1 | 4 | 5 | 9 | 2 | 6 |

## EASY - 65

| 1 | 7 | 6 | 5 | 9 | 3 | 4 | 2 | 8 |
|---|---|---|---|---|---|---|---|---|
| 8 | 5 | 4 | 2 | 7 | 6 | 9 | 3 | 1 |
| 3 | 2 | 9 | 8 | 4 | 1 | 6 | 5 | 7 |
| 9 | 4 | 1 | 7 | 2 | 5 | 3 | 8 | 6 |
| 7 | 6 | 5 | 3 | 8 | 9 | 2 | 1 | 4 |
| 2 | 3 | 8 | 1 | 6 | 4 | 5 | 7 | 9 |
| 4 | 8 | 3 | 9 | 5 | 7 | 1 | 6 | 2 |
| 5 | 9 | 7 | 6 | 1 | 2 | 8 | 4 | 3 |
| 6 | 1 | 2 | 4 | 3 | 8 | 7 | 9 | 5 |

## EASY - 66

| 3 | 9 | 8 | 2 | 1 | 5 | 6 | 7 | 4 |
|---|---|---|---|---|---|---|---|---|
| 6 | 7 | 2 | 4 | 3 | 8 | 9 | 1 | 5 |
| 4 | 1 | 5 | 7 | 6 | 9 | 8 | 3 | 2 |
| 9 | 4 | 1 | 3 | 2 | 7 | 5 | 6 | 8 |
| 7 | 8 | 3 | 9 | 5 | 6 | 4 | 2 | 1 |
| 2 | 5 | 6 | 8 | 4 | 1 | 3 | 9 | 7 |
| 5 | 2 | 4 | 6 | 7 | 3 | 1 | 8 | 9 |
| 1 | 3 | 9 | 5 | 8 | 2 | 7 | 4 | 6 |
| 8 | 6 | 7 | 1 | 9 | 4 | 2 | 5 | 3 |

## EASY - 67

| 9 | 6 | 1 | 5 | 4 | 2 | 3 | 8 | 7 |
|---|---|---|---|---|---|---|---|---|
| 5 | 3 | 7 | 9 | 8 | 1 | 4 | 2 | 6 |
| 2 | 8 | 4 | 6 | 7 | 3 | 9 | 5 | 1 |
| 3 | 2 | 9 | 8 | 6 | 5 | 1 | 7 | 4 |
| 7 | 1 | 5 | 2 | 9 | 4 | 8 | 6 | 3 |
| 6 | 4 | 8 | 3 | 1 | 7 | 5 | 9 | 2 |
| 8 | 7 | 3 | 1 | 5 | 6 | 2 | 4 | 9 |
| 1 | 9 | 6 | 4 | 2 | 8 | 7 | 3 | 5 |
| 4 | 5 | 2 | 7 | 3 | 9 | 6 | 1 | 8 |

## EASY - 68

| 1 | 2 | 5 | 8 | 9 | 7 | 4 | 6 | 3 |
|---|---|---|---|---|---|---|---|---|
| 7 | 4 | 3 | 5 | 2 | 6 | 1 | 9 | 8 |
| 8 | 6 | 9 | 4 | 3 | 1 | 7 | 5 | 2 |
| 6 | 9 | 7 | 2 | 1 | 3 | 5 | 8 | 4 |
| 4 | 8 | 1 | 7 | 5 | 9 | 2 | 3 | 6 |
| 5 | 3 | 2 | 6 | 8 | 4 | 9 | 1 | 7 |
| 9 | 7 | 4 | 1 | 6 | 8 | 3 | 2 | 5 |
| 3 | 5 | 6 | 9 | 7 | 2 | 8 | 4 | 1 |
| 2 | 1 | 8 | 3 | 4 | 5 | 6 | 7 | 9 |

## EASY - 69

| 3 | 6 | 5 | 8 | 7 | 9 | 1 | 2 | 4 |
|---|---|---|---|---|---|---|---|---|
| 9 | 7 | 2 | 1 | 4 | 5 | 6 | 3 | 8 |
| 1 | 8 | 4 | 3 | 6 | 2 | 5 | 7 | 9 |
| 8 | 5 | 7 | 2 | 3 | 4 | 9 | 6 | 1 |
| 6 | 2 | 1 | 9 | 5 | 8 | 3 | 4 | 7 |
| 4 | 3 | 9 | 7 | 1 | 6 | 8 | 5 | 2 |
| 5 | 4 | 8 | 6 | 2 | 1 | 7 | 9 | 3 |
| 7 | 9 | 6 | 4 | 8 | 3 | 2 | 1 | 5 |
| 2 | 1 | 3 | 5 | 9 | 7 | 4 | 8 | 6 |

## EASY - 70

| 3 | 5 | 9 | 8 | 4 | 1 | 6 | 2 | 7 |
|---|---|---|---|---|---|---|---|---|
| 2 | 4 | 8 | 7 | 6 | 5 | 3 | 1 | 9 |
| 6 | 1 | 7 | 9 | 3 | 2 | 5 | 8 | 4 |
| 4 | 3 | 1 | 6 | 8 | 7 | 9 | 5 | 2 |
| 9 | 2 | 6 | 1 | 5 | 3 | 4 | 7 | 8 |
| 8 | 7 | 5 | 4 | 2 | 9 | 1 | 6 | 3 |
| 5 | 9 | 3 | 2 | 1 | 8 | 7 | 4 | 6 |
| 7 | 8 | 4 | 5 | 9 | 6 | 2 | 3 | 1 |
| 1 | 6 | 2 | 3 | 7 | 4 | 8 | 9 | 5 |

## EASY - 71

| 3 | 9 | 2 | 5 | 4 | 7 | 6 | 8 | 1 |
|---|---|---|---|---|---|---|---|---|
| 5 | 6 | 1 | 9 | 3 | 8 | 7 | 2 | 4 |
| 7 | 4 | 8 | 2 | 1 | 6 | 3 | 5 | 9 |
| 9 | 2 | 6 | 4 | 7 | 5 | 8 | 1 | 3 |
| 4 | 5 | 3 | 6 | 8 | 1 | 9 | 7 | 2 |
| 8 | 1 | 7 | 3 | 2 | 9 | 5 | 4 | 6 |
| 2 | 7 | 4 | 8 | 6 | 3 | 1 | 9 | 5 |
| 6 | 8 | 5 | 1 | 9 | 4 | 2 | 3 | 7 |
| 1 | 3 | 9 | 7 | 5 | 2 | 4 | 6 | 8 |

## EASY - 72

| 7 | 4 | 5 | 6 | 3 | 1 | 8 | 2 | 9 |
|---|---|---|---|---|---|---|---|---|
| 8 | 9 | 6 | 2 | 5 | 7 | 4 | 1 | 3 |
| 3 | 1 | 2 | 9 | 8 | 4 | 6 | 5 | 7 |
| 4 | 5 | 3 | 8 | 9 | 2 | 7 | 6 | 1 |
| 2 | 8 | 9 | 1 | 7 | 6 | 3 | 4 | 5 |
| 6 | 7 | 1 | 5 | 4 | 3 | 9 | 8 | 2 |
| 9 | 2 | 8 | 7 | 6 | 5 | 1 | 3 | 4 |
| 1 | 3 | 7 | 4 | 2 | 8 | 5 | 9 | 6 |
| 5 | 6 | 4 | 3 | 1 | 9 | 2 | 7 | 8 |

## EASY - 73

| 3 | 7 | 1 | 8 | 5 | 4 | 6 | 2 | 9 |
|---|---|---|---|---|---|---|---|---|
| 4 | 9 | 8 | 2 | 7 | 6 | 3 | 5 | 1 |
| 2 | 5 | 6 | 9 | 1 | 3 | 7 | 8 | 4 |
| 8 | 1 | 4 | 7 | 3 | 2 | 9 | 6 | 5 |
| 5 | 6 | 2 | 1 | 4 | 9 | 8 | 7 | 3 |
| 7 | 3 | 9 | 6 | 8 | 5 | 1 | 4 | 2 |
| 9 | 2 | 7 | 4 | 6 | 1 | 5 | 3 | 8 |
| 1 | 8 | 5 | 3 | 2 | 7 | 4 | 9 | 6 |
| 6 | 4 | 3 | 5 | 9 | 8 | 2 | 1 | 7 |

## EASY - 74

| 3 | 8 | 9 | 6 | 1 | 2 | 7 | 4 | 5 |
|---|---|---|---|---|---|---|---|---|
| 5 | 6 | 2 | 7 | 3 | 4 | 8 | 1 | 9 |
| 7 | 1 | 4 | 9 | 5 | 8 | 3 | 2 | 6 |
| 1 | 5 | 8 | 4 | 2 | 6 | 9 | 7 | 3 |
| 9 | 2 | 3 | 8 | 7 | 5 | 4 | 6 | 1 |
| 6 | 4 | 7 | 1 | 9 | 3 | 2 | 5 | 8 |
| 4 | 3 | 6 | 2 | 8 | 1 | 5 | 9 | 7 |
| 2 | 7 | 5 | 3 | 6 | 9 | 1 | 8 | 4 |
| 8 | 9 | 1 | 5 | 4 | 7 | 6 | 3 | 2 |

## EASY - 75

| 5 | 9 | 1 | 4 | 2 | 6 | 3 | 7 | 8 |
|---|---|---|---|---|---|---|---|---|
| 7 | 3 | 8 | 5 | 9 | 1 | 4 | 2 | 6 |
| 2 | 4 | 6 | 8 | 7 | 3 | 1 | 5 | 9 |
| 3 | 5 | 9 | 2 | 8 | 4 | 7 | 6 | 1 |
| 1 | 8 | 4 | 7 | 6 | 5 | 9 | 3 | 2 |
| 6 | 2 | 7 | 1 | 3 | 9 | 8 | 4 | 5 |
| 4 | 1 | 2 | 3 | 5 | 8 | 6 | 9 | 7 |
| 8 | 6 | 5 | 9 | 4 | 7 | 2 | 1 | 3 |
| 9 | 7 | 3 | 6 | 1 | 2 | 5 | 8 | 4 |

## EASY - 76

| 7 | 1 | 3 | 5 | 4 | 8 | 9 | 6 | 2 |
|---|---|---|---|---|---|---|---|---|
| 9 | 6 | 5 | 3 | 2 | 1 | 4 | 7 | 8 |
| 8 | 4 | 2 | 9 | 6 | 7 | 1 | 5 | 3 |
| 1 | 9 | 4 | 6 | 5 | 3 | 8 | 2 | 7 |
| 3 | 7 | 6 | 2 | 8 | 9 | 5 | 4 | 1 |
| 5 | 2 | 8 | 1 | 7 | 4 | 3 | 9 | 6 |
| 4 | 8 | 9 | 7 | 3 | 2 | 6 | 1 | 5 |
| 6 | 3 | 7 | 4 | 1 | 5 | 2 | 8 | 9 |
| 2 | 5 | 1 | 8 | 9 | 6 | 7 | 3 | 4 |

## EASY - 77

| 9 | 7 | 2 | 4 | 5 | 6 | 8 | 3 | 1 |
|---|---|---|---|---|---|---|---|---|
| 5 | 1 | 6 | 2 | 3 | 8 | 9 | 4 | 7 |
| 8 | 3 | 4 | 7 | 9 | 1 | 2 | 6 | 5 |
| 2 | 4 | 5 | 8 | 6 | 9 | 1 | 7 | 3 |
| 7 | 8 | 1 | 3 | 2 | 4 | 5 | 9 | 6 |
| 3 | 6 | 9 | 5 | 1 | 7 | 4 | 8 | 2 |
| 6 | 2 | 7 | 9 | 8 | 5 | 3 | 1 | 4 |
| 4 | 9 | 3 | 1 | 7 | 2 | 6 | 5 | 8 |
| 1 | 5 | 8 | 6 | 4 | 3 | 7 | 2 | 9 |

## EASY - 78

| 7 | 5 | 8 | 1 | 6 | 2 | 3 | 9 | 4 |
|---|---|---|---|---|---|---|---|---|
| 4 | 9 | 3 | 8 | 5 | 7 | 1 | 2 | 6 |
| 1 | 6 | 2 | 3 | 4 | 9 | 5 | 8 | 7 |
| 8 | 3 | 7 | 2 | 1 | 4 | 6 | 5 | 9 |
| 9 | 1 | 6 | 5 | 7 | 8 | 2 | 4 | 3 |
| 2 | 4 | 5 | 6 | 9 | 3 | 7 | 1 | 8 |
| 6 | 8 | 1 | 4 | 3 | 5 | 9 | 7 | 2 |
| 3 | 7 | 4 | 9 | 2 | 1 | 8 | 6 | 5 |
| 5 | 2 | 9 | 7 | 8 | 6 | 4 | 3 | 1 |

## EASY - 79

| 4 | 5 | 3 | 2 | 9 | 7 | 1 | 8 | 6 |
|---|---|---|---|---|---|---|---|---|
| 8 | 1 | 2 | 5 | 4 | 6 | 7 | 3 | 9 |
| 9 | 6 | 7 | 3 | 8 | 1 | 2 | 5 | 4 |
| 6 | 2 | 5 | 7 | 1 | 9 | 3 | 4 | 8 |
| 7 | 4 | 1 | 8 | 3 | 5 | 6 | 9 | 2 |
| 3 | 8 | 9 | 6 | 2 | 4 | 5 | 1 | 7 |
| 5 | 3 | 6 | 9 | 7 | 8 | 4 | 2 | 1 |
| 1 | 7 | 8 | 4 | 5 | 2 | 9 | 6 | 3 |
| 2 | 9 | 4 | 1 | 6 | 3 | 8 | 7 | 5 |

## EASY - 80

| 4 | 1 | 7 | 3 | 5 | 6 | 2 | 9 | 8 |
|---|---|---|---|---|---|---|---|---|
| 6 | 8 | 3 | 2 | 9 | 4 | 1 | 7 | 5 |
| 5 | 2 | 9 | 8 | 1 | 7 | 4 | 3 | 6 |
| 9 | 5 | 1 | 7 | 6 | 8 | 3 | 2 | 4 |
| 2 | 4 | 8 | 1 | 3 | 5 | 9 | 6 | 7 |
| 7 | 3 | 6 | 9 | 4 | 2 | 5 | 8 | 1 |
| 8 | 9 | 5 | 4 | 7 | 3 | 6 | 1 | 2 |
| 1 | 7 | 4 | 6 | 2 | 9 | 8 | 5 | 3 |
| 3 | 6 | 2 | 5 | 8 | 1 | 7 | 4 | 9 |

## EASY - 81

| 6 | 8 | 3 | 5 | 4 | 9 | 2 | 7 | 1 |
|---|---|---|---|---|---|---|---|---|
| 2 | 1 | 9 | 3 | 8 | 7 | 4 | 6 | 5 |
| 4 | 5 | 7 | 2 | 1 | 6 | 3 | 8 | 9 |
| 8 | 9 | 2 | 7 | 5 | 1 | 6 | 4 | 3 |
| 1 | 3 | 6 | 4 | 9 | 2 | 8 | 5 | 7 |
| 5 | 7 | 4 | 8 | 6 | 3 | 1 | 9 | 2 |
| 7 | 6 | 1 | 9 | 3 | 4 | 5 | 2 | 8 |
| 3 | 2 | 8 | 6 | 7 | 5 | 9 | 1 | 4 |
| 9 | 4 | 5 | 1 | 2 | 8 | 7 | 3 | 6 |

## EASY - 82

| 7 | 1 | 2 | 6 | 9 | 5 | 8 | 3 | 4 |
|---|---|---|---|---|---|---|---|---|
| 8 | 9 | 3 | 4 | 1 | 2 | 6 | 7 | 5 |
| 5 | 4 | 6 | 7 | 3 | 8 | 1 | 9 | 2 |
| 6 | 7 | 4 | 2 | 8 | 1 | 9 | 5 | 3 |
| 3 | 2 | 5 | 9 | 6 | 4 | 7 | 8 | 1 |
| 1 | 8 | 9 | 3 | 5 | 7 | 4 | 2 | 6 |
| 2 | 5 | 1 | 8 | 4 | 9 | 3 | 6 | 7 |
| 9 | 3 | 7 | 1 | 2 | 6 | 5 | 4 | 8 |
| 4 | 6 | 8 | 5 | 7 | 3 | 2 | 1 | 9 |

## EASY - 83

| 6 | 5 | 9 | 1 | 2 | 4 | 3 | 8 | 7 |
|---|---|---|---|---|---|---|---|---|
| 1 | 2 | 3 | 7 | 8 | 6 | 5 | 9 | 4 |
| 7 | 8 | 4 | 5 | 9 | 3 | 6 | 2 | 1 |
| 3 | 4 | 8 | 2 | 7 | 1 | 9 | 5 | 6 |
| 5 | 7 | 2 | 4 | 6 | 9 | 1 | 3 | 8 |
| 9 | 6 | 1 | 3 | 5 | 8 | 4 | 7 | 2 |
| 8 | 3 | 7 | 6 | 1 | 5 | 2 | 4 | 9 |
| 2 | 1 | 5 | 9 | 4 | 7 | 8 | 6 | 3 |
| 4 | 9 | 6 | 8 | 3 | 2 | 7 | 1 | 5 |

## EASY - 84

| 3 | 1 | 2 | 5 | 6 | 4 | 7 | 9 | 8 |
|---|---|---|---|---|---|---|---|---|
| 6 | 9 | 7 | 2 | 8 | 1 | 5 | 4 | 3 |
| 4 | 8 | 5 | 3 | 7 | 9 | 6 | 1 | 2 |
| 7 | 3 | 1 | 6 | 4 | 8 | 9 | 2 | 5 |
| 9 | 4 | 8 | 1 | 2 | 5 | 3 | 7 | 6 |
| 2 | 5 | 6 | 9 | 3 | 7 | 1 | 8 | 4 |
| 8 | 7 | 3 | 4 | 9 | 6 | 2 | 5 | 1 |
| 1 | 6 | 4 | 7 | 5 | 2 | 8 | 3 | 9 |
| 5 | 2 | 9 | 8 | 1 | 3 | 4 | 6 | 7 |

## EASY - 85

| 1 | 8 | 7 | 2 | 3 | 9 | 5 | 4 | 6 |
|---|---|---|---|---|---|---|---|---|
| 4 | 3 | 9 | 7 | 5 | 6 | 2 | 8 | 1 |
| 5 | 6 | 2 | 4 | 8 | 1 | 9 | 3 | 7 |
| 3 | 4 | 5 | 8 | 2 | 7 | 1 | 6 | 9 |
| 8 | 7 | 6 | 1 | 9 | 4 | 3 | 2 | 5 |
| 2 | 9 | 1 | 3 | 6 | 5 | 4 | 7 | 8 |
| 9 | 2 | 3 | 5 | 7 | 8 | 6 | 1 | 4 |
| 7 | 5 | 4 | 6 | 1 | 2 | 8 | 9 | 3 |
| 6 | 1 | 8 | 9 | 4 | 3 | 7 | 5 | 2 |

## EASY - 86

| 9 | 1 | 6 | 3 | 4 | 8 | 7 | 5 | 2 |
|---|---|---|---|---|---|---|---|---|
| 8 | 5 | 7 | 9 | 2 | 6 | 4 | 1 | 3 |
| 2 | 4 | 3 | 5 | 7 | 1 | 8 | 6 | 9 |
| 7 | 3 | 5 | 8 | 9 | 4 | 6 | 2 | 1 |
| 1 | 8 | 4 | 2 | 6 | 3 | 5 | 9 | 7 |
| 6 | 2 | 9 | 1 | 5 | 7 | 3 | 8 | 4 |
| 5 | 6 | 2 | 4 | 3 | 9 | 1 | 7 | 8 |
| 3 | 9 | 1 | 7 | 8 | 5 | 2 | 4 | 6 |
| 4 | 7 | 8 | 6 | 1 | 2 | 9 | 3 | 5 |

## EASY - 87

| 3 | 1 | 2 | 8 | 6 | 4 | 5 | 9 | 7 |
|---|---|---|---|---|---|---|---|---|
| 9 | 6 | 5 | 3 | 2 | 7 | 4 | 8 | 1 |
| 4 | 8 | 7 | 5 | 1 | 9 | 6 | 2 | 3 |
| 6 | 5 | 8 | 1 | 3 | 2 | 9 | 7 | 4 |
| 2 | 4 | 1 | 9 | 7 | 6 | 8 | 3 | 5 |
| 7 | 9 | 3 | 4 | 8 | 5 | 2 | 1 | 6 |
| 1 | 3 | 6 | 2 | 5 | 8 | 7 | 4 | 9 |
| 5 | 2 | 9 | 7 | 4 | 1 | 3 | 6 | 8 |
| 8 | 7 | 4 | 6 | 9 | 3 | 1 | 5 | 2 |

## EASY - 88

| 1 | 8 | 5 | 4 | 7 | 9 | 2 | 3 | 6 |
|---|---|---|---|---|---|---|---|---|
| 9 | 6 | 4 | 2 | 5 | 3 | 8 | 1 | 7 |
| 7 | 2 | 3 | 6 | 8 | 1 | 9 | 4 | 5 |
| 2 | 1 | 6 | 7 | 9 | 8 | 3 | 5 | 4 |
| 3 | 4 | 9 | 5 | 2 | 6 | 1 | 7 | 8 |
| 5 | 7 | 8 | 1 | 3 | 4 | 6 | 9 | 2 |
| 4 | 3 | 2 | 8 | 1 | 7 | 5 | 6 | 9 |
| 6 | 5 | 1 | 9 | 4 | 2 | 7 | 8 | 3 |
| 8 | 9 | 7 | 3 | 6 | 5 | 4 | 2 | 1 |

## EASY - 89

| 4 | 1 | 5 | 9 | 2 | 8 | 3 | 6 | 7 |
|---|---|---|---|---|---|---|---|---|
| 2 | 7 | 8 | 1 | 6 | 3 | 4 | 9 | 5 |
| 3 | 9 | 6 | 4 | 7 | 5 | 8 | 1 | 2 |
| 8 | 6 | 9 | 5 | 3 | 1 | 7 | 2 | 4 |
| 5 | 3 | 2 | 6 | 4 | 7 | 1 | 8 | 9 |
| 1 | 4 | 7 | 2 | 8 | 9 | 5 | 3 | 6 |
| 7 | 5 | 3 | 8 | 9 | 6 | 2 | 4 | 1 |
| 9 | 8 | 4 | 7 | 1 | 2 | 6 | 5 | 3 |
| 6 | 2 | 1 | 3 | 5 | 4 | 9 | 7 | 8 |

## EASY - 90

| 2 | 6 | 4 | 5 | 7 | 3 | 8 | 9 | 1 |
|---|---|---|---|---|---|---|---|---|
| 3 | 8 | 7 | 1 | 6 | 9 | 2 | 5 | 4 |
| 5 | 9 | 1 | 8 | 4 | 2 | 7 | 3 | 6 |
| 7 | 1 | 2 | 3 | 8 | 4 | 5 | 6 | 9 |
| 9 | 5 | 6 | 7 | 2 | 1 | 3 | 4 | 8 |
| 4 | 3 | 8 | 6 | 9 | 5 | 1 | 7 | 2 |
| 1 | 2 | 5 | 4 | 3 | 6 | 9 | 8 | 7 |
| 6 | 7 | 3 | 9 | 1 | 8 | 4 | 2 | 5 |
| 8 | 4 | 9 | 2 | 5 | 7 | 6 | 1 | 3 |

## EASY - 91

| 8 | 6 | 7 | 9 | 5 | 2 | 4 | 3 | 1 |
|---|---|---|---|---|---|---|---|---|
| 5 | 1 | 4 | 6 | 8 | 3 | 7 | 2 | 9 |
| 3 | 9 | 2 | 1 | 7 | 4 | 6 | 8 | 5 |
| 7 | 3 | 6 | 8 | 1 | 9 | 5 | 4 | 2 |
| 2 | 4 | 9 | 5 | 3 | 7 | 8 | 1 | 6 |
| 1 | 5 | 8 | 4 | 2 | 6 | 3 | 9 | 7 |
| 4 | 2 | 1 | 3 | 6 | 5 | 9 | 7 | 8 |
| 6 | 8 | 3 | 7 | 9 | 1 | 2 | 5 | 4 |
| 9 | 7 | 5 | 2 | 4 | 8 | 1 | 6 | 3 |

## EASY - 92

| 2 | 7 | 5 | 3 | 1 | 4 | 6 | 9 | 8 |
|---|---|---|---|---|---|---|---|---|
| 9 | 6 | 3 | 7 | 2 | 8 | 5 | 1 | 4 |
| 8 | 4 | 1 | 5 | 9 | 6 | 7 | 2 | 3 |
| 3 | 2 | 6 | 9 | 8 | 7 | 4 | 5 | 1 |
| 4 | 5 | 8 | 6 | 3 | 1 | 9 | 7 | 2 |
| 7 | 1 | 9 | 2 | 4 | 5 | 3 | 8 | 6 |
| 1 | 3 | 2 | 4 | 5 | 9 | 8 | 6 | 7 |
| 5 | 8 | 7 | 1 | 6 | 3 | 2 | 4 | 9 |
| 6 | 9 | 4 | 8 | 7 | 2 | 1 | 3 | 5 |

## EASY - 93

| 9 | 6 | 4 | 5 | 3 | 8 | 2 | 7 | 1 |
|---|---|---|---|---|---|---|---|---|
| 3 | 7 | 5 | 2 | 6 | 1 | 9 | 8 | 4 |
| 8 | 2 | 1 | 7 | 4 | 9 | 5 | 3 | 6 |
| 2 | 1 | 6 | 3 | 5 | 7 | 4 | 9 | 8 |
| 4 | 9 | 7 | 1 | 8 | 6 | 3 | 5 | 2 |
| 5 | 8 | 3 | 4 | 9 | 2 | 1 | 6 | 7 |
| 7 | 3 | 2 | 8 | 1 | 5 | 6 | 4 | 9 |
| 6 | 5 | 8 | 9 | 2 | 4 | 7 | 1 | 3 |
| 1 | 4 | 9 | 6 | 7 | 3 | 8 | 2 | 5 |

## EASY - 94

| 2 | 7 | 1 | 4 | 9 | 5 | 8 | 6 | 3 |
|---|---|---|---|---|---|---|---|---|
| 4 | 3 | 8 | 2 | 1 | 6 | 5 | 9 | 7 |
| 5 | 9 | 6 | 7 | 3 | 8 | 2 | 1 | 4 |
| 1 | 8 | 5 | 6 | 7 | 2 | 3 | 4 | 9 |
| 9 | 4 | 7 | 3 | 5 | 1 | 6 | 8 | 2 |
| 3 | 6 | 2 | 9 | 8 | 4 | 1 | 7 | 5 |
| 8 | 1 | 3 | 5 | 4 | 7 | 9 | 2 | 6 |
| 7 | 2 | 9 | 1 | 6 | 3 | 4 | 5 | 8 |
| 6 | 5 | 4 | 8 | 2 | 9 | 7 | 3 | 1 |

## EASY - 95

| 8 | 9 | 5 | 7 | 4 | 6 | 1 | 3 | 2 |
|---|---|---|---|---|---|---|---|---|
| 1 | 3 | 7 | 5 | 2 | 9 | 4 | 6 | 8 |
| 6 | 4 | 2 | 3 | 1 | 8 | 9 | 7 | 5 |
| 4 | 6 | 3 | 8 | 7 | 1 | 2 | 5 | 9 |
| 2 | 1 | 9 | 6 | 5 | 4 | 3 | 8 | 7 |
| 5 | 7 | 8 | 9 | 3 | 2 | 6 | 4 | 1 |
| 3 | 5 | 6 | 2 | 9 | 7 | 8 | 1 | 4 |
| 9 | 8 | 1 | 4 | 6 | 5 | 7 | 2 | 3 |
| 7 | 2 | 4 | 1 | 8 | 3 | 5 | 9 | 6 |

## EASY - 96

| 1 | 7 | 3 | 9 | 2 | 4 | 5 | 6 | 8 |
|---|---|---|---|---|---|---|---|---|
| 9 | 8 | 5 | 1 | 6 | 7 | 4 | 3 | 2 |
| 4 | 2 | 6 | 3 | 8 | 5 | 9 | 7 | 1 |
| 5 | 3 | 8 | 4 | 1 | 6 | 7 | 2 | 9 |
| 7 | 6 | 9 | 8 | 5 | 2 | 1 | 4 | 3 |
| 2 | 1 | 4 | 7 | 3 | 9 | 6 | 8 | 5 |
| 6 | 9 | 1 | 2 | 4 | 3 | 8 | 5 | 7 |
| 8 | 4 | 2 | 5 | 7 | 1 | 3 | 9 | 6 |
| 3 | 5 | 7 | 6 | 9 | 8 | 2 | 1 | 4 |

## EASY - 97

| 4 | 8 | 3 | 6 | 5 | 1 | 2 | 7 | 9 |
|---|---|---|---|---|---|---|---|---|
| 1 | 5 | 7 | 4 | 9 | 2 | 8 | 3 | 6 |
| 6 | 9 | 2 | 7 | 8 | 3 | 4 | 5 | 1 |
| 3 | 7 | 5 | 8 | 6 | 9 | 1 | 4 | 2 |
| 8 | 1 | 4 | 3 | 2 | 5 | 9 | 6 | 7 |
| 9 | 2 | 6 | 1 | 4 | 7 | 5 | 8 | 3 |
| 7 | 3 | 8 | 9 | 1 | 4 | 6 | 2 | 5 |
| 5 | 4 | 1 | 2 | 7 | 6 | 3 | 9 | 8 |
| 2 | 6 | 9 | 5 | 3 | 8 | 7 | 1 | 4 |

## EASY - 98

| 5 | 6 | 8 | 9 | 4 | 2 | 3 | 1 | 7 |
|---|---|---|---|---|---|---|---|---|
| 9 | 3 | 1 | 6 | 7 | 8 | 2 | 5 | 4 |
| 7 | 4 | 2 | 3 | 5 | 1 | 6 | 8 | 9 |
| 3 | 2 | 9 | 7 | 8 | 6 | 1 | 4 | 5 |
| 6 | 5 | 4 | 1 | 2 | 9 | 8 | 7 | 3 |
| 1 | 8 | 7 | 4 | 3 | 5 | 9 | 2 | 6 |
| 2 | 7 | 5 | 8 | 9 | 3 | 4 | 6 | 1 |
| 8 | 1 | 3 | 5 | 6 | 4 | 7 | 9 | 2 |
| 4 | 9 | 6 | 2 | 1 | 7 | 5 | 3 | 8 |

## EASY - 99

| 1 | 7 | 4 | 5 | 2 | 8 | 3 | 9 | 6 |
|---|---|---|---|---|---|---|---|---|
| 3 | 2 | 8 | 6 | 4 | 9 | 7 | 1 | 5 |
| 5 | 6 | 9 | 3 | 1 | 7 | 4 | 2 | 8 |
| 4 | 8 | 1 | 2 | 9 | 5 | 6 | 7 | 3 |
| 7 | 9 | 6 | 8 | 3 | 1 | 2 | 5 | 4 |
| 2 | 3 | 5 | 4 | 7 | 6 | 9 | 8 | 1 |
| 9 | 4 | 2 | 1 | 5 | 3 | 8 | 6 | 7 |
| 6 | 5 | 7 | 9 | 8 | 4 | 1 | 3 | 2 |
| 8 | 1 | 3 | 7 | 6 | 2 | 5 | 4 | 9 |

## EASY - 100

| 1 | 3 | 4 | 2 | 7 | 6 | 8 | 5 | 9 |
|---|---|---|---|---|---|---|---|---|
| 2 | 5 | 8 | 1 | 9 | 3 | 4 | 6 | 7 |
| 9 | 7 | 6 | 8 | 4 | 5 | 2 | 3 | 1 |
| 8 | 4 | 2 | 6 | 1 | 9 | 3 | 7 | 5 |
| 6 | 1 | 7 | 5 | 3 | 8 | 9 | 4 | 2 |
| 5 | 9 | 3 | 4 | 2 | 7 | 1 | 8 | 6 |
| 7 | 2 | 1 | 3 | 5 | 4 | 6 | 9 | 8 |
| 3 | 8 | 9 | 7 | 6 | 2 | 5 | 1 | 4 |
| 4 | 6 | 5 | 9 | 8 | 1 | 7 | 2 | 3 |

## EASY - 101

| 9 | 6 | 7 | 2 | 4 | 1 | 5 | 8 | 3 |
|---|---|---|---|---|---|---|---|---|
| 5 | 8 | 1 | 6 | 3 | 7 | 9 | 4 | 2 |
| 3 | 4 | 2 | 5 | 9 | 8 | 7 | 6 | 1 |
| 4 | 1 | 9 | 3 | 8 | 6 | 2 | 5 | 7 |
| 7 | 5 | 8 | 1 | 2 | 9 | 6 | 3 | 4 |
| 6 | 2 | 3 | 7 | 5 | 4 | 1 | 9 | 8 |
| 8 | 3 | 6 | 9 | 1 | 2 | 4 | 7 | 5 |
| 2 | 9 | 4 | 8 | 7 | 5 | 3 | 1 | 6 |
| 1 | 7 | 5 | 4 | 6 | 3 | 8 | 2 | 9 |

## EASY - 102

| 8 | 6 | 5 | 9 | 3 | 2 | 4 | 7 | 1 |
|---|---|---|---|---|---|---|---|---|
| 1 | 3 | 2 | 6 | 4 | 7 | 5 | 8 | 9 |
| 4 | 7 | 9 | 1 | 8 | 5 | 3 | 2 | 6 |
| 9 | 2 | 8 | 4 | 5 | 6 | 1 | 3 | 7 |
| 6 | 1 | 4 | 7 | 9 | 3 | 2 | 5 | 8 |
| 7 | 5 | 3 | 8 | 2 | 1 | 6 | 9 | 4 |
| 5 | 8 | 1 | 2 | 7 | 4 | 9 | 6 | 3 |
| 3 | 9 | 6 | 5 | 1 | 8 | 7 | 4 | 2 |
| 2 | 4 | 7 | 3 | 6 | 9 | 8 | 1 | 5 |

## EASY - 103

| 2 | 8 | 5 | 9 | 1 | 4 | 6 | 7 | 3 |
|---|---|---|---|---|---|---|---|---|
| 4 | 1 | 7 | 8 | 6 | 3 | 2 | 5 | 9 |
| 6 | 9 | 3 | 5 | 7 | 2 | 4 | 1 | 8 |
| 7 | 6 | 9 | 4 | 8 | 1 | 5 | 3 | 2 |
| 1 | 3 | 8 | 7 | 2 | 5 | 9 | 6 | 4 |
| 5 | 2 | 4 | 3 | 9 | 6 | 1 | 8 | 7 |
| 9 | 4 | 1 | 6 | 3 | 7 | 8 | 2 | 5 |
| 3 | 5 | 2 | 1 | 4 | 8 | 7 | 9 | 6 |
| 8 | 7 | 6 | 2 | 5 | 9 | 3 | 4 | 1 |

## EASY - 104

| 3 | 9 | 2 | 7 | 4 | 1 | 6 | 5 | 8 |
|---|---|---|---|---|---|---|---|---|
| 8 | 4 | 5 | 9 | 2 | 6 | 3 | 1 | 7 |
| 1 | 7 | 6 | 3 | 8 | 5 | 2 | 9 | 4 |
| 7 | 6 | 1 | 2 | 9 | 3 | 8 | 4 | 5 |
| 5 | 3 | 4 | 8 | 6 | 7 | 1 | 2 | 9 |
| 2 | 8 | 9 | 5 | 1 | 4 | 7 | 6 | 3 |
| 6 | 1 | 7 | 4 | 5 | 8 | 9 | 3 | 2 |
| 9 | 5 | 8 | 1 | 3 | 2 | 4 | 7 | 6 |
| 4 | 2 | 3 | 6 | 7 | 9 | 5 | 8 | 1 |

## EASY - 105

| 1 | 3 | 6 | 2 | 8 | 4 | 5 | 7 | 9 |
|---|---|---|---|---|---|---|---|---|
| 2 | 5 | 8 | 9 | 3 | 7 | 1 | 4 | 6 |
| 4 | 9 | 7 | 1 | 5 | 6 | 2 | 3 | 8 |
| 5 | 1 | 9 | 7 | 4 | 8 | 3 | 6 | 2 |
| 8 | 2 | 3 | 6 | 9 | 5 | 7 | 1 | 4 |
| 7 | 6 | 4 | 3 | 2 | 1 | 9 | 8 | 5 |
| 6 | 8 | 2 | 5 | 1 | 3 | 4 | 9 | 7 |
| 3 | 4 | 5 | 8 | 7 | 9 | 6 | 2 | 1 |
| 9 | 7 | 1 | 4 | 6 | 2 | 8 | 5 | 3 |

## EASY - 106

| 1 | 3 | 7 | 5 | 4 | 9 | 6 | 8 | 2 |
|---|---|---|---|---|---|---|---|---|
| 5 | 8 | 2 | 1 | 7 | 6 | 9 | 4 | 3 |
| 9 | 6 | 4 | 2 | 8 | 3 | 7 | 5 | 1 |
| 8 | 4 | 9 | 7 | 5 | 2 | 1 | 3 | 6 |
| 7 | 5 | 3 | 9 | 6 | 1 | 4 | 2 | 8 |
| 2 | 1 | 6 | 4 | 3 | 8 | 5 | 9 | 7 |
| 4 | 9 | 1 | 8 | 2 | 7 | 3 | 6 | 5 |
| 6 | 2 | 5 | 3 | 1 | 4 | 8 | 7 | 9 |
| 3 | 7 | 8 | 6 | 9 | 5 | 2 | 1 | 4 |

## EASY - 107

| 6 | 4 | 9 | 3 | 5 | 8 | 2 | 1 | 7 |
|---|---|---|---|---|---|---|---|---|
| 8 | 1 | 7 | 9 | 6 | 2 | 3 | 5 | 4 |
| 5 | 2 | 3 | 4 | 7 | 1 | 8 | 6 | 9 |
| 9 | 7 | 1 | 6 | 4 | 3 | 5 | 2 | 8 |
| 2 | 3 | 6 | 5 | 8 | 7 | 4 | 9 | 1 |
| 4 | 5 | 8 | 1 | 2 | 9 | 7 | 3 | 6 |
| 7 | 8 | 5 | 2 | 9 | 6 | 1 | 4 | 3 |
| 1 | 9 | 2 | 8 | 3 | 4 | 6 | 7 | 5 |
| 3 | 6 | 4 | 7 | 1 | 5 | 9 | 8 | 2 |

## EASY - 108

| 6 | 8 | 9 | 3 | 7 | 4 | 5 | 1 | 2 |
|---|---|---|---|---|---|---|---|---|
| 7 | 4 | 2 | 1 | 6 | 5 | 9 | 8 | 3 |
| 3 | 1 | 5 | 2 | 9 | 8 | 6 | 4 | 7 |
| 8 | 2 | 1 | 6 | 5 | 9 | 3 | 7 | 4 |
| 5 | 6 | 4 | 7 | 1 | 3 | 8 | 2 | 9 |
| 9 | 3 | 7 | 4 | 8 | 2 | 1 | 6 | 5 |
| 4 | 9 | 8 | 5 | 2 | 1 | 7 | 3 | 6 |
| 2 | 5 | 6 | 8 | 3 | 7 | 4 | 9 | 1 |
| 1 | 7 | 3 | 9 | 4 | 6 | 2 | 5 | 8 |

## EASY - 109

| 2 | 3 | 4 | 9 | 1 | 8 | 5 | 6 | 7 |
|---|---|---|---|---|---|---|---|---|
| 5 | 1 | 9 | 3 | 7 | 6 | 8 | 2 | 4 |
| 8 | 7 | 6 | 4 | 2 | 5 | 9 | 1 | 3 |
| 4 | 6 | 7 | 1 | 9 | 2 | 3 | 8 | 5 |
| 1 | 8 | 5 | 6 | 3 | 4 | 7 | 9 | 2 |
| 3 | 9 | 2 | 8 | 5 | 7 | 6 | 4 | 1 |
| 6 | 2 | 1 | 5 | 8 | 3 | 4 | 7 | 9 |
| 7 | 4 | 3 | 2 | 6 | 9 | 1 | 5 | 8 |
| 9 | 5 | 8 | 7 | 4 | 1 | 2 | 3 | 6 |

## EASY - 110

| 4 | 3 | 2 | 8 | 7 | 1 | 6 | 9 | 5 |
|---|---|---|---|---|---|---|---|---|
| 8 | 7 | 9 | 6 | 4 | 5 | 1 | 2 | 3 |
| 5 | 1 | 6 | 9 | 2 | 3 | 4 | 7 | 8 |
| 6 | 2 | 1 | 4 | 5 | 9 | 3 | 8 | 7 |
| 9 | 5 | 3 | 7 | 1 | 8 | 2 | 6 | 4 |
| 7 | 4 | 8 | 2 | 3 | 6 | 5 | 1 | 9 |
| 1 | 9 | 4 | 3 | 8 | 2 | 7 | 5 | 6 |
| 3 | 6 | 5 | 1 | 9 | 7 | 8 | 4 | 2 |
| 2 | 8 | 7 | 5 | 6 | 4 | 9 | 3 | 1 |

## EASY - 111

| 8 | 6 | 5 | 1 | 2 | 9 | 4 | 3 | 7 |
|---|---|---|---|---|---|---|---|---|
| 2 | 7 | 9 | 3 | 8 | 4 | 5 | 6 | 1 |
| 1 | 3 | 4 | 6 | 7 | 5 | 2 | 8 | 9 |
| 3 | 9 | 6 | 8 | 1 | 2 | 7 | 4 | 5 |
| 7 | 4 | 2 | 5 | 3 | 6 | 9 | 1 | 8 |
| 5 | 8 | 1 | 9 | 4 | 7 | 6 | 2 | 3 |
| 4 | 5 | 3 | 2 | 9 | 8 | 1 | 7 | 6 |
| 9 | 1 | 7 | 4 | 6 | 3 | 8 | 5 | 2 |
| 6 | 2 | 8 | 7 | 5 | 1 | 3 | 9 | 4 |

## EASY - 112

| 4 | 7 | 8 | 2 | 6 | 5 | 3 | 9 | 1 |
|---|---|---|---|---|---|---|---|---|
| 9 | 2 | 1 | 4 | 3 | 8 | 6 | 5 | 7 |
| 3 | 6 | 5 | 1 | 9 | 7 | 8 | 4 | 2 |
| 2 | 1 | 6 | 3 | 5 | 9 | 4 | 7 | 8 |
| 5 | 8 | 3 | 7 | 4 | 2 | 1 | 6 | 9 |
| 7 | 9 | 4 | 6 | 8 | 1 | 2 | 3 | 5 |
| 1 | 3 | 7 | 5 | 2 | 4 | 9 | 8 | 6 |
| 6 | 5 | 9 | 8 | 1 | 3 | 7 | 2 | 4 |
| 8 | 4 | 2 | 9 | 7 | 6 | 5 | 1 | 3 |

## EASY - 113

| 5 | 4 | 8 | 3 | 9 | 1 | 2 | 7 | 6 |
|---|---|---|---|---|---|---|---|---|
| 2 | 6 | 1 | 8 | 5 | 7 | 3 | 4 | 9 |
| 9 | 3 | 7 | 2 | 6 | 4 | 5 | 1 | 8 |
| 8 | 5 | 6 | 4 | 3 | 9 | 7 | 2 | 1 |
| 1 | 2 | 4 | 5 | 7 | 8 | 9 | 6 | 3 |
| 3 | 7 | 9 | 6 | 1 | 2 | 8 | 5 | 4 |
| 6 | 1 | 5 | 7 | 8 | 3 | 4 | 9 | 2 |
| 7 | 8 | 2 | 9 | 4 | 6 | 1 | 3 | 5 |
| 4 | 9 | 3 | 1 | 2 | 5 | 6 | 8 | 7 |

## EASY - 114

| 3 | 4 | 9 | 5 | 1 | 7 | 2 | 6 | 8 |
|---|---|---|---|---|---|---|---|---|
| 8 | 1 | 5 | 9 | 6 | 2 | 4 | 3 | 7 |
| 7 | 6 | 2 | 4 | 3 | 8 | 5 | 1 | 9 |
| 4 | 5 | 7 | 8 | 9 | 1 | 3 | 2 | 6 |
| 2 | 3 | 8 | 6 | 4 | 5 | 7 | 9 | 1 |
| 6 | 9 | 1 | 7 | 2 | 3 | 8 | 4 | 5 |
| 1 | 7 | 3 | 2 | 5 | 9 | 6 | 8 | 4 |
| 9 | 8 | 6 | 3 | 7 | 4 | 1 | 5 | 2 |
| 5 | 2 | 4 | 1 | 8 | 6 | 9 | 7 | 3 |

## EASY - 115

| 5 | 7 | 1 | 4 | 8 | 2 | 9 | 6 | 3 |
|---|---|---|---|---|---|---|---|---|
| 9 | 8 | 3 | 5 | 6 | 7 | 1 | 4 | 2 |
| 6 | 4 | 2 | 3 | 9 | 1 | 7 | 5 | 8 |
| 1 | 6 | 9 | 7 | 2 | 5 | 3 | 8 | 4 |
| 3 | 2 | 8 | 6 | 4 | 9 | 5 | 1 | 7 |
| 7 | 5 | 4 | 8 | 1 | 3 | 6 | 2 | 9 |
| 2 | 1 | 6 | 9 | 3 | 4 | 8 | 7 | 5 |
| 8 | 9 | 5 | 2 | 7 | 6 | 4 | 3 | 1 |
| 4 | 3 | 7 | 1 | 5 | 8 | 2 | 9 | 6 |

## EASY - 116

| 8 | 2 | 1 | 5 | 7 | 3 | 6 | 4 | 9 |
|---|---|---|---|---|---|---|---|---|
| 7 | 3 | 5 | 6 | 4 | 9 | 2 | 1 | 8 |
| 6 | 4 | 9 | 8 | 1 | 2 | 5 | 7 | 3 |
| 1 | 9 | 4 | 7 | 6 | 8 | 3 | 5 | 2 |
| 5 | 7 | 8 | 2 | 3 | 1 | 9 | 6 | 4 |
| 2 | 6 | 3 | 4 | 9 | 5 | 1 | 8 | 7 |
| 4 | 5 | 6 | 9 | 2 | 7 | 8 | 3 | 1 |
| 9 | 1 | 7 | 3 | 8 | 6 | 4 | 2 | 5 |
| 3 | 8 | 2 | 1 | 5 | 4 | 7 | 9 | 6 |

## EASY - 117

| 5 | 9 | 1 | 6 | 7 | 4 | 8 | 3 | 2 |
|---|---|---|---|---|---|---|---|---|
| 3 | 4 | 6 | 1 | 8 | 2 | 5 | 9 | 7 |
| 2 | 8 | 7 | 5 | 3 | 9 | 6 | 1 | 4 |
| 4 | 1 | 2 | 7 | 9 | 6 | 3 | 8 | 5 |
| 9 | 5 | 3 | 4 | 2 | 8 | 1 | 7 | 6 |
| 6 | 7 | 8 | 3 | 1 | 5 | 4 | 2 | 9 |
| 8 | 6 | 9 | 2 | 4 | 3 | 7 | 5 | 1 |
| 1 | 2 | 5 | 8 | 6 | 7 | 9 | 4 | 3 |
| 7 | 3 | 4 | 9 | 5 | 1 | 2 | 6 | 8 |

## EASY - 118

| 2 | 5 | 1 | 3 | 9 | 7 | 6 | 4 | 8 |
|---|---|---|---|---|---|---|---|---|
| 3 | 7 | 8 | 6 | 4 | 5 | 9 | 2 | 1 |
| 4 | 6 | 9 | 8 | 2 | 1 | 3 | 5 | 7 |
| 6 | 9 | 2 | 4 | 7 | 8 | 5 | 1 | 3 |
| 8 | 1 | 4 | 5 | 6 | 3 | 7 | 9 | 2 |
| 7 | 3 | 5 | 9 | 1 | 2 | 4 | 8 | 6 |
| 1 | 4 | 3 | 7 | 8 | 9 | 2 | 6 | 5 |
| 5 | 2 | 6 | 1 | 3 | 4 | 8 | 7 | 9 |
| 9 | 8 | 7 | 2 | 5 | 6 | 1 | 3 | 4 |

## EASY - 119

| 8 | 9 | 3 | 6 | 5 | 7 | 1 | 2 | 4 |
|---|---|---|---|---|---|---|---|---|
| 5 | 7 | 2 | 8 | 1 | 4 | 6 | 9 | 3 |
| 4 | 1 | 6 | 9 | 2 | 3 | 8 | 7 | 5 |
| 3 | 6 | 4 | 7 | 8 | 2 | 5 | 1 | 9 |
| 2 | 5 | 1 | 4 | 9 | 6 | 3 | 8 | 7 |
| 9 | 8 | 7 | 5 | 3 | 1 | 4 | 6 | 2 |
| 7 | 3 | 9 | 1 | 6 | 5 | 2 | 4 | 8 |
| 1 | 4 | 5 | 2 | 7 | 8 | 9 | 3 | 6 |
| 6 | 2 | 8 | 3 | 4 | 9 | 7 | 5 | 1 |

## EASY - 120

| 7 | 8 | 6 | 2 | 9 | 5 | 3 | 4 | 1 |
|---|---|---|---|---|---|---|---|---|
| 5 | 3 | 1 | 6 | 4 | 7 | 9 | 2 | 8 |
| 2 | 4 | 9 | 3 | 8 | 1 | 5 | 6 | 7 |
| 6 | 9 | 2 | 5 | 7 | 8 | 4 | 1 | 3 |
| 8 | 5 | 7 | 4 | 1 | 3 | 6 | 9 | 2 |
| 3 | 1 | 4 | 9 | 2 | 6 | 8 | 7 | 5 |
| 1 | 7 | 3 | 8 | 6 | 4 | 2 | 5 | 9 |
| 4 | 2 | 8 | 7 | 5 | 9 | 1 | 3 | 6 |
| 9 | 6 | 5 | 1 | 3 | 2 | 7 | 8 | 4 |

## EASY - 121

| 4 | 1 | 6 | 7 | 8 | 5 | 2 | 3 | 9 |
|---|---|---|---|---|---|---|---|---|
| 2 | 8 | 7 | 6 | 3 | 9 | 4 | 1 | 5 |
| 5 | 9 | 3 | 4 | 2 | 1 | 6 | 7 | 8 |
| 3 | 4 | 1 | 9 | 6 | 2 | 8 | 5 | 7 |
| 9 | 2 | 8 | 5 | 1 | 7 | 3 | 6 | 4 |
| 7 | 6 | 5 | 3 | 4 | 8 | 1 | 9 | 2 |
| 6 | 3 | 9 | 2 | 7 | 4 | 5 | 8 | 1 |
| 1 | 7 | 2 | 8 | 5 | 6 | 9 | 4 | 3 |
| 8 | 5 | 4 | 1 | 9 | 3 | 7 | 2 | 6 |

## EASY - 122

| 9 | 6 | 7 | 5 | 2 | 3 | 8 | 1 | 4 |
|---|---|---|---|---|---|---|---|---|
| 4 | 1 | 5 | 6 | 7 | 8 | 2 | 9 | 3 |
| 8 | 2 | 3 | 4 | 1 | 9 | 5 | 6 | 7 |
| 3 | 9 | 1 | 7 | 4 | 5 | 6 | 2 | 8 |
| 5 | 4 | 6 | 8 | 9 | 2 | 7 | 3 | 1 |
| 2 | 7 | 8 | 1 | 3 | 6 | 4 | 5 | 9 |
| 7 | 3 | 4 | 2 | 5 | 1 | 9 | 8 | 6 |
| 1 | 8 | 2 | 9 | 6 | 7 | 3 | 4 | 5 |
| 6 | 5 | 9 | 3 | 8 | 4 | 1 | 7 | 2 |

## EASY - 123

| 3 | 7 | 4 | 9 | 8 | 1 | 5 | 2 | 6 |
|---|---|---|---|---|---|---|---|---|
| 8 | 5 | 1 | 2 | 7 | 6 | 9 | 3 | 4 |
| 6 | 9 | 2 | 3 | 5 | 4 | 7 | 8 | 1 |
| 4 | 8 | 6 | 1 | 2 | 5 | 3 | 7 | 9 |
| 7 | 1 | 5 | 6 | 9 | 3 | 2 | 4 | 8 |
| 2 | 3 | 9 | 8 | 4 | 7 | 6 | 1 | 5 |
| 1 | 4 | 3 | 5 | 6 | 2 | 8 | 9 | 7 |
| 9 | 6 | 7 | 4 | 3 | 8 | 1 | 5 | 2 |
| 5 | 2 | 8 | 7 | 1 | 9 | 4 | 6 | 3 |

## EASY - 124

| 5 | 1 | 2 | 4 | 3 | 8 | 6 | 7 | 9 |
|---|---|---|---|---|---|---|---|---|
| 9 | 7 | 8 | 6 | 1 | 5 | 2 | 4 | 3 |
| 6 | 4 | 3 | 7 | 2 | 9 | 5 | 1 | 8 |
| 1 | 2 | 4 | 5 | 6 | 3 | 9 | 8 | 7 |
| 3 | 9 | 5 | 8 | 7 | 4 | 1 | 2 | 6 |
| 7 | 8 | 6 | 1 | 9 | 2 | 4 | 3 | 5 |
| 2 | 3 | 1 | 9 | 5 | 7 | 8 | 6 | 4 |
| 8 | 5 | 7 | 2 | 4 | 6 | 3 | 9 | 1 |
| 4 | 6 | 9 | 3 | 8 | 1 | 7 | 5 | 2 |

## EASY - 125

| 4 | 9 | 5 | 1 | 6 | 3 | 7 | 8 | 2 |
|---|---|---|---|---|---|---|---|---|
| 6 | 1 | 7 | 2 | 8 | 9 | 4 | 3 | 5 |
| 3 | 2 | 8 | 4 | 7 | 5 | 6 | 1 | 9 |
| 2 | 3 | 1 | 9 | 4 | 6 | 5 | 7 | 8 |
| 5 | 7 | 6 | 3 | 2 | 8 | 9 | 4 | 1 |
| 9 | 8 | 4 | 5 | 1 | 7 | 3 | 2 | 6 |
| 8 | 4 | 9 | 6 | 3 | 2 | 1 | 5 | 7 |
| 7 | 6 | 3 | 8 | 5 | 1 | 2 | 9 | 4 |
| 1 | 5 | 2 | 7 | 9 | 4 | 8 | 6 | 3 |

## EASY - 126

| 9 | 6 | 1 | 8 | 2 | 7 | 5 | 4 | 3 |
|---|---|---|---|---|---|---|---|---|
| 5 | 8 | 2 | 4 | 6 | 3 | 7 | 1 | 9 |
| 4 | 7 | 3 | 5 | 1 | 9 | 2 | 8 | 6 |
| 6 | 3 | 4 | 2 | 7 | 5 | 1 | 9 | 8 |
| 8 | 1 | 5 | 9 | 4 | 6 | 3 | 7 | 2 |
| 7 | 2 | 9 | 1 | 3 | 8 | 4 | 6 | 5 |
| 1 | 4 | 6 | 3 | 8 | 2 | 9 | 5 | 7 |
| 3 | 5 | 8 | 7 | 9 | 4 | 6 | 2 | 1 |
| 2 | 9 | 7 | 6 | 5 | 1 | 8 | 3 | 4 |

## EASY - 127

| 9 | 6 | 8 | 5 | 2 | 1 | 7 | 4 | 3 |
|---|---|---|---|---|---|---|---|---|
| 4 | 2 | 7 | 8 | 3 | 6 | 9 | 5 | 1 |
| 3 | 5 | 1 | 7 | 9 | 4 | 6 | 2 | 8 |
| 5 | 8 | 3 | 2 | 4 | 9 | 1 | 6 | 7 |
| 2 | 7 | 4 | 6 | 1 | 8 | 5 | 3 | 9 |
| 6 | 1 | 9 | 3 | 5 | 7 | 2 | 8 | 4 |
| 1 | 4 | 2 | 9 | 6 | 3 | 8 | 7 | 5 |
| 8 | 3 | 6 | 1 | 7 | 5 | 4 | 9 | 2 |
| 7 | 9 | 5 | 4 | 8 | 2 | 3 | 1 | 6 |

## EASY - 128

| 9 | 8 | 4 | 5 | 2 | 7 | 6 | 3 | 1 |
|---|---|---|---|---|---|---|---|---|
| 7 | 6 | 2 | 3 | 1 | 9 | 5 | 8 | 4 |
| 5 | 3 | 1 | 6 | 8 | 4 | 2 | 9 | 7 |
| 6 | 4 | 5 | 2 | 3 | 1 | 9 | 7 | 8 |
| 1 | 2 | 3 | 7 | 9 | 8 | 4 | 6 | 5 |
| 8 | 9 | 7 | 4 | 5 | 6 | 1 | 2 | 3 |
| 4 | 1 | 8 | 9 | 6 | 3 | 7 | 5 | 2 |
| 3 | 5 | 9 | 1 | 7 | 2 | 8 | 4 | 6 |
| 2 | 7 | 6 | 8 | 4 | 5 | 3 | 1 | 9 |

## EASY - 129

| 5 | 4 | 7 | 3 | 1 | 2 | 6 | 9 | 8 |
|---|---|---|---|---|---|---|---|---|
| 8 | 9 | 2 | 6 | 5 | 4 | 1 | 7 | 3 |
| 6 | 3 | 1 | 7 | 8 | 9 | 5 | 2 | 4 |
| 7 | 6 | 4 | 1 | 2 | 5 | 3 | 8 | 9 |
| 2 | 8 | 9 | 4 | 6 | 3 | 7 | 1 | 5 |
| 1 | 5 | 3 | 8 | 9 | 7 | 4 | 6 | 2 |
| 9 | 7 | 8 | 5 | 4 | 6 | 2 | 3 | 1 |
| 4 | 1 | 6 | 2 | 3 | 8 | 9 | 5 | 7 |
| 3 | 2 | 5 | 9 | 7 | 1 | 8 | 4 | 6 |

## EASY - 130

| 4 | 7 | 9 | 2 | 5 | 3 | 8 | 1 | 6 |
|---|---|---|---|---|---|---|---|---|
| 3 | 6 | 1 | 7 | 8 | 9 | 2 | 5 | 4 |
| 8 | 2 | 5 | 6 | 1 | 4 | 9 | 3 | 7 |
| 2 | 9 | 7 | 1 | 6 | 8 | 3 | 4 | 5 |
| 5 | 8 | 6 | 3 | 4 | 7 | 1 | 2 | 9 |
| 1 | 4 | 3 | 5 | 9 | 2 | 7 | 6 | 8 |
| 7 | 5 | 4 | 8 | 3 | 1 | 6 | 9 | 2 |
| 9 | 1 | 2 | 4 | 7 | 6 | 5 | 8 | 3 |
| 6 | 3 | 8 | 9 | 2 | 5 | 4 | 7 | 1 |

## EASY - 131

| 7 | 6 | 8 | 1 | 2 | 3 | 5 | 9 | 4 |
|---|---|---|---|---|---|---|---|---|
| 5 | 9 | 1 | 4 | 7 | 6 | 8 | 2 | 3 |
| 3 | 2 | 4 | 8 | 5 | 9 | 7 | 1 | 6 |
| 4 | 8 | 5 | 6 | 3 | 1 | 2 | 7 | 9 |
| 6 | 7 | 3 | 2 | 9 | 8 | 4 | 5 | 1 |
| 2 | 1 | 9 | 5 | 4 | 7 | 6 | 3 | 8 |
| 8 | 3 | 2 | 7 | 1 | 4 | 9 | 6 | 5 |
| 9 | 4 | 7 | 3 | 6 | 5 | 1 | 8 | 2 |
| 1 | 5 | 6 | 9 | 8 | 2 | 3 | 4 | 7 |

## EASY - 132

| 8 | 5 | 3 | 4 | 1 | 6 | 2 | 9 | 7 |
|---|---|---|---|---|---|---|---|---|
| 2 | 7 | 1 | 9 | 3 | 5 | 4 | 8 | 6 |
| 6 | 4 | 9 | 2 | 7 | 8 | 1 | 5 | 3 |
| 3 | 9 | 7 | 6 | 8 | 4 | 5 | 1 | 2 |
| 1 | 6 | 2 | 5 | 9 | 7 | 8 | 3 | 4 |
| 5 | 8 | 4 | 1 | 2 | 3 | 7 | 6 | 9 |
| 4 | 1 | 6 | 7 | 5 | 9 | 3 | 2 | 8 |
| 9 | 3 | 5 | 8 | 4 | 2 | 6 | 7 | 1 |
| 7 | 2 | 8 | 3 | 6 | 1 | 9 | 4 | 5 |

## EASY - 133

| 6 | 8 | 5 | 1 | 7 | 9 | 3 | 4 | 2 |
|---|---|---|---|---|---|---|---|---|
| 2 | 4 | 3 | 5 | 8 | 6 | 9 | 7 | 1 |
| 7 | 9 | 1 | 4 | 2 | 3 | 8 | 5 | 6 |
| 4 | 6 | 2 | 8 | 3 | 7 | 5 | 1 | 9 |
| 5 | 1 | 7 | 9 | 6 | 4 | 2 | 8 | 3 |
| 8 | 3 | 9 | 2 | 5 | 1 | 7 | 6 | 4 |
| 9 | 5 | 4 | 7 | 1 | 2 | 6 | 3 | 8 |
| 1 | 7 | 6 | 3 | 9 | 8 | 4 | 2 | 5 |
| 3 | 2 | 8 | 6 | 4 | 5 | 1 | 9 | 7 |

## EASY - 134

| 9 | 8 | 2 | 5 | 4 | 6 | 7 | 1 | 3 |
|---|---|---|---|---|---|---|---|---|
| 3 | 4 | 7 | 8 | 9 | 1 | 2 | 6 | 5 |
| 5 | 1 | 6 | 2 | 7 | 3 | 8 | 9 | 4 |
| 7 | 6 | 4 | 1 | 5 | 2 | 3 | 8 | 9 |
| 8 | 9 | 5 | 6 | 3 | 7 | 1 | 4 | 2 |
| 2 | 3 | 1 | 4 | 8 | 9 | 6 | 5 | 7 |
| 1 | 7 | 3 | 9 | 6 | 5 | 4 | 2 | 8 |
| 6 | 5 | 8 | 7 | 2 | 4 | 9 | 3 | 1 |
| 4 | 2 | 9 | 3 | 1 | 8 | 5 | 7 | 6 |

## EASY - 135

| 4 | 6 | 7 | 2 | 1 | 5 | 3 | 8 | 9 |
|---|---|---|---|---|---|---|---|---|
| 5 | 9 | 3 | 6 | 8 | 7 | 4 | 2 | 1 |
| 2 | 8 | 1 | 4 | 9 | 3 | 6 | 5 | 7 |
| 8 | 1 | 5 | 7 | 3 | 2 | 9 | 4 | 6 |
| 7 | 3 | 6 | 9 | 4 | 8 | 2 | 1 | 5 |
| 9 | 2 | 4 | 5 | 6 | 1 | 8 | 7 | 3 |
| 1 | 7 | 9 | 8 | 2 | 6 | 5 | 3 | 4 |
| 6 | 5 | 8 | 3 | 7 | 4 | 1 | 9 | 2 |
| 3 | 4 | 2 | 1 | 5 | 9 | 7 | 6 | 8 |

## EASY - 136

| 8 | 5 | 6 | 2 | 7 | 3 | 1 | 4 | 9 |
|---|---|---|---|---|---|---|---|---|
| 2 | 7 | 3 | 9 | 1 | 4 | 5 | 8 | 6 |
| 4 | 1 | 9 | 8 | 5 | 6 | 2 | 3 | 7 |
| 6 | 4 | 2 | 7 | 3 | 5 | 9 | 1 | 8 |
| 9 | 3 | 7 | 1 | 2 | 8 | 6 | 5 | 4 |
| 5 | 8 | 1 | 6 | 4 | 9 | 7 | 2 | 3 |
| 7 | 9 | 4 | 5 | 8 | 1 | 3 | 6 | 2 |
| 3 | 2 | 5 | 4 | 6 | 7 | 8 | 9 | 1 |
| 1 | 6 | 8 | 3 | 9 | 2 | 4 | 7 | 5 |

## EASY - 137

| 9 | 2 | 8 | 7 | 3 | 1 | 4 | 6 | 5 |
|---|---|---|---|---|---|---|---|---|
| 5 | 4 | 3 | 8 | 9 | 6 | 1 | 2 | 7 |
| 1 | 7 | 6 | 4 | 5 | 2 | 9 | 8 | 3 |
| 6 | 1 | 7 | 9 | 8 | 5 | 2 | 3 | 4 |
| 2 | 3 | 5 | 6 | 1 | 4 | 7 | 9 | 8 |
| 8 | 9 | 4 | 2 | 7 | 3 | 5 | 1 | 6 |
| 4 | 8 | 1 | 3 | 2 | 7 | 6 | 5 | 9 |
| 7 | 5 | 9 | 1 | 6 | 8 | 3 | 4 | 2 |
| 3 | 6 | 2 | 5 | 4 | 9 | 8 | 7 | 1 |

## EASY - 138

| 4 | 8 | 5 | 7 | 1 | 9 | 2 | 3 | 6 |
|---|---|---|---|---|---|---|---|---|
| 7 | 3 | 2 | 6 | 4 | 8 | 9 | 5 | 1 |
| 1 | 6 | 9 | 3 | 5 | 2 | 4 | 8 | 7 |
| 9 | 7 | 6 | 5 | 8 | 1 | 3 | 4 | 2 |
| 8 | 1 | 4 | 2 | 3 | 6 | 7 | 9 | 5 |
| 2 | 5 | 3 | 9 | 7 | 4 | 6 | 1 | 8 |
| 5 | 9 | 8 | 4 | 6 | 7 | 1 | 2 | 3 |
| 6 | 2 | 1 | 8 | 9 | 3 | 5 | 7 | 4 |
| 3 | 4 | 7 | 1 | 2 | 5 | 8 | 6 | 9 |

## EASY - 139

| 5 | 4 | 3 | 2 | 9 | 8 | 7 | 1 | 6 |
|---|---|---|---|---|---|---|---|---|
| 8 | 1 | 2 | 3 | 6 | 7 | 5 | 9 | 4 |
| 7 | 9 | 6 | 4 | 1 | 5 | 2 | 8 | 3 |
| 9 | 2 | 5 | 1 | 8 | 6 | 4 | 3 | 7 |
| 6 | 7 | 4 | 9 | 2 | 3 | 1 | 5 | 8 |
| 1 | 3 | 8 | 7 | 5 | 4 | 9 | 6 | 2 |
| 2 | 6 | 1 | 8 | 7 | 9 | 3 | 4 | 5 |
| 4 | 8 | 7 | 5 | 3 | 1 | 6 | 2 | 9 |
| 3 | 5 | 9 | 6 | 4 | 2 | 8 | 7 | 1 |

## EASY - 140

| 9 | 7 | 6 | 4 | 2 | 1 | 5 | 3 | 8 |
|---|---|---|---|---|---|---|---|---|
| 8 | 2 | 3 | 6 | 5 | 9 | 1 | 4 | 7 |
| 5 | 4 | 1 | 3 | 7 | 8 | 9 | 6 | 2 |
| 7 | 1 | 8 | 2 | 6 | 4 | 3 | 5 | 9 |
| 6 | 5 | 9 | 7 | 1 | 3 | 2 | 8 | 4 |
| 2 | 3 | 4 | 8 | 9 | 5 | 7 | 1 | 6 |
| 4 | 8 | 7 | 1 | 3 | 2 | 6 | 9 | 5 |
| 1 | 6 | 5 | 9 | 4 | 7 | 8 | 2 | 3 |
| 3 | 9 | 2 | 5 | 8 | 6 | 4 | 7 | 1 |

## EASY - 141

| 9 | 2 | 5 | 3 | 1 | 8 | 4 | 6 | 7 |
|---|---|---|---|---|---|---|---|---|
| 8 | 4 | 3 | 7 | 9 | 6 | 1 | 5 | 2 |
| 6 | 1 | 7 | 2 | 5 | 4 | 3 | 9 | 8 |
| 2 | 9 | 6 | 4 | 8 | 7 | 5 | 1 | 3 |
| 1 | 5 | 4 | 9 | 2 | 3 | 8 | 7 | 6 |
| 3 | 7 | 8 | 5 | 6 | 1 | 9 | 2 | 4 |
| 7 | 3 | 2 | 1 | 4 | 5 | 6 | 8 | 9 |
| 5 | 8 | 9 | 6 | 3 | 2 | 7 | 4 | 1 |
| 4 | 6 | 1 | 8 | 7 | 9 | 2 | 3 | 5 |

## EASY - 142

| 3 | 5 | 6 | 8 | 9 | 2 | 1 | 7 | 4 |
|---|---|---|---|---|---|---|---|---|
| 8 | 4 | 1 | 6 | 5 | 7 | 9 | 3 | 2 |
| 7 | 2 | 9 | 4 | 1 | 3 | 8 | 5 | 6 |
| 4 | 7 | 2 | 5 | 6 | 1 | 3 | 9 | 8 |
| 9 | 8 | 5 | 2 | 3 | 4 | 7 | 6 | 1 |
| 1 | 6 | 3 | 7 | 8 | 9 | 4 | 2 | 5 |
| 6 | 1 | 4 | 9 | 7 | 5 | 2 | 8 | 3 |
| 5 | 3 | 7 | 1 | 2 | 8 | 6 | 4 | 9 |
| 2 | 9 | 8 | 3 | 4 | 6 | 5 | 1 | 7 |

## EASY - 143

| 2 | 8 | 7 | 6 | 4 | 1 | 5 | 3 | 9 |
|---|---|---|---|---|---|---|---|---|
| 6 | 3 | 9 | 5 | 8 | 2 | 1 | 7 | 4 |
| 5 | 4 | 1 | 9 | 7 | 3 | 8 | 2 | 6 |
| 9 | 7 | 4 | 2 | 6 | 8 | 3 | 1 | 5 |
| 3 | 6 | 2 | 4 | 1 | 5 | 7 | 9 | 8 |
| 1 | 5 | 8 | 3 | 9 | 7 | 6 | 4 | 2 |
| 7 | 1 | 6 | 8 | 2 | 9 | 4 | 5 | 3 |
| 8 | 9 | 5 | 7 | 3 | 4 | 2 | 6 | 1 |
| 4 | 2 | 3 | 1 | 5 | 6 | 9 | 8 | 7 |

## EASY - 144

| 9 | 7 | 5 | 4 | 3 | 1 | 8 | 6 | 2 |
|---|---|---|---|---|---|---|---|---|
| 6 | 8 | 4 | 9 | 7 | 2 | 5 | 1 | 3 |
| 3 | 1 | 2 | 5 | 8 | 6 | 9 | 7 | 4 |
| 2 | 4 | 3 | 1 | 6 | 8 | 7 | 5 | 9 |
| 7 | 9 | 6 | 3 | 2 | 5 | 4 | 8 | 1 |
| 1 | 5 | 8 | 7 | 9 | 4 | 3 | 2 | 6 |
| 5 | 2 | 7 | 6 | 4 | 3 | 1 | 9 | 8 |
| 4 | 6 | 1 | 8 | 5 | 9 | 2 | 3 | 7 |
| 8 | 3 | 9 | 2 | 1 | 7 | 6 | 4 | 5 |

## EASY - 145

| 4 | 7 | 9 | 5 | 6 | 1 | 3 | 8 | 2 |
|---|---|---|---|---|---|---|---|---|
| 3 | 5 | 2 | 7 | 8 | 4 | 6 | 9 | 1 |
| 6 | 8 | 1 | 3 | 2 | 9 | 4 | 7 | 5 |
| 7 | 3 | 8 | 4 | 5 | 2 | 9 | 1 | 6 |
| 5 | 1 | 6 | 8 | 9 | 3 | 2 | 4 | 7 |
| 2 | 9 | 4 | 6 | 1 | 7 | 8 | 5 | 3 |
| 8 | 6 | 7 | 9 | 3 | 5 | 1 | 2 | 4 |
| 9 | 2 | 5 | 1 | 4 | 6 | 7 | 3 | 8 |
| 1 | 4 | 3 | 2 | 7 | 8 | 5 | 6 | 9 |

## EASY - 146

| 5 | 3 | 1 | 7 | 8 | 4 | 6 | 2 | 9 |
|---|---|---|---|---|---|---|---|---|
| 6 | 8 | 4 | 9 | 2 | 3 | 5 | 7 | 1 |
| 9 | 7 | 2 | 6 | 1 | 5 | 4 | 8 | 3 |
| 3 | 5 | 8 | 1 | 9 | 6 | 7 | 4 | 2 |
| 4 | 1 | 7 | 8 | 5 | 2 | 3 | 9 | 6 |
| 2 | 6 | 9 | 4 | 3 | 7 | 1 | 5 | 8 |
| 8 | 4 | 3 | 2 | 7 | 1 | 9 | 6 | 5 |
| 1 | 2 | 6 | 5 | 4 | 9 | 8 | 3 | 7 |
| 7 | 9 | 5 | 3 | 6 | 8 | 2 | 1 | 4 |

## EASY - 147

| 4 | 8 | 5 | 2 | 9 | 6 | 3 | 7 | 1 |
|---|---|---|---|---|---|---|---|---|
| 3 | 7 | 9 | 5 | 8 | 1 | 4 | 6 | 2 |
| 2 | 1 | 6 | 7 | 3 | 4 | 5 | 8 | 9 |
| 6 | 4 | 7 | 9 | 5 | 8 | 2 | 1 | 3 |
| 8 | 9 | 3 | 1 | 4 | 2 | 7 | 5 | 6 |
| 5 | 2 | 1 | 3 | 6 | 7 | 9 | 4 | 8 |
| 7 | 6 | 8 | 4 | 2 | 9 | 1 | 3 | 5 |
| 9 | 3 | 4 | 8 | 1 | 5 | 6 | 2 | 7 |
| 1 | 5 | 2 | 6 | 7 | 3 | 8 | 9 | 4 |

## EASY - 148

| 1 | 7 | 4 | 8 | 2 | 5 | 9 | 6 | 3 |
|---|---|---|---|---|---|---|---|---|
| 6 | 9 | 5 | 7 | 4 | 3 | 1 | 8 | 2 |
| 2 | 8 | 3 | 6 | 1 | 9 | 7 | 4 | 5 |
| 8 | 1 | 9 | 2 | 5 | 6 | 4 | 3 | 7 |
| 7 | 5 | 2 | 4 | 3 | 1 | 8 | 9 | 6 |
| 4 | 3 | 6 | 9 | 8 | 7 | 5 | 2 | 1 |
| 9 | 6 | 8 | 5 | 7 | 2 | 3 | 1 | 4 |
| 5 | 2 | 1 | 3 | 9 | 4 | 6 | 7 | 8 |
| 3 | 4 | 7 | 1 | 6 | 8 | 2 | 5 | 9 |

## EASY - 149

| 4 | 8 | 3 | 5 | 6 | 7 | 2 | 9 | 1 |
|---|---|---|---|---|---|---|---|---|
| 1 | 7 | 6 | 9 | 4 | 2 | 5 | 8 | 3 |
| 5 | 9 | 2 | 8 | 3 | 1 | 6 | 4 | 7 |
| 9 | 3 | 1 | 7 | 8 | 6 | 4 | 5 | 2 |
| 8 | 6 | 4 | 2 | 5 | 3 | 7 | 1 | 9 |
| 7 | 2 | 5 | 1 | 9 | 4 | 3 | 6 | 8 |
| 6 | 1 | 7 | 4 | 2 | 8 | 9 | 3 | 5 |
| 2 | 4 | 9 | 3 | 1 | 5 | 8 | 7 | 6 |
| 3 | 5 | 8 | 6 | 7 | 9 | 1 | 2 | 4 |

## EASY - 150

| 9 | 7 | 6 | 1 | 3 | 8 | 2 | 5 | 4 |
|---|---|---|---|---|---|---|---|---|
| 3 | 2 | 1 | 4 | 5 | 9 | 7 | 8 | 6 |
| 8 | 5 | 4 | 6 | 7 | 2 | 1 | 3 | 9 |
| 7 | 4 | 9 | 3 | 8 | 5 | 6 | 2 | 1 |
| 6 | 8 | 5 | 9 | 2 | 1 | 4 | 7 | 3 |
| 1 | 3 | 2 | 7 | 6 | 4 | 8 | 9 | 5 |
| 4 | 1 | 3 | 8 | 9 | 7 | 5 | 6 | 2 |
| 2 | 9 | 7 | 5 | 1 | 6 | 3 | 4 | 8 |
| 5 | 6 | 8 | 2 | 4 | 3 | 9 | 1 | 7 |

## EASY - 151

| 5 | 1 | 6 | 3 | 2 | 9 | 4 | 8 | 7 |
|---|---|---|---|---|---|---|---|---|
| 8 | 2 | 3 | 4 | 6 | 7 | 5 | 9 | 1 |
| 4 | 9 | 7 | 8 | 1 | 5 | 6 | 3 | 2 |
| 7 | 5 | 9 | 6 | 8 | 4 | 2 | 1 | 3 |
| 2 | 6 | 8 | 9 | 3 | 1 | 7 | 5 | 4 |
| 1 | 3 | 4 | 7 | 5 | 2 | 9 | 6 | 8 |
| 9 | 7 | 5 | 1 | 4 | 3 | 8 | 2 | 6 |
| 6 | 4 | 1 | 2 | 9 | 8 | 3 | 7 | 5 |
| 3 | 8 | 2 | 5 | 7 | 6 | 1 | 4 | 9 |

## EASY - 152

| 6 | 7 | 9 | 3 | 8 | 5 | 4 | 2 | 1 |
|---|---|---|---|---|---|---|---|---|
| 8 | 5 | 3 | 2 | 1 | 4 | 9 | 7 | 6 |
| 4 | 1 | 2 | 9 | 6 | 7 | 8 | 5 | 3 |
| 3 | 2 | 6 | 1 | 5 | 8 | 7 | 4 | 9 |
| 7 | 9 | 5 | 4 | 3 | 6 | 2 | 1 | 8 |
| 1 | 4 | 8 | 7 | 9 | 2 | 3 | 6 | 5 |
| 9 | 6 | 7 | 5 | 2 | 3 | 1 | 8 | 4 |
| 2 | 8 | 1 | 6 | 4 | 9 | 5 | 3 | 7 |
| 5 | 3 | 4 | 8 | 7 | 1 | 6 | 9 | 2 |

## EASY - 153

| 4 | 9 | 1 | 8 | 6 | 3 | 2 | 5 | 7 |
|---|---|---|---|---|---|---|---|---|
| 6 | 5 | 2 | 7 | 1 | 4 | 8 | 3 | 9 |
| 8 | 3 | 7 | 9 | 2 | 5 | 1 | 4 | 6 |
| 3 | 1 | 9 | 4 | 7 | 6 | 5 | 2 | 8 |
| 2 | 4 | 8 | 5 | 9 | 1 | 6 | 7 | 3 |
| 7 | 6 | 5 | 2 | 3 | 8 | 4 | 9 | 1 |
| 9 | 2 | 6 | 1 | 5 | 7 | 3 | 8 | 4 |
| 1 | 7 | 4 | 3 | 8 | 2 | 9 | 6 | 5 |
| 5 | 8 | 3 | 6 | 4 | 9 | 7 | 1 | 2 |

## EASY - 154

| 9 | 2 | 4 | 3 | 5 | 8 | 7 | 6 | 1 |
|---|---|---|---|---|---|---|---|---|
| 8 | 7 | 5 | 1 | 6 | 2 | 9 | 4 | 3 |
| 6 | 1 | 3 | 7 | 9 | 4 | 2 | 8 | 5 |
| 7 | 4 | 8 | 9 | 1 | 5 | 3 | 2 | 6 |
| 5 | 3 | 6 | 4 | 2 | 7 | 1 | 9 | 8 |
| 1 | 9 | 2 | 8 | 3 | 6 | 4 | 5 | 7 |
| 4 | 8 | 1 | 6 | 7 | 9 | 5 | 3 | 2 |
| 2 | 6 | 7 | 5 | 4 | 3 | 8 | 1 | 9 |
| 3 | 5 | 9 | 2 | 8 | 1 | 6 | 7 | 4 |

## EASY - 155

| 2 | 6 | 1 | 7 | 5 | 8 | 9 | 4 | 3 |
|---|---|---|---|---|---|---|---|---|
| 4 | 5 | 9 | 1 | 3 | 6 | 7 | 2 | 8 |
| 7 | 8 | 3 | 2 | 4 | 9 | 1 | 5 | 6 |
| 8 | 9 | 7 | 5 | 1 | 2 | 3 | 6 | 4 |
| 5 | 2 | 4 | 3 | 6 | 7 | 8 | 1 | 9 |
| 1 | 3 | 6 | 9 | 8 | 4 | 5 | 7 | 2 |
| 3 | 4 | 2 | 8 | 7 | 1 | 6 | 9 | 5 |
| 9 | 7 | 5 | 6 | 2 | 3 | 4 | 8 | 1 |
| 6 | 1 | 8 | 4 | 9 | 5 | 2 | 3 | 7 |

## EASY - 156

| 5 | 1 | 3 | 4 | 9 | 8 | 2 | 6 | 7 |
|---|---|---|---|---|---|---|---|---|
| 7 | 2 | 4 | 6 | 1 | 5 | 9 | 8 | 3 |
| 6 | 9 | 8 | 2 | 7 | 3 | 5 | 4 | 1 |
| 2 | 3 | 6 | 1 | 5 | 9 | 4 | 7 | 8 |
| 4 | 7 | 5 | 8 | 3 | 2 | 1 | 9 | 6 |
| 1 | 8 | 9 | 7 | 6 | 4 | 3 | 2 | 5 |
| 3 | 5 | 7 | 9 | 2 | 6 | 8 | 1 | 4 |
| 9 | 4 | 1 | 3 | 8 | 7 | 6 | 5 | 2 |
| 8 | 6 | 2 | 5 | 4 | 1 | 7 | 3 | 9 |

## EASY - 157

| 4 | 8 | 3 | 1 | 7 | 9 | 5 | 6 | 2 |
|---|---|---|---|---|---|---|---|---|
| 5 | 1 | 9 | 6 | 8 | 2 | 4 | 3 | 7 |
| 6 | 2 | 7 | 4 | 5 | 3 | 9 | 1 | 8 |
| 3 | 9 | 1 | 7 | 2 | 5 | 8 | 4 | 6 |
| 8 | 7 | 6 | 9 | 4 | 1 | 2 | 5 | 3 |
| 2 | 5 | 4 | 8 | 3 | 6 | 7 | 9 | 1 |
| 1 | 4 | 2 | 3 | 9 | 7 | 6 | 8 | 5 |
| 7 | 6 | 8 | 5 | 1 | 4 | 3 | 2 | 9 |
| 9 | 3 | 5 | 2 | 6 | 8 | 1 | 7 | 4 |

## EASY - 158

| 9 | 3 | 6 | 2 | 7 | 5 | 4 | 8 | 1 |
|---|---|---|---|---|---|---|---|---|
| 8 | 4 | 7 | 3 | 1 | 6 | 2 | 9 | 5 |
| 5 | 1 | 2 | 4 | 8 | 9 | 6 | 3 | 7 |
| 3 | 7 | 8 | 6 | 9 | 2 | 5 | 1 | 4 |
| 4 | 2 | 5 | 7 | 3 | 1 | 9 | 6 | 8 |
| 1 | 6 | 9 | 5 | 4 | 8 | 3 | 7 | 2 |
| 7 | 5 | 4 | 8 | 6 | 3 | 1 | 2 | 9 |
| 6 | 8 | 1 | 9 | 2 | 4 | 7 | 5 | 3 |
| 2 | 9 | 3 | 1 | 5 | 7 | 8 | 4 | 6 |

## EASY - 159

| 3 | 8 | 5 | 4 | 9 | 7 | 6 | 2 | 1 |
|---|---|---|---|---|---|---|---|---|
| 2 | 4 | 7 | 1 | 6 | 8 | 9 | 5 | 3 |
| 9 | 1 | 6 | 3 | 2 | 5 | 4 | 7 | 8 |
| 8 | 9 | 2 | 7 | 3 | 6 | 1 | 4 | 5 |
| 4 | 7 | 3 | 2 | 5 | 1 | 8 | 6 | 9 |
| 6 | 5 | 1 | 8 | 4 | 9 | 2 | 3 | 7 |
| 1 | 3 | 8 | 6 | 7 | 2 | 5 | 9 | 4 |
| 5 | 6 | 4 | 9 | 1 | 3 | 7 | 8 | 2 |
| 7 | 2 | 9 | 5 | 8 | 4 | 3 | 1 | 6 |

## EASY - 160

| 8 | 9 | 1 | 6 | 4 | 5 | 7 | 3 | 2 |
|---|---|---|---|---|---|---|---|---|
| 7 | 6 | 2 | 9 | 1 | 3 | 5 | 8 | 4 |
| 5 | 4 | 3 | 2 | 7 | 8 | 6 | 9 | 1 |
| 6 | 2 | 8 | 7 | 3 | 9 | 1 | 4 | 5 |
| 1 | 7 | 9 | 4 | 5 | 6 | 3 | 2 | 8 |
| 4 | 3 | 5 | 8 | 2 | 1 | 9 | 7 | 6 |
| 2 | 8 | 6 | 1 | 9 | 7 | 4 | 5 | 3 |
| 9 | 5 | 4 | 3 | 6 | 2 | 8 | 1 | 7 |
| 3 | 1 | 7 | 5 | 8 | 4 | 2 | 6 | 9 |

## EASY - 161

| 3 | 4 | 6 | 8 | 7 | 9 | 1 | 2 | 5 |
|---|---|---|---|---|---|---|---|---|
| 9 | 5 | 8 | 1 | 4 | 2 | 3 | 7 | 6 |
| 7 | 2 | 1 | 6 | 5 | 3 | 8 | 9 | 4 |
| 6 | 7 | 4 | 3 | 9 | 8 | 5 | 1 | 2 |
| 8 | 9 | 2 | 5 | 1 | 7 | 4 | 6 | 3 |
| 1 | 3 | 5 | 4 | 2 | 6 | 7 | 8 | 9 |
| 5 | 6 | 7 | 2 | 3 | 1 | 9 | 4 | 8 |
| 4 | 8 | 9 | 7 | 6 | 5 | 2 | 3 | 1 |
| 2 | 1 | 3 | 9 | 8 | 4 | 6 | 5 | 7 |

## EASY - 162

| 8 | 3 | 4 | 1 | 2 | 7 | 6 | 9 | 5 |
|---|---|---|---|---|---|---|---|---|
| 7 | 5 | 6 | 8 | 9 | 4 | 2 | 3 | 1 |
| 1 | 9 | 2 | 3 | 6 | 5 | 7 | 4 | 8 |
| 6 | 2 | 9 | 7 | 1 | 3 | 5 | 8 | 4 |
| 3 | 4 | 8 | 9 | 5 | 6 | 1 | 7 | 2 |
| 5 | 7 | 1 | 4 | 8 | 2 | 9 | 6 | 3 |
| 4 | 6 | 5 | 2 | 3 | 9 | 8 | 1 | 7 |
| 9 | 1 | 3 | 5 | 7 | 8 | 4 | 2 | 6 |
| 2 | 8 | 7 | 6 | 4 | 1 | 3 | 5 | 9 |

## EASY - 163

| 4 | 1 | 8 | 9 | 7 | 3 | 5 | 2 | 6 |
|---|---|---|---|---|---|---|---|---|
| 9 | 3 | 6 | 4 | 2 | 5 | 1 | 8 | 7 |
| 2 | 7 | 5 | 1 | 6 | 8 | 3 | 9 | 4 |
| 5 | 2 | 4 | 8 | 1 | 7 | 9 | 6 | 3 |
| 3 | 9 | 7 | 6 | 4 | 2 | 8 | 1 | 5 |
| 8 | 6 | 1 | 5 | 3 | 9 | 7 | 4 | 2 |
| 1 | 5 | 2 | 3 | 8 | 4 | 6 | 7 | 9 |
| 6 | 4 | 3 | 7 | 9 | 1 | 2 | 5 | 8 |
| 7 | 8 | 9 | 2 | 5 | 6 | 4 | 3 | 1 |

## EASY - 164

| 2 | 7 | 3 | 5 | 6 | 9 | 8 | 4 | 1 |
|---|---|---|---|---|---|---|---|---|
| 4 | 8 | 6 | 2 | 1 | 7 | 9 | 3 | 5 |
| 1 | 9 | 5 | 8 | 3 | 4 | 6 | 7 | 2 |
| 7 | 4 | 8 | 3 | 2 | 6 | 1 | 5 | 9 |
| 5 | 2 | 9 | 1 | 7 | 8 | 4 | 6 | 3 |
| 6 | 3 | 1 | 4 | 9 | 5 | 7 | 2 | 8 |
| 9 | 5 | 7 | 6 | 8 | 2 | 3 | 1 | 4 |
| 3 | 6 | 4 | 9 | 5 | 1 | 2 | 8 | 7 |
| 8 | 1 | 2 | 7 | 4 | 3 | 5 | 9 | 6 |

## EASY - 165

| 7 | 1 | 3 | 6 | 2 | 9 | 4 | 8 | 5 |
|---|---|---|---|---|---|---|---|---|
| 6 | 9 | 5 | 1 | 8 | 4 | 3 | 2 | 7 |
| 8 | 2 | 4 | 7 | 3 | 5 | 1 | 6 | 9 |
| 9 | 7 | 2 | 3 | 6 | 8 | 5 | 1 | 4 |
| 1 | 3 | 8 | 4 | 5 | 2 | 9 | 7 | 6 |
| 5 | 4 | 6 | 9 | 7 | 1 | 2 | 3 | 8 |
| 3 | 8 | 1 | 5 | 9 | 6 | 7 | 4 | 2 |
| 4 | 6 | 9 | 2 | 1 | 7 | 8 | 5 | 3 |
| 2 | 5 | 7 | 8 | 4 | 3 | 6 | 9 | 1 |

## EASY - 166

| 3 | 1 | 7 | 4 | 2 | 9 | 8 | 5 | 6 |
|---|---|---|---|---|---|---|---|---|
| 8 | 6 | 9 | 7 | 5 | 1 | 2 | 3 | 4 |
| 2 | 5 | 4 | 8 | 6 | 3 | 7 | 9 | 1 |
| 5 | 7 | 3 | 1 | 8 | 2 | 6 | 4 | 9 |
| 9 | 2 | 8 | 3 | 4 | 6 | 1 | 7 | 5 |
| 1 | 4 | 6 | 5 | 9 | 7 | 3 | 8 | 2 |
| 4 | 3 | 5 | 6 | 1 | 8 | 9 | 2 | 7 |
| 6 | 8 | 2 | 9 | 7 | 4 | 5 | 1 | 3 |
| 7 | 9 | 1 | 2 | 3 | 5 | 4 | 6 | 8 |

## EASY - 167

| 6 | 4 | 7 | 3 | 5 | 2 | 1 | 9 | 8 |
|---|---|---|---|---|---|---|---|---|
| 1 | 9 | 3 | 6 | 8 | 4 | 5 | 2 | 7 |
| 5 | 2 | 8 | 9 | 7 | 1 | 3 | 6 | 4 |
| 8 | 6 | 5 | 2 | 9 | 7 | 4 | 3 | 1 |
| 2 | 7 | 4 | 1 | 3 | 5 | 9 | 8 | 6 |
| 3 | 1 | 9 | 8 | 4 | 6 | 7 | 5 | 2 |
| 4 | 3 | 1 | 5 | 6 | 8 | 2 | 7 | 9 |
| 9 | 8 | 2 | 7 | 1 | 3 | 6 | 4 | 5 |
| 7 | 5 | 6 | 4 | 2 | 9 | 8 | 1 | 3 |

## EASY - 168

| 9 | 8 | 7 | 3 | 4 | 2 | 6 | 1 | 5 |
|---|---|---|---|---|---|---|---|---|
| 4 | 6 | 5 | 8 | 1 | 9 | 3 | 2 | 7 |
| 1 | 2 | 3 | 7 | 5 | 6 | 4 | 9 | 8 |
| 8 | 9 | 4 | 2 | 3 | 7 | 5 | 6 | 1 |
| 6 | 7 | 1 | 5 | 9 | 8 | 2 | 4 | 3 |
| 5 | 3 | 2 | 4 | 6 | 1 | 7 | 8 | 9 |
| 7 | 5 | 6 | 9 | 8 | 4 | 1 | 3 | 2 |
| 3 | 4 | 9 | 1 | 2 | 5 | 8 | 7 | 6 |
| 2 | 1 | 8 | 6 | 7 | 3 | 9 | 5 | 4 |

## EASY - 169

| 8 | 3 | 9 | 2 | 4 | 6 | 7 | 1 | 5 |
|---|---|---|---|---|---|---|---|---|
| 1 | 2 | 5 | 7 | 8 | 9 | 3 | 4 | 6 |
| 4 | 6 | 7 | 1 | 3 | 5 | 9 | 2 | 8 |
| 9 | 1 | 3 | 8 | 5 | 4 | 6 | 7 | 2 |
| 2 | 4 | 6 | 3 | 9 | 7 | 8 | 5 | 1 |
| 7 | 5 | 8 | 6 | 2 | 1 | 4 | 9 | 3 |
| 6 | 9 | 1 | 5 | 7 | 3 | 2 | 8 | 4 |
| 3 | 7 | 2 | 4 | 1 | 8 | 5 | 6 | 9 |
| 5 | 8 | 4 | 9 | 6 | 2 | 1 | 3 | 7 |

## EASY - 170

| 5 | 8 | 1 | 3 | 9 | 6 | 7 | 2 | 4 |
|---|---|---|---|---|---|---|---|---|
| 4 | 2 | 3 | 1 | 7 | 8 | 6 | 5 | 9 |
| 9 | 7 | 6 | 2 | 4 | 5 | 3 | 8 | 1 |
| 7 | 1 | 4 | 9 | 3 | 2 | 8 | 6 | 5 |
| 6 | 9 | 8 | 4 | 5 | 7 | 1 | 3 | 2 |
| 2 | 3 | 5 | 6 | 8 | 1 | 9 | 4 | 7 |
| 8 | 6 | 9 | 5 | 1 | 4 | 2 | 7 | 3 |
| 1 | 5 | 7 | 8 | 2 | 3 | 4 | 9 | 6 |
| 3 | 4 | 2 | 7 | 6 | 9 | 5 | 1 | 8 |

## EASY - 171

| 1 | 9 | 5 | 4 | 8 | 6 | 3 | 2 | 7 |
|---|---|---|---|---|---|---|---|---|
| 4 | 7 | 8 | 5 | 3 | 2 | 9 | 6 | 1 |
| 6 | 3 | 2 | 1 | 7 | 9 | 4 | 8 | 5 |
| 9 | 2 | 1 | 7 | 4 | 8 | 5 | 3 | 6 |
| 8 | 5 | 7 | 9 | 6 | 3 | 1 | 4 | 2 |
| 3 | 6 | 4 | 2 | 1 | 5 | 7 | 9 | 8 |
| 7 | 8 | 6 | 3 | 9 | 1 | 2 | 5 | 4 |
| 2 | 4 | 9 | 8 | 5 | 7 | 6 | 1 | 3 |
| 5 | 1 | 3 | 6 | 2 | 4 | 8 | 7 | 9 |

## EASY - 172

| 1 | 7 | 6 | 5 | 4 | 3 | 8 | 2 | 9 |
|---|---|---|---|---|---|---|---|---|
| 3 | 4 | 2 | 9 | 8 | 7 | 1 | 5 | 6 |
| 5 | 8 | 9 | 2 | 6 | 1 | 4 | 7 | 3 |
| 4 | 1 | 8 | 3 | 9 | 5 | 7 | 6 | 2 |
| 2 | 5 | 7 | 8 | 1 | 6 | 3 | 9 | 4 |
| 6 | 9 | 3 | 4 | 7 | 2 | 5 | 1 | 8 |
| 9 | 3 | 1 | 7 | 2 | 4 | 6 | 8 | 5 |
| 8 | 6 | 4 | 1 | 5 | 9 | 2 | 3 | 7 |
| 7 | 2 | 5 | 6 | 3 | 8 | 9 | 4 | 1 |

## EASY - 173

| 1 | 8 | 7 | 6 | 4 | 2 | 5 | 9 | 3 |
|---|---|---|---|---|---|---|---|---|
| 3 | 4 | 6 | 8 | 9 | 5 | 7 | 1 | 2 |
| 2 | 9 | 5 | 1 | 3 | 7 | 8 | 4 | 6 |
| 6 | 7 | 8 | 5 | 2 | 4 | 9 | 3 | 1 |
| 9 | 1 | 4 | 3 | 7 | 6 | 2 | 8 | 5 |
| 5 | 2 | 3 | 9 | 8 | 1 | 6 | 7 | 4 |
| 8 | 6 | 9 | 2 | 1 | 3 | 4 | 5 | 7 |
| 4 | 3 | 2 | 7 | 5 | 8 | 1 | 6 | 9 |
| 7 | 5 | 1 | 4 | 6 | 9 | 3 | 2 | 8 |

## EASY - 174

| 8 | 1 | 7 | 3 | 6 | 2 | 4 | 9 | 5 |
|---|---|---|---|---|---|---|---|---|
| 2 | 9 | 3 | 7 | 5 | 4 | 6 | 8 | 1 |
| 4 | 6 | 5 | 9 | 8 | 1 | 2 | 3 | 7 |
| 7 | 4 | 9 | 5 | 2 | 6 | 8 | 1 | 3 |
| 6 | 3 | 2 | 8 | 1 | 9 | 7 | 5 | 4 |
| 5 | 8 | 1 | 4 | 7 | 3 | 9 | 2 | 6 |
| 9 | 2 | 4 | 6 | 3 | 5 | 1 | 7 | 8 |
| 1 | 5 | 8 | 2 | 4 | 7 | 3 | 6 | 9 |
| 3 | 7 | 6 | 1 | 9 | 8 | 5 | 4 | 2 |

## EASY - 175

| 9 | 8 | 7 | 4 | 3 | 6 | 5 | 2 | 1 |
|---|---|---|---|---|---|---|---|---|
| 1 | 2 | 6 | 8 | 5 | 7 | 3 | 4 | 9 |
| 5 | 4 | 3 | 2 | 1 | 9 | 8 | 7 | 6 |
| 8 | 6 | 2 | 9 | 4 | 5 | 7 | 1 | 3 |
| 4 | 7 | 1 | 3 | 6 | 8 | 9 | 5 | 2 |
| 3 | 5 | 9 | 7 | 2 | 1 | 4 | 6 | 8 |
| 7 | 9 | 4 | 6 | 8 | 2 | 1 | 3 | 5 |
| 2 | 3 | 5 | 1 | 9 | 4 | 6 | 8 | 7 |
| 6 | 1 | 8 | 5 | 7 | 3 | 2 | 9 | 4 |

## EASY - 176

| 8 | 4 | 1 | 6 | 5 | 7 | 3 | 9 | 2 |
|---|---|---|---|---|---|---|---|---|
| 9 | 2 | 7 | 8 | 3 | 1 | 4 | 6 | 5 |
| 3 | 6 | 5 | 2 | 9 | 4 | 7 | 1 | 8 |
| 2 | 7 | 3 | 9 | 1 | 8 | 6 | 5 | 4 |
| 4 | 5 | 8 | 3 | 6 | 2 | 9 | 7 | 1 |
| 6 | 1 | 9 | 4 | 7 | 5 | 8 | 2 | 3 |
| 7 | 3 | 2 | 5 | 4 | 9 | 1 | 8 | 6 |
| 1 | 8 | 6 | 7 | 2 | 3 | 5 | 4 | 9 |
| 5 | 9 | 4 | 1 | 8 | 6 | 2 | 3 | 7 |

## EASY - 177

| 2 | 5 | 6 | 7 | 1 | 4 | 8 | 9 | 3 |
|---|---|---|---|---|---|---|---|---|
| 1 | 9 | 4 | 2 | 8 | 3 | 5 | 6 | 7 |
| 3 | 7 | 8 | 9 | 5 | 6 | 1 | 2 | 4 |
| 6 | 1 | 9 | 3 | 2 | 5 | 7 | 4 | 8 |
| 5 | 2 | 3 | 8 | 4 | 7 | 9 | 1 | 6 |
| 4 | 8 | 7 | 1 | 6 | 9 | 2 | 3 | 5 |
| 8 | 6 | 2 | 4 | 7 | 1 | 3 | 5 | 9 |
| 9 | 4 | 1 | 5 | 3 | 8 | 6 | 7 | 2 |
| 7 | 3 | 5 | 6 | 9 | 2 | 4 | 8 | 1 |

## EASY - 178

| 8 | 5 | 3 | 2 | 7 | 6 | 1 | 4 | 9 |
|---|---|---|---|---|---|---|---|---|
| 1 | 6 | 7 | 5 | 4 | 9 | 8 | 2 | 3 |
| 9 | 2 | 4 | 1 | 8 | 3 | 6 | 5 | 7 |
| 5 | 8 | 2 | 6 | 9 | 4 | 7 | 3 | 1 |
| 4 | 9 | 1 | 7 | 3 | 5 | 2 | 6 | 8 |
| 3 | 7 | 6 | 8 | 1 | 2 | 4 | 9 | 5 |
| 2 | 3 | 8 | 4 | 5 | 7 | 9 | 1 | 6 |
| 6 | 1 | 5 | 9 | 2 | 8 | 3 | 7 | 4 |
| 7 | 4 | 9 | 3 | 6 | 1 | 5 | 8 | 2 |

## EASY - 179

| 9 | 3 | 2 | 5 | 7 | 6 | 4 | 8 | 1 |
|---|---|---|---|---|---|---|---|---|
| 6 | 5 | 7 | 8 | 1 | 4 | 2 | 3 | 9 |
| 4 | 8 | 1 | 3 | 2 | 9 | 6 | 5 | 7 |
| 8 | 2 | 5 | 7 | 3 | 1 | 9 | 4 | 6 |
| 3 | 9 | 4 | 6 | 8 | 2 | 7 | 1 | 5 |
| 1 | 7 | 6 | 4 | 9 | 5 | 8 | 2 | 3 |
| 7 | 1 | 9 | 2 | 5 | 8 | 3 | 6 | 4 |
| 5 | 6 | 8 | 9 | 4 | 3 | 1 | 7 | 2 |
| 2 | 4 | 3 | 1 | 6 | 7 | 5 | 9 | 8 |

## EASY - 180

| 2 | 1 | 7 | 4 | 3 | 6 | 9 | 5 | 8 |
|---|---|---|---|---|---|---|---|---|
| 5 | 8 | 3 | 7 | 2 | 9 | 6 | 4 | 1 |
| 9 | 6 | 4 | 1 | 8 | 5 | 2 | 3 | 7 |
| 6 | 7 | 8 | 3 | 4 | 1 | 5 | 9 | 2 |
| 3 | 4 | 5 | 2 | 9 | 7 | 8 | 1 | 6 |
| 1 | 9 | 2 | 5 | 6 | 8 | 3 | 7 | 4 |
| 7 | 2 | 6 | 9 | 1 | 3 | 4 | 8 | 5 |
| 4 | 3 | 1 | 8 | 5 | 2 | 7 | 6 | 9 |
| 8 | 5 | 9 | 6 | 7 | 4 | 1 | 2 | 3 |

## EASY - 181

| 4 | 7 | 6 | 8 | 9 | 1 | 5 | 3 | 2 |
|---|---|---|---|---|---|---|---|---|
| 3 | 8 | 1 | 6 | 2 | 5 | 9 | 4 | 7 |
| 2 | 9 | 5 | 3 | 4 | 7 | 6 | 8 | 1 |
| 1 | 5 | 8 | 9 | 6 | 4 | 2 | 7 | 3 |
| 6 | 4 | 7 | 2 | 1 | 3 | 8 | 9 | 5 |
| 9 | 2 | 3 | 5 | 7 | 8 | 1 | 6 | 4 |
| 7 | 6 | 2 | 1 | 3 | 9 | 4 | 5 | 8 |
| 5 | 3 | 9 | 4 | 8 | 2 | 7 | 1 | 6 |
| 8 | 1 | 4 | 7 | 5 | 6 | 3 | 2 | 9 |

## EASY - 182

| 1 | 2 | 4 | 9 | 7 | 5 | 8 | 6 | 3 |
|---|---|---|---|---|---|---|---|---|
| 7 | 9 | 3 | 8 | 2 | 6 | 4 | 5 | 1 |
| 5 | 8 | 6 | 1 | 4 | 3 | 2 | 7 | 9 |
| 4 | 5 | 9 | 6 | 1 | 2 | 7 | 3 | 8 |
| 3 | 1 | 8 | 4 | 9 | 7 | 5 | 2 | 6 |
| 2 | 6 | 7 | 3 | 5 | 8 | 1 | 9 | 4 |
| 8 | 3 | 2 | 7 | 6 | 4 | 9 | 1 | 5 |
| 6 | 7 | 1 | 5 | 8 | 9 | 3 | 4 | 2 |
| 9 | 4 | 5 | 2 | 3 | 1 | 6 | 8 | 7 |

## EASY - 183

| 1 | 8 | 4 | 5 | 3 | 6 | 2 | 7 | 9 |
|---|---|---|---|---|---|---|---|---|
| 6 | 5 | 7 | 2 | 9 | 4 | 1 | 3 | 8 |
| 2 | 3 | 9 | 8 | 7 | 1 | 5 | 4 | 6 |
| 5 | 4 | 8 | 3 | 6 | 7 | 9 | 2 | 1 |
| 9 | 6 | 2 | 4 | 1 | 8 | 7 | 5 | 3 |
| 3 | 7 | 1 | 9 | 2 | 5 | 8 | 6 | 4 |
| 7 | 9 | 3 | 6 | 8 | 2 | 4 | 1 | 5 |
| 4 | 2 | 6 | 1 | 5 | 9 | 3 | 8 | 7 |
| 8 | 1 | 5 | 7 | 4 | 3 | 6 | 9 | 2 |

## EASY - 184

| 1 | 8 | 7 | 5 | 6 | 3 | 9 | 4 | 2 |
|---|---|---|---|---|---|---|---|---|
| 5 | 9 | 4 | 7 | 2 | 1 | 3 | 6 | 8 |
| 2 | 6 | 3 | 8 | 4 | 9 | 1 | 5 | 7 |
| 9 | 7 | 8 | 6 | 3 | 4 | 5 | 2 | 1 |
| 3 | 2 | 1 | 9 | 5 | 7 | 6 | 8 | 4 |
| 6 | 4 | 5 | 2 | 1 | 8 | 7 | 3 | 9 |
| 8 | 3 | 2 | 1 | 9 | 6 | 4 | 7 | 5 |
| 7 | 1 | 6 | 4 | 8 | 5 | 2 | 9 | 3 |
| 4 | 5 | 9 | 3 | 7 | 2 | 8 | 1 | 6 |

## EASY - 185

| 6 | 9 | 2 | 5 | 3 | 4 | 7 | 8 | 1 |
|---|---|---|---|---|---|---|---|---|
| 8 | 7 | 3 | 9 | 1 | 2 | 5 | 4 | 6 |
| 4 | 5 | 1 | 8 | 7 | 6 | 9 | 3 | 2 |
| 1 | 2 | 8 | 6 | 4 | 5 | 3 | 9 | 7 |
| 3 | 6 | 5 | 7 | 9 | 1 | 8 | 2 | 4 |
| 7 | 4 | 9 | 2 | 8 | 3 | 6 | 1 | 5 |
| 9 | 8 | 6 | 4 | 2 | 7 | 1 | 5 | 3 |
| 2 | 3 | 7 | 1 | 5 | 8 | 4 | 6 | 9 |
| 5 | 1 | 4 | 3 | 6 | 9 | 2 | 7 | 8 |

## EASY - 186

| 5 | 2 | 4 | 3 | 1 | 6 | 8 | 7 | 9 |
|---|---|---|---|---|---|---|---|---|
| 9 | 6 | 8 | 5 | 4 | 7 | 3 | 2 | 1 |
| 1 | 3 | 7 | 2 | 8 | 9 | 6 | 4 | 5 |
| 4 | 1 | 6 | 9 | 3 | 8 | 7 | 5 | 2 |
| 2 | 9 | 3 | 7 | 5 | 4 | 1 | 6 | 8 |
| 8 | 7 | 5 | 6 | 2 | 1 | 9 | 3 | 4 |
| 7 | 4 | 1 | 8 | 6 | 2 | 5 | 9 | 3 |
| 3 | 8 | 9 | 4 | 7 | 5 | 2 | 1 | 6 |
| 6 | 5 | 2 | 1 | 9 | 3 | 4 | 8 | 7 |

## EASY - 187

| 3 | 2 | 7 | 4 | 9 | 1 | 5 | 8 | 6 |
|---|---|---|---|---|---|---|---|---|
| 8 | 9 | 1 | 5 | 6 | 3 | 4 | 7 | 2 |
| 5 | 4 | 6 | 2 | 7 | 8 | 1 | 9 | 3 |
| 6 | 7 | 3 | 8 | 5 | 4 | 9 | 2 | 1 |
| 2 | 8 | 4 | 1 | 3 | 9 | 7 | 6 | 5 |
| 1 | 5 | 9 | 7 | 2 | 6 | 8 | 3 | 4 |
| 7 | 1 | 2 | 6 | 8 | 5 | 3 | 4 | 9 |
| 9 | 6 | 5 | 3 | 4 | 7 | 2 | 1 | 8 |
| 4 | 3 | 8 | 9 | 1 | 2 | 6 | 5 | 7 |

## EASY - 188

| 9 | 4 | 8 | 3 | 1 | 6 | 5 | 7 | 2 |
|---|---|---|---|---|---|---|---|---|
| 6 | 1 | 5 | 2 | 7 | 9 | 4 | 8 | 3 |
| 2 | 7 | 3 | 8 | 5 | 4 | 6 | 1 | 9 |
| 5 | 9 | 1 | 4 | 8 | 7 | 3 | 2 | 6 |
| 7 | 2 | 6 | 9 | 3 | 1 | 8 | 5 | 4 |
| 3 | 8 | 4 | 6 | 2 | 5 | 7 | 9 | 1 |
| 8 | 3 | 9 | 7 | 6 | 2 | 1 | 4 | 5 |
| 4 | 5 | 7 | 1 | 9 | 3 | 2 | 6 | 8 |
| 1 | 6 | 2 | 5 | 4 | 8 | 9 | 3 | 7 |

## EASY - 189

| 6 | 7 | 8 | 4 | 1 | 2 | 3 | 9 | 5 |
|---|---|---|---|---|---|---|---|---|
| 1 | 2 | 5 | 8 | 9 | 3 | 7 | 4 | 6 |
| 9 | 4 | 3 | 6 | 5 | 7 | 8 | 2 | 1 |
| 3 | 1 | 6 | 7 | 4 | 5 | 2 | 8 | 9 |
| 2 | 5 | 9 | 3 | 8 | 1 | 4 | 6 | 7 |
| 7 | 8 | 4 | 9 | 2 | 6 | 5 | 1 | 3 |
| 4 | 9 | 7 | 1 | 3 | 8 | 6 | 5 | 2 |
| 5 | 3 | 1 | 2 | 6 | 4 | 9 | 7 | 8 |
| 8 | 6 | 2 | 5 | 7 | 9 | 1 | 3 | 4 |

## EASY - 190

| 5 | 2 | 9 | 8 | 7 | 4 | 1 | 3 | 6 |
|---|---|---|---|---|---|---|---|---|
| 8 | 1 | 7 | 3 | 9 | 6 | 5 | 4 | 2 |
| 4 | 6 | 3 | 5 | 1 | 2 | 8 | 9 | 7 |
| 6 | 5 | 1 | 4 | 2 | 9 | 7 | 8 | 3 |
| 7 | 9 | 8 | 6 | 3 | 1 | 2 | 5 | 4 |
| 2 | 3 | 4 | 7 | 5 | 8 | 6 | 1 | 9 |
| 1 | 7 | 6 | 9 | 4 | 5 | 3 | 2 | 8 |
| 3 | 4 | 2 | 1 | 8 | 7 | 9 | 6 | 5 |
| 9 | 8 | 5 | 2 | 6 | 3 | 4 | 7 | 1 |

## EASY - 191

| 9 | 5 | 4 | 1 | 3 | 6 | 2 | 8 | 7 |
|---|---|---|---|---|---|---|---|---|
| 3 | 7 | 6 | 8 | 5 | 2 | 1 | 9 | 4 |
| 2 | 8 | 1 | 7 | 9 | 4 | 5 | 3 | 6 |
| 5 | 1 | 9 | 6 | 4 | 3 | 8 | 7 | 2 |
| 6 | 3 | 8 | 2 | 7 | 1 | 4 | 5 | 9 |
| 4 | 2 | 7 | 5 | 8 | 9 | 6 | 1 | 3 |
| 1 | 4 | 5 | 3 | 6 | 7 | 9 | 2 | 8 |
| 8 | 6 | 3 | 9 | 2 | 5 | 7 | 4 | 1 |
| 7 | 9 | 2 | 4 | 1 | 8 | 3 | 6 | 5 |

## EASY - 192

| 6 | 1 | 5 | 4 | 9 | 7 | 8 | 2 | 3 |
|---|---|---|---|---|---|---|---|---|
| 3 | 2 | 8 | 1 | 6 | 5 | 9 | 7 | 4 |
| 4 | 9 | 7 | 3 | 8 | 2 | 1 | 5 | 6 |
| 1 | 6 | 2 | 9 | 7 | 8 | 3 | 4 | 5 |
| 5 | 3 | 9 | 2 | 4 | 6 | 7 | 8 | 1 |
| 7 | 8 | 4 | 5 | 1 | 3 | 6 | 9 | 2 |
| 9 | 7 | 1 | 6 | 5 | 4 | 2 | 3 | 8 |
| 8 | 5 | 3 | 7 | 2 | 1 | 4 | 6 | 9 |
| 2 | 4 | 6 | 8 | 3 | 9 | 5 | 1 | 7 |

## EASY - 193

| 3 | 6 | 5 | 2 | 7 | 8 | 9 | 1 | 4 |
|---|---|---|---|---|---|---|---|---|
| 1 | 2 | 4 | 9 | 5 | 6 | 8 | 3 | 7 |
| 7 | 8 | 9 | 1 | 3 | 4 | 6 | 2 | 5 |
| 4 | 7 | 1 | 3 | 8 | 5 | 2 | 9 | 6 |
| 9 | 5 | 8 | 6 | 4 | 2 | 3 | 7 | 1 |
| 6 | 3 | 2 | 7 | 9 | 1 | 5 | 4 | 8 |
| 8 | 9 | 7 | 5 | 1 | 3 | 4 | 6 | 2 |
| 5 | 1 | 6 | 4 | 2 | 9 | 7 | 8 | 3 |
| 2 | 4 | 3 | 8 | 6 | 7 | 1 | 5 | 9 |

## EASY - 194

| 4 | 7 | 2 | 8 | 9 | 5 | 1 | 3 | 6 |
|---|---|---|---|---|---|---|---|---|
| 8 | 1 | 9 | 3 | 4 | 6 | 7 | 2 | 5 |
| 6 | 5 | 3 | 7 | 1 | 2 | 4 | 9 | 8 |
| 1 | 6 | 7 | 2 | 8 | 4 | 9 | 5 | 3 |
| 9 | 8 | 5 | 6 | 7 | 3 | 2 | 1 | 4 |
| 2 | 3 | 4 | 1 | 5 | 9 | 8 | 6 | 7 |
| 5 | 9 | 1 | 4 | 6 | 7 | 3 | 8 | 2 |
| 7 | 2 | 6 | 9 | 3 | 8 | 5 | 4 | 1 |
| 3 | 4 | 8 | 5 | 2 | 1 | 6 | 7 | 9 |

## EASY - 195

| 8 | 9 | 4 | 7 | 2 | 5 | 3 | 6 | 1 |
|---|---|---|---|---|---|---|---|---|
| 1 | 6 | 5 | 3 | 9 | 8 | 7 | 4 | 2 |
| 7 | 3 | 2 | 1 | 6 | 4 | 8 | 9 | 5 |
| 9 | 5 | 1 | 6 | 3 | 7 | 4 | 2 | 8 |
| 6 | 4 | 8 | 2 | 5 | 1 | 9 | 3 | 7 |
| 2 | 7 | 3 | 8 | 4 | 9 | 5 | 1 | 6 |
| 5 | 2 | 6 | 4 | 8 | 3 | 1 | 7 | 9 |
| 3 | 1 | 9 | 5 | 7 | 2 | 6 | 8 | 4 |
| 4 | 8 | 7 | 9 | 1 | 6 | 2 | 5 | 3 |

## EASY - 196

| 9 | 6 | 3 | 1 | 7 | 2 | 5 | 4 | 8 |
|---|---|---|---|---|---|---|---|---|
| 2 | 1 | 4 | 8 | 5 | 9 | 7 | 6 | 3 |
| 7 | 8 | 5 | 3 | 4 | 6 | 9 | 1 | 2 |
| 4 | 5 | 9 | 2 | 1 | 8 | 3 | 7 | 6 |
| 6 | 7 | 1 | 5 | 9 | 3 | 8 | 2 | 4 |
| 3 | 2 | 8 | 4 | 6 | 7 | 1 | 5 | 9 |
| 5 | 9 | 2 | 7 | 8 | 4 | 6 | 3 | 1 |
| 8 | 3 | 7 | 6 | 2 | 1 | 4 | 9 | 5 |
| 1 | 4 | 6 | 9 | 3 | 5 | 2 | 8 | 7 |

## EASY - 197

| 8 | 5 | 4 | 7 | 2 | 9 | 3 | 6 | 1 |
|---|---|---|---|---|---|---|---|---|
| 7 | 9 | 3 | 8 | 6 | 1 | 4 | 2 | 5 |
| 1 | 2 | 6 | 5 | 3 | 4 | 9 | 8 | 7 |
| 3 | 1 | 8 | 9 | 7 | 2 | 6 | 5 | 4 |
| 5 | 6 | 7 | 4 | 8 | 3 | 1 | 9 | 2 |
| 9 | 4 | 2 | 1 | 5 | 6 | 8 | 7 | 3 |
| 2 | 3 | 9 | 6 | 1 | 5 | 7 | 4 | 8 |
| 6 | 7 | 5 | 3 | 4 | 8 | 2 | 1 | 9 |
| 4 | 8 | 1 | 2 | 9 | 7 | 5 | 3 | 6 |

## EASY - 198

| 4 | 5 | 7 | 9 | 8 | 3 | 1 | 6 | 2 |
|---|---|---|---|---|---|---|---|---|
| 1 | 2 | 8 | 5 | 7 | 6 | 3 | 4 | 9 |
| 6 | 9 | 3 | 4 | 2 | 1 | 7 | 5 | 8 |
| 7 | 8 | 6 | 3 | 1 | 9 | 5 | 2 | 4 |
| 5 | 1 | 2 | 7 | 6 | 4 | 9 | 8 | 3 |
| 9 | 3 | 4 | 2 | 5 | 8 | 6 | 1 | 7 |
| 8 | 4 | 1 | 6 | 9 | 7 | 2 | 3 | 5 |
| 3 | 7 | 5 | 1 | 4 | 2 | 8 | 9 | 6 |
| 2 | 6 | 9 | 8 | 3 | 5 | 4 | 7 | 1 |

## EASY - 199

| 8 | 5 | 2 | 7 | 3 | 6 | 1 | 4 | 9 |
|---|---|---|---|---|---|---|---|---|
| 1 | 6 | 3 | 9 | 4 | 2 | 5 | 7 | 8 |
| 9 | 7 | 4 | 8 | 1 | 5 | 3 | 2 | 6 |
| 7 | 4 | 8 | 2 | 9 | 3 | 6 | 5 | 1 |
| 5 | 3 | 1 | 4 | 6 | 7 | 9 | 8 | 2 |
| 2 | 9 | 6 | 5 | 8 | 1 | 4 | 3 | 7 |
| 4 | 1 | 5 | 6 | 2 | 8 | 7 | 9 | 3 |
| 3 | 8 | 7 | 1 | 5 | 9 | 2 | 6 | 4 |
| 6 | 2 | 9 | 3 | 7 | 4 | 8 | 1 | 5 |

## EASY - 200

| 2 | 9 | 5 | 8 | 7 | 3 | 6 | 1 | 4 |
|---|---|---|---|---|---|---|---|---|
| 1 | 6 | 8 | 4 | 9 | 2 | 3 | 5 | 7 |
| 7 | 4 | 3 | 1 | 6 | 5 | 8 | 2 | 9 |
| 5 | 8 | 6 | 7 | 1 | 4 | 9 | 3 | 2 |
| 4 | 1 | 2 | 9 | 3 | 6 | 7 | 8 | 5 |
| 9 | 3 | 7 | 5 | 2 | 8 | 1 | 4 | 6 |
| 3 | 7 | 4 | 6 | 5 | 1 | 2 | 9 | 8 |
| 8 | 2 | 9 | 3 | 4 | 7 | 5 | 6 | 1 |
| 6 | 5 | 1 | 2 | 8 | 9 | 4 | 7 | 3 |

## EASY - 201

| 5 | 1 | 6 | 4 | 2 | 9 | 3 | 8 | 7 |
|---|---|---|---|---|---|---|---|---|
| 3 | 4 | 2 | 7 | 8 | 1 | 6 | 9 | 5 |
| 9 | 7 | 8 | 3 | 5 | 6 | 1 | 4 | 2 |
| 7 | 8 | 9 | 6 | 3 | 2 | 5 | 1 | 4 |
| 6 | 3 | 1 | 5 | 7 | 4 | 9 | 2 | 8 |
| 2 | 5 | 4 | 1 | 9 | 8 | 7 | 3 | 6 |
| 1 | 9 | 5 | 2 | 4 | 7 | 8 | 6 | 3 |
| 4 | 6 | 3 | 8 | 1 | 5 | 2 | 7 | 9 |
| 8 | 2 | 7 | 9 | 6 | 3 | 4 | 5 | 1 |

## EASY - 202

| 1 | 7 | 9 | 2 | 8 | 3 | 6 | 5 | 4 |
|---|---|---|---|---|---|---|---|---|
| 2 | 6 | 5 | 7 | 4 | 9 | 1 | 3 | 8 |
| 3 | 8 | 4 | 5 | 6 | 1 | 7 | 9 | 2 |
| 7 | 3 | 1 | 9 | 5 | 4 | 8 | 2 | 6 |
| 9 | 4 | 2 | 6 | 3 | 8 | 5 | 7 | 1 |
| 6 | 5 | 8 | 1 | 2 | 7 | 9 | 4 | 3 |
| 4 | 9 | 3 | 8 | 7 | 6 | 2 | 1 | 5 |
| 5 | 1 | 6 | 3 | 9 | 2 | 4 | 8 | 7 |
| 8 | 2 | 7 | 4 | 1 | 5 | 3 | 6 | 9 |

## EASY - 203

| 9 | 8 | 7 | 4 | 3 | 2 | 6 | 1 | 5 |
|---|---|---|---|---|---|---|---|---|
| 1 | 3 | 4 | 5 | 6 | 8 | 7 | 2 | 9 |
| 5 | 2 | 6 | 9 | 1 | 7 | 4 | 8 | 3 |
| 3 | 6 | 2 | 1 | 7 | 4 | 5 | 9 | 8 |
| 8 | 5 | 1 | 6 | 2 | 9 | 3 | 4 | 7 |
| 7 | 4 | 9 | 3 | 8 | 5 | 1 | 6 | 2 |
| 2 | 1 | 8 | 7 | 4 | 3 | 9 | 5 | 6 |
| 6 | 7 | 5 | 8 | 9 | 1 | 2 | 3 | 4 |
| 4 | 9 | 3 | 2 | 5 | 6 | 8 | 7 | 1 |

## EASY - 204

| 6 | 4 | 7 | 2 | 3 | 5 | 8 | 9 | 1 |
|---|---|---|---|---|---|---|---|---|
| 9 | 8 | 2 | 1 | 4 | 7 | 5 | 3 | 6 |
| 5 | 1 | 3 | 9 | 8 | 6 | 7 | 2 | 4 |
| 7 | 6 | 8 | 4 | 1 | 3 | 9 | 5 | 2 |
| 2 | 9 | 5 | 6 | 7 | 8 | 4 | 1 | 3 |
| 4 | 3 | 1 | 5 | 9 | 2 | 6 | 8 | 7 |
| 1 | 5 | 4 | 7 | 2 | 9 | 3 | 6 | 8 |
| 8 | 7 | 6 | 3 | 5 | 1 | 2 | 4 | 9 |
| 3 | 2 | 9 | 8 | 6 | 4 | 1 | 7 | 5 |

## EASY - 205

| 5 | 2 | 8 | 3 | 4 | 7 | 1 | 9 | 6 |
|---|---|---|---|---|---|---|---|---|
| 7 | 3 | 9 | 2 | 6 | 1 | 5 | 8 | 4 |
| 4 | 1 | 6 | 5 | 9 | 8 | 3 | 2 | 7 |
| 9 | 6 | 7 | 8 | 2 | 3 | 4 | 5 | 1 |
| 2 | 4 | 5 | 7 | 1 | 6 | 9 | 3 | 8 |
| 3 | 8 | 1 | 9 | 5 | 4 | 7 | 6 | 2 |
| 6 | 7 | 3 | 4 | 8 | 9 | 2 | 1 | 5 |
| 8 | 9 | 2 | 1 | 7 | 5 | 6 | 4 | 3 |
| 1 | 5 | 4 | 6 | 3 | 2 | 8 | 7 | 9 |

## EASY - 206

| 9 | 8 | 4 | 2 | 1 | 6 | 5 | 3 | 7 |
|---|---|---|---|---|---|---|---|---|
| 7 | 2 | 5 | 3 | 4 | 8 | 6 | 1 | 9 |
| 3 | 1 | 6 | 7 | 9 | 5 | 4 | 2 | 8 |
| 2 | 3 | 9 | 8 | 7 | 4 | 1 | 5 | 6 |
| 6 | 4 | 1 | 5 | 3 | 9 | 8 | 7 | 2 |
| 8 | 5 | 7 | 6 | 2 | 1 | 3 | 9 | 4 |
| 1 | 6 | 8 | 9 | 5 | 2 | 7 | 4 | 3 |
| 4 | 7 | 2 | 1 | 6 | 3 | 9 | 8 | 5 |
| 5 | 9 | 3 | 4 | 8 | 7 | 2 | 6 | 1 |

## EASY - 207

| 2 | 8 | 4 | 7 | 9 | 5 | 6 | 1 | 3 |
|---|---|---|---|---|---|---|---|---|
| 6 | 1 | 7 | 3 | 8 | 2 | 4 | 9 | 5 |
| 3 | 9 | 5 | 1 | 4 | 6 | 7 | 2 | 8 |
| 4 | 5 | 9 | 2 | 3 | 8 | 1 | 7 | 6 |
| 8 | 6 | 1 | 5 | 7 | 9 | 3 | 4 | 2 |
| 7 | 2 | 3 | 6 | 1 | 4 | 8 | 5 | 9 |
| 9 | 3 | 6 | 4 | 2 | 7 | 5 | 8 | 1 |
| 5 | 7 | 8 | 9 | 6 | 1 | 2 | 3 | 4 |
| 1 | 4 | 2 | 8 | 5 | 3 | 9 | 6 | 7 |

## EASY - 208

| 1 | 3 | 9 | 6 | 2 | 8 | 7 | 4 | 5 |
|---|---|---|---|---|---|---|---|---|
| 2 | 4 | 6 | 7 | 5 | 9 | 3 | 8 | 1 |
| 7 | 8 | 5 | 4 | 1 | 3 | 2 | 6 | 9 |
| 8 | 5 | 4 | 2 | 9 | 1 | 6 | 7 | 3 |
| 9 | 6 | 2 | 8 | 3 | 7 | 5 | 1 | 4 |
| 3 | 7 | 1 | 5 | 4 | 6 | 9 | 2 | 8 |
| 6 | 2 | 3 | 9 | 8 | 4 | 1 | 5 | 7 |
| 5 | 9 | 8 | 1 | 7 | 2 | 4 | 3 | 6 |
| 4 | 1 | 7 | 3 | 6 | 5 | 8 | 9 | 2 |

## EASY - 209

| 3 | 8 | 4 | 6 | 5 | 9 | 1 | 2 | 7 |
|---|---|---|---|---|---|---|---|---|
| 7 | 9 | 6 | 4 | 1 | 2 | 5 | 3 | 8 |
| 2 | 5 | 1 | 8 | 3 | 7 | 6 | 9 | 4 |
| 1 | 6 | 5 | 9 | 4 | 8 | 3 | 7 | 2 |
| 4 | 3 | 8 | 7 | 2 | 5 | 9 | 1 | 6 |
| 9 | 2 | 7 | 1 | 6 | 3 | 8 | 4 | 5 |
| 5 | 4 | 2 | 3 | 9 | 6 | 7 | 8 | 1 |
| 8 | 1 | 9 | 5 | 7 | 4 | 2 | 6 | 3 |
| 6 | 7 | 3 | 2 | 8 | 1 | 4 | 5 | 9 |

## EASY - 210

| 8 | 7 | 1 | 6 | 9 | 2 | 3 | 5 | 4 |
|---|---|---|---|---|---|---|---|---|
| 5 | 6 | 2 | 7 | 4 | 3 | 8 | 1 | 9 |
| 4 | 3 | 9 | 5 | 1 | 8 | 6 | 7 | 2 |
| 1 | 5 | 7 | 9 | 8 | 6 | 4 | 2 | 3 |
| 3 | 2 | 8 | 4 | 7 | 5 | 9 | 6 | 1 |
| 6 | 9 | 4 | 3 | 2 | 1 | 7 | 8 | 5 |
| 9 | 4 | 6 | 2 | 5 | 7 | 1 | 3 | 8 |
| 7 | 8 | 5 | 1 | 3 | 9 | 2 | 4 | 6 |
| 2 | 1 | 3 | 8 | 6 | 4 | 5 | 9 | 7 |

## EASY - 211

| 8 | 5 | 7 | 6 | 2 | 4 | 3 | 1 | 9 |
|---|---|---|---|---|---|---|---|---|
| 4 | 3 | 1 | 7 | 9 | 8 | 5 | 6 | 2 |
| 6 | 2 | 9 | 3 | 1 | 5 | 7 | 4 | 8 |
| 9 | 8 | 3 | 2 | 7 | 6 | 4 | 5 | 1 |
| 5 | 1 | 4 | 9 | 8 | 3 | 2 | 7 | 6 |
| 7 | 6 | 2 | 4 | 5 | 1 | 8 | 9 | 3 |
| 2 | 4 | 5 | 1 | 3 | 9 | 6 | 8 | 7 |
| 3 | 9 | 8 | 5 | 6 | 7 | 1 | 2 | 4 |
| 1 | 7 | 6 | 8 | 4 | 2 | 9 | 3 | 5 |

## EASY - 212

| 9 | 8 | 3 | 6 | 4 | 5 | 2 | 1 | 7 |
|---|---|---|---|---|---|---|---|---|
| 6 | 5 | 4 | 2 | 1 | 7 | 9 | 8 | 3 |
| 2 | 1 | 7 | 9 | 8 | 3 | 4 | 6 | 5 |
| 1 | 3 | 2 | 8 | 5 | 6 | 7 | 4 | 9 |
| 8 | 4 | 6 | 7 | 2 | 9 | 5 | 3 | 1 |
| 7 | 9 | 5 | 4 | 3 | 1 | 6 | 2 | 8 |
| 5 | 6 | 1 | 3 | 9 | 2 | 8 | 7 | 4 |
| 4 | 7 | 9 | 1 | 6 | 8 | 3 | 5 | 2 |
| 3 | 2 | 8 | 5 | 7 | 4 | 1 | 9 | 6 |

## EASY - 213

| 9 | 7 | 8 | 2 | 5 | 6 | 3 | 4 | 1 |
|---|---|---|---|---|---|---|---|---|
| 3 | 2 | 1 | 4 | 8 | 9 | 7 | 6 | 5 |
| 5 | 4 | 6 | 7 | 3 | 1 | 8 | 2 | 9 |
| 4 | 1 | 9 | 8 | 6 | 5 | 2 | 3 | 7 |
| 2 | 5 | 7 | 3 | 9 | 4 | 6 | 1 | 8 |
| 8 | 6 | 3 | 1 | 2 | 7 | 9 | 5 | 4 |
| 1 | 8 | 2 | 9 | 4 | 3 | 5 | 7 | 6 |
| 6 | 3 | 4 | 5 | 7 | 8 | 1 | 9 | 2 |
| 7 | 9 | 5 | 6 | 1 | 2 | 4 | 8 | 3 |

## EASY - 214

| 8 | 2 | 4 | 3 | 7 | 1 | 9 | 6 | 5 |
|---|---|---|---|---|---|---|---|---|
| 5 | 7 | 1 | 6 | 4 | 9 | 3 | 2 | 8 |
| 3 | 9 | 6 | 8 | 2 | 5 | 4 | 7 | 1 |
| 1 | 8 | 5 | 4 | 3 | 6 | 7 | 9 | 2 |
| 9 | 6 | 7 | 1 | 8 | 2 | 5 | 3 | 4 |
| 2 | 4 | 3 | 9 | 5 | 7 | 1 | 8 | 6 |
| 7 | 3 | 8 | 5 | 6 | 4 | 2 | 1 | 9 |
| 4 | 1 | 2 | 7 | 9 | 8 | 6 | 5 | 3 |
| 6 | 5 | 9 | 2 | 1 | 3 | 8 | 4 | 7 |

## EASY - 215

| 5 | 9 | 4 | 3 | 7 | 2 | 6 | 8 | 1 |
|---|---|---|---|---|---|---|---|---|
| 1 | 8 | 6 | 9 | 4 | 5 | 7 | 3 | 2 |
| 3 | 2 | 7 | 6 | 8 | 1 | 5 | 4 | 9 |
| 2 | 1 | 3 | 5 | 6 | 9 | 4 | 7 | 8 |
| 6 | 7 | 9 | 4 | 2 | 8 | 3 | 1 | 5 |
| 4 | 5 | 8 | 1 | 3 | 7 | 9 | 2 | 6 |
| 8 | 6 | 2 | 7 | 9 | 3 | 1 | 5 | 4 |
| 9 | 3 | 5 | 2 | 1 | 4 | 8 | 6 | 7 |
| 7 | 4 | 1 | 8 | 5 | 6 | 2 | 9 | 3 |

## EASY - 216

| 3 | 8 | 2 | 9 | 7 | 1 | 4 | 6 | 5 |
|---|---|---|---|---|---|---|---|---|
| 6 | 9 | 4 | 5 | 3 | 2 | 8 | 7 | 1 |
| 7 | 1 | 5 | 6 | 8 | 4 | 9 | 3 | 2 |
| 8 | 4 | 7 | 2 | 6 | 5 | 3 | 1 | 9 |
| 1 | 5 | 6 | 3 | 4 | 9 | 2 | 8 | 7 |
| 9 | 2 | 3 | 7 | 1 | 8 | 6 | 5 | 4 |
| 5 | 6 | 1 | 4 | 9 | 3 | 7 | 2 | 8 |
| 2 | 3 | 9 | 8 | 5 | 7 | 1 | 4 | 6 |
| 4 | 7 | 8 | 1 | 2 | 6 | 5 | 9 | 3 |

## EASY - 217

| 6 | 2 | 8 | 9 | 5 | 7 | 4 | 1 | 3 |
|---|---|---|---|---|---|---|---|---|
| 9 | 1 | 3 | 8 | 4 | 6 | 7 | 5 | 2 |
| 5 | 7 | 4 | 3 | 2 | 1 | 8 | 6 | 9 |
| 1 | 5 | 6 | 2 | 7 | 9 | 3 | 4 | 8 |
| 8 | 4 | 9 | 1 | 3 | 5 | 2 | 7 | 6 |
| 2 | 3 | 7 | 4 | 6 | 8 | 5 | 9 | 1 |
| 4 | 8 | 5 | 6 | 9 | 2 | 1 | 3 | 7 |
| 3 | 6 | 2 | 7 | 1 | 4 | 9 | 8 | 5 |
| 7 | 9 | 1 | 5 | 8 | 3 | 6 | 2 | 4 |

## EASY - 218

| 1 | 9 | 3 | 7 | 5 | 2 | 6 | 4 | 8 |
|---|---|---|---|---|---|---|---|---|
| 7 | 5 | 6 | 1 | 4 | 8 | 9 | 2 | 3 |
| 4 | 8 | 2 | 6 | 3 | 9 | 7 | 1 | 5 |
| 8 | 3 | 4 | 9 | 6 | 7 | 1 | 5 | 2 |
| 9 | 7 | 1 | 3 | 2 | 5 | 4 | 8 | 6 |
| 6 | 2 | 5 | 8 | 1 | 4 | 3 | 7 | 9 |
| 2 | 6 | 7 | 4 | 8 | 3 | 5 | 9 | 1 |
| 5 | 1 | 9 | 2 | 7 | 6 | 8 | 3 | 4 |
| 3 | 4 | 8 | 5 | 9 | 1 | 2 | 6 | 7 |

## EASY - 219

| 8 | 6 | 5 | 2 | 3 | 9 | 4 | 1 | 7 |
|---|---|---|---|---|---|---|---|---|
| 4 | 7 | 9 | 6 | 5 | 1 | 8 | 3 | 2 |
| 1 | 2 | 3 | 4 | 8 | 7 | 6 | 9 | 5 |
| 2 | 8 | 6 | 3 | 9 | 4 | 7 | 5 | 1 |
| 7 | 3 | 4 | 1 | 2 | 5 | 9 | 8 | 6 |
| 9 | 5 | 1 | 7 | 6 | 8 | 3 | 2 | 4 |
| 5 | 4 | 2 | 9 | 7 | 3 | 1 | 6 | 8 |
| 3 | 1 | 8 | 5 | 4 | 6 | 2 | 7 | 9 |
| 6 | 9 | 7 | 8 | 1 | 2 | 5 | 4 | 3 |

## EASY - 220

| 9 | 8 | 4 | 2 | 5 | 1 | 7 | 6 | 3 |
|---|---|---|---|---|---|---|---|---|
| 6 | 3 | 1 | 4 | 7 | 8 | 9 | 5 | 2 |
| 7 | 2 | 5 | 3 | 9 | 6 | 8 | 4 | 1 |
| 4 | 9 | 3 | 6 | 8 | 2 | 5 | 1 | 7 |
| 1 | 6 | 8 | 7 | 4 | 5 | 2 | 3 | 9 |
| 2 | 5 | 7 | 1 | 3 | 9 | 4 | 8 | 6 |
| 3 | 7 | 9 | 8 | 1 | 4 | 6 | 2 | 5 |
| 8 | 1 | 2 | 5 | 6 | 7 | 3 | 9 | 4 |
| 5 | 4 | 6 | 9 | 2 | 3 | 1 | 7 | 8 |

## EASY - 221

| 5 | 7 | 1 | 2 | 6 | 3 | 4 | 8 | 9 |
|---|---|---|---|---|---|---|---|---|
| 3 | 2 | 6 | 4 | 8 | 9 | 5 | 7 | 1 |
| 4 | 8 | 9 | 5 | 1 | 7 | 6 | 2 | 3 |
| 8 | 6 | 7 | 9 | 5 | 4 | 1 | 3 | 2 |
| 1 | 3 | 2 | 6 | 7 | 8 | 9 | 5 | 4 |
| 9 | 4 | 5 | 1 | 3 | 2 | 8 | 6 | 7 |
| 6 | 9 | 8 | 7 | 2 | 1 | 3 | 4 | 5 |
| 2 | 5 | 4 | 3 | 9 | 6 | 7 | 1 | 8 |
| 7 | 1 | 3 | 8 | 4 | 5 | 2 | 9 | 6 |

## EASY - 222

| 9 | 8 | 4 | 2 | 5 | 7 | 6 | 3 | 1 |
|---|---|---|---|---|---|---|---|---|
| 1 | 3 | 7 | 8 | 4 | 6 | 2 | 9 | 5 |
| 2 | 6 | 5 | 3 | 9 | 1 | 7 | 8 | 4 |
| 6 | 7 | 9 | 5 | 2 | 4 | 3 | 1 | 8 |
| 3 | 5 | 2 | 7 | 1 | 8 | 9 | 4 | 6 |
| 4 | 1 | 8 | 9 | 6 | 3 | 5 | 2 | 7 |
| 5 | 4 | 3 | 1 | 7 | 9 | 8 | 6 | 2 |
| 8 | 2 | 6 | 4 | 3 | 5 | 1 | 7 | 9 |
| 7 | 9 | 1 | 6 | 8 | 2 | 4 | 5 | 3 |

## EASY - 223

| 4 | 7 | 6 | 5 | 8 | 9 | 1 | 3 | 2 |
|---|---|---|---|---|---|---|---|---|
| 3 | 2 | 1 | 4 | 6 | 7 | 8 | 9 | 5 |
| 9 | 8 | 5 | 3 | 1 | 2 | 4 | 7 | 6 |
| 5 | 1 | 7 | 9 | 2 | 4 | 3 | 6 | 8 |
| 8 | 9 | 3 | 6 | 7 | 5 | 2 | 1 | 4 |
| 6 | 4 | 2 | 1 | 3 | 8 | 7 | 5 | 9 |
| 1 | 6 | 4 | 8 | 5 | 3 | 9 | 2 | 7 |
| 7 | 3 | 9 | 2 | 4 | 6 | 5 | 8 | 1 |
| 2 | 5 | 8 | 7 | 9 | 1 | 6 | 4 | 3 |

## EASY - 224

| 8 | 5 | 6 | 2 | 3 | 4 | 9 | 1 | 7 |
|---|---|---|---|---|---|---|---|---|
| 4 | 3 | 9 | 6 | 7 | 1 | 2 | 8 | 5 |
| 2 | 1 | 7 | 9 | 8 | 5 | 6 | 4 | 3 |
| 3 | 9 | 4 | 5 | 2 | 6 | 8 | 7 | 1 |
| 6 | 7 | 8 | 1 | 9 | 3 | 4 | 5 | 2 |
| 5 | 2 | 1 | 7 | 4 | 8 | 3 | 6 | 9 |
| 9 | 4 | 2 | 8 | 5 | 7 | 1 | 3 | 6 |
| 7 | 6 | 3 | 4 | 1 | 9 | 5 | 2 | 8 |
| 1 | 8 | 5 | 3 | 6 | 2 | 7 | 9 | 4 |

## EASY - 225

| 9 | 1 | 8 | 5 | 3 | 4 | 6 | 7 | 2 |
|---|---|---|---|---|---|---|---|---|
| 5 | 2 | 3 | 6 | 8 | 7 | 1 | 9 | 4 |
| 6 | 4 | 7 | 9 | 1 | 2 | 8 | 3 | 5 |
| 7 | 6 | 9 | 2 | 4 | 1 | 5 | 8 | 3 |
| 1 | 8 | 5 | 3 | 7 | 9 | 4 | 2 | 6 |
| 4 | 3 | 2 | 8 | 5 | 6 | 7 | 1 | 9 |
| 2 | 7 | 1 | 4 | 6 | 3 | 9 | 5 | 8 |
| 8 | 9 | 6 | 1 | 2 | 5 | 3 | 4 | 7 |
| 3 | 5 | 4 | 7 | 9 | 8 | 2 | 6 | 1 |

## EASY - 226

| 9 | 5 | 8 | 4 | 3 | 2 | 7 | 6 | 1 |
|---|---|---|---|---|---|---|---|---|
| 1 | 2 | 4 | 6 | 8 | 7 | 5 | 3 | 9 |
| 7 | 6 | 3 | 5 | 1 | 9 | 2 | 4 | 8 |
| 4 | 9 | 1 | 3 | 2 | 5 | 6 | 8 | 7 |
| 6 | 8 | 5 | 7 | 4 | 1 | 3 | 9 | 2 |
| 2 | 3 | 7 | 9 | 6 | 8 | 4 | 1 | 5 |
| 8 | 4 | 2 | 1 | 7 | 6 | 9 | 5 | 3 |
| 3 | 7 | 9 | 8 | 5 | 4 | 1 | 2 | 6 |
| 5 | 1 | 6 | 2 | 9 | 3 | 8 | 7 | 4 |

## EASY - 227

| 6 | 8 | 1 | 4 | 5 | 2 | 7 | 9 | 3 |
|---|---|---|---|---|---|---|---|---|
| 7 | 9 | 3 | 6 | 8 | 1 | 4 | 2 | 5 |
| 5 | 2 | 4 | 7 | 9 | 3 | 1 | 6 | 8 |
| 1 | 6 | 5 | 9 | 4 | 8 | 2 | 3 | 7 |
| 2 | 3 | 9 | 1 | 7 | 6 | 5 | 8 | 4 |
| 8 | 4 | 7 | 2 | 3 | 5 | 6 | 1 | 9 |
| 9 | 7 | 6 | 8 | 1 | 4 | 3 | 5 | 2 |
| 4 | 5 | 2 | 3 | 6 | 9 | 8 | 7 | 1 |
| 3 | 1 | 8 | 5 | 2 | 7 | 9 | 4 | 6 |

## EASY - 228

| 8 | 9 | 1 | 3 | 5 | 4 | 2 | 6 | 7 |
|---|---|---|---|---|---|---|---|---|
| 3 | 2 | 7 | 8 | 1 | 6 | 4 | 9 | 5 |
| 6 | 4 | 5 | 9 | 7 | 2 | 3 | 8 | 1 |
| 4 | 1 | 9 | 7 | 3 | 5 | 6 | 2 | 8 |
| 2 | 5 | 8 | 6 | 9 | 1 | 7 | 4 | 3 |
| 7 | 3 | 6 | 4 | 2 | 8 | 1 | 5 | 9 |
| 1 | 8 | 3 | 2 | 4 | 9 | 5 | 7 | 6 |
| 5 | 6 | 2 | 1 | 8 | 7 | 9 | 3 | 4 |
| 9 | 7 | 4 | 5 | 6 | 3 | 8 | 1 | 2 |

## EASY - 229

| 5 | 3 | 7 | 8 | 9 | 1 | 2 | 6 | 4 |
|---|---|---|---|---|---|---|---|---|
| 2 | 9 | 8 | 5 | 4 | 6 | 7 | 3 | 1 |
| 6 | 1 | 4 | 2 | 7 | 3 | 5 | 8 | 9 |
| 3 | 8 | 6 | 4 | 5 | 9 | 1 | 2 | 7 |
| 1 | 5 | 9 | 3 | 2 | 7 | 6 | 4 | 8 |
| 7 | 4 | 2 | 6 | 1 | 8 | 9 | 5 | 3 |
| 8 | 7 | 5 | 9 | 3 | 2 | 4 | 1 | 6 |
| 4 | 6 | 1 | 7 | 8 | 5 | 3 | 9 | 2 |
| 9 | 2 | 3 | 1 | 6 | 4 | 8 | 7 | 5 |

## EASY - 230

| 5 | 7 | 9 | 4 | 8 | 1 | 3 | 2 | 6 |
|---|---|---|---|---|---|---|---|---|
| 2 | 3 | 8 | 9 | 5 | 6 | 1 | 7 | 4 |
| 6 | 1 | 4 | 3 | 7 | 2 | 9 | 8 | 5 |
| 3 | 8 | 2 | 5 | 1 | 9 | 4 | 6 | 7 |
| 1 | 5 | 6 | 7 | 2 | 4 | 8 | 3 | 9 |
| 9 | 4 | 7 | 8 | 6 | 3 | 2 | 5 | 1 |
| 8 | 6 | 3 | 1 | 9 | 5 | 7 | 4 | 2 |
| 4 | 9 | 5 | 2 | 3 | 7 | 6 | 1 | 8 |
| 7 | 2 | 1 | 6 | 4 | 8 | 5 | 9 | 3 |

## EASY - 231

| 3 | 7 | 1 | 8 | 6 | 2 | 4 | 5 | 9 |
|---|---|---|---|---|---|---|---|---|
| 4 | 8 | 5 | 9 | 1 | 3 | 6 | 2 | 7 |
| 9 | 2 | 6 | 5 | 4 | 7 | 1 | 3 | 8 |
| 6 | 5 | 9 | 4 | 3 | 8 | 7 | 1 | 2 |
| 2 | 1 | 4 | 6 | 7 | 9 | 3 | 8 | 5 |
| 7 | 3 | 8 | 2 | 5 | 1 | 9 | 4 | 6 |
| 8 | 4 | 2 | 1 | 9 | 6 | 5 | 7 | 3 |
| 1 | 6 | 3 | 7 | 8 | 5 | 2 | 9 | 4 |
| 5 | 9 | 7 | 3 | 2 | 4 | 8 | 6 | 1 |

## EASY - 232

| 9 | 1 | 3 | 2 | 7 | 5 | 6 | 8 | 4 |
|---|---|---|---|---|---|---|---|---|
| 7 | 2 | 8 | 4 | 6 | 1 | 3 | 5 | 9 |
| 5 | 6 | 4 | 8 | 9 | 3 | 1 | 2 | 7 |
| 4 | 3 | 5 | 6 | 1 | 7 | 2 | 9 | 8 |
| 1 | 8 | 6 | 9 | 4 | 2 | 5 | 7 | 3 |
| 2 | 7 | 9 | 3 | 5 | 8 | 4 | 6 | 1 |
| 3 | 5 | 2 | 1 | 8 | 9 | 7 | 4 | 6 |
| 8 | 4 | 1 | 7 | 2 | 6 | 9 | 3 | 5 |
| 6 | 9 | 7 | 5 | 3 | 4 | 8 | 1 | 2 |

## EASY - 233

| 6 | 5 | 2 | 9 | 4 | 1 | 7 | 3 | 8 |
|---|---|---|---|---|---|---|---|---|
| 8 | 1 | 4 | 7 | 6 | 3 | 2 | 5 | 9 |
| 7 | 9 | 3 | 5 | 8 | 2 | 4 | 1 | 6 |
| 4 | 8 | 7 | 2 | 5 | 9 | 1 | 6 | 3 |
| 5 | 3 | 6 | 1 | 7 | 4 | 8 | 9 | 2 |
| 1 | 2 | 9 | 6 | 3 | 8 | 5 | 7 | 4 |
| 9 | 4 | 8 | 3 | 1 | 5 | 6 | 2 | 7 |
| 2 | 6 | 1 | 8 | 9 | 7 | 3 | 4 | 5 |
| 3 | 7 | 5 | 4 | 2 | 6 | 9 | 8 | 1 |

## EASY - 234

| 9 | 2 | 1 | 5 | 7 | 4 | 3 | 8 | 6 |
|---|---|---|---|---|---|---|---|---|
| 8 | 7 | 4 | 3 | 6 | 2 | 5 | 1 | 9 |
| 3 | 6 | 5 | 1 | 9 | 8 | 2 | 7 | 4 |
| 7 | 1 | 8 | 9 | 2 | 5 | 4 | 6 | 3 |
| 2 | 5 | 6 | 4 | 3 | 7 | 8 | 9 | 1 |
| 4 | 3 | 9 | 8 | 1 | 6 | 7 | 2 | 5 |
| 6 | 8 | 3 | 2 | 5 | 9 | 1 | 4 | 7 |
| 1 | 9 | 2 | 7 | 4 | 3 | 6 | 5 | 8 |
| 5 | 4 | 7 | 6 | 8 | 1 | 9 | 3 | 2 |

## EASY - 235

| 8 | 9 | 2 | 6 | 5 | 1 | 7 | 3 | 4 |
|---|---|---|---|---|---|---|---|---|
| 4 | 5 | 6 | 7 | 2 | 3 | 1 | 8 | 9 |
| 1 | 3 | 7 | 9 | 8 | 4 | 2 | 6 | 5 |
| 9 | 2 | 5 | 3 | 4 | 6 | 8 | 7 | 1 |
| 7 | 8 | 1 | 5 | 9 | 2 | 3 | 4 | 6 |
| 6 | 4 | 3 | 1 | 7 | 8 | 9 | 5 | 2 |
| 2 | 7 | 9 | 4 | 3 | 5 | 6 | 1 | 8 |
| 5 | 1 | 8 | 2 | 6 | 7 | 4 | 9 | 3 |
| 3 | 6 | 4 | 8 | 1 | 9 | 5 | 2 | 7 |

## EASY - 236

| 8 | 1 | 3 | 2 | 9 | 6 | 4 | 7 | 5 |
|---|---|---|---|---|---|---|---|---|
| 4 | 6 | 9 | 7 | 5 | 3 | 1 | 8 | 2 |
| 7 | 5 | 2 | 1 | 8 | 4 | 9 | 6 | 3 |
| 3 | 9 | 6 | 5 | 7 | 8 | 2 | 1 | 4 |
| 1 | 7 | 4 | 3 | 6 | 2 | 5 | 9 | 8 |
| 2 | 8 | 5 | 4 | 1 | 9 | 7 | 3 | 6 |
| 6 | 4 | 7 | 8 | 2 | 1 | 3 | 5 | 9 |
| 5 | 2 | 8 | 9 | 3 | 7 | 6 | 4 | 1 |
| 9 | 3 | 1 | 6 | 4 | 5 | 8 | 2 | 7 |

## EASY - 237

| 5 | 2 | 9 | 3 | 6 | 7 | 1 | 4 | 8 |
|---|---|---|---|---|---|---|---|---|
| 6 | 4 | 8 | 1 | 5 | 9 | 2 | 7 | 3 |
| 1 | 3 | 7 | 4 | 8 | 2 | 6 | 9 | 5 |
| 2 | 5 | 3 | 6 | 1 | 4 | 7 | 8 | 9 |
| 8 | 1 | 4 | 7 | 9 | 3 | 5 | 6 | 2 |
| 9 | 7 | 6 | 8 | 2 | 5 | 4 | 3 | 1 |
| 3 | 6 | 2 | 9 | 4 | 1 | 8 | 5 | 7 |
| 7 | 8 | 5 | 2 | 3 | 6 | 9 | 1 | 4 |
| 4 | 9 | 1 | 5 | 7 | 8 | 3 | 2 | 6 |

## EASY - 238

| 6 | 7 | 2 | 8 | 3 | 5 | 4 | 9 | 1 |
|---|---|---|---|---|---|---|---|---|
| 5 | 8 | 3 | 9 | 4 | 1 | 7 | 2 | 6 |
| 1 | 4 | 9 | 6 | 2 | 7 | 3 | 5 | 8 |
| 2 | 5 | 8 | 3 | 7 | 6 | 1 | 4 | 9 |
| 9 | 6 | 7 | 1 | 5 | 4 | 2 | 8 | 3 |
| 3 | 1 | 4 | 2 | 8 | 9 | 5 | 6 | 7 |
| 4 | 9 | 5 | 7 | 6 | 3 | 8 | 1 | 2 |
| 8 | 3 | 6 | 5 | 1 | 2 | 9 | 7 | 4 |
| 7 | 2 | 1 | 4 | 9 | 8 | 6 | 3 | 5 |

## EASY - 239

| 3 | 2 | 9 | 1 | 5 | 4 | 6 | 8 | 7 |
|---|---|---|---|---|---|---|---|---|
| 8 | 7 | 5 | 3 | 2 | 6 | 1 | 4 | 9 |
| 4 | 6 | 1 | 8 | 9 | 7 | 2 | 3 | 5 |
| 7 | 8 | 4 | 2 | 3 | 9 | 5 | 1 | 6 |
| 2 | 1 | 3 | 6 | 8 | 5 | 9 | 7 | 4 |
| 9 | 5 | 6 | 4 | 7 | 1 | 8 | 2 | 3 |
| 6 | 3 | 8 | 9 | 4 | 2 | 7 | 5 | 1 |
| 1 | 4 | 7 | 5 | 6 | 8 | 3 | 9 | 2 |
| 5 | 9 | 2 | 7 | 1 | 3 | 4 | 6 | 8 |

## EASY - 240

| 6 | 5 | 1 | 9 | 7 | 8 | 3 | 4 | 2 |
|---|---|---|---|---|---|---|---|---|
| 3 | 9 | 2 | 4 | 6 | 5 | 1 | 8 | 7 |
| 8 | 4 | 7 | 1 | 2 | 3 | 5 | 6 | 9 |
| 4 | 2 | 8 | 6 | 1 | 9 | 7 | 3 | 5 |
| 7 | 6 | 5 | 3 | 4 | 2 | 9 | 1 | 8 |
| 9 | 1 | 3 | 8 | 5 | 7 | 6 | 2 | 4 |
| 1 | 7 | 9 | 2 | 8 | 6 | 4 | 5 | 3 |
| 2 | 3 | 4 | 5 | 9 | 1 | 8 | 7 | 6 |
| 5 | 8 | 6 | 7 | 3 | 4 | 2 | 9 | 1 |

## EASY - 241

| 8 | 6 | 1 | 3 | 9 | 2 | 5 | 4 | 7 |
|---|---|---|---|---|---|---|---|---|
| 7 | 4 | 5 | 8 | 1 | 6 | 3 | 2 | 9 |
| 9 | 3 | 2 | 4 | 7 | 5 | 8 | 1 | 6 |
| 6 | 9 | 8 | 2 | 5 | 4 | 1 | 7 | 3 |
| 1 | 2 | 7 | 9 | 8 | 3 | 4 | 6 | 5 |
| 3 | 5 | 4 | 7 | 6 | 1 | 9 | 8 | 2 |
| 4 | 7 | 3 | 5 | 2 | 8 | 6 | 9 | 1 |
| 2 | 8 | 6 | 1 | 3 | 9 | 7 | 5 | 4 |
| 5 | 1 | 9 | 6 | 4 | 7 | 2 | 3 | 8 |

## EASY - 242

| 4 | 2 | 9 | 1 | 6 | 8 | 5 | 3 | 7 |
|---|---|---|---|---|---|---|---|---|
| 3 | 7 | 6 | 4 | 2 | 5 | 8 | 9 | 1 |
| 5 | 1 | 8 | 7 | 9 | 3 | 2 | 4 | 6 |
| 7 | 9 | 5 | 6 | 1 | 4 | 3 | 8 | 2 |
| 1 | 8 | 2 | 5 | 3 | 9 | 7 | 6 | 4 |
| 6 | 3 | 4 | 2 | 8 | 7 | 9 | 1 | 5 |
| 2 | 4 | 3 | 9 | 5 | 1 | 6 | 7 | 8 |
| 8 | 6 | 7 | 3 | 4 | 2 | 1 | 5 | 9 |
| 9 | 5 | 1 | 8 | 7 | 6 | 4 | 2 | 3 |

## EASY - 243

| 8 | 1 | 9 | 7 | 5 | 3 | 6 | 4 | 2 |
|---|---|---|---|---|---|---|---|---|
| 6 | 3 | 2 | 8 | 4 | 9 | 7 | 1 | 5 |
| 5 | 7 | 4 | 6 | 1 | 2 | 8 | 3 | 9 |
| 4 | 9 | 7 | 5 | 6 | 1 | 3 | 2 | 8 |
| 3 | 6 | 5 | 9 | 2 | 8 | 4 | 7 | 1 |
| 1 | 2 | 8 | 3 | 7 | 4 | 9 | 5 | 6 |
| 9 | 4 | 6 | 2 | 3 | 5 | 1 | 8 | 7 |
| 2 | 8 | 1 | 4 | 9 | 7 | 5 | 6 | 3 |
| 7 | 5 | 3 | 1 | 8 | 6 | 2 | 9 | 4 |

## EASY - 244

| 1 | 4 | 5 | 6 | 7 | 9 | 8 | 2 | 3 |
|---|---|---|---|---|---|---|---|---|
| 9 | 3 | 6 | 2 | 8 | 1 | 4 | 5 | 7 |
| 2 | 8 | 7 | 3 | 5 | 4 | 9 | 1 | 6 |
| 8 | 2 | 4 | 5 | 3 | 6 | 1 | 7 | 9 |
| 6 | 7 | 3 | 9 | 1 | 8 | 5 | 4 | 2 |
| 5 | 9 | 1 | 7 | 4 | 2 | 3 | 6 | 8 |
| 4 | 1 | 2 | 8 | 6 | 3 | 7 | 9 | 5 |
| 7 | 6 | 8 | 4 | 9 | 5 | 2 | 3 | 1 |
| 3 | 5 | 9 | 1 | 2 | 7 | 6 | 8 | 4 |

## EASY - 245

| 3 | 8 | 9 | 4 | 2 | 7 | 5 | 6 | 1 |
|---|---|---|---|---|---|---|---|---|
| 5 | 6 | 4 | 9 | 1 | 8 | 2 | 3 | 7 |
| 7 | 2 | 1 | 6 | 3 | 5 | 8 | 4 | 9 |
| 2 | 7 | 8 | 5 | 6 | 9 | 4 | 1 | 3 |
| 9 | 4 | 5 | 1 | 8 | 3 | 6 | 7 | 2 |
| 1 | 3 | 6 | 2 | 7 | 4 | 9 | 5 | 8 |
| 6 | 9 | 2 | 3 | 5 | 1 | 7 | 8 | 4 |
| 8 | 5 | 3 | 7 | 4 | 2 | 1 | 9 | 6 |
| 4 | 1 | 7 | 8 | 9 | 6 | 3 | 2 | 5 |

## EASY - 246

| 6 | 3 | 9 | 5 | 7 | 8 | 2 | 4 | 1 |
|---|---|---|---|---|---|---|---|---|
| 2 | 5 | 1 | 3 | 4 | 9 | 8 | 6 | 7 |
| 8 | 4 | 7 | 1 | 2 | 6 | 3 | 5 | 9 |
| 7 | 1 | 3 | 9 | 6 | 4 | 5 | 2 | 8 |
| 9 | 8 | 5 | 2 | 1 | 3 | 4 | 7 | 6 |
| 4 | 6 | 2 | 7 | 8 | 5 | 1 | 9 | 3 |
| 1 | 2 | 6 | 4 | 3 | 7 | 9 | 8 | 5 |
| 5 | 7 | 4 | 8 | 9 | 1 | 6 | 3 | 2 |
| 3 | 9 | 8 | 6 | 5 | 2 | 7 | 1 | 4 |

## EASY - 247

| 5 | 9 | 3 | 6 | 7 | 8 | 2 | 4 | 1 |
|---|---|---|---|---|---|---|---|---|
| 1 | 7 | 6 | 2 | 4 | 3 | 9 | 5 | 8 |
| 8 | 4 | 2 | 9 | 1 | 5 | 3 | 6 | 7 |
| 9 | 5 | 4 | 8 | 3 | 7 | 1 | 2 | 6 |
| 6 | 8 | 7 | 4 | 2 | 1 | 5 | 9 | 3 |
| 3 | 2 | 1 | 5 | 6 | 9 | 7 | 8 | 4 |
| 4 | 3 | 8 | 7 | 9 | 2 | 6 | 1 | 5 |
| 7 | 6 | 9 | 1 | 5 | 4 | 8 | 3 | 2 |
| 2 | 1 | 5 | 3 | 8 | 6 | 4 | 7 | 9 |

## EASY - 248

| 1 | 3 | 7 | 9 | 2 | 5 | 4 | 6 | 8 |
|---|---|---|---|---|---|---|---|---|
| 6 | 9 | 4 | 1 | 8 | 3 | 7 | 5 | 2 |
| 8 | 5 | 2 | 4 | 7 | 6 | 9 | 1 | 3 |
| 7 | 4 | 6 | 3 | 5 | 8 | 2 | 9 | 1 |
| 9 | 2 | 1 | 7 | 6 | 4 | 3 | 8 | 5 |
| 3 | 8 | 5 | 2 | 9 | 1 | 6 | 7 | 4 |
| 5 | 7 | 9 | 8 | 4 | 2 | 1 | 3 | 6 |
| 4 | 1 | 8 | 6 | 3 | 9 | 5 | 2 | 7 |
| 2 | 6 | 3 | 5 | 1 | 7 | 8 | 4 | 9 |

## EASY - 249

| 3 | 8 | 7 | 4 | 9 | 1 | 5 | 2 | 6 |
|---|---|---|---|---|---|---|---|---|
| 4 | 6 | 9 | 5 | 8 | 2 | 1 | 3 | 7 |
| 5 | 2 | 1 | 7 | 6 | 3 | 4 | 9 | 8 |
| 1 | 7 | 4 | 3 | 2 | 6 | 8 | 5 | 9 |
| 2 | 3 | 5 | 8 | 4 | 9 | 6 | 7 | 1 |
| 8 | 9 | 6 | 1 | 7 | 5 | 3 | 4 | 2 |
| 6 | 1 | 2 | 9 | 5 | 4 | 7 | 8 | 3 |
| 9 | 5 | 8 | 6 | 3 | 7 | 2 | 1 | 4 |
| 7 | 4 | 3 | 2 | 1 | 8 | 9 | 6 | 5 |

## EASY - 250

| 6 | 7 | 3 | 1 | 9 | 2 | 5 | 8 | 4 |
|---|---|---|---|---|---|---|---|---|
| 4 | 2 | 8 | 5 | 3 | 6 | 7 | 1 | 9 |
| 1 | 9 | 5 | 8 | 4 | 7 | 2 | 3 | 6 |
| 8 | 6 | 2 | 9 | 5 | 4 | 1 | 7 | 3 |
| 9 | 1 | 7 | 3 | 2 | 8 | 6 | 4 | 5 |
| 5 | 3 | 4 | 6 | 7 | 1 | 9 | 2 | 8 |
| 2 | 4 | 6 | 7 | 8 | 9 | 3 | 5 | 1 |
| 3 | 8 | 9 | 2 | 1 | 5 | 4 | 6 | 7 |
| 7 | 5 | 1 | 4 | 6 | 3 | 8 | 9 | 2 |

## EASY - 251

| 9 | 3 | 4 | 7 | 6 | 5 | 2 | 8 | 1 |
|---|---|---|---|---|---|---|---|---|
| 2 | 7 | 8 | 4 | 3 | 1 | 6 | 5 | 9 |
| 5 | 6 | 1 | 8 | 2 | 9 | 3 | 4 | 7 |
| 1 | 9 | 3 | 5 | 7 | 6 | 4 | 2 | 8 |
| 7 | 4 | 6 | 2 | 9 | 8 | 5 | 1 | 3 |
| 8 | 5 | 2 | 1 | 4 | 3 | 7 | 9 | 6 |
| 3 | 2 | 5 | 9 | 8 | 7 | 1 | 6 | 4 |
| 6 | 1 | 9 | 3 | 5 | 4 | 8 | 7 | 2 |
| 4 | 8 | 7 | 6 | 1 | 2 | 9 | 3 | 5 |

## EASY - 252

| 5 | 4 | 7 | 1 | 6 | 9 | 8 | 3 | 2 |
|---|---|---|---|---|---|---|---|---|
| 8 | 3 | 2 | 4 | 7 | 5 | 9 | 6 | 1 |
| 1 | 9 | 6 | 3 | 2 | 8 | 5 | 7 | 4 |
| 4 | 1 | 9 | 8 | 3 | 7 | 2 | 5 | 6 |
| 6 | 5 | 3 | 2 | 4 | 1 | 7 | 8 | 9 |
| 7 | 2 | 8 | 5 | 9 | 6 | 4 | 1 | 3 |
| 3 | 8 | 5 | 9 | 1 | 2 | 6 | 4 | 7 |
| 9 | 7 | 4 | 6 | 5 | 3 | 1 | 2 | 8 |
| 2 | 6 | 1 | 7 | 8 | 4 | 3 | 9 | 5 |

## EASY - 253

| 2 | 3 | 1 | 8 | 5 | 6 | 7 | 4 | 9 |
|---|---|---|---|---|---|---|---|---|
| 5 | 9 | 8 | 4 | 1 | 7 | 3 | 2 | 6 |
| 7 | 6 | 4 | 3 | 2 | 9 | 8 | 5 | 1 |
| 9 | 8 | 5 | 6 | 7 | 1 | 4 | 3 | 2 |
| 3 | 4 | 7 | 9 | 8 | 2 | 1 | 6 | 5 |
| 1 | 2 | 6 | 5 | 4 | 3 | 9 | 8 | 7 |
| 8 | 5 | 2 | 7 | 9 | 4 | 6 | 1 | 3 |
| 4 | 7 | 3 | 1 | 6 | 5 | 2 | 9 | 8 |
| 6 | 1 | 9 | 2 | 3 | 8 | 5 | 7 | 4 |

## EASY - 254

| 6 | 8 | 2 | 9 | 3 | 1 | 4 | 7 | 5 |
|---|---|---|---|---|---|---|---|---|
| 3 | 1 | 5 | 7 | 4 | 6 | 8 | 9 | 2 |
| 9 | 7 | 4 | 5 | 2 | 8 | 6 | 1 | 3 |
| 7 | 6 | 1 | 4 | 5 | 3 | 9 | 2 | 8 |
| 2 | 4 | 3 | 6 | 8 | 9 | 7 | 5 | 1 |
| 8 | 5 | 9 | 1 | 7 | 2 | 3 | 4 | 6 |
| 1 | 3 | 8 | 2 | 9 | 7 | 5 | 6 | 4 |
| 5 | 2 | 7 | 3 | 6 | 4 | 1 | 8 | 9 |
| 4 | 9 | 6 | 8 | 1 | 5 | 2 | 3 | 7 |

## EASY - 255

| 7 | 2 | 4 | 1 | 6 | 3 | 5 | 9 | 8 |
|---|---|---|---|---|---|---|---|---|
| 8 | 5 | 1 | 2 | 7 | 9 | 3 | 6 | 4 |
| 6 | 3 | 9 | 5 | 8 | 4 | 1 | 2 | 7 |
| 9 | 7 | 2 | 6 | 1 | 5 | 4 | 8 | 3 |
| 1 | 4 | 3 | 8 | 9 | 2 | 7 | 5 | 6 |
| 5 | 6 | 8 | 3 | 4 | 7 | 9 | 1 | 2 |
| 4 | 8 | 6 | 9 | 3 | 1 | 2 | 7 | 5 |
| 3 | 9 | 5 | 7 | 2 | 6 | 8 | 4 | 1 |
| 2 | 1 | 7 | 4 | 5 | 8 | 6 | 3 | 9 |

## EASY - 256

| 5 | 8 | 7 | 9 | 4 | 1 | 2 | 3 | 6 |
|---|---|---|---|---|---|---|---|---|
| 3 | 2 | 6 | 5 | 7 | 8 | 4 | 1 | 9 |
| 9 | 4 | 1 | 6 | 2 | 3 | 8 | 5 | 7 |
| 2 | 7 | 8 | 4 | 5 | 9 | 3 | 6 | 1 |
| 4 | 1 | 5 | 3 | 6 | 7 | 9 | 8 | 2 |
| 6 | 3 | 9 | 8 | 1 | 2 | 7 | 4 | 5 |
| 7 | 5 | 3 | 2 | 8 | 6 | 1 | 9 | 4 |
| 8 | 6 | 2 | 1 | 9 | 4 | 5 | 7 | 3 |
| 1 | 9 | 4 | 7 | 3 | 5 | 6 | 2 | 8 |

## EASY - 257

| 1 | 7 | 3 | 6 | 8 | 4 | 2 | 5 | 9 |
|---|---|---|---|---|---|---|---|---|
| 5 | 4 | 9 | 7 | 2 | 1 | 8 | 3 | 6 |
| 6 | 8 | 2 | 9 | 3 | 5 | 4 | 7 | 1 |
| 2 | 9 | 4 | 3 | 1 | 7 | 6 | 8 | 5 |
| 8 | 1 | 7 | 2 | 5 | 6 | 3 | 9 | 4 |
| 3 | 5 | 6 | 8 | 4 | 9 | 7 | 1 | 2 |
| 9 | 2 | 5 | 4 | 7 | 3 | 1 | 6 | 8 |
| 4 | 3 | 1 | 5 | 6 | 8 | 9 | 2 | 7 |
| 7 | 6 | 8 | 1 | 9 | 2 | 5 | 4 | 3 |

## EASY - 258

| 8 | 3 | 9 | 7 | 4 | 1 | 2 | 6 | 5 |
|---|---|---|---|---|---|---|---|---|
| 4 | 2 | 7 | 8 | 5 | 6 | 9 | 1 | 3 |
| 1 | 6 | 5 | 2 | 3 | 9 | 7 | 8 | 4 |
| 7 | 9 | 6 | 4 | 8 | 5 | 3 | 2 | 1 |
| 5 | 1 | 4 | 3 | 9 | 2 | 6 | 7 | 8 |
| 3 | 8 | 2 | 6 | 1 | 7 | 4 | 5 | 9 |
| 9 | 7 | 1 | 5 | 2 | 3 | 8 | 4 | 6 |
| 2 | 4 | 3 | 1 | 6 | 8 | 5 | 9 | 7 |
| 6 | 5 | 8 | 9 | 7 | 4 | 1 | 3 | 2 |

## EASY - 259

| 7 | 4 | 5 | 3 | 6 | 8 | 9 | 1 | 2 |
|---|---|---|---|---|---|---|---|---|
| 2 | 6 | 9 | 5 | 4 | 1 | 8 | 3 | 7 |
| 8 | 1 | 3 | 9 | 7 | 2 | 6 | 5 | 4 |
| 5 | 7 | 4 | 8 | 3 | 6 | 2 | 9 | 1 |
| 9 | 3 | 8 | 1 | 2 | 4 | 7 | 6 | 5 |
| 1 | 2 | 6 | 7 | 5 | 9 | 4 | 8 | 3 |
| 6 | 9 | 2 | 4 | 1 | 3 | 5 | 7 | 8 |
| 4 | 5 | 1 | 6 | 8 | 7 | 3 | 2 | 9 |
| 3 | 8 | 7 | 2 | 9 | 5 | 1 | 4 | 6 |

## EASY - 260

| 8 | 7 | 9 | 1 | 3 | 4 | 5 | 6 | 2 |
|---|---|---|---|---|---|---|---|---|
| 1 | 2 | 4 | 5 | 8 | 6 | 7 | 9 | 3 |
| 3 | 5 | 6 | 7 | 2 | 9 | 1 | 8 | 4 |
| 6 | 4 | 2 | 8 | 5 | 3 | 9 | 1 | 7 |
| 7 | 8 | 3 | 4 | 9 | 1 | 6 | 2 | 5 |
| 9 | 1 | 5 | 6 | 7 | 2 | 4 | 3 | 8 |
| 5 | 3 | 7 | 9 | 6 | 8 | 2 | 4 | 1 |
| 2 | 6 | 1 | 3 | 4 | 7 | 8 | 5 | 9 |
| 4 | 9 | 8 | 2 | 1 | 5 | 3 | 7 | 6 |

## EASY - 261

| 2 | 6 | 3 | 7 | 4 | 9 | 8 | 1 | 5 |
|---|---|---|---|---|---|---|---|---|
| 8 | 5 | 4 | 1 | 3 | 6 | 9 | 7 | 2 |
| 7 | 9 | 1 | 5 | 8 | 2 | 3 | 4 | 6 |
| 1 | 7 | 9 | 4 | 6 | 3 | 5 | 2 | 8 |
| 5 | 3 | 6 | 8 | 2 | 1 | 7 | 9 | 4 |
| 4 | 8 | 2 | 9 | 5 | 7 | 1 | 6 | 3 |
| 6 | 2 | 7 | 3 | 9 | 8 | 4 | 5 | 1 |
| 9 | 4 | 8 | 2 | 1 | 5 | 6 | 3 | 7 |
| 3 | 1 | 5 | 6 | 7 | 4 | 2 | 8 | 9 |

## EASY - 262

| 8 | 9 | 4 | 1 | 3 | 7 | 5 | 6 | 2 |
|---|---|---|---|---|---|---|---|---|
| 2 | 6 | 5 | 4 | 8 | 9 | 7 | 3 | 1 |
| 3 | 7 | 1 | 2 | 5 | 6 | 9 | 4 | 8 |
| 1 | 5 | 6 | 7 | 2 | 3 | 4 | 8 | 9 |
| 4 | 8 | 3 | 6 | 9 | 1 | 2 | 7 | 5 |
| 9 | 2 | 7 | 5 | 4 | 8 | 6 | 1 | 3 |
| 7 | 4 | 9 | 3 | 1 | 2 | 8 | 5 | 6 |
| 6 | 1 | 2 | 8 | 7 | 5 | 3 | 9 | 4 |
| 5 | 3 | 8 | 9 | 6 | 4 | 1 | 2 | 7 |

## EASY - 263

| 5 | 8 | 2 | 1 | 4 | 6 | 9 | 3 | 7 |
|---|---|---|---|---|---|---|---|---|
| 9 | 1 | 6 | 7 | 2 | 3 | 8 | 4 | 5 |
| 4 | 7 | 3 | 8 | 9 | 5 | 6 | 1 | 2 |
| 1 | 3 | 4 | 5 | 8 | 9 | 7 | 2 | 6 |
| 7 | 2 | 9 | 6 | 3 | 1 | 4 | 5 | 8 |
| 6 | 5 | 8 | 2 | 7 | 4 | 3 | 9 | 1 |
| 2 | 4 | 7 | 9 | 1 | 8 | 5 | 6 | 3 |
| 8 | 9 | 5 | 3 | 6 | 2 | 1 | 7 | 4 |
| 3 | 6 | 1 | 4 | 5 | 7 | 2 | 8 | 9 |

## EASY - 264

| 2 | 1 | 9 | 6 | 4 | 3 | 7 | 5 | 8 |
|---|---|---|---|---|---|---|---|---|
| 4 | 8 | 5 | 7 | 2 | 1 | 6 | 3 | 9 |
| 6 | 7 | 3 | 5 | 8 | 9 | 4 | 2 | 1 |
| 1 | 5 | 2 | 8 | 6 | 7 | 9 | 4 | 3 |
| 3 | 4 | 8 | 9 | 1 | 2 | 5 | 6 | 7 |
| 7 | 9 | 6 | 3 | 5 | 4 | 1 | 8 | 2 |
| 5 | 3 | 7 | 2 | 9 | 6 | 8 | 1 | 4 |
| 9 | 6 | 1 | 4 | 3 | 8 | 2 | 7 | 5 |
| 8 | 2 | 4 | 1 | 7 | 5 | 3 | 9 | 6 |

## EASY - 265

| 6 | 4 | 5 | 8 | 2 | 3 | 7 | 1 | 9 |
|---|---|---|---|---|---|---|---|---|
| 8 | 2 | 7 | 4 | 1 | 9 | 5 | 6 | 3 |
| 1 | 3 | 9 | 6 | 7 | 5 | 8 | 2 | 4 |
| 2 | 5 | 6 | 3 | 9 | 1 | 4 | 7 | 8 |
| 7 | 9 | 4 | 2 | 6 | 8 | 1 | 3 | 5 |
| 3 | 8 | 1 | 5 | 4 | 7 | 6 | 9 | 2 |
| 5 | 6 | 8 | 1 | 3 | 2 | 9 | 4 | 7 |
| 9 | 1 | 2 | 7 | 5 | 4 | 3 | 8 | 6 |
| 4 | 7 | 3 | 9 | 8 | 6 | 2 | 5 | 1 |

## EASY - 266

| 8 | 2 | 9 | 1 | 5 | 6 | 4 | 3 | 7 |
|---|---|---|---|---|---|---|---|---|
| 4 | 5 | 7 | 9 | 8 | 3 | 2 | 6 | 1 |
| 6 | 1 | 3 | 7 | 4 | 2 | 9 | 8 | 5 |
| 3 | 6 | 8 | 5 | 2 | 9 | 1 | 7 | 4 |
| 9 | 7 | 1 | 4 | 6 | 8 | 5 | 2 | 3 |
| 2 | 4 | 5 | 3 | 7 | 1 | 6 | 9 | 8 |
| 5 | 8 | 4 | 6 | 9 | 7 | 3 | 1 | 2 |
| 7 | 3 | 6 | 2 | 1 | 4 | 8 | 5 | 9 |
| 1 | 9 | 2 | 8 | 3 | 5 | 7 | 4 | 6 |

## EASY - 267

| 7 | 4 | 2 | 8 | 6 | 5 | 1 | 3 | 9 |
|---|---|---|---|---|---|---|---|---|
| 1 | 5 | 3 | 4 | 2 | 9 | 7 | 6 | 8 |
| 6 | 8 | 9 | 3 | 7 | 1 | 4 | 2 | 5 |
| 4 | 1 | 7 | 2 | 9 | 8 | 3 | 5 | 6 |
| 3 | 9 | 8 | 1 | 5 | 6 | 2 | 4 | 7 |
| 5 | 2 | 6 | 7 | 3 | 4 | 9 | 8 | 1 |
| 8 | 7 | 1 | 5 | 4 | 2 | 6 | 9 | 3 |
| 9 | 3 | 4 | 6 | 8 | 7 | 5 | 1 | 2 |
| 2 | 6 | 5 | 9 | 1 | 3 | 8 | 7 | 4 |

## EASY - 268

| 2 | 3 | 6 | 1 | 8 | 9 | 5 | 4 | 7 |
|---|---|---|---|---|---|---|---|---|
| 1 | 5 | 7 | 3 | 6 | 4 | 9 | 2 | 8 |
| 4 | 8 | 9 | 5 | 7 | 2 | 6 | 3 | 1 |
| 5 | 6 | 4 | 7 | 1 | 8 | 2 | 9 | 3 |
| 9 | 7 | 3 | 2 | 4 | 5 | 1 | 8 | 6 |
| 8 | 2 | 1 | 9 | 3 | 6 | 4 | 7 | 5 |
| 3 | 1 | 2 | 4 | 5 | 7 | 8 | 6 | 9 |
| 6 | 9 | 5 | 8 | 2 | 3 | 7 | 1 | 4 |
| 7 | 4 | 8 | 6 | 9 | 1 | 3 | 5 | 2 |

## EASY - 269

| 1 | 5 | 4 | 6 | 9 | 8 | 3 | 2 | 7 |
|---|---|---|---|---|---|---|---|---|
| 2 | 6 | 8 | 3 | 7 | 5 | 1 | 4 | 9 |
| 3 | 7 | 9 | 4 | 2 | 1 | 6 | 5 | 8 |
| 6 | 3 | 7 | 9 | 4 | 2 | 5 | 8 | 1 |
| 4 | 8 | 2 | 1 | 5 | 6 | 7 | 9 | 3 |
| 5 | 9 | 1 | 7 | 8 | 3 | 2 | 6 | 4 |
| 8 | 1 | 5 | 2 | 3 | 4 | 9 | 7 | 6 |
| 9 | 2 | 6 | 8 | 1 | 7 | 4 | 3 | 5 |
| 7 | 4 | 3 | 5 | 6 | 9 | 8 | 1 | 2 |

## EASY - 270

| 1 | 8 | 2 | 7 | 3 | 5 | 9 | 6 | 4 |
|---|---|---|---|---|---|---|---|---|
| 5 | 6 | 7 | 8 | 9 | 4 | 1 | 3 | 2 |
| 4 | 3 | 9 | 2 | 1 | 6 | 8 | 5 | 7 |
| 2 | 1 | 3 | 9 | 6 | 7 | 5 | 4 | 8 |
| 6 | 9 | 5 | 4 | 8 | 3 | 2 | 7 | 1 |
| 7 | 4 | 8 | 5 | 2 | 1 | 3 | 9 | 6 |
| 3 | 7 | 4 | 1 | 5 | 2 | 6 | 8 | 9 |
| 8 | 2 | 6 | 3 | 7 | 9 | 4 | 1 | 5 |
| 9 | 5 | 1 | 6 | 4 | 8 | 7 | 2 | 3 |

## EASY - 271

| 9 | 6 | 4 | 5 | 3 | 7 | 2 | 1 | 8 |
|---|---|---|---|---|---|---|---|---|
| 8 | 2 | 7 | 1 | 4 | 9 | 5 | 3 | 6 |
| 1 | 5 | 3 | 6 | 2 | 8 | 7 | 9 | 4 |
| 2 | 9 | 6 | 3 | 7 | 1 | 4 | 8 | 5 |
| 7 | 8 | 1 | 4 | 9 | 5 | 6 | 2 | 3 |
| 3 | 4 | 5 | 8 | 6 | 2 | 1 | 7 | 9 |
| 6 | 7 | 2 | 9 | 5 | 3 | 8 | 4 | 1 |
| 5 | 3 | 8 | 7 | 1 | 4 | 9 | 6 | 2 |
| 4 | 1 | 9 | 2 | 8 | 6 | 3 | 5 | 7 |

## EASY - 272

| 1 | 3 | 7 | 9 | 8 | 2 | 6 | 5 | 4 |
|---|---|---|---|---|---|---|---|---|
| 8 | 5 | 4 | 1 | 3 | 6 | 9 | 2 | 7 |
| 9 | 2 | 6 | 7 | 4 | 5 | 1 | 8 | 3 |
| 4 | 7 | 2 | 3 | 6 | 9 | 8 | 1 | 5 |
| 5 | 8 | 3 | 4 | 2 | 1 | 7 | 9 | 6 |
| 6 | 9 | 1 | 8 | 5 | 7 | 4 | 3 | 2 |
| 3 | 6 | 9 | 2 | 7 | 8 | 5 | 4 | 1 |
| 2 | 1 | 5 | 6 | 9 | 4 | 3 | 7 | 8 |
| 7 | 4 | 8 | 5 | 1 | 3 | 2 | 6 | 9 |

## EASY - 273

| 1 | 3 | 5 | 6 | 9 | 2 | 7 | 4 | 8 |
|---|---|---|---|---|---|---|---|---|
| 8 | 7 | 9 | 4 | 5 | 3 | 6 | 1 | 2 |
| 6 | 4 | 2 | 8 | 1 | 7 | 9 | 5 | 3 |
| 7 | 2 | 6 | 9 | 3 | 4 | 5 | 8 | 1 |
| 3 | 8 | 1 | 5 | 7 | 6 | 4 | 2 | 9 |
| 5 | 9 | 4 | 1 | 2 | 8 | 3 | 7 | 6 |
| 4 | 1 | 7 | 3 | 8 | 9 | 2 | 6 | 5 |
| 9 | 6 | 8 | 2 | 4 | 5 | 1 | 3 | 7 |
| 2 | 5 | 3 | 7 | 6 | 1 | 8 | 9 | 4 |

## EASY - 274

| 1 | 9 | 4 | 6 | 8 | 2 | 5 | 3 | 7 |
|---|---|---|---|---|---|---|---|---|
| 8 | 5 | 6 | 4 | 3 | 7 | 9 | 2 | 1 |
| 3 | 7 | 2 | 5 | 9 | 1 | 4 | 6 | 8 |
| 9 | 1 | 7 | 3 | 4 | 8 | 2 | 5 | 6 |
| 2 | 8 | 5 | 9 | 7 | 6 | 1 | 4 | 3 |
| 4 | 6 | 3 | 1 | 2 | 5 | 7 | 8 | 9 |
| 5 | 4 | 1 | 7 | 6 | 3 | 8 | 9 | 2 |
| 7 | 3 | 8 | 2 | 5 | 9 | 6 | 1 | 4 |
| 6 | 2 | 9 | 8 | 1 | 4 | 3 | 7 | 5 |

## EASY - 275

| 8 | 2 | 1 | 4 | 5 | 9 | 7 | 3 | 6 |
|---|---|---|---|---|---|---|---|---|
| 4 | 6 | 5 | 7 | 2 | 3 | 1 | 8 | 9 |
| 3 | 7 | 9 | 6 | 8 | 1 | 4 | 2 | 5 |
| 5 | 9 | 3 | 8 | 1 | 4 | 2 | 6 | 7 |
| 1 | 8 | 7 | 2 | 9 | 6 | 5 | 4 | 3 |
| 2 | 4 | 6 | 5 | 3 | 7 | 8 | 9 | 1 |
| 7 | 3 | 2 | 1 | 6 | 8 | 9 | 5 | 4 |
| 6 | 1 | 8 | 9 | 4 | 5 | 3 | 7 | 2 |
| 9 | 5 | 4 | 3 | 7 | 2 | 6 | 1 | 8 |

## EASY - 276

| 1 | 7 | 3 | 9 | 6 | 4 | 8 | 5 | 2 |
|---|---|---|---|---|---|---|---|---|
| 4 | 8 | 2 | 1 | 7 | 5 | 3 | 6 | 9 |
| 6 | 9 | 5 | 2 | 3 | 8 | 7 | 1 | 4 |
| 5 | 4 | 8 | 7 | 9 | 3 | 1 | 2 | 6 |
| 3 | 6 | 9 | 5 | 2 | 1 | 4 | 8 | 7 |
| 2 | 1 | 7 | 8 | 4 | 6 | 5 | 9 | 3 |
| 9 | 3 | 1 | 6 | 5 | 7 | 2 | 4 | 8 |
| 7 | 5 | 6 | 4 | 8 | 2 | 9 | 3 | 1 |
| 8 | 2 | 4 | 3 | 1 | 9 | 6 | 7 | 5 |

## EASY - 277

| 4 | 6 | 7 | 9 | 8 | 5 | 2 | 1 | 3 |
|---|---|---|---|---|---|---|---|---|
| 9 | 3 | 2 | 1 | 7 | 6 | 8 | 5 | 4 |
| 8 | 5 | 1 | 2 | 4 | 3 | 6 | 9 | 7 |
| 3 | 8 | 4 | 5 | 2 | 1 | 7 | 6 | 9 |
| 5 | 2 | 9 | 7 | 6 | 4 | 1 | 3 | 8 |
| 7 | 1 | 6 | 3 | 9 | 8 | 5 | 4 | 2 |
| 1 | 9 | 3 | 8 | 5 | 2 | 4 | 7 | 6 |
| 2 | 4 | 5 | 6 | 3 | 7 | 9 | 8 | 1 |
| 6 | 7 | 8 | 4 | 1 | 9 | 3 | 2 | 5 |

## EASY - 278

| 6 | 5 | 4 | 9 | 1 | 2 | 7 | 8 | 3 |
|---|---|---|---|---|---|---|---|---|
| 1 | 3 | 8 | 7 | 5 | 6 | 9 | 4 | 2 |
| 7 | 9 | 2 | 8 | 3 | 4 | 6 | 5 | 1 |
| 8 | 2 | 6 | 5 | 7 | 1 | 3 | 9 | 4 |
| 9 | 1 | 3 | 6 | 4 | 8 | 2 | 7 | 5 |
| 4 | 7 | 5 | 3 | 2 | 9 | 1 | 6 | 8 |
| 3 | 6 | 9 | 1 | 8 | 5 | 4 | 2 | 7 |
| 5 | 4 | 1 | 2 | 6 | 7 | 8 | 3 | 9 |
| 2 | 8 | 7 | 4 | 9 | 3 | 5 | 1 | 6 |

## EASY - 279

| 2 | 5 | 8 | 4 | 7 | 1 | 9 | 3 | 6 |
|---|---|---|---|---|---|---|---|---|
| 3 | 1 | 6 | 9 | 8 | 5 | 4 | 2 | 7 |
| 7 | 4 | 9 | 2 | 6 | 3 | 5 | 1 | 8 |
| 9 | 7 | 1 | 5 | 3 | 2 | 6 | 8 | 4 |
| 6 | 8 | 4 | 7 | 1 | 9 | 3 | 5 | 2 |
| 5 | 3 | 2 | 6 | 4 | 8 | 1 | 7 | 9 |
| 1 | 9 | 5 | 8 | 2 | 4 | 7 | 6 | 3 |
| 4 | 2 | 7 | 3 | 5 | 6 | 8 | 9 | 1 |
| 8 | 6 | 3 | 1 | 9 | 7 | 2 | 4 | 5 |

## EASY - 280

| 2 | 6 | 8 | 9 | 1 | 5 | 3 | 7 | 4 |
|---|---|---|---|---|---|---|---|---|
| 1 | 4 | 3 | 6 | 2 | 7 | 8 | 9 | 5 |
| 5 | 9 | 7 | 3 | 4 | 8 | 1 | 6 | 2 |
| 6 | 8 | 5 | 7 | 9 | 2 | 4 | 1 | 3 |
| 7 | 1 | 2 | 8 | 3 | 4 | 9 | 5 | 6 |
| 9 | 3 | 4 | 1 | 5 | 6 | 2 | 8 | 7 |
| 4 | 7 | 1 | 2 | 6 | 9 | 5 | 3 | 8 |
| 8 | 2 | 9 | 5 | 7 | 3 | 6 | 4 | 1 |
| 3 | 5 | 6 | 4 | 8 | 1 | 7 | 2 | 9 |

## EASY - 281

| 2 | 1 | 8 | 5 | 9 | 4 | 6 | 7 | 3 |
|---|---|---|---|---|---|---|---|---|
| 5 | 7 | 3 | 6 | 8 | 1 | 2 | 4 | 9 |
| 4 | 9 | 6 | 3 | 2 | 7 | 5 | 1 | 8 |
| 7 | 4 | 5 | 9 | 3 | 2 | 8 | 6 | 1 |
| 1 | 3 | 2 | 8 | 4 | 6 | 7 | 9 | 5 |
| 6 | 8 | 9 | 1 | 7 | 5 | 4 | 3 | 2 |
| 8 | 6 | 1 | 4 | 5 | 9 | 3 | 2 | 7 |
| 9 | 5 | 7 | 2 | 6 | 3 | 1 | 8 | 4 |
| 3 | 2 | 4 | 7 | 1 | 8 | 9 | 5 | 6 |

## EASY - 282

| 3 | 4 | 7 | 9 | 5 | 8 | 1 | 6 | 2 |
|---|---|---|---|---|---|---|---|---|
| 6 | 5 | 1 | 2 | 3 | 7 | 8 | 9 | 4 |
| 9 | 2 | 8 | 6 | 4 | 1 | 3 | 5 | 7 |
| 2 | 6 | 5 | 1 | 7 | 4 | 9 | 3 | 8 |
| 7 | 8 | 9 | 5 | 6 | 3 | 4 | 2 | 1 |
| 1 | 3 | 4 | 8 | 2 | 9 | 6 | 7 | 5 |
| 4 | 9 | 2 | 7 | 1 | 6 | 5 | 8 | 3 |
| 8 | 7 | 3 | 4 | 9 | 5 | 2 | 1 | 6 |
| 5 | 1 | 6 | 3 | 8 | 2 | 7 | 4 | 9 |

## EASY - 283

| 2 | 9 | 3 | 7 | 8 | 5 | 6 | 4 | 1 |
|---|---|---|---|---|---|---|---|---|
| 4 | 6 | 5 | 1 | 3 | 9 | 7 | 8 | 2 |
| 8 | 1 | 7 | 4 | 6 | 2 | 3 | 5 | 9 |
| 1 | 3 | 6 | 8 | 9 | 4 | 2 | 7 | 5 |
| 5 | 8 | 9 | 2 | 1 | 7 | 4 | 3 | 6 |
| 7 | 2 | 4 | 3 | 5 | 6 | 1 | 9 | 8 |
| 9 | 5 | 2 | 6 | 4 | 3 | 8 | 1 | 7 |
| 3 | 7 | 8 | 5 | 2 | 1 | 9 | 6 | 4 |
| 6 | 4 | 1 | 9 | 7 | 8 | 5 | 2 | 3 |

## EASY - 284

| 5 | 3 | 1 | 2 | 7 | 4 | 8 | 6 | 9 |
|---|---|---|---|---|---|---|---|---|
| 2 | 4 | 6 | 8 | 9 | 5 | 7 | 1 | 3 |
| 9 | 7 | 8 | 6 | 3 | 1 | 4 | 2 | 5 |
| 7 | 6 | 9 | 4 | 1 | 8 | 3 | 5 | 2 |
| 3 | 8 | 2 | 9 | 5 | 6 | 1 | 7 | 4 |
| 4 | 1 | 5 | 7 | 2 | 3 | 6 | 9 | 8 |
| 8 | 5 | 7 | 3 | 6 | 9 | 2 | 4 | 1 |
| 6 | 9 | 3 | 1 | 4 | 2 | 5 | 8 | 7 |
| 1 | 2 | 4 | 5 | 8 | 7 | 9 | 3 | 6 |

## EASY - 285

| 9 | 3 | 5 | 6 | 8 | 2 | 1 | 4 | 7 |
|---|---|---|---|---|---|---|---|---|
| 2 | 1 | 4 | 5 | 7 | 9 | 8 | 6 | 3 |
| 8 | 6 | 7 | 1 | 4 | 3 | 5 | 9 | 2 |
| 1 | 7 | 2 | 9 | 6 | 4 | 3 | 8 | 5 |
| 6 | 9 | 3 | 2 | 5 | 8 | 7 | 1 | 4 |
| 4 | 5 | 8 | 7 | 3 | 1 | 6 | 2 | 9 |
| 5 | 2 | 9 | 3 | 1 | 6 | 4 | 7 | 8 |
| 3 | 4 | 6 | 8 | 9 | 7 | 2 | 5 | 1 |
| 7 | 8 | 1 | 4 | 2 | 5 | 9 | 3 | 6 |

## EASY - 286

| 6 | 3 | 8 | 1 | 5 | 7 | 2 | 4 | 9 |
|---|---|---|---|---|---|---|---|---|
| 7 | 2 | 4 | 8 | 9 | 6 | 1 | 3 | 5 |
| 9 | 5 | 1 | 4 | 3 | 2 | 8 | 7 | 6 |
| 2 | 1 | 9 | 7 | 4 | 3 | 5 | 6 | 8 |
| 3 | 8 | 5 | 9 | 6 | 1 | 7 | 2 | 4 |
| 4 | 7 | 6 | 5 | 2 | 8 | 9 | 1 | 3 |
| 1 | 4 | 3 | 2 | 8 | 5 | 6 | 9 | 7 |
| 5 | 9 | 7 | 6 | 1 | 4 | 3 | 8 | 2 |
| 8 | 6 | 2 | 3 | 7 | 9 | 4 | 5 | 1 |

## EASY - 287

| 1 | 7 | 8 | 5 | 4 | 9 | 2 | 3 | 6 |
|---|---|---|---|---|---|---|---|---|
| 6 | 2 | 9 | 1 | 7 | 3 | 4 | 8 | 5 |
| 4 | 5 | 3 | 6 | 2 | 8 | 7 | 9 | 1 |
| 9 | 4 | 2 | 8 | 6 | 1 | 5 | 7 | 3 |
| 8 | 3 | 1 | 7 | 5 | 2 | 6 | 4 | 9 |
| 5 | 6 | 7 | 9 | 3 | 4 | 1 | 2 | 8 |
| 7 | 9 | 6 | 4 | 8 | 5 | 3 | 1 | 2 |
| 2 | 1 | 4 | 3 | 9 | 6 | 8 | 5 | 7 |
| 3 | 8 | 5 | 2 | 1 | 7 | 9 | 6 | 4 |

## EASY - 288

| 9 | 6 | 2 | 5 | 3 | 8 | 7 | 1 | 4 |
|---|---|---|---|---|---|---|---|---|
| 3 | 5 | 7 | 4 | 1 | 2 | 8 | 6 | 9 |
| 1 | 8 | 4 | 6 | 9 | 7 | 3 | 5 | 2 |
| 2 | 1 | 9 | 3 | 8 | 6 | 5 | 4 | 7 |
| 5 | 3 | 6 | 7 | 4 | 1 | 2 | 9 | 8 |
| 7 | 4 | 8 | 2 | 5 | 9 | 1 | 3 | 6 |
| 8 | 9 | 5 | 1 | 7 | 4 | 6 | 2 | 3 |
| 4 | 2 | 3 | 8 | 6 | 5 | 9 | 7 | 1 |
| 6 | 7 | 1 | 9 | 2 | 3 | 4 | 8 | 5 |

## EASY - 289

| 5 | 3 | 9 | 1 | 8 | 4 | 2 | 7 | 6 |
|---|---|---|---|---|---|---|---|---|
| 4 | 1 | 7 | 2 | 6 | 9 | 3 | 5 | 8 |
| 6 | 2 | 8 | 3 | 5 | 7 | 9 | 1 | 4 |
| 3 | 6 | 4 | 5 | 7 | 2 | 8 | 9 | 1 |
| 7 | 8 | 5 | 4 | 9 | 1 | 6 | 3 | 2 |
| 2 | 9 | 1 | 6 | 3 | 8 | 7 | 4 | 5 |
| 8 | 5 | 6 | 9 | 4 | 3 | 1 | 2 | 7 |
| 9 | 4 | 2 | 7 | 1 | 6 | 5 | 8 | 3 |
| 1 | 7 | 3 | 8 | 2 | 5 | 4 | 6 | 9 |

## EASY - 290

| 8 | 5 | 2 | 3 | 7 | 6 | 9 | 4 | 1 |
|---|---|---|---|---|---|---|---|---|
| 7 | 9 | 6 | 4 | 5 | 1 | 2 | 3 | 8 |
| 4 | 1 | 3 | 8 | 9 | 2 | 6 | 5 | 7 |
| 3 | 7 | 1 | 9 | 8 | 4 | 5 | 6 | 2 |
| 6 | 8 | 4 | 5 | 2 | 7 | 1 | 9 | 3 |
| 9 | 2 | 5 | 6 | 1 | 3 | 8 | 7 | 4 |
| 1 | 6 | 8 | 7 | 3 | 9 | 4 | 2 | 5 |
| 5 | 3 | 9 | 2 | 4 | 8 | 7 | 1 | 6 |
| 2 | 4 | 7 | 1 | 6 | 5 | 3 | 8 | 9 |

## EASY - 291

| 2 | 7 | 3 | 4 | 5 | 1 | 8 | 6 | 9 |
|---|---|---|---|---|---|---|---|---|
| 6 | 9 | 8 | 7 | 2 | 3 | 4 | 1 | 5 |
| 1 | 4 | 5 | 6 | 9 | 8 | 7 | 2 | 3 |
| 7 | 6 | 2 | 8 | 1 | 9 | 3 | 5 | 4 |
| 9 | 5 | 4 | 3 | 7 | 6 | 2 | 8 | 1 |
| 8 | 3 | 1 | 2 | 4 | 5 | 9 | 7 | 6 |
| 3 | 2 | 7 | 5 | 6 | 4 | 1 | 9 | 8 |
| 4 | 1 | 6 | 9 | 8 | 2 | 5 | 3 | 7 |
| 5 | 8 | 9 | 1 | 3 | 7 | 6 | 4 | 2 |

## EASY - 292

| 2 | 9 | 6 | 1 | 4 | 7 | 3 | 5 | 8 |
|---|---|---|---|---|---|---|---|---|
| 5 | 7 | 1 | 8 | 9 | 3 | 4 | 6 | 2 |
| 3 | 4 | 8 | 5 | 6 | 2 | 9 | 7 | 1 |
| 7 | 2 | 3 | 4 | 1 | 8 | 6 | 9 | 5 |
| 6 | 8 | 4 | 2 | 5 | 9 | 7 | 1 | 3 |
| 1 | 5 | 9 | 7 | 3 | 6 | 8 | 2 | 4 |
| 4 | 6 | 5 | 9 | 8 | 1 | 2 | 3 | 7 |
| 9 | 1 | 7 | 3 | 2 | 4 | 5 | 8 | 6 |
| 8 | 3 | 2 | 6 | 7 | 5 | 1 | 4 | 9 |

## EASY - 293

| 5 | 3 | 6 | 1 | 9 | 7 | 4 | 2 | 8 |
|---|---|---|---|---|---|---|---|---|
| 8 | 2 | 7 | 6 | 4 | 3 | 5 | 1 | 9 |
| 9 | 1 | 4 | 8 | 5 | 2 | 7 | 6 | 3 |
| 4 | 8 | 2 | 5 | 3 | 6 | 9 | 7 | 1 |
| 7 | 9 | 3 | 2 | 1 | 4 | 8 | 5 | 6 |
| 1 | 6 | 5 | 9 | 7 | 8 | 3 | 4 | 2 |
| 2 | 7 | 1 | 4 | 8 | 9 | 6 | 3 | 5 |
| 3 | 5 | 9 | 7 | 6 | 1 | 2 | 8 | 4 |
| 6 | 4 | 8 | 3 | 2 | 5 | 1 | 9 | 7 |

## EASY - 294

| 7 | 1 | 6 | 8 | 9 | 2 | 3 | 4 | 5 |
|---|---|---|---|---|---|---|---|---|
| 2 | 3 | 4 | 6 | 5 | 7 | 1 | 8 | 9 |
| 9 | 8 | 5 | 1 | 4 | 3 | 6 | 7 | 2 |
| 1 | 6 | 8 | 4 | 7 | 9 | 5 | 2 | 3 |
| 4 | 9 | 2 | 5 | 3 | 6 | 7 | 1 | 8 |
| 5 | 7 | 3 | 2 | 1 | 8 | 9 | 6 | 4 |
| 3 | 4 | 7 | 9 | 8 | 1 | 2 | 5 | 6 |
| 8 | 2 | 1 | 3 | 6 | 5 | 4 | 9 | 7 |
| 6 | 5 | 9 | 7 | 2 | 4 | 8 | 3 | 1 |

## EASY - 295

| 4 | 7 | 5 | 2 | 1 | 3 | 8 | 6 | 9 |
|---|---|---|---|---|---|---|---|---|
| 6 | 9 | 2 | 7 | 8 | 4 | 1 | 3 | 5 |
| 3 | 1 | 8 | 6 | 9 | 5 | 7 | 2 | 4 |
| 1 | 6 | 7 | 4 | 2 | 8 | 5 | 9 | 3 |
| 2 | 4 | 9 | 3 | 5 | 7 | 6 | 1 | 8 |
| 8 | 5 | 3 | 1 | 6 | 9 | 2 | 4 | 7 |
| 9 | 2 | 4 | 8 | 7 | 6 | 3 | 5 | 1 |
| 5 | 8 | 6 | 9 | 3 | 1 | 4 | 7 | 2 |
| 7 | 3 | 1 | 5 | 4 | 2 | 9 | 8 | 6 |

## EASY - 296

| 4 | 8 | 7 | 3 | 2 | 5 | 1 | 6 | 9 |
|---|---|---|---|---|---|---|---|---|
| 9 | 3 | 2 | 6 | 1 | 7 | 8 | 5 | 4 |
| 5 | 1 | 6 | 8 | 9 | 4 | 3 | 7 | 2 |
| 2 | 6 | 3 | 7 | 8 | 9 | 5 | 4 | 1 |
| 7 | 4 | 9 | 5 | 3 | 1 | 6 | 2 | 8 |
| 8 | 5 | 1 | 4 | 6 | 2 | 9 | 3 | 7 |
| 6 | 7 | 4 | 9 | 5 | 8 | 2 | 1 | 3 |
| 1 | 9 | 5 | 2 | 7 | 3 | 4 | 8 | 6 |
| 3 | 2 | 8 | 1 | 4 | 6 | 7 | 9 | 5 |

## EASY - 297

| 7 | 3 | 6 | 8 | 2 | 4 | 1 | 5 | 9 |
|---|---|---|---|---|---|---|---|---|
| 4 | 5 | 8 | 3 | 9 | 1 | 7 | 2 | 6 |
| 2 | 9 | 1 | 5 | 7 | 6 | 3 | 8 | 4 |
| 6 | 4 | 3 | 2 | 5 | 9 | 8 | 1 | 7 |
| 9 | 2 | 5 | 7 | 1 | 8 | 6 | 4 | 3 |
| 1 | 8 | 7 | 6 | 4 | 3 | 5 | 9 | 2 |
| 5 | 1 | 2 | 4 | 6 | 7 | 9 | 3 | 8 |
| 3 | 7 | 4 | 9 | 8 | 5 | 2 | 6 | 1 |
| 8 | 6 | 9 | 1 | 3 | 2 | 4 | 7 | 5 |

## EASY - 298

| 7 | 4 | 8 | 5 | 6 | 1 | 2 | 3 | 9 |
|---|---|---|---|---|---|---|---|---|
| 2 | 9 | 6 | 8 | 7 | 3 | 1 | 4 | 5 |
| 1 | 5 | 3 | 2 | 4 | 9 | 6 | 8 | 7 |
| 9 | 2 | 5 | 3 | 8 | 4 | 7 | 6 | 1 |
| 8 | 3 | 7 | 1 | 5 | 6 | 9 | 2 | 4 |
| 4 | 6 | 1 | 9 | 2 | 7 | 8 | 5 | 3 |
| 5 | 8 | 4 | 7 | 9 | 2 | 3 | 1 | 6 |
| 3 | 7 | 2 | 6 | 1 | 5 | 4 | 9 | 8 |
| 6 | 1 | 9 | 4 | 3 | 8 | 5 | 7 | 2 |

## EASY - 299

| 9 | 4 | 3 | 5 | 6 | 7 | 2 | 8 | 1 |
|---|---|---|---|---|---|---|---|---|
| 1 | 6 | 7 | 8 | 3 | 2 | 9 | 5 | 4 |
| 8 | 2 | 5 | 4 | 9 | 1 | 3 | 7 | 6 |
| 6 | 5 | 9 | 3 | 4 | 8 | 7 | 1 | 2 |
| 3 | 8 | 1 | 7 | 2 | 6 | 5 | 4 | 9 |
| 4 | 7 | 2 | 1 | 5 | 9 | 8 | 6 | 3 |
| 7 | 1 | 6 | 9 | 8 | 3 | 4 | 2 | 5 |
| 5 | 3 | 8 | 2 | 1 | 4 | 6 | 9 | 7 |
| 2 | 9 | 4 | 6 | 7 | 5 | 1 | 3 | 8 |

## EASY - 300

| 3 | 1 | 5 | 6 | 7 | 9 | 2 | 4 | 8 |
|---|---|---|---|---|---|---|---|---|
| 8 | 7 | 6 | 2 | 4 | 5 | 3 | 9 | 1 |
| 9 | 4 | 2 | 1 | 3 | 8 | 5 | 6 | 7 |
| 6 | 9 | 1 | 8 | 5 | 4 | 7 | 2 | 3 |
| 4 | 3 | 8 | 7 | 2 | 1 | 9 | 5 | 6 |
| 2 | 5 | 7 | 9 | 6 | 3 | 8 | 1 | 4 |
| 5 | 2 | 3 | 4 | 1 | 7 | 6 | 8 | 9 |
| 1 | 6 | 9 | 3 | 8 | 2 | 4 | 7 | 5 |
| 7 | 8 | 4 | 5 | 9 | 6 | 1 | 3 | 2 |

### MEDIUM - 1

| 4 | 2 | 7 | 3 | 6 | 1 | 8 | 5 | 9 |
|---|---|---|---|---|---|---|---|---|
| 9 | 3 | 5 | 4 | 8 | 2 | 6 | 7 | 1 |
| 6 | 1 | 8 | 5 | 7 | 9 | 4 | 2 | 3 |
| 5 | 7 | 1 | 2 | 4 | 6 | 9 | 3 | 8 |
| 8 | 6 | 3 | 7 | 9 | 5 | 2 | 1 | 4 |
| 2 | 9 | 4 | 1 | 3 | 8 | 5 | 6 | 7 |
| 3 | 5 | 2 | 8 | 1 | 4 | 7 | 9 | 6 |
| 1 | 4 | 9 | 6 | 5 | 7 | 3 | 8 | 2 |
| 7 | 8 | 6 | 9 | 2 | 3 | 1 | 4 | 5 |

### MEDIUM - 2

| 2 | 5 | 1 | 9 | 4 | 8 | 7 | 6 | 3 |
|---|---|---|---|---|---|---|---|---|
| 3 | 6 | 7 | 2 | 5 | 1 | 4 | 8 | 9 |
| 9 | 8 | 4 | 7 | 6 | 3 | 5 | 1 | 2 |
| 6 | 4 | 9 | 5 | 8 | 7 | 2 | 3 | 1 |
| 5 | 3 | 2 | 6 | 1 | 4 | 9 | 7 | 8 |
| 7 | 1 | 8 | 3 | 9 | 2 | 6 | 5 | 4 |
| 8 | 9 | 6 | 1 | 2 | 5 | 3 | 4 | 7 |
| 4 | 7 | 5 | 8 | 3 | 9 | 1 | 2 | 6 |
| 1 | 2 | 3 | 4 | 7 | 6 | 8 | 9 | 5 |

### MEDIUM - 3

| 2 | 6 | 3 | 8 | 5 | 1 | 9 | 4 | 7 |
|---|---|---|---|---|---|---|---|---|
| 9 | 5 | 1 | 4 | 7 | 2 | 3 | 8 | 6 |
| 7 | 4 | 8 | 6 | 3 | 9 | 5 | 2 | 1 |
| 3 | 8 | 5 | 2 | 1 | 7 | 6 | 9 | 4 |
| 1 | 7 | 6 | 9 | 4 | 3 | 2 | 5 | 8 |
| 4 | 9 | 2 | 5 | 8 | 6 | 1 | 7 | 3 |
| 5 | 1 | 9 | 7 | 6 | 8 | 4 | 3 | 2 |
| 8 | 3 | 4 | 1 | 2 | 5 | 7 | 6 | 9 |
| 6 | 2 | 7 | 3 | 9 | 4 | 8 | 1 | 5 |

### MEDIUM - 4

| 2 | 9 | 1 | 4 | 3 | 7 | 5 | 6 | 8 |
|---|---|---|---|---|---|---|---|---|
| 6 | 3 | 7 | 8 | 2 | 5 | 9 | 1 | 4 |
| 8 | 5 | 4 | 9 | 6 | 1 | 2 | 3 | 7 |
| 5 | 4 | 6 | 7 | 9 | 2 | 3 | 8 | 1 |
| 3 | 1 | 8 | 6 | 5 | 4 | 7 | 2 | 9 |
| 7 | 2 | 9 | 1 | 8 | 3 | 4 | 5 | 6 |
| 1 | 6 | 3 | 5 | 4 | 9 | 8 | 7 | 2 |
| 9 | 7 | 2 | 3 | 1 | 8 | 6 | 4 | 5 |
| 4 | 8 | 5 | 2 | 7 | 6 | 1 | 9 | 3 |

### MEDIUM - 5

| 2 | 6 | 9 | 4 | 1 | 8 | 5 | 7 | 3 |
|---|---|---|---|---|---|---|---|---|
| 3 | 5 | 4 | 6 | 7 | 2 | 8 | 9 | 1 |
| 1 | 8 | 7 | 9 | 3 | 5 | 4 | 6 | 2 |
| 7 | 9 | 5 | 1 | 2 | 6 | 3 | 8 | 4 |
| 6 | 4 | 3 | 8 | 5 | 9 | 2 | 1 | 7 |
| 8 | 1 | 2 | 3 | 4 | 7 | 9 | 5 | 6 |
| 5 | 7 | 1 | 2 | 9 | 3 | 6 | 4 | 8 |
| 9 | 2 | 8 | 7 | 6 | 4 | 1 | 3 | 5 |
| 4 | 3 | 6 | 5 | 8 | 1 | 7 | 2 | 9 |

### MEDIUM - 6

| 3 | 8 | 5 | 1 | 9 | 4 | 2 | 7 | 6 |
|---|---|---|---|---|---|---|---|---|
| 1 | 4 | 6 | 3 | 7 | 2 | 9 | 5 | 8 |
| 7 | 2 | 9 | 5 | 6 | 8 | 1 | 3 | 4 |
| 4 | 7 | 1 | 9 | 3 | 5 | 8 | 6 | 2 |
| 8 | 6 | 3 | 2 | 4 | 7 | 5 | 1 | 9 |
| 5 | 9 | 2 | 8 | 1 | 6 | 7 | 4 | 3 |
| 2 | 3 | 7 | 6 | 8 | 1 | 4 | 9 | 5 |
| 6 | 5 | 4 | 7 | 2 | 9 | 3 | 8 | 1 |
| 9 | 1 | 8 | 4 | 5 | 3 | 6 | 2 | 7 |

### MEDIUM - 7

| 8 | 3 | 9 | 2 | 4 | 6 | 1 | 7 | 5 |
|---|---|---|---|---|---|---|---|---|
| 6 | 2 | 5 | 9 | 1 | 7 | 4 | 8 | 3 |
| 7 | 1 | 4 | 8 | 5 | 3 | 2 | 6 | 9 |
| 4 | 5 | 7 | 1 | 6 | 8 | 3 | 9 | 2 |
| 2 | 9 | 8 | 7 | 3 | 4 | 6 | 5 | 1 |
| 1 | 6 | 3 | 5 | 9 | 2 | 7 | 4 | 8 |
| 3 | 7 | 2 | 6 | 8 | 9 | 5 | 1 | 4 |
| 9 | 4 | 1 | 3 | 7 | 5 | 8 | 2 | 6 |
| 5 | 8 | 6 | 4 | 2 | 1 | 9 | 3 | 7 |

### MEDIUM - 8

| 3 | 8 | 5 | 9 | 4 | 2 | 7 | 1 | 6 |
|---|---|---|---|---|---|---|---|---|
| 1 | 2 | 4 | 6 | 8 | 7 | 5 | 3 | 9 |
| 6 | 9 | 7 | 1 | 5 | 3 | 4 | 8 | 2 |
| 9 | 6 | 3 | 8 | 1 | 4 | 2 | 5 | 7 |
| 4 | 7 | 8 | 2 | 3 | 5 | 6 | 9 | 1 |
| 5 | 1 | 2 | 7 | 6 | 9 | 8 | 4 | 3 |
| 7 | 4 | 1 | 5 | 9 | 6 | 3 | 2 | 8 |
| 8 | 3 | 6 | 4 | 2 | 1 | 9 | 7 | 5 |
| 2 | 5 | 9 | 3 | 7 | 8 | 1 | 6 | 4 |

### MEDIUM - 9

| 4 | 9 | 8 | 7 | 2 | 1 | 3 | 6 | 5 |
|---|---|---|---|---|---|---|---|---|
| 3 | 5 | 2 | 9 | 6 | 8 | 1 | 4 | 7 |
| 7 | 6 | 1 | 3 | 5 | 4 | 2 | 9 | 8 |
| 9 | 3 | 5 | 1 | 7 | 6 | 8 | 2 | 4 |
| 2 | 8 | 6 | 5 | 4 | 3 | 7 | 1 | 9 |
| 1 | 7 | 4 | 8 | 9 | 2 | 6 | 5 | 3 |
| 6 | 2 | 7 | 4 | 8 | 9 | 5 | 3 | 1 |
| 8 | 1 | 9 | 2 | 3 | 5 | 4 | 7 | 6 |
| 5 | 4 | 3 | 6 | 1 | 7 | 9 | 8 | 2 |

### MEDIUM - 10

| 1 | 9 | 6 | 4 | 2 | 7 | 8 | 3 | 5 |
|---|---|---|---|---|---|---|---|---|
| 8 | 7 | 5 | 3 | 9 | 6 | 1 | 4 | 2 |
| 4 | 2 | 3 | 5 | 8 | 1 | 9 | 7 | 6 |
| 3 | 1 | 7 | 2 | 4 | 9 | 6 | 5 | 8 |
| 5 | 6 | 2 | 7 | 1 | 8 | 4 | 9 | 3 |
| 9 | 4 | 8 | 6 | 3 | 5 | 7 | 2 | 1 |
| 6 | 5 | 9 | 8 | 7 | 2 | 3 | 1 | 4 |
| 2 | 3 | 1 | 9 | 6 | 4 | 5 | 8 | 7 |
| 7 | 8 | 4 | 1 | 5 | 3 | 2 | 6 | 9 |

### MEDIUM - 11

| 6 | 5 | 3 | 7 | 2 | 4 | 1 | 8 | 9 |
|---|---|---|---|---|---|---|---|---|
| 1 | 8 | 9 | 3 | 6 | 5 | 2 | 4 | 7 |
| 4 | 7 | 2 | 1 | 9 | 8 | 3 | 6 | 5 |
| 2 | 9 | 5 | 4 | 3 | 1 | 6 | 7 | 8 |
| 8 | 4 | 1 | 5 | 7 | 6 | 9 | 2 | 3 |
| 3 | 6 | 7 | 9 | 8 | 2 | 5 | 1 | 4 |
| 7 | 1 | 4 | 6 | 5 | 9 | 8 | 3 | 2 |
| 5 | 2 | 6 | 8 | 4 | 3 | 7 | 9 | 1 |
| 9 | 3 | 8 | 2 | 1 | 7 | 4 | 5 | 6 |

### MEDIUM - 12

| 8 | 3 | 5 | 4 | 2 | 1 | 9 | 6 | 7 |
|---|---|---|---|---|---|---|---|---|
| 2 | 7 | 6 | 8 | 9 | 5 | 4 | 3 | 1 |
| 1 | 9 | 4 | 7 | 3 | 6 | 8 | 2 | 5 |
| 4 | 8 | 9 | 6 | 7 | 3 | 5 | 1 | 2 |
| 5 | 6 | 7 | 2 | 1 | 4 | 3 | 8 | 9 |
| 3 | 1 | 2 | 9 | 5 | 8 | 7 | 4 | 6 |
| 7 | 2 | 1 | 3 | 4 | 9 | 6 | 5 | 8 |
| 6 | 5 | 3 | 1 | 8 | 7 | 2 | 9 | 4 |
| 9 | 4 | 8 | 5 | 6 | 2 | 1 | 7 | 3 |

### MEDIUM - 13

| 7 | 6 | 8 | 1 | 9 | 5 | 2 | 4 | 3 |
|---|---|---|---|---|---|---|---|---|
| 9 | 2 | 1 | 4 | 3 | 7 | 6 | 8 | 5 |
| 5 | 3 | 4 | 2 | 8 | 6 | 1 | 7 | 9 |
| 4 | 9 | 6 | 7 | 2 | 1 | 3 | 5 | 8 |
| 1 | 8 | 7 | 3 | 5 | 9 | 4 | 6 | 2 |
| 3 | 5 | 2 | 6 | 4 | 8 | 9 | 1 | 7 |
| 2 | 1 | 3 | 8 | 7 | 4 | 5 | 9 | 6 |
| 8 | 4 | 9 | 5 | 6 | 3 | 7 | 2 | 1 |
| 6 | 7 | 5 | 9 | 1 | 2 | 8 | 3 | 4 |

### MEDIUM - 14

| 6 | 3 | 2 | 5 | 8 | 9 | 1 | 7 | 4 |
|---|---|---|---|---|---|---|---|---|
| 4 | 9 | 8 | 1 | 7 | 3 | 6 | 2 | 5 |
| 5 | 1 | 7 | 2 | 6 | 4 | 9 | 8 | 3 |
| 2 | 6 | 3 | 8 | 9 | 7 | 5 | 4 | 1 |
| 9 | 5 | 4 | 6 | 2 | 1 | 7 | 3 | 8 |
| 7 | 8 | 1 | 3 | 4 | 5 | 2 | 6 | 9 |
| 1 | 7 | 6 | 9 | 3 | 8 | 4 | 5 | 2 |
| 3 | 4 | 5 | 7 | 1 | 2 | 8 | 9 | 6 |
| 8 | 2 | 9 | 4 | 5 | 6 | 3 | 1 | 7 |

### MEDIUM - 15

| 3 | 1 | 4 | 6 | 5 | 8 | 9 | 7 | 2 |
|---|---|---|---|---|---|---|---|---|
| 6 | 7 | 2 | 3 | 9 | 1 | 8 | 4 | 5 |
| 5 | 8 | 9 | 4 | 2 | 7 | 1 | 3 | 6 |
| 2 | 3 | 7 | 8 | 1 | 5 | 4 | 6 | 9 |
| 9 | 5 | 6 | 7 | 4 | 3 | 2 | 8 | 1 |
| 1 | 4 | 8 | 9 | 6 | 2 | 7 | 5 | 3 |
| 7 | 6 | 3 | 1 | 8 | 9 | 5 | 2 | 4 |
| 4 | 2 | 1 | 5 | 7 | 6 | 3 | 9 | 8 |
| 8 | 9 | 5 | 2 | 3 | 4 | 6 | 1 | 7 |

### MEDIUM - 16

| 2 | 8 | 5 | 4 | 3 | 6 | 9 | 7 | 1 |
|---|---|---|---|---|---|---|---|---|
| 4 | 1 | 6 | 8 | 9 | 7 | 3 | 5 | 2 |
| 7 | 9 | 3 | 1 | 5 | 2 | 6 | 8 | 4 |
| 3 | 2 | 1 | 6 | 4 | 5 | 8 | 9 | 7 |
| 8 | 5 | 9 | 2 | 7 | 3 | 1 | 4 | 6 |
| 6 | 7 | 4 | 9 | 8 | 1 | 2 | 3 | 5 |
| 5 | 3 | 2 | 7 | 6 | 8 | 4 | 1 | 9 |
| 1 | 4 | 8 | 5 | 2 | 9 | 7 | 6 | 3 |
| 9 | 6 | 7 | 3 | 1 | 4 | 5 | 2 | 8 |

### MEDIUM - 17

| 4 | 3 | 2 | 8 | 5 | 6 | 9 | 7 | 1 |
|---|---|---|---|---|---|---|---|---|
| 9 | 1 | 8 | 4 | 7 | 3 | 6 | 2 | 5 |
| 5 | 6 | 7 | 9 | 2 | 1 | 4 | 8 | 3 |
| 1 | 7 | 6 | 3 | 9 | 2 | 8 | 5 | 4 |
| 3 | 8 | 9 | 5 | 1 | 4 | 2 | 6 | 7 |
| 2 | 4 | 5 | 6 | 8 | 7 | 1 | 3 | 9 |
| 7 | 9 | 4 | 2 | 6 | 5 | 3 | 1 | 8 |
| 6 | 5 | 3 | 1 | 4 | 8 | 7 | 9 | 2 |
| 8 | 2 | 1 | 7 | 3 | 9 | 5 | 4 | 6 |

### MEDIUM - 18

| 9 | 5 | 1 | 7 | 4 | 3 | 8 | 2 | 6 |
|---|---|---|---|---|---|---|---|---|
| 2 | 7 | 8 | 5 | 9 | 6 | 3 | 4 | 1 |
| 4 | 3 | 6 | 1 | 2 | 8 | 7 | 5 | 9 |
| 7 | 1 | 4 | 8 | 6 | 2 | 9 | 3 | 5 |
| 5 | 6 | 9 | 3 | 7 | 4 | 1 | 8 | 2 |
| 8 | 2 | 3 | 9 | 5 | 1 | 4 | 6 | 7 |
| 1 | 8 | 5 | 6 | 3 | 9 | 2 | 7 | 4 |
| 3 | 4 | 7 | 2 | 1 | 5 | 6 | 9 | 8 |
| 6 | 9 | 2 | 4 | 8 | 7 | 5 | 1 | 3 |

### MEDIUM - 19

| 9 | 4 | 7 | 2 | 8 | 5 | 3 | 6 | 1 |
|---|---|---|---|---|---|---|---|---|
| 3 | 1 | 8 | 6 | 4 | 9 | 5 | 2 | 7 |
| 6 | 5 | 2 | 3 | 1 | 7 | 8 | 4 | 9 |
| 7 | 2 | 6 | 1 | 3 | 8 | 9 | 5 | 4 |
| 4 | 9 | 3 | 5 | 7 | 2 | 1 | 8 | 6 |
| 1 | 8 | 5 | 9 | 6 | 4 | 7 | 3 | 2 |
| 5 | 6 | 9 | 8 | 2 | 1 | 4 | 7 | 3 |
| 8 | 3 | 4 | 7 | 9 | 6 | 2 | 1 | 5 |
| 2 | 7 | 1 | 4 | 5 | 3 | 6 | 9 | 8 |

### MEDIUM - 20

| 1 | 7 | 9 | 6 | 2 | 4 | 8 | 3 | 5 |
|---|---|---|---|---|---|---|---|---|
| 5 | 6 | 8 | 3 | 7 | 1 | 9 | 4 | 2 |
| 4 | 3 | 2 | 9 | 5 | 8 | 7 | 1 | 6 |
| 3 | 9 | 7 | 2 | 8 | 6 | 1 | 5 | 4 |
| 6 | 5 | 1 | 4 | 9 | 3 | 2 | 7 | 8 |
| 8 | 2 | 4 | 7 | 1 | 5 | 6 | 9 | 3 |
| 2 | 8 | 5 | 1 | 4 | 9 | 3 | 6 | 7 |
| 7 | 1 | 3 | 5 | 6 | 2 | 4 | 8 | 9 |
| 9 | 4 | 6 | 8 | 3 | 7 | 5 | 2 | 1 |

## MEDIUM - 21

| 7 | 2 | 5 | 8 | 9 | 6 | 3 | 1 | 4 |
|---|---|---|---|---|---|---|---|---|
| 3 | 9 | 1 | 2 | 7 | 4 | 5 | 8 | 6 |
| 8 | 6 | 4 | 3 | 1 | 5 | 7 | 2 | 9 |
| 4 | 3 | 6 | 9 | 5 | 2 | 1 | 7 | 8 |
| 5 | 7 | 8 | 4 | 6 | 1 | 2 | 9 | 3 |
| 9 | 1 | 2 | 7 | 3 | 8 | 4 | 6 | 5 |
| 2 | 8 | 7 | 5 | 4 | 9 | 6 | 3 | 1 |
| 1 | 5 | 3 | 6 | 8 | 7 | 9 | 4 | 2 |
| 6 | 4 | 9 | 1 | 2 | 3 | 8 | 5 | 7 |

## MEDIUM - 22

| 7 | 8 | 1 | 2 | 4 | 3 | 5 | 6 | 9 |
|---|---|---|---|---|---|---|---|---|
| 2 | 5 | 9 | 6 | 7 | 8 | 3 | 1 | 4 |
| 6 | 3 | 4 | 1 | 9 | 5 | 8 | 7 | 2 |
| 9 | 6 | 7 | 3 | 8 | 2 | 1 | 4 | 5 |
| 3 | 1 | 8 | 4 | 5 | 9 | 7 | 2 | 6 |
| 4 | 2 | 5 | 7 | 6 | 1 | 9 | 8 | 3 |
| 1 | 4 | 6 | 9 | 3 | 7 | 2 | 5 | 8 |
| 8 | 9 | 2 | 5 | 1 | 4 | 6 | 3 | 7 |
| 5 | 7 | 3 | 8 | 2 | 6 | 4 | 9 | 1 |

## MEDIUM - 23

| 9 | 6 | 5 | 8 | 7 | 1 | 2 | 3 | 4 |
|---|---|---|---|---|---|---|---|---|
| 3 | 8 | 2 | 5 | 4 | 6 | 1 | 9 | 7 |
| 4 | 1 | 7 | 9 | 2 | 3 | 8 | 6 | 5 |
| 8 | 7 | 3 | 2 | 9 | 4 | 5 | 1 | 6 |
| 6 | 2 | 9 | 7 | 1 | 5 | 4 | 8 | 3 |
| 1 | 5 | 4 | 3 | 6 | 8 | 7 | 2 | 9 |
| 2 | 9 | 8 | 4 | 3 | 7 | 6 | 5 | 1 |
| 5 | 4 | 1 | 6 | 8 | 9 | 3 | 7 | 2 |
| 7 | 3 | 6 | 1 | 5 | 2 | 9 | 4 | 8 |

## MEDIUM - 24

| 8 | 4 | 9 | 6 | 7 | 1 | 5 | 2 | 3 |
|---|---|---|---|---|---|---|---|---|
| 2 | 6 | 7 | 5 | 3 | 9 | 4 | 8 | 1 |
| 5 | 1 | 3 | 2 | 8 | 4 | 7 | 9 | 6 |
| 3 | 8 | 1 | 4 | 5 | 2 | 9 | 6 | 7 |
| 7 | 5 | 6 | 3 | 9 | 8 | 2 | 1 | 4 |
| 9 | 2 | 4 | 7 | 1 | 6 | 8 | 3 | 5 |
| 6 | 9 | 8 | 1 | 4 | 7 | 3 | 5 | 2 |
| 1 | 7 | 5 | 9 | 2 | 3 | 6 | 4 | 8 |
| 4 | 3 | 2 | 8 | 6 | 5 | 1 | 7 | 9 |

## MEDIUM - 25

| 5 | 7 | 2 | 6 | 8 | 3 | 9 | 1 | 4 |
|---|---|---|---|---|---|---|---|---|
| 1 | 6 | 9 | 4 | 7 | 2 | 5 | 8 | 3 |
| 3 | 8 | 4 | 5 | 1 | 9 | 2 | 7 | 6 |
| 6 | 5 | 1 | 9 | 2 | 8 | 3 | 4 | 7 |
| 9 | 4 | 7 | 1 | 3 | 5 | 6 | 2 | 8 |
| 8 | 2 | 3 | 7 | 6 | 4 | 1 | 5 | 9 |
| 7 | 3 | 6 | 2 | 4 | 1 | 8 | 9 | 5 |
| 2 | 9 | 8 | 3 | 5 | 7 | 4 | 6 | 1 |
| 4 | 1 | 5 | 8 | 9 | 6 | 7 | 3 | 2 |

## MEDIUM - 26

| 2 | 3 | 9 | 4 | 1 | 8 | 5 | 6 | 7 |
|---|---|---|---|---|---|---|---|---|
| 6 | 4 | 7 | 3 | 5 | 2 | 1 | 8 | 9 |
| 5 | 1 | 8 | 6 | 9 | 7 | 2 | 4 | 3 |
| 7 | 5 | 3 | 1 | 4 | 6 | 9 | 2 | 8 |
| 8 | 9 | 6 | 2 | 3 | 5 | 4 | 7 | 1 |
| 1 | 2 | 4 | 7 | 8 | 9 | 6 | 3 | 5 |
| 9 | 7 | 1 | 8 | 6 | 4 | 3 | 5 | 2 |
| 4 | 8 | 5 | 9 | 2 | 3 | 7 | 1 | 6 |
| 3 | 6 | 2 | 5 | 7 | 1 | 8 | 9 | 4 |

## MEDIUM - 27

| 3 | 8 | 9 | 5 | 7 | 2 | 1 | 4 | 6 |
|---|---|---|---|---|---|---|---|---|
| 4 | 2 | 6 | 9 | 8 | 1 | 7 | 3 | 5 |
| 7 | 1 | 5 | 3 | 4 | 6 | 9 | 2 | 8 |
| 8 | 4 | 1 | 7 | 2 | 3 | 6 | 5 | 9 |
| 9 | 6 | 7 | 4 | 1 | 5 | 3 | 8 | 2 |
| 5 | 3 | 2 | 6 | 9 | 8 | 4 | 7 | 1 |
| 6 | 5 | 4 | 2 | 3 | 9 | 8 | 1 | 7 |
| 1 | 9 | 3 | 8 | 5 | 7 | 2 | 6 | 4 |
| 2 | 7 | 8 | 1 | 6 | 4 | 5 | 9 | 3 |

## MEDIUM - 28

| 2 | 9 | 3 | 6 | 8 | 7 | 1 | 5 | 4 |
|---|---|---|---|---|---|---|---|---|
| 6 | 8 | 4 | 5 | 1 | 9 | 2 | 7 | 3 |
| 5 | 1 | 7 | 3 | 4 | 2 | 9 | 8 | 6 |
| 8 | 4 | 9 | 7 | 3 | 6 | 5 | 2 | 1 |
| 1 | 3 | 5 | 2 | 9 | 4 | 8 | 6 | 7 |
| 7 | 2 | 6 | 8 | 5 | 1 | 4 | 3 | 9 |
| 4 | 5 | 8 | 1 | 7 | 3 | 6 | 9 | 2 |
| 9 | 7 | 2 | 4 | 6 | 8 | 3 | 1 | 5 |
| 3 | 6 | 1 | 9 | 2 | 5 | 7 | 4 | 8 |

## MEDIUM - 29

| 1 | 7 | 2 | 6 | 3 | 9 | 4 | 8 | 5 |
|---|---|---|---|---|---|---|---|---|
| 6 | 9 | 4 | 8 | 7 | 5 | 3 | 1 | 2 |
| 8 | 5 | 3 | 2 | 1 | 4 | 6 | 7 | 9 |
| 3 | 8 | 1 | 5 | 9 | 6 | 7 | 2 | 4 |
| 4 | 6 | 9 | 7 | 8 | 2 | 5 | 3 | 1 |
| 5 | 2 | 7 | 3 | 4 | 1 | 9 | 6 | 8 |
| 9 | 3 | 6 | 4 | 2 | 8 | 1 | 5 | 7 |
| 2 | 4 | 5 | 1 | 6 | 7 | 8 | 9 | 3 |
| 7 | 1 | 8 | 9 | 5 | 3 | 2 | 4 | 6 |

## MEDIUM - 30

| 5 | 4 | 7 | 6 | 2 | 9 | 1 | 3 | 8 |
|---|---|---|---|---|---|---|---|---|
| 2 | 1 | 3 | 8 | 5 | 4 | 9 | 7 | 6 |
| 9 | 8 | 6 | 7 | 1 | 3 | 4 | 5 | 2 |
| 4 | 7 | 1 | 3 | 6 | 2 | 8 | 9 | 5 |
| 8 | 5 | 9 | 1 | 4 | 7 | 6 | 2 | 3 |
| 6 | 3 | 2 | 9 | 8 | 5 | 7 | 1 | 4 |
| 7 | 2 | 4 | 5 | 9 | 8 | 3 | 6 | 1 |
| 1 | 9 | 5 | 4 | 3 | 6 | 2 | 8 | 7 |
| 3 | 6 | 8 | 2 | 7 | 1 | 5 | 4 | 9 |

## MEDIUM - 31

| 1 | 8 | 3 | 2 | 4 | 5 | 6 | 7 | 9 |
|---|---|---|---|---|---|---|---|---|
| 5 | 7 | 6 | 8 | 9 | 3 | 4 | 2 | 1 |
| 9 | 2 | 4 | 6 | 7 | 1 | 8 | 3 | 5 |
| 7 | 4 | 9 | 5 | 3 | 6 | 1 | 8 | 2 |
| 2 | 6 | 5 | 1 | 8 | 9 | 7 | 4 | 3 |
| 8 | 3 | 1 | 7 | 2 | 4 | 9 | 5 | 6 |
| 6 | 1 | 8 | 3 | 5 | 7 | 2 | 9 | 4 |
| 3 | 9 | 7 | 4 | 1 | 2 | 5 | 6 | 8 |
| 4 | 5 | 2 | 9 | 6 | 8 | 3 | 1 | 7 |

## MEDIUM - 32

| 9 | 1 | 4 | 6 | 7 | 2 | 3 | 5 | 8 |
|---|---|---|---|---|---|---|---|---|
| 2 | 8 | 5 | 9 | 4 | 3 | 6 | 7 | 1 |
| 7 | 6 | 3 | 5 | 8 | 1 | 2 | 4 | 9 |
| 4 | 9 | 1 | 3 | 6 | 8 | 7 | 2 | 5 |
| 3 | 5 | 8 | 1 | 2 | 7 | 4 | 9 | 6 |
| 6 | 2 | 7 | 4 | 9 | 5 | 1 | 8 | 3 |
| 1 | 3 | 9 | 2 | 5 | 4 | 8 | 6 | 7 |
| 8 | 4 | 6 | 7 | 3 | 9 | 5 | 1 | 2 |
| 5 | 7 | 2 | 8 | 1 | 6 | 9 | 3 | 4 |

## MEDIUM - 33

| 8 | 9 | 4 | 5 | 3 | 2 | 1 | 7 | 6 |
|---|---|---|---|---|---|---|---|---|
| 1 | 5 | 3 | 6 | 7 | 4 | 8 | 9 | 2 |
| 6 | 2 | 7 | 9 | 8 | 1 | 3 | 5 | 4 |
| 7 | 6 | 1 | 4 | 9 | 8 | 5 | 2 | 3 |
| 9 | 4 | 8 | 2 | 5 | 3 | 6 | 1 | 7 |
| 5 | 3 | 2 | 7 | 1 | 6 | 4 | 8 | 9 |
| 4 | 8 | 5 | 3 | 2 | 9 | 7 | 6 | 1 |
| 3 | 7 | 9 | 1 | 6 | 5 | 2 | 4 | 8 |
| 2 | 1 | 6 | 8 | 4 | 7 | 9 | 3 | 5 |

## MEDIUM - 34

| 8 | 4 | 3 | 9 | 5 | 1 | 7 | 2 | 6 |
|---|---|---|---|---|---|---|---|---|
| 5 | 7 | 2 | 6 | 8 | 3 | 9 | 4 | 1 |
| 9 | 1 | 6 | 7 | 4 | 2 | 8 | 5 | 3 |
| 1 | 6 | 5 | 3 | 7 | 8 | 4 | 9 | 2 |
| 7 | 2 | 4 | 1 | 9 | 6 | 5 | 3 | 8 |
| 3 | 8 | 9 | 5 | 2 | 4 | 1 | 6 | 7 |
| 6 | 3 | 8 | 4 | 1 | 9 | 2 | 7 | 5 |
| 2 | 9 | 7 | 8 | 3 | 5 | 6 | 1 | 4 |
| 4 | 5 | 1 | 2 | 6 | 7 | 3 | 8 | 9 |

## MEDIUM - 35

| 2 | 1 | 6 | 8 | 9 | 7 | 5 | 4 | 3 |
|---|---|---|---|---|---|---|---|---|
| 8 | 5 | 7 | 3 | 4 | 6 | 1 | 9 | 2 |
| 3 | 4 | 9 | 1 | 2 | 5 | 6 | 8 | 7 |
| 9 | 2 | 8 | 6 | 3 | 1 | 7 | 5 | 4 |
| 5 | 7 | 3 | 2 | 8 | 4 | 9 | 1 | 6 |
| 4 | 6 | 1 | 7 | 5 | 9 | 3 | 2 | 8 |
| 6 | 8 | 5 | 9 | 7 | 2 | 4 | 3 | 1 |
| 7 | 9 | 2 | 4 | 1 | 3 | 8 | 6 | 5 |
| 1 | 3 | 4 | 5 | 6 | 8 | 2 | 7 | 9 |

## MEDIUM - 36

| 7 | 3 | 5 | 4 | 2 | 9 | 1 | 8 | 6 |
|---|---|---|---|---|---|---|---|---|
| 6 | 2 | 9 | 8 | 5 | 1 | 4 | 7 | 3 |
| 8 | 4 | 1 | 7 | 6 | 3 | 2 | 9 | 5 |
| 2 | 7 | 6 | 1 | 4 | 5 | 9 | 3 | 8 |
| 9 | 1 | 8 | 2 | 3 | 7 | 6 | 5 | 4 |
| 4 | 5 | 3 | 9 | 8 | 6 | 7 | 1 | 2 |
| 1 | 6 | 2 | 5 | 9 | 8 | 3 | 4 | 7 |
| 3 | 8 | 7 | 6 | 1 | 4 | 5 | 2 | 9 |
| 5 | 9 | 4 | 3 | 7 | 2 | 8 | 6 | 1 |

## MEDIUM - 37

| 7 | 1 | 3 | 6 | 4 | 2 | 5 | 9 | 8 |
|---|---|---|---|---|---|---|---|---|
| 9 | 6 | 5 | 7 | 1 | 8 | 2 | 3 | 4 |
| 2 | 8 | 4 | 3 | 5 | 9 | 6 | 7 | 1 |
| 8 | 4 | 7 | 2 | 9 | 1 | 3 | 6 | 5 |
| 5 | 2 | 9 | 4 | 3 | 6 | 1 | 8 | 7 |
| 1 | 3 | 6 | 8 | 7 | 5 | 4 | 2 | 9 |
| 3 | 7 | 1 | 9 | 6 | 4 | 8 | 5 | 2 |
| 6 | 5 | 2 | 1 | 8 | 7 | 9 | 4 | 3 |
| 4 | 9 | 8 | 5 | 2 | 3 | 7 | 1 | 6 |

## MEDIUM - 38

| 2 | 5 | 9 | 4 | 3 | 7 | 8 | 6 | 1 |
|---|---|---|---|---|---|---|---|---|
| 8 | 4 | 3 | 6 | 1 | 5 | 2 | 7 | 9 |
| 7 | 6 | 1 | 2 | 9 | 8 | 3 | 4 | 5 |
| 4 | 9 | 8 | 5 | 7 | 2 | 6 | 1 | 3 |
| 1 | 3 | 2 | 9 | 8 | 6 | 4 | 5 | 7 |
| 5 | 7 | 6 | 3 | 4 | 1 | 9 | 2 | 8 |
| 6 | 8 | 5 | 7 | 2 | 9 | 1 | 3 | 4 |
| 3 | 1 | 7 | 8 | 6 | 4 | 5 | 9 | 2 |
| 9 | 2 | 4 | 1 | 5 | 3 | 7 | 8 | 6 |

## MEDIUM - 39

| 8 | 1 | 7 | 2 | 6 | 5 | 9 | 4 | 3 |
|---|---|---|---|---|---|---|---|---|
| 5 | 4 | 2 | 3 | 7 | 9 | 8 | 1 | 6 |
| 6 | 3 | 9 | 1 | 8 | 4 | 2 | 7 | 5 |
| 7 | 9 | 8 | 4 | 2 | 6 | 5 | 3 | 1 |
| 1 | 6 | 5 | 8 | 9 | 3 | 4 | 2 | 7 |
| 3 | 2 | 4 | 5 | 1 | 7 | 6 | 9 | 8 |
| 4 | 8 | 6 | 9 | 3 | 1 | 7 | 5 | 2 |
| 9 | 7 | 3 | 6 | 5 | 2 | 1 | 8 | 4 |
| 2 | 5 | 1 | 7 | 4 | 8 | 3 | 6 | 9 |

## MEDIUM - 40

| 7 | 8 | 3 | 9 | 6 | 5 | 2 | 1 | 4 |
|---|---|---|---|---|---|---|---|---|
| 2 | 9 | 6 | 7 | 1 | 4 | 5 | 8 | 3 |
| 1 | 4 | 5 | 8 | 2 | 3 | 6 | 7 | 9 |
| 6 | 1 | 8 | 4 | 9 | 2 | 7 | 3 | 5 |
| 5 | 3 | 7 | 1 | 8 | 6 | 9 | 4 | 2 |
| 4 | 2 | 9 | 5 | 3 | 7 | 1 | 6 | 8 |
| 3 | 6 | 1 | 2 | 5 | 8 | 4 | 9 | 7 |
| 8 | 7 | 2 | 6 | 4 | 9 | 3 | 5 | 1 |
| 9 | 5 | 4 | 3 | 7 | 1 | 8 | 2 | 6 |

## MEDIUM - 41

| 4 | 1 | 2 | 3 | 7 | 6 | 5 | 8 | 9 |
|---|---|---|---|---|---|---|---|---|
| 5 | 9 | 3 | 4 | 1 | 8 | 2 | 6 | 7 |
| 7 | 6 | 8 | 2 | 5 | 9 | 3 | 4 | 1 |
| 2 | 8 | 7 | 6 | 4 | 5 | 9 | 1 | 3 |
| 6 | 3 | 1 | 9 | 8 | 7 | 4 | 5 | 2 |
| 9 | 5 | 4 | 1 | 3 | 2 | 6 | 7 | 8 |
| 3 | 7 | 6 | 8 | 9 | 4 | 1 | 2 | 5 |
| 1 | 2 | 5 | 7 | 6 | 3 | 8 | 9 | 4 |
| 8 | 4 | 9 | 5 | 2 | 1 | 7 | 3 | 6 |

## MEDIUM - 42

| 6 | 7 | 3 | 4 | 2 | 8 | 9 | 1 | 5 |
|---|---|---|---|---|---|---|---|---|
| 8 | 1 | 4 | 6 | 5 | 9 | 7 | 2 | 3 |
| 2 | 9 | 5 | 1 | 7 | 3 | 6 | 4 | 8 |
| 1 | 3 | 9 | 2 | 4 | 6 | 8 | 5 | 7 |
| 7 | 6 | 2 | 5 | 8 | 1 | 3 | 9 | 4 |
| 4 | 5 | 8 | 3 | 9 | 7 | 2 | 6 | 1 |
| 3 | 8 | 1 | 9 | 6 | 4 | 5 | 7 | 2 |
| 9 | 2 | 7 | 8 | 1 | 5 | 4 | 3 | 6 |
| 5 | 4 | 6 | 7 | 3 | 2 | 1 | 8 | 9 |

## MEDIUM - 43

| 2 | 9 | 8 | 5 | 1 | 4 | 6 | 3 | 7 |
|---|---|---|---|---|---|---|---|---|
| 5 | 6 | 4 | 8 | 3 | 7 | 2 | 1 | 9 |
| 1 | 3 | 7 | 2 | 9 | 6 | 8 | 4 | 5 |
| 7 | 1 | 3 | 6 | 5 | 9 | 4 | 8 | 2 |
| 6 | 2 | 9 | 4 | 7 | 8 | 1 | 5 | 3 |
| 8 | 4 | 5 | 3 | 2 | 1 | 9 | 7 | 6 |
| 3 | 8 | 6 | 9 | 4 | 5 | 7 | 2 | 1 |
| 9 | 7 | 2 | 1 | 8 | 3 | 5 | 6 | 4 |
| 4 | 5 | 1 | 7 | 6 | 2 | 3 | 9 | 8 |

## MEDIUM - 44

| 8 | 9 | 4 | 6 | 3 | 1 | 2 | 7 | 5 |
|---|---|---|---|---|---|---|---|---|
| 1 | 5 | 2 | 9 | 4 | 7 | 3 | 8 | 6 |
| 6 | 3 | 7 | 8 | 5 | 2 | 9 | 1 | 4 |
| 4 | 6 | 8 | 5 | 7 | 9 | 1 | 3 | 2 |
| 2 | 7 | 3 | 1 | 8 | 4 | 6 | 5 | 9 |
| 5 | 1 | 9 | 3 | 2 | 6 | 8 | 4 | 7 |
| 7 | 4 | 6 | 2 | 1 | 8 | 5 | 9 | 3 |
| 9 | 8 | 5 | 4 | 6 | 3 | 7 | 2 | 1 |
| 3 | 2 | 1 | 7 | 9 | 5 | 4 | 6 | 8 |

## MEDIUM - 45

| 5 | 1 | 3 | 7 | 2 | 4 | 9 | 8 | 6 |
|---|---|---|---|---|---|---|---|---|
| 6 | 4 | 2 | 8 | 1 | 9 | 3 | 5 | 7 |
| 9 | 7 | 8 | 3 | 6 | 5 | 2 | 1 | 4 |
| 2 | 6 | 4 | 5 | 7 | 1 | 8 | 9 | 3 |
| 3 | 9 | 5 | 4 | 8 | 6 | 1 | 7 | 2 |
| 7 | 8 | 1 | 2 | 9 | 3 | 6 | 4 | 5 |
| 8 | 2 | 9 | 6 | 5 | 7 | 4 | 3 | 1 |
| 1 | 3 | 7 | 9 | 4 | 2 | 5 | 6 | 8 |
| 4 | 5 | 6 | 1 | 3 | 8 | 7 | 2 | 9 |

## MEDIUM - 46

| 8 | 6 | 4 | 2 | 9 | 7 | 5 | 1 | 3 |
|---|---|---|---|---|---|---|---|---|
| 9 | 5 | 1 | 8 | 6 | 3 | 7 | 2 | 4 |
| 2 | 7 | 3 | 5 | 4 | 1 | 6 | 9 | 8 |
| 4 | 8 | 5 | 3 | 1 | 6 | 2 | 7 | 9 |
| 6 | 1 | 9 | 7 | 2 | 4 | 3 | 8 | 5 |
| 3 | 2 | 7 | 9 | 5 | 8 | 4 | 6 | 1 |
| 1 | 3 | 6 | 4 | 7 | 9 | 8 | 5 | 2 |
| 7 | 4 | 2 | 1 | 8 | 5 | 9 | 3 | 6 |
| 5 | 9 | 8 | 6 | 3 | 2 | 1 | 4 | 7 |

## MEDIUM - 47

| 1 | 4 | 7 | 6 | 2 | 9 | 8 | 3 | 5 |
|---|---|---|---|---|---|---|---|---|
| 3 | 9 | 5 | 8 | 7 | 1 | 2 | 4 | 6 |
| 6 | 2 | 8 | 5 | 4 | 3 | 7 | 1 | 9 |
| 9 | 6 | 1 | 4 | 3 | 7 | 5 | 2 | 8 |
| 2 | 5 | 3 | 1 | 6 | 8 | 4 | 9 | 7 |
| 8 | 7 | 4 | 2 | 9 | 5 | 1 | 6 | 3 |
| 4 | 8 | 2 | 9 | 5 | 6 | 3 | 7 | 1 |
| 5 | 3 | 6 | 7 | 1 | 4 | 9 | 8 | 2 |
| 7 | 1 | 9 | 3 | 8 | 2 | 6 | 5 | 4 |

## MEDIUM - 48

| 6 | 9 | 8 | 1 | 3 | 5 | 7 | 2 | 4 |
|---|---|---|---|---|---|---|---|---|
| 7 | 1 | 5 | 2 | 6 | 4 | 9 | 8 | 3 |
| 3 | 4 | 2 | 9 | 8 | 7 | 6 | 5 | 1 |
| 5 | 2 | 9 | 7 | 1 | 3 | 8 | 4 | 6 |
| 1 | 3 | 4 | 6 | 9 | 8 | 2 | 7 | 5 |
| 8 | 6 | 7 | 5 | 4 | 2 | 3 | 1 | 9 |
| 4 | 7 | 1 | 3 | 2 | 6 | 5 | 9 | 8 |
| 2 | 8 | 6 | 4 | 5 | 9 | 1 | 3 | 7 |
| 9 | 5 | 3 | 8 | 7 | 1 | 4 | 6 | 2 |

## MEDIUM - 49

| 4 | 7 | 3 | 6 | 8 | 1 | 9 | 5 | 2 |
|---|---|---|---|---|---|---|---|---|
| 9 | 6 | 8 | 2 | 3 | 5 | 4 | 7 | 1 |
| 2 | 5 | 1 | 9 | 4 | 7 | 3 | 6 | 8 |
| 7 | 4 | 6 | 8 | 5 | 2 | 1 | 3 | 9 |
| 3 | 9 | 2 | 7 | 1 | 6 | 5 | 8 | 4 |
| 8 | 1 | 5 | 4 | 9 | 3 | 7 | 2 | 6 |
| 5 | 3 | 4 | 1 | 2 | 8 | 6 | 9 | 7 |
| 1 | 2 | 7 | 3 | 6 | 9 | 8 | 4 | 5 |
| 6 | 8 | 9 | 5 | 7 | 4 | 2 | 1 | 3 |

## MEDIUM - 50

| 7 | 8 | 9 | 2 | 4 | 6 | 5 | 1 | 3 |
|---|---|---|---|---|---|---|---|---|
| 1 | 2 | 3 | 5 | 9 | 7 | 6 | 4 | 8 |
| 6 | 4 | 5 | 8 | 3 | 1 | 7 | 9 | 2 |
| 2 | 5 | 7 | 3 | 8 | 4 | 9 | 6 | 1 |
| 8 | 9 | 1 | 6 | 5 | 2 | 3 | 7 | 4 |
| 4 | 3 | 6 | 7 | 1 | 9 | 8 | 2 | 5 |
| 3 | 7 | 2 | 1 | 6 | 5 | 4 | 8 | 9 |
| 9 | 6 | 8 | 4 | 2 | 3 | 1 | 5 | 7 |
| 5 | 1 | 4 | 9 | 7 | 8 | 2 | 3 | 6 |

## MEDIUM - 51

| 5 | 6 | 3 | 4 | 8 | 7 | 1 | 9 | 2 |
|---|---|---|---|---|---|---|---|---|
| 8 | 2 | 9 | 6 | 1 | 5 | 4 | 7 | 3 |
| 7 | 4 | 1 | 3 | 2 | 9 | 5 | 8 | 6 |
| 2 | 7 | 5 | 1 | 4 | 8 | 6 | 3 | 9 |
| 4 | 3 | 8 | 2 | 9 | 6 | 7 | 5 | 1 |
| 9 | 1 | 6 | 5 | 7 | 3 | 2 | 4 | 8 |
| 1 | 8 | 2 | 7 | 3 | 4 | 9 | 6 | 5 |
| 6 | 9 | 4 | 8 | 5 | 1 | 3 | 2 | 7 |
| 3 | 5 | 7 | 9 | 6 | 2 | 8 | 1 | 4 |

## MEDIUM - 52

| 2 | 9 | 8 | 4 | 1 | 7 | 6 | 3 | 5 |
|---|---|---|---|---|---|---|---|---|
| 4 | 7 | 5 | 6 | 2 | 3 | 9 | 8 | 1 |
| 6 | 3 | 1 | 9 | 5 | 8 | 4 | 7 | 2 |
| 3 | 8 | 7 | 5 | 6 | 9 | 1 | 2 | 4 |
| 1 | 4 | 9 | 3 | 7 | 2 | 5 | 6 | 8 |
| 5 | 6 | 2 | 1 | 8 | 4 | 7 | 9 | 3 |
| 7 | 5 | 3 | 8 | 4 | 6 | 2 | 1 | 9 |
| 9 | 1 | 6 | 2 | 3 | 5 | 8 | 4 | 7 |
| 8 | 2 | 4 | 7 | 9 | 1 | 3 | 5 | 6 |

## MEDIUM - 53

| 1 | 7 | 9 | 8 | 4 | 6 | 2 | 3 | 5 |
|---|---|---|---|---|---|---|---|---|
| 3 | 6 | 5 | 2 | 1 | 9 | 7 | 4 | 8 |
| 8 | 2 | 4 | 5 | 3 | 7 | 6 | 9 | 1 |
| 7 | 9 | 8 | 6 | 2 | 1 | 3 | 5 | 4 |
| 6 | 4 | 3 | 7 | 5 | 8 | 1 | 2 | 9 |
| 5 | 1 | 2 | 4 | 9 | 3 | 8 | 7 | 6 |
| 2 | 8 | 1 | 9 | 7 | 4 | 5 | 6 | 3 |
| 9 | 5 | 6 | 3 | 8 | 2 | 4 | 1 | 7 |
| 4 | 3 | 7 | 1 | 6 | 5 | 9 | 8 | 2 |

## MEDIUM - 54

| 5 | 7 | 2 | 4 | 9 | 6 | 8 | 1 | 3 |
|---|---|---|---|---|---|---|---|---|
| 9 | 4 | 1 | 3 | 5 | 8 | 2 | 7 | 6 |
| 8 | 3 | 6 | 7 | 1 | 2 | 5 | 9 | 4 |
| 7 | 1 | 9 | 8 | 2 | 4 | 3 | 6 | 5 |
| 2 | 8 | 5 | 6 | 3 | 1 | 7 | 4 | 9 |
| 4 | 6 | 3 | 9 | 7 | 5 | 1 | 8 | 2 |
| 1 | 5 | 8 | 2 | 6 | 9 | 4 | 3 | 7 |
| 3 | 9 | 4 | 5 | 8 | 7 | 6 | 2 | 1 |
| 6 | 2 | 7 | 1 | 4 | 3 | 9 | 5 | 8 |

## MEDIUM - 55

| 2 | 5 | 6 | 1 | 3 | 4 | 8 | 9 | 7 |
|---|---|---|---|---|---|---|---|---|
| 3 | 4 | 8 | 6 | 7 | 9 | 1 | 5 | 2 |
| 7 | 1 | 9 | 8 | 5 | 2 | 6 | 3 | 4 |
| 8 | 3 | 1 | 5 | 2 | 6 | 4 | 7 | 9 |
| 5 | 9 | 4 | 7 | 8 | 3 | 2 | 1 | 6 |
| 6 | 7 | 2 | 4 | 9 | 1 | 3 | 8 | 5 |
| 4 | 6 | 3 | 9 | 1 | 5 | 7 | 2 | 8 |
| 9 | 2 | 7 | 3 | 4 | 8 | 5 | 6 | 1 |
| 1 | 8 | 5 | 2 | 6 | 7 | 9 | 4 | 3 |

## MEDIUM - 56

| 5 | 9 | 2 | 8 | 4 | 3 | 1 | 7 | 6 |
|---|---|---|---|---|---|---|---|---|
| 8 | 1 | 7 | 6 | 9 | 5 | 3 | 2 | 4 |
| 3 | 4 | 6 | 2 | 7 | 1 | 8 | 5 | 9 |
| 1 | 2 | 9 | 3 | 5 | 8 | 6 | 4 | 7 |
| 7 | 8 | 3 | 9 | 6 | 4 | 5 | 1 | 2 |
| 4 | 6 | 5 | 1 | 2 | 7 | 9 | 3 | 8 |
| 2 | 5 | 8 | 7 | 1 | 9 | 4 | 6 | 3 |
| 9 | 7 | 1 | 4 | 3 | 6 | 2 | 8 | 5 |
| 6 | 3 | 4 | 5 | 8 | 2 | 7 | 9 | 1 |

## MEDIUM - 57

| 8 | 4 | 3 | 1 | 7 | 5 | 2 | 6 | 9 |
|---|---|---|---|---|---|---|---|---|
| 5 | 7 | 2 | 6 | 9 | 3 | 4 | 1 | 8 |
| 6 | 9 | 1 | 2 | 8 | 4 | 3 | 7 | 5 |
| 3 | 2 | 7 | 5 | 6 | 1 | 8 | 9 | 4 |
| 1 | 8 | 9 | 4 | 3 | 7 | 5 | 2 | 6 |
| 4 | 6 | 5 | 8 | 2 | 9 | 7 | 3 | 1 |
| 9 | 5 | 8 | 7 | 1 | 2 | 6 | 4 | 3 |
| 7 | 3 | 6 | 9 | 4 | 8 | 1 | 5 | 2 |
| 2 | 1 | 4 | 3 | 5 | 6 | 9 | 8 | 7 |

## MEDIUM - 58

| 8 | 3 | 5 | 7 | 4 | 1 | 6 | 2 | 9 |
|---|---|---|---|---|---|---|---|---|
| 9 | 1 | 2 | 6 | 8 | 3 | 4 | 7 | 5 |
| 7 | 6 | 4 | 9 | 2 | 5 | 3 | 1 | 8 |
| 6 | 8 | 1 | 5 | 9 | 4 | 2 | 3 | 7 |
| 3 | 2 | 7 | 1 | 6 | 8 | 9 | 5 | 4 |
| 5 | 4 | 9 | 2 | 3 | 7 | 1 | 8 | 6 |
| 2 | 5 | 8 | 4 | 1 | 6 | 7 | 9 | 3 |
| 1 | 7 | 6 | 3 | 5 | 9 | 8 | 4 | 2 |
| 4 | 9 | 3 | 8 | 7 | 2 | 5 | 6 | 1 |

## MEDIUM - 59

| 3 | 6 | 9 | 7 | 2 | 1 | 5 | 8 | 4 |
|---|---|---|---|---|---|---|---|---|
| 1 | 7 | 5 | 4 | 8 | 6 | 9 | 2 | 3 |
| 4 | 8 | 2 | 5 | 3 | 9 | 1 | 7 | 6 |
| 5 | 9 | 3 | 2 | 6 | 7 | 4 | 1 | 8 |
| 6 | 2 | 4 | 9 | 1 | 8 | 7 | 3 | 5 |
| 7 | 1 | 8 | 3 | 5 | 4 | 6 | 9 | 2 |
| 2 | 4 | 1 | 6 | 9 | 3 | 8 | 5 | 7 |
| 8 | 3 | 7 | 1 | 4 | 5 | 2 | 6 | 9 |
| 9 | 5 | 6 | 8 | 7 | 2 | 3 | 4 | 1 |

## MEDIUM - 60

| 3 | 7 | 6 | 2 | 5 | 9 | 8 | 1 | 4 |
|---|---|---|---|---|---|---|---|---|
| 1 | 9 | 5 | 8 | 4 | 6 | 7 | 3 | 2 |
| 2 | 4 | 8 | 1 | 7 | 3 | 9 | 5 | 6 |
| 8 | 3 | 4 | 7 | 2 | 5 | 6 | 9 | 1 |
| 7 | 5 | 1 | 6 | 9 | 4 | 3 | 2 | 8 |
| 9 | 6 | 2 | 3 | 1 | 8 | 5 | 4 | 7 |
| 6 | 1 | 7 | 9 | 3 | 2 | 4 | 8 | 5 |
| 4 | 8 | 3 | 5 | 6 | 1 | 2 | 7 | 9 |
| 5 | 2 | 9 | 4 | 8 | 7 | 1 | 6 | 3 |

## MEDIUM - 61

| 8 | 2 | 7 | 3 | 6 | 4 | 5 | 9 | 1 |
|---|---|---|---|---|---|---|---|---|
| 3 | 9 | 5 | 8 | 1 | 2 | 7 | 4 | 6 |
| 1 | 4 | 6 | 9 | 7 | 5 | 8 | 3 | 2 |
| 6 | 7 | 2 | 1 | 5 | 3 | 9 | 8 | 4 |
| 9 | 1 | 8 | 2 | 4 | 7 | 6 | 5 | 3 |
| 5 | 3 | 4 | 6 | 8 | 9 | 1 | 2 | 7 |
| 4 | 6 | 1 | 5 | 3 | 8 | 2 | 7 | 9 |
| 7 | 8 | 9 | 4 | 2 | 6 | 3 | 1 | 5 |
| 2 | 5 | 3 | 7 | 9 | 1 | 4 | 6 | 8 |

## MEDIUM - 62

| 2 | 3 | 7 | 4 | 9 | 6 | 1 | 8 | 5 |
|---|---|---|---|---|---|---|---|---|
| 1 | 4 | 9 | 8 | 5 | 2 | 6 | 7 | 3 |
| 8 | 6 | 5 | 3 | 7 | 1 | 4 | 9 | 2 |
| 4 | 5 | 6 | 9 | 2 | 8 | 3 | 1 | 7 |
| 7 | 1 | 8 | 6 | 3 | 5 | 9 | 2 | 4 |
| 9 | 2 | 3 | 7 | 1 | 4 | 5 | 6 | 8 |
| 6 | 7 | 4 | 5 | 8 | 9 | 2 | 3 | 1 |
| 5 | 8 | 2 | 1 | 6 | 3 | 7 | 4 | 9 |
| 3 | 9 | 1 | 2 | 4 | 7 | 8 | 5 | 6 |

## MEDIUM - 63

| 6 | 8 | 7 | 2 | 4 | 9 | 5 | 1 | 3 |
|---|---|---|---|---|---|---|---|---|
| 5 | 2 | 4 | 7 | 1 | 3 | 6 | 8 | 9 |
| 3 | 9 | 1 | 6 | 8 | 5 | 4 | 2 | 7 |
| 7 | 5 | 3 | 9 | 2 | 8 | 1 | 6 | 4 |
| 2 | 1 | 6 | 4 | 5 | 7 | 9 | 3 | 8 |
| 9 | 4 | 8 | 3 | 6 | 1 | 2 | 7 | 5 |
| 8 | 7 | 2 | 1 | 9 | 4 | 3 | 5 | 6 |
| 4 | 6 | 5 | 8 | 3 | 2 | 7 | 9 | 1 |
| 1 | 3 | 9 | 5 | 7 | 6 | 8 | 4 | 2 |

## MEDIUM - 64

| 6 | 4 | 5 | 2 | 1 | 8 | 9 | 7 | 3 |
|---|---|---|---|---|---|---|---|---|
| 8 | 7 | 3 | 9 | 4 | 6 | 5 | 1 | 2 |
| 9 | 1 | 2 | 7 | 5 | 3 | 8 | 4 | 6 |
| 4 | 8 | 6 | 5 | 2 | 1 | 3 | 9 | 7 |
| 3 | 2 | 9 | 8 | 7 | 4 | 6 | 5 | 1 |
| 1 | 5 | 7 | 6 | 3 | 9 | 4 | 2 | 8 |
| 7 | 9 | 8 | 4 | 6 | 2 | 1 | 3 | 5 |
| 5 | 3 | 4 | 1 | 8 | 7 | 2 | 6 | 9 |
| 2 | 6 | 1 | 3 | 9 | 5 | 7 | 8 | 4 |

## MEDIUM - 65

| 2 | 1 | 3 | 5 | 6 | 4 | 7 | 8 | 9 |
|---|---|---|---|---|---|---|---|---|
| 9 | 7 | 5 | 8 | 1 | 2 | 4 | 3 | 6 |
| 8 | 4 | 6 | 7 | 9 | 3 | 2 | 1 | 5 |
| 6 | 5 | 1 | 2 | 3 | 8 | 9 | 7 | 4 |
| 4 | 9 | 8 | 1 | 7 | 5 | 3 | 6 | 2 |
| 3 | 2 | 7 | 6 | 4 | 9 | 1 | 5 | 8 |
| 1 | 3 | 4 | 9 | 8 | 6 | 5 | 2 | 7 |
| 7 | 6 | 2 | 4 | 5 | 1 | 8 | 9 | 3 |
| 5 | 8 | 9 | 3 | 2 | 7 | 6 | 4 | 1 |

## MEDIUM - 66

| 9 | 1 | 3 | 4 | 8 | 6 | 7 | 5 | 2 |
|---|---|---|---|---|---|---|---|---|
| 5 | 6 | 2 | 3 | 7 | 9 | 8 | 1 | 4 |
| 8 | 4 | 7 | 1 | 2 | 5 | 3 | 9 | 6 |
| 7 | 5 | 8 | 6 | 1 | 3 | 4 | 2 | 9 |
| 6 | 3 | 4 | 9 | 5 | 2 | 1 | 7 | 8 |
| 2 | 9 | 1 | 7 | 4 | 8 | 6 | 3 | 5 |
| 4 | 2 | 5 | 8 | 3 | 1 | 9 | 6 | 7 |
| 3 | 7 | 9 | 2 | 6 | 4 | 5 | 8 | 1 |
| 1 | 8 | 6 | 5 | 9 | 7 | 2 | 4 | 3 |

## MEDIUM - 67

| 4 | 3 | 5 | 7 | 9 | 8 | 2 | 6 | 1 |
|---|---|---|---|---|---|---|---|---|
| 9 | 6 | 2 | 4 | 5 | 1 | 8 | 3 | 7 |
| 1 | 8 | 7 | 2 | 6 | 3 | 5 | 4 | 9 |
| 2 | 9 | 3 | 6 | 1 | 4 | 7 | 8 | 5 |
| 8 | 5 | 1 | 3 | 2 | 7 | 6 | 9 | 4 |
| 6 | 7 | 4 | 9 | 8 | 5 | 1 | 2 | 3 |
| 3 | 4 | 8 | 5 | 7 | 6 | 9 | 1 | 2 |
| 5 | 1 | 9 | 8 | 4 | 2 | 3 | 7 | 6 |
| 7 | 2 | 6 | 1 | 3 | 9 | 4 | 5 | 8 |

## MEDIUM - 68

| 6 | 1 | 4 | 3 | 2 | 9 | 7 | 5 | 8 |
|---|---|---|---|---|---|---|---|---|
| 3 | 7 | 8 | 4 | 5 | 6 | 2 | 1 | 9 |
| 5 | 9 | 2 | 1 | 7 | 8 | 4 | 3 | 6 |
| 4 | 8 | 9 | 7 | 3 | 2 | 1 | 6 | 5 |
| 2 | 5 | 6 | 9 | 8 | 1 | 3 | 7 | 4 |
| 1 | 3 | 7 | 5 | 6 | 4 | 8 | 9 | 2 |
| 9 | 6 | 3 | 2 | 4 | 7 | 5 | 8 | 1 |
| 7 | 2 | 1 | 8 | 9 | 5 | 6 | 4 | 3 |
| 8 | 4 | 5 | 6 | 1 | 3 | 9 | 2 | 7 |

## MEDIUM - 69

| 2 | 4 | 3 | 7 | 6 | 8 | 5 | 1 | 9 |
|---|---|---|---|---|---|---|---|---|
| 9 | 7 | 6 | 2 | 1 | 5 | 4 | 3 | 8 |
| 1 | 5 | 8 | 3 | 9 | 4 | 2 | 6 | 7 |
| 5 | 2 | 9 | 6 | 4 | 7 | 3 | 8 | 1 |
| 8 | 6 | 1 | 9 | 5 | 3 | 7 | 2 | 4 |
| 7 | 3 | 4 | 1 | 8 | 2 | 9 | 5 | 6 |
| 6 | 8 | 2 | 5 | 7 | 9 | 1 | 4 | 3 |
| 3 | 1 | 7 | 4 | 2 | 6 | 8 | 9 | 5 |
| 4 | 9 | 5 | 8 | 3 | 1 | 6 | 7 | 2 |

## MEDIUM - 70

| 9 | 8 | 2 | 5 | 6 | 3 | 7 | 1 | 4 |
|---|---|---|---|---|---|---|---|---|
| 1 | 7 | 6 | 2 | 4 | 8 | 5 | 9 | 3 |
| 3 | 5 | 4 | 7 | 1 | 9 | 2 | 6 | 8 |
| 5 | 6 | 8 | 3 | 2 | 1 | 9 | 4 | 7 |
| 7 | 4 | 3 | 8 | 9 | 5 | 1 | 2 | 6 |
| 2 | 1 | 9 | 4 | 7 | 6 | 3 | 8 | 5 |
| 4 | 3 | 1 | 9 | 8 | 7 | 6 | 5 | 2 |
| 6 | 2 | 7 | 1 | 5 | 4 | 8 | 3 | 9 |
| 8 | 9 | 5 | 6 | 3 | 2 | 4 | 7 | 1 |

## MEDIUM - 71

| 8 | 4 | 5 | 9 | 2 | 7 | 6 | 1 | 3 |
|---|---|---|---|---|---|---|---|---|
| 3 | 9 | 2 | 6 | 1 | 8 | 4 | 5 | 7 |
| 7 | 6 | 1 | 5 | 4 | 3 | 8 | 9 | 2 |
| 5 | 1 | 8 | 7 | 6 | 2 | 9 | 3 | 4 |
| 2 | 3 | 9 | 4 | 5 | 1 | 7 | 6 | 8 |
| 6 | 7 | 4 | 3 | 8 | 9 | 5 | 2 | 1 |
| 1 | 5 | 6 | 2 | 7 | 4 | 3 | 8 | 9 |
| 4 | 2 | 3 | 8 | 9 | 5 | 1 | 7 | 6 |
| 9 | 8 | 7 | 1 | 3 | 6 | 2 | 4 | 5 |

## MEDIUM - 72

| 3 | 1 | 6 | 7 | 2 | 9 | 5 | 4 | 8 |
|---|---|---|---|---|---|---|---|---|
| 2 | 4 | 5 | 1 | 8 | 3 | 6 | 7 | 9 |
| 9 | 7 | 8 | 4 | 6 | 5 | 2 | 3 | 1 |
| 6 | 5 | 3 | 2 | 1 | 8 | 7 | 9 | 4 |
| 4 | 2 | 1 | 6 | 9 | 7 | 3 | 8 | 5 |
| 8 | 9 | 7 | 3 | 5 | 4 | 1 | 2 | 6 |
| 1 | 6 | 4 | 9 | 7 | 2 | 8 | 5 | 3 |
| 5 | 3 | 2 | 8 | 4 | 6 | 9 | 1 | 7 |
| 7 | 8 | 9 | 5 | 3 | 1 | 4 | 6 | 2 |

## MEDIUM - 73

| 3 | 9 | 2 | 7 | 8 | 6 | 1 | 5 | 4 |
|---|---|---|---|---|---|---|---|---|
| 4 | 6 | 7 | 5 | 1 | 9 | 2 | 8 | 3 |
| 5 | 8 | 1 | 2 | 4 | 3 | 9 | 7 | 6 |
| 8 | 7 | 9 | 6 | 2 | 4 | 5 | 3 | 1 |
| 1 | 5 | 3 | 9 | 7 | 8 | 6 | 4 | 2 |
| 6 | 2 | 4 | 3 | 5 | 1 | 8 | 9 | 7 |
| 9 | 3 | 5 | 4 | 6 | 2 | 7 | 1 | 8 |
| 2 | 4 | 8 | 1 | 9 | 7 | 3 | 6 | 5 |
| 7 | 1 | 6 | 8 | 3 | 5 | 4 | 2 | 9 |

## MEDIUM - 74

| 7 | 2 | 4 | 3 | 1 | 6 | 8 | 9 | 5 |
|---|---|---|---|---|---|---|---|---|
| 6 | 9 | 3 | 5 | 8 | 4 | 2 | 7 | 1 |
| 5 | 8 | 1 | 9 | 7 | 2 | 3 | 4 | 6 |
| 1 | 7 | 2 | 8 | 4 | 5 | 6 | 3 | 9 |
| 3 | 4 | 9 | 7 | 6 | 1 | 5 | 8 | 2 |
| 8 | 6 | 5 | 2 | 3 | 9 | 7 | 1 | 4 |
| 4 | 5 | 7 | 1 | 2 | 3 | 9 | 6 | 8 |
| 9 | 3 | 6 | 4 | 5 | 8 | 1 | 2 | 7 |
| 2 | 1 | 8 | 6 | 9 | 7 | 4 | 5 | 3 |

## MEDIUM - 75

| 3 | 1 | 2 | 4 | 8 | 9 | 7 | 6 | 5 |
|---|---|---|---|---|---|---|---|---|
| 8 | 7 | 5 | 2 | 6 | 1 | 3 | 4 | 9 |
| 4 | 9 | 6 | 3 | 5 | 7 | 1 | 8 | 2 |
| 2 | 5 | 8 | 1 | 7 | 6 | 4 | 9 | 3 |
| 6 | 3 | 9 | 5 | 4 | 8 | 2 | 7 | 1 |
| 1 | 4 | 7 | 9 | 3 | 2 | 6 | 5 | 8 |
| 5 | 8 | 3 | 6 | 2 | 4 | 9 | 1 | 7 |
| 7 | 6 | 1 | 8 | 9 | 3 | 5 | 2 | 4 |
| 9 | 2 | 4 | 7 | 1 | 5 | 8 | 3 | 6 |

## MEDIUM - 76

| 6 | 3 | 2 | 1 | 5 | 9 | 7 | 4 | 8 |
|---|---|---|---|---|---|---|---|---|
| 9 | 8 | 4 | 7 | 6 | 2 | 5 | 3 | 1 |
| 7 | 1 | 5 | 8 | 3 | 4 | 6 | 9 | 2 |
| 8 | 6 | 7 | 9 | 1 | 3 | 2 | 5 | 4 |
| 2 | 4 | 3 | 5 | 8 | 7 | 1 | 6 | 9 |
| 1 | 5 | 9 | 4 | 2 | 6 | 3 | 8 | 7 |
| 3 | 9 | 8 | 6 | 7 | 1 | 4 | 2 | 5 |
| 5 | 2 | 1 | 3 | 4 | 8 | 9 | 7 | 6 |
| 4 | 7 | 6 | 2 | 9 | 5 | 8 | 1 | 3 |

## MEDIUM - 77

| 2 | 6 | 5 | 4 | 3 | 9 | 1 | 7 | 8 |
|---|---|---|---|---|---|---|---|---|
| 7 | 3 | 4 | 8 | 1 | 6 | 5 | 9 | 2 |
| 9 | 1 | 8 | 7 | 5 | 2 | 6 | 3 | 4 |
| 6 | 2 | 1 | 9 | 7 | 3 | 8 | 4 | 5 |
| 5 | 4 | 3 | 2 | 8 | 1 | 9 | 6 | 7 |
| 8 | 7 | 9 | 5 | 6 | 4 | 2 | 1 | 3 |
| 3 | 9 | 2 | 6 | 4 | 5 | 7 | 8 | 1 |
| 1 | 8 | 6 | 3 | 2 | 7 | 4 | 5 | 9 |
| 4 | 5 | 7 | 1 | 9 | 8 | 3 | 2 | 6 |

## MEDIUM - 78

| 2 | 6 | 5 | 7 | 3 | 8 | 9 | 1 | 4 |
|---|---|---|---|---|---|---|---|---|
| 1 | 9 | 7 | 6 | 4 | 5 | 2 | 8 | 3 |
| 4 | 8 | 3 | 1 | 9 | 2 | 7 | 6 | 5 |
| 3 | 1 | 2 | 9 | 5 | 7 | 8 | 4 | 6 |
| 6 | 7 | 9 | 4 | 8 | 3 | 1 | 5 | 2 |
| 5 | 4 | 8 | 2 | 6 | 1 | 3 | 9 | 7 |
| 7 | 5 | 6 | 8 | 2 | 9 | 4 | 3 | 1 |
| 8 | 3 | 1 | 5 | 7 | 4 | 6 | 2 | 9 |
| 9 | 2 | 4 | 3 | 1 | 6 | 5 | 7 | 8 |

## MEDIUM - 79

| 6 | 4 | 8 | 2 | 1 | 3 | 9 | 5 | 7 |
|---|---|---|---|---|---|---|---|---|
| 1 | 7 | 2 | 8 | 5 | 9 | 6 | 3 | 4 |
| 9 | 5 | 3 | 6 | 7 | 4 | 8 | 2 | 1 |
| 8 | 2 | 7 | 4 | 6 | 5 | 3 | 1 | 9 |
| 5 | 1 | 9 | 7 | 3 | 2 | 4 | 8 | 6 |
| 3 | 6 | 4 | 9 | 8 | 1 | 5 | 7 | 2 |
| 4 | 8 | 6 | 3 | 2 | 7 | 1 | 9 | 5 |
| 7 | 9 | 5 | 1 | 4 | 8 | 2 | 6 | 3 |
| 2 | 3 | 1 | 5 | 9 | 6 | 7 | 4 | 8 |

## MEDIUM - 80

| 7 | 1 | 3 | 2 | 5 | 9 | 4 | 6 | 8 |
|---|---|---|---|---|---|---|---|---|
| 9 | 4 | 8 | 6 | 1 | 3 | 5 | 7 | 2 |
| 6 | 5 | 2 | 7 | 4 | 8 | 3 | 9 | 1 |
| 3 | 2 | 1 | 5 | 7 | 4 | 6 | 8 | 9 |
| 5 | 6 | 4 | 8 | 9 | 1 | 7 | 2 | 3 |
| 8 | 7 | 9 | 3 | 6 | 2 | 1 | 5 | 4 |
| 4 | 9 | 5 | 1 | 2 | 7 | 8 | 3 | 6 |
| 1 | 3 | 6 | 9 | 8 | 5 | 2 | 4 | 7 |
| 2 | 8 | 7 | 4 | 3 | 6 | 9 | 1 | 5 |

## MEDIUM - 81

| 9 | 2 | 6 | 1 | 3 | 4 | 5 | 7 | 8 |
|---|---|---|---|---|---|---|---|---|
| 3 | 5 | 7 | 9 | 8 | 6 | 2 | 1 | 4 |
| 1 | 4 | 8 | 5 | 2 | 7 | 9 | 6 | 3 |
| 2 | 8 | 3 | 6 | 1 | 5 | 7 | 4 | 9 |
| 6 | 9 | 5 | 7 | 4 | 8 | 1 | 3 | 2 |
| 4 | 7 | 1 | 3 | 9 | 2 | 6 | 8 | 5 |
| 5 | 3 | 9 | 8 | 6 | 1 | 4 | 2 | 7 |
| 7 | 1 | 2 | 4 | 5 | 3 | 8 | 9 | 6 |
| 8 | 6 | 4 | 2 | 7 | 9 | 3 | 5 | 1 |

## MEDIUM - 82

| 3 | 6 | 5 | 9 | 2 | 4 | 7 | 1 | 8 |
|---|---|---|---|---|---|---|---|---|
| 9 | 8 | 1 | 5 | 3 | 7 | 6 | 2 | 4 |
| 2 | 4 | 7 | 8 | 1 | 6 | 5 | 3 | 9 |
| 7 | 3 | 2 | 1 | 4 | 5 | 9 | 8 | 6 |
| 4 | 1 | 9 | 6 | 8 | 3 | 2 | 5 | 7 |
| 6 | 5 | 8 | 7 | 9 | 2 | 3 | 4 | 1 |
| 1 | 2 | 4 | 3 | 6 | 9 | 8 | 7 | 5 |
| 5 | 9 | 3 | 4 | 7 | 8 | 1 | 6 | 2 |
| 8 | 7 | 6 | 2 | 5 | 1 | 4 | 9 | 3 |

## MEDIUM - 83

| 5 | 4 | 3 | 1 | 6 | 7 | 9 | 8 | 2 |
|---|---|---|---|---|---|---|---|---|
| 1 | 7 | 8 | 9 | 4 | 2 | 5 | 3 | 6 |
| 2 | 9 | 6 | 3 | 8 | 5 | 1 | 7 | 4 |
| 3 | 1 | 7 | 4 | 9 | 6 | 2 | 5 | 8 |
| 6 | 2 | 4 | 5 | 3 | 8 | 7 | 9 | 1 |
| 8 | 5 | 9 | 7 | 2 | 1 | 6 | 4 | 3 |
| 7 | 6 | 1 | 8 | 5 | 3 | 4 | 2 | 9 |
| 9 | 8 | 5 | 2 | 1 | 4 | 3 | 6 | 7 |
| 4 | 3 | 2 | 6 | 7 | 9 | 8 | 1 | 5 |

## MEDIUM - 84

| 6 | 3 | 4 | 5 | 1 | 2 | 8 | 7 | 9 |
|---|---|---|---|---|---|---|---|---|
| 2 | 9 | 7 | 8 | 3 | 6 | 4 | 1 | 5 |
| 8 | 1 | 5 | 9 | 7 | 4 | 2 | 3 | 6 |
| 4 | 6 | 2 | 1 | 5 | 7 | 9 | 8 | 3 |
| 7 | 8 | 1 | 6 | 9 | 3 | 5 | 2 | 4 |
| 3 | 5 | 9 | 2 | 4 | 8 | 1 | 6 | 7 |
| 9 | 2 | 6 | 7 | 8 | 5 | 3 | 4 | 1 |
| 1 | 7 | 3 | 4 | 2 | 9 | 6 | 5 | 8 |
| 5 | 4 | 8 | 3 | 6 | 1 | 7 | 9 | 2 |

## MEDIUM - 85

| 9 | 5 | 1 | 6 | 7 | 8 | 3 | 2 | 4 |
|---|---|---|---|---|---|---|---|---|
| 7 | 8 | 4 | 3 | 1 | 2 | 5 | 6 | 9 |
| 3 | 2 | 6 | 5 | 4 | 9 | 7 | 1 | 8 |
| 2 | 6 | 9 | 4 | 3 | 7 | 1 | 8 | 5 |
| 8 | 1 | 7 | 2 | 5 | 6 | 9 | 4 | 3 |
| 4 | 3 | 5 | 9 | 8 | 1 | 6 | 7 | 2 |
| 5 | 4 | 2 | 1 | 6 | 3 | 8 | 9 | 7 |
| 6 | 7 | 3 | 8 | 9 | 4 | 2 | 5 | 1 |
| 1 | 9 | 8 | 7 | 2 | 5 | 4 | 3 | 6 |

## MEDIUM - 86

| 3 | 5 | 7 | 6 | 8 | 1 | 2 | 9 | 4 |
|---|---|---|---|---|---|---|---|---|
| 2 | 8 | 6 | 3 | 4 | 9 | 1 | 5 | 7 |
| 4 | 9 | 1 | 5 | 2 | 7 | 6 | 3 | 8 |
| 6 | 3 | 2 | 4 | 1 | 8 | 9 | 7 | 5 |
| 5 | 7 | 8 | 9 | 3 | 6 | 4 | 2 | 1 |
| 9 | 1 | 4 | 2 | 7 | 5 | 8 | 6 | 3 |
| 8 | 2 | 9 | 1 | 5 | 3 | 7 | 4 | 6 |
| 7 | 4 | 3 | 8 | 6 | 2 | 5 | 1 | 9 |
| 1 | 6 | 5 | 7 | 9 | 4 | 3 | 8 | 2 |

## MEDIUM - 87

| 3 | 1 | 6 | 5 | 8 | 4 | 2 | 7 | 9 |
|---|---|---|---|---|---|---|---|---|
| 4 | 5 | 7 | 3 | 2 | 9 | 8 | 1 | 6 |
| 2 | 9 | 8 | 1 | 6 | 7 | 5 | 4 | 3 |
| 1 | 2 | 4 | 9 | 7 | 6 | 3 | 5 | 8 |
| 8 | 7 | 3 | 2 | 1 | 5 | 6 | 9 | 4 |
| 9 | 6 | 5 | 8 | 4 | 3 | 1 | 2 | 7 |
| 7 | 8 | 1 | 4 | 3 | 2 | 9 | 6 | 5 |
| 5 | 4 | 2 | 6 | 9 | 8 | 7 | 3 | 1 |
| 6 | 3 | 9 | 7 | 5 | 1 | 4 | 8 | 2 |

## MEDIUM - 88

| 7 | 2 | 1 | 6 | 8 | 4 | 3 | 9 | 5 |
|---|---|---|---|---|---|---|---|---|
| 9 | 6 | 5 | 1 | 3 | 2 | 8 | 7 | 4 |
| 8 | 3 | 4 | 7 | 9 | 5 | 6 | 2 | 1 |
| 6 | 1 | 9 | 3 | 2 | 8 | 4 | 5 | 7 |
| 5 | 8 | 7 | 4 | 1 | 6 | 2 | 3 | 9 |
| 3 | 4 | 2 | 9 | 5 | 7 | 1 | 8 | 6 |
| 4 | 5 | 3 | 8 | 6 | 9 | 7 | 1 | 2 |
| 1 | 9 | 6 | 2 | 7 | 3 | 5 | 4 | 8 |
| 2 | 7 | 8 | 5 | 4 | 1 | 9 | 6 | 3 |

## MEDIUM - 89

| 9 | 4 | 6 | 3 | 1 | 2 | 8 | 7 | 5 |
|---|---|---|---|---|---|---|---|---|
| 8 | 7 | 3 | 4 | 6 | 5 | 9 | 1 | 2 |
| 5 | 2 | 1 | 9 | 8 | 7 | 6 | 4 | 3 |
| 1 | 9 | 4 | 2 | 5 | 6 | 3 | 8 | 7 |
| 7 | 3 | 2 | 8 | 9 | 4 | 5 | 6 | 1 |
| 6 | 5 | 8 | 1 | 7 | 3 | 2 | 9 | 4 |
| 3 | 6 | 9 | 7 | 2 | 1 | 4 | 5 | 8 |
| 2 | 8 | 7 | 5 | 4 | 9 | 1 | 3 | 6 |
| 4 | 1 | 5 | 6 | 3 | 8 | 7 | 2 | 9 |

## MEDIUM - 90

| 9 | 2 | 8 | 1 | 4 | 6 | 3 | 5 | 7 |
|---|---|---|---|---|---|---|---|---|
| 1 | 4 | 7 | 8 | 3 | 5 | 2 | 6 | 9 |
| 6 | 5 | 3 | 9 | 7 | 2 | 4 | 1 | 8 |
| 8 | 3 | 6 | 2 | 9 | 4 | 5 | 7 | 1 |
| 4 | 1 | 5 | 7 | 6 | 3 | 8 | 9 | 2 |
| 7 | 9 | 2 | 5 | 1 | 8 | 6 | 3 | 4 |
| 3 | 6 | 9 | 4 | 2 | 1 | 7 | 8 | 5 |
| 5 | 7 | 4 | 3 | 8 | 9 | 1 | 2 | 6 |
| 2 | 8 | 1 | 6 | 5 | 7 | 9 | 4 | 3 |

## MEDIUM - 91

| 3 | 4 | 5 | 9 | 7 | 8 | 2 | 6 | 1 |
|---|---|---|---|---|---|---|---|---|
| 1 | 7 | 9 | 3 | 6 | 2 | 4 | 5 | 8 |
| 2 | 6 | 8 | 4 | 1 | 5 | 7 | 3 | 9 |
| 9 | 3 | 1 | 6 | 2 | 4 | 5 | 8 | 7 |
| 7 | 8 | 4 | 5 | 3 | 1 | 6 | 9 | 2 |
| 6 | 5 | 2 | 7 | 8 | 9 | 3 | 1 | 4 |
| 5 | 2 | 7 | 8 | 9 | 6 | 1 | 4 | 3 |
| 8 | 1 | 6 | 2 | 4 | 3 | 9 | 7 | 5 |
| 4 | 9 | 3 | 1 | 5 | 7 | 8 | 2 | 6 |

## MEDIUM - 92

| 7 | 8 | 5 | 4 | 9 | 6 | 2 | 1 | 3 |
|---|---|---|---|---|---|---|---|---|
| 6 | 3 | 4 | 1 | 5 | 2 | 9 | 7 | 8 |
| 1 | 9 | 2 | 7 | 3 | 8 | 6 | 4 | 5 |
| 4 | 7 | 8 | 5 | 2 | 1 | 3 | 9 | 6 |
| 3 | 2 | 1 | 6 | 4 | 9 | 5 | 8 | 7 |
| 9 | 5 | 6 | 3 | 8 | 7 | 1 | 2 | 4 |
| 5 | 4 | 9 | 2 | 7 | 3 | 8 | 6 | 1 |
| 2 | 1 | 7 | 8 | 6 | 5 | 4 | 3 | 9 |
| 8 | 6 | 3 | 9 | 1 | 4 | 7 | 5 | 2 |

## MEDIUM - 93

| 9 | 1 | 6 | 4 | 8 | 3 | 5 | 2 | 7 |
|---|---|---|---|---|---|---|---|---|
| 7 | 3 | 4 | 2 | 5 | 6 | 8 | 9 | 1 |
| 2 | 8 | 5 | 7 | 9 | 1 | 6 | 3 | 4 |
| 8 | 2 | 1 | 9 | 6 | 7 | 3 | 4 | 5 |
| 6 | 4 | 9 | 5 | 3 | 2 | 7 | 1 | 8 |
| 5 | 7 | 3 | 1 | 4 | 8 | 9 | 6 | 2 |
| 1 | 9 | 7 | 3 | 2 | 5 | 4 | 8 | 6 |
| 3 | 5 | 8 | 6 | 1 | 4 | 2 | 7 | 9 |
| 4 | 6 | 2 | 8 | 7 | 9 | 1 | 5 | 3 |

## MEDIUM - 94

| 5 | 3 | 4 | 2 | 7 | 9 | 6 | 1 | 8 |
|---|---|---|---|---|---|---|---|---|
| 9 | 6 | 8 | 1 | 5 | 3 | 4 | 2 | 7 |
| 1 | 7 | 2 | 4 | 6 | 8 | 3 | 9 | 5 |
| 3 | 5 | 6 | 8 | 4 | 2 | 9 | 7 | 1 |
| 7 | 2 | 9 | 3 | 1 | 5 | 8 | 6 | 4 |
| 8 | 4 | 1 | 7 | 9 | 6 | 5 | 3 | 2 |
| 2 | 9 | 3 | 5 | 8 | 1 | 7 | 4 | 6 |
| 4 | 1 | 5 | 6 | 3 | 7 | 2 | 8 | 9 |
| 6 | 8 | 7 | 9 | 2 | 4 | 1 | 5 | 3 |

## MEDIUM - 95

| 1 | 4 | 8 | 2 | 7 | 3 | 6 | 9 | 5 |
|---|---|---|---|---|---|---|---|---|
| 9 | 7 | 5 | 1 | 6 | 4 | 2 | 8 | 3 |
| 3 | 2 | 6 | 9 | 5 | 8 | 1 | 4 | 7 |
| 4 | 6 | 9 | 3 | 2 | 1 | 5 | 7 | 8 |
| 8 | 3 | 1 | 5 | 4 | 7 | 9 | 6 | 2 |
| 7 | 5 | 2 | 6 | 8 | 9 | 4 | 3 | 1 |
| 6 | 8 | 3 | 4 | 1 | 5 | 7 | 2 | 9 |
| 2 | 1 | 7 | 8 | 9 | 6 | 3 | 5 | 4 |
| 5 | 9 | 4 | 7 | 3 | 2 | 8 | 1 | 6 |

## MEDIUM - 96

| 1 | 7 | 4 | 3 | 8 | 6 | 2 | 9 | 5 |
|---|---|---|---|---|---|---|---|---|
| 9 | 6 | 3 | 4 | 5 | 2 | 8 | 1 | 7 |
| 5 | 2 | 8 | 9 | 7 | 1 | 4 | 3 | 6 |
| 7 | 5 | 2 | 1 | 4 | 3 | 9 | 6 | 8 |
| 3 | 8 | 1 | 5 | 6 | 9 | 7 | 2 | 4 |
| 4 | 9 | 6 | 7 | 2 | 8 | 3 | 5 | 1 |
| 8 | 3 | 5 | 2 | 1 | 7 | 6 | 4 | 9 |
| 2 | 1 | 7 | 6 | 9 | 4 | 5 | 8 | 3 |
| 6 | 4 | 9 | 8 | 3 | 5 | 1 | 7 | 2 |

## MEDIUM - 97

| 8 | 4 | 1 | 6 | 5 | 3 | 9 | 2 | 7 |
|---|---|---|---|---|---|---|---|---|
| 7 | 3 | 5 | 2 | 9 | 1 | 8 | 6 | 4 |
| 9 | 2 | 6 | 7 | 4 | 8 | 1 | 5 | 3 |
| 6 | 9 | 7 | 5 | 8 | 4 | 2 | 3 | 1 |
| 2 | 1 | 4 | 9 | 3 | 6 | 7 | 8 | 5 |
| 3 | 5 | 8 | 1 | 7 | 2 | 4 | 9 | 6 |
| 4 | 8 | 9 | 3 | 1 | 5 | 6 | 7 | 2 |
| 1 | 6 | 3 | 8 | 2 | 7 | 5 | 4 | 9 |
| 5 | 7 | 2 | 4 | 6 | 9 | 3 | 1 | 8 |

## MEDIUM - 98

| 5 | 4 | 9 | 7 | 8 | 1 | 6 | 3 | 2 |
|---|---|---|---|---|---|---|---|---|
| 7 | 2 | 8 | 3 | 4 | 6 | 1 | 5 | 9 |
| 6 | 1 | 3 | 9 | 2 | 5 | 4 | 8 | 7 |
| 4 | 5 | 1 | 8 | 3 | 9 | 7 | 2 | 6 |
| 2 | 9 | 6 | 4 | 5 | 7 | 3 | 1 | 8 |
| 8 | 3 | 7 | 1 | 6 | 2 | 9 | 4 | 5 |
| 1 | 6 | 4 | 2 | 9 | 8 | 5 | 7 | 3 |
| 3 | 8 | 5 | 6 | 7 | 4 | 2 | 9 | 1 |
| 9 | 7 | 2 | 5 | 1 | 3 | 8 | 6 | 4 |

## MEDIUM - 99

| 6 | 1 | 4 | 9 | 2 | 7 | 3 | 8 | 5 |
|---|---|---|---|---|---|---|---|---|
| 2 | 9 | 8 | 4 | 5 | 3 | 6 | 7 | 1 |
| 5 | 7 | 3 | 1 | 6 | 8 | 9 | 4 | 2 |
| 3 | 5 | 1 | 7 | 4 | 6 | 8 | 2 | 9 |
| 7 | 4 | 6 | 8 | 9 | 2 | 1 | 5 | 3 |
| 9 | 8 | 2 | 3 | 1 | 5 | 7 | 6 | 4 |
| 8 | 3 | 9 | 5 | 7 | 4 | 2 | 1 | 6 |
| 1 | 6 | 5 | 2 | 8 | 9 | 4 | 3 | 7 |
| 4 | 2 | 7 | 6 | 3 | 1 | 5 | 9 | 8 |

## MEDIUM - 100

| 4 | 5 | 9 | 3 | 7 | 6 | 8 | 1 | 2 |
|---|---|---|---|---|---|---|---|---|
| 8 | 1 | 7 | 5 | 4 | 2 | 6 | 9 | 3 |
| 3 | 2 | 6 | 1 | 9 | 8 | 4 | 5 | 7 |
| 9 | 8 | 5 | 2 | 3 | 7 | 1 | 6 | 4 |
| 2 | 4 | 3 | 8 | 6 | 1 | 5 | 7 | 9 |
| 7 | 6 | 1 | 4 | 5 | 9 | 2 | 3 | 8 |
| 5 | 3 | 2 | 7 | 1 | 4 | 9 | 8 | 6 |
| 1 | 9 | 4 | 6 | 8 | 3 | 7 | 2 | 5 |
| 6 | 7 | 8 | 9 | 2 | 5 | 3 | 4 | 1 |

## MEDIUM - 101

| 4 | 2 | 9 | 7 | 5 | 1 | 3 | 6 | 8 |
|---|---|---|---|---|---|---|---|---|
| 7 | 1 | 8 | 3 | 9 | 6 | 2 | 5 | 4 |
| 5 | 3 | 6 | 4 | 8 | 2 | 9 | 1 | 7 |
| 9 | 7 | 1 | 5 | 2 | 4 | 6 | 8 | 3 |
| 2 | 6 | 4 | 8 | 1 | 3 | 5 | 7 | 9 |
| 8 | 5 | 3 | 6 | 7 | 9 | 1 | 4 | 2 |
| 1 | 9 | 7 | 2 | 4 | 5 | 8 | 3 | 6 |
| 3 | 4 | 5 | 9 | 6 | 8 | 7 | 2 | 1 |
| 6 | 8 | 2 | 1 | 3 | 7 | 4 | 9 | 5 |

## MEDIUM - 102

| 4 | 7 | 5 | 1 | 8 | 3 | 9 | 2 | 6 |
|---|---|---|---|---|---|---|---|---|
| 8 | 2 | 1 | 9 | 6 | 7 | 5 | 4 | 3 |
| 3 | 9 | 6 | 4 | 5 | 2 | 8 | 7 | 1 |
| 2 | 1 | 3 | 7 | 9 | 4 | 6 | 8 | 5 |
| 5 | 4 | 9 | 8 | 1 | 6 | 7 | 3 | 2 |
| 7 | 6 | 8 | 2 | 3 | 5 | 1 | 9 | 4 |
| 9 | 8 | 2 | 6 | 4 | 1 | 3 | 5 | 7 |
| 6 | 5 | 7 | 3 | 2 | 9 | 4 | 1 | 8 |
| 1 | 3 | 4 | 5 | 7 | 8 | 2 | 6 | 9 |

## MEDIUM - 103

| 2 | 4 | 6 | 1 | 3 | 8 | 9 | 5 | 7 |
|---|---|---|---|---|---|---|---|---|
| 9 | 1 | 8 | 5 | 7 | 2 | 3 | 6 | 4 |
| 3 | 7 | 5 | 6 | 9 | 4 | 2 | 8 | 1 |
| 4 | 3 | 2 | 9 | 6 | 5 | 7 | 1 | 8 |
| 7 | 6 | 9 | 8 | 1 | 3 | 4 | 2 | 5 |
| 5 | 8 | 1 | 4 | 2 | 7 | 6 | 3 | 9 |
| 8 | 9 | 4 | 2 | 5 | 6 | 1 | 7 | 3 |
| 6 | 5 | 3 | 7 | 4 | 1 | 8 | 9 | 2 |
| 1 | 2 | 7 | 3 | 8 | 9 | 5 | 4 | 6 |

## MEDIUM - 104

| 2 | 1 | 7 | 3 | 9 | 8 | 6 | 4 | 5 |
|---|---|---|---|---|---|---|---|---|
| 3 | 8 | 5 | 2 | 6 | 4 | 9 | 7 | 1 |
| 4 | 6 | 9 | 5 | 1 | 7 | 3 | 8 | 2 |
| 1 | 7 | 2 | 8 | 3 | 9 | 5 | 6 | 4 |
| 6 | 9 | 4 | 7 | 5 | 1 | 8 | 2 | 3 |
| 8 | 5 | 3 | 4 | 2 | 6 | 7 | 1 | 9 |
| 5 | 3 | 8 | 6 | 4 | 2 | 1 | 9 | 7 |
| 7 | 2 | 1 | 9 | 8 | 3 | 4 | 5 | 6 |
| 9 | 4 | 6 | 1 | 7 | 5 | 2 | 3 | 8 |

## MEDIUM - 105

| 6 | 8 | 7 | 5 | 4 | 9 | 2 | 1 | 3 |
|---|---|---|---|---|---|---|---|---|
| 5 | 4 | 2 | 1 | 6 | 3 | 7 | 8 | 9 |
| 1 | 9 | 3 | 8 | 2 | 7 | 6 | 5 | 4 |
| 3 | 1 | 4 | 2 | 9 | 5 | 8 | 6 | 7 |
| 8 | 5 | 6 | 3 | 7 | 4 | 9 | 2 | 1 |
| 7 | 2 | 9 | 6 | 8 | 1 | 4 | 3 | 5 |
| 9 | 3 | 8 | 4 | 1 | 6 | 5 | 7 | 2 |
| 4 | 6 | 5 | 7 | 3 | 2 | 1 | 9 | 8 |
| 2 | 7 | 1 | 9 | 5 | 8 | 3 | 4 | 6 |

## MEDIUM - 106

| 5 | 9 | 6 | 7 | 3 | 2 | 1 | 4 | 8 |
|---|---|---|---|---|---|---|---|---|
| 1 | 7 | 4 | 9 | 5 | 8 | 3 | 2 | 6 |
| 2 | 3 | 8 | 1 | 6 | 4 | 5 | 7 | 9 |
| 3 | 6 | 2 | 4 | 9 | 7 | 8 | 1 | 5 |
| 7 | 1 | 5 | 3 | 8 | 6 | 4 | 9 | 2 |
| 4 | 8 | 9 | 2 | 1 | 5 | 6 | 3 | 7 |
| 9 | 5 | 7 | 6 | 4 | 3 | 2 | 8 | 1 |
| 8 | 4 | 1 | 5 | 2 | 9 | 7 | 6 | 3 |
| 6 | 2 | 3 | 8 | 7 | 1 | 9 | 5 | 4 |

## MEDIUM - 107

| 4 | 8 | 9 | 2 | 7 | 3 | 6 | 1 | 5 |
|---|---|---|---|---|---|---|---|---|
| 3 | 5 | 1 | 8 | 9 | 6 | 4 | 2 | 7 |
| 2 | 6 | 7 | 5 | 1 | 4 | 9 | 8 | 3 |
| 9 | 2 | 3 | 7 | 6 | 5 | 1 | 4 | 8 |
| 5 | 7 | 4 | 1 | 8 | 9 | 3 | 6 | 2 |
| 8 | 1 | 6 | 3 | 4 | 2 | 7 | 5 | 9 |
| 6 | 4 | 5 | 9 | 3 | 8 | 2 | 7 | 1 |
| 7 | 3 | 2 | 6 | 5 | 1 | 8 | 9 | 4 |
| 1 | 9 | 8 | 4 | 2 | 7 | 5 | 3 | 6 |

## MEDIUM - 108

| 4 | 2 | 6 | 5 | 3 | 8 | 1 | 7 | 9 |
|---|---|---|---|---|---|---|---|---|
| 9 | 7 | 8 | 6 | 1 | 4 | 3 | 5 | 2 |
| 1 | 5 | 3 | 7 | 2 | 9 | 6 | 4 | 8 |
| 7 | 3 | 4 | 8 | 6 | 1 | 9 | 2 | 5 |
| 8 | 1 | 9 | 2 | 4 | 5 | 7 | 3 | 6 |
| 2 | 6 | 5 | 9 | 7 | 3 | 4 | 8 | 1 |
| 6 | 4 | 7 | 1 | 5 | 2 | 8 | 9 | 3 |
| 5 | 9 | 1 | 3 | 8 | 7 | 2 | 6 | 4 |
| 3 | 8 | 2 | 4 | 9 | 6 | 5 | 1 | 7 |

## MEDIUM - 109

| 2 | 9 | 8 | 5 | 3 | 4 | 1 | 7 | 6 |
|---|---|---|---|---|---|---|---|---|
| 1 | 4 | 7 | 8 | 6 | 2 | 5 | 3 | 9 |
| 5 | 3 | 6 | 1 | 7 | 9 | 4 | 8 | 2 |
| 8 | 7 | 5 | 9 | 1 | 3 | 2 | 6 | 4 |
| 3 | 2 | 1 | 4 | 8 | 6 | 9 | 5 | 7 |
| 4 | 6 | 9 | 7 | 2 | 5 | 8 | 1 | 3 |
| 6 | 8 | 3 | 2 | 4 | 1 | 7 | 9 | 5 |
| 7 | 5 | 2 | 3 | 9 | 8 | 6 | 4 | 1 |
| 9 | 1 | 4 | 6 | 5 | 7 | 3 | 2 | 8 |

## MEDIUM - 110

| 8 | 3 | 9 | 1 | 2 | 4 | 5 | 7 | 6 |
|---|---|---|---|---|---|---|---|---|
| 2 | 5 | 6 | 9 | 7 | 8 | 4 | 3 | 1 |
| 1 | 4 | 7 | 3 | 6 | 5 | 2 | 8 | 9 |
| 5 | 7 | 1 | 2 | 8 | 9 | 6 | 4 | 3 |
| 4 | 8 | 3 | 6 | 5 | 1 | 9 | 2 | 7 |
| 6 | 9 | 2 | 4 | 3 | 7 | 8 | 1 | 5 |
| 7 | 2 | 8 | 5 | 1 | 6 | 3 | 9 | 4 |
| 9 | 1 | 5 | 8 | 4 | 3 | 7 | 6 | 2 |
| 3 | 6 | 4 | 7 | 9 | 2 | 1 | 5 | 8 |

## MEDIUM - 111

| 4 | 1 | 2 | 9 | 5 | 3 | 6 | 7 | 8 |
|---|---|---|---|---|---|---|---|---|
| 7 | 3 | 9 | 1 | 8 | 6 | 5 | 4 | 2 |
| 5 | 6 | 8 | 7 | 4 | 2 | 9 | 1 | 3 |
| 1 | 5 | 4 | 3 | 2 | 9 | 8 | 6 | 7 |
| 6 | 2 | 3 | 8 | 7 | 1 | 4 | 9 | 5 |
| 9 | 8 | 7 | 5 | 6 | 4 | 2 | 3 | 1 |
| 2 | 7 | 1 | 4 | 9 | 5 | 3 | 8 | 6 |
| 8 | 4 | 6 | 2 | 3 | 7 | 1 | 5 | 9 |
| 3 | 9 | 5 | 6 | 1 | 8 | 7 | 2 | 4 |

## MEDIUM - 112

| 7 | 2 | 4 | 3 | 9 | 6 | 5 | 1 | 8 |
|---|---|---|---|---|---|---|---|---|
| 8 | 1 | 3 | 2 | 7 | 5 | 9 | 4 | 6 |
| 5 | 9 | 6 | 4 | 8 | 1 | 2 | 3 | 7 |
| 3 | 5 | 2 | 8 | 4 | 9 | 6 | 7 | 1 |
| 6 | 7 | 8 | 1 | 5 | 2 | 3 | 9 | 4 |
| 9 | 4 | 1 | 6 | 3 | 7 | 8 | 5 | 2 |
| 2 | 3 | 7 | 9 | 1 | 8 | 4 | 6 | 5 |
| 4 | 8 | 5 | 7 | 6 | 3 | 1 | 2 | 9 |
| 1 | 6 | 9 | 5 | 2 | 4 | 7 | 8 | 3 |

## MEDIUM - 113

| 3 | 7 | 4 | 1 | 5 | 6 | 2 | 9 | 8 |
|---|---|---|---|---|---|---|---|---|
| 8 | 9 | 1 | 7 | 2 | 3 | 6 | 4 | 5 |
| 2 | 5 | 6 | 9 | 8 | 4 | 3 | 1 | 7 |
| 5 | 4 | 3 | 8 | 1 | 2 | 7 | 6 | 9 |
| 6 | 8 | 9 | 3 | 4 | 7 | 1 | 5 | 2 |
| 7 | 1 | 2 | 6 | 9 | 5 | 8 | 3 | 4 |
| 1 | 2 | 8 | 4 | 6 | 9 | 5 | 7 | 3 |
| 9 | 3 | 5 | 2 | 7 | 1 | 4 | 8 | 6 |
| 4 | 6 | 7 | 5 | 3 | 8 | 9 | 2 | 1 |

## MEDIUM - 114

| 2 | 9 | 3 | 7 | 6 | 8 | 4 | 1 | 5 |
|---|---|---|---|---|---|---|---|---|
| 5 | 1 | 7 | 4 | 3 | 9 | 6 | 2 | 8 |
| 6 | 4 | 8 | 1 | 2 | 5 | 9 | 7 | 3 |
| 8 | 3 | 4 | 9 | 7 | 2 | 1 | 5 | 6 |
| 1 | 2 | 5 | 8 | 4 | 6 | 3 | 9 | 7 |
| 7 | 6 | 9 | 5 | 1 | 3 | 2 | 8 | 4 |
| 4 | 8 | 6 | 2 | 5 | 1 | 7 | 3 | 9 |
| 9 | 7 | 1 | 3 | 8 | 4 | 5 | 6 | 2 |
| 3 | 5 | 2 | 6 | 9 | 7 | 8 | 4 | 1 |

## MEDIUM - 115

| 3 | 2 | 4 | 7 | 5 | 6 | 8 | 1 | 9 |
|---|---|---|---|---|---|---|---|---|
| 8 | 6 | 5 | 9 | 3 | 1 | 2 | 4 | 7 |
| 9 | 7 | 1 | 8 | 2 | 4 | 5 | 6 | 3 |
| 1 | 8 | 7 | 5 | 6 | 9 | 4 | 3 | 2 |
| 4 | 5 | 3 | 2 | 1 | 8 | 7 | 9 | 6 |
| 6 | 9 | 2 | 4 | 7 | 3 | 1 | 5 | 8 |
| 2 | 1 | 9 | 3 | 4 | 7 | 6 | 8 | 5 |
| 5 | 4 | 8 | 6 | 9 | 2 | 3 | 7 | 1 |
| 7 | 3 | 6 | 1 | 8 | 5 | 9 | 2 | 4 |

## MEDIUM - 116

| 9 | 1 | 3 | 7 | 6 | 8 | 4 | 5 | 2 |
|---|---|---|---|---|---|---|---|---|
| 8 | 2 | 7 | 3 | 4 | 5 | 9 | 1 | 6 |
| 5 | 6 | 4 | 1 | 2 | 9 | 7 | 3 | 8 |
| 4 | 9 | 1 | 2 | 8 | 3 | 6 | 7 | 5 |
| 2 | 7 | 5 | 6 | 1 | 4 | 8 | 9 | 3 |
| 3 | 8 | 6 | 5 | 9 | 7 | 2 | 4 | 1 |
| 1 | 4 | 2 | 9 | 3 | 6 | 5 | 8 | 7 |
| 6 | 5 | 9 | 8 | 7 | 1 | 3 | 2 | 4 |
| 7 | 3 | 8 | 4 | 5 | 2 | 1 | 6 | 9 |

## MEDIUM - 117

| 5 | 1 | 6 | 3 | 4 | 9 | 7 | 2 | 8 |
|---|---|---|---|---|---|---|---|---|
| 7 | 3 | 2 | 5 | 8 | 1 | 6 | 9 | 4 |
| 4 | 8 | 9 | 7 | 2 | 6 | 5 | 3 | 1 |
| 2 | 7 | 1 | 8 | 5 | 3 | 9 | 4 | 6 |
| 8 | 9 | 3 | 6 | 7 | 4 | 1 | 5 | 2 |
| 6 | 5 | 4 | 9 | 1 | 2 | 3 | 8 | 7 |
| 9 | 4 | 8 | 1 | 6 | 5 | 2 | 7 | 3 |
| 3 | 6 | 7 | 2 | 9 | 8 | 4 | 1 | 5 |
| 1 | 2 | 5 | 4 | 3 | 7 | 8 | 6 | 9 |

## MEDIUM - 118

| 9 | 5 | 7 | 8 | 3 | 2 | 1 | 6 | 4 |
|---|---|---|---|---|---|---|---|---|
| 4 | 2 | 3 | 6 | 1 | 5 | 8 | 9 | 7 |
| 6 | 8 | 1 | 7 | 9 | 4 | 3 | 5 | 2 |
| 3 | 7 | 5 | 2 | 8 | 9 | 4 | 1 | 6 |
| 2 | 1 | 6 | 4 | 5 | 7 | 9 | 8 | 3 |
| 8 | 4 | 9 | 3 | 6 | 1 | 2 | 7 | 5 |
| 5 | 9 | 2 | 1 | 7 | 3 | 6 | 4 | 8 |
| 7 | 3 | 8 | 9 | 4 | 6 | 5 | 2 | 1 |
| 1 | 6 | 4 | 5 | 2 | 8 | 7 | 3 | 9 |

## MEDIUM - 119

| 7 | 5 | 9 | 1 | 8 | 6 | 3 | 4 | 2 |
|---|---|---|---|---|---|---|---|---|
| 4 | 8 | 6 | 3 | 2 | 9 | 1 | 7 | 5 |
| 1 | 2 | 3 | 7 | 5 | 4 | 6 | 9 | 8 |
| 9 | 1 | 5 | 6 | 3 | 7 | 8 | 2 | 4 |
| 2 | 3 | 4 | 9 | 1 | 8 | 7 | 5 | 6 |
| 8 | 6 | 7 | 2 | 4 | 5 | 9 | 1 | 3 |
| 5 | 7 | 1 | 4 | 6 | 3 | 2 | 8 | 9 |
| 3 | 4 | 2 | 8 | 9 | 1 | 5 | 6 | 7 |
| 6 | 9 | 8 | 5 | 7 | 2 | 4 | 3 | 1 |

## MEDIUM - 120

| 3 | 8 | 6 | 1 | 2 | 5 | 7 | 9 | 4 |
|---|---|---|---|---|---|---|---|---|
| 9 | 5 | 1 | 4 | 7 | 8 | 3 | 6 | 2 |
| 4 | 2 | 7 | 6 | 9 | 3 | 8 | 5 | 1 |
| 2 | 1 | 5 | 3 | 6 | 7 | 9 | 4 | 8 |
| 7 | 3 | 9 | 8 | 4 | 2 | 5 | 1 | 6 |
| 8 | 6 | 4 | 5 | 1 | 9 | 2 | 7 | 3 |
| 1 | 7 | 8 | 2 | 5 | 4 | 6 | 3 | 9 |
| 6 | 9 | 2 | 7 | 3 | 1 | 4 | 8 | 5 |
| 5 | 4 | 3 | 9 | 8 | 6 | 1 | 2 | 7 |

## MEDIUM - 121

| 6 | 2 | 4 | 3 | 5 | 9 | 8 | 1 | 7 |
|---|---|---|---|---|---|---|---|---|
| 7 | 5 | 1 | 6 | 8 | 4 | 3 | 9 | 2 |
| 9 | 8 | 3 | 1 | 7 | 2 | 6 | 4 | 5 |
| 8 | 1 | 6 | 2 | 9 | 3 | 5 | 7 | 4 |
| 3 | 4 | 5 | 8 | 1 | 7 | 9 | 2 | 6 |
| 2 | 7 | 9 | 5 | 4 | 6 | 1 | 8 | 3 |
| 4 | 3 | 8 | 7 | 6 | 1 | 2 | 5 | 9 |
| 5 | 9 | 2 | 4 | 3 | 8 | 7 | 6 | 1 |
| 1 | 6 | 7 | 9 | 2 | 5 | 4 | 3 | 8 |

## MEDIUM - 122

| 1 | 4 | 3 | 2 | 6 | 8 | 5 | 7 | 9 |
|---|---|---|---|---|---|---|---|---|
| 8 | 5 | 2 | 9 | 4 | 7 | 6 | 3 | 1 |
| 7 | 9 | 6 | 3 | 5 | 1 | 8 | 4 | 2 |
| 2 | 1 | 4 | 8 | 3 | 6 | 7 | 9 | 5 |
| 6 | 8 | 9 | 5 | 7 | 2 | 4 | 1 | 3 |
| 3 | 7 | 5 | 4 | 1 | 9 | 2 | 8 | 6 |
| 5 | 3 | 8 | 1 | 2 | 4 | 9 | 6 | 7 |
| 9 | 2 | 7 | 6 | 8 | 3 | 1 | 5 | 4 |
| 4 | 6 | 1 | 7 | 9 | 5 | 3 | 2 | 8 |

## MEDIUM - 123

| 1 | 7 | 3 | 4 | 6 | 5 | 8 | 9 | 2 |
|---|---|---|---|---|---|---|---|---|
| 5 | 2 | 8 | 3 | 9 | 7 | 4 | 1 | 6 |
| 9 | 4 | 6 | 2 | 8 | 1 | 7 | 5 | 3 |
| 4 | 9 | 1 | 6 | 3 | 8 | 5 | 2 | 7 |
| 6 | 3 | 7 | 1 | 5 | 2 | 9 | 4 | 8 |
| 8 | 5 | 2 | 9 | 7 | 4 | 6 | 3 | 1 |
| 3 | 6 | 5 | 8 | 2 | 9 | 1 | 7 | 4 |
| 2 | 1 | 9 | 7 | 4 | 6 | 3 | 8 | 5 |
| 7 | 8 | 4 | 5 | 1 | 3 | 2 | 6 | 9 |

## MEDIUM - 124

| 6 | 1 | 4 | 7 | 3 | 2 | 5 | 8 | 9 |
|---|---|---|---|---|---|---|---|---|
| 7 | 8 | 9 | 1 | 5 | 4 | 3 | 2 | 6 |
| 2 | 5 | 3 | 6 | 8 | 9 | 1 | 4 | 7 |
| 9 | 7 | 2 | 3 | 1 | 6 | 4 | 5 | 8 |
| 1 | 4 | 6 | 8 | 2 | 5 | 9 | 7 | 3 |
| 8 | 3 | 5 | 4 | 9 | 7 | 2 | 6 | 1 |
| 4 | 9 | 7 | 2 | 6 | 3 | 8 | 1 | 5 |
| 5 | 6 | 1 | 9 | 4 | 8 | 7 | 3 | 2 |
| 3 | 2 | 8 | 5 | 7 | 1 | 6 | 9 | 4 |

## MEDIUM - 125

| 5 | 7 | 6 | 2 | 4 | 9 | 1 | 8 | 3 |
|---|---|---|---|---|---|---|---|---|
| 9 | 2 | 1 | 6 | 3 | 8 | 4 | 5 | 7 |
| 3 | 4 | 8 | 7 | 5 | 1 | 2 | 9 | 6 |
| 4 | 9 | 2 | 1 | 8 | 7 | 3 | 6 | 5 |
| 6 | 1 | 5 | 3 | 9 | 4 | 8 | 7 | 2 |
| 8 | 3 | 7 | 5 | 6 | 2 | 9 | 4 | 1 |
| 2 | 6 | 4 | 8 | 1 | 5 | 7 | 3 | 9 |
| 7 | 8 | 3 | 9 | 2 | 6 | 5 | 1 | 4 |
| 1 | 5 | 9 | 4 | 7 | 3 | 6 | 2 | 8 |

## MEDIUM - 126

| 2 | 7 | 1 | 3 | 9 | 8 | 4 | 6 | 5 |
|---|---|---|---|---|---|---|---|---|
| 6 | 9 | 3 | 5 | 4 | 7 | 1 | 8 | 2 |
| 5 | 4 | 8 | 1 | 2 | 6 | 9 | 7 | 3 |
| 9 | 3 | 7 | 2 | 8 | 1 | 5 | 4 | 6 |
| 4 | 8 | 2 | 7 | 6 | 5 | 3 | 1 | 9 |
| 1 | 6 | 5 | 4 | 3 | 9 | 8 | 2 | 7 |
| 7 | 5 | 6 | 8 | 1 | 3 | 2 | 9 | 4 |
| 3 | 1 | 4 | 9 | 7 | 2 | 6 | 5 | 8 |
| 8 | 2 | 9 | 6 | 5 | 4 | 7 | 3 | 1 |

## MEDIUM - 127

| 3 | 2 | 7 | 5 | 4 | 6 | 9 | 1 | 8 |
|---|---|---|---|---|---|---|---|---|
| 9 | 5 | 8 | 7 | 1 | 3 | 6 | 2 | 4 |
| 1 | 6 | 4 | 8 | 2 | 9 | 3 | 7 | 5 |
| 5 | 8 | 1 | 3 | 6 | 2 | 7 | 4 | 9 |
| 7 | 4 | 6 | 1 | 9 | 5 | 2 | 8 | 3 |
| 2 | 9 | 3 | 4 | 8 | 7 | 1 | 5 | 6 |
| 8 | 3 | 2 | 9 | 7 | 4 | 5 | 6 | 1 |
| 6 | 1 | 5 | 2 | 3 | 8 | 4 | 9 | 7 |
| 4 | 7 | 9 | 6 | 5 | 1 | 8 | 3 | 2 |

## MEDIUM - 128

| 9 | 5 | 7 | 4 | 8 | 3 | 2 | 6 | 1 |
|---|---|---|---|---|---|---|---|---|
| 8 | 1 | 2 | 9 | 6 | 5 | 3 | 7 | 4 |
| 4 | 3 | 6 | 2 | 1 | 7 | 9 | 5 | 8 |
| 6 | 8 | 9 | 1 | 3 | 4 | 5 | 2 | 7 |
| 5 | 2 | 3 | 6 | 7 | 8 | 4 | 1 | 9 |
| 1 | 7 | 4 | 5 | 9 | 2 | 6 | 8 | 3 |
| 2 | 6 | 8 | 7 | 4 | 9 | 1 | 3 | 5 |
| 3 | 9 | 5 | 8 | 2 | 1 | 7 | 4 | 6 |
| 7 | 4 | 1 | 3 | 5 | 6 | 8 | 9 | 2 |

## MEDIUM - 129

| 6 | 5 | 2 | 7 | 4 | 8 | 9 | 1 | 3 |
|---|---|---|---|---|---|---|---|---|
| 9 | 8 | 1 | 2 | 6 | 3 | 5 | 4 | 7 |
| 3 | 7 | 4 | 9 | 5 | 1 | 6 | 2 | 8 |
| 2 | 6 | 9 | 1 | 7 | 4 | 3 | 8 | 5 |
| 8 | 4 | 5 | 3 | 2 | 6 | 1 | 7 | 9 |
| 7 | 1 | 3 | 5 | 8 | 9 | 2 | 6 | 4 |
| 5 | 2 | 6 | 8 | 3 | 7 | 4 | 9 | 1 |
| 1 | 3 | 7 | 4 | 9 | 2 | 8 | 5 | 6 |
| 4 | 9 | 8 | 6 | 1 | 5 | 7 | 3 | 2 |

## MEDIUM - 130

| 7 | 3 | 1 | 2 | 9 | 8 | 5 | 6 | 4 |
|---|---|---|---|---|---|---|---|---|
| 5 | 6 | 2 | 4 | 3 | 7 | 8 | 1 | 9 |
| 8 | 4 | 9 | 5 | 1 | 6 | 3 | 2 | 7 |
| 3 | 8 | 7 | 9 | 6 | 4 | 1 | 5 | 2 |
| 6 | 2 | 5 | 3 | 7 | 1 | 9 | 4 | 8 |
| 1 | 9 | 4 | 8 | 5 | 2 | 6 | 7 | 3 |
| 9 | 7 | 6 | 1 | 4 | 3 | 2 | 8 | 5 |
| 2 | 1 | 3 | 7 | 8 | 5 | 4 | 9 | 6 |
| 4 | 5 | 8 | 6 | 2 | 9 | 7 | 3 | 1 |

## MEDIUM - 131

| 4 | 1 | 3 | 7 | 9 | 5 | 8 | 6 | 2 |
|---|---|---|---|---|---|---|---|---|
| 6 | 8 | 5 | 4 | 1 | 2 | 3 | 7 | 9 |
| 9 | 2 | 7 | 8 | 6 | 3 | 4 | 1 | 5 |
| 8 | 6 | 9 | 3 | 4 | 7 | 2 | 5 | 1 |
| 7 | 3 | 1 | 2 | 5 | 6 | 9 | 4 | 8 |
| 2 | 5 | 4 | 9 | 8 | 1 | 6 | 3 | 7 |
| 5 | 4 | 6 | 1 | 2 | 8 | 7 | 9 | 3 |
| 3 | 9 | 2 | 5 | 7 | 4 | 1 | 8 | 6 |
| 1 | 7 | 8 | 6 | 3 | 9 | 5 | 2 | 4 |

## MEDIUM - 132

| 8 | 7 | 4 | 1 | 3 | 6 | 5 | 2 | 9 |
|---|---|---|---|---|---|---|---|---|
| 6 | 5 | 2 | 8 | 4 | 9 | 7 | 1 | 3 |
| 1 | 9 | 3 | 5 | 2 | 7 | 6 | 8 | 4 |
| 7 | 8 | 9 | 3 | 6 | 5 | 2 | 4 | 1 |
| 4 | 1 | 5 | 9 | 8 | 2 | 3 | 7 | 6 |
| 3 | 2 | 6 | 7 | 1 | 4 | 8 | 9 | 5 |
| 9 | 3 | 7 | 2 | 5 | 1 | 4 | 6 | 8 |
| 2 | 6 | 8 | 4 | 9 | 3 | 1 | 5 | 7 |
| 5 | 4 | 1 | 6 | 7 | 8 | 9 | 3 | 2 |

## MEDIUM - 133

| 2 | 5 | 4 | 3 | 7 | 6 | 1 | 9 | 8 |
|---|---|---|---|---|---|---|---|---|
| 1 | 7 | 6 | 2 | 8 | 9 | 4 | 5 | 3 |
| 9 | 3 | 8 | 5 | 1 | 4 | 6 | 7 | 2 |
| 6 | 9 | 3 | 4 | 2 | 1 | 7 | 8 | 5 |
| 4 | 8 | 5 | 7 | 6 | 3 | 9 | 2 | 1 |
| 7 | 2 | 1 | 8 | 9 | 5 | 3 | 6 | 4 |
| 3 | 4 | 2 | 9 | 5 | 7 | 8 | 1 | 6 |
| 5 | 6 | 9 | 1 | 3 | 8 | 2 | 4 | 7 |
| 8 | 1 | 7 | 6 | 4 | 2 | 5 | 3 | 9 |

## MEDIUM - 134

| 3 | 7 | 8 | 9 | 4 | 5 | 6 | 1 | 2 |
|---|---|---|---|---|---|---|---|---|
| 1 | 2 | 5 | 6 | 7 | 3 | 8 | 9 | 4 |
| 6 | 9 | 4 | 8 | 1 | 2 | 7 | 3 | 5 |
| 7 | 3 | 2 | 1 | 6 | 4 | 9 | 5 | 8 |
| 9 | 4 | 1 | 7 | 5 | 8 | 3 | 2 | 6 |
| 8 | 5 | 6 | 3 | 2 | 9 | 4 | 7 | 1 |
| 2 | 8 | 3 | 5 | 9 | 6 | 1 | 4 | 7 |
| 5 | 1 | 9 | 4 | 8 | 7 | 2 | 6 | 3 |
| 4 | 6 | 7 | 2 | 3 | 1 | 5 | 8 | 9 |

## MEDIUM - 135

| 7 | 4 | 9 | 1 | 2 | 6 | 5 | 3 | 8 |
|---|---|---|---|---|---|---|---|---|
| 5 | 2 | 8 | 7 | 3 | 4 | 1 | 6 | 9 |
| 6 | 1 | 3 | 9 | 8 | 5 | 4 | 2 | 7 |
| 8 | 5 | 1 | 6 | 4 | 2 | 7 | 9 | 3 |
| 9 | 3 | 6 | 8 | 7 | 1 | 2 | 4 | 5 |
| 4 | 7 | 2 | 3 | 5 | 9 | 6 | 8 | 1 |
| 2 | 9 | 7 | 5 | 6 | 8 | 3 | 1 | 4 |
| 3 | 8 | 4 | 2 | 1 | 7 | 9 | 5 | 6 |
| 1 | 6 | 5 | 4 | 9 | 3 | 8 | 7 | 2 |

## MEDIUM - 136

| 4 | 7 | 5 | 9 | 6 | 1 | 8 | 2 | 3 |
|---|---|---|---|---|---|---|---|---|
| 1 | 2 | 3 | 8 | 5 | 4 | 7 | 6 | 9 |
| 9 | 8 | 6 | 7 | 3 | 2 | 4 | 1 | 5 |
| 2 | 5 | 8 | 1 | 7 | 9 | 6 | 3 | 4 |
| 3 | 9 | 1 | 5 | 4 | 6 | 2 | 8 | 7 |
| 6 | 4 | 7 | 2 | 8 | 3 | 9 | 5 | 1 |
| 8 | 1 | 9 | 4 | 2 | 5 | 3 | 7 | 6 |
| 7 | 6 | 4 | 3 | 1 | 8 | 5 | 9 | 2 |
| 5 | 3 | 2 | 6 | 9 | 7 | 1 | 4 | 8 |

## MEDIUM - 137

| 8 | 5 | 4 | 3 | 6 | 2 | 7 | 9 | 1 |
|---|---|---|---|---|---|---|---|---|
| 1 | 9 | 3 | 7 | 8 | 4 | 5 | 2 | 6 |
| 6 | 2 | 7 | 5 | 9 | 1 | 8 | 4 | 3 |
| 7 | 8 | 1 | 9 | 4 | 6 | 3 | 5 | 2 |
| 5 | 4 | 9 | 2 | 3 | 7 | 1 | 6 | 8 |
| 2 | 3 | 6 | 8 | 1 | 5 | 4 | 7 | 9 |
| 3 | 6 | 8 | 4 | 7 | 9 | 2 | 1 | 5 |
| 9 | 7 | 5 | 1 | 2 | 8 | 6 | 3 | 4 |
| 4 | 1 | 2 | 6 | 5 | 3 | 9 | 8 | 7 |

## MEDIUM - 138

| 5 | 4 | 6 | 7 | 1 | 8 | 3 | 9 | 2 |
|---|---|---|---|---|---|---|---|---|
| 8 | 9 | 7 | 3 | 2 | 6 | 1 | 5 | 4 |
| 3 | 1 | 2 | 5 | 9 | 4 | 7 | 8 | 6 |
| 9 | 2 | 1 | 4 | 7 | 3 | 5 | 6 | 8 |
| 7 | 6 | 3 | 9 | 8 | 5 | 4 | 2 | 1 |
| 4 | 8 | 5 | 2 | 6 | 1 | 9 | 3 | 7 |
| 1 | 3 | 9 | 6 | 4 | 2 | 8 | 7 | 5 |
| 2 | 5 | 8 | 1 | 3 | 7 | 6 | 4 | 9 |
| 6 | 7 | 4 | 8 | 5 | 9 | 2 | 1 | 3 |

## MEDIUM - 139

| 9 | 1 | 8 | 6 | 5 | 3 | 2 | 7 | 4 |
|---|---|---|---|---|---|---|---|---|
| 6 | 2 | 4 | 1 | 9 | 7 | 3 | 5 | 8 |
| 3 | 5 | 7 | 4 | 8 | 2 | 1 | 9 | 6 |
| 8 | 7 | 9 | 2 | 3 | 5 | 6 | 4 | 1 |
| 4 | 3 | 2 | 9 | 6 | 1 | 7 | 8 | 5 |
| 5 | 6 | 1 | 7 | 4 | 8 | 9 | 3 | 2 |
| 1 | 8 | 3 | 5 | 7 | 6 | 4 | 2 | 9 |
| 7 | 4 | 6 | 8 | 2 | 9 | 5 | 1 | 3 |
| 2 | 9 | 5 | 3 | 1 | 4 | 8 | 6 | 7 |

## MEDIUM - 140

| 3 | 2 | 1 | 6 | 5 | 7 | 9 | 8 | 4 |
|---|---|---|---|---|---|---|---|---|
| 4 | 5 | 6 | 3 | 9 | 8 | 1 | 7 | 2 |
| 7 | 8 | 9 | 4 | 2 | 1 | 6 | 3 | 5 |
| 1 | 4 | 5 | 9 | 7 | 6 | 8 | 2 | 3 |
| 6 | 9 | 3 | 2 | 8 | 5 | 7 | 4 | 1 |
| 2 | 7 | 8 | 1 | 3 | 4 | 5 | 9 | 6 |
| 9 | 1 | 4 | 7 | 6 | 3 | 2 | 5 | 8 |
| 5 | 3 | 7 | 8 | 1 | 2 | 4 | 6 | 9 |
| 8 | 6 | 2 | 5 | 4 | 9 | 3 | 1 | 7 |

## MEDIUM - 141

| 7 | 6 | 3 | 9 | 5 | 4 | 2 | 8 | 1 |
|---|---|---|---|---|---|---|---|---|
| 1 | 4 | 9 | 6 | 2 | 8 | 3 | 5 | 7 |
| 2 | 8 | 5 | 3 | 7 | 1 | 9 | 6 | 4 |
| 3 | 9 | 4 | 2 | 1 | 6 | 8 | 7 | 5 |
| 5 | 7 | 8 | 4 | 9 | 3 | 6 | 1 | 2 |
| 6 | 2 | 1 | 5 | 8 | 7 | 4 | 3 | 9 |
| 8 | 5 | 6 | 7 | 4 | 9 | 1 | 2 | 3 |
| 9 | 1 | 7 | 8 | 3 | 2 | 5 | 4 | 6 |
| 4 | 3 | 2 | 1 | 6 | 5 | 7 | 9 | 8 |

## MEDIUM - 142

| 4 | 9 | 3 | 7 | 1 | 5 | 6 | 2 | 8 |
|---|---|---|---|---|---|---|---|---|
| 5 | 7 | 2 | 8 | 4 | 6 | 1 | 3 | 9 |
| 6 | 1 | 8 | 3 | 9 | 2 | 7 | 4 | 5 |
| 1 | 2 | 5 | 4 | 6 | 9 | 3 | 8 | 7 |
| 7 | 3 | 4 | 2 | 5 | 8 | 9 | 1 | 6 |
| 9 | 8 | 6 | 1 | 3 | 7 | 4 | 5 | 2 |
| 2 | 6 | 1 | 5 | 7 | 3 | 8 | 9 | 4 |
| 3 | 5 | 7 | 9 | 8 | 4 | 2 | 6 | 1 |
| 8 | 4 | 9 | 6 | 2 | 1 | 5 | 7 | 3 |

## MEDIUM - 143

| 5 | 4 | 6 | 3 | 1 | 8 | 2 | 7 | 9 |
|---|---|---|---|---|---|---|---|---|
| 1 | 3 | 7 | 9 | 5 | 2 | 6 | 8 | 4 |
| 9 | 8 | 2 | 7 | 4 | 6 | 3 | 5 | 1 |
| 4 | 7 | 3 | 1 | 8 | 5 | 9 | 6 | 2 |
| 2 | 5 | 1 | 6 | 3 | 9 | 7 | 4 | 8 |
| 6 | 9 | 8 | 2 | 7 | 4 | 5 | 1 | 3 |
| 8 | 1 | 9 | 5 | 2 | 7 | 4 | 3 | 6 |
| 7 | 2 | 4 | 8 | 6 | 3 | 1 | 9 | 5 |
| 3 | 6 | 5 | 4 | 9 | 1 | 8 | 2 | 7 |

## MEDIUM - 144

| 1 | 5 | 7 | 6 | 2 | 9 | 4 | 8 | 3 |
|---|---|---|---|---|---|---|---|---|
| 8 | 9 | 4 | 7 | 3 | 1 | 6 | 5 | 2 |
| 3 | 6 | 2 | 4 | 5 | 8 | 7 | 9 | 1 |
| 9 | 4 | 8 | 1 | 6 | 2 | 5 | 3 | 7 |
| 2 | 3 | 6 | 5 | 9 | 7 | 1 | 4 | 8 |
| 7 | 1 | 5 | 3 | 8 | 4 | 2 | 6 | 9 |
| 4 | 7 | 3 | 9 | 1 | 5 | 8 | 2 | 6 |
| 5 | 2 | 9 | 8 | 7 | 6 | 3 | 1 | 4 |
| 6 | 8 | 1 | 2 | 4 | 3 | 9 | 7 | 5 |

## MEDIUM - 145

| 1 | 3 | 5 | 9 | 8 | 2 | 7 | 4 | 6 |
|---|---|---|---|---|---|---|---|---|
| 2 | 6 | 7 | 4 | 5 | 3 | 8 | 1 | 9 |
| 9 | 4 | 8 | 6 | 7 | 1 | 5 | 3 | 2 |
| 6 | 2 | 3 | 5 | 1 | 9 | 4 | 7 | 8 |
| 8 | 1 | 9 | 7 | 4 | 6 | 2 | 5 | 3 |
| 7 | 5 | 4 | 2 | 3 | 8 | 9 | 6 | 1 |
| 5 | 8 | 6 | 3 | 9 | 4 | 1 | 2 | 7 |
| 4 | 9 | 2 | 1 | 6 | 7 | 3 | 8 | 5 |
| 3 | 7 | 1 | 8 | 2 | 5 | 6 | 9 | 4 |

## MEDIUM - 146

| 5 | 1 | 2 | 7 | 4 | 9 | 8 | 6 | 3 |
|---|---|---|---|---|---|---|---|---|
| 9 | 6 | 4 | 8 | 3 | 1 | 7 | 5 | 2 |
| 7 | 3 | 8 | 5 | 2 | 6 | 4 | 9 | 1 |
| 4 | 5 | 1 | 3 | 8 | 2 | 6 | 7 | 9 |
| 8 | 2 | 7 | 6 | 9 | 5 | 1 | 3 | 4 |
| 3 | 9 | 6 | 4 | 1 | 7 | 2 | 8 | 5 |
| 2 | 4 | 5 | 9 | 7 | 8 | 3 | 1 | 6 |
| 6 | 7 | 3 | 1 | 5 | 4 | 9 | 2 | 8 |
| 1 | 8 | 9 | 2 | 6 | 3 | 5 | 4 | 7 |

## MEDIUM - 147

| 4 | 5 | 9 | 6 | 3 | 2 | 1 | 8 | 7 |
|---|---|---|---|---|---|---|---|---|
| 7 | 6 | 2 | 1 | 8 | 5 | 9 | 3 | 4 |
| 1 | 8 | 3 | 4 | 7 | 9 | 6 | 2 | 5 |
| 3 | 7 | 8 | 9 | 5 | 6 | 4 | 1 | 2 |
| 6 | 2 | 1 | 3 | 4 | 7 | 5 | 9 | 8 |
| 5 | 9 | 4 | 8 | 2 | 1 | 7 | 6 | 3 |
| 2 | 1 | 7 | 5 | 6 | 8 | 3 | 4 | 9 |
| 9 | 3 | 5 | 2 | 1 | 4 | 8 | 7 | 6 |
| 8 | 4 | 6 | 7 | 9 | 3 | 2 | 5 | 1 |

## MEDIUM - 148

| 3 | 8 | 9 | 4 | 7 | 5 | 1 | 2 | 6 |
|---|---|---|---|---|---|---|---|---|
| 2 | 6 | 4 | 1 | 9 | 3 | 8 | 5 | 7 |
| 7 | 5 | 1 | 2 | 6 | 8 | 4 | 3 | 9 |
| 1 | 2 | 6 | 5 | 4 | 9 | 7 | 8 | 3 |
| 9 | 4 | 8 | 3 | 2 | 7 | 5 | 6 | 1 |
| 5 | 3 | 7 | 8 | 1 | 6 | 9 | 4 | 2 |
| 6 | 7 | 2 | 9 | 8 | 4 | 3 | 1 | 5 |
| 4 | 9 | 5 | 6 | 3 | 1 | 2 | 7 | 8 |
| 8 | 1 | 3 | 7 | 5 | 2 | 6 | 9 | 4 |

## MEDIUM - 149

| 5 | 8 | 4 | 2 | 1 | 9 | 7 | 3 | 6 |
|---|---|---|---|---|---|---|---|---|
| 9 | 7 | 6 | 5 | 3 | 4 | 8 | 1 | 2 |
| 3 | 1 | 2 | 8 | 7 | 6 | 9 | 5 | 4 |
| 1 | 6 | 3 | 7 | 4 | 5 | 2 | 8 | 9 |
| 8 | 4 | 9 | 1 | 6 | 2 | 3 | 7 | 5 |
| 2 | 5 | 7 | 9 | 8 | 3 | 4 | 6 | 1 |
| 7 | 9 | 5 | 6 | 2 | 8 | 1 | 4 | 3 |
| 4 | 2 | 8 | 3 | 5 | 1 | 6 | 9 | 7 |
| 6 | 3 | 1 | 4 | 9 | 7 | 5 | 2 | 8 |

## MEDIUM - 150

| 2 | 8 | 6 | 1 | 3 | 7 | 9 | 5 | 4 |
|---|---|---|---|---|---|---|---|---|
| 7 | 1 | 5 | 4 | 9 | 8 | 2 | 6 | 3 |
| 3 | 9 | 4 | 5 | 6 | 2 | 8 | 7 | 1 |
| 9 | 7 | 1 | 8 | 2 | 6 | 3 | 4 | 5 |
| 5 | 3 | 2 | 9 | 7 | 4 | 1 | 8 | 6 |
| 6 | 4 | 8 | 3 | 5 | 1 | 7 | 2 | 9 |
| 1 | 5 | 7 | 2 | 4 | 9 | 6 | 3 | 8 |
| 8 | 6 | 3 | 7 | 1 | 5 | 4 | 9 | 2 |
| 4 | 2 | 9 | 6 | 8 | 3 | 5 | 1 | 7 |

## MEDIUM - 151

| 5 | 2 | 3 | 8 | 7 | 6 | 1 | 9 | 4 |
|---|---|---|---|---|---|---|---|---|
| 1 | 8 | 7 | 5 | 9 | 4 | 3 | 6 | 2 |
| 6 | 9 | 4 | 1 | 2 | 3 | 5 | 8 | 7 |
| 2 | 4 | 8 | 3 | 6 | 7 | 9 | 5 | 1 |
| 7 | 1 | 9 | 4 | 5 | 8 | 6 | 2 | 3 |
| 3 | 6 | 5 | 9 | 1 | 2 | 4 | 7 | 8 |
| 8 | 7 | 1 | 6 | 3 | 9 | 2 | 4 | 5 |
| 9 | 5 | 2 | 7 | 4 | 1 | 8 | 3 | 6 |
| 4 | 3 | 6 | 2 | 8 | 5 | 7 | 1 | 9 |

## MEDIUM - 152

| 5 | 7 | 4 | 3 | 6 | 9 | 1 | 8 | 2 |
|---|---|---|---|---|---|---|---|---|
| 6 | 8 | 1 | 4 | 2 | 5 | 3 | 7 | 9 |
| 3 | 2 | 9 | 1 | 8 | 7 | 6 | 4 | 5 |
| 8 | 3 | 5 | 2 | 9 | 1 | 4 | 6 | 7 |
| 1 | 6 | 7 | 5 | 3 | 4 | 2 | 9 | 8 |
| 4 | 9 | 2 | 6 | 7 | 8 | 5 | 3 | 1 |
| 9 | 1 | 3 | 8 | 5 | 6 | 7 | 2 | 4 |
| 2 | 4 | 8 | 7 | 1 | 3 | 9 | 5 | 6 |
| 7 | 5 | 6 | 9 | 4 | 2 | 8 | 1 | 3 |

## MEDIUM - 153

| 8 | 1 | 4 | 3 | 6 | 7 | 9 | 5 | 2 |
|---|---|---|---|---|---|---|---|---|
| 6 | 2 | 5 | 9 | 4 | 1 | 8 | 3 | 7 |
| 7 | 3 | 9 | 2 | 8 | 5 | 1 | 6 | 4 |
| 9 | 8 | 3 | 1 | 5 | 2 | 7 | 4 | 6 |
| 4 | 7 | 1 | 8 | 3 | 6 | 2 | 9 | 5 |
| 2 | 5 | 6 | 4 | 7 | 9 | 3 | 1 | 8 |
| 3 | 4 | 7 | 6 | 9 | 8 | 5 | 2 | 1 |
| 1 | 9 | 8 | 5 | 2 | 4 | 6 | 7 | 3 |
| 5 | 6 | 2 | 7 | 1 | 3 | 4 | 8 | 9 |

## MEDIUM - 154

| 8 | 7 | 4 | 1 | 9 | 5 | 6 | 2 | 3 |
|---|---|---|---|---|---|---|---|---|
| 5 | 1 | 3 | 6 | 2 | 4 | 8 | 7 | 9 |
| 9 | 2 | 6 | 8 | 7 | 3 | 1 | 4 | 5 |
| 2 | 6 | 9 | 5 | 8 | 1 | 7 | 3 | 4 |
| 3 | 5 | 7 | 4 | 6 | 9 | 2 | 1 | 8 |
| 1 | 4 | 8 | 7 | 3 | 2 | 9 | 5 | 6 |
| 6 | 8 | 1 | 3 | 4 | 7 | 5 | 9 | 2 |
| 7 | 3 | 2 | 9 | 5 | 8 | 4 | 6 | 1 |
| 4 | 9 | 5 | 2 | 1 | 6 | 3 | 8 | 7 |

## MEDIUM - 155

| 1 | 8 | 6 | 5 | 2 | 3 | 4 | 9 | 7 |
|---|---|---|---|---|---|---|---|---|
| 3 | 2 | 4 | 7 | 9 | 1 | 6 | 5 | 8 |
| 7 | 5 | 9 | 4 | 8 | 6 | 2 | 3 | 1 |
| 2 | 3 | 5 | 1 | 7 | 8 | 9 | 4 | 6 |
| 6 | 7 | 1 | 9 | 4 | 5 | 8 | 2 | 3 |
| 4 | 9 | 8 | 6 | 3 | 2 | 7 | 1 | 5 |
| 5 | 4 | 7 | 8 | 1 | 9 | 3 | 6 | 2 |
| 9 | 6 | 3 | 2 | 5 | 7 | 1 | 8 | 4 |
| 8 | 1 | 2 | 3 | 6 | 4 | 5 | 7 | 9 |

## MEDIUM - 156

| 7 | 8 | 4 | 1 | 3 | 9 | 2 | 6 | 5 |
|---|---|---|---|---|---|---|---|---|
| 2 | 3 | 9 | 5 | 4 | 6 | 1 | 7 | 8 |
| 6 | 1 | 5 | 7 | 2 | 8 | 3 | 9 | 4 |
| 8 | 2 | 3 | 9 | 7 | 5 | 4 | 1 | 6 |
| 5 | 6 | 1 | 4 | 8 | 2 | 9 | 3 | 7 |
| 9 | 4 | 7 | 3 | 6 | 1 | 5 | 8 | 2 |
| 4 | 9 | 8 | 2 | 1 | 7 | 6 | 5 | 3 |
| 1 | 7 | 2 | 6 | 5 | 3 | 8 | 4 | 9 |
| 3 | 5 | 6 | 8 | 9 | 4 | 7 | 2 | 1 |

## MEDIUM - 157

| 6 | 8 | 1 | 2 | 4 | 3 | 7 | 9 | 5 |
|---|---|---|---|---|---|---|---|---|
| 3 | 2 | 5 | 6 | 9 | 7 | 1 | 8 | 4 |
| 4 | 9 | 7 | 5 | 8 | 1 | 2 | 3 | 6 |
| 9 | 6 | 3 | 8 | 5 | 2 | 4 | 7 | 1 |
| 7 | 1 | 4 | 3 | 6 | 9 | 8 | 5 | 2 |
| 8 | 5 | 2 | 1 | 7 | 4 | 3 | 6 | 9 |
| 2 | 7 | 8 | 9 | 1 | 6 | 5 | 4 | 3 |
| 5 | 3 | 9 | 4 | 2 | 8 | 6 | 1 | 7 |
| 1 | 4 | 6 | 7 | 3 | 5 | 9 | 2 | 8 |

## MEDIUM - 158

| 1 | 8 | 5 | 3 | 6 | 4 | 7 | 2 | 9 |
|---|---|---|---|---|---|---|---|---|
| 6 | 4 | 9 | 7 | 2 | 8 | 1 | 5 | 3 |
| 3 | 7 | 2 | 9 | 5 | 1 | 4 | 8 | 6 |
| 8 | 3 | 4 | 6 | 7 | 2 | 9 | 1 | 5 |
| 9 | 5 | 7 | 8 | 1 | 3 | 6 | 4 | 2 |
| 2 | 1 | 6 | 4 | 9 | 5 | 3 | 7 | 8 |
| 4 | 9 | 3 | 5 | 8 | 7 | 2 | 6 | 1 |
| 7 | 2 | 8 | 1 | 3 | 6 | 5 | 9 | 4 |
| 5 | 6 | 1 | 2 | 4 | 9 | 8 | 3 | 7 |

## MEDIUM - 159

| 4 | 1 | 5 | 3 | 7 | 8 | 2 | 6 | 9 |
|---|---|---|---|---|---|---|---|---|
| 9 | 7 | 8 | 5 | 6 | 2 | 4 | 1 | 3 |
| 3 | 6 | 2 | 1 | 4 | 9 | 5 | 8 | 7 |
| 1 | 2 | 7 | 9 | 8 | 6 | 3 | 5 | 4 |
| 5 | 8 | 9 | 4 | 2 | 3 | 1 | 7 | 6 |
| 6 | 4 | 3 | 7 | 5 | 1 | 8 | 9 | 2 |
| 8 | 9 | 6 | 2 | 1 | 4 | 7 | 3 | 5 |
| 2 | 5 | 1 | 6 | 3 | 7 | 9 | 4 | 8 |
| 7 | 3 | 4 | 8 | 9 | 5 | 6 | 2 | 1 |

## MEDIUM - 160

| 1 | 2 | 7 | 5 | 9 | 8 | 6 | 3 | 4 |
|---|---|---|---|---|---|---|---|---|
| 3 | 4 | 5 | 7 | 6 | 2 | 9 | 1 | 8 |
| 8 | 9 | 6 | 4 | 1 | 3 | 2 | 5 | 7 |
| 9 | 7 | 1 | 2 | 4 | 5 | 3 | 8 | 6 |
| 4 | 3 | 2 | 6 | 8 | 7 | 5 | 9 | 1 |
| 5 | 6 | 8 | 1 | 3 | 9 | 7 | 4 | 2 |
| 7 | 8 | 9 | 3 | 2 | 4 | 1 | 6 | 5 |
| 2 | 1 | 4 | 9 | 5 | 6 | 8 | 7 | 3 |
| 6 | 5 | 3 | 8 | 7 | 1 | 4 | 2 | 9 |

## MEDIUM - 161

| 8 | 5 | 2 | 6 | 1 | 3 | 4 | 7 | 9 |
|---|---|---|---|---|---|---|---|---|
| 7 | 9 | 1 | 4 | 5 | 2 | 8 | 6 | 3 |
| 4 | 6 | 3 | 7 | 9 | 8 | 2 | 5 | 1 |
| 1 | 7 | 8 | 9 | 4 | 6 | 5 | 3 | 2 |
| 9 | 2 | 5 | 8 | 3 | 7 | 6 | 1 | 4 |
| 3 | 4 | 6 | 5 | 2 | 1 | 7 | 9 | 8 |
| 2 | 1 | 7 | 3 | 6 | 4 | 9 | 8 | 5 |
| 6 | 3 | 9 | 2 | 8 | 5 | 1 | 4 | 7 |
| 5 | 8 | 4 | 1 | 7 | 9 | 3 | 2 | 6 |

## MEDIUM - 162

| 5 | 8 | 2 | 7 | 1 | 4 | 6 | 9 | 3 |
|---|---|---|---|---|---|---|---|---|
| 3 | 1 | 9 | 5 | 8 | 6 | 2 | 7 | 4 |
| 7 | 6 | 4 | 3 | 9 | 2 | 5 | 8 | 1 |
| 2 | 4 | 5 | 6 | 3 | 9 | 7 | 1 | 8 |
| 8 | 9 | 7 | 1 | 4 | 5 | 3 | 2 | 6 |
| 1 | 3 | 6 | 2 | 7 | 8 | 9 | 4 | 5 |
| 9 | 5 | 3 | 4 | 2 | 1 | 8 | 6 | 7 |
| 6 | 2 | 1 | 8 | 5 | 7 | 4 | 3 | 9 |
| 4 | 7 | 8 | 9 | 6 | 3 | 1 | 5 | 2 |

## MEDIUM - 163

| 8 | 1 | 9 | 4 | 7 | 5 | 2 | 3 | 6 |
|---|---|---|---|---|---|---|---|---|
| 2 | 7 | 3 | 9 | 8 | 6 | 1 | 4 | 5 |
| 6 | 5 | 4 | 3 | 2 | 1 | 9 | 7 | 8 |
| 7 | 4 | 6 | 2 | 9 | 8 | 3 | 5 | 1 |
| 9 | 3 | 1 | 5 | 4 | 7 | 6 | 8 | 2 |
| 5 | 8 | 2 | 1 | 6 | 3 | 4 | 9 | 7 |
| 1 | 2 | 5 | 7 | 3 | 9 | 8 | 6 | 4 |
| 4 | 9 | 8 | 6 | 5 | 2 | 7 | 1 | 3 |
| 3 | 6 | 7 | 8 | 1 | 4 | 5 | 2 | 9 |

## MEDIUM - 164

| 5 | 3 | 2 | 4 | 1 | 6 | 9 | 8 | 7 |
|---|---|---|---|---|---|---|---|---|
| 7 | 9 | 1 | 8 | 5 | 3 | 6 | 4 | 2 |
| 8 | 4 | 6 | 2 | 7 | 9 | 3 | 5 | 1 |
| 3 | 6 | 5 | 9 | 8 | 2 | 1 | 7 | 4 |
| 9 | 2 | 4 | 7 | 3 | 1 | 8 | 6 | 5 |
| 1 | 7 | 8 | 6 | 4 | 5 | 2 | 3 | 9 |
| 2 | 8 | 9 | 5 | 6 | 7 | 4 | 1 | 3 |
| 4 | 5 | 3 | 1 | 9 | 8 | 7 | 2 | 6 |
| 6 | 1 | 7 | 3 | 2 | 4 | 5 | 9 | 8 |

## MEDIUM - 165

| 5 | 8 | 1 | 6 | 7 | 9 | 3 | 2 | 4 |
|---|---|---|---|---|---|---|---|---|
| 7 | 6 | 2 | 4 | 1 | 3 | 8 | 5 | 9 |
| 3 | 4 | 9 | 2 | 5 | 8 | 1 | 7 | 6 |
| 1 | 5 | 6 | 3 | 2 | 7 | 4 | 9 | 8 |
| 9 | 3 | 4 | 5 | 8 | 6 | 2 | 1 | 7 |
| 8 | 2 | 7 | 9 | 4 | 1 | 5 | 6 | 3 |
| 4 | 7 | 3 | 1 | 9 | 2 | 6 | 8 | 5 |
| 2 | 9 | 5 | 8 | 6 | 4 | 7 | 3 | 1 |
| 6 | 1 | 8 | 7 | 3 | 5 | 9 | 4 | 2 |

## MEDIUM - 166

| 6 | 3 | 2 | 7 | 1 | 8 | 5 | 4 | 9 |
|---|---|---|---|---|---|---|---|---|
| 7 | 5 | 8 | 9 | 4 | 6 | 2 | 3 | 1 |
| 9 | 4 | 1 | 3 | 2 | 5 | 8 | 7 | 6 |
| 4 | 1 | 3 | 2 | 8 | 9 | 6 | 5 | 7 |
| 5 | 9 | 6 | 4 | 7 | 1 | 3 | 2 | 8 |
| 8 | 2 | 7 | 5 | 6 | 3 | 9 | 1 | 4 |
| 3 | 7 | 4 | 8 | 9 | 2 | 1 | 6 | 5 |
| 1 | 8 | 5 | 6 | 3 | 7 | 4 | 9 | 2 |
| 2 | 6 | 9 | 1 | 5 | 4 | 7 | 8 | 3 |

## MEDIUM - 167

| 2 | 3 | 7 | 6 | 1 | 8 | 4 | 9 | 5 |
|---|---|---|---|---|---|---|---|---|
| 9 | 5 | 6 | 7 | 2 | 4 | 8 | 3 | 1 |
| 8 | 1 | 4 | 9 | 5 | 3 | 6 | 2 | 7 |
| 6 | 9 | 5 | 8 | 4 | 1 | 2 | 7 | 3 |
| 7 | 2 | 1 | 5 | 3 | 6 | 9 | 8 | 4 |
| 3 | 4 | 8 | 2 | 7 | 9 | 1 | 5 | 6 |
| 1 | 7 | 3 | 4 | 9 | 2 | 5 | 6 | 8 |
| 4 | 6 | 2 | 3 | 8 | 5 | 7 | 1 | 9 |
| 5 | 8 | 9 | 1 | 6 | 7 | 3 | 4 | 2 |

## MEDIUM - 168

| 5 | 8 | 4 | 1 | 2 | 7 | 3 | 9 | 6 |
|---|---|---|---|---|---|---|---|---|
| 6 | 1 | 2 | 3 | 9 | 4 | 7 | 5 | 8 |
| 7 | 3 | 9 | 5 | 8 | 6 | 1 | 2 | 4 |
| 4 | 9 | 8 | 2 | 5 | 3 | 6 | 7 | 1 |
| 2 | 5 | 6 | 4 | 7 | 1 | 9 | 8 | 3 |
| 1 | 7 | 3 | 9 | 6 | 8 | 2 | 4 | 5 |
| 9 | 4 | 5 | 6 | 3 | 2 | 8 | 1 | 7 |
| 3 | 2 | 7 | 8 | 1 | 5 | 4 | 6 | 9 |
| 8 | 6 | 1 | 7 | 4 | 9 | 5 | 3 | 2 |

## MEDIUM - 169

| 3 | 4 | 8 | 9 | 2 | 6 | 1 | 7 | 5 |
|---|---|---|---|---|---|---|---|---|
| 5 | 6 | 1 | 7 | 4 | 3 | 8 | 9 | 2 |
| 2 | 7 | 9 | 8 | 1 | 5 | 3 | 6 | 4 |
| 9 | 3 | 6 | 5 | 8 | 4 | 2 | 1 | 7 |
| 1 | 5 | 2 | 6 | 9 | 7 | 4 | 3 | 8 |
| 4 | 8 | 7 | 1 | 3 | 2 | 9 | 5 | 6 |
| 6 | 1 | 3 | 4 | 5 | 8 | 7 | 2 | 9 |
| 8 | 2 | 5 | 3 | 7 | 9 | 6 | 4 | 1 |
| 7 | 9 | 4 | 2 | 6 | 1 | 5 | 8 | 3 |

## MEDIUM - 170

| 5 | 8 | 6 | 1 | 3 | 2 | 9 | 7 | 4 |
|---|---|---|---|---|---|---|---|---|
| 4 | 7 | 1 | 9 | 6 | 5 | 2 | 8 | 3 |
| 9 | 2 | 3 | 7 | 4 | 8 | 6 | 5 | 1 |
| 6 | 1 | 2 | 4 | 7 | 3 | 5 | 9 | 8 |
| 7 | 9 | 5 | 6 | 8 | 1 | 3 | 4 | 2 |
| 8 | 3 | 4 | 5 | 2 | 9 | 1 | 6 | 7 |
| 3 | 4 | 9 | 2 | 5 | 7 | 8 | 1 | 6 |
| 1 | 6 | 8 | 3 | 9 | 4 | 7 | 2 | 5 |
| 2 | 5 | 7 | 8 | 1 | 6 | 4 | 3 | 9 |

## MEDIUM - 171

| 2 | 1 | 5 | 7 | 8 | 6 | 3 | 4 | 9 |
|---|---|---|---|---|---|---|---|---|
| 8 | 3 | 9 | 5 | 4 | 1 | 2 | 7 | 6 |
| 7 | 4 | 6 | 9 | 3 | 2 | 8 | 5 | 1 |
| 1 | 9 | 7 | 6 | 5 | 8 | 4 | 2 | 3 |
| 5 | 6 | 8 | 3 | 2 | 4 | 1 | 9 | 7 |
| 4 | 2 | 3 | 1 | 7 | 9 | 5 | 6 | 8 |
| 3 | 7 | 4 | 8 | 9 | 5 | 6 | 1 | 2 |
| 9 | 5 | 1 | 2 | 6 | 3 | 7 | 8 | 4 |
| 6 | 8 | 2 | 4 | 1 | 7 | 9 | 3 | 5 |

## MEDIUM - 172

| 6 | 1 | 9 | 8 | 3 | 5 | 4 | 7 | 2 |
|---|---|---|---|---|---|---|---|---|
| 7 | 8 | 3 | 2 | 4 | 9 | 6 | 5 | 1 |
| 5 | 2 | 4 | 7 | 6 | 1 | 3 | 9 | 8 |
| 8 | 4 | 2 | 9 | 1 | 3 | 5 | 6 | 7 |
| 9 | 3 | 7 | 5 | 8 | 6 | 2 | 1 | 4 |
| 1 | 6 | 5 | 4 | 7 | 2 | 8 | 3 | 9 |
| 4 | 9 | 6 | 3 | 2 | 7 | 1 | 8 | 5 |
| 3 | 5 | 8 | 1 | 9 | 4 | 7 | 2 | 6 |
| 2 | 7 | 1 | 6 | 5 | 8 | 9 | 4 | 3 |

## MEDIUM - 173

| 4 | 8 | 2 | 9 | 5 | 7 | 1 | 3 | 6 |
|---|---|---|---|---|---|---|---|---|
| 7 | 6 | 5 | 3 | 1 | 8 | 9 | 2 | 4 |
| 9 | 3 | 1 | 6 | 2 | 4 | 8 | 7 | 5 |
| 2 | 7 | 9 | 1 | 3 | 6 | 5 | 4 | 8 |
| 6 | 5 | 4 | 7 | 8 | 9 | 3 | 1 | 2 |
| 8 | 1 | 3 | 2 | 4 | 5 | 6 | 9 | 7 |
| 5 | 2 | 6 | 4 | 9 | 3 | 7 | 8 | 1 |
| 1 | 9 | 8 | 5 | 7 | 2 | 4 | 6 | 3 |
| 3 | 4 | 7 | 8 | 6 | 1 | 2 | 5 | 9 |

## MEDIUM - 174

| 7 | 1 | 6 | 8 | 4 | 3 | 2 | 9 | 5 |
|---|---|---|---|---|---|---|---|---|
| 4 | 9 | 3 | 2 | 6 | 5 | 8 | 1 | 7 |
| 2 | 5 | 8 | 7 | 1 | 9 | 6 | 3 | 4 |
| 3 | 7 | 4 | 5 | 2 | 6 | 9 | 8 | 1 |
| 9 | 6 | 5 | 1 | 8 | 4 | 7 | 2 | 3 |
| 1 | 8 | 2 | 9 | 3 | 7 | 5 | 4 | 6 |
| 8 | 3 | 1 | 6 | 7 | 2 | 4 | 5 | 9 |
| 6 | 4 | 9 | 3 | 5 | 8 | 1 | 7 | 2 |
| 5 | 2 | 7 | 4 | 9 | 1 | 3 | 6 | 8 |

## MEDIUM - 175

| 2 | 5 | 4 | 1 | 3 | 7 | 6 | 8 | 9 |
|---|---|---|---|---|---|---|---|---|
| 1 | 9 | 8 | 5 | 6 | 2 | 7 | 4 | 3 |
| 7 | 3 | 6 | 4 | 9 | 8 | 2 | 1 | 5 |
| 6 | 4 | 2 | 9 | 8 | 5 | 3 | 7 | 1 |
| 5 | 8 | 7 | 2 | 1 | 3 | 9 | 6 | 4 |
| 9 | 1 | 3 | 6 | 7 | 4 | 5 | 2 | 8 |
| 4 | 2 | 1 | 3 | 5 | 6 | 8 | 9 | 7 |
| 3 | 7 | 9 | 8 | 2 | 1 | 4 | 5 | 6 |
| 8 | 6 | 5 | 7 | 4 | 9 | 1 | 3 | 2 |

## MEDIUM - 176

| 2 | 1 | 3 | 9 | 6 | 5 | 8 | 4 | 7 |
|---|---|---|---|---|---|---|---|---|
| 8 | 4 | 7 | 3 | 2 | 1 | 5 | 6 | 9 |
| 9 | 6 | 5 | 8 | 4 | 7 | 3 | 1 | 2 |
| 5 | 8 | 6 | 1 | 9 | 3 | 7 | 2 | 4 |
| 1 | 7 | 4 | 6 | 8 | 2 | 9 | 3 | 5 |
| 3 | 9 | 2 | 7 | 5 | 4 | 6 | 8 | 1 |
| 7 | 2 | 1 | 5 | 3 | 8 | 4 | 9 | 6 |
| 6 | 5 | 8 | 4 | 1 | 9 | 2 | 7 | 3 |
| 4 | 3 | 9 | 2 | 7 | 6 | 1 | 5 | 8 |

## MEDIUM - 177

| 2 | 1 | 4 | 6 | 5 | 9 | 8 | 7 | 3 |
|---|---|---|---|---|---|---|---|---|
| 5 | 3 | 8 | 4 | 2 | 7 | 1 | 6 | 9 |
| 6 | 7 | 9 | 3 | 1 | 8 | 5 | 2 | 4 |
| 1 | 8 | 2 | 7 | 3 | 4 | 6 | 9 | 5 |
| 3 | 4 | 5 | 9 | 6 | 2 | 7 | 1 | 8 |
| 7 | 9 | 6 | 1 | 8 | 5 | 4 | 3 | 2 |
| 9 | 2 | 7 | 8 | 4 | 6 | 3 | 5 | 1 |
| 4 | 5 | 1 | 2 | 7 | 3 | 9 | 8 | 6 |
| 8 | 6 | 3 | 5 | 9 | 1 | 2 | 4 | 7 |

## MEDIUM - 178

| 5 | 1 | 2 | 3 | 8 | 7 | 4 | 9 | 6 |
|---|---|---|---|---|---|---|---|---|
| 8 | 9 | 6 | 4 | 2 | 5 | 1 | 3 | 7 |
| 4 | 7 | 3 | 9 | 6 | 1 | 8 | 5 | 2 |
| 9 | 4 | 7 | 2 | 1 | 6 | 5 | 8 | 3 |
| 6 | 3 | 5 | 8 | 9 | 4 | 2 | 7 | 1 |
| 1 | 2 | 8 | 5 | 7 | 3 | 6 | 4 | 9 |
| 3 | 6 | 9 | 1 | 5 | 8 | 7 | 2 | 4 |
| 7 | 8 | 4 | 6 | 3 | 2 | 9 | 1 | 5 |
| 2 | 5 | 1 | 7 | 4 | 9 | 3 | 6 | 8 |

## MEDIUM - 179

| 2 | 1 | 6 | 9 | 7 | 5 | 8 | 3 | 4 |
|---|---|---|---|---|---|---|---|---|
| 8 | 3 | 9 | 4 | 2 | 1 | 7 | 5 | 6 |
| 5 | 4 | 7 | 6 | 3 | 8 | 1 | 2 | 9 |
| 1 | 9 | 2 | 5 | 4 | 7 | 6 | 8 | 3 |
| 4 | 8 | 3 | 2 | 9 | 6 | 5 | 1 | 7 |
| 7 | 6 | 5 | 8 | 1 | 3 | 9 | 4 | 2 |
| 9 | 2 | 1 | 7 | 8 | 4 | 3 | 6 | 5 |
| 3 | 5 | 4 | 1 | 6 | 9 | 2 | 7 | 8 |
| 6 | 7 | 8 | 3 | 5 | 2 | 4 | 9 | 1 |

## MEDIUM - 180

| 4 | 6 | 7 | 2 | 3 | 9 | 8 | 5 | 1 |
|---|---|---|---|---|---|---|---|---|
| 8 | 2 | 9 | 5 | 1 | 6 | 7 | 3 | 4 |
| 1 | 5 | 3 | 8 | 4 | 7 | 6 | 2 | 9 |
| 3 | 8 | 6 | 4 | 2 | 1 | 5 | 9 | 7 |
| 5 | 9 | 2 | 6 | 7 | 3 | 1 | 4 | 8 |
| 7 | 1 | 4 | 9 | 8 | 5 | 2 | 6 | 3 |
| 6 | 3 | 5 | 1 | 9 | 8 | 4 | 7 | 2 |
| 2 | 7 | 8 | 3 | 6 | 4 | 9 | 1 | 5 |
| 9 | 4 | 1 | 7 | 5 | 2 | 3 | 8 | 6 |

## MEDIUM - 181

| 1 | 6 | 5 | 8 | 4 | 7 | 9 | 3 | 2 |
|---|---|---|---|---|---|---|---|---|
| 8 | 3 | 2 | 6 | 9 | 1 | 7 | 5 | 4 |
| 4 | 9 | 7 | 3 | 5 | 2 | 1 | 6 | 8 |
| 6 | 1 | 9 | 7 | 2 | 3 | 8 | 4 | 5 |
| 2 | 4 | 3 | 5 | 8 | 9 | 6 | 7 | 1 |
| 5 | 7 | 8 | 1 | 6 | 4 | 2 | 9 | 3 |
| 7 | 2 | 1 | 4 | 3 | 6 | 5 | 8 | 9 |
| 9 | 5 | 4 | 2 | 7 | 8 | 3 | 1 | 6 |
| 3 | 8 | 6 | 9 | 1 | 5 | 4 | 2 | 7 |

## MEDIUM - 182

| 7 | 8 | 1 | 4 | 2 | 6 | 9 | 3 | 5 |
|---|---|---|---|---|---|---|---|---|
| 5 | 2 | 6 | 3 | 1 | 9 | 8 | 7 | 4 |
| 3 | 4 | 9 | 8 | 7 | 5 | 1 | 6 | 2 |
| 4 | 9 | 3 | 6 | 5 | 8 | 7 | 2 | 1 |
| 8 | 6 | 7 | 2 | 4 | 1 | 5 | 9 | 3 |
| 2 | 1 | 5 | 7 | 9 | 3 | 4 | 8 | 6 |
| 9 | 7 | 4 | 1 | 6 | 2 | 3 | 5 | 8 |
| 1 | 3 | 2 | 5 | 8 | 7 | 6 | 4 | 9 |
| 6 | 5 | 8 | 9 | 3 | 4 | 2 | 1 | 7 |

## MEDIUM - 183

| 4 | 5 | 1 | 3 | 6 | 8 | 2 | 7 | 9 |
|---|---|---|---|---|---|---|---|---|
| 7 | 6 | 3 | 9 | 4 | 2 | 5 | 8 | 1 |
| 8 | 2 | 9 | 1 | 7 | 5 | 4 | 3 | 6 |
| 1 | 9 | 8 | 7 | 3 | 4 | 6 | 5 | 2 |
| 3 | 4 | 5 | 2 | 9 | 6 | 8 | 1 | 7 |
| 6 | 7 | 2 | 5 | 8 | 1 | 9 | 4 | 3 |
| 9 | 1 | 6 | 8 | 5 | 7 | 3 | 2 | 4 |
| 2 | 8 | 4 | 6 | 1 | 3 | 7 | 9 | 5 |
| 5 | 3 | 7 | 4 | 2 | 9 | 1 | 6 | 8 |

## MEDIUM - 184

| 6 | 8 | 4 | 7 | 9 | 3 | 1 | 2 | 5 |
|---|---|---|---|---|---|---|---|---|
| 2 | 3 | 5 | 4 | 6 | 1 | 7 | 8 | 9 |
| 9 | 1 | 7 | 2 | 8 | 5 | 6 | 3 | 4 |
| 4 | 7 | 8 | 1 | 2 | 9 | 3 | 5 | 6 |
| 5 | 6 | 1 | 3 | 4 | 7 | 2 | 9 | 8 |
| 3 | 2 | 9 | 8 | 5 | 6 | 4 | 7 | 1 |
| 7 | 9 | 6 | 5 | 3 | 4 | 8 | 1 | 2 |
| 8 | 5 | 3 | 6 | 1 | 2 | 9 | 4 | 7 |
| 1 | 4 | 2 | 9 | 7 | 8 | 5 | 6 | 3 |

## MEDIUM - 185

| 9 | 4 | 8 | 5 | 2 | 3 | 6 | 7 | 1 |
|---|---|---|---|---|---|---|---|---|
| 3 | 5 | 7 | 4 | 1 | 6 | 2 | 8 | 9 |
| 6 | 2 | 1 | 7 | 8 | 9 | 5 | 3 | 4 |
| 7 | 3 | 9 | 1 | 5 | 8 | 4 | 2 | 6 |
| 5 | 6 | 4 | 3 | 9 | 2 | 7 | 1 | 8 |
| 8 | 1 | 2 | 6 | 4 | 7 | 3 | 9 | 5 |
| 1 | 7 | 5 | 9 | 3 | 4 | 8 | 6 | 2 |
| 4 | 8 | 3 | 2 | 6 | 1 | 9 | 5 | 7 |
| 2 | 9 | 6 | 8 | 7 | 5 | 1 | 4 | 3 |

## MEDIUM - 186

| 7 | 4 | 2 | 3 | 6 | 8 | 5 | 1 | 9 |
|---|---|---|---|---|---|---|---|---|
| 8 | 9 | 5 | 7 | 1 | 2 | 4 | 6 | 3 |
| 3 | 6 | 1 | 9 | 4 | 5 | 8 | 7 | 2 |
| 9 | 8 | 4 | 5 | 7 | 3 | 6 | 2 | 1 |
| 2 | 5 | 6 | 1 | 8 | 9 | 3 | 4 | 7 |
| 1 | 7 | 3 | 4 | 2 | 6 | 9 | 8 | 5 |
| 4 | 1 | 9 | 8 | 5 | 7 | 2 | 3 | 6 |
| 5 | 2 | 7 | 6 | 3 | 4 | 1 | 9 | 8 |
| 6 | 3 | 8 | 2 | 9 | 1 | 7 | 5 | 4 |

## MEDIUM - 187

| 1 | 9 | 8 | 6 | 4 | 3 | 5 | 7 | 2 |
|---|---|---|---|---|---|---|---|---|
| 5 | 3 | 2 | 9 | 8 | 7 | 1 | 4 | 6 |
| 6 | 7 | 4 | 2 | 1 | 5 | 3 | 8 | 9 |
| 8 | 6 | 9 | 1 | 5 | 4 | 7 | 2 | 3 |
| 7 | 4 | 3 | 8 | 2 | 6 | 9 | 5 | 1 |
| 2 | 1 | 5 | 7 | 3 | 9 | 4 | 6 | 8 |
| 9 | 2 | 1 | 5 | 7 | 8 | 6 | 3 | 4 |
| 4 | 8 | 7 | 3 | 6 | 1 | 2 | 9 | 5 |
| 3 | 5 | 6 | 4 | 9 | 2 | 8 | 1 | 7 |

## MEDIUM - 188

| 6 | 9 | 1 | 4 | 2 | 7 | 8 | 5 | 3 |
|---|---|---|---|---|---|---|---|---|
| 2 | 7 | 5 | 8 | 1 | 3 | 6 | 9 | 4 |
| 8 | 4 | 3 | 9 | 6 | 5 | 2 | 7 | 1 |
| 4 | 5 | 6 | 3 | 8 | 2 | 9 | 1 | 7 |
| 9 | 3 | 8 | 5 | 7 | 1 | 4 | 2 | 6 |
| 7 | 1 | 2 | 6 | 4 | 9 | 5 | 3 | 8 |
| 1 | 6 | 9 | 2 | 3 | 4 | 7 | 8 | 5 |
| 5 | 8 | 7 | 1 | 9 | 6 | 3 | 4 | 2 |
| 3 | 2 | 4 | 7 | 5 | 8 | 1 | 6 | 9 |

## MEDIUM - 189

| 3 | 1 | 6 | 7 | 5 | 8 | 2 | 9 | 4 |
|---|---|---|---|---|---|---|---|---|
| 9 | 5 | 7 | 6 | 4 | 2 | 1 | 8 | 3 |
| 2 | 8 | 4 | 1 | 3 | 9 | 6 | 7 | 5 |
| 7 | 3 | 2 | 9 | 1 | 6 | 4 | 5 | 8 |
| 8 | 4 | 5 | 2 | 7 | 3 | 9 | 6 | 1 |
| 1 | 6 | 9 | 4 | 8 | 5 | 7 | 3 | 2 |
| 4 | 2 | 8 | 5 | 9 | 7 | 3 | 1 | 6 |
| 6 | 7 | 3 | 8 | 2 | 1 | 5 | 4 | 9 |
| 5 | 9 | 1 | 3 | 6 | 4 | 8 | 2 | 7 |

## MEDIUM - 190

| 6 | 5 | 4 | 8 | 9 | 3 | 7 | 1 | 2 |
|---|---|---|---|---|---|---|---|---|
| 9 | 3 | 1 | 7 | 2 | 5 | 6 | 8 | 4 |
| 7 | 2 | 8 | 4 | 1 | 6 | 9 | 3 | 5 |
| 8 | 9 | 6 | 5 | 3 | 4 | 2 | 7 | 1 |
| 1 | 4 | 2 | 6 | 7 | 9 | 8 | 5 | 3 |
| 3 | 7 | 5 | 2 | 8 | 1 | 4 | 9 | 6 |
| 5 | 8 | 3 | 9 | 6 | 2 | 1 | 4 | 7 |
| 4 | 6 | 7 | 1 | 5 | 8 | 3 | 2 | 9 |
| 2 | 1 | 9 | 3 | 4 | 7 | 5 | 6 | 8 |

## MEDIUM - 191

| 1 | 9 | 6 | 8 | 5 | 4 | 2 | 7 | 3 |
|---|---|---|---|---|---|---|---|---|
| 8 | 5 | 3 | 7 | 2 | 1 | 9 | 4 | 6 |
| 4 | 7 | 2 | 6 | 3 | 9 | 5 | 8 | 1 |
| 2 | 4 | 8 | 1 | 6 | 7 | 3 | 5 | 9 |
| 9 | 6 | 5 | 2 | 8 | 3 | 4 | 1 | 7 |
| 3 | 1 | 7 | 9 | 4 | 5 | 8 | 6 | 2 |
| 6 | 3 | 1 | 5 | 9 | 8 | 7 | 2 | 4 |
| 7 | 8 | 9 | 4 | 1 | 2 | 6 | 3 | 5 |
| 5 | 2 | 4 | 3 | 7 | 6 | 1 | 9 | 8 |

## MEDIUM - 192

| 3 | 6 | 5 | 2 | 1 | 9 | 8 | 7 | 4 |
|---|---|---|---|---|---|---|---|---|
| 8 | 9 | 4 | 3 | 6 | 7 | 1 | 5 | 2 |
| 1 | 2 | 7 | 4 | 8 | 5 | 9 | 3 | 6 |
| 2 | 1 | 8 | 9 | 5 | 3 | 4 | 6 | 7 |
| 7 | 3 | 9 | 6 | 4 | 2 | 5 | 1 | 8 |
| 4 | 5 | 6 | 8 | 7 | 1 | 3 | 2 | 9 |
| 5 | 8 | 1 | 7 | 9 | 6 | 2 | 4 | 3 |
| 9 | 7 | 2 | 1 | 3 | 4 | 6 | 8 | 5 |
| 6 | 4 | 3 | 5 | 2 | 8 | 7 | 9 | 1 |

## MEDIUM - 193

| 9 | 3 | 7 | 5 | 6 | 8 | 2 | 1 | 4 |
|---|---|---|---|---|---|---|---|---|
| 6 | 1 | 4 | 2 | 9 | 7 | 3 | 8 | 5 |
| 5 | 2 | 8 | 4 | 1 | 3 | 6 | 9 | 7 |
| 2 | 6 | 1 | 9 | 7 | 4 | 8 | 5 | 3 |
| 4 | 9 | 5 | 8 | 3 | 2 | 1 | 7 | 6 |
| 7 | 8 | 3 | 6 | 5 | 1 | 4 | 2 | 9 |
| 1 | 5 | 2 | 3 | 4 | 9 | 7 | 6 | 8 |
| 3 | 7 | 6 | 1 | 8 | 5 | 9 | 4 | 2 |
| 8 | 4 | 9 | 7 | 2 | 6 | 5 | 3 | 1 |

## MEDIUM - 194

| 7 | 8 | 5 | 6 | 3 | 1 | 4 | 9 | 2 |
|---|---|---|---|---|---|---|---|---|
| 1 | 2 | 6 | 9 | 8 | 4 | 7 | 5 | 3 |
| 9 | 4 | 3 | 2 | 5 | 7 | 8 | 6 | 1 |
| 8 | 6 | 7 | 3 | 4 | 9 | 1 | 2 | 5 |
| 5 | 3 | 4 | 1 | 2 | 6 | 9 | 8 | 7 |
| 2 | 9 | 1 | 8 | 7 | 5 | 6 | 3 | 4 |
| 6 | 7 | 9 | 5 | 1 | 3 | 2 | 4 | 8 |
| 3 | 1 | 2 | 4 | 9 | 8 | 5 | 7 | 6 |
| 4 | 5 | 8 | 7 | 6 | 2 | 3 | 1 | 9 |

## MEDIUM - 195

| 5 | 2 | 8 | 1 | 3 | 7 | 9 | 4 | 6 |
|---|---|---|---|---|---|---|---|---|
| 9 | 4 | 3 | 8 | 6 | 2 | 1 | 5 | 7 |
| 7 | 6 | 1 | 4 | 9 | 5 | 8 | 2 | 3 |
| 8 | 5 | 2 | 6 | 4 | 9 | 7 | 3 | 1 |
| 6 | 1 | 9 | 7 | 5 | 3 | 4 | 8 | 2 |
| 4 | 3 | 7 | 2 | 8 | 1 | 5 | 6 | 9 |
| 2 | 7 | 5 | 3 | 1 | 8 | 6 | 9 | 4 |
| 1 | 8 | 6 | 9 | 2 | 4 | 3 | 7 | 5 |
| 3 | 9 | 4 | 5 | 7 | 6 | 2 | 1 | 8 |

## MEDIUM - 196

| 2 | 5 | 8 | 1 | 3 | 6 | 7 | 4 | 9 |
|---|---|---|---|---|---|---|---|---|
| 6 | 7 | 4 | 5 | 2 | 9 | 1 | 8 | 3 |
| 1 | 3 | 9 | 4 | 7 | 8 | 5 | 2 | 6 |
| 8 | 4 | 2 | 7 | 1 | 3 | 9 | 6 | 5 |
| 5 | 9 | 7 | 8 | 6 | 4 | 3 | 1 | 2 |
| 3 | 6 | 1 | 2 | 9 | 5 | 4 | 7 | 8 |
| 9 | 8 | 3 | 6 | 4 | 7 | 2 | 5 | 1 |
| 7 | 1 | 6 | 3 | 5 | 2 | 8 | 9 | 4 |
| 4 | 2 | 5 | 9 | 8 | 1 | 6 | 3 | 7 |

## MEDIUM - 197

| 7 | 8 | 5 | 2 | 1 | 6 | 4 | 9 | 3 |
|---|---|---|---|---|---|---|---|---|
| 2 | 1 | 3 | 4 | 5 | 9 | 7 | 6 | 8 |
| 9 | 4 | 6 | 3 | 8 | 7 | 1 | 5 | 2 |
| 6 | 9 | 8 | 7 | 3 | 1 | 5 | 2 | 4 |
| 1 | 5 | 7 | 8 | 2 | 4 | 6 | 3 | 9 |
| 3 | 2 | 4 | 6 | 9 | 5 | 8 | 7 | 1 |
| 4 | 7 | 9 | 1 | 6 | 3 | 2 | 8 | 5 |
| 8 | 3 | 1 | 5 | 7 | 2 | 9 | 4 | 6 |
| 5 | 6 | 2 | 9 | 4 | 8 | 3 | 1 | 7 |

## MEDIUM - 198

| 7 | 2 | 1 | 4 | 6 | 8 | 9 | 5 | 3 |
|---|---|---|---|---|---|---|---|---|
| 8 | 5 | 3 | 9 | 7 | 2 | 4 | 1 | 6 |
| 9 | 4 | 6 | 5 | 3 | 1 | 2 | 8 | 7 |
| 1 | 8 | 4 | 7 | 5 | 3 | 6 | 2 | 9 |
| 6 | 9 | 7 | 2 | 1 | 4 | 5 | 3 | 8 |
| 5 | 3 | 2 | 8 | 9 | 6 | 1 | 7 | 4 |
| 4 | 1 | 8 | 6 | 2 | 7 | 3 | 9 | 5 |
| 3 | 7 | 5 | 1 | 4 | 9 | 8 | 6 | 2 |
| 2 | 6 | 9 | 3 | 8 | 5 | 7 | 4 | 1 |

## MEDIUM - 199

| 6 | 8 | 2 | 3 | 9 | 4 | 1 | 7 | 5 |
|---|---|---|---|---|---|---|---|---|
| 7 | 4 | 1 | 5 | 8 | 2 | 3 | 9 | 6 |
| 9 | 3 | 5 | 1 | 6 | 7 | 2 | 8 | 4 |
| 1 | 5 | 6 | 8 | 2 | 9 | 7 | 4 | 3 |
| 3 | 7 | 8 | 4 | 1 | 6 | 5 | 2 | 9 |
| 2 | 9 | 4 | 7 | 5 | 3 | 6 | 1 | 8 |
| 5 | 1 | 3 | 2 | 4 | 8 | 9 | 6 | 7 |
| 4 | 6 | 7 | 9 | 3 | 1 | 8 | 5 | 2 |
| 8 | 2 | 9 | 6 | 7 | 5 | 4 | 3 | 1 |

## MEDIUM - 200

| 7 | 5 | 8 | 2 | 1 | 4 | 3 | 9 | 6 |
|---|---|---|---|---|---|---|---|---|
| 6 | 2 | 1 | 7 | 3 | 9 | 5 | 8 | 4 |
| 4 | 9 | 3 | 5 | 6 | 8 | 1 | 7 | 2 |
| 9 | 3 | 4 | 8 | 5 | 2 | 7 | 6 | 1 |
| 2 | 1 | 6 | 9 | 7 | 3 | 8 | 4 | 5 |
| 8 | 7 | 5 | 1 | 4 | 6 | 9 | 2 | 3 |
| 5 | 8 | 9 | 4 | 2 | 1 | 6 | 3 | 7 |
| 1 | 6 | 2 | 3 | 8 | 7 | 4 | 5 | 9 |
| 3 | 4 | 7 | 6 | 9 | 5 | 2 | 1 | 8 |

### MEDIUM - 201

| 4 | 8 | 7 | 3 | 5 | 6 | 9 | 1 | 2 |
|---|---|---|---|---|---|---|---|---|
| 2 | 6 | 9 | 7 | 1 | 4 | 5 | 8 | 3 |
| 1 | 5 | 3 | 8 | 2 | 9 | 4 | 6 | 7 |
| 3 | 1 | 6 | 4 | 9 | 8 | 7 | 2 | 5 |
| 5 | 7 | 4 | 2 | 3 | 1 | 6 | 9 | 8 |
| 9 | 2 | 8 | 6 | 7 | 5 | 1 | 3 | 4 |
| 6 | 4 | 5 | 1 | 8 | 2 | 3 | 7 | 9 |
| 8 | 3 | 1 | 9 | 4 | 7 | 2 | 5 | 6 |
| 7 | 9 | 2 | 5 | 6 | 3 | 8 | 4 | 1 |

### MEDIUM - 202

| 5 | 2 | 9 | 3 | 4 | 7 | 6 | 1 | 8 |
|---|---|---|---|---|---|---|---|---|
| 7 | 1 | 4 | 8 | 5 | 6 | 2 | 3 | 9 |
| 6 | 8 | 3 | 2 | 9 | 1 | 7 | 4 | 5 |
| 9 | 7 | 1 | 4 | 6 | 8 | 5 | 2 | 3 |
| 4 | 6 | 2 | 9 | 3 | 5 | 8 | 7 | 1 |
| 8 | 3 | 5 | 7 | 1 | 2 | 4 | 9 | 6 |
| 2 | 4 | 6 | 1 | 8 | 3 | 9 | 5 | 7 |
| 1 | 5 | 7 | 6 | 2 | 9 | 3 | 8 | 4 |
| 3 | 9 | 8 | 5 | 7 | 4 | 1 | 6 | 2 |

### MEDIUM - 203

| 9 | 6 | 5 | 3 | 7 | 4 | 8 | 1 | 2 |
|---|---|---|---|---|---|---|---|---|
| 8 | 7 | 3 | 9 | 2 | 1 | 5 | 4 | 6 |
| 2 | 1 | 4 | 8 | 5 | 6 | 3 | 9 | 7 |
| 3 | 5 | 2 | 6 | 8 | 9 | 1 | 7 | 4 |
| 4 | 8 | 6 | 7 | 1 | 5 | 2 | 3 | 9 |
| 7 | 9 | 1 | 4 | 3 | 2 | 6 | 8 | 5 |
| 6 | 3 | 9 | 2 | 4 | 8 | 7 | 5 | 1 |
| 1 | 2 | 7 | 5 | 9 | 3 | 4 | 6 | 8 |
| 5 | 4 | 8 | 1 | 6 | 7 | 9 | 2 | 3 |

### MEDIUM - 204

| 5 | 8 | 7 | 1 | 4 | 6 | 3 | 9 | 2 |
|---|---|---|---|---|---|---|---|---|
| 2 | 6 | 3 | 5 | 8 | 9 | 1 | 4 | 7 |
| 4 | 1 | 9 | 7 | 3 | 2 | 5 | 8 | 6 |
| 9 | 3 | 8 | 4 | 2 | 5 | 6 | 7 | 1 |
| 6 | 7 | 2 | 3 | 1 | 8 | 9 | 5 | 4 |
| 1 | 4 | 5 | 9 | 6 | 7 | 2 | 3 | 8 |
| 3 | 9 | 6 | 8 | 7 | 1 | 4 | 2 | 5 |
| 7 | 2 | 4 | 6 | 5 | 3 | 8 | 1 | 9 |
| 8 | 5 | 1 | 2 | 9 | 4 | 7 | 6 | 3 |

### MEDIUM - 205

| 9 | 8 | 1 | 4 | 5 | 3 | 7 | 6 | 2 |
|---|---|---|---|---|---|---|---|---|
| 7 | 4 | 5 | 1 | 6 | 2 | 8 | 9 | 3 |
| 3 | 2 | 6 | 7 | 9 | 8 | 1 | 5 | 4 |
| 4 | 6 | 7 | 5 | 2 | 9 | 3 | 8 | 1 |
| 5 | 1 | 8 | 3 | 7 | 6 | 2 | 4 | 9 |
| 2 | 9 | 3 | 8 | 1 | 4 | 5 | 7 | 6 |
| 8 | 7 | 4 | 6 | 3 | 1 | 9 | 2 | 5 |
| 1 | 5 | 2 | 9 | 4 | 7 | 6 | 3 | 8 |
| 6 | 3 | 9 | 2 | 8 | 5 | 4 | 1 | 7 |

### MEDIUM - 206

| 4 | 7 | 9 | 5 | 1 | 6 | 8 | 2 | 3 |
|---|---|---|---|---|---|---|---|---|
| 1 | 5 | 3 | 2 | 8 | 4 | 7 | 6 | 9 |
| 8 | 2 | 6 | 7 | 9 | 3 | 5 | 1 | 4 |
| 6 | 8 | 5 | 3 | 2 | 1 | 9 | 4 | 7 |
| 2 | 9 | 4 | 8 | 6 | 7 | 3 | 5 | 1 |
| 7 | 3 | 1 | 4 | 5 | 9 | 6 | 8 | 2 |
| 5 | 1 | 8 | 9 | 3 | 2 | 4 | 7 | 6 |
| 3 | 4 | 2 | 6 | 7 | 8 | 1 | 9 | 5 |
| 9 | 6 | 7 | 1 | 4 | 5 | 2 | 3 | 8 |

### MEDIUM - 207

| 7 | 4 | 3 | 2 | 1 | 9 | 8 | 5 | 6 |
|---|---|---|---|---|---|---|---|---|
| 6 | 9 | 2 | 5 | 8 | 3 | 7 | 4 | 1 |
| 8 | 1 | 5 | 6 | 4 | 7 | 9 | 3 | 2 |
| 4 | 2 | 8 | 9 | 7 | 6 | 3 | 1 | 5 |
| 1 | 3 | 6 | 8 | 5 | 4 | 2 | 7 | 9 |
| 9 | 5 | 7 | 3 | 2 | 1 | 6 | 8 | 4 |
| 3 | 8 | 9 | 1 | 6 | 5 | 4 | 2 | 7 |
| 2 | 7 | 1 | 4 | 9 | 8 | 5 | 6 | 3 |
| 5 | 6 | 4 | 7 | 3 | 2 | 1 | 9 | 8 |

### MEDIUM - 208

| 7 | 4 | 9 | 1 | 3 | 6 | 8 | 2 | 5 |
|---|---|---|---|---|---|---|---|---|
| 8 | 5 | 6 | 9 | 2 | 7 | 3 | 4 | 1 |
| 2 | 3 | 1 | 8 | 4 | 5 | 6 | 7 | 9 |
| 5 | 7 | 8 | 4 | 6 | 1 | 9 | 3 | 2 |
| 4 | 9 | 2 | 3 | 7 | 8 | 5 | 1 | 6 |
| 6 | 1 | 3 | 5 | 9 | 2 | 4 | 8 | 7 |
| 9 | 8 | 7 | 6 | 1 | 4 | 2 | 5 | 3 |
| 3 | 2 | 5 | 7 | 8 | 9 | 1 | 6 | 4 |
| 1 | 6 | 4 | 2 | 5 | 3 | 7 | 9 | 8 |

### MEDIUM - 209

| 1 | 9 | 5 | 6 | 3 | 7 | 4 | 8 | 2 |
|---|---|---|---|---|---|---|---|---|
| 4 | 6 | 8 | 5 | 2 | 9 | 3 | 7 | 1 |
| 2 | 3 | 7 | 4 | 8 | 1 | 5 | 9 | 6 |
| 3 | 5 | 1 | 9 | 7 | 4 | 6 | 2 | 8 |
| 7 | 4 | 6 | 8 | 1 | 2 | 9 | 3 | 5 |
| 9 | 8 | 2 | 3 | 6 | 5 | 7 | 1 | 4 |
| 8 | 7 | 3 | 1 | 5 | 6 | 2 | 4 | 9 |
| 6 | 1 | 9 | 2 | 4 | 3 | 8 | 5 | 7 |
| 5 | 2 | 4 | 7 | 9 | 8 | 1 | 6 | 3 |

### MEDIUM - 210

| 2 | 5 | 4 | 1 | 8 | 7 | 6 | 3 | 9 |
|---|---|---|---|---|---|---|---|---|
| 7 | 9 | 1 | 6 | 2 | 3 | 4 | 8 | 5 |
| 3 | 6 | 8 | 5 | 9 | 4 | 2 | 7 | 1 |
| 5 | 3 | 7 | 9 | 4 | 6 | 1 | 2 | 8 |
| 8 | 4 | 9 | 2 | 7 | 1 | 5 | 6 | 3 |
| 6 | 1 | 2 | 8 | 3 | 5 | 9 | 4 | 7 |
| 9 | 2 | 6 | 7 | 5 | 8 | 3 | 1 | 4 |
| 4 | 8 | 5 | 3 | 1 | 2 | 7 | 9 | 6 |
| 1 | 7 | 3 | 4 | 6 | 9 | 8 | 5 | 2 |

### MEDIUM - 211

| 6 | 4 | 1 | 5 | 7 | 3 | 2 | 9 | 8 |
|---|---|---|---|---|---|---|---|---|
| 2 | 9 | 5 | 4 | 8 | 1 | 7 | 3 | 6 |
| 8 | 3 | 7 | 9 | 2 | 6 | 1 | 5 | 4 |
| 4 | 2 | 6 | 3 | 1 | 7 | 5 | 8 | 9 |
| 7 | 1 | 3 | 8 | 5 | 9 | 6 | 4 | 2 |
| 9 | 5 | 8 | 6 | 4 | 2 | 3 | 1 | 7 |
| 5 | 7 | 2 | 1 | 9 | 4 | 8 | 6 | 3 |
| 1 | 6 | 9 | 2 | 3 | 8 | 4 | 7 | 5 |
| 3 | 8 | 4 | 7 | 6 | 5 | 9 | 2 | 1 |

### MEDIUM - 212

| 2 | 5 | 3 | 6 | 1 | 9 | 4 | 7 | 8 |
|---|---|---|---|---|---|---|---|---|
| 9 | 6 | 7 | 4 | 5 | 8 | 2 | 3 | 1 |
| 8 | 1 | 4 | 7 | 2 | 3 | 6 | 5 | 9 |
| 4 | 9 | 6 | 5 | 3 | 1 | 7 | 8 | 2 |
| 3 | 2 | 5 | 8 | 9 | 7 | 1 | 4 | 6 |
| 1 | 7 | 8 | 2 | 4 | 6 | 5 | 9 | 3 |
| 6 | 3 | 2 | 9 | 7 | 4 | 8 | 1 | 5 |
| 7 | 8 | 1 | 3 | 6 | 5 | 9 | 2 | 4 |
| 5 | 4 | 9 | 1 | 8 | 2 | 3 | 6 | 7 |

### MEDIUM - 213

| 3 | 2 | 7 | 4 | 1 | 9 | 8 | 6 | 5 |
|---|---|---|---|---|---|---|---|---|
| 8 | 9 | 5 | 6 | 2 | 3 | 4 | 7 | 1 |
| 1 | 6 | 4 | 8 | 7 | 5 | 2 | 9 | 3 |
| 7 | 4 | 1 | 3 | 8 | 6 | 5 | 2 | 9 |
| 5 | 3 | 6 | 2 | 9 | 1 | 7 | 8 | 4 |
| 9 | 8 | 2 | 7 | 5 | 4 | 3 | 1 | 6 |
| 6 | 7 | 3 | 1 | 4 | 8 | 9 | 5 | 2 |
| 4 | 5 | 8 | 9 | 6 | 2 | 1 | 3 | 7 |
| 2 | 1 | 9 | 5 | 3 | 7 | 6 | 4 | 8 |

### MEDIUM - 214

| 3 | 9 | 7 | 5 | 1 | 4 | 6 | 2 | 8 |
|---|---|---|---|---|---|---|---|---|
| 2 | 5 | 4 | 3 | 8 | 6 | 1 | 7 | 9 |
| 8 | 1 | 6 | 7 | 2 | 9 | 4 | 3 | 5 |
| 1 | 4 | 2 | 8 | 6 | 5 | 7 | 9 | 3 |
| 9 | 8 | 3 | 2 | 4 | 7 | 5 | 6 | 1 |
| 6 | 7 | 5 | 9 | 3 | 1 | 8 | 4 | 2 |
| 7 | 3 | 1 | 4 | 9 | 8 | 2 | 5 | 6 |
| 5 | 2 | 8 | 6 | 7 | 3 | 9 | 1 | 4 |
| 4 | 6 | 9 | 1 | 5 | 2 | 3 | 8 | 7 |

### MEDIUM - 215

| 3 | 2 | 6 | 1 | 8 | 5 | 9 | 4 | 7 |
|---|---|---|---|---|---|---|---|---|
| 8 | 4 | 1 | 9 | 7 | 3 | 5 | 6 | 2 |
| 9 | 5 | 7 | 6 | 2 | 4 | 3 | 1 | 8 |
| 2 | 7 | 9 | 3 | 1 | 8 | 4 | 5 | 6 |
| 5 | 6 | 8 | 4 | 9 | 2 | 1 | 7 | 3 |
| 4 | 1 | 3 | 7 | 5 | 6 | 2 | 8 | 9 |
| 6 | 9 | 4 | 8 | 3 | 1 | 7 | 2 | 5 |
| 7 | 8 | 2 | 5 | 4 | 9 | 6 | 3 | 1 |
| 1 | 3 | 5 | 2 | 6 | 7 | 8 | 9 | 4 |

### MEDIUM - 216

| 8 | 2 | 9 | 6 | 5 | 7 | 1 | 4 | 3 |
|---|---|---|---|---|---|---|---|---|
| 3 | 5 | 6 | 4 | 8 | 1 | 2 | 9 | 7 |
| 7 | 1 | 4 | 3 | 2 | 9 | 5 | 6 | 8 |
| 4 | 3 | 2 | 1 | 9 | 5 | 7 | 8 | 6 |
| 5 | 6 | 7 | 8 | 3 | 2 | 9 | 1 | 4 |
| 9 | 8 | 1 | 7 | 4 | 6 | 3 | 2 | 5 |
| 6 | 7 | 3 | 2 | 1 | 8 | 4 | 5 | 9 |
| 2 | 4 | 5 | 9 | 6 | 3 | 8 | 7 | 1 |
| 1 | 9 | 8 | 5 | 7 | 4 | 6 | 3 | 2 |

### MEDIUM - 217

| 3 | 2 | 5 | 1 | 4 | 8 | 9 | 6 | 7 |
|---|---|---|---|---|---|---|---|---|
| 6 | 4 | 9 | 3 | 2 | 7 | 1 | 5 | 8 |
| 8 | 1 | 7 | 6 | 5 | 9 | 4 | 3 | 2 |
| 5 | 3 | 8 | 2 | 6 | 4 | 7 | 1 | 9 |
| 1 | 7 | 6 | 8 | 9 | 5 | 2 | 4 | 3 |
| 2 | 9 | 4 | 7 | 1 | 3 | 5 | 8 | 6 |
| 4 | 6 | 3 | 9 | 7 | 1 | 8 | 2 | 5 |
| 9 | 8 | 1 | 5 | 3 | 2 | 6 | 7 | 4 |
| 7 | 5 | 2 | 4 | 8 | 6 | 3 | 9 | 1 |

### MEDIUM - 218

| 5 | 7 | 2 | 8 | 9 | 4 | 1 | 3 | 6 |
|---|---|---|---|---|---|---|---|---|
| 6 | 8 | 9 | 3 | 2 | 1 | 7 | 4 | 5 |
| 1 | 3 | 4 | 5 | 6 | 7 | 2 | 9 | 8 |
| 8 | 2 | 6 | 4 | 7 | 9 | 3 | 5 | 1 |
| 9 | 4 | 1 | 6 | 5 | 3 | 8 | 2 | 7 |
| 7 | 5 | 3 | 1 | 8 | 2 | 4 | 6 | 9 |
| 3 | 1 | 7 | 9 | 4 | 6 | 5 | 8 | 2 |
| 4 | 9 | 5 | 2 | 1 | 8 | 6 | 7 | 3 |
| 2 | 6 | 8 | 7 | 3 | 5 | 9 | 1 | 4 |

### MEDIUM - 219

| 3 | 5 | 6 | 7 | 9 | 4 | 2 | 8 | 1 |
|---|---|---|---|---|---|---|---|---|
| 8 | 9 | 7 | 6 | 2 | 1 | 4 | 5 | 3 |
| 2 | 4 | 1 | 8 | 3 | 5 | 9 | 7 | 6 |
| 4 | 7 | 9 | 5 | 1 | 8 | 6 | 3 | 2 |
| 6 | 2 | 5 | 3 | 7 | 9 | 8 | 1 | 4 |
| 1 | 3 | 8 | 4 | 6 | 2 | 7 | 9 | 5 |
| 7 | 1 | 4 | 2 | 8 | 3 | 5 | 6 | 9 |
| 5 | 8 | 3 | 9 | 4 | 6 | 1 | 2 | 7 |
| 9 | 6 | 2 | 1 | 5 | 7 | 3 | 4 | 8 |

### MEDIUM - 220

| 1 | 9 | 3 | 6 | 2 | 7 | 5 | 4 | 8 |
|---|---|---|---|---|---|---|---|---|
| 8 | 5 | 7 | 1 | 3 | 4 | 6 | 2 | 9 |
| 4 | 6 | 2 | 5 | 8 | 9 | 1 | 3 | 7 |
| 9 | 1 | 6 | 3 | 7 | 5 | 4 | 8 | 2 |
| 2 | 3 | 5 | 9 | 4 | 8 | 7 | 1 | 6 |
| 7 | 4 | 8 | 2 | 6 | 1 | 3 | 9 | 5 |
| 6 | 8 | 1 | 7 | 9 | 3 | 2 | 5 | 4 |
| 3 | 7 | 9 | 4 | 5 | 2 | 8 | 6 | 1 |
| 5 | 2 | 4 | 8 | 1 | 6 | 9 | 7 | 3 |

### MEDIUM - 221

| 3 | 5 | 6 | 7 | 4 | 8 | 1 | 2 | 9 |
|---|---|---|---|---|---|---|---|---|
| 4 | 2 | 1 | 6 | 5 | 9 | 7 | 3 | 8 |
| 8 | 7 | 9 | 3 | 2 | 1 | 6 | 4 | 5 |
| 9 | 8 | 3 | 1 | 6 | 7 | 2 | 5 | 4 |
| 5 | 4 | 7 | 8 | 9 | 2 | 3 | 6 | 1 |
| 6 | 1 | 2 | 4 | 3 | 5 | 8 | 9 | 7 |
| 1 | 6 | 5 | 9 | 7 | 3 | 4 | 8 | 2 |
| 2 | 3 | 8 | 5 | 1 | 4 | 9 | 7 | 6 |
| 7 | 9 | 4 | 2 | 8 | 6 | 5 | 1 | 3 |

### MEDIUM - 222

| 2 | 4 | 3 | 7 | 6 | 5 | 9 | 8 | 1 |
|---|---|---|---|---|---|---|---|---|
| 7 | 1 | 5 | 8 | 2 | 9 | 6 | 3 | 4 |
| 6 | 9 | 8 | 4 | 1 | 3 | 2 | 5 | 7 |
| 8 | 7 | 6 | 2 | 5 | 4 | 1 | 9 | 3 |
| 9 | 5 | 4 | 1 | 3 | 7 | 8 | 2 | 6 |
| 1 | 3 | 2 | 9 | 8 | 6 | 7 | 4 | 5 |
| 4 | 6 | 9 | 5 | 7 | 8 | 3 | 1 | 2 |
| 3 | 8 | 1 | 6 | 4 | 2 | 5 | 7 | 9 |
| 5 | 2 | 7 | 3 | 9 | 1 | 4 | 6 | 8 |

### MEDIUM - 223

| 3 | 4 | 5 | 2 | 8 | 6 | 7 | 9 | 1 |
|---|---|---|---|---|---|---|---|---|
| 6 | 1 | 8 | 9 | 3 | 7 | 2 | 5 | 4 |
| 9 | 2 | 7 | 1 | 4 | 5 | 8 | 6 | 3 |
| 1 | 9 | 6 | 4 | 7 | 3 | 5 | 2 | 8 |
| 2 | 8 | 4 | 6 | 5 | 9 | 1 | 3 | 7 |
| 7 | 5 | 3 | 8 | 2 | 1 | 9 | 4 | 6 |
| 8 | 3 | 9 | 5 | 1 | 4 | 6 | 7 | 2 |
| 4 | 6 | 2 | 7 | 9 | 8 | 3 | 1 | 5 |
| 5 | 7 | 1 | 3 | 6 | 2 | 4 | 8 | 9 |

### MEDIUM - 224

| 9 | 5 | 7 | 4 | 8 | 3 | 1 | 2 | 6 |
|---|---|---|---|---|---|---|---|---|
| 6 | 3 | 1 | 5 | 7 | 2 | 4 | 9 | 8 |
| 2 | 4 | 8 | 6 | 1 | 9 | 7 | 3 | 5 |
| 1 | 2 | 6 | 9 | 4 | 8 | 3 | 5 | 7 |
| 8 | 7 | 4 | 3 | 5 | 1 | 2 | 6 | 9 |
| 5 | 9 | 3 | 2 | 6 | 7 | 8 | 1 | 4 |
| 4 | 1 | 9 | 8 | 2 | 6 | 5 | 7 | 3 |
| 7 | 6 | 5 | 1 | 3 | 4 | 9 | 8 | 2 |
| 3 | 8 | 2 | 7 | 9 | 5 | 6 | 4 | 1 |

### MEDIUM - 225

| 6 | 4 | 1 | 8 | 7 | 2 | 3 | 9 | 5 |
|---|---|---|---|---|---|---|---|---|
| 5 | 3 | 7 | 4 | 9 | 1 | 8 | 2 | 6 |
| 2 | 9 | 8 | 6 | 3 | 5 | 1 | 4 | 7 |
| 9 | 8 | 5 | 7 | 6 | 4 | 2 | 1 | 3 |
| 4 | 2 | 6 | 5 | 1 | 3 | 9 | 7 | 8 |
| 7 | 1 | 3 | 9 | 2 | 8 | 5 | 6 | 4 |
| 1 | 6 | 2 | 3 | 8 | 7 | 4 | 5 | 9 |
| 8 | 5 | 9 | 1 | 4 | 6 | 7 | 3 | 2 |
| 3 | 7 | 4 | 2 | 5 | 9 | 6 | 8 | 1 |

### MEDIUM - 226

| 1 | 5 | 8 | 7 | 2 | 4 | 3 | 6 | 9 |
|---|---|---|---|---|---|---|---|---|
| 4 | 6 | 9 | 3 | 8 | 1 | 7 | 5 | 2 |
| 7 | 2 | 3 | 9 | 6 | 5 | 1 | 8 | 4 |
| 2 | 9 | 4 | 1 | 3 | 6 | 8 | 7 | 5 |
| 5 | 8 | 1 | 4 | 9 | 7 | 6 | 2 | 3 |
| 6 | 3 | 7 | 8 | 5 | 2 | 9 | 4 | 1 |
| 8 | 1 | 6 | 5 | 4 | 3 | 2 | 9 | 7 |
| 3 | 4 | 2 | 6 | 7 | 9 | 5 | 1 | 8 |
| 9 | 7 | 5 | 2 | 1 | 8 | 4 | 3 | 6 |

### MEDIUM - 227

| 1 | 6 | 5 | 3 | 8 | 2 | 9 | 4 | 7 |
|---|---|---|---|---|---|---|---|---|
| 3 | 9 | 7 | 4 | 1 | 6 | 2 | 5 | 8 |
| 4 | 2 | 8 | 7 | 5 | 9 | 3 | 6 | 1 |
| 9 | 7 | 1 | 6 | 3 | 5 | 8 | 2 | 4 |
| 2 | 5 | 4 | 8 | 9 | 7 | 6 | 1 | 3 |
| 6 | 8 | 3 | 1 | 2 | 4 | 7 | 9 | 5 |
| 8 | 3 | 6 | 2 | 4 | 1 | 5 | 7 | 9 |
| 7 | 1 | 9 | 5 | 6 | 3 | 4 | 8 | 2 |
| 5 | 4 | 2 | 9 | 7 | 8 | 1 | 3 | 6 |

### MEDIUM - 228

| 1 | 5 | 7 | 6 | 8 | 9 | 2 | 4 | 3 |
|---|---|---|---|---|---|---|---|---|
| 6 | 4 | 2 | 1 | 5 | 3 | 7 | 9 | 8 |
| 8 | 3 | 9 | 4 | 2 | 7 | 5 | 1 | 6 |
| 5 | 9 | 3 | 7 | 1 | 8 | 6 | 2 | 4 |
| 7 | 2 | 8 | 9 | 6 | 4 | 3 | 5 | 1 |
| 4 | 6 | 1 | 2 | 3 | 5 | 9 | 8 | 7 |
| 2 | 1 | 4 | 5 | 7 | 6 | 8 | 3 | 9 |
| 3 | 7 | 5 | 8 | 9 | 1 | 4 | 6 | 2 |
| 9 | 8 | 6 | 3 | 4 | 2 | 1 | 7 | 5 |

### MEDIUM - 229

| 9 | 1 | 8 | 6 | 7 | 4 | 3 | 2 | 5 |
|---|---|---|---|---|---|---|---|---|
| 2 | 6 | 7 | 1 | 3 | 5 | 8 | 4 | 9 |
| 3 | 5 | 4 | 2 | 9 | 8 | 1 | 6 | 7 |
| 1 | 4 | 5 | 8 | 6 | 2 | 7 | 9 | 3 |
| 6 | 7 | 9 | 4 | 5 | 3 | 2 | 8 | 1 |
| 8 | 3 | 2 | 7 | 1 | 9 | 6 | 5 | 4 |
| 5 | 9 | 6 | 3 | 2 | 1 | 4 | 7 | 8 |
| 4 | 2 | 1 | 9 | 8 | 7 | 5 | 3 | 6 |
| 7 | 8 | 3 | 5 | 4 | 6 | 9 | 1 | 2 |

### MEDIUM - 230

| 8 | 5 | 2 | 1 | 3 | 9 | 6 | 4 | 7 |
|---|---|---|---|---|---|---|---|---|
| 4 | 1 | 9 | 2 | 7 | 6 | 5 | 3 | 8 |
| 3 | 7 | 6 | 5 | 4 | 8 | 2 | 9 | 1 |
| 9 | 3 | 1 | 8 | 6 | 5 | 4 | 7 | 2 |
| 2 | 6 | 8 | 4 | 1 | 7 | 9 | 5 | 3 |
| 7 | 4 | 5 | 9 | 2 | 3 | 1 | 8 | 6 |
| 1 | 2 | 3 | 7 | 5 | 4 | 8 | 6 | 9 |
| 5 | 8 | 7 | 6 | 9 | 2 | 3 | 1 | 4 |
| 6 | 9 | 4 | 3 | 8 | 1 | 7 | 2 | 5 |

### MEDIUM - 231

| 9 | 4 | 6 | 8 | 3 | 1 | 2 | 5 | 7 |
|---|---|---|---|---|---|---|---|---|
| 8 | 2 | 5 | 6 | 7 | 4 | 9 | 3 | 1 |
| 3 | 7 | 1 | 2 | 9 | 5 | 4 | 6 | 8 |
| 5 | 8 | 7 | 1 | 6 | 2 | 3 | 4 | 9 |
| 1 | 3 | 2 | 7 | 4 | 9 | 5 | 8 | 6 |
| 4 | 6 | 9 | 3 | 5 | 8 | 1 | 7 | 2 |
| 7 | 5 | 8 | 9 | 1 | 3 | 6 | 2 | 4 |
| 2 | 9 | 3 | 4 | 8 | 6 | 7 | 1 | 5 |
| 6 | 1 | 4 | 5 | 2 | 7 | 8 | 9 | 3 |

### MEDIUM - 232

| 3 | 6 | 5 | 8 | 1 | 9 | 2 | 4 | 7 |
|---|---|---|---|---|---|---|---|---|
| 2 | 4 | 1 | 7 | 6 | 5 | 9 | 3 | 8 |
| 9 | 7 | 8 | 4 | 2 | 3 | 6 | 5 | 1 |
| 6 | 3 | 2 | 1 | 4 | 7 | 8 | 9 | 5 |
| 1 | 5 | 7 | 9 | 8 | 6 | 4 | 2 | 3 |
| 4 | 8 | 9 | 3 | 5 | 2 | 7 | 1 | 6 |
| 5 | 2 | 4 | 6 | 7 | 1 | 3 | 8 | 9 |
| 7 | 1 | 3 | 2 | 9 | 8 | 5 | 6 | 4 |
| 8 | 9 | 6 | 5 | 3 | 4 | 1 | 7 | 2 |

### MEDIUM - 233

| 7 | 9 | 1 | 3 | 2 | 4 | 5 | 6 | 8 |
|---|---|---|---|---|---|---|---|---|
| 4 | 3 | 2 | 8 | 5 | 6 | 1 | 7 | 9 |
| 5 | 6 | 8 | 1 | 9 | 7 | 3 | 4 | 2 |
| 9 | 5 | 6 | 4 | 3 | 2 | 8 | 1 | 7 |
| 2 | 8 | 3 | 9 | 7 | 1 | 6 | 5 | 4 |
| 1 | 7 | 4 | 6 | 8 | 5 | 2 | 9 | 3 |
| 3 | 4 | 9 | 5 | 1 | 8 | 7 | 2 | 6 |
| 8 | 2 | 5 | 7 | 6 | 9 | 4 | 3 | 1 |
| 6 | 1 | 7 | 2 | 4 | 3 | 9 | 8 | 5 |

### MEDIUM - 234

| 9 | 6 | 7 | 2 | 5 | 8 | 1 | 3 | 4 |
|---|---|---|---|---|---|---|---|---|
| 5 | 2 | 4 | 3 | 9 | 1 | 7 | 6 | 8 |
| 8 | 1 | 3 | 4 | 6 | 7 | 5 | 9 | 2 |
| 1 | 5 | 6 | 8 | 7 | 2 | 9 | 4 | 3 |
| 3 | 4 | 9 | 6 | 1 | 5 | 2 | 8 | 7 |
| 2 | 7 | 8 | 9 | 3 | 4 | 6 | 1 | 5 |
| 6 | 8 | 5 | 7 | 4 | 9 | 3 | 2 | 1 |
| 4 | 3 | 1 | 5 | 2 | 6 | 8 | 7 | 9 |
| 7 | 9 | 2 | 1 | 8 | 3 | 4 | 5 | 6 |

### MEDIUM - 235

| 2 | 9 | 1 | 8 | 6 | 7 | 5 | 4 | 3 |
|---|---|---|---|---|---|---|---|---|
| 4 | 7 | 8 | 9 | 3 | 5 | 1 | 6 | 2 |
| 6 | 5 | 3 | 2 | 1 | 4 | 8 | 7 | 9 |
| 5 | 3 | 9 | 7 | 8 | 1 | 4 | 2 | 6 |
| 1 | 2 | 6 | 5 | 4 | 3 | 7 | 9 | 8 |
| 8 | 4 | 7 | 6 | 2 | 9 | 3 | 1 | 5 |
| 3 | 6 | 4 | 1 | 9 | 8 | 2 | 5 | 7 |
| 7 | 8 | 2 | 4 | 5 | 6 | 9 | 3 | 1 |
| 9 | 1 | 5 | 3 | 7 | 2 | 6 | 8 | 4 |

### MEDIUM - 236

| 5 | 9 | 7 | 3 | 4 | 2 | 6 | 8 | 1 |
|---|---|---|---|---|---|---|---|---|
| 6 | 3 | 2 | 7 | 1 | 8 | 5 | 9 | 4 |
| 8 | 4 | 1 | 5 | 9 | 6 | 3 | 2 | 7 |
| 9 | 8 | 5 | 4 | 2 | 3 | 7 | 1 | 6 |
| 7 | 2 | 4 | 8 | 6 | 1 | 9 | 3 | 5 |
| 1 | 6 | 3 | 9 | 5 | 7 | 2 | 4 | 8 |
| 3 | 1 | 6 | 2 | 7 | 4 | 8 | 5 | 9 |
| 4 | 5 | 8 | 6 | 3 | 9 | 1 | 7 | 2 |
| 2 | 7 | 9 | 1 | 8 | 5 | 4 | 6 | 3 |

### MEDIUM - 237

| 9 | 7 | 6 | 2 | 4 | 1 | 5 | 3 | 8 |
|---|---|---|---|---|---|---|---|---|
| 3 | 1 | 8 | 7 | 6 | 5 | 2 | 9 | 4 |
| 2 | 5 | 4 | 3 | 9 | 8 | 7 | 1 | 6 |
| 4 | 8 | 9 | 6 | 3 | 2 | 1 | 5 | 7 |
| 7 | 3 | 2 | 5 | 1 | 4 | 8 | 6 | 9 |
| 1 | 6 | 5 | 8 | 7 | 9 | 4 | 2 | 3 |
| 6 | 4 | 3 | 1 | 2 | 7 | 9 | 8 | 5 |
| 5 | 9 | 1 | 4 | 8 | 3 | 6 | 7 | 2 |
| 8 | 2 | 7 | 9 | 5 | 6 | 3 | 4 | 1 |

### MEDIUM - 238

| 5 | 4 | 1 | 2 | 9 | 3 | 7 | 8 | 6 |
|---|---|---|---|---|---|---|---|---|
| 2 | 3 | 7 | 8 | 1 | 6 | 5 | 4 | 9 |
| 9 | 6 | 8 | 7 | 5 | 4 | 1 | 3 | 2 |
| 7 | 9 | 6 | 1 | 3 | 2 | 4 | 5 | 8 |
| 1 | 8 | 3 | 6 | 4 | 5 | 9 | 2 | 7 |
| 4 | 5 | 2 | 9 | 7 | 8 | 6 | 1 | 3 |
| 8 | 1 | 4 | 3 | 6 | 9 | 2 | 7 | 5 |
| 6 | 2 | 5 | 4 | 8 | 7 | 3 | 9 | 1 |
| 3 | 7 | 9 | 5 | 2 | 1 | 8 | 6 | 4 |

### MEDIUM - 239

| 9 | 3 | 4 | 8 | 5 | 2 | 6 | 1 | 7 |
|---|---|---|---|---|---|---|---|---|
| 6 | 8 | 1 | 7 | 9 | 3 | 5 | 2 | 4 |
| 5 | 7 | 2 | 4 | 1 | 6 | 9 | 8 | 3 |
| 2 | 4 | 8 | 1 | 6 | 5 | 3 | 7 | 9 |
| 3 | 5 | 7 | 2 | 4 | 9 | 8 | 6 | 1 |
| 1 | 9 | 6 | 3 | 7 | 8 | 2 | 4 | 5 |
| 7 | 6 | 3 | 5 | 2 | 4 | 1 | 9 | 8 |
| 8 | 1 | 9 | 6 | 3 | 7 | 4 | 5 | 2 |
| 4 | 2 | 5 | 9 | 8 | 1 | 7 | 3 | 6 |

### MEDIUM - 240

| 6 | 9 | 2 | 7 | 5 | 3 | 1 | 8 | 4 |
|---|---|---|---|---|---|---|---|---|
| 5 | 3 | 4 | 2 | 8 | 1 | 9 | 7 | 6 |
| 7 | 8 | 1 | 6 | 9 | 4 | 2 | 5 | 3 |
| 3 | 2 | 8 | 1 | 7 | 6 | 4 | 9 | 5 |
| 4 | 5 | 6 | 9 | 2 | 8 | 7 | 3 | 1 |
| 1 | 7 | 9 | 3 | 4 | 5 | 6 | 2 | 8 |
| 8 | 4 | 7 | 5 | 6 | 2 | 3 | 1 | 9 |
| 9 | 1 | 5 | 4 | 3 | 7 | 8 | 6 | 2 |
| 2 | 6 | 3 | 8 | 1 | 9 | 5 | 4 | 7 |

## MEDIUM - 241

| 7 | 1 | 6 | 4 | 8 | 2 | 5 | 3 | 9 |
|---|---|---|---|---|---|---|---|---|
| 2 | 4 | 9 | 6 | 5 | 3 | 7 | 8 | 1 |
| 3 | 5 | 8 | 7 | 9 | 1 | 6 | 2 | 4 |
| 6 | 7 | 5 | 8 | 3 | 9 | 4 | 1 | 2 |
| 8 | 2 | 4 | 1 | 7 | 6 | 9 | 5 | 3 |
| 9 | 3 | 1 | 2 | 4 | 5 | 8 | 7 | 6 |
| 5 | 8 | 2 | 9 | 1 | 4 | 3 | 6 | 7 |
| 4 | 6 | 7 | 3 | 2 | 8 | 1 | 9 | 5 |
| 1 | 9 | 3 | 5 | 6 | 7 | 2 | 4 | 8 |

## MEDIUM - 242

| 5 | 6 | 7 | 4 | 3 | 8 | 1 | 9 | 2 |
|---|---|---|---|---|---|---|---|---|
| 9 | 3 | 8 | 7 | 1 | 2 | 6 | 4 | 5 |
| 4 | 2 | 1 | 6 | 5 | 9 | 3 | 8 | 7 |
| 6 | 9 | 2 | 3 | 7 | 1 | 4 | 5 | 8 |
| 7 | 5 | 3 | 8 | 2 | 4 | 9 | 1 | 6 |
| 8 | 1 | 4 | 5 | 9 | 6 | 2 | 7 | 3 |
| 1 | 7 | 5 | 2 | 4 | 3 | 8 | 6 | 9 |
| 2 | 4 | 6 | 9 | 8 | 5 | 7 | 3 | 1 |
| 3 | 8 | 9 | 1 | 6 | 7 | 5 | 2 | 4 |

## MEDIUM - 243

| 9 | 6 | 7 | 4 | 5 | 2 | 1 | 8 | 3 |
|---|---|---|---|---|---|---|---|---|
| 1 | 8 | 3 | 7 | 6 | 9 | 5 | 4 | 2 |
| 5 | 4 | 2 | 8 | 3 | 1 | 6 | 9 | 7 |
| 4 | 3 | 8 | 9 | 1 | 7 | 2 | 5 | 6 |
| 6 | 5 | 9 | 2 | 8 | 3 | 4 | 7 | 1 |
| 2 | 7 | 1 | 5 | 4 | 6 | 8 | 3 | 9 |
| 7 | 9 | 5 | 6 | 2 | 8 | 3 | 1 | 4 |
| 3 | 2 | 4 | 1 | 9 | 5 | 7 | 6 | 8 |
| 8 | 1 | 6 | 3 | 7 | 4 | 9 | 2 | 5 |

## MEDIUM - 244

| 6 | 1 | 8 | 7 | 4 | 3 | 9 | 2 | 5 |
|---|---|---|---|---|---|---|---|---|
| 9 | 7 | 2 | 1 | 5 | 8 | 6 | 4 | 3 |
| 4 | 5 | 3 | 9 | 2 | 6 | 1 | 7 | 8 |
| 7 | 6 | 1 | 3 | 9 | 2 | 5 | 8 | 4 |
| 2 | 8 | 5 | 4 | 7 | 1 | 3 | 6 | 9 |
| 3 | 9 | 4 | 8 | 6 | 5 | 7 | 1 | 2 |
| 1 | 3 | 9 | 6 | 8 | 4 | 2 | 5 | 7 |
| 8 | 2 | 7 | 5 | 1 | 9 | 4 | 3 | 6 |
| 5 | 4 | 6 | 2 | 3 | 7 | 8 | 9 | 1 |

## MEDIUM - 245

| 5 | 9 | 6 | 8 | 1 | 2 | 7 | 4 | 3 |
|---|---|---|---|---|---|---|---|---|
| 3 | 8 | 7 | 6 | 4 | 9 | 5 | 1 | 2 |
| 4 | 1 | 2 | 3 | 7 | 5 | 8 | 9 | 6 |
| 2 | 4 | 8 | 5 | 9 | 6 | 3 | 7 | 1 |
| 6 | 3 | 5 | 7 | 2 | 1 | 9 | 8 | 4 |
| 9 | 7 | 1 | 4 | 3 | 8 | 2 | 6 | 5 |
| 8 | 2 | 4 | 9 | 6 | 3 | 1 | 5 | 7 |
| 7 | 5 | 3 | 1 | 8 | 4 | 6 | 2 | 9 |
| 1 | 6 | 9 | 2 | 5 | 7 | 4 | 3 | 8 |

## MEDIUM - 246

| 4 | 6 | 2 | 3 | 7 | 9 | 1 | 8 | 5 |
|---|---|---|---|---|---|---|---|---|
| 9 | 3 | 1 | 5 | 4 | 8 | 6 | 2 | 7 |
| 8 | 7 | 5 | 2 | 1 | 6 | 9 | 3 | 4 |
| 2 | 5 | 7 | 9 | 6 | 1 | 3 | 4 | 8 |
| 3 | 1 | 8 | 7 | 2 | 4 | 5 | 6 | 9 |
| 6 | 4 | 9 | 8 | 3 | 5 | 7 | 1 | 2 |
| 7 | 2 | 4 | 1 | 9 | 3 | 8 | 5 | 6 |
| 5 | 9 | 3 | 6 | 8 | 2 | 4 | 7 | 1 |
| 1 | 8 | 6 | 4 | 5 | 7 | 2 | 9 | 3 |

## MEDIUM - 247

| 7 | 5 | 9 | 1 | 2 | 3 | 6 | 8 | 4 |
|---|---|---|---|---|---|---|---|---|
| 6 | 4 | 1 | 7 | 5 | 8 | 3 | 2 | 9 |
| 2 | 8 | 3 | 4 | 9 | 6 | 5 | 1 | 7 |
| 9 | 6 | 4 | 5 | 8 | 7 | 2 | 3 | 1 |
| 5 | 3 | 2 | 9 | 1 | 4 | 8 | 7 | 6 |
| 8 | 1 | 7 | 6 | 3 | 2 | 9 | 4 | 5 |
| 4 | 2 | 5 | 3 | 7 | 9 | 1 | 6 | 8 |
| 3 | 9 | 6 | 8 | 4 | 1 | 7 | 5 | 2 |
| 1 | 7 | 8 | 2 | 6 | 5 | 4 | 9 | 3 |

## MEDIUM - 248

| 1 | 7 | 4 | 9 | 2 | 6 | 3 | 5 | 8 |
|---|---|---|---|---|---|---|---|---|
| 5 | 6 | 3 | 4 | 1 | 8 | 9 | 7 | 2 |
| 2 | 9 | 8 | 5 | 3 | 7 | 6 | 4 | 1 |
| 7 | 3 | 2 | 6 | 8 | 5 | 1 | 9 | 4 |
| 6 | 5 | 9 | 1 | 7 | 4 | 8 | 2 | 3 |
| 8 | 4 | 1 | 3 | 9 | 2 | 5 | 6 | 7 |
| 9 | 2 | 7 | 8 | 5 | 1 | 4 | 3 | 6 |
| 3 | 1 | 6 | 2 | 4 | 9 | 7 | 8 | 5 |
| 4 | 8 | 5 | 7 | 6 | 3 | 2 | 1 | 9 |

## MEDIUM - 249

| 1 | 2 | 9 | 4 | 5 | 7 | 3 | 8 | 6 |
|---|---|---|---|---|---|---|---|---|
| 3 | 5 | 6 | 1 | 8 | 9 | 7 | 2 | 4 |
| 8 | 4 | 7 | 2 | 3 | 6 | 5 | 9 | 1 |
| 6 | 7 | 1 | 8 | 4 | 3 | 2 | 5 | 9 |
| 5 | 3 | 8 | 6 | 9 | 2 | 1 | 4 | 7 |
| 4 | 9 | 2 | 7 | 1 | 5 | 8 | 6 | 3 |
| 9 | 6 | 5 | 3 | 2 | 1 | 4 | 7 | 8 |
| 2 | 8 | 3 | 9 | 7 | 4 | 6 | 1 | 5 |
| 7 | 1 | 4 | 5 | 6 | 8 | 9 | 3 | 2 |

## MEDIUM - 250

| 6 | 9 | 8 | 2 | 5 | 4 | 7 | 3 | 1 |
|---|---|---|---|---|---|---|---|---|
| 4 | 3 | 7 | 1 | 9 | 6 | 2 | 5 | 8 |
| 2 | 5 | 1 | 3 | 8 | 7 | 6 | 4 | 9 |
| 7 | 2 | 3 | 5 | 1 | 8 | 9 | 6 | 4 |
| 1 | 8 | 4 | 6 | 2 | 9 | 5 | 7 | 3 |
| 5 | 6 | 9 | 4 | 7 | 3 | 1 | 8 | 2 |
| 9 | 7 | 6 | 8 | 3 | 1 | 4 | 2 | 5 |
| 8 | 4 | 5 | 9 | 6 | 2 | 3 | 1 | 7 |
| 3 | 1 | 2 | 7 | 4 | 5 | 8 | 9 | 6 |

## MEDIUM - 251

| 3 | 8 | 2 | 7 | 6 | 5 | 4 | 1 | 9 |
|---|---|---|---|---|---|---|---|---|
| 7 | 6 | 9 | 1 | 2 | 4 | 8 | 5 | 3 |
| 1 | 5 | 4 | 8 | 3 | 9 | 6 | 2 | 7 |
| 8 | 4 | 7 | 3 | 1 | 2 | 5 | 9 | 6 |
| 5 | 2 | 1 | 4 | 9 | 6 | 7 | 3 | 8 |
| 9 | 3 | 6 | 5 | 8 | 7 | 2 | 4 | 1 |
| 6 | 9 | 3 | 2 | 5 | 8 | 1 | 7 | 4 |
| 4 | 1 | 5 | 6 | 7 | 3 | 9 | 8 | 2 |
| 2 | 7 | 8 | 9 | 4 | 1 | 3 | 6 | 5 |

## MEDIUM - 252

| 5 | 2 | 4 | 3 | 7 | 9 | 6 | 1 | 8 |
|---|---|---|---|---|---|---|---|---|
| 7 | 8 | 1 | 4 | 2 | 6 | 9 | 5 | 3 |
| 6 | 9 | 3 | 5 | 8 | 1 | 2 | 7 | 4 |
| 3 | 6 | 8 | 2 | 5 | 7 | 4 | 9 | 1 |
| 4 | 1 | 7 | 9 | 3 | 8 | 5 | 2 | 6 |
| 9 | 5 | 2 | 1 | 6 | 4 | 3 | 8 | 7 |
| 8 | 3 | 6 | 7 | 9 | 5 | 1 | 4 | 2 |
| 1 | 7 | 9 | 6 | 4 | 2 | 8 | 3 | 5 |
| 2 | 4 | 5 | 8 | 1 | 3 | 7 | 6 | 9 |

## MEDIUM - 253

| 8 | 4 | 6 | 7 | 9 | 5 | 1 | 3 | 2 |
|---|---|---|---|---|---|---|---|---|
| 2 | 9 | 1 | 3 | 4 | 6 | 5 | 8 | 7 |
| 3 | 7 | 5 | 8 | 1 | 2 | 9 | 6 | 4 |
| 7 | 8 | 4 | 2 | 6 | 1 | 3 | 5 | 9 |
| 5 | 1 | 3 | 4 | 7 | 9 | 8 | 2 | 6 |
| 6 | 2 | 9 | 5 | 3 | 8 | 4 | 7 | 1 |
| 1 | 5 | 2 | 9 | 8 | 7 | 6 | 4 | 3 |
| 9 | 3 | 7 | 6 | 5 | 4 | 2 | 1 | 8 |
| 4 | 6 | 8 | 1 | 2 | 3 | 7 | 9 | 5 |

## MEDIUM - 254

| 4 | 8 | 9 | 5 | 6 | 1 | 7 | 3 | 2 |
|---|---|---|---|---|---|---|---|---|
| 1 | 5 | 2 | 7 | 3 | 8 | 9 | 4 | 6 |
| 6 | 7 | 3 | 2 | 4 | 9 | 8 | 5 | 1 |
| 8 | 1 | 4 | 3 | 2 | 7 | 6 | 9 | 5 |
| 2 | 3 | 6 | 9 | 8 | 5 | 1 | 7 | 4 |
| 5 | 9 | 7 | 4 | 1 | 6 | 2 | 8 | 3 |
| 9 | 6 | 5 | 1 | 7 | 4 | 3 | 2 | 8 |
| 7 | 2 | 1 | 8 | 5 | 3 | 4 | 6 | 9 |
| 3 | 4 | 8 | 6 | 9 | 2 | 5 | 1 | 7 |

## MEDIUM - 255

| 8 | 4 | 6 | 9 | 5 | 3 | 1 | 2 | 7 |
|---|---|---|---|---|---|---|---|---|
| 1 | 5 | 2 | 6 | 7 | 4 | 8 | 3 | 9 |
| 3 | 7 | 9 | 2 | 8 | 1 | 5 | 6 | 4 |
| 6 | 3 | 1 | 8 | 9 | 7 | 4 | 5 | 2 |
| 7 | 8 | 4 | 1 | 2 | 5 | 3 | 9 | 6 |
| 9 | 2 | 5 | 4 | 3 | 6 | 7 | 1 | 8 |
| 5 | 9 | 7 | 3 | 6 | 8 | 2 | 4 | 1 |
| 2 | 1 | 8 | 5 | 4 | 9 | 6 | 7 | 3 |
| 4 | 6 | 3 | 7 | 1 | 2 | 9 | 8 | 5 |

## MEDIUM - 256

| 3 | 1 | 4 | 6 | 2 | 5 | 9 | 8 | 7 |
|---|---|---|---|---|---|---|---|---|
| 8 | 9 | 7 | 1 | 4 | 3 | 5 | 6 | 2 |
| 2 | 6 | 5 | 9 | 8 | 7 | 1 | 3 | 4 |
| 6 | 2 | 3 | 5 | 9 | 8 | 4 | 7 | 1 |
| 9 | 7 | 1 | 4 | 6 | 2 | 3 | 5 | 8 |
| 5 | 4 | 8 | 7 | 3 | 1 | 6 | 2 | 9 |
| 7 | 5 | 9 | 8 | 1 | 6 | 2 | 4 | 3 |
| 1 | 3 | 6 | 2 | 7 | 4 | 8 | 9 | 5 |
| 4 | 8 | 2 | 3 | 5 | 9 | 7 | 1 | 6 |

## MEDIUM - 257

| 8 | 1 | 2 | 7 | 6 | 4 | 5 | 9 | 3 |
|---|---|---|---|---|---|---|---|---|
| 9 | 3 | 6 | 1 | 5 | 2 | 7 | 4 | 8 |
| 4 | 5 | 7 | 8 | 9 | 3 | 6 | 2 | 1 |
| 7 | 9 | 3 | 2 | 4 | 1 | 8 | 6 | 5 |
| 6 | 8 | 4 | 9 | 7 | 5 | 1 | 3 | 2 |
| 5 | 2 | 1 | 3 | 8 | 6 | 9 | 7 | 4 |
| 1 | 7 | 9 | 4 | 2 | 8 | 3 | 5 | 6 |
| 3 | 4 | 5 | 6 | 1 | 7 | 2 | 8 | 9 |
| 2 | 6 | 8 | 5 | 3 | 9 | 4 | 1 | 7 |

## MEDIUM - 258

| 3 | 5 | 8 | 7 | 4 | 9 | 2 | 1 | 6 |
|---|---|---|---|---|---|---|---|---|
| 9 | 7 | 1 | 2 | 6 | 3 | 4 | 8 | 5 |
| 2 | 4 | 6 | 5 | 8 | 1 | 9 | 7 | 3 |
| 1 | 9 | 3 | 8 | 7 | 6 | 5 | 2 | 4 |
| 7 | 6 | 2 | 9 | 5 | 4 | 8 | 3 | 1 |
| 5 | 8 | 4 | 1 | 3 | 2 | 6 | 9 | 7 |
| 8 | 3 | 5 | 4 | 2 | 7 | 1 | 6 | 9 |
| 6 | 2 | 9 | 3 | 1 | 5 | 7 | 4 | 8 |
| 4 | 1 | 7 | 6 | 9 | 8 | 3 | 5 | 2 |

## MEDIUM - 259

| 7 | 4 | 3 | 2 | 5 | 8 | 6 | 1 | 9 |
|---|---|---|---|---|---|---|---|---|
| 5 | 8 | 6 | 1 | 9 | 3 | 2 | 7 | 4 |
| 1 | 2 | 9 | 6 | 4 | 7 | 3 | 5 | 8 |
| 9 | 7 | 2 | 8 | 6 | 4 | 1 | 3 | 5 |
| 6 | 3 | 5 | 7 | 1 | 9 | 4 | 8 | 2 |
| 8 | 1 | 4 | 3 | 2 | 5 | 7 | 9 | 6 |
| 2 | 6 | 8 | 9 | 7 | 1 | 5 | 4 | 3 |
| 3 | 5 | 1 | 4 | 8 | 6 | 9 | 2 | 7 |
| 4 | 9 | 7 | 5 | 3 | 2 | 8 | 6 | 1 |

## MEDIUM - 260

| 4 | 3 | 1 | 7 | 9 | 6 | 5 | 8 | 2 |
|---|---|---|---|---|---|---|---|---|
| 5 | 8 | 2 | 1 | 4 | 3 | 9 | 7 | 6 |
| 9 | 6 | 7 | 5 | 8 | 2 | 1 | 3 | 4 |
| 3 | 4 | 8 | 9 | 6 | 5 | 2 | 1 | 7 |
| 1 | 7 | 5 | 4 | 2 | 8 | 6 | 9 | 3 |
| 6 | 2 | 9 | 3 | 7 | 1 | 4 | 5 | 8 |
| 8 | 1 | 4 | 6 | 5 | 7 | 3 | 2 | 9 |
| 2 | 5 | 6 | 8 | 3 | 9 | 7 | 4 | 1 |
| 7 | 9 | 3 | 2 | 1 | 4 | 8 | 6 | 5 |

## MEDIUM - 261

| 7 | 3 | 5 | 2 | 6 | 1 | 8 | 4 | 9 |
|---|---|---|---|---|---|---|---|---|
| 8 | 2 | 4 | 7 | 3 | 9 | 5 | 6 | 1 |
| 9 | 1 | 6 | 4 | 5 | 8 | 2 | 3 | 7 |
| 5 | 7 | 8 | 3 | 4 | 6 | 1 | 9 | 2 |
| 3 | 9 | 2 | 8 | 1 | 5 | 6 | 7 | 4 |
| 6 | 4 | 1 | 9 | 7 | 2 | 3 | 8 | 5 |
| 2 | 5 | 9 | 6 | 8 | 4 | 7 | 1 | 3 |
| 4 | 8 | 7 | 1 | 2 | 3 | 9 | 5 | 6 |
| 1 | 6 | 3 | 5 | 9 | 7 | 4 | 2 | 8 |

## MEDIUM - 262

| 8 | 4 | 5 | 2 | 1 | 7 | 9 | 3 | 6 |
|---|---|---|---|---|---|---|---|---|
| 3 | 2 | 7 | 6 | 9 | 4 | 5 | 1 | 8 |
| 9 | 6 | 1 | 5 | 3 | 8 | 7 | 4 | 2 |
| 5 | 1 | 8 | 3 | 4 | 6 | 2 | 9 | 7 |
| 4 | 9 | 6 | 7 | 2 | 1 | 3 | 8 | 5 |
| 7 | 3 | 2 | 8 | 5 | 9 | 1 | 6 | 4 |
| 1 | 7 | 9 | 4 | 8 | 2 | 6 | 5 | 3 |
| 2 | 5 | 4 | 1 | 6 | 3 | 8 | 7 | 9 |
| 6 | 8 | 3 | 9 | 7 | 5 | 4 | 2 | 1 |

## MEDIUM - 263

| 7 | 9 | 1 | 5 | 6 | 8 | 3 | 2 | 4 |
|---|---|---|---|---|---|---|---|---|
| 8 | 2 | 3 | 9 | 4 | 1 | 6 | 5 | 7 |
| 5 | 4 | 6 | 7 | 3 | 2 | 1 | 8 | 9 |
| 6 | 8 | 9 | 2 | 7 | 3 | 4 | 1 | 5 |
| 4 | 3 | 7 | 8 | 1 | 5 | 2 | 9 | 6 |
| 1 | 5 | 2 | 4 | 9 | 6 | 8 | 7 | 3 |
| 9 | 1 | 5 | 3 | 2 | 4 | 7 | 6 | 8 |
| 3 | 6 | 8 | 1 | 5 | 7 | 9 | 4 | 2 |
| 2 | 7 | 4 | 6 | 8 | 9 | 5 | 3 | 1 |

## MEDIUM - 264

| 7 | 4 | 9 | 3 | 8 | 2 | 6 | 1 | 5 |
|---|---|---|---|---|---|---|---|---|
| 1 | 2 | 5 | 4 | 6 | 7 | 9 | 3 | 8 |
| 3 | 8 | 6 | 5 | 1 | 9 | 4 | 2 | 7 |
| 8 | 6 | 2 | 7 | 3 | 4 | 1 | 5 | 9 |
| 5 | 1 | 3 | 2 | 9 | 8 | 7 | 4 | 6 |
| 9 | 7 | 4 | 6 | 5 | 1 | 2 | 8 | 3 |
| 2 | 5 | 8 | 9 | 4 | 6 | 3 | 7 | 1 |
| 6 | 3 | 7 | 1 | 2 | 5 | 8 | 9 | 4 |
| 4 | 9 | 1 | 8 | 7 | 3 | 5 | 6 | 2 |

## MEDIUM - 265

| 5 | 9 | 2 | 4 | 7 | 6 | 1 | 8 | 3 |
|---|---|---|---|---|---|---|---|---|
| 8 | 3 | 6 | 2 | 5 | 1 | 9 | 4 | 7 |
| 1 | 7 | 4 | 3 | 9 | 8 | 5 | 6 | 2 |
| 9 | 4 | 1 | 6 | 3 | 5 | 2 | 7 | 8 |
| 2 | 8 | 7 | 1 | 4 | 9 | 3 | 5 | 6 |
| 3 | 6 | 5 | 8 | 2 | 7 | 4 | 1 | 9 |
| 7 | 5 | 3 | 9 | 6 | 4 | 8 | 2 | 1 |
| 6 | 2 | 8 | 5 | 1 | 3 | 7 | 9 | 4 |
| 4 | 1 | 9 | 7 | 8 | 2 | 6 | 3 | 5 |

## MEDIUM - 266

| 2 | 1 | 4 | 6 | 7 | 8 | 5 | 9 | 3 |
|---|---|---|---|---|---|---|---|---|
| 6 | 7 | 9 | 5 | 2 | 3 | 8 | 1 | 4 |
| 5 | 3 | 8 | 4 | 9 | 1 | 6 | 2 | 7 |
| 1 | 6 | 7 | 8 | 3 | 5 | 9 | 4 | 2 |
| 9 | 4 | 2 | 7 | 1 | 6 | 3 | 5 | 8 |
| 3 | 8 | 5 | 2 | 4 | 9 | 1 | 7 | 6 |
| 4 | 5 | 1 | 3 | 6 | 2 | 7 | 8 | 9 |
| 8 | 2 | 3 | 9 | 5 | 7 | 4 | 6 | 1 |
| 7 | 9 | 6 | 1 | 8 | 4 | 2 | 3 | 5 |

## MEDIUM - 267

| 6 | 2 | 9 | 3 | 5 | 8 | 4 | 1 | 7 |
|---|---|---|---|---|---|---|---|---|
| 8 | 5 | 3 | 7 | 4 | 1 | 9 | 6 | 2 |
| 4 | 7 | 1 | 6 | 2 | 9 | 5 | 8 | 3 |
| 9 | 6 | 4 | 2 | 8 | 7 | 1 | 3 | 5 |
| 5 | 8 | 2 | 1 | 3 | 4 | 6 | 7 | 9 |
| 1 | 3 | 7 | 5 | 9 | 6 | 8 | 2 | 4 |
| 7 | 1 | 5 | 9 | 6 | 2 | 3 | 4 | 8 |
| 3 | 4 | 6 | 8 | 7 | 5 | 2 | 9 | 1 |
| 2 | 9 | 8 | 4 | 1 | 3 | 7 | 5 | 6 |

## MEDIUM - 268

| 4 | 2 | 3 | 1 | 9 | 5 | 8 | 7 | 6 |
|---|---|---|---|---|---|---|---|---|
| 5 | 7 | 9 | 6 | 8 | 3 | 4 | 1 | 2 |
| 6 | 8 | 1 | 2 | 4 | 7 | 9 | 3 | 5 |
| 3 | 5 | 8 | 4 | 7 | 1 | 2 | 6 | 9 |
| 9 | 6 | 2 | 5 | 3 | 8 | 7 | 4 | 1 |
| 1 | 4 | 7 | 9 | 6 | 2 | 5 | 8 | 3 |
| 2 | 9 | 4 | 8 | 1 | 6 | 3 | 5 | 7 |
| 7 | 1 | 5 | 3 | 2 | 4 | 6 | 9 | 8 |
| 8 | 3 | 6 | 7 | 5 | 9 | 1 | 2 | 4 |

## MEDIUM - 269

| 3 | 9 | 7 | 4 | 6 | 5 | 8 | 1 | 2 |
|---|---|---|---|---|---|---|---|---|
| 8 | 4 | 5 | 1 | 2 | 9 | 7 | 6 | 3 |
| 6 | 2 | 1 | 7 | 8 | 3 | 4 | 5 | 9 |
| 4 | 6 | 9 | 2 | 5 | 8 | 3 | 7 | 1 |
| 1 | 8 | 2 | 3 | 9 | 7 | 6 | 4 | 5 |
| 7 | 5 | 3 | 6 | 4 | 1 | 2 | 9 | 8 |
| 2 | 1 | 8 | 5 | 7 | 6 | 9 | 3 | 4 |
| 9 | 3 | 6 | 8 | 1 | 4 | 5 | 2 | 7 |
| 5 | 7 | 4 | 9 | 3 | 2 | 1 | 8 | 6 |

## MEDIUM - 270

| 2 | 9 | 3 | 7 | 5 | 1 | 4 | 6 | 8 |
|---|---|---|---|---|---|---|---|---|
| 8 | 1 | 6 | 9 | 4 | 2 | 7 | 5 | 3 |
| 7 | 4 | 5 | 3 | 8 | 6 | 9 | 1 | 2 |
| 4 | 7 | 2 | 5 | 1 | 9 | 8 | 3 | 6 |
| 3 | 8 | 9 | 2 | 6 | 7 | 1 | 4 | 5 |
| 6 | 5 | 1 | 4 | 3 | 8 | 2 | 7 | 9 |
| 9 | 3 | 8 | 1 | 7 | 5 | 6 | 2 | 4 |
| 1 | 2 | 4 | 6 | 9 | 3 | 5 | 8 | 7 |
| 5 | 6 | 7 | 8 | 2 | 4 | 3 | 9 | 1 |

## MEDIUM - 271

| 6 | 2 | 5 | 4 | 7 | 8 | 3 | 9 | 1 |
|---|---|---|---|---|---|---|---|---|
| 1 | 9 | 7 | 2 | 6 | 3 | 4 | 8 | 5 |
| 8 | 4 | 3 | 1 | 5 | 9 | 2 | 6 | 7 |
| 9 | 7 | 8 | 6 | 4 | 5 | 1 | 2 | 3 |
| 2 | 6 | 4 | 3 | 9 | 1 | 5 | 7 | 8 |
| 5 | 3 | 1 | 7 | 8 | 2 | 6 | 4 | 9 |
| 4 | 8 | 6 | 5 | 1 | 7 | 9 | 3 | 2 |
| 7 | 1 | 2 | 9 | 3 | 6 | 8 | 5 | 4 |
| 3 | 5 | 9 | 8 | 2 | 4 | 7 | 1 | 6 |

## MEDIUM - 272

| 5 | 7 | 3 | 4 | 9 | 8 | 2 | 1 | 6 |
|---|---|---|---|---|---|---|---|---|
| 1 | 4 | 9 | 6 | 5 | 2 | 8 | 7 | 3 |
| 6 | 8 | 2 | 7 | 1 | 3 | 9 | 5 | 4 |
| 4 | 9 | 6 | 3 | 8 | 5 | 1 | 2 | 7 |
| 3 | 5 | 8 | 2 | 7 | 1 | 4 | 6 | 9 |
| 2 | 1 | 7 | 9 | 6 | 4 | 5 | 3 | 8 |
| 8 | 3 | 1 | 5 | 4 | 7 | 6 | 9 | 2 |
| 9 | 2 | 5 | 8 | 3 | 6 | 7 | 4 | 1 |
| 7 | 6 | 4 | 1 | 2 | 9 | 3 | 8 | 5 |

## MEDIUM - 273

| 4 | 5 | 1 | 3 | 2 | 9 | 6 | 8 | 7 |
|---|---|---|---|---|---|---|---|---|
| 7 | 6 | 3 | 5 | 1 | 8 | 2 | 4 | 9 |
| 8 | 2 | 9 | 6 | 7 | 4 | 5 | 3 | 1 |
| 5 | 3 | 4 | 8 | 6 | 7 | 9 | 1 | 2 |
| 2 | 1 | 7 | 9 | 4 | 5 | 3 | 6 | 8 |
| 6 | 9 | 8 | 1 | 3 | 2 | 4 | 7 | 5 |
| 3 | 4 | 5 | 2 | 8 | 1 | 7 | 9 | 6 |
| 9 | 8 | 6 | 7 | 5 | 3 | 1 | 2 | 4 |
| 1 | 7 | 2 | 4 | 9 | 6 | 8 | 5 | 3 |

## MEDIUM - 274

| 8 | 5 | 1 | 7 | 4 | 9 | 2 | 6 | 3 |
|---|---|---|---|---|---|---|---|---|
| 9 | 4 | 7 | 3 | 6 | 2 | 1 | 8 | 5 |
| 3 | 6 | 2 | 1 | 5 | 8 | 4 | 7 | 9 |
| 4 | 7 | 6 | 2 | 3 | 5 | 8 | 9 | 1 |
| 1 | 9 | 3 | 4 | 8 | 7 | 5 | 2 | 6 |
| 5 | 2 | 8 | 9 | 1 | 6 | 7 | 3 | 4 |
| 2 | 3 | 5 | 6 | 7 | 1 | 9 | 4 | 8 |
| 7 | 8 | 4 | 5 | 9 | 3 | 6 | 1 | 2 |
| 6 | 1 | 9 | 8 | 2 | 4 | 3 | 5 | 7 |

## MEDIUM - 275

| 9 | 4 | 3 | 1 | 7 | 8 | 5 | 2 | 6 |
|---|---|---|---|---|---|---|---|---|
| 8 | 5 | 2 | 4 | 9 | 6 | 1 | 7 | 3 |
| 7 | 1 | 6 | 3 | 5 | 2 | 4 | 9 | 8 |
| 6 | 7 | 1 | 2 | 3 | 9 | 8 | 5 | 4 |
| 4 | 2 | 8 | 7 | 1 | 5 | 3 | 6 | 9 |
| 3 | 9 | 5 | 6 | 8 | 4 | 2 | 1 | 7 |
| 2 | 3 | 7 | 9 | 4 | 1 | 6 | 8 | 5 |
| 1 | 8 | 4 | 5 | 6 | 7 | 9 | 3 | 2 |
| 5 | 6 | 9 | 8 | 2 | 3 | 7 | 4 | 1 |

## MEDIUM - 276

| 6 | 4 | 2 | 1 | 7 | 9 | 5 | 3 | 8 |
|---|---|---|---|---|---|---|---|---|
| 7 | 9 | 5 | 8 | 3 | 6 | 4 | 1 | 2 |
| 8 | 3 | 1 | 2 | 5 | 4 | 7 | 9 | 6 |
| 3 | 7 | 9 | 5 | 8 | 2 | 6 | 4 | 1 |
| 2 | 6 | 4 | 9 | 1 | 3 | 8 | 5 | 7 |
| 1 | 5 | 8 | 6 | 4 | 7 | 9 | 2 | 3 |
| 4 | 1 | 3 | 7 | 9 | 8 | 2 | 6 | 5 |
| 9 | 8 | 6 | 3 | 2 | 5 | 1 | 7 | 4 |
| 5 | 2 | 7 | 4 | 6 | 1 | 3 | 8 | 9 |

## MEDIUM - 277

| 5 | 2 | 6 | 9 | 3 | 7 | 8 | 1 | 4 |
|---|---|---|---|---|---|---|---|---|
| 4 | 9 | 3 | 6 | 8 | 1 | 7 | 5 | 2 |
| 7 | 1 | 8 | 2 | 4 | 5 | 9 | 3 | 6 |
| 3 | 4 | 7 | 8 | 5 | 9 | 2 | 6 | 1 |
| 8 | 5 | 1 | 7 | 2 | 6 | 3 | 4 | 9 |
| 2 | 6 | 9 | 4 | 1 | 3 | 5 | 7 | 8 |
| 9 | 3 | 5 | 1 | 6 | 2 | 4 | 8 | 7 |
| 6 | 8 | 2 | 3 | 7 | 4 | 1 | 9 | 5 |
| 1 | 7 | 4 | 5 | 9 | 8 | 6 | 2 | 3 |

## MEDIUM - 278

| 7 | 3 | 5 | 9 | 2 | 1 | 8 | 6 | 4 |
|---|---|---|---|---|---|---|---|---|
| 4 | 1 | 8 | 7 | 5 | 6 | 2 | 3 | 9 |
| 6 | 2 | 9 | 4 | 8 | 3 | 1 | 7 | 5 |
| 2 | 8 | 4 | 6 | 1 | 5 | 3 | 9 | 7 |
| 3 | 5 | 6 | 8 | 7 | 9 | 4 | 1 | 2 |
| 9 | 7 | 1 | 2 | 3 | 4 | 5 | 8 | 6 |
| 5 | 9 | 2 | 1 | 6 | 8 | 7 | 4 | 3 |
| 8 | 4 | 3 | 5 | 9 | 7 | 6 | 2 | 1 |
| 1 | 6 | 7 | 3 | 4 | 2 | 9 | 5 | 8 |

## MEDIUM - 279

| 3 | 6 | 2 | 8 | 9 | 7 | 4 | 1 | 5 |
|---|---|---|---|---|---|---|---|---|
| 1 | 7 | 4 | 6 | 3 | 5 | 8 | 2 | 9 |
| 9 | 5 | 8 | 4 | 1 | 2 | 7 | 6 | 3 |
| 6 | 2 | 9 | 5 | 7 | 8 | 3 | 4 | 1 |
| 4 | 3 | 5 | 9 | 6 | 1 | 2 | 8 | 7 |
| 8 | 1 | 7 | 3 | 2 | 4 | 5 | 9 | 6 |
| 2 | 4 | 6 | 7 | 5 | 9 | 1 | 3 | 8 |
| 5 | 8 | 3 | 1 | 4 | 6 | 9 | 7 | 2 |
| 7 | 9 | 1 | 2 | 8 | 3 | 6 | 5 | 4 |

## MEDIUM - 280

| 6 | 7 | 4 | 9 | 2 | 3 | 1 | 8 | 5 |
|---|---|---|---|---|---|---|---|---|
| 3 | 9 | 1 | 6 | 8 | 5 | 2 | 4 | 7 |
| 5 | 2 | 8 | 7 | 1 | 4 | 3 | 9 | 6 |
| 8 | 1 | 5 | 3 | 4 | 6 | 9 | 7 | 2 |
| 2 | 3 | 7 | 8 | 9 | 1 | 6 | 5 | 4 |
| 9 | 4 | 6 | 2 | 5 | 7 | 8 | 3 | 1 |
| 7 | 5 | 9 | 1 | 6 | 8 | 4 | 2 | 3 |
| 1 | 8 | 3 | 4 | 7 | 2 | 5 | 6 | 9 |
| 4 | 6 | 2 | 5 | 3 | 9 | 7 | 1 | 8 |

### MEDIUM - 281

| 4 | 3 | 5 | 2 | 6 | 9 | 1 | 8 | 7 |
|---|---|---|---|---|---|---|---|---|
| 8 | 6 | 9 | 7 | 3 | 1 | 4 | 2 | 5 |
| 7 | 2 | 1 | 4 | 5 | 8 | 3 | 9 | 6 |
| 1 | 7 | 6 | 9 | 4 | 2 | 5 | 3 | 8 |
| 9 | 4 | 2 | 3 | 8 | 5 | 7 | 6 | 1 |
| 5 | 8 | 3 | 6 | 1 | 7 | 2 | 4 | 9 |
| 3 | 1 | 7 | 8 | 9 | 4 | 6 | 5 | 2 |
| 2 | 9 | 4 | 5 | 7 | 6 | 8 | 1 | 3 |
| 6 | 5 | 8 | 1 | 2 | 3 | 9 | 7 | 4 |

### MEDIUM - 282

| 9 | 6 | 1 | 4 | 2 | 7 | 5 | 3 | 8 |
|---|---|---|---|---|---|---|---|---|
| 7 | 3 | 5 | 1 | 8 | 6 | 2 | 9 | 4 |
| 2 | 8 | 4 | 5 | 9 | 3 | 7 | 6 | 1 |
| 8 | 4 | 9 | 2 | 3 | 5 | 1 | 7 | 6 |
| 3 | 5 | 7 | 6 | 4 | 1 | 9 | 8 | 2 |
| 1 | 2 | 6 | 8 | 7 | 9 | 3 | 4 | 5 |
| 4 | 9 | 8 | 7 | 5 | 2 | 6 | 1 | 3 |
| 6 | 7 | 2 | 3 | 1 | 4 | 8 | 5 | 9 |
| 5 | 1 | 3 | 9 | 6 | 8 | 4 | 2 | 7 |

### MEDIUM - 283

| 6 | 8 | 3 | 5 | 9 | 7 | 2 | 4 | 1 |
|---|---|---|---|---|---|---|---|---|
| 2 | 7 | 4 | 1 | 6 | 8 | 5 | 9 | 3 |
| 1 | 9 | 5 | 3 | 2 | 4 | 7 | 8 | 6 |
| 4 | 2 | 1 | 7 | 3 | 9 | 8 | 6 | 5 |
| 9 | 6 | 8 | 4 | 5 | 1 | 3 | 2 | 7 |
| 5 | 3 | 7 | 6 | 8 | 2 | 4 | 1 | 9 |
| 7 | 1 | 6 | 8 | 4 | 5 | 9 | 3 | 2 |
| 3 | 4 | 9 | 2 | 7 | 6 | 1 | 5 | 8 |
| 8 | 5 | 2 | 9 | 1 | 3 | 6 | 7 | 4 |

### MEDIUM - 284

| 9 | 3 | 6 | 7 | 8 | 4 | 2 | 5 | 1 |
|---|---|---|---|---|---|---|---|---|
| 1 | 5 | 8 | 9 | 6 | 2 | 4 | 3 | 7 |
| 2 | 4 | 7 | 3 | 5 | 1 | 8 | 6 | 9 |
| 8 | 6 | 1 | 4 | 3 | 9 | 7 | 2 | 5 |
| 5 | 7 | 3 | 1 | 2 | 6 | 9 | 8 | 4 |
| 4 | 2 | 9 | 8 | 7 | 5 | 6 | 1 | 3 |
| 6 | 8 | 4 | 5 | 1 | 7 | 3 | 9 | 2 |
| 7 | 1 | 2 | 6 | 9 | 3 | 5 | 4 | 8 |
| 3 | 9 | 5 | 2 | 4 | 8 | 1 | 7 | 6 |

### MEDIUM - 285

| 5 | 6 | 3 | 9 | 7 | 8 | 1 | 4 | 2 |
|---|---|---|---|---|---|---|---|---|
| 9 | 2 | 8 | 4 | 3 | 1 | 7 | 6 | 5 |
| 4 | 7 | 1 | 5 | 6 | 2 | 9 | 3 | 8 |
| 7 | 1 | 4 | 3 | 5 | 9 | 2 | 8 | 6 |
| 6 | 3 | 5 | 8 | 2 | 7 | 4 | 9 | 1 |
| 2 | 8 | 9 | 6 | 1 | 4 | 5 | 7 | 3 |
| 8 | 5 | 2 | 7 | 9 | 6 | 3 | 1 | 4 |
| 3 | 4 | 7 | 1 | 8 | 5 | 6 | 2 | 9 |
| 1 | 9 | 6 | 2 | 4 | 3 | 8 | 5 | 7 |

### MEDIUM - 286

| 6 | 4 | 2 | 1 | 3 | 8 | 9 | 7 | 5 |
|---|---|---|---|---|---|---|---|---|
| 8 | 5 | 9 | 7 | 6 | 4 | 2 | 1 | 3 |
| 7 | 3 | 1 | 5 | 2 | 9 | 6 | 8 | 4 |
| 9 | 6 | 8 | 3 | 1 | 7 | 4 | 5 | 2 |
| 1 | 7 | 5 | 2 | 4 | 6 | 3 | 9 | 8 |
| 3 | 2 | 4 | 9 | 8 | 5 | 7 | 6 | 1 |
| 5 | 8 | 6 | 4 | 9 | 2 | 1 | 3 | 7 |
| 2 | 1 | 7 | 6 | 5 | 3 | 8 | 4 | 9 |
| 4 | 9 | 3 | 8 | 7 | 1 | 5 | 2 | 6 |

### MEDIUM - 287

| 7 | 5 | 2 | 4 | 9 | 6 | 1 | 3 | 8 |
|---|---|---|---|---|---|---|---|---|
| 3 | 1 | 8 | 2 | 7 | 5 | 9 | 6 | 4 |
| 4 | 6 | 9 | 8 | 1 | 3 | 7 | 2 | 5 |
| 6 | 9 | 4 | 5 | 2 | 1 | 8 | 7 | 3 |
| 5 | 8 | 1 | 7 | 3 | 9 | 6 | 4 | 2 |
| 2 | 7 | 3 | 6 | 4 | 8 | 5 | 9 | 1 |
| 9 | 3 | 7 | 1 | 8 | 4 | 2 | 5 | 6 |
| 8 | 4 | 5 | 9 | 6 | 2 | 3 | 1 | 7 |
| 1 | 2 | 6 | 3 | 5 | 7 | 4 | 8 | 9 |

### MEDIUM - 288

| 3 | 1 | 9 | 5 | 7 | 4 | 8 | 2 | 6 |
|---|---|---|---|---|---|---|---|---|
| 5 | 7 | 2 | 6 | 8 | 1 | 4 | 3 | 9 |
| 6 | 8 | 4 | 2 | 3 | 9 | 1 | 7 | 5 |
| 8 | 6 | 5 | 9 | 2 | 7 | 3 | 1 | 4 |
| 2 | 4 | 1 | 8 | 5 | 3 | 9 | 6 | 7 |
| 9 | 3 | 7 | 4 | 1 | 6 | 5 | 8 | 2 |
| 7 | 9 | 8 | 1 | 6 | 5 | 2 | 4 | 3 |
| 1 | 5 | 6 | 3 | 4 | 2 | 7 | 9 | 8 |
| 4 | 2 | 3 | 7 | 9 | 8 | 6 | 5 | 1 |

### MEDIUM - 289

| 7 | 3 | 8 | 5 | 9 | 2 | 4 | 1 | 6 |
|---|---|---|---|---|---|---|---|---|
| 1 | 9 | 4 | 6 | 3 | 7 | 8 | 5 | 2 |
| 2 | 5 | 6 | 1 | 4 | 8 | 7 | 9 | 3 |
| 3 | 6 | 5 | 8 | 7 | 1 | 9 | 2 | 4 |
| 4 | 2 | 9 | 3 | 5 | 6 | 1 | 7 | 8 |
| 8 | 7 | 1 | 9 | 2 | 4 | 3 | 6 | 5 |
| 6 | 1 | 2 | 7 | 8 | 3 | 5 | 4 | 9 |
| 5 | 8 | 7 | 4 | 6 | 9 | 2 | 3 | 1 |
| 9 | 4 | 3 | 2 | 1 | 5 | 6 | 8 | 7 |

### MEDIUM - 290

| 5 | 8 | 9 | 7 | 2 | 6 | 1 | 4 | 3 |
|---|---|---|---|---|---|---|---|---|
| 1 | 2 | 4 | 9 | 3 | 5 | 8 | 7 | 6 |
| 6 | 3 | 7 | 1 | 4 | 8 | 5 | 2 | 9 |
| 8 | 4 | 6 | 2 | 9 | 3 | 7 | 5 | 1 |
| 9 | 5 | 3 | 8 | 1 | 7 | 4 | 6 | 2 |
| 7 | 1 | 2 | 5 | 6 | 4 | 3 | 9 | 8 |
| 4 | 9 | 1 | 3 | 7 | 2 | 6 | 8 | 5 |
| 2 | 7 | 8 | 6 | 5 | 1 | 9 | 3 | 4 |
| 3 | 6 | 5 | 4 | 8 | 9 | 2 | 1 | 7 |

### MEDIUM - 291

| 7 | 5 | 8 | 6 | 2 | 1 | 3 | 9 | 4 |
|---|---|---|---|---|---|---|---|---|
| 1 | 3 | 4 | 8 | 9 | 5 | 7 | 2 | 6 |
| 2 | 6 | 9 | 3 | 7 | 4 | 1 | 5 | 8 |
| 8 | 9 | 1 | 7 | 3 | 6 | 2 | 4 | 5 |
| 4 | 2 | 3 | 1 | 5 | 8 | 6 | 7 | 9 |
| 5 | 7 | 6 | 9 | 4 | 2 | 8 | 3 | 1 |
| 3 | 1 | 7 | 4 | 6 | 9 | 5 | 8 | 2 |
| 6 | 4 | 2 | 5 | 8 | 7 | 9 | 1 | 3 |
| 9 | 8 | 5 | 2 | 1 | 3 | 4 | 6 | 7 |

### MEDIUM - 292

| 5 | 8 | 7 | 1 | 6 | 2 | 4 | 3 | 9 |
|---|---|---|---|---|---|---|---|---|
| 2 | 4 | 9 | 8 | 3 | 7 | 1 | 6 | 5 |
| 6 | 3 | 1 | 5 | 9 | 4 | 2 | 8 | 7 |
| 4 | 9 | 6 | 7 | 2 | 5 | 8 | 1 | 3 |
| 1 | 7 | 8 | 6 | 4 | 3 | 5 | 9 | 2 |
| 3 | 2 | 5 | 9 | 1 | 8 | 6 | 7 | 4 |
| 9 | 6 | 3 | 2 | 5 | 1 | 7 | 4 | 8 |
| 7 | 5 | 4 | 3 | 8 | 6 | 9 | 2 | 1 |
| 8 | 1 | 2 | 4 | 7 | 9 | 3 | 5 | 6 |

### MEDIUM - 293

| 6 | 9 | 2 | 4 | 8 | 3 | 5 | 1 | 7 |
|---|---|---|---|---|---|---|---|---|
| 5 | 4 | 3 | 1 | 7 | 9 | 6 | 2 | 8 |
| 7 | 1 | 8 | 6 | 5 | 2 | 3 | 9 | 4 |
| 3 | 5 | 4 | 7 | 6 | 1 | 9 | 8 | 2 |
| 1 | 2 | 6 | 9 | 3 | 8 | 4 | 7 | 5 |
| 8 | 7 | 9 | 5 | 2 | 4 | 1 | 6 | 3 |
| 9 | 6 | 7 | 8 | 4 | 5 | 2 | 3 | 1 |
| 2 | 8 | 5 | 3 | 1 | 6 | 7 | 4 | 9 |
| 4 | 3 | 1 | 2 | 9 | 7 | 8 | 5 | 6 |

### MEDIUM - 294

| 3 | 5 | 2 | 1 | 6 | 4 | 9 | 8 | 7 |
|---|---|---|---|---|---|---|---|---|
| 1 | 8 | 6 | 9 | 7 | 3 | 2 | 5 | 4 |
| 4 | 9 | 7 | 2 | 5 | 8 | 1 | 6 | 3 |
| 5 | 1 | 3 | 4 | 9 | 6 | 7 | 2 | 8 |
| 9 | 6 | 4 | 8 | 2 | 7 | 3 | 1 | 5 |
| 7 | 2 | 8 | 5 | 3 | 1 | 4 | 9 | 6 |
| 8 | 4 | 5 | 3 | 1 | 9 | 6 | 7 | 2 |
| 6 | 3 | 1 | 7 | 8 | 2 | 5 | 4 | 9 |
| 2 | 7 | 9 | 6 | 4 | 5 | 8 | 3 | 1 |

### MEDIUM - 295

| 1 | 7 | 3 | 9 | 5 | 6 | 2 | 4 | 8 |
|---|---|---|---|---|---|---|---|---|
| 6 | 2 | 8 | 1 | 3 | 4 | 9 | 7 | 5 |
| 9 | 4 | 5 | 2 | 7 | 8 | 1 | 6 | 3 |
| 2 | 3 | 4 | 6 | 8 | 1 | 7 | 5 | 9 |
| 5 | 9 | 1 | 4 | 2 | 7 | 3 | 8 | 6 |
| 7 | 8 | 6 | 3 | 9 | 5 | 4 | 1 | 2 |
| 4 | 6 | 9 | 5 | 1 | 2 | 8 | 3 | 7 |
| 8 | 1 | 2 | 7 | 6 | 3 | 5 | 9 | 4 |
| 3 | 5 | 7 | 8 | 4 | 9 | 6 | 2 | 1 |

### MEDIUM - 296

| 4 | 6 | 7 | 2 | 1 | 3 | 5 | 9 | 8 |
|---|---|---|---|---|---|---|---|---|
| 9 | 5 | 3 | 6 | 8 | 7 | 1 | 4 | 2 |
| 8 | 2 | 1 | 5 | 4 | 9 | 7 | 3 | 6 |
| 1 | 7 | 4 | 8 | 6 | 5 | 3 | 2 | 9 |
| 2 | 9 | 6 | 3 | 7 | 1 | 8 | 5 | 4 |
| 3 | 8 | 5 | 9 | 2 | 4 | 6 | 1 | 7 |
| 7 | 3 | 8 | 1 | 9 | 2 | 4 | 6 | 5 |
| 5 | 4 | 9 | 7 | 3 | 6 | 2 | 8 | 1 |
| 6 | 1 | 2 | 4 | 5 | 8 | 9 | 7 | 3 |

### MEDIUM - 297

| 2 | 7 | 8 | 3 | 4 | 6 | 9 | 5 | 1 |
|---|---|---|---|---|---|---|---|---|
| 4 | 9 | 5 | 1 | 2 | 7 | 6 | 3 | 8 |
| 3 | 1 | 6 | 9 | 8 | 5 | 7 | 2 | 4 |
| 5 | 8 | 1 | 2 | 6 | 4 | 3 | 7 | 9 |
| 7 | 3 | 2 | 8 | 5 | 9 | 4 | 1 | 6 |
| 6 | 4 | 9 | 7 | 3 | 1 | 5 | 8 | 2 |
| 9 | 2 | 3 | 6 | 7 | 8 | 1 | 4 | 5 |
| 8 | 6 | 4 | 5 | 1 | 3 | 2 | 9 | 7 |
| 1 | 5 | 7 | 4 | 9 | 2 | 8 | 6 | 3 |

### MEDIUM - 298

| 2 | 7 | 5 | 4 | 8 | 9 | 3 | 6 | 1 |
|---|---|---|---|---|---|---|---|---|
| 3 | 4 | 9 | 1 | 6 | 5 | 7 | 8 | 2 |
| 1 | 6 | 8 | 3 | 7 | 2 | 4 | 5 | 9 |
| 4 | 8 | 2 | 7 | 3 | 1 | 5 | 9 | 6 |
| 6 | 3 | 1 | 9 | 5 | 4 | 2 | 7 | 8 |
| 9 | 5 | 7 | 6 | 2 | 8 | 1 | 3 | 4 |
| 8 | 2 | 4 | 5 | 9 | 3 | 6 | 1 | 7 |
| 5 | 9 | 6 | 2 | 1 | 7 | 8 | 4 | 3 |
| 7 | 1 | 3 | 8 | 4 | 6 | 9 | 2 | 5 |

### MEDIUM - 299

| 1 | 6 | 8 | 4 | 9 | 3 | 7 | 5 | 2 |
|---|---|---|---|---|---|---|---|---|
| 2 | 4 | 9 | 5 | 7 | 1 | 6 | 3 | 8 |
| 5 | 3 | 7 | 8 | 2 | 6 | 9 | 1 | 4 |
| 4 | 9 | 5 | 2 | 8 | 7 | 3 | 6 | 1 |
| 7 | 1 | 6 | 3 | 4 | 9 | 8 | 2 | 5 |
| 8 | 2 | 3 | 1 | 6 | 5 | 4 | 7 | 9 |
| 3 | 8 | 4 | 6 | 1 | 2 | 5 | 9 | 7 |
| 6 | 7 | 2 | 9 | 5 | 8 | 1 | 4 | 3 |
| 9 | 5 | 1 | 7 | 3 | 4 | 2 | 8 | 6 |

### MEDIUM - 300

| 5 | 3 | 8 | 6 | 4 | 7 | 2 | 1 | 9 |
|---|---|---|---|---|---|---|---|---|
| 2 | 7 | 9 | 8 | 1 | 5 | 6 | 4 | 3 |
| 6 | 1 | 4 | 9 | 2 | 3 | 8 | 7 | 5 |
| 8 | 6 | 7 | 2 | 3 | 1 | 5 | 9 | 4 |
| 9 | 4 | 1 | 7 | 5 | 8 | 3 | 2 | 6 |
| 3 | 5 | 2 | 4 | 6 | 9 | 1 | 8 | 7 |
| 7 | 8 | 5 | 3 | 9 | 2 | 4 | 6 | 1 |
| 1 | 9 | 6 | 5 | 8 | 4 | 7 | 3 | 2 |
| 4 | 2 | 3 | 1 | 7 | 6 | 9 | 5 | 8 |

## HARD - 1

| 5 | 4 | 7 | 6 | 2 | 8 | 9 | 3 | 1 |
|---|---|---|---|---|---|---|---|---|
| 6 | 8 | 3 | 1 | 7 | 9 | 5 | 2 | 4 |
| 1 | 9 | 2 | 5 | 4 | 3 | 6 | 7 | 8 |
| 3 | 6 | 8 | 4 | 9 | 7 | 2 | 1 | 5 |
| 2 | 1 | 4 | 3 | 8 | 5 | 7 | 9 | 6 |
| 7 | 5 | 9 | 2 | 1 | 6 | 8 | 4 | 3 |
| 9 | 3 | 1 | 8 | 5 | 2 | 4 | 6 | 7 |
| 8 | 7 | 6 | 9 | 3 | 4 | 1 | 5 | 2 |
| 4 | 2 | 5 | 7 | 6 | 1 | 3 | 8 | 9 |

## HARD - 2

| 3 | 7 | 2 | 1 | 9 | 4 | 6 | 8 | 5 |
|---|---|---|---|---|---|---|---|---|
| 6 | 9 | 8 | 2 | 7 | 5 | 1 | 4 | 3 |
| 5 | 1 | 4 | 6 | 3 | 8 | 7 | 2 | 9 |
| 8 | 5 | 6 | 4 | 1 | 2 | 3 | 9 | 7 |
| 1 | 2 | 3 | 9 | 5 | 7 | 4 | 6 | 8 |
| 7 | 4 | 9 | 8 | 6 | 3 | 5 | 1 | 2 |
| 9 | 8 | 5 | 3 | 4 | 1 | 2 | 7 | 6 |
| 4 | 6 | 7 | 5 | 2 | 9 | 8 | 3 | 1 |
| 2 | 3 | 1 | 7 | 8 | 6 | 9 | 5 | 4 |

## HARD - 3

| 1 | 6 | 7 | 2 | 4 | 8 | 9 | 3 | 5 |
|---|---|---|---|---|---|---|---|---|
| 8 | 9 | 5 | 6 | 3 | 1 | 2 | 7 | 4 |
| 4 | 3 | 2 | 9 | 7 | 5 | 8 | 1 | 6 |
| 7 | 4 | 8 | 5 | 9 | 3 | 1 | 6 | 2 |
| 6 | 1 | 3 | 7 | 8 | 2 | 4 | 5 | 9 |
| 2 | 5 | 9 | 1 | 6 | 4 | 7 | 8 | 3 |
| 5 | 8 | 1 | 3 | 2 | 9 | 6 | 4 | 7 |
| 3 | 2 | 6 | 4 | 1 | 7 | 5 | 9 | 8 |
| 9 | 7 | 4 | 8 | 5 | 6 | 3 | 2 | 1 |

## HARD - 4

| 8 | 5 | 3 | 9 | 1 | 7 | 4 | 6 | 2 |
|---|---|---|---|---|---|---|---|---|
| 4 | 1 | 6 | 5 | 8 | 2 | 7 | 9 | 3 |
| 7 | 2 | 9 | 4 | 3 | 6 | 1 | 5 | 8 |
| 9 | 7 | 8 | 3 | 2 | 1 | 5 | 4 | 6 |
| 5 | 3 | 4 | 6 | 9 | 8 | 2 | 7 | 1 |
| 1 | 6 | 2 | 7 | 4 | 5 | 8 | 3 | 9 |
| 3 | 8 | 7 | 2 | 5 | 9 | 6 | 1 | 4 |
| 6 | 9 | 1 | 8 | 7 | 4 | 3 | 2 | 5 |
| 2 | 4 | 5 | 1 | 6 | 3 | 9 | 8 | 7 |

## HARD - 5

| 8 | 2 | 4 | 1 | 6 | 3 | 9 | 7 | 5 |
|---|---|---|---|---|---|---|---|---|
| 6 | 1 | 5 | 4 | 7 | 9 | 2 | 3 | 8 |
| 9 | 3 | 7 | 8 | 2 | 5 | 6 | 1 | 4 |
| 5 | 9 | 8 | 2 | 1 | 6 | 3 | 4 | 7 |
| 2 | 7 | 6 | 5 | 3 | 4 | 8 | 9 | 1 |
| 3 | 4 | 1 | 9 | 8 | 7 | 5 | 6 | 2 |
| 4 | 5 | 2 | 3 | 9 | 1 | 7 | 8 | 6 |
| 1 | 6 | 3 | 7 | 5 | 8 | 4 | 2 | 9 |
| 7 | 8 | 9 | 6 | 4 | 2 | 1 | 5 | 3 |

## HARD - 6

| 2 | 7 | 1 | 4 | 8 | 3 | 5 | 6 | 9 |
|---|---|---|---|---|---|---|---|---|
| 5 | 8 | 9 | 2 | 7 | 6 | 4 | 1 | 3 |
| 6 | 3 | 4 | 5 | 9 | 1 | 7 | 2 | 8 |
| 4 | 1 | 5 | 3 | 2 | 8 | 9 | 7 | 6 |
| 7 | 6 | 3 | 9 | 5 | 4 | 2 | 8 | 1 |
| 9 | 2 | 8 | 6 | 1 | 7 | 3 | 4 | 5 |
| 8 | 4 | 6 | 7 | 3 | 9 | 1 | 5 | 2 |
| 1 | 9 | 2 | 8 | 4 | 5 | 6 | 3 | 7 |
| 3 | 5 | 7 | 1 | 6 | 2 | 8 | 9 | 4 |

## HARD - 7

| 5 | 3 | 8 | 6 | 4 | 2 | 1 | 7 | 9 |
|---|---|---|---|---|---|---|---|---|
| 2 | 6 | 4 | 1 | 7 | 9 | 5 | 8 | 3 |
| 1 | 9 | 7 | 5 | 3 | 8 | 4 | 2 | 6 |
| 9 | 5 | 6 | 3 | 1 | 7 | 2 | 4 | 8 |
| 7 | 8 | 2 | 4 | 9 | 6 | 3 | 5 | 1 |
| 4 | 1 | 3 | 2 | 8 | 5 | 9 | 6 | 7 |
| 6 | 4 | 9 | 8 | 5 | 1 | 7 | 3 | 2 |
| 3 | 2 | 1 | 7 | 6 | 4 | 8 | 9 | 5 |
| 8 | 7 | 5 | 9 | 2 | 3 | 6 | 1 | 4 |

## HARD - 8

| 1 | 7 | 2 | 9 | 6 | 3 | 8 | 5 | 4 |
|---|---|---|---|---|---|---|---|---|
| 9 | 3 | 6 | 8 | 5 | 4 | 1 | 7 | 2 |
| 5 | 4 | 8 | 1 | 2 | 7 | 6 | 3 | 9 |
| 4 | 8 | 5 | 7 | 9 | 2 | 3 | 6 | 1 |
| 2 | 6 | 3 | 5 | 1 | 8 | 9 | 4 | 7 |
| 7 | 9 | 1 | 4 | 3 | 6 | 5 | 2 | 8 |
| 6 | 2 | 4 | 3 | 8 | 1 | 7 | 9 | 5 |
| 3 | 1 | 9 | 2 | 7 | 5 | 4 | 8 | 6 |
| 8 | 5 | 7 | 6 | 4 | 9 | 2 | 1 | 3 |

## HARD - 9

| 1 | 8 | 4 | 9 | 7 | 6 | 3 | 5 | 2 |
|---|---|---|---|---|---|---|---|---|
| 9 | 7 | 2 | 5 | 4 | 3 | 6 | 1 | 8 |
| 5 | 3 | 6 | 2 | 8 | 1 | 7 | 4 | 9 |
| 6 | 1 | 8 | 3 | 5 | 7 | 9 | 2 | 4 |
| 7 | 2 | 9 | 4 | 1 | 8 | 5 | 6 | 3 |
| 4 | 5 | 3 | 6 | 9 | 2 | 1 | 8 | 7 |
| 3 | 9 | 5 | 8 | 6 | 4 | 2 | 7 | 1 |
| 2 | 4 | 1 | 7 | 3 | 5 | 8 | 9 | 6 |
| 8 | 6 | 7 | 1 | 2 | 9 | 4 | 3 | 5 |

## HARD - 10

| 4 | 6 | 5 | 2 | 8 | 7 | 1 | 9 | 3 |
|---|---|---|---|---|---|---|---|---|
| 1 | 3 | 2 | 9 | 6 | 5 | 8 | 7 | 4 |
| 7 | 8 | 9 | 3 | 1 | 4 | 6 | 2 | 5 |
| 8 | 5 | 6 | 7 | 3 | 9 | 2 | 4 | 1 |
| 9 | 2 | 7 | 6 | 4 | 1 | 5 | 3 | 8 |
| 3 | 4 | 1 | 8 | 5 | 2 | 7 | 6 | 9 |
| 2 | 1 | 3 | 4 | 7 | 8 | 9 | 5 | 6 |
| 5 | 7 | 4 | 1 | 9 | 6 | 3 | 8 | 2 |
| 6 | 9 | 8 | 5 | 2 | 3 | 4 | 1 | 7 |

## HARD - 11

| 2 | 4 | 9 | 7 | 6 | 1 | 5 | 8 | 3 |
|---|---|---|---|---|---|---|---|---|
| 3 | 6 | 8 | 9 | 5 | 4 | 1 | 2 | 7 |
| 1 | 5 | 7 | 8 | 2 | 3 | 6 | 4 | 9 |
| 7 | 2 | 6 | 1 | 4 | 8 | 3 | 9 | 5 |
| 9 | 1 | 5 | 2 | 3 | 6 | 8 | 7 | 4 |
| 8 | 3 | 4 | 5 | 7 | 9 | 2 | 1 | 6 |
| 6 | 9 | 3 | 4 | 1 | 2 | 7 | 5 | 8 |
| 5 | 8 | 1 | 3 | 9 | 7 | 4 | 6 | 2 |
| 4 | 7 | 2 | 6 | 8 | 5 | 9 | 3 | 1 |

## HARD - 12

| 7 | 5 | 4 | 8 | 9 | 3 | 6 | 2 | 1 |
|---|---|---|---|---|---|---|---|---|
| 2 | 6 | 9 | 4 | 1 | 7 | 5 | 8 | 3 |
| 1 | 8 | 3 | 2 | 6 | 5 | 7 | 4 | 9 |
| 9 | 4 | 2 | 6 | 8 | 1 | 3 | 5 | 7 |
| 8 | 1 | 7 | 3 | 5 | 9 | 4 | 6 | 2 |
| 5 | 3 | 6 | 7 | 4 | 2 | 1 | 9 | 8 |
| 6 | 2 | 1 | 9 | 3 | 4 | 8 | 7 | 5 |
| 4 | 7 | 5 | 1 | 2 | 8 | 9 | 3 | 6 |
| 3 | 9 | 8 | 5 | 7 | 6 | 2 | 1 | 4 |

## HARD - 13

| 4 | 1 | 2 | 9 | 8 | 7 | 5 | 6 | 3 |
|---|---|---|---|---|---|---|---|---|
| 5 | 9 | 8 | 3 | 6 | 4 | 1 | 2 | 7 |
| 7 | 6 | 3 | 1 | 5 | 2 | 8 | 4 | 9 |
| 1 | 2 | 5 | 8 | 9 | 3 | 6 | 7 | 4 |
| 9 | 3 | 4 | 6 | 7 | 1 | 2 | 8 | 5 |
| 6 | 8 | 7 | 2 | 4 | 5 | 9 | 3 | 1 |
| 8 | 4 | 6 | 7 | 1 | 9 | 3 | 5 | 2 |
| 3 | 5 | 1 | 4 | 2 | 8 | 7 | 9 | 6 |
| 2 | 7 | 9 | 5 | 3 | 6 | 4 | 1 | 8 |

## HARD - 14

| 7 | 9 | 1 | 3 | 4 | 6 | 5 | 2 | 8 |
|---|---|---|---|---|---|---|---|---|
| 8 | 5 | 3 | 2 | 1 | 9 | 4 | 7 | 6 |
| 2 | 6 | 4 | 5 | 7 | 8 | 1 | 9 | 3 |
| 3 | 8 | 9 | 4 | 6 | 5 | 2 | 1 | 7 |
| 1 | 4 | 2 | 7 | 8 | 3 | 6 | 5 | 9 |
| 5 | 7 | 6 | 1 | 9 | 2 | 3 | 8 | 4 |
| 4 | 3 | 7 | 9 | 5 | 1 | 8 | 6 | 2 |
| 6 | 2 | 5 | 8 | 3 | 7 | 9 | 4 | 1 |
| 9 | 1 | 8 | 6 | 2 | 4 | 7 | 3 | 5 |

## HARD - 15

| 6 | 8 | 9 | 1 | 3 | 2 | 7 | 5 | 4 |
|---|---|---|---|---|---|---|---|---|
| 5 | 3 | 7 | 6 | 4 | 9 | 2 | 8 | 1 |
| 2 | 1 | 4 | 7 | 8 | 5 | 6 | 9 | 3 |
| 1 | 7 | 2 | 8 | 9 | 6 | 4 | 3 | 5 |
| 3 | 4 | 8 | 2 | 5 | 1 | 9 | 7 | 6 |
| 9 | 6 | 5 | 4 | 7 | 3 | 1 | 2 | 8 |
| 7 | 9 | 1 | 3 | 6 | 8 | 5 | 4 | 2 |
| 8 | 5 | 6 | 9 | 2 | 4 | 3 | 1 | 7 |
| 4 | 2 | 3 | 5 | 1 | 7 | 8 | 6 | 9 |

## HARD - 16

| 7 | 8 | 4 | 5 | 3 | 2 | 6 | 9 | 1 |
|---|---|---|---|---|---|---|---|---|
| 3 | 5 | 9 | 6 | 7 | 1 | 8 | 2 | 4 |
| 2 | 1 | 6 | 4 | 8 | 9 | 7 | 3 | 5 |
| 8 | 9 | 3 | 7 | 1 | 4 | 5 | 6 | 2 |
| 6 | 7 | 2 | 8 | 9 | 5 | 1 | 4 | 3 |
| 5 | 4 | 1 | 3 | 2 | 6 | 9 | 7 | 8 |
| 9 | 6 | 5 | 1 | 4 | 3 | 2 | 8 | 7 |
| 4 | 2 | 8 | 9 | 5 | 7 | 3 | 1 | 6 |
| 1 | 3 | 7 | 2 | 6 | 8 | 4 | 5 | 9 |

## HARD - 17

| 9 | 4 | 5 | 8 | 2 | 7 | 3 | 6 | 1 |
|---|---|---|---|---|---|---|---|---|
| 7 | 6 | 3 | 1 | 5 | 9 | 8 | 4 | 2 |
| 2 | 1 | 8 | 4 | 3 | 6 | 5 | 9 | 7 |
| 1 | 2 | 9 | 5 | 6 | 8 | 7 | 3 | 4 |
| 3 | 8 | 6 | 7 | 4 | 2 | 1 | 5 | 9 |
| 5 | 7 | 4 | 9 | 1 | 3 | 6 | 2 | 8 |
| 6 | 3 | 1 | 2 | 8 | 4 | 9 | 7 | 5 |
| 4 | 5 | 7 | 3 | 9 | 1 | 2 | 8 | 6 |
| 8 | 9 | 2 | 6 | 7 | 5 | 4 | 1 | 3 |

## HARD - 18

| 3 | 6 | 8 | 5 | 9 | 1 | 7 | 2 | 4 |
|---|---|---|---|---|---|---|---|---|
| 9 | 4 | 2 | 6 | 7 | 3 | 1 | 8 | 5 |
| 7 | 1 | 5 | 2 | 4 | 8 | 3 | 6 | 9 |
| 5 | 9 | 4 | 1 | 6 | 7 | 8 | 3 | 2 |
| 8 | 2 | 6 | 9 | 3 | 5 | 4 | 7 | 1 |
| 1 | 3 | 7 | 4 | 8 | 2 | 9 | 5 | 6 |
| 2 | 5 | 3 | 7 | 1 | 4 | 6 | 9 | 8 |
| 6 | 8 | 1 | 3 | 2 | 9 | 5 | 4 | 7 |
| 4 | 7 | 9 | 8 | 5 | 6 | 2 | 1 | 3 |

## HARD - 19

| 5 | 1 | 8 | 9 | 4 | 2 | 3 | 7 | 6 |
|---|---|---|---|---|---|---|---|---|
| 9 | 4 | 6 | 7 | 1 | 3 | 2 | 8 | 5 |
| 3 | 7 | 2 | 8 | 6 | 5 | 9 | 4 | 1 |
| 4 | 2 | 1 | 5 | 7 | 9 | 6 | 3 | 8 |
| 6 | 3 | 5 | 1 | 2 | 8 | 4 | 9 | 7 |
| 8 | 9 | 7 | 4 | 3 | 6 | 5 | 1 | 2 |
| 7 | 6 | 4 | 2 | 9 | 1 | 8 | 5 | 3 |
| 2 | 8 | 9 | 3 | 5 | 7 | 1 | 6 | 4 |
| 1 | 5 | 3 | 6 | 8 | 4 | 7 | 2 | 9 |

## HARD - 20

| 4 | 6 | 2 | 3 | 5 | 7 | 1 | 9 | 8 |
|---|---|---|---|---|---|---|---|---|
| 1 | 5 | 7 | 8 | 2 | 9 | 3 | 4 | 6 |
| 9 | 8 | 3 | 1 | 4 | 6 | 2 | 7 | 5 |
| 3 | 1 | 8 | 5 | 6 | 4 | 9 | 2 | 7 |
| 2 | 7 | 6 | 9 | 3 | 8 | 4 | 5 | 1 |
| 5 | 9 | 4 | 7 | 1 | 2 | 6 | 8 | 3 |
| 6 | 4 | 1 | 2 | 7 | 5 | 8 | 3 | 9 |
| 8 | 2 | 5 | 6 | 9 | 3 | 7 | 1 | 4 |
| 7 | 3 | 9 | 4 | 8 | 1 | 5 | 6 | 2 |

## HARD - 21

| 5 | 7 | 1 | 6 | 9 | 2 | 4 | 8 | 3 |
|---|---|---|---|---|---|---|---|---|
| 9 | 2 | 8 | 1 | 4 | 3 | 7 | 5 | 6 |
| 4 | 3 | 6 | 5 | 8 | 7 | 9 | 1 | 2 |
| 7 | 9 | 3 | 4 | 1 | 8 | 2 | 6 | 5 |
| 6 | 4 | 2 | 9 | 3 | 5 | 8 | 7 | 1 |
| 8 | 1 | 5 | 7 | 2 | 6 | 3 | 9 | 4 |
| 2 | 5 | 9 | 3 | 7 | 1 | 6 | 4 | 8 |
| 1 | 8 | 7 | 2 | 6 | 4 | 5 | 3 | 9 |
| 3 | 6 | 4 | 8 | 5 | 9 | 1 | 2 | 7 |

## HARD - 22

| 6 | 8 | 7 | 1 | 4 | 9 | 3 | 5 | 2 |
|---|---|---|---|---|---|---|---|---|
| 5 | 4 | 9 | 3 | 2 | 7 | 6 | 8 | 1 |
| 3 | 2 | 1 | 6 | 8 | 5 | 9 | 7 | 4 |
| 1 | 3 | 6 | 4 | 7 | 8 | 2 | 9 | 5 |
| 2 | 7 | 8 | 5 | 9 | 6 | 4 | 1 | 3 |
| 4 | 9 | 5 | 2 | 1 | 3 | 8 | 6 | 7 |
| 7 | 1 | 3 | 8 | 6 | 4 | 5 | 2 | 9 |
| 8 | 5 | 2 | 9 | 3 | 1 | 7 | 4 | 6 |
| 9 | 6 | 4 | 7 | 5 | 2 | 1 | 3 | 8 |

## HARD - 23

| 1 | 5 | 4 | 9 | 6 | 7 | 8 | 3 | 2 |
|---|---|---|---|---|---|---|---|---|
| 9 | 8 | 6 | 2 | 5 | 3 | 1 | 4 | 7 |
| 3 | 7 | 2 | 1 | 4 | 8 | 6 | 9 | 5 |
| 4 | 1 | 3 | 6 | 7 | 2 | 9 | 5 | 8 |
| 8 | 2 | 9 | 5 | 1 | 4 | 3 | 7 | 6 |
| 7 | 6 | 5 | 8 | 3 | 9 | 4 | 2 | 1 |
| 2 | 3 | 1 | 7 | 9 | 6 | 5 | 8 | 4 |
| 6 | 4 | 7 | 3 | 8 | 5 | 2 | 1 | 9 |
| 5 | 9 | 8 | 4 | 2 | 1 | 7 | 6 | 3 |

## HARD - 24

| 1 | 5 | 7 | 9 | 3 | 8 | 2 | 6 | 4 |
|---|---|---|---|---|---|---|---|---|
| 3 | 4 | 6 | 1 | 5 | 2 | 8 | 9 | 7 |
| 2 | 9 | 8 | 7 | 4 | 6 | 5 | 3 | 1 |
| 6 | 7 | 2 | 4 | 1 | 5 | 3 | 8 | 9 |
| 4 | 1 | 9 | 8 | 2 | 3 | 7 | 5 | 6 |
| 5 | 8 | 3 | 6 | 7 | 9 | 1 | 4 | 2 |
| 9 | 6 | 5 | 2 | 8 | 1 | 4 | 7 | 3 |
| 7 | 3 | 1 | 5 | 9 | 4 | 6 | 2 | 8 |
| 8 | 2 | 4 | 3 | 6 | 7 | 9 | 1 | 5 |

## HARD - 25

| 4 | 6 | 1 | 2 | 5 | 9 | 8 | 7 | 3 |
|---|---|---|---|---|---|---|---|---|
| 8 | 2 | 5 | 7 | 4 | 3 | 1 | 9 | 6 |
| 3 | 7 | 9 | 1 | 6 | 8 | 5 | 2 | 4 |
| 1 | 4 | 7 | 9 | 3 | 6 | 2 | 5 | 8 |
| 2 | 9 | 3 | 8 | 7 | 5 | 4 | 6 | 1 |
| 6 | 5 | 8 | 4 | 2 | 1 | 7 | 3 | 9 |
| 9 | 3 | 2 | 5 | 1 | 4 | 6 | 8 | 7 |
| 5 | 8 | 4 | 6 | 9 | 7 | 3 | 1 | 2 |
| 7 | 1 | 6 | 3 | 8 | 2 | 9 | 4 | 5 |

## HARD - 26

| 5 | 2 | 7 | 8 | 4 | 9 | 1 | 3 | 6 |
|---|---|---|---|---|---|---|---|---|
| 8 | 1 | 3 | 2 | 5 | 6 | 7 | 9 | 4 |
| 9 | 4 | 6 | 1 | 7 | 3 | 2 | 8 | 5 |
| 6 | 5 | 2 | 4 | 3 | 7 | 9 | 1 | 8 |
| 7 | 3 | 9 | 5 | 1 | 8 | 6 | 4 | 2 |
| 1 | 8 | 4 | 9 | 6 | 2 | 5 | 7 | 3 |
| 4 | 9 | 8 | 6 | 2 | 1 | 3 | 5 | 7 |
| 3 | 6 | 1 | 7 | 8 | 5 | 4 | 2 | 9 |
| 2 | 7 | 5 | 3 | 9 | 4 | 8 | 6 | 1 |

## HARD - 27

| 7 | 9 | 3 | 8 | 6 | 2 | 1 | 5 | 4 |
|---|---|---|---|---|---|---|---|---|
| 2 | 4 | 6 | 9 | 5 | 1 | 3 | 7 | 8 |
| 8 | 1 | 5 | 7 | 3 | 4 | 6 | 2 | 9 |
| 9 | 2 | 4 | 5 | 1 | 7 | 8 | 3 | 6 |
| 5 | 6 | 8 | 2 | 9 | 3 | 7 | 4 | 1 |
| 1 | 3 | 7 | 4 | 8 | 6 | 2 | 9 | 5 |
| 4 | 5 | 2 | 6 | 7 | 8 | 9 | 1 | 3 |
| 3 | 8 | 9 | 1 | 2 | 5 | 4 | 6 | 7 |
| 6 | 7 | 1 | 3 | 4 | 9 | 5 | 8 | 2 |

## HARD - 28

| 6 | 4 | 9 | 5 | 2 | 1 | 7 | 3 | 8 |
|---|---|---|---|---|---|---|---|---|
| 5 | 2 | 3 | 6 | 8 | 7 | 1 | 4 | 9 |
| 7 | 8 | 1 | 4 | 9 | 3 | 5 | 2 | 6 |
| 4 | 6 | 8 | 7 | 3 | 5 | 2 | 9 | 1 |
| 1 | 7 | 2 | 9 | 6 | 8 | 3 | 5 | 4 |
| 3 | 9 | 5 | 2 | 1 | 4 | 8 | 6 | 7 |
| 8 | 1 | 6 | 3 | 4 | 2 | 9 | 7 | 5 |
| 2 | 5 | 4 | 8 | 7 | 9 | 6 | 1 | 3 |
| 9 | 3 | 7 | 1 | 5 | 6 | 4 | 8 | 2 |

## HARD - 29

| 5 | 1 | 6 | 7 | 2 | 3 | 9 | 4 | 8 |
|---|---|---|---|---|---|---|---|---|
| 4 | 3 | 2 | 8 | 6 | 9 | 5 | 7 | 1 |
| 8 | 9 | 7 | 4 | 1 | 5 | 6 | 3 | 2 |
| 3 | 5 | 9 | 1 | 4 | 8 | 7 | 2 | 6 |
| 2 | 6 | 8 | 3 | 5 | 7 | 1 | 9 | 4 |
| 1 | 7 | 4 | 6 | 9 | 2 | 3 | 8 | 5 |
| 9 | 2 | 1 | 5 | 3 | 4 | 8 | 6 | 7 |
| 6 | 8 | 3 | 2 | 7 | 1 | 4 | 5 | 9 |
| 7 | 4 | 5 | 9 | 8 | 6 | 2 | 1 | 3 |

## HARD - 30

| 6 | 2 | 1 | 5 | 7 | 4 | 8 | 3 | 9 |
|---|---|---|---|---|---|---|---|---|
| 5 | 9 | 3 | 1 | 8 | 6 | 4 | 7 | 2 |
| 7 | 8 | 4 | 9 | 2 | 3 | 5 | 6 | 1 |
| 4 | 1 | 2 | 7 | 6 | 8 | 9 | 5 | 3 |
| 8 | 3 | 5 | 4 | 9 | 1 | 7 | 2 | 6 |
| 9 | 6 | 7 | 2 | 3 | 5 | 1 | 8 | 4 |
| 1 | 5 | 6 | 8 | 4 | 2 | 3 | 9 | 7 |
| 3 | 4 | 9 | 6 | 5 | 7 | 2 | 1 | 8 |
| 2 | 7 | 8 | 3 | 1 | 9 | 6 | 4 | 5 |

## HARD - 31

| 4 | 8 | 5 | 7 | 6 | 9 | 2 | 3 | 1 |
|---|---|---|---|---|---|---|---|---|
| 1 | 7 | 9 | 2 | 8 | 3 | 6 | 4 | 5 |
| 3 | 2 | 6 | 1 | 4 | 5 | 9 | 7 | 8 |
| 8 | 3 | 1 | 4 | 9 | 6 | 7 | 5 | 2 |
| 6 | 4 | 2 | 8 | 5 | 7 | 1 | 9 | 3 |
| 9 | 5 | 7 | 3 | 1 | 2 | 8 | 6 | 4 |
| 2 | 9 | 4 | 5 | 7 | 8 | 3 | 1 | 6 |
| 7 | 1 | 8 | 6 | 3 | 4 | 5 | 2 | 9 |
| 5 | 6 | 3 | 9 | 2 | 1 | 4 | 8 | 7 |

## HARD - 32

| 3 | 8 | 7 | 9 | 1 | 5 | 4 | 6 | 2 |
|---|---|---|---|---|---|---|---|---|
| 6 | 5 | 4 | 3 | 7 | 2 | 1 | 9 | 8 |
| 2 | 1 | 9 | 4 | 8 | 6 | 3 | 7 | 5 |
| 5 | 4 | 3 | 6 | 9 | 8 | 2 | 1 | 7 |
| 7 | 2 | 1 | 5 | 4 | 3 | 9 | 8 | 6 |
| 9 | 6 | 8 | 7 | 2 | 1 | 5 | 4 | 3 |
| 8 | 7 | 5 | 1 | 3 | 4 | 6 | 2 | 9 |
| 4 | 3 | 2 | 8 | 6 | 9 | 7 | 5 | 1 |
| 1 | 9 | 6 | 2 | 5 | 7 | 8 | 3 | 4 |

## HARD - 33

| 8 | 2 | 4 | 7 | 5 | 6 | 3 | 9 | 1 |
|---|---|---|---|---|---|---|---|---|
| 3 | 9 | 5 | 8 | 2 | 1 | 7 | 4 | 6 |
| 6 | 7 | 1 | 3 | 9 | 4 | 2 | 8 | 5 |
| 7 | 8 | 2 | 6 | 1 | 9 | 5 | 3 | 4 |
| 4 | 1 | 3 | 2 | 7 | 5 | 8 | 6 | 9 |
| 5 | 6 | 9 | 4 | 8 | 3 | 1 | 2 | 7 |
| 2 | 5 | 8 | 9 | 6 | 7 | 4 | 1 | 3 |
| 9 | 4 | 7 | 1 | 3 | 2 | 6 | 5 | 8 |
| 1 | 3 | 6 | 5 | 4 | 8 | 9 | 7 | 2 |

## HARD - 34

| 7 | 8 | 4 | 9 | 5 | 3 | 2 | 1 | 6 |
|---|---|---|---|---|---|---|---|---|
| 9 | 1 | 6 | 8 | 2 | 4 | 3 | 5 | 7 |
| 2 | 5 | 3 | 7 | 6 | 1 | 9 | 4 | 8 |
| 3 | 7 | 8 | 4 | 1 | 9 | 5 | 6 | 2 |
| 6 | 4 | 2 | 3 | 8 | 5 | 1 | 7 | 9 |
| 1 | 9 | 5 | 2 | 7 | 6 | 8 | 3 | 4 |
| 4 | 3 | 7 | 5 | 9 | 2 | 6 | 8 | 1 |
| 5 | 2 | 1 | 6 | 4 | 8 | 7 | 9 | 3 |
| 8 | 6 | 9 | 1 | 3 | 7 | 4 | 2 | 5 |

## HARD - 35

| 4 | 6 | 1 | 2 | 8 | 5 | 3 | 7 | 9 |
|---|---|---|---|---|---|---|---|---|
| 3 | 7 | 2 | 4 | 6 | 9 | 1 | 5 | 8 |
| 9 | 8 | 5 | 1 | 7 | 3 | 6 | 2 | 4 |
| 1 | 5 | 7 | 3 | 2 | 8 | 4 | 9 | 6 |
| 2 | 4 | 6 | 9 | 5 | 1 | 7 | 8 | 3 |
| 8 | 9 | 3 | 6 | 4 | 7 | 2 | 1 | 5 |
| 6 | 1 | 8 | 5 | 3 | 2 | 9 | 4 | 7 |
| 7 | 3 | 9 | 8 | 1 | 4 | 5 | 6 | 2 |
| 5 | 2 | 4 | 7 | 9 | 6 | 8 | 3 | 1 |

## HARD - 36

| 7 | 4 | 2 | 5 | 9 | 8 | 3 | 1 | 6 |
|---|---|---|---|---|---|---|---|---|
| 8 | 9 | 6 | 1 | 7 | 3 | 5 | 2 | 4 |
| 1 | 5 | 3 | 2 | 6 | 4 | 9 | 7 | 8 |
| 5 | 7 | 1 | 4 | 8 | 9 | 2 | 6 | 3 |
| 3 | 6 | 4 | 7 | 1 | 2 | 8 | 9 | 5 |
| 2 | 8 | 9 | 6 | 3 | 5 | 1 | 4 | 7 |
| 9 | 2 | 7 | 3 | 5 | 6 | 4 | 8 | 1 |
| 4 | 1 | 5 | 8 | 2 | 7 | 6 | 3 | 9 |
| 6 | 3 | 8 | 9 | 4 | 1 | 7 | 5 | 2 |

## HARD - 37

| 2 | 6 | 7 | 8 | 4 | 9 | 1 | 3 | 5 |
|---|---|---|---|---|---|---|---|---|
| 1 | 3 | 9 | 2 | 5 | 7 | 4 | 6 | 8 |
| 8 | 5 | 4 | 1 | 3 | 6 | 9 | 7 | 2 |
| 6 | 7 | 2 | 4 | 1 | 5 | 3 | 8 | 9 |
| 9 | 4 | 3 | 7 | 2 | 8 | 5 | 1 | 6 |
| 5 | 1 | 8 | 6 | 9 | 3 | 7 | 2 | 4 |
| 7 | 9 | 5 | 3 | 8 | 2 | 6 | 4 | 1 |
| 4 | 8 | 6 | 9 | 7 | 1 | 2 | 5 | 3 |
| 3 | 2 | 1 | 5 | 6 | 4 | 8 | 9 | 7 |

## HARD - 38

| 2 | 9 | 6 | 4 | 8 | 3 | 5 | 7 | 1 |
|---|---|---|---|---|---|---|---|---|
| 5 | 8 | 4 | 1 | 9 | 7 | 6 | 3 | 2 |
| 3 | 7 | 1 | 6 | 5 | 2 | 4 | 8 | 9 |
| 6 | 1 | 9 | 2 | 4 | 8 | 3 | 5 | 7 |
| 7 | 3 | 5 | 9 | 6 | 1 | 2 | 4 | 8 |
| 4 | 2 | 8 | 7 | 3 | 5 | 9 | 1 | 6 |
| 9 | 6 | 3 | 8 | 1 | 4 | 7 | 2 | 5 |
| 8 | 4 | 7 | 5 | 2 | 9 | 1 | 6 | 3 |
| 1 | 5 | 2 | 3 | 7 | 6 | 8 | 9 | 4 |

## HARD - 39

| 6 | 3 | 4 | 5 | 7 | 1 | 8 | 2 | 9 |
|---|---|---|---|---|---|---|---|---|
| 5 | 8 | 9 | 4 | 2 | 3 | 6 | 7 | 1 |
| 7 | 1 | 2 | 6 | 8 | 9 | 5 | 4 | 3 |
| 4 | 2 | 3 | 8 | 1 | 5 | 9 | 6 | 7 |
| 8 | 7 | 1 | 3 | 9 | 6 | 4 | 5 | 2 |
| 9 | 5 | 6 | 2 | 4 | 7 | 3 | 1 | 8 |
| 2 | 9 | 5 | 1 | 3 | 4 | 7 | 8 | 6 |
| 1 | 6 | 7 | 9 | 5 | 8 | 2 | 3 | 4 |
| 3 | 4 | 8 | 7 | 6 | 2 | 1 | 9 | 5 |

## HARD - 40

| 1 | 3 | 5 | 7 | 9 | 2 | 8 | 4 | 6 |
|---|---|---|---|---|---|---|---|---|
| 8 | 2 | 7 | 4 | 6 | 1 | 5 | 9 | 3 |
| 9 | 6 | 4 | 5 | 8 | 3 | 7 | 2 | 1 |
| 6 | 9 | 2 | 8 | 7 | 4 | 1 | 3 | 5 |
| 4 | 8 | 1 | 3 | 5 | 6 | 9 | 7 | 2 |
| 7 | 5 | 3 | 1 | 2 | 9 | 4 | 6 | 8 |
| 3 | 7 | 9 | 6 | 1 | 5 | 2 | 8 | 4 |
| 5 | 4 | 8 | 2 | 3 | 7 | 6 | 1 | 9 |
| 2 | 1 | 6 | 9 | 4 | 8 | 3 | 5 | 7 |

**HARD - 41**

| 5 | 9 | 1 | 8 | 4 | 6 | 7 | 3 | 2 |
|---|---|---|---|---|---|---|---|---|
| 6 | 2 | 3 | 7 | 9 | 1 | 4 | 5 | 8 |
| 4 | 7 | 8 | 3 | 5 | 2 | 1 | 6 | 9 |
| 2 | 8 | 7 | 5 | 1 | 4 | 3 | 9 | 6 |
| 9 | 1 | 4 | 6 | 3 | 8 | 2 | 7 | 5 |
| 3 | 6 | 5 | 2 | 7 | 9 | 8 | 4 | 1 |
| 8 | 5 | 2 | 4 | 6 | 3 | 9 | 1 | 7 |
| 7 | 4 | 9 | 1 | 2 | 5 | 6 | 8 | 3 |
| 1 | 3 | 6 | 9 | 8 | 7 | 5 | 2 | 4 |

**HARD - 42**

| 3 | 6 | 4 | 9 | 5 | 1 | 2 | 7 | 8 |
|---|---|---|---|---|---|---|---|---|
| 8 | 9 | 1 | 3 | 2 | 7 | 6 | 4 | 5 |
| 2 | 7 | 5 | 6 | 8 | 4 | 9 | 1 | 3 |
| 1 | 3 | 7 | 2 | 9 | 6 | 5 | 8 | 4 |
| 9 | 2 | 8 | 5 | 4 | 3 | 1 | 6 | 7 |
| 4 | 5 | 6 | 1 | 7 | 8 | 3 | 2 | 9 |
| 6 | 4 | 2 | 7 | 3 | 5 | 8 | 9 | 1 |
| 7 | 1 | 3 | 8 | 6 | 9 | 4 | 5 | 2 |
| 5 | 8 | 9 | 4 | 1 | 2 | 7 | 3 | 6 |

**HARD - 43**

| 1 | 8 | 6 | 9 | 7 | 5 | 3 | 4 | 2 |
|---|---|---|---|---|---|---|---|---|
| 9 | 5 | 3 | 1 | 2 | 4 | 8 | 7 | 6 |
| 7 | 2 | 4 | 8 | 3 | 6 | 1 | 9 | 5 |
| 4 | 1 | 9 | 6 | 8 | 2 | 5 | 3 | 7 |
| 6 | 3 | 2 | 7 | 5 | 1 | 4 | 8 | 9 |
| 8 | 7 | 5 | 4 | 9 | 3 | 6 | 2 | 1 |
| 5 | 9 | 7 | 3 | 6 | 8 | 2 | 1 | 4 |
| 3 | 6 | 1 | 2 | 4 | 7 | 9 | 5 | 8 |
| 2 | 4 | 8 | 5 | 1 | 9 | 7 | 6 | 3 |

**HARD - 44**

| 5 | 4 | 9 | 7 | 2 | 8 | 1 | 6 | 3 |
|---|---|---|---|---|---|---|---|---|
| 6 | 8 | 3 | 1 | 9 | 5 | 2 | 4 | 7 |
| 7 | 1 | 2 | 3 | 6 | 4 | 8 | 9 | 5 |
| 8 | 3 | 6 | 2 | 4 | 7 | 9 | 5 | 1 |
| 9 | 5 | 1 | 6 | 8 | 3 | 4 | 7 | 2 |
| 2 | 7 | 4 | 9 | 5 | 1 | 6 | 3 | 8 |
| 3 | 9 | 7 | 4 | 1 | 2 | 5 | 8 | 6 |
| 1 | 6 | 5 | 8 | 7 | 9 | 3 | 2 | 4 |
| 4 | 2 | 8 | 5 | 3 | 6 | 7 | 1 | 9 |

**HARD - 45**

| 3 | 5 | 4 | 1 | 2 | 6 | 7 | 8 | 9 |
|---|---|---|---|---|---|---|---|---|
| 9 | 6 | 1 | 8 | 7 | 4 | 3 | 2 | 5 |
| 2 | 8 | 7 | 9 | 3 | 5 | 4 | 1 | 6 |
| 1 | 9 | 2 | 5 | 4 | 3 | 8 | 6 | 7 |
| 4 | 3 | 6 | 7 | 8 | 2 | 5 | 9 | 1 |
| 8 | 7 | 5 | 6 | 9 | 1 | 2 | 4 | 3 |
| 5 | 1 | 3 | 2 | 6 | 8 | 9 | 7 | 4 |
| 6 | 2 | 9 | 4 | 5 | 7 | 1 | 3 | 8 |
| 7 | 4 | 8 | 3 | 1 | 9 | 6 | 5 | 2 |

**HARD - 46**

| 3 | 1 | 5 | 4 | 8 | 6 | 2 | 7 | 9 |
|---|---|---|---|---|---|---|---|---|
| 8 | 2 | 6 | 9 | 5 | 7 | 3 | 4 | 1 |
| 7 | 4 | 9 | 1 | 3 | 2 | 5 | 6 | 8 |
| 5 | 3 | 7 | 8 | 2 | 9 | 6 | 1 | 4 |
| 2 | 8 | 1 | 7 | 6 | 4 | 9 | 5 | 3 |
| 6 | 9 | 4 | 5 | 1 | 3 | 7 | 8 | 2 |
| 9 | 7 | 3 | 6 | 4 | 8 | 1 | 2 | 5 |
| 1 | 6 | 8 | 2 | 9 | 5 | 4 | 3 | 7 |
| 4 | 5 | 2 | 3 | 7 | 1 | 8 | 9 | 6 |

**HARD - 47**

| 3 | 8 | 6 | 9 | 5 | 1 | 2 | 4 | 7 |
|---|---|---|---|---|---|---|---|---|
| 7 | 9 | 5 | 6 | 4 | 2 | 1 | 3 | 8 |
| 4 | 2 | 1 | 3 | 7 | 8 | 5 | 9 | 6 |
| 9 | 1 | 2 | 7 | 6 | 5 | 4 | 8 | 3 |
| 6 | 4 | 8 | 1 | 2 | 3 | 9 | 7 | 5 |
| 5 | 7 | 3 | 8 | 9 | 4 | 6 | 2 | 1 |
| 1 | 6 | 9 | 4 | 8 | 7 | 3 | 5 | 2 |
| 8 | 5 | 4 | 2 | 3 | 6 | 7 | 1 | 9 |
| 2 | 3 | 7 | 5 | 1 | 9 | 8 | 6 | 4 |

**HARD - 48**

| 1 | 6 | 8 | 7 | 5 | 2 | 3 | 9 | 4 |
|---|---|---|---|---|---|---|---|---|
| 7 | 2 | 3 | 6 | 4 | 9 | 5 | 1 | 8 |
| 5 | 9 | 4 | 1 | 3 | 8 | 2 | 7 | 6 |
| 2 | 8 | 1 | 5 | 9 | 4 | 6 | 3 | 7 |
| 3 | 4 | 5 | 8 | 6 | 7 | 1 | 2 | 9 |
| 9 | 7 | 6 | 3 | 2 | 1 | 8 | 4 | 5 |
| 6 | 1 | 7 | 9 | 8 | 3 | 4 | 5 | 2 |
| 8 | 3 | 2 | 4 | 7 | 5 | 9 | 6 | 1 |
| 4 | 5 | 9 | 2 | 1 | 6 | 7 | 8 | 3 |

**HARD - 49**

| 1 | 9 | 2 | 4 | 3 | 8 | 5 | 7 | 6 |
|---|---|---|---|---|---|---|---|---|
| 8 | 7 | 4 | 5 | 6 | 1 | 3 | 9 | 2 |
| 5 | 6 | 3 | 7 | 2 | 9 | 4 | 1 | 8 |
| 2 | 8 | 5 | 9 | 4 | 7 | 6 | 3 | 1 |
| 6 | 1 | 9 | 2 | 8 | 3 | 7 | 4 | 5 |
| 3 | 4 | 7 | 6 | 1 | 5 | 2 | 8 | 9 |
| 7 | 2 | 6 | 8 | 9 | 4 | 1 | 5 | 3 |
| 9 | 5 | 1 | 3 | 7 | 2 | 8 | 6 | 4 |
| 4 | 3 | 8 | 1 | 5 | 6 | 9 | 2 | 7 |

**HARD - 50**

| 4 | 3 | 1 | 6 | 5 | 7 | 2 | 8 | 9 |
|---|---|---|---|---|---|---|---|---|
| 2 | 8 | 9 | 1 | 3 | 4 | 6 | 7 | 5 |
| 7 | 5 | 6 | 2 | 8 | 9 | 3 | 1 | 4 |
| 5 | 1 | 2 | 9 | 6 | 8 | 4 | 3 | 7 |
| 3 | 7 | 8 | 4 | 2 | 5 | 1 | 9 | 6 |
| 6 | 9 | 4 | 7 | 1 | 3 | 5 | 2 | 8 |
| 1 | 2 | 5 | 8 | 9 | 6 | 7 | 4 | 3 |
| 8 | 4 | 3 | 5 | 7 | 2 | 9 | 6 | 1 |
| 9 | 6 | 7 | 3 | 4 | 1 | 8 | 5 | 2 |

**HARD - 51**

| 2 | 8 | 1 | 3 | 5 | 7 | 6 | 9 | 4 |
|---|---|---|---|---|---|---|---|---|
| 4 | 5 | 6 | 8 | 2 | 9 | 7 | 1 | 3 |
| 3 | 7 | 9 | 4 | 1 | 6 | 2 | 5 | 8 |
| 8 | 4 | 3 | 6 | 9 | 5 | 1 | 2 | 7 |
| 1 | 6 | 5 | 7 | 3 | 2 | 4 | 8 | 9 |
| 7 | 9 | 2 | 1 | 8 | 4 | 5 | 3 | 6 |
| 9 | 1 | 4 | 5 | 7 | 8 | 3 | 6 | 2 |
| 6 | 3 | 8 | 2 | 4 | 1 | 9 | 7 | 5 |
| 5 | 2 | 7 | 9 | 6 | 3 | 8 | 4 | 1 |

**HARD - 52**

| 8 | 1 | 3 | 4 | 5 | 9 | 6 | 2 | 7 |
|---|---|---|---|---|---|---|---|---|
| 6 | 4 | 7 | 8 | 2 | 1 | 3 | 9 | 5 |
| 2 | 9 | 5 | 3 | 6 | 7 | 1 | 8 | 4 |
| 1 | 3 | 4 | 7 | 8 | 5 | 9 | 6 | 2 |
| 9 | 7 | 2 | 6 | 1 | 4 | 8 | 5 | 3 |
| 5 | 6 | 8 | 9 | 3 | 2 | 4 | 7 | 1 |
| 3 | 5 | 9 | 1 | 7 | 8 | 2 | 4 | 6 |
| 4 | 2 | 1 | 5 | 9 | 6 | 7 | 3 | 8 |
| 7 | 8 | 6 | 2 | 4 | 3 | 5 | 1 | 9 |

**HARD - 53**

| 8 | 6 | 2 | 3 | 9 | 4 | 7 | 1 | 5 |
|---|---|---|---|---|---|---|---|---|
| 3 | 5 | 7 | 2 | 1 | 8 | 6 | 9 | 4 |
| 4 | 9 | 1 | 5 | 7 | 6 | 2 | 8 | 3 |
| 2 | 1 | 5 | 8 | 6 | 7 | 4 | 3 | 9 |
| 7 | 3 | 9 | 1 | 4 | 5 | 8 | 6 | 2 |
| 6 | 8 | 4 | 9 | 2 | 3 | 1 | 5 | 7 |
| 5 | 2 | 3 | 4 | 8 | 1 | 9 | 7 | 6 |
| 1 | 4 | 6 | 7 | 3 | 9 | 5 | 2 | 8 |
| 9 | 7 | 8 | 6 | 5 | 2 | 3 | 4 | 1 |

**HARD - 54**

| 4 | 9 | 7 | 1 | 5 | 8 | 2 | 3 | 6 |
|---|---|---|---|---|---|---|---|---|
| 5 | 2 | 3 | 9 | 6 | 4 | 1 | 7 | 8 |
| 6 | 1 | 8 | 2 | 7 | 3 | 5 | 9 | 4 |
| 1 | 4 | 5 | 3 | 2 | 9 | 8 | 6 | 7 |
| 2 | 7 | 9 | 6 | 8 | 1 | 4 | 5 | 3 |
| 8 | 3 | 6 | 5 | 4 | 7 | 9 | 2 | 1 |
| 3 | 8 | 2 | 4 | 9 | 6 | 7 | 1 | 5 |
| 9 | 6 | 4 | 7 | 1 | 5 | 3 | 8 | 2 |
| 7 | 5 | 1 | 8 | 3 | 2 | 6 | 4 | 9 |

**HARD - 55**

| 4 | 9 | 3 | 1 | 2 | 5 | 7 | 8 | 6 |
|---|---|---|---|---|---|---|---|---|
| 2 | 8 | 5 | 4 | 7 | 6 | 9 | 3 | 1 |
| 7 | 1 | 6 | 8 | 9 | 3 | 2 | 4 | 5 |
| 9 | 6 | 2 | 3 | 8 | 4 | 1 | 5 | 7 |
| 5 | 3 | 7 | 9 | 6 | 1 | 4 | 2 | 8 |
| 1 | 4 | 8 | 7 | 5 | 2 | 3 | 6 | 9 |
| 6 | 5 | 1 | 2 | 3 | 9 | 8 | 7 | 4 |
| 8 | 2 | 9 | 6 | 4 | 7 | 5 | 1 | 3 |
| 3 | 7 | 4 | 5 | 1 | 8 | 6 | 9 | 2 |

**HARD - 56**

| 4 | 8 | 6 | 1 | 2 | 5 | 3 | 9 | 7 |
|---|---|---|---|---|---|---|---|---|
| 5 | 1 | 3 | 4 | 7 | 9 | 2 | 8 | 6 |
| 2 | 9 | 7 | 8 | 6 | 3 | 5 | 4 | 1 |
| 1 | 2 | 5 | 7 | 4 | 8 | 9 | 6 | 3 |
| 6 | 3 | 4 | 9 | 1 | 2 | 8 | 7 | 5 |
| 8 | 7 | 9 | 3 | 5 | 6 | 1 | 2 | 4 |
| 7 | 4 | 2 | 5 | 9 | 1 | 6 | 3 | 8 |
| 9 | 5 | 8 | 6 | 3 | 7 | 4 | 1 | 2 |
| 3 | 6 | 1 | 2 | 8 | 4 | 7 | 5 | 9 |

**HARD - 57**

| 5 | 8 | 3 | 2 | 7 | 9 | 6 | 4 | 1 |
|---|---|---|---|---|---|---|---|---|
| 9 | 1 | 6 | 5 | 4 | 3 | 7 | 8 | 2 |
| 2 | 4 | 7 | 8 | 6 | 1 | 9 | 3 | 5 |
| 4 | 5 | 2 | 7 | 3 | 8 | 1 | 9 | 6 |
| 1 | 6 | 9 | 4 | 5 | 2 | 8 | 7 | 3 |
| 7 | 3 | 8 | 9 | 1 | 6 | 5 | 2 | 4 |
| 8 | 9 | 5 | 1 | 2 | 4 | 3 | 6 | 7 |
| 3 | 2 | 1 | 6 | 9 | 7 | 4 | 5 | 8 |
| 6 | 7 | 4 | 3 | 8 | 5 | 2 | 1 | 9 |

**HARD - 58**

| 8 | 4 | 7 | 5 | 2 | 3 | 9 | 1 | 6 |
|---|---|---|---|---|---|---|---|---|
| 3 | 5 | 6 | 9 | 4 | 1 | 8 | 7 | 2 |
| 2 | 9 | 1 | 7 | 6 | 8 | 3 | 5 | 4 |
| 9 | 8 | 5 | 3 | 7 | 4 | 6 | 2 | 1 |
| 6 | 7 | 4 | 1 | 8 | 2 | 5 | 3 | 9 |
| 1 | 3 | 2 | 6 | 9 | 5 | 7 | 4 | 8 |
| 5 | 1 | 8 | 4 | 3 | 6 | 2 | 9 | 7 |
| 4 | 2 | 9 | 8 | 5 | 7 | 1 | 6 | 3 |
| 7 | 6 | 3 | 2 | 1 | 9 | 4 | 8 | 5 |

**HARD - 59**

| 4 | 7 | 1 | 3 | 2 | 9 | 5 | 6 | 8 |
|---|---|---|---|---|---|---|---|---|
| 9 | 2 | 3 | 5 | 8 | 6 | 7 | 1 | 4 |
| 5 | 8 | 6 | 4 | 7 | 1 | 9 | 3 | 2 |
| 8 | 4 | 7 | 9 | 1 | 2 | 3 | 5 | 6 |
| 6 | 9 | 5 | 8 | 3 | 4 | 2 | 7 | 1 |
| 3 | 1 | 2 | 7 | 6 | 5 | 4 | 8 | 9 |
| 1 | 3 | 9 | 6 | 4 | 7 | 8 | 2 | 5 |
| 7 | 6 | 4 | 2 | 5 | 8 | 1 | 9 | 3 |
| 2 | 5 | 8 | 1 | 9 | 3 | 6 | 4 | 7 |

**HARD - 60**

| 4 | 7 | 6 | 3 | 2 | 1 | 8 | 9 | 5 |
|---|---|---|---|---|---|---|---|---|
| 5 | 2 | 8 | 9 | 7 | 4 | 6 | 1 | 3 |
| 1 | 3 | 9 | 5 | 8 | 6 | 2 | 7 | 4 |
| 6 | 5 | 7 | 4 | 9 | 3 | 1 | 2 | 8 |
| 8 | 4 | 2 | 7 | 1 | 5 | 3 | 6 | 9 |
| 3 | 9 | 1 | 8 | 6 | 2 | 5 | 4 | 7 |
| 2 | 8 | 4 | 1 | 5 | 7 | 9 | 3 | 6 |
| 9 | 6 | 3 | 2 | 4 | 8 | 7 | 5 | 1 |
| 7 | 1 | 5 | 6 | 3 | 9 | 4 | 8 | 2 |

## HARD - 61

| 7 | 2 | 5 | 4 | 3 | 9 | 1 | 6 | 8 |
|---|---|---|---|---|---|---|---|---|
| 8 | 3 | 9 | 5 | 6 | 1 | 4 | 2 | 7 |
| 1 | 4 | 6 | 7 | 2 | 8 | 3 | 5 | 9 |
| 5 | 6 | 7 | 3 | 1 | 2 | 8 | 9 | 4 |
| 2 | 8 | 3 | 9 | 4 | 6 | 7 | 1 | 5 |
| 9 | 1 | 4 | 8 | 5 | 7 | 6 | 3 | 2 |
| 4 | 7 | 1 | 6 | 9 | 5 | 2 | 8 | 3 |
| 6 | 5 | 8 | 2 | 7 | 3 | 9 | 4 | 1 |
| 3 | 9 | 2 | 1 | 8 | 4 | 5 | 7 | 6 |

## HARD - 62

| 9 | 3 | 8 | 6 | 4 | 7 | 1 | 5 | 2 |
|---|---|---|---|---|---|---|---|---|
| 6 | 7 | 5 | 9 | 2 | 1 | 3 | 8 | 4 |
| 2 | 4 | 1 | 3 | 8 | 5 | 9 | 6 | 7 |
| 3 | 5 | 9 | 7 | 1 | 4 | 6 | 2 | 8 |
| 7 | 8 | 6 | 2 | 5 | 3 | 4 | 9 | 1 |
| 4 | 1 | 2 | 8 | 9 | 6 | 5 | 7 | 3 |
| 5 | 9 | 7 | 4 | 3 | 8 | 2 | 1 | 6 |
| 8 | 2 | 4 | 1 | 6 | 9 | 7 | 3 | 5 |
| 1 | 6 | 3 | 5 | 7 | 2 | 8 | 4 | 9 |

## HARD - 63

| 6 | 2 | 8 | 1 | 9 | 4 | 7 | 5 | 3 |
|---|---|---|---|---|---|---|---|---|
| 5 | 7 | 9 | 3 | 8 | 6 | 4 | 1 | 2 |
| 4 | 1 | 3 | 7 | 2 | 5 | 6 | 8 | 9 |
| 8 | 3 | 6 | 5 | 4 | 2 | 9 | 7 | 1 |
| 9 | 5 | 1 | 8 | 7 | 3 | 2 | 4 | 6 |
| 7 | 4 | 2 | 9 | 6 | 1 | 5 | 3 | 8 |
| 2 | 6 | 7 | 4 | 1 | 8 | 3 | 9 | 5 |
| 3 | 8 | 4 | 6 | 5 | 9 | 1 | 2 | 7 |
| 1 | 9 | 5 | 2 | 3 | 7 | 8 | 6 | 4 |

## HARD - 64

| 1 | 7 | 8 | 5 | 6 | 2 | 9 | 3 | 4 |
|---|---|---|---|---|---|---|---|---|
| 6 | 9 | 2 | 3 | 7 | 4 | 1 | 8 | 5 |
| 3 | 5 | 4 | 8 | 1 | 9 | 7 | 2 | 6 |
| 8 | 3 | 6 | 9 | 2 | 5 | 4 | 7 | 1 |
| 2 | 1 | 7 | 6 | 4 | 3 | 8 | 5 | 9 |
| 5 | 4 | 9 | 7 | 8 | 1 | 3 | 6 | 2 |
| 4 | 8 | 1 | 2 | 3 | 6 | 5 | 9 | 7 |
| 9 | 2 | 3 | 1 | 5 | 7 | 6 | 4 | 8 |
| 7 | 6 | 5 | 4 | 9 | 8 | 2 | 1 | 3 |

## HARD - 65

| 4 | 8 | 2 | 5 | 7 | 1 | 3 | 9 | 6 |
|---|---|---|---|---|---|---|---|---|
| 1 | 3 | 6 | 8 | 2 | 9 | 4 | 5 | 7 |
| 9 | 5 | 7 | 3 | 6 | 4 | 1 | 2 | 8 |
| 3 | 6 | 4 | 1 | 5 | 2 | 8 | 7 | 9 |
| 2 | 7 | 9 | 4 | 8 | 3 | 5 | 6 | 1 |
| 8 | 1 | 5 | 6 | 9 | 7 | 2 | 3 | 4 |
| 6 | 2 | 8 | 9 | 4 | 5 | 7 | 1 | 3 |
| 7 | 9 | 1 | 2 | 3 | 8 | 6 | 4 | 5 |
| 5 | 4 | 3 | 7 | 1 | 6 | 9 | 8 | 2 |

## HARD - 66

| 9 | 8 | 6 | 7 | 3 | 5 | 2 | 4 | 1 |
|---|---|---|---|---|---|---|---|---|
| 4 | 5 | 3 | 1 | 9 | 2 | 6 | 7 | 8 |
| 2 | 1 | 7 | 8 | 4 | 6 | 5 | 9 | 3 |
| 3 | 2 | 9 | 4 | 5 | 1 | 7 | 8 | 6 |
| 5 | 4 | 8 | 6 | 7 | 9 | 3 | 1 | 2 |
| 6 | 7 | 1 | 2 | 8 | 3 | 4 | 5 | 9 |
| 7 | 6 | 2 | 9 | 1 | 4 | 8 | 3 | 5 |
| 1 | 3 | 4 | 5 | 6 | 8 | 9 | 2 | 7 |
| 8 | 9 | 5 | 3 | 2 | 7 | 1 | 6 | 4 |

## HARD - 67

| 3 | 4 | 6 | 9 | 2 | 1 | 8 | 7 | 5 |
|---|---|---|---|---|---|---|---|---|
| 2 | 5 | 1 | 4 | 8 | 7 | 3 | 9 | 6 |
| 7 | 9 | 8 | 5 | 3 | 6 | 4 | 1 | 2 |
| 1 | 6 | 3 | 8 | 5 | 2 | 7 | 4 | 9 |
| 8 | 7 | 9 | 3 | 6 | 4 | 5 | 2 | 1 |
| 5 | 2 | 4 | 7 | 1 | 9 | 6 | 3 | 8 |
| 4 | 1 | 5 | 2 | 7 | 8 | 9 | 6 | 3 |
| 9 | 3 | 2 | 6 | 4 | 5 | 1 | 8 | 7 |
| 6 | 8 | 7 | 1 | 9 | 3 | 2 | 5 | 4 |

## HARD - 68

| 8 | 1 | 9 | 5 | 6 | 2 | 4 | 3 | 7 |
|---|---|---|---|---|---|---|---|---|
| 5 | 6 | 2 | 7 | 3 | 4 | 1 | 9 | 8 |
| 4 | 3 | 7 | 8 | 9 | 1 | 2 | 6 | 5 |
| 9 | 7 | 5 | 6 | 4 | 8 | 3 | 1 | 2 |
| 3 | 2 | 6 | 9 | 1 | 7 | 5 | 8 | 4 |
| 1 | 4 | 8 | 3 | 2 | 5 | 9 | 7 | 6 |
| 2 | 9 | 4 | 1 | 8 | 6 | 7 | 5 | 3 |
| 6 | 5 | 1 | 2 | 7 | 3 | 8 | 4 | 9 |
| 7 | 8 | 3 | 4 | 5 | 9 | 6 | 2 | 1 |

## HARD - 69

| 4 | 9 | 8 | 2 | 6 | 3 | 1 | 5 | 7 |
|---|---|---|---|---|---|---|---|---|
| 6 | 2 | 1 | 7 | 9 | 5 | 8 | 3 | 4 |
| 7 | 3 | 5 | 8 | 4 | 1 | 2 | 6 | 9 |
| 8 | 7 | 9 | 3 | 5 | 2 | 4 | 1 | 6 |
| 2 | 6 | 4 | 9 | 1 | 7 | 5 | 8 | 3 |
| 1 | 5 | 3 | 4 | 8 | 6 | 9 | 7 | 2 |
| 5 | 8 | 2 | 6 | 7 | 9 | 3 | 4 | 1 |
| 9 | 4 | 6 | 1 | 3 | 8 | 7 | 2 | 5 |
| 3 | 1 | 7 | 5 | 2 | 4 | 6 | 9 | 8 |

## HARD - 70

| 6 | 3 | 8 | 7 | 4 | 5 | 1 | 9 | 2 |
|---|---|---|---|---|---|---|---|---|
| 7 | 5 | 9 | 3 | 2 | 1 | 6 | 8 | 4 |
| 1 | 2 | 4 | 6 | 8 | 9 | 5 | 3 | 7 |
| 3 | 1 | 5 | 2 | 9 | 7 | 4 | 6 | 8 |
| 2 | 8 | 7 | 4 | 5 | 6 | 9 | 1 | 3 |
| 9 | 4 | 6 | 1 | 3 | 8 | 2 | 7 | 5 |
| 8 | 7 | 1 | 5 | 6 | 2 | 3 | 4 | 9 |
| 5 | 6 | 3 | 9 | 7 | 4 | 8 | 2 | 1 |
| 4 | 9 | 2 | 8 | 1 | 3 | 7 | 5 | 6 |

## HARD - 71

| 3 | 6 | 9 | 7 | 1 | 5 | 4 | 8 | 2 |
|---|---|---|---|---|---|---|---|---|
| 5 | 2 | 4 | 3 | 6 | 8 | 1 | 9 | 7 |
| 8 | 7 | 1 | 2 | 4 | 9 | 6 | 3 | 5 |
| 2 | 9 | 5 | 1 | 8 | 3 | 7 | 4 | 6 |
| 1 | 3 | 6 | 4 | 9 | 7 | 5 | 2 | 8 |
| 4 | 8 | 7 | 5 | 2 | 6 | 3 | 1 | 9 |
| 7 | 1 | 2 | 8 | 5 | 4 | 9 | 6 | 3 |
| 9 | 4 | 3 | 6 | 7 | 2 | 8 | 5 | 1 |
| 6 | 5 | 8 | 9 | 3 | 1 | 2 | 7 | 4 |

## HARD - 72

| 5 | 4 | 6 | 7 | 3 | 2 | 1 | 8 | 9 |
|---|---|---|---|---|---|---|---|---|
| 3 | 1 | 7 | 9 | 8 | 6 | 2 | 5 | 4 |
| 2 | 8 | 9 | 1 | 5 | 4 | 3 | 6 | 7 |
| 6 | 5 | 8 | 3 | 2 | 7 | 4 | 9 | 1 |
| 7 | 3 | 4 | 6 | 1 | 9 | 5 | 2 | 8 |
| 9 | 2 | 1 | 8 | 4 | 5 | 7 | 3 | 6 |
| 1 | 9 | 5 | 4 | 6 | 3 | 8 | 7 | 2 |
| 4 | 6 | 2 | 5 | 7 | 8 | 9 | 1 | 3 |
| 8 | 7 | 3 | 2 | 9 | 1 | 6 | 4 | 5 |

## HARD - 73

| 4 | 7 | 5 | 3 | 2 | 6 | 8 | 9 | 1 |
|---|---|---|---|---|---|---|---|---|
| 6 | 2 | 8 | 1 | 7 | 9 | 4 | 3 | 5 |
| 3 | 1 | 9 | 8 | 4 | 5 | 6 | 7 | 2 |
| 9 | 8 | 2 | 7 | 5 | 3 | 1 | 6 | 4 |
| 5 | 3 | 6 | 4 | 8 | 1 | 7 | 2 | 9 |
| 7 | 4 | 1 | 9 | 6 | 2 | 5 | 8 | 3 |
| 1 | 6 | 3 | 5 | 9 | 8 | 2 | 4 | 7 |
| 8 | 5 | 4 | 2 | 3 | 7 | 9 | 1 | 6 |
| 2 | 9 | 7 | 6 | 1 | 4 | 3 | 5 | 8 |

## HARD - 74

| 6 | 2 | 8 | 3 | 4 | 7 | 5 | 9 | 1 |
|---|---|---|---|---|---|---|---|---|
| 9 | 4 | 7 | 1 | 5 | 2 | 6 | 8 | 3 |
| 3 | 5 | 1 | 6 | 8 | 9 | 2 | 4 | 7 |
| 5 | 1 | 3 | 8 | 7 | 4 | 9 | 6 | 2 |
| 2 | 8 | 6 | 9 | 3 | 5 | 7 | 1 | 4 |
| 7 | 9 | 4 | 2 | 6 | 1 | 8 | 3 | 5 |
| 4 | 3 | 2 | 5 | 9 | 8 | 1 | 7 | 6 |
| 1 | 6 | 9 | 7 | 2 | 3 | 4 | 5 | 8 |
| 8 | 7 | 5 | 4 | 1 | 6 | 3 | 2 | 9 |

## HARD - 75

| 1 | 9 | 7 | 8 | 5 | 3 | 2 | 6 | 4 |
|---|---|---|---|---|---|---|---|---|
| 4 | 5 | 6 | 2 | 1 | 7 | 9 | 8 | 3 |
| 2 | 8 | 3 | 9 | 4 | 6 | 5 | 7 | 1 |
| 9 | 3 | 1 | 4 | 8 | 5 | 7 | 2 | 6 |
| 6 | 4 | 2 | 7 | 3 | 9 | 8 | 1 | 5 |
| 5 | 7 | 8 | 6 | 2 | 1 | 3 | 4 | 9 |
| 3 | 6 | 5 | 1 | 7 | 8 | 4 | 9 | 2 |
| 7 | 2 | 9 | 5 | 6 | 4 | 1 | 3 | 8 |
| 8 | 1 | 4 | 3 | 9 | 2 | 6 | 5 | 7 |

## HARD - 76

| 4 | 7 | 8 | 9 | 5 | 2 | 3 | 1 | 6 |
|---|---|---|---|---|---|---|---|---|
| 3 | 9 | 6 | 4 | 8 | 1 | 2 | 7 | 5 |
| 2 | 5 | 1 | 3 | 6 | 7 | 8 | 9 | 4 |
| 6 | 4 | 2 | 5 | 1 | 3 | 7 | 8 | 9 |
| 9 | 8 | 7 | 6 | 2 | 4 | 5 | 3 | 1 |
| 5 | 1 | 3 | 7 | 9 | 8 | 6 | 4 | 2 |
| 8 | 2 | 4 | 1 | 3 | 6 | 9 | 5 | 7 |
| 1 | 6 | 9 | 8 | 7 | 5 | 4 | 2 | 3 |
| 7 | 3 | 5 | 2 | 4 | 9 | 1 | 6 | 8 |

## HARD - 77

| 1 | 6 | 2 | 9 | 8 | 4 | 7 | 3 | 5 |
|---|---|---|---|---|---|---|---|---|
| 3 | 9 | 5 | 1 | 7 | 6 | 2 | 4 | 8 |
| 8 | 7 | 4 | 5 | 2 | 3 | 9 | 1 | 6 |
| 6 | 2 | 8 | 7 | 3 | 1 | 4 | 5 | 9 |
| 5 | 4 | 7 | 6 | 9 | 8 | 3 | 2 | 1 |
| 9 | 1 | 3 | 4 | 5 | 2 | 8 | 6 | 7 |
| 2 | 5 | 1 | 8 | 4 | 7 | 6 | 9 | 3 |
| 4 | 8 | 6 | 3 | 1 | 9 | 5 | 7 | 2 |
| 7 | 3 | 9 | 2 | 6 | 5 | 1 | 8 | 4 |

## HARD - 78

| 9 | 5 | 1 | 7 | 2 | 4 | 6 | 8 | 3 |
|---|---|---|---|---|---|---|---|---|
| 8 | 2 | 6 | 5 | 3 | 1 | 7 | 4 | 9 |
| 4 | 3 | 7 | 6 | 9 | 8 | 5 | 1 | 2 |
| 2 | 4 | 8 | 9 | 7 | 5 | 1 | 3 | 6 |
| 3 | 7 | 9 | 4 | 1 | 6 | 2 | 5 | 8 |
| 6 | 1 | 5 | 2 | 8 | 3 | 4 | 9 | 7 |
| 7 | 6 | 3 | 1 | 5 | 9 | 8 | 2 | 4 |
| 5 | 8 | 2 | 3 | 4 | 7 | 9 | 6 | 1 |
| 1 | 9 | 4 | 8 | 6 | 2 | 3 | 7 | 5 |

## HARD - 79

| 6 | 5 | 2 | 4 | 7 | 9 | 8 | 3 | 1 |
|---|---|---|---|---|---|---|---|---|
| 3 | 4 | 8 | 6 | 2 | 1 | 5 | 7 | 9 |
| 1 | 9 | 7 | 8 | 3 | 5 | 2 | 4 | 6 |
| 5 | 7 | 3 | 1 | 6 | 4 | 9 | 2 | 8 |
| 2 | 8 | 6 | 3 | 9 | 7 | 4 | 1 | 5 |
| 4 | 1 | 9 | 2 | 5 | 8 | 3 | 6 | 7 |
| 8 | 2 | 5 | 7 | 1 | 3 | 6 | 9 | 4 |
| 9 | 3 | 1 | 5 | 4 | 6 | 7 | 8 | 2 |
| 7 | 6 | 4 | 9 | 8 | 2 | 1 | 5 | 3 |

## HARD - 80

| 6 | 7 | 4 | 2 | 3 | 9 | 1 | 8 | 5 |
|---|---|---|---|---|---|---|---|---|
| 2 | 8 | 3 | 5 | 6 | 1 | 4 | 7 | 9 |
| 1 | 5 | 9 | 4 | 8 | 7 | 3 | 6 | 2 |
| 7 | 4 | 5 | 1 | 2 | 6 | 8 | 9 | 3 |
| 8 | 2 | 6 | 9 | 5 | 3 | 7 | 4 | 1 |
| 3 | 9 | 1 | 8 | 7 | 4 | 2 | 5 | 6 |
| 4 | 1 | 7 | 3 | 9 | 5 | 6 | 2 | 8 |
| 9 | 3 | 8 | 6 | 4 | 2 | 5 | 1 | 7 |
| 5 | 6 | 2 | 7 | 1 | 8 | 9 | 3 | 4 |

## HARD - 81

| 5 | 3 | 8 | 1 | 2 | 9 | 7 | 6 | 4 |
|---|---|---|---|---|---|---|---|---|
| 2 | 7 | 4 | 8 | 6 | 5 | 1 | 3 | 9 |
| 9 | 1 | 6 | 3 | 7 | 4 | 2 | 8 | 5 |
| 1 | 9 | 2 | 4 | 8 | 6 | 3 | 5 | 7 |
| 7 | 8 | 5 | 9 | 1 | 3 | 4 | 2 | 6 |
| 4 | 6 | 3 | 7 | 5 | 2 | 9 | 1 | 8 |
| 3 | 2 | 7 | 6 | 9 | 8 | 5 | 4 | 1 |
| 6 | 5 | 9 | 2 | 4 | 1 | 8 | 7 | 3 |
| 8 | 4 | 1 | 5 | 3 | 7 | 6 | 9 | 2 |

## HARD - 82

| 6 | 9 | 4 | 3 | 2 | 1 | 5 | 7 | 8 |
|---|---|---|---|---|---|---|---|---|
| 7 | 3 | 2 | 5 | 8 | 6 | 1 | 4 | 9 |
| 8 | 5 | 1 | 9 | 7 | 4 | 6 | 3 | 2 |
| 3 | 1 | 7 | 6 | 5 | 9 | 8 | 2 | 4 |
| 2 | 6 | 8 | 7 | 4 | 3 | 9 | 5 | 1 |
| 9 | 4 | 5 | 8 | 1 | 2 | 3 | 6 | 7 |
| 1 | 8 | 3 | 2 | 6 | 7 | 4 | 9 | 5 |
| 4 | 2 | 9 | 1 | 3 | 5 | 7 | 8 | 6 |
| 5 | 7 | 6 | 4 | 9 | 8 | 2 | 1 | 3 |

## HARD - 83

| 2 | 9 | 7 | 8 | 4 | 3 | 6 | 1 | 5 |
|---|---|---|---|---|---|---|---|---|
| 3 | 1 | 4 | 6 | 2 | 5 | 8 | 7 | 9 |
| 6 | 8 | 5 | 1 | 7 | 9 | 2 | 4 | 3 |
| 7 | 2 | 8 | 9 | 3 | 4 | 5 | 6 | 1 |
| 9 | 4 | 6 | 5 | 1 | 7 | 3 | 2 | 8 |
| 1 | 5 | 3 | 2 | 6 | 8 | 7 | 9 | 4 |
| 8 | 6 | 2 | 4 | 5 | 1 | 9 | 3 | 7 |
| 5 | 7 | 1 | 3 | 9 | 2 | 4 | 8 | 6 |
| 4 | 3 | 9 | 7 | 8 | 6 | 1 | 5 | 2 |

## HARD - 84

| 6 | 7 | 2 | 9 | 5 | 4 | 1 | 8 | 3 |
|---|---|---|---|---|---|---|---|---|
| 5 | 8 | 1 | 2 | 6 | 3 | 7 | 9 | 4 |
| 9 | 4 | 3 | 7 | 1 | 8 | 2 | 6 | 5 |
| 1 | 6 | 5 | 4 | 8 | 9 | 3 | 7 | 2 |
| 3 | 2 | 8 | 6 | 7 | 5 | 4 | 1 | 9 |
| 7 | 9 | 4 | 1 | 3 | 2 | 8 | 5 | 6 |
| 2 | 1 | 7 | 5 | 4 | 6 | 9 | 3 | 8 |
| 8 | 5 | 9 | 3 | 2 | 7 | 6 | 4 | 1 |
| 4 | 3 | 6 | 8 | 9 | 1 | 5 | 2 | 7 |

## HARD - 85

| 2 | 7 | 4 | 1 | 3 | 8 | 5 | 9 | 6 |
|---|---|---|---|---|---|---|---|---|
| 6 | 1 | 9 | 7 | 5 | 4 | 2 | 8 | 3 |
| 3 | 8 | 5 | 6 | 2 | 9 | 4 | 7 | 1 |
| 7 | 2 | 6 | 5 | 8 | 1 | 9 | 3 | 4 |
| 9 | 4 | 1 | 3 | 7 | 2 | 8 | 6 | 5 |
| 5 | 3 | 8 | 9 | 4 | 6 | 7 | 1 | 2 |
| 4 | 9 | 3 | 2 | 6 | 7 | 1 | 5 | 8 |
| 1 | 5 | 2 | 8 | 9 | 3 | 6 | 4 | 7 |
| 8 | 6 | 7 | 4 | 1 | 5 | 3 | 2 | 9 |

## HARD - 86

| 8 | 7 | 3 | 4 | 9 | 2 | 5 | 6 | 1 |
|---|---|---|---|---|---|---|---|---|
| 6 | 9 | 1 | 7 | 5 | 3 | 2 | 4 | 8 |
| 5 | 4 | 2 | 8 | 6 | 1 | 9 | 3 | 7 |
| 2 | 1 | 5 | 6 | 7 | 8 | 3 | 9 | 4 |
| 9 | 3 | 4 | 1 | 2 | 5 | 7 | 8 | 6 |
| 7 | 8 | 6 | 3 | 4 | 9 | 1 | 5 | 2 |
| 3 | 6 | 9 | 2 | 8 | 7 | 4 | 1 | 5 |
| 4 | 5 | 7 | 9 | 1 | 6 | 8 | 2 | 3 |
| 1 | 2 | 8 | 5 | 3 | 4 | 6 | 7 | 9 |

## HARD - 87

| 5 | 7 | 3 | 4 | 8 | 2 | 6 | 1 | 9 |
|---|---|---|---|---|---|---|---|---|
| 9 | 2 | 6 | 1 | 3 | 7 | 4 | 5 | 8 |
| 8 | 4 | 1 | 6 | 9 | 5 | 3 | 2 | 7 |
| 6 | 3 | 4 | 5 | 1 | 8 | 7 | 9 | 2 |
| 7 | 9 | 8 | 2 | 4 | 3 | 1 | 6 | 5 |
| 2 | 1 | 5 | 7 | 6 | 9 | 8 | 4 | 3 |
| 3 | 6 | 7 | 9 | 2 | 4 | 5 | 8 | 1 |
| 4 | 8 | 9 | 3 | 5 | 1 | 2 | 7 | 6 |
| 1 | 5 | 2 | 8 | 7 | 6 | 9 | 3 | 4 |

## HARD - 88

| 5 | 6 | 7 | 1 | 2 | 8 | 9 | 3 | 4 |
|---|---|---|---|---|---|---|---|---|
| 8 | 4 | 3 | 5 | 7 | 9 | 6 | 2 | 1 |
| 2 | 1 | 9 | 6 | 3 | 4 | 7 | 8 | 5 |
| 6 | 2 | 1 | 4 | 8 | 3 | 5 | 7 | 9 |
| 9 | 3 | 5 | 2 | 1 | 7 | 8 | 4 | 6 |
| 4 | 7 | 8 | 9 | 5 | 6 | 3 | 1 | 2 |
| 1 | 8 | 2 | 7 | 9 | 5 | 4 | 6 | 3 |
| 7 | 5 | 6 | 3 | 4 | 2 | 1 | 9 | 8 |
| 3 | 9 | 4 | 8 | 6 | 1 | 2 | 5 | 7 |

## HARD - 89

| 3 | 1 | 2 | 7 | 6 | 9 | 8 | 4 | 5 |
|---|---|---|---|---|---|---|---|---|
| 6 | 8 | 9 | 5 | 2 | 4 | 7 | 3 | 1 |
| 4 | 7 | 5 | 8 | 1 | 3 | 9 | 2 | 6 |
| 8 | 5 | 4 | 2 | 7 | 1 | 6 | 9 | 3 |
| 7 | 6 | 3 | 4 | 9 | 5 | 2 | 1 | 8 |
| 9 | 2 | 1 | 3 | 8 | 6 | 4 | 5 | 7 |
| 2 | 4 | 6 | 1 | 5 | 7 | 3 | 8 | 9 |
| 1 | 3 | 7 | 9 | 4 | 8 | 5 | 6 | 2 |
| 5 | 9 | 8 | 6 | 3 | 2 | 1 | 7 | 4 |

## HARD - 90

| 8 | 6 | 2 | 1 | 5 | 4 | 9 | 3 | 7 |
|---|---|---|---|---|---|---|---|---|
| 9 | 4 | 3 | 7 | 2 | 8 | 1 | 6 | 5 |
| 5 | 1 | 7 | 6 | 3 | 9 | 2 | 8 | 4 |
| 1 | 3 | 6 | 5 | 4 | 2 | 7 | 9 | 8 |
| 7 | 9 | 5 | 8 | 1 | 6 | 4 | 2 | 3 |
| 4 | 2 | 8 | 9 | 7 | 3 | 5 | 1 | 6 |
| 3 | 5 | 9 | 4 | 6 | 1 | 8 | 7 | 2 |
| 6 | 8 | 4 | 2 | 9 | 7 | 3 | 5 | 1 |
| 2 | 7 | 1 | 3 | 8 | 5 | 6 | 4 | 9 |

## HARD - 91

| 8 | 6 | 7 | 2 | 3 | 1 | 4 | 9 | 5 |
|---|---|---|---|---|---|---|---|---|
| 4 | 2 | 3 | 9 | 5 | 6 | 7 | 1 | 8 |
| 1 | 5 | 9 | 4 | 7 | 8 | 2 | 3 | 6 |
| 3 | 8 | 1 | 5 | 4 | 2 | 6 | 7 | 9 |
| 2 | 9 | 5 | 6 | 1 | 7 | 3 | 8 | 4 |
| 7 | 4 | 6 | 8 | 9 | 3 | 1 | 5 | 2 |
| 9 | 7 | 8 | 3 | 2 | 4 | 5 | 6 | 1 |
| 6 | 3 | 2 | 1 | 8 | 5 | 9 | 4 | 7 |
| 5 | 1 | 4 | 7 | 6 | 9 | 8 | 2 | 3 |

## HARD - 92

| 9 | 5 | 8 | 6 | 4 | 7 | 1 | 2 | 3 |
|---|---|---|---|---|---|---|---|---|
| 2 | 3 | 1 | 5 | 8 | 9 | 7 | 4 | 6 |
| 4 | 6 | 7 | 2 | 1 | 3 | 8 | 9 | 5 |
| 1 | 4 | 6 | 7 | 2 | 8 | 5 | 3 | 9 |
| 3 | 7 | 5 | 4 | 9 | 1 | 2 | 6 | 8 |
| 8 | 9 | 2 | 3 | 6 | 5 | 4 | 7 | 1 |
| 6 | 8 | 4 | 1 | 3 | 2 | 9 | 5 | 7 |
| 7 | 1 | 3 | 9 | 5 | 4 | 6 | 8 | 2 |
| 5 | 2 | 9 | 8 | 7 | 6 | 3 | 1 | 4 |

## HARD - 93

| 3 | 5 | 7 | 4 | 9 | 8 | 6 | 1 | 2 |
|---|---|---|---|---|---|---|---|---|
| 6 | 2 | 9 | 1 | 5 | 7 | 8 | 4 | 3 |
| 1 | 8 | 4 | 3 | 6 | 2 | 5 | 9 | 7 |
| 9 | 1 | 6 | 7 | 8 | 4 | 3 | 2 | 5 |
| 2 | 4 | 5 | 9 | 3 | 6 | 7 | 8 | 1 |
| 7 | 3 | 8 | 2 | 1 | 5 | 4 | 6 | 9 |
| 8 | 9 | 1 | 6 | 7 | 3 | 2 | 5 | 4 |
| 4 | 6 | 3 | 5 | 2 | 9 | 1 | 7 | 8 |
| 5 | 7 | 2 | 8 | 4 | 1 | 9 | 3 | 6 |

## HARD - 94

| 1 | 7 | 3 | 2 | 6 | 4 | 8 | 5 | 9 |
|---|---|---|---|---|---|---|---|---|
| 4 | 9 | 2 | 7 | 5 | 8 | 3 | 6 | 1 |
| 6 | 8 | 5 | 3 | 9 | 1 | 7 | 2 | 4 |
| 3 | 6 | 7 | 1 | 2 | 5 | 4 | 9 | 8 |
| 9 | 2 | 1 | 4 | 8 | 3 | 6 | 7 | 5 |
| 8 | 5 | 4 | 9 | 7 | 6 | 1 | 3 | 2 |
| 5 | 4 | 6 | 8 | 3 | 2 | 9 | 1 | 7 |
| 2 | 1 | 9 | 6 | 4 | 7 | 5 | 8 | 3 |
| 7 | 3 | 8 | 5 | 1 | 9 | 2 | 4 | 6 |

## HARD - 95

| 4 | 5 | 6 | 3 | 9 | 2 | 7 | 8 | 1 |
|---|---|---|---|---|---|---|---|---|
| 2 | 3 | 7 | 6 | 8 | 1 | 9 | 4 | 5 |
| 1 | 8 | 9 | 4 | 5 | 7 | 6 | 2 | 3 |
| 7 | 6 | 5 | 1 | 4 | 9 | 8 | 3 | 2 |
| 9 | 2 | 3 | 5 | 6 | 8 | 4 | 1 | 7 |
| 8 | 4 | 1 | 7 | 2 | 3 | 5 | 9 | 6 |
| 5 | 9 | 8 | 2 | 3 | 6 | 1 | 7 | 4 |
| 3 | 1 | 4 | 8 | 7 | 5 | 2 | 6 | 9 |
| 6 | 7 | 2 | 9 | 1 | 4 | 3 | 5 | 8 |

## HARD - 96

| 6 | 5 | 8 | 3 | 2 | 1 | 7 | 9 | 4 |
|---|---|---|---|---|---|---|---|---|
| 2 | 7 | 3 | 8 | 9 | 4 | 6 | 1 | 5 |
| 9 | 1 | 4 | 6 | 7 | 5 | 3 | 8 | 2 |
| 1 | 6 | 2 | 9 | 8 | 7 | 5 | 4 | 3 |
| 8 | 3 | 5 | 4 | 1 | 2 | 9 | 6 | 7 |
| 4 | 9 | 7 | 5 | 6 | 3 | 1 | 2 | 8 |
| 7 | 2 | 9 | 1 | 5 | 8 | 4 | 3 | 6 |
| 5 | 4 | 6 | 2 | 3 | 9 | 8 | 7 | 1 |
| 3 | 8 | 1 | 7 | 4 | 6 | 2 | 5 | 9 |

## HARD - 97

| 1 | 7 | 4 | 3 | 2 | 8 | 5 | 9 | 6 |
|---|---|---|---|---|---|---|---|---|
| 5 | 8 | 9 | 1 | 6 | 7 | 2 | 3 | 4 |
| 2 | 3 | 6 | 5 | 4 | 9 | 1 | 8 | 7 |
| 9 | 1 | 3 | 6 | 7 | 2 | 8 | 4 | 5 |
| 8 | 5 | 2 | 4 | 1 | 3 | 7 | 6 | 9 |
| 6 | 4 | 7 | 8 | 9 | 5 | 3 | 1 | 2 |
| 3 | 9 | 5 | 2 | 8 | 4 | 6 | 7 | 1 |
| 4 | 6 | 8 | 7 | 5 | 1 | 9 | 2 | 3 |
| 7 | 2 | 1 | 9 | 3 | 6 | 4 | 5 | 8 |

## HARD - 98

| 6 | 3 | 9 | 7 | 4 | 8 | 5 | 2 | 1 |
|---|---|---|---|---|---|---|---|---|
| 7 | 2 | 8 | 6 | 5 | 1 | 9 | 3 | 4 |
| 1 | 5 | 4 | 3 | 9 | 2 | 8 | 7 | 6 |
| 8 | 1 | 7 | 9 | 6 | 5 | 2 | 4 | 3 |
| 5 | 6 | 2 | 4 | 8 | 3 | 1 | 9 | 7 |
| 9 | 4 | 3 | 2 | 1 | 7 | 6 | 8 | 5 |
| 4 | 8 | 5 | 1 | 7 | 9 | 3 | 6 | 2 |
| 2 | 7 | 1 | 8 | 3 | 6 | 4 | 5 | 9 |
| 3 | 9 | 6 | 5 | 2 | 4 | 7 | 1 | 8 |

## HARD - 99

| 1 | 4 | 8 | 9 | 3 | 7 | 5 | 2 | 6 |
|---|---|---|---|---|---|---|---|---|
| 5 | 6 | 9 | 8 | 2 | 4 | 7 | 1 | 3 |
| 7 | 3 | 2 | 5 | 1 | 6 | 8 | 9 | 4 |
| 3 | 8 | 6 | 4 | 5 | 2 | 1 | 7 | 9 |
| 4 | 9 | 7 | 3 | 8 | 1 | 2 | 6 | 5 |
| 2 | 5 | 1 | 6 | 7 | 9 | 3 | 4 | 8 |
| 8 | 7 | 4 | 2 | 6 | 3 | 9 | 5 | 1 |
| 9 | 1 | 3 | 7 | 4 | 5 | 6 | 8 | 2 |
| 6 | 2 | 5 | 1 | 9 | 8 | 4 | 3 | 7 |

## HARD - 100

| 2 | 4 | 7 | 9 | 5 | 3 | 8 | 1 | 6 |
|---|---|---|---|---|---|---|---|---|
| 3 | 1 | 6 | 8 | 7 | 4 | 2 | 5 | 9 |
| 5 | 9 | 8 | 1 | 2 | 6 | 3 | 4 | 7 |
| 6 | 2 | 9 | 3 | 4 | 5 | 1 | 7 | 8 |
| 7 | 8 | 4 | 2 | 1 | 9 | 5 | 6 | 3 |
| 1 | 3 | 5 | 6 | 8 | 7 | 4 | 9 | 2 |
| 8 | 5 | 1 | 7 | 9 | 2 | 6 | 3 | 4 |
| 4 | 7 | 3 | 5 | 6 | 8 | 9 | 2 | 1 |
| 9 | 6 | 2 | 4 | 3 | 1 | 7 | 8 | 5 |

## HARD - 101

| 9 | 3 | 7 | 1 | 2 | 6 | 5 | 8 | 4 |
|---|---|---|---|---|---|---|---|---|
| 8 | 2 | 4 | 7 | 9 | 5 | 6 | 1 | 3 |
| 5 | 6 | 1 | 4 | 8 | 3 | 9 | 2 | 7 |
| 6 | 4 | 8 | 9 | 3 | 2 | 7 | 5 | 1 |
| 2 | 1 | 3 | 8 | 5 | 7 | 4 | 9 | 6 |
| 7 | 5 | 9 | 6 | 4 | 1 | 8 | 3 | 2 |
| 3 | 9 | 6 | 5 | 1 | 4 | 2 | 7 | 8 |
| 4 | 8 | 2 | 3 | 7 | 9 | 1 | 6 | 5 |
| 1 | 7 | 5 | 2 | 6 | 8 | 3 | 4 | 9 |

## HARD - 102

| 7 | 2 | 9 | 8 | 6 | 4 | 3 | 5 | 1 |
|---|---|---|---|---|---|---|---|---|
| 3 | 4 | 6 | 1 | 5 | 9 | 2 | 8 | 7 |
| 5 | 1 | 8 | 2 | 3 | 7 | 4 | 9 | 6 |
| 6 | 8 | 5 | 3 | 9 | 1 | 7 | 2 | 4 |
| 2 | 9 | 3 | 4 | 7 | 6 | 8 | 1 | 5 |
| 4 | 7 | 1 | 5 | 2 | 8 | 6 | 3 | 9 |
| 9 | 3 | 7 | 6 | 1 | 2 | 5 | 4 | 8 |
| 1 | 5 | 4 | 7 | 8 | 3 | 9 | 6 | 2 |
| 8 | 6 | 2 | 9 | 4 | 5 | 1 | 7 | 3 |

## HARD - 103

| 7 | 4 | 6 | 2 | 1 | 3 | 5 | 8 | 9 |
|---|---|---|---|---|---|---|---|---|
| 5 | 9 | 1 | 6 | 7 | 8 | 4 | 2 | 3 |
| 8 | 3 | 2 | 4 | 5 | 9 | 1 | 7 | 6 |
| 1 | 7 | 9 | 3 | 2 | 5 | 8 | 6 | 4 |
| 6 | 5 | 4 | 8 | 9 | 1 | 2 | 3 | 7 |
| 3 | 2 | 8 | 7 | 6 | 4 | 9 | 5 | 1 |
| 2 | 6 | 5 | 9 | 4 | 7 | 3 | 1 | 8 |
| 4 | 8 | 7 | 1 | 3 | 2 | 6 | 9 | 5 |
| 9 | 1 | 3 | 5 | 8 | 6 | 7 | 4 | 2 |

## HARD - 104

| 5 | 6 | 7 | 3 | 9 | 8 | 2 | 1 | 4 |
|---|---|---|---|---|---|---|---|---|
| 3 | 4 | 1 | 2 | 7 | 5 | 8 | 9 | 6 |
| 2 | 8 | 9 | 4 | 6 | 1 | 7 | 3 | 5 |
| 9 | 5 | 8 | 1 | 4 | 2 | 3 | 6 | 7 |
| 4 | 2 | 6 | 9 | 3 | 7 | 5 | 8 | 1 |
| 1 | 7 | 3 | 8 | 5 | 6 | 9 | 4 | 2 |
| 6 | 1 | 5 | 7 | 8 | 3 | 4 | 2 | 9 |
| 8 | 9 | 2 | 5 | 1 | 4 | 6 | 7 | 3 |
| 7 | 3 | 4 | 6 | 2 | 9 | 1 | 5 | 8 |

## HARD - 105

| 5 | 2 | 3 | 1 | 6 | 4 | 9 | 7 | 8 |
|---|---|---|---|---|---|---|---|---|
| 7 | 6 | 4 | 9 | 3 | 8 | 5 | 1 | 2 |
| 1 | 8 | 9 | 5 | 7 | 2 | 3 | 4 | 6 |
| 4 | 9 | 1 | 2 | 5 | 6 | 8 | 3 | 7 |
| 8 | 5 | 2 | 7 | 1 | 3 | 4 | 6 | 9 |
| 6 | 3 | 7 | 4 | 8 | 9 | 1 | 2 | 5 |
| 2 | 7 | 8 | 3 | 4 | 5 | 6 | 9 | 1 |
| 9 | 4 | 6 | 8 | 2 | 1 | 7 | 5 | 3 |
| 3 | 1 | 5 | 6 | 9 | 7 | 2 | 8 | 4 |

## HARD - 106

| 2 | 1 | 4 | 5 | 8 | 6 | 7 | 3 | 9 |
|---|---|---|---|---|---|---|---|---|
| 9 | 6 | 8 | 3 | 7 | 2 | 1 | 5 | 4 |
| 7 | 5 | 3 | 1 | 4 | 9 | 6 | 2 | 8 |
| 6 | 3 | 2 | 4 | 5 | 8 | 9 | 1 | 7 |
| 1 | 4 | 5 | 7 | 9 | 3 | 2 | 8 | 6 |
| 8 | 9 | 7 | 2 | 6 | 1 | 5 | 4 | 3 |
| 5 | 2 | 9 | 8 | 3 | 7 | 4 | 6 | 1 |
| 4 | 8 | 6 | 9 | 1 | 5 | 3 | 7 | 2 |
| 3 | 7 | 1 | 6 | 2 | 4 | 8 | 9 | 5 |

## HARD - 107

| 1 | 6 | 5 | 7 | 9 | 8 | 4 | 3 | 2 |
|---|---|---|---|---|---|---|---|---|
| 2 | 3 | 8 | 1 | 5 | 4 | 6 | 7 | 9 |
| 7 | 9 | 4 | 2 | 3 | 6 | 8 | 1 | 5 |
| 5 | 1 | 6 | 9 | 8 | 2 | 7 | 4 | 3 |
| 4 | 7 | 2 | 5 | 1 | 3 | 9 | 6 | 8 |
| 9 | 8 | 3 | 6 | 4 | 7 | 2 | 5 | 1 |
| 8 | 5 | 1 | 4 | 6 | 9 | 3 | 2 | 7 |
| 6 | 2 | 9 | 3 | 7 | 1 | 5 | 8 | 4 |
| 3 | 4 | 7 | 8 | 2 | 5 | 1 | 9 | 6 |

## HARD - 108

| 9 | 1 | 5 | 2 | 7 | 8 | 3 | 4 | 6 |
|---|---|---|---|---|---|---|---|---|
| 3 | 8 | 7 | 6 | 1 | 4 | 9 | 2 | 5 |
| 4 | 6 | 2 | 9 | 3 | 5 | 1 | 7 | 8 |
| 5 | 9 | 8 | 1 | 4 | 6 | 7 | 3 | 2 |
| 2 | 3 | 4 | 5 | 9 | 7 | 8 | 6 | 1 |
| 6 | 7 | 1 | 8 | 2 | 3 | 5 | 9 | 4 |
| 1 | 4 | 6 | 3 | 5 | 9 | 2 | 8 | 7 |
| 8 | 5 | 9 | 7 | 6 | 2 | 4 | 1 | 3 |
| 7 | 2 | 3 | 4 | 8 | 1 | 6 | 5 | 9 |

## HARD - 109

| 7 | 1 | 3 | 8 | 9 | 2 | 5 | 4 | 6 |
|---|---|---|---|---|---|---|---|---|
| 6 | 5 | 8 | 1 | 4 | 3 | 2 | 9 | 7 |
| 9 | 4 | 2 | 7 | 6 | 5 | 3 | 1 | 8 |
| 8 | 7 | 5 | 6 | 3 | 4 | 1 | 2 | 9 |
| 4 | 6 | 1 | 2 | 7 | 9 | 8 | 5 | 3 |
| 2 | 3 | 9 | 5 | 8 | 1 | 6 | 7 | 4 |
| 3 | 2 | 7 | 4 | 1 | 6 | 9 | 8 | 5 |
| 1 | 9 | 4 | 3 | 5 | 8 | 7 | 6 | 2 |
| 5 | 8 | 6 | 9 | 2 | 7 | 4 | 3 | 1 |

## HARD - 110

| 4 | 2 | 6 | 1 | 5 | 8 | 3 | 7 | 9 |
|---|---|---|---|---|---|---|---|---|
| 8 | 1 | 9 | 4 | 3 | 7 | 2 | 6 | 5 |
| 3 | 5 | 7 | 6 | 9 | 2 | 1 | 8 | 4 |
| 5 | 7 | 3 | 2 | 6 | 9 | 4 | 1 | 8 |
| 2 | 9 | 8 | 7 | 4 | 1 | 5 | 3 | 6 |
| 1 | 6 | 4 | 5 | 8 | 3 | 9 | 2 | 7 |
| 7 | 3 | 5 | 8 | 2 | 4 | 6 | 9 | 1 |
| 6 | 8 | 2 | 9 | 1 | 5 | 7 | 4 | 3 |
| 9 | 4 | 1 | 3 | 7 | 6 | 8 | 5 | 2 |

## HARD - 111

| 7 | 5 | 9 | 6 | 2 | 3 | 1 | 8 | 4 |
|---|---|---|---|---|---|---|---|---|
| 4 | 3 | 6 | 8 | 5 | 1 | 7 | 2 | 9 |
| 2 | 8 | 1 | 9 | 4 | 7 | 6 | 5 | 3 |
| 5 | 1 | 4 | 2 | 7 | 8 | 9 | 3 | 6 |
| 6 | 9 | 2 | 3 | 1 | 4 | 5 | 7 | 8 |
| 8 | 7 | 3 | 5 | 6 | 9 | 2 | 4 | 1 |
| 9 | 6 | 8 | 7 | 3 | 2 | 4 | 1 | 5 |
| 3 | 4 | 7 | 1 | 9 | 5 | 8 | 6 | 2 |
| 1 | 2 | 5 | 4 | 8 | 6 | 3 | 9 | 7 |

## HARD - 112

| 4 | 5 | 3 | 7 | 6 | 9 | 1 | 8 | 2 |
|---|---|---|---|---|---|---|---|---|
| 1 | 8 | 6 | 3 | 2 | 5 | 4 | 7 | 9 |
| 2 | 7 | 9 | 1 | 8 | 4 | 3 | 5 | 6 |
| 8 | 2 | 4 | 9 | 7 | 3 | 5 | 6 | 1 |
| 3 | 9 | 1 | 6 | 5 | 8 | 2 | 4 | 7 |
| 5 | 6 | 7 | 2 | 4 | 1 | 9 | 3 | 8 |
| 7 | 3 | 5 | 8 | 9 | 2 | 6 | 1 | 4 |
| 6 | 4 | 2 | 5 | 1 | 7 | 8 | 9 | 3 |
| 9 | 1 | 8 | 4 | 3 | 6 | 7 | 2 | 5 |

## HARD - 113

| 1 | 6 | 3 | 7 | 5 | 9 | 4 | 2 | 8 |
|---|---|---|---|---|---|---|---|---|
| 8 | 4 | 7 | 3 | 6 | 2 | 5 | 1 | 9 |
| 9 | 2 | 5 | 1 | 4 | 8 | 7 | 3 | 6 |
| 5 | 3 | 8 | 4 | 2 | 7 | 9 | 6 | 1 |
| 4 | 9 | 2 | 6 | 1 | 5 | 8 | 7 | 3 |
| 7 | 1 | 6 | 8 | 9 | 3 | 2 | 5 | 4 |
| 6 | 7 | 9 | 5 | 8 | 1 | 3 | 4 | 2 |
| 2 | 5 | 4 | 9 | 3 | 6 | 1 | 8 | 7 |
| 3 | 8 | 1 | 2 | 7 | 4 | 6 | 9 | 5 |

## HARD - 114

| 9 | 6 | 3 | 5 | 4 | 2 | 1 | 7 | 8 |
|---|---|---|---|---|---|---|---|---|
| 7 | 5 | 1 | 9 | 8 | 3 | 4 | 2 | 6 |
| 8 | 2 | 4 | 1 | 7 | 6 | 3 | 5 | 9 |
| 3 | 1 | 6 | 7 | 9 | 4 | 5 | 8 | 2 |
| 5 | 9 | 7 | 2 | 1 | 8 | 6 | 4 | 3 |
| 4 | 8 | 2 | 3 | 6 | 5 | 7 | 9 | 1 |
| 2 | 3 | 8 | 4 | 5 | 1 | 9 | 6 | 7 |
| 1 | 4 | 9 | 6 | 2 | 7 | 8 | 3 | 5 |
| 6 | 7 | 5 | 8 | 3 | 9 | 2 | 1 | 4 |

## HARD - 115

| 2 | 6 | 3 | 9 | 1 | 7 | 4 | 8 | 5 |
|---|---|---|---|---|---|---|---|---|
| 7 | 5 | 1 | 4 | 2 | 8 | 6 | 9 | 3 |
| 9 | 4 | 8 | 6 | 3 | 5 | 2 | 7 | 1 |
| 6 | 7 | 9 | 3 | 4 | 1 | 8 | 5 | 2 |
| 8 | 3 | 5 | 2 | 7 | 6 | 1 | 4 | 9 |
| 1 | 2 | 4 | 5 | 8 | 9 | 3 | 6 | 7 |
| 5 | 9 | 2 | 8 | 6 | 3 | 7 | 1 | 4 |
| 3 | 1 | 6 | 7 | 9 | 4 | 5 | 2 | 8 |
| 4 | 8 | 7 | 1 | 5 | 2 | 9 | 3 | 6 |

## HARD - 116

| 4 | 9 | 8 | 6 | 1 | 2 | 5 | 3 | 7 |
|---|---|---|---|---|---|---|---|---|
| 7 | 2 | 6 | 3 | 8 | 5 | 4 | 9 | 1 |
| 5 | 3 | 1 | 9 | 7 | 4 | 2 | 8 | 6 |
| 8 | 7 | 2 | 5 | 6 | 1 | 3 | 4 | 9 |
| 1 | 6 | 5 | 4 | 9 | 3 | 7 | 2 | 8 |
| 3 | 4 | 9 | 8 | 2 | 7 | 1 | 6 | 5 |
| 6 | 1 | 7 | 2 | 3 | 9 | 8 | 5 | 4 |
| 9 | 5 | 3 | 1 | 4 | 8 | 6 | 7 | 2 |
| 2 | 8 | 4 | 7 | 5 | 6 | 9 | 1 | 3 |

## HARD - 117

| 5 | 4 | 2 | 6 | 9 | 7 | 8 | 1 | 3 |
|---|---|---|---|---|---|---|---|---|
| 8 | 6 | 9 | 1 | 3 | 2 | 5 | 4 | 7 |
| 1 | 3 | 7 | 5 | 8 | 4 | 6 | 9 | 2 |
| 3 | 9 | 6 | 4 | 5 | 1 | 7 | 2 | 8 |
| 2 | 5 | 1 | 7 | 6 | 8 | 9 | 3 | 4 |
| 7 | 8 | 4 | 9 | 2 | 3 | 1 | 6 | 5 |
| 9 | 2 | 3 | 8 | 1 | 5 | 4 | 7 | 6 |
| 6 | 7 | 5 | 2 | 4 | 9 | 3 | 8 | 1 |
| 4 | 1 | 8 | 3 | 7 | 6 | 2 | 5 | 9 |

## HARD - 118

| 2 | 1 | 7 | 3 | 9 | 4 | 8 | 6 | 5 |
|---|---|---|---|---|---|---|---|---|
| 9 | 6 | 8 | 5 | 2 | 7 | 4 | 3 | 1 |
| 4 | 5 | 3 | 8 | 6 | 1 | 7 | 2 | 9 |
| 6 | 8 | 1 | 2 | 3 | 5 | 9 | 7 | 4 |
| 3 | 4 | 5 | 6 | 7 | 9 | 2 | 1 | 8 |
| 7 | 2 | 9 | 1 | 4 | 8 | 6 | 5 | 3 |
| 5 | 9 | 2 | 7 | 8 | 3 | 1 | 4 | 6 |
| 1 | 7 | 4 | 9 | 5 | 6 | 3 | 8 | 2 |
| 8 | 3 | 6 | 4 | 1 | 2 | 5 | 9 | 7 |

## HARD - 119

| 1 | 9 | 3 | 5 | 6 | 4 | 7 | 8 | 2 |
|---|---|---|---|---|---|---|---|---|
| 6 | 5 | 8 | 7 | 2 | 3 | 4 | 1 | 9 |
| 7 | 2 | 4 | 9 | 1 | 8 | 6 | 5 | 3 |
| 8 | 4 | 5 | 2 | 3 | 6 | 9 | 7 | 1 |
| 9 | 7 | 1 | 4 | 8 | 5 | 2 | 3 | 6 |
| 2 | 3 | 6 | 1 | 9 | 7 | 5 | 4 | 8 |
| 4 | 6 | 9 | 8 | 5 | 1 | 3 | 2 | 7 |
| 3 | 1 | 7 | 6 | 4 | 2 | 8 | 9 | 5 |
| 5 | 8 | 2 | 3 | 7 | 9 | 1 | 6 | 4 |

## HARD - 120

| 2 | 1 | 6 | 5 | 4 | 8 | 3 | 9 | 7 |
|---|---|---|---|---|---|---|---|---|
| 3 | 4 | 7 | 2 | 9 | 6 | 1 | 5 | 8 |
| 5 | 8 | 9 | 1 | 3 | 7 | 4 | 6 | 2 |
| 6 | 5 | 3 | 4 | 8 | 2 | 9 | 7 | 1 |
| 9 | 7 | 8 | 3 | 6 | 1 | 5 | 2 | 4 |
| 4 | 2 | 1 | 9 | 7 | 5 | 8 | 3 | 6 |
| 7 | 6 | 4 | 8 | 5 | 3 | 2 | 1 | 9 |
| 8 | 3 | 2 | 6 | 1 | 9 | 7 | 4 | 5 |
| 1 | 9 | 5 | 7 | 2 | 4 | 6 | 8 | 3 |

## HARD - 121

| 3 | 1 | 7 | 4 | 6 | 2 | 5 | 9 | 8 |
|---|---|---|---|---|---|---|---|---|
| 4 | 2 | 9 | 8 | 5 | 7 | 6 | 1 | 3 |
| 5 | 6 | 8 | 9 | 1 | 3 | 7 | 4 | 2 |
| 2 | 4 | 5 | 1 | 7 | 9 | 8 | 3 | 6 |
| 1 | 9 | 3 | 5 | 8 | 6 | 2 | 7 | 4 |
| 8 | 7 | 6 | 2 | 3 | 4 | 9 | 5 | 1 |
| 9 | 3 | 4 | 6 | 2 | 5 | 1 | 8 | 7 |
| 7 | 8 | 2 | 3 | 9 | 1 | 4 | 6 | 5 |
| 6 | 5 | 1 | 7 | 4 | 8 | 3 | 2 | 9 |

## HARD - 122

| 3 | 7 | 1 | 8 | 9 | 5 | 6 | 4 | 2 |
|---|---|---|---|---|---|---|---|---|
| 8 | 4 | 6 | 7 | 1 | 2 | 3 | 9 | 5 |
| 5 | 2 | 9 | 4 | 6 | 3 | 7 | 8 | 1 |
| 2 | 5 | 4 | 3 | 7 | 9 | 1 | 6 | 8 |
| 1 | 9 | 8 | 2 | 4 | 6 | 5 | 3 | 7 |
| 7 | 6 | 3 | 1 | 5 | 8 | 9 | 2 | 4 |
| 9 | 1 | 7 | 6 | 2 | 4 | 8 | 5 | 3 |
| 4 | 3 | 5 | 9 | 8 | 7 | 2 | 1 | 6 |
| 6 | 8 | 2 | 5 | 3 | 1 | 4 | 7 | 9 |

## HARD - 123

| 6 | 7 | 1 | 5 | 2 | 8 | 9 | 4 | 3 |
|---|---|---|---|---|---|---|---|---|
| 8 | 4 | 9 | 6 | 1 | 3 | 5 | 2 | 7 |
| 2 | 3 | 5 | 9 | 4 | 7 | 6 | 1 | 8 |
| 9 | 2 | 6 | 3 | 7 | 1 | 8 | 5 | 4 |
| 4 | 8 | 3 | 2 | 5 | 6 | 1 | 7 | 9 |
| 5 | 1 | 7 | 8 | 9 | 4 | 3 | 6 | 2 |
| 3 | 5 | 8 | 7 | 6 | 2 | 4 | 9 | 1 |
| 1 | 6 | 2 | 4 | 3 | 9 | 7 | 8 | 5 |
| 7 | 9 | 4 | 1 | 8 | 5 | 2 | 3 | 6 |

## HARD - 124

| 6 | 1 | 7 | 3 | 5 | 2 | 4 | 9 | 8 |
|---|---|---|---|---|---|---|---|---|
| 5 | 3 | 8 | 4 | 9 | 1 | 6 | 2 | 7 |
| 4 | 2 | 9 | 7 | 8 | 6 | 1 | 3 | 5 |
| 1 | 7 | 5 | 8 | 6 | 9 | 3 | 4 | 2 |
| 2 | 9 | 6 | 5 | 4 | 3 | 8 | 7 | 1 |
| 8 | 4 | 3 | 1 | 2 | 7 | 9 | 5 | 6 |
| 9 | 5 | 1 | 6 | 7 | 4 | 2 | 8 | 3 |
| 7 | 6 | 4 | 2 | 3 | 8 | 5 | 1 | 9 |
| 3 | 8 | 2 | 9 | 1 | 5 | 7 | 6 | 4 |

## HARD - 125

| 4 | 6 | 7 | 5 | 2 | 9 | 1 | 8 | 3 |
|---|---|---|---|---|---|---|---|---|
| 2 | 3 | 1 | 7 | 8 | 6 | 5 | 4 | 9 |
| 9 | 8 | 5 | 4 | 3 | 1 | 6 | 2 | 7 |
| 6 | 5 | 3 | 9 | 7 | 4 | 2 | 1 | 8 |
| 7 | 4 | 9 | 2 | 1 | 8 | 3 | 5 | 6 |
| 1 | 2 | 8 | 6 | 5 | 3 | 9 | 7 | 4 |
| 5 | 9 | 2 | 8 | 6 | 7 | 4 | 3 | 1 |
| 3 | 7 | 4 | 1 | 9 | 5 | 8 | 6 | 2 |
| 8 | 1 | 6 | 3 | 4 | 2 | 7 | 9 | 5 |

## HARD - 126

| 3 | 6 | 4 | 2 | 1 | 5 | 7 | 8 | 9 |
|---|---|---|---|---|---|---|---|---|
| 1 | 2 | 7 | 9 | 8 | 6 | 3 | 5 | 4 |
| 8 | 5 | 9 | 3 | 4 | 7 | 1 | 2 | 6 |
| 4 | 1 | 2 | 8 | 5 | 3 | 9 | 6 | 7 |
| 6 | 7 | 5 | 1 | 9 | 4 | 2 | 3 | 8 |
| 9 | 3 | 8 | 6 | 7 | 2 | 5 | 4 | 1 |
| 2 | 9 | 1 | 4 | 3 | 8 | 6 | 7 | 5 |
| 5 | 4 | 6 | 7 | 2 | 9 | 8 | 1 | 3 |
| 7 | 8 | 3 | 5 | 6 | 1 | 4 | 9 | 2 |

## HARD - 127

| 7 | 1 | 2 | 6 | 3 | 5 | 4 | 9 | 8 |
|---|---|---|---|---|---|---|---|---|
| 5 | 3 | 8 | 4 | 7 | 9 | 1 | 2 | 6 |
| 9 | 6 | 4 | 2 | 1 | 8 | 3 | 7 | 5 |
| 8 | 2 | 3 | 9 | 6 | 7 | 5 | 4 | 1 |
| 4 | 5 | 7 | 1 | 8 | 2 | 9 | 6 | 3 |
| 6 | 9 | 1 | 3 | 5 | 4 | 7 | 8 | 2 |
| 2 | 8 | 9 | 5 | 4 | 1 | 6 | 3 | 7 |
| 3 | 4 | 5 | 7 | 2 | 6 | 8 | 1 | 9 |
| 1 | 7 | 6 | 8 | 9 | 3 | 2 | 5 | 4 |

## HARD - 128

| 3 | 9 | 5 | 1 | 2 | 4 | 7 | 6 | 8 |
|---|---|---|---|---|---|---|---|---|
| 7 | 4 | 2 | 6 | 9 | 8 | 5 | 3 | 1 |
| 8 | 6 | 1 | 3 | 7 | 5 | 4 | 2 | 9 |
| 1 | 3 | 6 | 9 | 4 | 7 | 8 | 5 | 2 |
| 4 | 2 | 8 | 5 | 6 | 3 | 1 | 9 | 7 |
| 5 | 7 | 9 | 2 | 8 | 1 | 3 | 4 | 6 |
| 6 | 8 | 3 | 7 | 5 | 9 | 2 | 1 | 4 |
| 9 | 1 | 7 | 4 | 3 | 2 | 6 | 8 | 5 |
| 2 | 5 | 4 | 8 | 1 | 6 | 9 | 7 | 3 |

## HARD - 129

| 6 | 3 | 9 | 8 | 2 | 4 | 7 | 5 | 1 |
|---|---|---|---|---|---|---|---|---|
| 4 | 1 | 8 | 9 | 7 | 5 | 3 | 6 | 2 |
| 7 | 5 | 2 | 6 | 1 | 3 | 4 | 8 | 9 |
| 2 | 9 | 7 | 1 | 4 | 8 | 6 | 3 | 5 |
| 1 | 4 | 6 | 5 | 3 | 2 | 9 | 7 | 8 |
| 5 | 8 | 3 | 7 | 9 | 6 | 2 | 1 | 4 |
| 8 | 7 | 1 | 4 | 6 | 9 | 5 | 2 | 3 |
| 3 | 6 | 4 | 2 | 5 | 1 | 8 | 9 | 7 |
| 9 | 2 | 5 | 3 | 8 | 7 | 1 | 4 | 6 |

## HARD - 130

| 5 | 1 | 6 | 3 | 2 | 4 | 7 | 8 | 9 |
|---|---|---|---|---|---|---|---|---|
| 3 | 9 | 2 | 6 | 7 | 8 | 4 | 5 | 1 |
| 4 | 7 | 8 | 9 | 1 | 5 | 2 | 3 | 6 |
| 7 | 6 | 3 | 1 | 4 | 2 | 8 | 9 | 5 |
| 9 | 8 | 4 | 5 | 3 | 7 | 1 | 6 | 2 |
| 1 | 2 | 5 | 8 | 6 | 9 | 3 | 4 | 7 |
| 8 | 3 | 1 | 7 | 5 | 6 | 9 | 2 | 4 |
| 2 | 5 | 9 | 4 | 8 | 1 | 6 | 7 | 3 |
| 6 | 4 | 7 | 2 | 9 | 3 | 5 | 1 | 8 |

## HARD - 131

| 8 | 9 | 2 | 4 | 6 | 1 | 7 | 3 | 5 |
|---|---|---|---|---|---|---|---|---|
| 3 | 1 | 6 | 7 | 8 | 5 | 9 | 2 | 4 |
| 7 | 4 | 5 | 2 | 3 | 9 | 8 | 1 | 6 |
| 1 | 3 | 7 | 6 | 9 | 2 | 4 | 5 | 8 |
| 6 | 5 | 9 | 8 | 1 | 4 | 2 | 7 | 3 |
| 2 | 8 | 4 | 3 | 5 | 7 | 6 | 9 | 1 |
| 9 | 6 | 3 | 1 | 7 | 8 | 5 | 4 | 2 |
| 5 | 2 | 1 | 9 | 4 | 6 | 3 | 8 | 7 |
| 4 | 7 | 8 | 5 | 2 | 3 | 1 | 6 | 9 |

## HARD - 132

| 5 | 3 | 7 | 4 | 1 | 8 | 6 | 2 | 9 |
|---|---|---|---|---|---|---|---|---|
| 6 | 8 | 1 | 2 | 9 | 5 | 3 | 7 | 4 |
| 4 | 9 | 2 | 6 | 7 | 3 | 8 | 5 | 1 |
| 2 | 4 | 8 | 7 | 3 | 6 | 9 | 1 | 5 |
| 3 | 5 | 9 | 1 | 8 | 2 | 7 | 4 | 6 |
| 1 | 7 | 6 | 5 | 4 | 9 | 2 | 3 | 8 |
| 8 | 2 | 3 | 9 | 5 | 4 | 1 | 6 | 7 |
| 9 | 1 | 4 | 3 | 6 | 7 | 5 | 8 | 2 |
| 7 | 6 | 5 | 8 | 2 | 1 | 4 | 9 | 3 |

## HARD - 133

| 1 | 5 | 8 | 6 | 9 | 3 | 4 | 2 | 7 |
|---|---|---|---|---|---|---|---|---|
| 3 | 9 | 2 | 5 | 7 | 4 | 1 | 8 | 6 |
| 4 | 7 | 6 | 8 | 2 | 1 | 3 | 9 | 5 |
| 6 | 2 | 5 | 9 | 3 | 8 | 7 | 4 | 1 |
| 9 | 1 | 7 | 4 | 5 | 6 | 8 | 3 | 2 |
| 8 | 4 | 3 | 2 | 1 | 7 | 5 | 6 | 9 |
| 7 | 6 | 1 | 3 | 4 | 2 | 9 | 5 | 8 |
| 5 | 8 | 4 | 7 | 6 | 9 | 2 | 1 | 3 |
| 2 | 3 | 9 | 1 | 8 | 5 | 6 | 7 | 4 |

## HARD - 134

| 6 | 9 | 2 | 3 | 1 | 4 | 5 | 8 | 7 |
|---|---|---|---|---|---|---|---|---|
| 7 | 4 | 3 | 5 | 8 | 2 | 1 | 9 | 6 |
| 8 | 5 | 1 | 9 | 7 | 6 | 3 | 4 | 2 |
| 3 | 8 | 9 | 7 | 6 | 5 | 4 | 2 | 1 |
| 1 | 6 | 7 | 4 | 2 | 9 | 8 | 3 | 5 |
| 5 | 2 | 4 | 8 | 3 | 1 | 6 | 7 | 9 |
| 9 | 7 | 6 | 1 | 4 | 3 | 2 | 5 | 8 |
| 4 | 1 | 5 | 2 | 9 | 8 | 7 | 6 | 3 |
| 2 | 3 | 8 | 6 | 5 | 7 | 9 | 1 | 4 |

## HARD - 135

| 7 | 3 | 2 | 9 | 6 | 4 | 8 | 1 | 5 |
|---|---|---|---|---|---|---|---|---|
| 9 | 5 | 8 | 3 | 1 | 2 | 7 | 4 | 6 |
| 4 | 1 | 6 | 8 | 7 | 5 | 3 | 2 | 9 |
| 8 | 4 | 5 | 6 | 2 | 1 | 9 | 7 | 3 |
| 6 | 9 | 7 | 5 | 4 | 3 | 1 | 8 | 2 |
| 1 | 2 | 3 | 7 | 9 | 8 | 6 | 5 | 4 |
| 3 | 7 | 4 | 1 | 5 | 9 | 2 | 6 | 8 |
| 2 | 8 | 1 | 4 | 3 | 6 | 5 | 9 | 7 |
| 5 | 6 | 9 | 2 | 8 | 7 | 4 | 3 | 1 |

## HARD - 136

| 3 | 2 | 9 | 4 | 5 | 8 | 7 | 1 | 6 |
|---|---|---|---|---|---|---|---|---|
| 1 | 4 | 6 | 2 | 7 | 3 | 8 | 9 | 5 |
| 8 | 7 | 5 | 1 | 6 | 9 | 4 | 3 | 2 |
| 5 | 1 | 7 | 8 | 3 | 4 | 2 | 6 | 9 |
| 4 | 8 | 2 | 9 | 1 | 6 | 5 | 7 | 3 |
| 9 | 6 | 3 | 7 | 2 | 5 | 1 | 8 | 4 |
| 6 | 5 | 1 | 3 | 4 | 7 | 9 | 2 | 8 |
| 7 | 9 | 4 | 6 | 8 | 2 | 3 | 5 | 1 |
| 2 | 3 | 8 | 5 | 9 | 1 | 6 | 4 | 7 |

## HARD - 137

| 3 | 5 | 7 | 8 | 1 | 9 | 6 | 2 | 4 |
|---|---|---|---|---|---|---|---|---|
| 2 | 1 | 6 | 4 | 3 | 7 | 9 | 8 | 5 |
| 8 | 9 | 4 | 2 | 6 | 5 | 1 | 3 | 7 |
| 7 | 6 | 2 | 9 | 8 | 3 | 4 | 5 | 1 |
| 1 | 3 | 5 | 6 | 4 | 2 | 7 | 9 | 8 |
| 9 | 4 | 8 | 7 | 5 | 1 | 3 | 6 | 2 |
| 4 | 7 | 3 | 5 | 9 | 8 | 2 | 1 | 6 |
| 5 | 2 | 1 | 3 | 7 | 6 | 8 | 4 | 9 |
| 6 | 8 | 9 | 1 | 2 | 4 | 5 | 7 | 3 |

## HARD - 138

| 2 | 7 | 9 | 3 | 6 | 8 | 1 | 4 | 5 |
|---|---|---|---|---|---|---|---|---|
| 4 | 8 | 3 | 9 | 5 | 1 | 6 | 7 | 2 |
| 6 | 5 | 1 | 7 | 4 | 2 | 9 | 8 | 3 |
| 1 | 6 | 8 | 2 | 3 | 5 | 4 | 9 | 7 |
| 9 | 3 | 2 | 8 | 7 | 4 | 5 | 6 | 1 |
| 7 | 4 | 5 | 6 | 1 | 9 | 2 | 3 | 8 |
| 8 | 1 | 6 | 4 | 2 | 7 | 3 | 5 | 9 |
| 5 | 9 | 4 | 1 | 8 | 3 | 7 | 2 | 6 |
| 3 | 2 | 7 | 5 | 9 | 6 | 8 | 1 | 4 |

## HARD - 139

| 8 | 6 | 3 | 7 | 4 | 5 | 2 | 9 | 1 |
|---|---|---|---|---|---|---|---|---|
| 5 | 2 | 1 | 8 | 9 | 6 | 4 | 3 | 7 |
| 4 | 7 | 9 | 3 | 2 | 1 | 5 | 8 | 6 |
| 7 | 5 | 6 | 9 | 1 | 4 | 3 | 2 | 8 |
| 3 | 9 | 2 | 5 | 6 | 8 | 7 | 1 | 4 |
| 1 | 4 | 8 | 2 | 3 | 7 | 6 | 5 | 9 |
| 2 | 1 | 5 | 4 | 7 | 9 | 8 | 6 | 3 |
| 9 | 3 | 7 | 6 | 8 | 2 | 1 | 4 | 5 |
| 6 | 8 | 4 | 1 | 5 | 3 | 9 | 7 | 2 |

## HARD - 140

| 3 | 1 | 5 | 8 | 7 | 6 | 2 | 4 | 9 |
|---|---|---|---|---|---|---|---|---|
| 8 | 4 | 7 | 2 | 5 | 9 | 3 | 1 | 6 |
| 6 | 2 | 9 | 1 | 3 | 4 | 7 | 8 | 5 |
| 7 | 9 | 4 | 5 | 6 | 3 | 8 | 2 | 1 |
| 1 | 5 | 8 | 9 | 4 | 2 | 6 | 3 | 7 |
| 2 | 6 | 3 | 7 | 8 | 1 | 9 | 5 | 4 |
| 5 | 3 | 6 | 4 | 2 | 7 | 1 | 9 | 8 |
| 9 | 8 | 2 | 6 | 1 | 5 | 4 | 7 | 3 |
| 4 | 7 | 1 | 3 | 9 | 8 | 5 | 6 | 2 |

**HARD - 141**

| 1 | 8 | 9 | 7 | 5 | 6 | 4 | 2 | 3 |
|---|---|---|---|---|---|---|---|---|
| 2 | 7 | 4 | 9 | 3 | 8 | 1 | 5 | 6 |
| 5 | 6 | 3 | 1 | 2 | 4 | 9 | 8 | 7 |
| 7 | 2 | 6 | 3 | 1 | 9 | 5 | 4 | 8 |
| 4 | 9 | 5 | 2 | 8 | 7 | 3 | 6 | 1 |
| 8 | 3 | 1 | 6 | 4 | 5 | 2 | 7 | 9 |
| 6 | 5 | 2 | 8 | 9 | 3 | 7 | 1 | 4 |
| 9 | 1 | 8 | 4 | 7 | 2 | 6 | 3 | 5 |
| 3 | 4 | 7 | 5 | 6 | 1 | 8 | 9 | 2 |

**HARD - 142**

| 2 | 4 | 6 | 7 | 8 | 3 | 5 | 1 | 9 |
|---|---|---|---|---|---|---|---|---|
| 3 | 9 | 7 | 1 | 5 | 6 | 8 | 4 | 2 |
| 8 | 5 | 1 | 4 | 2 | 9 | 6 | 3 | 7 |
| 6 | 7 | 3 | 2 | 9 | 5 | 1 | 8 | 4 |
| 5 | 1 | 2 | 3 | 4 | 8 | 7 | 9 | 6 |
| 4 | 8 | 9 | 6 | 1 | 7 | 3 | 2 | 5 |
| 9 | 6 | 8 | 5 | 3 | 2 | 4 | 7 | 1 |
| 7 | 2 | 4 | 8 | 6 | 1 | 9 | 5 | 3 |
| 1 | 3 | 5 | 9 | 7 | 4 | 2 | 6 | 8 |

**HARD - 143**

| 6 | 1 | 3 | 7 | 2 | 8 | 5 | 4 | 9 |
|---|---|---|---|---|---|---|---|---|
| 8 | 9 | 5 | 6 | 4 | 3 | 2 | 1 | 7 |
| 7 | 4 | 2 | 5 | 9 | 1 | 8 | 6 | 3 |
| 3 | 7 | 1 | 2 | 8 | 9 | 4 | 5 | 6 |
| 5 | 6 | 9 | 4 | 1 | 7 | 3 | 2 | 8 |
| 4 | 2 | 8 | 3 | 5 | 6 | 9 | 7 | 1 |
| 9 | 5 | 6 | 1 | 3 | 2 | 7 | 8 | 4 |
| 1 | 8 | 4 | 9 | 7 | 5 | 6 | 3 | 2 |
| 2 | 3 | 7 | 8 | 6 | 4 | 1 | 9 | 5 |

**HARD - 144**

| 3 | 4 | 7 | 1 | 6 | 8 | 2 | 5 | 9 |
|---|---|---|---|---|---|---|---|---|
| 9 | 5 | 6 | 2 | 4 | 7 | 3 | 1 | 8 |
| 1 | 8 | 2 | 3 | 9 | 5 | 6 | 7 | 4 |
| 8 | 9 | 4 | 6 | 5 | 1 | 7 | 3 | 2 |
| 2 | 1 | 3 | 7 | 8 | 9 | 4 | 6 | 5 |
| 6 | 7 | 5 | 4 | 2 | 3 | 8 | 9 | 1 |
| 7 | 3 | 8 | 9 | 1 | 4 | 5 | 2 | 6 |
| 4 | 6 | 1 | 5 | 3 | 2 | 9 | 8 | 7 |
| 5 | 2 | 9 | 8 | 7 | 6 | 1 | 4 | 3 |

**HARD - 145**

| 7 | 1 | 3 | 5 | 8 | 2 | 9 | 4 | 6 |
|---|---|---|---|---|---|---|---|---|
| 5 | 6 | 9 | 7 | 3 | 4 | 2 | 1 | 8 |
| 2 | 4 | 8 | 6 | 1 | 9 | 5 | 7 | 3 |
| 6 | 8 | 1 | 2 | 4 | 7 | 3 | 5 | 9 |
| 9 | 7 | 2 | 3 | 6 | 5 | 4 | 8 | 1 |
| 3 | 5 | 4 | 8 | 9 | 1 | 7 | 6 | 2 |
| 4 | 2 | 6 | 1 | 5 | 3 | 8 | 9 | 7 |
| 8 | 9 | 7 | 4 | 2 | 6 | 1 | 3 | 5 |
| 1 | 3 | 5 | 9 | 7 | 8 | 6 | 2 | 4 |

**HARD - 146**

| 6 | 8 | 9 | 7 | 3 | 2 | 5 | 4 | 1 |
|---|---|---|---|---|---|---|---|---|
| 4 | 3 | 7 | 5 | 1 | 6 | 8 | 9 | 2 |
| 1 | 2 | 5 | 9 | 8 | 4 | 7 | 3 | 6 |
| 8 | 9 | 2 | 4 | 5 | 7 | 6 | 1 | 3 |
| 5 | 6 | 4 | 1 | 2 | 3 | 9 | 8 | 7 |
| 7 | 1 | 3 | 8 | 6 | 9 | 4 | 2 | 5 |
| 9 | 5 | 8 | 2 | 7 | 1 | 3 | 6 | 4 |
| 2 | 4 | 6 | 3 | 9 | 5 | 1 | 7 | 8 |
| 3 | 7 | 1 | 6 | 4 | 8 | 2 | 5 | 9 |

**HARD - 147**

| 8 | 1 | 6 | 4 | 5 | 2 | 9 | 3 | 7 |
|---|---|---|---|---|---|---|---|---|
| 4 | 3 | 9 | 7 | 1 | 8 | 6 | 5 | 2 |
| 7 | 2 | 5 | 6 | 3 | 9 | 4 | 8 | 1 |
| 1 | 6 | 2 | 9 | 4 | 5 | 8 | 7 | 3 |
| 5 | 7 | 4 | 8 | 2 | 3 | 1 | 6 | 9 |
| 9 | 8 | 3 | 1 | 6 | 7 | 5 | 2 | 4 |
| 2 | 4 | 8 | 5 | 7 | 1 | 3 | 9 | 6 |
| 6 | 9 | 7 | 3 | 8 | 4 | 2 | 1 | 5 |
| 3 | 5 | 1 | 2 | 9 | 6 | 7 | 4 | 8 |

**HARD - 148**

| 5 | 1 | 3 | 4 | 6 | 7 | 2 | 9 | 8 |
|---|---|---|---|---|---|---|---|---|
| 9 | 6 | 7 | 8 | 2 | 5 | 3 | 4 | 1 |
| 8 | 2 | 4 | 1 | 9 | 3 | 5 | 6 | 7 |
| 4 | 5 | 2 | 7 | 3 | 8 | 6 | 1 | 9 |
| 1 | 7 | 9 | 2 | 4 | 6 | 8 | 3 | 5 |
| 3 | 8 | 6 | 9 | 5 | 1 | 4 | 7 | 2 |
| 7 | 3 | 5 | 6 | 8 | 9 | 1 | 2 | 4 |
| 2 | 9 | 8 | 3 | 1 | 4 | 7 | 5 | 6 |
| 6 | 4 | 1 | 5 | 7 | 2 | 9 | 8 | 3 |

**HARD - 149**

| 9 | 7 | 5 | 8 | 1 | 4 | 2 | 6 | 3 |
|---|---|---|---|---|---|---|---|---|
| 3 | 4 | 6 | 5 | 9 | 2 | 8 | 7 | 1 |
| 8 | 2 | 1 | 6 | 7 | 3 | 9 | 4 | 5 |
| 2 | 5 | 9 | 7 | 4 | 8 | 3 | 1 | 6 |
| 4 | 6 | 8 | 3 | 2 | 1 | 7 | 5 | 9 |
| 7 | 1 | 3 | 9 | 6 | 5 | 4 | 2 | 8 |
| 5 | 8 | 4 | 1 | 3 | 7 | 6 | 9 | 2 |
| 1 | 9 | 7 | 2 | 8 | 6 | 5 | 3 | 4 |
| 6 | 3 | 2 | 4 | 5 | 9 | 1 | 8 | 7 |

**HARD - 150**

| 4 | 1 | 2 | 5 | 8 | 9 | 7 | 6 | 3 |
|---|---|---|---|---|---|---|---|---|
| 6 | 7 | 5 | 3 | 4 | 2 | 1 | 8 | 9 |
| 3 | 9 | 8 | 7 | 1 | 6 | 5 | 2 | 4 |
| 8 | 3 | 9 | 2 | 7 | 1 | 6 | 4 | 5 |
| 7 | 2 | 1 | 6 | 5 | 4 | 9 | 3 | 8 |
| 5 | 4 | 6 | 9 | 3 | 8 | 2 | 1 | 7 |
| 2 | 6 | 3 | 8 | 9 | 7 | 4 | 5 | 1 |
| 9 | 8 | 4 | 1 | 2 | 5 | 3 | 7 | 6 |
| 1 | 5 | 7 | 4 | 6 | 3 | 8 | 9 | 2 |

**HARD - 151**

| 9 | 5 | 3 | 6 | 7 | 1 | 4 | 8 | 2 |
|---|---|---|---|---|---|---|---|---|
| 7 | 4 | 6 | 3 | 2 | 8 | 5 | 1 | 9 |
| 2 | 1 | 8 | 9 | 5 | 4 | 3 | 7 | 6 |
| 8 | 9 | 2 | 4 | 6 | 7 | 1 | 5 | 3 |
| 4 | 7 | 5 | 2 | 1 | 3 | 6 | 9 | 8 |
| 3 | 6 | 1 | 5 | 8 | 9 | 7 | 2 | 4 |
| 1 | 2 | 9 | 7 | 3 | 6 | 8 | 4 | 5 |
| 5 | 3 | 7 | 8 | 4 | 2 | 9 | 6 | 1 |
| 6 | 8 | 4 | 1 | 9 | 5 | 2 | 3 | 7 |

**HARD - 152**

| 5 | 1 | 3 | 2 | 8 | 7 | 6 | 9 | 4 |
|---|---|---|---|---|---|---|---|---|
| 8 | 9 | 6 | 5 | 3 | 4 | 2 | 7 | 1 |
| 2 | 7 | 4 | 6 | 1 | 9 | 3 | 5 | 8 |
| 9 | 6 | 5 | 3 | 2 | 8 | 1 | 4 | 7 |
| 1 | 3 | 8 | 7 | 4 | 6 | 9 | 2 | 5 |
| 4 | 2 | 7 | 9 | 5 | 1 | 8 | 3 | 6 |
| 6 | 5 | 1 | 4 | 9 | 2 | 7 | 8 | 3 |
| 3 | 8 | 2 | 1 | 7 | 5 | 4 | 6 | 9 |
| 7 | 4 | 9 | 8 | 6 | 3 | 5 | 1 | 2 |

**HARD - 153**

| 1 | 4 | 7 | 8 | 6 | 2 | 9 | 5 | 3 |
|---|---|---|---|---|---|---|---|---|
| 8 | 3 | 2 | 5 | 4 | 9 | 7 | 1 | 6 |
| 5 | 6 | 9 | 7 | 1 | 3 | 4 | 8 | 2 |
| 7 | 2 | 3 | 9 | 8 | 1 | 6 | 4 | 5 |
| 6 | 1 | 8 | 2 | 5 | 4 | 3 | 7 | 9 |
| 9 | 5 | 4 | 6 | 3 | 7 | 1 | 2 | 8 |
| 4 | 7 | 6 | 3 | 2 | 5 | 8 | 9 | 1 |
| 3 | 9 | 5 | 1 | 7 | 8 | 2 | 6 | 4 |
| 2 | 8 | 1 | 4 | 9 | 6 | 5 | 3 | 7 |

**HARD - 154**

| 3 | 4 | 5 | 1 | 9 | 8 | 6 | 2 | 7 |
|---|---|---|---|---|---|---|---|---|
| 1 | 2 | 7 | 3 | 6 | 5 | 4 | 9 | 8 |
| 6 | 8 | 9 | 2 | 7 | 4 | 1 | 3 | 5 |
| 9 | 7 | 3 | 6 | 5 | 1 | 8 | 4 | 2 |
| 8 | 5 | 4 | 7 | 2 | 3 | 9 | 1 | 6 |
| 2 | 6 | 1 | 4 | 8 | 9 | 7 | 5 | 3 |
| 7 | 3 | 6 | 9 | 1 | 2 | 5 | 8 | 4 |
| 4 | 9 | 8 | 5 | 3 | 6 | 2 | 7 | 1 |
| 5 | 1 | 2 | 8 | 4 | 7 | 3 | 6 | 9 |

**HARD - 155**

| 5 | 1 | 7 | 8 | 4 | 9 | 3 | 2 | 6 |
|---|---|---|---|---|---|---|---|---|
| 6 | 2 | 9 | 3 | 5 | 7 | 4 | 8 | 1 |
| 4 | 3 | 8 | 1 | 6 | 2 | 9 | 5 | 7 |
| 3 | 6 | 5 | 7 | 9 | 1 | 2 | 4 | 8 |
| 9 | 8 | 1 | 4 | 2 | 6 | 7 | 3 | 5 |
| 2 | 7 | 4 | 5 | 8 | 3 | 6 | 1 | 9 |
| 8 | 4 | 3 | 9 | 7 | 5 | 1 | 6 | 2 |
| 1 | 9 | 6 | 2 | 3 | 8 | 5 | 7 | 4 |
| 7 | 5 | 2 | 6 | 1 | 4 | 8 | 9 | 3 |

**HARD - 156**

| 2 | 4 | 7 | 9 | 6 | 5 | 3 | 1 | 8 |
|---|---|---|---|---|---|---|---|---|
| 3 | 6 | 8 | 7 | 1 | 4 | 2 | 5 | 9 |
| 1 | 5 | 9 | 2 | 3 | 8 | 6 | 7 | 4 |
| 4 | 2 | 3 | 8 | 9 | 7 | 5 | 6 | 1 |
| 8 | 1 | 6 | 4 | 5 | 3 | 7 | 9 | 2 |
| 7 | 9 | 5 | 1 | 2 | 6 | 8 | 4 | 3 |
| 9 | 8 | 1 | 5 | 7 | 2 | 4 | 3 | 6 |
| 5 | 3 | 4 | 6 | 8 | 1 | 9 | 2 | 7 |
| 6 | 7 | 2 | 3 | 4 | 9 | 1 | 8 | 5 |

**HARD - 157**

| 8 | 9 | 7 | 4 | 6 | 3 | 2 | 1 | 5 |
|---|---|---|---|---|---|---|---|---|
| 4 | 6 | 1 | 5 | 9 | 2 | 8 | 3 | 7 |
| 3 | 2 | 5 | 7 | 1 | 8 | 9 | 6 | 4 |
| 2 | 4 | 3 | 8 | 7 | 6 | 5 | 9 | 1 |
| 7 | 1 | 8 | 3 | 5 | 9 | 4 | 2 | 6 |
| 6 | 5 | 9 | 2 | 4 | 1 | 7 | 8 | 3 |
| 5 | 8 | 6 | 1 | 2 | 7 | 3 | 4 | 9 |
| 1 | 3 | 4 | 9 | 8 | 5 | 6 | 7 | 2 |
| 9 | 7 | 2 | 6 | 3 | 4 | 1 | 5 | 8 |

**HARD - 158**

| 4 | 9 | 7 | 8 | 2 | 3 | 5 | 1 | 6 |
|---|---|---|---|---|---|---|---|---|
| 8 | 2 | 1 | 4 | 6 | 5 | 3 | 7 | 9 |
| 6 | 5 | 3 | 9 | 1 | 7 | 8 | 4 | 2 |
| 2 | 3 | 9 | 6 | 8 | 1 | 7 | 5 | 4 |
| 7 | 8 | 6 | 5 | 4 | 2 | 9 | 3 | 1 |
| 5 | 1 | 4 | 7 | 3 | 9 | 6 | 2 | 8 |
| 3 | 6 | 8 | 2 | 7 | 4 | 1 | 9 | 5 |
| 9 | 7 | 2 | 1 | 5 | 8 | 4 | 6 | 3 |
| 1 | 4 | 5 | 3 | 9 | 6 | 2 | 8 | 7 |

**HARD - 159**

| 6 | 8 | 5 | 3 | 4 | 2 | 9 | 1 | 7 |
|---|---|---|---|---|---|---|---|---|
| 9 | 7 | 3 | 8 | 5 | 1 | 4 | 6 | 2 |
| 2 | 4 | 1 | 7 | 9 | 6 | 3 | 8 | 5 |
| 5 | 1 | 8 | 4 | 2 | 9 | 6 | 7 | 3 |
| 4 | 3 | 2 | 1 | 6 | 7 | 5 | 9 | 8 |
| 7 | 9 | 6 | 5 | 3 | 8 | 2 | 4 | 1 |
| 3 | 6 | 7 | 2 | 8 | 4 | 1 | 5 | 9 |
| 1 | 2 | 4 | 9 | 7 | 5 | 8 | 3 | 6 |
| 8 | 5 | 9 | 6 | 1 | 3 | 7 | 2 | 4 |

**HARD - 160**

| 7 | 9 | 8 | 4 | 5 | 3 | 2 | 1 | 6 |
|---|---|---|---|---|---|---|---|---|
| 1 | 5 | 6 | 2 | 7 | 9 | 3 | 4 | 8 |
| 4 | 3 | 2 | 1 | 8 | 6 | 7 | 5 | 9 |
| 3 | 4 | 7 | 6 | 1 | 2 | 9 | 8 | 5 |
| 6 | 8 | 5 | 3 | 9 | 7 | 1 | 2 | 4 |
| 2 | 1 | 9 | 8 | 4 | 5 | 6 | 7 | 3 |
| 9 | 7 | 3 | 5 | 2 | 4 | 8 | 6 | 1 |
| 5 | 6 | 1 | 7 | 3 | 8 | 4 | 9 | 2 |
| 8 | 2 | 4 | 9 | 6 | 1 | 5 | 3 | 7 |

**HARD - 161**

| 4 | 3 | 9 | 7 | 6 | 1 | 8 | 2 | 5 |
|---|---|---|---|---|---|---|---|---|
| 1 | 7 | 8 | 5 | 2 | 3 | 4 | 9 | 6 |
| 5 | 2 | 6 | 4 | 8 | 9 | 3 | 1 | 7 |
| 7 | 1 | 5 | 3 | 4 | 2 | 6 | 8 | 9 |
| 9 | 4 | 3 | 6 | 5 | 8 | 1 | 7 | 2 |
| 8 | 6 | 2 | 9 | 1 | 7 | 5 | 4 | 3 |
| 2 | 9 | 4 | 1 | 3 | 5 | 7 | 6 | 8 |
| 3 | 8 | 1 | 2 | 7 | 6 | 9 | 5 | 4 |
| 6 | 5 | 7 | 8 | 9 | 4 | 2 | 3 | 1 |

**HARD - 162**

| 5 | 4 | 6 | 1 | 8 | 2 | 3 | 7 | 9 |
|---|---|---|---|---|---|---|---|---|
| 9 | 3 | 1 | 4 | 7 | 6 | 8 | 5 | 2 |
| 2 | 8 | 7 | 9 | 3 | 5 | 1 | 4 | 6 |
| 1 | 9 | 4 | 2 | 6 | 3 | 5 | 8 | 7 |
| 8 | 5 | 2 | 7 | 1 | 9 | 4 | 6 | 3 |
| 6 | 7 | 3 | 8 | 5 | 4 | 2 | 9 | 1 |
| 7 | 1 | 5 | 3 | 9 | 8 | 6 | 2 | 4 |
| 4 | 6 | 9 | 5 | 2 | 1 | 7 | 3 | 8 |
| 3 | 2 | 8 | 6 | 4 | 7 | 9 | 1 | 5 |

**HARD - 163**

| 5 | 3 | 9 | 6 | 1 | 4 | 7 | 2 | 8 |
|---|---|---|---|---|---|---|---|---|
| 1 | 4 | 7 | 9 | 2 | 8 | 5 | 3 | 6 |
| 6 | 8 | 2 | 7 | 5 | 3 | 4 | 9 | 1 |
| 7 | 9 | 4 | 3 | 6 | 1 | 8 | 5 | 2 |
| 2 | 5 | 3 | 8 | 7 | 9 | 6 | 1 | 4 |
| 8 | 6 | 1 | 5 | 4 | 2 | 3 | 7 | 9 |
| 4 | 2 | 6 | 1 | 3 | 7 | 9 | 8 | 5 |
| 3 | 1 | 8 | 4 | 9 | 5 | 2 | 6 | 7 |
| 9 | 7 | 5 | 2 | 8 | 6 | 1 | 4 | 3 |

**HARD - 164**

| 1 | 8 | 2 | 9 | 5 | 7 | 3 | 6 | 4 |
|---|---|---|---|---|---|---|---|---|
| 9 | 5 | 4 | 3 | 6 | 8 | 2 | 1 | 7 |
| 3 | 7 | 6 | 2 | 4 | 1 | 9 | 5 | 8 |
| 7 | 4 | 5 | 8 | 9 | 2 | 1 | 3 | 6 |
| 6 | 1 | 8 | 7 | 3 | 5 | 4 | 2 | 9 |
| 2 | 9 | 3 | 6 | 1 | 4 | 8 | 7 | 5 |
| 8 | 6 | 9 | 1 | 7 | 3 | 5 | 4 | 2 |
| 5 | 2 | 1 | 4 | 8 | 6 | 7 | 9 | 3 |
| 4 | 3 | 7 | 5 | 2 | 9 | 6 | 8 | 1 |

**HARD - 165**

| 6 | 9 | 3 | 2 | 8 | 5 | 7 | 4 | 1 |
|---|---|---|---|---|---|---|---|---|
| 4 | 1 | 5 | 3 | 6 | 7 | 8 | 9 | 2 |
| 8 | 2 | 7 | 4 | 1 | 9 | 6 | 5 | 3 |
| 7 | 8 | 9 | 6 | 2 | 3 | 4 | 1 | 5 |
| 5 | 6 | 2 | 7 | 4 | 1 | 3 | 8 | 9 |
| 1 | 3 | 4 | 5 | 9 | 8 | 2 | 6 | 7 |
| 2 | 5 | 8 | 9 | 3 | 6 | 1 | 7 | 4 |
| 3 | 7 | 6 | 1 | 5 | 4 | 9 | 2 | 8 |
| 9 | 4 | 1 | 8 | 7 | 2 | 5 | 3 | 6 |

**HARD - 166**

| 8 | 2 | 1 | 7 | 6 | 3 | 4 | 9 | 5 |
|---|---|---|---|---|---|---|---|---|
| 9 | 3 | 4 | 2 | 1 | 5 | 8 | 6 | 7 |
| 6 | 7 | 5 | 9 | 4 | 8 | 2 | 3 | 1 |
| 4 | 1 | 2 | 3 | 8 | 6 | 7 | 5 | 9 |
| 7 | 6 | 9 | 5 | 2 | 4 | 1 | 8 | 3 |
| 3 | 5 | 8 | 1 | 9 | 7 | 6 | 4 | 2 |
| 2 | 9 | 6 | 4 | 5 | 1 | 3 | 7 | 8 |
| 5 | 8 | 7 | 6 | 3 | 2 | 9 | 1 | 4 |
| 1 | 4 | 3 | 8 | 7 | 9 | 5 | 2 | 6 |

**HARD - 167**

| 4 | 7 | 9 | 5 | 6 | 3 | 2 | 8 | 1 |
|---|---|---|---|---|---|---|---|---|
| 3 | 1 | 5 | 2 | 8 | 9 | 4 | 6 | 7 |
| 2 | 6 | 8 | 1 | 4 | 7 | 9 | 3 | 5 |
| 6 | 5 | 3 | 4 | 2 | 8 | 1 | 7 | 9 |
| 9 | 8 | 7 | 3 | 5 | 1 | 6 | 4 | 2 |
| 1 | 2 | 4 | 9 | 7 | 6 | 3 | 5 | 8 |
| 5 | 3 | 6 | 7 | 9 | 2 | 8 | 1 | 4 |
| 8 | 4 | 2 | 6 | 1 | 5 | 7 | 9 | 3 |
| 7 | 9 | 1 | 8 | 3 | 4 | 5 | 2 | 6 |

**HARD - 168**

| 4 | 1 | 5 | 9 | 8 | 3 | 2 | 7 | 6 |
|---|---|---|---|---|---|---|---|---|
| 2 | 7 | 8 | 4 | 1 | 6 | 5 | 9 | 3 |
| 3 | 6 | 9 | 2 | 5 | 7 | 1 | 8 | 4 |
| 9 | 3 | 7 | 8 | 6 | 5 | 4 | 2 | 1 |
| 5 | 8 | 4 | 7 | 2 | 1 | 3 | 6 | 9 |
| 1 | 2 | 6 | 3 | 9 | 4 | 8 | 5 | 7 |
| 7 | 5 | 2 | 1 | 3 | 9 | 6 | 4 | 8 |
| 6 | 4 | 3 | 5 | 7 | 8 | 9 | 1 | 2 |
| 8 | 9 | 1 | 6 | 4 | 2 | 7 | 3 | 5 |

**HARD - 169**

| 1 | 9 | 6 | 8 | 2 | 3 | 4 | 5 | 7 |
|---|---|---|---|---|---|---|---|---|
| 8 | 5 | 3 | 7 | 6 | 4 | 9 | 1 | 2 |
| 4 | 2 | 7 | 1 | 9 | 5 | 8 | 3 | 6 |
| 7 | 1 | 5 | 3 | 4 | 6 | 2 | 9 | 8 |
| 3 | 6 | 9 | 5 | 8 | 2 | 7 | 4 | 1 |
| 2 | 8 | 4 | 9 | 7 | 1 | 5 | 6 | 3 |
| 6 | 7 | 1 | 4 | 5 | 8 | 3 | 2 | 9 |
| 9 | 4 | 2 | 6 | 3 | 7 | 1 | 8 | 5 |
| 5 | 3 | 8 | 2 | 1 | 9 | 6 | 7 | 4 |

**HARD - 170**

| 3 | 9 | 6 | 8 | 2 | 7 | 1 | 5 | 4 |
|---|---|---|---|---|---|---|---|---|
| 2 | 1 | 4 | 6 | 9 | 5 | 7 | 3 | 8 |
| 7 | 8 | 5 | 1 | 3 | 4 | 6 | 2 | 9 |
| 4 | 6 | 8 | 5 | 1 | 2 | 3 | 9 | 7 |
| 1 | 3 | 7 | 9 | 8 | 6 | 5 | 4 | 2 |
| 9 | 5 | 2 | 7 | 4 | 3 | 8 | 1 | 6 |
| 6 | 4 | 3 | 2 | 5 | 8 | 9 | 7 | 1 |
| 8 | 2 | 9 | 3 | 7 | 1 | 4 | 6 | 5 |
| 5 | 7 | 1 | 4 | 6 | 9 | 2 | 8 | 3 |

**HARD - 171**

| 5 | 2 | 9 | 7 | 1 | 6 | 4 | 8 | 3 |
|---|---|---|---|---|---|---|---|---|
| 4 | 7 | 3 | 8 | 9 | 2 | 5 | 1 | 6 |
| 8 | 6 | 1 | 5 | 4 | 3 | 9 | 2 | 7 |
| 2 | 9 | 8 | 3 | 7 | 5 | 1 | 6 | 4 |
| 1 | 5 | 6 | 4 | 8 | 9 | 7 | 3 | 2 |
| 3 | 4 | 7 | 2 | 6 | 1 | 8 | 5 | 9 |
| 9 | 1 | 5 | 6 | 3 | 4 | 2 | 7 | 8 |
| 6 | 8 | 4 | 1 | 2 | 7 | 3 | 9 | 5 |
| 7 | 3 | 2 | 9 | 5 | 8 | 6 | 4 | 1 |

**HARD - 172**

| 8 | 7 | 3 | 1 | 6 | 2 | 4 | 5 | 9 |
|---|---|---|---|---|---|---|---|---|
| 4 | 1 | 5 | 9 | 3 | 7 | 2 | 6 | 8 |
| 9 | 6 | 2 | 4 | 8 | 5 | 3 | 7 | 1 |
| 1 | 4 | 8 | 5 | 2 | 9 | 6 | 3 | 7 |
| 3 | 5 | 7 | 8 | 1 | 6 | 9 | 2 | 4 |
| 6 | 2 | 9 | 7 | 4 | 3 | 1 | 8 | 5 |
| 7 | 3 | 4 | 6 | 9 | 8 | 5 | 1 | 2 |
| 2 | 8 | 1 | 3 | 5 | 4 | 7 | 9 | 6 |
| 5 | 9 | 6 | 2 | 7 | 1 | 8 | 4 | 3 |

**HARD - 173**

| 9 | 5 | 1 | 4 | 8 | 2 | 3 | 6 | 7 |
|---|---|---|---|---|---|---|---|---|
| 3 | 2 | 8 | 7 | 6 | 5 | 4 | 9 | 1 |
| 6 | 4 | 7 | 9 | 1 | 3 | 5 | 8 | 2 |
| 4 | 7 | 9 | 2 | 5 | 6 | 1 | 3 | 8 |
| 8 | 1 | 5 | 3 | 4 | 9 | 7 | 2 | 6 |
| 2 | 3 | 6 | 1 | 7 | 8 | 9 | 4 | 5 |
| 1 | 9 | 3 | 8 | 2 | 7 | 6 | 5 | 4 |
| 5 | 8 | 4 | 6 | 3 | 1 | 2 | 7 | 9 |
| 7 | 6 | 2 | 5 | 9 | 4 | 8 | 1 | 3 |

**HARD - 174**

| 5 | 6 | 3 | 7 | 8 | 4 | 9 | 2 | 1 |
|---|---|---|---|---|---|---|---|---|
| 4 | 2 | 1 | 5 | 9 | 3 | 6 | 8 | 7 |
| 9 | 8 | 7 | 1 | 6 | 2 | 3 | 5 | 4 |
| 2 | 5 | 6 | 3 | 1 | 9 | 7 | 4 | 8 |
| 1 | 3 | 8 | 6 | 4 | 7 | 2 | 9 | 5 |
| 7 | 9 | 4 | 8 | 2 | 5 | 1 | 6 | 3 |
| 3 | 7 | 9 | 2 | 5 | 8 | 4 | 1 | 6 |
| 8 | 1 | 2 | 4 | 7 | 6 | 5 | 3 | 9 |
| 6 | 4 | 5 | 9 | 3 | 1 | 8 | 7 | 2 |

**HARD - 175**

| 2 | 3 | 4 | 1 | 5 | 8 | 6 | 7 | 9 |
|---|---|---|---|---|---|---|---|---|
| 7 | 5 | 1 | 6 | 3 | 9 | 4 | 8 | 2 |
| 6 | 8 | 9 | 7 | 2 | 4 | 1 | 3 | 5 |
| 1 | 7 | 5 | 9 | 4 | 6 | 8 | 2 | 3 |
| 4 | 6 | 3 | 5 | 8 | 2 | 7 | 9 | 1 |
| 8 | 9 | 2 | 3 | 7 | 1 | 5 | 4 | 6 |
| 3 | 1 | 8 | 2 | 6 | 7 | 9 | 5 | 4 |
| 9 | 2 | 7 | 4 | 1 | 5 | 3 | 6 | 8 |
| 5 | 4 | 6 | 8 | 9 | 3 | 2 | 1 | 7 |

**HARD - 176**

| 3 | 6 | 4 | 9 | 8 | 7 | 1 | 5 | 2 |
|---|---|---|---|---|---|---|---|---|
| 2 | 1 | 8 | 3 | 6 | 5 | 4 | 9 | 7 |
| 5 | 7 | 9 | 2 | 1 | 4 | 3 | 8 | 6 |
| 7 | 9 | 5 | 4 | 2 | 8 | 6 | 3 | 1 |
| 6 | 8 | 2 | 1 | 9 | 3 | 5 | 7 | 4 |
| 1 | 4 | 3 | 7 | 5 | 6 | 8 | 2 | 9 |
| 4 | 3 | 6 | 8 | 7 | 9 | 2 | 1 | 5 |
| 9 | 5 | 1 | 6 | 3 | 2 | 7 | 4 | 8 |
| 8 | 2 | 7 | 5 | 4 | 1 | 9 | 6 | 3 |

**HARD - 177**

| 3 | 5 | 4 | 8 | 2 | 1 | 6 | 9 | 7 |
|---|---|---|---|---|---|---|---|---|
| 9 | 2 | 6 | 7 | 3 | 4 | 8 | 1 | 5 |
| 7 | 1 | 8 | 6 | 9 | 5 | 3 | 2 | 4 |
| 8 | 4 | 3 | 9 | 6 | 7 | 2 | 5 | 1 |
| 1 | 6 | 5 | 4 | 8 | 2 | 7 | 3 | 9 |
| 2 | 7 | 9 | 1 | 5 | 3 | 4 | 6 | 8 |
| 4 | 9 | 2 | 3 | 1 | 8 | 5 | 7 | 6 |
| 5 | 8 | 1 | 2 | 7 | 6 | 9 | 4 | 3 |
| 6 | 3 | 7 | 5 | 4 | 9 | 1 | 8 | 2 |

**HARD - 178**

| 3 | 8 | 7 | 9 | 2 | 5 | 4 | 6 | 1 |
|---|---|---|---|---|---|---|---|---|
| 1 | 6 | 5 | 4 | 8 | 7 | 3 | 2 | 9 |
| 9 | 4 | 2 | 6 | 1 | 3 | 7 | 8 | 5 |
| 4 | 5 | 1 | 2 | 7 | 8 | 9 | 3 | 6 |
| 6 | 7 | 8 | 3 | 9 | 4 | 5 | 1 | 2 |
| 2 | 3 | 9 | 5 | 6 | 1 | 8 | 4 | 7 |
| 5 | 2 | 4 | 1 | 3 | 9 | 6 | 7 | 8 |
| 8 | 9 | 6 | 7 | 4 | 2 | 1 | 5 | 3 |
| 7 | 1 | 3 | 8 | 5 | 6 | 2 | 9 | 4 |

**HARD - 179**

| 7 | 1 | 8 | 4 | 5 | 2 | 3 | 6 | 9 |
|---|---|---|---|---|---|---|---|---|
| 4 | 9 | 2 | 6 | 7 | 3 | 8 | 1 | 5 |
| 6 | 3 | 5 | 9 | 8 | 1 | 4 | 2 | 7 |
| 1 | 6 | 3 | 2 | 9 | 7 | 5 | 4 | 8 |
| 2 | 5 | 7 | 8 | 3 | 4 | 6 | 9 | 1 |
| 9 | 8 | 4 | 5 | 1 | 6 | 7 | 3 | 2 |
| 5 | 2 | 6 | 7 | 4 | 9 | 1 | 8 | 3 |
| 8 | 4 | 1 | 3 | 2 | 5 | 9 | 7 | 6 |
| 3 | 7 | 9 | 1 | 6 | 8 | 2 | 5 | 4 |

**HARD - 180**

| 3 | 5 | 2 | 6 | 7 | 1 | 8 | 4 | 9 |
|---|---|---|---|---|---|---|---|---|
| 7 | 1 | 8 | 5 | 9 | 4 | 2 | 6 | 3 |
| 4 | 6 | 9 | 8 | 2 | 3 | 5 | 1 | 7 |
| 5 | 9 | 6 | 4 | 8 | 2 | 7 | 3 | 1 |
| 2 | 4 | 3 | 1 | 5 | 7 | 6 | 9 | 8 |
| 8 | 7 | 1 | 9 | 3 | 6 | 4 | 2 | 5 |
| 9 | 2 | 4 | 7 | 1 | 5 | 3 | 8 | 6 |
| 6 | 8 | 5 | 3 | 4 | 9 | 1 | 7 | 2 |
| 1 | 3 | 7 | 2 | 6 | 8 | 9 | 5 | 4 |

## HARD - 181

| 9 | 2 | 5 | 8 | 3 | 7 | 6 | 1 | 4 |
|---|---|---|---|---|---|---|---|---|
| 7 | 6 | 4 | 9 | 1 | 2 | 5 | 8 | 3 |
| 1 | 8 | 3 | 5 | 6 | 4 | 2 | 9 | 7 |
| 2 | 5 | 7 | 6 | 4 | 8 | 9 | 3 | 1 |
| 3 | 4 | 6 | 2 | 9 | 1 | 7 | 5 | 8 |
| 8 | 9 | 1 | 7 | 5 | 3 | 4 | 2 | 6 |
| 6 | 7 | 2 | 3 | 8 | 9 | 1 | 4 | 5 |
| 5 | 1 | 8 | 4 | 2 | 6 | 3 | 7 | 9 |
| 4 | 3 | 9 | 1 | 7 | 5 | 8 | 6 | 2 |

## HARD - 182

| 3 | 8 | 2 | 1 | 6 | 7 | 4 | 5 | 9 |
|---|---|---|---|---|---|---|---|---|
| 4 | 7 | 1 | 9 | 5 | 2 | 8 | 6 | 3 |
| 6 | 9 | 5 | 8 | 4 | 3 | 2 | 7 | 1 |
| 5 | 6 | 8 | 3 | 1 | 4 | 7 | 9 | 2 |
| 7 | 1 | 9 | 2 | 8 | 6 | 5 | 3 | 4 |
| 2 | 4 | 3 | 5 | 7 | 9 | 1 | 8 | 6 |
| 1 | 3 | 4 | 7 | 9 | 8 | 6 | 2 | 5 |
| 8 | 2 | 6 | 4 | 3 | 5 | 9 | 1 | 7 |
| 9 | 5 | 7 | 6 | 2 | 1 | 3 | 4 | 8 |

## HARD - 183

| 7 | 5 | 2 | 4 | 1 | 6 | 8 | 9 | 3 |
|---|---|---|---|---|---|---|---|---|
| 8 | 4 | 6 | 3 | 2 | 9 | 5 | 7 | 1 |
| 3 | 9 | 1 | 5 | 8 | 7 | 2 | 6 | 4 |
| 1 | 6 | 7 | 8 | 5 | 4 | 9 | 3 | 2 |
| 9 | 2 | 3 | 6 | 7 | 1 | 4 | 5 | 8 |
| 5 | 8 | 4 | 2 | 9 | 3 | 7 | 1 | 6 |
| 4 | 1 | 8 | 9 | 6 | 5 | 3 | 2 | 7 |
| 6 | 3 | 5 | 7 | 4 | 2 | 1 | 8 | 9 |
| 2 | 7 | 9 | 1 | 3 | 8 | 6 | 4 | 5 |

## HARD - 184

| 1 | 4 | 3 | 7 | 2 | 6 | 9 | 5 | 8 |
|---|---|---|---|---|---|---|---|---|
| 5 | 9 | 6 | 1 | 4 | 8 | 2 | 3 | 7 |
| 8 | 2 | 7 | 9 | 5 | 3 | 1 | 4 | 6 |
| 6 | 7 | 9 | 2 | 8 | 4 | 5 | 1 | 3 |
| 2 | 1 | 8 | 3 | 7 | 5 | 6 | 9 | 4 |
| 3 | 5 | 4 | 6 | 9 | 1 | 7 | 8 | 2 |
| 4 | 8 | 1 | 5 | 6 | 2 | 3 | 7 | 9 |
| 7 | 6 | 5 | 4 | 3 | 9 | 8 | 2 | 1 |
| 9 | 3 | 2 | 8 | 1 | 7 | 4 | 6 | 5 |

## HARD - 185

| 2 | 5 | 9 | 1 | 8 | 4 | 7 | 6 | 3 |
|---|---|---|---|---|---|---|---|---|
| 4 | 6 | 7 | 5 | 3 | 2 | 9 | 1 | 8 |
| 3 | 1 | 8 | 9 | 7 | 6 | 5 | 4 | 2 |
| 5 | 7 | 3 | 4 | 6 | 8 | 1 | 2 | 9 |
| 8 | 4 | 2 | 3 | 9 | 1 | 6 | 7 | 5 |
| 6 | 9 | 1 | 7 | 2 | 5 | 3 | 8 | 4 |
| 9 | 3 | 4 | 2 | 1 | 7 | 8 | 5 | 6 |
| 7 | 8 | 5 | 6 | 4 | 3 | 2 | 9 | 1 |
| 1 | 2 | 6 | 8 | 5 | 9 | 4 | 3 | 7 |

## HARD - 186

| 5 | 4 | 6 | 8 | 2 | 9 | 3 | 7 | 1 |
|---|---|---|---|---|---|---|---|---|
| 3 | 9 | 2 | 7 | 4 | 1 | 8 | 5 | 6 |
| 8 | 1 | 7 | 5 | 3 | 6 | 4 | 2 | 9 |
| 4 | 8 | 3 | 1 | 9 | 7 | 2 | 6 | 5 |
| 2 | 5 | 1 | 3 | 6 | 8 | 9 | 4 | 7 |
| 6 | 7 | 9 | 4 | 5 | 2 | 1 | 8 | 3 |
| 1 | 3 | 5 | 6 | 8 | 4 | 7 | 9 | 2 |
| 9 | 6 | 4 | 2 | 7 | 3 | 5 | 1 | 8 |
| 7 | 2 | 8 | 9 | 1 | 5 | 6 | 3 | 4 |

## HARD - 187

| 3 | 7 | 8 | 2 | 6 | 4 | 9 | 1 | 5 |
|---|---|---|---|---|---|---|---|---|
| 1 | 6 | 2 | 3 | 9 | 5 | 4 | 7 | 8 |
| 5 | 9 | 4 | 7 | 8 | 1 | 2 | 3 | 6 |
| 8 | 2 | 9 | 1 | 3 | 6 | 5 | 4 | 7 |
| 6 | 1 | 7 | 5 | 4 | 8 | 3 | 9 | 2 |
| 4 | 3 | 5 | 9 | 2 | 7 | 8 | 6 | 1 |
| 9 | 8 | 6 | 4 | 1 | 2 | 7 | 5 | 3 |
| 2 | 5 | 3 | 6 | 7 | 9 | 1 | 8 | 4 |
| 7 | 4 | 1 | 8 | 5 | 3 | 6 | 2 | 9 |

## HARD - 188

| 4 | 5 | 7 | 8 | 3 | 2 | 6 | 9 | 1 |
|---|---|---|---|---|---|---|---|---|
| 1 | 8 | 9 | 7 | 6 | 4 | 5 | 2 | 3 |
| 6 | 2 | 3 | 5 | 9 | 1 | 7 | 4 | 8 |
| 8 | 4 | 5 | 9 | 2 | 7 | 3 | 1 | 6 |
| 9 | 7 | 2 | 6 | 1 | 3 | 8 | 5 | 4 |
| 3 | 6 | 1 | 4 | 5 | 8 | 2 | 7 | 9 |
| 2 | 9 | 4 | 3 | 7 | 6 | 1 | 8 | 5 |
| 7 | 3 | 8 | 1 | 4 | 5 | 9 | 6 | 2 |
| 5 | 1 | 6 | 2 | 8 | 9 | 4 | 3 | 7 |

## HARD - 189

| 4 | 8 | 5 | 2 | 6 | 3 | 7 | 9 | 1 |
|---|---|---|---|---|---|---|---|---|
| 9 | 2 | 6 | 7 | 1 | 4 | 5 | 3 | 8 |
| 7 | 1 | 3 | 8 | 5 | 9 | 4 | 6 | 2 |
| 5 | 3 | 7 | 1 | 2 | 6 | 8 | 4 | 9 |
| 1 | 9 | 8 | 3 | 4 | 7 | 2 | 5 | 6 |
| 2 | 6 | 4 | 5 | 9 | 8 | 1 | 7 | 3 |
| 3 | 5 | 2 | 9 | 7 | 1 | 6 | 8 | 4 |
| 6 | 7 | 9 | 4 | 8 | 2 | 3 | 1 | 5 |
| 8 | 4 | 1 | 6 | 3 | 5 | 9 | 2 | 7 |

## HARD - 190

| 3 | 9 | 8 | 2 | 1 | 4 | 6 | 5 | 7 |
|---|---|---|---|---|---|---|---|---|
| 1 | 6 | 7 | 8 | 5 | 3 | 4 | 2 | 9 |
| 4 | 2 | 5 | 9 | 7 | 6 | 1 | 8 | 3 |
| 8 | 1 | 9 | 7 | 4 | 5 | 3 | 6 | 2 |
| 6 | 5 | 3 | 1 | 9 | 2 | 7 | 4 | 8 |
| 2 | 7 | 4 | 6 | 3 | 8 | 5 | 9 | 1 |
| 5 | 8 | 1 | 4 | 2 | 7 | 9 | 3 | 6 |
| 9 | 3 | 2 | 5 | 6 | 1 | 8 | 7 | 4 |
| 7 | 4 | 6 | 3 | 8 | 9 | 2 | 1 | 5 |

## HARD - 191

| 3 | 4 | 2 | 6 | 9 | 1 | 5 | 7 | 8 |
|---|---|---|---|---|---|---|---|---|
| 9 | 7 | 5 | 3 | 8 | 4 | 1 | 2 | 6 |
| 6 | 8 | 1 | 7 | 5 | 2 | 4 | 3 | 9 |
| 2 | 9 | 3 | 4 | 1 | 7 | 6 | 8 | 5 |
| 4 | 5 | 6 | 2 | 3 | 8 | 9 | 1 | 7 |
| 7 | 1 | 8 | 5 | 6 | 9 | 2 | 4 | 3 |
| 1 | 3 | 9 | 8 | 4 | 5 | 7 | 6 | 2 |
| 5 | 6 | 7 | 1 | 2 | 3 | 8 | 9 | 4 |
| 8 | 2 | 4 | 9 | 7 | 6 | 3 | 5 | 1 |

## HARD - 192

| 3 | 8 | 4 | 6 | 7 | 9 | 1 | 5 | 2 |
|---|---|---|---|---|---|---|---|---|
| 1 | 7 | 2 | 3 | 5 | 4 | 8 | 6 | 9 |
| 5 | 6 | 9 | 8 | 2 | 1 | 4 | 3 | 7 |
| 4 | 2 | 7 | 5 | 1 | 3 | 9 | 8 | 6 |
| 6 | 1 | 3 | 7 | 9 | 8 | 5 | 2 | 4 |
| 8 | 9 | 5 | 4 | 6 | 2 | 3 | 7 | 1 |
| 7 | 4 | 6 | 1 | 8 | 5 | 2 | 9 | 3 |
| 9 | 3 | 8 | 2 | 4 | 6 | 7 | 1 | 5 |
| 2 | 5 | 1 | 9 | 3 | 7 | 6 | 4 | 8 |

## HARD - 193

| 7 | 1 | 3 | 5 | 4 | 9 | 2 | 6 | 8 |
|---|---|---|---|---|---|---|---|---|
| 4 | 5 | 2 | 6 | 3 | 8 | 1 | 9 | 7 |
| 8 | 9 | 6 | 2 | 1 | 7 | 3 | 5 | 4 |
| 5 | 2 | 1 | 3 | 8 | 4 | 6 | 7 | 9 |
| 9 | 6 | 7 | 1 | 5 | 2 | 4 | 8 | 3 |
| 3 | 4 | 8 | 9 | 7 | 6 | 5 | 2 | 1 |
| 1 | 8 | 4 | 7 | 6 | 5 | 9 | 3 | 2 |
| 2 | 3 | 5 | 8 | 9 | 1 | 7 | 4 | 6 |
| 6 | 7 | 9 | 4 | 2 | 3 | 8 | 1 | 5 |

## HARD - 194

| 3 | 6 | 9 | 7 | 4 | 8 | 5 | 2 | 1 |
|---|---|---|---|---|---|---|---|---|
| 2 | 8 | 4 | 3 | 1 | 5 | 6 | 9 | 7 |
| 5 | 1 | 7 | 9 | 6 | 2 | 8 | 3 | 4 |
| 1 | 4 | 5 | 6 | 7 | 9 | 2 | 8 | 3 |
| 6 | 3 | 2 | 4 | 8 | 1 | 7 | 5 | 9 |
| 9 | 7 | 8 | 5 | 2 | 3 | 4 | 1 | 6 |
| 7 | 2 | 3 | 8 | 9 | 6 | 1 | 4 | 5 |
| 4 | 5 | 1 | 2 | 3 | 7 | 9 | 6 | 8 |
| 8 | 9 | 6 | 1 | 5 | 4 | 3 | 7 | 2 |

## HARD - 195

| 2 | 1 | 7 | 5 | 3 | 6 | 9 | 8 | 4 |
|---|---|---|---|---|---|---|---|---|
| 6 | 4 | 5 | 8 | 1 | 9 | 2 | 3 | 7 |
| 9 | 3 | 8 | 2 | 4 | 7 | 1 | 5 | 6 |
| 5 | 7 | 6 | 3 | 8 | 1 | 4 | 2 | 9 |
| 3 | 8 | 1 | 9 | 2 | 4 | 6 | 7 | 5 |
| 4 | 9 | 2 | 6 | 7 | 5 | 3 | 1 | 8 |
| 1 | 5 | 3 | 4 | 9 | 8 | 7 | 6 | 2 |
| 8 | 2 | 4 | 7 | 6 | 3 | 5 | 9 | 1 |
| 7 | 6 | 9 | 1 | 5 | 2 | 8 | 4 | 3 |

## HARD - 196

| 5 | 7 | 4 | 2 | 8 | 6 | 9 | 3 | 1 |
|---|---|---|---|---|---|---|---|---|
| 1 | 9 | 2 | 3 | 5 | 7 | 8 | 4 | 6 |
| 3 | 8 | 6 | 4 | 1 | 9 | 5 | 2 | 7 |
| 8 | 3 | 7 | 1 | 6 | 5 | 4 | 9 | 2 |
| 9 | 4 | 5 | 7 | 3 | 2 | 6 | 1 | 8 |
| 6 | 2 | 1 | 9 | 4 | 8 | 7 | 5 | 3 |
| 7 | 1 | 3 | 8 | 9 | 4 | 2 | 6 | 5 |
| 2 | 6 | 9 | 5 | 7 | 1 | 3 | 8 | 4 |
| 4 | 5 | 8 | 6 | 2 | 3 | 1 | 7 | 9 |

## HARD - 197

| 5 | 9 | 6 | 1 | 8 | 4 | 7 | 2 | 3 |
|---|---|---|---|---|---|---|---|---|
| 3 | 7 | 8 | 9 | 2 | 6 | 5 | 4 | 1 |
| 2 | 1 | 4 | 5 | 7 | 3 | 8 | 6 | 9 |
| 4 | 2 | 9 | 3 | 6 | 5 | 1 | 8 | 7 |
| 1 | 8 | 5 | 4 | 9 | 7 | 2 | 3 | 6 |
| 6 | 3 | 7 | 2 | 1 | 8 | 4 | 9 | 5 |
| 9 | 6 | 1 | 7 | 4 | 2 | 3 | 5 | 8 |
| 7 | 4 | 3 | 8 | 5 | 9 | 6 | 1 | 2 |
| 8 | 5 | 2 | 6 | 3 | 1 | 9 | 7 | 4 |

## HARD - 198

| 2 | 6 | 4 | 5 | 7 | 9 | 3 | 1 | 8 |
|---|---|---|---|---|---|---|---|---|
| 9 | 5 | 7 | 1 | 3 | 8 | 4 | 2 | 6 |
| 3 | 1 | 8 | 6 | 2 | 4 | 5 | 7 | 9 |
| 8 | 9 | 3 | 4 | 6 | 7 | 1 | 5 | 2 |
| 7 | 2 | 5 | 9 | 8 | 1 | 6 | 4 | 3 |
| 1 | 4 | 6 | 2 | 5 | 3 | 8 | 9 | 7 |
| 6 | 8 | 1 | 7 | 4 | 2 | 9 | 3 | 5 |
| 5 | 7 | 9 | 3 | 1 | 6 | 2 | 8 | 4 |
| 4 | 3 | 2 | 8 | 9 | 5 | 7 | 6 | 1 |

## HARD - 199

| 3 | 6 | 8 | 4 | 9 | 2 | 7 | 1 | 5 |
|---|---|---|---|---|---|---|---|---|
| 2 | 5 | 9 | 1 | 6 | 7 | 3 | 8 | 4 |
| 1 | 4 | 7 | 3 | 5 | 8 | 6 | 2 | 9 |
| 7 | 3 | 2 | 6 | 4 | 5 | 1 | 9 | 8 |
| 4 | 1 | 6 | 7 | 8 | 9 | 2 | 5 | 3 |
| 9 | 8 | 5 | 2 | 3 | 1 | 4 | 6 | 7 |
| 8 | 2 | 4 | 5 | 1 | 3 | 9 | 7 | 6 |
| 5 | 7 | 3 | 9 | 2 | 6 | 8 | 4 | 1 |
| 6 | 9 | 1 | 8 | 7 | 4 | 5 | 3 | 2 |

## HARD - 200

| 4 | 7 | 9 | 8 | 2 | 6 | 1 | 3 | 5 |
|---|---|---|---|---|---|---|---|---|
| 3 | 1 | 6 | 5 | 7 | 9 | 2 | 4 | 8 |
| 8 | 2 | 5 | 1 | 4 | 3 | 9 | 6 | 7 |
| 5 | 8 | 4 | 9 | 6 | 7 | 3 | 2 | 1 |
| 9 | 3 | 1 | 2 | 8 | 5 | 6 | 7 | 4 |
| 7 | 6 | 2 | 4 | 3 | 1 | 5 | 8 | 9 |
| 2 | 5 | 7 | 3 | 1 | 4 | 8 | 9 | 6 |
| 6 | 9 | 8 | 7 | 5 | 2 | 4 | 1 | 3 |
| 1 | 4 | 3 | 6 | 9 | 8 | 7 | 5 | 2 |

## HARD - 201

| 2 | 5 | 9 | 1 | 6 | 8 | 3 | 7 | 4 |
|---|---|---|---|---|---|---|---|---|
| 6 | 7 | 1 | 3 | 5 | 4 | 9 | 8 | 2 |
| 8 | 3 | 4 | 2 | 9 | 7 | 6 | 5 | 1 |
| 5 | 9 | 7 | 4 | 1 | 6 | 2 | 3 | 8 |
| 4 | 8 | 6 | 9 | 2 | 3 | 7 | 1 | 5 |
| 3 | 1 | 2 | 7 | 8 | 5 | 4 | 6 | 9 |
| 9 | 4 | 3 | 5 | 7 | 1 | 8 | 2 | 6 |
| 1 | 2 | 8 | 6 | 3 | 9 | 5 | 4 | 7 |
| 7 | 6 | 5 | 8 | 4 | 2 | 1 | 9 | 3 |

## HARD - 202

| 5 | 1 | 7 | 4 | 9 | 2 | 3 | 8 | 6 |
|---|---|---|---|---|---|---|---|---|
| 2 | 9 | 8 | 1 | 3 | 6 | 4 | 7 | 5 |
| 4 | 3 | 6 | 7 | 8 | 5 | 1 | 2 | 9 |
| 8 | 7 | 4 | 6 | 2 | 9 | 5 | 3 | 1 |
| 3 | 5 | 2 | 8 | 1 | 4 | 9 | 6 | 7 |
| 1 | 6 | 9 | 5 | 7 | 3 | 8 | 4 | 2 |
| 7 | 4 | 3 | 2 | 5 | 1 | 6 | 9 | 8 |
| 6 | 8 | 5 | 9 | 4 | 7 | 2 | 1 | 3 |
| 9 | 2 | 1 | 3 | 6 | 8 | 7 | 5 | 4 |

## HARD - 203

| 8 | 5 | 9 | 7 | 3 | 2 | 6 | 4 | 1 |
|---|---|---|---|---|---|---|---|---|
| 2 | 6 | 1 | 9 | 8 | 4 | 3 | 5 | 7 |
| 4 | 7 | 3 | 6 | 5 | 1 | 8 | 9 | 2 |
| 7 | 3 | 8 | 2 | 1 | 5 | 9 | 6 | 4 |
| 9 | 1 | 5 | 3 | 4 | 6 | 2 | 7 | 8 |
| 6 | 4 | 2 | 8 | 9 | 7 | 1 | 3 | 5 |
| 1 | 9 | 4 | 5 | 6 | 8 | 7 | 2 | 3 |
| 5 | 2 | 6 | 1 | 7 | 3 | 4 | 8 | 9 |
| 3 | 8 | 7 | 4 | 2 | 9 | 5 | 1 | 6 |

## HARD - 204

| 6 | 1 | 8 | 5 | 7 | 3 | 9 | 4 | 2 |
|---|---|---|---|---|---|---|---|---|
| 5 | 3 | 2 | 4 | 8 | 9 | 6 | 7 | 1 |
| 7 | 4 | 9 | 1 | 2 | 6 | 5 | 8 | 3 |
| 2 | 8 | 3 | 6 | 9 | 7 | 4 | 1 | 5 |
| 4 | 7 | 6 | 8 | 1 | 5 | 2 | 3 | 9 |
| 1 | 9 | 5 | 3 | 4 | 2 | 8 | 6 | 7 |
| 9 | 2 | 1 | 7 | 6 | 8 | 3 | 5 | 4 |
| 8 | 5 | 4 | 9 | 3 | 1 | 7 | 2 | 6 |
| 3 | 6 | 7 | 2 | 5 | 4 | 1 | 9 | 8 |

## HARD - 205

| 8 | 9 | 1 | 2 | 6 | 7 | 4 | 5 | 3 |
|---|---|---|---|---|---|---|---|---|
| 2 | 7 | 6 | 3 | 4 | 5 | 8 | 1 | 9 |
| 4 | 3 | 5 | 1 | 8 | 9 | 7 | 2 | 6 |
| 1 | 8 | 3 | 4 | 7 | 2 | 9 | 6 | 5 |
| 6 | 4 | 9 | 5 | 1 | 3 | 2 | 8 | 7 |
| 7 | 5 | 2 | 6 | 9 | 8 | 1 | 3 | 4 |
| 9 | 6 | 8 | 7 | 5 | 1 | 3 | 4 | 2 |
| 3 | 1 | 4 | 9 | 2 | 6 | 5 | 7 | 8 |
| 5 | 2 | 7 | 8 | 3 | 4 | 6 | 9 | 1 |

## HARD - 206

| 9 | 5 | 1 | 8 | 3 | 4 | 2 | 7 | 6 |
|---|---|---|---|---|---|---|---|---|
| 2 | 3 | 8 | 7 | 1 | 6 | 4 | 5 | 9 |
| 6 | 4 | 7 | 5 | 9 | 2 | 3 | 1 | 8 |
| 3 | 7 | 2 | 9 | 5 | 1 | 6 | 8 | 4 |
| 4 | 8 | 9 | 6 | 2 | 7 | 1 | 3 | 5 |
| 5 | 1 | 6 | 3 | 4 | 8 | 7 | 9 | 2 |
| 8 | 6 | 3 | 4 | 7 | 5 | 9 | 2 | 1 |
| 7 | 2 | 4 | 1 | 8 | 9 | 5 | 6 | 3 |
| 1 | 9 | 5 | 2 | 6 | 3 | 8 | 4 | 7 |

## HARD - 207

| 2 | 9 | 5 | 7 | 3 | 8 | 4 | 1 | 6 |
|---|---|---|---|---|---|---|---|---|
| 3 | 6 | 8 | 4 | 1 | 5 | 2 | 7 | 9 |
| 7 | 1 | 4 | 9 | 2 | 6 | 5 | 3 | 8 |
| 4 | 8 | 2 | 1 | 9 | 3 | 7 | 6 | 5 |
| 1 | 3 | 6 | 8 | 5 | 7 | 9 | 4 | 2 |
| 9 | 5 | 7 | 2 | 6 | 4 | 1 | 8 | 3 |
| 8 | 2 | 1 | 3 | 4 | 9 | 6 | 5 | 7 |
| 6 | 7 | 9 | 5 | 8 | 1 | 3 | 2 | 4 |
| 5 | 4 | 3 | 6 | 7 | 2 | 8 | 9 | 1 |

## HARD - 208

| 6 | 8 | 7 | 3 | 2 | 9 | 5 | 1 | 4 |
|---|---|---|---|---|---|---|---|---|
| 2 | 4 | 9 | 5 | 8 | 1 | 6 | 3 | 7 |
| 3 | 5 | 1 | 7 | 4 | 6 | 2 | 8 | 9 |
| 1 | 6 | 5 | 8 | 7 | 2 | 9 | 4 | 3 |
| 9 | 3 | 4 | 6 | 1 | 5 | 8 | 7 | 2 |
| 8 | 7 | 2 | 9 | 3 | 4 | 1 | 5 | 6 |
| 7 | 2 | 6 | 4 | 5 | 8 | 3 | 9 | 1 |
| 5 | 1 | 3 | 2 | 9 | 7 | 4 | 6 | 8 |
| 4 | 9 | 8 | 1 | 6 | 3 | 7 | 2 | 5 |

## HARD - 209

| 5 | 6 | 2 | 8 | 7 | 4 | 9 | 1 | 3 |
|---|---|---|---|---|---|---|---|---|
| 8 | 4 | 1 | 5 | 9 | 3 | 2 | 7 | 6 |
| 7 | 9 | 3 | 2 | 1 | 6 | 4 | 5 | 8 |
| 1 | 5 | 8 | 7 | 2 | 9 | 6 | 3 | 4 |
| 2 | 3 | 6 | 4 | 8 | 5 | 1 | 9 | 7 |
| 9 | 7 | 4 | 6 | 3 | 1 | 5 | 8 | 2 |
| 4 | 1 | 9 | 3 | 6 | 7 | 8 | 2 | 5 |
| 6 | 2 | 7 | 9 | 5 | 8 | 3 | 4 | 1 |
| 3 | 8 | 5 | 1 | 4 | 2 | 7 | 6 | 9 |

## HARD - 210

| 5 | 8 | 6 | 1 | 2 | 3 | 4 | 9 | 7 |
|---|---|---|---|---|---|---|---|---|
| 4 | 7 | 1 | 8 | 9 | 5 | 3 | 6 | 2 |
| 3 | 2 | 9 | 6 | 7 | 4 | 8 | 1 | 5 |
| 1 | 6 | 4 | 3 | 8 | 2 | 7 | 5 | 9 |
| 7 | 9 | 3 | 5 | 1 | 6 | 2 | 4 | 8 |
| 2 | 5 | 8 | 7 | 4 | 9 | 6 | 3 | 1 |
| 6 | 3 | 7 | 9 | 5 | 8 | 1 | 2 | 4 |
| 8 | 4 | 5 | 2 | 6 | 1 | 9 | 7 | 3 |
| 9 | 1 | 2 | 4 | 3 | 7 | 5 | 8 | 6 |

## HARD - 211

| 5 | 8 | 7 | 1 | 6 | 4 | 9 | 3 | 2 |
|---|---|---|---|---|---|---|---|---|
| 1 | 9 | 6 | 5 | 2 | 3 | 8 | 7 | 4 |
| 3 | 2 | 4 | 9 | 7 | 8 | 1 | 6 | 5 |
| 2 | 5 | 3 | 4 | 9 | 7 | 6 | 1 | 8 |
| 4 | 1 | 9 | 2 | 8 | 6 | 7 | 5 | 3 |
| 7 | 6 | 8 | 3 | 5 | 1 | 4 | 2 | 9 |
| 6 | 7 | 5 | 8 | 3 | 9 | 2 | 4 | 1 |
| 8 | 3 | 1 | 7 | 4 | 2 | 5 | 9 | 6 |
| 9 | 4 | 2 | 6 | 1 | 5 | 3 | 8 | 7 |

## HARD - 212

| 5 | 1 | 3 | 9 | 2 | 6 | 7 | 4 | 8 |
|---|---|---|---|---|---|---|---|---|
| 2 | 4 | 8 | 1 | 3 | 7 | 9 | 5 | 6 |
| 9 | 7 | 6 | 4 | 8 | 5 | 2 | 3 | 1 |
| 4 | 2 | 7 | 3 | 9 | 1 | 6 | 8 | 5 |
| 3 | 8 | 5 | 7 | 6 | 2 | 4 | 1 | 9 |
| 6 | 9 | 1 | 5 | 4 | 8 | 3 | 7 | 2 |
| 8 | 3 | 2 | 6 | 1 | 4 | 5 | 9 | 7 |
| 7 | 6 | 9 | 8 | 5 | 3 | 1 | 2 | 4 |
| 1 | 5 | 4 | 2 | 7 | 9 | 8 | 6 | 3 |

## HARD - 213

| 8 | 5 | 4 | 1 | 3 | 7 | 6 | 2 | 9 |
|---|---|---|---|---|---|---|---|---|
| 9 | 3 | 6 | 2 | 5 | 8 | 1 | 4 | 7 |
| 1 | 2 | 7 | 6 | 9 | 4 | 5 | 3 | 8 |
| 7 | 1 | 2 | 5 | 8 | 3 | 4 | 9 | 6 |
| 3 | 6 | 8 | 4 | 2 | 9 | 7 | 5 | 1 |
| 5 | 4 | 9 | 7 | 1 | 6 | 3 | 8 | 2 |
| 2 | 9 | 1 | 3 | 6 | 5 | 8 | 7 | 4 |
| 4 | 8 | 3 | 9 | 7 | 1 | 2 | 6 | 5 |
| 6 | 7 | 5 | 8 | 4 | 2 | 9 | 1 | 3 |

## HARD - 214

| 7 | 5 | 8 | 9 | 2 | 6 | 3 | 1 | 4 |
|---|---|---|---|---|---|---|---|---|
| 1 | 2 | 6 | 3 | 4 | 8 | 7 | 5 | 9 |
| 3 | 4 | 9 | 1 | 5 | 7 | 8 | 6 | 2 |
| 9 | 1 | 5 | 4 | 8 | 2 | 6 | 7 | 3 |
| 8 | 3 | 4 | 6 | 7 | 9 | 1 | 2 | 5 |
| 6 | 7 | 2 | 5 | 1 | 3 | 9 | 4 | 8 |
| 4 | 6 | 1 | 8 | 9 | 5 | 2 | 3 | 7 |
| 5 | 9 | 7 | 2 | 3 | 1 | 4 | 8 | 6 |
| 2 | 8 | 3 | 7 | 6 | 4 | 5 | 9 | 1 |

## HARD - 215

| 7 | 1 | 6 | 5 | 9 | 3 | 8 | 4 | 2 |
|---|---|---|---|---|---|---|---|---|
| 8 | 9 | 2 | 6 | 4 | 7 | 1 | 5 | 3 |
| 4 | 5 | 3 | 1 | 8 | 2 | 6 | 9 | 7 |
| 2 | 8 | 4 | 7 | 5 | 1 | 3 | 6 | 9 |
| 6 | 7 | 5 | 8 | 3 | 9 | 2 | 1 | 4 |
| 9 | 3 | 1 | 2 | 6 | 4 | 5 | 7 | 8 |
| 5 | 4 | 8 | 9 | 2 | 6 | 7 | 3 | 1 |
| 1 | 2 | 9 | 3 | 7 | 5 | 4 | 8 | 6 |
| 3 | 6 | 7 | 4 | 1 | 8 | 9 | 2 | 5 |

## HARD - 216

| 9 | 8 | 7 | 5 | 4 | 2 | 6 | 3 | 1 |
|---|---|---|---|---|---|---|---|---|
| 4 | 3 | 1 | 7 | 9 | 6 | 8 | 2 | 5 |
| 2 | 5 | 6 | 8 | 3 | 1 | 9 | 7 | 4 |
| 5 | 9 | 4 | 3 | 6 | 8 | 2 | 1 | 7 |
| 7 | 2 | 8 | 1 | 5 | 4 | 3 | 9 | 6 |
| 1 | 6 | 3 | 9 | 2 | 7 | 5 | 4 | 8 |
| 3 | 7 | 5 | 4 | 8 | 9 | 1 | 6 | 2 |
| 8 | 4 | 2 | 6 | 1 | 3 | 7 | 5 | 9 |
| 6 | 1 | 9 | 2 | 7 | 5 | 4 | 8 | 3 |

## HARD - 217

| 8 | 1 | 3 | 5 | 2 | 9 | 4 | 7 | 6 |
|---|---|---|---|---|---|---|---|---|
| 7 | 9 | 6 | 4 | 8 | 1 | 2 | 3 | 5 |
| 4 | 5 | 2 | 6 | 7 | 3 | 1 | 8 | 9 |
| 2 | 6 | 7 | 1 | 9 | 4 | 3 | 5 | 8 |
| 1 | 8 | 9 | 3 | 5 | 7 | 6 | 2 | 4 |
| 5 | 3 | 4 | 2 | 6 | 8 | 9 | 1 | 7 |
| 9 | 4 | 5 | 8 | 1 | 2 | 7 | 6 | 3 |
| 6 | 7 | 1 | 9 | 3 | 5 | 8 | 4 | 2 |
| 3 | 2 | 8 | 7 | 4 | 6 | 5 | 9 | 1 |

## HARD - 218

| 9 | 5 | 3 | 2 | 7 | 1 | 8 | 6 | 4 |
|---|---|---|---|---|---|---|---|---|
| 6 | 2 | 8 | 5 | 3 | 4 | 9 | 7 | 1 |
| 1 | 4 | 7 | 9 | 8 | 6 | 2 | 3 | 5 |
| 2 | 9 | 4 | 7 | 5 | 8 | 3 | 1 | 6 |
| 8 | 1 | 6 | 4 | 9 | 3 | 5 | 2 | 7 |
| 7 | 3 | 5 | 6 | 1 | 2 | 4 | 8 | 9 |
| 5 | 8 | 2 | 1 | 4 | 7 | 6 | 9 | 3 |
| 4 | 6 | 1 | 3 | 2 | 9 | 7 | 5 | 8 |
| 3 | 7 | 9 | 8 | 6 | 5 | 1 | 4 | 2 |

## HARD - 219

| 9 | 4 | 5 | 7 | 3 | 1 | 8 | 6 | 2 |
|---|---|---|---|---|---|---|---|---|
| 6 | 8 | 1 | 9 | 2 | 4 | 3 | 7 | 5 |
| 2 | 3 | 7 | 8 | 6 | 5 | 9 | 4 | 1 |
| 8 | 7 | 4 | 2 | 1 | 6 | 5 | 3 | 9 |
| 5 | 9 | 2 | 3 | 8 | 7 | 4 | 1 | 6 |
| 3 | 1 | 6 | 4 | 5 | 9 | 7 | 2 | 8 |
| 4 | 6 | 9 | 5 | 7 | 2 | 1 | 8 | 3 |
| 7 | 2 | 3 | 1 | 9 | 8 | 6 | 5 | 4 |
| 1 | 5 | 8 | 6 | 4 | 3 | 2 | 9 | 7 |

## HARD - 220

| 5 | 6 | 7 | 4 | 9 | 2 | 8 | 1 | 3 |
|---|---|---|---|---|---|---|---|---|
| 3 | 9 | 8 | 6 | 1 | 7 | 2 | 5 | 4 |
| 2 | 1 | 4 | 3 | 8 | 5 | 6 | 7 | 9 |
| 6 | 4 | 5 | 2 | 7 | 3 | 1 | 9 | 8 |
| 1 | 2 | 9 | 5 | 6 | 8 | 4 | 3 | 7 |
| 7 | 8 | 3 | 1 | 4 | 9 | 5 | 2 | 6 |
| 4 | 3 | 6 | 9 | 2 | 1 | 7 | 8 | 5 |
| 9 | 7 | 2 | 8 | 5 | 6 | 3 | 4 | 1 |
| 8 | 5 | 1 | 7 | 3 | 4 | 9 | 6 | 2 |

### HARD - 221

| 3 | 4 | 2 | 8 | 6 | 9 | 5 | 1 | 7 |
|---|---|---|---|---|---|---|---|---|
| 5 | 8 | 7 | 3 | 4 | 1 | 9 | 6 | 2 |
| 6 | 1 | 9 | 2 | 5 | 7 | 4 | 8 | 3 |
| 8 | 5 | 1 | 4 | 7 | 2 | 6 | 3 | 9 |
| 2 | 6 | 4 | 1 | 9 | 3 | 7 | 5 | 8 |
| 9 | 7 | 3 | 5 | 8 | 6 | 2 | 4 | 1 |
| 7 | 9 | 8 | 6 | 1 | 5 | 3 | 2 | 4 |
| 4 | 2 | 5 | 7 | 3 | 8 | 1 | 9 | 6 |
| 1 | 3 | 6 | 9 | 2 | 4 | 8 | 7 | 5 |

### HARD - 222

| 4 | 5 | 7 | 3 | 1 | 8 | 9 | 2 | 6 |
|---|---|---|---|---|---|---|---|---|
| 2 | 1 | 9 | 7 | 6 | 4 | 3 | 5 | 8 |
| 6 | 3 | 8 | 9 | 2 | 5 | 1 | 4 | 7 |
| 1 | 2 | 4 | 5 | 8 | 3 | 6 | 7 | 9 |
| 8 | 7 | 3 | 6 | 4 | 9 | 2 | 1 | 5 |
| 5 | 9 | 6 | 1 | 7 | 2 | 8 | 3 | 4 |
| 3 | 6 | 1 | 8 | 5 | 7 | 4 | 9 | 2 |
| 9 | 4 | 5 | 2 | 3 | 6 | 7 | 8 | 1 |
| 7 | 8 | 2 | 4 | 9 | 1 | 5 | 6 | 3 |

### HARD - 223

| 7 | 5 | 3 | 9 | 6 | 2 | 8 | 4 | 1 |
|---|---|---|---|---|---|---|---|---|
| 1 | 8 | 4 | 5 | 7 | 3 | 6 | 2 | 9 |
| 9 | 6 | 2 | 4 | 1 | 8 | 7 | 3 | 5 |
| 5 | 4 | 1 | 2 | 3 | 6 | 9 | 8 | 7 |
| 3 | 2 | 7 | 8 | 9 | 5 | 1 | 6 | 4 |
| 6 | 9 | 8 | 1 | 4 | 7 | 3 | 5 | 2 |
| 2 | 7 | 5 | 6 | 8 | 1 | 4 | 9 | 3 |
| 4 | 1 | 6 | 3 | 5 | 9 | 2 | 7 | 8 |
| 8 | 3 | 9 | 7 | 2 | 4 | 5 | 1 | 6 |

### HARD - 224

| 2 | 4 | 1 | 3 | 9 | 8 | 6 | 5 | 7 |
|---|---|---|---|---|---|---|---|---|
| 5 | 8 | 7 | 4 | 6 | 2 | 1 | 3 | 9 |
| 3 | 9 | 6 | 1 | 7 | 5 | 4 | 8 | 2 |
| 9 | 5 | 8 | 2 | 4 | 7 | 3 | 6 | 1 |
| 1 | 6 | 4 | 8 | 3 | 9 | 7 | 2 | 5 |
| 7 | 3 | 2 | 6 | 5 | 1 | 8 | 9 | 4 |
| 4 | 1 | 3 | 5 | 2 | 6 | 9 | 7 | 8 |
| 6 | 7 | 5 | 9 | 8 | 4 | 2 | 1 | 3 |
| 8 | 2 | 9 | 7 | 1 | 3 | 5 | 4 | 6 |

### HARD - 225

| 3 | 5 | 7 | 2 | 1 | 4 | 6 | 9 | 8 |
|---|---|---|---|---|---|---|---|---|
| 6 | 8 | 4 | 9 | 3 | 7 | 1 | 2 | 5 |
| 2 | 9 | 1 | 6 | 5 | 8 | 3 | 4 | 7 |
| 7 | 4 | 6 | 3 | 9 | 2 | 5 | 8 | 1 |
| 9 | 1 | 5 | 7 | 8 | 6 | 2 | 3 | 4 |
| 8 | 3 | 2 | 1 | 4 | 5 | 9 | 7 | 6 |
| 1 | 7 | 9 | 8 | 6 | 3 | 4 | 5 | 2 |
| 4 | 2 | 3 | 5 | 7 | 1 | 8 | 6 | 9 |
| 5 | 6 | 8 | 4 | 2 | 9 | 7 | 1 | 3 |

### HARD - 226

| 6 | 3 | 7 | 8 | 4 | 2 | 1 | 5 | 9 |
|---|---|---|---|---|---|---|---|---|
| 2 | 4 | 5 | 7 | 1 | 9 | 6 | 8 | 3 |
| 9 | 8 | 1 | 6 | 3 | 5 | 2 | 7 | 4 |
| 8 | 1 | 6 | 5 | 9 | 4 | 3 | 2 | 7 |
| 4 | 5 | 9 | 2 | 7 | 3 | 8 | 1 | 6 |
| 3 | 7 | 2 | 1 | 6 | 8 | 9 | 4 | 5 |
| 1 | 6 | 3 | 4 | 2 | 7 | 5 | 9 | 8 |
| 5 | 2 | 4 | 9 | 8 | 6 | 7 | 3 | 1 |
| 7 | 9 | 8 | 3 | 5 | 1 | 4 | 6 | 2 |

### HARD - 227

| 3 | 7 | 1 | 6 | 4 | 5 | 9 | 8 | 2 |
|---|---|---|---|---|---|---|---|---|
| 8 | 9 | 5 | 3 | 1 | 2 | 4 | 6 | 7 |
| 6 | 4 | 2 | 9 | 8 | 7 | 5 | 1 | 3 |
| 4 | 5 | 3 | 7 | 6 | 8 | 2 | 9 | 1 |
| 2 | 1 | 6 | 5 | 9 | 4 | 7 | 3 | 8 |
| 9 | 8 | 7 | 2 | 3 | 1 | 6 | 5 | 4 |
| 1 | 6 | 9 | 4 | 7 | 3 | 8 | 2 | 5 |
| 7 | 2 | 8 | 1 | 5 | 6 | 3 | 4 | 9 |
| 5 | 3 | 4 | 8 | 2 | 9 | 1 | 7 | 6 |

### HARD - 228

| 4 | 7 | 3 | 2 | 5 | 1 | 9 | 8 | 6 |
|---|---|---|---|---|---|---|---|---|
| 6 | 2 | 8 | 9 | 4 | 7 | 1 | 3 | 5 |
| 1 | 5 | 9 | 3 | 8 | 6 | 2 | 7 | 4 |
| 7 | 8 | 6 | 5 | 2 | 4 | 3 | 1 | 9 |
| 3 | 4 | 1 | 7 | 6 | 9 | 5 | 2 | 8 |
| 2 | 9 | 5 | 1 | 3 | 8 | 6 | 4 | 7 |
| 5 | 6 | 2 | 4 | 7 | 3 | 8 | 9 | 1 |
| 9 | 3 | 4 | 8 | 1 | 5 | 7 | 6 | 2 |
| 8 | 1 | 7 | 6 | 9 | 2 | 4 | 5 | 3 |

### HARD - 229

| 2 | 8 | 5 | 7 | 4 | 3 | 1 | 9 | 6 |
|---|---|---|---|---|---|---|---|---|
| 6 | 9 | 4 | 2 | 1 | 8 | 7 | 5 | 3 |
| 1 | 7 | 3 | 6 | 9 | 5 | 2 | 8 | 4 |
| 4 | 5 | 1 | 3 | 8 | 2 | 6 | 7 | 9 |
| 3 | 2 | 8 | 9 | 7 | 6 | 4 | 1 | 5 |
| 9 | 6 | 7 | 1 | 5 | 4 | 3 | 2 | 8 |
| 8 | 1 | 9 | 4 | 3 | 7 | 5 | 6 | 2 |
| 5 | 4 | 6 | 8 | 2 | 1 | 9 | 3 | 7 |
| 7 | 3 | 2 | 5 | 6 | 9 | 8 | 4 | 1 |

### HARD - 230

| 1 | 7 | 3 | 4 | 2 | 8 | 5 | 6 | 9 |
|---|---|---|---|---|---|---|---|---|
| 8 | 5 | 2 | 6 | 9 | 7 | 1 | 3 | 4 |
| 9 | 4 | 6 | 5 | 3 | 1 | 2 | 7 | 8 |
| 5 | 9 | 8 | 1 | 7 | 2 | 6 | 4 | 3 |
| 7 | 2 | 4 | 8 | 6 | 3 | 9 | 1 | 5 |
| 6 | 3 | 1 | 9 | 4 | 5 | 7 | 8 | 2 |
| 2 | 6 | 5 | 7 | 8 | 4 | 3 | 9 | 1 |
| 3 | 8 | 7 | 2 | 1 | 9 | 4 | 5 | 6 |
| 4 | 1 | 9 | 3 | 5 | 6 | 8 | 2 | 7 |

### HARD - 231

| 7 | 1 | 9 | 2 | 6 | 5 | 8 | 3 | 4 |
|---|---|---|---|---|---|---|---|---|
| 3 | 8 | 5 | 9 | 7 | 4 | 1 | 2 | 6 |
| 2 | 6 | 4 | 3 | 8 | 1 | 9 | 5 | 7 |
| 8 | 3 | 6 | 1 | 2 | 7 | 5 | 4 | 9 |
| 9 | 2 | 1 | 5 | 4 | 6 | 7 | 8 | 3 |
| 4 | 5 | 7 | 8 | 3 | 9 | 2 | 6 | 1 |
| 1 | 9 | 3 | 6 | 5 | 2 | 4 | 7 | 8 |
| 5 | 7 | 8 | 4 | 1 | 3 | 6 | 9 | 2 |
| 6 | 4 | 2 | 7 | 9 | 8 | 3 | 1 | 5 |

### HARD - 232

| 5 | 8 | 9 | 2 | 6 | 1 | 7 | 4 | 3 |
|---|---|---|---|---|---|---|---|---|
| 6 | 4 | 3 | 8 | 9 | 7 | 5 | 2 | 1 |
| 7 | 1 | 2 | 5 | 4 | 3 | 6 | 9 | 8 |
| 2 | 7 | 4 | 3 | 5 | 9 | 8 | 1 | 6 |
| 3 | 6 | 5 | 1 | 8 | 2 | 4 | 7 | 9 |
| 1 | 9 | 8 | 4 | 7 | 6 | 2 | 3 | 5 |
| 8 | 2 | 7 | 9 | 3 | 5 | 1 | 6 | 4 |
| 9 | 5 | 1 | 6 | 2 | 4 | 3 | 8 | 7 |
| 4 | 3 | 6 | 7 | 1 | 8 | 9 | 5 | 2 |

### HARD - 233

| 1 | 3 | 7 | 5 | 4 | 9 | 2 | 6 | 8 |
|---|---|---|---|---|---|---|---|---|
| 5 | 6 | 4 | 2 | 1 | 8 | 3 | 7 | 9 |
| 2 | 8 | 9 | 3 | 6 | 7 | 4 | 5 | 1 |
| 3 | 4 | 6 | 8 | 7 | 1 | 5 | 9 | 2 |
| 7 | 1 | 2 | 9 | 5 | 6 | 8 | 3 | 4 |
| 9 | 5 | 8 | 4 | 3 | 2 | 6 | 1 | 7 |
| 6 | 7 | 3 | 1 | 8 | 4 | 9 | 2 | 5 |
| 8 | 9 | 5 | 7 | 2 | 3 | 1 | 4 | 6 |
| 4 | 2 | 1 | 6 | 9 | 5 | 7 | 8 | 3 |

### HARD - 234

| 5 | 2 | 4 | 8 | 3 | 7 | 9 | 1 | 6 |
|---|---|---|---|---|---|---|---|---|
| 3 | 6 | 1 | 2 | 4 | 9 | 8 | 5 | 7 |
| 8 | 7 | 9 | 5 | 6 | 1 | 3 | 4 | 2 |
| 1 | 9 | 6 | 7 | 8 | 2 | 4 | 3 | 5 |
| 4 | 5 | 7 | 9 | 1 | 3 | 6 | 2 | 8 |
| 2 | 3 | 8 | 6 | 5 | 4 | 7 | 9 | 1 |
| 6 | 1 | 5 | 3 | 9 | 8 | 2 | 7 | 4 |
| 7 | 4 | 3 | 1 | 2 | 6 | 5 | 8 | 9 |
| 9 | 8 | 2 | 4 | 7 | 5 | 1 | 6 | 3 |

### HARD - 235

| 4 | 6 | 9 | 8 | 1 | 5 | 2 | 7 | 3 |
|---|---|---|---|---|---|---|---|---|
| 3 | 5 | 7 | 4 | 6 | 2 | 1 | 9 | 8 |
| 8 | 1 | 2 | 7 | 3 | 9 | 4 | 5 | 6 |
| 7 | 9 | 4 | 6 | 5 | 8 | 3 | 1 | 2 |
| 5 | 3 | 6 | 1 | 2 | 7 | 9 | 8 | 4 |
| 2 | 8 | 1 | 3 | 9 | 4 | 5 | 6 | 7 |
| 9 | 2 | 8 | 5 | 7 | 3 | 6 | 4 | 1 |
| 6 | 4 | 5 | 2 | 8 | 1 | 7 | 3 | 9 |
| 1 | 7 | 3 | 9 | 4 | 6 | 8 | 2 | 5 |

### HARD - 236

| 7 | 9 | 4 | 1 | 3 | 8 | 5 | 6 | 2 |
|---|---|---|---|---|---|---|---|---|
| 5 | 8 | 6 | 4 | 9 | 2 | 3 | 7 | 1 |
| 2 | 3 | 1 | 7 | 5 | 6 | 4 | 9 | 8 |
| 1 | 5 | 7 | 6 | 4 | 9 | 8 | 2 | 3 |
| 4 | 2 | 9 | 8 | 1 | 3 | 7 | 5 | 6 |
| 3 | 6 | 8 | 2 | 7 | 5 | 9 | 1 | 4 |
| 6 | 7 | 5 | 3 | 8 | 1 | 2 | 4 | 9 |
| 8 | 4 | 2 | 9 | 6 | 7 | 1 | 3 | 5 |
| 9 | 1 | 3 | 5 | 2 | 4 | 6 | 8 | 7 |

### HARD - 237

| 2 | 9 | 5 | 4 | 3 | 6 | 1 | 7 | 8 |
|---|---|---|---|---|---|---|---|---|
| 6 | 1 | 4 | 8 | 7 | 9 | 2 | 5 | 3 |
| 7 | 8 | 3 | 5 | 2 | 1 | 9 | 6 | 4 |
| 9 | 6 | 8 | 2 | 4 | 7 | 3 | 1 | 5 |
| 4 | 5 | 1 | 3 | 9 | 8 | 6 | 2 | 7 |
| 3 | 7 | 2 | 1 | 6 | 5 | 4 | 8 | 9 |
| 8 | 4 | 9 | 6 | 5 | 2 | 7 | 3 | 1 |
| 1 | 2 | 7 | 9 | 8 | 3 | 5 | 4 | 6 |
| 5 | 3 | 6 | 7 | 1 | 4 | 8 | 9 | 2 |

### HARD - 238

| 1 | 7 | 3 | 9 | 2 | 8 | 6 | 4 | 5 |
|---|---|---|---|---|---|---|---|---|
| 5 | 4 | 2 | 7 | 6 | 3 | 1 | 9 | 8 |
| 9 | 6 | 8 | 1 | 4 | 5 | 2 | 7 | 3 |
| 7 | 1 | 6 | 4 | 5 | 9 | 8 | 3 | 2 |
| 2 | 5 | 9 | 8 | 3 | 1 | 7 | 6 | 4 |
| 8 | 3 | 4 | 2 | 7 | 6 | 9 | 5 | 1 |
| 4 | 9 | 7 | 5 | 8 | 2 | 3 | 1 | 6 |
| 3 | 2 | 1 | 6 | 9 | 4 | 5 | 8 | 7 |
| 6 | 8 | 5 | 3 | 1 | 7 | 4 | 2 | 9 |

### HARD - 239

| 5 | 1 | 7 | 8 | 3 | 4 | 2 | 9 | 6 |
|---|---|---|---|---|---|---|---|---|
| 9 | 8 | 2 | 5 | 1 | 6 | 4 | 7 | 3 |
| 3 | 4 | 6 | 7 | 9 | 2 | 1 | 8 | 5 |
| 4 | 7 | 9 | 2 | 5 | 3 | 6 | 1 | 8 |
| 1 | 2 | 5 | 6 | 7 | 8 | 9 | 3 | 4 |
| 6 | 3 | 8 | 9 | 4 | 1 | 5 | 2 | 7 |
| 7 | 5 | 3 | 1 | 6 | 9 | 8 | 4 | 2 |
| 8 | 9 | 4 | 3 | 2 | 5 | 7 | 6 | 1 |
| 2 | 6 | 1 | 4 | 8 | 7 | 3 | 5 | 9 |

### HARD - 240

| 5 | 2 | 9 | 7 | 1 | 3 | 4 | 6 | 8 |
|---|---|---|---|---|---|---|---|---|
| 4 | 8 | 7 | 6 | 5 | 9 | 2 | 1 | 3 |
| 1 | 6 | 3 | 2 | 8 | 4 | 5 | 9 | 7 |
| 2 | 7 | 5 | 3 | 4 | 6 | 9 | 8 | 1 |
| 3 | 9 | 1 | 8 | 2 | 7 | 6 | 5 | 4 |
| 8 | 4 | 6 | 1 | 9 | 5 | 3 | 7 | 2 |
| 7 | 5 | 2 | 4 | 6 | 1 | 8 | 3 | 9 |
| 6 | 3 | 4 | 9 | 7 | 8 | 1 | 2 | 5 |
| 9 | 1 | 8 | 5 | 3 | 2 | 7 | 4 | 6 |

**HARD - 241**

| 4 | 5 | 1 | 7 | 9 | 6 | 2 | 8 | 3 |
|---|---|---|---|---|---|---|---|---|
| 2 | 6 | 7 | 1 | 3 | 8 | 5 | 9 | 4 |
| 3 | 9 | 8 | 5 | 2 | 4 | 1 | 7 | 6 |
| 1 | 2 | 5 | 9 | 6 | 3 | 7 | 4 | 8 |
| 9 | 7 | 3 | 8 | 4 | 1 | 6 | 5 | 2 |
| 6 | 8 | 4 | 2 | 7 | 5 | 9 | 3 | 1 |
| 8 | 1 | 6 | 3 | 5 | 9 | 4 | 2 | 7 |
| 7 | 4 | 9 | 6 | 8 | 2 | 3 | 1 | 5 |
| 5 | 3 | 2 | 4 | 1 | 7 | 8 | 6 | 9 |

**HARD - 242**

| 6 | 3 | 5 | 7 | 2 | 4 | 1 | 9 | 8 |
|---|---|---|---|---|---|---|---|---|
| 7 | 9 | 8 | 3 | 1 | 6 | 4 | 2 | 5 |
| 1 | 2 | 4 | 5 | 8 | 9 | 7 | 6 | 3 |
| 5 | 8 | 7 | 6 | 3 | 2 | 9 | 1 | 4 |
| 9 | 4 | 6 | 8 | 5 | 1 | 2 | 3 | 7 |
| 2 | 1 | 3 | 9 | 4 | 7 | 5 | 8 | 6 |
| 3 | 6 | 9 | 1 | 7 | 5 | 8 | 4 | 2 |
| 4 | 5 | 1 | 2 | 6 | 8 | 3 | 7 | 9 |
| 8 | 7 | 2 | 4 | 9 | 3 | 6 | 5 | 1 |

**HARD - 243**

| 3 | 7 | 1 | 8 | 6 | 2 | 4 | 9 | 5 |
|---|---|---|---|---|---|---|---|---|
| 2 | 9 | 6 | 5 | 4 | 3 | 8 | 7 | 1 |
| 8 | 4 | 5 | 1 | 9 | 7 | 3 | 2 | 6 |
| 6 | 3 | 8 | 9 | 1 | 5 | 2 | 4 | 7 |
| 4 | 5 | 2 | 3 | 7 | 6 | 9 | 1 | 8 |
| 9 | 1 | 7 | 4 | 2 | 8 | 6 | 5 | 3 |
| 5 | 2 | 4 | 6 | 3 | 1 | 7 | 8 | 9 |
| 7 | 8 | 3 | 2 | 5 | 9 | 1 | 6 | 4 |
| 1 | 6 | 9 | 7 | 8 | 4 | 5 | 3 | 2 |

**HARD - 244**

| 2 | 6 | 4 | 5 | 3 | 1 | 7 | 9 | 8 |
|---|---|---|---|---|---|---|---|---|
| 8 | 9 | 5 | 7 | 6 | 4 | 3 | 2 | 1 |
| 3 | 1 | 7 | 2 | 9 | 8 | 4 | 6 | 5 |
| 7 | 8 | 1 | 3 | 4 | 9 | 2 | 5 | 6 |
| 5 | 3 | 6 | 1 | 7 | 2 | 9 | 8 | 4 |
| 4 | 2 | 9 | 8 | 5 | 6 | 1 | 7 | 3 |
| 9 | 5 | 3 | 6 | 1 | 7 | 8 | 4 | 2 |
| 1 | 7 | 8 | 4 | 2 | 5 | 6 | 3 | 9 |
| 6 | 4 | 2 | 9 | 8 | 3 | 5 | 1 | 7 |

**HARD - 245**

| 6 | 8 | 3 | 2 | 1 | 9 | 7 | 4 | 5 |
|---|---|---|---|---|---|---|---|---|
| 5 | 1 | 9 | 6 | 7 | 4 | 2 | 3 | 8 |
| 7 | 4 | 2 | 8 | 5 | 3 | 6 | 1 | 9 |
| 1 | 9 | 6 | 4 | 2 | 5 | 8 | 7 | 3 |
| 2 | 5 | 8 | 3 | 6 | 7 | 1 | 9 | 4 |
| 3 | 7 | 4 | 1 | 9 | 8 | 5 | 6 | 2 |
| 4 | 6 | 1 | 5 | 3 | 2 | 9 | 8 | 7 |
| 9 | 3 | 5 | 7 | 8 | 6 | 4 | 2 | 1 |
| 8 | 2 | 7 | 9 | 4 | 1 | 3 | 5 | 6 |

**HARD - 246**

| 8 | 2 | 6 | 9 | 3 | 5 | 1 | 7 | 4 |
|---|---|---|---|---|---|---|---|---|
| 7 | 3 | 5 | 2 | 4 | 1 | 9 | 8 | 6 |
| 4 | 9 | 1 | 7 | 6 | 8 | 3 | 2 | 5 |
| 2 | 7 | 4 | 8 | 5 | 9 | 6 | 3 | 1 |
| 6 | 1 | 8 | 3 | 7 | 4 | 2 | 5 | 9 |
| 9 | 5 | 3 | 6 | 1 | 2 | 7 | 4 | 8 |
| 3 | 4 | 7 | 5 | 9 | 6 | 8 | 1 | 2 |
| 1 | 6 | 2 | 4 | 8 | 7 | 5 | 9 | 3 |
| 5 | 8 | 9 | 1 | 2 | 3 | 4 | 6 | 7 |

**HARD - 247**

| 8 | 3 | 5 | 9 | 4 | 2 | 7 | 1 | 6 |
|---|---|---|---|---|---|---|---|---|
| 7 | 9 | 6 | 1 | 5 | 3 | 2 | 4 | 8 |
| 1 | 4 | 2 | 7 | 6 | 8 | 9 | 5 | 3 |
| 9 | 5 | 4 | 6 | 1 | 7 | 8 | 3 | 2 |
| 6 | 8 | 3 | 2 | 9 | 5 | 1 | 7 | 4 |
| 2 | 1 | 7 | 8 | 3 | 4 | 5 | 6 | 9 |
| 3 | 2 | 8 | 4 | 7 | 1 | 6 | 9 | 5 |
| 4 | 6 | 1 | 5 | 8 | 9 | 3 | 2 | 7 |
| 5 | 7 | 9 | 3 | 2 | 6 | 4 | 8 | 1 |

**HARD - 248**

| 4 | 5 | 7 | 1 | 6 | 2 | 3 | 9 | 8 |
|---|---|---|---|---|---|---|---|---|
| 6 | 1 | 9 | 5 | 3 | 8 | 7 | 4 | 2 |
| 8 | 2 | 3 | 7 | 9 | 4 | 1 | 5 | 6 |
| 7 | 9 | 2 | 4 | 5 | 6 | 8 | 3 | 1 |
| 1 | 8 | 5 | 3 | 2 | 7 | 4 | 6 | 9 |
| 3 | 6 | 4 | 8 | 1 | 9 | 5 | 2 | 7 |
| 5 | 4 | 6 | 9 | 8 | 1 | 2 | 7 | 3 |
| 2 | 7 | 8 | 6 | 4 | 3 | 9 | 1 | 5 |
| 9 | 3 | 1 | 2 | 7 | 5 | 6 | 8 | 4 |

**HARD - 249**

| 5 | 8 | 2 | 4 | 6 | 9 | 7 | 3 | 1 |
|---|---|---|---|---|---|---|---|---|
| 7 | 3 | 9 | 1 | 5 | 8 | 4 | 6 | 2 |
| 6 | 4 | 1 | 2 | 3 | 7 | 8 | 9 | 5 |
| 4 | 6 | 3 | 8 | 2 | 5 | 9 | 1 | 7 |
| 2 | 9 | 7 | 6 | 1 | 4 | 5 | 8 | 3 |
| 8 | 1 | 5 | 7 | 9 | 3 | 2 | 4 | 6 |
| 9 | 2 | 8 | 3 | 7 | 1 | 6 | 5 | 4 |
| 1 | 7 | 4 | 5 | 8 | 6 | 3 | 2 | 9 |
| 3 | 5 | 6 | 9 | 4 | 2 | 1 | 7 | 8 |

**HARD - 250**

| 1 | 4 | 5 | 7 | 2 | 6 | 8 | 3 | 9 |
|---|---|---|---|---|---|---|---|---|
| 8 | 6 | 3 | 4 | 5 | 9 | 2 | 1 | 7 |
| 9 | 2 | 7 | 1 | 3 | 8 | 5 | 6 | 4 |
| 3 | 1 | 9 | 5 | 8 | 2 | 4 | 7 | 6 |
| 7 | 5 | 6 | 9 | 1 | 4 | 3 | 2 | 8 |
| 4 | 8 | 2 | 3 | 6 | 7 | 1 | 9 | 5 |
| 6 | 3 | 4 | 2 | 9 | 5 | 7 | 8 | 1 |
| 5 | 9 | 1 | 8 | 7 | 3 | 6 | 4 | 2 |
| 2 | 7 | 8 | 6 | 4 | 1 | 9 | 5 | 3 |

**HARD - 251**

| 7 | 3 | 8 | 2 | 1 | 5 | 6 | 9 | 4 |
|---|---|---|---|---|---|---|---|---|
| 9 | 5 | 2 | 4 | 3 | 6 | 8 | 1 | 7 |
| 6 | 1 | 4 | 9 | 8 | 7 | 3 | 2 | 5 |
| 5 | 8 | 9 | 7 | 2 | 3 | 4 | 6 | 1 |
| 2 | 7 | 3 | 1 | 6 | 4 | 5 | 8 | 9 |
| 1 | 4 | 6 | 8 | 5 | 9 | 2 | 7 | 3 |
| 8 | 2 | 7 | 3 | 4 | 1 | 9 | 5 | 6 |
| 4 | 9 | 5 | 6 | 7 | 2 | 1 | 3 | 8 |
| 3 | 6 | 1 | 5 | 9 | 8 | 7 | 4 | 2 |

**HARD - 252**

| 3 | 8 | 6 | 1 | 7 | 5 | 9 | 2 | 4 |
|---|---|---|---|---|---|---|---|---|
| 7 | 9 | 2 | 6 | 3 | 4 | 8 | 1 | 5 |
| 1 | 5 | 4 | 8 | 2 | 9 | 7 | 3 | 6 |
| 5 | 1 | 8 | 9 | 4 | 6 | 2 | 7 | 3 |
| 6 | 2 | 9 | 7 | 5 | 3 | 1 | 4 | 8 |
| 4 | 7 | 3 | 2 | 8 | 1 | 5 | 6 | 9 |
| 8 | 4 | 5 | 3 | 1 | 7 | 6 | 9 | 2 |
| 2 | 6 | 1 | 4 | 9 | 8 | 3 | 5 | 7 |
| 9 | 3 | 7 | 5 | 6 | 2 | 4 | 8 | 1 |

**HARD - 253**

| 4 | 5 | 9 | 6 | 3 | 2 | 7 | 1 | 8 |
|---|---|---|---|---|---|---|---|---|
| 1 | 3 | 7 | 8 | 5 | 9 | 6 | 4 | 2 |
| 8 | 6 | 2 | 4 | 7 | 1 | 5 | 3 | 9 |
| 7 | 2 | 3 | 9 | 4 | 5 | 8 | 6 | 1 |
| 5 | 1 | 4 | 7 | 6 | 8 | 2 | 9 | 3 |
| 9 | 8 | 6 | 2 | 1 | 3 | 4 | 5 | 7 |
| 3 | 7 | 5 | 1 | 2 | 6 | 9 | 8 | 4 |
| 2 | 9 | 1 | 5 | 8 | 4 | 3 | 7 | 6 |
| 6 | 4 | 8 | 3 | 9 | 7 | 1 | 2 | 5 |

**HARD - 254**

| 1 | 6 | 8 | 3 | 5 | 9 | 2 | 4 | 7 |
|---|---|---|---|---|---|---|---|---|
| 5 | 4 | 2 | 6 | 7 | 8 | 9 | 1 | 3 |
| 9 | 3 | 7 | 1 | 2 | 4 | 6 | 5 | 8 |
| 6 | 9 | 3 | 5 | 8 | 1 | 7 | 2 | 4 |
| 7 | 8 | 1 | 4 | 3 | 2 | 5 | 9 | 6 |
| 2 | 5 | 4 | 9 | 6 | 7 | 8 | 3 | 1 |
| 4 | 2 | 6 | 7 | 9 | 3 | 1 | 8 | 5 |
| 3 | 7 | 9 | 8 | 1 | 5 | 4 | 6 | 2 |
| 8 | 1 | 5 | 2 | 4 | 6 | 3 | 7 | 9 |

**HARD - 255**

| 6 | 5 | 8 | 4 | 7 | 1 | 9 | 2 | 3 |
|---|---|---|---|---|---|---|---|---|
| 4 | 7 | 2 | 9 | 6 | 3 | 1 | 5 | 8 |
| 9 | 3 | 1 | 8 | 5 | 2 | 7 | 6 | 4 |
| 1 | 4 | 7 | 6 | 2 | 8 | 3 | 9 | 5 |
| 8 | 2 | 5 | 7 | 3 | 9 | 4 | 1 | 6 |
| 3 | 9 | 6 | 1 | 4 | 5 | 2 | 8 | 7 |
| 7 | 1 | 9 | 3 | 8 | 6 | 5 | 4 | 2 |
| 5 | 6 | 3 | 2 | 9 | 4 | 8 | 7 | 1 |
| 2 | 8 | 4 | 5 | 1 | 7 | 6 | 3 | 9 |

**HARD - 256**

| 9 | 8 | 2 | 6 | 7 | 4 | 5 | 1 | 3 |
|---|---|---|---|---|---|---|---|---|
| 6 | 4 | 5 | 1 | 9 | 3 | 2 | 7 | 8 |
| 7 | 3 | 1 | 2 | 8 | 5 | 6 | 4 | 9 |
| 3 | 2 | 6 | 9 | 5 | 1 | 4 | 8 | 7 |
| 8 | 7 | 9 | 4 | 3 | 2 | 1 | 6 | 5 |
| 5 | 1 | 4 | 8 | 6 | 7 | 3 | 9 | 2 |
| 2 | 9 | 7 | 5 | 1 | 6 | 8 | 3 | 4 |
| 1 | 5 | 8 | 3 | 4 | 9 | 7 | 2 | 6 |
| 4 | 6 | 3 | 7 | 2 | 8 | 9 | 5 | 1 |

**HARD - 257**

| 8 | 6 | 9 | 7 | 1 | 5 | 4 | 3 | 2 |
|---|---|---|---|---|---|---|---|---|
| 4 | 3 | 7 | 2 | 9 | 8 | 6 | 1 | 5 |
| 5 | 1 | 2 | 3 | 6 | 4 | 7 | 8 | 9 |
| 1 | 5 | 6 | 4 | 3 | 2 | 8 | 9 | 7 |
| 9 | 4 | 8 | 1 | 5 | 7 | 2 | 6 | 3 |
| 7 | 2 | 3 | 9 | 8 | 6 | 1 | 5 | 4 |
| 2 | 9 | 1 | 6 | 4 | 3 | 5 | 7 | 8 |
| 3 | 7 | 5 | 8 | 2 | 1 | 9 | 4 | 6 |
| 6 | 8 | 4 | 5 | 7 | 9 | 3 | 2 | 1 |

**HARD - 258**

| 6 | 2 | 4 | 7 | 9 | 1 | 3 | 8 | 5 |
|---|---|---|---|---|---|---|---|---|
| 1 | 7 | 8 | 5 | 2 | 3 | 6 | 9 | 4 |
| 9 | 5 | 3 | 4 | 6 | 8 | 2 | 7 | 1 |
| 4 | 3 | 1 | 6 | 5 | 9 | 8 | 2 | 7 |
| 5 | 8 | 9 | 2 | 1 | 7 | 4 | 6 | 3 |
| 7 | 6 | 2 | 8 | 3 | 4 | 5 | 1 | 9 |
| 2 | 1 | 7 | 3 | 4 | 6 | 9 | 5 | 8 |
| 3 | 9 | 6 | 1 | 8 | 5 | 7 | 4 | 2 |
| 8 | 4 | 5 | 9 | 7 | 2 | 1 | 3 | 6 |

**HARD - 259**

| 8 | 9 | 7 | 6 | 3 | 4 | 5 | 2 | 1 |
|---|---|---|---|---|---|---|---|---|
| 3 | 4 | 1 | 7 | 2 | 5 | 6 | 8 | 9 |
| 6 | 2 | 5 | 1 | 8 | 9 | 3 | 4 | 7 |
| 9 | 7 | 2 | 3 | 5 | 1 | 8 | 6 | 4 |
| 5 | 8 | 4 | 2 | 7 | 6 | 1 | 9 | 3 |
| 1 | 6 | 3 | 4 | 9 | 8 | 7 | 5 | 2 |
| 4 | 3 | 9 | 5 | 6 | 7 | 2 | 1 | 8 |
| 7 | 5 | 8 | 9 | 1 | 2 | 4 | 3 | 6 |
| 2 | 1 | 6 | 8 | 4 | 3 | 9 | 7 | 5 |

**HARD - 260**

| 8 | 6 | 2 | 3 | 9 | 4 | 5 | 7 | 1 |
|---|---|---|---|---|---|---|---|---|
| 4 | 7 | 9 | 6 | 5 | 1 | 2 | 3 | 8 |
| 1 | 3 | 5 | 8 | 2 | 7 | 4 | 9 | 6 |
| 7 | 1 | 4 | 2 | 8 | 3 | 9 | 6 | 5 |
| 9 | 5 | 8 | 1 | 7 | 6 | 3 | 2 | 4 |
| 6 | 2 | 3 | 9 | 4 | 5 | 8 | 1 | 7 |
| 5 | 4 | 6 | 7 | 3 | 2 | 1 | 8 | 9 |
| 3 | 8 | 7 | 4 | 1 | 9 | 6 | 5 | 2 |
| 2 | 9 | 1 | 5 | 6 | 8 | 7 | 4 | 3 |

**HARD - 261**

| 9 | 2 | 7 | 3 | 6 | 8 | 4 | 5 | 1 |
|---|---|---|---|---|---|---|---|---|
| 5 | 8 | 3 | 4 | 1 | 7 | 9 | 2 | 6 |
| 4 | 6 | 1 | 2 | 5 | 9 | 3 | 8 | 7 |
| 3 | 5 | 8 | 1 | 7 | 6 | 2 | 9 | 4 |
| 6 | 4 | 9 | 8 | 2 | 5 | 1 | 7 | 3 |
| 1 | 7 | 2 | 9 | 4 | 3 | 5 | 6 | 8 |
| 2 | 3 | 6 | 7 | 9 | 1 | 8 | 4 | 5 |
| 7 | 1 | 4 | 5 | 8 | 2 | 6 | 3 | 9 |
| 8 | 9 | 5 | 6 | 3 | 4 | 7 | 1 | 2 |

**HARD - 262**

| 5 | 4 | 1 | 8 | 3 | 6 | 9 | 2 | 7 |
|---|---|---|---|---|---|---|---|---|
| 3 | 9 | 8 | 4 | 2 | 7 | 1 | 5 | 6 |
| 2 | 6 | 7 | 1 | 9 | 5 | 3 | 4 | 8 |
| 4 | 2 | 3 | 6 | 5 | 1 | 7 | 8 | 9 |
| 1 | 5 | 6 | 7 | 8 | 9 | 4 | 3 | 2 |
| 7 | 8 | 9 | 2 | 4 | 3 | 5 | 6 | 1 |
| 6 | 7 | 2 | 3 | 1 | 4 | 8 | 9 | 5 |
| 8 | 3 | 5 | 9 | 7 | 2 | 6 | 1 | 4 |
| 9 | 1 | 4 | 5 | 6 | 8 | 2 | 7 | 3 |

**HARD - 263**

| 8 | 1 | 7 | 2 | 9 | 6 | 4 | 5 | 3 |
|---|---|---|---|---|---|---|---|---|
| 4 | 5 | 6 | 7 | 8 | 3 | 2 | 9 | 1 |
| 3 | 2 | 9 | 1 | 4 | 5 | 6 | 8 | 7 |
| 7 | 3 | 5 | 8 | 2 | 4 | 9 | 1 | 6 |
| 6 | 8 | 2 | 9 | 5 | 1 | 7 | 3 | 4 |
| 9 | 4 | 1 | 3 | 6 | 7 | 8 | 2 | 5 |
| 1 | 9 | 4 | 6 | 3 | 2 | 5 | 7 | 8 |
| 5 | 7 | 8 | 4 | 1 | 9 | 3 | 6 | 2 |
| 2 | 6 | 3 | 5 | 7 | 8 | 1 | 4 | 9 |

**HARD - 264**

| 8 | 3 | 2 | 4 | 1 | 9 | 5 | 7 | 6 |
|---|---|---|---|---|---|---|---|---|
| 7 | 4 | 6 | 3 | 8 | 5 | 1 | 9 | 2 |
| 5 | 1 | 9 | 7 | 6 | 2 | 3 | 8 | 4 |
| 2 | 9 | 3 | 5 | 4 | 8 | 6 | 1 | 7 |
| 1 | 5 | 8 | 6 | 9 | 7 | 4 | 2 | 3 |
| 4 | 6 | 7 | 2 | 3 | 1 | 9 | 5 | 8 |
| 3 | 2 | 5 | 9 | 7 | 6 | 8 | 4 | 1 |
| 6 | 7 | 1 | 8 | 5 | 4 | 2 | 3 | 9 |
| 9 | 8 | 4 | 1 | 2 | 3 | 7 | 6 | 5 |

**HARD - 265**

| 9 | 1 | 3 | 2 | 5 | 6 | 8 | 4 | 7 |
|---|---|---|---|---|---|---|---|---|
| 6 | 2 | 4 | 7 | 8 | 9 | 3 | 5 | 1 |
| 7 | 8 | 5 | 4 | 3 | 1 | 9 | 6 | 2 |
| 5 | 4 | 9 | 3 | 1 | 7 | 2 | 8 | 6 |
| 2 | 7 | 8 | 6 | 9 | 4 | 1 | 3 | 5 |
| 3 | 6 | 1 | 5 | 2 | 8 | 7 | 9 | 4 |
| 1 | 3 | 7 | 8 | 4 | 5 | 6 | 2 | 9 |
| 4 | 9 | 2 | 1 | 6 | 3 | 5 | 7 | 8 |
| 8 | 5 | 6 | 9 | 7 | 2 | 4 | 1 | 3 |

**HARD - 266**

| 4 | 2 | 7 | 6 | 5 | 8 | 1 | 3 | 9 |
|---|---|---|---|---|---|---|---|---|
| 8 | 6 | 3 | 9 | 1 | 7 | 4 | 5 | 2 |
| 9 | 5 | 1 | 4 | 3 | 2 | 8 | 6 | 7 |
| 5 | 3 | 6 | 8 | 9 | 4 | 7 | 2 | 1 |
| 2 | 9 | 4 | 1 | 7 | 5 | 3 | 8 | 6 |
| 1 | 7 | 8 | 2 | 6 | 3 | 5 | 9 | 4 |
| 3 | 4 | 5 | 7 | 2 | 9 | 6 | 1 | 8 |
| 6 | 8 | 2 | 3 | 4 | 1 | 9 | 7 | 5 |
| 7 | 1 | 9 | 5 | 8 | 6 | 2 | 4 | 3 |

**HARD - 267**

| 4 | 7 | 3 | 1 | 5 | 6 | 9 | 8 | 2 |
|---|---|---|---|---|---|---|---|---|
| 8 | 1 | 9 | 2 | 7 | 3 | 5 | 4 | 6 |
| 6 | 5 | 2 | 9 | 4 | 8 | 1 | 3 | 7 |
| 2 | 3 | 8 | 6 | 9 | 1 | 4 | 7 | 5 |
| 9 | 4 | 1 | 7 | 8 | 5 | 2 | 6 | 3 |
| 7 | 6 | 5 | 4 | 3 | 2 | 8 | 9 | 1 |
| 1 | 2 | 7 | 8 | 6 | 4 | 3 | 5 | 9 |
| 5 | 9 | 4 | 3 | 2 | 7 | 6 | 1 | 8 |
| 3 | 8 | 6 | 5 | 1 | 9 | 7 | 2 | 4 |

**HARD - 268**

| 4 | 1 | 7 | 3 | 8 | 5 | 9 | 6 | 2 |
|---|---|---|---|---|---|---|---|---|
| 5 | 6 | 9 | 2 | 7 | 1 | 8 | 4 | 3 |
| 3 | 8 | 2 | 9 | 6 | 4 | 1 | 5 | 7 |
| 1 | 5 | 4 | 7 | 2 | 6 | 3 | 8 | 9 |
| 7 | 9 | 3 | 5 | 4 | 8 | 2 | 1 | 6 |
| 8 | 2 | 6 | 1 | 3 | 9 | 5 | 7 | 4 |
| 6 | 3 | 5 | 8 | 9 | 7 | 4 | 2 | 1 |
| 2 | 4 | 1 | 6 | 5 | 3 | 7 | 9 | 8 |
| 9 | 7 | 8 | 4 | 1 | 2 | 6 | 3 | 5 |

**HARD - 269**

| 6 | 7 | 8 | 9 | 4 | 3 | 2 | 1 | 5 |
|---|---|---|---|---|---|---|---|---|
| 1 | 5 | 9 | 8 | 7 | 2 | 3 | 4 | 6 |
| 3 | 4 | 2 | 1 | 5 | 6 | 9 | 8 | 7 |
| 9 | 3 | 5 | 6 | 1 | 8 | 4 | 7 | 2 |
| 4 | 6 | 7 | 5 | 2 | 9 | 8 | 3 | 1 |
| 2 | 8 | 1 | 7 | 3 | 4 | 5 | 6 | 9 |
| 8 | 9 | 4 | 2 | 6 | 1 | 7 | 5 | 3 |
| 5 | 2 | 6 | 3 | 8 | 7 | 1 | 9 | 4 |
| 7 | 1 | 3 | 4 | 9 | 5 | 6 | 2 | 8 |

**HARD - 270**

| 8 | 3 | 4 | 5 | 9 | 7 | 2 | 6 | 1 |
|---|---|---|---|---|---|---|---|---|
| 5 | 1 | 6 | 4 | 2 | 8 | 3 | 9 | 7 |
| 2 | 7 | 9 | 3 | 1 | 6 | 5 | 8 | 4 |
| 7 | 2 | 3 | 8 | 6 | 1 | 4 | 5 | 9 |
| 9 | 6 | 5 | 7 | 4 | 3 | 8 | 1 | 2 |
| 4 | 8 | 1 | 9 | 5 | 2 | 7 | 3 | 6 |
| 6 | 9 | 7 | 2 | 3 | 5 | 1 | 4 | 8 |
| 1 | 5 | 8 | 6 | 7 | 4 | 9 | 2 | 3 |
| 3 | 4 | 2 | 1 | 8 | 9 | 6 | 7 | 5 |

**HARD - 271**

| 2 | 8 | 5 | 3 | 7 | 6 | 4 | 1 | 9 |
|---|---|---|---|---|---|---|---|---|
| 6 | 9 | 4 | 8 | 5 | 1 | 3 | 2 | 7 |
| 7 | 3 | 1 | 4 | 9 | 2 | 8 | 6 | 5 |
| 9 | 5 | 2 | 1 | 8 | 7 | 6 | 4 | 3 |
| 3 | 1 | 6 | 5 | 4 | 9 | 2 | 7 | 8 |
| 4 | 7 | 8 | 6 | 2 | 3 | 5 | 9 | 1 |
| 5 | 6 | 9 | 2 | 1 | 8 | 7 | 3 | 4 |
| 1 | 4 | 3 | 7 | 6 | 5 | 9 | 8 | 2 |
| 8 | 2 | 7 | 9 | 3 | 4 | 1 | 5 | 6 |

**HARD - 272**

| 5 | 6 | 7 | 4 | 9 | 1 | 8 | 3 | 2 |
|---|---|---|---|---|---|---|---|---|
| 3 | 4 | 8 | 7 | 5 | 2 | 1 | 9 | 6 |
| 1 | 9 | 2 | 3 | 6 | 8 | 4 | 5 | 7 |
| 8 | 2 | 6 | 9 | 1 | 7 | 3 | 4 | 5 |
| 9 | 1 | 3 | 6 | 4 | 5 | 2 | 7 | 8 |
| 7 | 5 | 4 | 2 | 8 | 3 | 9 | 6 | 1 |
| 2 | 8 | 9 | 5 | 7 | 4 | 6 | 1 | 3 |
| 6 | 3 | 5 | 1 | 2 | 9 | 7 | 8 | 4 |
| 4 | 7 | 1 | 8 | 3 | 6 | 5 | 2 | 9 |

**HARD - 273**

| 9 | 2 | 4 | 7 | 6 | 8 | 3 | 1 | 5 |
|---|---|---|---|---|---|---|---|---|
| 7 | 3 | 1 | 5 | 2 | 4 | 9 | 8 | 6 |
| 8 | 5 | 6 | 3 | 1 | 9 | 2 | 7 | 4 |
| 3 | 4 | 8 | 1 | 5 | 2 | 6 | 9 | 7 |
| 5 | 7 | 9 | 6 | 4 | 3 | 1 | 2 | 8 |
| 1 | 6 | 2 | 8 | 9 | 7 | 4 | 5 | 3 |
| 6 | 9 | 7 | 2 | 3 | 5 | 8 | 4 | 1 |
| 2 | 8 | 3 | 4 | 7 | 1 | 5 | 6 | 9 |
| 4 | 1 | 5 | 9 | 8 | 6 | 7 | 3 | 2 |

**HARD - 274**

| 8 | 2 | 6 | 9 | 4 | 7 | 5 | 1 | 3 |
|---|---|---|---|---|---|---|---|---|
| 1 | 9 | 7 | 8 | 3 | 5 | 6 | 4 | 2 |
| 4 | 3 | 5 | 2 | 6 | 1 | 8 | 7 | 9 |
| 9 | 8 | 4 | 7 | 1 | 3 | 2 | 5 | 6 |
| 3 | 6 | 2 | 5 | 8 | 4 | 1 | 9 | 7 |
| 5 | 7 | 1 | 6 | 9 | 2 | 4 | 3 | 8 |
| 7 | 4 | 3 | 1 | 2 | 8 | 9 | 6 | 5 |
| 2 | 1 | 9 | 3 | 5 | 6 | 7 | 8 | 4 |
| 6 | 5 | 8 | 4 | 7 | 9 | 3 | 2 | 1 |

**HARD - 275**

| 8 | 2 | 6 | 4 | 1 | 3 | 7 | 5 | 9 |
|---|---|---|---|---|---|---|---|---|
| 5 | 4 | 1 | 9 | 8 | 7 | 2 | 6 | 3 |
| 9 | 7 | 3 | 2 | 6 | 5 | 4 | 8 | 1 |
| 3 | 9 | 2 | 8 | 4 | 1 | 5 | 7 | 6 |
| 4 | 5 | 8 | 3 | 7 | 6 | 1 | 9 | 2 |
| 6 | 1 | 7 | 5 | 9 | 2 | 8 | 3 | 4 |
| 2 | 3 | 9 | 7 | 5 | 4 | 6 | 1 | 8 |
| 7 | 6 | 4 | 1 | 3 | 8 | 9 | 2 | 5 |
| 1 | 8 | 5 | 6 | 2 | 9 | 3 | 4 | 7 |

**HARD - 276**

| 1 | 5 | 6 | 2 | 3 | 4 | 8 | 9 | 7 |
|---|---|---|---|---|---|---|---|---|
| 3 | 7 | 4 | 8 | 5 | 9 | 2 | 6 | 1 |
| 9 | 2 | 8 | 7 | 6 | 1 | 3 | 4 | 5 |
| 5 | 6 | 2 | 3 | 7 | 8 | 9 | 1 | 4 |
| 8 | 9 | 1 | 4 | 2 | 6 | 7 | 5 | 3 |
| 7 | 4 | 3 | 1 | 9 | 5 | 6 | 2 | 8 |
| 2 | 1 | 9 | 5 | 8 | 3 | 4 | 7 | 6 |
| 6 | 3 | 5 | 9 | 4 | 7 | 1 | 8 | 2 |
| 4 | 8 | 7 | 6 | 1 | 2 | 5 | 3 | 9 |

**HARD - 277**

| 7 | 2 | 9 | 4 | 5 | 3 | 6 | 1 | 8 |
|---|---|---|---|---|---|---|---|---|
| 6 | 1 | 3 | 7 | 8 | 9 | 2 | 5 | 4 |
| 8 | 4 | 5 | 6 | 2 | 1 | 9 | 7 | 3 |
| 1 | 9 | 6 | 3 | 4 | 5 | 7 | 8 | 2 |
| 2 | 5 | 7 | 8 | 9 | 6 | 4 | 3 | 1 |
| 3 | 8 | 4 | 2 | 1 | 7 | 5 | 6 | 9 |
| 9 | 6 | 2 | 5 | 3 | 8 | 1 | 4 | 7 |
| 4 | 7 | 8 | 1 | 6 | 2 | 3 | 9 | 5 |
| 5 | 3 | 1 | 9 | 7 | 4 | 8 | 2 | 6 |

**HARD - 278**

| 5 | 3 | 9 | 7 | 8 | 4 | 1 | 6 | 2 |
|---|---|---|---|---|---|---|---|---|
| 4 | 1 | 6 | 2 | 9 | 3 | 8 | 7 | 5 |
| 7 | 2 | 8 | 5 | 6 | 1 | 3 | 4 | 9 |
| 8 | 6 | 2 | 3 | 5 | 7 | 4 | 9 | 1 |
| 9 | 5 | 1 | 8 | 4 | 6 | 2 | 3 | 7 |
| 3 | 7 | 4 | 1 | 2 | 9 | 5 | 8 | 6 |
| 2 | 4 | 5 | 6 | 7 | 8 | 9 | 1 | 3 |
| 6 | 8 | 3 | 9 | 1 | 5 | 7 | 2 | 4 |
| 1 | 9 | 7 | 4 | 3 | 2 | 6 | 5 | 8 |

**HARD - 279**

| 2 | 4 | 1 | 5 | 8 | 3 | 7 | 6 | 9 |
|---|---|---|---|---|---|---|---|---|
| 6 | 8 | 3 | 1 | 9 | 7 | 2 | 4 | 5 |
| 7 | 9 | 5 | 4 | 6 | 2 | 8 | 3 | 1 |
| 5 | 6 | 8 | 9 | 3 | 1 | 4 | 7 | 2 |
| 9 | 7 | 4 | 8 | 2 | 6 | 5 | 1 | 3 |
| 1 | 3 | 2 | 7 | 5 | 4 | 6 | 9 | 8 |
| 4 | 2 | 9 | 6 | 1 | 8 | 3 | 5 | 7 |
| 3 | 5 | 6 | 2 | 7 | 9 | 1 | 8 | 4 |
| 8 | 1 | 7 | 3 | 4 | 5 | 9 | 2 | 6 |

**HARD - 280**

| 6 | 3 | 1 | 9 | 7 | 5 | 2 | 8 | 4 |
|---|---|---|---|---|---|---|---|---|
| 4 | 7 | 2 | 1 | 3 | 8 | 5 | 6 | 9 |
| 5 | 8 | 9 | 2 | 6 | 4 | 1 | 3 | 7 |
| 2 | 1 | 5 | 6 | 9 | 3 | 4 | 7 | 8 |
| 7 | 9 | 8 | 4 | 5 | 1 | 3 | 2 | 6 |
| 3 | 4 | 6 | 8 | 2 | 7 | 9 | 5 | 1 |
| 1 | 2 | 3 | 7 | 8 | 9 | 6 | 4 | 5 |
| 9 | 6 | 7 | 5 | 4 | 2 | 8 | 1 | 3 |
| 8 | 5 | 4 | 3 | 1 | 6 | 7 | 9 | 2 |

## HARD - 281

| 8 | 2 | 9 | 5 | 3 | 6 | 4 | 1 | 7 |
|---|---|---|---|---|---|---|---|---|
| 4 | 7 | 3 | 1 | 9 | 8 | 6 | 2 | 5 |
| 1 | 6 | 5 | 7 | 4 | 2 | 9 | 8 | 3 |
| 7 | 3 | 8 | 4 | 1 | 5 | 2 | 6 | 9 |
| 9 | 4 | 6 | 2 | 7 | 3 | 1 | 5 | 8 |
| 2 | 5 | 1 | 8 | 6 | 9 | 7 | 3 | 4 |
| 5 | 8 | 7 | 9 | 2 | 1 | 3 | 4 | 6 |
| 6 | 9 | 2 | 3 | 5 | 4 | 8 | 7 | 1 |
| 3 | 1 | 4 | 6 | 8 | 7 | 5 | 9 | 2 |

## HARD - 282

| 9 | 3 | 1 | 6 | 4 | 5 | 7 | 8 | 2 |
|---|---|---|---|---|---|---|---|---|
| 6 | 5 | 7 | 8 | 3 | 2 | 9 | 1 | 4 |
| 8 | 2 | 4 | 7 | 1 | 9 | 6 | 3 | 5 |
| 2 | 4 | 3 | 1 | 7 | 6 | 5 | 9 | 8 |
| 5 | 1 | 6 | 9 | 8 | 4 | 3 | 2 | 7 |
| 7 | 9 | 8 | 5 | 2 | 3 | 1 | 4 | 6 |
| 3 | 7 | 9 | 4 | 6 | 8 | 2 | 5 | 1 |
| 4 | 6 | 2 | 3 | 5 | 1 | 8 | 7 | 9 |
| 1 | 8 | 5 | 2 | 9 | 7 | 4 | 6 | 3 |

## HARD - 283

| 6 | 9 | 4 | 1 | 2 | 8 | 7 | 3 | 5 |
|---|---|---|---|---|---|---|---|---|
| 8 | 2 | 7 | 3 | 4 | 5 | 1 | 6 | 9 |
| 1 | 3 | 5 | 6 | 9 | 7 | 2 | 4 | 8 |
| 9 | 8 | 3 | 7 | 5 | 6 | 4 | 1 | 2 |
| 7 | 5 | 2 | 4 | 1 | 3 | 8 | 9 | 6 |
| 4 | 6 | 1 | 2 | 8 | 9 | 3 | 5 | 7 |
| 5 | 4 | 9 | 8 | 3 | 2 | 6 | 7 | 1 |
| 2 | 1 | 6 | 9 | 7 | 4 | 5 | 8 | 3 |
| 3 | 7 | 8 | 5 | 6 | 1 | 9 | 2 | 4 |

## HARD - 284

| 5 | 6 | 7 | 8 | 1 | 3 | 2 | 4 | 9 |
|---|---|---|---|---|---|---|---|---|
| 2 | 9 | 8 | 7 | 4 | 6 | 3 | 5 | 1 |
| 3 | 4 | 1 | 2 | 9 | 5 | 8 | 7 | 6 |
| 4 | 7 | 6 | 5 | 3 | 8 | 9 | 1 | 2 |
| 8 | 3 | 2 | 1 | 7 | 9 | 5 | 6 | 4 |
| 1 | 5 | 9 | 6 | 2 | 4 | 7 | 3 | 8 |
| 9 | 1 | 5 | 3 | 6 | 2 | 4 | 8 | 7 |
| 7 | 8 | 4 | 9 | 5 | 1 | 6 | 2 | 3 |
| 6 | 2 | 3 | 4 | 8 | 7 | 1 | 9 | 5 |

## HARD - 285

| 6 | 8 | 3 | 2 | 5 | 7 | 4 | 1 | 9 |
|---|---|---|---|---|---|---|---|---|
| 9 | 7 | 1 | 4 | 6 | 8 | 2 | 5 | 3 |
| 5 | 2 | 4 | 3 | 9 | 1 | 7 | 8 | 6 |
| 4 | 1 | 7 | 6 | 3 | 2 | 5 | 9 | 8 |
| 2 | 9 | 6 | 8 | 7 | 5 | 1 | 3 | 4 |
| 8 | 3 | 5 | 9 | 1 | 4 | 6 | 2 | 7 |
| 1 | 5 | 9 | 7 | 4 | 3 | 8 | 6 | 2 |
| 3 | 4 | 8 | 5 | 2 | 6 | 9 | 7 | 1 |
| 7 | 6 | 2 | 1 | 8 | 9 | 3 | 4 | 5 |

## HARD - 286

| 7 | 5 | 1 | 2 | 6 | 4 | 8 | 9 | 3 |
|---|---|---|---|---|---|---|---|---|
| 8 | 6 | 3 | 7 | 5 | 9 | 2 | 1 | 4 |
| 4 | 9 | 2 | 8 | 3 | 1 | 5 | 6 | 7 |
| 1 | 4 | 8 | 3 | 2 | 5 | 6 | 7 | 9 |
| 6 | 7 | 9 | 4 | 1 | 8 | 3 | 5 | 2 |
| 3 | 2 | 5 | 9 | 7 | 6 | 1 | 4 | 8 |
| 9 | 3 | 6 | 5 | 4 | 2 | 7 | 8 | 1 |
| 2 | 1 | 4 | 6 | 8 | 7 | 9 | 3 | 5 |
| 5 | 8 | 7 | 1 | 9 | 3 | 4 | 2 | 6 |

## HARD - 287

| 9 | 5 | 2 | 4 | 1 | 8 | 6 | 7 | 3 |
|---|---|---|---|---|---|---|---|---|
| 7 | 4 | 1 | 6 | 2 | 3 | 5 | 9 | 8 |
| 8 | 6 | 3 | 7 | 5 | 9 | 1 | 2 | 4 |
| 4 | 8 | 9 | 3 | 6 | 7 | 2 | 5 | 1 |
| 6 | 1 | 5 | 8 | 4 | 2 | 9 | 3 | 7 |
| 3 | 2 | 7 | 1 | 9 | 5 | 8 | 4 | 6 |
| 1 | 9 | 6 | 5 | 3 | 4 | 7 | 8 | 2 |
| 5 | 3 | 8 | 2 | 7 | 1 | 4 | 6 | 9 |
| 2 | 7 | 4 | 9 | 8 | 6 | 3 | 1 | 5 |

## HARD - 288

| 7 | 6 | 9 | 4 | 2 | 8 | 3 | 5 | 1 |
|---|---|---|---|---|---|---|---|---|
| 4 | 2 | 5 | 1 | 3 | 7 | 8 | 6 | 9 |
| 1 | 3 | 8 | 5 | 9 | 6 | 4 | 7 | 2 |
| 6 | 5 | 3 | 2 | 8 | 1 | 7 | 9 | 4 |
| 8 | 9 | 4 | 3 | 7 | 5 | 2 | 1 | 6 |
| 2 | 1 | 7 | 9 | 6 | 4 | 5 | 8 | 3 |
| 9 | 7 | 2 | 8 | 1 | 3 | 6 | 4 | 5 |
| 3 | 4 | 6 | 7 | 5 | 9 | 1 | 2 | 8 |
| 5 | 8 | 1 | 6 | 4 | 2 | 9 | 3 | 7 |

## HARD - 289

| 1 | 4 | 2 | 9 | 5 | 7 | 6 | 3 | 8 |
|---|---|---|---|---|---|---|---|---|
| 3 | 7 | 8 | 6 | 1 | 2 | 9 | 5 | 4 |
| 9 | 5 | 6 | 4 | 3 | 8 | 2 | 7 | 1 |
| 4 | 8 | 9 | 2 | 7 | 3 | 1 | 6 | 5 |
| 7 | 2 | 1 | 5 | 8 | 6 | 4 | 9 | 3 |
| 6 | 3 | 5 | 1 | 9 | 4 | 8 | 2 | 7 |
| 5 | 9 | 3 | 8 | 6 | 1 | 7 | 4 | 2 |
| 2 | 1 | 7 | 3 | 4 | 9 | 5 | 8 | 6 |
| 8 | 6 | 4 | 7 | 2 | 5 | 3 | 1 | 9 |

## HARD - 290

| 6 | 3 | 7 | 2 | 9 | 8 | 1 | 5 | 4 |
|---|---|---|---|---|---|---|---|---|
| 8 | 5 | 9 | 4 | 3 | 1 | 7 | 6 | 2 |
| 2 | 1 | 4 | 6 | 7 | 5 | 9 | 3 | 8 |
| 1 | 2 | 6 | 7 | 5 | 3 | 4 | 8 | 9 |
| 7 | 4 | 3 | 8 | 2 | 9 | 5 | 1 | 6 |
| 5 | 9 | 8 | 1 | 4 | 6 | 3 | 2 | 7 |
| 3 | 8 | 5 | 9 | 6 | 7 | 2 | 4 | 1 |
| 9 | 6 | 2 | 3 | 1 | 4 | 8 | 7 | 5 |
| 4 | 7 | 1 | 5 | 8 | 2 | 6 | 9 | 3 |

## HARD - 291

| 8 | 9 | 7 | 5 | 3 | 4 | 2 | 1 | 6 |
|---|---|---|---|---|---|---|---|---|
| 4 | 3 | 5 | 1 | 2 | 6 | 9 | 8 | 7 |
| 1 | 6 | 2 | 8 | 9 | 7 | 3 | 4 | 5 |
| 3 | 1 | 4 | 7 | 5 | 2 | 6 | 9 | 8 |
| 6 | 5 | 9 | 3 | 8 | 1 | 4 | 7 | 2 |
| 7 | 2 | 8 | 6 | 4 | 9 | 5 | 3 | 1 |
| 9 | 7 | 3 | 2 | 6 | 8 | 1 | 5 | 4 |
| 2 | 4 | 1 | 9 | 7 | 5 | 8 | 6 | 3 |
| 5 | 8 | 6 | 4 | 1 | 3 | 7 | 2 | 9 |

## HARD - 292

| 8 | 3 | 5 | 7 | 4 | 6 | 2 | 1 | 9 |
|---|---|---|---|---|---|---|---|---|
| 4 | 9 | 1 | 8 | 2 | 3 | 6 | 5 | 7 |
| 2 | 6 | 7 | 5 | 1 | 9 | 8 | 3 | 4 |
| 9 | 7 | 2 | 6 | 5 | 4 | 3 | 8 | 1 |
| 5 | 1 | 3 | 9 | 8 | 2 | 4 | 7 | 6 |
| 6 | 8 | 4 | 1 | 3 | 7 | 5 | 9 | 2 |
| 7 | 5 | 8 | 2 | 6 | 1 | 9 | 4 | 3 |
| 3 | 2 | 9 | 4 | 7 | 5 | 1 | 6 | 8 |
| 1 | 4 | 6 | 3 | 9 | 8 | 7 | 2 | 5 |

## HARD - 293

| 5 | 4 | 7 | 9 | 2 | 6 | 3 | 8 | 1 |
|---|---|---|---|---|---|---|---|---|
| 3 | 9 | 8 | 1 | 5 | 7 | 2 | 4 | 6 |
| 2 | 6 | 1 | 3 | 8 | 4 | 7 | 5 | 9 |
| 7 | 5 | 9 | 4 | 6 | 2 | 8 | 1 | 3 |
| 4 | 2 | 6 | 8 | 1 | 3 | 9 | 7 | 5 |
| 8 | 1 | 3 | 5 | 7 | 9 | 6 | 2 | 4 |
| 9 | 7 | 2 | 6 | 4 | 5 | 1 | 3 | 8 |
| 6 | 8 | 5 | 7 | 3 | 1 | 4 | 9 | 2 |
| 1 | 3 | 4 | 2 | 9 | 8 | 5 | 6 | 7 |

## HARD - 294

| 7 | 4 | 6 | 8 | 2 | 9 | 1 | 5 | 3 |
|---|---|---|---|---|---|---|---|---|
| 9 | 1 | 5 | 6 | 3 | 4 | 2 | 7 | 8 |
| 3 | 8 | 2 | 5 | 7 | 1 | 4 | 6 | 9 |
| 6 | 3 | 8 | 4 | 5 | 2 | 9 | 1 | 7 |
| 2 | 7 | 9 | 1 | 6 | 3 | 8 | 4 | 5 |
| 4 | 5 | 1 | 7 | 9 | 8 | 6 | 3 | 2 |
| 1 | 9 | 4 | 3 | 8 | 7 | 5 | 2 | 6 |
| 8 | 6 | 7 | 2 | 1 | 5 | 3 | 9 | 4 |
| 5 | 2 | 3 | 9 | 4 | 6 | 7 | 8 | 1 |

## HARD - 295

| 5 | 7 | 4 | 8 | 6 | 9 | 1 | 2 | 3 |
|---|---|---|---|---|---|---|---|---|
| 3 | 6 | 1 | 7 | 4 | 2 | 8 | 5 | 9 |
| 9 | 2 | 8 | 3 | 5 | 1 | 6 | 4 | 7 |
| 8 | 5 | 6 | 2 | 7 | 4 | 9 | 3 | 1 |
| 2 | 3 | 7 | 1 | 9 | 5 | 4 | 6 | 8 |
| 4 | 1 | 9 | 6 | 8 | 3 | 5 | 7 | 2 |
| 6 | 8 | 5 | 9 | 3 | 7 | 2 | 1 | 4 |
| 1 | 4 | 3 | 5 | 2 | 8 | 7 | 9 | 6 |
| 7 | 9 | 2 | 4 | 1 | 6 | 3 | 8 | 5 |

## HARD - 296

| 5 | 8 | 1 | 9 | 2 | 7 | 3 | 6 | 4 |
|---|---|---|---|---|---|---|---|---|
| 3 | 9 | 6 | 4 | 1 | 8 | 5 | 2 | 7 |
| 4 | 2 | 7 | 6 | 5 | 3 | 9 | 1 | 8 |
| 7 | 3 | 9 | 2 | 6 | 1 | 4 | 8 | 5 |
| 8 | 6 | 4 | 3 | 7 | 5 | 2 | 9 | 1 |
| 1 | 5 | 2 | 8 | 9 | 4 | 7 | 3 | 6 |
| 2 | 1 | 8 | 7 | 4 | 9 | 6 | 5 | 3 |
| 6 | 4 | 5 | 1 | 3 | 2 | 8 | 7 | 9 |
| 9 | 7 | 3 | 5 | 8 | 6 | 1 | 4 | 2 |

## HARD - 297

| 7 | 5 | 3 | 1 | 2 | 4 | 6 | 9 | 8 |
|---|---|---|---|---|---|---|---|---|
| 2 | 4 | 9 | 6 | 8 | 5 | 3 | 7 | 1 |
| 1 | 6 | 8 | 7 | 3 | 9 | 5 | 4 | 2 |
| 8 | 7 | 1 | 3 | 4 | 6 | 9 | 2 | 5 |
| 5 | 9 | 4 | 2 | 1 | 7 | 8 | 3 | 6 |
| 3 | 2 | 6 | 5 | 9 | 8 | 4 | 1 | 7 |
| 6 | 1 | 5 | 9 | 7 | 3 | 2 | 8 | 4 |
| 4 | 3 | 2 | 8 | 5 | 1 | 7 | 6 | 9 |
| 9 | 8 | 7 | 4 | 6 | 2 | 1 | 5 | 3 |

## HARD - 298

| 9 | 3 | 6 | 2 | 4 | 5 | 7 | 1 | 8 |
|---|---|---|---|---|---|---|---|---|
| 5 | 7 | 8 | 6 | 1 | 9 | 4 | 3 | 2 |
| 2 | 1 | 4 | 3 | 7 | 8 | 9 | 5 | 6 |
| 7 | 8 | 2 | 1 | 3 | 6 | 5 | 4 | 9 |
| 3 | 6 | 5 | 7 | 9 | 4 | 2 | 8 | 1 |
| 1 | 4 | 9 | 5 | 8 | 2 | 6 | 7 | 3 |
| 6 | 9 | 1 | 4 | 5 | 3 | 8 | 2 | 7 |
| 8 | 5 | 3 | 9 | 2 | 7 | 1 | 6 | 4 |
| 4 | 2 | 7 | 8 | 6 | 1 | 3 | 9 | 5 |

## HARD - 299

| 1 | 8 | 3 | 7 | 4 | 5 | 9 | 6 | 2 |
|---|---|---|---|---|---|---|---|---|
| 5 | 9 | 6 | 1 | 3 | 2 | 4 | 8 | 7 |
| 7 | 2 | 4 | 9 | 6 | 8 | 3 | 1 | 5 |
| 4 | 5 | 8 | 2 | 1 | 7 | 6 | 9 | 3 |
| 2 | 3 | 7 | 4 | 9 | 6 | 1 | 5 | 8 |
| 6 | 1 | 9 | 5 | 8 | 3 | 7 | 2 | 4 |
| 3 | 6 | 5 | 8 | 7 | 9 | 2 | 4 | 1 |
| 8 | 7 | 1 | 6 | 2 | 4 | 5 | 3 | 9 |
| 9 | 4 | 2 | 3 | 5 | 1 | 8 | 7 | 6 |

## HARD - 300

| 3 | 1 | 6 | 7 | 4 | 9 | 8 | 2 | 5 |
|---|---|---|---|---|---|---|---|---|
| 8 | 9 | 4 | 2 | 3 | 5 | 7 | 1 | 6 |
| 5 | 7 | 2 | 1 | 6 | 8 | 4 | 9 | 3 |
| 9 | 2 | 7 | 8 | 5 | 6 | 1 | 3 | 4 |
| 1 | 4 | 8 | 9 | 2 | 3 | 5 | 6 | 7 |
| 6 | 5 | 3 | 4 | 1 | 7 | 9 | 8 | 2 |
| 2 | 8 | 5 | 6 | 7 | 1 | 3 | 4 | 9 |
| 4 | 3 | 9 | 5 | 8 | 2 | 6 | 7 | 1 |
| 7 | 6 | 1 | 3 | 9 | 4 | 2 | 5 | 8 |

### EXTREME - 1

| 3 | 4 | 1 | 5 | 9 | 2 | 8 | 7 | 6 |
|---|---|---|---|---|---|---|---|---|
| 2 | 8 | 5 | 7 | 6 | 4 | 1 | 3 | 9 |
| 6 | 7 | 9 | 8 | 1 | 3 | 2 | 5 | 4 |
| 8 | 9 | 4 | 6 | 3 | 1 | 7 | 2 | 5 |
| 7 | 5 | 2 | 9 | 4 | 8 | 3 | 6 | 1 |
| 1 | 3 | 6 | 2 | 5 | 7 | 4 | 9 | 8 |
| 9 | 2 | 7 | 1 | 8 | 5 | 6 | 4 | 3 |
| 5 | 1 | 3 | 4 | 2 | 6 | 9 | 8 | 7 |
| 4 | 6 | 8 | 3 | 7 | 9 | 5 | 1 | 2 |

### EXTREME - 2

| 6 | 2 | 3 | 1 | 9 | 5 | 8 | 7 | 4 |
|---|---|---|---|---|---|---|---|---|
| 4 | 9 | 1 | 8 | 7 | 2 | 3 | 6 | 5 |
| 8 | 5 | 7 | 3 | 4 | 6 | 1 | 2 | 9 |
| 7 | 1 | 4 | 5 | 8 | 9 | 6 | 3 | 2 |
| 3 | 8 | 2 | 6 | 1 | 4 | 5 | 9 | 7 |
| 9 | 6 | 5 | 2 | 3 | 7 | 4 | 8 | 1 |
| 2 | 3 | 9 | 4 | 5 | 8 | 7 | 1 | 6 |
| 5 | 7 | 8 | 9 | 6 | 1 | 2 | 4 | 3 |
| 1 | 4 | 6 | 7 | 2 | 3 | 9 | 5 | 8 |

### EXTREME - 3

| 9 | 1 | 6 | 7 | 3 | 2 | 4 | 5 | 8 |
|---|---|---|---|---|---|---|---|---|
| 4 | 7 | 3 | 9 | 5 | 8 | 6 | 2 | 1 |
| 2 | 5 | 8 | 1 | 6 | 4 | 3 | 9 | 7 |
| 1 | 4 | 2 | 8 | 9 | 6 | 5 | 7 | 3 |
| 8 | 3 | 9 | 5 | 7 | 1 | 2 | 6 | 4 |
| 7 | 6 | 5 | 4 | 2 | 3 | 8 | 1 | 9 |
| 3 | 8 | 7 | 6 | 1 | 5 | 9 | 4 | 2 |
| 6 | 9 | 4 | 2 | 8 | 7 | 1 | 3 | 5 |
| 5 | 2 | 1 | 3 | 4 | 9 | 7 | 8 | 6 |

### EXTREME - 4

| 3 | 7 | 8 | 5 | 2 | 6 | 9 | 4 | 1 |
|---|---|---|---|---|---|---|---|---|
| 9 | 4 | 1 | 8 | 7 | 3 | 5 | 6 | 2 |
| 2 | 5 | 6 | 1 | 9 | 4 | 8 | 7 | 3 |
| 7 | 2 | 5 | 6 | 1 | 9 | 4 | 3 | 8 |
| 8 | 3 | 9 | 7 | 4 | 2 | 6 | 1 | 5 |
| 1 | 6 | 4 | 3 | 5 | 8 | 2 | 9 | 7 |
| 4 | 1 | 3 | 2 | 6 | 5 | 7 | 8 | 9 |
| 5 | 9 | 7 | 4 | 8 | 1 | 3 | 2 | 6 |
| 6 | 8 | 2 | 9 | 3 | 7 | 1 | 5 | 4 |

### EXTREME - 5

| 9 | 5 | 3 | 4 | 1 | 7 | 6 | 2 | 8 |
|---|---|---|---|---|---|---|---|---|
| 6 | 1 | 7 | 5 | 2 | 8 | 3 | 4 | 9 |
| 4 | 2 | 8 | 6 | 3 | 9 | 1 | 7 | 5 |
| 2 | 4 | 1 | 9 | 7 | 3 | 8 | 5 | 6 |
| 8 | 6 | 5 | 2 | 4 | 1 | 9 | 3 | 7 |
| 7 | 3 | 9 | 8 | 6 | 5 | 2 | 1 | 4 |
| 5 | 8 | 2 | 3 | 9 | 4 | 7 | 6 | 1 |
| 1 | 9 | 6 | 7 | 5 | 2 | 4 | 8 | 3 |
| 3 | 7 | 4 | 1 | 8 | 6 | 5 | 9 | 2 |

### EXTREME - 6

| 7 | 4 | 8 | 5 | 3 | 1 | 9 | 6 | 2 |
|---|---|---|---|---|---|---|---|---|
| 6 | 2 | 5 | 8 | 4 | 9 | 7 | 1 | 3 |
| 1 | 9 | 3 | 7 | 2 | 6 | 5 | 8 | 4 |
| 5 | 1 | 4 | 3 | 7 | 8 | 6 | 2 | 9 |
| 8 | 3 | 2 | 9 | 6 | 4 | 1 | 5 | 7 |
| 9 | 7 | 6 | 2 | 1 | 5 | 3 | 4 | 8 |
| 2 | 6 | 1 | 4 | 9 | 7 | 8 | 3 | 5 |
| 4 | 8 | 9 | 1 | 5 | 3 | 2 | 7 | 6 |
| 3 | 5 | 7 | 6 | 8 | 2 | 4 | 9 | 1 |

### EXTREME - 7

| 7 | 8 | 9 | 6 | 5 | 2 | 1 | 4 | 3 |
|---|---|---|---|---|---|---|---|---|
| 2 | 6 | 4 | 3 | 1 | 9 | 8 | 7 | 5 |
| 1 | 3 | 5 | 7 | 4 | 8 | 6 | 9 | 2 |
| 3 | 5 | 2 | 4 | 9 | 6 | 7 | 8 | 1 |
| 6 | 4 | 1 | 5 | 8 | 7 | 3 | 2 | 9 |
| 8 | 9 | 7 | 2 | 3 | 1 | 4 | 5 | 6 |
| 9 | 2 | 8 | 1 | 7 | 3 | 5 | 6 | 4 |
| 5 | 7 | 3 | 9 | 6 | 4 | 2 | 1 | 8 |
| 4 | 1 | 6 | 8 | 2 | 5 | 9 | 3 | 7 |

### EXTREME - 8

| 1 | 6 | 7 | 8 | 4 | 3 | 5 | 9 | 2 |
|---|---|---|---|---|---|---|---|---|
| 5 | 3 | 2 | 1 | 6 | 9 | 7 | 4 | 8 |
| 9 | 4 | 8 | 7 | 5 | 2 | 3 | 1 | 6 |
| 2 | 5 | 9 | 3 | 7 | 6 | 1 | 8 | 4 |
| 6 | 1 | 3 | 4 | 9 | 8 | 2 | 5 | 7 |
| 8 | 7 | 4 | 2 | 1 | 5 | 9 | 6 | 3 |
| 3 | 9 | 5 | 6 | 2 | 4 | 8 | 7 | 1 |
| 7 | 2 | 6 | 9 | 8 | 1 | 4 | 3 | 5 |
| 4 | 8 | 1 | 5 | 3 | 7 | 6 | 2 | 9 |

### EXTREME - 9

| 6 | 9 | 1 | 5 | 4 | 8 | 7 | 2 | 3 |
|---|---|---|---|---|---|---|---|---|
| 5 | 3 | 2 | 9 | 6 | 7 | 8 | 4 | 1 |
| 8 | 7 | 4 | 2 | 3 | 1 | 6 | 9 | 5 |
| 7 | 8 | 3 | 6 | 1 | 2 | 9 | 5 | 4 |
| 1 | 6 | 9 | 4 | 8 | 5 | 3 | 7 | 2 |
| 4 | 2 | 5 | 3 | 7 | 9 | 1 | 6 | 8 |
| 2 | 1 | 8 | 7 | 9 | 4 | 5 | 3 | 6 |
| 3 | 5 | 7 | 8 | 2 | 6 | 4 | 1 | 9 |
| 9 | 4 | 6 | 1 | 5 | 3 | 2 | 8 | 7 |

### EXTREME - 10

| 9 | 7 | 3 | 5 | 1 | 4 | 8 | 6 | 2 |
|---|---|---|---|---|---|---|---|---|
| 4 | 1 | 2 | 7 | 8 | 6 | 5 | 3 | 9 |
| 8 | 5 | 6 | 9 | 3 | 2 | 1 | 7 | 4 |
| 5 | 3 | 9 | 8 | 6 | 1 | 2 | 4 | 7 |
| 2 | 6 | 7 | 4 | 5 | 3 | 9 | 1 | 8 |
| 1 | 8 | 4 | 2 | 9 | 7 | 3 | 5 | 6 |
| 3 | 9 | 8 | 6 | 7 | 5 | 4 | 2 | 1 |
| 7 | 2 | 1 | 3 | 4 | 8 | 6 | 9 | 5 |
| 6 | 4 | 5 | 1 | 2 | 9 | 7 | 8 | 3 |

### EXTREME - 11

| 1 | 2 | 8 | 3 | 4 | 7 | 6 | 5 | 9 |
|---|---|---|---|---|---|---|---|---|
| 9 | 4 | 5 | 2 | 1 | 6 | 3 | 7 | 8 |
| 6 | 7 | 3 | 5 | 9 | 8 | 4 | 2 | 1 |
| 8 | 1 | 2 | 6 | 5 | 3 | 7 | 9 | 4 |
| 4 | 6 | 9 | 1 | 7 | 2 | 5 | 8 | 3 |
| 5 | 3 | 7 | 4 | 8 | 9 | 2 | 1 | 6 |
| 2 | 5 | 1 | 9 | 6 | 4 | 8 | 3 | 7 |
| 3 | 8 | 4 | 7 | 2 | 1 | 9 | 6 | 5 |
| 7 | 9 | 6 | 8 | 3 | 5 | 1 | 4 | 2 |

### EXTREME - 12

| 7 | 9 | 2 | 5 | 4 | 1 | 3 | 8 | 6 |
|---|---|---|---|---|---|---|---|---|
| 8 | 4 | 3 | 7 | 6 | 2 | 9 | 1 | 5 |
| 1 | 5 | 6 | 9 | 3 | 8 | 7 | 4 | 2 |
| 6 | 3 | 1 | 8 | 2 | 7 | 5 | 9 | 4 |
| 9 | 8 | 4 | 6 | 1 | 5 | 2 | 3 | 7 |
| 2 | 7 | 5 | 4 | 9 | 3 | 1 | 6 | 8 |
| 5 | 1 | 7 | 3 | 8 | 4 | 6 | 2 | 9 |
| 3 | 6 | 8 | 2 | 5 | 9 | 4 | 7 | 1 |
| 4 | 2 | 9 | 1 | 7 | 6 | 8 | 5 | 3 |

### EXTREME - 13

| 1 | 6 | 9 | 8 | 2 | 5 | 3 | 7 | 4 |
|---|---|---|---|---|---|---|---|---|
| 5 | 7 | 8 | 6 | 4 | 3 | 2 | 9 | 1 |
| 3 | 4 | 2 | 9 | 7 | 1 | 6 | 8 | 5 |
| 8 | 1 | 3 | 7 | 5 | 6 | 9 | 4 | 2 |
| 6 | 9 | 5 | 2 | 1 | 4 | 8 | 3 | 7 |
| 7 | 2 | 4 | 3 | 9 | 8 | 5 | 1 | 6 |
| 4 | 8 | 6 | 1 | 3 | 2 | 7 | 5 | 9 |
| 9 | 3 | 1 | 5 | 6 | 7 | 4 | 2 | 8 |
| 2 | 5 | 7 | 4 | 8 | 9 | 1 | 6 | 3 |

### EXTREME - 14

| 9 | 7 | 5 | 8 | 1 | 6 | 3 | 4 | 2 |
|---|---|---|---|---|---|---|---|---|
| 3 | 2 | 1 | 9 | 4 | 5 | 8 | 6 | 7 |
| 8 | 6 | 4 | 2 | 3 | 7 | 5 | 9 | 1 |
| 4 | 8 | 9 | 7 | 2 | 1 | 6 | 3 | 5 |
| 2 | 5 | 3 | 6 | 8 | 9 | 1 | 7 | 4 |
| 6 | 1 | 7 | 3 | 5 | 4 | 2 | 8 | 9 |
| 1 | 9 | 6 | 5 | 7 | 3 | 4 | 2 | 8 |
| 7 | 4 | 8 | 1 | 6 | 2 | 9 | 5 | 3 |
| 5 | 3 | 2 | 4 | 9 | 8 | 7 | 1 | 6 |

### EXTREME - 15

| 2 | 9 | 6 | 1 | 3 | 4 | 8 | 7 | 5 |
|---|---|---|---|---|---|---|---|---|
| 1 | 8 | 4 | 7 | 5 | 2 | 9 | 6 | 3 |
| 7 | 5 | 3 | 6 | 8 | 9 | 1 | 4 | 2 |
| 8 | 4 | 5 | 9 | 1 | 7 | 2 | 3 | 6 |
| 3 | 6 | 1 | 8 | 2 | 5 | 7 | 9 | 4 |
| 9 | 2 | 7 | 3 | 4 | 6 | 5 | 1 | 8 |
| 5 | 7 | 2 | 4 | 6 | 1 | 3 | 8 | 9 |
| 4 | 1 | 8 | 2 | 9 | 3 | 6 | 5 | 7 |
| 6 | 3 | 9 | 5 | 7 | 8 | 4 | 2 | 1 |

### EXTREME - 16

| 7 | 4 | 6 | 5 | 2 | 3 | 9 | 8 | 1 |
|---|---|---|---|---|---|---|---|---|
| 1 | 5 | 3 | 9 | 4 | 8 | 2 | 6 | 7 |
| 9 | 8 | 2 | 1 | 6 | 7 | 3 | 5 | 4 |
| 2 | 7 | 8 | 4 | 5 | 9 | 1 | 3 | 6 |
| 3 | 6 | 4 | 8 | 1 | 2 | 7 | 9 | 5 |
| 5 | 1 | 9 | 7 | 3 | 6 | 4 | 2 | 8 |
| 6 | 2 | 5 | 3 | 7 | 4 | 8 | 1 | 9 |
| 4 | 9 | 1 | 2 | 8 | 5 | 6 | 7 | 3 |
| 8 | 3 | 7 | 6 | 9 | 1 | 5 | 4 | 2 |

### EXTREME - 17

| 2 | 8 | 4 | 6 | 1 | 3 | 5 | 7 | 9 |
|---|---|---|---|---|---|---|---|---|
| 9 | 7 | 5 | 2 | 8 | 4 | 6 | 3 | 1 |
| 6 | 1 | 3 | 9 | 7 | 5 | 2 | 8 | 4 |
| 4 | 3 | 8 | 1 | 2 | 6 | 9 | 5 | 7 |
| 1 | 9 | 2 | 7 | 5 | 8 | 3 | 4 | 6 |
| 7 | 5 | 6 | 3 | 4 | 9 | 1 | 2 | 8 |
| 8 | 2 | 9 | 5 | 6 | 7 | 4 | 1 | 3 |
| 5 | 6 | 7 | 4 | 3 | 1 | 8 | 9 | 2 |
| 3 | 4 | 1 | 8 | 9 | 2 | 7 | 6 | 5 |

### EXTREME - 18

| 6 | 5 | 9 | 2 | 7 | 3 | 4 | 1 | 8 |
|---|---|---|---|---|---|---|---|---|
| 7 | 2 | 8 | 5 | 1 | 4 | 9 | 6 | 3 |
| 4 | 1 | 3 | 8 | 9 | 6 | 2 | 5 | 7 |
| 8 | 4 | 2 | 6 | 5 | 1 | 7 | 3 | 9 |
| 1 | 9 | 7 | 3 | 2 | 8 | 6 | 4 | 5 |
| 3 | 6 | 5 | 7 | 4 | 9 | 8 | 2 | 1 |
| 5 | 8 | 1 | 9 | 6 | 2 | 3 | 7 | 4 |
| 9 | 7 | 6 | 4 | 3 | 5 | 1 | 8 | 2 |
| 2 | 3 | 4 | 1 | 8 | 7 | 5 | 9 | 6 |

### EXTREME - 19

| 7 | 9 | 6 | 5 | 2 | 1 | 8 | 4 | 3 |
|---|---|---|---|---|---|---|---|---|
| 1 | 5 | 8 | 4 | 3 | 7 | 9 | 6 | 2 |
| 4 | 2 | 3 | 6 | 9 | 8 | 5 | 7 | 1 |
| 3 | 4 | 9 | 2 | 1 | 6 | 7 | 8 | 5 |
| 5 | 7 | 2 | 9 | 8 | 4 | 3 | 1 | 6 |
| 8 | 6 | 1 | 3 | 7 | 5 | 4 | 2 | 9 |
| 9 | 8 | 7 | 1 | 6 | 3 | 2 | 5 | 4 |
| 2 | 1 | 5 | 8 | 4 | 9 | 6 | 3 | 7 |
| 6 | 3 | 4 | 7 | 5 | 2 | 1 | 9 | 8 |

### EXTREME - 20

| 6 | 9 | 1 | 4 | 7 | 8 | 2 | 5 | 3 |
|---|---|---|---|---|---|---|---|---|
| 8 | 4 | 7 | 2 | 5 | 3 | 6 | 9 | 1 |
| 5 | 3 | 2 | 9 | 6 | 1 | 8 | 7 | 4 |
| 9 | 2 | 8 | 3 | 1 | 5 | 4 | 6 | 7 |
| 4 | 7 | 5 | 8 | 2 | 6 | 3 | 1 | 9 |
| 3 | 1 | 6 | 7 | 4 | 9 | 5 | 8 | 2 |
| 2 | 5 | 4 | 1 | 8 | 7 | 9 | 3 | 6 |
| 1 | 8 | 9 | 6 | 3 | 4 | 7 | 2 | 5 |
| 7 | 6 | 3 | 5 | 9 | 2 | 1 | 4 | 8 |

## EXTREME - 21

| 2 | 7 | 1 | 6 | 4 | 9 | 5 | 8 | 3 |
|---|---|---|---|---|---|---|---|---|
| 5 | 9 | 8 | 3 | 7 | 2 | 4 | 6 | 1 |
| 4 | 6 | 3 | 1 | 8 | 5 | 7 | 2 | 9 |
| 9 | 1 | 4 | 5 | 2 | 8 | 3 | 7 | 6 |
| 6 | 2 | 7 | 4 | 1 | 3 | 8 | 9 | 5 |
| 3 | 8 | 5 | 7 | 9 | 6 | 2 | 1 | 4 |
| 1 | 3 | 9 | 2 | 5 | 7 | 6 | 4 | 8 |
| 7 | 4 | 6 | 8 | 3 | 1 | 9 | 5 | 2 |
| 8 | 5 | 2 | 9 | 6 | 4 | 1 | 3 | 7 |

## EXTREME - 22

| 1 | 8 | 6 | 2 | 7 | 3 | 9 | 5 | 4 |
|---|---|---|---|---|---|---|---|---|
| 3 | 4 | 7 | 9 | 5 | 1 | 8 | 6 | 2 |
| 2 | 9 | 5 | 8 | 4 | 6 | 3 | 7 | 1 |
| 6 | 5 | 2 | 7 | 3 | 9 | 1 | 4 | 8 |
| 8 | 7 | 1 | 4 | 2 | 5 | 6 | 3 | 9 |
| 4 | 3 | 9 | 6 | 1 | 8 | 5 | 2 | 7 |
| 5 | 2 | 3 | 1 | 9 | 4 | 7 | 8 | 6 |
| 9 | 6 | 4 | 3 | 8 | 7 | 2 | 1 | 5 |
| 7 | 1 | 8 | 5 | 6 | 2 | 4 | 9 | 3 |

## EXTREME - 23

| 2 | 3 | 8 | 4 | 5 | 7 | 1 | 6 | 9 |
|---|---|---|---|---|---|---|---|---|
| 6 | 4 | 1 | 9 | 2 | 3 | 5 | 7 | 8 |
| 7 | 9 | 5 | 1 | 6 | 8 | 2 | 3 | 4 |
| 1 | 2 | 7 | 5 | 3 | 9 | 4 | 8 | 6 |
| 4 | 5 | 3 | 2 | 8 | 6 | 7 | 9 | 1 |
| 9 | 8 | 6 | 7 | 1 | 4 | 3 | 2 | 5 |
| 3 | 7 | 9 | 8 | 4 | 5 | 6 | 1 | 2 |
| 8 | 1 | 4 | 6 | 7 | 2 | 9 | 5 | 3 |
| 5 | 6 | 2 | 3 | 9 | 1 | 8 | 4 | 7 |

## EXTREME - 24

| 4 | 7 | 1 | 8 | 3 | 2 | 5 | 6 | 9 |
|---|---|---|---|---|---|---|---|---|
| 5 | 2 | 6 | 1 | 7 | 9 | 3 | 8 | 4 |
| 8 | 9 | 3 | 6 | 5 | 4 | 1 | 2 | 7 |
| 9 | 1 | 7 | 2 | 4 | 3 | 6 | 5 | 8 |
| 6 | 4 | 8 | 5 | 9 | 1 | 2 | 7 | 3 |
| 3 | 5 | 2 | 7 | 8 | 6 | 9 | 4 | 1 |
| 7 | 3 | 9 | 4 | 2 | 5 | 8 | 1 | 6 |
| 1 | 8 | 5 | 3 | 6 | 7 | 4 | 9 | 2 |
| 2 | 6 | 4 | 9 | 1 | 8 | 7 | 3 | 5 |

## EXTREME - 25

| 6 | 9 | 8 | 2 | 3 | 7 | 1 | 5 | 4 |
|---|---|---|---|---|---|---|---|---|
| 4 | 1 | 7 | 8 | 9 | 5 | 3 | 6 | 2 |
| 2 | 5 | 3 | 4 | 6 | 1 | 8 | 7 | 9 |
| 8 | 6 | 1 | 7 | 4 | 3 | 2 | 9 | 5 |
| 9 | 2 | 5 | 1 | 8 | 6 | 4 | 3 | 7 |
| 7 | 3 | 4 | 5 | 2 | 9 | 6 | 8 | 1 |
| 1 | 8 | 9 | 6 | 5 | 2 | 7 | 4 | 3 |
| 3 | 7 | 6 | 9 | 1 | 4 | 5 | 2 | 8 |
| 5 | 4 | 2 | 3 | 7 | 8 | 9 | 1 | 6 |

## EXTREME - 26

| 6 | 2 | 4 | 1 | 8 | 7 | 3 | 5 | 9 |
|---|---|---|---|---|---|---|---|---|
| 9 | 3 | 1 | 4 | 2 | 5 | 6 | 7 | 8 |
| 7 | 5 | 8 | 6 | 9 | 3 | 2 | 1 | 4 |
| 4 | 1 | 3 | 9 | 5 | 8 | 7 | 2 | 6 |
| 5 | 8 | 7 | 2 | 1 | 6 | 4 | 9 | 3 |
| 2 | 9 | 6 | 3 | 7 | 4 | 5 | 8 | 1 |
| 8 | 6 | 2 | 5 | 4 | 9 | 1 | 3 | 7 |
| 1 | 4 | 9 | 7 | 3 | 2 | 8 | 6 | 5 |
| 3 | 7 | 5 | 8 | 6 | 1 | 9 | 4 | 2 |

## EXTREME - 27

| 5 | 6 | 3 | 7 | 2 | 8 | 1 | 9 | 4 |
|---|---|---|---|---|---|---|---|---|
| 4 | 2 | 7 | 9 | 1 | 3 | 6 | 5 | 8 |
| 8 | 9 | 1 | 5 | 4 | 6 | 2 | 3 | 7 |
| 7 | 8 | 9 | 2 | 5 | 1 | 3 | 4 | 6 |
| 2 | 3 | 5 | 4 | 6 | 9 | 8 | 7 | 1 |
| 6 | 1 | 4 | 3 | 8 | 7 | 5 | 2 | 9 |
| 3 | 5 | 6 | 8 | 7 | 4 | 9 | 1 | 2 |
| 1 | 7 | 2 | 6 | 9 | 5 | 4 | 8 | 3 |
| 9 | 4 | 8 | 1 | 3 | 2 | 7 | 6 | 5 |

## EXTREME - 28

| 6 | 3 | 4 | 7 | 9 | 8 | 5 | 1 | 2 |
|---|---|---|---|---|---|---|---|---|
| 1 | 7 | 2 | 5 | 6 | 3 | 9 | 8 | 4 |
| 9 | 8 | 5 | 1 | 4 | 2 | 7 | 6 | 3 |
| 7 | 2 | 8 | 6 | 3 | 4 | 1 | 9 | 5 |
| 5 | 6 | 3 | 9 | 7 | 1 | 2 | 4 | 8 |
| 4 | 1 | 9 | 2 | 8 | 5 | 3 | 7 | 6 |
| 8 | 9 | 6 | 3 | 2 | 7 | 4 | 5 | 1 |
| 2 | 5 | 7 | 4 | 1 | 6 | 8 | 3 | 9 |
| 3 | 4 | 1 | 8 | 5 | 9 | 6 | 2 | 7 |

## EXTREME - 29

| 6 | 3 | 8 | 5 | 2 | 4 | 1 | 9 | 7 |
|---|---|---|---|---|---|---|---|---|
| 7 | 2 | 9 | 6 | 3 | 1 | 4 | 8 | 5 |
| 1 | 5 | 4 | 7 | 9 | 8 | 6 | 2 | 3 |
| 4 | 9 | 2 | 3 | 6 | 5 | 7 | 1 | 8 |
| 3 | 7 | 1 | 4 | 8 | 2 | 9 | 5 | 6 |
| 5 | 8 | 6 | 1 | 7 | 9 | 3 | 4 | 2 |
| 9 | 1 | 3 | 8 | 5 | 7 | 2 | 6 | 4 |
| 8 | 4 | 7 | 2 | 1 | 6 | 5 | 3 | 9 |
| 2 | 6 | 5 | 9 | 4 | 3 | 8 | 7 | 1 |

## EXTREME - 30

| 1 | 8 | 3 | 5 | 9 | 4 | 6 | 7 | 2 |
|---|---|---|---|---|---|---|---|---|
| 2 | 5 | 6 | 8 | 7 | 3 | 9 | 4 | 1 |
| 4 | 7 | 9 | 1 | 2 | 6 | 8 | 3 | 5 |
| 3 | 1 | 2 | 6 | 5 | 8 | 4 | 9 | 7 |
| 7 | 9 | 8 | 3 | 4 | 2 | 1 | 5 | 6 |
| 5 | 6 | 4 | 9 | 1 | 7 | 3 | 2 | 8 |
| 9 | 4 | 7 | 2 | 6 | 1 | 5 | 8 | 3 |
| 6 | 3 | 5 | 7 | 8 | 9 | 2 | 1 | 4 |
| 8 | 2 | 1 | 4 | 3 | 5 | 7 | 6 | 9 |

## EXTREME - 31

| 4 | 8 | 3 | 9 | 6 | 5 | 7 | 2 | 1 |
|---|---|---|---|---|---|---|---|---|
| 1 | 5 | 9 | 4 | 7 | 2 | 8 | 6 | 3 |
| 7 | 6 | 2 | 8 | 1 | 3 | 5 | 4 | 9 |
| 9 | 7 | 6 | 1 | 5 | 4 | 3 | 8 | 2 |
| 3 | 1 | 5 | 6 | 2 | 8 | 4 | 9 | 7 |
| 2 | 4 | 8 | 7 | 3 | 9 | 6 | 1 | 5 |
| 5 | 9 | 4 | 3 | 8 | 1 | 2 | 7 | 6 |
| 8 | 3 | 7 | 2 | 9 | 6 | 1 | 5 | 4 |
| 6 | 2 | 1 | 5 | 4 | 7 | 9 | 3 | 8 |

## EXTREME - 32

| 2 | 7 | 6 | 9 | 1 | 3 | 4 | 8 | 5 |
|---|---|---|---|---|---|---|---|---|
| 9 | 1 | 8 | 5 | 7 | 4 | 2 | 3 | 6 |
| 3 | 5 | 4 | 8 | 6 | 2 | 9 | 1 | 7 |
| 7 | 4 | 3 | 2 | 8 | 6 | 1 | 5 | 9 |
| 1 | 6 | 9 | 7 | 3 | 5 | 8 | 2 | 4 |
| 5 | 8 | 2 | 4 | 9 | 1 | 6 | 7 | 3 |
| 8 | 2 | 7 | 3 | 4 | 9 | 5 | 6 | 1 |
| 6 | 9 | 5 | 1 | 2 | 7 | 3 | 4 | 8 |
| 4 | 3 | 1 | 6 | 5 | 8 | 7 | 9 | 2 |

## EXTREME - 33

| 5 | 7 | 9 | 3 | 6 | 4 | 1 | 8 | 2 |
|---|---|---|---|---|---|---|---|---|
| 1 | 3 | 2 | 8 | 7 | 9 | 6 | 4 | 5 |
| 4 | 6 | 8 | 5 | 2 | 1 | 3 | 7 | 9 |
| 6 | 4 | 7 | 9 | 5 | 2 | 8 | 3 | 1 |
| 9 | 8 | 5 | 1 | 3 | 6 | 4 | 2 | 7 |
| 2 | 1 | 3 | 4 | 8 | 7 | 9 | 5 | 6 |
| 3 | 5 | 1 | 2 | 9 | 8 | 7 | 6 | 4 |
| 7 | 2 | 4 | 6 | 1 | 3 | 5 | 9 | 8 |
| 8 | 9 | 6 | 7 | 4 | 5 | 2 | 1 | 3 |

## EXTREME - 34

| 2 | 9 | 1 | 4 | 5 | 8 | 7 | 3 | 6 |
|---|---|---|---|---|---|---|---|---|
| 3 | 6 | 5 | 7 | 1 | 9 | 8 | 2 | 4 |
| 7 | 8 | 4 | 6 | 3 | 2 | 5 | 1 | 9 |
| 6 | 5 | 7 | 8 | 4 | 1 | 2 | 9 | 3 |
| 1 | 4 | 3 | 2 | 9 | 5 | 6 | 7 | 8 |
| 8 | 2 | 9 | 3 | 6 | 7 | 4 | 5 | 1 |
| 5 | 7 | 6 | 9 | 8 | 3 | 1 | 4 | 2 |
| 9 | 1 | 8 | 5 | 2 | 4 | 3 | 6 | 7 |
| 4 | 3 | 2 | 1 | 7 | 6 | 9 | 8 | 5 |

## EXTREME - 35

| 5 | 2 | 3 | 9 | 7 | 1 | 6 | 8 | 4 |
|---|---|---|---|---|---|---|---|---|
| 1 | 8 | 6 | 2 | 5 | 4 | 3 | 7 | 9 |
| 4 | 9 | 7 | 6 | 8 | 3 | 1 | 5 | 2 |
| 7 | 3 | 1 | 8 | 9 | 2 | 5 | 4 | 6 |
| 9 | 6 | 4 | 3 | 1 | 5 | 8 | 2 | 7 |
| 2 | 5 | 8 | 7 | 4 | 6 | 9 | 3 | 1 |
| 8 | 1 | 9 | 4 | 3 | 7 | 2 | 6 | 5 |
| 3 | 7 | 2 | 5 | 6 | 9 | 4 | 1 | 8 |
| 6 | 4 | 5 | 1 | 2 | 8 | 7 | 9 | 3 |

## EXTREME - 36

| 3 | 6 | 5 | 2 | 4 | 7 | 1 | 8 | 9 |
|---|---|---|---|---|---|---|---|---|
| 2 | 1 | 9 | 5 | 6 | 8 | 4 | 7 | 3 |
| 7 | 8 | 4 | 3 | 9 | 1 | 2 | 5 | 6 |
| 4 | 3 | 1 | 7 | 2 | 9 | 5 | 6 | 8 |
| 9 | 7 | 6 | 1 | 8 | 5 | 3 | 4 | 2 |
| 5 | 2 | 8 | 6 | 3 | 4 | 9 | 1 | 7 |
| 1 | 5 | 2 | 9 | 7 | 6 | 8 | 3 | 4 |
| 6 | 4 | 3 | 8 | 5 | 2 | 7 | 9 | 1 |
| 8 | 9 | 7 | 4 | 1 | 3 | 6 | 2 | 5 |

## EXTREME - 37

| 1 | 2 | 8 | 7 | 9 | 3 | 6 | 5 | 4 |
|---|---|---|---|---|---|---|---|---|
| 7 | 6 | 3 | 4 | 2 | 5 | 9 | 1 | 8 |
| 4 | 9 | 5 | 6 | 1 | 8 | 7 | 3 | 2 |
| 5 | 8 | 6 | 2 | 4 | 1 | 3 | 9 | 7 |
| 3 | 7 | 1 | 8 | 5 | 9 | 2 | 4 | 6 |
| 2 | 4 | 9 | 3 | 7 | 6 | 1 | 8 | 5 |
| 9 | 1 | 4 | 5 | 6 | 2 | 8 | 7 | 3 |
| 6 | 3 | 7 | 1 | 8 | 4 | 5 | 2 | 9 |
| 8 | 5 | 2 | 9 | 3 | 7 | 4 | 6 | 1 |

## EXTREME - 38

| 3 | 7 | 9 | 6 | 5 | 1 | 2 | 8 | 4 |
|---|---|---|---|---|---|---|---|---|
| 1 | 6 | 8 | 2 | 3 | 4 | 5 | 9 | 7 |
| 4 | 5 | 2 | 7 | 8 | 9 | 6 | 3 | 1 |
| 9 | 4 | 6 | 3 | 1 | 7 | 8 | 5 | 2 |
| 7 | 8 | 5 | 4 | 2 | 6 | 3 | 1 | 9 |
| 2 | 1 | 3 | 8 | 9 | 5 | 7 | 4 | 6 |
| 8 | 2 | 1 | 9 | 7 | 3 | 4 | 6 | 5 |
| 6 | 9 | 7 | 5 | 4 | 8 | 1 | 2 | 3 |
| 5 | 3 | 4 | 1 | 6 | 2 | 9 | 7 | 8 |

## EXTREME - 39

| 2 | 4 | 7 | 6 | 9 | 8 | 3 | 1 | 5 |
|---|---|---|---|---|---|---|---|---|
| 8 | 6 | 3 | 1 | 7 | 5 | 2 | 4 | 9 |
| 9 | 1 | 5 | 2 | 3 | 4 | 6 | 8 | 7 |
| 4 | 7 | 8 | 5 | 2 | 6 | 1 | 9 | 3 |
| 5 | 3 | 9 | 7 | 4 | 1 | 8 | 6 | 2 |
| 6 | 2 | 1 | 3 | 8 | 9 | 5 | 7 | 4 |
| 7 | 5 | 6 | 9 | 1 | 3 | 4 | 2 | 8 |
| 3 | 8 | 2 | 4 | 6 | 7 | 9 | 5 | 1 |
| 1 | 9 | 4 | 8 | 5 | 2 | 7 | 3 | 6 |

## EXTREME - 40

| 2 | 4 | 5 | 8 | 6 | 3 | 7 | 1 | 9 |
|---|---|---|---|---|---|---|---|---|
| 1 | 8 | 9 | 4 | 5 | 7 | 6 | 3 | 2 |
| 7 | 6 | 3 | 1 | 2 | 9 | 8 | 4 | 5 |
| 3 | 5 | 4 | 6 | 9 | 8 | 1 | 2 | 7 |
| 6 | 9 | 7 | 2 | 3 | 1 | 4 | 5 | 8 |
| 8 | 2 | 1 | 7 | 4 | 5 | 3 | 9 | 6 |
| 5 | 1 | 2 | 3 | 8 | 6 | 9 | 7 | 4 |
| 9 | 3 | 8 | 5 | 7 | 4 | 2 | 6 | 1 |
| 4 | 7 | 6 | 9 | 1 | 2 | 5 | 8 | 3 |

**EXTREME - 41**

| 2 | 4 | 8 | 5 | 1 | 7 | 3 | 9 | 6 |
|---|---|---|---|---|---|---|---|---|
| 5 | 7 | 6 | 9 | 8 | 3 | 2 | 1 | 4 |
| 1 | 9 | 3 | 4 | 6 | 2 | 8 | 5 | 7 |
| 9 | 8 | 1 | 6 | 2 | 4 | 5 | 7 | 3 |
| 3 | 6 | 7 | 1 | 9 | 5 | 4 | 2 | 8 |
| 4 | 5 | 2 | 3 | 7 | 8 | 9 | 6 | 1 |
| 8 | 2 | 4 | 7 | 5 | 6 | 1 | 3 | 9 |
| 6 | 3 | 9 | 2 | 4 | 1 | 7 | 8 | 5 |
| 7 | 1 | 5 | 8 | 3 | 9 | 6 | 4 | 2 |

**EXTREME - 42**

| 9 | 3 | 7 | 2 | 6 | 1 | 8 | 4 | 5 |
|---|---|---|---|---|---|---|---|---|
| 6 | 1 | 2 | 4 | 8 | 5 | 7 | 9 | 3 |
| 5 | 8 | 4 | 3 | 9 | 7 | 2 | 1 | 6 |
| 3 | 2 | 6 | 9 | 1 | 8 | 5 | 7 | 4 |
| 1 | 9 | 5 | 7 | 3 | 4 | 6 | 2 | 8 |
| 4 | 7 | 8 | 5 | 2 | 6 | 9 | 3 | 1 |
| 7 | 6 | 9 | 1 | 5 | 3 | 4 | 8 | 2 |
| 2 | 5 | 1 | 8 | 4 | 9 | 3 | 6 | 7 |
| 8 | 4 | 3 | 6 | 7 | 2 | 1 | 5 | 9 |

**EXTREME - 43**

| 1 | 5 | 6 | 8 | 3 | 7 | 9 | 2 | 4 |
|---|---|---|---|---|---|---|---|---|
| 7 | 2 | 3 | 5 | 4 | 9 | 1 | 6 | 8 |
| 8 | 9 | 4 | 1 | 2 | 6 | 7 | 5 | 3 |
| 2 | 4 | 1 | 6 | 5 | 8 | 3 | 7 | 9 |
| 9 | 6 | 8 | 3 | 7 | 1 | 5 | 4 | 2 |
| 5 | 3 | 7 | 4 | 9 | 2 | 6 | 8 | 1 |
| 3 | 8 | 2 | 7 | 1 | 5 | 4 | 9 | 6 |
| 6 | 1 | 5 | 9 | 8 | 4 | 2 | 3 | 7 |
| 4 | 7 | 9 | 2 | 6 | 3 | 8 | 1 | 5 |

**EXTREME - 44**

| 8 | 1 | 4 | 2 | 3 | 5 | 7 | 6 | 9 |
|---|---|---|---|---|---|---|---|---|
| 5 | 9 | 7 | 8 | 6 | 4 | 1 | 3 | 2 |
| 3 | 2 | 6 | 7 | 1 | 9 | 4 | 8 | 5 |
| 1 | 7 | 8 | 4 | 9 | 2 | 3 | 5 | 6 |
| 4 | 6 | 9 | 3 | 5 | 1 | 2 | 7 | 8 |
| 2 | 3 | 5 | 6 | 7 | 8 | 9 | 4 | 1 |
| 6 | 8 | 2 | 9 | 4 | 7 | 5 | 1 | 3 |
| 7 | 5 | 3 | 1 | 2 | 6 | 8 | 9 | 4 |
| 9 | 4 | 1 | 5 | 8 | 3 | 6 | 2 | 7 |

**EXTREME - 45**

| 2 | 4 | 5 | 8 | 6 | 7 | 1 | 3 | 9 |
|---|---|---|---|---|---|---|---|---|
| 8 | 9 | 7 | 1 | 3 | 5 | 4 | 6 | 2 |
| 3 | 1 | 6 | 2 | 4 | 9 | 8 | 7 | 5 |
| 7 | 6 | 9 | 4 | 1 | 3 | 5 | 2 | 8 |
| 4 | 8 | 1 | 5 | 7 | 2 | 6 | 9 | 3 |
| 5 | 3 | 2 | 9 | 8 | 6 | 7 | 4 | 1 |
| 1 | 7 | 8 | 3 | 9 | 4 | 2 | 5 | 6 |
| 6 | 2 | 3 | 7 | 5 | 1 | 9 | 8 | 4 |
| 9 | 5 | 4 | 6 | 2 | 8 | 3 | 1 | 7 |

**EXTREME - 46**

| 1 | 5 | 2 | 7 | 6 | 9 | 3 | 4 | 8 |
|---|---|---|---|---|---|---|---|---|
| 3 | 6 | 8 | 4 | 1 | 2 | 5 | 7 | 9 |
| 4 | 7 | 9 | 8 | 3 | 5 | 2 | 6 | 1 |
| 5 | 2 | 3 | 9 | 7 | 4 | 1 | 8 | 6 |
| 7 | 8 | 4 | 1 | 2 | 6 | 9 | 3 | 5 |
| 6 | 9 | 1 | 3 | 5 | 8 | 4 | 2 | 7 |
| 9 | 3 | 5 | 6 | 4 | 7 | 8 | 1 | 2 |
| 8 | 4 | 7 | 2 | 9 | 1 | 6 | 5 | 3 |
| 2 | 1 | 6 | 5 | 8 | 3 | 7 | 9 | 4 |

**EXTREME - 47**

| 1 | 5 | 2 | 8 | 3 | 6 | 9 | 4 | 7 |
|---|---|---|---|---|---|---|---|---|
| 4 | 6 | 8 | 7 | 5 | 9 | 2 | 1 | 3 |
| 7 | 9 | 3 | 1 | 4 | 2 | 6 | 8 | 5 |
| 9 | 2 | 1 | 3 | 8 | 7 | 5 | 6 | 4 |
| 3 | 7 | 4 | 9 | 6 | 5 | 8 | 2 | 1 |
| 6 | 8 | 5 | 4 | 2 | 1 | 3 | 7 | 9 |
| 2 | 3 | 9 | 6 | 1 | 4 | 7 | 5 | 8 |
| 5 | 4 | 7 | 2 | 9 | 8 | 1 | 3 | 6 |
| 8 | 1 | 6 | 5 | 7 | 3 | 4 | 9 | 2 |

**EXTREME - 48**

| 4 | 7 | 5 | 3 | 6 | 9 | 8 | 1 | 2 |
|---|---|---|---|---|---|---|---|---|
| 8 | 6 | 3 | 5 | 1 | 2 | 4 | 9 | 7 |
| 1 | 9 | 2 | 4 | 8 | 7 | 6 | 5 | 3 |
| 7 | 1 | 4 | 8 | 2 | 6 | 9 | 3 | 5 |
| 6 | 2 | 9 | 1 | 3 | 5 | 7 | 4 | 8 |
| 5 | 3 | 8 | 9 | 7 | 4 | 2 | 6 | 1 |
| 2 | 5 | 7 | 6 | 4 | 3 | 1 | 8 | 9 |
| 9 | 8 | 6 | 7 | 5 | 1 | 3 | 2 | 4 |
| 3 | 4 | 1 | 2 | 9 | 8 | 5 | 7 | 6 |

**EXTREME - 49**

| 9 | 5 | 8 | 1 | 2 | 3 | 6 | 4 | 7 |
|---|---|---|---|---|---|---|---|---|
| 4 | 7 | 1 | 8 | 9 | 6 | 3 | 2 | 5 |
| 2 | 3 | 6 | 7 | 5 | 4 | 8 | 1 | 9 |
| 8 | 1 | 7 | 4 | 6 | 9 | 2 | 5 | 3 |
| 3 | 4 | 2 | 5 | 1 | 8 | 7 | 9 | 6 |
| 5 | 6 | 9 | 3 | 7 | 2 | 4 | 8 | 1 |
| 6 | 9 | 4 | 2 | 3 | 5 | 1 | 7 | 8 |
| 7 | 8 | 5 | 6 | 4 | 1 | 9 | 3 | 2 |
| 1 | 2 | 3 | 9 | 8 | 7 | 5 | 6 | 4 |

**EXTREME - 50**

| 5 | 7 | 3 | 1 | 9 | 6 | 4 | 2 | 8 |
|---|---|---|---|---|---|---|---|---|
| 8 | 1 | 9 | 4 | 5 | 2 | 7 | 6 | 3 |
| 4 | 2 | 6 | 8 | 3 | 7 | 5 | 1 | 9 |
| 9 | 3 | 5 | 2 | 8 | 4 | 1 | 7 | 6 |
| 6 | 8 | 2 | 5 | 7 | 1 | 3 | 9 | 4 |
| 1 | 4 | 7 | 3 | 6 | 9 | 8 | 5 | 2 |
| 7 | 5 | 8 | 9 | 2 | 3 | 6 | 4 | 1 |
| 3 | 9 | 4 | 6 | 1 | 5 | 2 | 8 | 7 |
| 2 | 6 | 1 | 7 | 4 | 8 | 9 | 3 | 5 |

**EXTREME - 51**

| 8 | 7 | 4 | 9 | 5 | 2 | 1 | 6 | 3 |
|---|---|---|---|---|---|---|---|---|
| 6 | 2 | 5 | 4 | 1 | 3 | 8 | 7 | 9 |
| 3 | 9 | 1 | 6 | 7 | 8 | 2 | 5 | 4 |
| 2 | 4 | 6 | 1 | 9 | 7 | 3 | 8 | 5 |
| 1 | 8 | 7 | 2 | 3 | 5 | 9 | 4 | 6 |
| 5 | 3 | 9 | 8 | 4 | 6 | 7 | 2 | 1 |
| 7 | 1 | 2 | 5 | 6 | 9 | 4 | 3 | 8 |
| 4 | 6 | 8 | 3 | 2 | 1 | 5 | 9 | 7 |
| 9 | 5 | 3 | 7 | 8 | 4 | 6 | 1 | 2 |

**EXTREME - 52**

| 6 | 2 | 8 | 7 | 5 | 4 | 9 | 3 | 1 |
|---|---|---|---|---|---|---|---|---|
| 5 | 1 | 9 | 3 | 8 | 2 | 7 | 4 | 6 |
| 4 | 7 | 3 | 9 | 6 | 1 | 8 | 5 | 2 |
| 3 | 4 | 2 | 6 | 7 | 9 | 1 | 8 | 5 |
| 9 | 6 | 5 | 2 | 1 | 8 | 4 | 7 | 3 |
| 1 | 8 | 7 | 4 | 3 | 5 | 2 | 6 | 9 |
| 8 | 3 | 6 | 1 | 9 | 7 | 5 | 2 | 4 |
| 2 | 5 | 1 | 8 | 4 | 6 | 3 | 9 | 7 |
| 7 | 9 | 4 | 5 | 2 | 3 | 6 | 1 | 8 |

**EXTREME - 53**

| 4 | 1 | 6 | 9 | 7 | 3 | 8 | 5 | 2 |
|---|---|---|---|---|---|---|---|---|
| 8 | 2 | 7 | 5 | 6 | 1 | 9 | 4 | 3 |
| 9 | 5 | 3 | 2 | 8 | 4 | 1 | 6 | 7 |
| 2 | 7 | 4 | 8 | 5 | 9 | 6 | 3 | 1 |
| 1 | 6 | 8 | 3 | 2 | 7 | 5 | 9 | 4 |
| 3 | 9 | 5 | 4 | 1 | 6 | 7 | 2 | 8 |
| 7 | 4 | 1 | 6 | 9 | 2 | 3 | 8 | 5 |
| 5 | 3 | 9 | 7 | 4 | 8 | 2 | 1 | 6 |
| 6 | 8 | 2 | 1 | 3 | 5 | 4 | 7 | 9 |

**EXTREME - 54**

| 9 | 1 | 7 | 4 | 3 | 5 | 2 | 6 | 8 |
|---|---|---|---|---|---|---|---|---|
| 2 | 5 | 4 | 9 | 8 | 6 | 7 | 3 | 1 |
| 6 | 3 | 8 | 1 | 7 | 2 | 5 | 4 | 9 |
| 4 | 8 | 2 | 7 | 6 | 1 | 9 | 5 | 3 |
| 3 | 6 | 9 | 5 | 2 | 8 | 4 | 1 | 7 |
| 1 | 7 | 5 | 3 | 9 | 4 | 8 | 2 | 6 |
| 8 | 4 | 3 | 6 | 5 | 9 | 1 | 7 | 2 |
| 5 | 9 | 6 | 2 | 1 | 7 | 3 | 8 | 4 |
| 7 | 2 | 1 | 8 | 4 | 3 | 6 | 9 | 5 |

**EXTREME - 55**

| 3 | 6 | 2 | 5 | 9 | 1 | 7 | 8 | 4 |
|---|---|---|---|---|---|---|---|---|
| 1 | 7 | 5 | 4 | 6 | 8 | 9 | 3 | 2 |
| 9 | 8 | 4 | 7 | 2 | 3 | 1 | 6 | 5 |
| 7 | 2 | 9 | 8 | 4 | 6 | 5 | 1 | 3 |
| 8 | 4 | 1 | 3 | 7 | 5 | 2 | 9 | 6 |
| 6 | 5 | 3 | 9 | 1 | 2 | 8 | 4 | 7 |
| 2 | 9 | 8 | 6 | 5 | 4 | 3 | 7 | 1 |
| 4 | 1 | 7 | 2 | 3 | 9 | 6 | 5 | 8 |
| 5 | 3 | 6 | 1 | 8 | 7 | 4 | 2 | 9 |

**EXTREME - 56**

| 5 | 8 | 4 | 3 | 7 | 6 | 1 | 9 | 2 |
|---|---|---|---|---|---|---|---|---|
| 7 | 6 | 2 | 9 | 1 | 8 | 4 | 5 | 3 |
| 9 | 1 | 3 | 4 | 2 | 5 | 7 | 6 | 8 |
| 2 | 7 | 9 | 8 | 6 | 1 | 3 | 4 | 5 |
| 6 | 5 | 8 | 7 | 3 | 4 | 9 | 2 | 1 |
| 3 | 4 | 1 | 2 | 5 | 9 | 8 | 7 | 6 |
| 4 | 2 | 7 | 6 | 8 | 3 | 5 | 1 | 9 |
| 1 | 3 | 6 | 5 | 9 | 7 | 2 | 8 | 4 |
| 8 | 9 | 5 | 1 | 4 | 2 | 6 | 3 | 7 |

**EXTREME - 57**

| 2 | 8 | 7 | 1 | 9 | 6 | 3 | 5 | 4 |
|---|---|---|---|---|---|---|---|---|
| 1 | 3 | 4 | 8 | 5 | 7 | 9 | 2 | 6 |
| 9 | 5 | 6 | 2 | 3 | 4 | 7 | 1 | 8 |
| 7 | 1 | 3 | 6 | 4 | 9 | 5 | 8 | 2 |
| 8 | 6 | 5 | 3 | 2 | 1 | 4 | 7 | 9 |
| 4 | 9 | 2 | 7 | 8 | 5 | 6 | 3 | 1 |
| 3 | 2 | 9 | 5 | 6 | 8 | 1 | 4 | 7 |
| 6 | 7 | 8 | 4 | 1 | 3 | 2 | 9 | 5 |
| 5 | 4 | 1 | 9 | 7 | 2 | 8 | 6 | 3 |

**EXTREME - 58**

| 2 | 8 | 6 | 9 | 1 | 3 | 5 | 4 | 7 |
|---|---|---|---|---|---|---|---|---|
| 5 | 9 | 4 | 6 | 8 | 7 | 3 | 2 | 1 |
| 1 | 3 | 7 | 2 | 4 | 5 | 8 | 6 | 9 |
| 8 | 1 | 5 | 3 | 6 | 4 | 9 | 7 | 2 |
| 4 | 6 | 3 | 7 | 2 | 9 | 1 | 5 | 8 |
| 7 | 2 | 9 | 8 | 5 | 1 | 6 | 3 | 4 |
| 3 | 7 | 1 | 4 | 9 | 6 | 2 | 8 | 5 |
| 9 | 4 | 8 | 5 | 3 | 2 | 7 | 1 | 6 |
| 6 | 5 | 2 | 1 | 7 | 8 | 4 | 9 | 3 |

**EXTREME - 59**

| 5 | 7 | 9 | 8 | 2 | 1 | 6 | 3 | 4 |
|---|---|---|---|---|---|---|---|---|
| 3 | 2 | 4 | 9 | 6 | 5 | 7 | 1 | 8 |
| 1 | 8 | 6 | 7 | 3 | 4 | 2 | 5 | 9 |
| 7 | 3 | 5 | 4 | 9 | 8 | 1 | 2 | 6 |
| 2 | 6 | 8 | 5 | 1 | 3 | 4 | 9 | 7 |
| 4 | 9 | 1 | 6 | 7 | 2 | 3 | 8 | 5 |
| 6 | 5 | 3 | 2 | 4 | 9 | 8 | 7 | 1 |
| 9 | 4 | 2 | 1 | 8 | 7 | 5 | 6 | 3 |
| 8 | 1 | 7 | 3 | 5 | 6 | 9 | 4 | 2 |

**EXTREME - 60**

| 5 | 2 | 8 | 6 | 7 | 9 | 4 | 3 | 1 |
|---|---|---|---|---|---|---|---|---|
| 3 | 4 | 7 | 2 | 1 | 5 | 6 | 9 | 8 |
| 6 | 9 | 1 | 4 | 3 | 8 | 7 | 5 | 2 |
| 7 | 3 | 4 | 5 | 8 | 1 | 2 | 6 | 9 |
| 2 | 6 | 9 | 3 | 4 | 7 | 8 | 1 | 5 |
| 1 | 8 | 5 | 9 | 6 | 2 | 3 | 4 | 7 |
| 8 | 7 | 6 | 1 | 9 | 3 | 5 | 2 | 4 |
| 4 | 1 | 2 | 7 | 5 | 6 | 9 | 8 | 3 |
| 9 | 5 | 3 | 8 | 2 | 4 | 1 | 7 | 6 |

## EXTREME - 61

| 6 | 2 | 4 | 5 | 8 | 7 | 1 | 3 | 9 |
|---|---|---|---|---|---|---|---|---|
| 3 | 1 | 9 | 6 | 2 | 4 | 8 | 7 | 5 |
| 8 | 5 | 7 | 3 | 9 | 1 | 6 | 2 | 4 |
| 7 | 3 | 5 | 8 | 1 | 6 | 4 | 9 | 2 |
| 1 | 9 | 6 | 2 | 4 | 5 | 7 | 8 | 3 |
| 2 | 4 | 8 | 7 | 3 | 9 | 5 | 6 | 1 |
| 4 | 7 | 1 | 9 | 6 | 3 | 2 | 5 | 8 |
| 9 | 6 | 2 | 4 | 5 | 8 | 3 | 1 | 7 |
| 5 | 8 | 3 | 1 | 7 | 2 | 9 | 4 | 6 |

## EXTREME - 62

| 8 | 3 | 5 | 7 | 1 | 6 | 4 | 2 | 9 |
|---|---|---|---|---|---|---|---|---|
| 1 | 6 | 4 | 2 | 8 | 9 | 3 | 7 | 5 |
| 9 | 2 | 7 | 3 | 4 | 5 | 8 | 6 | 1 |
| 2 | 8 | 9 | 5 | 7 | 3 | 6 | 1 | 4 |
| 4 | 5 | 6 | 9 | 2 | 1 | 7 | 8 | 3 |
| 7 | 1 | 3 | 4 | 6 | 8 | 9 | 5 | 2 |
| 6 | 4 | 8 | 1 | 9 | 2 | 5 | 3 | 7 |
| 5 | 9 | 1 | 8 | 3 | 7 | 2 | 4 | 6 |
| 3 | 7 | 2 | 6 | 5 | 4 | 1 | 9 | 8 |

## EXTREME - 63

| 2 | 8 | 7 | 6 | 3 | 4 | 1 | 5 | 9 |
|---|---|---|---|---|---|---|---|---|
| 6 | 3 | 5 | 7 | 1 | 9 | 4 | 8 | 2 |
| 4 | 9 | 1 | 5 | 8 | 2 | 7 | 3 | 6 |
| 7 | 1 | 4 | 2 | 6 | 5 | 3 | 9 | 8 |
| 8 | 5 | 2 | 4 | 9 | 3 | 6 | 1 | 7 |
| 9 | 6 | 3 | 8 | 7 | 1 | 5 | 2 | 4 |
| 1 | 4 | 6 | 9 | 5 | 8 | 2 | 7 | 3 |
| 3 | 2 | 9 | 1 | 4 | 7 | 8 | 6 | 5 |
| 5 | 7 | 8 | 3 | 2 | 6 | 9 | 4 | 1 |

## EXTREME - 64

| 5 | 7 | 4 | 8 | 1 | 6 | 2 | 3 | 9 |
|---|---|---|---|---|---|---|---|---|
| 9 | 2 | 8 | 3 | 5 | 7 | 1 | 6 | 4 |
| 3 | 1 | 6 | 4 | 9 | 2 | 8 | 5 | 7 |
| 8 | 3 | 2 | 7 | 6 | 5 | 4 | 9 | 1 |
| 6 | 9 | 1 | 2 | 4 | 8 | 5 | 7 | 3 |
| 4 | 5 | 7 | 9 | 3 | 1 | 6 | 8 | 2 |
| 1 | 4 | 5 | 6 | 7 | 3 | 9 | 2 | 8 |
| 7 | 8 | 9 | 5 | 2 | 4 | 3 | 1 | 6 |
| 2 | 6 | 3 | 1 | 8 | 9 | 7 | 4 | 5 |

## EXTREME - 65

| 3 | 2 | 4 | 8 | 9 | 7 | 1 | 6 | 5 |
|---|---|---|---|---|---|---|---|---|
| 8 | 9 | 5 | 2 | 1 | 6 | 7 | 4 | 3 |
| 7 | 1 | 6 | 3 | 5 | 4 | 8 | 9 | 2 |
| 4 | 6 | 1 | 5 | 7 | 3 | 2 | 8 | 9 |
| 2 | 7 | 3 | 9 | 8 | 1 | 4 | 5 | 6 |
| 9 | 5 | 8 | 6 | 4 | 2 | 3 | 7 | 1 |
| 6 | 4 | 7 | 1 | 2 | 5 | 9 | 3 | 8 |
| 1 | 3 | 9 | 4 | 6 | 8 | 5 | 2 | 7 |
| 5 | 8 | 2 | 7 | 3 | 9 | 6 | 1 | 4 |

## EXTREME - 66

| 5 | 1 | 2 | 6 | 7 | 3 | 4 | 8 | 9 |
|---|---|---|---|---|---|---|---|---|
| 3 | 4 | 7 | 1 | 8 | 9 | 6 | 5 | 2 |
| 8 | 6 | 9 | 4 | 5 | 2 | 3 | 1 | 7 |
| 4 | 8 | 1 | 5 | 6 | 7 | 2 | 9 | 3 |
| 2 | 5 | 3 | 9 | 4 | 8 | 1 | 7 | 6 |
| 9 | 7 | 6 | 2 | 3 | 1 | 8 | 4 | 5 |
| 7 | 2 | 5 | 8 | 1 | 6 | 9 | 3 | 4 |
| 6 | 3 | 8 | 7 | 9 | 4 | 5 | 2 | 1 |
| 1 | 9 | 4 | 3 | 2 | 5 | 7 | 6 | 8 |

## EXTREME - 67

| 3 | 1 | 6 | 5 | 8 | 9 | 2 | 4 | 7 |
|---|---|---|---|---|---|---|---|---|
| 5 | 4 | 9 | 2 | 6 | 7 | 8 | 1 | 3 |
| 8 | 2 | 7 | 1 | 3 | 4 | 9 | 5 | 6 |
| 7 | 9 | 8 | 4 | 1 | 5 | 6 | 3 | 2 |
| 6 | 3 | 1 | 7 | 2 | 8 | 4 | 9 | 5 |
| 2 | 5 | 4 | 3 | 9 | 6 | 1 | 7 | 8 |
| 1 | 6 | 5 | 8 | 4 | 3 | 7 | 2 | 9 |
| 4 | 8 | 3 | 9 | 7 | 2 | 5 | 6 | 1 |
| 9 | 7 | 2 | 6 | 5 | 1 | 3 | 8 | 4 |

## EXTREME - 68

| 9 | 4 | 7 | 3 | 2 | 8 | 5 | 1 | 6 |
|---|---|---|---|---|---|---|---|---|
| 2 | 1 | 8 | 5 | 9 | 6 | 7 | 3 | 4 |
| 3 | 5 | 6 | 7 | 4 | 1 | 9 | 2 | 8 |
| 5 | 3 | 4 | 1 | 6 | 7 | 2 | 8 | 9 |
| 6 | 9 | 1 | 2 | 8 | 5 | 4 | 7 | 3 |
| 8 | 7 | 2 | 9 | 3 | 4 | 6 | 5 | 1 |
| 1 | 8 | 5 | 4 | 7 | 9 | 3 | 6 | 2 |
| 7 | 2 | 9 | 6 | 1 | 3 | 8 | 4 | 5 |
| 4 | 6 | 3 | 8 | 5 | 2 | 1 | 9 | 7 |

## EXTREME - 69

| 1 | 9 | 6 | 2 | 3 | 4 | 7 | 8 | 5 |
|---|---|---|---|---|---|---|---|---|
| 2 | 4 | 5 | 9 | 7 | 8 | 3 | 6 | 1 |
| 8 | 3 | 7 | 6 | 5 | 1 | 2 | 9 | 4 |
| 6 | 1 | 8 | 5 | 9 | 3 | 4 | 2 | 7 |
| 5 | 7 | 9 | 4 | 2 | 6 | 1 | 3 | 8 |
| 4 | 2 | 3 | 1 | 8 | 7 | 9 | 5 | 6 |
| 9 | 5 | 4 | 8 | 1 | 2 | 6 | 7 | 3 |
| 7 | 6 | 2 | 3 | 4 | 5 | 8 | 1 | 9 |
| 3 | 8 | 1 | 7 | 6 | 9 | 5 | 4 | 2 |

## EXTREME - 70

| 8 | 2 | 7 | 4 | 5 | 9 | 1 | 6 | 3 |
|---|---|---|---|---|---|---|---|---|
| 3 | 4 | 1 | 2 | 8 | 6 | 5 | 9 | 7 |
| 9 | 6 | 5 | 7 | 1 | 3 | 2 | 4 | 8 |
| 1 | 3 | 6 | 9 | 7 | 8 | 4 | 2 | 5 |
| 2 | 7 | 4 | 3 | 6 | 5 | 8 | 1 | 9 |
| 5 | 8 | 9 | 1 | 4 | 2 | 7 | 3 | 6 |
| 7 | 5 | 3 | 6 | 2 | 4 | 9 | 8 | 1 |
| 4 | 9 | 8 | 5 | 3 | 1 | 6 | 7 | 2 |
| 6 | 1 | 2 | 8 | 9 | 7 | 3 | 5 | 4 |

## EXTREME - 71

| 5 | 4 | 6 | 8 | 9 | 7 | 2 | 1 | 3 |
|---|---|---|---|---|---|---|---|---|
| 8 | 2 | 9 | 1 | 3 | 6 | 7 | 4 | 5 |
| 7 | 3 | 1 | 4 | 5 | 2 | 9 | 6 | 8 |
| 4 | 1 | 2 | 5 | 7 | 8 | 3 | 9 | 6 |
| 9 | 5 | 7 | 3 | 6 | 4 | 1 | 8 | 2 |
| 6 | 8 | 3 | 2 | 1 | 9 | 4 | 5 | 7 |
| 1 | 9 | 8 | 6 | 2 | 3 | 5 | 7 | 4 |
| 2 | 6 | 5 | 7 | 4 | 1 | 8 | 3 | 9 |
| 3 | 7 | 4 | 9 | 8 | 5 | 6 | 2 | 1 |

## EXTREME - 72

| 4 | 5 | 8 | 3 | 1 | 6 | 2 | 9 | 7 |
|---|---|---|---|---|---|---|---|---|
| 6 | 7 | 2 | 8 | 4 | 9 | 3 | 5 | 1 |
| 1 | 3 | 9 | 5 | 2 | 7 | 4 | 8 | 6 |
| 3 | 2 | 6 | 1 | 9 | 5 | 7 | 4 | 8 |
| 9 | 8 | 4 | 2 | 7 | 3 | 6 | 1 | 5 |
| 7 | 1 | 5 | 4 | 6 | 8 | 9 | 3 | 2 |
| 8 | 9 | 7 | 6 | 3 | 1 | 5 | 2 | 4 |
| 5 | 4 | 3 | 7 | 8 | 2 | 1 | 6 | 9 |
| 2 | 6 | 1 | 9 | 5 | 4 | 8 | 7 | 3 |

## EXTREME - 73

| 3 | 2 | 1 | 4 | 5 | 6 | 7 | 8 | 9 |
|---|---|---|---|---|---|---|---|---|
| 9 | 8 | 5 | 1 | 7 | 2 | 6 | 4 | 3 |
| 7 | 6 | 4 | 9 | 3 | 8 | 2 | 5 | 1 |
| 1 | 5 | 8 | 2 | 4 | 7 | 3 | 9 | 6 |
| 4 | 3 | 6 | 8 | 9 | 1 | 5 | 2 | 7 |
| 2 | 7 | 9 | 3 | 6 | 5 | 4 | 1 | 8 |
| 6 | 1 | 7 | 5 | 2 | 9 | 8 | 3 | 4 |
| 5 | 9 | 3 | 7 | 8 | 4 | 1 | 6 | 2 |
| 8 | 4 | 2 | 6 | 1 | 3 | 9 | 7 | 5 |

## EXTREME - 74

| 5 | 8 | 3 | 2 | 9 | 7 | 1 | 6 | 4 |
|---|---|---|---|---|---|---|---|---|
| 9 | 4 | 7 | 6 | 1 | 8 | 5 | 3 | 2 |
| 1 | 2 | 6 | 5 | 3 | 4 | 7 | 9 | 8 |
| 4 | 6 | 8 | 1 | 5 | 3 | 9 | 2 | 7 |
| 3 | 9 | 2 | 7 | 8 | 6 | 4 | 5 | 1 |
| 7 | 1 | 5 | 4 | 2 | 9 | 6 | 8 | 3 |
| 6 | 5 | 1 | 3 | 4 | 2 | 8 | 7 | 9 |
| 8 | 3 | 4 | 9 | 7 | 5 | 2 | 1 | 6 |
| 2 | 7 | 9 | 8 | 6 | 1 | 3 | 4 | 5 |

## EXTREME - 75

| 3 | 6 | 7 | 1 | 5 | 8 | 4 | 9 | 2 |
|---|---|---|---|---|---|---|---|---|
| 4 | 2 | 1 | 3 | 9 | 7 | 6 | 8 | 5 |
| 9 | 8 | 5 | 2 | 6 | 4 | 3 | 1 | 7 |
| 7 | 9 | 3 | 8 | 4 | 5 | 2 | 6 | 1 |
| 6 | 4 | 2 | 7 | 1 | 3 | 8 | 5 | 9 |
| 1 | 5 | 8 | 6 | 2 | 9 | 7 | 3 | 4 |
| 2 | 3 | 4 | 5 | 8 | 1 | 9 | 7 | 6 |
| 8 | 1 | 6 | 9 | 7 | 2 | 5 | 4 | 3 |
| 5 | 7 | 9 | 4 | 3 | 6 | 1 | 2 | 8 |

## EXTREME - 76

| 2 | 5 | 3 | 6 | 9 | 1 | 7 | 4 | 8 |
|---|---|---|---|---|---|---|---|---|
| 4 | 6 | 8 | 7 | 5 | 2 | 9 | 3 | 1 |
| 1 | 9 | 7 | 4 | 8 | 3 | 6 | 2 | 5 |
| 8 | 4 | 1 | 2 | 6 | 9 | 5 | 7 | 3 |
| 7 | 2 | 6 | 3 | 4 | 5 | 1 | 8 | 9 |
| 5 | 3 | 9 | 1 | 7 | 8 | 4 | 6 | 2 |
| 9 | 1 | 4 | 8 | 3 | 6 | 2 | 5 | 7 |
| 6 | 8 | 2 | 5 | 1 | 7 | 3 | 9 | 4 |
| 3 | 7 | 5 | 9 | 2 | 4 | 8 | 1 | 6 |

## EXTREME - 77

| 4 | 6 | 7 | 9 | 3 | 5 | 2 | 1 | 8 |
|---|---|---|---|---|---|---|---|---|
| 1 | 5 | 3 | 8 | 2 | 7 | 6 | 9 | 4 |
| 2 | 8 | 9 | 1 | 4 | 6 | 7 | 3 | 5 |
| 9 | 7 | 5 | 2 | 6 | 3 | 8 | 4 | 1 |
| 6 | 2 | 1 | 5 | 8 | 4 | 9 | 7 | 3 |
| 8 | 3 | 4 | 7 | 1 | 9 | 5 | 6 | 2 |
| 3 | 4 | 8 | 6 | 9 | 2 | 1 | 5 | 7 |
| 7 | 9 | 2 | 4 | 5 | 1 | 3 | 8 | 6 |
| 5 | 1 | 6 | 3 | 7 | 8 | 4 | 2 | 9 |

## EXTREME - 78

| 4 | 9 | 8 | 6 | 3 | 7 | 5 | 2 | 1 |
|---|---|---|---|---|---|---|---|---|
| 6 | 1 | 5 | 2 | 9 | 8 | 4 | 3 | 7 |
| 2 | 3 | 7 | 1 | 4 | 5 | 9 | 8 | 6 |
| 5 | 2 | 1 | 8 | 6 | 9 | 3 | 7 | 4 |
| 3 | 6 | 9 | 7 | 2 | 4 | 1 | 5 | 8 |
| 8 | 7 | 4 | 3 | 5 | 1 | 6 | 9 | 2 |
| 1 | 4 | 2 | 9 | 7 | 3 | 8 | 6 | 5 |
| 7 | 8 | 3 | 5 | 1 | 6 | 2 | 4 | 9 |
| 9 | 5 | 6 | 4 | 8 | 2 | 7 | 1 | 3 |

## EXTREME - 79

| 5 | 4 | 3 | 8 | 7 | 1 | 6 | 9 | 2 |
|---|---|---|---|---|---|---|---|---|
| 1 | 9 | 6 | 4 | 2 | 5 | 8 | 3 | 7 |
| 8 | 7 | 2 | 9 | 6 | 3 | 5 | 4 | 1 |
| 4 | 8 | 5 | 7 | 9 | 2 | 3 | 1 | 6 |
| 7 | 6 | 9 | 3 | 1 | 8 | 2 | 5 | 4 |
| 3 | 2 | 1 | 5 | 4 | 6 | 7 | 8 | 9 |
| 9 | 5 | 4 | 6 | 8 | 7 | 1 | 2 | 3 |
| 6 | 1 | 8 | 2 | 3 | 4 | 9 | 7 | 5 |
| 2 | 3 | 7 | 1 | 5 | 9 | 4 | 6 | 8 |

## EXTREME - 80

| 2 | 8 | 5 | 3 | 7 | 4 | 1 | 6 | 9 |
|---|---|---|---|---|---|---|---|---|
| 7 | 6 | 9 | 5 | 1 | 8 | 2 | 4 | 3 |
| 1 | 4 | 3 | 2 | 6 | 9 | 7 | 5 | 8 |
| 6 | 5 | 2 | 7 | 9 | 3 | 8 | 1 | 4 |
| 3 | 7 | 1 | 8 | 4 | 6 | 5 | 9 | 2 |
| 4 | 9 | 8 | 1 | 2 | 5 | 3 | 7 | 6 |
| 9 | 1 | 7 | 6 | 8 | 2 | 4 | 3 | 5 |
| 5 | 2 | 6 | 4 | 3 | 7 | 9 | 8 | 1 |
| 8 | 3 | 4 | 9 | 5 | 1 | 6 | 2 | 7 |

### EXTREME - 81

| 6 | 4 | 1 | 2 | 7 | 9 | 8 | 5 | 3 |
|---|---|---|---|---|---|---|---|---|
| 3 | 7 | 8 | 5 | 4 | 6 | 2 | 9 | 1 |
| 9 | 2 | 5 | 8 | 1 | 3 | 7 | 4 | 6 |
| 2 | 9 | 6 | 4 | 5 | 1 | 3 | 7 | 8 |
| 7 | 5 | 3 | 6 | 8 | 2 | 4 | 1 | 9 |
| 8 | 1 | 4 | 3 | 9 | 7 | 5 | 6 | 2 |
| 5 | 3 | 9 | 7 | 6 | 8 | 1 | 2 | 4 |
| 4 | 6 | 2 | 1 | 3 | 5 | 9 | 8 | 7 |
| 1 | 8 | 7 | 9 | 2 | 4 | 6 | 3 | 5 |

### EXTREME - 82

| 9 | 6 | 7 | 4 | 3 | 8 | 5 | 2 | 1 |
|---|---|---|---|---|---|---|---|---|
| 3 | 8 | 2 | 7 | 1 | 5 | 9 | 4 | 6 |
| 1 | 5 | 4 | 2 | 9 | 6 | 8 | 3 | 7 |
| 8 | 4 | 6 | 1 | 2 | 3 | 7 | 5 | 9 |
| 2 | 1 | 3 | 9 | 5 | 7 | 4 | 6 | 8 |
| 5 | 7 | 9 | 6 | 8 | 4 | 3 | 1 | 2 |
| 7 | 9 | 5 | 3 | 6 | 1 | 2 | 8 | 4 |
| 6 | 2 | 8 | 5 | 4 | 9 | 1 | 7 | 3 |
| 4 | 3 | 1 | 8 | 7 | 2 | 6 | 9 | 5 |

### EXTREME - 83

| 8 | 1 | 7 | 2 | 5 | 4 | 9 | 3 | 6 |
|---|---|---|---|---|---|---|---|---|
| 5 | 4 | 6 | 9 | 3 | 8 | 2 | 1 | 7 |
| 9 | 2 | 3 | 7 | 6 | 1 | 5 | 8 | 4 |
| 4 | 8 | 1 | 3 | 9 | 2 | 7 | 6 | 5 |
| 7 | 9 | 5 | 4 | 8 | 6 | 1 | 2 | 3 |
| 6 | 3 | 2 | 1 | 7 | 5 | 4 | 9 | 8 |
| 3 | 5 | 9 | 8 | 2 | 7 | 6 | 4 | 1 |
| 1 | 7 | 8 | 6 | 4 | 9 | 3 | 5 | 2 |
| 2 | 6 | 4 | 5 | 1 | 3 | 8 | 7 | 9 |

### EXTREME - 84

| 4 | 9 | 6 | 1 | 3 | 7 | 5 | 8 | 2 |
|---|---|---|---|---|---|---|---|---|
| 7 | 8 | 2 | 6 | 4 | 5 | 1 | 3 | 9 |
| 5 | 1 | 3 | 2 | 8 | 9 | 7 | 6 | 4 |
| 6 | 3 | 9 | 5 | 1 | 8 | 4 | 2 | 7 |
| 2 | 7 | 8 | 3 | 9 | 4 | 6 | 5 | 1 |
| 1 | 4 | 5 | 7 | 2 | 6 | 3 | 9 | 8 |
| 9 | 6 | 1 | 4 | 5 | 2 | 8 | 7 | 3 |
| 3 | 2 | 7 | 8 | 6 | 1 | 9 | 4 | 5 |
| 8 | 5 | 4 | 9 | 7 | 3 | 2 | 1 | 6 |

### EXTREME - 85

| 6 | 1 | 8 | 5 | 4 | 3 | 9 | 2 | 7 |
|---|---|---|---|---|---|---|---|---|
| 7 | 2 | 4 | 9 | 8 | 6 | 5 | 1 | 3 |
| 3 | 9 | 5 | 7 | 1 | 2 | 4 | 6 | 8 |
| 8 | 7 | 3 | 6 | 5 | 4 | 1 | 9 | 2 |
| 9 | 5 | 2 | 1 | 7 | 8 | 3 | 4 | 6 |
| 1 | 4 | 6 | 3 | 2 | 9 | 7 | 8 | 5 |
| 4 | 3 | 9 | 8 | 6 | 5 | 2 | 7 | 1 |
| 5 | 8 | 1 | 2 | 9 | 7 | 6 | 3 | 4 |
| 2 | 6 | 7 | 4 | 3 | 1 | 8 | 5 | 9 |

### EXTREME - 86

| 4 | 8 | 9 | 5 | 2 | 7 | 6 | 1 | 3 |
|---|---|---|---|---|---|---|---|---|
| 6 | 3 | 7 | 9 | 1 | 4 | 8 | 2 | 5 |
| 2 | 1 | 5 | 6 | 8 | 3 | 9 | 7 | 4 |
| 3 | 9 | 1 | 2 | 5 | 6 | 7 | 4 | 8 |
| 5 | 7 | 6 | 8 | 4 | 9 | 1 | 3 | 2 |
| 8 | 4 | 2 | 3 | 7 | 1 | 5 | 6 | 9 |
| 7 | 5 | 8 | 4 | 6 | 2 | 3 | 9 | 1 |
| 1 | 2 | 3 | 7 | 9 | 5 | 4 | 8 | 6 |
| 9 | 6 | 4 | 1 | 3 | 8 | 2 | 5 | 7 |

### EXTREME - 87

| 6 | 2 | 9 | 7 | 3 | 5 | 4 | 8 | 1 |
|---|---|---|---|---|---|---|---|---|
| 3 | 4 | 8 | 1 | 2 | 6 | 7 | 9 | 5 |
| 7 | 1 | 5 | 4 | 8 | 9 | 3 | 6 | 2 |
| 1 | 7 | 6 | 3 | 5 | 8 | 2 | 4 | 9 |
| 5 | 8 | 3 | 2 | 9 | 4 | 6 | 1 | 7 |
| 4 | 9 | 2 | 6 | 7 | 1 | 8 | 5 | 3 |
| 2 | 5 | 4 | 9 | 6 | 7 | 1 | 3 | 8 |
| 8 | 6 | 7 | 5 | 1 | 3 | 9 | 2 | 4 |
| 9 | 3 | 1 | 8 | 4 | 2 | 5 | 7 | 6 |

### EXTREME - 88

| 7 | 9 | 2 | 3 | 4 | 1 | 6 | 5 | 8 |
|---|---|---|---|---|---|---|---|---|
| 6 | 3 | 5 | 2 | 9 | 8 | 7 | 1 | 4 |
| 1 | 4 | 8 | 6 | 5 | 7 | 2 | 3 | 9 |
| 9 | 8 | 7 | 5 | 1 | 3 | 4 | 6 | 2 |
| 3 | 2 | 6 | 7 | 8 | 4 | 5 | 9 | 1 |
| 5 | 1 | 4 | 9 | 2 | 6 | 3 | 8 | 7 |
| 4 | 7 | 9 | 8 | 6 | 5 | 1 | 2 | 3 |
| 8 | 6 | 3 | 1 | 7 | 2 | 9 | 4 | 5 |
| 2 | 5 | 1 | 4 | 3 | 9 | 8 | 7 | 6 |

### EXTREME - 89

| 9 | 6 | 8 | 3 | 2 | 1 | 7 | 5 | 4 |
|---|---|---|---|---|---|---|---|---|
| 3 | 2 | 5 | 4 | 9 | 7 | 6 | 1 | 8 |
| 7 | 1 | 4 | 8 | 6 | 5 | 2 | 3 | 9 |
| 2 | 5 | 1 | 6 | 4 | 3 | 9 | 8 | 7 |
| 4 | 9 | 6 | 1 | 7 | 8 | 5 | 2 | 3 |
| 8 | 7 | 3 | 9 | 5 | 2 | 1 | 4 | 6 |
| 5 | 4 | 2 | 7 | 8 | 6 | 3 | 9 | 1 |
| 1 | 8 | 7 | 2 | 3 | 9 | 4 | 6 | 5 |
| 6 | 3 | 9 | 5 | 1 | 4 | 8 | 7 | 2 |

### EXTREME - 90

| 3 | 8 | 5 | 4 | 6 | 2 | 9 | 1 | 7 |
|---|---|---|---|---|---|---|---|---|
| 2 | 7 | 6 | 3 | 9 | 1 | 5 | 4 | 8 |
| 9 | 4 | 1 | 7 | 5 | 8 | 3 | 2 | 6 |
| 6 | 3 | 7 | 5 | 2 | 4 | 1 | 8 | 9 |
| 1 | 2 | 8 | 9 | 7 | 6 | 4 | 3 | 5 |
| 4 | 5 | 9 | 1 | 8 | 3 | 6 | 7 | 2 |
| 5 | 9 | 3 | 8 | 1 | 7 | 2 | 6 | 4 |
| 8 | 1 | 2 | 6 | 4 | 5 | 7 | 9 | 3 |
| 7 | 6 | 4 | 2 | 3 | 9 | 8 | 5 | 1 |

### EXTREME - 91

| 9 | 5 | 6 | 4 | 3 | 7 | 2 | 8 | 1 |
|---|---|---|---|---|---|---|---|---|
| 4 | 3 | 2 | 8 | 1 | 9 | 5 | 6 | 7 |
| 1 | 8 | 7 | 6 | 5 | 2 | 4 | 3 | 9 |
| 2 | 6 | 8 | 1 | 4 | 3 | 7 | 9 | 5 |
| 7 | 1 | 5 | 9 | 8 | 6 | 3 | 2 | 4 |
| 3 | 9 | 4 | 2 | 7 | 5 | 6 | 1 | 8 |
| 6 | 4 | 3 | 5 | 9 | 1 | 8 | 7 | 2 |
| 5 | 2 | 9 | 7 | 6 | 8 | 1 | 4 | 3 |
| 8 | 7 | 1 | 3 | 2 | 4 | 9 | 5 | 6 |

### EXTREME - 92

| 9 | 6 | 7 | 8 | 1 | 3 | 4 | 2 | 5 |
|---|---|---|---|---|---|---|---|---|
| 3 | 8 | 5 | 2 | 7 | 4 | 1 | 6 | 9 |
| 2 | 1 | 4 | 6 | 9 | 5 | 8 | 3 | 7 |
| 5 | 4 | 6 | 1 | 3 | 7 | 9 | 8 | 2 |
| 8 | 3 | 1 | 5 | 2 | 9 | 7 | 4 | 6 |
| 7 | 9 | 2 | 4 | 8 | 6 | 5 | 1 | 3 |
| 4 | 5 | 3 | 7 | 6 | 1 | 2 | 9 | 8 |
| 1 | 2 | 9 | 3 | 5 | 8 | 6 | 7 | 4 |
| 6 | 7 | 8 | 9 | 4 | 2 | 3 | 5 | 1 |

### EXTREME - 93

| 2 | 1 | 9 | 8 | 7 | 4 | 3 | 5 | 6 |
|---|---|---|---|---|---|---|---|---|
| 4 | 5 | 8 | 3 | 6 | 2 | 7 | 9 | 1 |
| 6 | 7 | 3 | 5 | 1 | 9 | 4 | 2 | 8 |
| 9 | 3 | 2 | 4 | 8 | 1 | 5 | 6 | 7 |
| 7 | 8 | 5 | 2 | 3 | 6 | 9 | 1 | 4 |
| 1 | 6 | 4 | 9 | 5 | 7 | 2 | 8 | 3 |
| 8 | 2 | 7 | 6 | 4 | 5 | 1 | 3 | 9 |
| 3 | 9 | 1 | 7 | 2 | 8 | 6 | 4 | 5 |
| 5 | 4 | 6 | 1 | 9 | 3 | 8 | 7 | 2 |

### EXTREME - 94

| 9 | 2 | 7 | 6 | 3 | 8 | 5 | 4 | 1 |
|---|---|---|---|---|---|---|---|---|
| 6 | 4 | 5 | 2 | 9 | 1 | 7 | 3 | 8 |
| 1 | 8 | 3 | 5 | 7 | 4 | 9 | 2 | 6 |
| 5 | 7 | 6 | 8 | 1 | 3 | 2 | 9 | 4 |
| 8 | 3 | 9 | 4 | 2 | 5 | 6 | 1 | 7 |
| 4 | 1 | 2 | 9 | 6 | 7 | 3 | 8 | 5 |
| 3 | 9 | 4 | 1 | 5 | 6 | 8 | 7 | 2 |
| 7 | 5 | 1 | 3 | 8 | 2 | 4 | 6 | 9 |
| 2 | 6 | 8 | 7 | 4 | 9 | 1 | 5 | 3 |

### EXTREME - 95

| 1 | 9 | 8 | 4 | 5 | 2 | 6 | 3 | 7 |
|---|---|---|---|---|---|---|---|---|
| 7 | 2 | 3 | 6 | 9 | 1 | 8 | 5 | 4 |
| 6 | 5 | 4 | 8 | 7 | 3 | 2 | 9 | 1 |
| 4 | 6 | 1 | 2 | 3 | 7 | 5 | 8 | 9 |
| 2 | 7 | 9 | 5 | 8 | 6 | 1 | 4 | 3 |
| 3 | 8 | 5 | 9 | 1 | 4 | 7 | 6 | 2 |
| 9 | 4 | 6 | 7 | 2 | 8 | 3 | 1 | 5 |
| 8 | 3 | 7 | 1 | 4 | 5 | 9 | 2 | 6 |
| 5 | 1 | 2 | 3 | 6 | 9 | 4 | 7 | 8 |

### EXTREME - 96

| 4 | 1 | 2 | 7 | 8 | 6 | 9 | 5 | 3 |
|---|---|---|---|---|---|---|---|---|
| 5 | 3 | 8 | 1 | 2 | 9 | 6 | 7 | 4 |
| 9 | 6 | 7 | 4 | 3 | 5 | 1 | 2 | 8 |
| 2 | 8 | 1 | 9 | 7 | 3 | 5 | 4 | 6 |
| 6 | 7 | 9 | 2 | 5 | 4 | 3 | 8 | 1 |
| 3 | 4 | 5 | 6 | 1 | 8 | 2 | 9 | 7 |
| 8 | 2 | 6 | 5 | 4 | 1 | 7 | 3 | 9 |
| 7 | 9 | 3 | 8 | 6 | 2 | 4 | 1 | 5 |
| 1 | 5 | 4 | 3 | 9 | 7 | 8 | 6 | 2 |

### EXTREME - 97

| 8 | 1 | 2 | 7 | 3 | 5 | 6 | 4 | 9 |
|---|---|---|---|---|---|---|---|---|
| 4 | 6 | 5 | 9 | 1 | 2 | 7 | 3 | 8 |
| 7 | 9 | 3 | 4 | 6 | 8 | 1 | 5 | 2 |
| 1 | 7 | 4 | 8 | 9 | 6 | 3 | 2 | 5 |
| 2 | 5 | 8 | 3 | 7 | 4 | 9 | 1 | 6 |
| 9 | 3 | 6 | 2 | 5 | 1 | 4 | 8 | 7 |
| 6 | 8 | 7 | 5 | 4 | 3 | 2 | 9 | 1 |
| 5 | 4 | 9 | 1 | 2 | 7 | 8 | 6 | 3 |
| 3 | 2 | 1 | 6 | 8 | 9 | 5 | 7 | 4 |

### EXTREME - 98

| 4 | 3 | 9 | 2 | 5 | 8 | 6 | 7 | 1 |
|---|---|---|---|---|---|---|---|---|
| 7 | 2 | 1 | 4 | 6 | 3 | 8 | 9 | 5 |
| 5 | 8 | 6 | 9 | 7 | 1 | 3 | 2 | 4 |
| 2 | 7 | 3 | 1 | 8 | 9 | 5 | 4 | 6 |
| 9 | 6 | 8 | 3 | 4 | 5 | 2 | 1 | 7 |
| 1 | 4 | 5 | 6 | 2 | 7 | 9 | 3 | 8 |
| 8 | 1 | 2 | 5 | 3 | 4 | 7 | 6 | 9 |
| 3 | 9 | 7 | 8 | 1 | 6 | 4 | 5 | 2 |
| 6 | 5 | 4 | 7 | 9 | 2 | 1 | 8 | 3 |

### EXTREME - 99

| 2 | 5 | 9 | 6 | 7 | 4 | 8 | 3 | 1 |
|---|---|---|---|---|---|---|---|---|
| 8 | 1 | 3 | 5 | 2 | 9 | 4 | 7 | 6 |
| 7 | 4 | 6 | 8 | 3 | 1 | 5 | 9 | 2 |
| 3 | 2 | 5 | 7 | 8 | 6 | 9 | 1 | 4 |
| 9 | 8 | 7 | 1 | 4 | 2 | 3 | 6 | 5 |
| 1 | 6 | 4 | 3 | 9 | 5 | 7 | 2 | 8 |
| 6 | 9 | 1 | 4 | 5 | 3 | 2 | 8 | 7 |
| 5 | 7 | 2 | 9 | 6 | 8 | 1 | 4 | 3 |
| 4 | 3 | 8 | 2 | 1 | 7 | 6 | 5 | 9 |

### EXTREME - 100

| 1 | 9 | 5 | 2 | 3 | 8 | 4 | 6 | 7 |
|---|---|---|---|---|---|---|---|---|
| 2 | 6 | 8 | 1 | 7 | 4 | 5 | 3 | 9 |
| 4 | 7 | 3 | 6 | 5 | 9 | 8 | 1 | 2 |
| 7 | 3 | 2 | 5 | 8 | 1 | 9 | 4 | 6 |
| 5 | 1 | 4 | 3 | 9 | 6 | 2 | 7 | 8 |
| 6 | 8 | 9 | 7 | 4 | 2 | 1 | 5 | 3 |
| 3 | 4 | 7 | 9 | 2 | 5 | 6 | 8 | 1 |
| 9 | 5 | 6 | 8 | 1 | 3 | 7 | 2 | 4 |
| 8 | 2 | 1 | 4 | 6 | 7 | 3 | 9 | 5 |

## EXTREME - 101

| 8 | 2 | 1 | 9 | 4 | 7 | 5 | 6 | 3 |
|---|---|---|---|---|---|---|---|---|
| 4 | 5 | 3 | 2 | 6 | 8 | 1 | 9 | 7 |
| 7 | 9 | 6 | 5 | 1 | 3 | 8 | 4 | 2 |
| 2 | 6 | 5 | 4 | 7 | 1 | 9 | 3 | 8 |
| 3 | 7 | 4 | 8 | 9 | 2 | 6 | 1 | 5 |
| 1 | 8 | 9 | 6 | 3 | 5 | 7 | 2 | 4 |
| 5 | 4 | 8 | 1 | 2 | 9 | 3 | 7 | 6 |
| 6 | 1 | 7 | 3 | 5 | 4 | 2 | 8 | 9 |
| 9 | 3 | 2 | 7 | 8 | 6 | 4 | 5 | 1 |

## EXTREME - 102

| 4 | 2 | 9 | 3 | 5 | 6 | 8 | 7 | 1 |
|---|---|---|---|---|---|---|---|---|
| 5 | 1 | 8 | 7 | 4 | 9 | 3 | 6 | 2 |
| 6 | 3 | 7 | 8 | 2 | 1 | 5 | 9 | 4 |
| 9 | 7 | 6 | 1 | 3 | 8 | 4 | 2 | 5 |
| 1 | 8 | 5 | 4 | 6 | 2 | 7 | 3 | 9 |
| 3 | 4 | 2 | 9 | 7 | 5 | 1 | 8 | 6 |
| 7 | 5 | 1 | 2 | 9 | 3 | 6 | 4 | 8 |
| 2 | 6 | 4 | 5 | 8 | 7 | 9 | 1 | 3 |
| 8 | 9 | 3 | 6 | 1 | 4 | 2 | 5 | 7 |

## EXTREME - 103

| 3 | 6 | 4 | 9 | 5 | 1 | 8 | 2 | 7 |
|---|---|---|---|---|---|---|---|---|
| 5 | 8 | 9 | 2 | 3 | 7 | 6 | 4 | 1 |
| 2 | 1 | 7 | 4 | 6 | 8 | 3 | 9 | 5 |
| 8 | 5 | 3 | 6 | 7 | 4 | 9 | 1 | 2 |
| 4 | 9 | 6 | 1 | 2 | 3 | 5 | 7 | 8 |
| 7 | 2 | 1 | 5 | 8 | 9 | 4 | 3 | 6 |
| 9 | 7 | 2 | 8 | 4 | 5 | 1 | 6 | 3 |
| 1 | 3 | 8 | 7 | 9 | 6 | 2 | 5 | 4 |
| 6 | 4 | 5 | 3 | 1 | 2 | 7 | 8 | 9 |

## EXTREME - 104

| 3 | 7 | 8 | 1 | 5 | 9 | 6 | 4 | 2 |
|---|---|---|---|---|---|---|---|---|
| 5 | 2 | 9 | 6 | 4 | 3 | 7 | 1 | 8 |
| 4 | 1 | 6 | 8 | 7 | 2 | 3 | 9 | 5 |
| 8 | 4 | 7 | 3 | 2 | 5 | 9 | 6 | 1 |
| 2 | 9 | 5 | 7 | 1 | 6 | 8 | 3 | 4 |
| 6 | 3 | 1 | 9 | 8 | 4 | 5 | 2 | 7 |
| 9 | 8 | 2 | 4 | 6 | 7 | 1 | 5 | 3 |
| 7 | 6 | 4 | 5 | 3 | 1 | 2 | 8 | 9 |
| 1 | 5 | 3 | 2 | 9 | 8 | 4 | 7 | 6 |

## EXTREME - 105

| 7 | 5 | 2 | 8 | 1 | 6 | 3 | 9 | 4 |
|---|---|---|---|---|---|---|---|---|
| 8 | 1 | 4 | 2 | 3 | 9 | 6 | 5 | 7 |
| 3 | 9 | 6 | 5 | 4 | 7 | 8 | 1 | 2 |
| 6 | 4 | 8 | 3 | 9 | 5 | 7 | 2 | 1 |
| 9 | 7 | 5 | 6 | 2 | 1 | 4 | 8 | 3 |
| 2 | 3 | 1 | 4 | 7 | 8 | 5 | 6 | 9 |
| 5 | 2 | 9 | 7 | 8 | 4 | 1 | 3 | 6 |
| 1 | 8 | 7 | 9 | 6 | 3 | 2 | 4 | 5 |
| 4 | 6 | 3 | 1 | 5 | 2 | 9 | 7 | 8 |

## EXTREME - 106

| 6 | 1 | 9 | 4 | 3 | 7 | 2 | 8 | 5 |
|---|---|---|---|---|---|---|---|---|
| 4 | 8 | 3 | 2 | 5 | 9 | 7 | 6 | 1 |
| 2 | 5 | 7 | 6 | 1 | 8 | 9 | 4 | 3 |
| 8 | 6 | 4 | 7 | 9 | 3 | 1 | 5 | 2 |
| 1 | 9 | 5 | 8 | 2 | 6 | 4 | 3 | 7 |
| 3 | 7 | 2 | 1 | 4 | 5 | 8 | 9 | 6 |
| 5 | 3 | 8 | 9 | 7 | 2 | 6 | 1 | 4 |
| 9 | 2 | 1 | 3 | 6 | 4 | 5 | 7 | 8 |
| 7 | 4 | 6 | 5 | 8 | 1 | 3 | 2 | 9 |

## EXTREME - 107

| 6 | 5 | 7 | 9 | 3 | 1 | 8 | 2 | 4 |
|---|---|---|---|---|---|---|---|---|
| 8 | 3 | 4 | 7 | 2 | 6 | 5 | 9 | 1 |
| 9 | 1 | 2 | 8 | 5 | 4 | 7 | 6 | 3 |
| 1 | 4 | 8 | 6 | 7 | 2 | 3 | 5 | 9 |
| 2 | 7 | 6 | 3 | 9 | 5 | 1 | 4 | 8 |
| 5 | 9 | 3 | 1 | 4 | 8 | 6 | 7 | 2 |
| 7 | 8 | 5 | 2 | 1 | 9 | 4 | 3 | 6 |
| 4 | 2 | 1 | 5 | 6 | 3 | 9 | 8 | 7 |
| 3 | 6 | 9 | 4 | 8 | 7 | 2 | 1 | 5 |

## EXTREME - 108

| 1 | 6 | 4 | 3 | 2 | 8 | 9 | 5 | 7 |
|---|---|---|---|---|---|---|---|---|
| 5 | 3 | 7 | 6 | 9 | 1 | 4 | 8 | 2 |
| 9 | 2 | 8 | 5 | 4 | 7 | 3 | 1 | 6 |
| 2 | 8 | 9 | 4 | 1 | 6 | 7 | 3 | 5 |
| 3 | 4 | 5 | 7 | 8 | 9 | 6 | 2 | 1 |
| 6 | 7 | 1 | 2 | 3 | 5 | 8 | 9 | 4 |
| 4 | 1 | 6 | 9 | 5 | 3 | 2 | 7 | 8 |
| 8 | 9 | 2 | 1 | 7 | 4 | 5 | 6 | 3 |
| 7 | 5 | 3 | 8 | 6 | 2 | 1 | 4 | 9 |

## EXTREME - 109

| 6 | 4 | 2 | 8 | 3 | 5 | 7 | 9 | 1 |
|---|---|---|---|---|---|---|---|---|
| 5 | 9 | 1 | 7 | 2 | 4 | 6 | 8 | 3 |
| 8 | 7 | 3 | 1 | 6 | 9 | 5 | 4 | 2 |
| 1 | 8 | 6 | 3 | 5 | 2 | 9 | 7 | 4 |
| 9 | 3 | 7 | 4 | 8 | 6 | 2 | 1 | 5 |
| 2 | 5 | 4 | 9 | 7 | 1 | 3 | 6 | 8 |
| 4 | 1 | 5 | 6 | 9 | 3 | 8 | 2 | 7 |
| 3 | 6 | 8 | 2 | 1 | 7 | 4 | 5 | 9 |
| 7 | 2 | 9 | 5 | 4 | 8 | 1 | 3 | 6 |

## EXTREME - 110

| 7 | 2 | 8 | 6 | 4 | 9 | 3 | 1 | 5 |
|---|---|---|---|---|---|---|---|---|
| 6 | 9 | 1 | 3 | 8 | 5 | 7 | 2 | 4 |
| 4 | 5 | 3 | 2 | 7 | 1 | 9 | 8 | 6 |
| 9 | 3 | 4 | 1 | 5 | 2 | 8 | 6 | 7 |
| 1 | 7 | 2 | 8 | 3 | 6 | 5 | 4 | 9 |
| 5 | 8 | 6 | 7 | 9 | 4 | 2 | 3 | 1 |
| 3 | 1 | 9 | 4 | 2 | 7 | 6 | 5 | 8 |
| 8 | 6 | 7 | 5 | 1 | 3 | 4 | 9 | 2 |
| 2 | 4 | 5 | 9 | 6 | 8 | 1 | 7 | 3 |

## EXTREME - 111

| 4 | 6 | 3 | 7 | 9 | 8 | 2 | 5 | 1 |
|---|---|---|---|---|---|---|---|---|
| 2 | 9 | 7 | 1 | 5 | 4 | 3 | 8 | 6 |
| 5 | 8 | 1 | 3 | 6 | 2 | 4 | 7 | 9 |
| 7 | 2 | 6 | 9 | 3 | 5 | 1 | 4 | 8 |
| 3 | 1 | 8 | 6 | 4 | 7 | 9 | 2 | 5 |
| 9 | 5 | 4 | 8 | 2 | 1 | 6 | 3 | 7 |
| 6 | 3 | 5 | 2 | 8 | 9 | 7 | 1 | 4 |
| 8 | 7 | 9 | 4 | 1 | 3 | 5 | 6 | 2 |
| 1 | 4 | 2 | 5 | 7 | 6 | 8 | 9 | 3 |

## EXTREME - 112

| 7 | 5 | 8 | 6 | 9 | 1 | 3 | 4 | 2 |
|---|---|---|---|---|---|---|---|---|
| 9 | 3 | 4 | 2 | 7 | 8 | 1 | 5 | 6 |
| 6 | 1 | 2 | 3 | 4 | 5 | 9 | 7 | 8 |
| 4 | 6 | 1 | 8 | 2 | 9 | 7 | 3 | 5 |
| 2 | 7 | 9 | 5 | 3 | 6 | 4 | 8 | 1 |
| 5 | 8 | 3 | 7 | 1 | 4 | 6 | 2 | 9 |
| 8 | 4 | 7 | 9 | 6 | 2 | 5 | 1 | 3 |
| 1 | 2 | 6 | 4 | 5 | 3 | 8 | 9 | 7 |
| 3 | 9 | 5 | 1 | 8 | 7 | 2 | 6 | 4 |

## EXTREME - 113

| 6 | 3 | 9 | 4 | 1 | 2 | 5 | 7 | 8 |
|---|---|---|---|---|---|---|---|---|
| 1 | 8 | 5 | 3 | 9 | 7 | 4 | 6 | 2 |
| 2 | 7 | 4 | 6 | 5 | 8 | 3 | 9 | 1 |
| 3 | 9 | 2 | 8 | 6 | 1 | 7 | 4 | 5 |
| 8 | 4 | 6 | 5 | 7 | 9 | 2 | 1 | 3 |
| 5 | 1 | 7 | 2 | 3 | 4 | 6 | 8 | 9 |
| 4 | 6 | 3 | 1 | 8 | 5 | 9 | 2 | 7 |
| 7 | 5 | 1 | 9 | 2 | 6 | 8 | 3 | 4 |
| 9 | 2 | 8 | 7 | 4 | 3 | 1 | 5 | 6 |

## EXTREME - 114

| 1 | 5 | 7 | 8 | 9 | 6 | 3 | 4 | 2 |
|---|---|---|---|---|---|---|---|---|
| 9 | 2 | 3 | 4 | 7 | 1 | 5 | 8 | 6 |
| 6 | 4 | 8 | 2 | 3 | 5 | 9 | 1 | 7 |
| 2 | 9 | 1 | 5 | 8 | 3 | 6 | 7 | 4 |
| 8 | 3 | 4 | 9 | 6 | 7 | 2 | 5 | 1 |
| 5 | 7 | 6 | 1 | 4 | 2 | 8 | 9 | 3 |
| 7 | 8 | 9 | 6 | 2 | 4 | 1 | 3 | 5 |
| 4 | 1 | 2 | 3 | 5 | 8 | 7 | 6 | 9 |
| 3 | 6 | 5 | 7 | 1 | 9 | 4 | 2 | 8 |

## EXTREME - 115

| 1 | 4 | 9 | 2 | 7 | 3 | 5 | 8 | 6 |
|---|---|---|---|---|---|---|---|---|
| 8 | 5 | 7 | 4 | 6 | 1 | 9 | 2 | 3 |
| 6 | 2 | 3 | 5 | 8 | 9 | 1 | 7 | 4 |
| 4 | 9 | 6 | 1 | 2 | 5 | 7 | 3 | 8 |
| 5 | 1 | 2 | 7 | 3 | 8 | 4 | 6 | 9 |
| 3 | 7 | 8 | 9 | 4 | 6 | 2 | 1 | 5 |
| 9 | 3 | 5 | 8 | 1 | 2 | 6 | 4 | 7 |
| 2 | 8 | 4 | 6 | 5 | 7 | 3 | 9 | 1 |
| 7 | 6 | 1 | 3 | 9 | 4 | 8 | 5 | 2 |

## EXTREME - 116

| 8 | 4 | 2 | 7 | 9 | 5 | 1 | 3 | 6 |
|---|---|---|---|---|---|---|---|---|
| 6 | 1 | 9 | 3 | 4 | 8 | 7 | 5 | 2 |
| 5 | 7 | 3 | 6 | 1 | 2 | 9 | 4 | 8 |
| 7 | 2 | 8 | 5 | 3 | 1 | 6 | 9 | 4 |
| 1 | 3 | 6 | 4 | 8 | 9 | 5 | 2 | 7 |
| 4 | 9 | 5 | 2 | 6 | 7 | 3 | 8 | 1 |
| 9 | 8 | 4 | 1 | 7 | 3 | 2 | 6 | 5 |
| 3 | 5 | 1 | 8 | 2 | 6 | 4 | 7 | 9 |
| 2 | 6 | 7 | 9 | 5 | 4 | 8 | 1 | 3 |

## EXTREME - 117

| 6 | 9 | 1 | 2 | 5 | 8 | 4 | 7 | 3 |
|---|---|---|---|---|---|---|---|---|
| 3 | 5 | 8 | 7 | 4 | 9 | 1 | 6 | 2 |
| 4 | 7 | 2 | 6 | 3 | 1 | 9 | 5 | 8 |
| 8 | 4 | 5 | 9 | 2 | 3 | 7 | 1 | 6 |
| 1 | 6 | 9 | 8 | 7 | 4 | 3 | 2 | 5 |
| 7 | 2 | 3 | 5 | 1 | 6 | 8 | 9 | 4 |
| 9 | 3 | 4 | 1 | 6 | 5 | 2 | 8 | 7 |
| 2 | 8 | 6 | 3 | 9 | 7 | 5 | 4 | 1 |
| 5 | 1 | 7 | 4 | 8 | 2 | 6 | 3 | 9 |

## EXTREME - 118

| 5 | 9 | 7 | 6 | 3 | 8 | 1 | 2 | 4 |
|---|---|---|---|---|---|---|---|---|
| 8 | 4 | 2 | 7 | 1 | 5 | 6 | 9 | 3 |
| 3 | 1 | 6 | 4 | 2 | 9 | 8 | 7 | 5 |
| 7 | 2 | 8 | 5 | 4 | 6 | 3 | 1 | 9 |
| 9 | 6 | 3 | 1 | 8 | 2 | 5 | 4 | 7 |
| 4 | 5 | 1 | 3 | 9 | 7 | 2 | 8 | 6 |
| 6 | 8 | 4 | 2 | 7 | 3 | 9 | 5 | 1 |
| 1 | 3 | 9 | 8 | 5 | 4 | 7 | 6 | 2 |
| 2 | 7 | 5 | 9 | 6 | 1 | 4 | 3 | 8 |

## EXTREME - 119

| 6 | 2 | 3 | 7 | 5 | 4 | 1 | 9 | 8 |
|---|---|---|---|---|---|---|---|---|
| 8 | 5 | 9 | 6 | 3 | 1 | 7 | 4 | 2 |
| 7 | 1 | 4 | 9 | 2 | 8 | 3 | 5 | 6 |
| 4 | 3 | 8 | 2 | 9 | 7 | 6 | 1 | 5 |
| 5 | 9 | 6 | 1 | 8 | 3 | 2 | 7 | 4 |
| 2 | 7 | 1 | 4 | 6 | 5 | 9 | 8 | 3 |
| 1 | 8 | 5 | 3 | 7 | 2 | 4 | 6 | 9 |
| 3 | 6 | 7 | 8 | 4 | 9 | 5 | 2 | 1 |
| 9 | 4 | 2 | 5 | 1 | 6 | 8 | 3 | 7 |

## EXTREME - 120

| 6 | 1 | 5 | 2 | 4 | 3 | 7 | 9 | 8 |
|---|---|---|---|---|---|---|---|---|
| 4 | 2 | 9 | 6 | 7 | 8 | 1 | 3 | 5 |
| 8 | 3 | 7 | 5 | 9 | 1 | 4 | 6 | 2 |
| 5 | 7 | 2 | 8 | 6 | 9 | 3 | 4 | 1 |
| 9 | 6 | 3 | 4 | 1 | 5 | 2 | 8 | 7 |
| 1 | 8 | 4 | 7 | 3 | 2 | 6 | 5 | 9 |
| 3 | 9 | 8 | 1 | 2 | 6 | 5 | 7 | 4 |
| 7 | 5 | 1 | 3 | 8 | 4 | 9 | 2 | 6 |
| 2 | 4 | 6 | 9 | 5 | 7 | 8 | 1 | 3 |

## EXTREME - 121

| 7 | 5 | 1 | 2 | 9 | 4 | 8 | 3 | 6 |
|---|---|---|---|---|---|---|---|---|
| 8 | 9 | 4 | 3 | 1 | 6 | 2 | 5 | 7 |
| 2 | 6 | 3 | 5 | 7 | 8 | 1 | 9 | 4 |
| 9 | 1 | 8 | 7 | 3 | 5 | 4 | 6 | 2 |
| 4 | 2 | 5 | 6 | 8 | 9 | 3 | 7 | 1 |
| 6 | 3 | 7 | 1 | 4 | 2 | 5 | 8 | 9 |
| 1 | 7 | 2 | 9 | 5 | 3 | 6 | 4 | 8 |
| 5 | 4 | 6 | 8 | 2 | 7 | 9 | 1 | 3 |
| 3 | 8 | 9 | 4 | 6 | 1 | 7 | 2 | 5 |

## EXTREME - 122

| 6 | 2 | 8 | 3 | 4 | 5 | 1 | 9 | 7 |
|---|---|---|---|---|---|---|---|---|
| 4 | 5 | 7 | 1 | 9 | 8 | 3 | 2 | 6 |
| 3 | 9 | 1 | 6 | 2 | 7 | 8 | 5 | 4 |
| 5 | 4 | 3 | 9 | 8 | 6 | 2 | 7 | 1 |
| 7 | 8 | 6 | 5 | 1 | 2 | 9 | 4 | 3 |
| 2 | 1 | 9 | 7 | 3 | 4 | 6 | 8 | 5 |
| 1 | 7 | 4 | 8 | 6 | 9 | 5 | 3 | 2 |
| 9 | 6 | 5 | 2 | 7 | 3 | 4 | 1 | 8 |
| 8 | 3 | 2 | 4 | 5 | 1 | 7 | 6 | 9 |

## EXTREME - 123

| 4 | 3 | 6 | 2 | 9 | 7 | 8 | 1 | 5 |
|---|---|---|---|---|---|---|---|---|
| 5 | 9 | 7 | 4 | 1 | 8 | 3 | 2 | 6 |
| 2 | 1 | 8 | 6 | 3 | 5 | 9 | 4 | 7 |
| 1 | 4 | 9 | 8 | 7 | 3 | 6 | 5 | 2 |
| 3 | 7 | 2 | 5 | 6 | 4 | 1 | 9 | 8 |
| 8 | 6 | 5 | 9 | 2 | 1 | 4 | 7 | 3 |
| 7 | 8 | 3 | 1 | 4 | 2 | 5 | 6 | 9 |
| 6 | 2 | 4 | 3 | 5 | 9 | 7 | 8 | 1 |
| 9 | 5 | 1 | 7 | 8 | 6 | 2 | 3 | 4 |

## EXTREME - 124

| 2 | 1 | 3 | 8 | 6 | 5 | 7 | 4 | 9 |
|---|---|---|---|---|---|---|---|---|
| 5 | 8 | 9 | 4 | 7 | 1 | 3 | 2 | 6 |
| 4 | 7 | 6 | 2 | 9 | 3 | 1 | 8 | 5 |
| 1 | 2 | 4 | 9 | 8 | 6 | 5 | 3 | 7 |
| 3 | 6 | 7 | 5 | 1 | 4 | 8 | 9 | 2 |
| 8 | 9 | 5 | 3 | 2 | 7 | 4 | 6 | 1 |
| 7 | 4 | 2 | 6 | 5 | 8 | 9 | 1 | 3 |
| 9 | 3 | 1 | 7 | 4 | 2 | 6 | 5 | 8 |
| 6 | 5 | 8 | 1 | 3 | 9 | 2 | 7 | 4 |

## EXTREME - 125

| 8 | 3 | 9 | 5 | 4 | 7 | 2 | 1 | 6 |
|---|---|---|---|---|---|---|---|---|
| 7 | 6 | 5 | 2 | 8 | 1 | 9 | 3 | 4 |
| 2 | 4 | 1 | 6 | 3 | 9 | 7 | 8 | 5 |
| 4 | 7 | 2 | 8 | 9 | 5 | 3 | 6 | 1 |
| 3 | 1 | 8 | 4 | 6 | 2 | 5 | 7 | 9 |
| 9 | 5 | 6 | 1 | 7 | 3 | 8 | 4 | 2 |
| 1 | 9 | 7 | 3 | 5 | 6 | 4 | 2 | 8 |
| 6 | 8 | 3 | 9 | 2 | 4 | 1 | 5 | 7 |
| 5 | 2 | 4 | 7 | 1 | 8 | 6 | 9 | 3 |

## EXTREME - 126

| 7 | 6 | 2 | 9 | 5 | 1 | 8 | 4 | 3 |
|---|---|---|---|---|---|---|---|---|
| 8 | 4 | 9 | 3 | 6 | 7 | 5 | 1 | 2 |
| 1 | 5 | 3 | 4 | 2 | 8 | 6 | 7 | 9 |
| 3 | 2 | 1 | 8 | 4 | 5 | 9 | 6 | 7 |
| 4 | 7 | 8 | 6 | 1 | 9 | 3 | 2 | 5 |
| 5 | 9 | 6 | 2 | 7 | 3 | 1 | 8 | 4 |
| 2 | 8 | 7 | 5 | 3 | 6 | 4 | 9 | 1 |
| 6 | 3 | 4 | 1 | 9 | 2 | 7 | 5 | 8 |
| 9 | 1 | 5 | 7 | 8 | 4 | 2 | 3 | 6 |

## EXTREME - 127

| 3 | 5 | 9 | 2 | 1 | 7 | 6 | 4 | 8 |
|---|---|---|---|---|---|---|---|---|
| 7 | 2 | 1 | 6 | 4 | 8 | 9 | 5 | 3 |
| 8 | 6 | 4 | 5 | 3 | 9 | 7 | 1 | 2 |
| 4 | 9 | 6 | 3 | 8 | 5 | 1 | 2 | 7 |
| 5 | 3 | 7 | 1 | 6 | 2 | 8 | 9 | 4 |
| 1 | 8 | 2 | 9 | 7 | 4 | 3 | 6 | 5 |
| 6 | 7 | 3 | 4 | 5 | 1 | 2 | 8 | 9 |
| 2 | 1 | 5 | 8 | 9 | 3 | 4 | 7 | 6 |
| 9 | 4 | 8 | 7 | 2 | 6 | 5 | 3 | 1 |

## EXTREME - 128

| 7 | 9 | 4 | 1 | 3 | 6 | 8 | 2 | 5 |
|---|---|---|---|---|---|---|---|---|
| 6 | 3 | 5 | 7 | 2 | 8 | 9 | 4 | 1 |
| 8 | 1 | 2 | 5 | 4 | 9 | 7 | 3 | 6 |
| 9 | 4 | 3 | 8 | 1 | 2 | 5 | 6 | 7 |
| 5 | 7 | 8 | 6 | 9 | 3 | 4 | 1 | 2 |
| 1 | 2 | 6 | 4 | 5 | 7 | 3 | 9 | 8 |
| 2 | 5 | 1 | 3 | 7 | 4 | 6 | 8 | 9 |
| 3 | 6 | 7 | 9 | 8 | 1 | 2 | 5 | 4 |
| 4 | 8 | 9 | 2 | 6 | 5 | 1 | 7 | 3 |

## EXTREME - 129

| 2 | 8 | 3 | 1 | 9 | 6 | 5 | 4 | 7 |
|---|---|---|---|---|---|---|---|---|
| 9 | 4 | 6 | 7 | 5 | 8 | 3 | 1 | 2 |
| 1 | 7 | 5 | 2 | 4 | 3 | 6 | 9 | 8 |
| 3 | 9 | 2 | 4 | 8 | 1 | 7 | 5 | 6 |
| 4 | 5 | 1 | 6 | 7 | 2 | 8 | 3 | 9 |
| 7 | 6 | 8 | 9 | 3 | 5 | 1 | 2 | 4 |
| 8 | 1 | 9 | 3 | 6 | 4 | 2 | 7 | 5 |
| 5 | 2 | 7 | 8 | 1 | 9 | 4 | 6 | 3 |
| 6 | 3 | 4 | 5 | 2 | 7 | 9 | 8 | 1 |

## EXTREME - 130

| 8 | 4 | 2 | 3 | 1 | 9 | 6 | 7 | 5 |
|---|---|---|---|---|---|---|---|---|
| 6 | 9 | 5 | 7 | 4 | 2 | 8 | 3 | 1 |
| 3 | 1 | 7 | 5 | 6 | 8 | 9 | 2 | 4 |
| 1 | 8 | 6 | 2 | 7 | 5 | 3 | 4 | 9 |
| 2 | 5 | 4 | 9 | 3 | 1 | 7 | 8 | 6 |
| 7 | 3 | 9 | 6 | 8 | 4 | 1 | 5 | 2 |
| 4 | 7 | 1 | 8 | 2 | 6 | 5 | 9 | 3 |
| 5 | 2 | 3 | 1 | 9 | 7 | 4 | 6 | 8 |
| 9 | 6 | 8 | 4 | 5 | 3 | 2 | 1 | 7 |

## EXTREME - 131

| 8 | 1 | 7 | 6 | 4 | 3 | 5 | 9 | 2 |
|---|---|---|---|---|---|---|---|---|
| 2 | 3 | 5 | 1 | 9 | 7 | 6 | 8 | 4 |
| 4 | 6 | 9 | 8 | 2 | 5 | 7 | 3 | 1 |
| 6 | 4 | 1 | 3 | 5 | 8 | 2 | 7 | 9 |
| 3 | 5 | 2 | 4 | 7 | 9 | 8 | 1 | 6 |
| 9 | 7 | 8 | 2 | 6 | 1 | 3 | 4 | 5 |
| 5 | 9 | 3 | 7 | 1 | 6 | 4 | 2 | 8 |
| 7 | 2 | 6 | 9 | 8 | 4 | 1 | 5 | 3 |
| 1 | 8 | 4 | 5 | 3 | 2 | 9 | 6 | 7 |

## EXTREME - 132

| 6 | 2 | 3 | 4 | 7 | 5 | 1 | 9 | 8 |
|---|---|---|---|---|---|---|---|---|
| 9 | 8 | 1 | 2 | 6 | 3 | 5 | 7 | 4 |
| 4 | 5 | 7 | 1 | 9 | 8 | 3 | 2 | 6 |
| 8 | 7 | 2 | 5 | 3 | 1 | 6 | 4 | 9 |
| 3 | 4 | 6 | 8 | 2 | 9 | 7 | 1 | 5 |
| 1 | 9 | 5 | 6 | 4 | 7 | 8 | 3 | 2 |
| 2 | 3 | 4 | 7 | 5 | 6 | 9 | 8 | 1 |
| 5 | 1 | 9 | 3 | 8 | 2 | 4 | 6 | 7 |
| 7 | 6 | 8 | 9 | 1 | 4 | 2 | 5 | 3 |

## EXTREME - 133

| 6 | 4 | 2 | 5 | 1 | 9 | 7 | 8 | 3 |
|---|---|---|---|---|---|---|---|---|
| 9 | 7 | 5 | 3 | 2 | 8 | 4 | 6 | 1 |
| 3 | 8 | 1 | 4 | 7 | 6 | 9 | 5 | 2 |
| 1 | 3 | 8 | 2 | 9 | 5 | 6 | 7 | 4 |
| 2 | 9 | 4 | 6 | 8 | 7 | 1 | 3 | 5 |
| 5 | 6 | 7 | 1 | 4 | 3 | 2 | 9 | 8 |
| 8 | 2 | 9 | 7 | 3 | 1 | 5 | 4 | 6 |
| 4 | 5 | 3 | 9 | 6 | 2 | 8 | 1 | 7 |
| 7 | 1 | 6 | 8 | 5 | 4 | 3 | 2 | 9 |

## EXTREME - 134

| 4 | 5 | 1 | 7 | 6 | 2 | 8 | 3 | 9 |
|---|---|---|---|---|---|---|---|---|
| 8 | 3 | 7 | 9 | 1 | 5 | 6 | 2 | 4 |
| 6 | 9 | 2 | 4 | 8 | 3 | 7 | 1 | 5 |
| 9 | 1 | 8 | 6 | 2 | 4 | 3 | 5 | 7 |
| 5 | 2 | 4 | 3 | 7 | 8 | 1 | 9 | 6 |
| 3 | 7 | 6 | 5 | 9 | 1 | 2 | 4 | 8 |
| 2 | 6 | 9 | 1 | 4 | 7 | 5 | 8 | 3 |
| 7 | 8 | 5 | 2 | 3 | 9 | 4 | 6 | 1 |
| 1 | 4 | 3 | 8 | 5 | 6 | 9 | 7 | 2 |

## EXTREME - 135

| 4 | 1 | 9 | 3 | 2 | 8 | 7 | 6 | 5 |
|---|---|---|---|---|---|---|---|---|
| 7 | 2 | 6 | 9 | 5 | 4 | 3 | 1 | 8 |
| 3 | 8 | 5 | 6 | 1 | 7 | 4 | 2 | 9 |
| 2 | 3 | 8 | 7 | 6 | 5 | 1 | 9 | 4 |
| 5 | 9 | 7 | 4 | 8 | 1 | 6 | 3 | 2 |
| 6 | 4 | 1 | 2 | 9 | 3 | 8 | 5 | 7 |
| 1 | 7 | 2 | 5 | 4 | 6 | 9 | 8 | 3 |
| 9 | 6 | 4 | 8 | 3 | 2 | 5 | 7 | 1 |
| 8 | 5 | 3 | 1 | 7 | 9 | 2 | 4 | 6 |

## EXTREME - 136

| 4 | 7 | 6 | 3 | 5 | 8 | 2 | 9 | 1 |
|---|---|---|---|---|---|---|---|---|
| 8 | 3 | 5 | 9 | 1 | 2 | 4 | 7 | 6 |
| 2 | 1 | 9 | 4 | 6 | 7 | 8 | 5 | 3 |
| 7 | 9 | 2 | 5 | 8 | 3 | 6 | 1 | 4 |
| 3 | 6 | 1 | 7 | 2 | 4 | 9 | 8 | 5 |
| 5 | 4 | 8 | 1 | 9 | 6 | 7 | 3 | 2 |
| 9 | 8 | 4 | 6 | 3 | 1 | 5 | 2 | 7 |
| 1 | 2 | 7 | 8 | 4 | 5 | 3 | 6 | 9 |
| 6 | 5 | 3 | 2 | 7 | 9 | 1 | 4 | 8 |

## EXTREME - 137

| 1 | 2 | 4 | 5 | 8 | 7 | 9 | 3 | 6 |
|---|---|---|---|---|---|---|---|---|
| 8 | 3 | 7 | 9 | 6 | 2 | 4 | 5 | 1 |
| 9 | 6 | 5 | 1 | 3 | 4 | 2 | 7 | 8 |
| 2 | 7 | 1 | 8 | 9 | 5 | 6 | 4 | 3 |
| 6 | 4 | 8 | 7 | 1 | 3 | 5 | 2 | 9 |
| 3 | 5 | 9 | 2 | 4 | 6 | 8 | 1 | 7 |
| 7 | 8 | 3 | 4 | 5 | 9 | 1 | 6 | 2 |
| 5 | 9 | 6 | 3 | 2 | 1 | 7 | 8 | 4 |
| 4 | 1 | 2 | 6 | 7 | 8 | 3 | 9 | 5 |

## EXTREME - 138

| 6 | 2 | 3 | 5 | 7 | 8 | 9 | 4 | 1 |
|---|---|---|---|---|---|---|---|---|
| 8 | 4 | 1 | 9 | 3 | 6 | 2 | 7 | 5 |
| 9 | 5 | 7 | 1 | 2 | 4 | 3 | 8 | 6 |
| 4 | 8 | 6 | 2 | 5 | 3 | 7 | 1 | 9 |
| 3 | 9 | 5 | 6 | 1 | 7 | 4 | 2 | 8 |
| 1 | 7 | 2 | 8 | 4 | 9 | 5 | 6 | 3 |
| 7 | 1 | 4 | 3 | 6 | 5 | 8 | 9 | 2 |
| 5 | 6 | 8 | 4 | 9 | 2 | 1 | 3 | 7 |
| 2 | 3 | 9 | 7 | 8 | 1 | 6 | 5 | 4 |

## EXTREME - 139

| 3 | 2 | 5 | 8 | 1 | 6 | 7 | 9 | 4 |
|---|---|---|---|---|---|---|---|---|
| 7 | 1 | 8 | 3 | 4 | 9 | 2 | 5 | 6 |
| 4 | 6 | 9 | 5 | 7 | 2 | 3 | 8 | 1 |
| 1 | 4 | 3 | 9 | 5 | 7 | 6 | 2 | 8 |
| 8 | 9 | 2 | 4 | 6 | 3 | 5 | 1 | 7 |
| 5 | 7 | 6 | 1 | 2 | 8 | 9 | 4 | 3 |
| 9 | 5 | 1 | 7 | 3 | 4 | 8 | 6 | 2 |
| 2 | 3 | 4 | 6 | 8 | 5 | 1 | 7 | 9 |
| 6 | 8 | 7 | 2 | 9 | 1 | 4 | 3 | 5 |

## EXTREME - 140

| 6 | 4 | 3 | 9 | 2 | 7 | 8 | 5 | 1 |
|---|---|---|---|---|---|---|---|---|
| 5 | 2 | 8 | 3 | 1 | 6 | 4 | 9 | 7 |
| 9 | 7 | 1 | 5 | 4 | 8 | 3 | 2 | 6 |
| 4 | 9 | 2 | 8 | 7 | 5 | 6 | 1 | 3 |
| 8 | 3 | 7 | 6 | 9 | 1 | 5 | 4 | 2 |
| 1 | 5 | 6 | 2 | 3 | 4 | 7 | 8 | 9 |
| 3 | 1 | 4 | 7 | 5 | 2 | 9 | 6 | 8 |
| 7 | 6 | 5 | 1 | 8 | 9 | 2 | 3 | 4 |
| 2 | 8 | 9 | 4 | 6 | 3 | 1 | 7 | 5 |

## EXTREME - 141

| 7 | 4 | 8 | 2 | 1 | 5 | 9 | 3 | 6 |
|---|---|---|---|---|---|---|---|---|
| 5 | 9 | 1 | 4 | 3 | 6 | 2 | 8 | 7 |
| 6 | 2 | 3 | 7 | 8 | 9 | 4 | 5 | 1 |
| 2 | 1 | 4 | 8 | 7 | 3 | 5 | 6 | 9 |
| 3 | 7 | 5 | 6 | 9 | 4 | 1 | 2 | 8 |
| 8 | 6 | 9 | 5 | 2 | 1 | 7 | 4 | 3 |
| 1 | 5 | 6 | 9 | 4 | 8 | 3 | 7 | 2 |
| 4 | 3 | 7 | 1 | 6 | 2 | 8 | 9 | 5 |
| 9 | 8 | 2 | 3 | 5 | 7 | 6 | 1 | 4 |

## EXTREME - 142

| 7 | 6 | 3 | 9 | 5 | 8 | 1 | 4 | 2 |
|---|---|---|---|---|---|---|---|---|
| 4 | 9 | 8 | 1 | 7 | 2 | 5 | 3 | 6 |
| 1 | 2 | 5 | 6 | 4 | 3 | 9 | 7 | 8 |
| 3 | 7 | 2 | 8 | 9 | 1 | 4 | 6 | 5 |
| 5 | 8 | 9 | 2 | 6 | 4 | 7 | 1 | 3 |
| 6 | 1 | 4 | 5 | 3 | 7 | 8 | 2 | 9 |
| 9 | 5 | 7 | 4 | 2 | 6 | 3 | 8 | 1 |
| 2 | 4 | 1 | 3 | 8 | 9 | 6 | 5 | 7 |
| 8 | 3 | 6 | 7 | 1 | 5 | 2 | 9 | 4 |

## EXTREME - 143

| 2 | 6 | 1 | 7 | 9 | 3 | 5 | 4 | 8 |
|---|---|---|---|---|---|---|---|---|
| 8 | 4 | 5 | 1 | 2 | 6 | 7 | 3 | 9 |
| 7 | 3 | 9 | 5 | 8 | 4 | 1 | 6 | 2 |
| 6 | 9 | 4 | 3 | 1 | 7 | 8 | 2 | 5 |
| 5 | 1 | 7 | 8 | 4 | 2 | 6 | 9 | 3 |
| 3 | 2 | 8 | 6 | 5 | 9 | 4 | 1 | 7 |
| 1 | 7 | 3 | 2 | 6 | 8 | 9 | 5 | 4 |
| 4 | 8 | 6 | 9 | 3 | 5 | 2 | 7 | 1 |
| 9 | 5 | 2 | 4 | 7 | 1 | 3 | 8 | 6 |

## EXTREME - 144

| 3 | 9 | 2 | 6 | 7 | 4 | 1 | 5 | 8 |
|---|---|---|---|---|---|---|---|---|
| 8 | 1 | 5 | 3 | 9 | 2 | 7 | 6 | 4 |
| 7 | 6 | 4 | 5 | 8 | 1 | 2 | 3 | 9 |
| 4 | 3 | 1 | 7 | 6 | 8 | 5 | 9 | 2 |
| 2 | 8 | 9 | 4 | 1 | 5 | 3 | 7 | 6 |
| 5 | 7 | 6 | 9 | 2 | 3 | 8 | 4 | 1 |
| 9 | 5 | 8 | 2 | 4 | 7 | 6 | 1 | 3 |
| 1 | 4 | 7 | 8 | 3 | 6 | 9 | 2 | 5 |
| 6 | 2 | 3 | 1 | 5 | 9 | 4 | 8 | 7 |

## EXTREME - 145

| 7 | 2 | 8 | 1 | 5 | 6 | 4 | 9 | 3 |
|---|---|---|---|---|---|---|---|---|
| 5 | 9 | 1 | 8 | 4 | 3 | 6 | 2 | 7 |
| 4 | 3 | 6 | 9 | 2 | 7 | 5 | 1 | 8 |
| 6 | 1 | 4 | 7 | 9 | 2 | 3 | 8 | 5 |
| 9 | 7 | 5 | 4 | 3 | 8 | 2 | 6 | 1 |
| 2 | 8 | 3 | 6 | 1 | 5 | 9 | 7 | 4 |
| 3 | 5 | 7 | 2 | 6 | 1 | 8 | 4 | 9 |
| 8 | 4 | 2 | 5 | 7 | 9 | 1 | 3 | 6 |
| 1 | 6 | 9 | 3 | 8 | 4 | 7 | 5 | 2 |

## EXTREME - 146

| 1 | 4 | 8 | 2 | 5 | 9 | 3 | 6 | 7 |
|---|---|---|---|---|---|---|---|---|
| 5 | 6 | 7 | 3 | 1 | 8 | 2 | 4 | 9 |
| 3 | 9 | 2 | 4 | 6 | 7 | 1 | 5 | 8 |
| 4 | 8 | 5 | 1 | 3 | 2 | 9 | 7 | 6 |
| 2 | 7 | 6 | 5 | 9 | 4 | 8 | 1 | 3 |
| 9 | 3 | 1 | 8 | 7 | 6 | 4 | 2 | 5 |
| 8 | 5 | 9 | 6 | 2 | 1 | 7 | 3 | 4 |
| 6 | 2 | 4 | 7 | 8 | 3 | 5 | 9 | 1 |
| 7 | 1 | 3 | 9 | 4 | 5 | 6 | 8 | 2 |

## EXTREME - 147

| 6 | 3 | 2 | 1 | 8 | 4 | 9 | 7 | 5 |
|---|---|---|---|---|---|---|---|---|
| 4 | 5 | 7 | 9 | 2 | 6 | 1 | 8 | 3 |
| 8 | 1 | 9 | 3 | 5 | 7 | 6 | 4 | 2 |
| 1 | 7 | 4 | 5 | 3 | 2 | 8 | 9 | 6 |
| 5 | 9 | 8 | 6 | 7 | 1 | 3 | 2 | 4 |
| 3 | 2 | 6 | 4 | 9 | 8 | 5 | 1 | 7 |
| 2 | 6 | 3 | 8 | 4 | 9 | 7 | 5 | 1 |
| 9 | 4 | 1 | 7 | 6 | 5 | 2 | 3 | 8 |
| 7 | 8 | 5 | 2 | 1 | 3 | 4 | 6 | 9 |

## EXTREME - 148

| 9 | 2 | 5 | 1 | 6 | 3 | 4 | 7 | 8 |
|---|---|---|---|---|---|---|---|---|
| 1 | 8 | 4 | 7 | 2 | 9 | 3 | 6 | 5 |
| 7 | 6 | 3 | 4 | 8 | 5 | 2 | 1 | 9 |
| 4 | 9 | 7 | 2 | 5 | 8 | 6 | 3 | 1 |
| 8 | 5 | 6 | 3 | 7 | 1 | 9 | 4 | 2 |
| 3 | 1 | 2 | 6 | 9 | 4 | 8 | 5 | 7 |
| 5 | 4 | 1 | 8 | 3 | 2 | 7 | 9 | 6 |
| 2 | 7 | 9 | 5 | 4 | 6 | 1 | 8 | 3 |
| 6 | 3 | 8 | 9 | 1 | 7 | 5 | 2 | 4 |

## EXTREME - 149

| 7 | 5 | 4 | 6 | 1 | 8 | 2 | 3 | 9 |
|---|---|---|---|---|---|---|---|---|
| 8 | 2 | 9 | 7 | 3 | 4 | 6 | 5 | 1 |
| 6 | 1 | 3 | 5 | 9 | 2 | 4 | 8 | 7 |
| 4 | 9 | 1 | 3 | 8 | 6 | 7 | 2 | 5 |
| 5 | 7 | 6 | 1 | 2 | 9 | 8 | 4 | 3 |
| 2 | 3 | 8 | 4 | 7 | 5 | 1 | 9 | 6 |
| 1 | 6 | 5 | 8 | 4 | 3 | 9 | 7 | 2 |
| 9 | 4 | 7 | 2 | 5 | 1 | 3 | 6 | 8 |
| 3 | 8 | 2 | 9 | 6 | 7 | 5 | 1 | 4 |

## EXTREME - 150

| 1 | 2 | 3 | 6 | 4 | 7 | 9 | 5 | 8 |
|---|---|---|---|---|---|---|---|---|
| 4 | 5 | 9 | 3 | 1 | 8 | 6 | 7 | 2 |
| 6 | 8 | 7 | 5 | 2 | 9 | 3 | 1 | 4 |
| 9 | 1 | 8 | 7 | 6 | 2 | 5 | 4 | 3 |
| 7 | 6 | 5 | 8 | 3 | 4 | 1 | 2 | 9 |
| 2 | 3 | 4 | 9 | 5 | 1 | 8 | 6 | 7 |
| 3 | 4 | 2 | 1 | 8 | 6 | 7 | 9 | 5 |
| 5 | 9 | 6 | 2 | 7 | 3 | 4 | 8 | 1 |
| 8 | 7 | 1 | 4 | 9 | 5 | 2 | 3 | 6 |

## EXTREME - 151

| 3 | 9 | 6 | 8 | 7 | 2 | 4 | 5 | 1 |
|---|---|---|---|---|---|---|---|---|
| 2 | 4 | 1 | 9 | 6 | 5 | 7 | 3 | 8 |
| 8 | 5 | 7 | 4 | 3 | 1 | 6 | 2 | 9 |
| 1 | 6 | 3 | 7 | 8 | 9 | 5 | 4 | 2 |
| 4 | 2 | 9 | 1 | 5 | 3 | 8 | 7 | 6 |
| 5 | 7 | 8 | 2 | 4 | 6 | 1 | 9 | 3 |
| 9 | 3 | 4 | 6 | 1 | 7 | 2 | 8 | 5 |
| 6 | 8 | 2 | 5 | 9 | 4 | 3 | 1 | 7 |
| 7 | 1 | 5 | 3 | 2 | 8 | 9 | 6 | 4 |

## EXTREME - 152

| 2 | 4 | 6 | 8 | 5 | 3 | 9 | 7 | 1 |
|---|---|---|---|---|---|---|---|---|
| 8 | 5 | 1 | 2 | 9 | 7 | 6 | 4 | 3 |
| 3 | 9 | 7 | 1 | 4 | 6 | 2 | 5 | 8 |
| 4 | 7 | 5 | 6 | 8 | 2 | 1 | 3 | 9 |
| 9 | 3 | 8 | 4 | 7 | 1 | 5 | 6 | 2 |
| 6 | 1 | 2 | 5 | 3 | 9 | 7 | 8 | 4 |
| 5 | 6 | 9 | 3 | 1 | 4 | 8 | 2 | 7 |
| 1 | 2 | 4 | 7 | 6 | 8 | 3 | 9 | 5 |
| 7 | 8 | 3 | 9 | 2 | 5 | 4 | 1 | 6 |

## EXTREME - 153

| 1 | 7 | 6 | 3 | 2 | 8 | 9 | 5 | 4 |
|---|---|---|---|---|---|---|---|---|
| 4 | 2 | 8 | 5 | 6 | 9 | 7 | 1 | 3 |
| 5 | 3 | 9 | 1 | 7 | 4 | 6 | 2 | 8 |
| 3 | 5 | 4 | 6 | 9 | 7 | 2 | 8 | 1 |
| 9 | 1 | 7 | 8 | 3 | 2 | 5 | 4 | 6 |
| 8 | 6 | 2 | 4 | 1 | 5 | 3 | 7 | 9 |
| 7 | 9 | 1 | 2 | 4 | 6 | 8 | 3 | 5 |
| 2 | 8 | 3 | 9 | 5 | 1 | 4 | 6 | 7 |
| 6 | 4 | 5 | 7 | 8 | 3 | 1 | 9 | 2 |

## EXTREME - 154

| 8 | 5 | 2 | 1 | 9 | 7 | 4 | 3 | 6 |
|---|---|---|---|---|---|---|---|---|
| 3 | 4 | 9 | 6 | 8 | 5 | 7 | 2 | 1 |
| 6 | 1 | 7 | 4 | 3 | 2 | 9 | 8 | 5 |
| 1 | 2 | 8 | 3 | 7 | 6 | 5 | 4 | 9 |
| 9 | 6 | 5 | 2 | 1 | 4 | 3 | 7 | 8 |
| 4 | 7 | 3 | 9 | 5 | 8 | 1 | 6 | 2 |
| 2 | 9 | 4 | 5 | 6 | 3 | 8 | 1 | 7 |
| 7 | 3 | 1 | 8 | 2 | 9 | 6 | 5 | 4 |
| 5 | 8 | 6 | 7 | 4 | 1 | 2 | 9 | 3 |

## EXTREME - 155

| 9 | 7 | 3 | 4 | 5 | 2 | 6 | 1 | 8 |
|---|---|---|---|---|---|---|---|---|
| 5 | 6 | 4 | 8 | 7 | 1 | 2 | 9 | 3 |
| 2 | 1 | 8 | 6 | 9 | 3 | 7 | 4 | 5 |
| 4 | 5 | 9 | 2 | 1 | 8 | 3 | 6 | 7 |
| 1 | 8 | 7 | 3 | 6 | 9 | 5 | 2 | 4 |
| 6 | 3 | 2 | 7 | 4 | 5 | 9 | 8 | 1 |
| 8 | 9 | 1 | 5 | 2 | 7 | 4 | 3 | 6 |
| 3 | 4 | 5 | 9 | 8 | 6 | 1 | 7 | 2 |
| 7 | 2 | 6 | 1 | 3 | 4 | 8 | 5 | 9 |

## EXTREME - 156

| 9 | 8 | 1 | 7 | 5 | 6 | 4 | 3 | 2 |
|---|---|---|---|---|---|---|---|---|
| 6 | 3 | 5 | 2 | 4 | 8 | 7 | 1 | 9 |
| 2 | 4 | 7 | 9 | 1 | 3 | 6 | 5 | 8 |
| 8 | 9 | 2 | 4 | 3 | 7 | 5 | 6 | 1 |
| 5 | 7 | 6 | 1 | 9 | 2 | 8 | 4 | 3 |
| 3 | 1 | 4 | 6 | 8 | 5 | 2 | 9 | 7 |
| 7 | 6 | 3 | 5 | 2 | 1 | 9 | 8 | 4 |
| 4 | 5 | 8 | 3 | 7 | 9 | 1 | 2 | 6 |
| 1 | 2 | 9 | 8 | 6 | 4 | 3 | 7 | 5 |

## EXTREME - 157

| 5 | 2 | 6 | 9 | 3 | 8 | 7 | 1 | 4 |
|---|---|---|---|---|---|---|---|---|
| 7 | 1 | 9 | 6 | 4 | 2 | 8 | 5 | 3 |
| 8 | 4 | 3 | 7 | 1 | 5 | 9 | 6 | 2 |
| 9 | 6 | 1 | 2 | 7 | 4 | 5 | 3 | 8 |
| 3 | 8 | 2 | 5 | 6 | 1 | 4 | 9 | 7 |
| 4 | 5 | 7 | 8 | 9 | 3 | 6 | 2 | 1 |
| 6 | 9 | 4 | 3 | 2 | 7 | 1 | 8 | 5 |
| 2 | 7 | 5 | 1 | 8 | 9 | 3 | 4 | 6 |
| 1 | 3 | 8 | 4 | 5 | 6 | 2 | 7 | 9 |

## EXTREME - 158

| 7 | 2 | 9 | 3 | 1 | 4 | 8 | 5 | 6 |
|---|---|---|---|---|---|---|---|---|
| 1 | 8 | 3 | 5 | 6 | 9 | 7 | 2 | 4 |
| 5 | 4 | 6 | 7 | 8 | 2 | 1 | 3 | 9 |
| 2 | 6 | 7 | 9 | 4 | 8 | 3 | 1 | 5 |
| 8 | 9 | 5 | 6 | 3 | 1 | 4 | 7 | 2 |
| 4 | 3 | 1 | 2 | 7 | 5 | 6 | 9 | 8 |
| 6 | 1 | 2 | 4 | 9 | 7 | 5 | 8 | 3 |
| 9 | 7 | 4 | 8 | 5 | 3 | 2 | 6 | 1 |
| 3 | 5 | 8 | 1 | 2 | 6 | 9 | 4 | 7 |

## EXTREME - 159

| 9 | 2 | 3 | 8 | 7 | 5 | 6 | 1 | 4 |
|---|---|---|---|---|---|---|---|---|
| 6 | 7 | 1 | 3 | 4 | 2 | 8 | 5 | 9 |
| 4 | 8 | 5 | 1 | 6 | 9 | 7 | 3 | 2 |
| 2 | 4 | 8 | 7 | 5 | 6 | 3 | 9 | 1 |
| 1 | 9 | 7 | 4 | 3 | 8 | 2 | 6 | 5 |
| 3 | 5 | 6 | 9 | 2 | 1 | 4 | 7 | 8 |
| 5 | 6 | 9 | 2 | 8 | 3 | 1 | 4 | 7 |
| 8 | 3 | 4 | 5 | 1 | 7 | 9 | 2 | 6 |
| 7 | 1 | 2 | 6 | 9 | 4 | 5 | 8 | 3 |

## EXTREME - 160

| 5 | 2 | 6 | 1 | 9 | 8 | 3 | 4 | 7 |
|---|---|---|---|---|---|---|---|---|
| 7 | 8 | 3 | 2 | 4 | 6 | 1 | 9 | 5 |
| 4 | 1 | 9 | 5 | 7 | 3 | 8 | 6 | 2 |
| 6 | 3 | 7 | 8 | 5 | 9 | 2 | 1 | 4 |
| 8 | 9 | 1 | 3 | 2 | 4 | 5 | 7 | 6 |
| 2 | 5 | 4 | 7 | 6 | 1 | 9 | 3 | 8 |
| 3 | 6 | 8 | 4 | 1 | 2 | 7 | 5 | 9 |
| 9 | 7 | 2 | 6 | 3 | 5 | 4 | 8 | 1 |
| 1 | 4 | 5 | 9 | 8 | 7 | 6 | 2 | 3 |

### EXTREME - 161

| 7 | 8 | 4 | 2 | 6 | 5 | 1 | 3 | 9 |
|---|---|---|---|---|---|---|---|---|
| 3 | 6 | 2 | 8 | 1 | 9 | 4 | 5 | 7 |
| 1 | 9 | 5 | 3 | 4 | 7 | 6 | 8 | 2 |
| 8 | 2 | 3 | 6 | 9 | 1 | 7 | 4 | 5 |
| 6 | 5 | 7 | 4 | 3 | 2 | 8 | 9 | 1 |
| 4 | 1 | 9 | 5 | 7 | 8 | 2 | 6 | 3 |
| 5 | 3 | 1 | 7 | 8 | 6 | 9 | 2 | 4 |
| 2 | 7 | 6 | 9 | 5 | 4 | 3 | 1 | 8 |
| 9 | 4 | 8 | 1 | 2 | 3 | 5 | 7 | 6 |

### EXTREME - 162

| 9 | 1 | 5 | 3 | 2 | 4 | 8 | 6 | 7 |
|---|---|---|---|---|---|---|---|---|
| 6 | 2 | 4 | 9 | 7 | 8 | 3 | 1 | 5 |
| 3 | 8 | 7 | 1 | 6 | 5 | 9 | 2 | 4 |
| 4 | 5 | 6 | 8 | 3 | 2 | 7 | 9 | 1 |
| 1 | 9 | 2 | 6 | 4 | 7 | 5 | 8 | 3 |
| 7 | 3 | 8 | 5 | 9 | 1 | 6 | 4 | 2 |
| 8 | 4 | 9 | 2 | 5 | 3 | 1 | 7 | 6 |
| 5 | 7 | 1 | 4 | 8 | 6 | 2 | 3 | 9 |
| 2 | 6 | 3 | 7 | 1 | 9 | 4 | 5 | 8 |

### EXTREME - 163

| 3 | 2 | 7 | 5 | 6 | 9 | 8 | 4 | 1 |
|---|---|---|---|---|---|---|---|---|
| 1 | 6 | 4 | 8 | 2 | 3 | 5 | 7 | 9 |
| 8 | 9 | 5 | 7 | 4 | 1 | 6 | 3 | 2 |
| 4 | 5 | 3 | 1 | 9 | 7 | 2 | 8 | 6 |
| 6 | 1 | 2 | 4 | 5 | 8 | 3 | 9 | 7 |
| 7 | 8 | 9 | 6 | 3 | 2 | 4 | 1 | 5 |
| 5 | 7 | 1 | 2 | 8 | 4 | 9 | 6 | 3 |
| 2 | 3 | 8 | 9 | 1 | 6 | 7 | 5 | 4 |
| 9 | 4 | 6 | 3 | 7 | 5 | 1 | 2 | 8 |

### EXTREME - 164

| 2 | 8 | 9 | 5 | 1 | 4 | 6 | 7 | 3 |
|---|---|---|---|---|---|---|---|---|
| 3 | 6 | 4 | 9 | 2 | 7 | 5 | 1 | 8 |
| 1 | 7 | 5 | 3 | 8 | 6 | 2 | 9 | 4 |
| 5 | 9 | 7 | 1 | 4 | 8 | 3 | 2 | 6 |
| 8 | 3 | 1 | 6 | 9 | 2 | 4 | 5 | 7 |
| 6 | 4 | 2 | 7 | 5 | 3 | 9 | 8 | 1 |
| 4 | 5 | 8 | 2 | 3 | 1 | 7 | 6 | 9 |
| 7 | 2 | 3 | 8 | 6 | 9 | 1 | 4 | 5 |
| 9 | 1 | 6 | 4 | 7 | 5 | 8 | 3 | 2 |

### EXTREME - 165

| 9 | 3 | 8 | 1 | 4 | 5 | 2 | 7 | 6 |
|---|---|---|---|---|---|---|---|---|
| 2 | 5 | 6 | 7 | 8 | 3 | 1 | 9 | 4 |
| 7 | 4 | 1 | 6 | 2 | 9 | 5 | 3 | 8 |
| 5 | 7 | 4 | 2 | 6 | 8 | 9 | 1 | 3 |
| 3 | 8 | 2 | 9 | 1 | 4 | 7 | 6 | 5 |
| 6 | 1 | 9 | 5 | 3 | 7 | 4 | 8 | 2 |
| 4 | 6 | 5 | 8 | 9 | 1 | 3 | 2 | 7 |
| 1 | 2 | 3 | 4 | 7 | 6 | 8 | 5 | 9 |
| 8 | 9 | 7 | 3 | 5 | 2 | 6 | 4 | 1 |

### EXTREME - 166

| 2 | 8 | 1 | 6 | 5 | 9 | 3 | 7 | 4 |
|---|---|---|---|---|---|---|---|---|
| 7 | 5 | 3 | 4 | 8 | 1 | 6 | 2 | 9 |
| 9 | 6 | 4 | 2 | 3 | 7 | 1 | 5 | 8 |
| 8 | 4 | 6 | 1 | 2 | 5 | 9 | 3 | 7 |
| 5 | 9 | 7 | 3 | 6 | 4 | 2 | 8 | 1 |
| 3 | 1 | 2 | 7 | 9 | 8 | 5 | 4 | 6 |
| 1 | 7 | 9 | 5 | 4 | 3 | 8 | 6 | 2 |
| 4 | 2 | 5 | 8 | 1 | 6 | 7 | 9 | 3 |
| 6 | 3 | 8 | 9 | 7 | 2 | 4 | 1 | 5 |

### EXTREME - 167

| 4 | 5 | 3 | 8 | 7 | 6 | 2 | 1 | 9 |
|---|---|---|---|---|---|---|---|---|
| 6 | 2 | 8 | 1 | 9 | 5 | 3 | 7 | 4 |
| 7 | 9 | 1 | 4 | 2 | 3 | 6 | 8 | 5 |
| 3 | 4 | 6 | 5 | 1 | 7 | 8 | 9 | 2 |
| 5 | 1 | 9 | 3 | 8 | 2 | 4 | 6 | 7 |
| 8 | 7 | 2 | 6 | 4 | 9 | 5 | 3 | 1 |
| 2 | 3 | 4 | 7 | 6 | 1 | 9 | 5 | 8 |
| 1 | 8 | 5 | 9 | 3 | 4 | 7 | 2 | 6 |
| 9 | 6 | 7 | 2 | 5 | 8 | 1 | 4 | 3 |

### EXTREME - 168

| 7 | 2 | 4 | 5 | 3 | 1 | 8 | 6 | 9 |
|---|---|---|---|---|---|---|---|---|
| 5 | 9 | 1 | 2 | 6 | 8 | 4 | 7 | 3 |
| 8 | 6 | 3 | 9 | 4 | 7 | 1 | 2 | 5 |
| 4 | 1 | 8 | 6 | 9 | 5 | 7 | 3 | 2 |
| 3 | 7 | 6 | 8 | 1 | 2 | 5 | 9 | 4 |
| 9 | 5 | 2 | 3 | 7 | 4 | 6 | 1 | 8 |
| 6 | 4 | 5 | 1 | 2 | 3 | 9 | 8 | 7 |
| 2 | 8 | 9 | 7 | 5 | 6 | 3 | 4 | 1 |
| 1 | 3 | 7 | 4 | 8 | 9 | 2 | 5 | 6 |

### EXTREME - 169

| 6 | 7 | 5 | 9 | 2 | 4 | 8 | 3 | 1 |
|---|---|---|---|---|---|---|---|---|
| 9 | 8 | 1 | 6 | 5 | 3 | 4 | 2 | 7 |
| 3 | 2 | 4 | 1 | 7 | 8 | 6 | 5 | 9 |
| 2 | 4 | 9 | 7 | 8 | 5 | 1 | 6 | 3 |
| 1 | 5 | 7 | 3 | 4 | 6 | 2 | 9 | 8 |
| 8 | 3 | 6 | 2 | 9 | 1 | 7 | 4 | 5 |
| 4 | 9 | 8 | 5 | 1 | 2 | 3 | 7 | 6 |
| 5 | 1 | 3 | 4 | 6 | 7 | 9 | 8 | 2 |
| 7 | 6 | 2 | 8 | 3 | 9 | 5 | 1 | 4 |

### EXTREME - 170

| 9 | 2 | 3 | 5 | 4 | 6 | 8 | 1 | 7 |
|---|---|---|---|---|---|---|---|---|
| 7 | 8 | 4 | 9 | 1 | 2 | 5 | 6 | 3 |
| 1 | 5 | 6 | 7 | 8 | 3 | 9 | 4 | 2 |
| 2 | 9 | 8 | 4 | 3 | 7 | 6 | 5 | 1 |
| 5 | 4 | 7 | 2 | 6 | 1 | 3 | 8 | 9 |
| 3 | 6 | 1 | 8 | 5 | 9 | 7 | 2 | 4 |
| 4 | 3 | 9 | 6 | 2 | 5 | 1 | 7 | 8 |
| 8 | 1 | 5 | 3 | 7 | 4 | 2 | 9 | 6 |
| 6 | 7 | 2 | 1 | 9 | 8 | 4 | 3 | 5 |

### EXTREME - 171

| 4 | 6 | 9 | 3 | 5 | 7 | 2 | 8 | 1 |
|---|---|---|---|---|---|---|---|---|
| 8 | 1 | 5 | 6 | 4 | 2 | 3 | 7 | 9 |
| 7 | 3 | 2 | 9 | 1 | 8 | 6 | 4 | 5 |
| 1 | 4 | 6 | 7 | 2 | 3 | 9 | 5 | 8 |
| 5 | 7 | 8 | 1 | 9 | 6 | 4 | 3 | 2 |
| 9 | 2 | 3 | 4 | 8 | 5 | 1 | 6 | 7 |
| 2 | 8 | 4 | 5 | 3 | 1 | 7 | 9 | 6 |
| 3 | 5 | 7 | 2 | 6 | 9 | 8 | 1 | 4 |
| 6 | 9 | 1 | 8 | 7 | 4 | 5 | 2 | 3 |

### EXTREME - 172

| 9 | 2 | 1 | 5 | 4 | 3 | 6 | 8 | 7 |
|---|---|---|---|---|---|---|---|---|
| 6 | 7 | 5 | 9 | 8 | 2 | 3 | 1 | 4 |
| 8 | 4 | 3 | 7 | 1 | 6 | 5 | 2 | 9 |
| 1 | 8 | 2 | 3 | 9 | 5 | 7 | 4 | 6 |
| 7 | 3 | 9 | 2 | 6 | 4 | 1 | 5 | 8 |
| 4 | 5 | 6 | 8 | 7 | 1 | 9 | 3 | 2 |
| 3 | 9 | 4 | 6 | 5 | 8 | 2 | 7 | 1 |
| 5 | 1 | 7 | 4 | 2 | 9 | 8 | 6 | 3 |
| 2 | 6 | 8 | 1 | 3 | 7 | 4 | 9 | 5 |

### EXTREME - 173

| 4 | 8 | 1 | 3 | 2 | 7 | 6 | 9 | 5 |
|---|---|---|---|---|---|---|---|---|
| 9 | 6 | 2 | 5 | 4 | 8 | 1 | 7 | 3 |
| 5 | 3 | 7 | 6 | 9 | 1 | 8 | 4 | 2 |
| 7 | 1 | 3 | 2 | 5 | 6 | 4 | 8 | 9 |
| 2 | 4 | 5 | 8 | 7 | 9 | 3 | 6 | 1 |
| 6 | 9 | 8 | 1 | 3 | 4 | 2 | 5 | 7 |
| 3 | 2 | 4 | 9 | 6 | 5 | 7 | 1 | 8 |
| 8 | 7 | 9 | 4 | 1 | 3 | 5 | 2 | 6 |
| 1 | 5 | 6 | 7 | 8 | 2 | 9 | 3 | 4 |

### EXTREME - 174

| 1 | 6 | 8 | 5 | 9 | 2 | 4 | 3 | 7 |
|---|---|---|---|---|---|---|---|---|
| 9 | 3 | 7 | 6 | 4 | 8 | 5 | 1 | 2 |
| 4 | 5 | 2 | 7 | 1 | 3 | 8 | 9 | 6 |
| 2 | 1 | 4 | 9 | 7 | 6 | 3 | 8 | 5 |
| 7 | 8 | 3 | 1 | 2 | 5 | 6 | 4 | 9 |
| 6 | 9 | 5 | 8 | 3 | 4 | 2 | 7 | 1 |
| 5 | 4 | 9 | 3 | 6 | 7 | 1 | 2 | 8 |
| 8 | 2 | 1 | 4 | 5 | 9 | 7 | 6 | 3 |
| 3 | 7 | 6 | 2 | 8 | 1 | 9 | 5 | 4 |

### EXTREME - 175

| 5 | 3 | 7 | 1 | 6 | 8 | 4 | 9 | 2 |
|---|---|---|---|---|---|---|---|---|
| 9 | 2 | 1 | 3 | 4 | 7 | 5 | 8 | 6 |
| 8 | 6 | 4 | 5 | 9 | 2 | 7 | 3 | 1 |
| 2 | 7 | 6 | 9 | 5 | 1 | 8 | 4 | 3 |
| 1 | 9 | 8 | 4 | 2 | 3 | 6 | 7 | 5 |
| 3 | 4 | 5 | 8 | 7 | 6 | 1 | 2 | 9 |
| 4 | 1 | 9 | 7 | 3 | 5 | 2 | 6 | 8 |
| 6 | 8 | 3 | 2 | 1 | 4 | 9 | 5 | 7 |
| 7 | 5 | 2 | 6 | 8 | 9 | 3 | 1 | 4 |

### EXTREME - 176

| 7 | 9 | 2 | 6 | 1 | 3 | 4 | 8 | 5 |
|---|---|---|---|---|---|---|---|---|
| 8 | 4 | 1 | 9 | 5 | 2 | 3 | 7 | 6 |
| 5 | 6 | 3 | 4 | 8 | 7 | 1 | 9 | 2 |
| 9 | 7 | 5 | 8 | 2 | 4 | 6 | 3 | 1 |
| 4 | 1 | 6 | 3 | 7 | 9 | 5 | 2 | 8 |
| 2 | 3 | 8 | 5 | 6 | 1 | 9 | 4 | 7 |
| 1 | 8 | 9 | 7 | 3 | 5 | 2 | 6 | 4 |
| 6 | 5 | 4 | 2 | 9 | 8 | 7 | 1 | 3 |
| 3 | 2 | 7 | 1 | 4 | 6 | 8 | 5 | 9 |

### EXTREME - 177

| 2 | 1 | 5 | 7 | 6 | 4 | 9 | 3 | 8 |
|---|---|---|---|---|---|---|---|---|
| 9 | 7 | 8 | 3 | 1 | 2 | 6 | 4 | 5 |
| 4 | 6 | 3 | 5 | 8 | 9 | 7 | 2 | 1 |
| 1 | 3 | 6 | 4 | 2 | 7 | 5 | 8 | 9 |
| 7 | 4 | 9 | 8 | 5 | 3 | 2 | 1 | 6 |
| 5 | 8 | 2 | 6 | 9 | 1 | 3 | 7 | 4 |
| 8 | 5 | 1 | 2 | 7 | 6 | 4 | 9 | 3 |
| 6 | 2 | 4 | 9 | 3 | 8 | 1 | 5 | 7 |
| 3 | 9 | 7 | 1 | 4 | 5 | 8 | 6 | 2 |

### EXTREME - 178

| 8 | 5 | 1 | 3 | 7 | 6 | 4 | 9 | 2 |
|---|---|---|---|---|---|---|---|---|
| 2 | 4 | 3 | 9 | 1 | 8 | 6 | 7 | 5 |
| 6 | 9 | 7 | 4 | 2 | 5 | 3 | 1 | 8 |
| 7 | 1 | 8 | 6 | 9 | 2 | 5 | 3 | 4 |
| 4 | 2 | 5 | 7 | 3 | 1 | 9 | 8 | 6 |
| 9 | 3 | 6 | 8 | 5 | 4 | 1 | 2 | 7 |
| 3 | 6 | 9 | 2 | 4 | 7 | 8 | 5 | 1 |
| 5 | 7 | 4 | 1 | 8 | 3 | 2 | 6 | 9 |
| 1 | 8 | 2 | 5 | 6 | 9 | 7 | 4 | 3 |

### EXTREME - 179

| 5 | 4 | 9 | 8 | 2 | 7 | 1 | 3 | 6 |
|---|---|---|---|---|---|---|---|---|
| 1 | 7 | 2 | 3 | 5 | 6 | 4 | 8 | 9 |
| 6 | 3 | 8 | 4 | 9 | 1 | 7 | 5 | 2 |
| 9 | 5 | 1 | 2 | 7 | 4 | 8 | 6 | 3 |
| 3 | 2 | 4 | 9 | 6 | 8 | 5 | 7 | 1 |
| 8 | 6 | 7 | 1 | 3 | 5 | 2 | 9 | 4 |
| 7 | 9 | 3 | 5 | 1 | 2 | 6 | 4 | 8 |
| 4 | 1 | 6 | 7 | 8 | 9 | 3 | 2 | 5 |
| 2 | 8 | 5 | 6 | 4 | 3 | 9 | 1 | 7 |

### EXTREME - 180

| 5 | 8 | 9 | 1 | 3 | 7 | 6 | 4 | 2 |
|---|---|---|---|---|---|---|---|---|
| 3 | 7 | 6 | 2 | 5 | 4 | 8 | 1 | 9 |
| 4 | 2 | 1 | 6 | 8 | 9 | 3 | 7 | 5 |
| 1 | 3 | 5 | 7 | 4 | 6 | 9 | 2 | 8 |
| 9 | 6 | 8 | 5 | 2 | 1 | 4 | 3 | 7 |
| 2 | 4 | 7 | 8 | 9 | 3 | 5 | 6 | 1 |
| 7 | 1 | 4 | 9 | 6 | 5 | 2 | 8 | 3 |
| 8 | 9 | 3 | 4 | 7 | 2 | 1 | 5 | 6 |
| 6 | 5 | 2 | 3 | 1 | 8 | 7 | 9 | 4 |

## EXTREME - 181

| 4 | 5 | 7 | 8 | 9 | 3 | 2 | 6 | 1 |
|---|---|---|---|---|---|---|---|---|
| 2 | 1 | 8 | 5 | 4 | 6 | 3 | 7 | 9 |
| 6 | 9 | 3 | 2 | 7 | 1 | 8 | 5 | 4 |
| 5 | 2 | 6 | 1 | 8 | 9 | 7 | 4 | 3 |
| 3 | 8 | 4 | 6 | 5 | 7 | 9 | 1 | 2 |
| 9 | 7 | 1 | 3 | 2 | 4 | 5 | 8 | 6 |
| 7 | 4 | 2 | 9 | 6 | 8 | 1 | 3 | 5 |
| 1 | 6 | 9 | 7 | 3 | 5 | 4 | 2 | 8 |
| 8 | 3 | 5 | 4 | 1 | 2 | 6 | 9 | 7 |

## EXTREME - 182

| 1 | 3 | 2 | 7 | 5 | 6 | 8 | 9 | 4 |
|---|---|---|---|---|---|---|---|---|
| 9 | 5 | 8 | 1 | 4 | 2 | 3 | 7 | 6 |
| 4 | 7 | 6 | 9 | 8 | 3 | 1 | 5 | 2 |
| 3 | 2 | 4 | 8 | 9 | 5 | 6 | 1 | 7 |
| 6 | 9 | 1 | 4 | 3 | 7 | 2 | 8 | 5 |
| 5 | 8 | 7 | 6 | 2 | 1 | 9 | 4 | 3 |
| 2 | 6 | 9 | 5 | 7 | 8 | 4 | 3 | 1 |
| 8 | 1 | 5 | 3 | 6 | 4 | 7 | 2 | 9 |
| 7 | 4 | 3 | 2 | 1 | 9 | 5 | 6 | 8 |

## EXTREME - 183

| 4 | 5 | 3 | 7 | 8 | 9 | 1 | 2 | 6 |
|---|---|---|---|---|---|---|---|---|
| 2 | 1 | 7 | 5 | 6 | 4 | 3 | 8 | 9 |
| 6 | 8 | 9 | 2 | 3 | 1 | 5 | 7 | 4 |
| 9 | 4 | 8 | 3 | 7 | 5 | 2 | 6 | 1 |
| 5 | 2 | 1 | 8 | 4 | 6 | 9 | 3 | 7 |
| 3 | 7 | 6 | 1 | 9 | 2 | 4 | 5 | 8 |
| 1 | 9 | 2 | 6 | 5 | 7 | 8 | 4 | 3 |
| 8 | 6 | 5 | 4 | 1 | 3 | 7 | 9 | 2 |
| 7 | 3 | 4 | 9 | 2 | 8 | 6 | 1 | 5 |

## EXTREME - 184

| 1 | 8 | 5 | 6 | 2 | 4 | 9 | 3 | 7 |
|---|---|---|---|---|---|---|---|---|
| 4 | 6 | 9 | 3 | 5 | 7 | 1 | 8 | 2 |
| 7 | 2 | 3 | 9 | 1 | 8 | 5 | 4 | 6 |
| 8 | 5 | 1 | 7 | 4 | 3 | 2 | 6 | 9 |
| 6 | 7 | 4 | 2 | 9 | 5 | 3 | 1 | 8 |
| 3 | 9 | 2 | 8 | 6 | 1 | 7 | 5 | 4 |
| 5 | 1 | 6 | 4 | 7 | 2 | 8 | 9 | 3 |
| 9 | 3 | 7 | 5 | 8 | 6 | 4 | 2 | 1 |
| 2 | 4 | 8 | 1 | 3 | 9 | 6 | 7 | 5 |

## EXTREME - 185

| 8 | 4 | 7 | 2 | 5 | 3 | 6 | 9 | 1 |
|---|---|---|---|---|---|---|---|---|
| 6 | 5 | 2 | 1 | 4 | 9 | 3 | 8 | 7 |
| 9 | 1 | 3 | 7 | 6 | 8 | 5 | 4 | 2 |
| 2 | 7 | 4 | 6 | 9 | 5 | 8 | 1 | 3 |
| 3 | 6 | 1 | 4 | 8 | 2 | 9 | 7 | 5 |
| 5 | 8 | 9 | 3 | 1 | 7 | 4 | 2 | 6 |
| 4 | 3 | 5 | 9 | 7 | 1 | 2 | 6 | 8 |
| 7 | 2 | 6 | 8 | 3 | 4 | 1 | 5 | 9 |
| 1 | 9 | 8 | 5 | 2 | 6 | 7 | 3 | 4 |

## EXTREME - 186

| 6 | 9 | 3 | 7 | 2 | 4 | 8 | 5 | 1 |
|---|---|---|---|---|---|---|---|---|
| 7 | 8 | 1 | 6 | 9 | 5 | 2 | 3 | 4 |
| 2 | 5 | 4 | 8 | 3 | 1 | 9 | 7 | 6 |
| 1 | 7 | 8 | 3 | 6 | 2 | 5 | 4 | 9 |
| 9 | 3 | 5 | 4 | 1 | 7 | 6 | 8 | 2 |
| 4 | 6 | 2 | 5 | 8 | 9 | 3 | 1 | 7 |
| 5 | 1 | 6 | 2 | 7 | 3 | 4 | 9 | 8 |
| 8 | 4 | 7 | 9 | 5 | 6 | 1 | 2 | 3 |
| 3 | 2 | 9 | 1 | 4 | 8 | 7 | 6 | 5 |

## EXTREME - 187

| 8 | 3 | 6 | 1 | 4 | 9 | 2 | 7 | 5 |
|---|---|---|---|---|---|---|---|---|
| 1 | 2 | 5 | 7 | 6 | 8 | 9 | 3 | 4 |
| 7 | 9 | 4 | 3 | 5 | 2 | 6 | 8 | 1 |
| 2 | 1 | 9 | 4 | 7 | 5 | 8 | 6 | 3 |
| 4 | 8 | 3 | 9 | 2 | 6 | 5 | 1 | 7 |
| 6 | 5 | 7 | 8 | 1 | 3 | 4 | 9 | 2 |
| 9 | 6 | 1 | 5 | 3 | 4 | 7 | 2 | 8 |
| 5 | 7 | 8 | 2 | 9 | 1 | 3 | 4 | 6 |
| 3 | 4 | 2 | 6 | 8 | 7 | 1 | 5 | 9 |

## EXTREME - 188

| 8 | 5 | 9 | 4 | 2 | 7 | 1 | 6 | 3 |
|---|---|---|---|---|---|---|---|---|
| 3 | 6 | 1 | 5 | 8 | 9 | 2 | 4 | 7 |
| 2 | 4 | 7 | 6 | 1 | 3 | 8 | 5 | 9 |
| 5 | 2 | 3 | 8 | 9 | 6 | 4 | 7 | 1 |
| 9 | 7 | 6 | 1 | 3 | 4 | 5 | 2 | 8 |
| 4 | 1 | 8 | 2 | 7 | 5 | 9 | 3 | 6 |
| 1 | 3 | 5 | 7 | 4 | 8 | 6 | 9 | 2 |
| 7 | 8 | 4 | 9 | 6 | 2 | 3 | 1 | 5 |
| 6 | 9 | 2 | 3 | 5 | 1 | 7 | 8 | 4 |

## EXTREME - 189

| 2 | 5 | 3 | 8 | 4 | 9 | 1 | 6 | 7 |
|---|---|---|---|---|---|---|---|---|
| 9 | 8 | 6 | 7 | 5 | 1 | 4 | 2 | 3 |
| 1 | 7 | 4 | 6 | 3 | 2 | 5 | 9 | 8 |
| 3 | 4 | 7 | 5 | 8 | 6 | 9 | 1 | 2 |
| 6 | 9 | 5 | 2 | 1 | 3 | 7 | 8 | 4 |
| 8 | 2 | 1 | 9 | 7 | 4 | 6 | 3 | 5 |
| 7 | 6 | 8 | 3 | 9 | 5 | 2 | 4 | 1 |
| 5 | 1 | 2 | 4 | 6 | 8 | 3 | 7 | 9 |
| 4 | 3 | 9 | 1 | 2 | 7 | 8 | 5 | 6 |

## EXTREME - 190

| 6 | 8 | 3 | 4 | 5 | 9 | 7 | 2 | 1 |
|---|---|---|---|---|---|---|---|---|
| 9 | 1 | 2 | 7 | 6 | 3 | 5 | 4 | 8 |
| 7 | 5 | 4 | 8 | 2 | 1 | 9 | 6 | 3 |
| 3 | 7 | 8 | 6 | 9 | 4 | 1 | 5 | 2 |
| 4 | 6 | 9 | 5 | 1 | 2 | 3 | 8 | 7 |
| 1 | 2 | 5 | 3 | 8 | 7 | 4 | 9 | 6 |
| 8 | 9 | 6 | 1 | 7 | 5 | 2 | 3 | 4 |
| 5 | 3 | 1 | 2 | 4 | 8 | 6 | 7 | 9 |
| 2 | 4 | 7 | 9 | 3 | 6 | 8 | 1 | 5 |

## EXTREME - 191

| 5 | 7 | 6 | 4 | 8 | 3 | 9 | 1 | 2 |
|---|---|---|---|---|---|---|---|---|
| 9 | 3 | 8 | 6 | 2 | 1 | 5 | 4 | 7 |
| 2 | 4 | 1 | 7 | 9 | 5 | 8 | 6 | 3 |
| 6 | 1 | 5 | 9 | 7 | 4 | 2 | 3 | 8 |
| 3 | 2 | 4 | 1 | 5 | 8 | 7 | 9 | 6 |
| 8 | 9 | 7 | 2 | 3 | 6 | 4 | 5 | 1 |
| 1 | 6 | 9 | 8 | 4 | 7 | 3 | 2 | 5 |
| 4 | 8 | 3 | 5 | 6 | 2 | 1 | 7 | 9 |
| 7 | 5 | 2 | 3 | 1 | 9 | 6 | 8 | 4 |

## EXTREME - 192

| 2 | 4 | 6 | 1 | 5 | 7 | 9 | 8 | 3 |
|---|---|---|---|---|---|---|---|---|
| 9 | 5 | 1 | 8 | 4 | 3 | 7 | 6 | 2 |
| 7 | 3 | 8 | 2 | 6 | 9 | 4 | 1 | 5 |
| 8 | 2 | 4 | 6 | 9 | 1 | 5 | 3 | 7 |
| 5 | 1 | 7 | 4 | 3 | 2 | 8 | 9 | 6 |
| 3 | 6 | 9 | 5 | 7 | 8 | 1 | 2 | 4 |
| 6 | 9 | 2 | 7 | 8 | 5 | 3 | 4 | 1 |
| 4 | 7 | 3 | 9 | 1 | 6 | 2 | 5 | 8 |
| 1 | 8 | 5 | 3 | 2 | 4 | 6 | 7 | 9 |

## EXTREME - 193

| 5 | 9 | 6 | 7 | 4 | 2 | 3 | 1 | 8 |
|---|---|---|---|---|---|---|---|---|
| 2 | 4 | 8 | 5 | 1 | 3 | 9 | 7 | 6 |
| 7 | 3 | 1 | 6 | 9 | 8 | 2 | 4 | 5 |
| 1 | 2 | 9 | 4 | 5 | 6 | 7 | 8 | 3 |
| 3 | 6 | 7 | 9 | 8 | 1 | 5 | 2 | 4 |
| 8 | 5 | 4 | 2 | 3 | 7 | 6 | 9 | 1 |
| 4 | 7 | 2 | 8 | 6 | 5 | 1 | 3 | 9 |
| 6 | 8 | 3 | 1 | 2 | 9 | 4 | 5 | 7 |
| 9 | 1 | 5 | 3 | 7 | 4 | 8 | 6 | 2 |

## EXTREME - 194

| 3 | 5 | 4 | 6 | 7 | 9 | 8 | 1 | 2 |
|---|---|---|---|---|---|---|---|---|
| 9 | 2 | 6 | 8 | 1 | 3 | 5 | 4 | 7 |
| 7 | 8 | 1 | 2 | 4 | 5 | 9 | 3 | 6 |
| 4 | 9 | 8 | 3 | 6 | 2 | 7 | 5 | 1 |
| 2 | 6 | 7 | 5 | 9 | 1 | 4 | 8 | 3 |
| 1 | 3 | 5 | 7 | 8 | 4 | 2 | 6 | 9 |
| 5 | 1 | 2 | 9 | 3 | 8 | 6 | 7 | 4 |
| 8 | 7 | 3 | 4 | 2 | 6 | 1 | 9 | 5 |
| 6 | 4 | 9 | 1 | 5 | 7 | 3 | 2 | 8 |

## EXTREME - 195

| 4 | 9 | 8 | 6 | 2 | 5 | 7 | 3 | 1 |
|---|---|---|---|---|---|---|---|---|
| 6 | 3 | 1 | 7 | 8 | 9 | 2 | 4 | 5 |
| 2 | 5 | 7 | 3 | 1 | 4 | 8 | 9 | 6 |
| 7 | 4 | 3 | 2 | 5 | 1 | 6 | 8 | 9 |
| 9 | 2 | 6 | 8 | 4 | 7 | 1 | 5 | 3 |
| 1 | 8 | 5 | 9 | 6 | 3 | 4 | 7 | 2 |
| 3 | 7 | 4 | 1 | 9 | 6 | 5 | 2 | 8 |
| 5 | 1 | 2 | 4 | 3 | 8 | 9 | 6 | 7 |
| 8 | 6 | 9 | 5 | 7 | 2 | 3 | 1 | 4 |

## EXTREME - 196

| 5 | 8 | 6 | 4 | 9 | 2 | 3 | 1 | 7 |
|---|---|---|---|---|---|---|---|---|
| 2 | 3 | 1 | 8 | 7 | 5 | 9 | 4 | 6 |
| 4 | 9 | 7 | 1 | 3 | 6 | 2 | 5 | 8 |
| 9 | 4 | 3 | 7 | 2 | 8 | 1 | 6 | 5 |
| 7 | 1 | 5 | 6 | 4 | 3 | 8 | 2 | 9 |
| 6 | 2 | 8 | 5 | 1 | 9 | 7 | 3 | 4 |
| 1 | 5 | 4 | 2 | 8 | 7 | 6 | 9 | 3 |
| 8 | 6 | 9 | 3 | 5 | 1 | 4 | 7 | 2 |
| 3 | 7 | 2 | 9 | 6 | 4 | 5 | 8 | 1 |

## EXTREME - 197

| 4 | 8 | 3 | 1 | 2 | 9 | 5 | 7 | 6 |
|---|---|---|---|---|---|---|---|---|
| 6 | 1 | 9 | 5 | 8 | 7 | 2 | 4 | 3 |
| 5 | 7 | 2 | 3 | 4 | 6 | 8 | 1 | 9 |
| 8 | 9 | 5 | 6 | 7 | 3 | 1 | 2 | 4 |
| 3 | 2 | 1 | 9 | 5 | 4 | 7 | 6 | 8 |
| 7 | 4 | 6 | 8 | 1 | 2 | 3 | 9 | 5 |
| 9 | 5 | 7 | 2 | 6 | 8 | 4 | 3 | 1 |
| 2 | 6 | 8 | 4 | 3 | 1 | 9 | 5 | 7 |
| 1 | 3 | 4 | 7 | 9 | 5 | 6 | 8 | 2 |

## EXTREME - 198

| 1 | 3 | 5 | 2 | 8 | 9 | 6 | 7 | 4 |
|---|---|---|---|---|---|---|---|---|
| 4 | 2 | 7 | 1 | 6 | 5 | 9 | 3 | 8 |
| 9 | 8 | 6 | 7 | 4 | 3 | 5 | 1 | 2 |
| 6 | 5 | 4 | 3 | 7 | 2 | 1 | 8 | 9 |
| 2 | 9 | 1 | 8 | 5 | 6 | 7 | 4 | 3 |
| 3 | 7 | 8 | 4 | 9 | 1 | 2 | 5 | 6 |
| 5 | 4 | 2 | 9 | 1 | 8 | 3 | 6 | 7 |
| 8 | 1 | 3 | 6 | 2 | 7 | 4 | 9 | 5 |
| 7 | 6 | 9 | 5 | 3 | 4 | 8 | 2 | 1 |

## EXTREME - 199

| 4 | 9 | 8 | 3 | 7 | 5 | 1 | 6 | 2 |
|---|---|---|---|---|---|---|---|---|
| 1 | 3 | 5 | 2 | 8 | 6 | 4 | 7 | 9 |
| 6 | 7 | 2 | 4 | 9 | 1 | 8 | 5 | 3 |
| 3 | 1 | 7 | 8 | 2 | 9 | 6 | 4 | 5 |
| 9 | 5 | 6 | 1 | 3 | 4 | 2 | 8 | 7 |
| 2 | 8 | 4 | 6 | 5 | 7 | 9 | 3 | 1 |
| 7 | 4 | 3 | 9 | 1 | 8 | 5 | 2 | 6 |
| 8 | 2 | 1 | 5 | 6 | 3 | 7 | 9 | 4 |
| 5 | 6 | 9 | 7 | 4 | 2 | 3 | 1 | 8 |

## EXTREME - 200

| 9 | 3 | 5 | 4 | 2 | 7 | 8 | 1 | 6 |
|---|---|---|---|---|---|---|---|---|
| 8 | 2 | 1 | 3 | 5 | 6 | 7 | 9 | 4 |
| 7 | 6 | 4 | 9 | 1 | 8 | 3 | 2 | 5 |
| 3 | 5 | 9 | 6 | 7 | 4 | 2 | 8 | 1 |
| 6 | 4 | 7 | 1 | 8 | 2 | 5 | 3 | 9 |
| 2 | 1 | 8 | 5 | 9 | 3 | 6 | 4 | 7 |
| 1 | 7 | 3 | 8 | 4 | 5 | 9 | 6 | 2 |
| 5 | 9 | 6 | 2 | 3 | 1 | 4 | 7 | 8 |
| 4 | 8 | 2 | 7 | 6 | 9 | 1 | 5 | 3 |

## EXTREME - 201

| 7 | 9 | 2 | 1 | 5 | 4 | 8 | 6 | 3 |
|---|---|---|---|---|---|---|---|---|
| 1 | 8 | 4 | 3 | 2 | 6 | 7 | 9 | 5 |
| 3 | 6 | 5 | 9 | 8 | 7 | 4 | 2 | 1 |
| 5 | 3 | 8 | 4 | 9 | 2 | 6 | 1 | 7 |
| 6 | 4 | 7 | 5 | 1 | 3 | 2 | 8 | 9 |
| 9 | 2 | 1 | 7 | 6 | 8 | 3 | 5 | 4 |
| 2 | 7 | 9 | 8 | 3 | 1 | 5 | 4 | 6 |
| 8 | 5 | 3 | 6 | 4 | 9 | 1 | 7 | 2 |
| 4 | 1 | 6 | 2 | 7 | 5 | 9 | 3 | 8 |

## EXTREME - 202

| 1 | 5 | 2 | 8 | 9 | 6 | 3 | 7 | 4 |
|---|---|---|---|---|---|---|---|---|
| 6 | 9 | 4 | 3 | 5 | 7 | 8 | 1 | 2 |
| 8 | 7 | 3 | 2 | 1 | 4 | 6 | 5 | 9 |
| 4 | 2 | 7 | 9 | 6 | 5 | 1 | 3 | 8 |
| 3 | 8 | 1 | 4 | 7 | 2 | 9 | 6 | 5 |
| 9 | 6 | 5 | 1 | 8 | 3 | 2 | 4 | 7 |
| 5 | 4 | 8 | 6 | 3 | 9 | 7 | 2 | 1 |
| 2 | 3 | 9 | 7 | 4 | 1 | 5 | 8 | 6 |
| 7 | 1 | 6 | 5 | 2 | 8 | 4 | 9 | 3 |

## EXTREME - 203

| 3 | 5 | 6 | 9 | 8 | 7 | 4 | 1 | 2 |
|---|---|---|---|---|---|---|---|---|
| 9 | 2 | 7 | 1 | 4 | 5 | 8 | 6 | 3 |
| 8 | 4 | 1 | 6 | 3 | 2 | 9 | 5 | 7 |
| 1 | 7 | 5 | 3 | 6 | 8 | 2 | 4 | 9 |
| 6 | 8 | 3 | 2 | 9 | 4 | 5 | 7 | 1 |
| 4 | 9 | 2 | 7 | 5 | 1 | 3 | 8 | 6 |
| 5 | 6 | 9 | 8 | 1 | 3 | 7 | 2 | 4 |
| 2 | 1 | 4 | 5 | 7 | 9 | 6 | 3 | 8 |
| 7 | 3 | 8 | 4 | 2 | 6 | 1 | 9 | 5 |

## EXTREME - 204

| 9 | 6 | 7 | 3 | 5 | 8 | 4 | 2 | 1 |
|---|---|---|---|---|---|---|---|---|
| 4 | 5 | 8 | 1 | 2 | 6 | 3 | 7 | 9 |
| 2 | 1 | 3 | 9 | 4 | 7 | 6 | 5 | 8 |
| 5 | 9 | 2 | 6 | 7 | 1 | 8 | 3 | 4 |
| 6 | 3 | 4 | 5 | 8 | 2 | 1 | 9 | 7 |
| 7 | 8 | 1 | 4 | 9 | 3 | 5 | 6 | 2 |
| 3 | 7 | 6 | 8 | 1 | 9 | 2 | 4 | 5 |
| 1 | 2 | 5 | 7 | 3 | 4 | 9 | 8 | 6 |
| 8 | 4 | 9 | 2 | 6 | 5 | 7 | 1 | 3 |

## EXTREME - 205

| 8 | 1 | 2 | 6 | 9 | 4 | 3 | 5 | 7 |
|---|---|---|---|---|---|---|---|---|
| 5 | 6 | 7 | 1 | 3 | 8 | 9 | 4 | 2 |
| 4 | 9 | 3 | 5 | 2 | 7 | 6 | 1 | 8 |
| 3 | 8 | 1 | 2 | 5 | 9 | 4 | 7 | 6 |
| 2 | 5 | 9 | 7 | 4 | 6 | 1 | 8 | 3 |
| 7 | 4 | 6 | 8 | 1 | 3 | 2 | 9 | 5 |
| 6 | 3 | 5 | 9 | 7 | 1 | 8 | 2 | 4 |
| 9 | 2 | 4 | 3 | 8 | 5 | 7 | 6 | 1 |
| 1 | 7 | 8 | 4 | 6 | 2 | 5 | 3 | 9 |

## EXTREME - 206

| 5 | 7 | 4 | 1 | 9 | 3 | 8 | 2 | 6 |
|---|---|---|---|---|---|---|---|---|
| 2 | 9 | 3 | 7 | 8 | 6 | 4 | 5 | 1 |
| 1 | 8 | 6 | 5 | 4 | 2 | 3 | 9 | 7 |
| 8 | 2 | 9 | 4 | 6 | 7 | 1 | 3 | 5 |
| 6 | 3 | 1 | 9 | 2 | 5 | 7 | 8 | 4 |
| 4 | 5 | 7 | 8 | 3 | 1 | 2 | 6 | 9 |
| 9 | 1 | 8 | 2 | 5 | 4 | 6 | 7 | 3 |
| 3 | 4 | 2 | 6 | 7 | 9 | 5 | 1 | 8 |
| 7 | 6 | 5 | 3 | 1 | 8 | 9 | 4 | 2 |

## EXTREME - 207

| 3 | 6 | 8 | 9 | 1 | 5 | 4 | 7 | 2 |
|---|---|---|---|---|---|---|---|---|
| 1 | 7 | 2 | 4 | 3 | 6 | 8 | 9 | 5 |
| 9 | 5 | 4 | 8 | 7 | 2 | 3 | 6 | 1 |
| 5 | 4 | 9 | 1 | 8 | 7 | 2 | 3 | 6 |
| 8 | 1 | 3 | 6 | 2 | 9 | 7 | 5 | 4 |
| 6 | 2 | 7 | 5 | 4 | 3 | 9 | 1 | 8 |
| 7 | 3 | 6 | 2 | 5 | 8 | 1 | 4 | 9 |
| 4 | 8 | 5 | 7 | 9 | 1 | 6 | 2 | 3 |
| 2 | 9 | 1 | 3 | 6 | 4 | 5 | 8 | 7 |

## EXTREME - 208

| 5 | 3 | 9 | 4 | 6 | 2 | 1 | 8 | 7 |
|---|---|---|---|---|---|---|---|---|
| 7 | 8 | 2 | 9 | 1 | 5 | 4 | 6 | 3 |
| 6 | 4 | 1 | 7 | 3 | 8 | 5 | 9 | 2 |
| 9 | 6 | 4 | 2 | 7 | 3 | 8 | 5 | 1 |
| 1 | 2 | 5 | 8 | 9 | 6 | 3 | 7 | 4 |
| 3 | 7 | 8 | 1 | 5 | 4 | 6 | 2 | 9 |
| 4 | 9 | 6 | 5 | 2 | 1 | 7 | 3 | 8 |
| 2 | 1 | 3 | 6 | 8 | 7 | 9 | 4 | 5 |
| 8 | 5 | 7 | 3 | 4 | 9 | 2 | 1 | 6 |

## EXTREME - 209

| 5 | 6 | 2 | 3 | 7 | 1 | 9 | 8 | 4 |
|---|---|---|---|---|---|---|---|---|
| 4 | 3 | 8 | 2 | 9 | 5 | 6 | 1 | 7 |
| 9 | 7 | 1 | 4 | 6 | 8 | 5 | 3 | 2 |
| 8 | 2 | 9 | 5 | 4 | 6 | 1 | 7 | 3 |
| 6 | 5 | 7 | 1 | 2 | 3 | 4 | 9 | 8 |
| 1 | 4 | 3 | 9 | 8 | 7 | 2 | 5 | 6 |
| 2 | 8 | 5 | 6 | 3 | 9 | 7 | 4 | 1 |
| 7 | 1 | 6 | 8 | 5 | 4 | 3 | 2 | 9 |
| 3 | 9 | 4 | 7 | 1 | 2 | 8 | 6 | 5 |

## EXTREME - 210

| 6 | 2 | 9 | 1 | 4 | 7 | 5 | 3 | 8 |
|---|---|---|---|---|---|---|---|---|
| 7 | 3 | 4 | 5 | 8 | 2 | 6 | 1 | 9 |
| 5 | 8 | 1 | 9 | 3 | 6 | 2 | 4 | 7 |
| 2 | 4 | 3 | 8 | 5 | 1 | 7 | 9 | 6 |
| 8 | 9 | 7 | 2 | 6 | 4 | 1 | 5 | 3 |
| 1 | 5 | 6 | 3 | 7 | 9 | 4 | 8 | 2 |
| 4 | 7 | 8 | 6 | 9 | 5 | 3 | 2 | 1 |
| 3 | 1 | 5 | 7 | 2 | 8 | 9 | 6 | 4 |
| 9 | 6 | 2 | 4 | 1 | 3 | 8 | 7 | 5 |

## EXTREME - 211

| 7 | 6 | 9 | 4 | 1 | 8 | 2 | 5 | 3 |
|---|---|---|---|---|---|---|---|---|
| 8 | 1 | 5 | 2 | 3 | 6 | 4 | 7 | 9 |
| 3 | 2 | 4 | 5 | 7 | 9 | 6 | 1 | 8 |
| 9 | 3 | 1 | 6 | 8 | 2 | 7 | 4 | 5 |
| 6 | 8 | 7 | 1 | 5 | 4 | 3 | 9 | 2 |
| 4 | 5 | 2 | 7 | 9 | 3 | 8 | 6 | 1 |
| 2 | 7 | 8 | 9 | 4 | 1 | 5 | 3 | 6 |
| 5 | 9 | 6 | 3 | 2 | 7 | 1 | 8 | 4 |
| 1 | 4 | 3 | 8 | 6 | 5 | 9 | 2 | 7 |

## EXTREME - 212

| 5 | 2 | 6 | 4 | 9 | 8 | 1 | 3 | 7 |
|---|---|---|---|---|---|---|---|---|
| 8 | 3 | 4 | 2 | 7 | 1 | 6 | 5 | 9 |
| 9 | 7 | 1 | 3 | 6 | 5 | 4 | 8 | 2 |
| 6 | 4 | 5 | 9 | 1 | 3 | 2 | 7 | 8 |
| 2 | 1 | 8 | 5 | 4 | 7 | 3 | 9 | 6 |
| 7 | 9 | 3 | 8 | 2 | 6 | 5 | 1 | 4 |
| 4 | 8 | 2 | 1 | 5 | 9 | 7 | 6 | 3 |
| 1 | 6 | 9 | 7 | 3 | 4 | 8 | 2 | 5 |
| 3 | 5 | 7 | 6 | 8 | 2 | 9 | 4 | 1 |

## EXTREME - 213

| 7 | 9 | 1 | 4 | 5 | 8 | 2 | 3 | 6 |
|---|---|---|---|---|---|---|---|---|
| 6 | 3 | 4 | 2 | 7 | 9 | 5 | 1 | 8 |
| 8 | 2 | 5 | 6 | 3 | 1 | 9 | 7 | 4 |
| 3 | 1 | 9 | 8 | 2 | 7 | 6 | 4 | 5 |
| 2 | 4 | 7 | 1 | 6 | 5 | 3 | 8 | 9 |
| 5 | 6 | 8 | 9 | 4 | 3 | 7 | 2 | 1 |
| 9 | 7 | 3 | 5 | 1 | 4 | 8 | 6 | 2 |
| 1 | 8 | 6 | 7 | 9 | 2 | 4 | 5 | 3 |
| 4 | 5 | 2 | 3 | 8 | 6 | 1 | 9 | 7 |

## EXTREME - 214

| 6 | 7 | 5 | 2 | 8 | 9 | 4 | 3 | 1 |
|---|---|---|---|---|---|---|---|---|
| 2 | 3 | 1 | 6 | 4 | 7 | 5 | 8 | 9 |
| 8 | 9 | 4 | 3 | 1 | 5 | 7 | 2 | 6 |
| 9 | 1 | 3 | 5 | 6 | 2 | 8 | 4 | 7 |
| 7 | 5 | 8 | 4 | 9 | 1 | 2 | 6 | 3 |
| 4 | 6 | 2 | 8 | 7 | 3 | 1 | 9 | 5 |
| 3 | 4 | 7 | 9 | 5 | 8 | 6 | 1 | 2 |
| 1 | 8 | 9 | 7 | 2 | 6 | 3 | 5 | 4 |
| 5 | 2 | 6 | 1 | 3 | 4 | 9 | 7 | 8 |

## EXTREME - 215

| 5 | 7 | 4 | 6 | 8 | 2 | 9 | 3 | 1 |
|---|---|---|---|---|---|---|---|---|
| 9 | 6 | 8 | 3 | 4 | 1 | 7 | 2 | 5 |
| 3 | 1 | 2 | 5 | 7 | 9 | 8 | 4 | 6 |
| 7 | 4 | 1 | 2 | 3 | 6 | 5 | 9 | 8 |
| 2 | 9 | 6 | 8 | 1 | 5 | 4 | 7 | 3 |
| 8 | 5 | 3 | 7 | 9 | 4 | 6 | 1 | 2 |
| 6 | 2 | 7 | 9 | 5 | 3 | 1 | 8 | 4 |
| 1 | 8 | 5 | 4 | 2 | 7 | 3 | 6 | 9 |
| 4 | 3 | 9 | 1 | 6 | 8 | 2 | 5 | 7 |

## EXTREME - 216

| 6 | 4 | 8 | 9 | 3 | 2 | 7 | 1 | 5 |
|---|---|---|---|---|---|---|---|---|
| 9 | 3 | 7 | 6 | 1 | 5 | 4 | 2 | 8 |
| 1 | 2 | 5 | 4 | 7 | 8 | 9 | 6 | 3 |
| 5 | 8 | 4 | 2 | 9 | 7 | 6 | 3 | 1 |
| 2 | 1 | 3 | 5 | 6 | 4 | 8 | 9 | 7 |
| 7 | 6 | 9 | 1 | 8 | 3 | 5 | 4 | 2 |
| 8 | 7 | 6 | 3 | 4 | 1 | 2 | 5 | 9 |
| 4 | 5 | 1 | 8 | 2 | 9 | 3 | 7 | 6 |
| 3 | 9 | 2 | 7 | 5 | 6 | 1 | 8 | 4 |

## EXTREME - 217

| 8 | 7 | 3 | 9 | 6 | 4 | 5 | 2 | 1 |
|---|---|---|---|---|---|---|---|---|
| 2 | 5 | 6 | 7 | 1 | 3 | 8 | 9 | 4 |
| 4 | 1 | 9 | 5 | 8 | 2 | 6 | 3 | 7 |
| 3 | 8 | 7 | 4 | 2 | 1 | 9 | 5 | 6 |
| 5 | 4 | 2 | 6 | 3 | 9 | 1 | 7 | 8 |
| 6 | 9 | 1 | 8 | 7 | 5 | 2 | 4 | 3 |
| 1 | 3 | 8 | 2 | 9 | 7 | 4 | 6 | 5 |
| 7 | 2 | 5 | 1 | 4 | 6 | 3 | 8 | 9 |
| 9 | 6 | 4 | 3 | 5 | 8 | 7 | 1 | 2 |

## EXTREME - 218

| 8 | 3 | 7 | 2 | 9 | 4 | 6 | 5 | 1 |
|---|---|---|---|---|---|---|---|---|
| 5 | 9 | 4 | 1 | 6 | 8 | 2 | 7 | 3 |
| 1 | 2 | 6 | 5 | 7 | 3 | 4 | 8 | 9 |
| 7 | 4 | 2 | 8 | 1 | 5 | 9 | 3 | 6 |
| 6 | 1 | 5 | 9 | 3 | 2 | 7 | 4 | 8 |
| 3 | 8 | 9 | 7 | 4 | 6 | 1 | 2 | 5 |
| 2 | 7 | 1 | 3 | 8 | 9 | 5 | 6 | 4 |
| 9 | 6 | 8 | 4 | 5 | 7 | 3 | 1 | 2 |
| 4 | 5 | 3 | 6 | 2 | 1 | 8 | 9 | 7 |

## EXTREME - 219

| 6 | 4 | 3 | 2 | 9 | 1 | 5 | 7 | 8 |
|---|---|---|---|---|---|---|---|---|
| 1 | 9 | 5 | 8 | 7 | 6 | 3 | 4 | 2 |
| 7 | 8 | 2 | 3 | 4 | 5 | 9 | 6 | 1 |
| 4 | 7 | 8 | 5 | 6 | 2 | 1 | 3 | 9 |
| 3 | 5 | 9 | 7 | 1 | 8 | 6 | 2 | 4 |
| 2 | 1 | 6 | 4 | 3 | 9 | 7 | 8 | 5 |
| 8 | 3 | 7 | 1 | 5 | 4 | 2 | 9 | 6 |
| 5 | 6 | 4 | 9 | 2 | 3 | 8 | 1 | 7 |
| 9 | 2 | 1 | 6 | 8 | 7 | 4 | 5 | 3 |

## EXTREME - 220

| 5 | 7 | 8 | 2 | 9 | 6 | 1 | 3 | 4 |
|---|---|---|---|---|---|---|---|---|
| 3 | 9 | 4 | 8 | 1 | 7 | 6 | 2 | 5 |
| 2 | 1 | 6 | 3 | 5 | 4 | 7 | 8 | 9 |
| 9 | 3 | 7 | 1 | 2 | 8 | 4 | 5 | 6 |
| 6 | 8 | 1 | 4 | 7 | 5 | 2 | 9 | 3 |
| 4 | 2 | 5 | 6 | 3 | 9 | 8 | 1 | 7 |
| 8 | 4 | 9 | 5 | 6 | 2 | 3 | 7 | 1 |
| 7 | 6 | 3 | 9 | 8 | 1 | 5 | 4 | 2 |
| 1 | 5 | 2 | 7 | 4 | 3 | 9 | 6 | 8 |

## EXTREME - 221

| 9 | 2 | 7 | 6 | 4 | 3 | 1 | 8 | 5 |
|---|---|---|---|---|---|---|---|---|
| 5 | 6 | 3 | 8 | 2 | 1 | 4 | 9 | 7 |
| 1 | 4 | 8 | 9 | 5 | 7 | 6 | 3 | 2 |
| 2 | 7 | 9 | 4 | 3 | 6 | 5 | 1 | 8 |
| 8 | 5 | 4 | 1 | 7 | 9 | 2 | 6 | 3 |
| 6 | 3 | 1 | 5 | 8 | 2 | 7 | 4 | 9 |
| 7 | 8 | 6 | 2 | 9 | 4 | 3 | 5 | 1 |
| 3 | 1 | 5 | 7 | 6 | 8 | 9 | 2 | 4 |
| 4 | 9 | 2 | 3 | 1 | 5 | 8 | 7 | 6 |

## EXTREME - 222

| 4 | 2 | 3 | 8 | 1 | 6 | 5 | 7 | 9 |
|---|---|---|---|---|---|---|---|---|
| 6 | 7 | 1 | 5 | 2 | 9 | 8 | 4 | 3 |
| 9 | 5 | 8 | 3 | 4 | 7 | 1 | 2 | 6 |
| 2 | 9 | 5 | 1 | 6 | 3 | 7 | 8 | 4 |
| 1 | 4 | 6 | 7 | 8 | 2 | 3 | 9 | 5 |
| 3 | 8 | 7 | 4 | 9 | 5 | 2 | 6 | 1 |
| 8 | 1 | 2 | 9 | 3 | 4 | 6 | 5 | 7 |
| 5 | 6 | 9 | 2 | 7 | 1 | 4 | 3 | 8 |
| 7 | 3 | 4 | 6 | 5 | 8 | 9 | 1 | 2 |

## EXTREME - 223

| 9 | 7 | 5 | 8 | 1 | 2 | 6 | 3 | 4 |
|---|---|---|---|---|---|---|---|---|
| 8 | 6 | 2 | 5 | 3 | 4 | 1 | 7 | 9 |
| 4 | 3 | 1 | 7 | 6 | 9 | 2 | 5 | 8 |
| 3 | 2 | 7 | 6 | 9 | 5 | 8 | 4 | 1 |
| 1 | 5 | 8 | 4 | 2 | 7 | 3 | 9 | 6 |
| 6 | 4 | 9 | 1 | 8 | 3 | 7 | 2 | 5 |
| 7 | 1 | 3 | 9 | 5 | 8 | 4 | 6 | 2 |
| 2 | 9 | 6 | 3 | 4 | 1 | 5 | 8 | 7 |
| 5 | 8 | 4 | 2 | 7 | 6 | 9 | 1 | 3 |

## EXTREME - 224

| 7 | 3 | 5 | 4 | 6 | 1 | 8 | 9 | 2 |
|---|---|---|---|---|---|---|---|---|
| 1 | 6 | 4 | 9 | 2 | 8 | 3 | 5 | 7 |
| 2 | 8 | 9 | 3 | 7 | 5 | 6 | 1 | 4 |
| 6 | 7 | 3 | 2 | 5 | 4 | 9 | 8 | 1 |
| 9 | 2 | 8 | 6 | 1 | 7 | 4 | 3 | 5 |
| 5 | 4 | 1 | 8 | 9 | 3 | 2 | 7 | 6 |
| 4 | 1 | 2 | 7 | 3 | 9 | 5 | 6 | 8 |
| 3 | 5 | 6 | 1 | 8 | 2 | 7 | 4 | 9 |
| 8 | 9 | 7 | 5 | 4 | 6 | 1 | 2 | 3 |

## EXTREME - 225

| 6 | 3 | 4 | 8 | 2 | 5 | 7 | 9 | 1 |
|---|---|---|---|---|---|---|---|---|
| 9 | 8 | 1 | 6 | 7 | 4 | 3 | 5 | 2 |
| 7 | 2 | 5 | 9 | 3 | 1 | 8 | 4 | 6 |
| 5 | 4 | 6 | 2 | 8 | 7 | 1 | 3 | 9 |
| 3 | 1 | 8 | 5 | 9 | 6 | 4 | 2 | 7 |
| 2 | 7 | 9 | 1 | 4 | 3 | 5 | 6 | 8 |
| 4 | 6 | 3 | 7 | 1 | 9 | 2 | 8 | 5 |
| 1 | 5 | 2 | 3 | 6 | 8 | 9 | 7 | 4 |
| 8 | 9 | 7 | 4 | 5 | 2 | 6 | 1 | 3 |

## EXTREME - 226

| 7 | 3 | 6 | 1 | 9 | 8 | 5 | 4 | 2 |
|---|---|---|---|---|---|---|---|---|
| 1 | 5 | 8 | 4 | 7 | 2 | 3 | 6 | 9 |
| 4 | 9 | 2 | 5 | 6 | 3 | 8 | 7 | 1 |
| 2 | 7 | 3 | 9 | 4 | 5 | 1 | 8 | 6 |
| 5 | 8 | 1 | 7 | 2 | 6 | 4 | 9 | 3 |
| 6 | 4 | 9 | 3 | 8 | 1 | 2 | 5 | 7 |
| 9 | 1 | 7 | 8 | 3 | 4 | 6 | 2 | 5 |
| 3 | 6 | 4 | 2 | 5 | 7 | 9 | 1 | 8 |
| 8 | 2 | 5 | 6 | 1 | 9 | 7 | 3 | 4 |

## EXTREME - 227

| 1 | 9 | 7 | 5 | 2 | 8 | 6 | 3 | 4 |
|---|---|---|---|---|---|---|---|---|
| 4 | 5 | 3 | 7 | 6 | 9 | 2 | 8 | 1 |
| 6 | 2 | 8 | 3 | 4 | 1 | 9 | 5 | 7 |
| 5 | 8 | 1 | 2 | 3 | 7 | 4 | 6 | 9 |
| 2 | 3 | 4 | 9 | 1 | 6 | 5 | 7 | 8 |
| 7 | 6 | 9 | 4 | 8 | 5 | 1 | 2 | 3 |
| 8 | 1 | 5 | 6 | 7 | 4 | 3 | 9 | 2 |
| 3 | 4 | 6 | 8 | 9 | 2 | 7 | 1 | 5 |
| 9 | 7 | 2 | 1 | 5 | 3 | 8 | 4 | 6 |

## EXTREME - 228

| 4 | 7 | 8 | 9 | 1 | 2 | 5 | 3 | 6 |
|---|---|---|---|---|---|---|---|---|
| 6 | 5 | 2 | 7 | 3 | 8 | 1 | 9 | 4 |
| 3 | 9 | 1 | 6 | 4 | 5 | 7 | 2 | 8 |
| 8 | 4 | 6 | 1 | 9 | 7 | 2 | 5 | 3 |
| 5 | 2 | 7 | 3 | 8 | 4 | 9 | 6 | 1 |
| 9 | 1 | 3 | 5 | 2 | 6 | 8 | 4 | 7 |
| 7 | 8 | 5 | 4 | 6 | 9 | 3 | 1 | 2 |
| 2 | 3 | 4 | 8 | 5 | 1 | 6 | 7 | 9 |
| 1 | 6 | 9 | 2 | 7 | 3 | 4 | 8 | 5 |

## EXTREME - 229

| 9 | 5 | 6 | 3 | 2 | 7 | 4 | 1 | 8 |
|---|---|---|---|---|---|---|---|---|
| 1 | 8 | 4 | 9 | 6 | 5 | 2 | 7 | 3 |
| 7 | 3 | 2 | 4 | 8 | 1 | 6 | 9 | 5 |
| 8 | 4 | 1 | 2 | 3 | 9 | 5 | 6 | 7 |
| 3 | 7 | 5 | 6 | 1 | 8 | 9 | 2 | 4 |
| 6 | 2 | 9 | 5 | 7 | 4 | 3 | 8 | 1 |
| 2 | 6 | 7 | 1 | 4 | 3 | 8 | 5 | 9 |
| 4 | 9 | 8 | 7 | 5 | 6 | 1 | 3 | 2 |
| 5 | 1 | 3 | 8 | 9 | 2 | 7 | 4 | 6 |

## EXTREME - 230

| 7 | 9 | 4 | 1 | 8 | 3 | 5 | 6 | 2 |
|---|---|---|---|---|---|---|---|---|
| 5 | 2 | 1 | 6 | 4 | 7 | 8 | 9 | 3 |
| 3 | 8 | 6 | 9 | 5 | 2 | 4 | 1 | 7 |
| 9 | 7 | 3 | 5 | 1 | 8 | 6 | 2 | 4 |
| 4 | 6 | 5 | 2 | 3 | 9 | 7 | 8 | 1 |
| 2 | 1 | 8 | 4 | 7 | 6 | 9 | 3 | 5 |
| 6 | 5 | 7 | 3 | 9 | 1 | 2 | 4 | 8 |
| 1 | 4 | 2 | 8 | 6 | 5 | 3 | 7 | 9 |
| 8 | 3 | 9 | 7 | 2 | 4 | 1 | 5 | 6 |

## EXTREME - 231

| 8 | 1 | 9 | 4 | 6 | 7 | 5 | 2 | 3 |
|---|---|---|---|---|---|---|---|---|
| 4 | 6 | 7 | 2 | 5 | 3 | 1 | 8 | 9 |
| 3 | 2 | 5 | 8 | 9 | 1 | 6 | 7 | 4 |
| 6 | 9 | 3 | 5 | 1 | 2 | 7 | 4 | 8 |
| 5 | 7 | 4 | 6 | 3 | 8 | 9 | 1 | 2 |
| 2 | 8 | 1 | 7 | 4 | 9 | 3 | 5 | 6 |
| 7 | 3 | 2 | 1 | 8 | 6 | 4 | 9 | 5 |
| 1 | 5 | 6 | 9 | 2 | 4 | 8 | 3 | 7 |
| 9 | 4 | 8 | 3 | 7 | 5 | 2 | 6 | 1 |

## EXTREME - 232

| 7 | 1 | 6 | 5 | 9 | 8 | 3 | 4 | 2 |
|---|---|---|---|---|---|---|---|---|
| 5 | 3 | 2 | 4 | 6 | 1 | 7 | 9 | 8 |
| 4 | 9 | 8 | 2 | 7 | 3 | 5 | 1 | 6 |
| 9 | 7 | 4 | 3 | 1 | 6 | 2 | 8 | 5 |
| 6 | 8 | 5 | 7 | 2 | 9 | 1 | 3 | 4 |
| 3 | 2 | 1 | 8 | 4 | 5 | 6 | 7 | 9 |
| 2 | 4 | 9 | 1 | 5 | 7 | 8 | 6 | 3 |
| 1 | 6 | 3 | 9 | 8 | 2 | 4 | 5 | 7 |
| 8 | 5 | 7 | 6 | 3 | 4 | 9 | 2 | 1 |

## EXTREME - 233

| 2 | 9 | 1 | 8 | 3 | 7 | 5 | 6 | 4 |
|---|---|---|---|---|---|---|---|---|
| 6 | 7 | 5 | 2 | 1 | 4 | 8 | 3 | 9 |
| 4 | 8 | 3 | 6 | 9 | 5 | 1 | 2 | 7 |
| 5 | 3 | 4 | 9 | 6 | 1 | 2 | 7 | 8 |
| 8 | 1 | 7 | 5 | 2 | 3 | 4 | 9 | 6 |
| 9 | 6 | 2 | 7 | 4 | 8 | 3 | 5 | 1 |
| 7 | 4 | 9 | 1 | 5 | 2 | 6 | 8 | 3 |
| 3 | 2 | 8 | 4 | 7 | 6 | 9 | 1 | 5 |
| 1 | 5 | 6 | 3 | 8 | 9 | 7 | 4 | 2 |

## EXTREME - 234

| 4 | 9 | 2 | 7 | 1 | 5 | 3 | 6 | 8 |
|---|---|---|---|---|---|---|---|---|
| 7 | 8 | 6 | 3 | 9 | 2 | 4 | 5 | 1 |
| 1 | 3 | 5 | 4 | 6 | 8 | 9 | 2 | 7 |
| 8 | 1 | 9 | 5 | 2 | 6 | 7 | 4 | 3 |
| 3 | 6 | 4 | 1 | 8 | 7 | 5 | 9 | 2 |
| 5 | 2 | 7 | 9 | 3 | 4 | 1 | 8 | 6 |
| 6 | 7 | 1 | 8 | 5 | 9 | 2 | 3 | 4 |
| 2 | 5 | 3 | 6 | 4 | 1 | 8 | 7 | 9 |
| 9 | 4 | 8 | 2 | 7 | 3 | 6 | 1 | 5 |

## EXTREME - 235

| 3 | 9 | 5 | 2 | 1 | 6 | 8 | 7 | 4 |
|---|---|---|---|---|---|---|---|---|
| 4 | 2 | 6 | 5 | 7 | 8 | 3 | 9 | 1 |
| 1 | 7 | 8 | 3 | 9 | 4 | 2 | 6 | 5 |
| 7 | 1 | 2 | 8 | 6 | 5 | 4 | 3 | 9 |
| 8 | 5 | 4 | 9 | 3 | 2 | 7 | 1 | 6 |
| 6 | 3 | 9 | 1 | 4 | 7 | 5 | 2 | 8 |
| 5 | 8 | 1 | 7 | 2 | 9 | 6 | 4 | 3 |
| 2 | 6 | 3 | 4 | 5 | 1 | 9 | 8 | 7 |
| 9 | 4 | 7 | 6 | 8 | 3 | 1 | 5 | 2 |

## EXTREME - 236

| 6 | 3 | 7 | 9 | 2 | 5 | 8 | 4 | 1 |
|---|---|---|---|---|---|---|---|---|
| 2 | 5 | 9 | 1 | 8 | 4 | 7 | 3 | 6 |
| 4 | 1 | 8 | 3 | 6 | 7 | 9 | 5 | 2 |
| 3 | 9 | 2 | 5 | 1 | 8 | 4 | 6 | 7 |
| 1 | 4 | 5 | 2 | 7 | 6 | 3 | 9 | 8 |
| 7 | 8 | 6 | 4 | 9 | 3 | 2 | 1 | 5 |
| 5 | 6 | 4 | 8 | 3 | 2 | 1 | 7 | 9 |
| 9 | 2 | 3 | 7 | 5 | 1 | 6 | 8 | 4 |
| 8 | 7 | 1 | 6 | 4 | 9 | 5 | 2 | 3 |

## EXTREME - 237

| 4 | 8 | 6 | 5 | 3 | 2 | 7 | 1 | 9 |
|---|---|---|---|---|---|---|---|---|
| 3 | 1 | 5 | 9 | 6 | 7 | 4 | 2 | 8 |
| 9 | 7 | 2 | 4 | 8 | 1 | 3 | 5 | 6 |
| 5 | 4 | 8 | 3 | 2 | 6 | 9 | 7 | 1 |
| 7 | 2 | 1 | 8 | 5 | 9 | 6 | 4 | 3 |
| 6 | 9 | 3 | 1 | 7 | 4 | 5 | 8 | 2 |
| 1 | 6 | 7 | 2 | 9 | 5 | 8 | 3 | 4 |
| 2 | 3 | 9 | 7 | 4 | 8 | 1 | 6 | 5 |
| 8 | 5 | 4 | 6 | 1 | 3 | 2 | 9 | 7 |

## EXTREME - 238

| 1 | 6 | 3 | 2 | 9 | 4 | 8 | 7 | 5 |
|---|---|---|---|---|---|---|---|---|
| 9 | 8 | 7 | 5 | 1 | 6 | 4 | 2 | 3 |
| 4 | 2 | 5 | 8 | 7 | 3 | 6 | 9 | 1 |
| 8 | 7 | 4 | 1 | 6 | 2 | 3 | 5 | 9 |
| 3 | 1 | 6 | 9 | 4 | 5 | 2 | 8 | 7 |
| 5 | 9 | 2 | 3 | 8 | 7 | 1 | 4 | 6 |
| 7 | 5 | 1 | 4 | 3 | 8 | 9 | 6 | 2 |
| 6 | 3 | 8 | 7 | 2 | 9 | 5 | 1 | 4 |
| 2 | 4 | 9 | 6 | 5 | 1 | 7 | 3 | 8 |

## EXTREME - 239

| 6 | 5 | 9 | 4 | 2 | 1 | 7 | 8 | 3 |
|---|---|---|---|---|---|---|---|---|
| 8 | 1 | 3 | 7 | 5 | 9 | 4 | 6 | 2 |
| 4 | 2 | 7 | 6 | 3 | 8 | 9 | 1 | 5 |
| 2 | 8 | 4 | 9 | 6 | 3 | 5 | 7 | 1 |
| 3 | 9 | 5 | 1 | 4 | 7 | 8 | 2 | 6 |
| 7 | 6 | 1 | 5 | 8 | 2 | 3 | 4 | 9 |
| 1 | 7 | 6 | 3 | 9 | 4 | 2 | 5 | 8 |
| 5 | 3 | 2 | 8 | 7 | 6 | 1 | 9 | 4 |
| 9 | 4 | 8 | 2 | 1 | 5 | 6 | 3 | 7 |

## EXTREME - 240

| 9 | 6 | 3 | 8 | 7 | 1 | 4 | 2 | 5 |
|---|---|---|---|---|---|---|---|---|
| 2 | 8 | 7 | 5 | 9 | 4 | 6 | 3 | 1 |
| 1 | 5 | 4 | 2 | 3 | 6 | 8 | 7 | 9 |
| 6 | 7 | 9 | 1 | 5 | 2 | 3 | 8 | 4 |
| 5 | 3 | 8 | 9 | 4 | 7 | 2 | 1 | 6 |
| 4 | 1 | 2 | 3 | 6 | 8 | 9 | 5 | 7 |
| 7 | 2 | 5 | 6 | 8 | 9 | 1 | 4 | 3 |
| 8 | 4 | 6 | 7 | 1 | 3 | 5 | 9 | 2 |
| 3 | 9 | 1 | 4 | 2 | 5 | 7 | 6 | 8 |

## EXTREME - 241

| 1 | 2 | 7 | 3 | 5 | 6 | 9 | 8 | 4 |
|---|---|---|---|---|---|---|---|---|
| 5 | 6 | 4 | 8 | 7 | 9 | 1 | 3 | 2 |
| 3 | 8 | 9 | 4 | 2 | 1 | 6 | 7 | 5 |
| 6 | 9 | 5 | 2 | 8 | 7 | 4 | 1 | 3 |
| 2 | 3 | 8 | 1 | 6 | 4 | 7 | 5 | 9 |
| 4 | 7 | 1 | 9 | 3 | 5 | 2 | 6 | 8 |
| 9 | 5 | 3 | 6 | 1 | 2 | 8 | 4 | 7 |
| 7 | 1 | 2 | 5 | 4 | 8 | 3 | 9 | 6 |
| 8 | 4 | 6 | 7 | 9 | 3 | 5 | 2 | 1 |

## EXTREME - 242

| 4 | 8 | 6 | 9 | 2 | 5 | 3 | 7 | 1 |
|---|---|---|---|---|---|---|---|---|
| 7 | 9 | 3 | 4 | 6 | 1 | 2 | 5 | 8 |
| 1 | 5 | 2 | 7 | 8 | 3 | 6 | 4 | 9 |
| 3 | 2 | 8 | 6 | 9 | 7 | 4 | 1 | 5 |
| 5 | 6 | 1 | 8 | 3 | 4 | 7 | 9 | 2 |
| 9 | 4 | 7 | 5 | 1 | 2 | 8 | 3 | 6 |
| 8 | 7 | 4 | 2 | 5 | 9 | 1 | 6 | 3 |
| 6 | 1 | 5 | 3 | 7 | 8 | 9 | 2 | 4 |
| 2 | 3 | 9 | 1 | 4 | 6 | 5 | 8 | 7 |

## EXTREME - 243

| 3 | 1 | 8 | 2 | 9 | 7 | 5 | 6 | 4 |
|---|---|---|---|---|---|---|---|---|
| 7 | 2 | 5 | 4 | 6 | 1 | 8 | 9 | 3 |
| 6 | 9 | 4 | 5 | 3 | 8 | 1 | 7 | 2 |
| 2 | 6 | 3 | 7 | 1 | 4 | 9 | 8 | 5 |
| 5 | 4 | 1 | 9 | 8 | 6 | 3 | 2 | 7 |
| 9 | 8 | 7 | 3 | 5 | 2 | 6 | 4 | 1 |
| 8 | 3 | 2 | 6 | 4 | 5 | 7 | 1 | 9 |
| 4 | 5 | 6 | 1 | 7 | 9 | 2 | 3 | 8 |
| 1 | 7 | 9 | 8 | 2 | 3 | 4 | 5 | 6 |

## EXTREME - 244

| 9 | 8 | 1 | 4 | 7 | 2 | 6 | 3 | 5 |
|---|---|---|---|---|---|---|---|---|
| 5 | 7 | 6 | 9 | 3 | 8 | 2 | 1 | 4 |
| 3 | 4 | 2 | 1 | 6 | 5 | 7 | 8 | 9 |
| 8 | 2 | 7 | 3 | 9 | 4 | 1 | 5 | 6 |
| 1 | 6 | 9 | 2 | 5 | 7 | 3 | 4 | 8 |
| 4 | 3 | 5 | 6 | 8 | 1 | 9 | 2 | 7 |
| 7 | 1 | 3 | 8 | 4 | 6 | 5 | 9 | 2 |
| 6 | 9 | 4 | 5 | 2 | 3 | 8 | 7 | 1 |
| 2 | 5 | 8 | 7 | 1 | 9 | 4 | 6 | 3 |

## EXTREME - 245

| 6 | 9 | 2 | 4 | 1 | 3 | 8 | 7 | 5 |
|---|---|---|---|---|---|---|---|---|
| 7 | 5 | 3 | 8 | 9 | 6 | 2 | 4 | 1 |
| 8 | 4 | 1 | 7 | 2 | 5 | 3 | 9 | 6 |
| 4 | 2 | 6 | 3 | 5 | 8 | 7 | 1 | 9 |
| 3 | 8 | 9 | 1 | 7 | 4 | 6 | 5 | 2 |
| 5 | 1 | 7 | 2 | 6 | 9 | 4 | 8 | 3 |
| 1 | 7 | 4 | 5 | 3 | 2 | 9 | 6 | 8 |
| 9 | 3 | 5 | 6 | 8 | 7 | 1 | 2 | 4 |
| 2 | 6 | 8 | 9 | 4 | 1 | 5 | 3 | 7 |

## EXTREME - 246

| 6 | 5 | 2 | 4 | 9 | 7 | 3 | 8 | 1 |
|---|---|---|---|---|---|---|---|---|
| 4 | 3 | 7 | 1 | 2 | 8 | 9 | 6 | 5 |
| 9 | 8 | 1 | 6 | 3 | 5 | 2 | 4 | 7 |
| 7 | 2 | 3 | 5 | 8 | 1 | 4 | 9 | 6 |
| 5 | 1 | 9 | 2 | 6 | 4 | 7 | 3 | 8 |
| 8 | 4 | 6 | 9 | 7 | 3 | 5 | 1 | 2 |
| 3 | 7 | 4 | 8 | 1 | 2 | 6 | 5 | 9 |
| 1 | 9 | 5 | 7 | 4 | 6 | 8 | 2 | 3 |
| 2 | 6 | 8 | 3 | 5 | 9 | 1 | 7 | 4 |

## EXTREME - 247

| 7 | 4 | 2 | 3 | 6 | 8 | 1 | 9 | 5 |
|---|---|---|---|---|---|---|---|---|
| 1 | 3 | 5 | 4 | 9 | 7 | 8 | 6 | 2 |
| 9 | 8 | 6 | 1 | 5 | 2 | 4 | 7 | 3 |
| 2 | 6 | 3 | 7 | 4 | 5 | 9 | 8 | 1 |
| 5 | 1 | 7 | 6 | 8 | 9 | 2 | 3 | 4 |
| 8 | 9 | 4 | 2 | 1 | 3 | 7 | 5 | 6 |
| 3 | 2 | 9 | 5 | 7 | 1 | 6 | 4 | 8 |
| 4 | 5 | 8 | 9 | 2 | 6 | 3 | 1 | 7 |
| 6 | 7 | 1 | 8 | 3 | 4 | 5 | 2 | 9 |

## EXTREME - 248

| 3 | 4 | 1 | 8 | 6 | 5 | 9 | 7 | 2 |
|---|---|---|---|---|---|---|---|---|
| 9 | 7 | 5 | 2 | 3 | 4 | 8 | 6 | 1 |
| 6 | 8 | 2 | 7 | 1 | 9 | 5 | 4 | 3 |
| 1 | 9 | 6 | 4 | 7 | 8 | 3 | 2 | 5 |
| 7 | 5 | 3 | 1 | 2 | 6 | 4 | 8 | 9 |
| 8 | 2 | 4 | 9 | 5 | 3 | 7 | 1 | 6 |
| 5 | 1 | 8 | 6 | 9 | 7 | 2 | 3 | 4 |
| 2 | 3 | 7 | 5 | 4 | 1 | 6 | 9 | 8 |
| 4 | 6 | 9 | 3 | 8 | 2 | 1 | 5 | 7 |

## EXTREME - 249

| 5 | 2 | 8 | 6 | 3 | 9 | 1 | 4 | 7 |
|---|---|---|---|---|---|---|---|---|
| 4 | 9 | 3 | 7 | 1 | 8 | 2 | 5 | 6 |
| 6 | 1 | 7 | 5 | 2 | 4 | 3 | 9 | 8 |
| 3 | 5 | 6 | 2 | 4 | 7 | 9 | 8 | 1 |
| 7 | 8 | 1 | 3 | 9 | 6 | 4 | 2 | 5 |
| 2 | 4 | 9 | 1 | 8 | 5 | 6 | 7 | 3 |
| 1 | 3 | 5 | 9 | 7 | 2 | 8 | 6 | 4 |
| 8 | 7 | 2 | 4 | 6 | 1 | 5 | 3 | 9 |
| 9 | 6 | 4 | 8 | 5 | 3 | 7 | 1 | 2 |

## EXTREME - 250

| 1 | 6 | 9 | 5 | 7 | 2 | 3 | 4 | 8 |
|---|---|---|---|---|---|---|---|---|
| 7 | 8 | 4 | 1 | 3 | 6 | 2 | 5 | 9 |
| 2 | 5 | 3 | 9 | 4 | 8 | 1 | 7 | 6 |
| 5 | 3 | 1 | 7 | 6 | 9 | 4 | 8 | 2 |
| 8 | 2 | 7 | 4 | 1 | 3 | 6 | 9 | 5 |
| 4 | 9 | 6 | 8 | 2 | 5 | 7 | 1 | 3 |
| 6 | 4 | 8 | 3 | 5 | 1 | 9 | 2 | 7 |
| 3 | 7 | 5 | 2 | 9 | 4 | 8 | 6 | 1 |
| 9 | 1 | 2 | 6 | 8 | 7 | 5 | 3 | 4 |

## EXTREME - 251

| 8 | 7 | 2 | 1 | 9 | 3 | 4 | 6 | 5 |
|---|---|---|---|---|---|---|---|---|
| 5 | 1 | 3 | 4 | 6 | 7 | 9 | 8 | 2 |
| 4 | 9 | 6 | 5 | 8 | 2 | 3 | 1 | 7 |
| 3 | 4 | 9 | 8 | 2 | 6 | 5 | 7 | 1 |
| 7 | 2 | 1 | 9 | 4 | 5 | 8 | 3 | 6 |
| 6 | 8 | 5 | 3 | 7 | 1 | 2 | 4 | 9 |
| 9 | 5 | 7 | 6 | 3 | 8 | 1 | 2 | 4 |
| 1 | 6 | 8 | 2 | 5 | 4 | 7 | 9 | 3 |
| 2 | 3 | 4 | 7 | 1 | 9 | 6 | 5 | 8 |

## EXTREME - 252

| 7 | 8 | 1 | 4 | 3 | 2 | 9 | 6 | 5 |
|---|---|---|---|---|---|---|---|---|
| 6 | 5 | 2 | 8 | 1 | 9 | 4 | 3 | 7 |
| 9 | 4 | 3 | 5 | 6 | 7 | 1 | 8 | 2 |
| 3 | 9 | 6 | 1 | 5 | 8 | 2 | 7 | 4 |
| 2 | 7 | 4 | 6 | 9 | 3 | 5 | 1 | 8 |
| 5 | 1 | 8 | 7 | 2 | 4 | 6 | 9 | 3 |
| 8 | 6 | 5 | 3 | 4 | 1 | 7 | 2 | 9 |
| 4 | 2 | 7 | 9 | 8 | 6 | 3 | 5 | 1 |
| 1 | 3 | 9 | 2 | 7 | 5 | 8 | 4 | 6 |

## EXTREME - 253

| 9 | 7 | 4 | 2 | 8 | 1 | 3 | 6 | 5 |
|---|---|---|---|---|---|---|---|---|
| 5 | 1 | 3 | 7 | 9 | 6 | 2 | 8 | 4 |
| 8 | 6 | 2 | 4 | 3 | 5 | 7 | 1 | 9 |
| 4 | 9 | 7 | 5 | 6 | 2 | 1 | 3 | 8 |
| 6 | 2 | 5 | 8 | 1 | 3 | 4 | 9 | 7 |
| 1 | 3 | 8 | 9 | 7 | 4 | 5 | 2 | 6 |
| 3 | 5 | 1 | 6 | 4 | 8 | 9 | 7 | 2 |
| 2 | 8 | 9 | 3 | 5 | 7 | 6 | 4 | 1 |
| 7 | 4 | 6 | 1 | 2 | 9 | 8 | 5 | 3 |

## EXTREME - 254

| 3 | 4 | 5 | 1 | 6 | 9 | 8 | 2 | 7 |
|---|---|---|---|---|---|---|---|---|
| 2 | 6 | 8 | 5 | 7 | 3 | 9 | 1 | 4 |
| 7 | 1 | 9 | 2 | 8 | 4 | 6 | 5 | 3 |
| 4 | 9 | 2 | 3 | 5 | 1 | 7 | 6 | 8 |
| 5 | 8 | 6 | 7 | 4 | 2 | 1 | 3 | 9 |
| 1 | 3 | 7 | 6 | 9 | 8 | 5 | 4 | 2 |
| 8 | 7 | 1 | 4 | 3 | 5 | 2 | 9 | 6 |
| 6 | 2 | 3 | 9 | 1 | 7 | 4 | 8 | 5 |
| 9 | 5 | 4 | 8 | 2 | 6 | 3 | 7 | 1 |

## EXTREME - 255

| 8 | 2 | 7 | 3 | 1 | 5 | 9 | 4 | 6 |
|---|---|---|---|---|---|---|---|---|
| 5 | 4 | 9 | 2 | 8 | 6 | 1 | 7 | 3 |
| 3 | 6 | 1 | 7 | 9 | 4 | 2 | 8 | 5 |
| 7 | 3 | 2 | 5 | 4 | 1 | 6 | 9 | 8 |
| 6 | 1 | 8 | 9 | 2 | 7 | 3 | 5 | 4 |
| 4 | 9 | 5 | 6 | 3 | 8 | 7 | 2 | 1 |
| 1 | 5 | 6 | 4 | 7 | 9 | 8 | 3 | 2 |
| 9 | 8 | 3 | 1 | 5 | 2 | 4 | 6 | 7 |
| 2 | 7 | 4 | 8 | 6 | 3 | 5 | 1 | 9 |

## EXTREME - 256

| 1 | 9 | 2 | 6 | 7 | 4 | 5 | 8 | 3 |
|---|---|---|---|---|---|---|---|---|
| 8 | 5 | 6 | 2 | 1 | 3 | 7 | 4 | 9 |
| 4 | 7 | 3 | 5 | 9 | 8 | 2 | 6 | 1 |
| 9 | 8 | 5 | 7 | 4 | 6 | 1 | 3 | 2 |
| 2 | 1 | 4 | 8 | 3 | 9 | 6 | 5 | 7 |
| 6 | 3 | 7 | 1 | 5 | 2 | 4 | 9 | 8 |
| 3 | 6 | 9 | 4 | 2 | 1 | 8 | 7 | 5 |
| 5 | 2 | 8 | 3 | 6 | 7 | 9 | 1 | 4 |
| 7 | 4 | 1 | 9 | 8 | 5 | 3 | 2 | 6 |

## EXTREME - 257

| 1 | 7 | 4 | 6 | 5 | 3 | 8 | 9 | 2 |
|---|---|---|---|---|---|---|---|---|
| 6 | 2 | 8 | 4 | 9 | 7 | 5 | 3 | 1 |
| 3 | 9 | 5 | 2 | 8 | 1 | 4 | 6 | 7 |
| 7 | 5 | 3 | 8 | 1 | 2 | 6 | 4 | 9 |
| 2 | 6 | 9 | 7 | 4 | 5 | 3 | 1 | 8 |
| 8 | 4 | 1 | 9 | 3 | 6 | 7 | 2 | 5 |
| 4 | 3 | 2 | 1 | 7 | 8 | 9 | 5 | 6 |
| 9 | 8 | 6 | 5 | 2 | 4 | 1 | 7 | 3 |
| 5 | 1 | 7 | 3 | 6 | 9 | 2 | 8 | 4 |

## EXTREME - 258

| 4 | 7 | 3 | 8 | 6 | 9 | 2 | 1 | 5 |
|---|---|---|---|---|---|---|---|---|
| 9 | 1 | 2 | 4 | 7 | 5 | 8 | 6 | 3 |
| 5 | 6 | 8 | 1 | 2 | 3 | 9 | 7 | 4 |
| 7 | 4 | 9 | 3 | 1 | 8 | 5 | 2 | 6 |
| 6 | 3 | 5 | 7 | 9 | 2 | 1 | 4 | 8 |
| 2 | 8 | 1 | 5 | 4 | 6 | 7 | 3 | 9 |
| 3 | 9 | 7 | 2 | 5 | 4 | 6 | 8 | 1 |
| 1 | 5 | 4 | 6 | 8 | 7 | 3 | 9 | 2 |
| 8 | 2 | 6 | 9 | 3 | 1 | 4 | 5 | 7 |

## EXTREME - 259

| 2 | 9 | 4 | 7 | 8 | 1 | 3 | 5 | 6 |
|---|---|---|---|---|---|---|---|---|
| 8 | 7 | 5 | 4 | 6 | 3 | 9 | 1 | 2 |
| 6 | 1 | 3 | 5 | 9 | 2 | 7 | 4 | 8 |
| 4 | 2 | 1 | 9 | 5 | 6 | 8 | 3 | 7 |
| 3 | 6 | 7 | 1 | 2 | 8 | 5 | 9 | 4 |
| 5 | 8 | 9 | 3 | 7 | 4 | 6 | 2 | 1 |
| 1 | 4 | 6 | 8 | 3 | 5 | 2 | 7 | 9 |
| 7 | 5 | 8 | 2 | 1 | 9 | 4 | 6 | 3 |
| 9 | 3 | 2 | 6 | 4 | 7 | 1 | 8 | 5 |

## EXTREME - 260

| 9 | 5 | 6 | 8 | 3 | 4 | 7 | 2 | 1 |
|---|---|---|---|---|---|---|---|---|
| 4 | 3 | 2 | 7 | 1 | 6 | 9 | 8 | 5 |
| 1 | 7 | 8 | 5 | 9 | 2 | 6 | 3 | 4 |
| 5 | 6 | 4 | 1 | 8 | 3 | 2 | 7 | 9 |
| 8 | 9 | 1 | 2 | 4 | 7 | 5 | 6 | 3 |
| 3 | 2 | 7 | 9 | 6 | 5 | 4 | 1 | 8 |
| 7 | 8 | 9 | 4 | 2 | 1 | 3 | 5 | 6 |
| 2 | 1 | 3 | 6 | 5 | 9 | 8 | 4 | 7 |
| 6 | 4 | 5 | 3 | 7 | 8 | 1 | 9 | 2 |

**EXTREME - 261**

| 9 | 6 | 5 | 2 | 7 | 3 | 1 | 8 | 4 |
|---|---|---|---|---|---|---|---|---|
| 4 | 8 | 7 | 1 | 9 | 6 | 3 | 2 | 5 |
| 1 | 2 | 3 | 5 | 8 | 4 | 7 | 6 | 9 |
| 2 | 3 | 9 | 7 | 5 | 1 | 6 | 4 | 8 |
| 7 | 4 | 8 | 6 | 2 | 9 | 5 | 3 | 1 |
| 5 | 1 | 6 | 4 | 3 | 8 | 2 | 9 | 7 |
| 3 | 7 | 4 | 8 | 6 | 5 | 9 | 1 | 2 |
| 6 | 5 | 1 | 9 | 4 | 2 | 8 | 7 | 3 |
| 8 | 9 | 2 | 3 | 1 | 7 | 4 | 5 | 6 |

**EXTREME - 262**

| 4 | 2 | 5 | 3 | 7 | 9 | 8 | 1 | 6 |
|---|---|---|---|---|---|---|---|---|
| 1 | 3 | 8 | 5 | 6 | 4 | 9 | 7 | 2 |
| 7 | 6 | 9 | 1 | 8 | 2 | 3 | 5 | 4 |
| 6 | 8 | 1 | 4 | 3 | 7 | 2 | 9 | 5 |
| 2 | 5 | 3 | 9 | 1 | 8 | 6 | 4 | 7 |
| 9 | 7 | 4 | 2 | 5 | 6 | 1 | 3 | 8 |
| 8 | 9 | 7 | 6 | 4 | 1 | 5 | 2 | 3 |
| 3 | 4 | 2 | 8 | 9 | 5 | 7 | 6 | 1 |
| 5 | 1 | 6 | 7 | 2 | 3 | 4 | 8 | 9 |

**EXTREME - 263**

| 1 | 8 | 3 | 2 | 4 | 6 | 9 | 5 | 7 |
|---|---|---|---|---|---|---|---|---|
| 2 | 7 | 9 | 3 | 8 | 5 | 6 | 1 | 4 |
| 6 | 5 | 4 | 7 | 9 | 1 | 2 | 3 | 8 |
| 8 | 4 | 6 | 1 | 5 | 7 | 3 | 9 | 2 |
| 9 | 2 | 5 | 6 | 3 | 4 | 7 | 8 | 1 |
| 3 | 1 | 7 | 8 | 2 | 9 | 5 | 4 | 6 |
| 4 | 9 | 2 | 5 | 7 | 8 | 1 | 6 | 3 |
| 5 | 3 | 1 | 4 | 6 | 2 | 8 | 7 | 9 |
| 7 | 6 | 8 | 9 | 1 | 3 | 4 | 2 | 5 |

**EXTREME - 264**

| 6 | 5 | 3 | 1 | 2 | 9 | 4 | 8 | 7 |
|---|---|---|---|---|---|---|---|---|
| 2 | 8 | 1 | 7 | 4 | 6 | 3 | 5 | 9 |
| 4 | 9 | 7 | 8 | 5 | 3 | 2 | 1 | 6 |
| 7 | 6 | 5 | 2 | 3 | 4 | 8 | 9 | 1 |
| 1 | 4 | 9 | 5 | 6 | 8 | 7 | 2 | 3 |
| 3 | 2 | 8 | 9 | 7 | 1 | 6 | 4 | 5 |
| 9 | 1 | 2 | 3 | 8 | 7 | 5 | 6 | 4 |
| 8 | 3 | 6 | 4 | 1 | 5 | 9 | 7 | 2 |
| 5 | 7 | 4 | 6 | 9 | 2 | 1 | 3 | 8 |

**EXTREME - 265**

| 8 | 5 | 6 | 2 | 3 | 1 | 4 | 9 | 7 |
|---|---|---|---|---|---|---|---|---|
| 7 | 9 | 2 | 8 | 4 | 6 | 5 | 3 | 1 |
| 4 | 1 | 3 | 5 | 7 | 9 | 6 | 2 | 8 |
| 6 | 7 | 1 | 4 | 2 | 8 | 3 | 5 | 9 |
| 2 | 8 | 5 | 7 | 9 | 3 | 1 | 4 | 6 |
| 3 | 4 | 9 | 6 | 1 | 5 | 8 | 7 | 2 |
| 5 | 2 | 8 | 3 | 6 | 7 | 9 | 1 | 4 |
| 1 | 6 | 7 | 9 | 5 | 4 | 2 | 8 | 3 |
| 9 | 3 | 4 | 1 | 8 | 2 | 7 | 6 | 5 |

**EXTREME - 266**

| 7 | 3 | 6 | 5 | 9 | 2 | 8 | 4 | 1 |
|---|---|---|---|---|---|---|---|---|
| 2 | 9 | 5 | 4 | 1 | 8 | 3 | 6 | 7 |
| 1 | 8 | 4 | 3 | 7 | 6 | 9 | 2 | 5 |
| 6 | 4 | 9 | 1 | 8 | 3 | 5 | 7 | 2 |
| 3 | 1 | 7 | 6 | 2 | 5 | 4 | 8 | 9 |
| 5 | 2 | 8 | 9 | 4 | 7 | 6 | 1 | 3 |
| 4 | 5 | 1 | 2 | 6 | 9 | 7 | 3 | 8 |
| 8 | 6 | 3 | 7 | 5 | 1 | 2 | 9 | 4 |
| 9 | 7 | 2 | 8 | 3 | 4 | 1 | 5 | 6 |

**EXTREME - 267**

| 4 | 6 | 8 | 3 | 1 | 9 | 5 | 2 | 7 |
|---|---|---|---|---|---|---|---|---|
| 3 | 9 | 5 | 7 | 8 | 2 | 4 | 6 | 1 |
| 7 | 2 | 1 | 6 | 5 | 4 | 3 | 9 | 8 |
| 1 | 4 | 6 | 5 | 7 | 8 | 9 | 3 | 2 |
| 8 | 5 | 9 | 2 | 3 | 6 | 1 | 7 | 4 |
| 2 | 3 | 7 | 4 | 9 | 1 | 6 | 8 | 5 |
| 9 | 1 | 3 | 8 | 2 | 5 | 7 | 4 | 6 |
| 6 | 7 | 2 | 1 | 4 | 3 | 8 | 5 | 9 |
| 5 | 8 | 4 | 9 | 6 | 7 | 2 | 1 | 3 |

**EXTREME - 268**

| 1 | 6 | 3 | 4 | 8 | 7 | 9 | 5 | 2 |
|---|---|---|---|---|---|---|---|---|
| 5 | 9 | 4 | 2 | 6 | 3 | 8 | 1 | 7 |
| 8 | 2 | 7 | 9 | 1 | 5 | 6 | 3 | 4 |
| 4 | 1 | 8 | 7 | 9 | 2 | 5 | 6 | 3 |
| 2 | 3 | 6 | 5 | 4 | 1 | 7 | 9 | 8 |
| 9 | 7 | 5 | 8 | 3 | 6 | 4 | 2 | 1 |
| 6 | 4 | 2 | 1 | 5 | 8 | 3 | 7 | 9 |
| 3 | 8 | 1 | 6 | 7 | 9 | 2 | 4 | 5 |
| 7 | 5 | 9 | 3 | 2 | 4 | 1 | 8 | 6 |

**EXTREME - 269**

| 9 | 7 | 2 | 1 | 6 | 8 | 5 | 4 | 3 |
|---|---|---|---|---|---|---|---|---|
| 3 | 1 | 5 | 9 | 7 | 4 | 8 | 6 | 2 |
| 6 | 8 | 4 | 2 | 5 | 3 | 9 | 7 | 1 |
| 7 | 4 | 6 | 3 | 8 | 2 | 1 | 9 | 5 |
| 2 | 5 | 3 | 6 | 9 | 1 | 4 | 8 | 7 |
| 8 | 9 | 1 | 7 | 4 | 5 | 3 | 2 | 6 |
| 4 | 2 | 8 | 5 | 1 | 6 | 7 | 3 | 9 |
| 5 | 6 | 7 | 4 | 3 | 9 | 2 | 1 | 8 |
| 1 | 3 | 9 | 8 | 2 | 7 | 6 | 5 | 4 |

**EXTREME - 270**

| 3 | 4 | 6 | 5 | 8 | 2 | 7 | 1 | 9 |
|---|---|---|---|---|---|---|---|---|
| 1 | 5 | 2 | 3 | 9 | 7 | 4 | 8 | 6 |
| 8 | 9 | 7 | 6 | 4 | 1 | 2 | 5 | 3 |
| 7 | 3 | 9 | 2 | 5 | 4 | 1 | 6 | 8 |
| 2 | 8 | 1 | 9 | 7 | 6 | 5 | 3 | 4 |
| 5 | 6 | 4 | 1 | 3 | 8 | 9 | 7 | 2 |
| 9 | 7 | 3 | 4 | 6 | 5 | 8 | 2 | 1 |
| 4 | 2 | 8 | 7 | 1 | 3 | 6 | 9 | 5 |
| 6 | 1 | 5 | 8 | 2 | 9 | 3 | 4 | 7 |

**EXTREME - 271**

| 2 | 1 | 4 | 3 | 8 | 9 | 5 | 7 | 6 |
|---|---|---|---|---|---|---|---|---|
| 3 | 8 | 9 | 6 | 5 | 7 | 2 | 4 | 1 |
| 6 | 7 | 5 | 1 | 4 | 2 | 3 | 8 | 9 |
| 8 | 3 | 1 | 7 | 6 | 4 | 9 | 2 | 5 |
| 9 | 4 | 6 | 8 | 2 | 5 | 7 | 1 | 3 |
| 7 | 5 | 2 | 9 | 3 | 1 | 4 | 6 | 8 |
| 1 | 2 | 7 | 5 | 9 | 6 | 8 | 3 | 4 |
| 4 | 9 | 8 | 2 | 1 | 3 | 6 | 5 | 7 |
| 5 | 6 | 3 | 4 | 7 | 8 | 1 | 9 | 2 |

**EXTREME - 272**

| 1 | 6 | 3 | 9 | 5 | 8 | 7 | 4 | 2 |
|---|---|---|---|---|---|---|---|---|
| 8 | 2 | 4 | 6 | 3 | 7 | 1 | 9 | 5 |
| 7 | 5 | 9 | 1 | 2 | 4 | 3 | 6 | 8 |
| 5 | 7 | 1 | 8 | 6 | 3 | 4 | 2 | 9 |
| 3 | 9 | 8 | 4 | 7 | 2 | 5 | 1 | 6 |
| 6 | 4 | 2 | 5 | 1 | 9 | 8 | 3 | 7 |
| 2 | 3 | 6 | 7 | 4 | 5 | 9 | 8 | 1 |
| 9 | 1 | 7 | 3 | 8 | 6 | 2 | 5 | 4 |
| 4 | 8 | 5 | 2 | 9 | 1 | 6 | 7 | 3 |

**EXTREME - 273**

| 1 | 8 | 9 | 4 | 2 | 3 | 7 | 5 | 6 |
|---|---|---|---|---|---|---|---|---|
| 3 | 7 | 6 | 1 | 9 | 5 | 2 | 8 | 4 |
| 4 | 2 | 5 | 8 | 6 | 7 | 9 | 3 | 1 |
| 5 | 3 | 8 | 9 | 7 | 6 | 1 | 4 | 2 |
| 6 | 9 | 1 | 2 | 4 | 8 | 3 | 7 | 5 |
| 2 | 4 | 7 | 5 | 3 | 1 | 8 | 6 | 9 |
| 7 | 5 | 3 | 6 | 1 | 9 | 4 | 2 | 8 |
| 8 | 1 | 4 | 7 | 5 | 2 | 6 | 9 | 3 |
| 9 | 6 | 2 | 3 | 8 | 4 | 5 | 1 | 7 |

**EXTREME - 274**

| 6 | 2 | 8 | 1 | 5 | 7 | 9 | 3 | 4 |
|---|---|---|---|---|---|---|---|---|
| 1 | 3 | 5 | 2 | 4 | 9 | 7 | 6 | 8 |
| 4 | 9 | 7 | 8 | 3 | 6 | 2 | 1 | 5 |
| 3 | 8 | 6 | 9 | 1 | 4 | 5 | 2 | 7 |
| 9 | 1 | 2 | 7 | 8 | 5 | 3 | 4 | 6 |
| 5 | 7 | 4 | 6 | 2 | 3 | 1 | 8 | 9 |
| 8 | 6 | 1 | 5 | 9 | 2 | 4 | 7 | 3 |
| 7 | 5 | 3 | 4 | 6 | 1 | 8 | 9 | 2 |
| 2 | 4 | 9 | 3 | 7 | 8 | 6 | 5 | 1 |

**EXTREME - 275**

| 8 | 6 | 1 | 4 | 5 | 9 | 3 | 2 | 7 |
|---|---|---|---|---|---|---|---|---|
| 7 | 4 | 2 | 3 | 6 | 1 | 8 | 9 | 5 |
| 9 | 3 | 5 | 8 | 7 | 2 | 6 | 1 | 4 |
| 6 | 1 | 4 | 2 | 9 | 5 | 7 | 3 | 8 |
| 5 | 2 | 7 | 1 | 8 | 3 | 9 | 4 | 6 |
| 3 | 9 | 8 | 6 | 4 | 7 | 1 | 5 | 2 |
| 1 | 7 | 9 | 5 | 2 | 8 | 4 | 6 | 3 |
| 2 | 8 | 6 | 9 | 3 | 4 | 5 | 7 | 1 |
| 4 | 5 | 3 | 7 | 1 | 6 | 2 | 8 | 9 |

**EXTREME - 276**

| 2 | 4 | 6 | 7 | 1 | 5 | 9 | 8 | 3 |
|---|---|---|---|---|---|---|---|---|
| 5 | 8 | 3 | 9 | 2 | 4 | 6 | 7 | 1 |
| 1 | 7 | 9 | 6 | 8 | 3 | 2 | 5 | 4 |
| 7 | 3 | 2 | 8 | 4 | 6 | 1 | 9 | 5 |
| 4 | 6 | 1 | 2 | 5 | 9 | 8 | 3 | 7 |
| 8 | 9 | 5 | 1 | 3 | 7 | 4 | 2 | 6 |
| 3 | 5 | 8 | 4 | 6 | 2 | 7 | 1 | 9 |
| 6 | 2 | 7 | 3 | 9 | 1 | 5 | 4 | 8 |
| 9 | 1 | 4 | 5 | 7 | 8 | 3 | 6 | 2 |

**EXTREME - 277**

| 8 | 1 | 4 | 3 | 9 | 6 | 7 | 2 | 5 |
|---|---|---|---|---|---|---|---|---|
| 3 | 5 | 6 | 2 | 4 | 7 | 8 | 9 | 1 |
| 2 | 7 | 9 | 8 | 1 | 5 | 3 | 4 | 6 |
| 6 | 3 | 1 | 4 | 5 | 8 | 2 | 7 | 9 |
| 9 | 2 | 7 | 1 | 6 | 3 | 4 | 5 | 8 |
| 4 | 8 | 5 | 9 | 7 | 2 | 6 | 1 | 3 |
| 7 | 6 | 3 | 5 | 2 | 9 | 1 | 8 | 4 |
| 1 | 9 | 8 | 7 | 3 | 4 | 5 | 6 | 2 |
| 5 | 4 | 2 | 6 | 8 | 1 | 9 | 3 | 7 |

**EXTREME - 278**

| 7 | 3 | 8 | 6 | 4 | 9 | 5 | 2 | 1 |
|---|---|---|---|---|---|---|---|---|
| 5 | 6 | 4 | 7 | 2 | 1 | 9 | 8 | 3 |
| 2 | 9 | 1 | 3 | 5 | 8 | 7 | 6 | 4 |
| 3 | 8 | 2 | 9 | 7 | 4 | 6 | 1 | 5 |
| 9 | 7 | 5 | 2 | 1 | 6 | 3 | 4 | 8 |
| 4 | 1 | 6 | 5 | 8 | 3 | 2 | 7 | 9 |
| 6 | 4 | 3 | 1 | 9 | 2 | 8 | 5 | 7 |
| 1 | 5 | 9 | 8 | 6 | 7 | 4 | 3 | 2 |
| 8 | 2 | 7 | 4 | 3 | 5 | 1 | 9 | 6 |

**EXTREME - 279**

| 5 | 8 | 7 | 9 | 3 | 2 | 6 | 4 | 1 |
|---|---|---|---|---|---|---|---|---|
| 1 | 9 | 3 | 5 | 6 | 4 | 8 | 7 | 2 |
| 2 | 4 | 6 | 1 | 7 | 8 | 9 | 5 | 3 |
| 3 | 5 | 9 | 4 | 8 | 7 | 1 | 2 | 6 |
| 8 | 7 | 1 | 2 | 9 | 6 | 4 | 3 | 5 |
| 6 | 2 | 4 | 3 | 1 | 5 | 7 | 9 | 8 |
| 7 | 3 | 2 | 6 | 4 | 1 | 5 | 8 | 9 |
| 4 | 6 | 5 | 8 | 2 | 9 | 3 | 1 | 7 |
| 9 | 1 | 8 | 7 | 5 | 3 | 2 | 6 | 4 |

**EXTREME - 280**

| 9 | 2 | 8 | 1 | 5 | 4 | 3 | 7 | 6 |
|---|---|---|---|---|---|---|---|---|
| 6 | 3 | 5 | 2 | 9 | 7 | 8 | 1 | 4 |
| 1 | 7 | 4 | 6 | 3 | 8 | 2 | 5 | 9 |
| 8 | 6 | 1 | 7 | 2 | 3 | 9 | 4 | 5 |
| 2 | 5 | 9 | 4 | 1 | 6 | 7 | 8 | 3 |
| 7 | 4 | 3 | 5 | 8 | 9 | 1 | 6 | 2 |
| 5 | 1 | 7 | 3 | 4 | 2 | 6 | 9 | 8 |
| 4 | 9 | 2 | 8 | 6 | 1 | 5 | 3 | 7 |
| 3 | 8 | 6 | 9 | 7 | 5 | 4 | 2 | 1 |

**EXTREME - 281**

| 3 | 2 | 4 | 7 | 5 | 1 | 6 | 9 | 8 |
|---|---|---|---|---|---|---|---|---|
| 9 | 6 | 1 | 8 | 4 | 3 | 7 | 5 | 2 |
| 7 | 5 | 8 | 2 | 9 | 6 | 3 | 1 | 4 |
| 6 | 3 | 5 | 1 | 7 | 8 | 4 | 2 | 9 |
| 4 | 1 | 7 | 9 | 2 | 5 | 8 | 6 | 3 |
| 8 | 9 | 2 | 6 | 3 | 4 | 1 | 7 | 5 |
| 2 | 8 | 9 | 4 | 1 | 7 | 5 | 3 | 6 |
| 1 | 4 | 3 | 5 | 6 | 2 | 9 | 8 | 7 |
| 5 | 7 | 6 | 3 | 8 | 9 | 2 | 4 | 1 |

**EXTREME - 282**

| 7 | 3 | 2 | 4 | 5 | 6 | 9 | 8 | 1 |
|---|---|---|---|---|---|---|---|---|
| 8 | 9 | 5 | 3 | 2 | 1 | 4 | 7 | 6 |
| 1 | 6 | 4 | 9 | 7 | 8 | 5 | 3 | 2 |
| 5 | 1 | 6 | 2 | 8 | 7 | 3 | 9 | 4 |
| 2 | 4 | 3 | 6 | 9 | 5 | 8 | 1 | 7 |
| 9 | 7 | 8 | 1 | 3 | 4 | 2 | 6 | 5 |
| 6 | 5 | 1 | 8 | 4 | 3 | 7 | 2 | 9 |
| 4 | 8 | 9 | 7 | 6 | 2 | 1 | 5 | 3 |
| 3 | 2 | 7 | 5 | 1 | 9 | 6 | 4 | 8 |

**EXTREME - 283**

| 4 | 6 | 8 | 5 | 2 | 3 | 1 | 9 | 7 |
|---|---|---|---|---|---|---|---|---|
| 7 | 2 | 3 | 1 | 8 | 9 | 5 | 6 | 4 |
| 1 | 9 | 5 | 4 | 6 | 7 | 2 | 8 | 3 |
| 5 | 7 | 2 | 6 | 9 | 1 | 4 | 3 | 8 |
| 3 | 8 | 4 | 7 | 5 | 2 | 9 | 1 | 6 |
| 9 | 1 | 6 | 8 | 3 | 4 | 7 | 5 | 2 |
| 2 | 4 | 9 | 3 | 1 | 6 | 8 | 7 | 5 |
| 6 | 5 | 1 | 2 | 7 | 8 | 3 | 4 | 9 |
| 8 | 3 | 7 | 9 | 4 | 5 | 6 | 2 | 1 |

**EXTREME - 284**

| 3 | 8 | 9 | 6 | 4 | 2 | 1 | 7 | 5 |
|---|---|---|---|---|---|---|---|---|
| 4 | 6 | 1 | 8 | 5 | 7 | 9 | 3 | 2 |
| 5 | 2 | 7 | 3 | 1 | 9 | 8 | 6 | 4 |
| 1 | 5 | 2 | 7 | 9 | 4 | 3 | 8 | 6 |
| 7 | 9 | 3 | 2 | 6 | 8 | 4 | 5 | 1 |
| 8 | 4 | 6 | 5 | 3 | 1 | 2 | 9 | 7 |
| 6 | 3 | 8 | 4 | 2 | 5 | 7 | 1 | 9 |
| 2 | 1 | 5 | 9 | 7 | 3 | 6 | 4 | 8 |
| 9 | 7 | 4 | 1 | 8 | 6 | 5 | 2 | 3 |

**EXTREME - 285**

| 2 | 9 | 1 | 6 | 5 | 8 | 7 | 4 | 3 |
|---|---|---|---|---|---|---|---|---|
| 6 | 3 | 8 | 4 | 7 | 2 | 1 | 5 | 9 |
| 7 | 4 | 5 | 9 | 3 | 1 | 6 | 2 | 8 |
| 9 | 5 | 6 | 7 | 8 | 4 | 3 | 1 | 2 |
| 1 | 8 | 7 | 3 | 2 | 9 | 4 | 6 | 5 |
| 4 | 2 | 3 | 5 | 1 | 6 | 8 | 9 | 7 |
| 3 | 6 | 9 | 2 | 4 | 7 | 5 | 8 | 1 |
| 8 | 7 | 4 | 1 | 9 | 5 | 2 | 3 | 6 |
| 5 | 1 | 2 | 8 | 6 | 3 | 9 | 7 | 4 |

**EXTREME - 286**

| 9 | 1 | 7 | 3 | 2 | 4 | 5 | 6 | 8 |
|---|---|---|---|---|---|---|---|---|
| 6 | 2 | 5 | 8 | 9 | 1 | 3 | 4 | 7 |
| 8 | 3 | 4 | 7 | 6 | 5 | 9 | 1 | 2 |
| 2 | 6 | 1 | 4 | 5 | 8 | 7 | 3 | 9 |
| 4 | 5 | 8 | 9 | 3 | 7 | 1 | 2 | 6 |
| 7 | 9 | 3 | 6 | 1 | 2 | 8 | 5 | 4 |
| 3 | 8 | 2 | 1 | 7 | 6 | 4 | 9 | 5 |
| 5 | 7 | 9 | 2 | 4 | 3 | 6 | 8 | 1 |
| 1 | 4 | 6 | 5 | 8 | 9 | 2 | 7 | 3 |

**EXTREME - 287**

| 8 | 5 | 9 | 2 | 7 | 6 | 3 | 1 | 4 |
|---|---|---|---|---|---|---|---|---|
| 2 | 7 | 3 | 1 | 5 | 4 | 9 | 6 | 8 |
| 4 | 1 | 6 | 8 | 3 | 9 | 5 | 2 | 7 |
| 6 | 9 | 5 | 3 | 8 | 2 | 7 | 4 | 1 |
| 7 | 8 | 1 | 6 | 4 | 5 | 2 | 3 | 9 |
| 3 | 4 | 2 | 7 | 9 | 1 | 6 | 8 | 5 |
| 9 | 6 | 7 | 4 | 2 | 8 | 1 | 5 | 3 |
| 1 | 3 | 4 | 5 | 6 | 7 | 8 | 9 | 2 |
| 5 | 2 | 8 | 9 | 1 | 3 | 4 | 7 | 6 |

**EXTREME - 288**

| 3 | 1 | 8 | 9 | 5 | 2 | 6 | 4 | 7 |
|---|---|---|---|---|---|---|---|---|
| 7 | 9 | 5 | 8 | 4 | 6 | 3 | 1 | 2 |
| 4 | 2 | 6 | 3 | 7 | 1 | 9 | 5 | 8 |
| 2 | 4 | 7 | 1 | 9 | 3 | 5 | 8 | 6 |
| 5 | 8 | 1 | 6 | 2 | 4 | 7 | 9 | 3 |
| 9 | 6 | 3 | 7 | 8 | 5 | 1 | 2 | 4 |
| 8 | 5 | 9 | 4 | 3 | 7 | 2 | 6 | 1 |
| 6 | 3 | 4 | 2 | 1 | 9 | 8 | 7 | 5 |
| 1 | 7 | 2 | 5 | 6 | 8 | 4 | 3 | 9 |

**EXTREME - 289**

| 1 | 5 | 7 | 2 | 8 | 9 | 4 | 6 | 3 |
|---|---|---|---|---|---|---|---|---|
| 8 | 3 | 9 | 5 | 6 | 4 | 1 | 2 | 7 |
| 6 | 4 | 2 | 7 | 1 | 3 | 8 | 9 | 5 |
| 7 | 2 | 3 | 4 | 9 | 6 | 5 | 1 | 8 |
| 9 | 8 | 5 | 3 | 2 | 1 | 6 | 7 | 4 |
| 4 | 6 | 1 | 8 | 7 | 5 | 9 | 3 | 2 |
| 5 | 9 | 4 | 6 | 3 | 7 | 2 | 8 | 1 |
| 2 | 7 | 6 | 1 | 4 | 8 | 3 | 5 | 9 |
| 3 | 1 | 8 | 9 | 5 | 2 | 7 | 4 | 6 |

**EXTREME - 290**

| 9 | 3 | 8 | 2 | 1 | 6 | 7 | 5 | 4 |
|---|---|---|---|---|---|---|---|---|
| 7 | 5 | 1 | 4 | 8 | 9 | 3 | 6 | 2 |
| 6 | 2 | 4 | 5 | 7 | 3 | 8 | 1 | 9 |
| 5 | 1 | 6 | 8 | 2 | 4 | 9 | 7 | 3 |
| 3 | 8 | 9 | 7 | 6 | 1 | 4 | 2 | 5 |
| 2 | 4 | 7 | 3 | 9 | 5 | 1 | 8 | 6 |
| 8 | 6 | 5 | 9 | 3 | 7 | 2 | 4 | 1 |
| 4 | 9 | 2 | 1 | 5 | 8 | 6 | 3 | 7 |
| 1 | 7 | 3 | 6 | 4 | 2 | 5 | 9 | 8 |

**EXTREME - 291**

| 2 | 8 | 9 | 7 | 1 | 4 | 3 | 5 | 6 |
|---|---|---|---|---|---|---|---|---|
| 1 | 7 | 3 | 5 | 8 | 6 | 2 | 4 | 9 |
| 4 | 6 | 5 | 9 | 2 | 3 | 7 | 8 | 1 |
| 6 | 2 | 8 | 4 | 3 | 1 | 5 | 9 | 7 |
| 9 | 5 | 4 | 6 | 7 | 2 | 1 | 3 | 8 |
| 3 | 1 | 7 | 8 | 9 | 5 | 6 | 2 | 4 |
| 5 | 9 | 1 | 3 | 6 | 8 | 4 | 7 | 2 |
| 7 | 4 | 6 | 2 | 5 | 9 | 8 | 1 | 3 |
| 8 | 3 | 2 | 1 | 4 | 7 | 9 | 6 | 5 |

**EXTREME - 292**

| 7 | 1 | 3 | 8 | 6 | 4 | 9 | 5 | 2 |
|---|---|---|---|---|---|---|---|---|
| 8 | 6 | 5 | 9 | 2 | 1 | 4 | 3 | 7 |
| 4 | 9 | 2 | 7 | 3 | 5 | 8 | 1 | 6 |
| 9 | 3 | 8 | 2 | 4 | 6 | 1 | 7 | 5 |
| 2 | 4 | 1 | 5 | 9 | 7 | 3 | 6 | 8 |
| 6 | 5 | 7 | 3 | 1 | 8 | 2 | 4 | 9 |
| 1 | 2 | 6 | 4 | 5 | 9 | 7 | 8 | 3 |
| 3 | 7 | 4 | 6 | 8 | 2 | 5 | 9 | 1 |
| 5 | 8 | 9 | 1 | 7 | 3 | 6 | 2 | 4 |

**EXTREME - 293**

| 6 | 3 | 9 | 2 | 7 | 5 | 8 | 4 | 1 |
|---|---|---|---|---|---|---|---|---|
| 8 | 1 | 2 | 9 | 3 | 4 | 5 | 6 | 7 |
| 4 | 5 | 7 | 8 | 6 | 1 | 9 | 3 | 2 |
| 1 | 9 | 6 | 5 | 4 | 8 | 7 | 2 | 3 |
| 5 | 4 | 3 | 7 | 2 | 6 | 1 | 8 | 9 |
| 2 | 7 | 8 | 3 | 1 | 9 | 4 | 5 | 6 |
| 3 | 6 | 1 | 4 | 5 | 7 | 2 | 9 | 8 |
| 9 | 2 | 4 | 1 | 8 | 3 | 6 | 7 | 5 |
| 7 | 8 | 5 | 6 | 9 | 2 | 3 | 1 | 4 |

**EXTREME - 294**

| 2 | 4 | 6 | 9 | 8 | 7 | 5 | 3 | 1 |
|---|---|---|---|---|---|---|---|---|
| 1 | 3 | 8 | 6 | 2 | 5 | 7 | 9 | 4 |
| 7 | 9 | 5 | 3 | 4 | 1 | 6 | 2 | 8 |
| 5 | 7 | 3 | 1 | 9 | 2 | 8 | 4 | 6 |
| 9 | 6 | 4 | 8 | 7 | 3 | 1 | 5 | 2 |
| 8 | 2 | 1 | 4 | 5 | 6 | 3 | 7 | 9 |
| 6 | 5 | 7 | 2 | 1 | 9 | 4 | 8 | 3 |
| 3 | 8 | 9 | 5 | 6 | 4 | 2 | 1 | 7 |
| 4 | 1 | 2 | 7 | 3 | 8 | 9 | 6 | 5 |

**EXTREME - 295**

| 4 | 8 | 1 | 9 | 5 | 7 | 3 | 2 | 6 |
|---|---|---|---|---|---|---|---|---|
| 7 | 5 | 6 | 3 | 8 | 2 | 4 | 9 | 1 |
| 9 | 2 | 3 | 4 | 1 | 6 | 7 | 8 | 5 |
| 5 | 3 | 8 | 6 | 4 | 9 | 1 | 7 | 2 |
| 2 | 1 | 4 | 8 | 7 | 5 | 6 | 3 | 9 |
| 6 | 9 | 7 | 2 | 3 | 1 | 8 | 5 | 4 |
| 3 | 6 | 2 | 1 | 9 | 8 | 5 | 4 | 7 |
| 1 | 4 | 5 | 7 | 2 | 3 | 9 | 6 | 8 |
| 8 | 7 | 9 | 5 | 6 | 4 | 2 | 1 | 3 |

**EXTREME - 296**

| 2 | 6 | 7 | 1 | 5 | 3 | 9 | 4 | 8 |
|---|---|---|---|---|---|---|---|---|
| 8 | 4 | 1 | 9 | 2 | 7 | 6 | 3 | 5 |
| 3 | 5 | 9 | 6 | 4 | 8 | 1 | 7 | 2 |
| 1 | 3 | 6 | 2 | 9 | 4 | 5 | 8 | 7 |
| 4 | 7 | 2 | 8 | 1 | 5 | 3 | 9 | 6 |
| 9 | 8 | 5 | 7 | 3 | 6 | 4 | 2 | 1 |
| 7 | 2 | 4 | 5 | 6 | 9 | 8 | 1 | 3 |
| 5 | 9 | 8 | 3 | 7 | 1 | 2 | 6 | 4 |
| 6 | 1 | 3 | 4 | 8 | 2 | 7 | 5 | 9 |

**EXTREME - 297**

| 2 | 5 | 9 | 1 | 8 | 6 | 4 | 3 | 7 |
|---|---|---|---|---|---|---|---|---|
| 4 | 6 | 8 | 3 | 7 | 5 | 1 | 9 | 2 |
| 7 | 3 | 1 | 9 | 4 | 2 | 6 | 5 | 8 |
| 8 | 9 | 3 | 4 | 6 | 7 | 5 | 2 | 1 |
| 6 | 4 | 5 | 2 | 1 | 8 | 3 | 7 | 9 |
| 1 | 2 | 7 | 5 | 3 | 9 | 8 | 6 | 4 |
| 9 | 8 | 2 | 6 | 5 | 1 | 7 | 4 | 3 |
| 3 | 7 | 6 | 8 | 9 | 4 | 2 | 1 | 5 |
| 5 | 1 | 4 | 7 | 2 | 3 | 9 | 8 | 6 |

**EXTREME - 298**

| 2 | 7 | 5 | 9 | 3 | 6 | 4 | 8 | 1 |
|---|---|---|---|---|---|---|---|---|
| 1 | 9 | 3 | 5 | 4 | 8 | 6 | 2 | 7 |
| 8 | 6 | 4 | 7 | 1 | 2 | 3 | 9 | 5 |
| 3 | 4 | 6 | 2 | 5 | 1 | 8 | 7 | 9 |
| 9 | 1 | 2 | 8 | 7 | 3 | 5 | 6 | 4 |
| 7 | 5 | 8 | 4 | 6 | 9 | 2 | 1 | 3 |
| 5 | 2 | 1 | 6 | 9 | 4 | 7 | 3 | 8 |
| 6 | 3 | 7 | 1 | 8 | 5 | 9 | 4 | 2 |
| 4 | 8 | 9 | 3 | 2 | 7 | 1 | 5 | 6 |

**EXTREME - 299**

| 3 | 7 | 1 | 9 | 2 | 4 | 6 | 8 | 5 |
|---|---|---|---|---|---|---|---|---|
| 9 | 5 | 2 | 8 | 6 | 7 | 1 | 4 | 3 |
| 6 | 8 | 4 | 3 | 5 | 1 | 2 | 7 | 9 |
| 4 | 9 | 6 | 7 | 1 | 2 | 5 | 3 | 8 |
| 7 | 3 | 8 | 5 | 9 | 6 | 4 | 2 | 1 |
| 1 | 2 | 5 | 4 | 8 | 3 | 7 | 9 | 6 |
| 5 | 1 | 7 | 2 | 3 | 9 | 8 | 6 | 4 |
| 8 | 4 | 9 | 6 | 7 | 5 | 3 | 1 | 2 |
| 2 | 6 | 3 | 1 | 4 | 8 | 9 | 5 | 7 |

**EXTREME - 300**

| 5 | 9 | 8 | 2 | 3 | 1 | 6 | 7 | 4 |
|---|---|---|---|---|---|---|---|---|
| 1 | 3 | 2 | 7 | 4 | 6 | 8 | 9 | 5 |
| 4 | 7 | 6 | 5 | 9 | 8 | 3 | 1 | 2 |
| 9 | 8 | 1 | 6 | 7 | 2 | 4 | 5 | 3 |
| 7 | 6 | 3 | 4 | 8 | 5 | 9 | 2 | 1 |
| 2 | 5 | 4 | 3 | 1 | 9 | 7 | 6 | 8 |
| 6 | 4 | 9 | 1 | 5 | 3 | 2 | 8 | 7 |
| 3 | 2 | 5 | 8 | 6 | 7 | 1 | 4 | 9 |
| 8 | 1 | 7 | 9 | 2 | 4 | 5 | 3 | 6 |

www.ingramcontent.com/pod-product-compliance
Lightning Source LLC
Chambersburg PA
CBHW081508220526
45467CB00010B/2827

*9798700395069*